W0262325

Alf Pflüger

Stabilitätsprobleme der Elastostatik

Dritte neubearbeitete Auflage

Springer-Verlag Berlin Heidelberg GmbH 1975

Dr.-Ing. Dr.-Ing. E. h. ALF PFLÜGER

o. Professor an der Technischen Universität Hannover

Mit 548 Abbildungen

ISBN 978-3-662-09995-7   ISBN 978-3-662-09994-0 (eBook)
DOI 10.1007/978-3-662-09994-0

Das Werk ist urheberrechtlich geschützt. Die dadurch begründeten Rechte, insbesondere die der Übersetzung, des Nachdrucks, der Entnahme von Abbildungen, der Funksendung, der Wiedergabe auf photomechanischem oder ähnlichem Wege und der Speicherung in Datenverarbeitungsanlagen bleiben, auch bei nur auszugsweiser Verwertung, vorbehalten. Bei Vervielfältigungen für gewerbliche Zwecke ist gemäß § 54 UrhG eine Vergütung an den Verlag zu zahlen, deren Höhe mit dem Verlag zu vereinbaren ist.

© by Springer-Verlag Berlin Heidelberg 1950, 1964 and 1975.
Ursprünglich erschienen bei Springer-Verlag Berlin Heidelberg New York 1975.
Softcover reprint of the hardcover 3rd edition 1975

Library of Congress Catalog Card Number: 74-6673

Die Wiedergabe von Gebrauchsnamen, Handelsnamen, Warenbezeichnungen usw. in diesem Buche berechtigt auch ohne besondere Kennzeichnung nicht zu der Annahme, daß solche Namen im Sinne der Warenzeichen- und Markenschutz-Gesetzgebung als frei zu betrachten wären und daher von jedermann benutzt werden dürften.

Vorwort zur dritten Auflage

Seit Erscheinen der zweiten Auflage im Jahre 1964 ist auf dem Gebiet der Stabilitätsprobleme der Elastostatik in mechanischer Hinsicht nicht so viel grundsätzlich Neues hinzugekommen, wie es in den 50er Jahren der Fall war. Erkenntnisse, wie die Bedeutung des überkritischen Gebietes bei Flächenträgern oder die Bedeutung kinetischer Stabilitätsuntersuchungen, die seinerzeit eine erhebliche Erweiterung der ersten Auflage notwendig machten, waren diesmal nicht zu berücksichtigen. Dafür ist aber die Anzahl der gelösten Stabilitätsprobleme fast in das Unübersehbare hinein gewachsen. Hieran war wesentlich die Einsatzmöglichkeit der Datenverarbeitung beteiligt. Es wurden jedoch nicht nur neue Probleme in Angriff genommen, sondern auch bei bereits seit langem gelösten Aufgaben die Genauigkeit der Ergebnisse verbessert. So mußte bei der dritten Auflage vor allem eine Neubearbeitung des Anhangs durchgeführt werden. Eine kritiklose Aneinanderreihung von Literaturergebnissen wäre hier am einfachsten gewesen. Es erschien jedoch sinnvoll, den Umfang des Buches nicht zu sehr anschwellen zu lassen. Stabilitätsprobleme von geringerer praktischer Bedeutung wurden daher nur als Literaturstellen zitiert oder ganz fortgelassen. Ebenso wurden Gebiete, die bereits in einer Buchveröffentlichung zusammengefaßt sind, nur in sehr geringem Umfang wiedergegeben.

Die Tendenz, den Umfang zu beschränken, gilt aber nicht nur für den Anhang, sondern in erhöhtem Maße für das Buch selbst. Spezielle Methoden der Datenverarbeitung wurden ebensowenig aufgenommen wie die an sich sehr reizvolle Formulierung von Flächenträgerproblemen im Tensorkalkül. Das letztere mußte auch schon deswegen unterbleiben, damit der Schwierigkeitsgrad nicht zu hoch wurde. Das Buch soll sich nach wie vor an Doktoranden und Studenten der höheren Semester, vor allem aber an Diplom-Ingenieure wenden, die sich in der Praxis mit entsprechenden Aufgaben befassen müssen.

Aus dem Vorwort zur zweiten Auflage sei im übrigen wiederholt: Die im Buch behandelten Beispiele dienen nur zur Erläuterung der mechanischen Zusammenhänge und der verwendeten Rechenmethode, sie stellen aber keineswegs ein Spiegelbild der Vielfalt bereits gelöster Probleme dar, die vielmehr dem Anhang zu entnehmen sind. Die Darstellung versucht eine Brücke zwischen Ingenieur und Mathematiker zu schlagen. Dem Leser wird die Beschäftigung mit nicht ganz einfachen mathematischen Methoden zugemutet, andererseits wird aber auch großer Wert auf Veranschaulichung gelegt und bei aller Theorie stets die praktische Aufgabenstellung im Auge behalten.

Den Herren Dr.-Ing. *Gensichen* und Dr.-Ing. *Stern* sowie Herrn Dipl.-Ing. *Thiede* ist der Verfasser für wertvolle Mitarbeit der verschiedensten Art dankbar. Zahlreichen Lesern ist für Berichtigungshinweise und Verbesserungsvorschläge zu danken.

Dem Verlag gebührt wieder Dank für die hervorragende Ausstattung auch dieser neuen Auflage.

Hannover, im August 1974

Alf Pflüger

Die Abbildungen sind durch das ganze Buch, mit Ausnahme des Anhangs, fortlaufend numeriert. Die Numerierung der Gleichungen beginnt in jedem Hauptabschnitt von vorn. Wird auf eine Gleichung desselben Abschnitts verwiesen, so erfolgt keine besondere Nennung dieses Abschnitts, z. B. (15). Geschieht der Hinweis auf die Gleichung eines anderen Abschnitts, so wird dieser Abschnitt stets mit angeführt, z. B. II, (15).

Inhaltsverzeichnis

Grundsätzliches über Stabilitätsprobleme

Übersicht über Abschnitt I: Nach einer Abgrenzung des Aufgabenbereiches, mit dem sich dieses Buch befassen soll, werden an möglichst einfachen Beispielen die charakteristischen Merkmale der verschiedenen Arten der Stabilitätsprobleme und die Unterschiede gegenüber gewöhnlichen Problemen der Statik besprochen. Nebenbei wird an Hand von Beispielen ein erster Einblick in die Methoden gewonnen, die zur Lösung von Stabilitätsproblemen anzuwenden sind.

A. Einleitung

Mit dem Begriff „Stabilitätsproblem" wird jeder Leser bereits eine bestimmte Vorstellung verbinden. Zum Beispiel wird es jedem geläufig sein, daß man bei den verschiedenen Möglichkeiten in der Aufhängung eines der Wirkung der Schwerkraft unterliegenden starren Körpers von stabilem, labilem oder indifferentem Gleichgewicht spricht, je nachdem, ob der Körper oberhalb, unterhalb oder gerade im Schwerpunkt unterstützt ist. Ein anderes viel verwendetes Beispiel[1], das besonders gut dazu geeignet ist, sich das Wesentliche eines Stabilitätsproblems in das Gedächtnis zurückzurufen, wird durch Abb. 1 veranschaulicht: Eine Kugel kann unter dem Einfluß der Schwerkraft auf einer Bahn rollen, die in den Fällen a), b) und c) verschieden gekrümmt ist. Im Falle a) wird man den Gleich-

Abb. 1 a–c. Beispiel für ein Stabilitätsproblem aus der Mechanik starrer Körper.

gewichtszustand der im tiefsten Punkt der Bahn ruhenden Kugel als stabil bezeichnen, während in den Fällen b) und c) das Gleichgewicht labil bzw. indifferent genannt werden muß.

An Hand des Beispiels ist leicht einzusehen, daß die drei verschiedenen Arten des Gleichgewichts folgendermaßen charakterisiert werden können:

1. Bei stabilem Gleichgewicht ist das System bestrebt, nach einer Störung der Gleichgewichtslage wieder von selbst in diese Ausgangslage zurückzukehren.

2. Bei labilem Gleichgewicht hat eine Störung zur Folge, daß sich das System von der Ausgangslage entfernt.

3. Bei indifferentem Gleichgewicht befindet sich das System auch nach einer Störung wieder in einer Gleichgewichtslage.

Hierdurch sind jedoch zunächst nur die typischen Merkmale der drei Gleichgewichtsarten anschaulich beschrieben. Inwieweit die obigen Aussagen abgeändert und präzisiert werden müssen, um eine für unsere Zwecke ausreichende eindeutige Definition darzustellen, wird später noch ausführlich zu besprechen sein.

---

[1] Vgl. z. B. S. Timoshenko u. J. Gere: Theory of Elastic Stability, 2. Aufl., New York/Toronto/London 1961, S. 82; E. Chwalla: Stahlbau 12 (1939) 3.

Abb. 1 zeigt ein Stabilitätsproblem aus der Mechanik starrer Körper. Man begegnet aber solchen Problemen auf fast allen Gebieten der Physik. Ob es sich z. B. um elektrische Entladungserscheinungen, um die Dynamik von Flüssigkeiten und Gasen oder um die Änderung von Aggregatzuständen handelt, überall kann man unter gewissen Bedingungen stabile, labile und indifferente Gleichgewichtszustände unterscheiden. Wir wollen uns jedoch im folgenden nur mit den Stabilitätsproblemen eines eng begrenzten Gebietes, und zwar der *Elastostatik* befassen. Wir wollen uns also mit der Untersuchung von Systemen beschäftigen, bei denen am Gleichgewicht neben den äußeren Kräften die Widerstandskräfte beteiligt sind, die in dem betreffenden Körper durch die aufgezwungenen elastischen Verformungen geweckt werden. Als Beispiel sei der beiderseits gelenkig gelagerte Knickstab genannt, der wohl das praktisch wichtigste Stabilitätsproblem der Elastostatik ist. Es darf als bekannt vorausgesetzt werden, daß ein derartiger Stab bei hinreichend kleiner Belastung nur eine axiale Zusammendrückung erfährt und sich dabei im stabilen Gleichgewicht befindet, daß jedoch nach Überschreitung einer bestimmten „kritischen" Belastung die gerade Gleichgewichtslage labil ist, der Stab bei der geringsten Störung ausknickt, und dann nur noch diese ausgeknickte Form stabil ist. Der kritische Punkt stellt den Zustand des indifferenten Gleichgewichts dar. Solche Erscheinungen treten nicht nur bei geraden Stäben und Stabverbindungen auf, sondern sind auch für gekrümmte Stäbe, für Platten und für Schalen von größter Bedeutung. Mit der Untersuchung derartiger Probleme wollen wir uns im folgenden befassen.

Zufolge der Beschränkung auf das Gebiet der Elastostatik sollen Stabilitätsfragen *starrer* Körper nicht betrachtet werden. Wir können das durch folgende Voraussetzung zum Ausdruck bringen. Wenn wir uns das zu untersuchende System in einem beliebigen Verformungszustand, insbesondere in der zum spannungsfreien Zustand gehörigen Gestalt erstarrt denken, so daß es keine elastischen Deformationen mehr ausführen kann, so soll für keinen Punkt des Systems in irgendeiner Richtung eine Verschiebungsmöglichkeit bestehen. Ferner sei noch betont, daß es sich — jedenfalls in der Regel — nur um Probleme der *Statik* handeln soll. Die Zeit soll also in die Untersuchungen nicht eingehen. Wir müssen uns dazu die auftretenden Verformungen hinreichend langsam ausgeführt denken. Es wird sich allerdings zeigen, daß in gewissen Ausnahmefällen eine hinreichende Klärung des mechanischen Verhaltens eines Systems nur durch eine Untersuchung seines Schwingungsverhaltens gewonnen werden kann.

B. Stabilitätsprobleme als Fälle von Mehrdeutigkeit

1. Normalfall. Verbindung von zwei Zugstäben

Wenn wir uns mit Stabilitätsproblemen und den Methoden zu ihrer Lösung beschäftigen wollen, so werden wir in erster Linie die Frage klären müssen, wodurch sich eigentlich eine Stabilitätsuntersuchung von dem „Normalfall", wie er bei einer gewöhnlichen Aufgabe der Statik auftritt, unterscheidet. Um das Wesentliche dieses Unterschiedes erfassen zu können, ist es zunächst notwendig, daß wir uns einige grundlegende Voraussetzungen und Rechnungsannahmen, die in dem Normalfall der Statik getroffen zu werden pflegen, noch einmal in das Gedächtnis zurückrufen.

Hierzu betrachten wir am besten ein möglichst einfaches Beispiel, das in Abb. 2 dargestellt ist: Zwei gelenkig, aber unverschieblich gelagerte und gelenkig miteinander verbundene Stäbe gleicher Abmessungen mit konstantem Querschnitt werden in dem mittleren Gelenk durch eine Kraft P belastet. Es seien nur positive Werte von P betrachtet. Die Gelenke sollen ideal reibungsfrei sein, so daß keine Biegemomente auftreten und die Stäbe nur auf Zug beansprucht werden. Der mittlere Gelenkpunkt sei derart geführt, daß er sich nur in senkrechter Richtung bewegen kann. Diese Führung soll lediglich den Zweck haben, seitliche Verschiebungen des Gelenkpunktes von vornherein auszuschließen.

Zerlegt man die Kraft P nach den Richtungen der beiden Stäbe, so ergibt sich mit den Bezeichnungen von Abb. 2 für die Stabkräfte, die mit S bezeichnet seien,

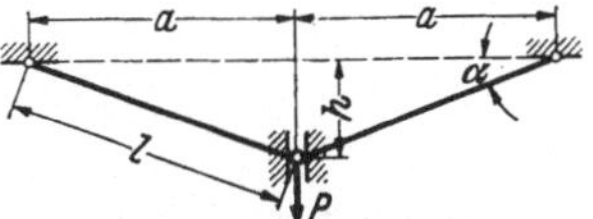

Abb. 2. Beispiel für den Normalfall. Unverformter Zustand.

$$S = \frac{P}{2\sin\alpha} = \frac{P}{2}\frac{l}{h}. \tag{1}$$

Zur Kennzeichnung des Verformungszustandes des Systems sei die Verschiebung f des Angriffspunktes von P in Richtung von P ermittelt. Sie ergibt sich in bekannter Weise zu

$$f = 2\frac{S\overline{S}}{EF}l. \tag{2}$$

Dabei sind $\overline{S} = \dfrac{1}{2}\dfrac{l}{h}$ die Stabkraft, die infolge $P = 1$ auftritt, E der Elastizitätsmodul und F der Querschnitt der Stäbe. Man erhält also

$$f = \frac{P}{2EF}\frac{l^3}{h^2}$$

und

$$P = 2EF\frac{h^2}{l^3}f. \tag{3}$$

Dieses in der üblichen Art und Weise gewonnene Ergebnis liefert einen *linearen* Zusammenhang zwischen P und f. Wenn wir jedoch diesen Zusammenhang an einem wirklich ausgeführten System im Versuch messen würden, so würde sich eine Kurve ergeben, die im allgemeinen mehr oder weniger von einer Geraden abweichen würde. Als Erklärung hierfür wird man sofort anführen, daß in der Praxis der Werkstoff nicht genau dem Hookeschen Gesetz folgt, das in der Theorie — in diesem Fall bei der Aufstellung von Gl. (2) — als gültig vorausgesetzt wird und aussagt, daß zwischen der Spannung σ und der Dehnung ε die lineare Beziehung $\sigma = E\varepsilon$ besteht. Für die folgenden Überlegungen ist aber nun die Erkenntnis wesentlich, *daß auch dann, wenn der Werkstoff exakt dem Gesetz $\sigma = E\varepsilon$ folgt, P als Funktion von f noch keine Gerade ist,* sondern daß Gl. (3) nur dadurch zustande kommt, daß bei der oben durchgeführten üblichen Rechnung gewisse Vernachlässigungen vorgenommen worden sind. Zum Beispiel ist leicht einzusehen, daß Gl. (1), d. h. die Gleichgewichtsbedingung zwischen der Kraft P und den Stabkräften S nicht genau richtig sein kann, weil die Kräftezerlegung am

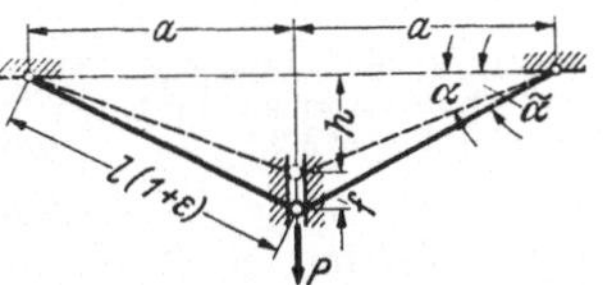

Abb. 3. Beispiel für den Normalfall. Verformter Zustand.

unverformten System vorgenommen worden ist. Wir wollen daher das System von Abb. 1 noch einmal, jedoch ohne irgendwelche vereinfachenden Annahmen durchrechnen. Das Hookesche Gesetz soll aber dabei nach wie vor gültig sein.

Um den Einfluß der Verformungen berücksichtigen zu können, ist in Abb. 3 das System im verformten Zustand dargestellt; der unverformte Ausgangszustand ist gestrichelt angedeutet. Die beiden Stäbe bilden jetzt mit der Horizontalen den

1*

Winkel $\tilde{\alpha}$. Die Längenänderung der Stäbe beträgt εl, die neue Länge also $l(1+\varepsilon)$. Es wird dann

$$S = \frac{P}{2 \sin \tilde{\alpha}} = \frac{P}{2} \frac{l(1+\varepsilon)}{h+f}. \tag{4}$$

Aus Abb. 3 läßt sich ferner sofort ablesen, daß

$$[l(1+\varepsilon)]^2 = a^2 + (h+f)^2$$
$$= l^2 + 2hf + f^2$$

ist, woraus für die Dehnung

$$\varepsilon = \frac{1}{l} \sqrt{l^2 + 2hf + f^2} - 1 \tag{5}$$

folgt. Auf Grund des HOOKEschen Gesetzes ist

$$\sigma = \frac{S}{F} = E\varepsilon$$

und mit Benutzung von (4)

$$P = 2EF \frac{h+f}{l} \frac{\varepsilon}{1+\varepsilon}.$$

Mit Hilfe von (5) erhalten wir schließlich

$$P = 2EF \frac{h+f}{l} \left(1 - \frac{l}{\sqrt{l^2 + 2hf + f^2}}\right). \tag{6}$$

Gl. (6) liefert also tatsächlich das Ergebnis, daß bei genauer Rechnung trotz Gültigkeit des HOOKEschen Gesetzes P nicht linear von f abhängt. Die Bedeutung des Unterschiedes zwischen (6) und der Näherungsformel (3) läßt sich leicht erkennen, wenn die Steigung $\frac{dP}{df}$ an der Stelle $f = 0$ berechnet wird. Es ist

$$\frac{dP}{df} = 2EF \left[\frac{1}{l}\left(1 - \frac{l}{\sqrt{l^2 + 2hf + f^2}}\right) + \frac{(h+f)^2}{\sqrt{(l^2 + 2hf + f^2)^3}}\right]$$

und für $f = 0$

$$\left(\frac{dP}{df}\right)_{f=0} = 2EF \frac{h^2}{l^3}.$$

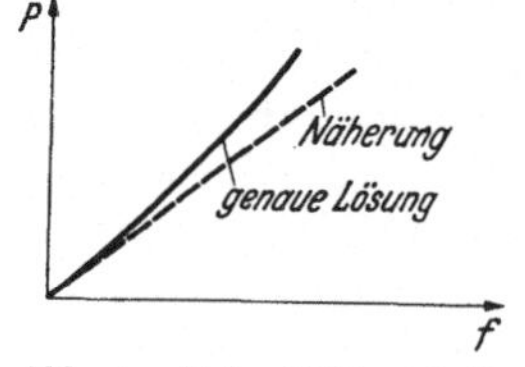

Abb. 4. P in Abhängigkeit von f für den Normalfall von Abb. 2 und 3.

Es zeigt sich, daß diese Beziehung mit (3) übereinstimmt, wenn man in (3) P durch dP und f durch df ersetzt.

Daraus folgt, daß die übliche Rechnung der Elastostatik eine Näherung ist, die darin besteht, daß die genaue Kurve der Abhängigkeit zwischen Kraft und Verschiebung durch ihre Tangente im Nullpunkt ersetzt wird. Entwickelt man die genaue Kurve im Nullpunkt in eine Potenzreihe, so wird also bei der Näherung von dieser Reihenentwicklung nur das erste Glied berücksichtigt, während Glieder, in denen die Verschiebung f quadratisch oder in noch höherem Grade vorkommt, vernachlässigt werden. Anschaulich geht der Zusammenhang zwischen genauer Rechnung und Näherungsrechnung aus Abb. 4 hervor. Die Kurve der genauen Lösung ist hier derart gekrümmt, daß zu einer gegebenen Verschiebung f eine größere Last P als nach der Näherungslösung gehört. Bei anderen Beispielen kann die Kurve selbstverständlich auch anders gekrümmt sein.

Man pflegt die Elastizitätstheorie, die sich so, wie wir es hier kennengelernt haben, auf die Berücksichtigung linearer Glieder der Verschiebungen beschränkt, als „klassische Elastizitätstheorie" zu bezeichnen. Im Gegensatz dazu spricht man bei der genauen Untersuchung häufig von einer „Elastizitätstheorie endlicher Verschiebungen", weil ja die klassische Elastizitätslehre nur die Tangente an die genaue Kurve liefert, also über „unendlich kleine" Verschiebungen etwas aussagt. Die Unterschiede zwischen den Ergebnissen der klassischen Elastizitätstheorie und denen der genauen Rechnung sind im allgemeinen praktisch bedeutungslos, da die Dehnungen der meisten Werkstoffe selbst im Bruchzustand noch klein gegen Eins sind, und kleine Dehnungen in der Regel auch kleine Verschiebungen bedingen. Von dieser Regel gibt es jedoch auch Ausnahmen, und es wird sich im folgenden zeigen, daß gerade die Stabilitätsprobleme eine derartige Ausnahme sind, so daß wir uns hier tatsächlich nicht von vornherein auf den Bereich der klassischen Elastizitätstheorie beschränken dürfen.

Bevor wir die Betrachtungen über den Normalfall abschließen können, muß noch auf ein für ihn typisches Merkmal hingewiesen werden: Die Funktion P in Abhängigkeit von f ist bis zu beliebig großen Lasten eindeutig in dem Sinne, daß zu einem vorgegebenen Wert von f immer nur ein bestimmter Wert von P gehört und umgekehrt. In diesem Zusammenhang werden sich die meisten Leser daran erinnern, daß von KIRCHHOFF ein oft zitierter Eindeutigkeitssatz der Elastostatik stammt, der unter gewissen Bedingungen für einen elastischen Körper aussagt, daß „das Gleichgewichtsproblem nur *eine* Lösung hat"[1]. Es ist nun jedoch wesentlich, daß der KIRCHHOFFsche Satz nur in der klassischen Elastizitätslehre Gültigkeit hat, bei unserem Beispiel also nur über die anschaulich selbstverständliche Eindeutigkeit der in Abb. 4 durch die gestrichelte Gerade dargestellten Näherungslösung etwas aussagt und keineswegs auf die Theorie endlicher Verschiebungen übertragen werden kann. Wenn wir hier auch für die genaue Kurve dieselbe Eindeutigkeit wie für die Näherungslösung feststellen und dasselbe auch bei vielen anderen Beispielen aus der Elastostatik wiederfinden, so dürfen wir das nur als typische Eigenschaft des Normalfalles und nicht als in *allen* Fällen gültiges Gesetz auffassen. Die Kraft-Verformungskurve kann vielmehr durchaus ein Verhalten zeigen, bei dem Mehrdeutigkeiten auftreten. Diese Mehrdeutigkeitsfälle müssen wir im folgenden genauer betrachten; denn es ergibt sich, daß sie gerade den Teil der Elastizitätstheorie endlicher Verschiebungen darstellen, der die uns hier interessierenden Stabilitätsprobleme umfaßt.

2. Durchschlagproblem. Verbindung von zwei Druckstäben

Schon durch eine geringe Änderung des Systems von Abb. 2 und 3 erhalten wir ein einfaches Beispiel für einen Fall von Mehrdeutigkeit. Nach Abb. 5 seien zwei gelenkig miteinander verbundene Stäbe betrachtet, bei denen jetzt das mittlere Gelenk *über* der Verbindungslinie der beiden anderen Gelenke liegt. Während früher die Stäbe nur auf Zug beansprucht wurden, entstehen jetzt in den Stäben bei Aufbringung der Belastung Druckkräfte. Damit wird es an sich möglich, daß die Stäbe bei geeigneten Abmessungen und bei hinreichender Größe der Last P in sich ausknicken. Ein derartiges Knicken wollen wir hier jedoch nicht untersuchen. Wir wollen lediglich eine Zusammendrückung der Stäbe bei gerade bleibender Stabachse betrachten und dementsprechend voraussetzen, daß das Trägheitsmoment der Querschnittsfläche der Stäbe hinreichend groß ist, um das

---

[1] KIRCHHOFF, G.: Vorlesungen über mathematische Physik, Leipzig 1897.

Knicken zu vermeiden. Unter dieser Voraussetzung erübrigt sich zur Beschreibung des elastischen Verhaltens des Systems eine neue Rechnung. Wir können vielmehr die Beziehung (6) auch hier verwenden und brauchen dazu nur h durch $-h$ zu ersetzen. Also:

$$P = 2EF\,\frac{h-f}{l}\left(\frac{l}{\sqrt{l^2 - 2hf + f^2}} - 1\right). \tag{7}$$

Die Abhängigkeit zwischen der Kraft P und der Verschiebung f ihres Angriffspunktes geht aus Abb. 6 hervor. Es ergibt sich jetzt ein vollkommen anderer Kurvenverlauf als in Abb. 4. Die Kurve hat ein Maximum und ein Minimum; die Abszissenachse wird außer bei $f = 0$ noch in $f = h$ und $f = 2h$ geschnitten. Anschaulich bedeutet das folgendes: Wenn man die Belastung von Null ausgehend steigert, so wird es nach dem Erreichen eines bestimmten Wertes von P möglich, den mittleren Gelenkpunkt so weit herunterzudrücken, daß er mit den beiden anderen Gelenken in einer Geraden liegt, daß also $f = h$ ist. Die Stäbe sind dabei von der Länge l auf die Länge a zusammengedrückt, und es ist einleuchtend, daß man damit einen Eigenspannungszustand des Systems bekommt, für den die zugehörige Belastung $P = 0$ ist. Soll die Verschiebung f noch weiter gesteigert werden, so sind negative Lasten P notwendig, um das Gleichgewicht herzustellen. Bei $f = 2h$ ist schließlich wiederum $P = 0$; das System befindet sich hier wieder im spannungslosen Zustand, der mit dem Ausgangszustand von Abb. 3 übereinstimmt. Für $f \geqq 2h$ entspricht dann der Kurvenverlauf dem Beispiel des Normalfalles. Praktisch wird die Verformung, wenn man sich die Belastung z. B. durch Gewichte aufgebracht denkt, so vor sich gehen, daß vom Punkt A (Abb. 6) das System sofort zum Punkt D durchschlagen wird, da bei konstant bleibender Last P_A zwischen A und D kein Gleichgewicht möglich ist. Zur Kennzeichnung dieses Verhaltens wollen wir ein Problem der hier vorliegenden Art als *Durchschlagproblem* bezeichnen.

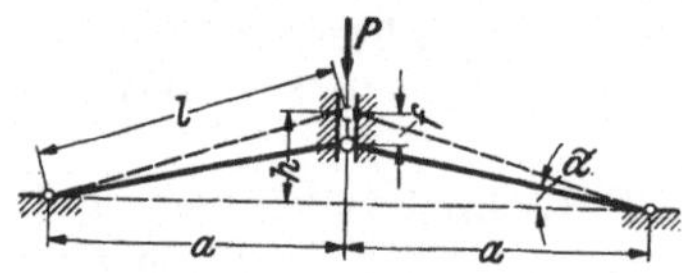

Abb. 5. Beispiel für ein Durchschlagproblem.

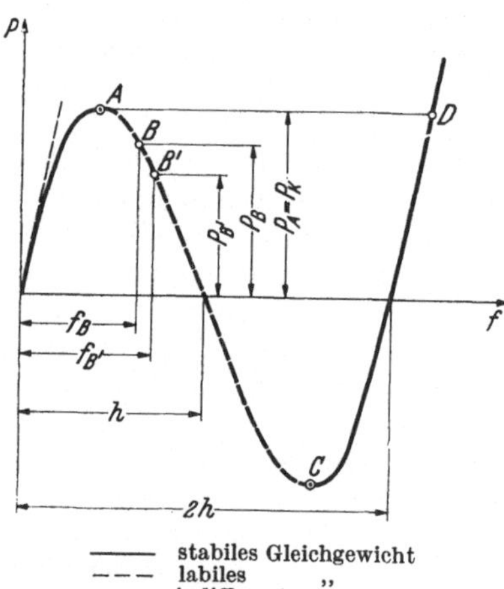

  ——— stabiles Gleichgewicht
  – – – labiles   ,,
  ⊙   indifferentes ,,

Abb. 6. P in Abhängigkeit von f für das Durchschlagproblem von Abb. 5.

Im Gegensatz zu der Kurve des Normalfalles ist das Diagramm von Abb. 6 mehrdeutig insofern, als es Bereiche gibt, in denen zu einem gegebenen Wert von P zwei oder auch drei verschiedene Werte von f gehören. *Mit diesem Mehrdeutigkeitsfall haben wir nun ein Stabilitätsproblem gefunden*, was hier leicht einzusehen ist, da sich der Vorgang des Durchschlagens bei dem untersuchten System besonders gut anschaulich vorstellen läßt. Wenn wir zunächst den Verformungszustand $f = h$ betrachten, bei dem die drei Gelenke in einer Geraden liegen und $P = 0$ ist, so werden wir uns sofort dafür entscheiden, diesen Zustand als labiles Gleichgewicht zu bezeichnen; denn die Stäbe werden bei der geringsten Störung des Gleichgewichtszustandes nach oben oder nach unten in die spannungslose Lage $f = 0$ oder $f = 2h$ durchschlagen und keineswegs das Bestreben haben, wieder in die Ausgangslage $f = h$ zurückzukehren. Betrachten wir weiter einen beliebigen Punkt B der Kurve zwischen dem Punkt A und dem eben untersuchten Punkt

$f = h$! Wird der Gleichgewichtszustand in B derart gestört, daß die Durchsenkung f_B um ein kleines Stück auf $f_{B'}$ vergrößert wird, so herrscht, wenn nach Aufhören der Störung das System sich selbst überlassen bleibt, kein Gleichgewicht mehr, da die Kraft P_B und nicht die zum Gleichgewicht gehörende Kraft $P_{B'}$ angreift. Da nun $P_B > P_{B'}$ ist, ist die angreifende Belastung zu groß. Der Überschuß $P_B - P_{B'}$ wird also den mittleren Gelenkpunkt nach unten drücken wollen, d. h. bestrebt sein, das System von der Ausgangslage B noch weiter zu entfernen. Wir werden daher das Gleichgewicht im Punkte B ebenfalls als labil bezeichnen. Eine ähnliche Überlegung kann man auch für alle anderen Kurvenpunkte anstellen. Man findet dann, daß es der anschaulichen Vorstellung, die wir uns im Anschluß an Abb. 1 von den Eigenarten eines Stabilitätsproblems gemacht haben, entspricht, wenn wir die Gleichgewichtslagen, die zum Kurventeil zwischen A und C gehören, als labil definieren, den Punkten A und C selbst indifferentes Gleichgewicht zuschreiben und die der restlichen Kurve entsprechenden Gleichgewichtslagen stabil nennen. Bei stabilem Gleichgewicht ist demnach $\dfrac{dP}{df} > 0$, bei labilem $\dfrac{dP}{df} < 0$; bei Indifferenz ist $\dfrac{dP}{df} = 0$, wodurch zum Ausdruck kommt, daß eine unendlich kleine Verschiebung des Systems in Richtung von f möglich ist, ohne daß die Last P geändert werden muß. Wir werden allerdings sehen, daß diese Eigenschaften von $\dfrac{dP}{df}$ zwar bei unserem Beispiel, aber nicht allgemein zur Kennzeichnung der Gleichgewichtsarten brauchbar sind.

Bei der praktischen Verwendung eines Systems nach Abb. 5 wird man die Möglichkeit des Durchschlagens berücksichtigen müssen. Es ist zwar, wie wir gesehen haben, auch noch nach Überschreitung von A stabiles Gleichgewicht im Punkte D möglich. Erstens wird jedoch die dazu gehörende Verformung an sich schon unzulässig sein, zweitens wird aber auch bei konstant bleibender Last P_A der infolge der plötzlichen Bewegung mit Massenwirkungen verbundene Übergang von A nach D, eben das Durchschlagen, nicht in Kauf genommen werden können. Man muß also in der Regel *die Tragfähigkeit eines Systems beim Beginn des Durchschlagens als erschöpft ansehen*. Die Spannung kann dabei, hier besonders dann, wenn $h \ll l$ ist, noch weit unterhalb der Bruchgrenze liegen, so daß die Festigkeit des Werkstoffes noch lange nicht ausgenutzt zu sein braucht. Die zum Punkt A gehörende Last sei als *kritische Last* P_K bezeichnet. P_K läßt sich leicht aus (7) ermitteln. Dazu wird zweckmäßig der Winkel $\tilde\alpha$ eingeführt. Mit

$$\sin \tilde\alpha = \frac{h - f}{\sqrt{l^2 - 2hf + f^2}} \quad \text{und} \quad \tan \tilde\alpha = \frac{h - f}{a}$$

wird dann aus (7)

$$P = 2EF\left(\sin \tilde\alpha - \frac{a}{l} \tan \tilde\alpha\right).$$

Aus $\dfrac{dP}{d\tilde\alpha} = 0$ folgt für den zum kritischen Punkt A gehörenden Winkel $\tilde\alpha_K$

$$\cos^3 \tilde\alpha_K = \frac{a}{l}$$

und damit für die kritische Belastung

$$P_K = 2EF \sin^3 \tilde\alpha_K = 2EF\left[1 - \left(\frac{a}{l}\right)^{\frac{2}{3}}\right]^{\frac{3}{2}}. \tag{8}$$

Der Wert von P im Punkte C ist gleich $-P_K$.

3. Verzweigungsproblem. Der gewöhnliche Knickstab

a) Voraussetzungen und Bezeichnungen

Neben den Durchschlagproblemen gibt es eine weitere Klasse von Stabilitätsproblemen, bei denen jedoch das Kraft-Verformungsdiagramm in grundsätzlich anderer Weise als in Abb. 6 mehrdeutig wird. Wir wollen auch hier wieder die Zusammenhänge an Hand eines Beispiels untersuchen, und zwar am klassischen

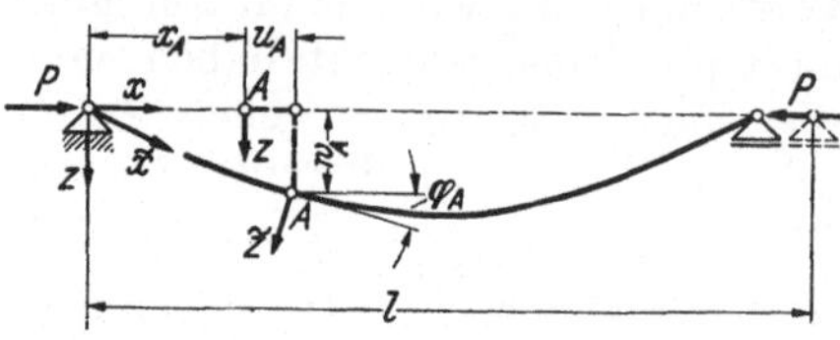

Abb. 7. Beiderseits gelenkig gelagerter Knickstab.

Beispiel des beiderseits gelenkig gelagerten und in einer Ebene sich verformenden Knickstabes, der in Abb. 7 dargestellt ist. Die rechnerischen Schwierigkeiten, die dabei auftreten, sind wesentlich größer als bei dem oben behandelten Durchschlagproblem. Wir werden daher bei den folgenden Betrachtungen, die an sich der Behandlung der grundsätzlichen Zusammenhänge dienen sollen, auch die anzuwendenden Rechenmethoden ausführlich besprechen müssen. Wir wollen zunächst die Annahmen und Voraussetzungen für die Rechnung klarstellen.

Ein „Stab" ist bekanntlich durch eine Reihe idealisierender Annahmen gekennzeichnet, die auf Grund seiner besonderen geometrischen Gestalt (Abmessungen des Querschnitts klein gegenüber den Abmessungen längs der Stabachse) möglich werden und seine Berechnung im Vergleich zu einer Berechnung als dreidimensionales elastisches Kontinuum erheblich vereinfachen. Wir wollen auch bei unseren Stabilitätsuntersuchungen das System von Abb. 7 als derartigen Stab auffassen, für den außerdem das HOOKEsche Gesetz unbeschränkt gelten soll, und die dementsprechenden Rechnungsannahmen machen. Diese müssen allerdings hier gegenüber der sonst üblichen Form noch etwas verschärft werden. Wir wollen voraussetzen, daß bei der Verformung des Stabes

1. die senkrecht zur Stabachse wirkenden Spannungen ohne Einfluß sind,
2. die Querschnitte eben bleiben,
3. die Querschnitte ihre Form behalten und
4. die Querschnitte auch zu der verformten Stabachse senkrecht stehen.

Die erste und zweite Voraussetzung sind in derselben Form auch in der technischen Balkenbiegungslehre üblich. Die dritte Annahme, nach der auch die Dehnungen senkrecht zur Stabachse vernachlässigt werden sollen, pflegt dagegen sonst zu fehlen. Solche Dehnungen entstehen durch die Querkontraktion der parallel zur Stabachse verlaufenden Fasern. Im Rahmen der klassischen Elastizitätslehre bringt diese Verzerrung der Querschnitte keine Erschwerung der Rechnung mit sich, da z. B. die entstehende Änderung des Trägheitsmomentes des Querschnittes als von höherer Ordnung klein vernachlässigt werden kann. Hier, wo wir uns nicht mehr auf lineare Glieder der Verschiebungen beschränken dürfen, würden jedoch die Querschnittsverzerrungen in die Rechnung eingehen. Die vierte Voraussetzung sagt aus, daß die in dem Stab durch Querkräfte hervorgerufenen Schubverformungen gleich Null gesetzt werden sollen. Diese Vernachlässigung wird auch in der gewöhnlichen Statik fast stets vorgenommen, da sie sich im allgemeinen als durchaus zulässig erwiesen hat. Eine exakte Berücksichtigung der Schubverformungen würde bei den folgenden Stabilitätsuntersuchungen erhebliche Schwierigkeiten bereiten.

Es seien nun die wichtigsten Bezeichnungen besprochen. Für Stabilitäts-
rechnungen ist die Wahl eines zweckmäßigen Koordinatensystems von größter
Bedeutung. Nach Abb. 7, in der insbesondere die Lage eines beliebigen Punktes A
der Stabachse vor und nach der Verformung angegeben ist, seien

x, z rechtwinklige Koordinaten eines beliebigen Punktes des Stabes *vor* der Verformung. Die
x-Achse wird vom linken Auflager aus längs der *unverformten* Stabachse gemessen. Die
Koordinate z gibt den Abstand des Punktes von der durch die Stabachse festgelegten
neutralen Ebene an.

$\bar{x}, \bar{z}$ Größen zur Festlegung eines beliebigen Punktes *nach* der Verformung. Die Kurven-
länge $\bar{x}$ wird längs der verformten Stabachse gemessen. $\bar{z}$ ist wieder der Abstand von
der neutralen Ebene, der zahlenmäßig gleich z ist, da wir Dehnungen senkrecht zur
Stabachse vernachlässigt haben.

u, w Verschiebungen eines Punktes der Stabachse in Richtung der x- bzw. z-Achse. In Abb. 7
ist zur Kennzeichnung des Vorzeichens von u eine positive Verschiebung des Punktes A
eingezeichnet, wenn u_A auch in Wirklichkeit einen negativen Wert haben wird.

φ Winkel zwischen der Tangente an die verformte Stabachse und der unverformten Achse.

In der klassischen Elastizitätslehre ist der Unterschied zwischen den Koordinaten x und $\bar{x}$ belanglos; hier müssen wir jedoch darauf achten. An sich kann jede
der beiden Größen bei Durchführung der Rechnung als unabhängige Veränderliche
benutzt werden. Wir wollen uns jedoch ein für allemal dafür entscheiden, die
Größe x zu bevorzugen, also die Verformung in Abhängigkeit von den Koordinaten des unverformten Systems anzugeben. Es zeigt sich nämlich, daß man
auf diese Weise besonders bei komplizierten Stabilitätsaufgaben den einfachsten und übersichtlichsten Rechnungsgang
erhält[1].

Ferner seien folgende Bezeichnungen benutzt:

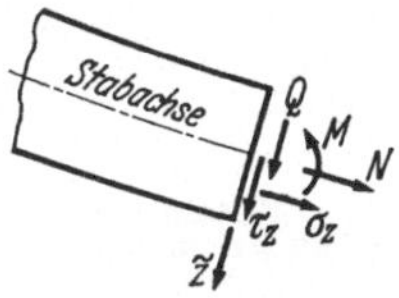

ε Dehnung der Stabachse,
l Länge des unverformten Stabes,
F Fläche und
I axiales Trägheitsmoment des Querschnitts,
E Elastizitätsmodul.

Abb. 8. Spannungen und Schnittkräfte im Stabquerschnitt.

Das Produkt EF wollen wir Dehnungssteifigkeit, das Produkt EI Biegesteifigkeit
nennen.

Aus Abb. 8 gehen die im Stabquerschnitt übertragenen Spannungen und
Schnittkräfte bzw. das Schnittmoment hervor. Die in einem Punkt mit dem Abstand z bzw. $\bar{z}$ von der neutralen Ebene wirkende Längsspannung sei mit σ_z, die
Schubspannung mit τ_z und die Dehnung der zugehörigen Faser des Stabes mit ε_z
bezeichnet. Die Längskraft sei N, die Querkraft Q und das Biegemoment M.

Das aus Abb. 8 hervorgehende Vorzeichen dieser Größen entspricht den üblichen Festsetzungen.

b) Elastizitätsgesetz für die Schnittgrößen

In der klassischen Elastizitätslehre gelten zwischen den Größen N und M und
den Verformungen der Stabachse die bekannten Beziehungen

$$N = EF\varepsilon = EFu',$$

$$M = -EI\varphi' = -EIw''.$$

---

[1] Beim Studium der älteren Literatur über Knicken von Stäben ist zu beachten, daß dort
meist als unabhängige Veränderliche weder x noch $\bar{x}$, sondern $x + u$, also die längs der *un*-
verformten Stabachse gemessene Koordinate eines Punktes *nach* der Verformung benutzt
wird.

Die zweite Gleichung ist die viel benutzte „Differentialgleichung der Biegelinie" eines Stabes. Eine entsprechende dritte Gleichung für die Querkraft Q gibt es bei den verwendeten Annahmen nicht, da ja die Schubverformungen näherungsweise gleich Null gesetzt sind und infolgedessen zwischen ihnen und der Querkraft keine Beziehung hergestellt werden kann. Unsere Aufgabe möge nun zunächst darin bestehen, durch eine erneute, exakte Ableitung unter Berücksichtigung höherer Glieder der Verschiebungen festzustellen, wie die obigen Beziehungen bei Stabilitätsuntersuchungen geändert bzw. ergänzt werden müssen.

Aus den im Stabquerschnitt übertragenen Spannungen erhält man durch Integration über die Querschnittsfläche F

$$N = \int\limits_{(F)} \sigma_z \, dF, \qquad Q = \int\limits_{(F)} \tau_z \, dF, \qquad M = \int\limits_{(F)} \sigma_z \bar{z} \, dF, \qquad (9\,\mathrm{a, b, c})$$

wobei dF ein Element der Querschnittsfläche ist. Der Vollständigkeit halber ist mit angeführt, wie sich die Querkraft aus den Schubspannungen zusammensetzt, wenn auch diese Beziehung aus dem erwähnten Grunde im folgenden nicht weiter interessiert.

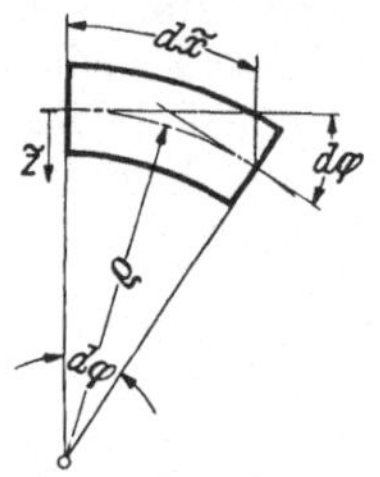

Das *Hookesche Gesetz* lautet für die Faser im Abstand $\bar{z}$

$$\sigma_z = E\,\varepsilon_z. \qquad (10)$$

Setzt man dieses in (9) ein, so ist die gestellte Aufgabe, N und M durch Verformungsgrößen der Stabachse auszudrücken, gelöst, wenn noch ε_z durch diese Größen ausgedrückt wird. Hierzu ist der Verformungszustand des Stabes näher zu untersuchen.

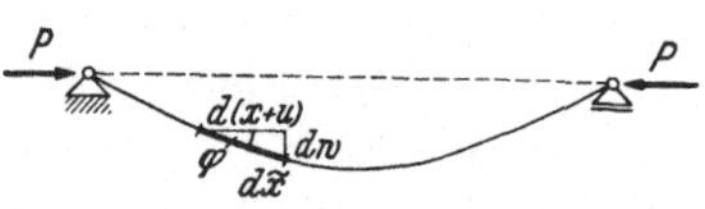

Abb. 9. Element des verformten Stabes.

In Abb. 9 ist ein Stabelement im verformten Zustand dargestellt. Die zu den beiden Schnittufern gehörenden Tangenten an die Stabachse schließen den Winkel $d\varphi$ miteinander ein. Die Krümmung des Elementes ist, um ein negatives Vorzeichen zu vermeiden, so gezeichnet, daß $d\varphi$ positiv ist. Das Ergebnis der Rechnung wird natürlich bei der in Abb. 7 dargestellten Knickform für den ganzen Stab eine negative Krümmung liefern. Der Krümmungsradius der Stabachse, den wir vorübergehend gebrauchen, sei ϱ.

Irgendeine durch die Koordinate z festgelegte Faser des Stabes hat vor der Verformung die Länge dx und nach der Verformung die Länge $(\varrho - \bar{z})\,d\varphi$. Die Dehnung ε_z der Faser ist damit

Abb. 10. Knickstab mit einem Element der verformten Stabachse und dessen Komponenten.

$$\varepsilon_z = \frac{(\varrho - \bar{z})\,d\varphi - dx}{dx}.$$

Wird zur Abkürzung die Differentiation nach x durch einen Strich gekennzeichnet, so wird

$$\varepsilon_z = (\varrho - \bar{z})\,\varphi' - 1.$$

Für $\bar{z} = 0$ muß $\varepsilon_z = \varepsilon$, d. h. gleich der Dehnung der Stabachse sein; also

$$\varepsilon = \varrho\,\varphi' - 1.$$

Damit ergibt sich

$$\varepsilon_z = \varepsilon - \varphi'\bar{z}. \qquad (11)$$

Den Zusammenhang zwischen ε und φ' und den Verschiebungen u und w können wir an Hand von Abb. 10 aufstellen. Ein Element der Stabachse hat vor der Verformung die Länge dx und nach der Verformung die Länge $d\tilde{x}$. Die Dehnung ε ist also

$$\varepsilon = \frac{d\tilde{x} - dx}{dx} = \frac{d\tilde{x}}{dx} - 1.$$

Ferner liest man aus Abb. 10 ab

$$d\tilde{x}^2 = d(x + u)^2 + dw^2$$

oder

$$\left(\frac{d\tilde{x}}{dx}\right)^2 = \left(1 + \frac{du}{dx}\right)^2 + \left(\frac{dw}{dx}\right)^2$$

$$= (1 + u')^2 + w'^2.$$

Es ist dann

$$\varepsilon = \sqrt{(1 + u')^2 + w'^2} - 1. \tag{12}$$

Für den Winkel φ bekommt man aus Abb. 10

$$\tan \varphi = \frac{dw}{d(x + u)} = \frac{\dfrac{dw}{dx}}{\dfrac{d(x+u)}{dx}}$$

oder

$$\varphi = \arctan \frac{w'}{1 + u'}$$

und daraus

$$\varphi' = \frac{w''(1 + u') - u'' w'}{(1 + u')^2 + w'^2}. \tag{13}$$

Bei dieser Gelegenheit seien gleich noch die Ausdrücke für $\sin \varphi$ und $\cos \varphi$ angegeben, die bei späteren Rechnungen ebenfalls benötigt werden:

$$\sin \varphi = \frac{dw}{d\tilde{x}} = \frac{dw}{dx}\frac{dx}{d\tilde{x}},$$

$$\cos \varphi = \frac{d(x + u)}{d\tilde{x}} = \frac{\dfrac{d(x+u)}{dx}}{\dfrac{d\tilde{x}}{dx}}.$$

Mit $\dfrac{d\tilde{x}}{dx} = 1 + \varepsilon$ wird

$$\sin \varphi = \frac{w'}{1 + \varepsilon}, \qquad \cos \varphi = \frac{1 + u'}{1 + \varepsilon}. \tag{14a, b}$$

Wir haben nun alle Beziehungen zusammen, die notwendig sind, um das gesuchte Elastizitätsgesetz für N und M aufzustellen. Wird zunächst (10) in (9a) eingesetzt, so ergibt sich für die Längskraft

$$N = E \int\limits_{(F)} \varepsilon_z \, dF.$$

Unter Benutzung von (11) wird daraus

$$N = E\varepsilon \int\limits_{(F)} dF - \varphi' E \int\limits_{(F)} \tilde{z} \, dF.$$

Das erste Integral ist die Querschnittsfläche F; das zweite ist das statische Moment des Querschnitts in bezug auf die Querschnittshauptachse $\bar{z} = 0$ und verschwindet infolgedessen. Man erhält also

$$N = EF\varepsilon.$$

In entsprechender Weise ergibt sich für das Biegemoment

$$
\begin{aligned}
M &= E \int\limits_{(F)} \varepsilon_z \bar{z}\, dF \\
&= E\varepsilon \int\limits_{(F)} \bar{z}\, dF - E\varphi' \int\limits_{(F)} \bar{z}^2\, dF \\
&= -EI\varphi',
\end{aligned}
$$

da das erste Integral wieder zu Null wird, und das zweite das Trägheitsmoment I darstellt. Zusammen mit den Beziehungen (12) und (13) erhalten wir dann das *Elastizitätsgesetz* für Längskraft und Biegemoment in der Form

$$
\left.
\begin{aligned}
N &= EF\varepsilon = EF\left[\sqrt{(1 + u')^2 + w'^2} - 1\right], \\
M &= -EI\varphi' = -EI\,\frac{w''(1 + u') - u''w'}{(1 + u')^2 + w'^2}.
\end{aligned}
\right\}
\qquad (15\,\text{a, b})
$$

Man erkennt, daß die Beziehungen der klassischen Elastizitätslehre ungeändert richtig bleiben, sofern man N und M durch ε und φ' ausdrückt. Bei Verwendung der rechtwinkligen Koordinaten u und w ergeben sich jedoch erhebliche Änderungen.

c) Gleichgewichtsbedingungen und Differentialgleichung

Die Gleichgewichtsbedingungen, die zwischen der äußeren Belastung P und den Schnittgrößen N, Q und M am *verformten* System bestehen, lassen sich sofort aus Abb. 7 ablesen zu

$$
\left.
\begin{aligned}
N + P\cos\varphi &= 0, \\
Q - P\sin\varphi &= 0, \\
M - Pw &= 0.
\end{aligned}
\right\}
\qquad (16\,\text{a, b, c})
$$

Vernachlässigen wir die Verformung, so wird $N = -P$, $Q = 0$, $M = 0$, und wir erhalten nur die Gleichgewichtslage des nicht ausgeknickten Stabes.

Aus (16) können wir leicht zwei Gleichungen zur Bestimmung der Stabverformung erhalten. Aus (16a) wird mit (15a)

$$EF\varepsilon + P\cos\varphi = 0. \qquad (17\,\text{a})$$

Differenzieren wir (16c) einmal nach x und setzen dann M nach (15b) und w' nach (14a) ein, so wird

$$(EI\varphi')' + P(1 + \varepsilon)\sin\varphi = 0. \qquad (17\,\text{b})$$

Die Beziehungen (17) stellen zwei Gleichungen für ε und φ dar. Nach Einführung der Verschiebungen u und w nach (12), (13) und (14) können wir statt (17) auch schreiben:

$$EF\left[\sqrt{(1+u')^2+w'^2}-1\right]+P\,\frac{1+u'}{\sqrt{(1+u')^2+w'^2}}=0,$$

$$EI\,\frac{w''(1+u')-u''w'}{(1+u')^2+w'^2}+Pw=0.$$

Diese letztere Darstellungsart ist zweifellos komplizierter und auch für die Integration weniger geeignet als (17). Wir wollen daher im folgenden die Größen ε und φ zunächst als abhängige Veränderliche beibehalten. Es sei jedoch schon darauf hingewiesen, daß bei den meisten Stabilitätsuntersuchungen die Benutzung der Verschiebungen selbst am zweckmäßigsten ist.

Eliminieren wir aus (17a) und (17b) die Größe ε, so ergibt sich eine Differentialgleichung für φ, die das Ergebnis aller bisherigen Rechnungen am Knickstab darstellt:

$$(EI\varphi')'+P\left(1-\frac{P}{EF}\cos\varphi\right)\sin\varphi=0. \tag{18}$$

Die Integration von (18) wird unsere nächste Aufgabe sein.

d) Integration der Differentialgleichung

Für die weitere Behandlung von Gl. (18) sei vorausgesetzt, daß die Dehnungssteifigkeit EF und die Biegesteifigkeit EI für den ganzen Stab konstant sind. Ferner sei zur Abkürzung

$$\lambda_1=\frac{P}{EI}, \qquad \lambda_2=\frac{P^2}{EFEI}$$

gesetzt. Aus (18) wird dann

$$\varphi''+\lambda_1\sin\varphi-\lambda_2\sin\varphi\cos\varphi=0. \tag{19}$$

Wir stellen zunächst fest, daß (19) durch die Lösung $\varphi\equiv0$ befriedigt wird. Damit erhalten wir

$$w=0, \qquad N=-P, \qquad \varepsilon=u'=-\frac{P}{EF}.$$

Bezeichnen wir die Verschiebung des beweglichen Auflagers des Stabes in Richtung von P wieder mit f, so wird für die Lösung $\varphi=0$

$$f=-u_{x=l}=-\int_0^l u'\,dx=\frac{P}{EF}\,l.$$

Der Zusammenhang zwischen P und f ist geradlinig; wir erhalten nur die Formeln für eine reine Zusammendrückung des Stabes, ein Ergebnis, das wir auch bekommen hätten, wenn wir uns von vornherein auf die klassische Elastizitätstheorie beschränkt hätten.

Die Lösung mit $\varphi\neq0$ ergibt sich wie folgt. Mit $\varphi''=\varphi'\,\dfrac{d\varphi'}{d\varphi}$ und $\sin\varphi\cos\varphi=\dfrac{1}{2}\sin2\varphi$ erhalten wir aus (19)

$$\varphi'd\varphi'=\left(-\lambda_1\sin\varphi+\frac{1}{2}\lambda_2\sin2\varphi\right)d\varphi.$$

Durch Integration beider Seiten dieser Gleichung ergibt sich

$$\frac{1}{2}\,\varphi'^2 = \lambda_1 \cos\varphi - \frac{1}{4}\,\lambda_2 \cos 2\varphi + C_1,$$

wobei C_1 eine Integrationskonstante ist. Für $x = 0$ nimmt φ seinen Maximalwert an, der mit φ_m bezeichnet sei. Ferner muß bei $x = 0$ wegen der gelenkigen Lagerung das Biegemoment M verschwinden und damit nach (15b) auch $\varphi' = 0$ sein. Aus diesen Bedingungen bestimmt sich C_1 zu

$$C_1 = -\lambda_1 \cos\varphi_m + \frac{1}{4}\,\lambda_2 \cos 2\varphi_m,$$

so daß wir

$$\varphi' = \pm \sqrt{2\lambda_1(\cos\varphi - \cos\varphi_m) - \frac{\lambda_2}{2}(\cos 2\varphi - \cos 2\varphi_m)}$$

erhalten. Durch die beiden Vorzeichen der Wurzel kommt die Tatsache zum Ausdruck, daß der Stab nach beiden Seiten ausknicken kann. Für die in Abb. 7 dargestellte Knickform mit positivem w ist die Ableitung φ' negativ, da φ mit wachsendem x kleiner wird; es ist infolgedessen hier das negative Vorzeichen der Wurzel zu nehmen. Für negative Durchbiegungen w gilt entsprechend das positive Vorzeichen. Wir erhalten ferner

$$x = \pm \int \frac{d\varphi}{\sqrt{2\lambda_1(\cos\varphi - \cos\varphi_m) - \frac{\lambda_2}{2}(\cos 2\varphi - \cos 2\varphi_m)}} + C_2, \qquad (20)$$

wobei C_2 wieder eine Integrationskonstante ist, deren Bestimmung weiter unten erfolgt.

Die Lösung der Differentialgleichung (19) ist also auf eine Quadratur zurückgeführt und damit im Prinzip erledigt. Das Integral läßt sich allerdings nicht in geschlossener Form durch elementare Funktionen ausdrücken, sondern gehört zu den elliptischen Integralen. Für bestimmte Grundtypen dieser Integrale ist unter Benutzung von Reihenentwicklungen die zahlenmäßige Berechnung weitgehend durchgeführt und tabellarisch zusammengestellt[1]. Es bleibt also nur noch die Aufgabe übrig, (20) so umzuformen, daß die Normalform entsteht, für die die Tabellen berechnet sind. Diese Umformung ist für die Betrachtung des Knickstabes als Stabilitätsproblem an sich unwesentlich und sei hier nur der Vollständigkeit halber angeführt. Wir können uns daher kurz fassen.

Mit

$$\cos\varphi = 1 - 2\sin^2\frac{\varphi}{2}, \qquad \cos 2\varphi = 1 - 8\sin^2\frac{\varphi}{2} + 8\sin^4\frac{\varphi}{2}$$

wird aus (20)

$$x = \pm \int \frac{d\varphi}{\sqrt{4(\lambda_1 - \lambda_2)\left(\sin^2\frac{\varphi_m}{2} - \sin^2\frac{\varphi}{2}\right)\left[1 + \frac{\lambda_2}{\lambda_1 - \lambda_2}\left(\sin^2\frac{\varphi_m}{2} + \sin^2\frac{\varphi}{2}\right)\right]}} + C_2.$$

Setzt man vorübergehend zur Abkürzung

$$p = \sin^2\frac{\varphi_m}{2}, \qquad q = \frac{\lambda_2}{\lambda_1 - \lambda_2}\sin^2\frac{\varphi_m}{2}$$

---

[1] Jahnke-Emde-Lösch: Tafeln höherer Funktionen, 7. Aufl., Stuttgart 1966.

und führt die neue Veränderliche z durch die Beziehung

$$\sin\frac{\varphi}{2} = \sqrt{pz}, \qquad d\varphi = \frac{p}{\sqrt{pz}}\,\frac{1}{\sqrt{1-pz}}\,dz$$

ein, so wird

$$x = \pm\frac{1}{2\sqrt{\lambda_1 - \lambda_2}}\int\frac{dz}{\sqrt{z(1-z)(1-pz)(1+q+qz)}} + C_2.$$

Durch die Substitution

$$z = \frac{u}{a+bu}, \qquad dz = \frac{a}{(a+bu)^2}\,du$$

mit der Veränderlichen u und den Konstanten

$$a = \frac{1+2q}{1+q}, \qquad b = -\frac{q}{1+q}$$

ergibt sich

$$x = \pm\frac{1}{2\sqrt{(\lambda_1 - \lambda_2)(1+2q)}}\int\frac{du}{\sqrt{u(1-u)\left(1-\dfrac{p-b}{a}u\right)}} + C_2.$$

Setzt man schließlich noch

$$u = \sin^2\vartheta, \qquad du = 2\sin\vartheta\cos\vartheta\,d\vartheta$$

und zur Abkürzung

$$K = \frac{1}{\sqrt{(\lambda_1 - \lambda_2)(1+2q)}}, \qquad k^2 = \frac{p-b}{a},$$

so wird

$$x = \pm K\int\frac{d\vartheta}{\sqrt{1-k^2\sin^2\vartheta}} + C_2. \tag{21}$$

Dabei gelten für die im Laufe der Rechnung neu eingeführten Bezeichnungen, wenn diese wieder durch die ursprünglichen Größen ausgedrückt werden, folgende Beziehungen

$$\left.\begin{aligned}
K &= \frac{1}{\sqrt{(\lambda_1 - \lambda_2)\left(1 + 2\dfrac{\lambda_2}{\lambda_1 - \lambda_2}\sin^2\dfrac{\varphi_m}{2}\right)}}, \\[2ex]
k^2 &= \sin^2\frac{\varphi_m}{2}\,\frac{\dfrac{\lambda_1}{\lambda_1 - \lambda_2} + \dfrac{\lambda_2}{\lambda_1 - \lambda_2}\sin^2\dfrac{\varphi_m}{2}}{1 + 2\dfrac{\lambda_2}{\lambda_1 - \lambda_2}\sin^2\dfrac{\varphi_m}{2}}, \\[2ex]
\sin\vartheta &= \sin\frac{\varphi}{2}\sqrt{\frac{1}{\sin^2\dfrac{\varphi_m}{2}}\,\frac{1 + 2\dfrac{\lambda_2}{\lambda_1 - \lambda_2}\sin^2\dfrac{\varphi_m}{2}}{1 + \dfrac{\lambda_2}{\lambda_1 - \lambda_2}\left(\sin^2\dfrac{\varphi_m}{2} + \sin^2\dfrac{\varphi}{2}\right)}}.
\end{aligned}\right\} \tag{22a, b, c}$$

Es werde jetzt die Konstante C_2 festgelegt. Hierzu führen wir in dem Integral in (21) die Grenzen 0 und ϑ ein und benutzen die Randbedingung, daß am linken Auflager bei $x = 0$ für die Durchbiegung mit positivem w, für die das negative

Vorzeichen in (21) gilt, $\varphi = \varphi_m$ und $\vartheta = \dfrac{\pi}{2}$ sein muß. Wir erhalten dann

$$C_2 = K \int\limits_0^{\frac{\pi}{2}} \frac{d\vartheta}{\sqrt{1 - k^2 \sin^2 \vartheta}}$$

und damit für (21) die endgültige Form

$$x = K \left(\int\limits_0^{\frac{\pi}{2}} \frac{d\vartheta}{\sqrt{1 - k^2 \sin^2 \vartheta}} \pm \int\limits_0^{\vartheta} \frac{d\vartheta}{\sqrt{1 - k^2 \sin^2 \vartheta}} \right). \tag{23}$$

Diese beiden Integrale stellen die „LEGENDREsche Normalform der elliptischen Integrale erster Gattung" dar. Die erforderliche Umformung von (20) ist damit erledigt.

Für gegebene Werte der Steifigkeiten, der Belastung und des Winkels φ_m können wir nun auf Grund der vorliegenden Tabellenwerke zunächst x als Funktion von ϑ und daraus φ in Abhängigkeit von x erhalten. Aus (17 a) folgt weiter die Dehnung ε. Will man auch noch die Verschiebungen u und w ermitteln, so berechnet man am einfachsten aus (14) die Ableitungen u' und w' und erhält dann u und w selbst durch eine Integration über x, die sich z. B. nach irgendeinem der üblichen numerischen Integrationsverfahren leicht erledigen läßt.

e) Weitere Ergebnisse und Näherungsformeln

Aus den bereits aufgestellten Formeln seien noch einige Beziehungen abgeleitet, die für die dann folgende ausführliche Besprechung des Rechnungsergebnisses von Nutzen sind. Nach den obigen Ausführungen läßt sich die Bestimmung des Verformungszustandes des Stabes leicht durchführen, wenn die Belastung P und die Anfangssteigung φ_m gegeben sind. Die Stablänge l ist dabei nicht als vorgegeben anzusehen, sondern ist erst ein Ergebnis der Rechnung. Praktisch wird natürlich meist umgekehrt P und l gegeben und φ_m gesucht sein. Es ist daher von Interesse, eine Beziehung zwischen P, l und φ_m aufzustellen.

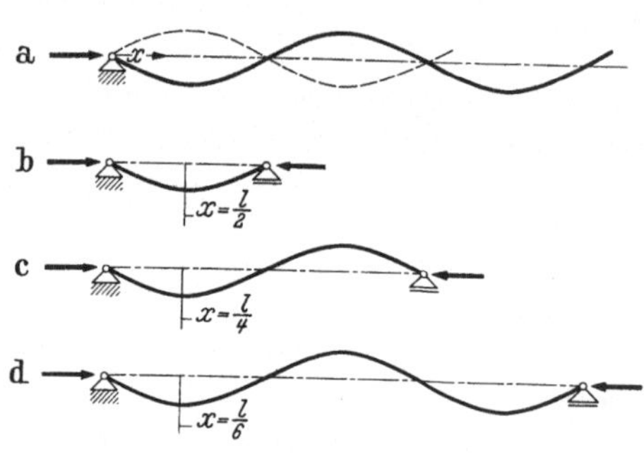

Abb. 11 a—d.
Verschiedene Biegelinien des Knickstabes.

Hierzu müssen wir uns zunächst eine allgemeingültige wichtige Eigenschaft der Biegelinie des ausgeknickten Stabes klarmachen. Ermittelt man die Knickform in der oben beschriebenen Weise aus (23), so stellt man bei Benutzung der Formeln und Tabellen, die für die hier in Frage kommenden elliptischen Funktionen gelten, fest, *daß der Winkel φ und damit auch die Durchbiegung w einen periodischen Verlauf über x haben*[1]. Wir bekommen also für die Biegelinie z. B. den in Abb. 11 a dargestellten wellen-

---

[1] Vgl. auch z. B. FRANK-MISES: Differentialgleichungen und Integralgleichungen der Mechanik und Physik, unveränderter Nachdruck d. 2. Aufl., Braunschweig 1961, S. 167.

förmigen Verlauf. Diese Eigenschaft der Biegelinie kann man sich auch an Hand des Integranden von (20) ohne weiteres überlegen und besonders beim Grenzübergang zu kleinen Winkeln φ leicht klarmachen. In diesem Fall bekommt man nämlich aus (20), wenn man dort die Kosinusglieder in eine Reihe entwickelt und nur die quadratischen Glieder von φ und φ_m beibehält, den Näherungsausdruck

$$x \approx \pm \int \frac{d\varphi}{\sqrt{(\lambda_1 - \lambda_2)(\varphi_m^2 - \varphi^2)}} + C_2,$$

dessen Genauigkeit beliebig groß wird, falls man sich auf hinreichend kleine Winkel φ beschränkt. Die Integration läßt sich jetzt leicht durchführen und liefert

$$x \approx \frac{1}{\sqrt{\lambda_1 - \lambda_2}} \arccos \frac{\varphi}{\varphi_m},$$

$$\varphi \approx \varphi_m \cos \sqrt{\lambda_1 - \lambda_2}\, x. \tag{24}$$

Die Integrationskonstante C_2 verschwindet dabei, da die Form (24) der Randbedingung $\varphi = \varphi_m$ für $x = 0$ genügt. Wir erhalten also jetzt das einfache Ergebnis, daß φ als Funktion von x einen kosinusförmigen Verlauf hat.

Die periodische Gestalt der Biegelinie bedeutet, daß wir bei *gegebenem* φ_m eine Knickform bekommen, die nicht nur für *eine* Stablänge richtig ist, sondern für unendlich viele verschiedene Längen l gilt. Diese sind dadurch gegeben, daß das verschiebliche Lager des Stabes sich in einem Knotenpunkt der Biegelinie befinden muß. Ist jedoch nicht mehr φ_m, sondern die Stablänge l vorgeschrieben, *so sind unendlich viele Biegelinien möglich*, die sich durch die Anzahl der innerhalb der Stablänge liegenden Knotenpunkte unterscheiden. Abb. 11b zeigt die einfachste Knickform, die wir der Anschaulichkeit halber in Abb. 7 unserer Betrachtung zugrunde gelegt haben. Abb. 11c zeigt die Knickform mit einem Knotenpunkt, Abb. 11d mit zwei Knotenpunkten. Man erkennt daraus folgendes. Vom linken Auflager, also von $x = 0$ ausgehend, nimmt der Winkel φ mit wachsendem x in Abb. 11b den Wert Null zuerst bei $x = \frac{l}{2}$, in Abb. 11c bei $x = \frac{l}{4}$, in Abb. 11d bei $x = \frac{l}{6}$ und allgemein bei $x = \frac{l}{2n}$ $(n = 1, 2, 3, \dots)$ an. Danach erhalten wir die Randbedingung, daß für $x = \frac{l}{2n}$ der Winkel φ und damit auch ϑ zum erstenmal gleich Null wird. An dieser Stelle bleibt dann von (23) nur noch das „vollständige" elliptische Integral[1]

$$\frac{l}{2n} = K \int_0^{\frac{\pi}{2}} \frac{d\vartheta}{\sqrt{1 - k^2 \sin^2 \vartheta}} \left.\vphantom{\int_0^{\frac{\pi}{2}}}\right\}$$
$$= K \frac{\pi}{2} \left[1 + \left(\frac{1}{2}\right)^2 k^2 + \left(\frac{1 \cdot 3}{2 \cdot 4}\right)^2 k^4 + \cdots \right] \tag{25}$$

übrig. Wir haben damit die gesuchte Beziehung zwischen P, φ_m und l gefunden, nach der sich l als Funktion von φ_m und damit auch φ_m bei gegebenem l bestimmen läßt.

Die Gl. (25) gibt uns weiterhin die Möglichkeit, für gegebene Systemabmessungen die Lasten P zu ermitteln, für die bei den verschiedenen Biegelinien der

---

[1] JAHNKE-EMDE-LÖSCH, s. Fußnote 1, S. 14.

Beginn des Ausknickens eintritt. Dieser ist durch $\varphi_m = 0$ gekennzeichnet. Nach (22) wird dafür $k = 0$, $K = \dfrac{1}{\sqrt{\lambda_1 - \lambda_2}}$, und nach (25)

$$\lambda_1 - \lambda_2 = \frac{n^2 \pi^2}{l^2}.$$

Bezeichnet man die Werte von P, bei denen ein Beginn des Ausknickens möglich ist, mit P_0, so ist

$$\lambda_1 = \frac{P_0}{EI}, \qquad \lambda_2 = \frac{P_0^2}{EFEI}$$

zu setzen. Man erhält dann

$$P_0 = n^2 \frac{\pi^2 EI}{l^2} \frac{1}{1 - \dfrac{P_0}{EF}}. \tag{26}$$

Mit Hilfe der bisher aufgestellten Beziehungen kann für beliebig große Werte der auftretenden Verschiebungen die Gestalt der Biegelinie exakt ermittelt werden. Die Formeln sind jedoch wegen ihrer Kompliziertheit nicht besonders gut dazu geeignet, einen allgemeinen Überblick über das Verhalten des Stabes zu vermitteln. Da aus praktischen Gründen hauptsächlich die Zusammenhänge beim Beginn des Ausknickens interessieren, wollen wir noch einige übersichtliche Näherungsformeln ableiten, die für *kleine* Winkel φ gelten. Wir wollen dazu alle in Betracht kommenden Ausdrücke nach Potenzen von φ bzw. φ_m entwickeln und nur die Glieder niedrigsten Grades beibehalten, die gerade notwendig sind, um die Lösung nicht trivial werden zu lassen. Wir hatten auf diese Weise bereits oben für den Verlauf des Winkels φ in Abhängigkeit von x die Näherung (24) erhalten. Darin können wir noch mit $\varphi_m \approx 0$ die zur Aufstellung von (26) schon benutzte, für $\varphi_m = 0$ exakt richtige Beziehung $\lambda_1 - \lambda_2 \approx \dfrac{n^2 \pi^2}{l^2}$ einführen und erhalten dann die Form

$$\varphi = \varphi_m \cos \frac{n\pi}{l} x. \tag{27}$$

Aus (25) folgt weiter

$$\frac{l}{2n} = \frac{1}{\sqrt{(\lambda_1 - \lambda_2)\left(1 + 2\dfrac{\lambda_2}{\lambda_1 - \lambda_2} \sin^2 \dfrac{\varphi_m}{2}\right)}} \frac{\pi}{2}\left(1 + \frac{1}{4}\frac{\lambda_1}{\lambda_1 - \lambda_2} \sin^2 \frac{\varphi_m}{2} + \cdots\right)$$

$$= \frac{\pi}{2\sqrt{\lambda_1 - \lambda_2}}\left(1 - \frac{\lambda_2}{\lambda_1 - \lambda_2} \sin^2 \frac{\varphi_m}{2} + \cdots\right)\left(1 + \frac{1}{4}\frac{\lambda_1}{\lambda_1 - \lambda_2} \sin^2 \frac{\varphi_m}{2} + \cdots\right)$$

$$= \frac{\pi}{2\sqrt{\lambda_1 - \lambda_2}}\left(1 + \frac{1}{16}\frac{\lambda_1 - 4\lambda_2}{\lambda_1 - \lambda_2} \varphi_m^2 + \cdots\right),$$

$$\frac{l^2}{n^2 \pi^2}(\lambda_1 - \lambda_2) = 1 + \frac{1}{8}\frac{\lambda_1 - 4\lambda_2}{\lambda_1 - \lambda_2} \varphi_m^2 + \cdots.$$

Beschränken wir uns jetzt auf die quadratischen Glieder von φ_m, so wird

$$\varphi_m^2 \approx 8 \frac{\lambda_1 - \lambda_2}{\lambda_1 - 4\lambda_2}\left[\frac{l^2}{n^2 \pi^2}(\lambda_1 - \lambda_2) - 1\right]$$

$$\varphi_m^2 \approx 8 \frac{1 - \dfrac{P}{EF}}{1 - 4\dfrac{P}{EF}}\left[\frac{l^2}{n^2 \pi^2} \frac{P}{EI}\left(1 - \frac{P}{EF}\right) - 1\right] \tag{28}$$

oder auch, wenn wir nach (26)

$$\frac{l^2}{n^2\,\pi^2\,EI} = \frac{1}{P_0\left(1 - \dfrac{P_0}{EF}\right)}$$

setzen,

$$\varphi_m^2 \approx 8\,\frac{1 - \dfrac{P}{EF}}{1 - 4\dfrac{P}{EF}}\left(\frac{P}{P_0}\,\frac{1 - \dfrac{P}{EF}}{1 - \dfrac{P_0}{EF}} - 1\right).\qquad(29)$$

Aus (14a) und (17a) ergibt sich für die Durchbiegung w

$$w' = (1 + \varepsilon)\sin\varphi = \left(1 - \frac{P}{EF}\cos\varphi\right)\sin\varphi$$

$$\approx \left(1 - \frac{P}{EF}\right)\varphi$$

und unter Benutzung von (27) nach Integration

$$w \approx \left(1 - \frac{P}{EF}\right)\frac{l}{n\pi}\,\varphi_m\,\sin\frac{n\pi}{l}\,x.\qquad(30)$$

Die Integrationskonstante ist gleich Null, da w für $x = 0$ verschwinden muß. Schließlich sei noch die Verschiebung u berechnet. Nach (14b) und (17a) ist

$$u' = (1 + \varepsilon)\cos\varphi - 1$$

$$= \left(1 - \frac{P}{EF}\cos\varphi\right)\cos\varphi - 1.$$

Mit (27) folgt nach Integration, wobei die Integrationskonstante ebenfalls verschwindet,

$$u \approx -\frac{P}{EF}\,x - \frac{1}{4}\left(1 - 2\frac{P}{EF}\right)\varphi_m^2\left(\frac{l}{2n\pi}\sin 2\frac{n\pi}{l}\,x + x\right).\qquad(31)$$

Bezeichnen wir die Verschiebung des rechten Auflagers des Knickstabes wieder mit f, so wird

$$f \approx \left[\frac{P}{EF} + \frac{1}{4}\left(1 - 2\frac{P}{EF}\right)\varphi_m^2\right]l.\qquad(32)$$

f) Besprechung der Ergebnisse

Wir wollen uns nun das Ergebnis der Rechnung anschaulich klarmachen, soweit das noch nicht geschehen ist. Es wurde bereits darauf hingewiesen, daß bei Beschränkung auf kleine Winkel φ der Verlauf von φ über x eine Kosinuslinie ist. Für w ergibt sich dann eine Sinuslinie, deren Gestalt aus (30) und (28) entnommen werden kann. Die maximale Durchbiegung tritt auf, wenn der Sinus gleich Eins wird, und sei mit w_m bezeichnet. Wir wollen nun vor allem den Zusammenhang zwischen diesem w_m und der Belastung P und ferner zwischen der Verschiebung f des beweglichen Auflagers und P betrachten, da w_m und f zwei für die Verformung des Stabes besonders charakteristische Größen sind. Hierzu ist in Abb. 12 P als Funktion von w_m und in Abb. 13 P als Funktion von f schematisch dargestellt.

In beiden Abbildungen erscheint zunächst die für den nicht ausgeknickten Stab gültige Lösung $w \equiv 0$ bzw. $P = \dfrac{EF}{l}\, f$. Die uns hier vor allem interessierenden, zum ausgeknickten Stab gehörenden Lösungen mit $w \neq 0$ werden durch eine Schar unendlich vieler Kurvenäste dargestellt, die sich durch den Parameter n und damit durch die Gestalt der Biegelinie unterscheiden. Zu $n = 1$ gehört dabei eine Biegelinie ohne Knoten zwischen den Auflagern, zu $n = 2$ die Knickform mit einem Knoten usw., wie wir bereits bei Besprechung von Abb. 11 festgestellt hatten. Die einzelnen Kurven zweigen von den Geraden, die das Verhalten des nicht ausgeknickten Stabes kennzeichnen, in den Punkten $P = P_0$ ab, die durch (26) gegeben sind. Abb. 12 zeigt, daß positive und negative Werte von w möglich sind und ein Vorzeichenwechsel von w die Größe der Last P nicht beeinflußt, während nach Abb. 13 nur positive Werte von f (bei positivem P) auftreten können, was anschaulich selbstverständlich ist.

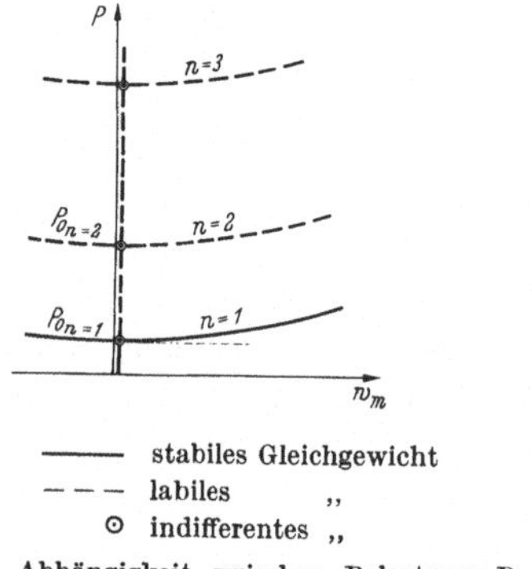

——— stabiles Gleichgewicht
– – – labiles   „
⊙ indifferentes „

Abb. 12. Abhängigkeit zwischen Belastung P und größter Durchbiegung w_m beim Knickstab.

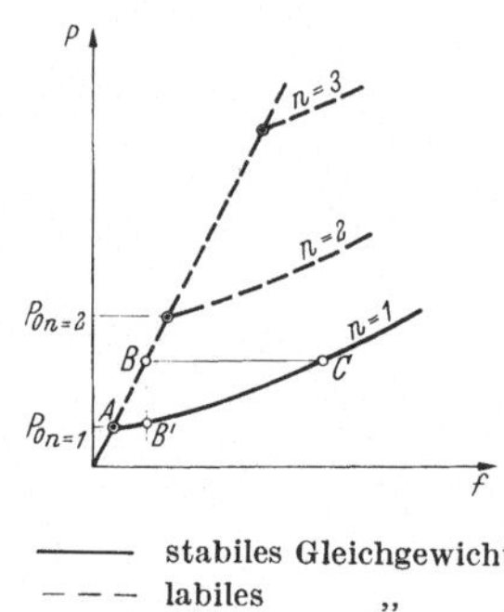

——— stabiles Gleichgewicht
– – – labiles   „
⊙ indifferentes „

Abb. 13. Abhängigkeit zwischen Belastung P und Verschiebung f des Kraftangriffspunktes beim Knickstab.

Wir sehen nun, daß uns *die Untersuchung des Knickstabes wieder auf ein Mehrdeutigkeitsproblem geführt hat.* Bei kleinen Belastungen ist zwar nur der Gleichgewichtszustand des nicht ausgeknickten Stabes möglich, bei $P_{0_{n=1}} < P < P_{0_{n=2}}$ sind jedoch bereits drei verschiedene Gleichgewichtslagen (der gerade Stab und die Knickform $n = 1$ mit positivem und negativem φ_m) denkbar und, wenn wir P noch weiter steigern, kommen den neu auftretenden Kurvenästen entsprechend immer mehr Verschiebungswerte hinzu, die bei *einem* Wert von P auftreten können. Während bei den Durchschlagproblemen die Mehrdeutigkeit dadurch zustande kam, daß die Kurve P als Funktion von f nach Überschreitung eines Maximums wieder umkehrte, entsteht hier die Mehrdeutigkeit dadurch, daß von dem Kurventeil, der das nicht ausgeknickte System charakterisiert, die übrigen Kurvenäste abzweigen. Wir wollen daher diese Art von Problemen *Verzweigungsprobleme* nennen. Selbstverständlich werden wir auch schon dann von einem Verzweigungsproblem sprechen, wenn nur ein Kurvenast und nicht wie beim Knickstab mehrere Äste von der ersten Lösung abzweigen.

Daß uns die Mehrdeutigkeit des Verzweigungsproblems tatsächlich wieder ein Stabilitätsproblem liefert, ist wegen der Anschaulichkeit des Knickvorganges durch die folgende Betrachtung, die sich auf nicht zu große Ausbiegungen des Stabes beschränken möge, ebenfalls leicht einzusehen. Solange die Kraft P kleiner ist als der kleinste Wert von P_0, der für $n = 1$ auftritt, solange wir uns also unterhalb des Punktes A in Abb. 13 befinden, ist überhaupt kein Ausknicken möglich, und es ist ohne weiteres klar, daß sich dann der Stab in der gestreckten

Gleichgewichtslage im stabilen Gleichgewicht befindet. Betrachten wir jedoch einen Punkt B oberhalb von A, so können wir dazu einen Punkt B' angeben, den wir erreichen können, indem wir, ohne die Verschiebung f_B zu ändern, die reine Zusammendrückung des Stabes in der erforderlichen Weise in den neuen Verformungszustand mit Durchbiegungen w umsetzen. Lassen wir die Störung, die diese Verschiebungen w erzeugt hat, wieder aufhören, so wird sich in B' das System mit der Kraft P_B nicht mehr im Gleichgewicht befinden. Da aber $P_B > P_{B'}$ ist und der Überschuß in Richtung von f wirkt, wird das System nicht in die Ausgangslage B zurückkehren wollen, sondern bestrebt sein, noch weiter auszuknicken, und zwar bis zum Punkt C, wo dann wieder Gleichgewicht herrscht. Wir werden danach den zu Punkt B gehörenden Gleichgewichtszustand als labil und den zu C gehörenden wieder als stabil bezeichnen.

Durch eine ähnliche Betrachtung der übrigen Kurvenpunkte von Abb. 13 finden wir, daß es mit unserer anschaulichen Vorstellung von dem Verhalten des Knickstabes nicht anders vereinbar ist, als daß wir den in Abb. 12 und 13 ausgezogenen Kurventeilen stabiles und den übrigen gestrichelt gezeichneten Kurvenästen labiles Gleichgewicht zuschreiben. Oberhalb A ist also nur die zu $n = 1$ gehörende Biegelinie ohne Knoten stabil, während die Gleichgewichtslage des gestreckten Stabes und die Knickformen $n > 1$ labil sind. Im Punkte A, in dem der Übergang zwischen dem stabilen und dem labilen Bereich stattfindet, werden wir das Gleichgewicht indifferent nennen. In den übrigen Verzweigungspunkten $P = P_0$ wollen wir das Gleichgewicht als labil *und* indifferent bezeichnen. Labil deswegen, weil der Stab bei einer Störung mit der Knickform $n = 1$ ohne Knotenlinie wegknicken kann; indifferent deshalb, weil ja der Übergang vom Zustand des nicht ausgeknickten Stabes in die, wenn auch labile Knickform mit $n > 1$ schließlich auch möglich ist, falls man nur dafür sorgt, daß keine Störung auftritt, die geeignet wäre, das Ausknicken in die Form $n = 1$ einzuleiten.

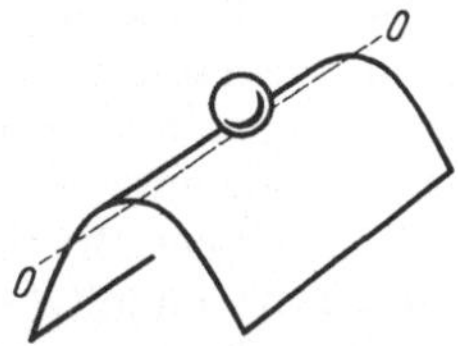

Abb. 14. Labile und indifferente Gleichgewichtslagen bei der rollenden Kugel.

Das gleichzeitige Auftreten labiler und indifferenter Gleichgewichtszustände können wir uns an dem durch Abb. 1 gekennzeichneten Stabilitätsproblem der rollenden Kugel anschaulich leicht klarmachen. Wir brauchen uns dazu nur vorzustellen, daß die Kugel nicht nur längs einer ebenen *Kurve* rollen kann, sondern räumliche Bewegungsmöglichkeiten auf einer *Fläche* hat, wie es durch Abb. 14 angedeutet wird. Man erkennt, daß im allgemeinen bei beliebig gerichteten Störungen das Gleichgewicht labil ist. Wenn wir jedoch lediglich solche Störungen betrachten, die eine Verschiebung der Kugel in Richtung der Geraden 0—0 hervorrufen, so erweist sich dabei das Gleichgewicht als indifferent.

Wir wollen uns nun überlegen, welche praktische Bedeutung dem Vorgang des Ausknickens im Hinblick auf die Tragfähigkeit des Systems zukommt. Beim Durchschlagproblem hatten wir die Überschreitung der Stabilitätsgrenze als unzulässig angesehen, weil sich daran ein labiler Bereich anschloß und der nächste stabile Bereich nur nach großen und mit Massenwirkungen verbundenen Verformungen erreicht werden konnte. Hier liegen jedoch die Verhältnisse etwas anders. Nach Überschreitung der Last $P_{0_{n=1}}$ schließt sich an die Gleichgewichtsform des geraden Stabes in stetigem Übergang die ebenfalls stabile Gleichgewichtsform des ausgeknickten Stabes an. Da aber dem Stab beim Ausknicken nichts anderes geschieht, als daß zu der vorher vorhandenen reinen Längsbeanspruchung nun noch eine an sich durchaus zu beherrschende Biegungsbeanspruchung allmählich hinzukommt, müssen wir zunächst annehmen, daß ein Stab auch im ausgeknickten Zustand ein brauchbares Bauglied darstellt.

Zur näheren Untersuchung dieser Vermutung sei die Durchbiegung w_m bei einem Zahlenbeispiel berechnet. Wir können hierzu in den Formeln (29) und (30) die Größen $\frac{P}{EF}$ und $\frac{P_0}{EF}$ vernachlässigen, da sie sich stets als Zahlenwerte erweisen, die gegenüber Eins klein sind. Wir werden im übrigen auf diese Tatsache weiter unten wieder zurückkommen und sie noch ausführlicher begründen. Wir bekommen dann für $n = 1$

$$w_m \approx \frac{l}{\pi}\,\sqrt{8\left(\frac{P}{P_{0_{n=1}}} - 1\right)}\,.$$

Wir wollen nun annehmen, daß die Belastung P um nur 10% über den Knickwert $P_{0_{n=1}}$ gesteigert sei, daß also $P = 1{,}1\,P_{0_{n=1}}$ sei. Wir erhalten damit

$$w_m \approx \frac{l}{\pi}\,\sqrt{8\,(1{,}1 - 1)} = 0{,}285\,l\,,$$

also eine Durchbiegung, die fast 30% der Stablänge beträgt.

Unter Berücksichtigung dieses Ergebnisses erscheint die Knickgrenze in einem ganz anderen Licht als vorher; denn wir müssen selbstverständlich derartig große Verformungen als unzulässig bezeichnen, ganz abgesehen davon, daß es nur selten Bauglieder geben wird, bei denen solche Verformungen ohne Zerstörung des Werkstoffs möglich sein werden. Wir könnten also einen Stab im ausgeknickten Zustand nur dann verwenden, wenn wir uns auf ganz geringe Überschreitungen der Knickgrenze beschränken würden, d. h. auf einen Bereich, der etwa der Rechengenauigkeit entspricht, mit der sich die Last P normalerweise — z. B. als Stabkraft in einem Brückenfachwerk — festlegen läßt. Wir müssen danach folgern, daß ein Stab nach dem Ausknicken nur noch theoretisch brauchbar ist, *praktisch jedoch seine Verwendbarkeit mit dem Ausknicken beendet ist.* Wir sind also berechtigt, genau wie beim Durchschlagproblem, die zur Stabilitätsgrenze gehörende Last als *kritische* Last zu bezeichnen, in diesem Fall also $P_{0_{n=1}} = P_K$ zu setzen. Es muß allerdings in diesem Zusammenhang darauf hingewiesen werden, daß es bei den Verzweigungsproblemen auch einige Ausnahmen gibt, bei denen selbst eine erhebliche Steigerung über die Stabilitätsgrenze noch praktisch zulässig ist. Hierauf sei jedoch erst in einem späteren Abschnitt näher eingegangen.

g) Besonderheiten des Knickstabes. Allgemeiner Fall eines Verzweigungsproblems

Wir haben unseren bisherigen Betrachtungen den beiderseits gelenkig gelagerten Knickstab zugrunde gelegt, weil er von allen Verzweigungsproblemen das einfachste Beispiel von größerer praktischer Bedeutung ist. Der Knickstab ist jedoch nicht in jeder Hinsicht ein Musterbeispiel für ein Verzweigungsproblem allgemeiner Art, sondern weist einige Besonderheiten auf, die im folgenden näher betrachtet seien.

Als erstes wollen wir hier die bereits oben zur Abschätzung der Stabdurchbiegung benutzte Tatsache besprechen, daß $\frac{P}{EF}$ eine vernachlässigbar kleine Größe ist. Aus (17a) erkennen wir, daß $-\frac{P}{EF}$ die Dehnung der Stabachse an den Stellen $\varphi = 0$ ist. Für diese Dehnung kommen selbstverständlich praktisch nur Werte in Frage, die auf jeden Fall kleiner als die Dehnung an der Fließgrenze des betreffenden Werkstoffes sind. Haben wir etwa einen Stahl mit einer Fließgrenze von $2400\ \text{kp/cm}^2 = 23{,}54\ \text{kN/cm}^2$ und einem Elastizitätsmodul von $2\,100\,000\ \text{kp/cm}^2 = 20\,594\ \text{kN/cm}^2$, so kann die Dehnung nie größer als $0{,}00114$

werden. Sie ist deshalb eine gegenüber Eins kleine Zahl. An den oben aufgestellten Formeln, die das Verhalten des Knickstabes beschreiben, stellt man nun leicht fest, daß $\frac{P}{EF}$ auch tatsächlich überall neben Zahlen steht, die von der Größenordnung der Einheit sind. Wir können also die Dehnung der Stabachse bei den meisten Werkstoffen — eine Ausnahme würde z. B. Gummi sein — mit guter Näherung vernachlässigen und von vornherein eine undehnbare Stabachse voraussetzen.

Die abgeleiteten Formeln vereinfachen sich dann erheblich. Insbesondere erhalten wir für die praktisch wichtigste Formel zur Berechnung von Knickstäben aus (26)

$$P_K \approx \frac{\pi^2 E I}{l^2}. \tag{33}$$

Das ist die bekannte *Eulersche Knickformel*, die also nur bei Annahme einer dehnungslosen Stabachse exakt richtig ist und sonst eine etwas zu kleine kritische Last liefert. In der Differentialgleichung (18) können wir $\frac{P}{EF} = 0$ und ferner $\varphi' = \frac{d\varphi}{d\tilde{x}}$ setzen, da jetzt die Länge dx eines Elementes der unverformten Stabachse gleich der Länge $d\tilde{x}$ bei der verformten Stabachse ist. Wir erhalten dann bei konstantem $E I$ die Gleichung

$$E I \frac{d^2\varphi}{d\tilde{x}^2} + P \sin\varphi = 0,$$

die in der Literatur fast allen Untersuchungen über das Verhalten eines Stabes oberhalb der Knickgrenze zugrunde gelegt wird.

Wenn die praktisch durchaus zulässige Voraussetzung einer dehnungslosen Stabachse bei den oben durchgeführten Rechnungen nicht von vornherein gemacht wurde, so geschah es deswegen, weil es nicht nur auf das zahlenmäßige Ergebnis, sondern auch auf die grundsätzlichen Zusammenhänge ankam, für die wir ein sehr unvollkommenes Bild bei Vernachlässigung der Dehnungsglieder erhalten hätten. Obgleich es außer dem Knickstab auch noch einige weitere Beispiele gibt, wo eine derartige Vernachlässigung möglich ist — wir werden weiter unten noch darauf zurückkommen —, so ist sie jedoch keineswegs allgemein bei Verzweigungsproblemen zulässig, sondern liefert sehr häufig, z. B. bei den meisten Stabilitätsproblemen von Schalen, völlig unbrauchbare Ergebnisse.

Die nächste Eigenschaft des Knickstabes, die wir als eine Ausnahme ansehen müssen, ergibt sich bei näherer Betrachtung der indifferenten Gleichgewichtslagen. Beim Durchschlagproblem haben wir gesehen, daß die Kurve P als Funktion von f im Punkte des indifferenten Gleichgewichts eine horizontale Tangente hat, wodurch zum Ausdruck kommt, daß sich das System auch noch nach einer unendlich kleinen Verschiebung in Richtung von f bei konstant bleibender Last im Gleichgewicht befindet. Hier stellen wir nach (32) und (29) fest, daß — wie es auch in Abb. 13 angedeutet ist — die Ableitung $\frac{dP}{df}$ in den Verzweigungspunkten nicht zu Null wird. Es ist nämlich

$$\left(\frac{dP}{df}\right)_{P=P_0} = \frac{1}{\left(\dfrac{df}{dP}\right)_{P=P_0}} = \frac{1}{\dfrac{l}{EF} + \dfrac{l}{4}\left(1 - 2\dfrac{P_0}{EF}\right)\left(\dfrac{d\varphi_m^2}{dP}\right)_{P=P_0}}$$

mit

$$\left(\frac{d\varphi_m^2}{dP}\right)_{P=P_0} = \frac{8}{P_0}\,\frac{1 - 2\dfrac{P_0}{EF}}{1 - 4\dfrac{P_0}{EF}}$$

in der Tat im allgemeinen nicht gleich Null, sondern für die in Frage kommenden Werte von l, EF und P positiv. Dasselbe Ergebnis erhalten wir übrigens, wie man aus (31) erkennt, wenn wir P nicht in Abhängigkeit von f, also von $-u$ für $x = l$, sondern in Abhängigkeit von der negativen Verschiebung u an irgendeiner anderen Stelle des Stabes (ausgenommen $x = 0$) betrachten. Dagegen hat nach Abb. 12 P in Abhängigkeit von der Verschiebung w_m in den Verzweigungspunkten wiederum eine horizontale Tangente, da nach (30)

$$\left(\frac{dP}{dw_m}\right)_{P=P_0} = \frac{1}{\left(1 - \frac{P_0}{EF}\right)\frac{l}{n\pi}\left(\frac{d\varphi_m}{dP}\right)_{P=P_0}} \quad \text{mit} \quad \frac{d\varphi_m}{dP} = \frac{1}{2\varphi_m}\frac{d\varphi_m^2}{dP}$$

wegen $(\varphi_m)_{P=P_0} = 0$ verschwindet. Die Zustände des indifferenten Gleichgewichts sind also dadurch gekennzeichnet, daß beim Beginn des Ausknickens die zum geraden Stab benachbarte Gleichgewichtsform nur durch unendlich kleine Verschiebungen w erreicht wird, aber keine Verschiebungen u, insbesondere keine Verschiebung f auftreten. Wenn es auch an sich nicht weiter merkwürdig ist, daß in irgendeinem Punkt die Verformungsänderung zu Null wird, so ist es doch zweifellos eine Besonderheit, wenn dieses ausgerechnet für die Verschiebung des Angriffspunktes der Last eintritt.

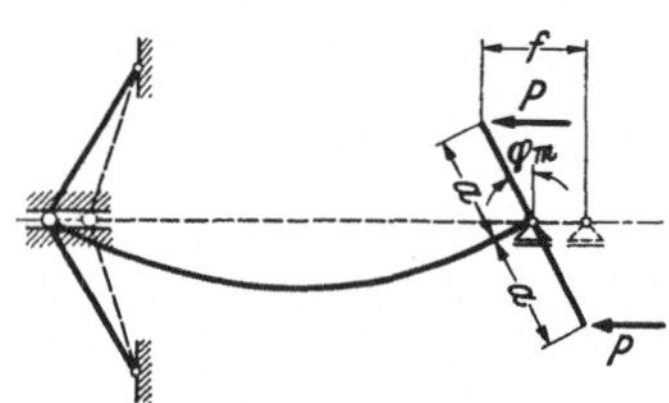

Abb. 15. Beispiel für den allgemeinen Fall eines Verzweigungsproblems.

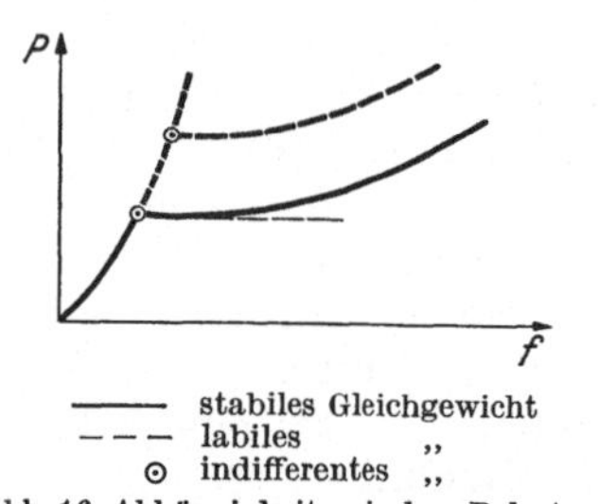

—— stabiles Gleichgewicht
– – – labiles   „
 ⊙ indifferentes „

Abb. 16. Abhängigkeit zwischen Belastung und Verschiebung des Kraftangriffspunktes beim System von Abb. 15.

In den aufgestellten Formeln kommt die Tatsache, daß es sich in dieser Hinsicht beim Knickstab um einen Ausnahmefall handelt, folgendermaßen zum Ausdruck. Wir haben zur Ableitung der Ausdrücke für f und w_m diese Größen nach Potenzen von φ_m in eine Reihe entwickelt und dann nur lineare und quadratische Glieder beibehalten. In der Beziehung für f hat sich dabei zufällig der Beiwert des linearen Gliedes zu Null ergeben. Wäre das nicht der Fall gewesen, so würde auch die Kurve P als Funktion von f horizontale Tangenten in den Verzweigungspunkten haben, da dann wieder, wie in der Ableitung $\dfrac{dP}{dw_m}$, auch bei $\dfrac{dP}{df}$ im Nenner ein Glied mit $\dfrac{d\varphi_m}{dP}$ auftreten würde, das für $P = P_0$ unendlich wird. Zusammenfassend können wir also sagen, *daß die horizontale Tangente in der Tat ein im allgemeinen vorhandenes Kennzeichen des indifferenten Gleichgewichts ist, daß sie jedoch kein stets gültiges Kriterium darstellt.* Nebenbei zeigen die Abb. 12 und 13, daß eine positive oder negative Tangentenrichtung der Kraft-Verformungskurve erst recht nicht als Kriterium für stabile oder labile Gleichgewichtszustände angesehen werden kann, wie man vielleicht auf Grund der beim Durchschlagproblem gewonnenen Erkenntnisse vermuten könnte.

Außer der von Null verschiedenen Tangentenrichtung in den Verzweigungspunkten weist Abb. 13 schließlich noch eine weitere Besonderheit auf, die wir im allgemeinen Fall eines Verzweigungsproblems nicht finden werden. Sie besteht darin, daß für den nicht ausgeknickten Stab der Zusammenhang zwischen P und f geradlinig ist, also exakt mit dem Ergebnis übereinstimmt, das die klassische Elastizitätstheorie liefert.

Von den Eigenarten der Abb. 13 können wir uns jedoch leicht frei machen und ein allgemeingültiges Beispiel erhalten, wenn wir statt des Knickstabes von Abb. 7 das in Abb. 15 dargestellte System betrachten. Das linke Auflager des Stabes ist jetzt in Richtung der Achse des unverformten Stabes verschieblich dadurch, daß die Auflagerkraft als Belastung auf zwei Zugstäbe wirkt, wie wir sie beim „Normalfall" näher untersucht haben. Am rechten Auflager ist mit dem Stab rechtwinklig ein starrer Arm von der Länge $2a$ verbunden, an dessen Enden zwei Kräfte P angreifen. Bezeichnen wir die Verschiebung des Knickstabes allein, so wie sie sich nach (32) mit $2P$ statt P ergibt, mit $f_{(32)}$, die Verschiebung des linken Auflagers, die aus der für den Normalfall gültigen Formel (6) entnommen werden kann, mit $f_{(6)}$, so ist die Gesamtverschiebung in Richtung der oberen der beiden Kräfte P

$$f = f_{(32)} + f_{(6)} + a \sin \varphi_m.$$

Durch das Glied $f_{(6)}$ zeigt jetzt auch die für den nicht ausgeknickten Stab gültige Lösung Abweichungen von einer Geraden, während das Glied mit $\sin \varphi_m$ eine horizontale Tangente bedingt, da der Sinus, in eine Reihe entwickelt, ein von φ_m linear abhängiges Glied enthält. Wir bekommen damit das in Abb. 16 dargestellte Diagramm, das wir als die allgemeine Form der Kraft-Verformungskurve eines Verzweigungsproblems bezeichnen können.

4. Statisch bestimmtes Stabilitätsproblem

Außer den Durchschlag- und Verzweigungsproblemen gibt es schließlich noch eine dritte Sorte von Stabilitätsproblemen, die es wegen ihrer großen theoretischen und praktischen Bedeutung verdient, besonders hervorgehoben zu werden. Um ein einfaches Beispiel hierfür zu erhalten, kehren wir noch einmal zu den in den Abschnitten I, B, 1 und 2 für den Normalfall und das Durchschlagproblem aufgestellten Formeln zurück und betrachten den Sonderfall $h = 0$. Es entsteht dann das in Abb. 17 dargestellte System, bei dem im spannungslosen Zustand die drei Gelenke in einer Geraden liegen. Es liegt jetzt der sogenannte Ausnahmefall der Fachwerkstatik vor.

Der Zusammenhang zwischen der Last P und der Durchsenkung f ergibt sich aus (6) oder auch aus (7) zu

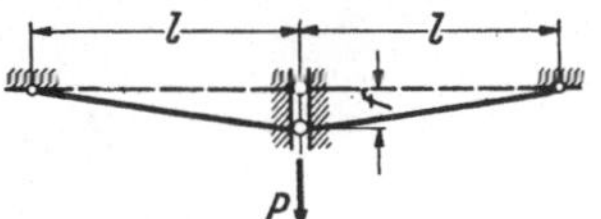

Abb. 17. Beispiel für ein statisch bestimmtes Stabilitätsproblem.

$$P = 2EF \frac{f}{l} \left(1 - \frac{l}{\sqrt{l^2 + f^2}} \right).$$

Die hierdurch dargestellte Kurve geht aus Abb. 18 hervor. Besonders wesentlich ist die Tatsache, daß $\left(\dfrac{dP}{df} \right)_{f=0} = 0$ ist, daß also die Tangente der Kurve im Nullpunkt mit der f-Achse zusammenfällt. Der Kurvenbereich, in dem in Abb. 6 beim Durchschlagproblem die Mehrdeutigkeit auftritt, ist jetzt auf den Nullpunkt zusammengeschrumpft, so daß wir berechtigt sind, das hier betrachtete System als

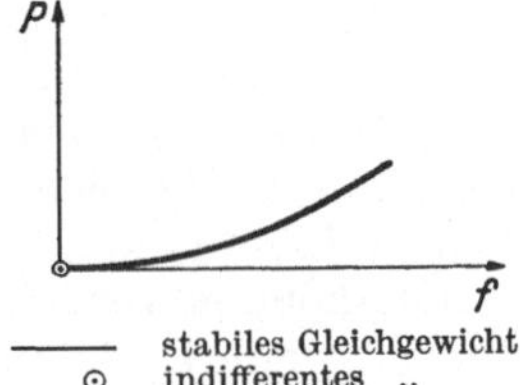

Abb. 18. P in Abhängigkeit von f für das System von Abb. 17.

Grenzfall einer Mehrdeutigkeit anzusehen. Diese besteht darin, daß beim Belastungszustand $P = 0$ außer $f = 0$ auch noch ein Verformungszustand mit einer, wenn auch unendlich kleinen Durchsenkung f möglich ist. Da sich das System bei $P = 0$ auch noch nach einer kleinen Verschiebung im Gleichgewicht befindet, werden wir hier das Gleichgewicht indifferent nennen. Diese Instabilität ist jedoch nur im Nullpunkt vorhanden; für den gesamten übrigen Belastungsbereich sind die Gleichgewichtslagen stabil. Hinsichtlich der praktischen Verwendbarkeit des Systems liegen die Verhältnisse ähnlich wie beim Knickstab. Wenn auch nach Überschreitung des indifferenten Gleichgewichts stabile Zustände eintreten, so sind doch die zugehörigen Verformungen unzulässig groß. Da sich die Instabilität bereits bei $P = 0$ zeigt, ist das System jedoch nicht nur oberhalb einer bestimmten Belastung, sondern überhaupt praktisch unbrauchbar.

Durch diese Tatsache, daß schon der spannungslose Zustand gewissermaßen kritisch ist, wird ein wesentlicher Unterschied gegenüber den bisher betrachteten Stabilitätsproblemen bedingt. Während sonst die klassische Elastizitätstheorie, die nur in der Nähe des Nullpunktes der Belastung die Verhältnisse hinreichend genau wiedergab, nicht zur Erfassung der indifferenten Gleichgewichtszustände geeignet war, ist hier, wo Nullpunkt und kritischer Punkt zusammenfallen, die klassische Näherung ausnahmsweise brauchbar. Denn bei Beschränkung auf die Nullpunktstangente erscheinen bei $P = 0$ beliebige Verschiebungen f möglich, wodurch die Eigenart des Systems bereits gekennzeichnet ist.

Die Unbrauchbarkeit der Konstruktion zeigt sich im übrigen bekanntlich bei der Untersuchung nach der klassischen Theorie in zweierlei Weise. Erstens ergibt sich aus der Gleichgewichtsbedingung (1) für das unverformte System, daß für $h = 0$ die Stabkraft S unendlich groß wird (Verschwinden der Nennerdeterminante des Gleichungssystems der zu berechnenden Unbekannten). Zweitens folgt auch aus der Kinematik des Systems eine unendlich kleine Verschieblichkeit. In beiden Fällen ist es *nicht* erforderlich, auf elastische Verformungen einzugehen. Es ist infolgedessen berechtigt, die hier betrachtete Art von Stabilitätsproblemen *statisch bestimmt* zu nennen. Die Durchschlag- und Verzweigungsprobleme, bei denen die Gleichgewichtsbedingungen am verformten System aufgestellt werden müssen, wären dagegen sämtlich als statisch unbestimmt zu bezeichnen. Die statisch bestimmten Stabilitätsprobleme sind von großer praktischer Bedeutung. Da jedoch ihre Untersuchung nach den bekannten klassischen Methoden erfolgen kann, wollen wir uns im folgenden mit ihnen nicht weiter beschäftigen.

C. Zusammenfassung von Abschnitt I

Das Ziel unserer bisherigen Betrachtungen bestand in erster Linie darin, die Eigenarten eines Stabilitätsproblems der Elastostatik kennenzulernen und den Unterschied gegenüber dem Normalfall herauszustellen. Als wesentliches Kennzeichen der Stabilitätsprobleme erwies sich die Tatsache, daß der Zusammenhang zwischen der Belastung und den sich einstellenden Verschiebungen mehrdeutig ist insofern, als zu einem Belastungszustand mehrere Verschiebungszustände gehören können. Die Mehrdeutigkeit kann dabei auf verschiedene Weise zustande kommen. Erstens kann die Kraft-Verformungskurve einen Extremwert haben. Zweitens können von der vom Nullpunkt ausgehenden Kurve bei höheren Belastungen weitere Lösungen abzweigen. Drittens kann die Mehrdeutigkeit darin bestehen, daß schon im spannungslosen Zustand eine benachbarte Gleichgewichtslage möglich ist. Den ersten Fall hatten wir in Anlehnung an den mechanischen Vorgang als Durchschlagproblem, den zweiten als Verzweigungsproblem und den dritten wegen seiner einfachen Berechnungsmöglichkeit als statisch bestimmtes Stabilitätsproblem bezeichnet. Die charakteristischen Eigenschaften des Normalfalles und der drei Arten der Stabilitätsprobleme, deren Erkenntnis das wichtigste Ergebnis der Untersuchungen von Abschnitt I ist, sind noch einmal in Abb. 19 zusammengestellt.

Neben der Klärung der Problemstellung hatten wir gleichzeitig an den betrachteten Beispielen einiges von den Verfahren zur Lösung von Stabilitätsproblemen kennengelernt. Am wesentlichsten war dabei, daß die klassische Elastizitätstheorie, die sich auf die Ermittlung der Tangente an die Kraft-Verformungskurve

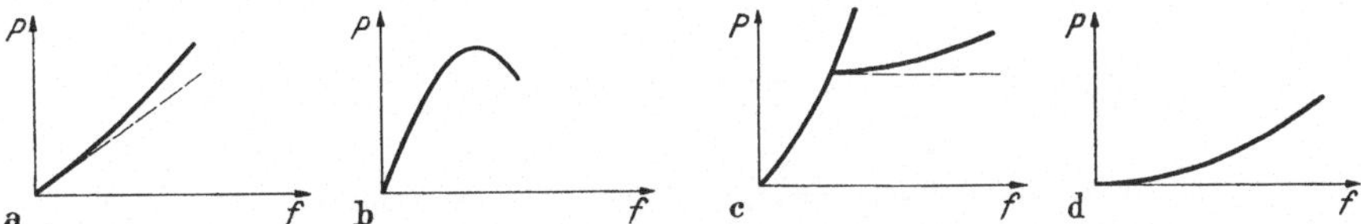

a) Normalfall;   b) Durchschlagproblem;   c) Verzweigungsproblem;   d) statisch bestimmtes Stabilitätsproblem

Abb. 19a—d. Abhängigkeit der Belastung P von der Verschiebung f des Lastangriffspunktes im Normalfall und bei den Stabilitätsproblemen.

im Nullpunkt beschränkt, nur ausnahmsweise im Sonderfall des statisch bestimmten Stabilitätsproblems, jedoch nicht im allgemeinen brauchbar ist, und es als Folge davon u. a. notwendig wird, bei Aufstellung der Gleichgewichtsbedingungen die Verformung des Systems zu berücksichtigen.

Abschnitt II

Methoden zur exakten Lösung

Übersicht über Abschnitt II: Es werden die Methoden besprochen, die für die exakte Lösung von Stabilitätsproblemen in Frage kommen. Nach einem allgemeinen Überblick werden vor allem die „Energiemethoden", d. h. das Prinzip der virtuellen Verrückungen, das daraus folgende Variationsprinzip und alle weiteren damit zusammenhängenden Fragen behandelt. Zum Schluß wird die Erfassung von Temperaturwirkungen erläutert.

A. Allgemeines

Im vorhergehenden Abschnitt sind wir auf die bei Stabilitätsaufgaben anzuwendenden Methoden nur so weit eingegangen, wie es zur Lösung der behandelten Beispiele erforderlich war. Es sei jetzt ein Überblick über alle in Betracht kommenden Verfahren gegeben, wobei lediglich die Näherungsverfahren ausgeschlossen sein sollen, da sie wegen ihrer Wichtigkeit in späteren Abschnitten gesondert behandelt werden.

Zunächst sei kurz besprochen, welche Methoden der Statik die Gültigkeit der Annahmen der klassischen Elastizitätslehre zur Voraussetzung haben und infolgedessen bei Stabilitätsproblemen *nicht* angewendet werden können. In erster Linie ist hier das Superpositionsgesetz zu nennen, nach dem die Spannungs- und Verformungszustände verschiedener Teilbelastungen überlagert werden können, um die Spannungen bzw. Verformungen der resultierenden Belastung zu erhalten; es gilt selbstverständlich nicht, wenn der Zusammenhang zwischen den angreifenden Kräften und den sich einstellenden Verschiebungen nicht mehr linear ist. Diese Ungültigkeit ist von einschneidender Bedeutung, weil das Superpositionsgesetz die Grundlage für eine ganze Reihe wichtiger Methoden der gewöhnlichen Statik ist. Zum Beispiel wird bei der Berechnung statisch unbestimmter Systeme vorausgesetzt, daß der Lastspannungszustand am statisch bestimmten Hauptsystem und die unbestimmten Eigenspannungszustände überlagert werden können. Für Stabilitätsprobleme sind also die bei statisch unbestimmten Systemen üblichen Methoden weitgehend unbrauchbar.

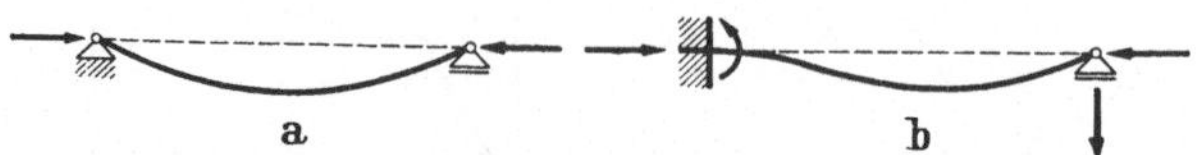

a   b

a) äußerlich statisch bestimmt;   b) äußerlich einfach unbestimmt
Abb. 20a u. b. Beispiele für ein äußerlich statisch bestimmtes und ein unbestimmtes Stabilitätsproblem.

In diesem Zusammenhang sei noch einmal darauf hingewiesen, daß der Begriff der statischen Bestimmtheit jetzt nur noch in einem sehr beschränkten Sinne eine Berechtigung hat, da alle Durchschlag- und Verzweigungsprobleme wegen der Notwendigkeit, in den Gleichgewichtsbedingungen die Verformungen zu berücksichtigen, statisch unbestimmt zu nennen sind. Man kann höchstens noch einen Unterschied zwischen innerer und äußerer statischer Unbestimmtheit machen und findet dann, daß es eine Reihe von Problemen gibt, die nur innerlich unbestimmt sind. Beim beiderseits gelenkig gelagerten Knickstab lassen sich z. B. die Auflagerkräfte in jedem Zustand der Verformung allein aus den Gleichgewichtsbedingungen angeben. Ist dagegen der Knickstab, wie in Abb. 20b angedeutet, auf einer Seite eingespannt, so ist das System äußerlich einfach unbestimmt, da beispielsweise das Einspannmoment eine von der Verformung abhängige unbekannte Größe ist. Dieser Unterscheidung in äußere statische Bestimmtheit und Unbestimmtheit kommt jedoch keine besondere Bedeutung zu, da die Berechnungsmethode in beiden Fällen die gleiche ist. Hier wurde dieser Unterschied hauptsächlich erwähnt, um darauf hinzuweisen, daß es z. B. vollkommen falsch wäre, wenn man etwa das System von Abb. 20a als Hauptsystem zu dem System von Abb. 20b auffassen und ohne weiteres die Methoden der gewöhnlichen Statik zur Berechnung des Einspannungsmomentes verwenden wollte[1].

Sehr wesentlich ist ferner, daß der Begriff der Formänderungsarbeit bei Stabilitätsuntersuchungen erheblich allgemeiner als sonst üblich gefaßt werden muß. Die Arbeit, die eine Kraft P auf dem Verschiebungsweg f leistet, ist in der klassischen Elastizitätstheorie gleich $\frac{1}{2}Pf$, wobei der Faktor $\frac{1}{2}$ daher rührt, daß die Kraft während der Arbeit vom Wert Null bis zu ihrem Endwert proportional der Verschiebung anwächst. Dieses Ergebnis, das den sogenannten CLAPEYRONschen Satz verkörpert, ist natürlich jetzt, wo die Proportionalität im allgemeinen nicht mehr besteht, in der Regel unrichtig, und es wird ebenso eine ganze Reihe weiterer Aussagen über Formänderungsarbeiten ungültig. Zum Beispiel betrifft dies den häufig kurz als „Arbeitssatz" bezeichneten Satz, nach dem in Gl. I, (2) zur Ermittlung des Näherungswertes der Verschiebung f des Systems von Abb. 2 die Arbeit benutzt worden ist, die der Spannungszustand infolge $P = 1$ auf den Verschiebungswegen des zu der wirklichen Belastung gehörigen Zustandes leistet. Von der Tatsache, daß dieses wichtige Verfahren jetzt nicht mehr verwendbar ist, kann man sich an Hand unseres Beispiels leicht überzeugen. Auch der BETTIsche Satz, nach dem bei zwei an einem elastischen Körper angreifenden Kräftesystemen die Arbeiten einander gleich sind, die das eine System auf den Verschie-

---

[1] Wie sich über die hier angegebene Möglichkeit hinaus noch gewisse Vorstellungen der Theorie statisch unbestimmter Systeme auch bei Stabilitätsuntersuchungen verwenden lassen, zeigt die Arbeit L. S. LJACHOWITSCH: Izv. V. U. Z. Stroitel'stvo i arch. 1962, Nr. 4, 31.

bungswegen des anderen leistet, gilt bei Stabilitätsproblemen nicht mehr. Die bekannte Aussage von MAXWELL über die gegenseitige Gleichheit von Formänderungen, die durch Kräfte von der Größe Eins hervorgerufen werden, wird als Sonderfall des BETTIschen Satzes ebenfalls hinfällig. Ferner wird der CASTIGLIANOsche Satz ungültig, der aussagt, daß — unter gewissen Voraussetzungen — die Verschiebung des Angriffspunktes einer Kraft in Richtung der Kraft gleich der Ableitung der Formänderungsarbeit nach der Kraft ist. Schließlich sei noch erwähnt, daß auch das bekannte CASTIGLIANOsche Prinzip vom Minimum eines bestimmten Formänderungsausdruckes bei endlichen Verschiebungen nicht mehr richtig ist.

Wir sehen also, daß wir bei Stabilitätsuntersuchungen auf fast alle Methoden, die wir von der gewöhnlichen Statik her kennen, verzichten müssen. Eigentlich sind es nur zwei wesentlich verschiedene Verfahren, die jetzt noch in Frage kommen. Das erste ist die Methode, die wir bei den bisher behandelten Beispielen benutzt haben und die damit wenigstens im Prinzip genügend erläutert ist. Wir können sie als *Gleichgewichtsmethode* bezeichnen, da sie in der Hauptsache darin besteht, daß das Gleichgewicht am verformten System untersucht wird. Das zweite Verfahren wird meist mit dem Sammelnamen *Energiemethode* belegt. Mit ihm wollen wir uns als nächstes beschäftigen.

B. Energiemethode

1. Formänderungsarbeit

Auch die Energiemethode sei wieder an einem möglichst einfachen Beispiel erläutert, wozu der bereits behandelte beiderseitig gelenkig gelagerte Knickstab von Abb. 7 am besten geeignet ist. Es sei mit der Betrachtung der *Formänderungsarbeit* begonnen. Dabei sei zwischen der Arbeit der äußeren und der Arbeit der inneren Kräfte unterschieden und darunter — wenn nicht ausdrücklich etwas anderes gesagt wird — die Arbeit verstanden, die vom unbelasteten und unverformten Zustand aus gerechnet die äußeren bzw. inneren Kräfte beim Durchlaufen von lauter Gleichgewichtslagen auf den sich einstellenden Verschiebungswegen leisten. Daß es stets einen unbelasteten *und* unverformten Zustand gibt, wollen wir voraussetzen und damit alle Probleme ausschließen, bei denen z. B. durch die Herstellung des Werkstoffes bedingte Eigenspannungen und entsprechende Verformungen schon ohne Wirkung einer äußeren Belastung vorhanden sind.

Die *äußeren* Kräfte sind beim Knickstab die Belastung P am beweglichen Auflager und die gleich große Reaktionskraft am festen Auflager. Eine Arbeit kann hier nur die Belastung leisten, so daß wir für die Arbeit der äußeren Kräfte, die wir mit A_a bezeichnen wollen, den Ausdruck

$$A_a = \int\limits_0^f P\,df \tag{1}$$

erhalten. Würden an dem System mehrere Arbeit leistende Kräfte angreifen, so hätten wir die Summe aller Einzelarbeiten zu nehmen. Bei Ausführung der Integration ist zu bedenken, daß P eine komplizierte Funktion von f ist, die aus den im vorigen Abschnitt berechneten Formeln hervorgeht und — wenigstens für nicht zu große Verschiebungen — in Abb. 13 dargestellt ist. Nur im Bereich des nicht ausgeknickten Stabes ist P proportional f, so daß der CLAPEYRONsche Satz

$A_a = \frac{1}{2}\,Pf$ ausnahmsweise noch gilt. Wir können uns im übrigen A_a anschaulich als Fläche unter der Kurve von Abb. 13 vorstellen.

Es sei nun die Arbeit der *inneren* Kräfte des Systems ermittelt. Sie sei mit A_i bezeichnet. Ferner möge $a_i\,dx$ die in einem Stabelement von der Länge dx geleistete Arbeit bedeuten, so daß also a_i die auf die Längeneinheit der Stabachse bezogene Arbeit ist. Für A_i ergibt sich dann durch Integration über die Stablänge

$$A_i = \int\limits_0^l a_i\,dx.$$

Betrachten wir zur Berechnung von a_i ein aus dem Stab herausgeschnittenes Element und bringen an dessen Schnittufern die Längskräfte N und die Biegemomente M an, so stellen diese Schnittgrößen für das Element äußere Kräfte dar, sind also noch nicht die benötigten inneren Kräfte. Von diesen letzteren

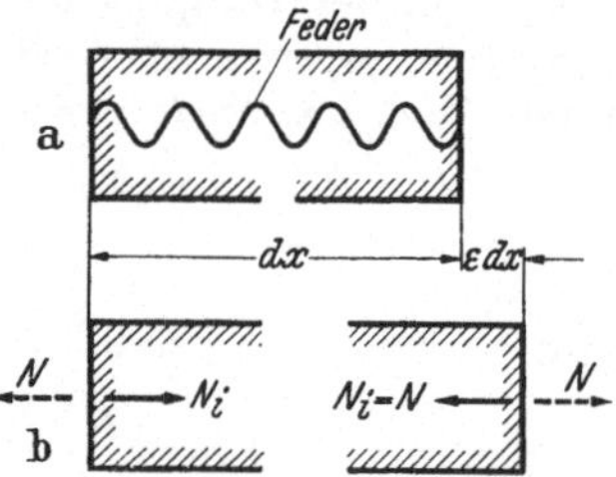

Abb. 21a u. b. Stabelement im unverformten und verformten Zustand mit äußeren Längskräften N und inneren Längskräften N_i.

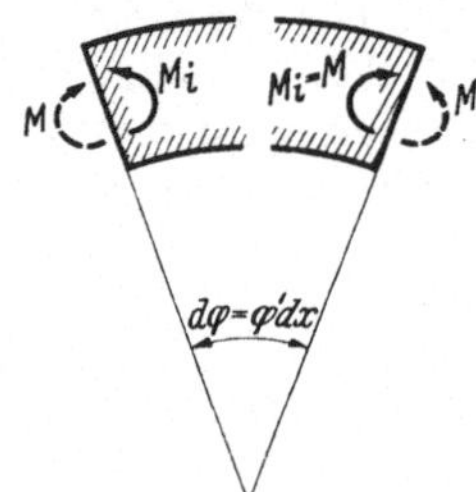

Abb. 22. Stabelement im verformten Zustand mit äußeren Biegemomenten M und inneren Biegemomenten M_i. Krümmung des Elementes und Richtung der Momente positiv.

können wir jedoch in folgender Weise eine zweckmäßige — wenn auch nicht unbedingt notwendige — anschauliche Vorstellung gewinnen. Der Einfachheit halber beschränken wir uns zunächst auf ein Stabelement, das nur durch Längskräfte N beansprucht wird und daher nur eine Dehnung erfährt, die für alle zur Stabachse parallelen Fasern gleich groß ist. Ein derartiges Element ist in Abb. 21a im unbelasteten und in Abb. 21b im belasteten und verformten Zustand skizziert. Wir denken uns das Element wie einen aus zwei Hälften bestehenden Kasten, dessen Zusammenhang durch die in Abb. 21a angedeutete Feder gewahrt wird. Entfernen wir nun im belasteten Zustand die Feder und bringen stattdessen im Innern des Kastens die in Abb. 21b mit N_i bezeichneten Kräfte an, so haben wir in diesen Größen die gesuchten, den Zusammenhang des Materials gewährleistenden inneren Kräfte gefunden. Sie haben aus Gleichgewichtsgründen genau entgegengesetzten Pfeilsinn wie die äußeren Kräfte N und sind diesen ihrem Betrag nach gleich, so daß in dieser Hinsicht $N_i = N$ gilt. Ihre durch dx dividierte Arbeit ist bei positivem ε

$$(a_i)_{M=0} = -\int\limits_0^\varepsilon N_i\,d\varepsilon = -\int\limits_0^\varepsilon N\,d\varepsilon.$$

Ganz entsprechend ergibt sich nach Abb. 22, wo ein Element mit positiver Krümmung und positiven Biegemomenten dargestellt ist, für die Arbeit, die durch die Biegemomente bei der Winkeländerung φ' geleistet wird,

$$(a_i)_{N=0} = \int\limits_0^{\varphi'} M\,d\varphi'.$$

Dabei ist es nebensächlich, wie wir uns jetzt die Federung im Innern des Elementes bei der Krümmung vorstellen. Wir können z. B. annehmen, daß jede einzelne parallel zur Stabachse verlaufende Faser so aufgebaut ist und durch eine Feder zusammengehalten wird, wie es in Abb. 21 für das ganze Element skizziert ist.

Die gesamte Arbeit a_i ist nun

$$a_i = - \int\limits_0^{\varepsilon,\varphi'} (N\,d\varepsilon - M\,d\varphi'). \tag{2}$$

Setzen wir für die Schnittgrößen nach dem für sie gültigen Elastizitätsgesetz I, (15)

$$N = EF\varepsilon, \qquad M = -EI\varphi',$$

so wird

$$a_i = - \int\limits_0^{\varepsilon} EF\varepsilon\,d\varepsilon - \int\limits_0^{\varphi'} EI\varphi'\,d\varphi',$$

$$a_i = - \frac{1}{2}\,EF\varepsilon^2 - \frac{1}{2}\,EI\varphi'^2 \tag{3}$$

und damit

$$A_i = - \int\limits_0^l \left(\frac{1}{2}\,EF\varepsilon^2 + \frac{1}{2}\,EI\varphi'^2 \right) dx. \tag{4}$$

Schreiben wir (3) in der Form

$$a_i = - \frac{1}{2}\,N\varepsilon + \frac{1}{2}\,M\varphi',$$

so sehen wir, daß auch hier der Clapeyronsche Satz der klassischen Elastizitätstheorie richtig geblieben ist. Wir müssen uns jedoch klarmachen, daß dieses Ergebnis nicht allgemeingültig ist. Es ist vielmehr nur infolge der Linearität des Gesetzes I, (15) zustande gekommen, die wiederum durch die speziellen Annahmen über die Stabverformung (Ebenbleiben der Querschnitte) bedingt ist. Selbstverständlich würden wir auch schon etwas anderes erhalten haben, wenn wir nicht das Hookesche Gesetz, sondern irgendeine andere Beziehung zwischen Spannung und Dehnung benutzt hätten.

Statt gleich von einem Stabelement auszugehen und die Formänderungsarbeit durch die Längskraft und das Biegemoment auszudrücken, hätten wir auch zunächst ein Element $dF\,dx$ im Abstand $\tilde{z}$ von der Stabachse betrachten können und hätten dann a_i in der Form

$$a_i = - \int\limits_{(F)}\int\limits_0^{\varepsilon_z} \sigma_z\,d\varepsilon_z\,dF$$

erhalten, woraus sich nach Einführung des Hookeschen Gesetzes $\sigma_z = E\varepsilon_z$ und der Beziehung $\varepsilon_z = \varepsilon - \varphi'\tilde{z}$ [nach I, (11)], wie man leicht bestätigt, wieder die Gl. (3) ergibt. Diese Rechnung ist gegenüber der zuerst vorgeführten Ermittlung von a_i, wenn man das Elastizitätsgesetz für die Schnittgrößen als schon bekannt voraussetzt, im hier vorliegenden Falle zweifellos ein Umweg. In vielen anderen Fällen ist ihr jedoch der Vorzug zu geben, und zwar aus zwei Gründen. Erstens zeigt sich bei komplizierten Stabilitätsproblemen, daß die direkte Aufstellung der

Formänderungsarbeit mit Hilfe der Schnittkräfte recht erhebliche Schwierigkeiten bereitet und keineswegs einfacher ist, als wenn man von den Spannungen ausgeht. Zweitens ist es häufig wünschenswert, den Ausdruck für die Formänderungsarbeit unabhängig von dem bei der Gleichgewichtsmethode benötigten Elastizitätsgesetz der Schnittgrößen zu gewinnen, um die Energiemethode für einen möglichst großen Bereich als Rechenkontrolle des erstgenannten Verfahrens verwenden zu können.

2. Potential der inneren Kräfte und Energiesatz

Zu einigen wichtigen, allgemeingültigen Aussagen über die Formänderungsarbeit der äußeren und inneren Kräfte können wir auf Grund des bekannten *Satzes von der Erhaltung der Energie* gelangen, dessen Gültigkeit wir selbstverständlich hier voraussetzen müssen. Ansätze für Stabilitätsuntersuchungen, die zu einem Widerspruch mit diesem grundlegenden Gesetz führen würden, müßten wir als unbrauchbar bezeichnen. Wir wollen jedoch im folgenden nur die spezielle Energieform betrachten, mit der wir es in der Statik bei rein elastischen Formänderungen ohne Wärmezufuhr zu tun haben. Daß Energieänderungen, die z. B. in das Gebiet der Chemie oder der Elektrizität gehören, hier nicht zur Diskussion stehen, und daß auch die kinetische Energie dauernd gleich Null sein soll, dürfte wohl eine selbstverständliche Forderung sein. Es sei jedoch betont, daß auch von den an sich wichtigen Wärmewirkungen abgesehen werden soll insofern, als *adiabatische* Zustandsänderungen vorausgesetzt werden sollen, bei denen nirgends Wärme zu- oder abgeführt wird. In dieser Hinsicht werden wir allerdings die gewonnenen Ergebnisse weiter unten wieder verallgemeinern.

Wenn die inneren Kräfte bei der Belastung des Systems die Arbeit A_i leisten, so wird von ihnen, wenn in derselben Art, wie belastet wurde, wieder entlastet wird, die Arbeit $-A_i$ geleistet. Dieser frei werdende Arbeitsbetrag $-A_i$, der nach (4) stets positiv ist, entspricht einer Energie, die in dem verformten System aufgespeichert war. Wir wollen für sie die besondere Bezeichnung $\Pi_i = \int\limits_0^l \pi_i\,dx$ einführen, also

$$\Pi_i = -A_i, \qquad \pi_i = -a_i \tag{5}$$

setzen und Π_i die *innere potentielle Energie* des Systems oder auch das *Potential der inneren Kräfte* nennen. Diese Namen, durch die Π_i als eine Energie der Lage gekennzeichnet wird, haben natürlich nur dann einen Sinn, wenn Π_i tatsächlich nur von der Lage, d. h. hier vom Verformungszustand des Systems und nicht etwa von dem Verformungsweg abhängt, der bei der Be- und Entlastung durchschritten wird. Im Hinblick auf Gl. (2) bedeutet das, daß a_i nur von den Integrationsgrenzen, also in diesem Falle von den sich im Endzustand einstellenden Werten von ε und φ' abhängen darf, aber nicht davon, ob z. B. das Element zuerst die Dehnung ε und dann die Winkeländerung φ' erfährt, oder ob es umgekehrt ist. Daß die geforderte Bedingung bei dem oben betrachteten Beispiel des Knickstabes erfüllt ist, folgt aus der Tatsache, daß N eine Funktion nur von ε und M eine Funktion nur von φ' ist, wodurch sich zwei Integrale ergeben, deren Berechnung ohne weitere Voraussetzungen möglich ist und die Formel (3) liefert.

Es läßt sich jedoch leicht ein Beispiel angeben, bei dem die Verhältnisse nicht mehr von vornherein klar sind. Wir können dazu beim Knickstab bleiben und brauchen nur mit den Schnittgrößen N und M und den Verzerrungsgrößen ε und φ' eine einfache Transformation vorzunehmen, die in Abb. 23 angedeutet ist. Bei unseren bisherigen Rechnungen wirkte die Längskraft N im Schwerpunkt des Querschnitts. Lassen wir sie statt dessen nach Abb. 23 b im Abstand e von der neutralen Faser angreifen, so müssen wir M durch das Moment $\overline{M} = M - Ne$ ersetzen. Die Dehnung der Faser mit dem Abstand e sei $\bar{\varepsilon}$. Aus der Beziehung I, (11) folgt dann mit $\bar{z} = e$, daß $\bar{\varepsilon} = \varepsilon - e\varphi'$ ist. Führen wir nun in dem Elastizitätsgesetz I, (15) $\overline{M}$ statt M und $\bar{\varepsilon}$ statt ε ein, so erhalten wir das neue Gesetz

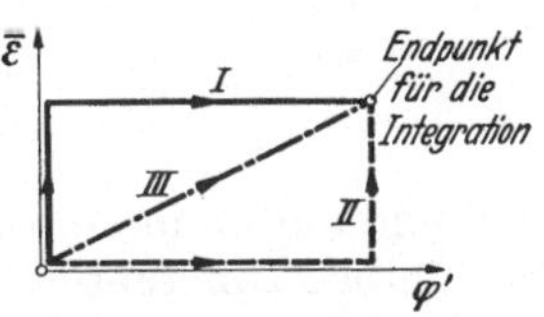

Abb. 23a u. b.
Schnittkräfte und -momente im Stabquerschnitt.

$$N = EF\bar{\varepsilon} + EFe\varphi', \left.\vphantom{\begin{array}{c}a\\b\end{array}}\right\}$$
$$\overline{M} = -EFe\bar{\varepsilon} - E(I + Fe^2)\varphi', \qquad (6\,\text{a, b})$$

das wir auch in der abgekürzten Form

$$N = c_1\bar{\varepsilon} + c_2\varphi', \qquad \overline{M} = c_3\bar{\varepsilon} + c_4\varphi' \qquad (7\,\text{a, b})$$

schreiben können, wobei die Bedeutung der Konstanten c_1 bis c_4 aus (6) ersichtlich ist. Für die Formänderungsarbeit a_i gilt jetzt

$$a_i = -\int_0^{\bar{\varepsilon},\varphi'} (N\,d\bar{\varepsilon} - \overline{M}\,d\varphi') \qquad (8)$$

oder

$$a_i = -\int_0^{\bar{\varepsilon},\varphi'} [(c_1\bar{\varepsilon} + c_2\varphi')\,d\bar{\varepsilon} - (c_3\bar{\varepsilon} + c_4\varphi')\,d\varphi'],$$

und dieses Integral ist nicht mehr ohne weiteres vom Integrationsweg unabhängig. Es ist vielmehr zu erwarten, daß sich die verschiedensten Resultate ergeben je nachdem, welche Beziehung zwischen $\bar{\varepsilon}$ und φ' bei der Integration vorausgesetzt wird. Einige Beispiele mögen dieses erläutern.

In Abb. 24 sind drei verschiedene, besonders einfache Wege angegeben, auf denen die Verzerrungsgrößen $\bar{\varepsilon}$ und φ' ihre Endwerte erreichen können. Schlagen wir als erstes den Weg I ein, so müssen wir zunächst $\varphi' = 0$ setzen und $\bar{\varepsilon}$ von Null bis zu seinem Endwert anwachsen lassen. Dabei erhalten wir als

Abb. 24. Verschiedene Integrationswege bei der Berechnung der Arbeit der inneren Kräfte.

ersten Anteil für a_i den Wert $-\dfrac{1}{2} c_1\bar{\varepsilon}^2$. Weiter müssen wir φ' von Null bis zum Endwert wachsen lassen, wobei der vorher erreichte Wert von $\bar{\varepsilon}$ konstant bleibt. Es ergibt sich dann als zweiter Anteil $c_3\bar{\varepsilon}\varphi' + \dfrac{1}{2} c_4\varphi'^2$, also insgesamt

$$\text{für Weg } I: \quad a_i = -\frac{1}{2} c_1\bar{\varepsilon}^2 + c_3\bar{\varepsilon}\varphi' + \frac{1}{2} c_4\varphi'^2. \qquad (9\,\text{a})$$

Wählen wir den Weg II, auf dessen erstem Teil $\bar{\varepsilon} = 0$ ist und auf dessen zweitem Teil φ' konstant bleibt, so erhalten wir in ganz entsprechender Weise

$$\text{für Weg } II: \quad a_i = -\frac{1}{2} c_1\bar{\varepsilon}^2 - c_2\bar{\varepsilon}\varphi' + \frac{1}{2} c_4\varphi'^2. \qquad (9\,\text{b})$$

Den Weg *III* können wir dadurch begehen, daß wir für $\bar{\varepsilon}$ und φ' die mit einem gemeinsamen Faktor multiplizierten Endwerte einsetzen und bei der Integration diesen Faktor von Null bis Eins laufen lassen. Da hierbei die Schnittgrößen N und M proportional zu den Verzerrungsgrößen anwachsen, muß jetzt der CLAPEYRON-sche Satz wieder gelten, also

$$a_i = -\frac{1}{2}\,N\bar{\varepsilon} + \frac{1}{2}\,\overline{M}\,\varphi'$$

und damit

$$\text{für Weg } III: \quad a_i = -\frac{1}{2}\,c_1\bar{\varepsilon}^2 - \frac{1}{2}\,c_2\,\varepsilon\,\varphi' + \frac{1}{2}\,c_3\,\bar{\varepsilon}\,\varphi' + \frac{1}{2}\,c_4\,\varphi'^2 \tag{9c}$$

sein, was man auch durch Ausführung der Integration leicht bestätigen kann. Vergleicht man die drei gewonnenen Ergebnisse miteinander, so erkennt man, daß sie in der Tat bei beliebigen Werten der Konstanten c voneinander verschieden sind.

Wir würden danach im allgemeinen nicht berechtigt sein, von einem Potential der inneren Kräfte zu sprechen. Aus dem Satz von der Erhaltung der Energie folgt jedoch, daß hier nur solche Fälle in Frage kommen, bei denen durch die besondere Form des Elastizitätsgesetzes das Integral für a_i vom Wege unabhängig wird, *so daß stets ein Potential der inneren Kräfte existiert.* Würde das nämlich nicht der Fall sein, so brauchten wir nur das Stabelement auf irgendeinem Weg zu verformen und auf einem anderen Weg wieder zum Ausgangspunkt zurückzukehren, um einen Energiebetrag gewonnen oder verloren zu haben. Dieses ist aber auf jeden Fall unmöglich, solange wir bei rein elastischem Material bleiben und eine Umsetzung von Formänderungsarbeit in andere Energieformen ausschließen.

Es ist nun natürlich die Frage von Wichtigkeit, unter welchen mathematischen Bedingungen der gesuchte Ausnahmefall der Existenz eines Potentials eintritt. Diese Frage wird in der Integralrechnung in einfacher Weise für unser Beispiel des Knickstabes dahin beantwortet[1], daß das „Linienintegral"

$$\pi_i = -\,a_i = \int_0^{\varepsilon,\,\varphi'} (N\,d\varepsilon - M\,d\varphi')$$

dann und nur dann vom Integrationsweg unabhängig ist, wenn der Integrand das vollständige Differential

$$d\pi_i = \frac{\partial \pi_i}{\partial \varepsilon}\,d\varepsilon + \frac{\partial \pi_i}{\partial \varphi'}\,d\varphi'$$

ist, d. h. wenn

$$\frac{\partial \pi_i}{\partial \varepsilon} = N, \qquad \frac{\partial \pi_i}{\partial \varphi'} = -M \tag{10}$$

ist. Notwendig und hinreichend für die Gültigkeit von (10) ist die Erfüllung der „Integrabilitätsbedingung"

$$\frac{\partial N}{\partial \varphi'} = \frac{\partial(-M)}{\partial \varepsilon}. \tag{11}$$

Da hier N und M die *inneren* Kräfte und Momente bedeuten, sagt Gl. (10) aus, daß das charakteristische Kennzeichen des Potentials darin besteht, daß seine

---

[1] Vgl. z. B. R. COURANT: Vorlesungen über Differential- und Integralrechnung, Bd. II, 3. Aufl., Berlin/Göttingen/Heidelberg 1955, S. 313.

partielle Ableitung nach einer Verformungsgröße den negativen Wert der Kräfte bzw. der Momente ergibt, die in Richtung der betreffenden Verformungsgröße wirken. Zum Beispiel liefert die Differentiation nach ε die inneren Längskräfte $N_i = N$, deren negative Werte in Richtung positiver ε wirken.

Wir können also nur solche Elastizitätsgesetze für die Schnittgrößen verwenden, die der Gl. (11) nicht widersprechen. Dieses wird sich jedoch bei mechanisch vernünftigen Ansätzen in der Regel ganz von selbst ergeben. Kehren wir, um ein Beispiel zu haben, zu den Gln. (6) bis (9) zurück, so erkennen wir, daß die nach (8) zu fordernde, (11) entsprechende Bedingung $\dfrac{\partial N}{\partial \varphi'} = \dfrac{\partial(-\overline{M})}{\partial \bar{\varepsilon}}$ für die Konstanten von (7) die Beziehung $c_2 = -c_3$ liefert, die tatsächlich erfüllt ist, wie aus (6) hervorgeht. Ebenso bestätigt man leicht, daß sich mit $c_2 = -c_3$ nach allen drei Gln. (9) auch wirklich derselbe Wert für a_i ergibt.

Der Satz von der Erhaltung der Energie vermag uns jedoch nicht nur über die Arbeit der inneren, sondern auch über die der äußeren Kräfte eine Aussage zu liefern. A_a ist die Arbeit, die bei der Belastung in das System hineingesteckt wird. Sie muß gleich der im verformten System aufgespeicherten Energie sein, so daß wir

$$\Pi_i = A_a \qquad \text{oder} \qquad A_i + A_a = 0 \tag{12}$$

erhalten. *Die Summe der Arbeiten der inneren und äußeren Kräfte ist also gleich Null.* Nach Differentiation folgt ferner aus (12)

$$d\Pi_i = dA_a. \tag{13}$$

Den hierdurch zum Ausdruck gebrachten Satz, daß *die Änderung der inneren potentiellen Energie des Systems gleich dem Arbeitszuwachs der äußeren Kräfte ist*, bezeichnet man gewöhnlich als *Energiesatz* der Elastostatik bei adiabatischen Zustandsänderungen.

3. Prinzip der virtuellen Verrückungen

Der wichtigste Teil der hier zu besprechenden Energiemethoden wird durch das Prinzip der virtuellen Verrückungen dargestellt. Dieses in der Mechanik starrer Körper und ebenso in der klassischen Elastostatik in recht mannigfaltiger Weise angewendete Prinzip behält auch hier seine Gültigkeit. Wir haben nur die besondere Form festzulegen, in der es bei Stabilitätsuntersuchungen zu benutzen ist. Eine virtuelle Verrückung wird im allgemeinen als eine „unendlich kleine, mit den Zwangsbedingungen des Systems verträgliche, im übrigen aber beliebige" Verschiebung erklärt. Wir wollen zunächst diese Erklärung noch etwas ergänzen und benutzen dazu die Begriffe und Bezeichnungen der Variationsrechnung[1]. Im übrigen seien die Verhältnisse wieder am Beispiel des Knickstabes erläutert.

Wir gehen von einem beliebigen Gleichgewichtszustand des ausgeknickten Stabes aus. Die Biegelinie und damit der gesamte Verformungszustand seien dadurch festgelegt, daß die Dehnung ε und der Winkel φ, also die Größen, die wir auch' bei den bisherigen Rechnungen als Veränderliche benutzt haben, an jeder Stelle der Stabachse gegeben sind. Es sei nun der Verformungszustand variiert,

---

[1] Die Kenntnis der einfachsten Grundtatsachen der Variationsrechnung muß hier unter Hinweis auf die umfangreiche mathematische Literatur über dieses Gebiet vorausgesetzt werden. Man vgl. z. B. die für die vorliegenden Zwecke besonders geeigneten Darstellungen bei R. COURANT u. D. HILBERT: Methoden der mathematischen Physik, Bd. I, 3. Aufl., Berlin/Heidelberg/New York 1968, S. 139, und G. GRÜSS: Variationsrechnung, Leipzig 1938.

so daß sich — etwa wie in Abb. 25 angedeutet — eine benachbarte Biegelinie ergibt, die jedoch keineswegs eine Gleichgewichtslage zu sein braucht.

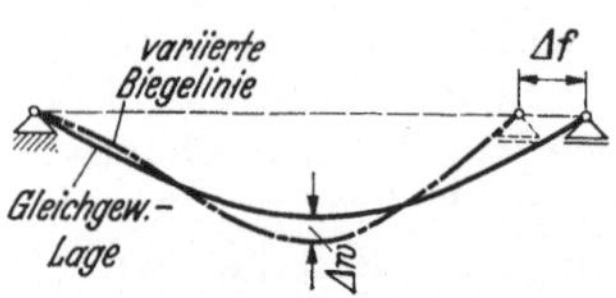

Abb. 25. Zur Variation der Biegelinie des Knickstabes.

Bei der Variation seien ε in $\varepsilon + \delta\varepsilon$ und φ in $\varphi + \delta\varphi$ übergegangen. Die Änderungen, die dabei die übrigen Formänderungsgrößen des Stabes erleiden, können auf Grund der in Abschnitt I, B, 3 bereits aufgestellten geometrischen Beziehungen als Funktionen von $\delta\varepsilon$ und $\delta\varphi$ ermittelt werden. Betrachten wir z. B. die Größe u', für die nach I, (14 b)

$$u' = (1 + \varepsilon) \cos\varphi - 1 \tag{14}$$

gilt, so ergibt sich für deren Änderung, wenn wir diese mit $\Delta u'$ bezeichnen und nach Potenzen von $\delta\varepsilon$ und $\delta\varphi$ in eine Reihe entwickeln,

$$\Delta u' = \underbrace{\frac{\partial u'}{\partial\varepsilon}\delta\varepsilon + \frac{\partial u'}{\partial\varphi}\delta\varphi}_{\delta u'} + \underbrace{\frac{1}{2!}\left(\frac{\partial^2 u'}{\partial\varphi^2}\delta\varphi^2 + \cdots\right)}_{\frac{1}{2!}\delta^2 u'} + \cdots$$

Die linearen Glieder werden die erste, die quadratischen Glieder — bis auf den Faktor $\frac{1}{2!}$ — die zweite Variation von u' genannt usw. Rechnen wir nach (14) $\delta u'$ tatsächlich aus, so ergibt sich

$$\delta u' = \cos\varphi\,\delta\varepsilon - (1 + \varepsilon)\sin\varphi\,\delta\varphi, \tag{15}$$

und entsprechend könnten auch $\delta^2 u'$ und die Glieder höherer Ordnung ermittelt werden.

Für die Änderung der Verschiebung u selbst erhält man ferner, um noch ein weiteres Beispiel anzuführen,

$$\Delta u = \int\limits_0^x \Delta u'\,dx = \int\limits_0^x \delta u'\,dx + \frac{1}{2!}\int\limits_0^x \delta^2 u'\,dx + \cdots$$

$$= \delta u \quad\quad + \frac{1}{2!}\delta^2 u \quad\quad + \cdots.$$

Die von $\delta\varepsilon$ und $\delta\varphi$ linear abhängigen Glieder sind wieder die erste Variation von u, also

$$\delta u = \int\limits_0^x [\cos\varphi\,\delta\varepsilon - (1 + \varepsilon)\sin\varphi\,\delta\varphi]\,dx. \tag{16}$$

Insbesondere ergibt sich noch bei $x = l$ für die Verschiebung $f = - u_{x=l}$ des beweglichen Auflagers

$$\Delta f = \delta f + \frac{1}{2!}\delta^2 f + \cdots,$$

wobei nach (16)

$$\delta f = - \int\limits_0^l [\cos\varphi\,\delta\varepsilon - (1 + \varepsilon)\sin\varphi\,\delta\varphi]\,dx \tag{17}$$

ist. In derselben Art können die Änderungen aller übrigen interessierenden Verformungsgrößen berechnet werden.

Die obige Darstellung gibt uns nun eine gute Möglichkeit zur Festlegung des Begriffes der virtuellen Verrückung, wie er bei den folgenden Untersuchungen gebraucht werden soll. Wir wollen festsetzen: *Eine virtuelle Verrückung ist die erste Variation einer Verformungsgröße.* In den eben angeführten Beispielen würden danach $\delta\varepsilon$, $\delta\varphi$, $\delta u'$, δu und δf virtuelle Verrückungen sein. Diese sind also jeweils die *linearen* Anteile der Gesamtänderung einer Verformungsgröße. Daß wir dabei auch dann von einer Verrückung sprechen, wenn es sich um Verzerrungsgrößen oder sonstige Verschiebungsableitungen handelt, die nicht mehr die Dimension einer Länge haben, ist zwar sprachlich nicht ganz einwandfrei, aber üblich.

Durch die gegebene Definition ist klargestellt, inwiefern die virtuellen Verrückungen „unendlich klein" sein sollen. Aber auch die Voraussetzung, daß sie mit den „Zwangsbedingungen des Systems verträglich" sein sollen, läßt sich jetzt übersehen. Zwangsbedingungen sind hier erstens die geometrischen Verformungsbedingungen, die zwischen den einzelnen Verrückungen bestehen, z. B. die aus (14) folgende Beziehung (15) zwischen $\delta u'$, $\delta\varepsilon$ und $\delta\varphi$. Zweitens sind es die Randbedingungen des Systems, z. B. die in Gl. (16) benutzte Bedingung, daß für $x = 0$ auch $\delta u = 0$ sein soll. Drittens bestehen die Zwangsbedingungen in gewissen Stetigkeitsforderungen für den Verlauf der virtuellen Verrückungen, z. B. darin, daß $\delta\varphi$ in Abhängigkeit von x keinen Sprung, die variierte Biegelinie also keinen Knick haben darf. Im einzelnen können die Forderungen über die bei einer Variation zuzulassenden Funktionen nicht von vornherein in allgemeingültiger Form angegeben werden. Sie sind vielmehr bei den einzelnen Aufgaben und häufig auch je nach dem verfolgten Zweck verschieden scharf, so daß wir ihre genaue Festlegung im folgenden von Fall zu Fall besprechen müssen, wenn bei dieser Frage irgendwelche Zweifel auftreten können.

Neben der virtuellen Verrückung sei im folgenden auch der Begriff der *virtuellen Arbeit* benutzt. *Darunter sei das Produkt einer Kraft mit der in ihre Richtung fallenden virtuellen Verrückung verstanden.* Hierzu ist noch folgendes zu bemerken. Für die Gesamtarbeit, die bei einer Variation des Verformungszustandes, z. B. beim Knickstab von der äußeren Kraft P auf ihrem Verschiebungsweg Δf, geleistet wird, gilt der Ausdruck $\int_{f}^{f+\Delta f} P \, df$. Um diese Gesamtarbeit tatsächlich ausrechnen zu können, müßte noch irgendeine Voraussetzung darüber gemacht werden, wie sich P bei der Variation, also während des Weges Δf ändern soll. Da nämlich die variierte Biegelinie — abgesehen von den Zwangsbedingungen — beliebig und keine Gleichgewichtslage ist, besteht natürlich keine Notwendigkeit, die Kraft P sich so ändern zu lassen, wie sie sich ändern müßte, wenn auf dem Wege Δf lauter Gleichgewichtszustände durchschritten würden. Das Gesetz für diese Änderung würde vielmehr tatsächlich eine neue Voraussetzung bedeuten. Denken wir uns eine solche Annahme gemacht und die bei der Variation geleistete Gesamtarbeit berechnet, so können wir das Ergebnis wieder nach Potenzen der Größen $\delta\varepsilon$ und $\delta\varphi$ entwickeln. Der in diesen Größen lineare Anteil der Gesamtarbeit würde dabei die Form $P\,\delta f$ haben, also nach der obigen Festsetzung gerade die virtuelle Arbeit darstellen, deren Definition damit sinngemäß derjenigen der virtuellen Verrückung entspricht. Man erkennt, daß zwar die Gesamtarbeit davon abhängt, wie sich die Kräfte während der Variation ändern, daß dieses jedoch nicht mehr für die virtuelle Arbeit gilt, so daß dafür eine besondere neue Voraussetzung über das Gesetz der Kraftänderungen nicht erforderlich ist.

Wir wollen auch wieder zwischen der virtuellen Arbeit der äußeren Kräfte und derjenigen der inneren Kräfte unterscheiden. Um eine Verwechselung einer virtuellen Arbeit mit einer wirklichen Formänderungsarbeit, die bei den tatsächlichen Verformungen beim Durchlaufen von lauter Gleichgewichtszuständen geleistet wird, zu vermeiden, sei die virtuelle Arbeit durch A^*, also zusätzlich durch einen Stern gekennzeichnet. Beim Knickstab ist dann die virtuelle Arbeit der äußeren Kräfte

$$A_a^* = P\,\delta f, \tag{18}$$

da die Lagerkraft des festen Lagers dabei keine virtuelle Arbeit leistet, weil dort die virtuelle Verrückung zu Null wird. Die virtuelle Arbeit der inneren Kräfte eines Stabelementes, bezogen auf die Längeneinheit der x-Achse, ist nach Abb. 21 und 22

$$a_i^* = -N\,\delta\varepsilon + M\,\delta\varphi' \tag{19}$$

und damit die virtuelle Arbeit des ganzen Systems

$$A_i^* = -\int\limits_0^l (N\,\delta\varepsilon - M\,\delta\varphi')\,dx. \tag{20}$$

Nach Festlegung der zu verwendenden Begriffe ist die Aufstellung des Prinzips der virtuellen Verrückungen recht einfach. Es liefert eine wichtige Beziehung zwischen den virtuellen Arbeiten A_a^* und A_i^*. Wir gehen zur Ableitung von den beiden Gleichgewichtsbedingungen I, (16a und c)

$$N + P\cos\varphi = 0,$$
$$M - Pw = 0$$

aus, die das Gleichgewicht zwischen der Belastung P und den Schnittgrößen N und M zum Ausdruck bringen. Die erste Gleichung wird nun mit $-\delta\varepsilon$, die zweite mit $\delta\varphi'$ multipliziert; dann werden beide Gleichungen über die Stablänge integriert und schließlich addiert. Wir erhalten so

$$-\int\limits_0^l (N + P\cos\varphi)\,\delta\varepsilon\,dx + \int\limits_0^l (M - Pw)\,\delta\varphi'\,dx = 0,$$

oder, wenn wir die Glieder mit den Schnittgrößen und die mit der Last P zusammenfassen,

$$-\int\limits_0^l (N\,\delta\varepsilon - M\,\delta\varphi')\,dx - P\int\limits_0^l (\cos\varphi\,\delta\varepsilon + w\,\delta\varphi')\,dx = 0. \tag{21}$$

In dem zweiten Integral können wir das Glied mit w durch Teilintegration folgendermaßen umformen:

$$\int\limits_0^l w\,\delta\varphi'\,dx = [w\,\delta\varphi]_0^l - \int\limits_0^l w'\,\delta\varphi\,dx.$$

Hierbei wird der ausintegrierte Bestandteil $[w\,\delta\varphi]_0^l$ zu Null, da die Durchbiegung w bei $x = 0$ und $x = l$ verschwindet. Aus (21) wird dann, wenn wir noch für w' den nach I, (14a) gültigen Ausdruck

$$w' = (1 + \varepsilon)\sin\varphi$$

einsetzen,

$$-\int\limits_0^l (N\,\delta\varepsilon - M\,\delta\varphi')\,dx - P\int\limits_0^l [\cos\varphi\,\delta\varepsilon - (1 + \varepsilon)\sin\varphi\,\delta\varphi]\,dx = 0.$$

Hierin ist, wie aus (17) hervorgeht, das mit P multiplizierte Integral (einschließlich des negativen Vorzeichens) gleich δf. Also wird endgültig

$$- \int\limits_0^l (N\,\delta\varepsilon - M\,\delta\varphi')\,dx + P\,\delta f = 0, \tag{22}$$

und das bedeutet nach (20) und (18), daß

$$A_i^* + A_a^* = 0 \tag{23}$$

ist.

In (22) haben wir nun die speziell für den Knickstab in Frage kommende Form und in (23) den allgemein bei unseren Stabilitätsuntersuchungen gültigen Ausdruck für das Prinzip der virtuellen Verrückungen gefunden, das in Worten heißt: *Für ein im Gleichgewicht befindliches System ist bei einer Variation des Verformungszustandes die Summe der virtuellen Arbeiten der inneren und äußeren Kräfte gleich Null.* Das Prinzip vermag die Gleichgewichtsbedingungen völlig zu ersetzen, da seine Erfüllung, wie aus der Ableitung hervorgeht, wegen der Willkürlichkeit in der Wahl der virtuellen Verrückungen notwendig und hinreichend für die Sicherung des Gleichgewichtes ist.

Die bemerkenswerte Ähnlichkeit der Gln. (23) und (12) darf natürlich nicht zu einer Verwechselung der virtuellen Arbeiten mit den tatsächlichen, vom spannungslosen Zustand aus geleisteten Arbeiten führen. Eine Beziehung zu der wirklichen Formänderungsarbeit können wir höchstens in (22) und (23) dadurch herstellen, daß wir für $\delta\varepsilon$, $\delta\varphi'$ und δf die entsprechenden Anteile der tatsächlich bei einer Laststeigerung sich einstellenden Verformungsänderungen, die natürlich unter allen Umständen zulässige Variationen sind, einführen und $\delta\varepsilon = d\varepsilon$, $\delta\varphi' = d\varphi'$ und $\delta f = df$ setzen. Aus (23) wird dann nämlich in Übereinstimmung mit (12) bzw. (13) $dA_i + dA_a = 0$.

4. Prinzip vom stationären Wert der potentiellen Energie

Bei den bisherigen Erkenntnissen, die wir im Rahmen der Betrachtungen über die Energiemethode gewonnen haben, ist noch nichts darüber gesagt worden, wie sie zur Lösung einer Stabilitätsaufgabe verwendet werden können. In der Tat sind auch die aufgestellten Sätze für die praktische Rechnung zum größten Teil nur mittelbar von Nutzen insofern, als sie die Grundlage für ein wichtiges Variationsprinzip liefern, in dem erst die eigentliche Bedeutung der Energiemethoden für die Anwendungen zutage tritt. Dieses Prinzip ergibt sich aus den Gln. (22) und (23) durch eine einfache Umformung der virtuellen Arbeiten der inneren und äußeren Kräfte.

Es war bereits oben betont worden, daß es beim Prinzip der virtuellen Verrückungen nicht erforderlich ist, darüber zu verfügen, ob und wie sich die inneren und äußeren Kräfte bei der Variation des Verformungszustandes ändern sollen. Bei der jetzt beabsichtigten Umformung wird jedoch eine derartige Verfügung notwendig. Zuerst sei die virtuelle Arbeit der *inneren* Kräfte betrachtet und vorausgesetzt, daß diese Kräfte bei der Variation von den Veränderlichen ε und φ so abhängen, wie es das Elastizitätsgesetz I, (15) vorschreibt, Es soll also z. B. $\delta N = \dfrac{\partial N}{\partial\varepsilon}\,\delta\varepsilon = EF\,\delta\varepsilon$ sein. Auf Grund dieser — an sich willkürlichen — Voraussetzung lassen sich dann N und M wieder aus dem oben ausführlich besprochenen Potential π_i der inneren Kräfte ableiten, was nach Gl. (10) zur Folge hat, daß

$$N = \frac{\partial\pi_i}{\partial\varepsilon} \quad \text{und} \quad -M = \frac{\partial\pi_i}{\partial\varphi'}$$

ist. Setzen wir dieses in den Ausdruck (20) für die virtuelle Arbeit der inneren Kräfte ein, so wird

$$A_i^* = -\int\limits_0^l \left(\frac{\partial \pi_i}{\partial \varepsilon}\, \delta\varepsilon + \frac{\partial \pi_i}{\partial \varphi'}\, \delta\varphi'\right) dx.$$

Der Integrand des Integrals stellt nun infolge seines besonderen Aufbaues die erste Variation der Funktion π_i dar. Es ist also

$$A_i^* = -\int\limits_0^l \delta\pi_i\, dx = -\delta\int\limits_0^l \pi_i\, dx$$

und damit

$$A_i^* = -\delta\Pi_i = \delta A_i. \tag{24}$$

Danach ist für die inneren Kräfte die virtuelle Arbeit gleich der ersten Variation des negativen Potentials bzw. der wirklichen Formänderungsarbeit. Mit (24) nehmen die Gln. (22) und (23) nach Multiplikation mit minus Eins zunächst die Form

$$\delta\Pi_i - P\,\delta f = 0, \tag{25}$$

$$\delta\Pi_i - A_a^* = 0 \tag{26}$$

an. Damit ist der erste, die inneren Kräfte betreffende Teil der Umformung des Prinzips der virtuellen Verrückungen bereits erledigt und in (26) eine stets gültige Beziehung gewonnen, die schon in manchen Fällen für die praktische Rechnung von Bedeutung ist.

Wir wollen nun auch die virtuelle Arbeit der *äußeren* Kräfte umformen. Dazu muß allerdings vorweg bemerkt werden, daß diese zweite Umformung im Gegensatz zur ersten nicht in allen Fällen möglich ist. Hierauf werden wir weiter unten noch ausführlich eingehen müssen. Beim gewöhnlichen Knickstab und bei vielen anderen praktisch wichtigen Problemen entstehen jedoch keinerlei Schwierigkeiten. Für den Knickstab sei angenommen, daß die allein Arbeit leistende äußere Kraft P bei der Variation gar keine Änderung erfährt, sondern *konstant* bleibt. Diese Annahme ist selbstverständlich auch wieder willkürlich; sie rechtfertigt sich dadurch, daß mit ihr Gl. (26) eine praktisch gut verwendbare und auch anschaulich leicht vorstellbare Gestalt annimmt. In Gl. (18) für die virtuelle Arbeit der äußeren Kräfte können wir nämlich dann P mit unter das Variationszeichen nehmen und erhalten

$$A_a^* = \delta\,Pf. \tag{27}$$

Führen wir für den negativen Wert des Produktes Pf die neue Bezeichnung Π_a ein, also

$$\Pi_a = -Pf, \tag{28}$$

und setzen schließlich noch zur weiteren Abkürzung

$$\Pi = \Pi_i + \Pi_a, \tag{29}$$

so bekommen wir aus (26) die Beziehung

$$\delta(\Pi_i + \Pi_a) = \delta\Pi = 0, \tag{30}$$

womit das gesuchte Variationsprinzip gefunden ist, das aussagt, daß die erste Variation der Funktion Π verschwinden muß.

Die tiefere Bedeutung von (30) ergibt sich aus der Tatsache, daß nach (28) $\dfrac{\partial \Pi_a}{\partial f} = -P$ ist, daß also die partielle Ableitung der Funktion Π_a nach der Verschiebung f die negative Last P liefert. Π_a hat damit wieder die Eigenschaft eines Kräftepotentials. Wir wollen dementsprechend Π_a *das Potential oder auch die potentielle Energie der äußeren Kräfte und Π das Gesamtpotential oder die potentielle Energie des ganzen Systems* nennen. Wesentlich ist natürlich, daß diese Namen nicht nur rein formal eine Berechtigung haben, sondern daß Π_a und damit Π auch anschaulich als Energien der Lage gedeutet werden können. Daß dieses in der Tat möglich ist, soll Abb. 26 zeigen. Dort ist der Knickstab so dargestellt, daß er durch ein der Last P entsprechendes Gewichtsstück zum Ausknicken gebracht wird. Im „Zustand I" ist der Stab noch unverformt, das Gewicht P ruht neben dem Stab auf einem Auflager; „Zustand II" ist der belastete und ausgeknickte Stab. Bezeichnen wir vorübergehend die Energie des Systems mit E, so würde diese im Zustand I nur aus der potentiellen Energie des Gewichtes bestehen und den Wert $E_I = Pl$ annehmen, wenn wir uns vorstellen, daß das Gewicht beim Herabfallen von seinem Auflager bis auf den in der Höhe des festen Lagers gedachten Boden Arbeit zu leisten vermag. Im Zustand II ist die Energie des Gewichtes um den Wert Pf kleiner geworden, dafür ist aber jetzt im Stab infolge der Verformung die innere Energie Π_i aufgespeichert, so daß $E_{II} = P(l - f) + \Pi_i = E_I + \Pi$ wird. Bei der Variation des Verformungszustandes ändert sich nur die Funktion Π; die Energie Pl des Zustandes I ist eine Konstante, die für den nach (30) durchzuführenden Variationsprozeß offenbar belanglos ist. Wir können sie auch ohne weiteres gleich Null setzen, d. h. die Energie vom spannungslosen Zustand aus zählen. Unter dieser Voraussetzung wird dann, wie gewünscht, Π_a zur potentiellen Energie der äußeren Kräfte und Π zur gesamten potentiellen Energie des ganzen Systems. Gl. (30) können wir also jetzt in die Worte fassen, *daß im Gleichgewichtsfall die erste Variation der gesamten potentiellen Energie des Systems zu Null werden muß*. Da man statt dessen auch zu sagen pflegt, daß die potentielle Energie einen stationären Wert annehmen muß, kann man die Aussage von Gl. (30) als das *Prinzip vom stationären Wert der potentiellen Energie* bezeichnen.

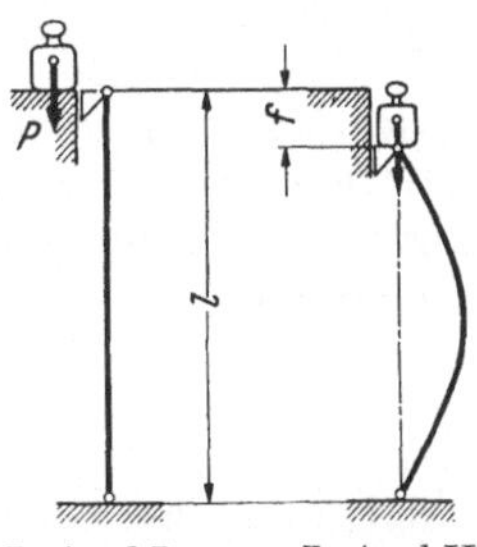

Abb. 26. Erläuterungsskizze zur potentiellen Energie des Knickstabes.

Die Bedeutung des Prinzips besteht in zwei verschiedenen Anwendungsmöglichkeiten: Erstens darin, daß es die Benutzung einiger sehr wichtiger Näherungsverfahren erlaubt, die in allen Fällen von großem Nutzen sind, in denen die exakte Lösung der Differentialgleichungen des Problems auf zu große Schwierigkeiten stößt. Mit diesen Näherungsmethoden wollen wir uns jedoch erst in späteren Abschnitten ausführlich beschäftigen. Zweitens kann mit Hilfe des Prinzips die Ableitung der Differentialgleichungen selbst erfolgen. Beim Knickstab würde diese Rechnung etwa folgendermaßen verlaufen.

Man ermittelt zunächst Π_i als negativen Wert der Formänderungsarbeit A_i der inneren Kräfte und bekommt so nach (4)

$$\Pi_i = \int\limits_0^l \left(\frac{1}{2} E F \varepsilon^2 + \frac{1}{2} E I \varphi'^2 \right) dx.$$

Das Potential der äußeren Kräfte ist ferner nach (28), wobei f durch Integration von $-u'$ aus (14) erhalten wird,

$$\Pi_a = P \int\limits_0^l [(1 + \varepsilon) \cos \varphi - 1] \, dx.$$

Gl. (30) liefert dann die Beziehung

$$\delta \int\limits_0^l \left[\frac{1}{2} EF\varepsilon^2 + \frac{1}{2} EI\varphi'^2 + P(1 + \varepsilon) \cos \varphi - P\right] dx = 0. \tag{31}$$

In der Variationsrechnung wird nun gezeigt, daß das Verschwinden der ersten Variation eines Integrals die Erfüllung der *Eulerschen Differentialgleichungen* verlangt. Diese lauten hier, wenn wir den Integranden von (31) zur Abkürzung mit H bezeichnen,

$$\frac{\partial H}{\partial \varepsilon} = 0, \qquad \frac{\partial H}{\partial \varphi} - \left(\frac{\partial H}{\partial \varphi'}\right)' = 0.$$

Bildet man diese Gleichungen, so erhält man

$$EF\varepsilon + P \cos \varphi = 0,$$

$$-P(1 + \varepsilon) \sin \varphi - (EI\varphi')' = 0,$$

und das sind gerade die Ausgangsgleichungen I, (17 a, b) unseres Problems, die wir oben mit Hilfe der Gleichgewichtsmethode gewonnen hatten.

Es liegt jetzt natürlich die Frage nahe, inwiefern überhaupt ein zweites Verfahren zur Ableitung der Differentialgleichungen praktisch von Interesse ist, wenn das erste bereits in allen Fällen ausreicht. Die Antwort ergibt sich daraus, daß die meisten Stabilitätsaufgaben, besonders die bei Platten und Schalen auftretenden, nicht mehr so einfach und übersichtlich zu lösen sind, wie es beim gewöhnlichen Knickstab der Fall ist. Die Vermeidung von Rechenfehlern ist vielmehr häufig geradezu ein Problem für sich. Es ist dann selbstverständlich von großer Bedeutung, zwei Methoden zu besitzen, von denen die eine zur Kontrolle des Rechenergebnisses der anderen benutzt werden kann. Dabei ergänzen sich die Gleichgewichts- und die Energiemethode in recht glücklicher Weise insofern, als die Fehlermöglichkeiten bei beiden Verfahren ganz verschiedener Art sind. Bei Aufstellung der Gleichgewichtsbedingungen am verformten System muß man sich nämlich hauptsächlich auf die Anschauung stützen; die Fehler bestehen dann vielfach darin, daß man irgendeine Kraftkomponente vergißt oder eine Verformungsgröße falsch berücksichtigt. Bei Benutzung des Variationsprinzips liegen dagegen die Fehlerquellen mehr in der Kompliziertheit des formalen Rechnens, während der Ansatz verhältnismäßig einfach ist.

Das Prinzip vom stationären Wert der potentiellen Energie nimmt in der klassischen Elastizitätslehre eine besondere Form an, auf die hier noch kurz eingegangen sei, um den Anschluß an bekannte Dinge zu erhalten. Wir betrachten dazu als Beispiel den Knickstab unterhalb der kritischen Last in dem nicht ausgeknickten Zustand, von dem wir wissen, daß er den Gesetzen der klassischen Elastizitätslehre folgt. Es ergibt sich dann mit $\varphi \equiv 0$ und $\varepsilon' \equiv 0$ aus (31)

$$\delta \Pi = \delta \left(\frac{1}{2} EF\varepsilon^2 + P\varepsilon\right) l = 0.$$

Die potentielle Energie Π ist jetzt nach Ausführung der Integration über x eine gewöhnliche Funktion der Veränderlichen ε geworden, und zwar eine Parabel, die in Abb. 27 dargestellt ist. Die Forderung $\delta\Pi = 0$ wird zu der Bedingung $\dfrac{d\Pi}{d\varepsilon} = 0$, die $\varepsilon = -\dfrac{P}{EF}$ liefert und, wie Abb. 27 zeigt, zur Folge hat, daß in diesem Falle die potentielle Energie für den sich wirklich einstellenden Zustand ein Minimum wird. Das Verschwinden der ersten Variation ist nun allgemein eine notwendige — wenn auch nicht hinreichende — Be-dingung dafür, daß das betreffende Integral einen Ex-tremwert annimmt, und es zeigt sich, daß das durch Abb. 27 zum Ausdruck gebrachte Ergebnis für die ge-samte klassische Elastizitätslehre gilt. Man stellt das in allen Sonderfällen der gewöhnlichen Statik leicht fest und kann es auch allgemein für die Gesetze des drei-dimensionalen elastischen Kontinuums beweisen[1]. In der *klassischen Elastostatik* wird somit das Prinzip vom stationären Wert der potentiellen Energie zum *Prinzip vom Minimum der potentiellen Energie*. Es ist jedoch wesentlich, daß dieses Resultat auf den Bereich der Theorie unendlich kleiner Verschiebungen beschränkt bleibt und nicht mehr bei unseren Stabilitätsproblemen

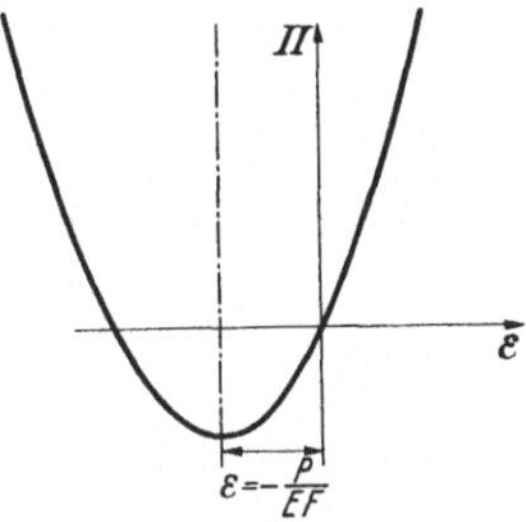

Abb. 27. Potentielle Energie Π eines nicht ausknickenden Druckstabes in Abhängigkeit von der Dehnung ε.

gilt. Bei diesen letzteren kann es, wie wir weiter unten sehen werden, nicht nur vorkommen, daß Π kein Minimum, sondern ein Maximum wird; es ist vielmehr auch möglich, daß Π überhaupt keinen Extremwert annimmt. Dazu sei nochmals daran erinnert, daß für die Existenz eines derartigen Wertes die Bedingung $\delta\Pi = 0$ nur notwendig, jedoch nicht hinreichend ist.

Schließlich sei noch auf eine spezielle Schreibweise hingewiesen, in der man das Prinzip vom Minimum der potentiellen Energie in vielen Fällen darstellen kann. Beim Beispiel des nicht ausknickenden Druckstabes ist das Potential der äußeren Kraft $\Pi_a = -Pf$. Ist nun f proportional P, so wird nach (1) die Arbeit der äußeren Kräfte $A_a = \dfrac{1}{2}Pf$, so daß also jetzt $\Pi_a = -2A_a$ ist. Mit $\Pi_i = -A_i$ erscheint dann die Aussage $\delta\Pi = 0$ in der häufig benutzten Form

$$\delta(-A_i - 2A_a) = 0, \tag{32}$$

die jedoch, was hier noch einmal ausdrücklich betont sei, nicht für Stabilitäts-untersuchungen in Frage kommt.

5. Potential der äußeren Kräfte

Die Umformung des Prinzips der virtuellen Verrückungen in das Prinzip vom stationären Wert der potentiellen Energie war in zwei Schritten erfolgt. Beim ersten Schritt wurde angenommen, daß sich bei der Variation die inneren Kräfte dem für sie gültigen Elastizitätsgesetz entsprechend ändern sollten. Die virtuelle Arbeit A_i^* der inneren Kräfte konnte dann gleich der negativen ersten Variation der potentiellen Energie Π_i der inneren Kräfte gesetzt werden. Dieses war immer möglich, weil ein Potential Π_i, wie oben ausführlich gezeigt wurde, im Rahmen des hier gestellten Aufgabenkreises stets existiert. Der zweite Schritt betraf die virtuelle Arbeit A_a^* der äußeren Kräfte. Unter der Voraussetzung, daß die Be-

---

[1] Vgl. etwa C. Biezeno u. R. Grammel: Technische Dynamik, Bd. I, 2. Aufl., Berlin/Göttingen/Heidelberg 1953, S. 83.

lastung P des Knickstabes bei der Variation konstant bleibt, konnte auch A_a^* durch den negativen Wert der ersten Variation eines Potentials Π_a ersetzt werden.

Es wurde jedoch bereits oben angedeutet, daß dieser zweite Schritt der Umformung nicht immer ausführbar ist. Es zeigt sich nämlich, *daß unter Umständen ein Potential der äußeren Kräfte nicht existiert.* Wir wollen uns deswegen mit dem Potential Π_a noch etwas näher beschäftigen.

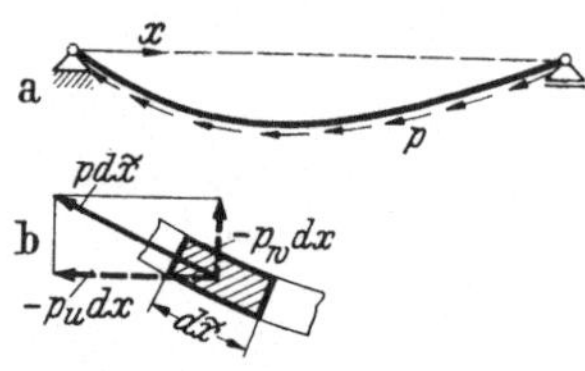

Abb. 28.
Knickstab unter
Eigengewicht.

Besteht die Belastung eines Systems nur aus Einzelkräften, von denen wie beim Knickstab angenommen werden kann, daß sie sich bei der Variation weder ihrer Größe noch ihrer Richtung nach ändern, so ist Π_a immer vorhanden und einfach gleich der negativen Summe der Produkte aus den Kräften und den in ihre Richtung fallenden Verschiebungen ihrer Angriffspunkte. Auch dann, wenn die Belastung aus stetig verteilten Kräften besteht, treten in den meisten Fällen keine Schwierigkeiten auf. Betrachten wir hierzu als Beispiel etwa den in Abb. 28 dargestellten, durch sein Eigengewicht zum Ausknicken gebrachten Stab und bezeichnen mit p das Gewicht und mit π_a das Potential je Längeneinheit der Stabachse x, so wird

$$\pi_a = p\,u \qquad \text{und} \qquad \Pi_a = \int\limits_0^l \pi_a\,dx = \int\limits_0^l p\,u\,dx.$$

Es ist nämlich dann, wie es verlangt wird, die Ableitung $\dfrac{\partial \pi_a}{\partial u} = p$, also gleich dem negativen Wert der Kraft, die in Richtung positiver u wirkt. Ebenso entspricht $\dfrac{\partial \pi_a}{\partial w} = 0$ der Tatsache, daß in Richtung der Verschiebung w überhaupt keine Kräfte auftreten.

In sehr vielen, praktisch wichtigen Fällen läßt sich also ohne weiteres ein Potential für die äußeren Kräfte finden. Andererseits können aber auch leicht Beispiele angegeben werden, in denen die Dinge anders liegen. Ein solches Beispiel erhalten wir schon durch eine geringe Änderung der Belastungsart des Systems von Abb. 28. Wir brauchen dazu nur anzunehmen, daß der Knickstab Teil einer Metallkonstruktion ist und auf seiner ganzen Länge mit einem Blech vernietet ist, das auf Schub beansprucht wird und diese Beanspruchung auf den Stab überträgt. Beim Ausknicken hat dann die Belastung die Eigenschaft, wie in Abb. 29 angedeutet, stets in Richtung der Tangente an die verformte Stabachse zu wirken, also ihre Richtung bei der Verformung zu ändern, weil das Blech die Durchbiegung des Stabes mitmachen muß.

Abb. 29a u. b. Knickstab und Stabelement mit Belastung durch Schubkräfte.

Hinsichtlich der Größe der Belastung sei angenommen, daß diese je Längeneinheit der gedehnten Stabachse einen vorgeschriebenen Wert p hat. Die auf ein Element von der unverformten Länge dx und der verformten Länge $d\tilde{x}$ entfallende Belastung ist dann $p\,d\tilde{x}$. Nennen wir ferner die Komponenten von $p\,d\tilde{x}$, die in Richtung der Verschiebungen u und w auftreten, nach Abb. 29b $p_u dx$ und $p_w dx$, wobei also p_u und p_w Kräfte je Längeneinheit der unverformten Stabachse sind, so gilt

$$p_u dx = -p\,d\tilde{x}\cos\varphi,$$
$$p_w dx = -p\,d\tilde{x}\sin\varphi.$$

Setzen wir $\dfrac{d\bar{x}}{dx} = 1 + \varepsilon$ und nach I, (14a, b) $\cos\varphi = \dfrac{1 + u'}{1 + \varepsilon}$ und $\sin\varphi = \dfrac{w'}{1 + \varepsilon}$, so wird

$$p_u = -p(1 + u'), \qquad p_w = -p w'. \tag{33a, b}$$

Mit diesen Kräftekomponenten nimmt im Prinzip der virtuellen Verrückungen die virtuelle Arbeit der äußeren Kräfte die Form

$$A_a^* = \int\limits_0^l a_a^* \, dx$$

mit

$$\begin{aligned}
a_a^* &= p_u \delta u + p_w \delta w \\
&= -p(1 + u')\delta u - p w' \delta w
\end{aligned}$$

an. Verlangen wir nun, daß bei der Variation p konstant bleibt, so ist es *nicht* möglich, ein Potential und damit eine Funktion zu finden, deren erste Variation gleich a_a^* wird. Dieses läßt sich schon in dem Sonderfall erkennen, daß der Stab, ohne auszuknicken, gerade bleibt, daß also w und w' und damit p_w gleich Null sind. Man könnte zwar zunächst meinen, daß in diesem Fall die Funktion $p(1 + u')u$ das gesuchte Potential wäre, da deren partielle Ableitung nach u den verlangten Wert $-p_u$ liefert. In der Funktion kommt jedoch außerdem noch u' vor. Wenn wir nun danach partiell differenzieren, so erhalten wir den Wert $p u$ als eine Kraftkomponente, die wir mit $p_{u'}$ bezeichnen könnten, da deren negativer Wert in „einer Richtung u'" wirken müßte. Eine derartige Kraftkomponente ist aber in Wirklichkeit nicht vorhanden. Die Funktion $p(1 + u')u$ kann also nicht das gesuchte Potential sein, da sich bei diesem eben $p_{u'}$ zu Null ergeben müßte.

Bei den Betrachtungen in Abschnitt II, B, 2 über die potentielle Energie der inneren Kräfte war Gl. (11) als notwendige und hinreichende Bedingung für die Existenz des Potentials der Größen N und M angegeben worden. Diese Größen hingen dort von den beiden Veränderlichen ε und φ' ab. Hier handelt es sich um die Veränderlichen u und u' mit den zugehörigen Kraftkomponenten p_u und $p_{u'}$. Die Gl. (11) entsprechende Bedingung lautet hier

$$\frac{\partial p_u}{\partial u'} = \frac{\partial p_{u'}}{\partial u}.$$

Sie ist nicht erfüllt, da $\dfrac{\partial p_u}{\partial u'} = -p$ ist, während $\dfrac{\partial p_{u'}}{\partial u} = 0$ ist, wegen $p_{u'} = 0$. Ein Potential existiert also hier schon in dem Sonderfall $p_w = 0$ in der Tat nicht. Auch in dem anderen Ausnahmefall $p_u = 0$, $p_w \neq 0$ ist, wie man leicht feststellen kann, kein Potential vorhanden und damit natürlich erst recht nicht im allgemeinen Fall, wenn p_u und p_w beide von Null verschieden sind.

Es sei nun noch ein weiteres Beispiel untersucht, bei dem es sich um eine Belastungsart handelt, mit der man es häufig zu tun hat, und die die merkwürdige Eigenschaft zeigt, daß ein Potential nur in einem einschränkenden Sinne und nur unter gewissen Bedingungen vorhanden ist. Nach Abb. 30 sei ein gewöhnlicher gerader Balken auf zwei Stützen betrachtet, der durch den überall konstanten Druck einer gepreßten Flüssigkeit oder eines Gases belastet sein möge. Daß es sich dabei um ein Problem handelt, bei dem instabile Gleichgewichtszustände nicht zu erwarten sind, ist hier für unsere Betrachtungen, die sich nur auf die Belastungskomponenten erstrecken, belanglos. Ein Stabilitätsproblem, und zwar ein Durchschlagproblem, würden wir schon erhalten, wenn wir statt des im spannungslosen Zustand geraden Balkens von Abb. 30 einen schwach nach oben gekrümmten Stab betrachten würden, der auf beiden Seiten unverschieblich gestützt ist. Zur Untersuchung dieses Problems müßten jedoch dann erst einige für den gekrümmten Stab gültige Formeln abgeleitet werden, die für den geraden Stab schon aufgestellt sind. Bezeichnen wir den Flüssigkeitsdruck mit q und die in Richtung der x-Achse und senkrecht dazu auftretenden Belastungskomponenten wieder mit q_u und q_w, so ist nach Abb. 30b

$$q_u dx = -q d\tilde{x} \sin \varphi,$$

$$q_w dx = \quad q d\tilde{x} \cos \varphi,$$

und mit den oben schon benutzten Ausdrücken für $d\tilde{x}$, $\sin \varphi$ und $\cos \varphi$

$$q_u = -q w', \qquad q_w = q(1 + u'). \tag{34}$$

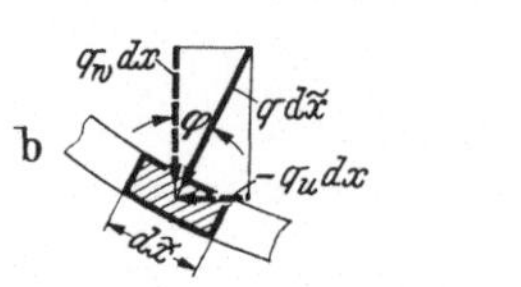

Abb. 30a u. b. Balken auf zwei Stützen belastet durch Flüssigkeitsdruck.

Auch für diese Belastungsart existiert, wie man in derselben Weise wie beim vorhergehenden Beispiel feststellen kann, *für ein Element der Stabachse kein Potential π_a*, dessen erste Variation gleich dem negativen Wert von

$$a_a^* = q_u \delta u + q_w \delta w$$

wäre. Dagegen gibt es unter Umständen *für das ganze System eine Funktion Π_a*, so daß $\delta \Pi_a$ gleich der negativen virtuellen Arbeit

$$A_a^* = \int_0^l a^* dx = \int_0^l [-q w' \delta u + q(1 + u') \delta w] dx \tag{35}$$

wird. Formt man nämlich das erste Glied mit δu in (35) durch Teilintegration um, so erhält man

$$A_a^* = -[q w \delta u]_0^l + \int_0^l [q w \delta u' + q(1 + u') \delta w] dx.$$

Setzt man dann

$$\tilde{\pi}_a = -q(1 + u')\, w,$$

so wird

$$A_a^* = -[q w \delta u]_0^l - \delta \int_0^l \tilde{\pi}_a dx,$$

weil $\dfrac{\partial \tilde{\pi}_a}{\partial u'} = -q w$ und $\dfrac{\partial \tilde{\pi}_a}{\partial w} = -q(1 + u')$ ist.

Bei dem System von Abb. 30 verschwindet nun w bei $x = 0$ und bei $x = l$, so daß $-[q w \delta u]_0^l = 0$ wird. In diesem Fall kann dann

$$A_a^* = -\delta \Pi_a = -\delta \int_0^l \tilde{\pi}_a dx$$

gesetzt werden. Die Funktion Π_a ist somit bei Flüssigkeitsdruck immer dann vorhanden, wenn w oder auch δu an den Grenzen des Integrationsbereiches verschwinden muß. Dieses tritt zwar bei sehr vielen praktisch vorkommenden Systemen ein, gilt aber z. B. nicht bei einem Balken, der an einem Ende eingespannt und am anderen Ende frei ist.

Wir haben also gesehen, daß es mechanisch durchaus vernünftige Belastungsarten und Systeme gibt, für die ein Potential der äußeren Kräfte nicht existiert[1]. Im Zusammenhang mit dieser Feststellung mag vielleicht die Frage auftauchen, warum das Gesetz von der Erhaltung der Energie, das bei den inneren Kräften das Vorhandensein eines Potentials und damit die Möglichkeit der Umformung von A_i^* in $\delta\Pi_i$ sichert, bei den äußeren Kräften nicht zu einem entsprechenden Ergebnis führt. Die Antwort ergibt sich daraus, daß bei den äußeren und inneren Kräften verschiedene Annahmen darüber gemacht werden, wie sich diese Kräfte bei der Variation ändern sollen. Bei den inneren Kräften sollte das Elastizitätsgesetz erfüllt bleiben, so daß der variierte Zustand physikalisch möglich ist. Denn wenn dieser auch in der Regel keineswegs mit den gegebenen äußeren Kräften, z. B. beim Knickstab mit der Last P, im Gleichgewicht ist, so ist er doch immerhin für jedes einzelne Stabelement dann realisierbar, wenn man dieses aus dem Stab herausschneidet und mit den erforderlichen Schnittgrößen N und M belastet; und das genügt, um aus dem erwähnten Energiegesetz wie in Abschnitt II, B, 2 auf ein Potential für N und M schließen zu können. Hinsichtlich der äußeren Kräfte führt hingegen die Variation im allgemeinen zu einem physikalisch unmöglichen Zustand, wenn wir wie beim Knickstab die Last P und wie bei den übrigen Beispielen in (33) und (34) die Größen p und q konstant lassen. Das Gesetz von der Erhaltung der Energie kann infolgedessen hierbei nicht herangezogen werden. Der grundsätzliche Unterschied zwischen dem Potential der inneren und äußeren Kräfte zeigt sich im übrigen auch schon in der Tatsache, daß das Potential der inneren Kräfte gleich der negativen Formänderungsarbeit dieser Kräfte ist, während für das Potential der äußeren Kräfte die entsprechende Beziehung nicht besteht.

In den Fällen, in denen ein Potential Π_a der äußeren Kräfte und damit auch ein Gesamtpotential Π nicht existiert, hat natürlich ebenfalls das Prinzip vom stationären Wert der potentiellen Energie keine Gültigkeit mehr. Man muß sich dann auf die Benutzung des Prinzips der virtuellen Verrückungen und auf die Anwendung der Gl. (26), in der nur die virtuelle Arbeit der inneren Kräfte umgeformt ist, beschränken. Damit läßt sich jedoch auch schon vieles erreichen. Benutzt man nämlich z. B. die Energiemethode zur Kontrolle der Methode der Gleichgewichtsbedingungen, so ist vielfach die richtige Berechnung der von den inneren Kräften herrührenden Anteile in den Differentialgleichungen bei weitem am schwierigsten, und es ist bereits sehr wertvoll, wenn man wenigstens hierfür eine Kontrolle hat.

C. Temperaturänderungen

1. Isotherme und adiabatische Verformungen

Für die Beanspruchung und Verformung von Konstruktionsteilen sind bekanntlich Temperaturänderungen häufig von Bedeutung. Auch für die Stabilität eines Systems können sie gelegentlich wichtig sein. So kann z. B. ein an beiden Enden in Richtung seiner Achse unverschieblich gelagerter gerader Stab bei einer Temperaturerhöhung infolge der auftretenden Druckbeanspruchung zum Aus-

---

[1] Systeme mit oder ohne Potential werden häufig auch als „konservativ" bzw. „nichtkonservativ" bezeichnet. Auf diese Ausdrucksweise sei jedoch verzichtet, da sie kaum kürzer als die hier verwendete ist und zu ihrer allgemeinen Definition, die außerdem in der Literatur nicht völlig einheitlich ist, weiter ausgeholt werden müßte. Vgl. H. ZIEGLER: Elemente der Mathematik 7 (1952) 121.

knicken kommen. Wir müssen uns daher noch mit Temperaturwirkungen bei Stabilitätsproblemen näher befassen.

Wenn wir uns bei den bisherigen Rechnungen um das Verhalten des Materials bei Temperaturänderungen überhaupt noch nicht gekümmert haben, so haben wir doch bereits in dieser Hinsicht — mehr oder weniger stillschweigend — einige Voraussetzungen gemacht. Erstens haben wir stets angenommen, daß die auftretenden Verzerrungen nur durch Spannungen hervorgerufen werden. Dehnungen infolge Temperaturänderungen haben wir nicht berücksichtigt. Wir können also auch sagen, daß unseren bisherigen Rechnungen die Annahme zugrunde gelegen hat, daß die Temperatur für das System bei der Verformung unverändert bleibt, der Vorgang also *isotherm* ist. Zweitens haben wir bei Besprechung und Anwendung der Energiemethode vorausgesetzt, daß eine Energieänderung durch Wärmezufuhr nicht stattfinden, der Vorgang somit *adiabatisch* sein sollte.

Im allgemeinen kann aber ein Vorgang nicht zugleich isotherm *und* adiabatisch sein. Dieses gilt nicht nur in bekannter Weise für die Zustandsänderungen von Gasen, sondern auch für uns hier interessierende Werkstoffe. Wird z. B. ein Stahlstab durch äußere Kräfte gedehnt, so sinkt seine Temperatur, wenn keine Wärme zugeführt wird[1]. Die Voraussetzungen unserer bisherigen Untersuchungen würden damit nicht widerspruchsfrei sein. Dazu ist noch zu bemerken, daß die erwähnten Temperaturänderungen bei der Verformung fester Körper, wie Messungen zeigen, nur dann merklich sind, wenn die Verformungen sehr schnell erzeugt werden. Da die Statik nur solche Vorgänge beschreibt, die umgekehrt sehr langsam vor sich gehen, werden wir für unsere Betrachtungen stets einen Temperaturausgleich annehmen müssen. Die Voraussetzung isothermer Zustandsänderungen würde danach richtig, die adiabatischer Änderungen falsch gewesen sein. Die bei adiabatischen Verformungen praktisch auftretenden Temperaturänderungen sind nun allerdings gering. Wir wären danach immerhin berechtigt, ohne einen wesentlichen Fehler zu begehen, zur Beseitigung des Widerspruches in unseren Annahmen einfach ein Material vorauszusetzen, das sich isotherm und adiabatisch verhält. Diese Voraussetzung ist jedoch nicht notwendig, wie die folgende Betrachtung zeigen möge.

Es sei das Verhalten eines Stabes, also eines „eindimensionalen" Gebildes, untersucht. Es sei vorausgesetzt, daß im spannungslosen, unverformten Zustand die Temperatur des ganzen Systems konstant ist. Ändert sich die Temperatur und bedeuten

t die Temperaturänderung gegenüber dem Ausgangszustand,
ε_t die Dehnung infolge der Temperaturänderung und
α_t den „linearen" Temperatur-Ausdehnungskoeffizienten,

so können wir für diese Größen die bekannte Beziehung

$$\varepsilon_t = \alpha_t t \tag{36}$$

anschreiben. Gl. (36) ist eine Parallele zum HOOKEschen Gesetz, da auch hier ein linearer Zusammenhang zwischen der Dehnung und ihrer Ursache angenommen wird.

Wird der Stab durch Spannungen σ zunächst adiabatisch verformt, so werden Dehnungen erzeugt, die mit ε_{ad} bezeichnet seien und für die das HOOKEsche Gesetz in der Form

$$\sigma = E_{ad}\varepsilon_{ad} \tag{37}$$

---

[1] Vgl. R. GIRTLER: Einführung in die Mechanik fester elastischer Körper und das zugehörige Versuchswesen, Wien 1931, S. 110.

gelten möge. Infolge der Dehnungen treten dabei Temperaturänderungen auf, die wir t_ε nennen wollen. Machen wir die den Gesetzen (36) und (37) völlig entsprechende Annahme, daß t_ε in erster Näherung proportional ε_{ad} ist, und bezeichnen wir diesen Proportionalitätsfaktor mit $-\beta_t$, so können wir

$$t_\varepsilon = -\beta_t \varepsilon_{ad} \tag{38}$$

setzen. Soll nun die Verformung nicht adiabatisch, sondern isotherm vor sich gehen, so muß an jeder Stelle die Temperaturänderung t_ε wieder rückgängig gemacht werden, indem durch eine entsprechende Wärmezufuhr eine erneute Änderung $-t_\varepsilon$ erzeugt wird. Hiermit ist dann nach (36) ebenfalls eine erneute Dehnung von der Größe $-\alpha_t t_\varepsilon$ verbunden, so daß die endgültige Dehnung bei isothermer Verformung

$$\varepsilon_{is} = \varepsilon_{ad} - \alpha_t t_\varepsilon$$
$$= \varepsilon_{ad}(1 + \alpha_t \beta_t)$$

wird.

Aus dem HOOKEschen Gesetz (37) wird jetzt, wenn wir dort ε_{ad} durch ε_{is} ausdrücken,

$$\sigma = \frac{E_{ad}}{1 + \alpha_t \beta_t}\, \varepsilon_{is}.$$

Damit haben wir wieder ein lineares Elastizitätsgesetz gewonnen, das wir auch in der Form

$$\sigma = E_{is}\varepsilon_{is} \quad \text{mit} \quad E_{is} = \frac{E_{ad}}{1 + \alpha_t \beta_t} \tag{39}$$

schreiben können. Die Elastizitätsgesetze für adiabatische und isotherme Verformungen unterscheiden sich dann nur durch die Größe des Elastizitätsmoduls. *Isotherme Verformungen können damit genau so berechnet werden, als ob sie zugleich adiabatisch wären, wenn man den isothermen Elastizitätsmodul E_{is} verwendet.* Da die üblichen Zugversuche zur Bestimmung der Elastizitätskonstanten stets so langsam vor sich gehen, daß Temperaturausgleich eintritt, sind die normalerweise benutzten Werte von E bereits die isothermen Konstanten E_{is}. Die Berechtigung und Widerspruchsfreiheit unserer bisherigen Voraussetzungen ist somit erwiesen.

2. Die innere Temperaturbelastung

Setzen wir in Zukunft wieder $E_{is} = E$, so ist die durch Spannungen hervorgerufene Dehnung, die wir uns weiterhin als isotherm und adiabatisch vorstellen wollen, wieder gleich $\frac{\sigma}{E}$. Treten dann außerdem noch Temperaturänderungen t auf, so ergibt sich mit (36) für die Gesamtdehnung das Gesetz

$$\varepsilon = \frac{\sigma}{E} + \alpha_t t, \tag{40}$$

das wir den folgenden Betrachtungen zugrunde legen wollen. Es setzt in sinngemäßer Erweiterung des HOOKEschen Gesetzes voraus, daß die durch Spannungen und die durch Temperaturänderungen entstehenden Dehnungen überlagert werden können. Dabei sollen selbstverständlich E und α_t konstante Größen sein, also insbesondere der Elastizitätsmodul nicht noch einmal von der Temperatur abhängen. Für die im Bauwesen und Maschinenbau in Betracht kommenden

Temperaturbereiche ist diese Forderung fast immer mit praktisch hinreichender Genauigkeit erfüllt. Bei der Berechnung von Raketen und Flugzeugen hoher Geschwindigkeiten stellt sie allerdings eine wesentliche Beschränkung dar. Die hier bei hohen Temperaturen auftretenden Effekte können nur zum Teil durch den Ansatz (40) erfaßt werden.

Die Frage nach der Lösung eines Stabilitätsproblems bei Wirkung von Temperaturänderungen ist mit Aufstellung von Gl. (40) im Prinzip bereits beantwortet: Man hat jetzt nur bei Herstellung des Zusammenhanges zwischen Kräften und Verformungen statt des Gesetzes $\sigma = E\varepsilon$ die neue Beziehung $\sigma = E\varepsilon - \alpha_t Et$ einzuführen; im übrigen kann man die Gleichgewichtsbedingungen und die zwischen Verzerrungs- und Verschiebungsgrößen bestehenden geometrischen Bedingungen, die natürlich beide an dem nun auch durch Temperaturdehnungen verformten System befriedigt werden müssen, ungeändert von früher übernehmen. Für die praktische Rechnung, und vor allem für die Anwendung der Energiemethode, ist es jedoch zweckmäßiger, folgenden Weg einzuschlagen.

Da sich eine Temperaturänderung t nur durch eine zusätzliche Dehnung ε_t bemerkbar macht, liegt es nahe, sich diese Dehnung durch ideelle innere Kräfte entsprechender Größe hervorgerufen zu denken, und so die ganze Aufgabe auf das einfachere Problem zurückzuführen, bei dem alle Dehnungen nur durch Kräfte entstehen. Für die Brauchbarkeit dieser Auffassung ist es jedoch wesentlich, in einfacher Weise angeben zu können, wie man sich die an dem betreffenden System angreifende Belastung denken muß, damit die gewünschten inneren Kräfte und Verzerrungen erzeugt werden. Alle in dieser Hinsicht auftretendenSchwierigkeiten kann man am besten dadurch umgehen, daß man eine neue Belastungsart definiert, mit der man es sonst praktisch nicht zu tun hat. Ihre Wirkung läßt sich aber anschaulich gut erklären, wenn man an die Vorstellung anknüpft, die wir uns in Abschnitt II, B, 1 zur Berechnung der Arbeit der inneren Kräfte vom Aufbau eines Elementes gemacht haben.

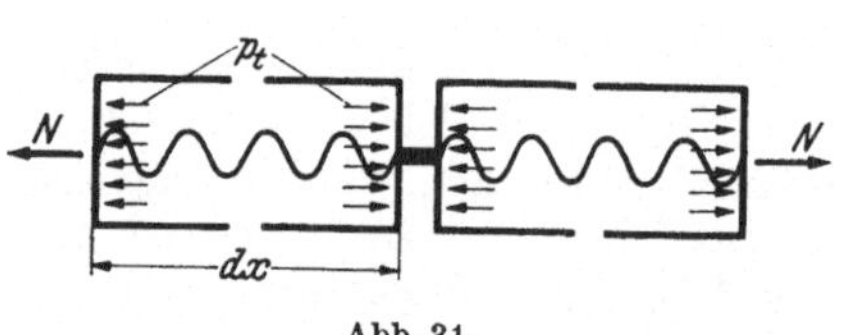

Abb. 31.
Stabelemente mit innerer Temperaturbelastung p_t.

In Abb. 31 sind noch einmal zwei Elemente des Stabes der Einfachheit halber wieder nur bei reiner Längsbeanspruchung dargestellt. Auf die Elemente wirken zunächst in bekannter Weise die Längskräfte N, zu denen die Spannungen σ gehören. Außerdem wird aber noch jedes Element durch die im Inneren angreifende stetig verteilte Belastung p_t, die der Dimension nach eine Kraft je Flächeneinheit ist, beansprucht. Wir wollen sie als *innere Temperaturbelastung* bezeichnen, da sie uns in der Tat die Wirkung der Temperaturänderungen völlig zu ersetzen vermag. Die an den beiden gegenüberliegenden Stirnflächen eines Elementes angreifenden Belastungen sind entgegengesetzt gleich groß. Sie stehen unter sich im Gleichgewicht und sind, wie verlangt, bestrebt, eine Dehnung des Elementes hervorzurufen. Die Verformung durch die Längskräfte N tritt zusätzlich und unabhängig von p_t auf. Unter inneren Kräften haben wir (vgl. Abb. 21) die Federkräfte N_i verstanden, die den Zusammenhang des Elementes gewährleisten. Sie sind ihrer Natur nach Reaktionskräfte. Die Belastung p_t stellt dagegen *angreifende* innere Kräfte dar. Die inneren Reaktionskräfte N_i befinden sich mit den äußeren und inneren angreifenden Kräften im Gleichgewicht. Bei der reinen Längsbeanspruchung nach Abb. 31 ist $N_i = N + p_t F$. Für die Dehnung des Elementes sind die Federkräfte N_i maßgebend. Für die Materialbeanspruchung, also für die Erreichung der Festigkeitsgrenze, kommen jedoch, genau wie früher, die Schnittkräfte N in Frage, da ja eine Temperaturdehnung, sobald sie ungehindert vor sich geht, die Festigkeit nicht beeinflußt. Wir müssen uns also vorstellen, daß die Kupplung, die die einzelnen Elemente miteinander verbindet, stets die am meisten gefährdete und beim Sicherheitsnachweis maßgebende Stelle ist. Soll die Temperaturänderung quer zur Stabachse veränderlich sein, so brauchen wir nur p_t entsprechend veränderlich anzunehmen.

Für die Temperaturbelastung muß, damit die gewünschte Dehnung ε_t erzeugt wird, die Beziehung

$$p_t = \alpha_t E t \tag{41}$$

gelten. Bei Stäben ist es ferner zweckmäßig, die verteilte Belastung p_t zu einer belastenden inneren *Temperaturlängskraft* N_t und zu einem belastenden inneren *Temperaturmoment* M_t zusammenzufassen. Wir wollen also

$$N_t = \int\limits_{(F)} p_t\,dF, \qquad M_t = \int\limits_{(F)} p_t \tilde{z}\,dF \tag{42a, b}$$

setzen, wobei $\tilde{z}$ wie in Abschnitt I, B, 3, b wieder der Abstand einer Faser von der neutralen Ebene ist. Nimmt man, wie üblich, einen linearen Verlauf der Temperatur über die Querschnittshöhe an, und bedeutet nach Abb. 32

t_s die Temperaturänderung im Schwerpunkt des Querschnitts,
$\varDelta t$ den Unterschied in der Temperaturänderung zwischen der unteren und oberen Faser und
h die Querschnittshöhe,

so wird

$$t = t_s + \frac{\varDelta t}{h}\,\tilde{z}.$$

Setzt man dieses in (41) und weiter p_t in (42) ein, so ergibt sich, wenn man beachtet, daß $\int\limits_{(F)} dF = F$, $\int\limits_{(F)} \tilde{z}\,dF = 0$ und $\int\limits_{(F)} \tilde{z}^2\,dF = I$ wird,

$$N_t = \alpha_t E F t_s, \qquad M_t = \alpha_t E I \frac{\varDelta t}{h}. \tag{43a, b}$$

Es sei nun besprochen, wie im einzelnen die Lösung eines Stabilitätsproblems bei Temperaturwirkungen zu erfolgen hat. Bei Aufstellung der Gleichgewichtsbedingungen braucht zunächst auf die Temperaturbelastung überhaupt keine

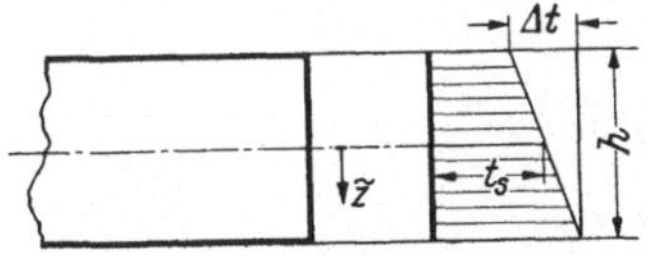
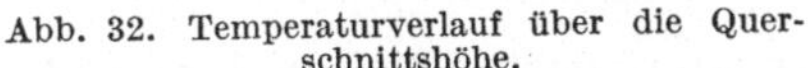

Abb. 32. Temperaturverlauf über die Querschnittshöhe.

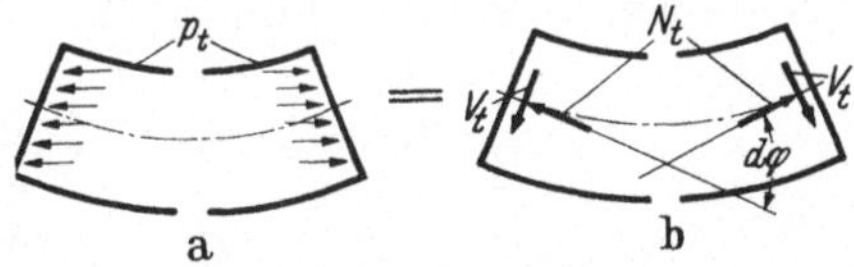

Abb. 33a u. b. Zur Richtung der Temperaturbelastung p_t bei einer Krümmung des Elementes.

Rücksicht genommen zu werden. In das Gleichgewicht eines Elementes, eines Stabteiles oder des ganzen Systems gehen N_t und M_t direkt überhaupt nicht ein, weil sich bereits die Temperaturbelastung jedes Elementes für sich im Gleichgewicht befinden soll. Um dieses tatsächlich in jedem Zustand der Verformung zu gewährleisten, ist allerdings noch eine besondere Verabredung darüber erforderlich, welche *Richtung* die Belastung p_t bei der Verformung annehmen soll, wenn das Element nicht nur gedehnt wird, sondern auch noch eine Krümmung erfährt. Wir müssen nach Abb. 33a voraussetzen, daß bei einer Krümmung die entgegengesetzt gleichen Kräfte p_t an beiden Seiten des Elementes stets dieselbe Wirkungslinie haben und nicht etwa rechtwinklig zu den Seitenflächen angreifen.

4*

Es entstehen also durch p_t nicht nur die Längskräfte N_t, sondern nach Abb. 33 b auch noch quer zur Stabachse gerichtete, mit V_t bezeichnete Kräfte, die sich genau mit der Komponente der Längskräfte N_t aufheben, die durch deren Kontingenzwinkel $d\varphi$ quer zur Achse hervorgerufen wird.

Wenn also in den Gleichgewichtsbedingungen N_t und M_t noch nicht in Erscheinung treten, so müssen sie aber im Elastizitätsgesetz für die Schnittgrößen N und M berücksichtigt werden. Wir können zwar genau wie früher nach I, (15)

$$N_i = EF\varepsilon, \qquad M_i = -EI\varphi'$$

setzen, müssen aber nun bedenken, daß nicht mehr $N_i = N$ und $M_i = M$ ist, sondern daß jetzt die Beziehungen

$$N_i = N + N_t, \qquad M_i = M + M_t \tag{44a, b}$$

gelten. Das Elastizitätsgesetz für N und M nimmt dann die Form

$$N = EF\varepsilon - N_t, \qquad M = -EI\varphi' - M_t \tag{45a, b}$$

an. Damit ist aber auch alles erfaßt, was bei Benutzung der Gleichgewichtsmethode berücksichtigt werden muß.

Bei Anwendung der Energiemethode bleibt für die äußeren Kräfte die tatsächliche Formänderungsarbeit, die virtuelle Arbeit und das Potential ungeändert, da wir die Temperaturbelastung als innere Kräfte auffassen und sich infolgedessen nur deren Arbeiten ändern. Bei diesen Arbeiten der inneren Kräfte trennen wir am besten die Anteile der Reaktionskräfte und die der angreifenden Temperaturkräfte. Die ersteren seien durch den Index R, die letzteren wieder durch den Index t gekennzeichnet. Es sei also

$$A_i = A_{i_R} + A_{i_t}, \qquad a_i = a_{i_R} + a_{i_t};$$
$$A_i^* = A_{i_R}^* + A_{i_t}^*, \qquad a_i^* = a_{i_R}^* + a_{i_t}^*;$$
$$\Pi_i = \Pi_{i_R} + \Pi_{i_t}, \qquad \pi_i = \pi_{i_R} + \pi_{i_t}.$$

Die Größen mit dem Index R können wir von früher übernehmen, wenn wir nur darauf achten, daß N_i und M_i nicht mehr gleich N und M gesetzt werden dürfen. Wir bekommen nach (5), (3) und (19)

$$\pi_{i_R} = -a_{i_R} = \frac{1}{2}\,EF\varepsilon^2 + \frac{1}{2}\,EI\varphi'^2, \tag{46}$$

$$a_{i_R}^* = -N_i\delta\varepsilon + M_i\delta\varphi'. \tag{47}$$

Die tatsächliche Formänderungsarbeit der Temperaturbelastung ist analog zu (2), wobei jetzt nur das Vorzeichen zu beachten ist,

$$a_{i_t} = \int\limits_0^{\varepsilon,\,\varphi'} (N_t\,d\varepsilon - M_t\,d\varphi'). \tag{48}$$

Will man a_{i_t} wirklich ausrechnen, so muß man zunächst den Zusammenhang zwischen N_t und ε bzw. M_t und φ' ermitteln, der für jedes Stabilitätsproblem verschieden ist und sich erst nach Lösung der ganzen Aufgabe ergibt. Für die bei den praktischen Rechnungen wichtigere virtuelle Arbeit der Temperaturbelastung gilt

$$a_{i_t}^* = N_t\delta\varepsilon - M_t\delta\varphi'. \tag{49}$$

Auch im Prinzip vom stationären Wert der potentiellen Energie können wir leicht den Anteil der Temperaturglieder angeben. Wir behandeln dazu die innere Belastung N_t und M_t genau so wie jede andere Belastung, d. h. wir setzen voraus, daß N_t und M_t bei der Variation konstant bleiben sollen. Ein Potential ist dann stets vorhanden und hat die Form

$$\pi_{i_t} = -N_t \varepsilon + M_t \varphi'. \tag{50}$$

Schreiben wir schließlich noch einmal das gesamte Potential der inneren Kräfte an, so erhalten wir nach (46) und (50)

$$\Pi_i = \int_0^l \left(\frac{1}{2}\, EF\varepsilon^2 + \frac{1}{2}\, EI\varphi'^2 - N_t\varepsilon + M_t\varphi' \right) dx. \tag{51}$$

3. Stabknickung durch Temperaturwirkungen

Als Beispiel zu den vorhergehenden allgemeinen Betrachtungen sei der Knickstab von Abb. 7 unter der Voraussetzung untersucht, daß auch das rechte Auflager unverschieblich ist und das Ausknicken durch eine für den ganzen Stab konstante Temperaturerhöhung eintritt. Es sei also

$$N_t = \text{const} \quad \text{und} \quad M_t = 0.$$

Gehen wir von den Gleichgewichtsbedingungen aus, so bleiben diese in der Form I, (16) bestehen. Es ist

$$\left. \begin{aligned} N + P\cos\varphi &= 0, \\ M - Pw &= 0, \end{aligned} \right\} \tag{52a, b}$$

wobei jetzt nur P keine gegebene Belastung mehr ist, sondern eine von N_t abhängige Lagerkraft darstellt. Mit dem Elastizitätsgesetz (45) erhalten wir aus (52a)

$$EF\varepsilon - N_t + P\cos\varphi = 0. \tag{53a}$$

Aus (52b) wird wegen $M_t = 0$ wieder die Gl. I, (17b), die mit $EI = \text{const}$

$$EI\varphi'' + P(1 + \varepsilon)\sin\varphi = 0 \tag{53b}$$

lautet. Nach Elimination von ε können wir die Gln. (53a, b) zu der einen Differentialgleichung

$$EI\varphi'' + P\left(1 + \frac{N_t - P\cos\varphi}{EF} \right)\sin\varphi = 0 \tag{54}$$

zusammenfassen.

Es fehlt nun noch eine Beziehung, die es uns gestattet, bei vorgegebenem N_t die Lagerkraft P zu ermitteln. Sie ergibt sich aus der Bedingung, daß das rechte Auflager unverschieblich ist, daß also $u_{x=l} = 0$ sein muß. Nach I, (14b) wird

$$u' = (1 + \varepsilon)\cos\varphi - 1$$

und daraus

$$u_{x=l} = \int_0^l [(1 + \varepsilon)\cos\varphi - 1]\,dx = 0. \tag{55}$$

Ersetzen wir in dieser Gleichung ε nach (53 a) durch N_t und P und lösen nach P auf, so erhalten wir die gesuchte Beziehung in der Form

$$P = \frac{\left(1 + \dfrac{N_t}{EF}\right) \displaystyle\int_0^l \cos\varphi \, dx - l}{\dfrac{1}{EF} \displaystyle\int_0^l \cos^2\varphi \, dx}. \tag{56}$$

Die Integration der Gl. (54) ist durch die Ausführungen von Abschnitt I, B, 3 bereits erledigt, denn wir brauchen nur

$$\lambda_1 = \frac{P}{EI}\left(1 + \frac{N_t}{EF}\right), \quad \lambda_2 = \frac{P^2}{EFEI} \tag{57}$$

zu setzen, um wieder die Differentialgleichung I, (19) zu erhalten. Vom Ergebnis der Lösung ist vor allem der kritische Wert von N_t von Interesse, der mit N_{t_K} bezeichnet sei. Im Augenblick des Ausknickens, wenn der Stab also noch gerade bleibt, ist $\varphi \equiv 0$ und damit nach (56) $P_k = N_{t_K}$. Aus Gl. I, (25) hatte sich bei Aufstellung der Knickbedingung I, (26) ergeben, daß beim Beginn des Ausknickens für die niedrigste Knicklast mit $n = 1$

$$\lambda_1 - \lambda_2 = \frac{\pi^2}{l^2}$$

sein muß. Mit Benutzung von (57) wird dann

$$N_{t_K} = \frac{\pi^2 EI}{l^2}.$$

Wir erhalten damit das anschaulich einleuchtende Ergebnis, daß wegen der bis zum Beginn des Ausknickens verhinderten Dehnung ε die EULERsche Knicklast hier exakt richtig ist, was ja früher nur bei Voraussetzung einer dehnungslosen Stabachse der Fall war.

Benutzen wir die Energiemethode zur Lösung des Problems, so ergibt sich folgendes. Bei einer Variation des Verformungszustandes kann jetzt auch am rechten Auflager die Kraft P keine virtuelle Arbeit leisten, da das Lager unverschieblich sein soll. Die äußeren Kräfte gehen also in unsere Rechnung nicht mehr ein, und das Prinzip vom stationären Wert der potentiellen Energie lautet einfach $\delta \Pi_i = 0$, also nach (51)

$$\delta \int_0^l \left(\frac{1}{2} EF\varepsilon^2 + \frac{1}{2} EI\varphi'^2 - N_t\varepsilon\right) dx = 0. \tag{58}$$

Dabei ist jedoch zu beachten, daß ε und φ nur noch so variiert werden dürfen, daß die Nebenbedingung (55) stets erfüllt ist. Es handelt sich also hier um ein sog. isoperimetrisches Variationsproblem. Um die hierfür gültigen EULERschen Gleichungen zu erhalten, hat man den Integranden der Nebenbedingung mit einem konstanten Faktor zu multiplizieren, ihn zum Integranden des zu variierenden Integrals zu addieren und nun für diesen neuen Integranden in bekannter Weise die EULERschen Gleichungen zu bilden[1]. Bezeichnen wir den Faktor mit λ^*,

---

[1] COURANT, R., u. D. HILBERT: Methoden der mathematischen Physik, Bd. I, 3. Aufl., Berlin/Heidelberg/New York 1968, S. 187.

wobei der Stern nur eine Verwechslung mit den Parametern λ_1 und λ_2 verhüten soll, so wird aus (55) und (58)

$$\delta \int_0^l \left\{ \frac{1}{2}\, EF\varepsilon^2 + \frac{1}{2}\, EI\varphi'^2 - N_{,}\varepsilon + \lambda^*[(1+\varepsilon)\cos\varphi - 1]\right\} dx = 0.$$

Die EULERschen Gleichungen lauten jetzt

$$\left.\begin{array}{r} EF\varepsilon - N_t + \lambda^*\cos\varphi = 0, \\ -EI\varphi'' - \lambda^*(1+\varepsilon)\sin\varphi = 0. \end{array}\right\} \qquad (59\,\mathrm{a,\ b})$$

Zur Bestimmung von λ^* dient die Nebenbedingung (55). Setzen wir in diese ε nach (59 a) ein und lösen nach λ^* auf, so erhalten wir denselben Ausdruck, den wir in Gl. (56) für P bekommen hatten. Es ist also $\lambda^* = P$! Damit gewinnt einerseits der „LAGRANGEsche Faktor" λ^* eine anschauliche Bedeutung, andererseits werden die Gln. (59) mit den oben mit Hilfe der Gleichgewichtsmethode aufgestellten Gln. (53) identisch.

Die Betrachtungen über die Lösung von Stabilitätsproblemen bei Temperaturwirkungen mögen damit abgeschlossen sein. Es sei nur noch auf folgendes hingewiesen. Bei allen unseren Untersuchungen haben wir stets die Annahme gemacht, daß es für das betrachtete System einen unbelasteten und spannungsfreien Zustand gibt, von dem aus die Verformungen gerechnet werden sollen, die bei Belastung oder Temperaturänderungen eintreten. Diese Voraussetzung schließt zunächst das Vorhandensein sog. *Eigenspannungen* aus, die z. B. durch Montagefehler oder in Form von Gußspannungen in einem unbelasteten System vorhanden sein können. Durch die Einführung der inneren Belastung p_t haben wir jedoch jetzt auch die Möglichkeit zur Berücksichtigung derartiger Eigenspannungen, da wir uns diese stets durch eine innere Belastung erzeugt denken und dann genauso vorgehen können, als ob es sich um Temperaturänderungen handele.

D. Zusammenfassung von Abschnitt II

Abschnitt II sollte uns einen Überblick über die Wege verschaffen, die wir zur exakten Lösung eines Stabilitätsproblems einschlagen können. Wir hatten uns zunächst klargemacht, daß sehr viele, häufig benutzte Sätze und Regeln der gewöhnlichen Statik einen linearen Zusammenhang zwischen Kraft und Verformung zur Voraussetzung haben und infolgedessen hier nicht mehr gültig sind. Es waren eigentlich nur zwei verschiedene Methoden gewesen, deren wir uns jetzt noch bedienen können: die Gleichgewichtsmethode und die Energiemethode. Die erstere bestand im Prinzip in der Untersuchung der Gleichgewichtsbedingungen am verformten System und war bereits in Abschnitt I verwendet und hinreichend erläutert worden. Gegenstand der Betrachtungen dieses zweiten Abschnittes war daher hauptsächlich die Energiemethode.

Um ihr Wesen und ihre Anwendungsmöglichkeiten kennenzulernen, war es zuerst notwendig, die Formänderungsarbeit der inneren und äußeren Kräfte näher zu untersuchen. Dabei zeigte sich insbesondere, daß die negative Arbeit der inneren Kräfte — unter Berücksichtigung aller Voraussetzungen unserer Rechnung — stets das Potential der inneren Kräfte ist. Dieses konnten wir aus dem Gesetz von der Erhaltung der Energie folgern, nach dem die Arbeit der inneren Kräfte nur vom endgültigen Verformungszustand, aber nicht vom Verformungsweg abhängen durfte. Das Potential hatte die Eigenschaft, daß seine partielle Ableitung nach einer Verzerrungsgröße den negativen Wert der in Richtung dieser Größe wirkenden inneren Kräfte darstellte. Nach diesen Ausführungen über die tatsächliche Formänderungsarbeit wurden die Begriffe der virtuellen Verrückung und der virtuellen Arbeit festgelegt, unter deren Verwendung dann das Prinzip der virtuellen Verrückungen und das Prinzip vom stationären Wert der potentiellen Energie aufgestellt werden konnten. Die in dieser Hinsicht gewonnen Erkenntnisse können wir am besten anschaulich dadurch zusammenfassen, daß wir wieder das

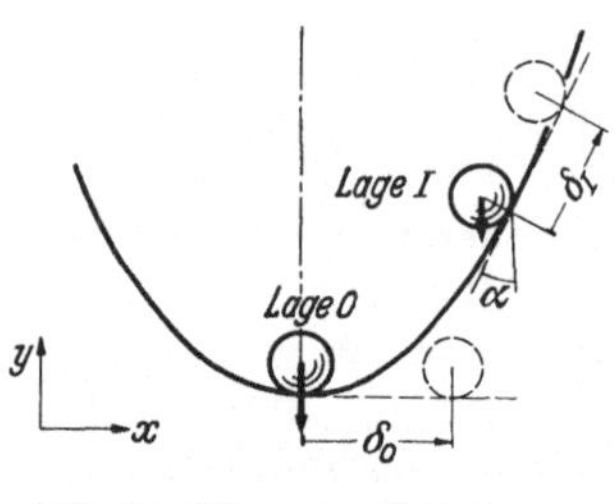

Abb. 34. Skizze zur Erläuterung der Energieprinzipe.

schon in Abschnitt I, A, Abb. 1 besprochene Stabilitätsproblem der auf einer Bahn rollenden Kugel betrachten.

In Abb. 34 ist dieses Problem noch einmal für den Fall, daß eine stabile Gleichgewichtslage möglich ist, dargestellt. In der Lage I befindet sich die Kugel nicht im Gleichgewicht, während die Lage 0 im tiefsten Punkt der Kurve die Gleichgewichtslage ist. Betrachten wir zunächst den Begriff der virtuellen Verrückung! Eine solche Verschiebung sollte mit den Zwangsbedingungen des Systems verträglich und unendlich klein sein. Für die Kugel bedeutet das erstere, daß die Verrückungen aus der betrachteten Lage heraus mit der Führung auf der Bahn verträglich sein müssen, so daß z. B. eine Verschiebung in Richtung der Bahnnormalen nicht möglich ist. Die Forderung einer unendlich kleinen Verrückung bedeutet: Die Kugel darf nur ein so kleines Stück verschoben werden, daß von den Ordinatenänderungen der Bahnkurve, die z. B. in dem angedeuteten Koordinatensystem x, y gemessen werden könnten, nur lineare Glieder in Betracht kommen, daß also die Kurve durch ihre Tangente ersetzt werden kann. Wollen wir uns die virtuellen Verrückungen geometrisch anschaulich als endliche Größen vorstellen, so müssen wir annehmen, daß die Kugel nicht auf der wirklichen Bahn, sondern in Richtung der Bahntangente verschoben wird. In Abb. 34 würden danach die mit δ_0 und δ_I bezeichneten Größen virtuelle Verrückungen der Kugel aus den Lagen 0 und I heraus darstellen. Die virtuelle Arbeit, die das Produkt einer Kraft mit der in ihre Richtung fallenden virtuellen Verrückung sein sollte, läßt sich jetzt für das Problem von Abb. 34 sofort angeben. Sie hat z. B. für die Lage I den Wert $G \delta_I \cos \alpha$, wenn wir das Gewicht der Kugel mit G und den Winkel zwischen der Bahntangente und der Richtung von G mit α bezeichnen.

Das Prinzip der virtuellen Verrückungen, das ja aussagte, daß im Gleichgewichtsfall die Summe der virtuellen Arbeiten gleich Null ist, kann man nun an Abb. 34 direkt bestätigen: Die Lage I der Kugel kann keine Gleichgewichtslage sein, da bei einer virtuellen Verrückung virtuelle Arbeit aufgewendet werden muß oder frei wird. In der Lage 0 herrscht dagegen Gleichgewicht, weil zu einer horizontalen Verschiebung der Kugel keine Arbeit erforderlich ist.

Fast noch anschaulicher wird schließlich das Prinzip vom stationären Wert der potentiellen Energie durch unser Beispiel zum Ausdruck gebracht. Unter Benutzung der Koordinate y ist die potentielle Energie der Kugel gleich Gy, und in der Gleichgewichtslage ist dieser Wert in der Tat stationär, d. h. er ändert sich insofern nicht, als seine erste Variation $G \, dy$ zu Null wird. Dieses hat im Fall des stabilen Gleichgewichts von Abb. 34 zur Folge, daß die potentielle Energie ein Minimum wird. Wenn wir aber an die Bahnkurven für labiles und indifferentes Gleichgewicht von Abb. 1 b und c denken, so erkennen wir schon an diesem einfachen Beispiel, daß das Gleichgewicht zwar in allen Fällen durch das Verschwinden der ersten Variation gekennzeichnet ist, daß aber die potentielle Energie auch ein Maximum sein kann oder überhaupt keinen Extremwert annimmt.

Am Beispiel der rollenden Kugel läßt sich nun allerdings nicht alles anschaulich deuten, was für ein Stabilitätsproblem der Elastostatik von Wichtigkeit ist. So sahen wir vor allem, daß das Prinzip vom stationären Wert der potentiellen Energie nicht immer anwendbar ist, weil für die äußeren Kräfte zwar meistens, aber doch nicht in allen praktisch vorkommenden Fällen ein Potential existiert.

Zum Schluß waren wir auf Temperaturwirkungen eingegangen. Wir hatten uns dabei zunächst überzeugt, daß wir Verformungsvorgänge voraussetzen dürfen, die zugleich adiabatisch und isotherm sind, wenn wir entsprechende Elastizitätskonstanten bei der Rechnung benutzen. Im übrigen umgingen wir alle Schwierigkeiten bei Stabilitätsproblemen mit Temperaturänderungen dadurch, daß wir die Aufgabe auf ein gewöhnliches Problem, bei dem nur Kräfte wirken, zurückführten. Dieses gelang durch Festlegung einer neuen Belastungsart, die wir innere Temperaturbelastung nannten.

Abschnitt III

Kriterien für die Gleichgewichtsarten

Übersicht über Abschnitt III: Sowohl für die Gleichgewichts- als auch für die Energiemethode werden die Kriterien besprochen, nach denen entschieden werden kann, ob ein Gleichgewichtszustand stabil, labil oder indifferent ist. Dabei zeigt sich wieder, daß die Probleme, bei denen ein Potential der äußeren Kräfte nicht existiert, eine besondere Behandlung erfordern.

A. Indifferentes Gleichgewicht

1. Gleichgewichtsmethode

Bei den bisher untersuchten Stabilitätsproblemen haben wir immer von Fall zu Fall durch eine anschauliche Betrachtung des Belastungs- und Verformungszustandes festgestellt, ob wir das betreffende Gleichgewicht stabil, labil oder indifferent nennen müssen, um mit den üblichen Vorstellungen vom Wesen eines Gleichgewichtszustandes in Einklang zu bleiben. Durch die Untersuchungen der vorhergehenden Abschnitte ist nun die Grundlage geschaffen, exakte Kriterien für die drei verschiedenen Gleichgewichtsarten aufzustellen. Hierbei handelt es sich also um neue Definitionen, wobei wir jedoch verlangen müssen, daß sie zu keinem Widerspruch mit den erwähnten üblichen Vorstellungen führen dürfen. Im übrigen sollen die aufzustellenden Kriterien möglichst einfach und praktisch leicht zu handhaben sein.

Am zweckmäßigsten ist es, zuerst die Bedingungen für das indifferente Gleichgewicht festzulegen. Diese sind auch zugleich praktisch am wichtigsten, da sie die für die Bemessung eines Systems häufig maßgeblichen kritischen Belastungen liefern. In Abschnitt I, A hatten wir das wesentliche Charakteristikum einer indifferenten Gleichgewichtslage darin gesehen, daß sich das System auch noch nach einer Störung wieder im Gleichgewicht befindet. Dieses Kennzeichen ist auch als allgemeingültiges Kriterium geeignet, wenn wir noch näher festlegen, was unter einer „Störung" zu verstehen ist und wie sich diese auf den Gleichgewichtszustand auswirken soll.

Beim Durchschlagproblem stellten wir fest, daß die Kraft-Verformungskurve P als Funktion von f in den Punkten des indifferenten Gleichgewichts eine horizontale Tangente hat (vgl. Abb. 6). Die Störung, nach der das Gleichgewicht ohne Änderung der Belastung noch gesichert ist, würde also dort eine unendlich kleine Verschiebung df sein. In ähnlicher Weise ergab sich auch beim Knickstab in Abschnitt I, B, 3, daß im Fall der Indifferenz der Nachbarzustand durch eine bestimmte, unendlich kleine Veränderung des Verformungszustandes erreicht wurde. Danach wird es nahegelegt, allgemein unter einer *Störung eine Variation des Verformungszustandes* zu verstehen, und diese Festlegung erweist sich auch in der Tat für die Definition der Indifferenz als brauchbar.

Bei Prüfung eines Gleichgewichtszustandes haben wir natürlich alle möglichen Variationen in Betracht zu ziehen. Ergibt sich dann für irgendeine spezielle Variation, daß sie zu einem im Gleichgewicht befindlichen Nachbarzustand führt, so werden wir schon von Indifferenz sprechen. Selbstverständlich werden wir erst recht davon reden, wenn die obige Bedingung für mehrere oder gar für alle denkbaren virtuellen Verschiebungszustände, also in diesem letzteren Fall für jede, d. h. kurz für *die* Variation des Verformungszustandes erfüllt ist. Es sei in diesem Zusammenhang noch einmal auf die Lagerung einer Kugel nach Abb. 14 hingewiesen. Das Gleichgewicht ist hier nur für die eine spezielle Variation in Richtung der Achse $0-0$ indifferent, für alle anderen virtuellen Verrückungen jedoch labil. Es würde für jede Variation indifferent sein, wenn die Kugel auf einer waagerechten Ebene ruhen würde.

Zu einer näheren Erläuterung des sich nach der Variation einstellenden Verformungszustandes betrachten wir am besten ein Beispiel, und zwar noch einmal das Durchschlagproblem nach Abb. 5. Den auf die Art seines Gleichgewichts hin zu untersuchenden Kräfte- und Verformungszustand wollen wir im folgenden immer *Grundzustand* nennen und im allgemeinen durch den Index 0 kennzeichnen. Der *Nachbarzustand* möge den Index I erhalten. Bei dem Durchschlagproblem würden dann zum Grundzustand z. B. die Stabkräfte S_0 und die Verformungsgrößen ε_0, $\tilde{\alpha}_0$, f_0, zum Nachbarzustand die Größen S_I, $\tilde{\alpha}_I$ usw. gehören. Betrachten wir etwa f als unabhängige Veränderliche und variieren den Verformungszustand, so geht f_0 über in $f_0 + \delta f_0$. Durch die in Abb. 5 angedeutete zwangsläufige Führung des Angriffspunktes der Last P ist nun allerdings von vornherein nur eine ganz bestimmte Variation des Verformungszustandes möglich, so daß wir auch $\delta f_0 = df_0$ setzen könnten. Trotzdem sei das Variationszeichen beibehalten, um durch diese Schreibweise den Übergang zu allgemeineren Problemen zu erleichtern. Bei der Variation von f_0 ändern sich die übrigen Größen entsprechend. Zum Beispiel geht die Stabkraft S_0 über in

$$S_0 + \varDelta S_0 = S_0 + \delta S_0 + \frac{1}{2!}\,\delta^2 S_0 + \cdots .$$

Aus der Kraft-Verformungskurve von Abb. 6 ergibt sich nun sofort, daß in den kritischen Punkten wegen der horizontalen Tangente das Gleichgewicht außer für den Grundzustand nur noch für einen „unendlich nahe" benachbarten Zustand erfüllt ist. Das bedeutet, daß wir von der gesamten Änderung $\varDelta S_0$ nur den linearen Anteil δS_0 berücksichtigen dürfen. *Der Nachbarzustand ist also gleich dem Grundzustand plus dessen erster Variation.* Wir haben daher z. B.

$$S_I = S_0 + \delta S_0, \qquad \varepsilon_I = \varepsilon_0 + \delta \varepsilon_0 \quad \text{usw.}$$

zu setzen. Entsprechendes gilt für jede Kraft- und Verformungsgröße und damit auch für jede in die Gleichgewichtsbedingungen eingehende Kraftkomponente, da eben das Gleichgewicht für den Nachbarzustand nur bis auf Glieder erster Ordnung befriedigt zu sein braucht.

Wir können nun das Kriterium für das indifferente Gleichgewicht folgendermaßen aussprechen: *Ein Gleichgewichtszustand ist indifferent, wenn es mindestens eine spezielle Variation des Verformungszustandes gibt, nach deren Ausführung die Gleichgewichtsbedingungen auch noch für den Nachbarzustand ohne Änderung der Belastung des Systems erfüllt sind.* Da der Grundzustand voraussetzungsgemäß für sich im Gleichgewicht ist, wird sich in der Gleichgewichtsbedingung für den Nachbarzustand der Grundzustand stets herausheben und letzten Endes immer nur dessen Variation übrigbleiben. Wir hätten das Indifferenzkriterium also auch gleich so ausdrücken können, *daß das Gleichgewicht für mindestens eine spezielle Variation des Grundzustandes ohne Änderung der Belastung erfüllt sein muß.* Bei der praktischen Rechnung geht man jedoch in der Regel von der erstgenannten Formulierung aus, da es meist unübersichtlich ist und keine Rechenersparnis mit sich bringt, wenn man die bei der Variation zusätzlich auftretenden Glieder von vornherein allein anschreibt.

Die Anwendung des Kriteriums auf das Durchschlagproblem würde sich etwa folgendermaßen gestalten. Die Gleichgewichtsbedingung zwischen Stabkraft und Belastung lautet

$$S \sin \tilde{\alpha} + \frac{P}{2} = 0 \tag{1}$$

und damit auch für den Grundzustand

$$S_0 \sin \tilde{\alpha}_0 + \frac{P_0}{2} = 0. \tag{2}$$

Das Gleichgewicht ist jetzt indifferent, wenn (1) zugleich für den Nachbarzustand bei derselben Last P_0 gilt, d. h. wenn auch

$$S_I \sin \tilde{\alpha}_I + \frac{P_0}{2} = 0 \tag{3}$$

in erster Ordnung erfüllt ist. Aus (3) wird nach Einführung des Grundzustandes

$$(S_0 + \delta S_0) \sin (\tilde{\alpha}_0 + \delta \tilde{\alpha}_0) + \frac{P_0}{2} = 0,$$

$$(S_0 + \delta S_0) (\sin \tilde{\alpha}_0 \cos \delta \tilde{\alpha}_0 + \cos \tilde{\alpha}_0 \sin \delta \tilde{\alpha}_0) + \frac{P_0}{2} = 0$$

und bei Beschränkung auf Glieder, die die Größen δS_0 und $\delta \tilde{\alpha}_0$ linear enthalten,

$$S_0 \sin \tilde{\alpha}_0 + S_0 \cos \tilde{\alpha}_0 \delta \tilde{\alpha}_0 + \sin \tilde{\alpha}_0 \delta S_0 + \frac{P_0}{2} = 0.$$

Von dieser Gleichung bleibt, da der Grundzustand nach (2) für sich im Gleichgewicht ist, also $S_0 = -\dfrac{P_0}{2 \sin \tilde{\alpha}_0}$ gesetzt werden kann, nur noch übrig

$$- \frac{P_0}{2 \sin \tilde{\alpha}_0} \cos \tilde{\alpha}_0 \delta \tilde{\alpha}_0 + \sin \tilde{\alpha}_0 \delta S_0 = 0. \tag{4}$$

Für das Folgende ist es zweckmäßig, $\tilde{\alpha}_0$ als unabhängige Veränderliche zu betrachten. Es wird dann

$$S_0 = EF \varepsilon_0, \qquad \varepsilon_0 = \frac{a}{l \cos \tilde{\alpha}_0} - 1;$$

$$\delta S_0 = EF \delta \varepsilon_0 = EF \frac{a}{l} \frac{\sin \tilde{\alpha}_0}{\cos^2 \tilde{\alpha}_0} \delta \tilde{\alpha}_0.$$

Damit folgt aus (4) nach Multiplikation mit $-2 \tan \bar{\alpha}_0$

$$\left(P_0 - 2EF \, \frac{a}{l} \tan^3 \bar{\alpha}_0\right) \delta \bar{\alpha}_0 = 0. \tag{5}$$

Im allgemeinen, bei beliebigen Werten der Belastung, ist diese Gleichung nur für $\delta \bar{\alpha}_0 = 0$ erfüllt, d. h. es gibt im allgemeinen keinen Nachbarzustand, für den auch noch Gleichgewicht besteht. Soll in (5) $\delta \bar{\alpha}_0 \neq 0$ sein, so kann das nur für einen bestimmten Wert von P_0 gelten, der aus der Gleichung

$$P_0 = 2EF \, \frac{a}{l} \tan^3 \bar{\alpha}_0 \tag{6}$$

folgt.

Den Zusammenhang von (6) mit den bereits früher ermittelten Werten von P bei indifferentem Gleichgewicht erkennt man, wenn man die in Abschnitt I, B, 2 für jedes P und $\bar{\alpha}$ und damit auch für P_0 und $\bar{\alpha}_0$ aufgestellte Beziehung

$$P_0 = 2EF \left(\sin \bar{\alpha}_0 - \frac{a}{l} \tan \bar{\alpha}_0\right)$$

in (6) einsetzt. Es folgt dann wieder $\cos^3 \bar{\alpha}_0 = \frac{a}{l}$ und in Übereinstimmung mit I, (8)

$$P_0 = 2EF \sin^3 \bar{\alpha}_0.$$

Die Anwendung des Indifferenzkriteriums stellt im Endergebnis bei unserem Durchschlagproblem nichts anderes als eine — etwas umständliche — Differentiation der Kraft-Verformungskurve von Abb. 6 dar. Dieses wird jedoch nur dadurch veranlaßt, daß durch die Lagerung des mittleren Gelenkpunktes der Verformungszustand lediglich in einer bestimmten Art variiert werden kann. Die Benutzung des Kriteriums würde schon mehr als ein bloßes Differenzieren bedeuten, wenn wir die Führung des Gelenkes weglassen würden. Wir müßten nämlich dann außer der senkrechten auch noch eine waagerechte Verschiebungsmöglichkeit mit in Betracht ziehen und prüfen, ob dabei nicht ebenfalls indifferente Gleichgewichtszustände auftreten könnten. Ohne näher auf eine derartige Untersuchung einzugehen, sei nur erwähnt, daß tatsächlich bei großen Winkeln α das System, wie in Abb. 35 angedeutet, seitlich ausweichen kann[1]. Dabei haben wir es dann selbstverständlich mit einem Verzweigungsproblem zu tun.

Abb. 35.
Seitliche Instabilität
der Stabverbindung
von Abb. 5.

Zur weiteren Erläuterung des Kriteriums möge der beiderseits gelenkig gelagerte Knickstab betrachtet werden. Die beiden Gleichgewichtsbedingungen I, (16a, c) lauten, wenn die zweite nach x differenziert wird und nach I, (14a) $w' = (1 + \varepsilon) \sin \varphi$ gesetzt wird, für den Grundzustand

$$\left.\begin{array}{l} N_0 + P_0 \cos \varphi_0 = 0, \\ M_0' - P_0(1 + \varepsilon_0) \sin \varphi_0 = 0. \end{array}\right\} \tag{7a, b}$$

Bei indifferentem Gleichgewicht sollen wieder in erster Ordnung auch die Gleichungen

$$\left.\begin{array}{l} N_I + P_0 \cos \varphi_I = 0, \\ M_I' - P_0(1 + \varepsilon_I) \sin \varphi_I = 0 \end{array}\right\} \tag{8a, b}$$

erfüllt sein.

---

[1] Die Rechnung findet sich bei R. v. Mises: Z. angew. Math. Mech. 3 (1923) 409.

Der im Gleichgewicht befindliche Nachbarzustand geht aus dem Grundzustand durch eine spezielle Variation hervor. Im Gegensatz zu dem oben behandelten Durchschlagproblem sind hier aber die verschiedensten Möglichkeiten zur Variation vorhanden, so daß wir die spezielle, zum benachbarten Gleichgewichtszustand führende Variation irgendwie kennzeichnen müssen. Dieses möge erstens durch einen Querstrich über dem Variationszeichen geschehen, so daß z. B. $N_I = N_0 + \overline{\delta N_0}$ wird. Zweitens soll aber noch zur Abkürzung im allgemeinen $\overline{\delta N_0} = \overline{N}$ gesetzt werden, da sich hierdurch eine wesentlich übersichtlichere Schreibweise erzielen läßt.

In den Gln. (8) können wir jetzt also setzen

$$N_I = N_0 + \overline{N}, \qquad M_I = M_0 + \overline{M},$$
$$\varepsilon_I = \varepsilon_0 + \overline{\varepsilon}, \qquad \varphi_I = \varphi_0 + \overline{\varphi}$$

und, da es nur auf Glieder erster Ordnung ankommt,

$$\sin \varphi_I = \sin \varphi_0 + \cos \varphi_0 \, \overline{\varphi},$$
$$\cos \varphi_I = \cos \varphi_0 - \sin \varphi_0 \, \overline{\varphi}.$$

Wir erhalten dann

$$N_0 + \overline{N} + P_0 \cos \varphi_0 - P_0 \sin \varphi_0 \, \overline{\varphi} = 0,$$
$$M_0' + \overline{M}' - P_0 (1 + \varepsilon_0) \sin \varphi_0 - P_0 (1 + \varepsilon_0) \cos \varphi_0 \, \overline{\varphi} - P_0 \sin \varphi_0 \, \overline{\varepsilon} = 0.$$

In diesen Gleichungen heben sich die Kräfte des Grundzustandes nach (7) wieder heraus, und es bleibt

$$\left.\begin{aligned}
\overline{N} - P_0 \sin \varphi_0 \, \overline{\varphi} &= 0, \\
\overline{M}' - P_0 (1 + \varepsilon_0) \cos \varphi_0 \, \overline{\varphi} - P_0 \sin \varphi_0 \, \overline{\varepsilon} &= 0.
\end{aligned}\right\} \qquad (9\,\mathrm{a, b})$$

Nach dem Elastizitätsgesetz I, (15a, b) ist weiter

$$N_0 = EF\varepsilon_0, \qquad N_I = EF\varepsilon_I, \qquad \overline{N} = EF\overline{\varepsilon},$$
$$M_0 = -EI\varphi_0', \qquad M_I = -EI\varphi_I', \qquad \overline{M} = -EI\overline{\varphi}'.$$

Damit wird dann aus den Gleichgewichtsbedingungen (9a, b)

$$\left.\begin{aligned}
EF\overline{\varepsilon} - P_0 \sin \varphi_0 \, \overline{\varphi} &= 0, \\
(EI\overline{\varphi}')' + P_0 (1 + \varepsilon_0) \cos \varphi_0 \, \overline{\varphi} + P_0 \sin \varphi_0 \, \overline{\varepsilon} &= 0,
\end{aligned}\right\} \qquad (10\,\mathrm{a, b})$$

womit wir die Bedingungen für das Eintreten indifferenten Gleichgewichts gefunden haben.

Um nach (10) einen Gleichgewichtszustand prüfen zu können, muß die Abhängigkeit zwischen P_0, ε_0 und φ_0 bekannt sein, das ganze Knickproblem also gelöst sein. Diese Arbeit können wir uns jedoch ersparen, wenn wir uns auf die Prüfung der Gleichgewichtslagen des geraden Stabes beschränken, denn für den nicht ausgeknickten Stab ist die Lösung ja sehr einfach; es ist nämlich

$$\varphi_0 = 0 \qquad \text{und} \qquad \varepsilon_0 = -\frac{P_0}{EF}.$$

Aus (10) wird dann

$$EF\bar{\varepsilon} = 0,$$
$$(EI\bar{\varphi}')' + P_0\left(1 - \frac{P_0}{EF}\right)\bar{\varphi} = 0. \quad\left.\right\} \tag{11a, b}$$

Gl. (11a) liefert $\bar{\varepsilon} = 0$, sagt also aus, daß die beim Ausknicken zusätzlich auftretende Dehnung der Stabachse in erster Ordnung verschwindet. Auf dieses eigentümliche Verhalten des Knickstabes war bereits in Abschnitt I, B, 3, g ausführlich hingewiesen worden. (11b) ist eine lineare homogene Differentialgleichung, und die zu lösende Aufgabe wird ein sog. *Eigenwertproblem*. Im allgemeinen wird Gl. (11b) nur durch $\bar{\varphi} \equiv 0$ befriedigt, d. h. es gibt dann keine benachbarte Gleichgewichtslage. Nur für ganz bestimmte Knicklasten P_0, die allein von den Abmessungen des Systems abhängen und als *Eigenwerte* bezeichnet werden, tritt Indifferenz ein. Die zugehörigen Kurven $\bar{\varphi}$ als Funktion von x und damit die im Augenblick des Ausknickens sich einstellenden Biegelinien des Stabes heißen *Eigenfunktionen*.

Die sich bei konstantem Verlauf der Biegesteifigkeit ergebende Differentialgleichung

$$EI\bar{\varphi}'' + P_0\left(1 - \frac{P_0}{EF}\right)\bar{\varphi} = 0 \tag{12}$$

läßt sich wegen der konstanten Koeffizienten leicht integrieren. Ihre allgemeine Lösung kann bekanntlich in der Form

$$\bar{\varphi} = A \cos \nu x + B \sin \nu x$$

geschrieben werden, wie man auch durch Einsetzen in (12) bestätigen kann. A und B sind die Integrationskonstanten, während ν ein Parameter ist, der sich beim Einsetzen zu

$$\nu = \sqrt{\frac{P_0}{EI}\left(1 - \frac{P_0}{EF}\right)} \tag{13}$$

ergibt. In den Gelenkpunkten des Stabes, bei $x = 0$ und $x = l$, muß das Biegemoment $\overline{M} = -EI\bar{\varphi}'$ verschwinden, also die Ableitung

$$\bar{\varphi}' = -A\nu \sin \nu x + B\nu \cos \nu x$$

zu Null werden. Für $x = 0$ liefert diese Bedingung $B = 0$; für $x = l$ folgt $A\nu \sin \nu l = 0$. Soll $A \neq 0$ sein, so muß $\sin \nu l = 0$ oder

$$\nu l = n\pi \qquad (n = 1, 2, \ldots) \tag{14}$$

sein. Für die Eigenfunktionen $\bar{\varphi}$ erhalten wir dann

$$\bar{\varphi} = A \cos n\,\frac{\pi}{l}\,x.$$

Der Verlauf von $\bar{\varphi}$ über x stimmt damit, nebenbei bemerkt, mit der Abhängigkeit überein, die wir in I, (27) als bei kleinen Ausbiegungen gültige Näherung für den wirklichen Winkel φ erhalten hatten. Aus (13) und (14) ergibt sich weiter für die Eigenwerte in Übereinstimmung mit I, (26)

$$P_0 = n^2\,\frac{\pi^2 EI}{l^2}\,\frac{1}{1 - \dfrac{P_0}{EF}}.$$

Die Integrationskonstante A, die den Wert von $\overline{\varphi}$ bei $x = 0$ darstellt, also nach unseren früheren Bezeichnungen gleich $\overline{\varphi}_m$ gesetzt werden kann, bleibt unbestimmt. Es kommt hierdurch die Tatsache zum Ausdruck, daß auch bei der speziellen Variation ein konstanter Faktor selbstverständlich offen bleiben muß. Anschaulich geht der Zusammenhang aus Abb. 36 hervor, in der die Belastung des Stabes in Abhängigkeit vom maximalen Neigungswinkel der Biegelinie dargestellt ist. Bei der Variation kommt es nur auf Glieder erster Ordnung an, d. h. hier, daß die wirkliche Kurve in den Verzweigungspunkten durch ihre Tangente ersetzt wird. Da diese horizontal liegt, sind in der Tat beliebige Werte von $\overline{\varphi}_m$ bei demselben Wert P_0 möglich.

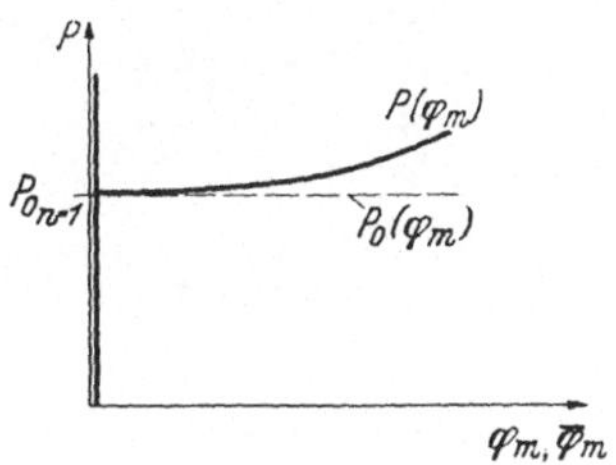

Abb. 36. Abhängigkeit zwischen Belastung und größter Neigung der Biegelinie beim Knickstab.

Durch die vorstehende Untersuchung sind nur die Lasten ermittelt, bei denen das Gleichgewicht des *geraden* Stabes indifferent wird. Über die Möglichkeit weiterer Indifferenzpunkte nach dem Ausknicken ist damit noch nichts gesagt. Daß das Auftreten solcher Punkte immerhin anschaulich möglich erscheint und so eine nähere Untersuchung notwendig wird, möge Abb. 37 zeigen. In Abschnitt I, B, 3, f hatten wir festgestellt, daß bei kleinen Ausbiegungen die in Abb. 37a angedeutete Knickform des mit zwei Halbwellen ausknickenden Stabes labil ist, da der Stab bestrebt ist, in die Knickform mit nur einer Halbwelle überzugehen. Wird jedoch die Belastung des Stabes sehr weit über die Knickgrenze hinaus gesteigert, so stellt sich schließlich eine Biegelinie nach Abb. 37b ein, die man wegen der jetzt vorhandenen „Zugbelastung" sicherlich der Anschauung nach zunächst als stabil bezeichnen wird. Ist sie es wirklich, so muß aber zwischen der labilen Form von Abb. 37a und der von 37b noch irgendwo ein Zustand indifferenten Gleichgewichts vorhanden sein[1].

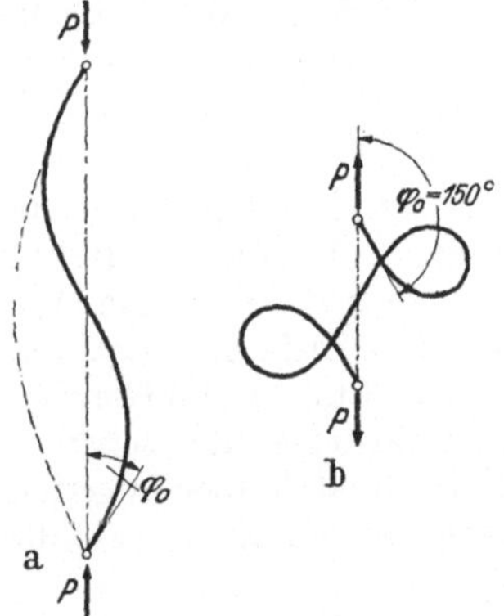

Abb. 37a u. b. Biegelinie des Knickstabes bei geringer und großer Überschreitung des zweiten Eigenwertes.

Die Biegelinien von Abb. 37 sind jedoch für die Bedürfnisse der Praxis von geringem Interesse. Diese sind bereits weitgehend erfüllt, wenn nur die Knicklasten des geraden Stabes und damit die kritische Last $P_K = P_{0_{n=1}}$ bekannt sind. Es ist daher sehr wesentlich, daß sich diese Werte, wie oben gezeigt wurde, erheblich leichter berechnen lassen als die vollständige Lösung des ganzen Problems. Bei den meisten Stabilitätsuntersuchungen pflegt man sich auch in der Tat mit der Ermittlung der indifferenten Gleichgewichtslagen des nicht ausgeknickten Systems zu begnügen, wobei allerdings diese Beschränkung sehr häufig nicht nur möglich, sondern leider auch notwendig ist, weil die mathematischen Schwierigkeiten sonst zu groß werden. Eine Arbeitsersparnis bei alleiniger Ermittlung kritischer Lasten tritt natürlich bei Durchschlagproblemen nicht ein, sondern nur bei den Verzweigungsproblemen, bei denen sich die gesamte Lösung aus einem leicht und einem schwierig zu berechnenden Teil zusammensetzt.

---

[1] Erst eine genauere, in der praktischen Durchführung ziemlich umfangreiche Untersuchung zeigt, daß im vorliegenden Fall die Anschauung täuscht und die Gleichgewichtsform von Abb. 37b mit einem Anfangswinkel von $\varphi_0 = 150°$ noch labil ist.

Es ist schließlich ganz lehrreich, das Indifferenzkriterium auch noch einmal auf das Problem der rollenden Kugel anzuwenden. Die Kugel befindet sich in einem Gleichgewichtszustand, wenn die Tangente der Bahnkurve horizontal liegt, wenn also in dem Koordinatensystem von Abb. 38 $\dfrac{dy}{dx} = 0$ ist. Diese allgemeine Gleich-

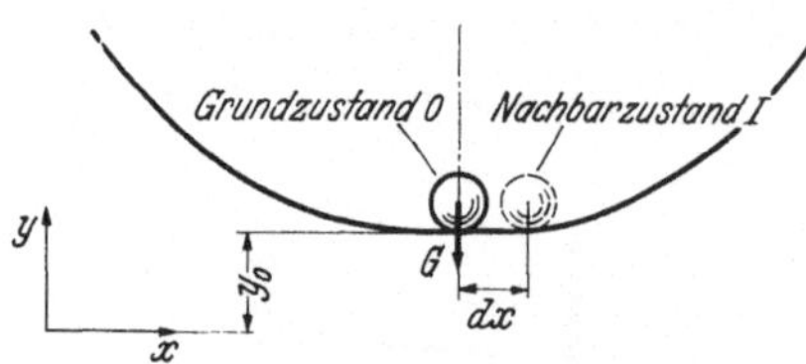

Abb. 38. Indifferente Gleichgewichtslage bei der rollenden Kugel.

gewichtsbedingung soll nun sowohl für den zu untersuchenden Grundzustand, bei dem sich nach Abb. 38 die Kugel im tiefsten Punkt befinden möge, als auch für den Nachbarzustand gelten. Es soll also

$$\frac{dy_0}{dx} = 0 \qquad \text{und} \qquad \frac{dy_I}{dx} = 0$$

sein. Lassen wir die Kugel auf einer ebenen Kurve rollen, was wir hier voraussetzen wollen, so ist nur *eine* Variationsmöglichkeit für die Lage der Kugel vorhanden und wir können $\bar{y} = \delta y_0 = dy_0$ setzen. Wir erhalten dann

$$dy_I = d(y_0 + dy_0) = 0$$

und, da $dy_0 = 0$ ist, als Indifferenzbedingung

$$\frac{d^2 y_0}{dx^2} = 0\,.$$

Bei indifferentem Gleichgewicht muß also nicht nur die erste, sondern auch die zweite Ableitung der Bahnkurve verschwinden. Dieses Ergebnis weist vor allem noch einmal auf die Nachbarschaft der Lagen *0* und *I* hin. Für die Indifferenz ist es nur erforderlich, daß die Kugel sich auch noch nach einer unendlich kleinen Verschiebung dx im Gleichgewicht befindet. Es ist jedoch nicht notwendig — wenn auch natürlich hinreichend — daß die Kugel, wie bisher in den Abb. 1 und 14 der Einfachheit halber angedeutet, auf einer horizontalen Geraden rollen kann und infolgedessen auch bei endlichen Verschiebungen im Gleichgewicht bleibt.

2. Energiemethode

a) Prinzip der virtuellen Verrückungen

Das oben abgeleitete Indifferenzkriterium läßt sich auch mit Hilfe der Energiemethode zum Ausdruck bringen, was für die praktische Rechnung von erheblicher Bedeutung ist. Es sei zuerst das Prinzip der virtuellen Verrückungen betrachtet. Danach muß bei einer Variation des Grundzustandes die Summe der virtuellen Arbeiten der inneren und äußeren Kräfte verschwinden, d. h. es muß nach II, (23)

$$A_{0_i}^* + A_{0_a}^* = 0 \tag{15}$$

sein.

Wenn wir dieses Prinzip auch auf den Nachbarzustand anwenden wollen, so müssen wir uns zunächst überlegen, wie dieser Zustand variiert werden soll. Wir erkennen z. B. an der Veränderlichen φ beim Knickstab, die im Nachbarzustand in $\varphi_I = \varphi_0 + \bar{\varphi}$ übergeht, daß eine Variation des Nachbarzustandes sowohl durch eine erneute Variation der Veränderlichen des Grundzustandes als auch durch eine Variation der quergestrichenen Größen erfolgen kann. Bei Anwendung der Gleichgewichtsmethode hatten wir als Kriterium für Indifferenz letzten Endes

Gleichungen erhalten, in denen der Grundzustand als gegeben, die quergestrichenen Größen dagegen als unbekannte Veränderliche anzusehen waren. Wir werden uns deswegen hier so entscheiden, daß wir *bei einer Variation des Nachbarzustandes den Grundzustand unveränderlich lassen* und nur die Funktionen variieren, die die spezielle Variation des Grundzustandes darstellen. Beim Knickstab wäre also z. B. $\delta\varphi_I = \delta\overline{\varphi}$ zu setzen. Im folgenden wird sich zeigen, daß wir mit dieser Voraussetzung in der Tat zu dem gesuchten Kriterium gelangen. Nebenbei sei darauf hingewiesen, daß man auch dann, wenn man zunächst die allgemeinere Variation des Nachbarzustandes mit veränderlichem Grundzustand der Betrachtung zugrunde legt, doch zu keinen allgemeineren Aussagen geführt wird.

Nachdem wir festgelegt haben, wie die virtuellen Verrückungen des Nachbarzustandes aussehen sollen, brauchen wir nur noch eine virtuelle Arbeit des Nachbarzustandes, die wir mit A_I^* bezeichnen wollen, als Produkt einer Kraft des Nachbarzustandes mit der in ihre Richtung fallenden virtuellen Verrückung zu definieren und können dann das Indifferenzkriterium durch die Beziehung

$$A_{I_i}^* + A_{I_a}^* = 0 \tag{16}$$

ausdrücken, die für mindestens einen Nachbarzustand erfüllt sein muß. In Worten: *Ein Gleichgewichtszustand ist indifferent, wenn es mindestens einen Nachbarzustand mit ungeänderter Belastung gibt, bei dessen Variation die Summe der virtuellen Arbeiten der inneren und äußeren Kräfte verschwindet.*

Für die Anwendung von (16) ist wieder die Tatsache wesentlich, daß der Grundzustand für sich im Gleichgewicht ist und daher im Endergebnis eine Reihe von Gliedern herausfällt. Zur Erläuterung dieses Zusammenhanges wird zweckmäßig der Knickstab betrachtet. Nach II, (22) und II, (17) bekommen wir für den Nachbarzustand

mit
$$\left.\begin{aligned}
-\int_0^l (N_I\,\delta\varepsilon_I - M_I\,\delta\varphi_I')\,dx + P_0\,\delta f_I &= 0 \\[2ex]
\delta f_I = -\int_0^l [\cos\varphi_I\,\delta c_I \quad (1+\varepsilon_I)\sin\psi_I\,\delta\varphi_I]\,dx.
\end{aligned}\right\} \tag{17}$$

Führen wir in (17) den Grundzustand ein und setzen verabredungsgemäß $\delta\varepsilon_I = \delta\overline{\varepsilon}$, $\delta\varphi_I = \delta\overline{\varphi}$, so erhalten wir zunächst für δf_I

$$\delta f_I = -\int_0^l [\cos(\varphi_0 + \overline{\varphi})\,\delta\overline{\varepsilon} - (1+\varepsilon_0+\overline{\varepsilon})\sin(\varphi_0+\overline{\varphi})\,\delta\overline{\varphi}]\,dx$$

und bei Vernachlässigung quadratischer Glieder in $\overline{\varepsilon}$ und $\overline{\varphi}$

$$\delta f_I = -\int_0^l \{(\cos\varphi_0 - \sin\varphi_0\overline{\varphi})\,\delta\overline{\varepsilon} - [(1+\varepsilon_0)(\sin\varphi_0+\cos\varphi_0\overline{\varphi}) + \sin\varphi_0\overline{\varepsilon}]\,\delta\overline{\varphi}\}\,dx.$$

Damit ergibt sich dann aus Gl. (17), wenn wir die Glieder, die außer $\delta\overline{\varepsilon}$ und $\delta\overline{\varphi}$ noch quergestrichene Größen enthalten, für sich schreiben,

$$\left.\begin{aligned}
&-\int_0^l \{N_0\,\delta\overline{\varepsilon} - M_0\,\delta\overline{\varphi}' + P_0[\cos\varphi_0\,\delta\overline{\varepsilon} - (1+\varepsilon_0)\sin\varphi_0\,\delta\overline{\varphi}]\}\,dx - \\[2ex]
&-\int_0^l \{\overline{N}\,\delta\overline{\varepsilon} - \overline{M}\,\delta\overline{\varphi}' - P_0[\sin\varphi_0\,\overline{\varphi}\,\delta\overline{\varepsilon} + (\sin\varphi_0\,\overline{\varepsilon} + (1+\varepsilon_0)\cos\varphi_0\,\overline{\varphi})\,\delta\overline{\varphi}]\}\,dx = 0.
\end{aligned}\right\} \tag{18}$$

In dieser Gleichung wirkt sich nun der Umstand, daß der Grundzustand ein Gleichgewichtszustand ist, so aus, daß die beiden Integralausdrücke, von denen der erste vom Grundzustand, der zweite von dessen Variation herrührt, je für sich verschwinden müssen. Am einfachsten ergibt sich dieses aus der Tatsache, daß die Größen $\bar{\varepsilon}$, $\bar{\varphi}$, $\bar{N}$ und $\bar{M}$ zwar durch eine spezielle Variation aus dem Grundzustand hervorgehen, jedoch hinsichtlich eines konstanten Faktors unbestimmt bleiben. (18) kann dann für beliebige Werte dieses Faktors nur erfüllt werden, wenn beide Integrale für sich zu Null werden.

Daß durch das Verschwinden des ersten Integrals tatsächlich nur das Gleichgewicht des Grundzustandes zum Ausdruck kommt, können wir sofort einsehen, wenn wir das Glied mit M_0 folgendermaßen durch partielle Integration umformen. Es ist

$$\int\limits_0^l M_0 \, \delta\bar{\varphi}' \, dx = [M_0 \, \delta\bar{\varphi}]_0^l - \int\limits_0^l M_0' \, \delta\bar{\varphi} \, dx = - \int\limits_0^l M_0' \, \delta\bar{\varphi} \, dx,$$

da M_0 in den Gelenken des Stabes bei $x = 0$ und $x = l$ verschwindet. Aus dem ersten Integral von (18) wird dann

$$- \int\limits_0^l \{(N_0 + P_0 \cos\varphi_0)\, \delta\bar{\varepsilon} + [M_0' - P_0(1 + \varepsilon_0) \sin\varphi_0]\, \delta\bar{\varphi}\}\, dx = 0,$$

woraus wegen der Willkürlichkeit der Variationen von $\bar{\varepsilon}$ und $\bar{\varphi}$ wieder die für den Grundzustand gültigen Gln. (7a, b) folgen.

Von (18) ist also nur noch der zweite Integralausdruck näher zu betrachten. Setzen wir dort ebenfalls

$$\int\limits_0^l \bar{M}\, \delta\bar{\varphi}'\, dx = - \int\limits_0^l \bar{M}'\, \delta\bar{\varphi}\, dx,$$

so erkennen wir, daß sich zwei Gleichungen ergeben, die mit den oben nach der Gleichgewichtsmethode aufgestellten, die Indifferenz kennzeichnenden Gln. (9a, b) übereinstimmen. Das zweite Integral in (18) stellt also das Indifferenzkriterium dar, *nach dem es mindestens einen Nachbarzustand geben muß, bei dessen Variation von der Summe der virtuellen Arbeiten der inneren und äußeren Kräfte der Anteil verschwindet, der die spezielle vom Grund- zum Nachbarzustand führende Variation enthält.* Bezeichnen wir den genannten Anteil mit $\bar{A}_i^* + \bar{A}_a^*$, so können wir das Kriterium abgekürzt in der Form

$$\bar{A}_i^* + \bar{A}_a^* = 0 \tag{19}$$

schreiben.

b) Prinzip vom stationären Wert der potentiellen Energie

Die bisher aufgestellten Kriterien für das indifferente Gleichgewicht gelten unabhängig davon, ob sich die äußeren Kräfte aus einem Potential ableiten lassen oder nicht. Existiert jedoch ein Potential Π in dem in Abschnitt II, B, 4 festgelegten Sinne, so nimmt das Kriterium für das indifferente Gleichgewicht eine besonders übersichtliche Form an. Nach II, (30) muß für den Grundzustand

$$\delta\Pi_0 = 0 \tag{20}$$

und infolgedessen im Falle der Indifferenz auch für mindestens einen Nachbarzustand

$$\delta\Pi_I = 0 \tag{21}$$

gelten. Unser Kriterium lautet dann: *Ein Gleichgewichtszustand ist indifferent, wenn es mindestens einen Nachbarzustand mit ungeänderter Belastung gibt, für den die erste Variation seiner potentiellen Energie verschwindet.* Die Variation bezieht sich dabei wieder auf die vom Grund- zum Nachbarzustand führenden quergestrichenen Größen, während der Grundzustand unverändert bleibt.

Die Aussage (21) wird nun allerdings erst sinnvoll, wenn wir näher definieren, was unter der potentiellen Energie Π_I des Nachbarzustandes zu verstehen ist. Führen wir die spezielle $\bar{\delta}$-Variation des Grundzustandes aus, so geht das Potential Π_0 über in

$$\Pi_0 + \overline{\varDelta \Pi_0} = \Pi_0 + \overline{\delta \Pi_0} + \frac{1}{2!}\,\overline{\delta^2 \Pi_0} + \frac{1}{3!}\,\overline{\delta^3 \Pi_0} + \cdots.$$

Da der Nachbarzustand dem Grundzustand unendlich nahe sein sollte, hatten wir bei Aufstellung der Differentialgleichungen nach der Gleichgewichtsmethode nur Glieder berücksichtigt, in denen die variierten Größen linear vorkommen. Daraus folgt, daß wir hier, um zu demselben Ergebnis zu gelangen, in $\Pi_0 + \overline{\varDelta \Pi_0}$ das Glied $\frac{1}{3!}\,\overline{\delta^3 \Pi_0}$ und alle folgenden vernachlässigen müssen, weil diese sonst bei einer Variation zu nicht-linearen Differentialgleichungen führen würden. Wir müssen also

$$\Pi_I = \Pi_0 + \overline{\delta \Pi_0} + \frac{1}{2}\,\overline{\delta^2 \Pi_0} \tag{22}$$

setzen und *unter der potentiellen Energie des Nachbarzustandes die Energie des Grundzustandes plus deren erster und (mit $\frac{1}{2}$ multiplizierter) zweiter Variation verstehen.*

Die das Gleichgewicht des Grundzustandes zum Ausdruck bringende Beziehung (20) liefert hier die Aussage, daß in (22) stets $\overline{\delta \Pi_0}$ verschwinden muß, denn (20) gilt für jede und damit natürlich auch für die spezielle $\bar{\delta}$-Variation. Bilden wir nun nach (21) die erste Variation von Π_I, so wird

$$\delta \Pi_I = \delta\left(\Pi_0 + \frac{1}{2}\,\overline{\delta^2 \Pi_0}\right) = \delta \Pi_0 + \delta\left(\frac{1}{2}\,\overline{\delta^2 \Pi_0}\right).$$

Dabei ist aber wiederum $\delta \Pi_0 = 0$, hier schon deswegen, weil der Grundzustand bei dieser Variation unveränderlich sein soll. Im Endergebnis bleibt also nur das Kriterium

$$\delta\left(\overline{\delta^2 \Pi_0}\right) = 0 \tag{23}$$

übrig, das praktisch außerordentlich wichtig ist. *Ein Gleichgewichtszustand ist danach indifferent, wenn die erste Variation von mindestens einer speziellen zweiten Variation der potentiellen Energie des Systems bei ungeänderter Belastung zu Null wird.* Mit der Forderung, daß $\overline{\delta^2 \Pi_0}$ einen stationären Wert annehmen muß, ist natürlich wieder nicht gesagt, daß dieser Wert ein Extremum oder gar ein Minimum sein muß, worauf wir noch gleich zurückkommen werden.

Die Anwendung von (23) sei am Knickstab gezeigt. Die potentielle Energie des Stabes war, vgl. II, (31),

$$\Pi = \int\limits_0^l \left[\frac{1}{2}\,EF\varepsilon^2 + \frac{1}{2}\,EI\varphi'^2 + P(1+\varepsilon)\cos\varphi - P\right]dx. \tag{24}$$

Ersetzen wir darin ε durch $\varepsilon_0 + \bar{\varepsilon}$, φ durch $\varphi_0 + \bar{\varphi}$ und P durch P_0, so wird

$$\Pi_0 + \overline{\Delta\Pi}_0 = \int\limits_0^l \left\{ \frac{1}{2} EF(\varepsilon_0^2 + 2\varepsilon_0\bar{\varepsilon} + \bar{\varepsilon}^2) + \frac{1}{2} EI(\varphi_0'^2 + 2\varphi_0'\bar{\varphi}' + \bar{\varphi}'^2) + \right.$$

$$\left. + P_0(1 + \varepsilon_0 + \bar{\varepsilon})\left[\cos\varphi_0\left(1 - \frac{1}{2!}\bar{\varphi}^2 + \cdots\right) - \sin\varphi_0\left(\bar{\varphi} - \frac{1}{3!}\bar{\varphi}^3 + \cdots\right)\right] - P_0 \right\} dx.$$

Die in $\bar{\varepsilon}$ und $\bar{\varphi}$ quadratischen Glieder dieses Ausdrucks liefern nach Multiplikation mit dem Faktor 2 die zweite $\bar{\delta}$-Variation, also

$$\bar{\delta}^2\Pi_0 = \int\limits_0^l \{EF\bar{\varepsilon}^2 + EI\bar{\varphi}'^2 - P_0[(1 + \varepsilon_0)\cos\varphi_0\,\bar{\varphi}^2 + 2\sin\varphi_0\,\bar{\varepsilon}\bar{\varphi}]\}\, dx. \qquad (25)$$

Bilden wir nun die EULERschen Gleichungen des Variationsproblems $\delta(\bar{\delta}^2\Pi_0) = 0$, so erhalten wir die Gln. (10a, b), die wir oben für die indifferenten Gleichgewichtslagen aufgestellt hatten.

Als Nächstes wollen wir noch eine weitere Aussage aus (23) ableiten, die zwar keine so große Bedeutung für die praktische Rechnung hat wie (23), dafür aber einen sehr anschaulichen Zusammenhang zum Ausdruck bringt. Gl. (23) gilt für jede Variation von $\bar{\delta}^2\Pi_0$ und damit zweifellos auch für die spezielle Variation, die den Nachbarzustand wieder zum Grundzustand zurückführt. Diese spezielle Variation würde beim Knickstab darin bestehen, daß $\delta\bar{\varphi} = -\bar{\varphi}$, $\delta\bar{\varepsilon} = -\bar{\varepsilon}$ gesetzt wird. Wir müssen sie sinngemäß wiederum als (negative) $\bar{\delta}$-Variation bezeichnen und können für diesen Sonderfall (23) in der Form

$$-\bar{\delta}(\bar{\delta}^2\Pi_0) = 0$$

schreiben. Nun ist aber, wie wir etwa beim Knickstab an Hand von (25) sofort bestätigen können,

$$-\bar{\delta}(\bar{\delta}^2\Pi_0) = 2\,\bar{\delta}^2\Pi_0.$$

Wir bekommen damit die Beziehung

$$\bar{\delta}^2\Pi_0 = 0. \qquad (26)$$

Bei indifferentem Gleichgewicht muß mindestens eine spezielle zweite Variation der potentiellen Energie des Grundzustandes gleich Null werden. Diese Aussage ist zweifellos recht anschaulich, da sie zum Ausdruck bringt, daß bei Indifferenz bis auf Glieder zweiter Ordnung zu einer Verschiebung des Systems kein Energieaufwand erforderlich ist. Es ist jedoch wichtig, folgendes zu betonen: Alle bisher in diesem Abschnitt aufgestellten Kriterien für Indifferenz waren sowohl notwendig als auch hinreichend. *Die Bedingung* (26) *ist jedoch nur notwendig, aber nicht hinreichend* für das Eintreten eines indifferenten Gleichgewichtszustandes, wie wir weiter unten an einem einfachen Beispiel sehen werden. Da wir (26) nur für einen Sonderfall aus (23) abgeleitet haben, werden wir ja auch nicht erwarten können, daß (26) ohne weiteres allgemein das Kriterium (23) zu ersetzen vermag.

Wir können allerdings leicht aus (23) auch ein hinreichendes Kriterium gewinnen, das jedoch andererseits nicht notwendig ist und auch für Stabilitätsprobleme der Elastostatik kaum Bedeutung hat. Wir brauchen nur den Sonderfall eines indifferenten Grundzustandes vorauszusetzen, bei dem *jede* Variation zu einem im Gleichgewicht befindlichen Nachbarzustand führt. Dann wird nämlich

$\delta(\delta^2 \Pi_0) = 0$ und damit $\delta^2 \Pi_0 = 0$, d. h. allgemein die zweite Variation der potentiellen Energie gleich Null, wodurch eine sicherlich hinreichende Bedingung gegeben ist.

Die Anschaulichkeit der Energiekriterien und insbesondere der Gl. (26) erkennen wir am besten wieder am Beispiel der rollenden Kugel. Ein Blick auf Abb. 38 bestätigt uns zunächst die Aussagen des Prinzips der virtuellen Verrückungen, daß auch zu einer Verrückung aus der Nachbarlage heraus keine Arbeit erforderlich ist, weil hier die Tangente an die Bahnkurve, genau so wie im Grundzustand, horizontal liegt. Die potentielle Energie können wir ferner im Fall von Abb. 38 wieder gleich Gy, also im Grundzustand gleich Gy_0 setzen. Soll nun die zweite Variation dieses Wertes nach (26) zu Null werden, so muß $Gd^2y_0 = 0$ sein, womit wir dieselbe Bedingung bekommen, die wir auch schon mit Hilfe der Gleichgewichtsmethode aufgestellt hatten.

Für das System von Abb. 38 ist das Verschwinden der zweiten Variation des Potentials hinreichend, weil hier wegen der Bewegung der Kugel auf einer ebenen Kurve nur *eine* Variationsmöglichkeit besteht. Um einzusehen, daß (26) nicht immer hinreichend ist, und um weiter die Aussage (23) an-

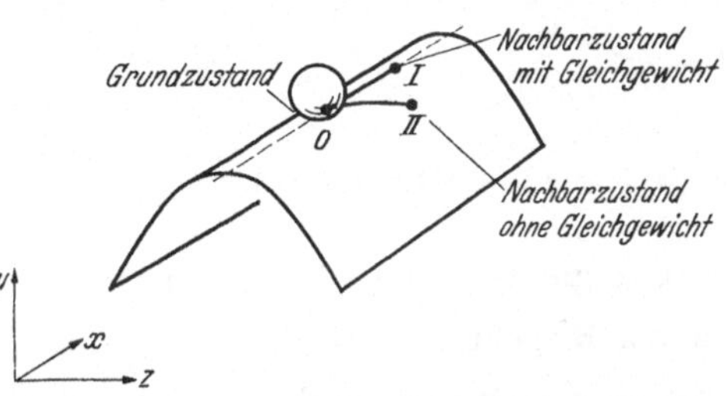

Abb. 39. Labiles und indifferentes Gleichgewicht bei der rollenden Kugel.

schaulich klarzumachen, müssen wir der Kugel wieder eine räumliche Bewegungsmöglichkeit geben, wie es schon in Abb. 14 geschah und noch einmal in Abb. 39 dargestellt ist. Die Kugel befindet sich hier nur bei einer Variation in Richtung der gestrichelten Geraden, also in Richtung $0-I$, im indifferenten, bei allen anderen Variationen im labilen Gleichgewicht. Um Indifferenz zu erhalten, wäre es an sich — wie wir gesehen haben — nur notwendig, daß die Kugel in Richtung $0-I$ auf einer Kurve rollt, deren zweite Ableitung, wie in Abb. 38, gleich Null ist. Daß hier eine Gerade gezeichnet ist, ist nur der einfacheren Darstellung halber erfolgt. Abb. 39 zeigt nun, daß die zweite Variation der potentiellen Energie Gy_0 nur für die spezielle Variation $0-I$, die wieder zu einem Gleichgewichtszustand führt, verschwindet, in allen anderen Fällen, z. B. beim Übergang vom Grundzustand zum Nachbarzustand II, jedoch negativ ist. Damit ist dann die Bedingung (23) bestätigt, denn für die Richtung $0-I$ muß die zweite Variation des Potentials, eben weil sie für alle anderen Richtungen kleiner ist, ein Maximum sein. Eine notwendige Bedingung dafür ist aber wiederum das Verschwinden der ersten Variation der speziellen zweiten Variation. Daß im übrigen $\delta^2 \Pi_0$ keineswegs immer ein Maximum wird, erkennen wir schon, wenn wir Abb. 39 auf den Kopf stellen und uns die Kugel *in* der Fläche liegend denken. Die zweite Variation wird dann bei Indifferenz ein Minimum, welcher Sonderfall für manche Überlegungen späterer Abschnitte von Bedeutung sein wird. Überhaupt kein Extremwert liegt schließlich schon dann vor, wenn wir die Kugel auf einer waagerechten Ebene ruhen lassen. Die potentielle Energie Π_0 selbst nimmt sowohl nach Abb. 39 als auch in den beiden letztgenannten Fällen keinen Extremwert an.

Abb. 39 zeigt nun allerdings noch nicht, daß das Verschwinden der speziellen zweiten Variation des Potentials nur eine notwendige Bedingung ist, sondern läßt im Gegenteil die Vermutung aufkommen, daß sie auch hinreichend wäre. Um in dieser Hinsicht unsere Behauptung durch ein Beispiel zu belegen, sei Abb. 40 betrachtet. Die Kugel rollt hier auf einer Sattelfläche, bei der wir das Gleichgewicht zweifellos als labil bezeichnen müssen. Indifferente Gleichgewichtslagen treten nicht auf. Variieren wir nun den Grundzustand, indem wir die Kugel auf einer der in Abb. 40 gestrichelt eingezeichneten Asymptotenlinien, etwa in der Richtung $0-I$, verschieben, so erkennen wir, daß dabei tatsächlich die zweite Variation von Π_0 zu Null wird, das Gleichgewicht aber trotzdem *nicht* indifferent ist, weil die Nachbarlage I keine Gleichgewichtslage ist.

Diese durch Abb. 40 veranschaulichten Verhältnisse können wir übrigens beim Knickstab wiederfinden, wenn wir beim geraden Stab eine Belastung zwischen dem ersten und zweiten Eigenwert, also einen nur labilen Zustand, voraussetzen und etwa die sicher zulässige Variation

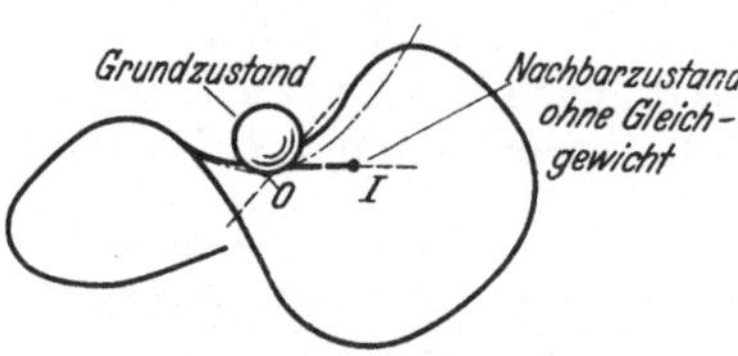

Abb. 40.
Labiles Gleichgewicht bei der rollenden Kugel.

$$\bar{\varepsilon} = 0, \quad \bar{\varphi} = A \cos \frac{\pi}{l} x + B \cos 2 \frac{\pi}{l} x$$

betrachten. Es läßt sich leicht ausrechnen, was hier übergangen sei, daß man dann ein reelles Verhältnis A/B finden kann, für das (25) in der Tat zu Null wird. Hierbei wird die Energie zweiter Ordnung, die frei wird, wenn der Stab mit einer Halbwelle mit der Biegelinie $\bar{\varphi} = A \cos \dfrac{\pi}{l} x$ ausknickt, genauso groß wie die Energie, die aufgewendet werden muß, um außerdem die Verformung mit zwei Halbwellen nach der Form $\bar{\varphi} = B \cos 2 \dfrac{\pi}{l} x$ zu erzwingen. Dieses Beispiel zeigt übrigens, ebenso wie Abb. 40, daß Π_0 selbst auch hier weder ein Minimum noch ein Maximum zu sein braucht.

B. Stabiles und labiles Gleichgewicht

1. Existenz eines Potentials

Wir wollen nun die Kriterien für stabiles und labiles Gleichgewicht aufstellen und dabei vorläufig voraussetzen, daß ein Potential Π existiert. Dann wird es durch die Anschaulichkeit des Ergebnisses, das wir bei indifferentem Gleichgewicht gewonnen haben, zweifellos nahegelegt, die zweite Variation von Π auch hier als Kriterium zu benutzen. Denn Abb. 1 zeigt uns schon, daß im Gegensatz zur Indifferenz, bei der zu einer Verschiebung des Systems auch in zweiter Ordnung keine Energie aufgewendet zu werden braucht, bei stabilem Gleichgewicht eine positive Energiezufuhr zweiter Ordnung erforderlich ist und bei labilem Gleichgewicht Energie frei wird. Berücksichtigen wir noch, daß sich bei Stabilität bei jeder möglichen Variation $\delta^2 \Pi_0$ als positiv erweisen muß, für Labilität es aber umgekehrt genügt, wenn wieder nur eine spezielle Variation $\bar{\delta}^2 \Pi_0$ negativ wird, so können wir die gesuchten Kriterien folgendermaßen formulieren:

Ein Gleichgewichtszustand ist stabil, wenn die zweite Variation der potentiellen Energie stets positiv ist, d. h. wenn

$$\delta^2 \Pi_0 > 0. \tag{27}$$

Ein Gleichgewichtszustand ist labil, wenn mindestens eine spezielle zweite Variation der potentiellen Energie negativ ist, d. h. wenn

$$\bar{\delta}^2 \Pi_0 < 0. \tag{28}$$

Die Anwendung der Kriterien sei an zwei Beispielen erläutert. Als erstes wollen wir das Durchschlagproblem von Abb. 5 betrachten. Das Potential der äußeren Kräfte ist einfach $\Pi_a = -Pf$. Die potentielle Energie der inneren Kräfte wollen wir aus einem gleich ersichtlichen Grunde durch die Formänderungsarbeit A_a der äußeren Kräfte ausdrücken, also nach II, (12) $\Pi_i = A_a$ setzen. Dann ist in irgendeinem zu untersuchenden, durch den Index 0 gekennzeichneten Zustand

$$\Pi_0 = A_{0_a} - P_0 f_0.$$

Benutzen wir f als unabhängige Veränderliche, so verschwindet die zweite Variation von $P_0 f_0$, und es bleibt nur noch übrig

$$\delta^2 \Pi_0 = \delta^2 A_{0_a},$$

wobei wir das Variationszeichen hier auch durch das gewöhnliche Differentiationszeichen ersetzen können. Da das System nur durch eine Kraft P belastet wird, ist

$$A_{0_a} = \int\limits_0^{f_0} P(f)\, df,$$

also gleich dem Flächeninhalt unter der in Abb. 6 aufgetragenen Kurve P als Funktion von f. Das Kriterium für Stabilität nimmt nun die übersichtliche Form

$$\frac{d^2 \Pi_0}{df_0^2} = \frac{dP_0(f_0)}{df_0} > 0$$

an. Für labiles Gleichgewicht erhalten wir entsprechend $\dfrac{dP_0(f_0)}{df_0} < 0$ und für Indifferenz $\dfrac{dP_0(f_0)}{df_0} = 0$. Wir bekommen damit auf Grund der exakten Anwendung unserer Kriterien das bestätigt, was wir in Abschnitt I, B, 2 bei Besprechung des Durchschlagproblems nur mit Hilfe einer rein anschaulichen Betrachtung festgestellt hatten, nämlich, daß in dem einfachen Sonderfall des Systems von Abb. 5 die Tangente der Kurve P in Abhangigkeit von f für die Art des Gleichgewichts maßgebend ist. Für das Durchschlagproblem wäre damit gezeigt, daß unsere Kriterien mit der anschaulichen Vorstellung, die wir uns vom Verformungsvorgang des Systems machen, durchaus im Einklang stehen. Die potentielle Energie wird in diesem Fall dem Verhalten ihrer zweiten Ableitung entsprechend bei stabilem Gleichgewicht ein Minimum, bei labilem ein Maximum.

Als zweites Beispiel seien die Gleichgewichtslagen des geraden Knickstabes betrachtet. Wir wollen dabei nachweisen, daß oberhalb der kritischen Last, also oberhalb

$$P_K = \frac{\pi^2 EI}{l^2} \, \frac{1}{1 - \dfrac{P_K}{EF}}$$

[vgl. I, (26)], im noch nicht ausgeknickten Zustand das Gleichgewicht tatsächlich labil ist, was wir bisher auch nur auf Grund anschaulicher Betrachtungen festgelegt hatten. Wir benutzen die spezielle Variation

$$\bar{\varepsilon} = 0, \qquad \overline{\varphi} = A \cos \frac{\pi}{l}\, x,$$

deren Verwendung besonders nahe liegt, da sie, wie wir gesehen haben, bei $P = P_K$ zum benachbarten Gleichgewichtszustand führt. Aus der zweiten Variation des

Potentials wird dann nach (25)

$$\overline{\delta^2 \varPi}_0 = \int\limits_0^l \left[E\,I\,A^2\,\frac{\pi^2}{l^2}\,\sin^2 \frac{\pi}{l}\,x - P_0(1 + \varepsilon_0)\,A^2 \cos^2 \frac{\pi}{l}\,x \right] dx$$

$$= A^2\,\frac{l}{2}\left[E\,I\,\frac{\pi^2}{l^2} - P_0(1 + \varepsilon_0) \right].$$

Es wird nun, was zu beweisen war, $\overline{\delta^2 \varPi}_0 < 0$ und damit das Gleichgewicht labil, wenn

$$P_0 > \frac{\pi^2 E I}{l^2}\,\frac{1}{1 - \dfrac{P_0}{E F}}$$

ist.

Hiermit ist nun natürlich umgekehrt noch nicht gesagt, daß unterhalb P_K das Gleichgewicht immer stabil ist, denn wir haben ja nur eine spezielle Variation betrachtet. Um den Stabilitätsnachweis zu führen, müßten wir vielmehr jede Variationsmöglichkeit des Verformungszustandes in Betracht ziehen. Wir können dieses dadurch tun, daß wir $\bar{\varepsilon}$ und $\bar{\varphi}$ in eine Fourierreihe entwickeln und nachweisen, daß für beliebige Werte der Koeffizienten der Reihe stets $\delta^2 \varPi_0 > 0$ bleibt. Diese Rechnung sei hier übergangen, da sie im Prinzip ähnlich wie die obige Labilitätsuntersuchung verläuft und nur etwas umständlicher ist[1]. Im übrigen pflegt man auf einen derartigen Nachweis bei der Lösung von Stabilitätsproblemen sowieso in der Regel zu verzichten. Man begnügt sich mit der Ermittlung des niedrigsten Eigenwertes und nimmt es als selbstverständlich an, daß unterhalb dieses Wertes stets Stabilität herrscht. Eine solche Annahme ist richtig, wenn vorausgesetzt wird, daß zwischen stabilen und labilen Bereichen stets indifferente Gleichgewichtszustände liegen. Bei „mechanisch vernünftigen" Problemen ist das auch in der Tat durch die Art der Aufgabenstellung und die Form des Ansatzes meist gewährleistet.

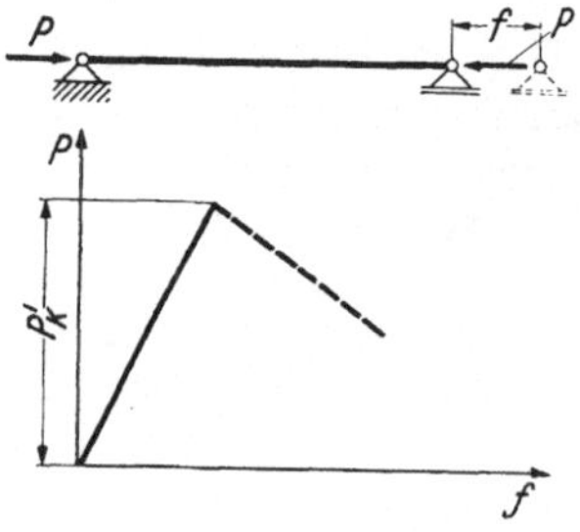

Daß indessen die Dinge auch anders liegen können, möge folgendes Beispiel zeigen. Wir wollen einen einfachen Druckstab betrachten, dessen Achse stets gerade bleibt. Das Spannungs-Dehnungsdiagramm und damit auch die Kraft-Verformungskurve möge sich nach Abb. 41 aus zwei Geraden zusammensetzen, eine Annahme, die zur Erfassung von Fließ- und Bruchvorgängen gewisse Berechtigung hätte. Für die Gerade mit positiver Neigung ergibt sich dann stabiles, für die mit negativer Neigung labiles Gleichgewicht, und beide Zustände gehen unvermittelt ineinander über. Einen Indifferenzpunkt gibt es nicht, da eine horizontale Tangente der Kraft-Verformungskurve fehlt. Daß die Lage der Tangente direkt als Kriterium für die Gleichgewichtsart verwendet werden kann, folgt wie beim Durchschlagproblem daraus, daß auch hier ein System mit nur einer belastenden, Arbeit leistenden Kraft und nur einer Variationsmöglichkeit für den Verformungszustand vorliegt. Das sehr einfache Beispiel mag vielleicht etwas gesucht und damit nicht sehr überzeugend wirken. Wir werden aber in späteren Abschnitten noch Probleme

——— stabiles Gleichgewicht
– – – labiles   „

Abb. 41.
Druckstab mit Kraft-Verformungskurve ohne Indifferenzpunkt.

---

[1] Für eine dehnungslose Stabachse findet sich die Rechnung bei C. BIEZENO u. R. GRAMMEL: Technische Dynamik, Bd. I, Berlin/Göttingen/Heidelberg 1953, S. 565.

von großer praktischer Bedeutung kennenlernen, bei denen im Prinzip die gleichen Verhältnisse vorliegen.

An die Kriterien (27) und (28) über stabiles und labiles Gleichgewicht lassen sich noch folgende Bemerkungen anschließen. Wenn die zweite Variation eines Integrals stets positiv ist, so ist das, wie in der Variationsrechnung gezeigt wird, eine hinreichende Bedingung dafür, daß das Integral ein Minimum — genauer: ein sog. relatives schwaches Minimum[1] — wird. Wir können also sagen, *daß bei stabilem Gleichgewicht die potentielle Energie ein Minimum sein muß*. Wird die Energie ein Minimum, so ist das jedoch umgekehrt für die Stabilität *nur eine notwendige* Bedingung. An Hand von Abb. 38 ist dieses sofort einzusehen, da dort das Potential bei Verschwinden der zweiten und bei positiver dritter Variation ein Minimum wird, das Gleichgewicht aber indifferent ist. Wenn sich so bei Stabilität immerhin eine notwendige Bedingung ergibt, so ist jedoch *das Auftreten eines Maximums der potentiellen Energie als Kriterium für labiles Gleichgewicht überhaupt unbrauchbar* und weder eine notwendige noch eine hinreichende Bedingung. Das Gleichgewicht kann nämlich sowohl labil werden, ohne daß ein Maximum vorliegt (vgl. Abb. 40 und das anschließend behandelte Beispiel des Knickstabes), als auch nicht labil, sondern nur indifferent sein, obwohl ein Maximum vorliegt (analog zu Abb. 38 Bahnkurve der Kugel mit verschwindender zweiter und negativer dritter Ableitung).

Die Erkenntnisse über das Vorhandensein oder Nichtvorhandensein von Extremumseigenschaften der potentiellen Energie Π_0 haben in der Hauptsache grundsätzliche Bedeutung. Aus der Definition des stabilen und labilen Gleichgewichts folgt jedoch noch eine Aussage über die spezielle zweite Variation $\bar{\delta}^2\Pi_0$, die auch für die praktische Zahlenrechnung von Belang ist, wie sich in späteren Abschnitten zeigen wird. Diese Aussage betrifft das *kritische* indifferente Gleichgewicht, also den Zustand, bei dem zum erstenmal Indifferenz auftritt, wenn die Belastung vom spannungslosen Zustand aus gesteigert wird. Wir hatten gesehen, daß jeder indifferente Gleichgewichtszustand durch $\delta\left(\bar{\delta}^2\Pi_0\right) = 0$ und $\bar{\delta}^2\Pi_0 = 0$ gekennzeichnet ist, daß daraus aber noch nicht allgemein auf ein Extremum von $\bar{\delta}^2\Pi_0$ geschlossen werden kann. Beim kritischen Zustand weiß man jedoch, daß dieser an der Grenze eines Bereiches liegt, in dem das Gleichgewicht ausschließlich stabil ist, in dem also stets $\delta^2\Pi_0 > 0$ gilt. Bei der kritischen Lage ist demnach $\bar{\delta}^2\Pi_0 = 0$, jede andere zweite Variation aber positiv, so daß der ausgezeichnete Wert $\bar{\delta}^2\Pi_0 = 0$ ein Minimum sein muß. Beim Problem der rollenden Kugel liegt dieser Fall, wie schon oben erwähnt wurde, vor, wenn wir Abb. 39 auf den Kopf stellen und die Kugel in der Fläche rollen lassen. Es gilt also: *Im kritischen indifferenten Gleichgewichtszustand muß die zweite Variation der potentiellen Energie des Grundzustandes ein Minimum vom Wert Null annehmen.* Selbstverständlich ist diese Bedingung für den kritischen Zustand *nur notwendig*, aber nicht hinreichend, da es ja, wie beim Durchschlagproblem, nach Steigerung der Belastung über den kritischen Wert hinaus später noch andere stabile Bereiche geben kann, an deren Grenze ebenfalls $\bar{\delta}^2\Pi_0$ ein Minimum werden muß.

Die besprochenen Kriterien für stabiles und labiles Gleichgewicht sind energetischer Natur. Man kann fragen, ob es nicht analog zum Fall der Indifferenz

---

[1] „Relatives Minimum" bedeutet, daß wir uns nur für die nähere Umgebung der Stelle interessieren, an der das Integral das gerade betrachtete Minimum annimmt und an anderen Stellen auftretende, vielleicht noch tiefer liegende Minima außer Betracht lassen. „Schwaches Minimum" heißt, daß bei der Variation des Integrals nur solche Funktionen zur Konkurrenz zugelassen sind, die der Extremale nach Lage *und* Tangentenrichtung benachbart sind. Ein starkes Minimum würde auch die Zulassung nur der Lage nach benachbarter Funktionen verlangen.

möglich ist, die Gleichgewichtsmethode anzuwenden. Dieses schließt sich jedoch von selbst aus, da bei Stabilität und Labilität im Nachbarzustand gar kein Gleichgewicht mehr herrscht. Man könnte jetzt höchstens das Bestreben eines Systems, in die Ausgangslage zurückzukehren, durch Untersuchung seines kinetischen Verhaltens prüfen. In erweitertem Sinne könnte man dann auch noch von einer Gleichgewichtsmethode sprechen, wenn man die Trägheitswiderstände in bekannter Weise als D'ALEMBERTsche Hilfskräfte einführt. Auf jeden Fall müßten aber in eine solche Untersuchung die Massenverteilung des Systems und die Zeit mit eingehen, so daß man das Gebiet der Statik verlassen und ein „kinetisches Kriterium" erhalten würde. Da dieses der Statik wesensfremd ist, wird man seine Aufstellung und Benutzung vermeiden, solange noch ein statisches Kriterium zur Beschreibung des Systemverhaltens ausreicht.

Es ist aber nützlich, sich zu überlegen, daß auch eine kinetische Untersuchung ein Ergebnis liefern muß, das mit unseren bisherigen Definitionen nach Gl. (27) und (28) im Einklang steht. Wir wollen dazu annehmen, daß ein System, für das ein Potential existiert, nach einer Variation des Grundzustandes die Lage I erreicht und daraufhin sich selbst überlassen wird. Es wird dann in Bewegung geraten, und, wenn wir nach Ablauf eines kleinen Zeitintervalles Δt in einer Lage II die Energie wieder betrachten, wird sich diese aus potentieller und kinetischer Energie zusammensetzen. Sehen wir von einer Energievernichtung durch Dämpfung vorerst ab, so muß nach dem Satz von der Erhaltung der Energie die Summe aus kinetischer und potentieller Energie konstant sein. Bezeichnen wir die kinetische Energie mit T, so muß also in jedem Augenblick

$$\Pi + T = \text{const}$$

gelten. In der Lage I ist nun $\Pi = \Pi_I$, $T = 0$ und nach Ablauf von Δt in der Lage II $\Pi = \Pi_{II}$, $T = T_{II}$. Es muß folglich

$$\Pi_I = \Pi_{II} + T_{II}$$

werden. Da jedoch die kinetische Energie T_{II} unter allen Umständen positiv ist, muß

$$\Pi_{II} < \Pi_I$$

sein. Die Bewegungsrichtung des Systems ist jetzt festgelegt: Es bewegt sich, wenn es nach der Variation sich selbst überlassen wird, dorthin, wo die potentielle Energie kleiner als in der Lage I ist. Das System wird demnach zum Grundzustand zurückstreben, wenn $\Pi_I > \Pi_0$ ist, und sich von ihm weiter entfernen, wenn $\Pi_I < \Pi_0$ ist. Das erstere ist aber bei $\delta^2 \Pi_0 > 0$, das zweite bei $\delta^2 \Pi_0 < 0$ erfüllt. Damit hätten wir in dieser Hinsicht bereits die Übereinstimmung der beiden verschiedenen Arten von Gleichgewichtskriterien nachgewiesen.

Es bleibt nur noch zu zeigen, daß bei $\delta^2 \Pi_0 > 0$ der sich nach Beginn der Rückkehr des Systems weiterhin einstellende Schwingungsvorgang, der in der Umgebung des Grundzustandes stattfinden wird, nicht vielleicht noch insofern labil ist, als er mit der Zeit anwachsende Amplituden aufweist. Die Unmöglichkeit einer derartigen Labilität folgt einfach wieder aus dem Gesetz von der Erhaltung der Energie, nach dem die Gesamtenergie des Systems ihren Anfangswert nicht überschreiten kann. Der Schwingungsvorgang muß also stets endliche Ausschläge haben, und, wenn wir noch eine bisher nicht vorausgesetzte Dämpfung berücksichtigen, schließlich zur Ruhe kommen.

2. Potential existiert nicht

Alle Ergebnisse des vorigen Abschnittes, insbesondere die zuletzt gewonnene Erkenntnis, daß eine kinetische Untersuchung überflüssig ist, waren unter der ausdrücklichen Voraussetzung der Existenz eines Potentials abgeleitet. Ist diese Bedingung nicht mehr erfüllt, so bleibt nur der eine Ausweg, kinetische Kriterien anzuwenden[1]. Diese seien zunächst in folgender Form definiert.

Ein nicht indifferenter Gleichgewichtszustand ist stabil, wenn sich nach einer Störung stets ein Bewegungszustand einstellt, dessen Ablauf sich auf die Nachbarschaft des Grundzustandes beschränkt. Ein Gleichgewichtszustand ist labil, wenn es mindestens eine spezielle Störung gibt, nach der sich ein Bewegungszustand einstellt, dessen Ablauf sich nicht auf die Nachbarschaft des Grundzustandes beschränkt.

Hierzu sind noch einige Erläuterungen notwendig. Zuerst sei der Begriff der Störung näher betrachtet. Wir haben bei den Überlegungen der bisherigen Abschnitte gesehen, daß es zweckmäßig ist, eine Störung als eine Variation des Grundverformungszustandes festzulegen. Denken wir uns diese Störung hinreichend langsam ausgeführt, so muß nach deren Aufhören der sich einstellende Bewegungszustand mit der Anfangsbedingung beginnen, daß für alle Systempunkte die Geschwindigkeit Null ist. Wir können eine solche Störung als statisch bezeichnen. Wenn wir aber nun ein kinetisches Kriterium benutzen, so ist es sinnvoll, auch eine kinetische Störung zuzulassen. Diese müssen wir uns so vorstellen, daß bei ihrem Aufhören das System neben seiner Verformung auch irgendeine Geschwindigkeitsverteilung besitzt, die wir uns etwa durch einen Stoß gegen die Konstruktion erzeugt denken können. Es kommt dabei jede Geschwindigkeitsverteilung in Frage, die mit den Rand- und Stetigkeitsbedingungen des Systems im Einklang steht.

Als nächstes sei darauf hingewiesen, daß bei Benutzung der kinetischen Kriterien die Kenntnis der Massenverteilung und häufig auch der Dämpfungseigenschaften der Konstruktion notwendig ist. Für verschiedene Massenbelegungen werden wir auch verschiedene kritische Zustände erwarten müssen. Die Dämpfung kann vor allem deswegen wichtig sein, weil unter Umständen relativ kleine und mit Sicherheit vorhandene Dämpfungskräfte, wie sie z. B. durch eine Baustoffdämpfung gegeben sind, das Zustandekommen angefachter Schwingungen erheblich erschweren können. Andererseits muß aber auch sogar mit der Möglichkeit gerechnet werden, daß die Dämpfung labilisierend wirkt.

Schließlich sei bemerkt, daß mit der Formulierung „der Ablauf des Bewegungszustandes soll sich auf die Nachbarschaft des Grundzustandes beschränken (oder nicht beschränken)" zweierlei zum Ausdruck gebracht werden soll: Erstens die Tatsache, daß die Bewegung nicht immer ein Schwingungsvorgang sein muß, sondern auch aperiodisch aussehen kann; zweitens, daß sie nicht unbedingt im Grundzustand zur Ruhe kommen muß, daß sich vielmehr sowohl kleine Schwingungen in der Nähe dieses Zustandes (z. B. bei Nichtberücksichtigung einer Dämpfung) einstellen können, als auch ein vom Grundzustand etwas verschiedener Ruhezustand (z. B. bei Haftreibung).

Wenn sich ein System ohne Potential schon unterhalb des niedrigsten statischen Eigenwertes als kinetisch labil erweist — was natürlich keineswegs immer der Fall sein muß —, so bedeutet das auch wieder, daß die Berechnung der niedrigsten indifferenten Gleichgewichtslage praktisch nicht ausreicht. — Die Durchrechnung eines Beispiels zur Anwendung der kinetischen Kriterien möge erst in einem späteren Abschnitt (VIII, B) erfolgen, da die uns bisher nur zur Verfügung stehenden „exakten Methoden" noch durch geeignete Näherungen vereinfacht werden sollen.

---

[1] Vgl. H. ZIEGLER: Ing. Arch. 20 (1952) 49.

C. Zusammenfassung von Abschnitt III

Bei der Aufstellung von Kriterien für die Art eines Gleichgewichtszustandes hatten wir zunächst das indifferente Gleichgewicht betrachtet. Aus der Bedingung, daß sich auch noch nach einer Störung, die wir als Variation des Verformungszustandes definiert hatten, das System im Gleichgewicht befinden sollte, konnten wir das Indifferenzkriterium in drei verschiedenen Formen erhalten: Erstens als Gleichgewichtsbedingungen für den Nachbarzustand und zweitens und drittens in den entsprechenden Aussagen des Prinzips der virtuellen Verrückungen und des Prinzips vom stationären Wert der potentiellen Energie. Die letztgenannte Form war natürlich nur bei Existenz eines Potentials möglich. Für die praktische Anwendung der Kriterien war es wesentlich, daß in den aufgestellten Gleichungen eine Reihe von Gliedern dadurch herausfiel, daß der im Nachbarzustand enthaltene Grundzustand stets für sich im Gleichgewicht war.

Bei den Kriterien für Stabilität und Labilität zeigte sich ein wesentlicher Unterschied zwischen Systemen mit und ohne Potential. Im ersten Fall lieferte uns die zweite Variation der potentiellen Energie sehr übersichtliche Kriterien. Im zweiten Fall ließ sich nur die Vorschrift aufstellen, den Bewegungsablauf des Systems nach einer Störung unter Berücksichtigung der Masse und Dämpfungseigenschaften jedesmal neu zu untersuchen.

Im einzelnen seien die verschiedenen Kriterien noch einmal in der folgenden Tabelle zusammengestellt. Der Index 0 zur Kennzeichnung des Grundzustandes ist dabei zur Vereinfachung fortgelassen, falls ein Irrtum nicht möglich ist.

Tabelle 1. *Zusammenstellung der Kriterien für die Gleichgewichtsarten*

Art des Gleichgewichts \ Art der Bedingung	Notwendig	Hinreichend	Notwendig und hinreichend
Stabil	$\Pi = \text{Minimum}$	—	1. $\delta^2 \Pi > 0$ 2. Nach Störung Bewegung in Grundzustandsnähe
Labil	—	1. $\delta^2 \Pi < 0$ 2. Nach Störung Bewegung nicht nur in Grundzustandsnähe	1. $\overline{\delta^2 \Pi} < 0$ 2. Nach spezieller Störung Bewegung nicht nur in Grundzustandsnähe
Indifferent	$\overline{\delta}^2 \Pi = 0$ Bei kritischer Indifferenz: $\overline{\delta}^2 \Pi = \text{Minimum}$ vom Wert Null	$\delta^2 \Pi = 0$	Bei $\overline{\delta}$-Variation ist: 1. Gleichgewicht für Nachbarzustand bzw. für Variation des Grundzustandes erfüllt 2. $A_{I_i}^* + A_{I_a}^* = 0$ bzw. $\overline{A}_i^* + \overline{A}_a^* = 0$ 3. $\delta \Pi_I = 0$ bzw. $\delta(\overline{\delta}^2 \Pi_0) = 0$

Abschnitt IV

Zwei- und dreidimensionale Probleme

Übersicht über Abschnitt IV: Es werden die Schwierigkeiten behandelt, die sich bei der Festlegung des Spannungs- und Verzerrungszustandes und der Aufstellung des Hookeschen Gesetzes ergeben, wenn das zu untersuchende System als zwei- oder gar dreidimensionales Kontinuum berechnet werden muß. Um zu möglichst einfachen Ansätzen zu kommen, erweist es sich dabei als notwendig, den Tensorcharakter des Spannungs- und Verzerrungszustandes bei nicht mehr kleinen Verformungen näher zu untersuchen. Es werden zunächst die Verhältnisse im Zweidimensionalen betrachtet; die Erweiterung auf das Dreidimensionale ist dann einfach. Zum Schluß wird auf die Besonderheiten hingewiesen, die bei Temperaturwirkungen zu beachten sind.

A. Allgemeines

Bei allen bisher aufgestellten Sätzen und Ableitungen haben wir zur Erläuterung entweder das Durchschlagproblem von Abb. 5 oder den Knickstab von Abb. 7 betrachtet. Wir haben uns damit auf die einfachsten Gebilde der Elastostatik, auf „eindimensionale" Stäbe beschränkt, was zunächst zweckmäßig war, um möglichst übersichtliche Beispiele zu erhalten. Praktisch haben wir es aber neben den Stäben vor allem auch mit Platten und Schalen[1], den sog. *Flächenträgern*, zu tun, die für die Rechnung als „zweidimensionale" Gebilde aufgefaßt werden müssen. Bei diesen Flächenträgern können genau so wie bei Stäben Instabilitätserscheinungen auftreten, bei denen wir dann allerdings nicht mehr von einem Knicken, sondern von einem *Beulen* sprechen. Zum Beispiel kann nach

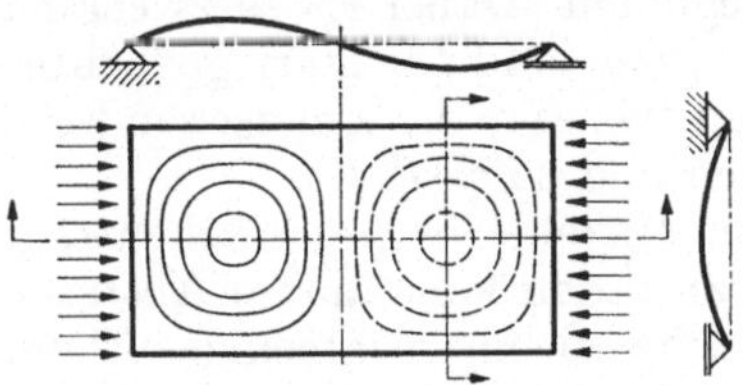

Abb. 42. Ausbeulen einer Rechteckplatte.

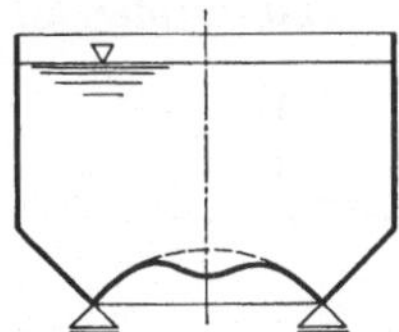

Abb. 43. Beulen eines INTZE-Behälters.

Abb. 42 eine durch Druckkräfte beanspruchte Platte in der angedeuteten Art ausbeulen oder nach Abb. 43 der Kugelboden eines INTZE-Behälters durch den Flüssigkeitsdruck Beulen bekommen und gegebenenfalls nach unten durchschlagen.

Bei der Berechnung von Flächenträgern gehen wir von der Voraussetzung aus, daß die Platten- bzw. Schalendicke stets klein gegenüber den Abmessungen der

---

[1] Die Kenntnis der wichtigsten Tatsachen der Platten- und Schalenstatik kleiner Verschiebungen wird im folgenden vorausgesetzt. Es sei z.B. hingewiesen auf S. TIMOSHENKO u. S. WOINOWSKY-KRIEGER: Theory of Plates and Shells, 2. Aufl., New York/Toronto/London 1959; W. FLÜGGE: Statik und Dynamik der Schalen, 3. Aufl., Berlin/Göttingen/Heidelberg 1962; W. S. WLASSOW: Allgemeine Schalentheorie und ihre Anwendung in der Technik, Berlin 1958; K. GIRKMANN: Flächentragwerke, 6. Aufl., Wien 1963; A. PFLÜGER: Elementare Schalenstatik, 4. Aufl., Berlin/Heidelberg/New York 1967.

Mittelfläche ist, und machen folgende Annahmen, die eine sinngemäße Erweiterung der für den biegungsfesten Stab verwendeten Annahmen darstellen (vgl. Abschnitt I, B, 3, a). Wir setzen voraus, daß bei der Verformung des Flächenträgers

1. die senkrecht zur Mittelfläche wirkenden Spannungen ohne Einfluß sind,
2. die Normalen zur Mittelfläche „gerade bleiben",
3. die Wanddicke ungeändert bleibt und
4. die Normalen zur Mittelfläche auch auf der verformten Mittelfläche senkrecht stehen.

Ähnlich wie bei den Stäben bedeutet auch hier die dritte Forderung eine Verschärfung gegenüber den in der klassischen Elastizitätslehre sonst üblichen Annahmen. Wir erreichen auf diese Weise, daß *nicht nur der Spannungs-, sondern auch der Verformungszustand zweidimensional* wird, da jetzt eine Dehnung senkrecht zur Mittelfläche ausgeschlossen wird.

Ist die geometrische Gestalt eines Körpers so, daß er weder als Stab noch als Flächenträger aufgefaßt werden kann, so sind vereinfachende Annahmen allgemeiner Art nicht mehr möglich, und es wird die Behandlung als dreidimensionales elastisches Kontinuum notwendig. Mit diesem Fall werden wir uns jedoch im folgenden nur sehr kurz befassen, da ihm wegen der allzu großen mathematischen Schwierigkeiten vorerst wenig praktische Bedeutung zukommt.

B. Zweidimensionaler Spannungs- und Verzerrungszustand

1. Spannungszustand

a) Starre Körper

Wir wollen vorerst nur zweidimensionale Probleme betrachten und mit der Untersuchung des Spannungszustandes beginnen. Dabei ist es zweckmäßig, an Bekanntes anzuknüpfen und vom Spannungszustand für starr gedachte Körper auszugehen, wie es in der klassischen Elastizitätslehre üblich und zulässig ist.

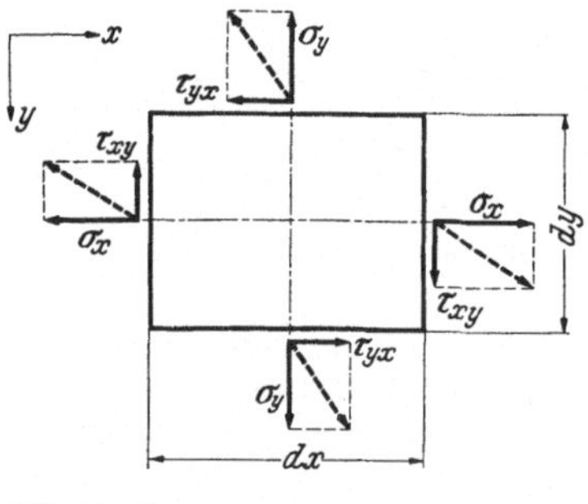

Aus der Mittelfläche des Flächenträgers oder aus einer zu ihr in konstantem Abstand verlaufenden Fläche sei ein rechteckiges Element herausgeschnitten, das etwa durch je zwei benachbarte Krümmungslinien begrenzt wird. Senkrecht zu seiner Fläche sei das Element hinreichend dünn, so daß eine Veränderung des Spannungszustandes in dieser Richtung nicht betrachtet zu werden braucht. In Abb. 44 ist das Element in seiner Projektion in Richtung der Flächennormalen dargestellt. Wir benutzen das angegebene Koordinatensystem x, y und bezeichnen dementsprechend die Kantenlängen des Elementes mit dx und dy. Die an den Schnittkanten angreifenden Spannungsvektoren zerlegen wir in üblicher Weise in die Längs- oder Normalspannungen σ_x und σ_y und in die Schubspannungen τ_{xy} und τ_{yx}. Das Momentengleichgewicht für das Element erfordert

Abb. 44. Spannungszustand am starren Element eines Flächenträgers.

$$\tau_{yx}\, dx\, dy - \tau_{xy}\, dy\, dx = 0$$

und liefert die bekannte Aussage

$$\tau_{yx} = \tau_{xy} \tag{1}$$

von der Gleichheit der „einander zugeordneten" Schubspannungen.

Wir wollen nun die Transformationsformeln aufstellen, nach denen aus den Längs- und Schubspannungen der Schnittrichtungen x und y die Spannungen für irgendeine andere Schnittrichtung folgen. Hierzu möge Abb. 45 dienen, in der ein dreieckiges Element OAB der Mittelfläche dargestellt ist, von dem zwei Seiten wieder den Achsen x und y parallel sind und die dritte Seite AB der neuen Schnittrichtung entspricht, für die die Spannungen berechnet werden sollen. Diese neue Schnittrichtung möge durch das Koordinatensystem x', y' festgelegt werden, das gegenüber dem System x, y um den Winkel φ gedreht ist. Die x'-Achse ist der Normale OC parallel, die y'-Achse der Schnittkante AB. Den an dieser Kante angreifenden Spannungsvektor zerlegen wir in die Längsspannung $\sigma_{x'}$ und die Schubspannung $\tau_{x'y'}$, außerdem aber noch in die durch das Achsenkreuz x, y gegebenen Komponenten S_x und S_y. Sind diese letzteren berechnet, so bekommen wir die gesuchten Größen $\sigma_{x'}$ und $\tau_{x'y'}$ sofort zu

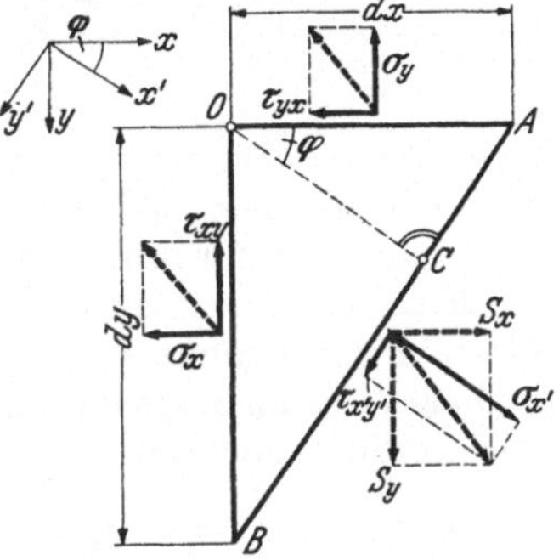

Abb. 45. Zur Transformation des Spannungszustandes am starren Element eines Flächenträgers.

$$\left.\begin{aligned}
\sigma_{x'} &= S_x \cos (xx') + S_y \cos (yx'), \\
\tau_{x'y'} &= S_x \cos (xy') + S_y \cos (yy'),
\end{aligned}\right\} \tag{2a, b}$$

wenn wir in leicht verständlicher Schreibweise mit (xx'), (yx') usw. die Winkel zwischen den Achsen x und x' bzw. y und x' usw. bezeichnen.

S_x und S_y folgen aus den Gleichgewichtsbedingungen für das Element in x- und y-Richtung:

$$S_x \overline{AB} - \sigma_x \overline{OB} - \tau_{yx} \overline{OA} - 0,$$
$$S_y \overline{AB} - \sigma_y \overline{OA} - \tau_{xy} \overline{OB} = 0.$$

Mit $\dfrac{\overline{OB}}{\overline{AB}} = \cos (xx')$ und $\dfrac{\overline{OA}}{\overline{AB}} = \cos (yx')$ wird

$$\left.\begin{aligned}
S_x &= \sigma_x \cos (xx') + \tau_{yx} \cos (yx'), \\
S_y &= \tau_{xy} \cos (xx') + \sigma_y \cos (yx').
\end{aligned}\right\} \tag{3a, b}$$

Setzen wir (3) in (2) ein, so erhalten wir

$$\left.\begin{aligned}
\sigma_{x'} &= \sigma_x \cos (xx') \cos (xx') + \tau_{xy} \cos (xx') \cos (yx') + \\
&\quad + \tau_{yx} \cos (yx') \cos (xx') + \sigma_y \cos (yx') \cos (yx'), \\
\tau_{x'y'} &= \sigma_x \cos (xx') \cos (xy') + \tau_{xy} \cos (xx') \cos (yy') + \\
&\quad + \tau_{yx} \cos (yx') \cos (xy') + \sigma_y \cos (yx') \cos (yy').
\end{aligned}\right\} \tag{4a, b}$$

Vertauscht man in diesen Gleichungen x und y bzw. x' und y' miteinander, so ergeben sich zwei entsprechende Ausdrücke für $\sigma_{y'}$ und $\tau_{y'x'}$, deren Richtigkeit man leicht bestätigen kann, wenn man den gleichen Weg wie bei der Ableitung von (4) einschlägt.

Führen wir den Winkel φ ein, so bekommen wir mit (1)

$$\cos (xx') = \cos (yy') = \cos \varphi,$$

$$\cos (yx') = -\cos (xy') = \sin \varphi,$$

$$\left.\begin{aligned}
\sigma_{x'} &= \sigma_x \cos^2 \varphi + \sigma_y \sin^2 \varphi + 2\tau_{xy} \sin \varphi \cos \varphi, \\
\tau_{x'y'} &= -(\sigma_x - \sigma_y) \sin \varphi \cos \varphi + \tau_{xy} (\cos^2 \varphi - \sin^2 \varphi).
\end{aligned}\right\} \qquad \text{(5a, b)}$$

Statt dessen können wir auch noch schreiben

$$\left.\begin{aligned}
\sigma_{x'} &= \frac{\sigma_x + \sigma_y}{2} + \frac{\sigma_x - \sigma_y}{2} \cos 2\varphi + \tau_{xy} \sin 2\varphi, \\
\tau_{x'y'} &= -\frac{\sigma_x - \sigma_y}{2} \sin 2\varphi + \tau_{xy} \cos 2\varphi.
\end{aligned}\right\} \qquad \text{(6a, b)}$$

Diese Gleichungen stellen die aus der elementaren Elastizitätslehre bekannte Form der Transformationsformeln dar. In der Darstellungsweise (4) zeigt sich jedoch besser die im Aufbau der Gleichungen enthaltene Symmetrie. Sie ist für das Folgende von Bedeutung, und wir wollen uns mit ihr noch etwas näher befassen.

Hierzu seien zunächst einige Bezeichnungsänderungen eingeführt, und zwar für die Koordinatenachsen

$$x = x_1, \qquad y = x_2, \qquad x' = x_1', \qquad y' = x_2'$$

und dementsprechend für die Richtungskosinus

$$\cos (xx') = \cos (x_1 x_1') = a_{11},$$

$$\cos (yx') = \cos (x_2 x_1') = a_{21},$$

$$\cos (xy') = \cos (x_1 x_2') = a_{12},$$

$$\cos (yy') = \cos (x_2 x_2') = a_{22}$$

und für die Spannungen

$$\sigma_x = \sigma_{11}, \qquad \sigma_y = \sigma_{22}, \qquad \tau_{xy} = \sigma_{12}, \qquad \tau_{yx} = \sigma_{21},$$

$$\sigma_{x'} = \sigma_{11}', \qquad \sigma_{y'} = \sigma_{22}', \qquad \tau_{x'y'} = \sigma_{12}', \qquad \tau_{y'x'} = \sigma_{21}'.$$

Die Gln. (4) nehmen dann folgende Form an:

$$\sigma_{11}' = a_{11}a_{11}\sigma_{11} + a_{11}a_{21}\sigma_{12} + a_{21}a_{11}\sigma_{21} + a_{21}a_{21}\sigma_{22},$$

$$\sigma_{12}' = a_{11}a_{12}\sigma_{11} + a_{11}a_{22}\sigma_{12} + a_{21}a_{12}\sigma_{21} + a_{21}a_{22}\sigma_{22}.$$

Sie lassen sich mit $k = 1, 2$ zu der einen Gleichung

$$\sigma_{1k}' \underset{k=1,2}{} = a_{11}a_{1k}\sigma_{11} + a_{11}a_{2k}\sigma_{12} + a_{21}a_{1k}\sigma_{21} + a_{21}a_{2k}\sigma_{22}$$

$$= a_{11}(a_{1k}\sigma_{11} + a_{2k}\sigma_{12}) + a_{21}(a_{1k}\sigma_{21} + a_{2k}\sigma_{22})$$

zusammenfassen, die sich auch in der abgekürzten Form

$$\sigma_{1k}' \underset{k=1,2}{} = \sum_{i=1}^{i=2} \sum_{j=1}^{j=2} a_{i1}a_{jk}\sigma_{ij} \qquad \text{(7a)}$$

schreiben läßt.

Eine entsprechende Beziehung können wir für $\sigma_{y'} = \sigma'_{22}$ und $\tau_{y'x'} = \sigma'_{21}$ aufstellen, wobei sich — wie bereits erwähnt — $\sigma_{y'}$ und $\tau_{y'x'}$ durch zyklische Vertauschung der Koordinaten aus (4a, b) ergeben. Wie man leicht nachrechnen kann, nimmt diese Beziehung die Form

$$\sigma'_{2k} = \sum_{\substack{i=1}}^{\substack{i=2}} \sum_{\substack{j=1}}^{\substack{j=2}} a_{i2} a_{jk} \sigma_{ij} \qquad \substack{k=1,2} \tag{7b}$$

an. Sie zeigt, daß wir nun auch noch (7a) und (7b) in eine Gleichung pressen können:

$$\sigma'_{hk} = \sum_{\substack{i=1}}^{\substack{i=2}} \sum_{\substack{j=1}}^{\substack{j=2}} a_{ih} a_{jk} \sigma_{ij} . \qquad \substack{k=1,2 \\ h=1,2} \tag{8}$$

In dieser Gleichung sind für alle Indizes nacheinander die Zahlen 1 und 2 zu setzen, zu summieren ist aber nur über i und j. Die Bezeichnungen sind nun so gewählt, daß i und j in dem Ausdruck unter dem Summenzeichen zweimal vorkommen, h und k aber nur einmal. Wir haben damit die Möglichkeit, die „EINSTEINsche Summierungsvorschrift" anzuwenden, nach der über doppelt vorkommende Indizes zu summieren ist. Die Summenzeichen sind dann überflüssig und wir können statt (8) einfach

$$\sigma'_{hk} = a_{ih} a_{jk} \sigma_{ij} \tag{9}$$

schreiben.

In den Gln. (4), (6) und (9) haben wir drei verschiedene Schreibweisen derselben Transformationsvorschrift gewonnen, von denen sicherlich die Form (9) am prägnantesten ist. Sie ist in der Tensorrechnung üblich und sagt aus, daß die Spannungen σ_{ij} einen Tensor bilden. Wir wollen ihn als *Spannungstensor* bezeichnen. Seine Matrix schreibt sich zu

$$\mathfrak{T}_\sigma = \begin{pmatrix} \sigma_x & \tau_{xy} \\ \tau_{yx} & \sigma_y \end{pmatrix} = \begin{pmatrix} \sigma_{11} & \sigma_{12} \\ \sigma_{21} & \sigma_{22} \end{pmatrix} = (\sigma_{ij}) . \tag{10}$$

Der Spannungstensor ist wegen $\tau_{xy} = \tau_{yx}$ symmetrisch. Mit dem Tensorcharakter sind eine Reihe bekannter Eigenschaften des Spannungszustandes verknüpft, deren wichtigste darin besteht, daß es im allgemeinen ein ausgezeichnetes rechtwinkliges Achsenkreuz, das Hauptachsenkreuz, gibt, für das die Längsspannungen ihre Extremwerte annehmen und die Schubspannungen verschwinden. Bei den folgenden Untersuchungen des komplizierten Spannungs- und Verzerrungszustandes am *verformten* Element ist es nun selbstverständlich von großer Wichtigkeit, möglichst auch weiterhin alles auf Größen zurückzuführen, die sich mit Hilfe von Tensoren darstellen lassen; denn dann haben wir den Vorteil, daß diese Größen besonders einfachen und bekannten Gesetzen bei einer Drehung des Koordinatensystems folgen. Außerdem wird die Anwendung des Tensorkalküls möglich, was bei verwickelten Problemen von Vorteil sein kann.

b) Berücksichtigung der Verformung

Wir wollen jetzt annehmen, daß das rechteckige Element von Abb. 44 durch die angreifenden Spannungen Verformungen erleidet, und wollen den Spannungszustand und seine Transformation von neuem betrachten[1]. Das verzerrte Element

---

[1] Die Darstellung folgt von hier ab vielfach den Gedankengängen von R. KAPPUS: Z. angew. Math. Mech. 19 (1939) 271.

ist in Abb. 46 dargestellt. Die Verformung besteht in einer Dehnung in beiden Achsrichtungen und einer Winkeländerung. Die Seitenlängen dx und dy des Elementes mögen bei der Verzerrung in $d\tilde{x}$ und $d\tilde{y}$ übergehen. Bezeichnen wir die Dehnungen mit ε_x und ε_y, so gilt

$$d\tilde{x} = (1 + \varepsilon_x)\,dx, \qquad d\tilde{y} = (1 + \varepsilon_y)\,dy. \tag{11a, b}$$

Es wird nun zunächst eine neue Definition dessen erforderlich, was wir am verzerrten Element unter Spannungen verstehen wollen, und zwar betrifft diese Definition sowohl die Größe als auch die Richtung der Spannungen. Hinsichtlich der Größe bestehen die beiden Möglichkeiten, als Spannungen entweder die durch

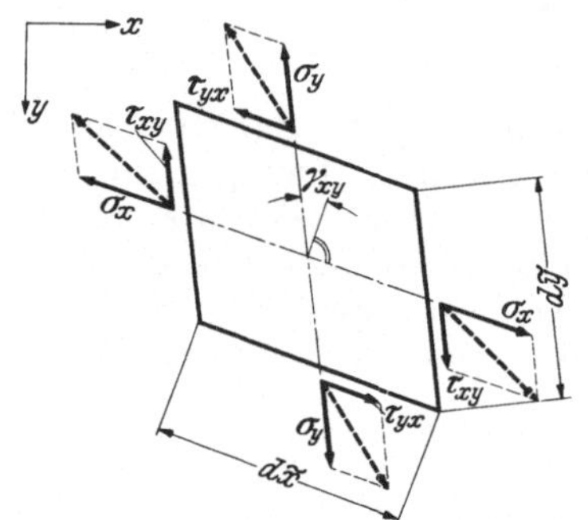

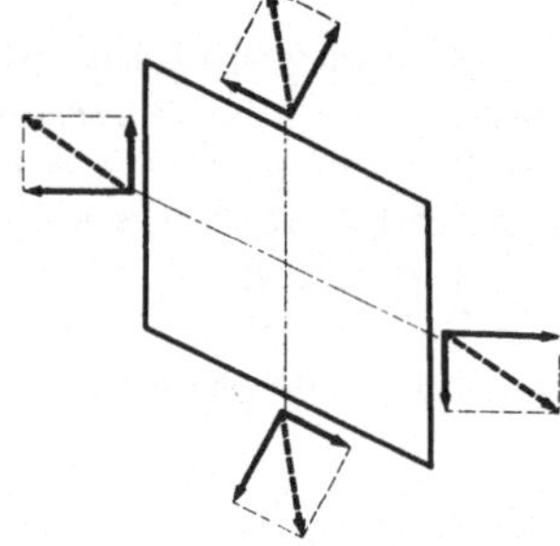

Abb. 46. Spannungszustand am verformten Element eines Flächenträgers.

Abb. 47. Rechtwinklige Zerlegung der Spannungsvektoren am verformten Element eines Flächenträgers.

die ursprüngliche oder die durch die verformte Fläche dividierten Kräfte zu bezeichnen. Wir wollen uns für das erstere entscheiden und festsetzen, *daß eine Spannung stets der Quotient einer Kraft und der zugehörigen unverzerrten Fläche sein soll.* Hinsichtlich der Richtung der Spannungen stehen wir vor der Wahl, den an einer Seitenfläche des Elementes angreifenden Spannungsvektor entweder nach Abb. 46 in schiefwinklige Komponenten τ und σ zu zerlegen oder, wie in Abb. 47 angedeutet, rechtwinklige Komponenten zu benutzen. Während am starren Element σ zugleich eine Längs- und eine Normalspannung war, können wir hier nur einen dieser beiden Begriffe aufrechterhalten. Wir wollen im folgenden stets die schiefwinklige Zerlegung nach Abb. 46 bevorzugen, da sie zu etwas einfacheren Rechnungen führt. In diesem Falle gehen insbesondere in die Momentengleichgewichtsbedingung für das Element wieder nur die Schubspannungen ein, während im anderen Fall auch die Spannungen σ Beiträge liefern würden.

Diese Momentenbedingung sei gleich noch etwas näher betrachtet. Die an den Kanten des Elementes angreifenden Schubkräfte sind $\tau_{xy}\,dy$ und $\tau_{yx}\,dx$, die entsprechenden Hebelarme $d\tilde{x}\cos\gamma_{xy}$ und $d\tilde{y}\cos\gamma_{xy}$, wenn wir mit γ_{xy} die Winkeländerung bezeichnen. Wir bekommen also

$$\tau_{xy}\,dy\,d\tilde{x}\cos\gamma_{xy} - \tau_{yx}\,dx\,d\tilde{y}\cos\gamma_{xy} = 0,$$

und mit (11) nach Division durch $dx\,dy\cos\gamma_{xy}$

$$\tau_{xy}(1 + \varepsilon_x) = \tau_{yx}(1 + \varepsilon_y). \tag{12}$$

Am verzerrten Element sind also die einander zugeordneten Schubspannungen nicht mehr gleich. Dieser Unterschied ist, wie sich später zeigen wird, für manche Stabilitätsuntersuchungen sehr wesentlich.

Wir wenden uns jetzt wieder der Transformation des Spannungszustandes zu und betrachten dazu das in Abb. 48 dargestellte dreieckige Element, dessen Eck-punkte im ursprünglichen Zustand OAB und im verzerrten Zustand OA_1B_1 sind. Die Zerlegung des Spannungsvektors z. B. an der Kante A_1B_1 hat unserer Verabredung entsprechend so zu erfolgen, daß $\sigma_{x'}$ parallel zur Strecke OC_1 gerichtet ist. Zwei den Gln. (4) entsprechende Beziehungen erhalten wir, wenn wir das Gleichgewicht für das Element in Richtung der Strecken OD_1 und E_1B_1 anschreiben. Die erste Richtung steht auf $\tau_{x'y'}$, die zweite auf $\sigma_{x'}$ senkrecht, so daß in die Gleichgewichtsbedingungen von den beiden unbekannten Spannungen $\sigma_{x'}$ und $\tau_{x'y'}$ jeweils nur eine eingeht.

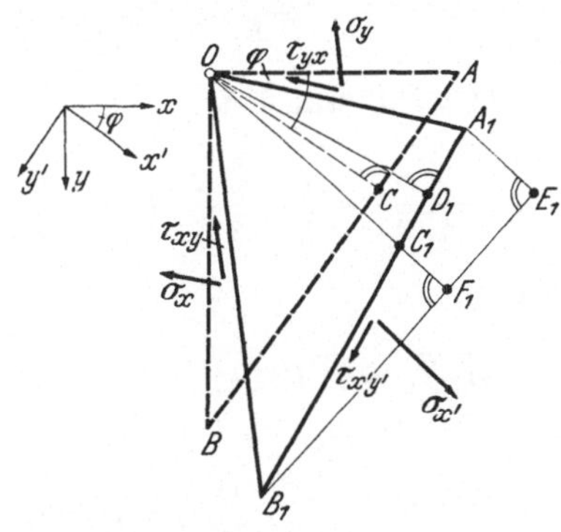

Abb. 48. Zur Transformation des Spannungs-zustandes am verformten Element eines Flächenträgers.

Für das Gleichgewicht in Richtung OD_1 gilt

$$\sigma_{x'}\,\overline{AB}\,\frac{\overline{OD_1}}{\overline{OC_1}} - \left(\sigma_x\overline{OB} + \tau_{yx}\overline{OA}\right)\frac{\overline{OD_1}}{\overline{OA_1}} - \left(\sigma_y\overline{OA} + \tau_{xy}\overline{OB}\right)\frac{\overline{OD_1}}{\overline{OB_1}} = 0.$$

Im ersten Glied der Gleichung ist $\sigma_{x'}\,\overline{AB}$ die an der Seite A_1B_1 angreifende Längs-kraft; $\dfrac{\overline{OD_1}}{\overline{OC_1}}$ ist der Kosinus des Winkels zwischen der Richtung dieser Längskraft und der Richtung OD_1. Die übrigen Glieder ergeben sich entsprechend. Nach Multi-plikation der ganzen Gleichung mit $\dfrac{\overline{OC}}{\overline{AB}\,\overline{OD_1}}$ können wir schreiben

$$\sigma_{x'}\,\frac{\overline{OC}}{\overline{OC_1}} = \left(\sigma_x\,\frac{\overline{OB}}{\overline{AB}} + \tau_{yx}\,\frac{\overline{OA}}{\overline{AB}}\right)\frac{\overline{OC}}{\overline{OA}}\,\frac{\overline{OA}}{\overline{OA_1}} + \left(\sigma_y\,\frac{\overline{OA}}{\overline{AB}} + \tau_{xy}\,\frac{\overline{OB}}{\overline{AB}}\right)\frac{\overline{OC}}{\overline{OB}}\,\frac{\overline{OB}}{\overline{OB_1}}.$$

Nun ist

$$\overline{OC_1} = \overline{OC}(1 + \varepsilon_{x'}), \qquad \overline{OA_1} = \overline{OA}(1 + \varepsilon_x), \qquad \overline{OB_1} = \overline{OB}(1 + \varepsilon_y)$$

und

$$\frac{\overline{OB}}{\overline{AB}} = \frac{\overline{OC}}{\overline{OA}} = \cos(xx'),\ \frac{\overline{OA}}{\overline{AB}} = \frac{\overline{OC}}{\overline{OB}} = \cos(yx').$$

Damit wird

$$\frac{\sigma_{x'}}{1 + \varepsilon_{x'}} = \frac{\sigma_x}{1 + \varepsilon_x}\cos(xx')\cos(xx') + \frac{\tau_{xy}}{1 + \varepsilon_y}\cos(xx')\cos(yx') +$$

$$+ \frac{\tau_{yx}}{1 + \varepsilon_x}\cos(yx')\cos(xx') + \frac{\sigma_y}{1 + \varepsilon_y}\cos(yx')\cos(yx'). \qquad (13\,\mathrm{a})$$

Für das Gleichgewicht in Richtung E_1B_1 ergibt sich

$$\tau_{x'y'}\overline{AB}\,\frac{\overline{B_1E_1}}{\overline{A_1B_1}} - \left(\sigma_x\overline{OB} + \tau_{yx}\overline{OA}\right)\frac{\overline{E_1F_1}}{\overline{OA_1}} - \left(\sigma_y\overline{OA} + \tau_{xy}\overline{OB}\right)\frac{\overline{B_1F_1}}{\overline{OB_1}} = 0$$

und daraus nach Multiplikation mit $\dfrac{1}{\overline{B_1E_1}}$

$$\tau_{x'y'}\,\frac{\overline{AB}}{\overline{A_1B_1}} = \left(\sigma_x\,\frac{\overline{OB}}{\overline{AB}} + \tau_{yx}\,\frac{\overline{OA}}{\overline{AB}}\right)\frac{\overline{AB}}{\overline{OA}}\,\frac{\overline{E_1F_1}}{\overline{B_1E_1}}\,\frac{\overline{OA}}{\overline{OA_1}} + \left(\sigma_y\,\frac{\overline{OA}}{\overline{AB}} + \tau_{xy}\,\frac{\overline{OB}}{\overline{AB}}\right)\frac{\overline{AB}}{\overline{OB}}\,\frac{\overline{B_1F_1}}{\overline{B_1E_1}}\,\frac{\overline{OB}}{\overline{OB_1}}.$$

Es ist nun

$$\frac{\overline{E_1 F_1}}{\overline{B_1 E_1}} = \frac{\overline{A_1 C_1}}{\overline{A_1 B_1}} = \frac{\overline{AC}}{\overline{AB}}, \qquad \frac{\overline{B_1 F_1}}{\overline{B_1 E_1}} = \frac{\overline{B_1 C_1}}{\overline{A_1 B_1}} = \frac{\overline{BC}}{\overline{AB}}.$$

Damit wird zunächst

$$\tau_{x'y'} \frac{\overline{AB}}{\overline{A_1 B_1}} = \left(\sigma_x \frac{\overline{OB}}{\overline{AB}} + \tau_{yx} \frac{\overline{OA}}{\overline{AB}} \right) \frac{\overline{AC}}{\overline{OA}} \frac{\overline{OA}}{\overline{OA_1}} + \left(\sigma_y \frac{\overline{OA}}{\overline{AB}} + \tau_{xy} \frac{\overline{OB}}{\overline{AB}} \right) \frac{\overline{BC}}{\overline{OB}} \frac{\overline{OB}}{\overline{OB_1}}.$$

Mit

$$\overline{A_1 B_1} = \overline{AB}(1 + \varepsilon_{x'}), \qquad \overline{OA_1} = \overline{OA}(1 + \varepsilon_x), \qquad \overline{OB_1} = \overline{OB}(1 + \varepsilon_y)$$

und

$$\frac{\overline{OB}}{\overline{AB}} = \cos(xx'), \qquad \frac{\overline{OA}}{\overline{AB}} = \cos(yx'),$$

$$\frac{\overline{AC}}{\overline{OA}} = \cos(xy'), \qquad \frac{\overline{BC}}{\overline{OB}} = \cos(yy')$$

bekommen wir schließlich

$$\frac{\tau_{x'y'}}{1 + \varepsilon_{y'}} = \frac{\sigma_x}{1 + \varepsilon_x} \cos(xx') \cos(xy') + \frac{\tau_{xy}}{1 + \varepsilon_y} \cos(xx') \cos(yy') +$$

$$+ \frac{\tau_{yx}}{1 + \varepsilon_x} \cos(yx') \cos(xy') + \frac{\sigma_y}{1 + \varepsilon_y} \cos(yx') \cos(yy'). \qquad (13\,\mathrm{b})$$

Betrachten wir das Resultat unserer Rechnungen, die Formeln (13a, b), und vergleichen sie mit den für das starre Element abgeleiteten Beziehungen (4a, b), so erkennen wir, daß hinsichtlich der Kosinus völlige Übereinstimmung herrscht und nur die einzelnen Spannungskomponenten von (4) jetzt mit $\dfrac{1}{1 + \varepsilon_x}$, $\dfrac{1}{1 + \varepsilon_y}$ usw. multipliziert erscheinen. Daraus folgt zunächst, *daß bei Berücksichtigung der Verzerrung des Elementes für die Spannungen kein Tensor mehr existiert.* Führen wir aber die neuen Spannungsgrößen

$$\left.\begin{aligned} s_x &= \frac{\sigma_x}{1 + \varepsilon_x}, & s_y &= \frac{\sigma_y}{1 + \varepsilon_y}, \\[2mm] t_{xy} &= \frac{\tau_{xy}}{1 + \varepsilon_y}, & t_{yx} &= \frac{\tau_{yx}}{1 + \varepsilon_x} \end{aligned}\right\} \qquad (14\,\mathrm{a-d})$$

ein, so können wir diese *wieder als Komponenten eines symmetrischen Tensors*

$$\widetilde{\mathfrak{T}}_\sigma = \begin{pmatrix} s_x & t_{xy} \\ t_{yx} & s_y \end{pmatrix} \qquad (15)$$

auffassen. Die Bedingung $t_{xy} = t_{yx}$ ist dabei nach (12) erfüllt! Wir können also genauso rechnen wie beim starren Körper, wenn wir die Spannungen durch die Größen s und t ersetzen, und können z. B. nach (6) die üblichen Gleichungen

$$s_{x'} = \frac{s_x + s_y}{2} + \frac{s_x - s_y}{2} \cos 2\varphi + t_{xy} \sin 2\varphi,$$

$$t_{x'y'} = - \frac{s_x - s_y}{2} \sin 2\varphi + t_{xy} \cos 2\varphi$$

benutzen. Damit müssen aber auch die Spannungsgrößen s und t dieselben Eigenschaften aufweisen, wie wir sie vom Spannungszustand des starren Körpers kennen, so daß wir uns eine weitere Untersuchung in dieser Hinsicht ersparen können. Zum Beispiel muß es jetzt auch wieder im allgemeinen ein Hauptachsenkreuz geben, bei dem die Größen s Extremwerte annehmen und die zugehörigen t verschwinden. Bei Vernachlässigung der Verzerrungen geht der Tensor $\tilde{\mathfrak{T}}_\sigma$ wieder in den Tensor $\mathfrak{T}_\sigma$ über.

2. Verzerrungszustand

Zur Feststellung der Gesetze, denen der Verzerrungszustand eines Flächenträgers folgt, benutzen wir wieder das dreieckige Element, das in Abb. 49 noch einmal vor und nach der Verformung dargestellt ist. Die Winkeländerungen sind dabei γ_{xy} bzw. $\gamma_{x'y'}$. Wir stellen uns die Aufgabe, $\varepsilon_{x'}$ und $\gamma_{x'y'}$ durch ε_x, ε_y und γ_{xy} auszudrücken.

Betrachten wir das Dreieck OC_1G_1, in dem die Strecke C_1G_1 der Strecke OA_1 parallel sein soll, so folgt nach dem Kosinussatz

$$\overline{OC_1}^2 = \overline{C_1G_1}^2 + \overline{OG_1}^2 + 2\,\overline{C_1G_1}\,\overline{OG_1}\sin\gamma_{xy}. \quad (16)$$

Mit

$$\left.\begin{aligned}
\overline{OC_1} &= \overline{OC}(1 + \varepsilon_{x'}),\\
\overline{C_1G_1} &= \overline{CG}(1 + \varepsilon_x),\\
\overline{OG_1} &= \overline{OG}(1 + \varepsilon_y)
\end{aligned}\right\} \quad (17\text{a, b, c})$$

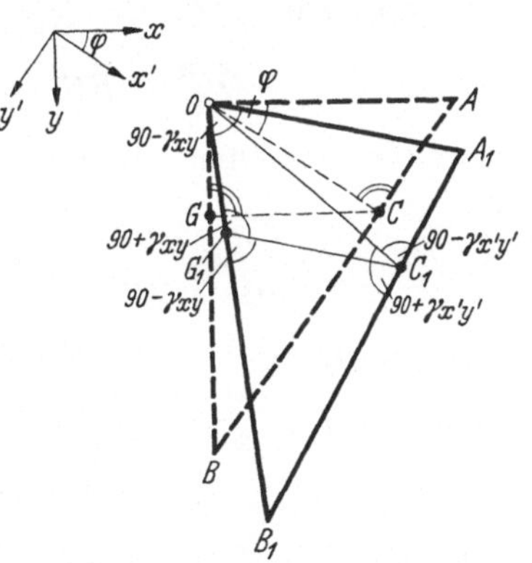

Abb. 49. Zur Transformation des Verzerrungszustandes am Element eines Flächenträgers.

wird nach Division durch $\overline{OC}^2$

$$(1 + \varepsilon_{x'})^2 = (1 + \varepsilon_x)^2 \frac{\overline{CG}^2}{\overline{OC}^2} + (1 + \varepsilon_y)^2 \frac{\overline{OG}^2}{\overline{OC}^2} + 2(1 + \varepsilon_x)(1 + \varepsilon_y)\frac{\overline{CG}\,\overline{OG}}{\overline{OC}^2}\sin\gamma_{xy}.$$

Zweckmäßig führen wir jetzt den Winkel φ ein und setzen

$$\frac{\overline{CG}}{\overline{OC}} = \cos\varphi, \qquad \frac{\overline{OG}}{\overline{OC}} = \sin\varphi.$$

Wir erhalten dann

$$(1 + \varepsilon_{x'})^2 = (1 + \varepsilon_x)^2 \cos^2\varphi + (1 + \varepsilon_y)^2 \sin^2\varphi + 2(1 + \varepsilon_x)(1 + \varepsilon_y)\sin\gamma_{xy}\sin\varphi\cos\varphi, \quad (18\,\text{a})$$

oder aufgelöst nach $\varepsilon_{x'}$,

$$\varepsilon_{x'} = \sqrt{(1 + \varepsilon_x)^2 \cos^2\varphi + (1 + \varepsilon_y)^2 \sin^2\varphi + 2(1 + \varepsilon_x)(1 + \varepsilon_y)\sin\gamma_{xy}\sin\varphi\cos\varphi} - 1. \quad (19\,\text{a})$$

Für das Dreieck OC_1B_1 bekommen wir ferner

$$\overline{OB_1}^2 = \overline{OC_1}^2 + \overline{B_1C_1}^2 + 2\,\overline{OC_1}\,\overline{B_1C_1}\sin\gamma_{x'y'}.$$

Darin können wir $\overline{OC_1}^2$ nach (16) und $\overline{B_1C_1}^2$ nach der aus dem Dreieck $C_1B_1G_1$ folgenden Beziehung

$$\overline{B_1C_1}^2 = \overline{B_1G_1}^2 + \overline{C_1G_1}^2 - 2\,\overline{B_1G_1}\,\overline{C_1G_1}\sin\gamma_{xy}$$

ausdrücken und erhalten

$$\overline{OB_1}^2 = \overline{OG_1}^2 + \overline{B_1G_1}^2 + 2\overline{C_1G_1}^2 + 2\left(\overline{C_1G_1}\,\overline{OG_1} - \overline{B_1G_1}\,\overline{C_1G_1}\right)\sin\gamma_{xy} + 2\overline{OC_1}\,\overline{B_1C_1}\sin\gamma_{x'y'}.$$

Mit (17 a—c) und

$$\overline{B_1C_1} = \overline{BC}(1 + \varepsilon_{y'}), \qquad \overline{OB_1} = \overline{OB}(1 + \varepsilon_y), \qquad \overline{B_1G_1} = \overline{BG}(1 + \varepsilon_y)$$

können wir schreiben

$$2(1 + \varepsilon_{x'})(1 + \varepsilon_{y'})\sin\gamma_{x'y'}\overline{OC}\,\overline{BC} = (1 + \varepsilon_y)^2\left(\overline{OB}^2 - \overline{OG}^2 - \overline{BG}^2\right) - 2(1 + \varepsilon_x)^2\overline{CG}^2 -$$
$$- 2(1 + \varepsilon_x)(1 + \varepsilon_y)\sin\gamma_{xy}\left(\overline{CG}\,\overline{OG} - \overline{BG}\,\overline{CG}\right).$$

Setzen wir darin

$$\overline{OB}^2 - \overline{OG}^2 - \overline{BG}^2 = \overline{OC}^2 + \overline{BC}^2 - \overline{OG}^2 - \overline{BG}^2 = 2\overline{CG}^2$$

und weiter nach Division durch $2\overline{OC}\,\overline{BC}$

$$\frac{\overline{CG}}{\overline{BC}} = \frac{\overline{OG}}{\overline{OC}} = \sin\varphi, \qquad\qquad \frac{\overline{CG}}{\overline{OC}} = \frac{\overline{BG}}{\overline{BC}} = \cos\varphi,$$

so bekommen wir

$$\left.\begin{aligned}(1 + \varepsilon_{x'})(1 + \varepsilon_{y'})\sin\gamma_{x'y'} = [(1 + \varepsilon_y)^2 - (1 + \varepsilon_x)^2]\sin\varphi\cos\varphi + \\ + (1 + \varepsilon_x)(1 + \varepsilon_y)\sin\gamma_{xy}(\cos^2\varphi - \sin^2\varphi),\end{aligned}\right\} \quad (18\,\text{b})$$

$$\left.\begin{aligned}\gamma_{x'y'} = \arcsin\frac{1}{(1 + \varepsilon_{x'})(1 + \varepsilon_{y'})}\{[(1 + \varepsilon_y)^2 - (1 + \varepsilon_x)^2]\sin\varphi\cos\varphi + \\ + (1 + \varepsilon_x)(1 + \varepsilon_y)\sin\gamma_{xy}(\cos^2\varphi - \sin^2\varphi)\}.\end{aligned}\right\} \quad (19\,\text{b})$$

Der durch die beiden Gln. (19a, b) dargestellte Zusammenhang wird recht einfach, wenn wir uns auf den Bereich der klassischen Elastizitätslehre, also auf lineare Glieder der Verzerrungsgrößen beschränken. Dann wird nämlich aus (19a)

$$\varepsilon_{x'} = \sqrt{1 + 2\varepsilon_x\cos^2\varphi + 2\varepsilon_y\sin^2\varphi + 2\gamma_{xy}\sin\varphi\cos\varphi} - 1$$

und nach Entwicklung der Wurzel

$$\varepsilon_{x'} = \varepsilon_x\cos^2\varphi + \varepsilon_y\sin^2\varphi + 2\frac{\gamma_{xy}}{2}\sin\varphi\cos\varphi. \qquad (20\,\text{a})$$

Aus (19b) folgt

$$\frac{1}{2}\gamma_{x'y'} = -(\varepsilon_x - \varepsilon_y)\sin\varphi\cos\varphi + \frac{1}{2}\gamma_{xy}(\cos^2\varphi - \sin^2\varphi). \qquad (20\,\text{b})$$

Vergleichen wir die so erhaltenen Beziehungen (20) mit den Gln. (5), so erkennen wir, daß bei Beschränkung auf lineare Glieder die Dehnungen ε und Gleitungen γ den *Verzerrungstensor*

$$\mathfrak{T}_\varepsilon = \begin{pmatrix} \varepsilon_x & \frac{1}{2}\gamma_{xy} \\ \frac{1}{2}\gamma_{yx} & \varepsilon_y \end{pmatrix} \qquad (21)$$

bilden, wobei der Symmetrie halber in der Matrix außer γ_{xy} auch noch die gleich große Winkeländerung γ_{yx} eingeführt ist. Der Index ε bei $\mathfrak{T}$ soll nur den Unterschied gegenüber dem oben benutzten Spannungstensor zum Ausdruck bringen. Aus der Darstellung (21) folgt wieder sofort das bekannte Verhalten des Verzerrungszustandes kleiner Verschiebungen.

Andererseits ist aber aus den Gln. (19a, b) zu ersehen, daß es *in der exakten Theorie für die Größen ε und γ keinen Tensor mehr gibt*, sondern dafür ziemlich komplizierte Transformationsformeln gelten. Durch eine geringe Umformung von (18a, b) können wir jedoch neue Verzerrungsgrößen erhalten, die wieder einen Tensor bilden und für kleine Verschiebungen in die Größen ε und γ übergehen. In (18a) addieren wir auf beiden Seiten -1 und multiplizieren die ganze Gleichung mit $\frac{1}{2}$. Wir können dann schreiben

$$\frac{1}{2}\left[(1 + \varepsilon_{x'})^2 - 1\right] = \frac{1}{2}\left[(1 + \varepsilon_x)^2 - 1\right]\cos^2\varphi + \frac{1}{2}\left[(1 + \varepsilon_y)^2 - 1\right]\sin^2\varphi +$$

$$+ 2\,\frac{1}{2}\,(1 + \varepsilon_x)\,(1 + \varepsilon_y)\sin\gamma_{xy}\sin\varphi\cos\varphi$$

oder

$$\varepsilon_{x'}\left(1 + \frac{\varepsilon_{x'}}{2}\right) = \varepsilon_x\left(1 + \frac{\varepsilon_x}{2}\right)\cos^2\varphi + \varepsilon_y\left(1 + \frac{\varepsilon_y}{2}\right)\sin^2\varphi +$$

$$+ 2\,\frac{1}{2}\,(1 + \varepsilon_x)\,(1 + \varepsilon_y)\sin\gamma_{xy}\sin\varphi\cos\varphi.$$

Durch eine ähnliche Umformung bekommen wir aus (18b)

$$\frac{1}{2}\,(1 + \varepsilon_{x'})\,(1 + \varepsilon_{y'})\sin\gamma_{x'y'} = \left[\varepsilon_y\left(1 + \frac{\varepsilon_y}{2}\right) - \varepsilon_x\left(1 + \frac{\varepsilon_x}{2}\right)\right]\sin\varphi\cos\varphi +$$

$$+ \frac{1}{2}\,(1 + \varepsilon_x)\,(1 + \varepsilon_y)\sin\gamma_{xy}\,(\cos^2\varphi - \sin^2\varphi).$$

Wir können nun die Verzerrungsgrößen

$$e_x = \varepsilon_x\left(1 + \frac{\varepsilon_x}{2}\right), \quad e_y = \varepsilon_y\left(1 + \frac{\varepsilon_y}{2}\right) \left.\begin{array}{c} \\ \\ \end{array}\right\} \qquad (22\,\text{a, b, c})$$

$$g_{xy} = g_{yx} = (1 + \varepsilon_x)\,(1 + \varepsilon_y)\sin\gamma_{xy}$$

definieren und werden dann zu dem *Tensor*

$$\widetilde{\mathfrak{T}}_\varepsilon = \begin{pmatrix} e_x & \frac{1}{2}\,g_{xy} \\ \frac{1}{2}\,g_{yx} & e_y \end{pmatrix} \qquad (23)$$

geführt, der uns den Verzerrungszustand bei beliebig großen Formänderungen beschreibt. Von den sich daraus wieder ohne weiteres ergebenden Eigenschaften des Verzerrungszustandes verdient betont zu werden, daß — genau wie in der klassischen Elastizitätslehre — das vor der Verformung rechtwinklige Hauptachsenkreuz auch nach der Verformung noch rechtwinklig ist, weil dafür die Größen g

und damit nach (22c) auch die Winkeländerungen γ verschwinden. Für kleine Verschiebungen werden, wie verlangt, aus den Größen e und g wieder die ε und γ und der Tensor $\tilde{\mathfrak{T}}_\varepsilon$ wird mit $\mathfrak{T}_\varepsilon$ nach (21) identisch.

3. Elastizitätsgesetz

Nachdem wir die Gesetze festgelegt haben, denen Spannungs- und Verzerrungszustand folgen, müssen wir das beide Zustände verknüpfende Elastizitätsgesetz einführen. Das bedeutet eine neue, an sich willkürliche Definition, für die nur zwei Gesichtspunkte maßgebend sind: Das Gesetz soll erstens das Verhalten der in der Praxis benutzten Werkstoffe möglichst gut wiedergeben und zweitens eine möglichst einfache Rechnung liefern. Bei unseren Knickuntersuchungen an Stäben haben wir stets das HOOKEsche Gesetz in der Form $\sigma = E\varepsilon$ benutzt. Für die klassische Elastizitätslehre ist es unbedingt notwendig, Proportionalität zwischen Spannungen und Dehnungen anzunehmen, weil sonst der lineare Zusammenhang zwischen Kräften und Verformungen nicht mehr zustande käme. Bei Stabilitätsuntersuchungen, wo dieser lineare Zusammenhang sowieso nicht mehr vorhanden ist und nicht vorausgesetzt werden kann, würde es jedoch schon eher möglich sein, ein anderes Elastizitätsgesetz zu benutzen. *Jedenfalls bleiben alle bisher gewonnenen grundsätzlichen Erkenntnisse und Rechenmethoden auch für nichtlineare Elastizitätsgesetze erhalten.* Da das Spannungs-Dehnungsdiagramm vieler wichtiger Werkstoffe keine gerade Linie ist — man denke nur an Beton oder Leichtmetall —, würden wir zweifellos eine bessere Übereinstimmung mit der Praxis erreichen können, wenn wir ein allgemeineres Elastizitätsgesetz, etwa das sog. logarithmische Gesetz[1], verwenden würden. Ausschlaggebend ist jedoch in dieser Hinsicht der zweite der beiden oben angeführten Gesichtspunkte, nämlich die Forderung nach einer möglichst einfachen Rechnung. Gerade bei Stabilitätsproblemen, die gegenüber den Aufgaben der elementaren Festigkeitslehre erheblich komplizierter sind, hängt die praktische Lösungsmöglichkeit in den meisten Fällen davon ab, daß jede nicht unbedingt notwendige Erschwerung der Rechnung vermieden wird.

Für biegungsfeste Stäbe stellt nun zweifellos das Gesetz $\sigma = E\varepsilon$ den denkbar einfachsten, in Frage kommenden Ansatz dar. Bei den uns hier interessierenden Flächenträgern liegen jedoch die Dinge anders. Bei ihrer Untersuchung wollen wir uns auf isotrope Werkstoffe, die sich in allen Richtungen gleichartig verhalten, beschränken. Am zweckmäßigsten erinnern wir uns zunächst noch einmal an die Zusammenhänge in der klassischen Elastizitätslehre.

Wegen der angenommenen Isotropie müssen wir fordern, daß die Hauptachsen des Spannungs- und Verzerrungszustandes zusammenfallen und das aufzustellende Elastizitätsgesetz unabhängig von der Richtung der Achsen des gewählten Koordinatensystems x, y ist. Um dieses zu erreichen, gehen wir von den Hauptspannungen und Hauptdehnungen aus. Bezeichnen wir die ersteren mit σ_1 und σ_2, die letzteren mit ε_1 und ε_2 und schließlich noch die Querkontraktionsziffer mit μ, so lautet für die Richtungen der Hauptachsen das HOOKEsche Gesetz

$$\left.\begin{aligned}
\varepsilon_1 &= \frac{1}{E}\,(\sigma_1 - \mu\sigma_2),\\[2mm]
\varepsilon_2 &= \frac{1}{E}\,(\sigma_2 - \mu\sigma_1).
\end{aligned}\right\} \qquad (24\,\mathrm{a,\ b})$$

---

[1] Vgl. C. BIEZENO u. R. GRAMMEL: Technische Dynamik, Bd. I, 2. Aufl., Berlin/Göttingen/ Heidelberg 1953, S. 31.

Das sich hieraus für irgendeine Schnittrichtung ergebende Elastizitätsgesetz erhalten wir aus den Transformationsformeln (5). Da für die Hauptachsen Schubspannungen und Gleitungen verschwinden, wird

$$\left.\begin{aligned}
\sigma_x &= \sigma_1 \cos^2 \varphi + \sigma_2 \sin^2 \varphi, \\
\sigma_y &= \sigma_1 \sin^2 \varphi + \sigma_2 \cos^2 \varphi, \\
\tau_{xy} &= - (\sigma_1 - \sigma_2) \sin \varphi \cos \varphi,
\end{aligned}\right\} \qquad (25\,\text{a, b, c})$$

wobei wir also in (5) σ_x, σ_y durch σ_1, σ_2 und $\sigma_{x'}$, $\sigma_{y'}$, $\tau_{x'y'}$ durch σ_x, σ_y, τ_{xy} ersetzt haben und danach unter φ den Winkel verstehen müssen, um den die x-Achse gegenüber der Hauptachse mit der Spannung σ_1 in der durch Abb. 45 als positiv gekennzeichneten Richtung gedreht ist. Entsprechend bekommen wir aus dem Vergleich der Tensoren (10) und (21)

$$\left.\begin{aligned}
\varepsilon_x &= \varepsilon_1 \cos^2 \varphi + \varepsilon_2 \sin^2 \varphi, \\
\varepsilon_y &= \varepsilon_1 \sin^2 \varphi + \varepsilon_2 \cos^2 \varphi, \\
\tfrac{1}{2}\, \gamma_{xy} &= - (\varepsilon_1 - \varepsilon_2) \sin \varphi \cos \varphi.
\end{aligned}\right\} \qquad (26\,\text{a, b, c})$$

Setzen wir in (26 a) ε_1 und ε_2 nach (24 a, b) ein, so erhalten wir für ε_x

$$\varepsilon_x = \frac{1}{E} (\sigma_1 - \mu \sigma_2) \cos^2 \varphi + \frac{1}{E} (\sigma_2 - \mu \sigma_1) \sin^2 \varphi$$

$$= \frac{1}{E} (\sigma_1 \cos^2 \varphi + \sigma_2 \sin^2 \varphi) - \frac{\mu}{E} (\sigma_1 \sin^2 \varphi + \sigma_2 \cos^2 \varphi),$$

woraus nach (25 a, b)

$$\varepsilon_x = \frac{1}{E} (\sigma_x - \mu \sigma_y) \qquad (27\,\text{a})$$

folgt. Ganz entsprechend bekommen wir aus (26 b)

$$\varepsilon_y = \frac{1}{E} (\sigma_y - \mu \sigma_x) \qquad (27\,\text{b})$$

und für die Winkeländerung γ_{xy} aus (26 c)

$$\gamma_{xy} = - 2 \left[\frac{1}{E} (\sigma_1 - \mu \sigma_2) - \frac{1}{E} (\sigma_2 - \mu \sigma_1) \right] \sin \varphi \cos \varphi$$

$$= - 2 \frac{1 + \mu}{E} (\sigma_1 - \sigma_2) \sin \varphi \cos \varphi$$

$$= 2 \frac{1 + \mu}{E} \tau_{xy},$$

oder, wenn wir den Gleitmodul

$$G = \frac{E}{2\,(1 + \mu)} \qquad (28)$$

einführen,

$$\gamma_{xy} = \frac{1}{G} \tau_{xy}. \qquad (27\,\text{c})$$

Das so gewonnene Elastizitätsgesetz können wir auch nach den Spannungen auflösen und erhalten dann

$$
\left.
\begin{aligned}
\sigma_x &= \frac{E}{1-\mu^2}\,(\varepsilon_x + \mu\,\varepsilon_y),\\[1mm]
\sigma_y &= \frac{E}{1-\mu^2}\,(\varepsilon_y + \mu\,\varepsilon_x),\\[1mm]
\tau_{xy} &= G\gamma_{xy}.
\end{aligned}
\right\}
\qquad (29\,\mathrm{a,\ b,\ c})
$$

Aus der obigen Ableitung geht vor allem hervor, daß der Zusammenhang zwischen τ und γ nicht etwa unabhängig von (24) festgelegt werden kann, sondern sich zwangsläufig ergibt, wenn wir die Bedingung der Isotropie wahren wollen. Dasselbe müssen wir beachten, wenn wir nun zu großen Verzerrungen übergehen und müssen dementsprechend einen ähnlichen Weg wie oben einschlagen. Dabei könnten wir zunächst daran denken, auch hier dem HOOKEschen Gesetz entsprechend Spannungen und Dehnungen linear miteinander zu verknüpfen. Beachten wir jedoch die Kompliziertheit der Transformationsformeln (19), so ist sofort einzusehen, daß wir damit für eine beliebige Schnittrichtung keineswegs ein einfaches Gesetz bekommen würden. Wir werden also hier versuchen, das HOOKEsche Gesetz zu verlassen und lieber einen anderen Zusammenhang zwischen Spannungen und Dehnungen zu finden, der zu einer möglichst einfachen Rechnung führt.

Das ist nun leicht möglich, wenn wir zu den Spannungsgrößen s und t und den Verzerrungsgrößen e und g übergehen und diese in eine lineare Beziehung zueinander setzen. Analog zu den Ansätzen (27) und (29) erhalten wir dann

$$
\left.
\begin{aligned}
e_x &= \frac{1}{E}\,(s_x - \mu s_y),\\[1mm]
e_y &= \frac{1}{E}\,(s_y - \mu s_x),\\[1mm]
g_{xy} &= \frac{1}{G}\,t_{xy}
\end{aligned}
\right\}
\qquad (30\,\mathrm{a,\ b,\ c})
$$

und

$$
\left.
\begin{aligned}
s_x &= \frac{E}{1-\mu^2}\,(e_x + \mu e_y),\\[1mm]
s_y &= \frac{E}{1-\mu^2}\,(e_y + \mu e_x),\\[1mm]
t_{xy} &= G g_{xy}.
\end{aligned}
\right\}
\qquad (31\,\mathrm{a,\ b,\ c})
$$

Berücksichtigen wir nur lineare Glieder der Verschiebungen, so gehen (30) und (31) wieder in (27) und (29) über. Damit ist von vornherein gesichert, daß das neue Gesetz das wirkliche Verhalten der Werkstoffe im allgemeinen nicht schlechter beschreibt als das HOOKEsche Gesetz. Im übrigen erkennen wir das Wesen des Ansatzes (30), (31) am besten, wenn wir ihn für den Sonderfall eines eindimensionalen Problems anschreiben. Mit $s_y = 0$ wird aus (30a), wobei wir jetzt den Index x fortlassen können,

$$
s = E e
$$

und unter Benutzung von (14a) und (22a)

$$\frac{\sigma}{1+\varepsilon} = E\,\varepsilon\left(1 + \frac{\varepsilon}{2}\right),$$

$$\sigma = E\left(\varepsilon + \frac{3}{2}\,\varepsilon^2 + \frac{1}{2}\,\varepsilon^3\right). \tag{32}$$

Der Zusammenhang zwischen Spannung und Dehnung ist also jetzt durch eine Parabel dritten Grades gegeben. Es liegt nun natürlich nahe, der Einheitlichkeit halber auch bei Knickuntersuchungen an Stäben mit dem Gesetz (32) zu rechnen. Denn es ist etwas unbefriedigend, wenn der Sonderfall des eindimensionalen Problems in dem Ansatz für zweidimensionale Probleme nicht enthalten ist. Andererseits muß, wie schon betont wurde, im Interesse der praktischen Rechnung die Einfachheit der Formeln oberster Gesichtspunkt sein, so daß wir lieber den angedeuteten, nur vom Standpunkt der Theorie aus vorhandenen Schönheitsfehler in Kauf nehmen und für Stäbe beim HOOKEschen Gesetz $\sigma = E\,\varepsilon$ bleiben werden.

4. Formänderungsarbeit und Potential der inneren Kräfte

Die Zweckmäßigkeit der Anwendung der neu eingeführten Spannungs- und Verzerrungsgrößen zeigt sich nun noch ganz besonders, wenn wir die für die Energiemethode benötigte Formänderungsarbeit der inneren Kräfte bzw. das negative Potential dieser Kräfte berechnen. Bezeichnen wir mit $a_{i_{Vol}}$ die Formänderungsarbeit, die je Volumeneinheit geleistet wird, so gilt für die klassische Elastizitätslehre in bekannter Weise

$$a_{i_{Vol}} = -\int_0^{\varepsilon_x,\,\varepsilon_y,\,\gamma_{xy}} (\sigma_x\,d\varepsilon_x + \sigma_y\,d\varepsilon_y + \tau_{xy}\,d\gamma_{xy}), \tag{33}$$

und mit Benutzung von (29) unabhängig vom Integrationsweg

$$a_{i_{Vol}} = -\pi_{i_{Vol}} = -\frac{E}{2(1-\mu^2)} \times$$

$$\times \left(\varepsilon_x^2 + \varepsilon_y^2 + 2\mu\,\varepsilon_x\varepsilon_y + \frac{1-\mu}{2}\,\gamma_{xy}^2\right), \tag{34}$$

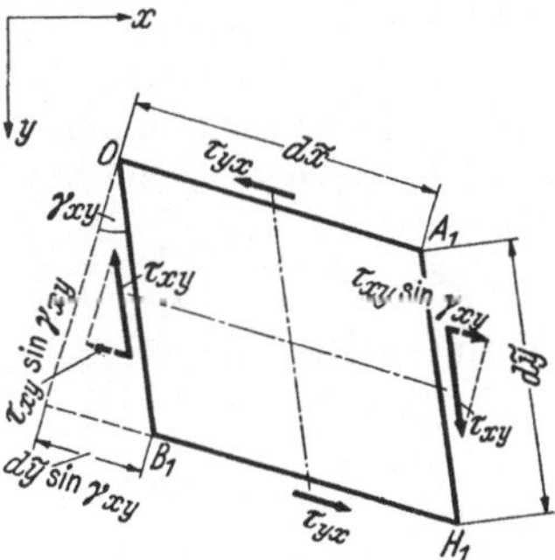

Abb. 50. Zur Berechnung der Arbeit der Schubspannungen am Element eines Flächenträgers.

wobei $\pi_{i_{Vol}}$ das Potential der inneren Kräfte je Volumeneinheit ist. Unsere Aufgabe besteht jetzt darin, die entsprechenden Ausdrücke auch für nicht mehr unendlich kleine Verformungen zu finden.

Recht einfach ist das für die Arbeit der Längsspannungen. Wenn wir beachten, daß nach Abb. 46 die Spannungen σ_x und σ_y am verzerrten Element so definiert sind, daß sie stets die Richtung der verformten Koordinatenlinien haben, so erkennen wir, daß die ersten beiden Glieder in (33) auch für große Verformungen ihre Gültigkeit behalten müssen. Schwieriger gestaltet sich jedoch die Berechnung der Schubarbeit. In Abb. 50 ist hier noch einmal ein Element im verzerrten Zustand mit den daran angreifenden Spannungen dargestellt. Danach berechnen wir die Arbeit der inneren Kräfte als negativen Wert der Arbeit der am Element wirkenden äußeren Kräfte. Denken wir uns die Kante OA_1 des Elementes festgehalten, so erkennen wir, daß die an der Kante $B_1 H_1$ angreifende Spannung τ_{yx}, die den Weg $d\tilde{y} \sin \gamma_{xy}$ zurückgelegt hat, je Volumeneinheit den Beitrag

$$- \frac{1}{dx\,dy} \int_0^{\varepsilon_x,\,\varepsilon_y,\,\gamma_{xy}} \tau_{yx}\, dx\, d(d\tilde{y}\sin\gamma_{xy}) = - \int_0^{\varepsilon_x,\,\varepsilon_y,\,\gamma_{xy}} \tau_{yx}\, d[(1+\varepsilon_y)\sin\gamma_{xy}]$$

zur inneren Arbeit liefert. Außerdem verursachen aber noch die Komponenten $\tau_{xy} \sin \gamma_{xy}$ der an den Kanten OB_1 und A_1H_1 wirkenden Schubspannungen wegen der Dehnung ε_x des Elementes den Beitrag $- \int_0^{\varepsilon_x,\,\varepsilon_y,\,\gamma_{xy}} \tau_{xy} \sin \gamma_{xy}\, d\varepsilon_x$. Insgesamt erhalten wir dann für die Arbeit der inneren Kräfte je Volumeneinheit, wenn wir noch nach (12) τ_{yx} durch τ_{xy} ausdrücken,

$$a_{iVol} = - \int_0^{\varepsilon_x,\,\varepsilon_y,\,\gamma_{xy}} \left\{ \sigma_x\, d\varepsilon_x + \sigma_y\, d\varepsilon_y + \tau_{xy}\left[\frac{1+\varepsilon_x}{1+\varepsilon_y}\, d\left((1+\varepsilon_y)\sin\gamma_{xy}\right) + \sin\gamma_{xy}\, d\varepsilon_x\right]\right\}.$$

Der in der eckigen Klammer stehende Ausdruck kann dabei noch etwas zusammengefaßt werden. Wir können schreiben

$$a_{iVol} = - \int_0^{\varepsilon_x,\,\varepsilon_y,\,\gamma_{xy}} \left\{ \sigma_x\, d\varepsilon_x + \sigma_y\, d\varepsilon_y + \frac{\tau_{xy}}{1+\varepsilon_y}\, d[(1+\varepsilon_x)(1+\varepsilon_y)\sin\gamma_{xy}]\right\}, \tag{35}$$

womit wir die endgültige Beziehung für die Formänderungsarbeit, ausgedrückt durch die Spannungen, Dehnungen und die Gleitung, gefunden haben.

Dieser noch verhältnismäßig komplizierte Ausdruck nimmt eine sehr einfache Form an, wenn wir zu den Spannungsgrößen s und t und den Verzerrungsgrößen e und g übergehen. Beachten wir, daß nach (22a, b)

$$de_x = (1+\varepsilon_x)\, d\varepsilon_x, \qquad de_y = (1+\varepsilon_y)\, d\varepsilon_y$$

ist, so erhalten wir nämlich mit (14) und (22)

$$a_{iVol} = - \int_0^{\varepsilon_x,\,\varepsilon_y,\,\gamma_{xy}} (s_x\, de_x + s_y\, de_y + t_{xy}\, dg_{xy}). \tag{36}$$

Wir bekommen also einen Ausdruck, der genau der Beziehung (33) entspricht. Mit Benutzung des Elastizitätsgesetzes (31) wird dementsprechend analog zu (34)

$$a_{iVol} = -\pi_{iVol} = - \frac{E}{2(1-\mu^2)} \left(e_x^2 + e_y^2 + 2\mu e_x e_y + \frac{1-\mu}{2}\, g_{xy}^2\right). \tag{37}$$

5. Temperaturänderungen

Die bisherigen Ausführungen über den Spannungs- und Verzerrungszustand von Flächenträgern sind noch hinsichtlich der Berücksichtigung von Temperaturwirkungen zu ergänzen. Hierbei handelt es sich in erster Linie wieder um die Klärung des Unterschiedes zwischen adiabatischen und isothermen Verformungsvorgängen. Durch eine Untersuchung, die ganz ähnlich derjenigen verläuft, die wir in Abschnitt II, C, 1 beim biegungsfesten Stab angestellt haben, können wir uns auch hier davon überzeugen, daß das Elastizitätsgesetz (30) bzw. (31) nicht nur für adiabatische Änderungen gilt; es kann vielmehr mit zahlenmäßig etwas anderen

Elastizitätskonstanten im Rahmen unserer Näherung auch für isotherme Vorgänge benutzt werden, wobei so zu rechnen ist, als ob die Verformung gleichzeitig isotherm und adiabatisch verläuft. Wir wollen den Nachweis hierfür im einzelnen nicht ausführen, da er nichts wesentlich Neues bietet, sondern ihn einfach dadurch umgehen, daß wir von vornherein einen Werkstoff voraussetzen, der sich zugleich isotherm und adiabatisch verformen kann.

Zur Aufstellung des Elastizitätsgesetzes bei Temperaturänderungen gehen wir wieder von der Forderung aus, daß dieses Gesetz möglichst einfach sein soll, und erweitern dementsprechend den Ansatz (30) in folgender Weise

$$\left.\begin{aligned}
e_x &= \frac{1}{E}\,(s_x - \mu s_y) + \alpha_t t, \\
e_y &= \frac{1}{E}\,(s_y - \mu s_x) + \alpha_t t, \\
g_{xy} &= \frac{1}{G}\,t_{xy}.
\end{aligned}\right\} \qquad (38\,\mathrm{a{-}c})$$

α_t bedeutet dabei wieder den Temperaturausdehnungskoeffizienten und t die Temperaturänderung gegenüber dem Ausgangszustand. Nach (38) treten durch Temperaturwirkungen nur Verzerrungen e, aber keine Verzerrungen g und damit auch — wie es sein muß — keine Winkeländerungen γ auf.

Für viele Untersuchungen, insbesondere für die Verwendung der Energiemethoden, ist es wieder von Vorteil, die Wirkung der Temperaturänderungen durch eine innere Temperaturbelastung zu erfassen. Wir führen dazu die Belastungen p_{t_x} und p_{t_y} ein, deren Richtung in Abb. 51a für eine Winkeländerung

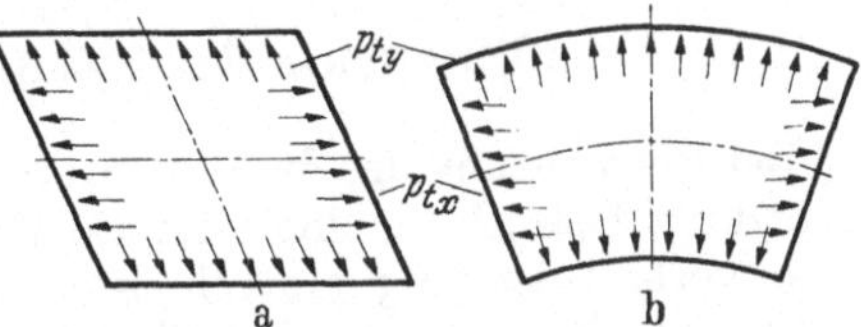

Abb. 51a u. b. Innere Temperaturbelastung eines Flächenträgerelementes bei Winkeländerungen und Krümmungen.

und in Abb. 51b für eine Krümmung des Elementes angegeben ist. Die Größen von p_{t_x} und p_{t_y}, die nicht etwa einfach einander gleich gesetzt werden können, folgen aus der Bedingung, daß sie die Verzerrungsgrößen $e_{t_x} = e_{t_y} = \alpha_t t$ und damit nach (31) die Spannungsgrößen

$$s_{i_x} = s_{i_y} = \frac{E}{1 - \mu}\,\alpha_t t \qquad (39)$$

hervorrufen sollen. Der Index i soll dabei nur, wie in Abschnitt II, C, 2, wieder den Unterschied zwischen inneren und äußeren Kräften kennzeichnen. Wir wollen noch festlegen, daß p_{t_x} und p_{t_y} Kräfte je Einheit der unverzerrten Seitenflächen des Elementes sind. Sie erzeugen dann innere Spannungen gleicher Größe, und es wird nach (14a, b)

$$s_{i_x} = \frac{p_{t_x}}{1 + \varepsilon_x}, \qquad s_{i_y} = \frac{p_{t_y}}{1 + \varepsilon_y}.$$

Daraus erhalten wir mit (39)

$$\left.\begin{aligned}
p_{t_x} &= \frac{E}{1 - \mu}\,\alpha_t t\,(1 + \varepsilon_x), \\
p_{t_y} &= \frac{E}{1 - \mu}\,\alpha_t t\,(1 + \varepsilon_y).
\end{aligned}\right\} \qquad (40\,\mathrm{a, b})$$

Die Temperaturbelastungen sind also in beiden Achsrichtungen tatsächlich verschieden groß.

Für die Anwendung von Energiemethoden ist noch wichtig, daß sich die p_t aus einem Potential ableiten lassen, das je Volumeneinheit die Größe

$$\left.\begin{aligned} \pi_{t\,Vol} &= -\frac{E}{1-\mu}\,\alpha_t t\left[\varepsilon_x\left(1+\frac{\varepsilon_x}{2}\right)+\varepsilon_y\left(1+\frac{\varepsilon_y}{2}\right)\right]\\ &= -\frac{E}{1-\mu}\,\alpha_t t\,(e_x+e_y) \end{aligned}\right\} \tag{41}$$

hat, wie man leicht bestätigt. Für den Verzerrungszustand ist in der klassischen Elastizitätslehre bekannt, daß die Summe $\varepsilon_x + \varepsilon_y$ der Dehnungen bei einer Drehung des Koordinatensystems invariant ist. Hier ist dementsprechend $e_x + e_y$ eine Invariante des Tensors (23). In dieser Hinsicht ist also π_t unabhängig von der Wahl des Koordinatensystems, was nach dem Ansatz (38) anschaulich zweifellos einleuchtend ist.

Zum Abschluß unserer allgemeinen Untersuchungen am zweidimensionalen Kontinuum sei noch darauf hingewiesen, daß es bei Flächenträgern in vielen Fällen zweckmäßig ist, die Spannungen und auch die Belastungen p_t durch Integration über die Wanddicke in üblicher Weise zu Kräften und Momenten zusammenzufassen. Im einzelnen sei jedoch hierauf erst weiter unten bei Lösung bestimmter Aufgaben eingegangen.

C. Dreidimensionaler Spannungs- und Verzerrungszustand

Bei Betrachtung des dreidimensionalen elastischen Kontinuums wollen wir uns recht kurz fassen[1], da einerseits die Verallgemeinerung unserer bisherigen Ergebnisse verhältnismäßig einfach ist und andererseits diese Ansätze wegen der großen mathematischen Schwierigkeiten, die bei der Lösung dreidimensionaler Probleme auftreten, vorerst noch wenig praktische Bedeutung haben.

Den Spannungs- und Verzerrungszustand beschreiben wir jetzt durch die beiden Tensoren [vgl. (15) und (23)]

$$\tilde{\tilde{\mathfrak{T}}}_\sigma = \begin{pmatrix} s_x & t_{xy} & t_{xz}\\ t_{yx} & s_y & t_{yz}\\ t_{zx} & t_{zy} & s_z \end{pmatrix}, \quad \tilde{\tilde{\mathfrak{T}}}_\varepsilon = \begin{pmatrix} e_x & \frac{1}{2}g_{xy} & \frac{1}{2}g_{xz}\\ \frac{1}{2}g_{yx} & e_y & \frac{1}{2}g_{yz}\\ \frac{1}{2}g_{zx} & \frac{1}{2}g_{zy} & e_z \end{pmatrix}.$$

Dabei ist entsprechend (14) und (22)

$$s_x = \frac{\sigma_x}{1+\varepsilon_x}, \quad t_{xy} = \frac{\tau_{xy}}{1+\varepsilon_y}, \quad t_{xz} = \frac{\tau_{xz}}{1+\varepsilon_z},$$

$$t_{yx} = \frac{\tau_{yx}}{1+\varepsilon_x}, \quad s_y = \frac{\sigma_y}{1+\varepsilon_y}, \quad t_{yz} = \frac{\tau_{yz}}{1+\varepsilon_z},$$

$$t_{zx} = \frac{\tau_{zx}}{1+\varepsilon_x}, \quad t_{zy} = \frac{\tau_{zy}}{1+\varepsilon_y}, \quad s_z = \frac{\sigma_z}{1+\varepsilon_z};$$

$$e_x = \varepsilon_x\left(1+\frac{\varepsilon_x}{2}\right), \quad e_y = \varepsilon_y\left(1+\frac{\varepsilon_y}{2}\right), \quad e_z = \varepsilon_z\left(1+\frac{\varepsilon_z}{2}\right),$$

$$g_{xy} = g_{yx} = (1+\varepsilon_x)(1+\varepsilon_y)\sin\gamma_{xy},$$

$$g_{yz} = g_{zy} = (1+\varepsilon_y)(1+\varepsilon_z)\sin\gamma_{yz},$$

$$g_{zx} = g_{xz} = (1+\varepsilon_z)(1+\varepsilon_x)\sin\gamma_{zx}.$$

---

[1] Zur ausführlichen Ableitung der im folgenden angeführten Formeln vgl. R. Kappus: Z. angew. Math. Mech. 19 (1939) 278.

Aus den Tensorkomponenten können wieder in einfacher Weise die Transformationsformeln für den Spannungs- und Verzerrungszustand abgeleitet werden. Zum Beispiel ergibt sich für den Spannungszustand mit den Bezeichnungsänderungen $s_x = s_{11}$, $t_{xy} = t_{12}$ usw. die (9) entsprechende Formel

$$s'_{hk} = a_{ih} a_{jk} s_{ij} .$$

Die Indizes müssen jetzt natürlich die Zahlen 1, 2, 3 durchlaufen.

Das Elastizitätsgesetz lautet, gleich unter Berücksichtigung der Temperaturglieder,

$$e_x = \frac{1}{E} \left(s_x - \mu s_y - \mu s_z \right) + \alpha_t t,$$

$$e_y = \frac{1}{E} \left(s_y - \mu s_z - \mu s_x \right) + \alpha_t t,$$

$$e_z = \frac{1}{E} \left(s_z - \mu s_x - \mu s_y \right) + \alpha_t t,$$

$$g_{xy} = \frac{1}{G} t_{xy}, \qquad g_{yz} = \frac{1}{G} t_{yz}, \qquad g_{zx} = \frac{1}{G} t_{zx} .$$

Will man an Stelle der Temperaturglieder eine Temperaturbelastung verwenden, so gilt für diese

$$p_{t_x} = \frac{E}{1 - 2\mu} \alpha_t t (1 + \varepsilon_x),$$

$$p_{t_y} = \frac{E}{1 - 2\mu} \alpha_t t (1 + \varepsilon_y),$$

$$p_{t_z} = \frac{E}{1 - 2\mu} \alpha_t t (1 + \varepsilon_z)$$

mit dem Potential

$$\pi_t = - \frac{E}{1 - 2\mu} \alpha_t t (e_x + e_y + e_z)$$

je Volumeneinheit des Körpers.

D. Zusammenfassung von Abschnitt IV

In Erweiterung unserer Untersuchungen an biegungsfesten Stäben haben wir die Behandlung von Flächenträgern, d. h. von Platten und Schalen, vorbereitet. Es ergab sich dabei die Notwendigkeit, die Begriffe der Spannungen am verformten Element neu zu definieren. Spannungen sollten die auf die unverzerrten Flächen bezogenen Kräfte sein. Im übrigen unterschieden wir zwischen Längs- (nicht Normal-) und Schubspannungen, die durch eine schiefwinklige Zerlegung der Spannungsvektoren zustande kamen. Für die Schubspannungen erwies sich dabei der Satz von der Gleichheit der einander zugeordneten Spannungen als ungültig. Auch sonst mußten wir feststellen, daß nicht nur die Spannungen, sondern auch die Dehnungen und Gleitungen erheblich komplizierteren Gesetzen folgten, als wir es aus der klassischen Elastizitätslehre gewohnt waren. Dieses zeigte sich in den Transformationsformeln, die bei Drehung des Koordinatensystems anzuwenden waren. Es war jetzt nicht mehr möglich, wie früher einerseits die Spannungen, andererseits die Dehnungen und Winkeländerungen als

Komponenten eines Tensors aufzufassen. Eine Rückkehr zu entsprechend einfachen Gesetzen wie in der Theorie kleiner Verschiebungen konnten wir jedoch dadurch erreichen, daß wir neue Spannungs- und Verzerrungsgrößen einführten, für die der Tensorcharakter wieder vorhanden war. Dieses war vor allem für die Aufstellung des Elastizitätsgesetzes von Wichtigkeit. Es wurden hierbei die neuen Größen linear miteinander verknüpft, was andererseits bedeutete, daß Spannungen und Dehnungen abweichend vom HOOKEschen Gesetz nicht mehr zueinander in linearer Beziehung standen.

Die Erfassung der Temperaturänderungen geschah in ganz ähnlicher Weise wie beim biegungsfesten Stab. Es erwies sich wieder als zweckmäßig, eine innere Temperaturbelastung einzuführen, die sich hier für beide Koordinatenrichtungen verschieden groß ergab.

Zum Schluß befaßten wir uns mit dem dreidimensionalen elastischen Kontinuum, wobei wir uns jedoch auf die Angabe der in Betracht kommenden Formeln beschränkten, die durch eine einfache Erweiterung der Ansätze für Flächenträger zustande kamen.

Abschnitt V

Klassische Näherung für Stabilitätsprobleme

Übersicht über Abschnitt V: Es wird die „klassische" Näherung besprochen, mit der man sich bei der Lösung von Verzweigungsproblemen häufig begnügen kann. Wegen seiner praktischen Bedeutung wird dieses Verfahren nicht nur wieder beim gewöhnlichen Knickstab, sondern auch bei einem Stab mit elastischer Mittelstütze und bei einem Rahmen, ferner bei den Beulproblemen einer Rechteckplatte und einer Zylinderschale betrachtet. Das letztere ist um so wichtiger, als gerade bei Beuluntersuchungen an Flächenträgern einige grundsätzliche Schwierigkeiten auftreten, die sich bei Stäben nicht finden. In allen Fällen wird sowohl die Anwendung der Gleichgewichtsmethode als auch die der Energiemethode gezeigt.

A. Erläuterung des Verfahrens am Knickstab

1. Grundgedanke

Die Untersuchung des beiderseitig gelenkig gelagerten Knickstabes konstanten Querschnitts hat zur Genüge gezeigt, daß selbst bei diesem an sich einfachen Problem die exakte Lösung schon allerhand Schwierigkeiten bereitet. Dabei ist der gewöhnliche Knickstab so ziemlich das einzige Stabilitätsproblem von größerer praktischer Bedeutung, bei dem überhaupt eine derartige exakte Lösung mit ertragbarem Aufwand durchführbar ist. Glücklicherweise läßt sich aber nun ein geeignetes Näherungsverfahren aufstellen. Dieses ist zwar, wie wir in Abschnitt VI sehen werden, nicht für Durchschlagprobleme, sondern *nur für Verzweigungsprobleme brauchbar* und liefert auch dafür in nicht wenigen Fällen unrichtige Ergebnisse; häufig ermöglicht es jedoch, die praktisch wichtigen Fragen bei ganz erheblicher Vereinfachung der Rechnung mit ausreichender Genauigkeit zu beantworten.

Den Grundgedanken dieses „klassischen" Näherungsverfahrens können wir uns am besten klarmachen, wenn wir uns an das für ein Verzweigungsproblem charakteristische Kraft-Verformungsdiagramm von Abb. 16 erinnern, das in

Abb. 52 noch einmal durch die ausgezogene Kurve dargestellt ist. Die nach dem Ausknicken auftretenden Verformungen sind schon bei einer geringen Steigerung der Belastung über den kritischen Wert sehr groß, so daß wir die Tragfähigkeit des Stabes mit dem Ausknicken im wesentlichen als erschöpft ansehen müssen. Andererseits ist die Zusammendrückung des Stabes bis zum Ausknicken klein und hat nach Abschnitt I, B, 3, g auf die Höhe der kritischen Last kaum einen Einfluß. Es liegt infolgedessen nahe, zur Vereinfachung

1. *die Lösung eines Stabilitätsproblems auf die Ermittlung der kritischen Last zu beschränken* und dabei

2. *die Verformungen des Grundzustandes zu vernachlässigen.*

Bei der ersten dieser beiden Vereinfachungen wird vorausgesetzt, daß die nach Überschreitung des kritischen Wertes noch möglichen Laststeigerungen unerheblich sind und die genaue Kurve durch ihre Tangente im kritischen Punkt ersetzt werden kann. Die zweite Vereinfachung hat zur Folge, daß die für den nicht ausgeknickten Stab gültige Kurve jetzt mit der P-Achse zusammenfällt und die kritische Last einen etwas anderen — beim Knickstab kleineren — Wert als vorher annimmt. Wir erhalten also den in Abb. 52 dargestellten Unterschied zwischen exakter Kurve und Näherung.

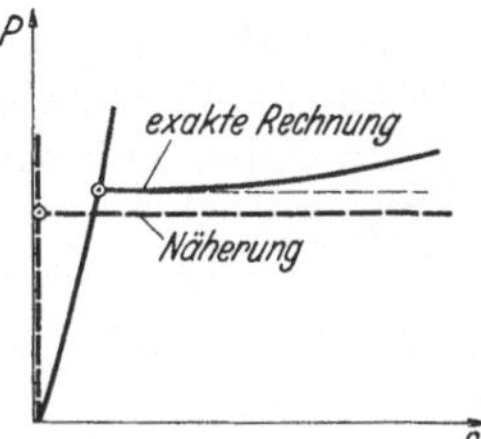

Abb. 52.
Unterschied zwischen exakter Rechnung und Näherung beim Kraft-Verformungsdiagramm.

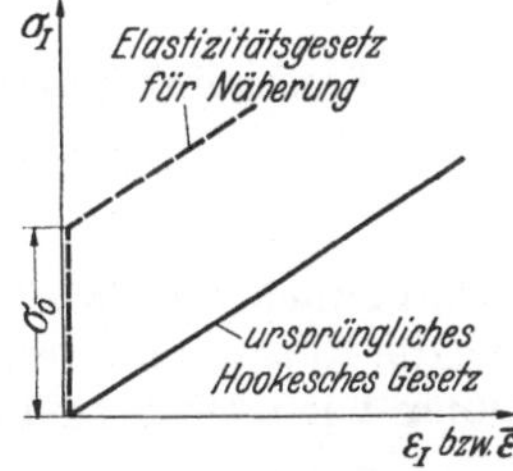

Abb. 53.
Unterschied zwischen HOOKEschem Gesetz und dem Elastizitätsgesetz für die Näherung.

Die erste vereinfachende Annahme schränkt nur den Umfang der durchzuführenden Untersuchungen ein, ändert aber im übrigen nichts an der Rechnung selbst, die so bleibt, wie wir sie in Abschnitt III, A für die Ermittlung der indifferenten Gleichgewichtslagen kennengelernt haben. Die zweite Annahme bedingt jedoch auch eine Änderung des Rechnungsganges insofern, als jetzt statt des HOOKEschen Gesetzes ein *neues Elastizitätsgesetz* benutzt wird. Denn die Vernachlässigung der Verformungen des Grundzustandes verlangt ja, daß bis zum indifferenten Gleichgewichtszustand das System als völlig starr anzusehen ist und dann erst Formänderungen auftreten. Nach Abb. 53 müssen wir also den Zusammenhang zwischen Spannung und Dehnung im Nachbarzustand jetzt in der Form

$$\left.\begin{aligned} \sigma_I &= \sigma_0 + E\bar\varepsilon, \\ \bar\sigma &= E\bar\varepsilon \end{aligned}\right\} \qquad (1\,a,\,b)$$

schreiben. Das bedeutet aber nicht nur, daß sich nun etwas andere Verformungen als früher ergeben, sondern es bedeutet im allgemeinen auch einen Widerspruch zur Homogenität des Werkstoffes des Stabes. Wir brauchen nur einen längs der Stabachse veränderlichen Querschnitt und damit ein veränderliches σ_0 vorauszusetzen, um ein Gesetz zu erhalten, das genau genommen die Bedingung der Homogenität verletzt. Bei Platten und Schalen ergeben sich, wie wir unten sehen werden, noch einige weitere Widersprüche. Trotzdem liefert das angedeutete Näherungsverfahren häufig brauchbare Ergebnisse.

2. Gleichgewichtsmethode

Bei der Anwendung des Näherungsverfahrens ist es natürlich wesentlich, daß man die Vereinfachungen nicht erst in den Endformeln, sondern schon möglichst frühzeitig im Ansatz berücksichtigt, um sich die Berechnung unnötiger Glieder zu ersparen. Zur Ermittlung indifferenter Gleichgewichtslagen sind, wie wir gesehen haben, in den Gleichgewichtsbedingungen nur lineare Glieder der Variationen $\bar{\varepsilon}$ und $\bar{\varphi}$ beizubehalten. Wenn wir nun die Verformungen des Grundzustandes, die in der exakten Rechnung auch exakt berücksichtigt werden mußten, gleich Null setzen dürfen, so folgt, daß *in den Gleichgewichtsbedingungen überhaupt nur lineare Glieder der Verformungen mitgenommen zu werden brauchen.* Wenn auch diese Vereinfachung beim Knickstab wenig ausmacht, so ist sie doch bei komplizierteren Stabilitätsproblemen sehr wesentlich.

Beim Knickstab wird aus I, (16a, c) für den Nachbarzustand mit $\cos \varphi_I = 1$ und $w_I = \bar{w}$

$$N_I + P_0 = 0,$$
$$M_I - P_0 \bar{w} = 0$$

und nach Einführung des Grundzustandes $N_0 = -P_0$, $M_0 = 0$

$$\left. \begin{aligned} \overline{N} &= 0, \\ \overline{M} - P_0 \bar{w} &= 0. \end{aligned} \right\} \tag{2a, b}$$

Das Elastizitätsgesetz für die Schnittgrößen muß, wie aus (1) folgt, jetzt lauten

$$\overline{N} = EF\bar{\varepsilon}, \qquad \overline{M} = -EI\bar{\varphi}'. \tag{3a, b}$$

Darin können wir jedoch auch die rechtwinkligen Koordinaten u und w einführen, ohne die Rechnung zu erschweren. Da es nämlich nur auf lineare Glieder ankommt, können wir nach I, (12) und I, (13) $\bar{\varepsilon} = \bar{u}'$, $\bar{\varphi}' = \bar{w}''$ setzen und erhalten

$$\overline{N} = EF\bar{u}', \qquad \overline{M} = -EI\bar{w}''. \tag{4a, b}$$

Wir bekommen also als Elastizitätsgesetz für die quergestrichenen Größen dieselben Beziehungen wie in der klassischen Elastizitätslehre für die gesamten Kräfte und Verformungen. Wir wollen uns nun dafür entscheiden, im folgenden stets die Verformungsgrößen u und w zu benutzen, da einerseits die bei der exakten Berechnung des Knickstabes vorhandene Zweckmäßigkeit der Verwendung von ε und φ jetzt keine Rolle mehr spielt und andererseits rechtwinklige Koordinaten bei Stabilitätsproblemen allgemeinerer Art häufig am geeignetsten sind.

Setzen wir (4) in (2) ein, so folgt

$$\left. \begin{aligned} \bar{u}' &= 0, \\ EI\bar{w}'' + P_0 \bar{w} &= 0. \end{aligned} \right\} \tag{5a, b}$$

Nach (5a) verschwindet wieder genau wie in der exakten Rechnung die spezielle δ-Variation der Dehnung des Grundzustandes, während die Differentialgleichung (5b) entsprechend der Lösung von III, (12) durch den Ansatz

$$\bar{w} = A \cos \nu x + B \sin \nu x$$

integriert werden kann. Unter Beachtung der Randbedingungen wird $A = 0$ und

$$\nu = \sqrt{\frac{P_0}{EI}} = n \frac{\pi}{l}$$

in Übereinstimmung mit I, (26), wenn wir dort die Verformung ε_0 des Grundzustandes vernachlässigen.

3. Energiemethode

Für das Prinzip der virtuellen Verrückungen erhalten wir aus III, (17) mit $\varepsilon_I = \bar\varepsilon$, $\varphi_I = \bar\varphi$, $N_I = N_0 + \bar N$, $M_I = \bar M$

$$-\int_0^l (N_0\,\delta\bar\varepsilon + \bar N\,\delta\bar\varepsilon - \bar M\,\delta\bar\varphi')\,dx + P_0\,\delta\bar f = 0. \tag{6}$$

Wenn wir darin die Variationen von $\bar\varepsilon$, $\bar\varphi$ und $\bar f$ durch $\bar u$ und $\bar w$ ausdrücken wollen, so können wir dabei schon wieder von unseren vereinfachenden Annahmen Gebrauch machen. Denn im Endergebnis brauchen in der aufzustellenden Gleichung *höchstens solche Glieder beibehalten zu werden, die in den quergestrichenen Größen der Größenordnung nach quadratisch sind.* In dem ersten Glied des Integranden von (6) genügt es dazu, wenn wir $\bar\varepsilon$ bis auf quadratische Glieder von $\bar u$ und $\bar w$ berechnen, also nach I, (12) nach Entwicklung der Wurzel

$$\bar\varepsilon = \bar u' + \frac{1}{2}\,\bar w'^2 \tag{7}$$

setzen. Es wird nämlich dann

$$\delta\bar\varepsilon = \delta\bar u' + \bar w'\,\delta\bar w'.$$

In den Gliedern $\bar N\,\delta\bar\varepsilon$ und $-\bar M\,\delta\bar\varphi'$ dürfen wir $\delta\bar\varepsilon = \delta\bar u'$ und $\delta\bar\varphi' = \delta\bar w''$ einführen. $\bar f$ wäre wieder bis auf quadratische Glieder zu berechnen; hier besteht jedoch der exakte Wert nur aus einem linearen Glied. Es ist

$$\bar f = -\int_0^l \bar u'\,dx, \qquad \delta\bar f = -\int_0^l \delta\bar u'\,dx.$$

$\bar f$ läßt sich damit — im Gegensatz zur Beziehung (7) für $\bar\varepsilon$ — durch die rechtwinkligen Koordinaten etwas einfacher ausdrücken als durch $\bar\varepsilon$ und $\bar\varphi$, bei deren Verwendung wir zufolge $\bar u' = (1 + \bar\varepsilon)\cos\bar\varphi - 1$ unter Beibehaltung quadratischer Glieder

$$\bar f = -\int_0^l \left(\bar\varepsilon - \frac{1}{2}\,\bar\varphi^2\right) dx \tag{8}$$

setzen müßten. Wir bekommen also aus (6)

$$-\int_0^l (N_0\,\delta\bar u' + P_0\,\delta\bar u')\,dx - \int_0^l (N_0\bar w'\,\delta\bar w' + \bar N\,\delta\bar u' - \bar M\,\delta\bar w'')\,dx = 0.$$

Setzen wir $N_0 = -P_0$, so verschwindet das erste Integral, während das zweite

$$-\int_0^l (\bar N\,\delta\bar u' - \bar M\,\delta\bar w'' - P_0\bar w'\,\delta\bar w')\,dx = 0 \tag{9}$$

die gesuchte Beziehung $\bar A_i^* + \bar A_a^* = 0$ des Prinzips der virtuellen Verrückungen darstellt. Aus (9) folgen sofort die Gleichgewichtsbedingungen (2), wenn wir beachten, daß wegen der Randbedingungen des Stabes $\int_0^l \bar M\,\delta\bar w''\,dx = -\int_0^l \bar M'\,\delta\bar w'\,dx$ ist.

7*

Es sei nun das *Prinzip vom stationären Wert der potentiellen Energie* betrachtet. In Abschnitt II, B, 2 u. 4 haben wir gesehen, daß zur Ermittlung der potentiellen Energie der inneren Kräfte das Elastizitätsgesetz zwischen Schnittgrößen und Verformungen benötigt wird. Da wir jetzt ein anderes Elastizitätsgesetz als früher benutzen, dürfen wir nicht etwa ohne weiteres von der Formel II, (31) bzw. III, (25) ausgehen, sondern müssen die Berechnung der ersten und zweiten Variation von Π_0 von vorn durchführen. Diese Rechnung wird jedoch erheblich einfacher als früher, da die exakte Berücksichtigung der Verformungen des Grundzustandes fortfällt und infolgedessen *Verformungsgrößen in jedem Fall nur noch bis auf quadratische Glieder berechnet zu werden brauchen.*

Für die potentielle Energie der inneren Kräfte des Nachbarzustandes erhalten wir nach II, (2)

$$\Pi_{I_i} = -A_{I_i} = \int\limits_0^l \int\limits_0^{\bar\varepsilon,\bar\varphi'} (N_I \, d\bar\varepsilon - M_I \, d\bar\varphi') \, dx .$$

Setzen wir hierin $N_I = N_0 + \overline{N}$, $M_I = \overline{M}$ und führen das neue Elastizitätsgesetz (3) ein, so wird unabhängig vom Integrationsweg

$$\Pi_{I_i} = \int\limits_0^l \left(N_0 \bar\varepsilon + \frac{1}{2} E F \bar\varepsilon^2 + \frac{1}{2} E I \bar\varphi'^2 \right) dx . \tag{10}$$

Bei Einführung der rechtwinkligen Koordinaten muß in dem ersten Glied des Integranden $\bar\varepsilon$ nach (7) ausgedrückt werden, während in den beiden anderen Gliedern $\bar\varepsilon = \bar{u}'$ und $\bar\varphi' = \bar{w}''$ gesetzt werden kann. Wir bekommen also

$$\Pi_{I_i} = \int\limits_0^l \left[N_0 \left(\bar{u}' + \frac{1}{2} \bar{w}'^2 \right) + \frac{1}{2} E F \bar{u}'^2 + \frac{1}{2} E I \bar{w}''^2 \right] dx . \tag{11}$$

Da die Verformungen des Grundzustandes gleich Null sein sollen, ist auch das Potential des Grundzustandes gleich Null. Es ist folglich $\Pi_{I_i} = \overline{\delta} \Pi_{0_i} + \frac{1}{2} \overline{\delta}^2 \Pi_{0_i}$, also gleich der speziellen ersten und $\left(\text{mit } \dfrac{1}{2} \text{ multiplizierten}\right)$ zweiten Variation der Energie des Grundzustandes oder, anders ausgedrückt, gleich den linearen und quadratischen Gliedern der negativen Arbeit, die von den inneren Kräften bei der Variation des Grundzustandes geleistet wird. Danach läßt sich in (10) und (11) die Bedeutung der einzelnen Ausdrücke noch einmal leicht übersehen. Das Glied mit N_0 ist die Arbeit der Schnittgrößen des Grundzustandes und einfach gleich dem Produkt aus Kraft und Weg, da die Kräfte bei der Variation von Anfang an in voller Größe wirken. Die beiden anderen Glieder rühren von der Arbeit der Größen $\overline{N}$ und $\overline{M}$ her und stimmen bis auf den Querstrich mit den bekannten Ausdrücken der klassischen Elastizitätslehre überein, die nach dem Clapeyronschen Satz gleich dem halben Produkt aus Kraft und Weg sind.

Für das Potential der äußeren Kräfte gilt

$$\Pi_{I_a} = -P_0 \bar{f} = P_0 \int\limits_0^l \bar{u}' \, dx ,$$

wobei $\bar{f}$ bis auf quadratische Glieder zu berechnen wäre, wenn nicht schon das lineare Glied zufällig den genauen Wert darstellen würde. Wir bekommen nun insgesamt

$$\varPi_I = \varPi_{I_i} + \varPi_{I_a} = \bar\delta \varPi_0 + \frac{1}{2}\,\bar\delta^2 \varPi_0$$

$$= \int\limits_0^l (N_0 \bar u' + P_0 \bar u')\, dx + \int\limits_0^l \left(N_0\,\frac{1}{2}\,\overline{w}'^2 + \frac{1}{2}\,EF\bar u'^2 + \frac{1}{2}\,EI\overline{w}''^2\right) dx. \tag{12}$$

Setzen wir $N_0 = -P_0$, so verschwindet das erste Integral als spezielle erste Variation der potentiellen Energie des Grundzustandes — was bei komplizierteren Problemen eine erwünschte Rechenkontrolle ist — während das zweite Integral die gesuchte zweite Variation

$$\bar\delta^2 \varPi_0 = \int\limits_0^l (EF\bar u'^2 + EI\overline{w}''^2 - P_0\overline{w}'^2)\, dx \tag{13}$$

liefert.

Die EULERschen Gleichungen des Problems $\delta(\bar\delta^2 \varPi_0) = 0$ führen zunächst zu den Differentialgleichungen

$$(EF\bar u')' = 0,$$

$$(EI\overline{w}'')'' + P_0\overline{w}'' = 0,$$

aus denen wir nach einmaliger bzw. zweimaliger Integration unter Beachtung der Randbedingungen die Gln. (5) erhalten.

Schließlich sei das Prinzip vom stationären Wert der potentiellen Energie noch einmal zum Vergleich unter Benutzung der Veränderlichen $\bar\varepsilon$ und $\bar\varphi$ angeschrieben. Es zeigt sich nämlich dabei eine Abhängigkeit von der Wahl der Veränderlichen, deren anschauliche Vorstellung zunächst einige Schwierigkeiten bereitet[1]. Setzen wir im Potential der äußeren Kräfte $\bar f$ nach (8) ein, so bekommen wir zusammen mit (10)

$$\bar\delta \varPi_0 + \frac{1}{2}\,\bar\delta^2 \varPi_0 - \int\limits_0^l (N_0 \bar c + P_0 \bar c)\, dx + \int\limits_0^l \left(\frac{1}{2}\,EF\bar\varepsilon^2 + \frac{1}{2}\,EI\bar\varphi'^2 - \frac{1}{2}\,P_0\bar\varphi^2\right) dx.$$

Der so erhaltene Ausdruck für die zweite Variation muß mit dem entsprechenden Integral in (12) übereinstimmen, also:

$$\frac{1}{2}\,\bar\delta^2 \varPi_0 = \int\limits_0^l \left(\frac{1}{2}\,EF\bar\varepsilon^2 + \frac{1}{2}\,EI\bar\varphi'^2 - \frac{1}{2}\,P_0\bar\varphi^2\right) dx$$

$$= \int\limits_0^l \left(N_0\,\frac{1}{2}\,\overline{w}'^2 + \frac{1}{2}\,EF\bar u'^2 + \frac{1}{2}\,EI\overline{w}''^2\right) dx.$$

Da $\bar\varepsilon = \bar u'$, $\bar\varphi = \overline{w}'$ und $N_0 = -P_0$ zu setzen ist, führen auch in der Tat beide Schreibweisen zu demselben Ergebnis. Trotzdem besteht ein Unterschied in der mechanischen Bedeutung. Die von den Größen $\overline{N}$ und $\overline{M}$ herrührenden Anteile stimmen zwar in beiden Fällen überein. Das Glied $-\int\limits_0^l \frac{1}{2}\,P_0\bar\varphi^2\, dx$ im ersten

---

[1] Vgl. K. MARGUERRE: Z. angew. Math. Mech. 18 (1938) 57.

Integral ist jedoch eine Änderung des Potentials der äußeren Kräfte, während das

entsprechende Glied $\int\limits_0^l N_0 \dfrac{1}{2}\,\overline{w}'^2\,dx$ im zweiten Integral eine Änderung der inneren

Energie darstellt. Die Ursache des Unterschiedes ist darin zu suchen, daß aus $\delta(\bar{\delta^2}\Pi_0) = 0$ einmal $\bar{\varepsilon} = 0$, das andere Mal $\overline{u}' = 0$ und damit $\bar{f} = 0$ folgt. Wir erhalten also zwei Beziehungen, die wohl hinsichtlich der linearen, aber nicht hinsichtlich der quadratischen Glieder übereinstimmen. Bei Benutzung der Veränderlichen $\bar{\varepsilon}$ und $\overline{\varphi}$ bleibt die Stabachse bei der Variation ungedehnt; die Längskräfte N_0 leisten keine Arbeit, während sich der Angriffspunkt von P um den

Betrag $\int\limits_0^l \dfrac{1}{2}\,\overline{\varphi}^2\,dx$ verschiebt (Abb. 54a). Bei Verwendung von $\overline{u}$ und $\overline{w}$ bleibt

dagegen das Auflager unverschieblich, so daß sich das Potential von P_0 nicht ändert, während umgekehrt die Stabachse die Dehnungen $\dfrac{1}{2}\,\overline{w}'^2$ erfährt und so die Längskräfte N_0 Beiträge zur zweiten Variation der inneren Energie liefern (Abb. 54b).

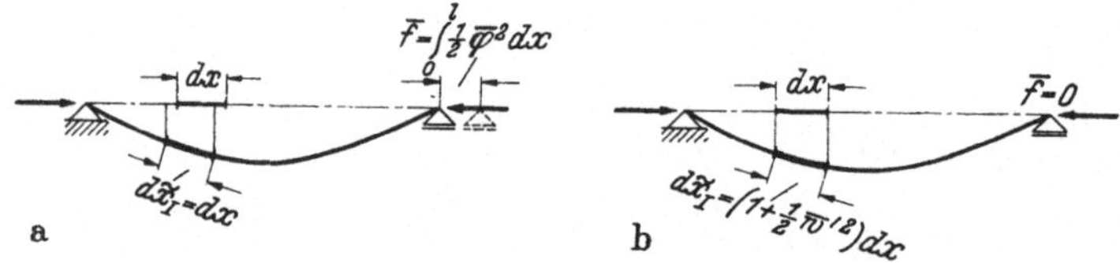

Abb. 54a u. b.
Unterschied in den Nachbarzuständen des Knickstabes bei Verwendung der Veränderlichen $\bar{\varepsilon}$, $\overline{\varphi}$ oder $\overline{u}$, $\overline{w}$.

Wir müssen also feststellen, daß der Nachbarzustand hinsichtlich der quadratischen Glieder der Verschiebungen verschieden ausfällt und davon abhängig ist, welche Größen wir als Veränderliche wählen. Diese Tatsache ist zweifellos überraschend, wird jedoch verständlich, wenn wir bedenken, daß der Nachbarzustand nur bis auf lineare, aber keineswegs einschließlich quadratischer Glieder mit dem sich tatsächlich nach dem Ausknicken einstellenden Zustand übereinzustimmen braucht. Denn nach der Vorschrift des Prinzips vom stationären Wert der potentiellen Energie soll ja P bei der Variation konstant bleiben, während sich beim Übergang zum wirklichen Zustand auch P ändert, sobald wir uns nicht mehr auf unendlich kleine Verschiebungen beschränken. Bei diesem letzteren Zustand, der sich natürlich unabhängig von der Wahl der Veränderlichen ergeben muß und aus den in Abschnitt I, B, 3 aufgestellten Formeln folgt, treten sowohl Dehnungen der Stabachse als auch eine Verschiebung des beweglichen Lagers auf.

B. Weiteres über Stabknickung

1. Knickstab mit elastischer Mittelstütze

Die Anwendung des besprochenen Näherungsverfahrens sei noch an einigen weiteren Beispielen gezeigt. Als erstes sei nach Abb. 55 ein auf drei Stützen gelagerter Stab betrachtet, dessen mittlere Stütze elastisch nachgiebig ist. Die verschieden groß vorausgesetzten Feldweiten des unverformten Stabes seien l_1 und l_2, die gesamte Länge l. Die Biegesteifigkeit habe für den ganzen Stab den konstanten Wert EI. Zur Beschreibung des Verformungszustandes werden zweckmäßig für die beiden Felder getrennt die Koordinaten x_1 und x_2 mit den Verschiebungen u_1, w_1 bzw. u_2, w_2 benutzt. x_2 wird dabei von der ursprünglichen Stellung des rechten äußeren Lagers aus gemessen. Die horizontale Verschiebung des mittleren Lagers sei f_C, die des rechten äußeren Lagers f. Die Durchsenkung beim mittleren Lager sei w_C und möge der Stützkraft C proportional sein. Der Proportionalitätsfaktor ist die Federkonstante des Lagers und sei c. Es ist also

$$C = cw_C. \tag{14}$$

In Abb. 55 ist gleich der Nachbarzustand gezeichnet, so wie er sich bei Benutzung unseres Näherungsverfahrens darstellt. D. h. es ist sofort $P = P_0$, $u_1 = \bar{u}_1$, $w_1 = \bar{w}_1$ usw. gesetzt. Auch für die Stützdrücke sind die quergestrichenen Größen angegeben, da C_1, C und C_2 im Grundzustand, der nur aus der reinen Längsbeanspruchung $N_0 = -P$ besteht, offenbar gleich Null sind.

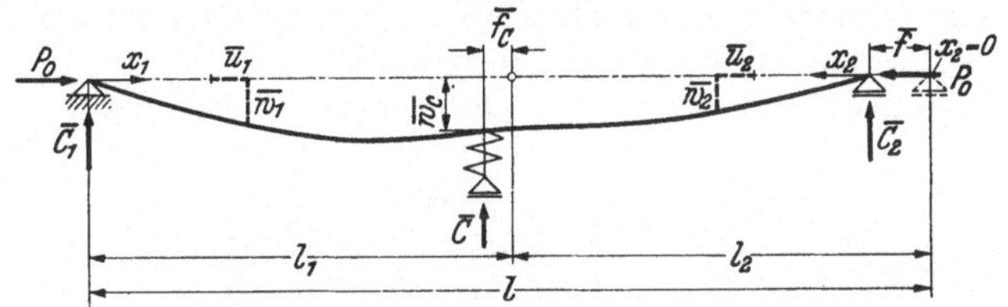

Abb. 55. Nachbarzustand eines Knickstabes mit elastischer Mittelstütze.

Das Gleichgewicht für das ganze System in Richtung quer zur Stabachse fordert

$$\bar{C}_1 + \bar{C} + \bar{C}_2 = 0, \tag{15}$$

während das Momentengleichgewicht um den Punkt $x_1 = l_1$ (Lage der Mittelstütze vor der Verformung) zunächst die Beziehung

$$\bar{C}_1\, l_1 + \bar{C}\, f_C - \bar{C}_2\, (l_2 - \bar{f}) = 0$$

liefert. Darin können jedoch die Glieder $\bar{C}f_C$ und $\bar{C}_2\bar{f}$ gestrichen werden, da sie in den quergestrichenen Größen quadratisch sind, jedoch nur lineare Glieder berücksichtigt zu werden brauchen. Es bleibt also lediglich

$$\bar{C}_1 l_1 - \bar{C}_2 l_2 = 0,$$

woraus zusammen mit (15)

$$\bar{C}_1 = -\bar{C}\, \frac{l_2}{l}, \qquad \bar{C}_2 = -\bar{C}\, \frac{l_1}{l} \tag{16a, b}$$

folgt.

Für die Längskräfte in den beiden Feldern des Stabes, die durch die Indizes 1 und 2 gekennzeichnet seien, gilt im Nachbarzustand

$$N_{I1} = -P_0, \qquad N_{I2} = -P_0.$$

Dabei sind quadratische Glieder der Variationen des Grundzustandes schon fortgelassen, wie z. B. die Beiträge der Kräfte $\bar{C}_1$ und $\bar{C}_2$ zu den Längskräften. Setzen wir

$$N_{I1} = -P_0 + \bar{N}_1, \qquad N_{I2} = -P_0 + \bar{N}_2,$$

so folgt

$$\bar{N}_1 = 0, \qquad \bar{N}_2 = 0.$$

Danach sind, wenn wir das Elastizitätsgesetz für $\overline{N}_1$ und $\overline{N}_2$ und die Randbedingungen beachten, wieder die Variationen $\overline{u}_1$ und $\overline{u}_2$ gleich Null, wie wir es entsprechend beim Stab ohne Mittelstütze festgestellt hatten. Die in Abb. 55 eingezeichneten Größen $\overline{f}_C$ und $\overline{f}$ ergeben sich also zu Null.

Für die Biegemomente in den beiden Stababschnitten bekommen wir mit Benutzung von (16)

$$\overline{M}_1 = -\overline{C}\,\frac{l_2}{l}\,x_1 + P_0\overline{w}_1, \qquad \overline{M}_2 = -\overline{C}\,\frac{l_1}{l}\,x_2 + P_0\overline{w}_2. \qquad (17\,\text{a, b})$$

Für das Elastizitätsgesetz gilt

$$\overline{M}_1 = -EI\overline{w}_1'', \qquad \overline{M}_2 = -EI\overline{w}_2''.$$

Dabei ist auf eine besondere Unterscheidung der Differentiation nach x_1 oder x_2 verzichtet, da eine Verwechselung nicht möglich ist.

Aus (17) erhalten wir nun die beiden Differentialgleichungen

$$\left.\begin{aligned}
EI\overline{w}_1'' + P_0\overline{w}_1 - \overline{C}\,\frac{l_2}{l}\,x_1 &= 0,\\[2mm]
EI\overline{w}_2'' + P_0\overline{w}_2 - \overline{C}\,\frac{l_1}{l}\,x_2 &= 0.
\end{aligned}\right\} \qquad (18\,\text{a, b})$$

Es sei hier übergangen, dieselben Gleichungen noch einmal mit der Energiemethode abzuleiten.

Die allgemeine Lösung von (18) können wir in der Form

$$\overline{w}_1 = \frac{\overline{C}}{P_0}\,\frac{l_2}{l}\,x_1 + A_1 \sin \nu x_1 + B_1 \cos \nu x_1,$$

$$\overline{w}_2 = \frac{\overline{C}}{P_0}\,\frac{l_1}{l}\,x_2 + A_2 \sin \nu x_2 + B_2 \cos \nu x_2$$

mit

$$\nu = \sqrt{\frac{P_0}{EI}}$$

schreiben. Beachten wir jedoch die Randbedingungen, daß an den beiden äußeren Lagern bei $x_1 = 0$ und $x_2 = 0$ die Durchbiegungen $\overline{w}_1$ und $\overline{w}_2$ verschwinden müssen, so erkennen wir, daß $B_1 = 0$ und $B_2 = 0$ sein muß. Es bleibt also nur

$$\left.\begin{aligned}
\overline{w}_1 &= \frac{\overline{C}}{P_0}\,\frac{l_2}{l}\,x_1 + A_1 \sin \nu x_1,\\[2mm]
\overline{w}_2 &= \frac{\overline{C}}{P_0}\,\frac{l_1}{l}\,x_2 + A_2 \sin \nu x_2
\end{aligned}\right\} \qquad (19\,\text{a, b})$$

übrig.

In (19) sind noch die drei unbekannten Größen $\overline{C}$, A_1, A_2 enthalten. Zu ihrer Bestimmung verwenden wir die Randbedingungen, daß an der mittleren Stütze, also bei $x_1 = l_1$ und $x_2 = l_2$, die Durchbiegungen $\overline{w}_1$ und $\overline{w}_2$ denselben Wert $\overline{w}_c = \dfrac{\overline{C}}{c}$ annehmen müssen und außerdem die Tangenten der Biegelinien beider Stabteile übereinstimmen müssen, da ja die Biegelinie über der Stütze keinen

Knick haben darf. Die letztere Bedingung erfordert, daß über der Stütze $\overline{w}_1' = -\overline{w}_2'$ wird. Aus (19) bekommen wir dann die drei Gleichungen

$$\frac{\overline{C}}{P_0}\frac{l_1 l_2}{l} + A_1 \sin \nu l_1 = \frac{\overline{C}}{c},$$

$$\frac{\overline{C}}{P_0}\frac{l_1 l_2}{l} + A_2 \sin \nu l_2 = \frac{\overline{C}}{c},$$

$$\frac{\overline{C}}{P_0}\frac{l_2}{l} + A_1 \nu \cos \nu l_1 = -\frac{\overline{C}}{P_0}\frac{l_1}{l} - A_2 \nu \cos \nu l_2$$

oder

$$\left.\begin{aligned}
\overline{C}\left(\frac{1}{P_0}\frac{l_1 l_2}{l} - \frac{1}{c}\right) + A_1 \sin \nu l_1 &= 0, \\
\overline{C}\left(\frac{1}{P_0}\frac{l_1 l_2}{l} - \frac{1}{c}\right) + A_2 \sin \nu l_2 &= 0, \\
\overline{C}\frac{1}{P_0} + A_1 \nu \cos \nu l_1 + A_2 \nu \cos \nu l_2 &= 0.
\end{aligned}\right\} \qquad (20\,\mathrm{a,\ b,\ c})$$

Um aus diesen Gleichungen eine Bedingung für das Knicken des Stabes zu erhalten, ist nun eine Schlußweise anzuwenden, die bei allen Stabilitätsuntersuchungen in ähnlicher Form wiederkehrt. Die Gln. (20) sind drei homogene Gleichungen für die unbekannten Größen $\overline{C}$, A_1 und A_2. Sie können bekanntlich im allgemeinen nur erfüllt werden, wenn die Unbekannten gleich Null sind. Das würde dann bedeuten, daß die Durchbiegung des Stabes verschwindet und sich die Gleichgewichtslage des geraden Stabes ergibt. Die Unbekannten können jedoch von Null verschieden sein, wenn die Koeffizientendeterminante des Gleichungssystems, die sog. *Knickdeterminante*, verschwindet, d. h. wenn

$$\begin{vmatrix} \dfrac{1}{P_0}\dfrac{l_1 l_2}{l} - \dfrac{1}{c} & \sin \nu l_1 & 0 \\[2mm] \dfrac{1}{P_0}\dfrac{l_1 l_2}{l} - \dfrac{1}{c} & 0 & \sin \nu l_2 \\[2mm] \dfrac{1}{P_0} & \nu \cos \nu l_1 & \nu \cos \nu l_2 \end{vmatrix} = 0 \qquad (21)$$

wird.

Nach Auflösung von (21) erhalten wir die Knickbedingung

$$\frac{1}{P_0}\sin \nu l_1 \sin \nu l_2 - \left(\frac{1}{P_0}\frac{l_1 l_2}{l} - \frac{1}{c}\right)(\sin \nu l_1 \;\; \nu \cos \nu l_2 + \sin \nu l_2 \;\; \nu \cos \nu l_1) = 0$$

oder

$$\sin \nu l_1 \sin \nu l_2 - \nu \left(\frac{l_1 l_2}{l} - \frac{P_0}{c}\right)\sin \nu l = 0. \qquad (22)$$

Es ergibt sich also eine transzendente Gleichung, aus der die Eigenwerte P_0 bestimmt werden können.

Das Ergebnis der Auflösung von (22) sei für den Sonderfall gleicher Stützweiten etwas näher betrachtet. Mit $l_1 = l_2 = \dfrac{l}{2}$ können wir aus (22) erhalten

$$\sin \nu \frac{l}{2}\left[\sin \nu \frac{l}{2} - \frac{\nu l}{2}\left(1 - 4\frac{P_0}{cl}\right)\cos \nu \frac{l}{2}\right] = 0. \qquad (23)$$

An dieser Gleichung ist beachtenswert, daß sie uns zwei verschiedene Arten von Wurzeln liefert. Es kann nämlich erstens $\sin \nu \frac{l}{2} = 0$ sein, und zweitens kann die eckige Klammer verschwinden. Betrachten wir zunächst die erste Möglichkeit! Es muß dann $\frac{\nu l}{2} = n\pi$ oder

$$P_0 = n^2 \frac{\pi^2 E I}{\left(\frac{l}{2}\right)^2} \tag{24}$$

sein. P_0 ist also gleich den Knicklasten eines beiderseitig gelenkig gelagerten Stabes von der Länge $\frac{l}{2}$ und ist unabhängig von der Größe der Federkonstanten der Mittelstütze. Dieses Ergebnis wird verständlich, wenn wir die zugehörige Biegelinie betrachten. Aus (20a) folgt nämlich

$$\overline{C} \left(\frac{1}{P_0} \frac{l}{4} - \frac{1}{c}\right) = 0, \tag{25}$$

und das erfordert $\overline{C} = 0$, wenn wir vorerst von dem Sonderfall absehen, daß die Federkonstante gerade so groß ist, daß die runde Klammer in (25) verschwindet. Mit $\overline{C} = 0$ ergibt sich aber aus (19), daß die Durchbiegung über der Mittelstütze gleich Null ist, während aus (20c) $A_1 = -A_2$ folgt. Die Biegelinie hat also für $n = 1$ die in Abb. 56a dargestellte Form. Der Stab knickt antisymmetrisch zur mittleren Stütze aus, so daß sich diese in der Tat überhaupt nicht durchsenkt und genau so gut durch ein starres Lager ersetzt werden könnte. Das Ergebnis (24) für P_0 ist damit verständlich. In dem Sonderfall, daß (25) durch Verschwinden der runden Klammer zu Null wird, möge $c = c_g$ sein, also unter Berücksichtigung von (24)

$$c_g = 4 \frac{P_0}{l} = n^2 \frac{2\pi^2 E I}{\frac{l}{2}\left(\frac{l}{2}\right)^2}. \tag{26}$$

Mit (26) und mit $\sin \nu \frac{l}{2} = 0$ wird jedoch in (23) auch die eckige Klammer gleich Null, so daß sich die anschauliche Bedeutung des Sonderfalles (26) zugleich mit ergibt, wenn wir jetzt die zweite Möglichkeit zur Erfüllung von (23) betrachten. Es soll also

$$\sin \nu \frac{l}{2} - \frac{\nu l}{2}\left(1 - 4\frac{P_0}{cl}\right) \cos \nu \frac{l}{2} = 0 \tag{27}$$

sein. Aus (20a) erhalten wir dann

$$\overline{C}\left(\frac{1}{P_0}\frac{l}{4} - \frac{1}{c}\right) + A_1 \frac{\nu l}{2}\left(1 - 4\frac{P_0}{cl}\right) \cos \nu \frac{l}{2} = 0$$

oder

$$\overline{C} = -4 P_0 A_1 \frac{\nu}{2} \cos \nu \frac{l}{2}.$$

Mit diesem Wert bekommen wir für die Ableitung der Durchbiegung über der Mittelstütze aus (19a)

$$\overline{w}'_c = \frac{\overline{C}}{P_0}\frac{1}{2} + \nu A_1 \cos \nu \frac{l}{2} = 0.$$

Die Ableitung der Durchbiegung wird also gleich Null, und das bedeutet, daß der Stab nach Abb. 56b symmetrisch zur Mittelstütze ausknickt. Ist die Federkonstante $c = 0$, das mittlere Lager also praktisch nicht vorhanden, so wird

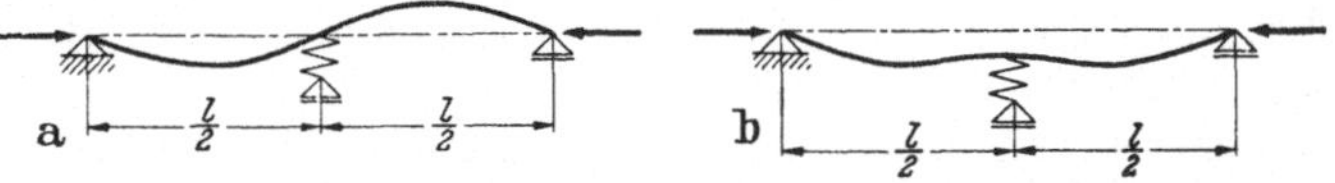

Abb. 56a u. b. Antisymmetrische und symmetrische Knickformen eines Stabes mit elastischer Mittelstütze.

durch Grenzübergang aus (27) $\cos \nu \dfrac{l}{2} = 0$. Das bedeutet aber $\nu \dfrac{l}{2} = n \dfrac{\pi}{2}$ oder $P_0 = \dfrac{\pi^2 E I}{l^2}$. Wir erhalten also, wie es sein muß, die Knicklast eines beiderseitig gelenkig gelagerten Stabes von der Länge l. Ist umgekehrt $c = \infty$, die Lagerung also senkrecht zur Stabachse starr, so liefert die Auflösung der transzendenten Gl. (27) als niedrigste Wurzel den Wert $\nu \dfrac{l}{2} = 4{,}493$. Wir bekommen damit $P_0 = 2{,}045 \dfrac{\pi^2 E I}{\left(\dfrac{l}{2}\right)^2}$, und das ist die kritische Last eines Stabes von der Länge $\dfrac{l}{2}$, der an einem Ende gelenkig gelagert und am anderen fest eingespannt ist.

Von den beiden Knickmöglichkeiten, die wir festgestellt haben, ist natürlich stets nur diejenige von Bedeutung, die den kleinsten Eigenwert liefert, den wir wieder als kritische Last P_K bezeichnen wollen. Um diesen zu finden, tragen wir am besten die Knicklasten in Abhängigkeit von der Federkonstante c auf. In Abb. 57 ist das so erhaltene Ergebnis dargestellt[1]. Um dimensionslose Größen zu bekommen, sind dabei P_0 und c auf die bei großem c gültige EULERsche Knickkraft $\dfrac{\pi^2 E I}{\left(\dfrac{l}{2}\right)^2}$ einer Stabhälfte, die mit P_E bezeichnet sei, bzw. auf $\dfrac{P_E}{\dfrac{l}{2}}$ be-

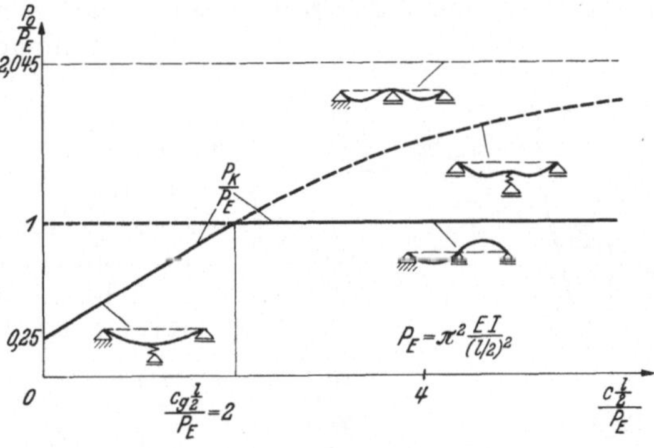

Abb. 57. Knickstab mit elastischer Mittelstütze. Abhängigkeit zwischen Knicklast und Federkonstante des Lagers.

zogen. Die waagerechte Gerade in Abb. 57 entspricht der Lösung (24) mit $n = 1$ bei antisymmetrischem Knicken. Die andere Kurve stellt die niedrigste Wurzel der Gl. (27) dar. Von beiden Kurven sind die maßgeblichen Teile ausgezogen, die übrigen gestrichelt gezeichnet. Man erkennt, daß bei kleiner Steifigkeit der Mittelstütze das symmetrische Knicken in Betracht kommt, während von der Grenzfederkonstante c_g ab die antisymmetrische Knickform die kleineren Knicklasten liefert. An der Grenze selbst sind beide Knickformen bei derselben Last möglich. Eine Erhöhung der Lagersteifigkeit zur Steigerung der Knickkraft hat nur bis $c = c_g$ Erfolg. Die Krümmung der Biegelinie über der Mittelstütze ist nach (19a) und der Definition für ν und P_E

$$\overline{w}_c'' = -\nu^2 A_1 \sin \nu \frac{l}{2} = -\nu^2 A_1 \sin \pi \sqrt{\frac{P_0}{P_E}}.$$

---

[1] Vgl. Anhang, Knickfall Nr. I, A, h, 3.

An der Grenze beider Knickbereiche, d. h. bei $P_0 = P_E$ wird $\overline{w}_c'' = 0$, für kleinere Werte von P_0 wird $\overline{w}_c''$ negativ, für größere positiv. Die in Abb. 56b skizzierte Knickform mit positivem $\overline{w}_c''$ gilt also nur für den gestrichelten Teil der entsprechenden Kurve in Abb. 57, während für den ausgezogenen maßgeblichen Teil die Stabkrümmung durch die Stütze zwar abgeflacht wird, aber keine Vorzeichenänderung erfährt.

Die zur symmetrischen Knickform gehörende Kurve ist übrigens in ihrem praktisch wichtigen Teil fast genau eine Gerade, so daß wir für die kritische Last P_K schreiben können

$$P_K = P_E = \frac{\pi^2 E I}{\left(\dfrac{l}{2}\right)^2} \qquad \text{für} \qquad \frac{c\,\dfrac{l}{2}}{P_E} \geqq 2,$$

$$P_K \approx \frac{1}{4}\,P_E + \frac{3}{8}\,c\,\frac{l}{2} \quad \text{für} \quad 0 \leqq \frac{c\,\dfrac{l}{2}}{P_E} \leqq 2.$$

2. Rechteckrahmen

Als nächstes Beispiel sei der in Abb. 58 im Nachbarzustand nach dem Ausknicken dargestellte, hinsichtlich Abmessungen und Steifigkeiten symmetrische Rechteckrahmen betrachtet. Der Einfachheit halber sei der Sonderfall angenommen, daß der Querriegel sehr steif ist, so daß dessen Querschnitt und Trägheitsmoment unendlich groß vorausgesetzt werden können. Alle zu verwendenden Bezeichnungen gehen aus Abb. 58 hervor, wobei wieder von vornherein die erst beim Ausknicken auftretenden, im Grundzustand noch nicht vorhandenen Größen durch einen Querstrich gekennzeichnet sind.

Das Gleichgewicht für das ganze System in horizontaler Richtung und das Momentengleichgewicht um das linke und rechte Fußgelenk des Rahmens liefern die Bedingungen

$$\overline{H}_1 + \overline{H}_3 = 0, \tag{28}$$

$$\left.\begin{aligned} C_{I1}\,l - 2P_0\left(\frac{l}{2} - \overline{f}_2\right) &= 0, \\[2mm] C_{I3}\,l - 2P_0\left(\frac{l}{2} + \overline{f}_2\right) &= 0. \end{aligned}\right\} \tag{29a, b}$$

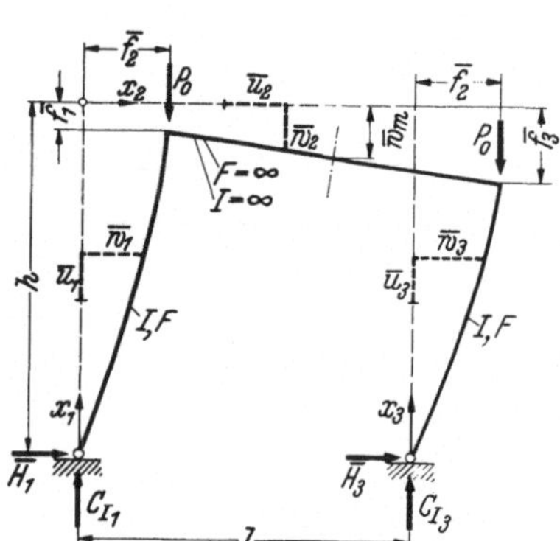

Abb. 58. Ausknickender Rechteckrahmen im Nachbarzustand.

Für die Längskräfte N_I im linken und rechten Stiel gilt

$$N_{I1} = -C_{I1}, \qquad N_{I3} = -C_{I3}$$

oder mit Benutzung von (29)

$$N_{I1} = -P_0\left(1 - \frac{2\overline{f}_2}{l}\right), \qquad N_{I3} = -P_0\left(1 + \frac{2\overline{f}_2}{l}\right).$$

Führen wir den Grundzustand mit $N_{01} = N_{03} = -P_0$ ein, indem wir

$$N_{I1} = -P_0 + \overline{N}_1, \qquad N_{I3} = -P_0 + \overline{N}_3$$

setzen, so bekommen wir

$$\overline{N}_1 = 2\,P_0\,\frac{\overline{f}_2}{l}, \qquad\qquad \overline{N}_3 = -\,2\,P_0\,\frac{\overline{f}_2}{l}. \qquad\qquad (30\,\text{a, b})$$

Daraus folgt aber, daß — wenn nicht $\overline{f}_2 = 0$ ist — *die beim Ausknicken zusätzlich auftretenden Längskräfte und damit auch die Dehnungen der Stiele hier nicht mehr gleich Null sind* wie bei den bisher betrachteten Beispielen.

Mit dem Elastizitätsgesetz

$$\overline{N}_1 = E\,F\overline{u}_1', \qquad \overline{N}_3 = E\,F\overline{u}_3'$$

erhalten wir unter Beachtung der Randbedingungen, daß die Verschiebungen $\overline{u}_1$ und $\overline{u}_3$ in den Fußgelenken verschwinden müssen,

$$\overline{u}_1 = \frac{2\,P_0}{E\,F}\,\frac{\overline{f}_2}{l}\,x_1, \qquad \overline{u}_3 = -\,\frac{2\,P_0}{E\,F}\,\frac{\overline{f}_2}{l}\,x_3$$

und daraus für $x_1 = x_3 = h$

$$\left.\begin{aligned} \overline{f}_1 &= -\,\overline{u}_1 = -\,\frac{2\,P_0}{E\,F}\,\frac{\overline{f}_2}{l}\,h, \\[2mm] \overline{f}_3 &= -\,\overline{u}_3 = \frac{2\,P_0}{E\,F}\,\frac{\overline{f}_2}{l}\,h. \end{aligned}\right\} \qquad (31\,\text{a, b})$$

Wir bekommen also das Ergebnis $\overline{f}_1 = -\,\overline{f}_3$ und damit $\overline{w}_m = 0$! Der Rahmen verformt sich danach, wenn $\overline{f}_2$ von Null verschieden ist, so, daß der linke Stiel um denselben Betrag gedehnt wird, um den der rechte Stiel zusammengedrückt wird. Der Verformungszustand ist folglich hierbei antisymmetrisch zur Symmetrieachse des Rahmens. Für den Querriegel, den wir uns völlig starr denken wollten, gilt $\overline{w}_2'' = 0$ und damit unter Benutzung von (31)

$$\overline{w}_2' = \frac{\overline{f}_3}{\dfrac{l}{2}} = \frac{4\,P_0}{E\,F}\,\frac{\overline{f}_2 h}{l^2}. \qquad\qquad (32)$$

Die Betrachtung der Biegemomente liefert weiter die Beziehungen

$$\overline{M}_1 = -\,\overline{H}_1 x_1 + P_0\overline{w}_1,$$

$$\overline{M}_3 = -\,\overline{H}_3 x_3 + P_0\overline{w}_3,$$

woraus nach Einführung des Elastizitätsgesetzes

$$\overline{M}_1 = -\,E\,I\overline{w}_1'', \qquad \overline{M}_3 = -\,E\,I\overline{w}_3''$$

zwei Differentialgleichungen für $\overline{w}_1$ und $\overline{w}_3$ folgen, deren allgemeine Lösungen in der Form

$$\overline{w}_1 = \frac{\overline{H}_1}{P_0}\,x_1 + A_1 \sin \nu x_1 + B_1 \cos \nu x_1,$$

$$\overline{w}_3 = \frac{\overline{H}_3}{P_0}\,x_3 + A_3 \sin \nu x_3 + B_3 \cos \nu x_3$$

mit

$$\nu = \sqrt{\frac{P_0}{E\,I}}$$

geschrieben werden können. Aus den Randbedingungen, daß in den Fußgelenken die Durchbiegungen $\overline{w}$ gleich Null sein müssen, folgt zunächst $B_1 = B_3 = 0$. Setzen wir nach (28) $\overline{H}_3 = -\overline{H}_1$, so bleibt übrig

$$\left.\begin{aligned}
\overline{w}_1 &= \frac{\overline{H}_1}{P_0} x_1 + A_1 \sin \nu x_1, \\[2ex]
\overline{w}_3 &= -\frac{\overline{H}_1}{P_0} x_3 + A_3 \sin \nu x_3.
\end{aligned}\right\} \qquad (33\,\mathrm{a,\ b})$$

Zur Bestimmung der noch unbekannten Größen benutzen wir weiter die Randbedingungen, daß am Kopfende der Stiele bei $x_1 = x_3 = h$ die Durchbiegungen $\overline{w}_1 = \overline{w}_3 = \overline{f}_2$ sein müssen und außerdem $\overline{w}_1' = \overline{w}_3' = \overline{w}_2'$ gelten muß. Wir erhalten dann aus (33) und (32) die vier Gleichungen

$$\left.\begin{aligned}
\frac{\overline{H}_1}{P_0} h + A_1 \sin \nu h &= \overline{f}_2, \\[2ex]
-\frac{\overline{H}_1}{P_0} h + A_3 \sin \nu h &= \overline{f}_2, \\[2ex]
\frac{\overline{H}_1}{P_0} + A_1 \nu \cos \nu h &= 4\,\frac{P_0}{EF}\,\frac{\overline{f}_2 h}{l^2}, \\[2ex]
-\frac{\overline{H}_1}{P_0} + A_3 \nu \cos \nu h &= 4\,\frac{P_0}{EF}\,\frac{\overline{f}_2 h}{l^2}.
\end{aligned}\right\} \qquad (34\,\mathrm{a-d})$$

Addieren und subtrahieren wir nacheinander einmal die Gln. (34a) und (34b), das andere Mal die Gln. (34c) und (34d), so bekommen wir

$$\left.\begin{aligned}
(A_1 + A_3) \sin \nu h \ \ -\overline{f}_2\,2 \ \ &= 0, \\[2ex]
(A_1 + A_3)\,\nu \cos \nu h - \overline{f}_2 \frac{8 P_0}{EF}\,\frac{h}{l^2} &= 0, \\[2ex]
(A_1 - A_3) \sin \nu h \ \ + \overline{H}_1 \frac{2h}{P_0} \ \ &= 0, \\[2ex]
(A_1 - A_3)\,\nu \cos \nu h + \overline{H}_1 \frac{2}{P_0} \ \ &= 0.
\end{aligned}\right\} \qquad (35\,\mathrm{a-d})$$

Das sind vier homogene Gleichungen für die Unbekannten $(A_1 + A_3)$, $(A_1 - A_3)$, $\overline{f}_2$ und $\overline{H}_1$, deren Koeffizientendeterminante wieder die Knickdeterminante liefert, die zu Null werden muß:

$$\begin{vmatrix}
\sin \nu h & -2 & 0 & 0 \\[2ex]
\nu \cos \nu h & -\dfrac{8 P_0}{EF}\,\dfrac{h}{l^2} & 0 & 0 \\[2ex]
0 & 0 & \sin \nu h & \dfrac{2h}{P_0} \\[2ex]
0 & 0 & \nu \cos \nu h & \dfrac{2}{P_0}
\end{vmatrix} = 0.$$

Diese Knickdeterminante zerfällt in zwei Teile und ergibt die beiden verschiedenen Lösungen[1]

$$\tan vh = \frac{1}{vh}\,\frac{4F}{I}\,l^2, \quad \left.\begin{array}{c} \\ \\ \end{array}\right\} \qquad (36\,\text{a, b})$$
$$\tan vh = vh.$$

Nimmt P_0 solche Werte an, daß die erste Lösung (36a) erfüllt ist, so können im allgemeinen die Gln. (35c, d), die die zweite Lösung liefern, nur mit $A_1 - A_3 = 0$ und $\overline{H}_1 = 0$ erfüllt werden; d. h. aber, daß der Rahmen *antisymmetrisch* nach Abb. 59a ausknickt. Umgekehrt ergibt sich, daß die Lösung (36b), für die $A_1 + A_3$ und $\bar{f}_2$ verschwinden müssen, die in Abb. 59b dargestellte *symmetrische* Knickform verkörpert. Wir bekommen also, wie beim Stab mit elastischer Mittelstütze, wieder zwei verschiedene Knickfiguren und haben nun zu untersuchen, wann die eine und wann die andere Form maßgebend ist.

Aus (36a) erkennt man leicht, daß vh und damit P_0 um so größer werden, je größer F wird. Den größten Wert von P_0 werden wir in dieser Hinsicht erhalten, wenn wir $F = \infty$ setzen. Es ist dann $\tan vh = \infty$ und für den niedrigsten Eigenwert $vh = \frac{\pi}{2}$, $P_k = \frac{1}{4}\,\frac{\pi^2 E I}{h^2}$.

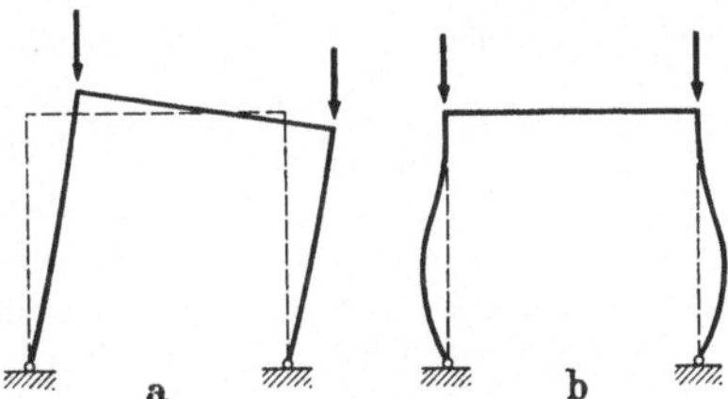

Abb. 59a u. b. Antisymmetrische und symmetrische Knickform eines Rechteckrahmens mit starrem Riegel.

Andererseits liefert bei Symmetrie die Lösung (36b) den niedrigsten Wert $P_k = 2{,}046\,\frac{\pi^2 E I}{h^2}$, der für einen auf der einen Seite gelenkig gelagerten, auf der anderen Seite fest eingespannten Stab gilt. Da dieser Wert stets größer als der größtmögliche kleinste Eigenwert der Lösung (36a) ist, ist hier — anders als beim Knickstab mit elastischer Mittelstütze — stets das antisymmetrische Knicken allein maßgebend. Die symmetrische Knickform ist praktisch bedeutungslos, es sei denn, daß der Rahmen am Kopfende der Stiele seitlich gehalten ist, so daß eine Verschiebung in dieser Richtung konstruktiv verhindert ist.

Wenn der untersuchte Rahmen in erster Linie für uns insofern etwas Neues darstellt, als dabei die Variation der Dehnung des Grundzustandes nicht mehr gleich Null wird, so liefert in dieser Hinsicht die zahlenmäßige Erfassung des Einflusses von F in (36a) noch folgende Erkenntnis. Schreiben wir (36a) in der Form

$$\tan vh = \frac{4}{vh}\,\frac{Fh^2}{I}\,\frac{l^2}{h^2},$$

so ist darin für normale Querschnittsabmessungen der Quotient $\frac{Fh^2}{I}$ eine gegen eins große Zahl und $\frac{l^2}{h^2}$ eine Zahl von der Größenordnung eins. Das hat zur Folge, daß die kleinste Wurzel vh der Gleichung nur dann von $\frac{\pi}{2}$ merklich verschieden ist, wenn h ein Vielfaches von l beträgt. Der Einfluß der Dehnungsglieder wird somit nur bei hohen, schmalen Rahmen zahlenmäßig wichtig sein, in allen anderen Fällen aber vernachlässigt werden können. Die Dinge liegen damit ähnlich, wie in der klassischen Statik bei statisch unbestimmten Systemen, bei denen bekanntlich die Wir-

---

[1] Vgl. Anhang, Knickfall Nr. I, B, b, 2.

kung der Längskräfte auch häufig außer acht gelassen werden kann. Wann jedoch derartige Vernachlässigungen bei Stabilitätsproblemen zulässig sind, muß von Fall zu Fall geprüft werden. Jedenfalls kann es nur als sehr rohe Regel gelten, daß die Streichung von Dehnungsgliedern bei solchen Systemen erlaubt ist, bei denen sie für Rechnungen im Bereich der klassischen Elastizitätslehre möglich wäre.

3. Statisch unbestimmter Grundzustand

Die Annahmen unseres Näherungsverfahrens führen unter Umständen zu einer charakteristischen Schwierigkeit, die wir am besten an dem in Abb. 60 dargestellten Stabilitätsproblem kennenlernen können. Es handelt sich dabei um einen Balken auf drei Stützen, der durch eine gleichmäßig verteilte Auflast q beansprucht wird, die bei entsprechender Größe die mittlere Pendelstütze zum Ausknicken bringen kann. Bei allen bisher untersuchten Beispielen ließen sich die Kräfte des Grundzustandes sofort allein unter Beachtung von Gleichgewichtsbedingungen angeben. Hier ist jedoch das System schon *im Grundzustand statisch unbestimmt*, da wir die Druckkraft in der Pendelstütze nur ermitteln können, wenn wir auf die Verformungen des Systems eingehen. Wir geraten damit in einen Widerspruch zu den Voraussetzungen des Näherungsverfahrens, nach dem gerade die Verformungen des Grundzustandes gleich Null sein

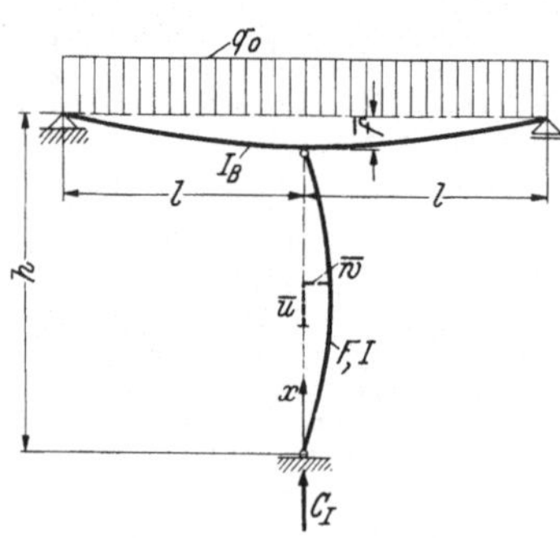

Abb. 60.
Nachbarzustand eines Systems mit statisch unbestimmtem Grundzustand.

sollen. Zur Umgehung dieser Schwierigkeit schlagen wir folgenden Weg ein, der in gewissem Sinne eine Art Iterationsverfahren darstellt: Zur Berechnung der Kräfte des Grundzustandes werden die Verformungen zunächst berücksichtigt, jedoch nur näherungsweise, so, wie es in der klassischen Elastizitätslehre üblich ist. Bei der folgenden Stabilitätsuntersuchung werden jedoch dann die Verformungen des Grundzustandes wieder, genau wie sonst, vernachlässigt.

Auf diese Weise würde sich bei dem System von Abb. 60 mit den dort angegebenen Bezeichnungen für die Lagerkraft der Pendelstütze im Grundzustand nach bekannten Regeln der Statik

$$C_0 = \frac{5}{4}\, q l \, \frac{1}{1 + 6\,\dfrac{I_B}{F}\,\dfrac{h}{l^3}} \tag{37}$$

ergeben, wobei I_B das konstant angenommene Trägheitsmoment des durchlaufenden Balkens und F der Querschnitt der Pendelstütze ist. In (37) können wir natürlich häufig das Glied, das im Nenner den Querschnitt F enthält und die Zusammendrückung der Stütze berücksichtigt, vernachlässigen. Unabhängig davon ergibt sich jedoch bei der Berechnung des indifferenten Gleichgewichtszustandes, daß die Variation der Zusammendrückung der Pendelstütze wieder exakt zu Null wird. Mit den Bezeichnungen von Abb. 60 gilt nämlich für die Längskraft in der Pendelstütze

$$N_I = -C_I, \qquad \overline{N} = -\overline{C}$$

und für die Längsverschiebungen $\bar{u} = -\dfrac{\bar{C}}{EF}\, x$ bzw. für $x = h$

$$\bar{f} = \frac{\bar{C}}{EF}\, h. \tag{38a}$$

Andererseits muß bei dem durchlaufenden Balken die Durchbiegung $\bar{f}$ mit der Variation $\bar{C}$ der Lagerkraft in dem Zusammenhang

$$\bar{f} = -\bar{C}\, \frac{l^3}{6EI_B} \tag{38b}$$

stehen, wie ebenfalls aus der Baustatik her als bekannt vorausgesetzt werden darf. Aus (38a) und (38b) erhalten wir dann

$$\bar{C}\left(\frac{h}{EF} + \frac{l^3}{6EI_B}\right) = 0, \tag{39}$$

und das kann nur durch $\bar{C} = 0$ und damit $\bar{f} = 0$ erfüllt werden. Für den kritischen Wert von q_0 bekommen wir dann mit (37)

$$q_k = \frac{4}{5}\, \frac{\pi^2 EI}{h^2 l}\left(1 + 6\, \frac{I_B}{F}\, \frac{h}{l^3}\right).$$

Schließlich sei noch erwähnt, daß bei Systemen mit statisch unbestimmtem Grundzustand noch eine Besonderheit u. U. dadurch auftreten kann, daß der Grundzustand in dem auf Knicken zu untersuchenden Teil bei Berücksichtigung von Längszusammendrückungen Biegemomente enthält, bei Vernachlässigung der Dehnungsglieder jedoch biegungsfrei wird. Im ersten Fall würde dann die Rechnung im allgemeinen überhaupt keine Verzweigungsstelle des Gleichgewichts liefern, so daß gar kein Stabilitätsproblem mehr vorliegen würde; im zweiten Fall könnte dagegen ein solches auftreten. Ein einfaches Beispiel hierzu zeigt Abb. 61, zu der eine weitere Erläuterung überflüssig sein dürfte.

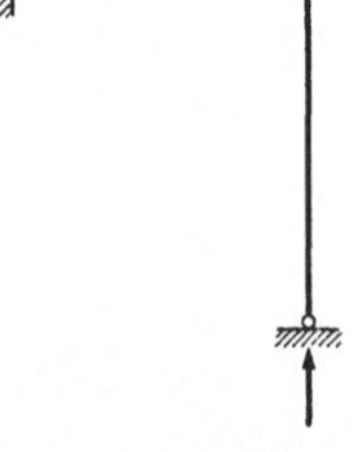

Abb. 61. System, dessen Grundzustand nur bei Vernachlässigung von Dehnungsgliedern biegungsfrei ist.

C. Besondere Annahmen bei Flächenträgern

1. Elastizitätsgesetz

Die bisher betrachteten Beispiele dieses Abschnittes haben uns die Anwendung des Näherungsverfahrens auf Stabilitätsuntersuchungen an biegungsfesten Stäben, also an eindimensionalen Gebilden, gezeigt. Wenn wir nun zu den zweidimensionalen Flächenträgern übergehen, so werden einige grundsätzliche Erläuterungen notwendig, die wir zweckmäßig vorweg in allgemeiner Form erledigen, bevor wir uns bestimmten Aufgaben zuwenden. Als erstes sei in dieser Hinsicht das Elastizitätsgesetz besprochen.

Nach Abschnitt IV sollte nach den Gln. IV, (31) gelten

$$
\left.
\begin{aligned}
s_x &= \frac{E}{1-\mu^2}\,(e_x + \mu e_y),\\[2mm]
s_y &= \frac{E}{1-\mu^2}\,(e_y + \mu e_x),\\[2mm]
t_{xy} &= t_{yx} = G g_{xy} = G g_{yx}.
\end{aligned}
\right\}
\qquad (40\,\text{a, b, c})
$$

Ersetzen wir die Größen s und t nach IV, (14) durch die Spannungen σ und τ, so bekommen wir

$$
\left.
\begin{aligned}
\sigma_x &= \frac{E}{1-\mu^2}\,(e_x + \mu e_y)\,(1 + \varepsilon_x),\\[2mm]
\sigma_y &= \frac{E}{1-\mu^2}\,(e_y + \mu e_x)\,(1 + \varepsilon_y),\\[2mm]
\tau_{xy} &= G g_{xy}(1 + \varepsilon_y),\\[2mm]
\tau_{yx} &= G g_{yx}(1 + \varepsilon_x).
\end{aligned}
\right\}
\qquad (41\,\text{a—d})
$$

Zur Aufstellung des Elastizitätsgesetzes für das Näherungsverfahren sei zunächst von den Gln. (40) ausgegangen. Für den Nachbarzustand können wir dann bei Vernachlässigung der Verformungen des Grundzustandes in sinngemäßer Erweiterung des Ansatzes (1) schreiben

$$
\left.
\begin{aligned}
s_{xI} &= s_{x_0} + \frac{E}{1-\mu^2}\,(\bar e_x + \mu \bar e_y),\\[2mm]
s_{yI} &= s_{y_0} + \frac{E}{1-\mu^2}\,(\bar e_y + \mu \bar e_x),\\[2mm]
t_{xyI} &= t_{xy_0} + G\bar g_{xy},\\[2mm]
t_{yxI} &= t_{yx_0} + G\bar g_{yx}.
\end{aligned}
\right\}
\qquad (42\,\text{a—d})
$$

Wenn wir mit Hilfe von IV, (14) und IV, (22) zu den Spannungen, Dehnungen und Winkeländerungen übergehen, dabei wieder die Verformungen des Grundzustandes streichen und von deren Variationen nur lineare Glieder berücksichtigen, so erhalten wir aus (42) das Elastizitätsgesetz

$$
\left.
\begin{aligned}
\sigma_{xI} &= \sigma_{x_0}(1 + \bar\varepsilon_x) + \frac{E}{1-\mu^2}\,(\bar\varepsilon_x + \mu \bar\varepsilon_y),\\[2mm]
\sigma_{yI} &= \sigma_{y_0}(1 + \bar\varepsilon_y) + \frac{E}{1-\mu^2}\,(\bar\varepsilon_y + \mu \bar\varepsilon_x),\\[2mm]
\tau_{xyI} &= \tau_{xy_0}(1 + \bar\varepsilon_y) + G\bar\gamma_{xy},\\[2mm]
\tau_{yxI} &= \tau_{yx_0}(1 + \bar\varepsilon_x) + G\bar\gamma_{yx},
\end{aligned}
\right\}
\qquad (43\,\text{a—d})
$$

das in dieser Form für die durchzuführenden Stabilitätsuntersuchungen bereits geeignet ist. Während das Gesetz (1) für biegungsfeste Stäbe schon in einem Widerspruch zu einem homogenen Material steht, wird jetzt im allgemeinen auch noch die Isotropie durch (43) etwas gestört.

Es ist nun beachtenswert, daß wir auch noch zu einem anderen Elastizitätsgesetz gelangen können, das zunächst genau so berechtigt erscheint wie das Gesetz (43), wenn wir nicht mehr von (40), sondern von den nach den Spannungen aufgelösten Gln. (41) ausgehen. Entsprechend (1) könnten wir nämlich danach für den Nachbarzustand unter Beschränkung auf lineare Glieder der quergestrichenen Größen schreiben

$$\left.\begin{aligned}
\sigma_{xI} &= \sigma_{x_0} + \frac{E}{1-\mu^2}\,(\bar\varepsilon_x + \mu\bar\varepsilon_y),\\[2mm]
\sigma_{yI} &= \sigma_{y_0} + \frac{E}{1-\mu^2}\,(\bar\varepsilon_y + \mu\bar\varepsilon_x),\\[2mm]
\tau_{xyI} &= \tau_{xy_0} + G\bar\gamma_{xy}.
\end{aligned}\right\} \qquad \text{(44a, b, c)}$$

Bei Aufstellung der Beziehung für τ_{yxI} ist zu beachten, daß die Verknüpfung des zweidimensionalen Spannungs- und Verzerrungszustandes durch drei Gleichungen von der Form (44a—c) schon völlig festgelegt ist und alles Weitere zwangsläufig aus den Gleichgewichtsbedingungen folgt. Insbesondere ergibt sich τ_{yxI} aus der Momentengleichgewichtsbedingung IV, (12) für ein Element des verzerrten Flächenträgers zu

$$\tau_{yxI} = \frac{1+\bar\varepsilon_x}{1+\bar\varepsilon_y}\,\tau_{xyI}$$

oder

$$\tau_{yxI} = \tau_{yx_0}\frac{1+\bar\varepsilon_x}{1+\bar\varepsilon_y} + G\bar\gamma_{yx}. \qquad (44\,\mathrm{d})$$

Wir hätten natürlich genauso gut auch die einfachere Beziehung für τ_{yxI} wählen können und wären dann zu einem anderen Gesetz, nämlich zu

$$\left.\begin{aligned}
\sigma_{xI} &= \sigma_{x_0} + \frac{E}{1-\mu^2}\,(\bar\varepsilon_x + \mu\bar\varepsilon_y),\\[2mm]
\sigma_{yI} &= \sigma_{y_0} + \frac{E}{1-\mu^2}\,(\bar\varepsilon_y + \mu\bar\varepsilon_x),\\[2mm]
\tau_{xyI} &= \tau_{xy_0}\frac{1+\bar\varepsilon_y}{1+\bar\varepsilon_x} + G\bar\gamma_{xy},\\[2mm]
\tau_{yxI} &= \tau_{yx_0} + G\bar\gamma_{yx}
\end{aligned}\right\} \qquad \text{(45a—d)}$$

gelangt.

In dieser Willkür offenbart sich aber nun schon ein Nachteil des Ansatzes (44) bzw. (45). Während die Anwendung der Momentengleichgewichtsbedingung in (43) einander völlig entsprechende Ausdrücke für die zugeordneten Schubspannungen liefert, zeigt sich in (44c, d) bzw. (45c, d) ein Unterschied, der eine Abhängigkeit des Elastizitätsgesetzes vom Koordinatensystem bedeutet, wodurch die Bedingung der Isotropie noch einmal wieder verletzt wird. Bedingt durch den Tensorcharakter der Größen s und t bleibt die Schreibweise der Gln. (42) und (43) bei einer Drehung des Koordinatensystems erhalten. Das heißt, wenn wir vom System x, y zu einem System x', y' übergehen und dazu die in Abschnitt IV besprochenen Transformationsformeln IV, (4) bzw. IV, (13) anwenden, so bekommen wir die neuen Beziehungen aus den alten, indem wir überall x durch x' und y durch y' ersetzen. Für die Gln. (44) bzw. (45) gilt dieses jedoch, da die Spannungen σ und τ keinen Tensor bilden, nicht mehr, wie eben schon in den Ausdrücken für die Schubspannungen τ zutage tritt.

Ein besonders schwerwiegender Nachteil der Gesetze (44) und (45) gegenüber dem Gesetz (42) zeigt sich aber, wenn wir die Formänderungsarbeit der inneren

Kräfte betrachten. Setzen wir zunächst (42) in den in Abschnitt IV, B, 4 abgeleiteten Ausdruck IV, (36) für $a_{i_{Vol}}$ ein, so ist das entstehende Integral unabhängig vom Weg, da die hierzu hinreichenden Bedingungen

$$\frac{\partial s_x}{\partial e_y} = \frac{\partial s_y}{\partial e_x}, \qquad \frac{\partial s_y}{\partial g_{xy}} = \frac{\partial t_{xy}}{\partial e_y}, \qquad \frac{\partial t_{xy}}{\partial e_x} = \frac{\partial s_x}{\partial g_{xy}}$$

erfüllt sind. Führen wir aber (44) oder (45) in IV, (35) ein, so müssen wir feststellen, daß in diesen Fällen kein Potential mehr existiert. Das bedeutet, daß durch unsere Annahmen nun auch das Gesetz von der Erhaltung der Energie verletzt wird, und daß die Anwendung des wichtigen Prinzips vom stationären Wert der potentiellen Energie nicht mehr möglich ist.

Andererseits hat das Gesetz (44) bzw. (45) aber auch Vorteile gegenüber dem Ansatz (43), die darin bestehen, daß es im Ansatz für die Spannungen σ einfacher ist und bei Spezialisierung auf eindimensionale Probleme zu Gl. (1) zurückführt. Vor allem der Vorteil der Einfachheit ist keineswegs nebensächlich, sondern bei der praktischen Rechnung, wie bereits früher betont wurde, besonders zu beachten. Wir können ihn ausnutzen und zugleich die wesentlichen Nachteile des Gesetzes (44) bzw. (45) vermeiden, wenn wir uns für ein Elastizitätsgesetz entscheiden, das sich aus den Gln. (44a, b) bzw. (45a, b) und (43c, d) in folgender Weise zusammensetzt:

$$\left.\begin{aligned}
\sigma_{xI} &= \sigma_{x_0} + \frac{E}{1 - \mu^2}\,(\bar\varepsilon_x + \mu\,\bar\varepsilon_y), \\[2mm]
\sigma_{yI} &= \sigma_{y_0} + \frac{E}{1 - \mu^2}\,(\bar\varepsilon_y + \mu\,\bar\varepsilon_x), \\[2mm]
\tau_{xyI} &= \tau_{xy_0}(1 + \bar\varepsilon_y) + G\bar\gamma_{xy}, \\[2mm]
\tau_{yxI} &= \tau_{yx_0}(1 + \bar\varepsilon_x) + G\bar\gamma_{yx}.
\end{aligned}\right\} \qquad (46\,\mathrm{a-d})$$

Die Unsymmetrie in den Ausdrücken für die Schubspannungen ist jetzt behoben, und es existiert auch wieder ein Potential der inneren Kräfte. Aus IV, (35) folgt nämlich mit (46) unabhängig vom Integrationsweg

$$a_{I\,i\,Vol} = -\pi_{I\,i_{Vol}} = -\left[\sigma_{x_0}\bar\varepsilon_x + \sigma_{y_0}\bar\varepsilon_y + \tau_{xy_0}(1 + \bar\varepsilon_x)(1 + \bar\varepsilon_y)\sin\bar\gamma_{xy} + \right.$$
$$\left. + \frac{E}{2(1 - \mu^2)}\left(\bar\varepsilon_x^2 + \bar\varepsilon_y^2 + 2\mu\,\bar\varepsilon_x\bar\varepsilon_y + \frac{1 - \mu}{2}\,\bar\gamma_{xy}^2\right)\right]. \qquad (47)$$

Bei der Schubarbeit sind dabei in dem letzten Glied des Ausdrucks nur die quadratischen Glieder berücksichtigt, auf die es bei unserem Indifferenzkriterium ja nur ankommt. In dem Glied mit $\sin\bar\gamma_{xy}$ ist allerdings darauf verzichtet,

$$(1 + \bar\varepsilon_x)(1 + \bar\varepsilon_y)\sin\bar\gamma_{xy} = (1 + \bar\varepsilon_x + \bar\varepsilon_y)\,\bar\gamma_{xy}$$

zu setzen, da diese Vereinfachung keine Rechnungserleichterung bringt, wie sich später bei der Anwendung von (47) zeigen wird.

Das Gesetz (46) bzw. den Ausdruck (47) wollen wir nun allen folgenden Rechnungen zugrunde legen. (46) hat gegenüber (43) allerdings den Nachteil, daß der Tensorcharakter des Spannungszustandes nicht mehr gewahrt ist. Hierzu ist zweierlei zu sagen. Erstens wird dadurch das elastische Verhalten des Werkstoffes, wie oben besprochen, vom Koordinatensystem abhängig. Dieser Fehler fällt jedoch nicht sehr ins Gewicht, da die Bedingung der Isotropie wegen der Vernachlässigung der Verformungen des Grundzustandes sowieso verletzt ist. Weiter unten wird sich außerdem an einem Beispiel bestätigen lassen, daß die zahlenmäßigen Unterschiede bei Verwendung der Elastizitätsgesetze (43) und (46) in der Tat gering sind. Zweitens ist festzustellen, daß (46) unzweckmäßig werden kann, wenn auch nicht muß, falls man bei verwickelten Schalenbeulproblemen die Tensorschreibweise anwenden will. Im Rahmen dieses Buches sollen jedoch nur so einfache Aufgaben behandelt werden, daß es sich nicht lohnt, den Tensorkalkül zu bemühen. Gegebenenfalls muß man eben (42) der Rechnung zugrunde legen [1].

Auf eines muß jedoch noch hingewiesen werden. Es liegt vielleicht nahe, den Ansatz (46) noch weiter zu vereinfachen, indem man in (46c) und (46d) die Glieder mit $\bar{\varepsilon}_y$ und $\bar{\varepsilon}_x$ gegen 1 streicht, also die Gln. (44a, b, c) und (45d) zu einem neuen Gesetz vereinigt. Dieses ist jedoch nicht zulässig. Es würde nämlich dann das Momentengleichgewicht um die Flächennormale am Element des Flächenträgers gestört werden und damit die ganze Rechnung in sich nicht mehr widerspruchsfrei sein, während im Gegensatz dazu die in (46) enthaltenen Annahmen völlig einwandfrei sind, wenn wir uns einen Werkstoff vorstellen, der die geforderten besonderen elastischen Eigenschaften hat. An einem Beispiel werden wir außerdem weiter unten feststellen können, daß die Verletzung des Momentengleichgewichts auch zahlenmäßig zu einer völlig falschen Beullast führen kann.

2. Grundzustand als Membranspannungszustand

In der Statik der Schalen spielt die sog. Membrantheorie eine große Rolle. Sie ist bekanntlich dadurch gekennzeichnet, daß alle Biege- und Drillmomente und die senkrecht zur Schalenmittelfläche wirkenden Querkräfte vernachlässigt werden, so daß der Spannungszustand nur aus Längskräften und den in der Schalenfläche wirkenden Schubkräften besteht. Man bekommt auf diese Weise eine Näherung, deren Genauigkeit in vielen Fällen vollkommen ausreichend ist, und die im wesentlichen nur unbrauchbar wird, wenn die Randbedingungen der Schale den Forderungen des Membranspannungszustandes widersprechen.

Bei Ausbeuluntersuchungen an Schalen kommen nun für den Grundzustand in der Hauptsache nur Spannungszustände in Frage, für welche die Näherung der Membrantheorie zulässig ist, und zwar aus zwei Gründen. Erstens ist vor allem bei biegungsfreien Grundzuständen das Auftreten von Verzweigungspunkten zu erwarten, so daß diese Zustände in erster Linie von Interesse sind. Zweitens besteht im allgemeinen wenig Hoffnung, die Lösung von Problemen, bei denen schon der Grundzustand den komplizierten Gesetzen der Biegetheorie folgt, mit ertragbarem Arbeitsaufwand durchführen zu können und ein im Hinblick auf praktische Brauchbarkeit hinreichend einfaches Ergebnis zu bekommen. *Dementsprechend wollen wir im folgenden den Grundzustand stets als Membranspannungszustand voraussetzen.* Damit dieses möglich ist, müssen wir uns also beim Grundzustand u. a. auf die Untersuchung ganz bestimmter Randbedingungen beschränken, die durch die Forderungen der Membrantheorie gegeben sind.

Bei der weiteren Lösung des Beulproblems eines Flächenträgers liegt es natürlich nahe, auch den Nachbarzustand als Membranspannungszustand vorauszusetzen. Das ist aber leider nicht möglich, sondern würde im allgemeinen zu

---

[1] Die Anwendung der Tensorschreibweise auf die in diesem Buch dargelegte Beultheorie findet sich bei G. Schwarze: Ing. Arch. 25 (1957) 278. Ein Verzicht auf (46) wird dort allerdings nicht notwendig.

gänzlich falschen Ergebnissen führen. Zum Beispiel ist sofort einzusehen, daß bei der Plattenbeulung die Vernachlässigung der Momente und Querkräfte nicht zulässig sein kann, und auch in der Schalenstatik zeigen schon einfache Beispiele die Notwendigkeit der Berücksichtigung von Biegemomenten. Wir müssen also den Nachbarzustand unbedingt nach der genauen Biegetheorie berechnen. Damit tritt aber eine charakteristische Schwierigkeit auf, die darin besteht, daß für den Grundzustand und seine erste und zweite Variation verschiedene Theorien benutzt werden.

Zur näheren Erläuterung dieser Schwierigkeiten betrachten wir am besten den Zusammenhang zwischen den in Abb. 62a dargestellten Spannungen an einem Schalenelement und den aus Abb. 62b hervorgehenden Schnittgrößen an demselben Element, die in bekannter Weise die resultierenden Kräfte und Momente

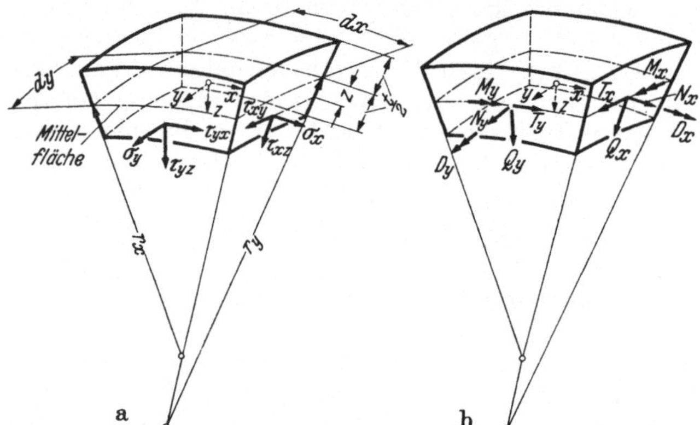

Abb. 62a u. b. Spannungen und Schnittgrößen am unverzerrten Schalenelement.

der Spannungsverteilung über die Wandstärke sein sollen. Das Element sei zunächst nur im *unverformten* Zustand untersucht. Es sei ferner aus der Schale durch Schnitte senkrecht zur Mittelfläche herausgeschnitten, die längs zweier benachbarter Krümmungslinien geführt werden, so daß ein rechteckiges unverwundenes Element entsteht. Die Übertragung der gewonnenen Ergebnisse auf allgemeine Koordinatenlinien bereitet im Bedarfsfall keine grundsätzlichen Schwierigkeiten. Zur Beschreibung des unverzerrten Elementes sei das in den Abb. 62 angegebene Koordinatensystem x, y, z benutzt. Dabei werden die Koordinaten x und y längs der Krümmungslinien der Mittelfläche gemessen, während die z-Achse in Richtung der Schalennormale weist. Die Kantenlängen der Mittelfläche des Elementes sind dx und dy, die Krümmungsradien dieser Kanten, also die Hauptkrümmungsradien der Mittelfläche seien r_x und r_y. Die Dicke des Flächenträgers sei t[1].

Die Bezeichnung und Vorzeichenfestsetzung der Spannungen und Schnittgrößen geht aus den Abb. 62 hervor. σ_x, σ_y, τ_{xy} usw. sind dabei die Spannungen in einem beliebigen Abstand z von der Mittelfläche. Die Momente sind in Abb. 62b in üblicher Weise durch Doppelpfeile gekennzeichnet, die im Sinne einer Rechtsschraube aufzufassen sind. Das Vorzeichen der Schnittgrößen wird, genau wie das der Spannungen, konsequent so als positiv festgesetzt, daß positive Vektoren auf der „positiven" Seite eines Elementes in Richtung positiver Koordinaten weisen.

---

[1] In Abschnitt II, C wurde zwar der Buchstabe t schon für die Temperatur benutzt; eine Verwechslung ist jedoch im folgenden nicht zu befürchten.

Aus Gleichgewichtsgründen ergibt sich nun, immer noch am unverzerrten Element, z. B. für die Längskraft N_x

$$N_x\,dy = \int\limits_{-\frac{t}{2}}^{+\frac{t}{2}} \sigma_x\,\frac{dy}{r_y}\,(r_y - z)\,dz.$$

Entsprechendes gilt für die übrigen Schnittgrößen. Wir erhalten so die

$$\text{Längskräfte} \qquad N_x = \int\limits_{-\frac{t}{2}}^{+\frac{t}{2}} \sigma_x\left(1 - \frac{z}{r_y}\right)dz, \qquad N_y = \int\limits_{-\frac{t}{2}}^{+\frac{t}{2}} \sigma_y\left(1 - \frac{z}{r_x}\right)dz,$$

$$\text{Schubkräfte} \qquad T_x = \int\limits_{-\frac{t}{2}}^{+\frac{t}{2}} \tau_{xy}\left(1 - \frac{z}{r_y}\right)dz, \qquad T_y = \int\limits_{-\frac{t}{2}}^{+\frac{t}{2}} \tau_{yx}\left(1 - \frac{z}{r_x}\right)dz,$$

$$\text{Querkräfte} \qquad Q_x = \int\limits_{-\frac{t}{2}}^{+\frac{t}{2}} \tau_{xz}\left(1 - \frac{z}{r_y}\right)dz, \qquad Q_y = \int\limits_{-\frac{t}{2}}^{+\frac{t}{2}} \tau_{yz}\left(1 - \frac{z}{r_x}\right)dz, \qquad (48\,\mathrm{a-k})$$

$$\text{Biegemomente} \qquad M_x = \int\limits_{-\frac{t}{2}}^{+\frac{t}{2}} \sigma_x\left(1 - \frac{z}{r_y}\right)z\,dz, \qquad M_y = -\int\limits_{-\frac{t}{2}}^{+\frac{t}{2}} \sigma_y\left(1 - \frac{z}{r_x}\right)z\,dz,$$

$$\text{Drillmomente} \qquad D_x = -\int\limits_{-\frac{t}{2}}^{+\frac{t}{2}} \tau_{xy}\left(1 - \frac{z}{r_y}\right)z\,dz, \qquad D_y = \int\limits_{-\frac{t}{2}}^{+\frac{t}{2}} \tau_{yx}\left(1 - \frac{z}{r_x}\right)z\,dz.$$

In den einzelnen Integralen von (48) können wir die Spannungen als Funktionen von z in Potenzreihen entwickeln, etwa σ_x in der Form

$$\sigma_x = a_0 + a_1 z + a_2 z^2 + \cdots.$$

Bei ebenen Flächenträgern, den Platten, wird auf Grund unserer Voraussetzungen über den Verformungszustand, nach denen die Normalen zur Mittelfläche erhalten bleiben sollen, die Spannungsverteilung über z linear, d. h. es sind dort nur a_0 und a_1 von Null verschieden. Bei den Schalen ist dagegen bekanntlich infolge der Krümmung der Mittelfläche kein linearer Spannungsverlauf vorhanden. Die Unterschiede gegenüber der linearen Abhängigkeit sind allerdings zahlenmäßig nicht groß und können für viele Untersuchungen vernachlässigt werden, indem die in (48) vorkommenden Glieder $\dfrac{z}{r_x}$ und $\dfrac{z}{r_y}$ überall gegen 1 gestrichen werden. Hier wollen wir diese Glieder jedoch beibehalten, weil sich zeigen läßt, daß sonst am Schalenelement das Momentengleichgewicht um die z-Achse nicht streng widerspruchsfrei erfüllt werden kann[1] und gerade Widersprüche in dieser Gleich-gewichtsbedingung verhängnisvoll werden können, worauf bereits am Schluß des vorigen Kapitels V, C, 1 hingewiesen worden war.

Setzen wir die Reihenausdrücke für die Spannungen in (48) ein, so erhalten wir nach Auswertung der Integrale Glieder mit t, t^3 usw., d. h. Glieder mit un-geraden Potenzen der Wandstärke t. Glieder mit geraden Potenzen fallen fort, da die Integrale von $-\dfrac{t}{2}$ bis $+\dfrac{t}{2}$ zu erstrecken sind. Ferner können Glieder mit t nur bei den Längs-, Schub- und Querkräften auftreten, während bei den Momenten t^3 die niedrigste Potenz ist. Die *Membrantheorie* können wir nun mit Hilfe der ange-deuteten Reihenentwicklung so kennzeichnen, daß wir bei den Schnittgrößen von (48) nur Glieder mit t beibehalten und alle Glieder höherer Potenzen von t ver-nachlässigen. Die Biege- und Drillmomente fallen nämlich dann fort, und es müssen damit auch die Querkräfte verschwinden, da sonst für das Schalenelement das Momentengleichgewicht um die Tangenten an die x- und y-Achse nicht erfüllt sein würde. Von den noch übrig bleibenden Membranschnittgrößen wird z. B. $N_x = a_0 t$. Soll danach umgekehrt die Spannung aus der Längskraft N_x berechnet werden, so ergibt sich einfach $\sigma_x = \dfrac{N_x}{t} = a_0$, d. h. im Rahmen der Näherung der Membrantheorie ist eine konstante Verteilung der Spannungen über die Wand-stärke anzunehmen. Die *Biegetheorie* können wir ganz entsprechend so charak-terisieren, daß bei ihr die Genauigkeit der Rechnung gegenüber der Membran-theorie dadurch erhöht wird, daß in der Reihenentwicklung einen Schritt weiter-gegangen wird und jetzt in den Schnittgrößen auch Glieder mit t^3 berücksichtigt werden.

Die Schwierigkeit, mit der wir es bei Stabilitätsuntersuchungen an Flächen-trägern zu tun haben, wenn wir den Grundzustand nach der Membrantheorie, den Nachbarzustand nach der Biegetheorie berechnen, ist nun folgende. Aus den Membranschnittkräften des Grundzustandes erhalten wir, wie besprochen, kon-stante Spannungsverteilungen über die Wandstärke, z. B. $\sigma_{x_0} = \dfrac{N_{x_0}}{t}$. Rechnen wir aber mit dieser konstanten Spannung in der genauen Biegetheorie weiter, so bekommen wir z. B. nach (48g) doch ein Biegemoment M_{x_0} des Grundzustandes, das mechanisch keinerlei Berechtigung hat, sondern allein durch den in der Rechenmethode liegenden Widerspruch zustande kommt. Die in der Biegetheorie des Nachbarzustandes benötigten Glieder höherer Ordnung können eben von der Membrantheorie nicht richtig geliefert werden. Nur bei den Platten tritt diese Schwierigkeit nicht auf, da dort wegen $r_x = r_y = \infty$ auch bei konstanter Span-nung die Momente zu Null werden, das biegungsfreie Gleichgewicht also auch ein-schließlich der höheren Glieder möglich ist.

Wollen wir den Widerspruch vermeiden, trotzdem aber die einfache Membran-theorie für den Grundzustand beibehalten, so müssen wir auf irgendeine Weise auch im Nachbarzustand noch die Anteile des Grundzustandes getrennt von den übrigen Gliedern für sich nach der vereinfachten Theorie behandeln. Wir können das erreichen, wenn wir statt des wirklichen Flächenträgers ein anderes statisches Gebilde mit den folgenden besonderen Eigenschaften voraussetzen[2]. Wie in Abb. 63 angedeutet, nehmen wir eine Schale an, die aus verschiedenen Schichten besteht, und zwar aus einer sehr dünnen Schicht von der Dicke t_0 und zwei weiteren von der Dicke $\dfrac{t}{2} - \dfrac{t_0}{2}$, so daß wieder die Gesamtdicke t herauskommt. Die Kräfte des

---

[1] FLÜGGE, W.: Statik und Dynamik der Schalen, 3. Aufl., Berlin/Göttingen/Heidelberg 1962, S. 141. [2] Vgl. A. PFLÜGER: Z. angew. Math. Mech. 29 (1949) 21.

Grundzustandes sollen nun lediglich in der Schicht mit der Dicke t_0 wirken, während erst beim Ausbeulen auch der übrige Querschnitt in Anspruch genommen wird. Wir müssen uns dazu vorstellen, daß im Grundzustand zunächst nur die Schale von der Dicke t_0 vorhanden ist. Diese Schale berechnen wir nach der Membrantheorie und setzen ihre Verformungen gleich Null. Erst wenn sich der Grundzustand eingestellt hat, werden auch die beiden übrigen Schichten aufgebracht, so daß diese in der Tat spannungsfrei sind, solange die Schale nicht ausbeult. Die beim Ausbeulen auftretende Beanspruchung des gesamten Querschnitts ist dann nach der Biegetheorie zu rechnen. Dabei

Abb. 63. Zur Erläuterung des Grundzustandes.

soll es aber durch Wahl eines hinreichend kleinen Wertes von t_0 gegenüber t berechtigt sein, nur Glieder mit t_0 zu berücksichtigen, Glieder mit t_0^3 jedoch zu vernachlässigen.

Bevor wir aber nach dieser Vorschrift die Schnittgrößen des Nachbarzustandes endgültig ausrechnen können, müssen wir uns noch darüber klar werden, wie sich die Verformung des Schalenelementes auf die Schnittgrößen auswirkt, was bisher zurückgestellt wurde, um die Betrachtung nicht von vornherein unnötig zu erschweren. Den Einfluß der Verformung auf die Spannungen hatten wir in Abschnitt IV, B, 1 bereits ausführlich besprochen. Dabei hatten wir die Spannungen als Kräfte je Flächeneinheit des *unverzerrten* Tragwerks definiert und müssen dementsprechend auch umgekehrt zur Ermittlung der Schnittgrößen die Spannungen über den unverzerrten Querschnitt integrieren. In dieser Hinsicht bedürfen also die Formeln (48) keiner Änderung. Zu beachten ist dagegen die Richtung der Schnittgrößen am verformten Element, die noch neu festzusetzen ist. Hierbei werden wir genauso wie bei den Spannungen vorgehen und die Definition nach Abb. 64 wählen, uns also wieder für eine schiefwinklige Zerlegung der resultierenden Vektoren entscheiden. Über die Richtung der Querkräfte Q_x und Q_y ist kein Zweifel möglich; sie müssen wie die Spannungen τ_{xz} und τ_{yz} gerichtet sein.

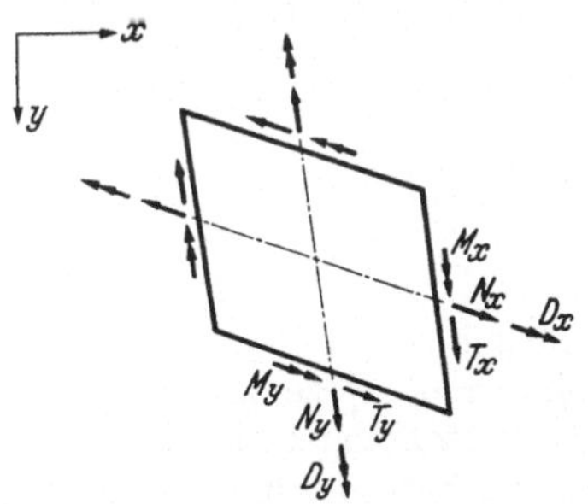

Abb. 64. Zur Definition der Richtung der Schnittgrößen am verzerrten Element eines Flächenträgers.

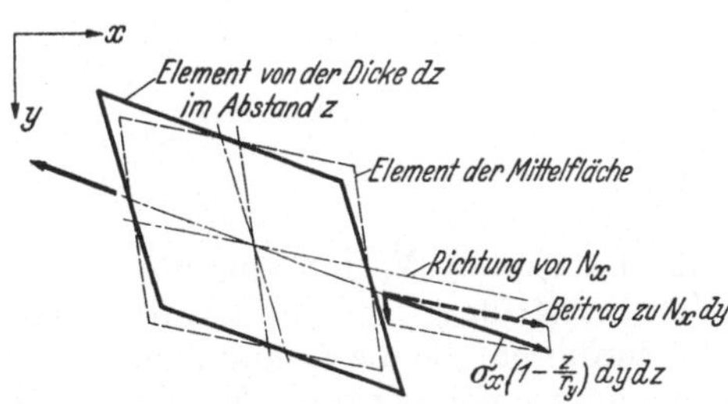

Abb. 65. Zur Richtung der Spannungen am Element eines Flächenträgers in verschiedenen Abständen z von der Mittelfläche.

Wollen wir nun unter Berücksichtigung der Verformung z. B. die Schnittkraft N_x berechnen, so müssen wir bedenken, daß die Winkeländerungen γ_{xy} in verschiedenen Abständen z von der Mittelfläche verschieden groß sein, die Spannungen σ_x also für jedes z eine andere Richtung haben können. In Abb. 65 ist dieser Zusammenhang veranschaulicht. Die Ermittlung der Schnittgrößen wird damit im allgemeinen Fall verhältnismäßig kompliziert. Alle Schwierigkeiten in dieser Hinsicht erledigen sich jedoch für die Berechnung des Nachbarzustandes von selbst, wenn wir von dem Modell von Abb. 63 Gebrauch machen. Zur Ermittlung der indifferenten Gleichgewichtslagen benötigen wir im Rahmen unseres Näherungsverfahrens nur lineare Glieder der quergestrichenen Größen. Den durch Abb. 65 gekennzeichneten Einfluß der Verformung auf die Schnittgrößen brauchen wir also höchstens bei den Spannungen des Grundzustandes zu berücksichtigen. Lassen wir diese aber in einer so dünnen Schicht angreifen, daß wir innerhalb der Schicht die Veränderung der Spannungen mit z vernachlässigen können, so brauchen wir uns in der Tat um den in Frage stehenden Einfluß überhaupt nicht zu kümmern. Mit der konsequenten Beibehaltung der Membrantheorie für den Grundzustand haben wir also gleich zwei Hindernisse auf einmal aus dem Wege geräumt. Daß dadurch die praktische Brauchbarkeit der gewonnen Ergebnisse nicht leidet, soll unten an einem Beispiel gezeigt werden.

Die Schnittgrößen können wir nun mit dem für das Folgende erforderlichen Genauigkeitsgrad ohne Schwierigkeiten angeben. Zum Beispiel erhalten wir für N_{x_I} folgendes. Es gilt für die Spannungen nach dem Gesetz (46)

$$\text{im Bereich der Dicke } t_0\colon \quad \sigma_{x_I} = \sigma_{x_0} + \frac{E}{1-\mu^2}\,(\bar\varepsilon_x + \mu\bar\varepsilon_y),$$

$$\text{in der übrigen Schale:} \quad \sigma_{x_I} = \frac{E}{1-\mu^2}\,(\bar\varepsilon_x + \mu\bar\varepsilon_y).$$

$\bar\varepsilon_x$ und $\bar\varepsilon_y$ sind dabei also die Dehnungen in einem beliebigen Abstand z von der Mittelfläche. Entsprechend (48a) wird dann

$$N_{x_I} = \int\limits_{-\frac{t_0}{2}}^{+\frac{t_0}{2}} \sigma_{x_0}\left(1 - \frac{z}{r_y}\right) dz + \int\limits_{-\frac{t}{2}}^{+\frac{t}{2}} \frac{E}{1-\mu^2}\,(\bar\varepsilon_x + \mu\bar\varepsilon_y)\left(1 - \frac{z}{r_y}\right) dz.$$

Aus dem ersten dieser beiden Integrale wird nach unseren Voraussetzungen mit $\sigma_{x_0} = \dfrac{N_{x_0}}{t_0}$ einfach N_{x_0}, so daß wir bekommen

$$N_{x_I} = N_{x_0} + \int\limits_{-\frac{t}{2}}^{+\frac{t}{2}} \frac{E}{1-\mu^2}\,(\bar\varepsilon_x + \mu\bar\varepsilon_y)\left(1 - \frac{z}{r_y}\right) dz.$$

Für die Längskraft N_{y_I} gilt ein entsprechender Ausdruck.

Zur Ermittlung der Schubkräfte müssen wir eine neue Bezeichnung für die Werte einführen, die die Dehnungen $\bar\varepsilon_x$ und $\bar\varepsilon_y$ in der Mittelfläche, also bei $z = 0$, annehmen. Nennen wir diese Dehnungen $\bar\varepsilon_x^0$ und $\bar\varepsilon_y^0$, so erhalten wir nach (46c)

$$\text{im Bereich der Dicke } t_0\colon \quad \tau_{xy_I} = \tau_{xy_0}(1 + \bar\varepsilon_y^0) + G\bar\gamma_{xy},$$

$$\text{in der übrigen Schale:} \quad \tau_{xy_I} = G\bar\gamma_{xy}.$$

Daraus folgt die Schubkraft

$$T_{x_I} = T_{x_0}(1 + \bar\varepsilon_y^0) + \int\limits_{-\frac{t}{2}}^{+\frac{t}{2}} G\bar\gamma_{xy}\left(1 - \frac{z}{r_y}\right) dz.$$

Entsprechendes gilt für T_{y_I}.

Für die Querkräfte können wir, da der Grundzustand keine Schubspannungen τ_{xz_0} und τ_{yz_0} enthalten soll, schreiben

$$Q_{xI} = \int\limits_{-\frac{t}{2}}^{+\frac{t}{2}} \bar{\tau}_{xz}\left(1 - \frac{z}{r_y}\right) dz, \qquad Q_{yI} = \int\limits_{-\frac{t}{2}}^{+\frac{t}{2}} \bar{\tau}_{yz}\left(1 - \frac{z}{r_x}\right) dz.$$

Wie aus der Schalenstatik kleiner Verschiebungen bekannt ist, können wir jedoch die Schubspannungen $\bar{\tau}_{xz}$ und $\bar{\tau}_{yz}$ nicht durch Winkeländerungen ausdrücken, da wir diese bei unseren Voraussetzungen über den Verformungszustand des Flächenträgers vernachlässigt haben. Es wird sich aber im folgenden zeigen, daß wir derartige Ausdrücke für die Schubspannungen hier auch nicht gebrauchen.

Für das Biegemoment M_{xI} erhalten wir nach (48g)

$$M_{xI} = \int\limits_{-\frac{t_0}{2}}^{+\frac{t_0}{2}} \sigma_{x_0}\left(1 - \frac{z}{r_y}\right) z\, dz + \int\limits_{-\frac{t}{2}}^{+\frac{t}{2}} \frac{E}{1-\mu^2}\left(\bar{\varepsilon}_x + \mu\bar{\varepsilon}_y\right)\left(1 - \frac{z}{r_y}\right) z\, dz$$

$$= \int\limits_{-\frac{t}{2}}^{+\frac{t}{2}} \frac{E}{1-\mu^2}\left(\bar{\varepsilon}_x + \mu\bar{\varepsilon}_y\right)\left(1 - \frac{z}{r_y}\right) z\, dz,$$

da das erste der beiden Integrale auf Grund unserer Voraussetzungen vernachlässigt werden kann. Alle Biege- und Drillmomente werden so von den Größen des Grundzustandes unabhängig.

Setzen wir noch $N_{xI} = N_{x_0} + \bar{N}_x$ usw., so bekommen wir insgesamt als Elastizitätsgesetz für die quergestrichenen Schnittgrößen

$$\left.\begin{aligned}
\bar{N}_x &= \int\limits_{-\frac{t}{2}}^{+\frac{t}{2}} \frac{E}{1-\mu^2}\left(\bar{\varepsilon}_x + \mu\bar{\varepsilon}_y\right)\left(1 - \frac{z}{r_y}\right) dz, \\[2ex]
\bar{N}_y &= \int\limits_{-\frac{t}{2}}^{+\frac{t}{2}} \frac{E}{1-\mu^2}\left(\bar{\varepsilon}_y + \mu\bar{\varepsilon}_x\right)\left(1 - \frac{z}{r_x}\right) dz, \\[2ex]
\bar{T}_x &= T_{x_0}\bar{\varepsilon}_y^0 + \int\limits_{-\frac{t}{2}}^{+\frac{t}{2}} G\bar{\gamma}_{xy}\left(1 - \frac{z}{r_y}\right) dz, \\[2ex]
\bar{T}_y &= T_{y_0}\bar{\varepsilon}_x^0 + \int\limits_{-\frac{t}{2}}^{+\frac{t}{2}} G\bar{\gamma}_{yx}\left(1 - \frac{z}{r_x}\right) dz,
\end{aligned}\right\} \qquad (49\,\mathrm{a-d})$$

$$
\left.
\begin{aligned}
\overline{M}_x &= + \int_{-\frac{t}{2}}^{+\frac{t}{2}} \frac{E}{1-\mu^2} \left(\bar{\varepsilon}_x + \mu\,\bar{\varepsilon}_y\right) \left(1 - \frac{z}{r_y}\right) z\,dz, \\[2em]
\overline{M}_y &= - \int_{-\frac{t}{2}}^{+\frac{t}{2}} \frac{E}{1-\mu^2} \left(\bar{\varepsilon}_y + \mu\,\bar{\varepsilon}_x\right) \left(1 - \frac{z}{r_x}\right) z\,dz, \\[2em]
\overline{D}_x &= - \int_{-\frac{t}{2}}^{+\frac{t}{2}} G\bar{\gamma}_{xy} \left(1 - \frac{z}{r_y}\right) z\,dz, \\[2em]
\overline{D}_y &= \int_{-\frac{t}{2}}^{+\frac{t}{2}} G\bar{\gamma}_{yx} \left(1 - \frac{z}{r_x}\right) z\,dz.
\end{aligned}
\right\} \qquad (49\,\mathrm{e\!-\!h})
$$

Auch die Formänderungsarbeit der inneren Kräfte bzw. deren Potential nimmt für den Nachbarzustand infolge unserer Voraussetzungen eine recht einfache Gestalt an. Es sei mit a_i die Formänderungsarbeit der inneren Kräfte je *Flächeneinheit* der Mittelfläche bzw. mit π_i das entsprechende Potential bezeichnet, also

$$
a_i = -\pi_i = \int_{-\frac{t}{2}}^{+\frac{t}{2}} a_{i_{Vol}} \left(1 - \frac{z}{r_x}\right) \left(1 - \frac{z}{r_y}\right) dz \qquad (50)
$$

gesetzt, wobei nach unseren früheren Bezeichnungen $a_{i_{Vol}}$ die Arbeit je Volumeneinheit ist. Ferner sei, den bereits benutzten Bezeichnungen $\bar{\varepsilon}_x^0$ und $\bar{\varepsilon}_y^0$ entsprechend, $\bar{\gamma}_{xy}^0$ die Winkeländerung in der Mittelfläche. Aus (47) wird dann für den Nachbarzustand

$$
\left.
\begin{aligned}
a_{I_i} = -\pi_{I_i} = -\Big[&N_{x_0}\bar{\varepsilon}_x^0 + N_{y_0}\bar{\varepsilon}_y^0 + T_{x_0}(1+\bar{\varepsilon}_x^0)(1+\bar{\varepsilon}_y^0)\sin\bar{\gamma}_{xy}^0 + \\
&+ \int_{-\frac{t}{2}}^{+\frac{t}{2}} \frac{E}{2(1-\mu^2)} \left(\bar{\varepsilon}_x^2 + \bar{\varepsilon}_y^2 + 2\mu\,\bar{\varepsilon}_x\bar{\varepsilon}_y + \frac{1-\mu}{2}\,\bar{\gamma}_{xy}^2\right) \left(1-\frac{z}{r_x}\right)\left(1-\frac{z}{r_y}\right) dz \Big].
\end{aligned}
\right\} (51)
$$

D. Beulen einer Rechteckplatte

1. Aufgabenstellung, Bezeichnungen und allgemeine Beziehungen

Als erstes Beispiel für das Ausbeulen eines Flächenträgers wollen wir die in Abb. 66 dargestellte Rechteckplatte *konstanter* Dicke betrachten, die in einer Richtung durch gleichmäßig verteilte Druckkräfte beansprucht wird (vgl. auch Abb. 42), so daß im Grundzustand nur Längsspannungen auftreten. Die Platte sei längs ihrer Ränder gelenkig, also einspannungsfrei, aber senkrecht zur Mittelfläche unverschieblich gelagert. Schneiden wir aus der Platte in Richtung der angreifenden Kräfte einen hinreichend schmalen Streifen heraus, so bekommen wir wieder einen beiderseitig gelenkig gelagerten Knickstab, so daß die Lagerung der Platte als sinngemäße Übertragung der Lagerungsbedingungen des gewöhnlichen EULER-stabes bezeichnet werden kann.

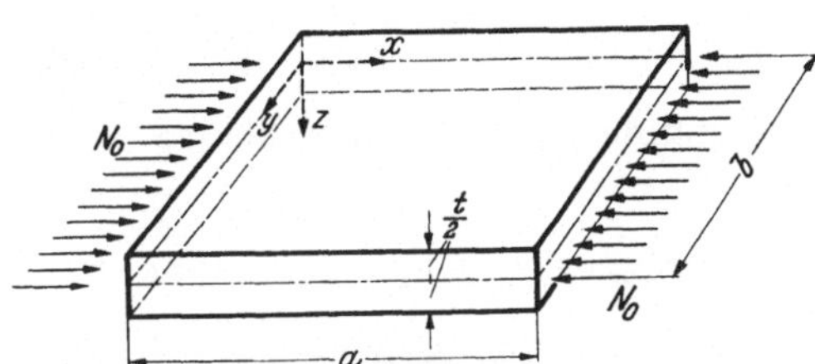

Abb. 66. Rechteckplatte mit Druckbelastung im Grundzustand.

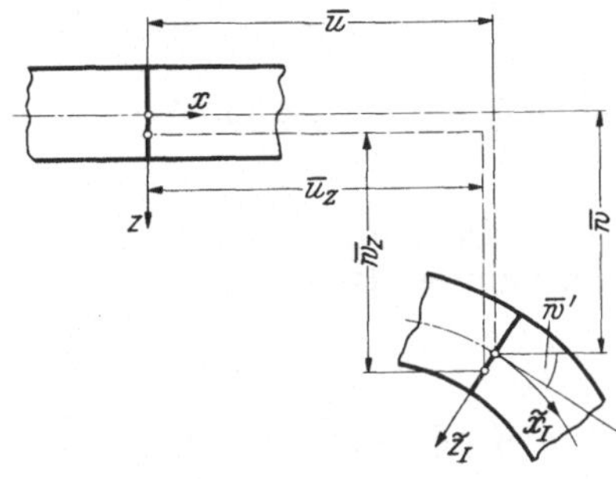

Abb. 67. Schnitt $y = \text{const}$ durch die Platte vor und nach der Verformung.

Es seien zunächst folgende Bezeichnungen eingeführt (vgl. Abb. 66):

a, b	Seitenlängen der Platte,
t	Plattendicke,
x, y, z	rechtwinklige Koordinaten zur Beschreibung der *unverformten* Platte. Die x–y-Ebene fällt mit der Mittelfläche zusammen.

$$\frac{\partial}{\partial x} (\cdots) = (\cdots)',$$

$$\frac{\partial}{\partial y} (\cdots) = (\cdots)^{\cdot},$$

$\bar{x}_I, \bar{y}_I, \bar{z}_I$	Koordinatensystem in einem beliebigen Punkt der verformten Mittelfläche zur Kennzeichnung des Nachbarzustandes (vgl. Abb. 67). Die Koordinaten $\bar{x}_I$ und $\bar{y}_I$ werden längs der Kurven gemessen, in die die Koordinatenlinien $z = 0$ und $y = \text{const}$ bzw. $x = \text{const}$ bei der Verformung übergehen. Die $\bar{z}_I$-Achse weist in Richtung der Normalen zur verformten Mittelfläche. Zahlenmäßig ist für jeden Punkt der Platte $\bar{z}_I = z$,
u, v, w	Verschiebungen eines Punktes der Mittelfläche in x-, y-, z-Richtung
u_z, v_z, w_z	Verschiebungen eines Punktes im Abstand z von der Mittelfläche in x-, y-, z-Richtung,
N_0	gleichmäßig verteilte Belastung der Platte je Längeneinheit der unverzerrten y-Achse.

Für die Spannungen, Verzerrungsgrößen und Schnittgrößen gelten die bisher schon benutzten Bezeichnungen, also z. B. σ_x, ε_x, ε_x^0, N_x usw.

Zur Beschreibung des Nachbarzustandes wollen wir im folgenden als Veränderliche die Verschiebungen $\bar{u}, \bar{v}, \bar{w}$ eines Punktes der Plattenmittelfläche verwenden. Dazu müssen wir — unabhängig davon, ob wir die Gleichgewichts- oder die Energiemethode benutzen — die in einem beliebigen Abstand z von der Mittelfläche auftretenden Verzerrungsgrößen $\bar{\varepsilon}_x$, $\bar{\varepsilon}_y$, $\bar{\gamma}_{xy}$ durch $\bar{u}, \bar{v}, \bar{w}$ ausdrücken. Diese Formeln seien als erstes aufgestellt, wobei wir uns für unser Näherungsverfahren auf lineare Glieder der Verschiebungen beschränken dürfen. Die Formeln unterscheiden sich damit nur durch den Querstrich von den Ausdrücken der klassischen Plattenstatik. Trotzdem seien sie der Vollständigkeit halber kurz abgeleitet und nicht von vornherein als bekannt vorausgesetzt.

In Abb. 67 ist ein Schnitt $y = \text{const}$ durch die Platte vor und nach der Verformung angedeutet, wobei die Annahme vom Geradebleiben der Normalen zur

Mittelfläche zum Ausdruck gebracht ist. Daraus läßt sich ohne weiteres die Beziehung

$$\overline{u}_z = \overline{u} - z\overline{w}' \tag{52a}$$

ablesen. Ganz analog ergibt sich

$$\overline{v}_z = \overline{v} - z\overline{w}^{\cdot}, \tag{52b}$$

und ebenfalls nach Abb. 67

$$\overline{w}_z = \overline{w}. \tag{52c}$$

Für die Dehnungen und die Gleitung im Abstande z von der Mittelfläche gelten die bekannten Beziehungen

$$\overline{\varepsilon}_x = \overline{u}_z', \qquad \overline{\varepsilon}_y = \overline{v}_z^{\cdot}, \qquad \overline{\gamma}_{xy} = \overline{\gamma}_{yx} = \overline{u}_z^{\cdot} + \overline{v}_z'. \tag{53a, b, c}$$

Setzen wir (52a, b) in (53) ein, so erhalten wir schon die gesuchten Ausdrücke:

$$\left. \begin{aligned} \overline{\varepsilon}_x &= \overline{u}' - z\overline{w}'', \\ \overline{\varepsilon}_y &= \overline{v}^{\cdot} - z\overline{w}^{\cdot\cdot}, \\ \overline{\gamma}_{xy} = \overline{\gamma}_{yx} &= \overline{u}^{\cdot} + \overline{v}' - 2z\overline{w}^{\cdot'}. \end{aligned} \right\} \tag{54a, b, c}$$

2. Gleichgewichtsmethode

Bei Ableitung der Differentialgleichungen des Problems mit Hilfe der Gleichgewichtsmethode benutzen wir die Schnittgrößen der Platte. Wir wollen daher als erstes das Elastizitätsgesetz dieser Schnittgrößen in der hier benötigten Form aufstellen. Hierzu brauchen wir nur die Beziehungen (54) in die Formeln (49) einzusetzen und die Integrale auszuwerten, wobei wir uns auf die Berücksichtigung von Gliedern bis zur Größenordnung t^3 beschränken dürfen. Es ergibt sich so mit $r_x = r_y = \infty$ und $G = \dfrac{E}{2(1+\mu)} = \dfrac{E}{1-\mu^2} \dfrac{1-\mu}{2}$

$$\left. \begin{aligned} \overline{N}_x &= \frac{Et}{1-\mu^2}\,(\overline{u}' + \mu\overline{v}^{\cdot}), \\ \overline{N}_y &= \frac{Et}{1-\mu^2}\,(\overline{v}^{\cdot} + \mu\overline{u}'), \\ \overline{T}_x = \overline{T}_y &= \frac{Et}{1-\mu^2}\,\frac{1-\mu}{2}\,(\overline{u}^{\cdot} + \overline{v}'), \\ \overline{M}_x &= -\frac{Et^3}{12(1-\mu^2)}\,(\overline{w}'' + \mu\overline{w}^{\cdot\cdot}), \\ \overline{M}_y &= \frac{Et^3}{12(1-\mu^2)}\,(\overline{w}^{\cdot\cdot} + \mu\overline{w}''), \\ \overline{D}_x = -\overline{D}_y &= \frac{Et^3}{12(1-\mu^2)}\,(1-\mu)\,\overline{w}^{\cdot'}. \end{aligned} \right\} \tag{55a—f}$$

Die Faktoren $\dfrac{Et}{1-\mu^2}$ und $\dfrac{Et^3}{12(1-\mu^2)}$ bezeichnen wir dabei als Dehnungs- bzw. Biegesteifigkeit der Platte. Beachtenswert sind noch die Beziehungen $\overline{T}_x = \overline{T}_y$ und $\overline{D}_x = -\overline{D}_y$, die eine unmittelbare Folge der Gleichheit der einander zugeordneten Schubspannungen sind.

Als nächstes müssen wir die Gleichgewichtsbedingungen für das Plattenelement unter Berücksichtigung der Verformung aufstellen. Da es aber bei unserem Näherungsverfahren nur auf lineare Glieder der Variationen des Grundzustandes ankommt, *brauchen wir den Einfluß der Verformung lediglich bei den Schnittgrößen zu berücksichtigen, die auch schon im Grundzustand vorhanden sind,* d. h. hier nur bei der Längskraft N_{x_I}. Denn bei allen anderen Schnittgrößen würden durch Berücksichtigung der Verformung nur Glieder in den Gleichgewichtsbedingungen auftreten, die in den quergestrichenen Größen mindestens quadratisch sind. Dementsprechend ist in Abb. 68a das Plattenelement mit allen Kräften und Momenten

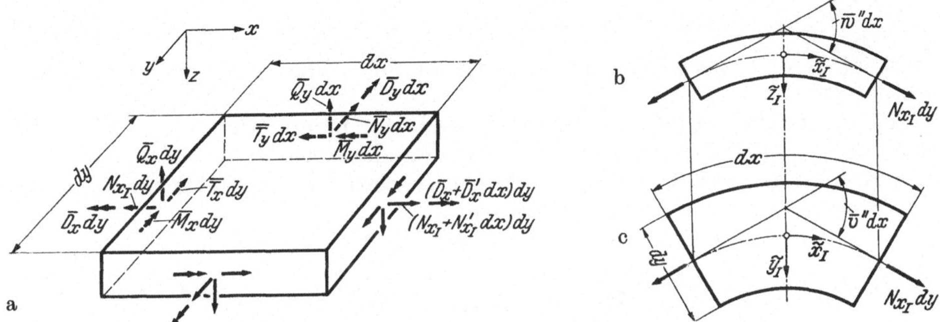

Abb. 68. a) Kräfte und Momente des Nachbarzustandes am unverformten Plattenelement; b) u. c) gekrümmtes
Plattenelement im Nachbarzustand mit den Längskräften N_{x_I}.

zunächst im unverformten Zustand dargestellt. Um die Figur nicht zu unübersichtlich werden zu lassen, sind die Änderungen der Schnittgrößen von einer zur gegenüberliegenden Schnittfläche nur für N_{x_I} und $\overline{D}_x$ als Beispiele angegeben. Abb. 68b und c zeigen dann erst das verformte Element, jedoch nur mit den Längskräften N_{x_I} und auch nur mit dem Anteil der Verformung, dessen Einfluß auf die Richtung der Längskräfte von Bedeutung ist. Winkeländerungen $\overline{\gamma}_{xy}^0$ sind z. B. fortgelassen, da sie nur dann Glieder erster Ordnung zum Gleichgewicht liefern würden, wenn der Grundzustand Schubkräfte $T_{x_0} = T_{y_0}$ enthalten würde.

Aus Abb. 68c erkennen wir, daß infolge der Krümmung $\overline{v}''$ des Elementes die beiden Kräfte N_{x_I} den Winkel $\overline{v}''\, dx$ miteinander bilden und dadurch den Beitrag $N_{x_I}\, dy\,\overline{v}''\, dx$ zum Gleichgewicht in y-Richtung liefern. Abb. 68b zeigt, daß in ganz entsprechender Weise infolge der Krümmung $\overline{w}''$ eine Kraftkomponente $N_{x_I}\, dy\,\overline{w}''\, dx$ in z-Richtung entsteht. Das sind aber auch die einzigen Ergänzungen, die wir an den aus Abb. 68a abzulesenden Gleichgewichtsbedingungen der klassischen Elastizitätslehre für unsere Stabilitätsuntersuchung vornehmen müssen. Wir erhalten so insgesamt als Bedingungen für das Kräftegleichgewicht in x-, y-, z-Richtung nach Division durch das Flächenelement $dx\, dy$

$$\left.\begin{aligned}
N'_{x_I} + \overline{T}_y^{\,\cdot} &= 0,\\
\overline{N}_y^{\,\cdot} + \overline{T}'_x + N_{x_I}\overline{v}'' &= 0,\\
\overline{Q}'_x + \overline{Q}_y^{\,\cdot} + N_{x_I}\overline{w}'' &= 0,
\end{aligned}\right\} \qquad (56\,\text{a, b, c})$$

und als Bedingungen für das Momentengleichgewicht um die Achsen x und y

$$\left.\begin{aligned}
\overline{D}'_x + \overline{M}_y^{\,\cdot} + \overline{Q}_y &= 0,\\
\overline{D}_y^{\,\cdot} + \overline{M}'_x - \overline{Q}_x &= 0.
\end{aligned}\right\} \qquad (56\,\text{d, e})$$

Das Momentengleichgewicht um die Normale zur Mittelfläche liefert keine neue Aussage, da es bei $T_{x_0} = T_{y_0} = 0$ durch die Identität $\overline{T}_x = \overline{T}_y$ von selbst gesichert ist.

Setzen wir in (56) die Verformungen $\overline{v}''$ und $\overline{w}''$ gleich Null und lassen den Querstrich über den Schnittgrößen fort, so bekommen wir die Gleichungen der gewöhnlichen Plattenstatik. Streichen wir weiter die Querkräfte und Momente und fügen bei den Längs- und Schubkräften den Index 0 hinzu, so erhalten wir die Differentialgleichungen, denen der Grundzustand genügen muß. Man bestätigt sofort, daß diese Gleichungen in der Tat durch

$$N_{x_0} = -N_0 = \text{const}, \qquad T_{x_0} = T_{y_0} = 0 \qquad (57\,\text{a, b})$$

befriedigt werden, was wir bei der Aufgabenstellung schon stillschweigend vorausgesetzt hatten.

Wir führen nun in (56) den Grundzustand ein, indem wir $N_{x_I} = N_{x_0} + \overline{N}_x$ setzen und von (57) Gebrauch machen. Es fallen dann wieder — wie wir es schon beim Knickstab gesehen haben — die Glieder fort, die das Gleichgewicht des Grundzustandes kennzeichnen, und es bleibt

$$\left.\begin{aligned}
\overline{N}'_x + \overline{T}_y \qquad\qquad &= 0, \\
\overline{N}_y + \overline{T}'_x - N_0\overline{v}'' &= 0, \\
\overline{Q}'_x + \overline{Q}_y - N_0\overline{w}'' &= 0, \\
\overline{D}'_x + \overline{M}_y + \overline{Q}_y \quad &= 0, \\
\overline{D}_y + \overline{M}'_x - \overline{Q}_x \quad &= 0.
\end{aligned}\right\} \qquad (58\,\text{a—e})$$

In diesen Gleichungen können wir alle Schnittgrößen nach (55) durch Verschiebungen $\overline{u}, \overline{v}, \overline{w}$ ausdrücken mit Ausnahme der Querkräfte $\overline{Q}_x$ und $\overline{Q}_y$. Diese können wir jedoch mit (58d, e) leicht aus (58c) eliminieren, so daß aus (58) die drei Gleichungen

$$\left.\begin{aligned}
\overline{N}'_x + \overline{T}_y \qquad\qquad\qquad &= 0, \\
\overline{N}_y + \overline{T}'_x - N_0\overline{v}'' \qquad\qquad &= 0, \\
\overline{D}'_y + \overline{M}''_x - \overline{D}'_x - \overline{M}_y - N_0\overline{w}'' &= 0
\end{aligned}\right\} \qquad (59\,\text{a, b, c})$$

entstehen.

Setzen wir jetzt (55) in (59) ein, so erhalten wir unter Voraussetzung *konstanter* Plattendicke t nach Ordnen der einzelnen Glieder und Division der ersten beiden Gleichungen durch $\dfrac{Et}{1-\mu^2}$, der letzten durch $-\dfrac{Et^3}{12(1-\mu^2)}$

$$\left.\begin{aligned}
\overline{u}'' \;+\frac{1-\mu}{2}\,\overline{u} + \frac{1+\mu}{2}\,\overline{v}' \qquad\qquad\qquad &= 0, \\
\overline{v} \;+\frac{1-\mu}{2}\,\overline{v}'' + \frac{1+\mu}{2}\,\overline{u}' - \frac{1-\mu^2}{Et}\,N_0\overline{v}'' &= 0, \\
\overline{w}'''' + 2\overline{w}''' \;\; + \overline{w} \quad\quad + 12\,\frac{1-\mu^2}{Et^3}\,N_0\overline{w}'' &= 0.
\end{aligned}\right\} \quad (60\,\text{a, b, c})$$

Damit haben wir aber schon die Differentialgleichungen unseres Problems gefunden. Es sind drei partielle lineare Differentialgleichungen für die Verschiebungen $\overline{u}, \overline{v}, \overline{w}$. Sie sind wieder homogen und liefern nach ihrer Lösung die gesuchten Eigenwerte. Bevor wir uns jedoch mit dieser Lösung befassen, wollen wir dieselben Gleichungen noch mit Hilfe der Energiemethode ableiten.

3. Energiemethode

Da sich im vorliegenden Fall die äußeren Kräfte aus einem Potential ableiten lassen, können wir das Prinzip vom stationären Wert der potentiellen Energie anwenden. Die Energie der inneren Kräfte des Nachbarzustandes ist durch die Beziehung (51) gegeben, die wir nur für unseren Sonderfall umzuformen haben. Zunächst bekommen wir mit den für den Grundzustand gültigen Ausdrücken (57) aus (51)

$$\pi_{I_i} = -N_0\bar{\varepsilon}_x^0 + \int\limits_{-\frac{t}{2}}^{+\frac{t}{2}} \frac{E}{2(1-\mu^2)}\left(\bar{\varepsilon}_x^2 + \bar{\varepsilon}_y^2 + 2\mu\bar{\varepsilon}_x\bar{\varepsilon}_y + \frac{1-\mu}{2}\,\bar{\gamma}_{xy}^2\right)dz. \tag{61}$$

Darin haben wir jetzt noch die Verzerrungsgrößen durch die Verschiebungen der Mittelfläche auszudrücken, wobei zu bedenken ist, daß es bei der potentiellen Energie auf quadratische Größen der Variationen des Grundzustandes ankommt. Wir müssen also insbesondere $\bar{\varepsilon}_x^0$ einschließlich solcher quadratischer Glieder berechnen. Beim Knickstab haben wir in Abschnitt I, B, 3, b mit I, (12) den exakten Ausdruck für die Dehnung der Stabachse abgeleitet. Für die Platte haben wir diesen Ausdruck nur hinsichtlich der Verschiebung v noch zu erweitern. Ein Längenelement einer in der Mittelfläche liegenden Faser $y = $ const, $z = 0$ hat vor der Verformung die Länge dx, nach der Verformung im Nachbarzustand die Länge

$$d\tilde{x}_I = \sqrt{(dx + \bar{u}'\,dx)^2 + (\bar{v}'\,dx)^2 + (\bar{w}'\,dx)^2}.$$

Daraus folgt die Dehnung $\bar{\varepsilon}_x^0$ dieses Elementes zu

$$\bar{\varepsilon}_x^0 = \frac{d\tilde{x}_I - dx}{dx} = \sqrt{(1+\bar{u}')^2 + \bar{v}'^2 + \bar{w}'^2} - 1,$$

und man erkennt, daß gegenüber I, (12) nur das Glied $\bar{v}'^2$ neu hinzugekommen ist. Entwickeln wir die Wurzel und beschränken uns auf quadratische Glieder, so bekommen wir den in (61) benötigten Ausdruck

$$\bar{\varepsilon}_x^0 = \bar{u}' + \frac{1}{2}\,\bar{v}'^2 + \frac{1}{2}\,\bar{w}'^2. \tag{62}$$

Zur Auswertung des Integrals in (61) ist es nur erforderlich, für die Verzerrungsgrößen $\bar{\varepsilon}_x$, $\bar{\varepsilon}_y$ und $\bar{\gamma}_{xy}$ die Ausdrücke (54) einzusetzen. Bei der Integration dürfen bzw. müssen wir uns wieder auf Glieder von der Größenordnung t und t^3 beschränken. Nach Ordnen der einzelnen Glieder erhalten wir dann insgesamt für π_{I_i} unter Benutzung von (62) folgenden Ausdruck bei konstanter Plattendicke

$$\left.\begin{aligned}\pi_{I_i} = {}&-N_0\left(\bar{u}' + \frac{1}{2}\,\bar{v}'^2 + \frac{1}{2}\,\bar{w}'^2\right) + \\[4pt] &+ \frac{1}{2}\frac{Et}{1-\mu^2}\left[\bar{u}'^2 + \frac{1-\mu}{2}\,\bar{u}^{\cdot2} + 2\mu\bar{u}'\bar{v}^{\cdot} + (1-\mu)\,\bar{u}^{\cdot}\bar{v}' + \frac{1-\mu}{2}\,\bar{v}'^2 + \bar{v}^{\cdot2}\right] + \\[4pt] &+ \frac{1}{2}\frac{Et^3}{12(1-\mu^2)}\left[\bar{w}''^2 + 2\mu\bar{w}''\bar{w}^{\cdot\cdot} + \bar{w}^{\cdot\cdot2} + 2(1-\mu)\,\bar{w}^{\cdot'2}\right].\end{aligned}\right\} \tag{63}$$

π_{I_i} ist die potentielle Energie der inneren Kräfte je Flächeneinheit der Mittelfläche.

Für die ganze Platte gilt also

$$\Pi_{I_i} = \int\limits_0^a \int\limits_0^b \pi_{I_i} \, dy \, dx. \tag{64}$$

Das Potential der äußeren Kräfte läßt sich leicht angeben. Denken wir uns den Rand $x = 0$ der Platte in x-Richtung unverschieblich gelagert, so können nur die am Rand $x = a$ angreifenden Kräfte N_0 einen Beitrag zum Potential liefern, für das der Ausdruck

$$\Pi_{I_a} = \int\limits_0^b N_0 \overline{u}_{x=a} \, dy$$

gelten muß. Mit

$$\overline{u}_{x=a} = \int\limits_0^a \overline{u}' \, dx$$

können wir auch schreiben

$$\Pi_{I_a} = \int\limits_0^a \int\limits_0^b N_0 \overline{u}' \, dy \, dx. \tag{65}$$

Da, wie wir beim Knickstab besprochen hatten,

$$\Pi_I = \Pi_{I_i} + \Pi_{I_a} = \overline{\delta \Pi}_0 + \frac{1}{2} \overline{\delta^2 \Pi}_0$$

ist, erhalten wir aus (63), (64) und (65) bereits die, das indifferente Gleichgewicht kennzeichnende, vom Grund- zum Nachbarzustand führende erste und zweite Variation des Grundzustandes. Man erkennt sofort, daß sich in dem entstehenden Ausdruck für Π_I die beiden Glieder mit $N_0 \overline{u}'$ herausheben, so daß $\overline{\delta \Pi}_0 = 0$ wird, wie es wegen des Gleichgewichts des Grundzustandes sein muß. Für die zweite Variation bleibt dann

$$\overline{\delta^2 \Pi}_0 = \int\limits_0^a \int\limits_0^b \left\{ - N_0(\overline{v}'^2 + \overline{w}'^2) + \right. $$
$$+ \frac{Et}{1-\mu^2}\left[\overline{u}'^2 + \frac{1-\mu}{2}\overline{u}^{\cdot 2} + 2\mu\overline{u}'\overline{v}^{\cdot} + (1-\mu)\overline{u}^{\cdot}\overline{v}' + \frac{1-\mu}{2}\overline{v}'^2 + \overline{v}^{\cdot 2}\right] +$$
$$+ \frac{Et^3}{12(1-\mu^2)}\left[\overline{w}''^2 + 2\mu\overline{w}''\overline{w}^{\cdot\cdot} + \overline{w}^{\cdot\cdot 2} + 2(1-\mu)\overline{w}'^{\cdot 2}\right] \left. \right\} \, dy \, dx. \tag{66}$$

Wir haben jetzt nur noch die Bedingung $\delta\left(\overline{\delta^2 \Pi}_0\right) = 0$ zu verwenden und die EULERschen Gleichungen dieses Variationsproblems zu bilden. Diese Gleichungen lauten hier, wenn wir zur Abkürzung den Integranden von (66) mit H bezeichnen,

$$\frac{\partial H}{\partial \overline{u}} - \left(\frac{\partial H}{\partial \overline{u}'}\right)' - \left(\frac{\partial H}{\partial \overline{u}^{\cdot}}\right)^{\cdot} = 0,$$
$$\frac{\partial H}{\partial \overline{v}} - \left(\frac{\partial H}{\partial \overline{v}'}\right)' - \left(\frac{\partial H}{\partial \overline{v}^{\cdot}}\right)^{\cdot} = 0, \tag{67a, b, c}$$
$$\frac{\partial H}{\partial \overline{w}} - \left(\frac{\partial H}{\partial \overline{w}'}\right)' - \left(\frac{\partial H}{\partial \overline{w}^{\cdot}}\right)^{\cdot} + \left(\frac{\partial H}{\partial \overline{w}''}\right)'' + \left(\frac{\partial H}{\partial \overline{w}^{\cdot\cdot}}\right)^{\cdot\cdot} + \left(\frac{\partial H}{\partial \overline{w}'^{\cdot}}\right)'^{\cdot} = 0,$$

und es ist nach Ausführung der Differentiationsprozesse leicht zu bestätigen, daß sich in der Tat wieder die Differentialgleichungen (60) ergeben.

4. Lösung der Differentialgleichungen

Wenn wir uns die Differentialgleichungen (60) auf ihre Lösung hin ansehen, so fällt sofort auf, daß in den beiden ersten Gln. (60a, b) nur die Verschiebungen $\bar{u}$ und $\bar{v}$, in (60c) dagegen nur $\bar{w}$ vorkommen, daß also das Gleichungssystem aus zwei voneinander völlig unabhängigen Teilen besteht. Mechanisch bedeutet dies das Vorhandensein zweier grundsätzlich verschiedener Möglichkeiten für das Eintreten indifferenter Gleichgewichtslagen: Im ersten Fall stellen sich Verschiebungen $\bar{u}$ und $\bar{v}$ ein, so daß die Platte in ihrer Ebene verzerrt wird, während dabei $\bar{w}$ in der Regel identisch Null sein muß, da sonst (60c) mit den aus (60a, b) sich ergebenden Eigenwerten nicht befriedigt werden kann. Umgekehrt wird im zweiten Fall der Nachbarzustand nur durch Ausbiegungen $\bar{w}$ erreicht, während die Mittelfläche keine Verformungen in ihrer Ebene erfährt. Die erste Art von Instabilität könnte etwa bei einer Platte eintreten, bei der die Länge a sehr groß gegenüber der Breite b ist und die an den Längsrändern $y = 0$ und $y = b$ überhaupt nicht gehalten ist. Es würde sich dann wieder um das Ausknicken eines stabähnlichen Gebildes in einer Ebene handeln, wobei die Gln. (60a, b) uns jedoch die Möglichkeit geben würden, auf die vereinfachenden Annahmen der gewöhnlichen Stabknickung, z. B. auf die Voraussetzung über das Ebenbleiben der Querschnitte, zu verzichten, und die Brauchbarkeit dieser Annahmen durch eine genauere Rechnung zu prüfen. Eine derartige Untersuchung hätte aber nichts mit dem hier gestellten Problem zu tun, so daß im folgenden nur die zweite Art indifferenter Gleichgewichtszustände von Interesse ist, bei denen allein wir mit Recht von einem „Ausbeulen" sprechen können.

Im vorliegenden Fall ist also $\bar{u} \equiv 0$, $\bar{v} \equiv 0$, d. h. hinsichtlich der linearen Glieder tritt *beim Übergang vom Grund- zum Nachbarzustand keine Verzerrung der Mittelfläche ein*. Die Platte zeigt damit ein ganz entsprechendes Verhalten wie der gewöhnliche Knickstab, bei dem wir in Abschnitt I, B, 3, 9 ausführlich die Merkwürdigkeit besprochen hatten, daß beim Ausknicken die Stabachse ungedehnt bleibt. Alle daraus folgenden Besonderheiten in der Abhängigkeit zwischen den angreifenden Kräften und den sich einstellenden Verformungen übertragen sich sinngemäß vom Stab auf die Platte und brauchen nicht noch einmal erwähnt zu werden. Wir haben uns nur noch um die Lösung der Differentialgleichung (60c) zu kümmern.

Diese Lösung ist für die vorliegende allseitig momentenfreie Lagerung der Platte ganz besonders einfach, da sich sofort die Partikularlösung angeben läßt, die alle Randbedingungen befriedigt. Diese Lösung lautet

$$\bar{w} = A \sin m \,\frac{\pi}{a}\, x \sin n \,\frac{\pi}{b}\, y \qquad \text{mit} \qquad m, n = 1, 2, \ldots . \tag{68}$$

Zu ihrer mechanischen Bedeutung ist folgendes zu sagen. Die Durchbiegung $\bar{w}$ hat sowohl für Schnitte $x = \text{const}$ als auch für Schnitte $y = \text{const}$ einen sinusförmigen Verlauf, wobei die Anzahl der Halbwellen durch die Parameter m und n gekennzeichnet ist. Die Mittelfläche nimmt eine Form an, wie sie z. B. für $n = 1$, $m = 2$ durch Abb. 42 angedeutet ist. Längs der Plattenränder ist überall, wie verlangt, $\bar{w} = 0$. Bilden wir die Ableitungen $\bar{w}''$ und $\bar{w}^{\cdot\cdot}$, so erkennen wir, daß diese Größen und damit nach (55d, e) auch $\bar{M}_x$ und $\bar{M}_y$ an den Rändern ebenfalls verschwinden, so daß der geforderten einspannungsfreien Lagerung entsprochen wird. Die Drillmomente $\bar{D}_x$ und $\bar{D}_y$ werden allerdings nach (55f) an den Rändern nicht zu Null; sie können dort aber aufgenommen werden, wenn wir uns die Lagerung der Platte scharnierartig vorstellen oder die „Ersatzscherkräfte" des bekannten Theorems von Tait-Kelvin in Anspruch nehmen.

Daß (68) tatsächlich eine Lösung der Differentialgleichung (60 c) ist, können wir durch Einsetzen sofort bestätigen. Wir erhalten dabei nach Division der ganzen Gleichung durch $\pi^4 \sin m \dfrac{\pi}{a} x \sin n \dfrac{\pi}{b} y$

$$A \left[\frac{m^4}{a^4} + 2 \frac{m^2 n^2}{a^2 b^2} + \frac{n^4}{b^4} - N_0 \frac{12(1 - \mu^2)}{E t^3} \frac{m^2}{\pi^2 a^2} \right] = 0.$$

Soll A nicht zu Null werden, so muß die eckige Klammer verschwinden, womit die Beulbedingung gefunden ist. Für die Eigenwerte N_0 gilt also

$$\begin{aligned}
N_0 &= \frac{E t^3}{12(1 - \mu^2)} \frac{\pi^2 a^2}{m^2} \left(\frac{m^4}{a^4} + 2 \frac{m^2 n^2}{a^2 b^2} + \frac{n^4}{b^4} \right) \\
&= \frac{E t^3}{12(1 - \mu^2)} \frac{\pi^2 a^2}{m^2} \left(\frac{m^2}{a^2} + \frac{n^2}{b^2} \right)^2 \\
&= \frac{E t^3}{12(1 - \mu^2)} \frac{\pi^2}{b^2} \left(\frac{b}{a} m + \frac{a}{b} \frac{n^2}{m} \right)^2 .
\end{aligned}$$

Führen wir das Seitenverhältnis $\alpha = \dfrac{a}{b}$ ein und setzen zur Abkürzung

$$k = \left(\frac{m}{\alpha} + \alpha \frac{n^2}{m} \right)^2 , \tag{69a}$$

so können wir die Beulbedingung in der endgültigen üblichen Form

$$N_0 = \frac{E t^3}{12(1 - \mu^2)} \frac{\pi^2}{b^2} k \tag{69b}$$

schreiben.

Der Faktor k erfordert jedoch noch eine nähere Betrachtung. Er hängt von den Parametern m und n ab, von denen wir bisher nur wissen, daß sie alle ganzen positiven Zahlen annehmen können. Unter dieser Einschränkung werden für jeden Wert von m und n sowohl die Differentialgleichungen als auch die Randbedingungen befriedigt, so daß wir in jedem Fall eine indifferente Gleichgewichtslage erhalten. Praktisch interessiert natürlich nur die niedrigste Beullast, die wir wieder als kritische Last bezeichnen werden. Unsere Aufgabe besteht also darin, bei gegebenem α das Wertepaar m, n zu bestimmen, für das k und damit N_0 möglichst klein werden. Hinsichtlich des Parameters n läßt sich nach (69a) sofort entscheiden, daß stets n so klein wie möglich, also stets $n = 1$ sein muß. Zu der kritischen Beullast gehört damit in y-Richtung immer nur eine Halbwelle der Beulfläche. Nach unseren Erkenntnissen beim Knickstab sollten wir nun annehmen, daß auch $m = 1$ immer die kleinsten Beulwerte liefert. Daß diese Vermutung falsch ist, zeigt jedoch sofort G. (69a), nach der bei großem α auch m groß sein muß, um ein kleines k zu erzielen.

Die Verhältnisse lassen sich am besten an Hand von Abb. 69 überblicken, in der für verschiedene Werte von m die sich ergebenden Kurven von

$$k_{n=1} = \left(\frac{m}{\alpha} + \frac{\alpha}{m} \right)^2 \tag{70}$$

dargestellt sind. Jede dieser Kurven geht für sehr große und für sehr kleine α nach Unendlich. Die Minima der einzelnen Kurven liegen jedoch an verschiedenen Stellen, so daß sich die Kurven überschneiden. Maßgeblich ist von einer Kurve

immer das in Abb. 69 stark ausgezogene Stück, dessen Ordinaten kleiner als die
jeder anderen Kurve sind. Die einzelnen in Betracht kommenden Kurvenstücke
setzen sich so zu einer „Girlandenkurve" zusammen, die die Kurve der kritischen
k-Werte darstellt, und der wir in ähnlicher Form bei Stabilitätsproblemen an
Platten und Schalen immer wieder begegnen. Man erkennt aus Abb. 69, daß nur
bei kleinen α-Werten allein $m = 1$ in Frage kommt, im übrigen aber die Anzahl
der Halbwellen in x-Richtung desto größer
wird, je größer α ist.

Es ist noch von Interesse, die Minima der
einzelnen Kurven nach Lage und Größe auszurechnen. Es ist nach (70)

$$\frac{d\,k_{n=1}}{d\,\alpha} = 2\left(\frac{m}{\alpha} + \frac{\alpha}{m}\right)\left(-\frac{m}{\alpha^2} + \frac{1}{m}\right)$$

$$= \frac{2}{\alpha}\left(\frac{\alpha^2}{m^2} - \frac{m^2}{\alpha^2}\right).$$

Die Minima treten danach ein für

$$\frac{\alpha^2}{m^2} - \frac{m^2}{\alpha^2} = 0, \qquad \alpha = m.$$

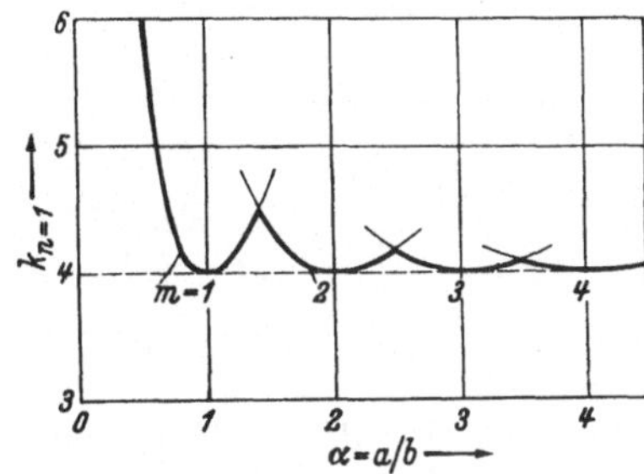

Abb. 69. Beuldiagramm der Rechteckplatte
von Abb. 66. $k_{n=1}$ in Abhängigkeit vom
Seitenverhältnis α bei $m = 1, 2, \ldots$

Die Minima liegen also jeweils bei den ganzen Zahlen $\alpha = 1, 2, \ldots$. Ihre Größe
ist für jede Kurve $m = \text{const}$ nach (70)

$$k_{\min} = 4.$$

Da sich die Spitzen der Girlandenkurve nur wenig über die Gerade $k = 4$
erheben, können wir im Bereich $\alpha \geqq 1$ die kritischen k-Werte, die wir mit k_K
bezeichnen wollen, mit für die Praxis hinreichender Genauigkeit durch ihre untere
Grenze ersetzen. Wir bekommen also

$$k_K \approx 4 \qquad \text{für} \qquad \alpha \geqq 1,$$

$$k_K = \left(\frac{1}{\alpha} + \alpha\right)^2 \qquad \text{für} \qquad \alpha \leqq 1.$$

Da die Girlandenkurve für $\alpha = \infty$ in die Gerade $k = 4$ übergeht, können wir die
Näherung auch so charakterisieren, daß wir statt der Rechteckplatte für $\alpha \geqq 1$
einen in x-Richtung unendlich langen Plattenstreifen betrachtet haben.

5. Genauigkeit der Annahmen eines Membran-Grundzustandes

Bevor wir das Beispiel der Rechteckplatte verlassen, wollen wir an ihm noch
den Fehler untersuchen, der dadurch entsteht, daß wir uns die Kräfte des Grundzustandes in einer Schicht von der Dicke t_0 angreifend denken und damit den
Einfluß der Verformung auf die Richtung der Spannungen in verschiedenen Abständen z von der Mittelfläche vernachlässigen. Die Platte ist nämlich für diese
Untersuchung besonders geeignet. Erstens ist bei ihr der betrachtete Grundzustand
mit einer über die Plattendicke konstanten Druckspannung $\dfrac{N_0}{t}$ auch der Biegetheorie nach möglich, so daß keinerlei Schwierigkeiten durch die erforderliche
exakte Berechnung des Grundzustandes entstehen. Zweitens läßt sich bei ihr aber
auch der zu untersuchende, in Abb. 65 angedeutete Verformungseinfluß sehr leicht

erfassen. Dazu können wir natürlich sowohl die Gleichgewichts- als auch die Energiemethode benutzen. Die letztere sei jedoch bevorzugt, da sie hier besonders schnell und einfach zum Ziel führt.

Das Potential der inneren Kräfte des Nachbarzustandes können wir jetzt nicht mehr nach (51) bzw. (61) ermitteln, sondern müssen auf (47) zurückgreifen. Mit

$$\sigma_{x_0} = -\frac{N_0}{t}, \qquad \sigma_{y_0} = 0, \qquad \tau_{xy_0} = 0$$

können wir schreiben

$$\pi_{I_i} = -\int_{-\frac{t}{2}}^{+\frac{t}{2}} \frac{N_0}{t}\,\bar{\varepsilon}_x\,dz + \int_{-\frac{t}{2}}^{+\frac{t}{2}} \frac{E}{2(1-\mu^2)} \left(\bar{\varepsilon}_x^2 + \bar{\varepsilon}_y^2 + 2\mu\bar{\varepsilon}_x\bar{\varepsilon}_y + \frac{1-\mu}{2}\bar{\gamma}_{xy}^2\right) dz, \qquad (71)$$

wobei sich nur das erste dieser beiden Integrale gegenüber dem Glied $-N_0\bar{\varepsilon}_x^0$ in (61) geändert hat. Für die Dehnung $\bar{\varepsilon}_x$ im Abstand z gilt analog zu (62)

$$\bar{\varepsilon}_x = \bar{u}_z' + \frac{1}{2}\bar{v}_z'^2 + \frac{1}{2}\bar{w}_z'^2.$$

Mit (52) wird daraus

$$\bar{\varepsilon}_x = \bar{u}' - z\bar{w}'' + \frac{1}{2}\bar{v}'^2 - z\bar{v}'\bar{w}'' + \frac{z^2}{2}\bar{w}''^2 + \frac{1}{2}\bar{w}'^2$$

und, wenn wir wieder von (62) Gebrauch machen,

$$\bar{\varepsilon}_x = \bar{\varepsilon}_x^0 - z\bar{w}'' - z\bar{v}'\bar{w}'' + \frac{z^2}{2}\bar{w}''^2.$$

Setzen wir diese Beziehung in das erste Integral in (71) ein, so erhalten wir nach Ausführung der Integration

$$\pi_{I_i} = -N_0\bar{\varepsilon}_x^0 - \frac{1}{2}\frac{t^3}{12}\frac{N_0}{t}\bar{w}''^2 + \int_{-\frac{t}{2}}^{+\frac{t}{2}} \frac{E}{2(1-\mu^2)} \left(\bar{\varepsilon}_x^2 + \bar{\varepsilon}_y^2 + 2\mu\bar{\varepsilon}_x\bar{\varepsilon}_y + \frac{1-\mu}{2}\bar{\gamma}_{xy}^2\right) dz.$$

Vergleichen wir dieses Ergebnis mit (61), so erkennen wir, daß das Glied $-\frac{1}{2}\frac{t^3}{12}\frac{N_0}{t}\bar{w}'^2$ neu hinzugekommen ist. Das ist aber auch die einzige im endgültigen Ausdruck (66) für die gesamte potentielle Energie zu berücksichtigende Korrektur, da das Potential der äußeren Kräfte in der vorher berechneten Form zweifellos richtig bleibt. Bilden wir nun erneut die EULERschen Gln. (67), so ergeben sich wieder die Gln. (60a, b) in ungeänderter Form, während (60c) jetzt lautet:

$$\bar{w}'''' + \left[2 - (1-\mu^2)\frac{N_0}{Et}\right]\bar{w}''\cdot\cdot + \bar{w}\cdot\cdot\cdot\cdot + 12(1-\mu^2)\frac{N_0}{Et^3}\bar{w}'' = 0. \qquad (72)$$

Wenn so die Energiemethode sehr schnell das gesuchte Resultat geliefert hat, so ist es doch nicht überflüssig, sich auch für die Gleichgewichtsmethode den Rechnungsgang kurz zu überlegen, da sich hierbei am besten eine anschauliche Vorstellung von der Ursache des neu auftretenden Korrekturgliedes gewinnen läßt.

Bei der Gleichgewichtsmethode müssen wir zuerst die Beziehungen (49) für die Schnittgrößen neu aufstellen. Das brauchen wir allerdings nicht in allgemeingültiger Form zu tun, sondern können uns gleich auf den vorliegenden Sonderfall beschränken. Es genügt also, den in Frage stehenden Verformungseinfluß nur bei den schon im Grundzustand vorhandenen Spannungen $\sigma_{x0} = -\dfrac{N_0}{t}$ zu berücksichtigen, da es ja nur auf lineare Glieder der quergestrichenen Größen ankommt. Zur Ermittlung dieser linearen Glieder können wir folgende Überlegung anstellen.

Erfährt das Plattenelement reine Dehnungen ohne Winkeländerungen oder erfährt es nur Winkeländerungen $\bar{\gamma}_{xy}$, die für alle z denselben Wert haben, so wird keine Korrektur der Beziehungen (49) notwendig, da dann die Längsspannungen σ_{x0} für jeden Abstand z dieselbe Richtung haben. Von Bedeutung ist nur die mit z veränderliche Winkeldifferenz $\bar{\gamma}_{xy} - \bar{\gamma}_{xy}^{0}$, die bei einer Verwindung des Elementes auftritt. Ihr Einfluß auf die Längskraft N_{xI} ist allerdings, wie schon Abb. 65 zeigt, von höherer Ordnung klein, weil dabei nur der Kosinus der Winkeländerung in Betracht kommt. Die in jeder Schicht von der Dicke dz in y-Richtung auftretenden Komponenten der Kräfte $\sigma_{x0}\, dy\, dz$ sind jedoch zu beachten. Diese Komponenten sind oberhalb und unterhalb der Mittelfläche von gleicher Größe, aber entgegengesetzter Richtung, da die Differenz $\bar{\gamma}_{xy} - \bar{\gamma}_{xy}^{0}$ dem Abstand z proportional ist (vgl. 54c). Damit tritt zwar keine neue Kraft am Element in y-Richtung auf, so daß $\bar{T}_x$ ungeändert bleibt, wohl aber ergibt sich ein zusätzliches Glied zum Drillmoment $\bar{D}_x$, das in (49g) zu berücksichtigen ist. Das so korrigierte Elastizitätsgesetz ist dann wieder in die Gleichgewichtsbedingungen am verformten Element einzusetzen, wobei die Momentengleichgewichtsbedingung um die x-Achse im Vergleich zu früher eine Korrektur erfährt. Zusammenfassend können wir also feststellen, daß die *Verwindung* des Elementes einen neuen Anteil zum Drillmoment und damit das Zusatzglied in (72) bedingt.

Betrachten wir nun die praktische Bedeutung des Zusatzgliedes, so erkennen wir folgendes. Abgesehen von der Querkontraktionszahl, die das Korrekturglied noch verkleinert, ist dieses gleich $\dfrac{N_0}{Et}$. Dieser Quotient ist aber nichts anderes als die Dehnung der Platte im Grundzustand. Sie kann nie größer als die Fließdehnung werden und ist infolgedessen bei normalen Werkstoffen gegenüber der Zahl 2 in (72) vernachlässigbar klein. *Die Annahme, daß die Kräfte des Grundzustandes nur in einer dünnen Mittelschicht wirken, ist danach zulässig,* jedenfalls, solange überhaupt das Näherungsverfahren dieses Abschnittes, bei dem die Verformungen des Grundzustandes vernachlässigt werden, berechtigt ist.

E. Beulen einer Kreiszylinderschale

1. Belastung mit Axial- und Manteldruck

a) Aufgabenstellung und Beziehungen zwischen Verzerrungsgrößen und Verschiebungen

Das nächste Beispiel wollen wir der Schalentheorie entnehmen und die in Abb. 70 dargestellte Kreiszylinderschale konstanter Wandstärke betrachten[1]. Die Belastung möge aus einer gleichmäßig über den Umfang verteilten Axiallast und

---

[1] Nach W. FLÜGGE: Ing.-Arch. 3 (1932) 463, und Statik und Dynamik der Schalen, 3. Aufl., Berlin/Göttingen/Heidelberg 1962, S. 226.

einem auf die Mantelfläche wirkenden konstanten Druck bestehen. Den letzteren wollen wir uns durch eine gepreßte Flüssigkeit oder ein Gas hervorgerufen denken, so daß bei der Verformung die angreifenden Kräfte immer senkrecht zur Mittel-

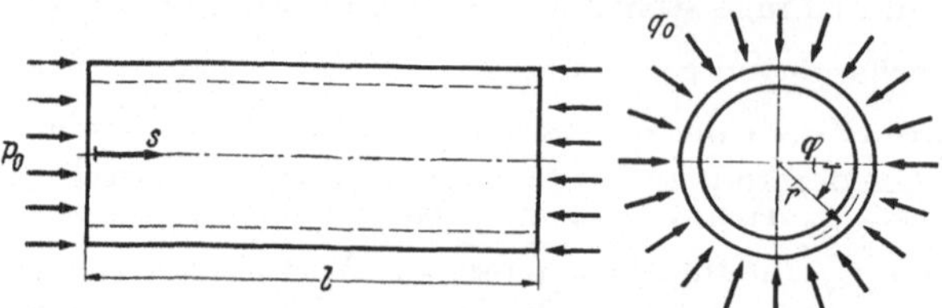

Abb. 70.
Kreiszylinderschale mit Axial- und Manteldruck im Grundzustand.

fläche bleiben, also ihre ursprüngliche radiale Richtung ändern. Die Zylinderschale sei an ihren beiden Enden durch ebene Böden abgeschlossen, die in ihrer Ebene jede Verschiebung der Schale verhindern, im übrigen aber eine geringe Biegesteifigkeit besitzen, so

daß die Lagerung an den Rändern momentenfrei ist und dort auch keine Kräfte in Richtung der Zylindererzeugenden von den Böden aufgenommen werden können.

Es möge im folgenden bedeuten:

p_0 axiale Belastung je Längeneinheit der unverzerrten Schalenränder,

q_0 Belastung der Schale je Flächeneinheit der *verzerrten* Mittelfläche (der Unterschied in der Größe der Mittelfläche und der äußeren Mantelfläche wird vernachlässigt),

l Zylinderlänge,

r Radius der Kreise, die durch Schnitte senkrecht zur Zylinderachse aus der Schalenmittelfläche herausgeschnitten werden,

s, r, φ Koordinaten zur Beschreibung der unverformten Schale nach Abb. 70.

Für eine übersichtliche Schreibweise der abzuleitenden Beziehungen erweist es sich als zweckmäßig, im folgenden die Abkürzungen

$$\left.\begin{array}{r} \dfrac{\partial\,(\cdots)}{\partial\,\dfrac{s}{r}} = r\,\dfrac{\partial\,(\cdots)}{\partial s} = (\cdots)', \\[3ex] \dfrac{\partial\,(\cdots)}{\partial \varphi} = (\cdots)^{\cdot} \end{array}\right\} \qquad (73\,\text{a, b})$$

einzuführen. Durch einen Strich ist also dabei die partielle Differentiation nach der dimensionslosen Veränderlichen $\dfrac{s}{r}$ gekennzeichnet. Das in Abb. 62 schon verwendete Koordinatensystem x, y, z in einem Punkt der unverformten Mittelfläche legen wir so, daß die x-Achse in die Zylindererzeugende fällt und die Richtung der s-Achse hat. Die Koordinate y wird längs der aus der Mittelfläche herausgeschnittenen Kreise $s = $ const gemessen und die z-Achse weist in Richtung der Schalennormale radial nach innen (vgl. auch Abb. 71 und 72). Bei der Verformung möge das System x, y, z wieder in $\bar{x}, \bar{y}, \bar{z}$ bzw. speziell im Nachbarzustand in $\bar{x}_I, \bar{y}_I, \bar{z}_I$ übergehen. Es bedeute ferner:

u, v, w Verschiebungen eines Punktes der Mittelfläche im System x, y, z. u wird also in Richtung der Erzeugenden, v längs der Kreise $s = $ const, $z = 0$ und w in Richtung der Schalennormale radial nach innen gemessen,

u_z, v_z, w_z entsprechende Verschiebungen im Abstand z von der Mittelfläche im System x, y, z.

Alle weiteren Bezeichnungen für die Verzerrungs- und Schnittgrößen übernehmen wir so, wie wir sie bereits bei unseren bisherigen Betrachtungen an Flächenträgern benutzt haben.

Sowohl bei der Gleichgewichts- als auch bei der Energiemethode benötigen wir wieder die linearen Beziehungen zwischen den Verschiebungen der Mittelfläche und den Dehnungen und Gleitungen in einem beliebigen Abstand z. Bei ihrer Ableitung können wir uns auch hier recht kurz fassen, da es sich um Beziehungen der klassischen Schalenstatik handelt.

Legen wir einen Schnitt $\varphi = \text{const}$ durch die Schale, so erhalten wir dafür vor und nach der Verformung ein Bild, das genau mit Abb. 67 übereinstimmt. Damit bleiben von den für die Platte abgeleiteten Ausdrücken die Beziehungen (52a) und (52c) erhalten, wobei wir nur berücksichtigen müssen, daß der bei der Platte mit $\overline{w}'$ bezeichnete Winkel nach unserer neuen Verabredung (73) $\dfrac{\overline{w}'}{r}$ heißen muß. Wir erhalten also

$$\left.\begin{aligned} \overline{u}_z &= \overline{u} - z\,\frac{\overline{w}'}{r}, \\[2mm] \overline{w}_z &= \overline{w}. \end{aligned}\right\} \qquad (74\,\text{a, c})$$

Für Schnitte $s = \text{const}$ senkrecht zur Zylinderachse ergeben sich allerdings wegen der Schalenkrümmung etwas andere Verhältnisse als bei der Platte. Nach Abb. 71 erkennen wir, daß $\overline{v}_z = \dfrac{r-z}{r}\,\overline{v}$ sein würde, wenn $\overline{w} = 0$ wäre. Mit einer Neigung $\dfrac{\overline{w}}{r}$ ergibt sich dann insgesamt

$$\overline{v}_z = \frac{r-z}{r}\,\overline{v} - z\,\frac{\overline{w}}{r}. \qquad (74\,\text{b})$$

Für die Dehnung $\overline{\varepsilon}_x$ erhalten wir wie bei der Platte $\overline{\varepsilon}_x = \dfrac{\partial \overline{u}_z}{\partial s}$ oder

$$\overline{\varepsilon}_x = \frac{\overline{u}_z'}{r}, \qquad (75\,\text{a})$$

während für $\overline{\varepsilon}_y$ der Ausdruck

$$\overline{\varepsilon}_y = \frac{\overline{v}_z}{r-z} - \frac{\overline{w}_z}{r-z} \qquad (75\,\text{b})$$

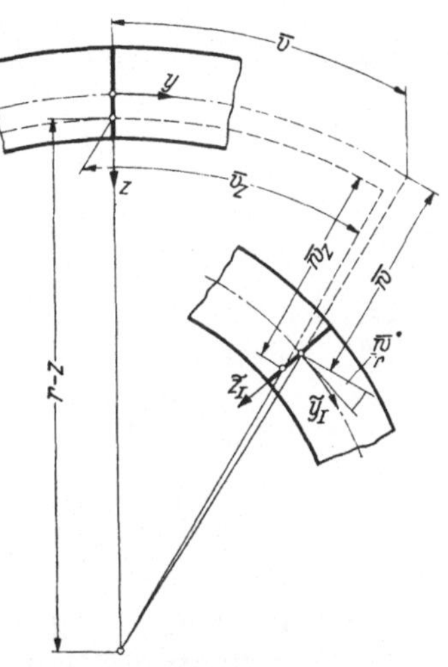

Abb. 71. Schnitt $s = \text{const}$ durch die Kreiszylinderschale vor und nach der Verformung.

gilt. Das erste Glied in (75b) ist das Verhältnis der Längenänderung $\dfrac{\partial \overline{v}_z}{\partial \varphi}\,d\varphi$ zur ursprünglichen Länge $(r-z)\,d\varphi$ einer Faser, die so gedehnt wird, daß dabei $\overline{w} = 0$ ist. Das zweite Glied kommt dadurch zustande, daß ein Kreis vom ursprünglichen Umfang $2\pi(r-z)$ infolge der Durchbiegung $\overline{w}_z$ einen Umfang $2\pi(r-z-\overline{w}_z)$ annimmt und infolgedessen eine Längenänderung $-2\pi\overline{w}_z$ und eine Dehnung $-\dfrac{\overline{w}_z}{r-z}$ erfährt.

Die Gleitung $\overline{\gamma}_{xy}$ setzt sich schließlich aus den beiden Anteilen $\dfrac{\partial \overline{v}_z}{\partial s} = \dfrac{\overline{v}_z'}{r}$ und $\dfrac{\partial \overline{u}_z}{(r-z)\,\partial \varphi} = \dfrac{\overline{u}_z}{r-z}$ zusammen, so daß wir

$$\overline{\gamma}_{xy} = \overline{\gamma}_{yx} = \frac{\overline{v}_z'}{r} + \frac{\overline{u}_z}{r-z} \qquad (75\,\text{c})$$

bekommen.

Setzen wir (74) in (75) ein, so erhalten wir

$$\left.\begin{aligned} \overline{\varepsilon}_x &= \frac{\overline{u}'}{r} - z\,\frac{\overline{w}''}{r^2}, \\[3mm] \overline{\varepsilon}_y &= \frac{\overline{v}}{r} - \frac{\overline{w}}{r-z} - \frac{z}{r}\,\frac{\overline{w}}{r-z}, \\[3mm] \overline{\gamma}_{xy} &= \overline{\gamma}_{yx} = \frac{\overline{u}}{r-z} + \frac{r-z}{r^2}\,\overline{v}' - \frac{z}{r}\left(\frac{1}{r} + \frac{1}{r-z}\right)\overline{w}'. \end{aligned}\right\} \qquad (76\,\text{a, b, c})$$

b) Gleichgewichtsmethode

Wir beginnen wieder mit der Aufstellung des Elastizitätsgesetzes für die Schnittgrößen und brauchen dazu nur (76) in (49) einzusetzen und die Integrale einschließlich Glieder von der Größenordnung t^3 auszuwerten. Dabei ist zu beachten, daß für die Kreiszylinderschale $r_x = \infty$, $r_y = r$ ist. Wir erhalten dann

$$\left.\begin{aligned}
\overline{N}_x &= \frac{E}{1-\mu^2}\,\frac{t}{r}\left(\overline{u}' + \mu\overline{v} - \mu\overline{w} + \frac{t^2}{12r^2}\overline{w}''\right), \\[2mm]
\overline{N}_y &= \frac{E}{1-\mu^2}\,\frac{t}{r}\left[\overline{v}^{\boldsymbol{\cdot}} - \overline{w} + \mu\overline{u}' - \frac{t^2}{12r^2}\left(\overline{w}^{\boldsymbol{\cdot\cdot}} + \overline{w}\right)\right], \\[2mm]
\overline{T}_x &= \frac{T_{x0}}{r}\left(\overline{v}^{\boldsymbol{\cdot}} - \overline{w}\right) + \frac{E}{1-\mu^2}\,\frac{t}{r}\,\frac{1-\mu}{2}\left[\overline{u}^{\boldsymbol{\cdot}} + \overline{v}' + \frac{t^2}{12r^2}\left(\overline{v}' + \overline{w}''\right)\right], \\[2mm]
\overline{T}_y &= \frac{T_{y0}}{r}\,\overline{u}' + \frac{E}{1-\mu^2}\,\frac{t}{r}\,\frac{1-\mu}{2}\left[\overline{u}^{\boldsymbol{\cdot}} + \overline{v}' + \frac{t^2}{12r^2}\left(\overline{u}^{\boldsymbol{\cdot}} - \overline{w}''\right)\right], \\[2mm]
\overline{M}_x &= -\frac{E}{1-\mu^2}\,\frac{t^3}{12r^2}\left(\overline{w}'' + \overline{u}' + \mu\overline{v}^{\boldsymbol{\cdot}} + \mu\overline{w}^{\boldsymbol{\cdot\cdot}}\right), \\[2mm]
\overline{M}_y &= \frac{E}{1-\mu^2}\,\frac{t^3}{12r^2}\left(\overline{w}^{\boldsymbol{\cdot\cdot}} + \mu\overline{w}'' + \overline{w}\right), \\[2mm]
\overline{D}_x &= \frac{E}{1-\mu^2}\,\frac{t^3}{12r^2}\,(1-\mu)\left(\overline{v}' + \overline{w}''\right), \\[2mm]
\overline{D}_y &= \frac{E}{1-\mu^2}\,\frac{t^3}{12r^2}\,\frac{1-\mu}{2}\left(\overline{u}^{\boldsymbol{\cdot}} - \overline{v}' - 2\overline{w}''\right).
\end{aligned}\right\} \quad (77\,\mathrm{a-h})$$

Zur Aufstellung der Gleichgewichtsbedingungen für den Nachbarzustand betrachten wir zuerst der Einfachheit halber wieder nur das unverformte Element. Dieses ist in Abb. 72 mit sämtlichen daran angreifenden Kräften und Momenten dargestellt. Die Bezeichnungen entsprechen denen der Abb. 62 und 68. Die Seitenlängen der Mittelfläche des Elementes sind $dx = ds$ und $dy = r\,d\varphi$. Von den Momenten und Querkräften, die im Grundzustand, den wir ja als Membranspannungszustand voraussetzen, verschwinden, sind von vornherein nur die quergestrichenen Größen eingetragen. Der für die Gleichgewichtsbetrachtung wichtige Zuwachs der Schnittgrößen ist nur für N_{x_I} und N_{y_I} als Beispiel angedeutet.

Die sechs Gleichgewichtsbedingungen, die das Kräftegleichgewicht in Richtung der Achsen x, y, z und das Momentengleichgewicht um diese Achsen verbürgen, lassen sich ohne weiteres aus Abb. 72 ablesen. Sie lauten nach Division durch $ds\,d\varphi$

$$\left.\begin{aligned}
N'_{x_I} + T^{\boldsymbol{\cdot}}_{y_I} &= 0, \\[2mm]
N^{\boldsymbol{\cdot}}_{y_I} + T'_{x_I} - \overline{Q}_y &= 0, \\[2mm]
\overline{Q}'_x + \overline{Q}^{\boldsymbol{\cdot}}_y + N_{y_I} + q_0 r &= 0, \\[2mm]
\overline{D}'_x + \overline{M}^{\boldsymbol{\cdot}}_y + r\overline{Q}_y &= 0, \\[2mm]
\overline{D}^{\boldsymbol{\cdot}}_y + \overline{M}'_x - r\overline{Q}_x &= 0, \\[2mm]
T_{x_I} r - T_{y_I} r + \overline{D}_y &= 0.
\end{aligned}\right\} \quad (78\,\mathrm{a-f})$$

Bevor wir diese Gleichungen hinsichtlich der Verformung des Elementes ergänzen, wollen wir aus ihnen den Grundzustand gewinnen. Die dafür gültigen Beziehungen bekommen wir, wenn wir alle quergestrichenen Größen streichen und statt des Index I den Index 0 einführen. Also

$$\left.\begin{aligned} N'_{x0} + T'_{y0} &= 0, \\ N_{y0} + T'_{x0} &= 0, \\ N_{y0} + q_0 r &= 0, \\ T_{x0} - T_{y0} &= 0. \end{aligned}\right\} \quad (79\,\text{a—d})$$

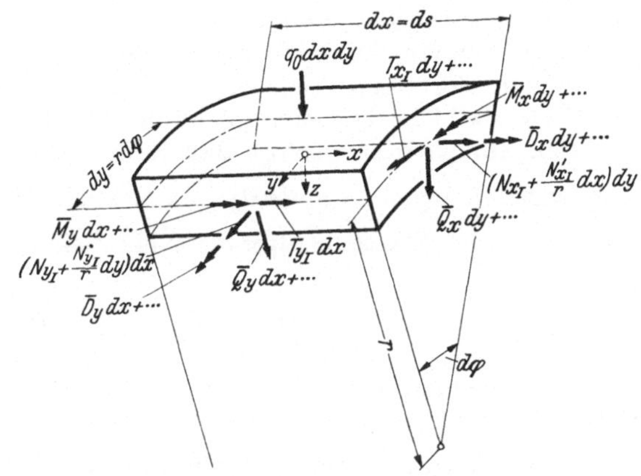

Abb. 72. Kräfte und Momente des Nachbarzustandes am unverformten Element der Kreiszylinderschale.

(79 d) liefert die bekannte Gleichheit der einander zugeordneten Membranschubkräfte, (79 c) ergibt

$$N_{y0} = -q_0 r, \qquad (80\,\text{a})$$

und (79 a, b) werden durch

$$\left.\begin{aligned} N_{x0} &= -p_0, \\ T_{x0} &= T_{y0} = 0 \end{aligned}\right\} \quad (80\,\text{b, c})$$

befriedigt, wodurch auch den Randbedingungen der Schale entsprochen wird.

Da der Grundzustand nur aus den Lasten q_0 und den Längskräften N_{x0}, N_{y0} besteht, brauchen wir auch nur dafür bei den jetzt aufzustellenden Gleichungen am verformten Element den Verformungseinfluß zu berücksichtigen. Dieser Einfluß macht sich bereits in der ersten Gl. (78 a), die das Gleichgewicht der Kräfte in x-Richtung zum Ausdruck bringt, bemerkbar. Bei der Platte hatten wir gesehen, daß nach Abb. 68 c die Kräfte $N_{x_I}\,dy$ wegen der Krümmung $\bar{v}''\,dx$ den Beitrag $N_{x_I}\,dy\,\bar{v}''\,dx$ zum Gleichgewicht in y-Richtung liefern. Hier müssen wir ganz entsprechend ein Glied $N_{y_I}\,dx\,\dfrac{\bar{u}^{\cdot\cdot}}{r}\,d\varphi$ in x-Richtung mit ansetzen. Außerdem ist zu beachten, daß nach Abb. 73 a die Belastung q_0 infolge der Neigung $\dfrac{\bar{w}'}{r}$ in x-Richtung die Komponente $-q_0\,dx\,dy\,\dfrac{\bar{w}'}{r}$ $= -q_0\bar{w}'\,dx\,d\varphi$ ergibt. Wir erhalten also statt (78 a) mit $T_{y_I} = \bar{T}_y$

$$N'_{x_I} + \bar{T}'_y + N_{y_I}\,\frac{\bar{u}^{\cdot\cdot}}{r} - q_0\bar{w}' = 0. \qquad (81\,\text{a})$$

Dazu sei noch folgendes bemerkt. Wir haben das Gleichgewicht in x-Richtung, also in Richtung der für die unverformte Schale gültigen Koordinatenachse angeschrieben. Statt dessen hätten wir auch das Gleichgewicht in Richtung der

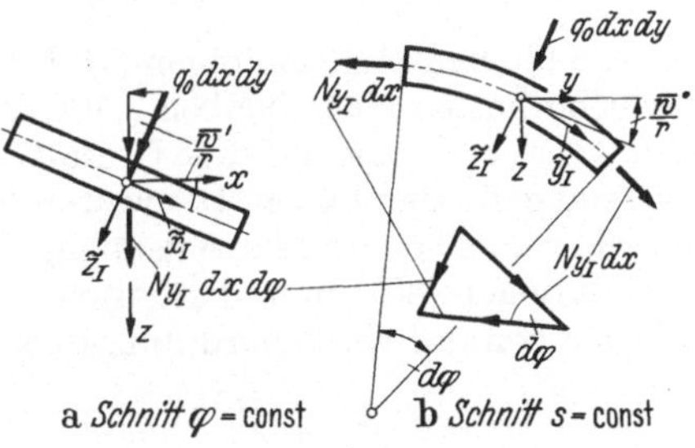

Abb. 73 a u. b. Belastung q_0 und Längskräfte N_{y_I} am verformten Element der Kreiszylinderschale.

Achse $\tilde{x}_I$ des verformten Systems zum Ausdruck bringen können. Für die meisten Gleichgewichtsbetrachtungen ist zwar dieser Unterschied als von höherer Ordnung klein bedeutungslos; z. B. war das bei dem behandelten Plattenproblem überall der Fall und gilt auch für die ersten drei Glieder in (81 a). Für das Lastglied in (81 a) ist aber der Unterschied wesentlich. Wie aus Abb. 73 a ersichtlich, würde nämlich q_0 zu dem Gleichgewicht in $\tilde{x}_I$-Richtung keinen Beitrag liefern; dafür würde aber die durch den Winkel $d\varphi$ bedingte Resultierende $N_{y_I}\,dx\,d\varphi$ der Längskräfte $N_{y_I}\,dx$ (vgl. Abb. 73b) einen Anteil zum Gleichgewicht verursachen. Im Endergebnis müssen natürlich beide Wege auf dasselbe hinauslaufen, was man übrigens im vorliegenden Fall nach Einführung des Grundzustandes nach (80a) auch leicht bestätigen kann.

Wir können von dieser Möglichkeit, alles auf eine Achse des verformten Systems zu beziehen, vorteilhaft Gebrauch machen, wenn wir als Nächstes in Ergänzung von (78b) das Gleichgewicht nicht in y-Richtung, sondern in Richtung $\bar{y}_I$ betrachten. Abb. 73b lehrt sofort, daß dann ein Glied mit q_0 nicht auftritt (in y-Richtung wirkt dagegen $-q_0\,dx\,dy\,\dfrac{\overline{w}^{\boldsymbol{\cdot}}}{r}$). Berücksichtigen wir noch das oben bereits erwähnte, vom Plattenbeulproblem her bekannte Glied $N_{x_I}d\varphi\,\dfrac{\overline{v}''}{r}\,dx$, so folgt mit $T_{x_I}=\overline{T}_x$

$$N_{y_I}^{\boldsymbol{\cdot}} + \overline{T}_x' - \overline{Q}_y + N_{x_I}\frac{\overline{v}''}{r} = 0\,. \tag{81b}$$

Beim Gleichgewicht in Richtung der Schalennormale, bei dem es wieder gleichgültig ist, ob wir die Richtung z oder $\bar{z}_I$ wählen, ist dreierlei zu beachten. Erstens ein Glied $N_{x_I}\,d\varphi\,\dfrac{\overline{w}''}{r}\,dx$, das wir genau wie beim Plattenbeulproblem nach Abb. 68 bzw. Gl. (56c) anzusetzen haben. Zweitens die Tatsache, daß der Winkel $d\varphi$ bei der Verformung in $d\varphi\left(1+\dfrac{\overline{v}}{r}+\dfrac{\overline{w}^{\boldsymbol{\cdot\cdot}}}{r}\right)$ übergeht, was in Abb. 73b, die nur die Zusatzglieder für (81a, b) erläutern sollte, der Übersicht halber fortgelassen wurde, aber zur Folge hat, daß aus dem Glied N_{y_I} in (78c) jetzt $N_{y_I}\left(1+\dfrac{\overline{v}^{\boldsymbol{\cdot}}}{r}+\dfrac{\overline{w}^{\boldsymbol{\cdot\cdot}}}{r}\right)$ wird. Drittens ist wesentlich, daß die Belastung q_0 einem Flüssigkeitsdruck entsprechend ein fester Wert je Einheit der *verzerrten* Mittelfläche ist. Wir müssen also die Vergrößerung des Flächenelementes $dx\,dy$ in

$$(1+\bar{\varepsilon}_x^0)\,dx\,(1+\bar{\varepsilon}_y^0)\,dy = \left(1+\frac{\overline{u}'}{r}+\frac{\overline{v}^{\boldsymbol{\cdot}}}{r}-\frac{\overline{w}}{r}\right)dx\,dy$$

berücksichtigen [vgl. Gln. (76a, b)] und bekommen so

$$\overline{Q}_x' + \overline{Q}_y^{\boldsymbol{\cdot}} + N_{x_I}\frac{\overline{w}''}{r} + N_{y_I}\left(1+\frac{\overline{v}^{\boldsymbol{\cdot}}}{r}+\frac{\overline{w}^{\boldsymbol{\cdot\cdot}}}{r}\right) + q_0 r\left(1+\frac{\overline{u}'}{r}+\frac{\overline{v}^{\boldsymbol{\cdot}}}{r}-\frac{\overline{w}}{r}\right) = 0\,. \tag{81c}$$

Die Momentengleichungen (78d, e, f), in denen die Kräfte des Grundzustandes nicht enthalten sind, bleiben schließlich ungeändert bestehen, so daß wir in den Gln. (81a, b, c) und (78d, e, f) die Gleichgewichtsbedingungen für den Nachbarzustand gefunden haben. Die weitere Behandlung dieser Gleichungen erfolgt genau so, wie wir es bei der Platte kennengelernt haben. Wir führen zunächst den Grundzustand nach (80) ein und erhalten dann folgende Gleichungen, in denen nur noch Glieder von der Größenordnung quergestrichener Größen vorkommen:

$$\left.\begin{aligned}
\overline{N}_x' + \overline{T}_y^{\boldsymbol{\cdot}} - q_0(\overline{u}^{\boldsymbol{\cdot\cdot}}+\overline{w}') &= 0,\\[4pt]
\overline{N}_y^{\boldsymbol{\cdot}} + \overline{T}_x' - \overline{Q}_y - \frac{p_0}{r}\overline{v}'' &= 0,\\[4pt]
\overline{Q}_x' + \overline{Q}_y^{\boldsymbol{\cdot}} + \overline{N}_y - \frac{p_0}{r}\overline{w}'' + q_0(\overline{u}'-\overline{w}^{\boldsymbol{\cdot\cdot}}-\overline{w}) &= 0,\\[4pt]
\overline{D}_x' + \overline{M}_y^{\boldsymbol{\cdot}} + r\overline{Q}_y &= 0,\\[4pt]
\overline{D}_y^{\boldsymbol{\cdot}} + \overline{M}_x' - r\overline{Q}_x &= 0,\\[4pt]
\overline{T}_x r - \overline{T}_y r + \overline{D}_y &= 0.
\end{aligned}\right\} \tag{82 a—f}$$

Eliminieren wir mit Hilfe von (82 d, e) aus (82 b, c) die Querkräfte, so erhalten wir als neues Gleichungssystem

$$
\left.
\begin{aligned}
&\overline{N}'_x + \overline{T}^{\,\cdot}_y - q_0(\overline{u}^{\,\cdot\cdot} + \overline{w}') && = 0,\\[4pt]
&\overline{N}^{\,\cdot}_y + \overline{T}'_x + \frac{1}{r}\left(\overline{D}'_x + \overline{M}^{\,\cdot}_y\right) - \frac{p_0}{r}\,\overline{v}'' && = 0,\\[4pt]
&\frac{1}{r}\left(\overline{D}^{\,\cdot}_y + \overline{M}''_x - \overline{D}^{\,\cdot}_x - \overline{M}^{\,\cdot\cdot}_y\right) + \overline{N}_y - \frac{p_0}{r}\,\overline{w}'' + q_0(\overline{u}' - \overline{w}^{\,\cdot\cdot} - \overline{w}) = 0,\\[4pt]
&\overline{T}_x r - \overline{T}_y r + \overline{D}_y && = 0.
\end{aligned}
\right\} \quad (83\,\text{a—d})
$$

Führen wir nun das Elastizitätsgesetz (77) für die Schnittgrößen in (83 d) ein, so stellen wir fest, daß diese Gleichung für alle $\overline{u}$, $\overline{v}$, $\overline{w}$ identisch befriedigt wird. Sie liefert also keine weitere Aussage, sonden ist lediglich eine Kontrolle für die Widerspruchsfreiheit unserer bisherigen Rechnungen. Aus (83 a, b, c) bekommen wir dagegen mit (77) nach Ordnen der einzelnen Glieder und Division jeder Gleichung durch den konstanten Faktor $\dfrac{E}{1-\mu^2}\dfrac{t}{r}$ die gesuchten Differentialgleichungen unseres Problems:

$$
\left.
\begin{aligned}
&\overline{u}'' + \frac{1-\mu}{2}\,\overline{u}^{\,\cdot\cdot} + \frac{1+\mu}{2}\,\overline{v}^{\,\prime\cdot} - \mu\overline{w}' + \frac{t^2}{12\,r^2}\left(\frac{1-\mu}{2}\,\overline{u}^{\,\cdot\cdot} + \overline{w}''' - \frac{1-\mu}{2}\,\overline{w}^{\,\prime\cdot\cdot}\right) -\\[4pt]
&\hspace{6em} - q_0\,r\,\frac{1-\mu^2}{E\,t}\,(\overline{u}^{\,\cdot\cdot} + \overline{w}') = 0,\\[10pt]
&\frac{1+\mu}{2}\,\overline{u}^{\,\prime\cdot} + \overline{v}^{\,\cdot\cdot} + \frac{1-\mu}{2}\,\overline{v}'' - \overline{w}^{\,\cdot} + \frac{t^2}{12r^2}\left(3\,\frac{1-\mu}{2}\,\overline{v}'' + \frac{3-\mu}{2}\,\overline{w}^{\,\prime\prime\cdot}\right) -\\[4pt]
&\hspace{6em} - p_0\,\frac{1-\mu^2}{E\,t}\,\overline{v}'' = 0,\\[10pt]
&\mu\overline{u}' + \overline{v}^{\,\cdot} - \overline{w} - \frac{t^2}{12r^2}\left(\overline{u}''' - \frac{1-\mu}{2}\,\overline{u}^{\,\prime\cdot\cdot} + \frac{3-\mu}{2}\,\overline{v}^{\,\prime\prime\cdot} + \overline{w}'''' + 2\overline{w}^{\,\prime\prime\cdot\cdot} +\right.\\[4pt]
&\left. \hspace{2em} + \overline{w}^{\,\cdot\cdot\cdot\cdot} + 2\overline{w}^{\,\cdot\cdot} + \overline{w}\right) - p_0\,\frac{1-\mu^2}{E\,t}\,\overline{w}'' + q_0\,r\,\frac{1-\mu^2}{E\,t}\,(\overline{u}' - \overline{w}^{\,\cdot\cdot} - \overline{w}) = 0.
\end{aligned}
\right\} \quad (84\,\text{a, b, c})
$$

Bei Betrachtung der Schreibweise dieser Gleichungen mag es vielleicht besonders überflüssig erscheinen, daß über den Verschiebungen u, v, w stets der Querstrich gesetzt ist. Dies ist jedoch nicht nur im Interesse einer einheitlichen Darstellung zweckmäßig, sondern vor allem dazu geeignet, immer daran zu erinnern, daß z. B. $\overline{u}$ nur die abgekürzte Schreibweise für δu_0 ist und die spezielle vom Grund- zum Nachbarzustand führende Variation der Verschiebung u_0 des Grundzustandes bedeutet.

c) Energiemethode

Auch die Anwendung der Energiemethode verläuft ganz ähnlich wie bei der Rechteckplatte. Mit (80) und mit $r_x = \infty$, $r_y = r$ bekommen wir aus dem allgemeingültigen Ausdruck (51) für die potentielle Energie der inneren Kräfte des Nachbarzustandes je Einheit der Schalenmittelfläche

$$
\pi_{I_i} = -p_0\,\overline{\varepsilon}^{\,0}_x - q_0\,r\,\overline{\varepsilon}^{\,0}_y + \int\limits_{-\frac{t}{2}}^{+\frac{t}{2}} \frac{E}{2(1-\mu^2)}\left(\overline{\varepsilon}^{\,2}_x + \overline{\varepsilon}^{\,2}_y + 2\mu\,\overline{\varepsilon}_x\overline{\varepsilon}_y + \frac{1-\mu}{2}\,\overline{\gamma}^{\,2}_{xy}\right)\left(1 - \frac{z}{r}\right)dz. \quad (85)
$$

Darin müssen wir $\bar{\varepsilon}_x^0$ und $\bar{\varepsilon}_y^0$ einschließlich quadratischer Glieder einsetzen. Da die in s- bzw. x-Richtung laufenden Erzeugenden der Zylinderschale nicht gekrümmt sind, können wir den Ausdruck für $\bar{\varepsilon}_x^0$ einfach von der Platte, d. h. von Gl. (62) übernehmen. Wir müssen nur beachten, daß dort der Strich Differentiation nach x bedeutete, während er jetzt Differentiation nach der dimensionslosen Koordinate $\dfrac{s}{r}$ darstellt. Wir müssen also

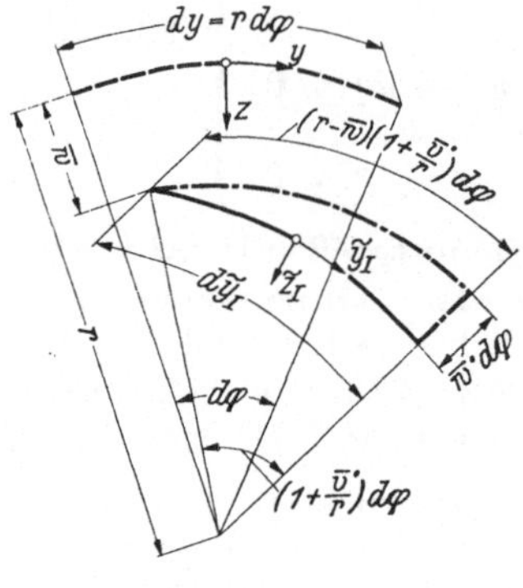

$$\bar{\varepsilon}_x^0 = \frac{\bar{u}'}{r} + \frac{1}{2}\,\frac{\bar{v}'^2}{r^2} + \frac{1}{2}\,\frac{\bar{w}'^2}{r^2} \qquad (86\,\mathrm{a})$$

setzen. Zur Berechnung von $\bar{\varepsilon}_y^0$ ist in Abb. 74 die Projektion eines Längenelementes dy in x-Richtung vor und nach der Verformung dargestellt. Eine Krümmungsänderung $\bar{w}^{\cdot\cdot}$, die auf die Dehnung des Elementes keinen Einfluß hat, ist dabei fortgelassen. Wir entnehmen aus Abb. 74, daß $d\tilde{y}_I$ in der gewählten Projektion die strichpunktiert gezeichneten Komponenten $\bar{w}^{\cdot}\,d\varphi$ und $(r\,d\varphi + \bar{v}\,d\varphi)\,\dfrac{r-\bar{w}}{r} = (r-\bar{w})\left(1+\dfrac{\bar{v}}{r}\right)\,d\varphi$ hat.

Abb. 74. Projektion eines Längenelementes dy vor und nach der Verformung in x-Richtung.

Berücksichtigen wir noch, daß in x-Richtung eine weitere Komponente $\bar{u}^{\cdot}\,d\varphi$ auftritt, so bekommen wir insgesamt, wenn wir uns auf quadratische Glieder beschränken,

$$d\tilde{y}_I^2 = \left[(r-\bar{w})\left(1+\frac{\bar{v}}{r}\right)d\varphi\right]^2 + (\bar{u}^{\cdot}\,d\varphi)^2 + (\bar{w}^{\cdot}\,d\varphi)^2,$$

$$\left(\frac{d\tilde{y}_I}{dy}\right)^2 = \left(\frac{d\tilde{y}_I}{r\,d\varphi}\right)^2 = \frac{1}{r^2}\left(r^2 + 2r\bar{v} - 2r\bar{w} - 4\bar{v}\,\bar{w} + \bar{u}^{\cdot\,2} + \bar{v}^{\,2} + \bar{w}^{\,2} + \bar{w}^{\cdot\,2}\right),$$

$$\bar{\varepsilon}_y^0 = \frac{d\tilde{y}_I}{d\,y} - 1 = \frac{1}{r}\left(\bar{v}^{\cdot} - \bar{w}\right) + \frac{1}{2r^2}\left(\bar{u}^{\cdot\,2} - 2\bar{v}\,\bar{w} + \bar{w}^{\cdot\,2}\right). \qquad (86\,\mathrm{b})$$

Setzen wir (86) in (85) ein, benutzen ferner die Gln. (76) und führen die Integration in (85) aus, so bekommen wir für das Potential der inneren Kräfte nach Ordnung der einzelnen Glieder

$$\begin{aligned}
\pi_{I_i} = {}& -\frac{p_0}{r}\,\bar{u}' - \frac{p_0}{2r^2}\left(\bar{v}'^2 + \bar{w}'^2\right) - q_0(\bar{v}^{\cdot} - \bar{w}) - \frac{q_0}{2r}\left(\bar{u}^{\cdot\,2} - 2\bar{v}\,\bar{w} + \bar{w}^{\cdot\,2}\right) + \\[4pt]
& + \frac{1}{2}\,\frac{Et}{1-\mu^2}\,\frac{1}{r^2}\left[\bar{u}'^2 + \frac{1-\mu}{2}\,\bar{u}^{\cdot\,2} + 2\mu\bar{u}'\bar{v}^{\cdot} + (1-\mu)\,\bar{u}^{\cdot}\bar{v}' - 2\mu\bar{u}'\bar{w} + \right. \\[4pt]
& \left. + \frac{1-\mu}{2}\,\bar{v}'^2 + \bar{v}^{\cdot\,2} - 2\bar{v}^{\cdot}\,\bar{w} + \bar{w}^2\right] + \\[4pt]
& + \frac{1}{2}\,\frac{Et^3}{12(1-\mu^2)}\,\frac{1}{r^4}\left[\frac{1-\mu}{2}\,\bar{u}^{\cdot\,2} + 2\bar{u}'\bar{w}'' - (1-\mu)\,\bar{u}^{\cdot}\bar{w}^{\cdot\prime} + \frac{3}{2}\,(1-\mu)\bar{v}'^2 + \right. \\[4pt]
& + 3(1-\mu)\,\bar{v}'\bar{w}^{\cdot\prime} + 2\mu\bar{v}^{\cdot}\bar{w}'' + \bar{w}''^2 + 2\mu\bar{w}''\bar{w}^{\cdot\cdot} + \\[4pt]
& \left. + 2(1-\mu)\,\bar{w}^{\cdot\prime\,2} + \bar{w}^{\cdot\cdot\,2} + 2\bar{w}^{\cdot\cdot}\,\bar{w} + \bar{w}^2\right].
\end{aligned} \qquad (87)$$

Das Potential der äußeren Kräfte, die aus den Lasten p_0 und q_0 bestehen, läßt sich nur hinsichtlich p_0 leicht angeben. Dieser Anteil sei mit $\Pi_{I_a}(p_0)$ bezeichnet und ist

$$\Pi_{I_a}(p_0) = \int\limits_0^{2\pi} p_0(\overline{u}_{s\,=\,l} - \overline{u}_{s\,=\,0})\, r\, d\varphi,$$

$$\Pi_{I_a}(p_0) = \int\limits_0^{l}\int\limits_0^{2\pi} p_0 \overline{u}'\, d\varphi\, ds. \tag{88}$$

Die Aufstellung des zu q_0 gehörenden Potentials erfordert eine etwas längere Betrachtung. Die infolge q_0 im Nachbarzustand in den Richtungen x, y, z auftretenden Komponenten hatten wir bereits bei der Gleichgewichtsmethode ermittelt. Wir wollen sie mit q_u, q_v, q_w bezeichnen. Es war

$$\left.\begin{aligned}
\text{in } x\text{-Richtung: } q_u &= -q_0\,\frac{\overline{w}'}{r},\\[2mm]
\text{in } y\text{-Richtung: } q_v &= -q_0\,\frac{\overline{w}^{\cdot}}{r},\\[2mm]
\text{in } z\text{-Richtung: } q_w &= q_0\left(1 + \frac{\overline{u}'}{r} + \frac{\overline{v}^{\cdot}}{r} - \frac{\overline{w}}{r}\right),
\end{aligned}\right\} \tag{89a, b, c}$$

wobei es für das Folgende von Bedeutung ist, die Koordinaten x, y, z nicht mit $\overline{x}_I$, $\overline{y}_I$, $\overline{z}_I$ zu verwechseln; nur die ersteren kommen hier in Betracht.

Zweckmäßig gehen wir vom Prinzip der virtuellen Verrückungen aus. Bei einer Variation des Nachbarzustandes ist die virtuelle Arbeit der äußeren Kräfte je Einheit der Mittelfläche

$$a_{I_a}^*(q_0) = q_u\,\delta\overline{u} + q_v\,\delta\overline{v} + q_w\,\delta\overline{w}$$

oder mit (89)

$$a_{I_a}^*(q_0) = \frac{q_0}{r}\,[-\,\overline{w}'\,\delta\overline{u} - \overline{w}^{\cdot}\,\delta\overline{v} + (r + \overline{u}' + \overline{v}^{\cdot} - \overline{w})\,\delta\overline{w}].$$

Versuchen wir nun, eine Funktion π_{I_a} zu finden, so daß $\delta\pi_{I_a} = -a_{I_a}^*$ wird, so müssen wir feststellen, daß ein derartiges Potential nicht existiert. Es sei dazu an die grundsätzlichen Ausführungen in Abschnitt II, B, 5 erinnert, wo wir bereits einen Stab mit einer durch Flüssigkeitsdruck hervorgerufenen Belastung betrachtet hatten und auch gefunden hatten, daß ein Potential der äußeren Kräfte eines Stabelementes nicht vorhanden war. Genauso, wie wir aber dort in einem etwas weiter gefaßten Sinne für das ganze System ein Potential erhalten hatten, können wir auch hier für die gesamte Schale ein Potential Π_{I_a} nachweisen, für das $\delta\Pi_{I_a} = -A_{I_a}^*$ gilt.

Es ist

$$A_{I_a}^*(q_0) = \int\limits_0^{l}\int\limits_0^{2\pi} a_{I_a}^*(q_0)\, r\, d\varphi\, ds$$

$$= \int\limits_0^{l}\int\limits_0^{2\pi} q_0[-\,\overline{w}'\,\delta\overline{u} - \overline{w}^{\cdot}\,\delta\overline{v} + (r + \overline{u}' + \overline{v}^{\cdot} - \overline{w})\,\delta\overline{w}]\, d\varphi\, ds.$$

Diesen Ausdruck können wir durch partielle Integration des ersten Gliedes über s, des zweiten über φ folgendermaßen umformen:

$$A_{I_a}^*(q_0) = -\int_0^{2\pi} q_0 r\,[\overline{w}\,\delta\overline{u}]_{s=0}^{s=l}\,d\varphi - \int_0^l q_0\,[\overline{w}\,\delta\overline{v}]_{\varphi=0}^{\varphi=2\pi}\,ds +$$

$$+\int_0^l\int_0^{2\pi} q_0\,[\overline{w}\,\delta\overline{u}' + \overline{w}\,\delta\overline{v} + (r + \overline{u}' + \overline{v} - \overline{w})\,\delta\overline{w}]\,d\varphi\,ds.$$

Beachten wir nun die Randbedingungen der Schale, so erkennen wir, daß identisch für alle φ bzw. für alle s

$$[\overline{w}\,\delta\overline{u}]_{s=0}^{s=l} = 0, \qquad [\overline{w}\,\delta\overline{v}]_{\varphi=0}^{\varphi=2\pi} = 0$$

sein muß. Das erstere deswegen, weil wegen der aussteifenden Böden des Rohres bei $x=0$ und $x=l$ die Durchbiegung $\overline{w}$ verschwindet, das zweite, weil bei einer ringsum geschlossenen Schale sowohl $\overline{w}$ als auch $\delta\overline{v}$ bei $\varphi=2\pi$ denselben Wert wie bei $\varphi=0$ haben müssen. Bezeichnen wir den $\frac{1}{r}$-fachen Integranden des noch verbleibenden Integrals mit $\tilde{a}_{I_a}^*(q_0)$, setzen also

$$\tilde{a}_{I_a}^*(q_0) = \frac{q_0}{r}\,[\overline{w}\,\delta\overline{u}' + \overline{w}\,\delta\overline{v} + (r + \overline{u}' + \overline{v} - \overline{w})\,\delta\overline{w}],$$

so können wir jetzt eine Funktion $\tilde{\pi}_{I_a}$ angeben, für die $\delta\tilde{\pi}_{I_a} = -\tilde{a}_{I_a}^*$ ist. Diese Funktion lautet

$$\tilde{\pi}_{I_a}(q_0) = -\frac{q_0}{r}\left(r + \overline{u}' + \overline{v} - \frac{\overline{w}}{2}\right)\overline{w}, \tag{90a}$$

denn es ist in der Tat

$$\delta\tilde{\pi}_{I_a} = \frac{\partial\tilde{\pi}_{I_a}}{\partial\overline{u}'}\,\delta\overline{u}' + \frac{\partial\tilde{\pi}_{I_a}}{\partial\overline{v}}\,\delta\overline{v} + \frac{\partial\tilde{\pi}_{I_a}}{\partial\overline{w}}\,\delta\overline{w} = -\tilde{a}_{I_a}^*,$$

so daß wir also für die besonderen Randbedingungen, die wir unserer Schale auferlegt haben, ein Potential

$$\Pi_{I_a}(q_0) = \int_0^l\int_0^{2\pi} \tilde{\pi}_{I_a}(q_0)\,r\,d\varphi\,ds \tag{90b}$$

gefunden haben.

Bilden wir nun nach (87), (88) und (90) das Gesamtpotential

$$\Pi_I = \Pi_{I_i} + \Pi_{I_a} = \overline{\delta}\Pi_0 + \frac{1}{2}\,\overline{\delta}^2\Pi_0,$$

so müssen sich darin wieder alle in den Verschiebungen linearen Glieder, die zusammen die erste Variation $\overline{\delta}\Pi_0$ darstellen, gegenseitig aufheben. Prüfen wir dieses nach, so scheint es zunächst so, als ob ein Glied mit $\overline{v}$ übrigbleibt. Es ist jedoch für die ringsum geschlossene Schale

$$\int_0^{2\pi} \overline{v}\,d\varphi = \overline{v}_{\varphi=2\pi} - \overline{v}_{\varphi=0} = 0,$$

so daß der Bedingung $\overline{\delta}\Pi_0 = 0$ nicht widersprochen wird. Wir erkennen aber auch hieraus, daß das berechnete Potential nur für besondere Randbedingungen richtig

sein kann. Für die zweite Variation der Energie des Grundzustandes bekommen
wir dann

$$
\begin{aligned}
\bar{\delta}^2 \Pi_0 = \int\limits_0^l \int\limits_0^{2\pi} \Big\{ &- \frac{p_0}{r}(\bar{v}'^2 + \bar{w}'^2) - q_0(\bar{u}^{\cdot 2} + 2\bar{u}'\bar{w} + \bar{w}^{\cdot 2} - \bar{w}^2) + \\
&+ \frac{E}{1-\mu^2}\frac{t}{r}\Big[\bar{u}'^2 + \frac{1-\mu}{2}\bar{u}^{\cdot 2} + 2\mu\bar{u}'\bar{v}^{\cdot} + (1-\mu)\,\bar{u}^{\cdot}\bar{v}' - 2\mu\bar{u}'\bar{w} + \\
&\qquad\qquad + \frac{1-\mu}{2}\bar{v}'^2 + \bar{v}^{\cdot 2} - 2\bar{v}^{\cdot}\bar{w} + \bar{w}^2\Big] + \\
+ \frac{E}{12\,(1-\mu^2)}\frac{t^3}{r^3}\Big[&\frac{1-\mu}{2}\bar{u}^{\cdot 2} + 2\bar{u}'\bar{w}'' - (1-\mu)\,\bar{u}^{\cdot}\bar{w}^{\cdot\prime} + \frac{3}{2}(1-\mu)\,\bar{v}'^2 + \\
&+ 3(1-\mu)\,\bar{v}'\bar{w}^{\cdot\prime} + 2\mu\bar{v}^{\cdot}\bar{w}'' + \bar{w}''^2 + 2\mu\bar{w}''\bar{w}^{\cdot\cdot} + \\
&+ 2(1-\mu)\,\bar{w}'^{\cdot 2} + \bar{w}^{\cdot\cdot 2} + 2\bar{w}^{\cdot\cdot}\bar{w} + \bar{w}^2\Big]\Big\}\,d\varphi\,ds\,.
\end{aligned}
\tag{91}
$$

Die EULERschen Gleichungen des Variationsproblems $\delta(\bar{\delta}^2\Pi_0) = 0$ sind
wieder durch (67) gegeben und liefern die Differentialgleichungen (84). Der Vorteil, durch Benutzung der Gleichgewichts- und Energiemethode auf zwei verschiedenen Wegen dieselben Gleichungen ableiten zu können, tritt hier bei der
Kreiszylinderschale, für die die Rechnungen nicht mehr ganz so einfach wie bei
der Platte sind, schon klar zutage.

Zu den EULERschen Gleichungen sei noch folgendes bemerkt. Diese Differentialgleichungen gelten als Gleichgewichtsbedingungen am Schalenelement für
beliebige Randbedingungen, da sich diese erst bei der Integration bemerkbar
machen, während der Ausdruck (91) nur für besondere Randbedingungen gültig
ist. Wenn es uns nun wie hier lediglich auf die Ableitung derartiger Differentialgleichungen ankommt, können wir die Energiemethode also auch benutzen, wenn
es nur für irgendwelche geeigneten Randbedingungen ein Potential gibt. Wollen
wir jedoch das Prinzip vom stationären Wert der potentiellen Energie noch für
andere Zwecke verwenden — in späteren Abschnitten werden wir diese ebenfalls
sehr wichtigen Anwendungsmöglichkeiten kennenlernen —, so ist die Beachtung
der Randbedingungen durchaus wesentlich.

d) Lösung der Differentialgleichungen

Genau wie bei der Platte ist auch hier die Partikularlösung der Differentialgleichungen (84), die den geforderten Randbedingungen genügt, verhältnismäßig
einfach und läßt sich sofort angeben. Sie lautet

$$
\left.
\begin{aligned}
\bar{u} &= A \cos m\,\frac{\pi}{l}\,s\,\cos n\varphi, \\[4pt]
\bar{v} &= B \sin m\,\frac{\pi}{l}\,s\,\sin n\varphi, \\[4pt]
\bar{w} &= C \sin m\,\frac{\pi}{l}\,s\,\cos n\varphi
\end{aligned}
\right\}
\tag{92a, b, c}
$$

$$
\text{mit}\quad m, n = 1, 2, 3 \ldots
$$

Die Parameter m, n sollen also wieder die Reihenfolge der ganzen positiven Zahlen
durchlaufen, während A, B, C Integrationskonstanten sind.

Daß dieser Ansatz die Differentialgleichungen (84) befriedigt, können wir sofort übersehen, wenn wir die einzelnen Glieder in (84) hinsichtlich der Ordnung ihrer Ableitungen mit (92) vergleichen. Wir müssen uns jedoch noch davon überzeugen, daß der Ansatz auch den Randbedingungen genügt. Hinsichtlich der Abhängigkeit von φ besteht nur die Bedingung, daß alle Verformungen nach einem vollen Umlauf um die Schale wieder denselben Wert annehmen, daß also die Lösung periodisch mit der Periode 2π ist. Diese Forderung wird durch $n = 1, 2, 3 \ldots$ erfüllt, wobei die Schale über den Umfang mit $2n$ Halbwellen ausbeult. In s-Richtung treten entsprechend m Sinushalbwellen auf. Dabei verschwinden an den Rändern bei $s = 0$ und $s = l$ die Verschiebungen $\bar{v}$ und $\bar{w}$, während nur $\bar{u}$ von Null verschieden ist, was beides mit unseren Annahmen aussteifender Böden geringer Biegesteifigkeit übereinstimmt. Schließlich ist noch zu fordern, daß bei $s = 0$ und $s = l$ die Längskräfte $\bar{N}_x$ und Biegemomente $\bar{M}_x$ verschwinden. An Hand von (77 a) und (77 e) können wir leicht feststellen, daß auch diesen Bedingungen nicht widersprochen wird, so daß der Ansatz (92) in der Tat die richtige Lösung darstellt. Diese bleibt im übrigen auch für $n = 0$ sinnvoll und liefert dann das drehsymmetrische „Ringbeulen", das für bestimmte Parameter unter Axiallast eintreten kann. Dieser Sonderfall sei jedoch hier ausgeschlossen, da er praktisch nur geringe Bedeutung hat[1] und sich auch vom Standpunkt der Theorie aus alle für das Folgende wichtigen Erkenntnisse schon aus den Fällen $n \neq 0$ ablesen lassen.

Die Einfachheit der Lösung (92) ist nicht nur eine willkommene Erleichterung der Rechenarbeit, sondern für die praktische Lösbarkeit unseres Beulproblems ausschlaggebend. Während bei der behandelten Rechteckplatte die Anpassung der allgemeinen Lösung auch an beliebige Randbedingungen in der Regel keine allzu großen Schwierigkeiten bereitet, ist hier eine derartige Rechnung mit untragbarem Arbeitsaufwand verbunden, obwohl sie im Prinzip vom mathematischen Standpunkt aus genau so einfach ist, wie wir es bei Problemen der Stabknickung kennengelernt haben. Im einzelnen würde nämlich diese allgemeine Lösung folgende Rechenoperationen erfordern.

Bei einer ringsum geschlossenen Schale und beliebigen Bedingungen an den Rändern $s = 0$ und $s = l$ würde (92) zwar immer noch der Abhängigkeit von φ gerecht, die Abhängigkeit von s müßte jedoch allgemeiner gefaßt werden. Wir könnten dazu zweckmäßig die Form

$$\bar{u} = A\, e^{\nu s} \cos n\varphi, \quad \bar{v} = B\, e^{\nu s} \sin n\varphi, \quad \bar{w} = C\, e^{\nu s} \cos n\varphi$$

verwenden, die wir in (84) einzusetzen hätten. Wir würden dann drei homogene Gleichungen für die Konstanten A, B, C bekommen, deren Koeffizientendeterminante wir in bekannter Weise gleich Null zu setzen hätten. Wir würden dann nach Entwicklung der Determinante eine Gleichung für ν erhalten, die jedoch achten Grades sein würde, wie wir schon aus (84) aus der Ordnung der Ableitungen der Verschiebungen nach s schließen können. Die acht im allgemeinen komplexen Wurzeln dieser Gleichung, in denen die Beullast q_0 immer noch als Unbekannte enthalten wäre, müßten wir dann zur allgemeinen Lösung in der Form

$$\bar{u} = (A_1 e^{\nu_1 s} + A_2 e^{\nu_2 s} \cdots A_8 e^{\nu_8 s}) \cos n\varphi$$

und entsprechend für $\bar{v}$ und $\bar{w}$ zusammensetzen. Erst die Anpassung dieser Lösung an die Randbedingungen würde dann wieder acht lineare homogene Gleichungen ergeben, deren Koeffizientendeterminante uns endlich die Beullast q_0 liefern würde. Es ist einzusehen, daß dieser Weg als ungangbar bezeichnet werden muß.

---

[1] FLÜGGE, W.: Ing.-Arch 3 (1932) 490.

Ähnlich liegen nun die Dinge auch bei anderen Schalenbeulproblemen. Das hat zur Folge, daß man in der Regel gerade umgekehrt vorgehen muß, wie wir es bei der Kreiszylinderschale aus Gründen des besseren Verständnisses bei der Aufgabenstellung getan haben: Man muß die Randbedingungen zunächst offen lassen und dann eine einfache Partikularlösung der Differentialgleichungen zu finden versuchen, die Randbedingungen befriedigt, welche mechanisch sinnvoll sind, und deren Verwirklichung technisch möglich ist. Da die bei einer wirklichen Ausführung vorhandenen Randbedingungen sowieso selten genau erfaßbar sind, hat man auf diese Weise in vielen Fällen schon ein für die praktischen Bedürfnisse ausreichendes Ergebnis gewonnen. Ist das nicht der Fall, so muß man zur Erfüllung bestimmter Randbedingungen andere Wege als den oben angedeuteten einschlagen, worauf wir in späteren Abschnitten zurückkommen werden.

Setzen wir die Lösung (92) in die Differentialgleichungen (84) ein, so bekommen wir für A, B, C drei homogene Gleichungen, deren Koeffizienten wir unmittelbar zur Beuldeterminante zusammensetzen können, da die Bedingungen, denen die Parameter m und n hinsichtlich der Randbedingungen genügen müssen, bereits bekannt sind. Dabei ist es zweckmäßig, noch folgende Abkürzungen zu benutzen:

$$\lambda = m\pi\,\frac{r}{l}\,, \qquad p_0^* = \frac{p_0}{r}\frac{1-\mu^2}{E}\frac{r}{t}\,, \qquad q_0^* = q_0\,\frac{1-\mu^2}{E}\frac{r}{t}\,, \qquad \beta = \frac{t^2}{12r^2}\,. \qquad \text{(93a, b, c, d)}$$

p_0^* und q_0^* sind die durch die Dehnungssteifigkeit dividierten Druckkräfte des Grundzustandes, während β das durch r^2 dividierte Verhältnis der Biegesteifigkeit zur Dehnungssteifigkeit ist. Die Beuldeterminante bzw. die Beulbedingung lautet dann

$$\begin{vmatrix} a_1 & a_2 & a_3 \\ b_1 & b_2 & b_3 \\ c_1 & c_2 & c_3 \end{vmatrix} = 0$$

mit

$$a_1 = -\lambda^2 - \frac{1-\mu}{2}\,n^2 - \beta\,\frac{1-\mu}{2}\,n^2 + q_0^*\,n^2,$$

$$a_2 = b_1 = \frac{1+\mu}{2}\,\lambda n,$$

$$a_3 = c_1 = -\mu\lambda - \beta\left(\lambda^3 - \frac{1-\mu}{2}\,\lambda n^2\right) - q_0^*\,\lambda,$$

$$b_2 = -n^2 - \frac{1-\mu}{2}\,\lambda^2 - \beta\,\frac{3}{2}\,(1-\mu)\,\lambda^2 + p_0^*\,\lambda^2,$$

$$b_3 = c_2 = n + \beta\,\frac{3-\mu}{2}\,\lambda^2 n,$$

$$c_3 = -1 - \beta\,(\lambda^4 + 2\lambda^2 n^2 + n^4 - 2n^2 + 1) + p_0^*\,\lambda^2 - q_0^*\,(1-n^2).$$

$$\text{(94)}$$

Die Beuldeterminante ist also beachtenswerterweise symmetrisch zur Hauptdiagonale. Ihre Entwicklung und die Diskussion der Beulbedingung ist unsere nächste Aufgabe.

Dabei ergibt sich eine Besonderheit, die auch für andere Schalenbeulprobleme typisch ist. Die dimensionslosen Parameter p_0^*, q_0^* und β sind Zahlen, die gegenüber eins klein sind. Für β ist das aus (93d) sofort zu ersehen, da die Wandstärke t stets klein gegenüber r sein muß, wenn überhaupt die Berechtigung bestehen soll, eine „Schale" mit den zugehörigen Annahmen vorauszusetzen. Für p_0^* und q_0^* ergibt sich aus (93b, c) das Entsprechende, wenn wir beachten, daß $\frac{p_0}{t}$ und $\frac{q_0 r}{t}$ nach (80a, b) die im Grundzustand auftretenden (negativen) Membranspannungen sind, so daß p_0^* und q_0^* die mit $1 - \mu^2$ multiplizierten Dehnungen des Grundzustandes, also ebenfalls gegen eins kleine Zahlen sind.

An Hand der Determinante können wir nun schon feststellen, daß die endgültige Knickbedingung Glieder mit p_0^* und q_0^* bis zur zweiten Potenz und Glieder mit β bis zur dritten Potenz enthalten wird. Wegen der Kleinheit von p_0^*, q_0^* und β *brauchen aber nur lineare Glieder dieser Größen berücksichtigt zu werden*, ohne die Genauigkeit des berechneten Beulwertes unzulässig zu beeinträchtigen. Von dieser Vernachlässigung können wir schon bei Entwicklung der Determinante Gebrauch machen, wodurch die sonst sehr große Rechenarbeit ganz erheblich vereinfacht wird. Natürlich ist noch der Nachweis notwendig, daß die vernachlässigten Glieder höheren Grades nicht gerade mit besonders großen Faktoren multipliziert erscheinen. Man kann diesen Nachweis durch eine Abschätzung der Größenordnung der in der endgültigen Beulbedingung zu erwartenden Glieder in allgemeingültiger Weise erbringen[1]. Wir wollen uns jedoch hier damit begnügen, die Brauchbarkeit des Ergebnisses nachträglich an einer Stichprobe zu zeigen. Der angedeuteten Vereinfachung kommt allgemeine Bedeutung zu, da sie in ähnlicher Form bei allen bisher gelösten Schalenproblemen möglich ist. Es lassen sich stets geeignete Parameter für die Belastung und die Steifigkeit finden, die in der Regel gegenüber der Einheit vernachlässigt werden können. Bei vielen Beulproblemen wird dadurch die Entwicklung der Beuldeterminante in allgemeiner Form überhaupt erst praktisch durchführbar.

Die Entwicklung der Determinante (94) liefert nun

$$p_0^*[\lambda^2(\lambda^2 + n^2)^2 + \lambda^2 n^2] + q_0^*[n^2(\lambda^2 + n^2)^2 - (3\lambda^2 n^2 + n^4)]$$
$$= (1 - \mu^2)\lambda^4 + \beta\{(\lambda^2 + n^2)^4 - 2[\mu\lambda^6 + 3\lambda^4 n^2 + (4 - \mu)\lambda^2 n^4 + n^6] + \left.\right\}$$
$$+ 2(2 - \mu)\lambda^2 n^2 + n^4\}. \tag{95}$$

Außer der besprochenen Vernachlässigung sind dabei noch in den Koeffizienten von p_0^*, q_0^* und β Glieder mit λ^4 ohne n gestrichen worden, da sie gegenüber dem Glied $(1 - \mu^2)\lambda^4$ klein sind.

e) Diskussion der Beulbedingung für Manteldruck

Die Beulbedingung (95) sei für die beiden Sonderfälle, daß entweder der Axial- oder der Manteldruck gleich Null ist, näher betrachtet. Dabei wollen wir mit dem Fall $p_0 = 0$, $q_0 \neq 0$ beginnen, da für diese Belastung die Verhältnisse etwas einfacher als im anderen Fall liegen.

In (95) sind die Parameter λ bzw. m und n noch unbekannt. Wir müssen sie so wählen, daß q_0^* möglichst klein wird, womit wir dann die kritischen Werte q_K^* erhalten. Wir gehen dazu am besten genauso vor, wie wir es bei der Platte getan haben, indem wir die Beulbedingung zahlenmäßig auswerten und in geeigneter Form darstellen. In Abb. 75 ist dieses so geschehen, daß q_K^* für $m = 1$ in Abhängigkeit von $\frac{l}{r}$ unter Benutzung logarithmischer Maßstäbe für eine willkürlich gewählte Steifigkeitszahl $\beta = 10^{-5}$ und für $\mu = \frac{1}{6}$ aufgetragen ist. An dieser Kurve läßt sich bereits alles grundsätzlich Wichtige erkennen, da auch für andere

---

[1] FLÜGGE, W.: Ing.-Arch. 3 (1932) 477.

Steifigkeitszahlen β die Kurven gleichen Charakter haben[1]. Aus den einzelnen Kurvenstücken $n = \text{const}$ setzt sich wieder eine Girlandenkurve zusammen, bei der für kleine Werte von $\dfrac{l}{r}$ die einzelnen Wellen so dicht liegen, daß sich die genaue Kurve praktisch nicht mehr von ihrer Einhüllenden unterscheidet. Bei großen Werten $\dfrac{l}{r}$ besteht die Girlanden-kurve aus der Kurve $n = 2$. Man ver-mißt hier eine Kurve $n = 1$. Aus (95) folgt jedoch, daß die Beulbedingung mit $n = 1$ durch positive Werte von q_0^* nicht erfüllt werden kann, so daß dieser Fall in der Tat nicht auftritt.

Abb. 75 gilt, wie bereits gesagt, für $m = 1$. Wir müssen nun natürlich noch prüfen, ob nicht durch $m = 2, 3 \ldots$ klei-nere Werte q_0^* erreicht werden können. Da $\lambda = m\pi\,\dfrac{r}{l}$ ist, bekommen wir ohne neue Rechnung aus Abb. 75 die zu $m \neq 1$ gehörigen Werte von q_K^*, wenn wir statt bei $\dfrac{l}{r}$ jetzt bei $\dfrac{1}{m}\,\dfrac{l}{r}$ ablesen. Daß wir auf diese Weise nur zu größeren Beullasten geführt werden, ist ohne weiteres ersichtlich. Da sich die gleichen Verhältnisse auch für andere Steifigkeitszahlen β zeigen, ist

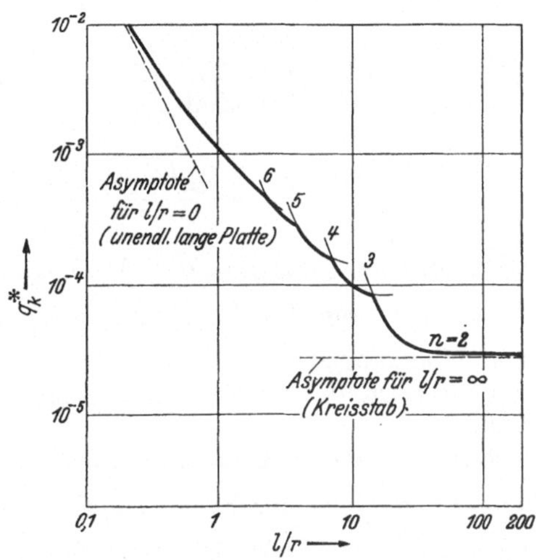

Abb. 75. Kritischer Lastparameter q_K^* der Kreis-zylinderschale unter Manteldruck in Abhängigkeit von $\dfrac{l}{r}$ für $\beta = 10^{-5}$ und $\mu = \dfrac{1}{6}$. (Nach Flügge [2].)

die kritische Beullast stets durch $m = 1$ gegeben. Diese Tatsache stimmt durchaus mit den an der Rechteckplatte gewonnenen Erkenntnissen überein, wo auch quer zur Kraftrichtung bei gleichartigen Randbedingungen stets nur eine Halbwelle auftrat.

Wird r sehr groß gegenüber l, so nähert sich der Zylinder einer in Kraftrichtung unendlich langen Platte, die entsprechend Abb. 66 belastet ist, falls wir den Grenz-übergang so vollziehen, daß mit $r \to \infty$ die Belastung $q_0 \to 0$ wird und die Längskraft $q_0 r$ des Grundzustandes einen endlichen Wert annimmt. Wir müssen also in diesem Fall auch zahlenmäßige Übereinstimmung unserer Beulbedingung mit den bereits bei der Platte berechneten Werten erhalten. Wir haben dazu in (69 b) $k = 4$ zu setzen und statt N_0 und b die neuen Größen $q_0 r$ und l einzuführen. Wir erhalten so

$$(q_0 r)_{\frac{l}{r} = 0} = \frac{E\,t^3}{12(1 - \mu^2)}\,\frac{\pi^2}{l^2}\,4 \tag{96a}$$

und damit für $q_0^* = q_K^*$ nach (93 c) mit (93 d)

$$(q_K^*)_{\frac{l}{r} = 0} = \frac{4\pi^2\beta}{\left(\dfrac{l}{r}\right)^2}. \tag{96b}$$

In Abhängigkeit von $\dfrac{l}{r}$ bekommen wir auf diese Weise eine Hyperbel, die im logarithmischen Maßstab als Gerade erscheint und in Abb. 75 mit eingezeichnet ist.

---

[1] Vgl. Anhang Abb. 119.
[2] Flügge, W.: Ing.-Arch. 3 (1932) 484.

Für große $\frac{l}{r}$ nähert sich die Girlandenkurve mit $n = 2$ einem anderen Grenzwert, der ebenfalls Interesse besitzt. Aus (95) wird für $n = 2$ und $\frac{l}{r} = \infty$, d. h. $\lambda = 0$,

$$(q_K^*)_{\frac{l}{r} = \infty} = 3\beta. \tag{97a}$$

Wir bekommen also in Abb. 75 eine weitere, waagerechte Asymptote. Mit (93 c, d) können wir aus (97 a) erhalten

$$(q_K l)_{\frac{l}{r} = \infty} = \frac{3}{r^3} \frac{E}{1 - \mu^2} \frac{t^3 l}{12}. \tag{97b}$$

$q_K l$ nimmt so — mit $\mu = 0$ — den bekannten Wert für die radiale Knicklast eines Kreisringes vom Trägheitsmoment $\frac{t^3 l}{12}$ an[1], was anschaulich einleuchtend ist, da beim Übergang zum sehr langen Zylinder die Randbedingungen ihren Einfluß verlieren müssen und der Verformungszustand immer mehr von s unabhängig werden muß.

Sowohl für $\frac{l}{r} = 0$ als auch für $\frac{l}{r} = \infty$ ist, wie (96 a) und (97 b) zeigen, die kritische Beullast der Biegesteifigkeit $\frac{E t^3}{12 (1 - \mu^2)}$ proportional. In beiden Grenzfällen bekommen wir also das schon so oft festgestellte Ergebnis, daß die im kritischen Punkt auftretende Dehnung der Mittelfläche bzw. der Stabachse gleich Null ist. Es liegt daher die Vermutung nahe, daß auch allgemein für andere Werte von $\frac{l}{r}$ der Einfluß der Mittelflächendehnung zum mindesten gering ist und vernachlässigt werden kann, indem die Dehnungssteifigkeit unendlich groß angenommen wird. Daß diese Vermutung falsch ist, zeigt schon der Aufbau der Beulbedingung (95). Multiplizieren wir diese Gleichung mit der Dehnungssteifigkeit, so wird — bis auf Potenzen von r — aus q_0^* wieder die Beullast q_0 und aus β die Biegesteifigkeit, während das Glied ohne q_0^* und β mit der Dehnungssteifigkeit multipliziert erscheint. Lassen wir nun die letztere nach unendlich gehen, so wird die Beullast q_0 ebenfalls unendlich groß, so daß wir nicht etwa nur ein zahlenmäßig ungenaues, sondern ein völlig unbrauchbares Ergebnis erhalten. Ein Ausbeulen wird hier also überhaupt erst durch Eintreten der Mittelflächendehnung möglich. Damit erhalten wir nachträglich die Notwendigkeit bestätigt, bei allen grundsätzlichen Betrachtungen, wie wir sie etwa in den Abschnitten I bis IV angestellt haben, den durch Längskräfte hervorgerufenen Dehnungen besondere Aufmerksamkeit zu schenken, und sie nicht etwa ein für allemal zu vernachlässigen, wozu die früher behandelten Beispiele verleiten könnten.

In diesem Zusammenhang ist es ganz interessant, sich klarzumachen, daß die bei Entwicklung der Beuldeterminante fortgelassenen nichtlinearen Glieder von q_0^* und β gerade solche Glieder sind, die bei unendlich großer Dehnungssteifigkeit verschwinden. Auch bei unserem Schalenproblem gibt es also wieder Dehnungseinflüsse, die vernachlässigt werden dürfen; die Zulässigkeit dieser Vernachlässigung darf eben nur nicht verallgemeinert werden.

Von der Kleinheit der Glieder höheren Grades in q_0^* und β wollen wir uns zum Schluß noch durch ein Zahlenbeispiel überzeugen. Wir erhalten für $\frac{l}{r} = 10$,

---

[1] Vgl. z. B. S. Timoshenko u. J. Gere: Theory of Elastic Stability, 2. Aufl., New York/Toronto/London 1961, S. 291.

$\beta = 10^{-5}$, $n = 3$ und $\mu = \dfrac{1}{6}$ folgenden Unterschied zwischen der exakten Beullast nach (94) und dem Näherungswert nach (95):

$$\text{Exakter Wert:} \quad q_0^* = 9{,}6238 \cdot 10^{-5},$$
$$\text{Näherungswert:} \quad q_0^* = 9{,}6234 \cdot 10^{-5},$$

woran die völlige Bedeutungslosigkeit der in Frage stehenden Glieder — wenigstens für normale Parameterwerte — klar zutage tritt.

f) Diskussion für Axialdruck

Den Fall reinen Axialdrucks erhalten wir aus (95) mit $q_0^* = 0$. Die sich so ergebende Beulbedingung wird wieder am besten graphisch dargestellt, was in Abb. 76 für die auch oben benutzten Parameterwerte $\beta = 10^{-5}$ und $\mu = \dfrac{1}{6}$ geschehen ist[1]. Allerdings zeigt sich jetzt, daß nicht mehr wie bei Belastung mit Manteldruck von vornherein $m = 1$ gesetzt werden kann. Wir umgehen diese Schwierigkeit, indem wir die kritische Last p_K^* über $\dfrac{l}{mr}$ auftragen. Die so erhaltene Girlandenkurve zeigt nun in der Tat einen auf- und absteigenden Wellenzug, so daß durchaus eine Verkleinerung der Abszisse durch Wahl eines Wertes $m > 1$ zu einem niedrigeren Wert p_K^* als für $m = 1$ führen kann. Das maßgebliche m ermittelt man am besten durch Probieren. Diese Erschwernis der Rechnung verschwindet für kleinere

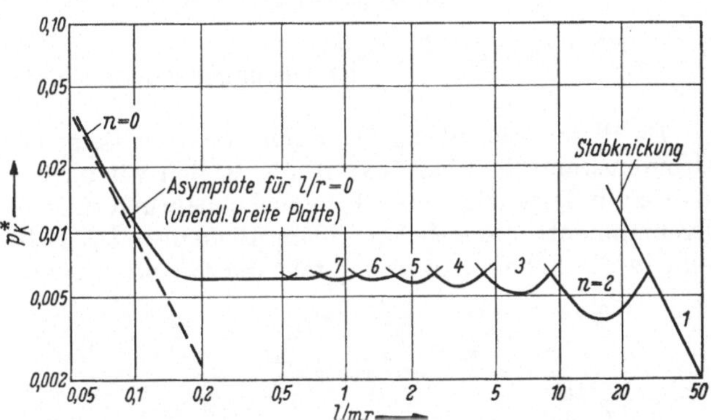

Abb. 76. Kritischer Lastparameter p_K^* der Kreiszylinderschale unter Axiallast in Abhängigkeit von $\dfrac{l}{mr}$ für $\beta = 10^{-5}$, $\mu = \dfrac{1}{6}$. (Nach FLÜGGE.[2])

Zylinderlängen. da sich hier die Girlandenkurve nur sehr wenig von einer horizontalen Geraden unterscheidet. Es gibt also einen Bereich, in dem die Größe p_K^* praktisch von der Zylinderlänge unabhängig ist.

Erst bei sehr kleinem l spielen die Zylinderränder wieder eine Rolle, da dann aus dem Zylinder ein in Querrichtung gedrückter Plattenstreifen wird. Für diesen muß

$$(p_K)_{\frac{l}{r}=0} = \frac{E\,t^3}{12(1-\mu^2)}\,\frac{\pi^2}{l^2},$$

$$(p_K^*)_{\frac{l}{r}=0} = (p_K)_{\frac{l}{r}=0}\,\frac{1-\mu^2}{E\,t} = \frac{\pi^2\beta}{\left(\dfrac{l}{r}\right)^2}$$

gelten, womit wir wieder wie in Abb. 75 eine Asymptote für die Girlandenkurve erhalten, die ganz links von dem Ast $n = 0$ gebildet wird.

---

[1] Vgl. Anhang, Abb. 116.
[2] FLÜGGE, W.: Ing.-Arch. 3 (1932) 482.

Es ist schließlich noch auf die für große l gültige Kurve $n = 1$ hinzuweisen, die anders als die übrigen Kurven kein Minimum zeigt, sondern mit größer werdendem l immer weiter fällt. Diese Tatsache erklärt sich leicht aus der anschaulichen Bedeutung der Beulung mit $n = 1$. Nach (92) erfährt dann der Kreisquerschnitt des Zylinders eine Parallelverschiebung, die sich mit s sinusförmig ändert, so daß sich der Zylinder wie ein knickender Stab verhält. Rechnen wir die Beullast eines solchen zylindrischen Stabes aus:

$$(p_K)_{\frac{l}{r} = \infty} = \frac{\pi^2 E t r^3 \pi}{2 r \pi l^2}, \qquad (p_K^*)_{\frac{l}{r} = \infty} = (1 - \mu^2)\,\frac{\pi^2}{2}\,\frac{1}{\left(\dfrac{l}{r}\right)^2},$$

so erhalten wir damit eine Kurve, die in dem logarithmischen Maßstab von Abb. 76 als Gerade erscheint und sich praktisch nicht von dem eingezeichneten Kurvenstück $n = 1$ unterscheidet.

2. Belastung durch Torsionsmomente

a) Gleichgewichtsmethode

Da es von Bedeutung ist, auch noch ein Beispiel zu behandeln, bei dem der Grundzustand Schubkräfte enthält, wollen wir nach Abb. 77 das Ausbeulen einer Kreiszylinderschale unter Torsionsbeanspruchung untersuchen. Die angreifenden Drehmomente seien D bzw. beim Ausbeulen D_0. Leiten wir sie gleichmäßig verteilt in die Schale ein, so entsteht der Grundzustand

$$T_{x_0} = T_{y_0} = \frac{D_0}{2 \pi r^2}, \qquad N_{x_0} = 0, \qquad N_{y_0} = 0, \qquad (98\,\text{a, b, c})$$

der die Gleichgewichtsbedingungen (79) am unverformten Element erfüllt. Hinsichtlich der Randbedingungen wollen wir genau wie beim vorigen Beispiel aussteifende Böden an beiden Zylinderenden annehmen.

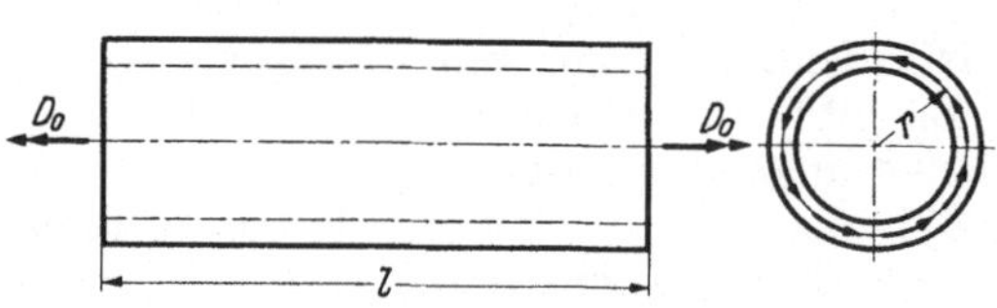

Abb. 77. Durch Torsionsmoment beanspruchte Kreiszylinderschale im Grundzustand.

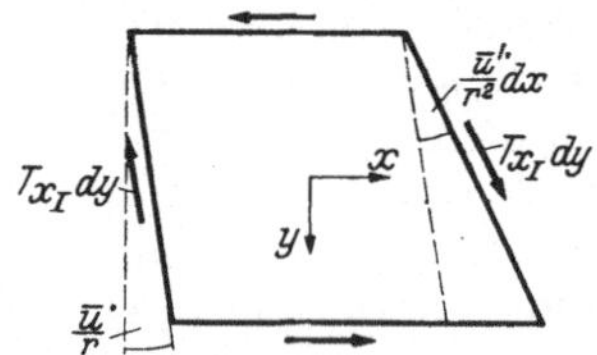

Abb. 78. Einfluß der Winkeländerung $\dfrac{\bar{u}'^{\cdot}}{r^2}\,dx$ auf die Schubkräfte T_{x_I} am Element der Kreiszylinderschale.

Das Elastizitätsgesetz steht uns bereits in den Gln. (77) zur Verfügung, so daß wir sofort mit der Aufstellung der Gleichgewichtsbedingungen am verformten Element beginnen können. Wir gehen dazu von den Gln. (78), die für das unverformte Element gelten, aus und fügen zu diesen Gleichungen die durch den Verformungseinfluß bedingten Glieder hinzu. Da der Grundzustand jetzt nur aus Schubkräften besteht, brauchen wir auch nur für diese die Verformung zu beachten und können sofort $N_{x_I} = \bar{N}_x$, $N_{y_I} = \bar{N}_y$ setzen.

Für das Gleichgewicht in x-Richtung nach (78a) ist der durch Abb. 78 gekennzeichnete Einfluß zu berücksichtigen. Durch die Änderung des Winkels $\dfrac{\bar{u}}{r}$ längs der s- bzw. x-Achse sind die beiden Kräfte $T_{x_I}\,dy$ um den Winkel $\dfrac{\bar{u}'}{r^2}\,dx$ gegeneinander geneigt, so daß sie quer zu ihrer Wirkungslinie, also in x-Richtung, die Komponente

$$T_{x_I}\,dy\,\frac{\bar{u}'}{r^2}\,dx = T_{x_I}\,\frac{\bar{u}'}{r}\,d\varphi\,dx$$

haben und wir infolgedessen als Gleichgewichtsbedingung, in der alle Glieder durch $dx\,d\varphi$ dividiert erscheinen,

$$\bar{N}'_x + T^{\cdot}_{y_I} + T_{x_I}\,\frac{\bar{u}'}{r} = 0 \qquad (99\,\mathrm{a})$$

bekommen.

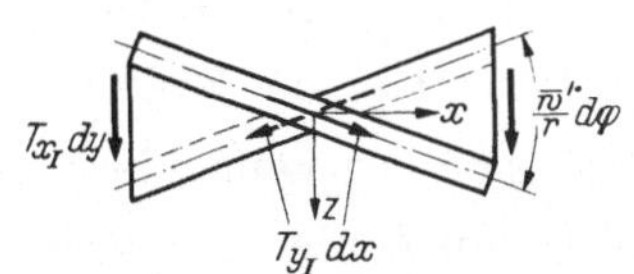

Abb. 80. Einfluß einer Verwindung $\dfrac{\bar{w}'\cdot}{r}\,d\varphi$ auf die Schubkräfte T_{y_I} am Element der Kreiszylinderschale.

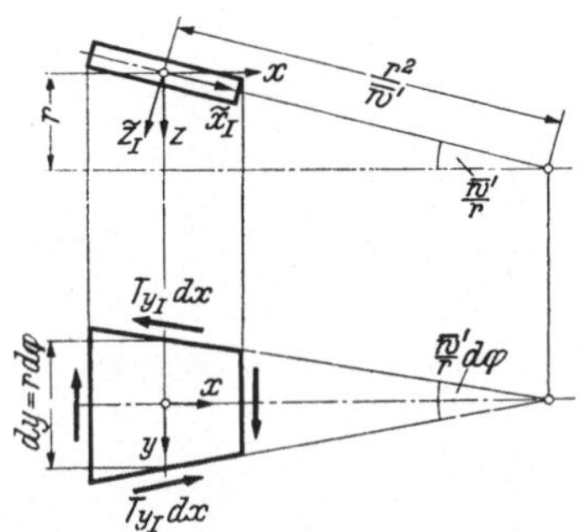

Abb. 79. Einfluß einer Neigung $\dfrac{\bar{w}'}{r}$ auf die Schubkräfte T_{y_I} am Element der Kreiszylinderschale.

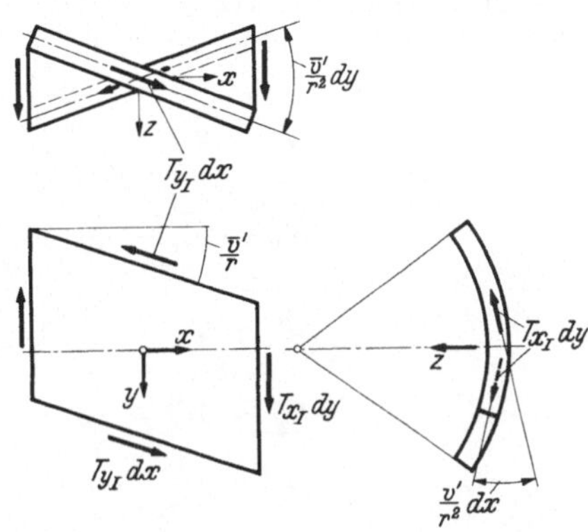

Abb. 81. Einfluß einer Winkeländerung $\dfrac{\bar{v}'}{r^2}\,dx$ auf die Schubkräfte T_{x_I} und T_{y_I} am Element der Kreiszylinderschale.

Eine ganz entsprechende Ergänzung von der Größe $T_{y_I}\,\dfrac{\bar{v}'}{r}\,d\varphi\,dx$ ist für die y-Richtung in (78b) anzubringen. Dazu kommt aber noch ein weiterer Beitrag, dessen Ursache durch Abb. 79 erläutert ist. Bei einer Neigung $\dfrac{\bar{w}'}{r}$ wird aus dem Zylinder ein Kegel und das vorher rechteckige Element der Mittelfläche wird jetzt ein Trapez. Die Schubkräfte $T_{y_I}\,dx$ schließen dabei den Winkel $\dfrac{r\,d\varphi}{\dfrac{r^2}{\bar{w}'}} = \dfrac{\bar{w}'}{r}\,d\varphi$

miteinander ein und liefern so in y-Richtung den negativen Beitrag $-T_{y_I}\,\dfrac{\bar{w}'}{r}\,d\varphi\,dx$ zum Gleichgewicht. Also:

$$\bar{N}^{\cdot}_y + T'_{x_I} - \bar{Q}_y + T_{y_I}\left(\frac{\bar{v}'\cdot}{r} - \frac{\bar{w}'}{r}\right) = 0. \qquad (99\,\mathrm{b})$$

Für das Gleichgewicht in Richtung der Schalennormale ist erstens die Verwindung des Elementes zu beachten. Aus Abb. 80 geht sofort hervor, daß die Schubkräfte $T_{y_I}\,dx$ infolge ihres Kontingenzwinkels $\dfrac{\bar{w}'\cdot}{r}\,d\varphi$ den Beitrag $T_{y_I}\,dx\,\dfrac{\bar{w}'\cdot}{r}\,d\varphi$

in z-Richtung liefern, und genau der entsprechende Beitrag von der Größe

$$T_{x_I} dy \, \frac{\overline{w}'^{\cdot}}{r^2} \, dx = T_{x_I} \, \frac{\overline{w}'^{\cdot}}{r} \, d\varphi \, dx$$

entsteht noch einmal für die Kräfte T_{x_I}. Zweitens ist aber noch wesentlich, daß, wie Abb. 81 zeigt, durch die Änderung der Verschiebung $\overline{v}$ längs der s-Achse, also durch den Winkel $\frac{\overline{v}'}{r}$, die Kräfte $T_{x_I} \, dy$ gegeneinander um den Winkel $\frac{\overline{v}'}{r^2} \, dx$ und die Kräfte $T_{y_I} \, dx$ gegeneinander um den Winkel $\frac{\overline{v}'}{r^2} \, dy$ geneigt sind. Es entstehen so weitere Komponenten in z-Richtung, so daß wir insgesamt aus (78c)

$$\overline{Q}'_x + \overline{Q}_y^{\cdot} + \overline{N}_y + (T_{x_I} + T_{y_I}) \left(\frac{\overline{v}'}{r} + \frac{\overline{w}'^{\cdot}}{r} \right) = 0 \tag{99c}$$

bekommen.

Führen wir den Grundzustand nach (98) in (99) ein, so erhalten wir zusammen mit den Momentengleichungen (78d, e), die ungeändert bleiben,

$$\left. \begin{aligned}
\overline{N}'_x + \overline{T}_y^{\cdot} + \frac{D_0}{2\pi r^3} \, \overline{u}'^{\cdot} &= 0, \\[4pt]
\overline{N}_y^{\cdot} + \overline{T}'_x - \overline{Q}_y + \frac{D_0}{2\pi r^3} \, (\overline{v}'^{\cdot} - \overline{w}') &= 0, \\[4pt]
\overline{Q}'_x + \overline{Q}_y^{\cdot} + \overline{N}_y + \frac{D_0}{\pi r^3} \, (\overline{v}' + \overline{w}'^{\cdot}) &= 0, \\[4pt]
\overline{D}'_x + \overline{M}_y^{\cdot} + r\overline{Q}_y &= 0, \\[4pt]
\overline{D}_y^{\cdot} + \overline{M}'_x - r\overline{Q}_x &= 0.
\end{aligned} \right\} \tag{100a—e}$$

Die Momentengleichgewichtsbedingung um die z-Achse, die am verformten Element in Ergänzung von (78f)

$$T_{x_I} r (1 + \overline{\varepsilon}_x^0) - T_{y_I} r (1 + \overline{\varepsilon}_y^0) + \overline{D}_y = 0$$

oder

$$T_{x_I} r (1 + \overline{u}') - T_{y_I} r (1 + \overline{v}^{\cdot} - \overline{w}) + \overline{D}_y = 0$$

lauten muß, brauchen wir auch hier nicht weiter zu betrachten, da sie sich mit dem Elastizitätsgesetz (77) wieder als Identität erweist und damit nur eine — allerdings wichtige — Rechenkontrolle ist.

Die Gln. (100) unterscheiden sich nur durch die Lastglieder von (82). Nach Elimination der Querkräfte bekommen wir

$$\left. \begin{aligned}
\overline{N}'_x + \overline{T}_y^{\cdot} + \frac{D_0}{2\pi r^3} \, \overline{u}'^{\cdot} &= 0, \\[4pt]
\overline{N}_y^{\cdot} + \overline{T}'_x + \frac{1}{r} (\overline{D}'_x + \overline{M}_y^{\cdot}) + \frac{D_0}{2\pi r^3} \, (\overline{v}'^{\cdot} - \overline{w}') &= 0, \\[4pt]
\frac{1}{r} (\overline{D}_y^{\cdot\cdot} + \overline{M}''_x - \overline{D}_x^{\cdot} - \overline{M}_y^{\cdot\cdot}) + \overline{N}_y + \frac{D_0}{\pi r^3} \, (\overline{v}' + \overline{w}'^{\cdot}) &= 0.
\end{aligned} \right\} \tag{101a, b, c}$$

Hierin haben wir jetzt nur noch das Elastizitätsgesetz (77) einzuführen, um die Differentialgleichungen unseres Problems zu erhalten, die sich natürlich auch nur durch die Lastglieder von den früheren Gln. (84) unterscheiden können. Wir bekommen nach Division aller drei Gleichungen durch die $\frac{1}{r}$-fache Dehnungssteifigkeit $\frac{E}{1-\mu^2}\frac{t}{r}$

$$
\left.
\begin{aligned}
&\overline{u}'' + \frac{1-\mu}{2}\overline{u}^{\cdot\cdot} + \frac{1+\mu}{2}\overline{v}'^{\cdot} - \mu\overline{w}' + \\
&\qquad + \frac{t^2}{12r^2}\left(\frac{1-\mu}{2}\overline{u}^{\cdot\cdot} + \overline{w}''' - \frac{1-\mu}{2}\overline{w}^{\cdot\cdot\cdot}\right) + \frac{D_0}{\pi r^2}\frac{1-\mu^2}{Et}\,\overline{u}^{\cdot\cdot} = 0, \\
&\frac{1+\mu}{2}\overline{u}'^{\cdot} + \overline{v}^{\cdot\cdot} + \frac{1-\mu}{2}\overline{v}'' - \overline{w}^{\cdot} + \\
&\qquad + \frac{t^2}{12r^2}\left(3\frac{1-\mu}{2}\overline{v}'' + \frac{3-\mu}{2}\overline{w}''^{\cdot}\right) + \frac{D_0}{\pi r^2}\frac{1-\mu^2}{Et}(\overline{v}'' - \overline{w}') = 0, \\
&\mu\overline{u}' + \overline{v}^{\cdot} - \overline{w} - \frac{t^2}{12r^2}\left(\overline{u}''' - \frac{1-\mu}{2}\overline{u}^{\cdot\cdot\cdot} + \frac{3-\mu}{2}\overline{v}''^{\cdot} + \overline{w}'''' + \right. \\
&\qquad \left. + 2\overline{w}''^{\cdot\cdot} + \overline{w}^{\cdot\cdot\cdot\cdot} + 2\overline{w}^{\cdot\cdot} + \overline{w}\right) + \frac{D_0}{\pi r^2}\frac{1-\mu^2}{Et}(\overline{v}' + \overline{w}'^{\cdot}) = 0.
\end{aligned}
\right\} \quad \text{(102a, b, c)}
$$

b) Energiemethode

Auch die Ableitung der Differentialgleichungen mit Hilfe der Energiemethode verläuft ganz ähnlich wie bei der durch Manteldruck belasteten Zylinderschale. Mit den Ausdrücken (98) für den Grundzustand erhalten wir aus (51)

$$
\pi_{I_i} = \frac{D_0}{2\pi r^2}(1 + \overline{\varepsilon}_x^0)(1 + \overline{\varepsilon}_y^0)\sin\overline{\gamma}_{xy}^0 +
$$

$$
+ \int\limits_{-\frac{t}{2}}^{+\frac{t}{2}} \frac{E}{2(1-\mu^2)}\left(\overline{\varepsilon}_x^2 + \overline{\varepsilon}_y^2 + 2\mu\overline{\varepsilon}_x\overline{\varepsilon}_y + \frac{1-\mu}{2}\overline{\gamma}_{xy}^2\right)\left(1 - \frac{z}{r}\right)dz. \quad (103)
$$

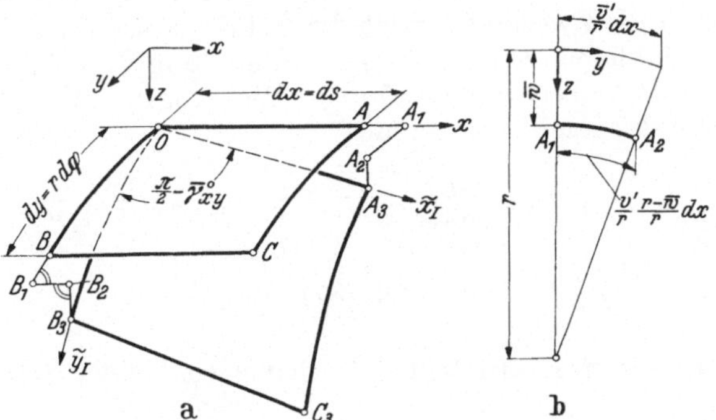

Abb. 82a u. b. Element der Schalenmittelfläche vor und nach der Verformung zur Berechnung der Winkeländerung $\overline{\gamma}_{xy}^0$.

Darin müssen wir $\sin\overline{\gamma}_{xy}^0$ bis auf quadratische Glieder der Verschiebungen berechnen. Hierzu ist in Abb. 82 ein Element der Schalenmittelfläche vor und nach der Verformung dargestellt. Wir können danach schreiben

$$
\cos\left(\frac{\pi}{2} - \overline{\gamma}_{xy}^0\right) = \sin\overline{\gamma}_{xy}^0 = \frac{\overline{OA_3}^2 + \overline{OB_3}^2 - \overline{A_3B_3}^2}{2\overline{OA_3}\,\overline{OB_3}}.
$$

Darin ist

$$\overline{A_3 B_3}^2 = (\overline{OA_1} - \overline{B_1 B_2})^2 + (\overline{OB_1} - \overline{A_1 A_2})^2 + (\overline{A_2 A_3} - \overline{B_2 B_3})^2$$
$$= \overline{OA_3}^2 + \overline{OB_3}^2 - 2(\overline{OA_1}\,\overline{B_1 B_2} + \overline{A_1 A_2}\,\overline{OB_1} + \overline{A_2 A_3}\,\overline{B_2 B_3}).$$

Also wird

$$\sin \overline{\gamma}_{xy}^0 = \frac{\overline{OA_1}\,\overline{B_1 B_2} + \overline{A_1 A_2}\,\overline{OB_1} + \overline{A_2 A_3}\,\overline{B_2 B_3}}{\overline{OA_3}\,\overline{OB_3}}.$$

Dabei gelten für die einzelnen Strecken folgende Ausdrücke:

$$\overline{OA_1} = \left(1 + \frac{\overline{u}'}{r}\right) dx, \qquad\qquad \overline{OB_1} = (r - \overline{w})\left(1 + \frac{\overline{v}^{\,\cdot}}{r}\right) d\varphi,$$

$$\overline{A_1 A_2} = \frac{\overline{v}'}{r}\,\frac{r - \overline{w}}{r}\,dx, \qquad\qquad \overline{B_1 B_2} = \overline{u}^{\,\cdot}\,d\varphi,$$

$$\overline{A_2 A_3} = \frac{\overline{w}'}{r}\,dx, \qquad\qquad \overline{B_2 B_3} = \overline{w}^{\,\cdot}\,d\varphi,$$

$$\overline{OA_3} = (1 + \overline{\varepsilon}_x^0)\,dx, \qquad\qquad \overline{OB_3} = (1 + \overline{\varepsilon}_y^0)\,dy,$$

von denen höchstens die Beziehungen für $\overline{OB_1}$ und $\overline{A_1 A_2}$ nicht ohne weiteres erklärlich sind. Die erstere, die wir bereits zur Aufstellung von Gl. (86b) gebraucht haben, folgt aus Abb. 74. $\overline{A_1 A_2}$ ergibt sich ähnlich wie $\overline{OB_1}$ aus der Skizze 82b dadurch, daß infolge der Durchbiegung $\overline{w}$ die Strecke $\dfrac{\overline{v}'}{r}\,dx$ im Verhältnis $\dfrac{r - \overline{w}}{r}$ zu reduzieren ist. Wir bekommen also, immer bei Beschränkung auf höchstens quadratische Glieder,

$$\sin \overline{\gamma}_{xy}^0 = \frac{\overline{u}^{\,\cdot} + \overline{v}' + \dfrac{1}{r}\,(\overline{u}'\overline{u}^{\,\cdot} + \overline{v}'\overline{v}^{\,\cdot} - 2\overline{v}'\overline{w} + \overline{w}'\overline{w}^{\,\cdot})}{(1 + \overline{\varepsilon}_x^0)(1 + \overline{\varepsilon}_y^0)r}. \tag{104}$$

Setzen wir nun (104) in (103) ein, so heben sich die Glieder $(1 + \overline{\varepsilon}_x^0)\,(1 + \overline{\varepsilon}_y^0)$ heraus, woraus sich die Zweckmäßigkeit der Schreibweise (103) bzw. (51) ergibt. Das Integral in (103) haben wir bereits bei Aufstellung von Gl. (87) ausgewertet, so daß wir es von dort übernehmen können. Wir erhalten also für das Potential der inneren Kräfte des Nachbarzustandes

$$\left.\begin{aligned} \pi_{I_i} &= \frac{D_0}{2\pi r^3}\,(\overline{u}^{\,\cdot} + \overline{v}') + \frac{D_0}{2\pi r^4}\,(\overline{u}'\overline{u}^{\,\cdot} + \overline{v}'\overline{v}^{\,\cdot} - 2\overline{v}'\overline{w} + \overline{w}'\overline{w}^{\,\cdot}) + \\ &\quad + \frac{1}{2}\,\frac{Et}{1 - \mu^2}\,\frac{1}{r^2}\,[\cdots \text{wie in Gl. (87)} \cdots]. \end{aligned}\right\} \tag{105}$$

Das Potential der äußeren Kräfte läßt sich wieder wie bei der Platte ohne weiteres anschreiben. Es ist

$$\Pi_{I_a} = \int\limits_0^{2\pi} (T_{x_0}\overline{v}_{s=l} - T_{x_0}\overline{v}_{s=0})\,d\varphi = \int\limits_0^l \int\limits_0^{2\pi} T_{x_0}\,\frac{\overline{v}'}{r}\,d\varphi\,ds,$$

$$\pi_{I_a} = \frac{D}{2\pi r^3}\,\overline{v}'. \tag{106}$$

Aus (105) und (106) bekommen wir nun, wenn wir beachten, daß $\int\limits_0^{2\pi} \overline{u}^{\,\cdot}\,d\varphi = 0$ sein muß, die gesuchte, die Gln. (102) liefernde zweite Variation des Grundzustandes, die sich natürlich nur durch die Lastglieder von (91) unterscheidet:

$$\delta^2 \Pi_0 = \int\limits_0^l \int\limits_0^{2\pi} \left\{ \frac{D_0}{\pi r^3} \left(\overline{u}'\dot{\overline{u}} + \overline{v}'\dot{\overline{v}} - 2\dot{\overline{v}}\,\overline{w} + \overline{w}'\dot{\overline{w}} \right) + \right.$$

$$+ \frac{E}{1-\mu^2} \frac{t}{r} \left[\overline{u}'^2 + \frac{1-\mu}{2}\dot{\overline{u}}{}^2 + 2\mu \overline{u}'\dot{\overline{v}} + (1-\mu)\,\overline{u}\,\dot{\overline{v}}' - \right.$$

$$\left. - 2\mu \overline{u}'\overline{w} + \frac{1-\mu}{2}\overline{v}'^2 + \dot{\overline{v}}{}^2 - 2\dot{\overline{v}}\,\overline{w} + \overline{w}^2 \right] +$$

$$+ \frac{E}{12(1-\mu^2)} \frac{t^3}{r^3} \left[\frac{1-\mu}{2}\overline{u}'^2 + 2\overline{u}'\overline{w}'' - (1-\mu)\,\overline{u}\,\dot{\overline{w}}'' + \frac{3}{2}(1-\mu)\,\overline{v}'^2 + \right.$$

$$+ 3(1-\mu)\,\overline{v}'\dot{\overline{w}}'' + 2\mu \dot{\overline{v}}\,\overline{w}'' + \overline{w}''^2 + 2\mu \overline{w}''\dot{\overline{w}} +$$

$$\left.\left. + 2(1-\mu)\,\dot{\overline{w}}'^2 + \dot{\overline{w}}{}^2 + 2\dot{\overline{w}}\,\overline{w} + \overline{w}^2 \right] \right\} d\varphi\, ds.$$

c) Lösung der Differentialgleichung

Zur Lösung der Gln. (102) können wir den Ansatz

$$\left.\begin{aligned}
\overline{u} &= A \sin\left(\lambda \frac{s}{r} - n\varphi\right), \\
\overline{v} &= B \sin\left(\lambda \frac{s}{r} - n\varphi\right), \\
\overline{w} &= C \cos\left(\lambda \frac{s}{r} - n\varphi\right),
\end{aligned}\right\} \qquad (107\,\text{a, b, c})$$

$$\text{mit} \quad n = 1, 2, 3 \ldots$$

benutzen. Daß dieser Ansatz die Differentialgleichungen befriedigt, ergibt sich sofort durch Einsetzen. Wir erhalten dann drei homogene Gleichungen für die A, B, C, für deren Koeffizientendeterminante folgendes gilt, wobei wir neben β nach (93 d) noch den dimensionslosen gegen eins wieder kleinen Parameter

$$D_0^* = \frac{D_0}{2\pi r^2} \frac{1-\mu^2}{Et} \tag{108}$$

benutzen wollen:

$$\begin{vmatrix} a_1 & a_2 & a_3 \\ b_1 & b_2 & b_3 \\ c_1 & c_2 & c_3 \end{vmatrix} = 0$$

mit

$$\left.\begin{aligned}
a_1 &= -\lambda^2 - \frac{1-\mu}{2}n^2 - \beta\frac{1-\mu}{2}n^2 + 2D_0^*\lambda n, \\
a_2 &= b_1 = \frac{1+\mu}{2}\lambda n, \\
a_3 &= c_1 = \mu\lambda + \beta\left(\lambda^3 - \frac{1-\mu}{2}\lambda n^2\right), \\
b_2 &= -n^2 - \frac{1-\mu}{2}\lambda^2 - \beta\frac{3}{2}(1-\mu)\lambda^2 + 2D_0^*\lambda n, \\
b_3 &= c_2 = -n - \beta\frac{3-\mu}{2}\lambda^2 n + 2D_0^*\lambda, \\
c_3 &= -1 - \beta(\lambda^4 + 2\lambda^2 n^2 + n^4 - 2n^2 + 1) + 2D_0^*\lambda n.
\end{aligned}\right\} \qquad (109)$$

Der Ansatz (107) stellt in Abhängigkeit von φ genau wie die Lösung (92) einen sinusförmigen Verlauf mit $2n$ Halbwellen dar. Diese „Schwingung" hat jedoch eine von s linear abhängige Phasenverschiebung, so daß sich die einzelnen Beulen bei wachsendem s in Richtung wachsender φ verschieben. Es entstehen so schraubenlinienartig um die Schale herumlaufende Falten, was zweifellos gut der anschaulichen Vorstellung vom Ausbeulen unter Torsionsmomenten entspricht. Je größer λ ist, desto kleiner ist die Ganghöhe der einzelnen Windungen.

Während sich vom Parameter n sofort sagen läßt, daß für ihn nur die Werte $1, 2, 3 \ldots$ in Betracht kommen, zeigt sich bei der Frage, wie groß λ gewählt werden muß, eine wesentliche Schwierigkeit. Betrachten wir nämlich die Randwerte, die sich nach (107) für irgendein reelles λ einstellen, so erkennen wir, daß bei $s = 0$ und $s = l$ die Verschiebung $\overline{w}$ nicht für alle φ verschwindet. Eine durch den Ansatz (107) mit einem bestimmten λ gegebene Partikularlösung befriedigt also nicht die Randbedingungen, die wir durch die Annahme aussteifender Böden vorgeschrieben hatten, und liefert auch keine Randwerte, die auf andere Weise leicht verwirklicht werden könnten. Lediglich bei einem sehr langen Zylinder, bei dem die Randbedingungen auf den Verformungszustand keinen wesentlichen Einfluß mehr haben können, würde eine Partikularlösung mit einem beliebigen reellen λ angenähert möglich sein. Wir hätten dann λ so zu wählen, daß das Beulmoment D_0 möglichst klein würde, und bekämen damit wenigstens einen Grenzwert, dem sich das kritische Torsionsmoment mit wachsender Zylinderlänge nähern muß. Mit der Berechnung dieses Grenzwertes wollen wir uns jedoch hier nicht näher befassen[1]. Zur genauen Lösung unseres Problems müßten wir die Beziehung (109) als determinierende Gleichung für λ auffassen und aus deren Wurzeln die allgemeine, den Randbedingungen dann noch anzupassende Lösung zusammensetzen. Daß dieser Weg praktisch nicht gangbar ist, hatten wir uns bereits bei der durch Mantellast beanspruchten Schale überlegt, und es war auch bereits darauf hingewiesen, daß es andere, erst weiter unten zu behandelnde Verfahren gibt, die bequemer zum Ziele führen.

Es besteht jedoch ein Sonderfall, in dem eine einfache Partikularlösung von (107) bereits die gesuchte ist und die geforderten Randbedingungen erfüllt. Es ist der Fall $n = 1$. Die Schale bekommt hierbei keine Beulen, sondern jeder Schnitt $s = \text{const}$ verschiebt sich seitlich so, daß der Kreisquerschnitt — da es sich hier um unendlich kleine Verschiebungen handelt — erhalten bleibt und damit also der Bedingung aussteifender Böden in der Tat nicht widersprochen wird. Die Richtung der seitlichen Verschiebung ändert sich sinusförmig mit

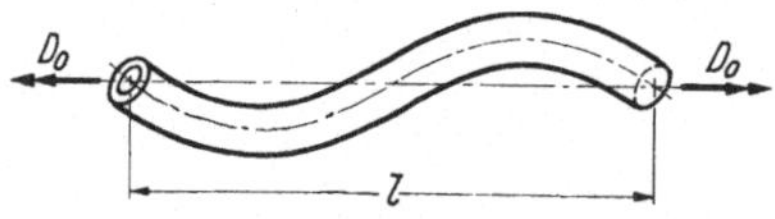

Abb. 83. Durch Torsionsmoment ausknickender Stab mit Kreisringquerschnitt.

dem Abstand s. Die Schale verhält sich also wie ein Stab, der unter der Wirkung von Torsionsmomenten räumlich ausknickt, wobei die Stabachse, wie in Abb. 83 angedeutet, in eine Schraubenlinie übergeht. Dieser Fall kann schon mit den einfachen Mitteln der Knicktheorie der Stäbe behandelt werden und liefert das kritische Drehmoment[2]

$$\text{wobei} \qquad \left. \begin{array}{l} D_k = \dfrac{2\pi E I}{l}, \\[2mm] I = \pi r^3 t \end{array} \right\} \qquad\qquad (110)$$

das axiale Trägheitsmoment des kreisringförmigen Stabquerschnittes ist.

---

[1] Die Durchführung der Rechnung findet sich bei W. Flügge: Statik und Dynamik der Schalen, 3. Aufl., Berlin/Göttingen/Heidelberg 1962, S. 242.

[2] Vgl. z. B. C. B. Biezeno u. R. Grammel: Technische Dynamik, Bd. I, 2. Aufl., Berlin/Göttingen/Heidelberg 1953, S. 600.

Zu demselben Ergebnis muß selbstverständlich auch die Beulbedingung (109) führen, wenn wir dort $n = 1$ und

$$\lambda \frac{l}{r} = 2\pi, \qquad \lambda = 2\pi \frac{r}{l}$$

setzen. Die Entwicklung der Determinante liefert mit $n = 1$, wenn nur lineare Glieder von D_0^* und β berücksichtigt werden,

$$D_0^* = \frac{(1 - \mu^2)\lambda + \beta\lambda^3[\lambda^2 + 2(2 - \mu)]}{2(\lambda^2 + 1)}.$$

Damit der Parameter D_0^*, wie verlangt, eine gegen eins kleine Zahl ist, kann λ weder von der Größenordnung der Einheit, noch sehr groß sein, sondern muß ebenfalls klein gegenüber eins sein. Wir können dann das Glied mit β und im Nenner λ^2 vernachlässigen und bekommen

$$D_0^* = \frac{1 - \mu^2}{2} \lambda, \tag{111}$$

woraus mit $\lambda = 2\pi \frac{r}{l}$ und der Beziehung (108) tatsächlich der kritische Wert D_k von (110) folgt.

Besonders sei noch darauf hingewiesen, daß die Zulässigkeit der Streichung des Gliedes mit β in dem Ausdruck für D_0^* bedeutet, daß hier die Dehnungen der Schalenmittelfläche allein maßgeblich sind und ihre Vernachlässigung das Ausknicken nach Abb. 83 völlig unmöglich machen würde.

Im übrigen ist mit der Aufstellung der Formel (111) das Torsionsproblem der Zylinderschale natürlich erst zum Teil gelöst. Die vollständige Untersuchung unter Beachtung der Randbedingungen zeigt, daß das Knicken als ganzer Stab nur bei sehr langen Rohren maßgeblich ist, während bei kürzeren Zylindern stets ein Ausbeulen der Wandung in sich die kleineren, also kritischen Beulmomente liefert.

d) Einfluß einer Änderung des Elastizitätsgesetzes

Der behandelte Sonderfall $n = 1$ vermag uns noch einige wertvolle grundsätzliche Erkenntnisse zu liefern. Er eignet sich nämlich besonders gut dazu, die Bedeutung der verschiedenen in mancher Hinsicht willkürlichen Annahmen des Elastizitätsgesetzes (46) abzuschätzen, das wir in V, C, 1 aufgestellt und allen bisher durchgeführten Rechnungen zugrunde gelegt haben. Wenn auch die Gründe, die für die Entscheidung zugunsten des Gesetzes (46) sprachen, durchaus eindeutig waren, so können wir doch jetzt einen Maßstab für die Willkür unserer Annahmen dadurch gewinnen, daß wir bei dem einfachen Beispiel der Torsionsknickung die anderen an sich ja auch möglichen Elastizitätsgesetze (44) und (45) — Gesetz (43) liefert hier wegen $\sigma_{x_0} = 0$, $\sigma_{y_0} = 0$ keinen Unterschied gegenüber (46) — anwenden und die Ergebnisse miteinander vergleichen. Die Rechnung ist hier besonders leicht durchführbar, weil, wie wir gesehen haben, der Einfluß der Biegesteifigkeit vernachlässigt und von vornherein $\beta = 0$ gesetzt werden kann. Wir brauchen also für die ganze Untersuchung nur die einfache Membrantheorie zu benutzen.

Als erstes wollen wir das Gesetz (44) untersuchen. Die Beziehungen (49a, b) bleiben damit ungeändert, während wir statt (49c, d) erhalten

$$\overline{T}_x = \int\limits_{-\frac{t}{2}}^{+\frac{t}{2}} G\overline{\gamma}_{xy}\left(1 - \frac{z}{r}\right) dz, \quad \overline{T}_y = T_{y_0}\left(\frac{1 + \overline{\varepsilon}_x^0}{1 + \overline{\varepsilon}_y^0} - 1\right) + \int\limits_{-\frac{t}{2}}^{+\frac{t}{2}} G\overline{\gamma}_{yx}\, dz$$

oder, da es nur auf lineare Glieder der Verschiebungen ankommt,

$$\overline{T}_y = T_{y_0}(\overline{\varepsilon}_x^0 - \overline{\varepsilon}_y^0) + \int\limits_{-\frac{t}{2}}^{+\frac{t}{2}} G\overline{\gamma}_{yx}\, dz .$$

Mit Benutzung von (76) und unter Vernachlässigung der Biegesteifigkeit erhalten wir dann statt (77) als Elastizitätsgesetz für die durch die Verschiebungen ausgedrückten Schnittgrößen

$$\overline{N}_x = \frac{E}{1 - \mu^2}\frac{t}{r}\left(\overline{u}' + \mu\overline{v}^{\cdot} - \mu\overline{w}\right),$$

$$\overline{N}_y = \frac{E}{1 - \mu^2}\frac{t}{r}\left(\overline{v}^{\cdot} - \overline{w} + \mu\overline{u}'\right),$$

$$\overline{T}_x = \frac{E}{1 - \mu^2}\frac{t}{r}\frac{1 - \mu}{2}\left(\overline{u}^{\cdot} + \overline{v}'\right),$$

$$\overline{T}_y = \frac{T_{y_0}}{r}\left(\overline{u}' - \overline{v}^{\cdot} + \overline{w}\right) + \frac{E}{1 - \mu^2}\frac{t}{r}\frac{1 - \mu}{2}\left(\overline{u}^{\cdot} + \overline{v}'\right).$$

Diese Ausdrücke haben wir in (101) einzusetzen, wobei die Momente und Querkräfte fortgelassen werden können. Wir erhalten dann als neue Differentialgleichungen

$$\overline{u}'' + \frac{1 - \mu}{2}\overline{u}^{\cdot\cdot} + \frac{1 + \mu}{2}\overline{v}'^{\cdot} - \mu\overline{w}' + \frac{D_0^*}{2\pi r^2}\frac{1 - \mu^2}{Et}\left(2\overline{u}'' - \overline{v}^{\cdot\cdot} + \overline{w}\right) = 0,$$

$$\frac{1 + \mu}{2}\overline{u}'^{\cdot} + \overline{v}^{\cdot\cdot} + \frac{1 - \mu}{2}\overline{v}'' - \overline{w}^{\cdot} + \frac{D_0^*}{2\pi r^2}\frac{1 - \mu^2}{Et}\left(\overline{v}'' - \overline{w}'\right) = 0,$$

$$\mu\overline{u}' + \overline{v}^{\cdot} - \overline{w} + \frac{D_0^*}{\pi r^2}\frac{1 - \mu^2}{Et}\left(\overline{v}' + \overline{w}''\right) = 0.$$

Mit dem Ansatz (107), worin wir sofort $n = 1$ setzen können, bekommen wir aus den Differentialgleichungen folgende Beuldeterminante, die hinsichtlich der Lastglieder nicht mehr symmetrisch zur Hauptdiagonale ist:

$$\begin{vmatrix} -\lambda^2 - \dfrac{1 - \mu}{2} + 2D_0^*\lambda & \dfrac{1 + \mu}{2}\lambda + D_0^* & \mu\lambda + D_0^* \\[2ex] \dfrac{1 + \mu}{2}\lambda & -1 - \dfrac{1 - \mu}{2}\lambda^2 + D_0^*\lambda & -1 + D_0^*\lambda \\[2ex] \mu\lambda & -1 + 2D_0^*\lambda & -1 + 2D_0^*\lambda \end{vmatrix} = 0 .$$

Die Entwicklung der Determinante liefert die Bedingung

$$D_0^* = \frac{(1-\mu^2)\lambda}{\lambda^2 + 2 + \mu}$$

und bei Vernachlässigung von λ^2

$$D_0^* = \frac{1-\mu^2}{2}\,\lambda\,\frac{2}{2+\mu}\,. \tag{112}$$

Auf genau die gleiche Weise wollen wir nun auch die Auswirkung des Gesetzes (45) untersuchen. Wir müssen dazu

$$\overline{T}_x = T_{x_0}\left(\frac{1+\overline{\varepsilon}_y^0}{1+\overline{\varepsilon}_x^0} - 1\right) + \int\limits_{-\frac{t}{2}}^{+\frac{t}{2}} G\overline{\gamma}_{xy}\left(1 - \frac{z}{r}\right)dz$$

$$= T_{x_0}\left(\overline{\varepsilon}_y^0 - \overline{\varepsilon}_x^0\right) + \int\limits_{-\frac{t}{2}}^{+\frac{t}{2}} G\overline{\gamma}_{xy}\left(1 - \frac{z}{r}\right)dz$$

$$= \frac{T_{x_0}}{r}\left(\overline{v}\,\dot{} - \overline{w} - \overline{u}'\right) + \frac{E}{1-\mu^2}\,\frac{t}{r}\,\frac{1-\mu}{2}\,(\overline{u}\,\dot{} + \overline{v}'),$$

$$\overline{T}_y = \frac{E}{1-\mu^2}\,\frac{t}{r}\,\frac{1-\mu}{2}\,(\overline{u}\,\dot{} + \overline{v}')$$

setzen und bekommen damit aus den Differentialgleichungen (101) die Determinante

$$\begin{vmatrix} -\lambda^2 - \dfrac{1-\mu}{2} + D_0^*\lambda & \dfrac{1+\mu}{2}\,\lambda & \mu\lambda \\[2mm] \dfrac{1+\mu}{2}\,\lambda + D_0^*\lambda^2 & -1 - \dfrac{1-\mu}{2}\,\lambda^2 + 2D_0^*\lambda & -1 + 2D_0^*\lambda \\[2mm] \mu\lambda & -1 + 2D_0^*\lambda & -1 + 2D_0^*\lambda \end{vmatrix} = 0,$$

deren Entwicklung das Ergebnis

$$D_0^* = \frac{(1-\mu^2)\lambda}{2(\lambda^2 + 1)}$$

bzw.

$$D_0^* = \frac{1-\mu^2}{2}\,\lambda \tag{113}$$

liefert.

Als letztes wollen wir noch den Ansatz

$$\overline{T}_x = \overline{T}_y = \frac{E}{1-\mu^2}\,\frac{t}{r}\,\frac{1-\mu}{2}\,(\overline{u}\,\dot{} + \overline{v}')$$

betrachten, der besonders einfach und daher naheliegend ist, aber die Momentengleichgewichtsbedingung um die Schalennormale, die hier

$$T_{xI}(1 + \overline{u}') - T_{yI}(1 + \overline{v}\,\dot{} - \overline{w}) = 0$$

lautet, nicht exakt erfüllt. Von diesem Ansatz war bereits in Abschnitt V, C, 1 behauptet worden, daß er als Elastizitätsgesetz unbrauchbar wäre, da er unter Umständen zu einem falschen Ergebnis führen könnte. Hiervon wollen wir uns im vorliegenden Fall überzeugen. Mit dem Ansatz bekommen wir die Determinante

$$
\begin{vmatrix}
-\lambda^2 - \dfrac{1-\mu}{2} + D_0^*\lambda & \dfrac{1+\mu}{2}\lambda & \mu\lambda \\[2ex]
\dfrac{1+\mu}{2}\lambda & -1 - \dfrac{1-\mu}{2}\lambda^2 + D_0^*\lambda & -1 + D_0^*\lambda \\[2ex]
\mu\lambda & -1 + 2D_0^*\lambda & -1 + 2D_0^*\lambda
\end{vmatrix} = 0
$$

und das Ergebnis

$$
D_0^* = \frac{(1-\mu^2)\lambda}{2\lambda^2 + 1 - \mu}
$$

oder

$$
D_0^* = \frac{(1-\mu^2)}{2}\,\lambda\,\frac{2}{1-\mu}. \tag{114}
$$

Vergleichen wir nun die durch die Formeln (111) bis (114) gewonnenen Resultate miteinander, so ergibt sich folgendes:

Nach Elastizitätsgesetz (44): $\qquad\qquad\qquad\qquad D_0^* = \dfrac{1-\mu^2}{2}\,\lambda\,\dfrac{2}{2+\mu}.$

Nach Elastizitätsgesetz (43), (45), (46): $\qquad\qquad D_0^* = \dfrac{1-\mu^2}{2}\,\lambda.$

Nach dem vereinfachten Ansatz ohne
Momentengleichgewicht: $\qquad\qquad\qquad\qquad D_0^* = \dfrac{1-\mu^2}{2}\,\lambda\,\dfrac{2}{1-\mu}.$

Bei den Gesetzen (43), (45) und (46) bekommen wir also — mehr oder weniger zufällig — jedesmal genau dasselbe Resultat, während nach (44) ein Faktor $\dfrac{2}{2+\mu}$ hinzukommt. Beide Ergebnisse stehen mit der Stab-Knicktheorie in keinem Widerspruch, da wir dort die Querkontraktionszahl μ gleich Null zu setzen haben und auf diese Weise der Faktor $\dfrac{2}{2+\mu}$ gleich eins wird. Dieser Faktor zeigt uns aber für die Schale, welche Bedeutung der in unserem Elastizitätsgesetz enthaltenen Willkür zukommt: Bei $\mu = \dfrac{1}{3}$ schwankt das Ergebnis zwischen 0,86 und 1, also um 14%. Das ist in der Tat nicht viel; denn wir müssen bedenken, daß diese Schwankungen bei unserem Beispiel besonders stark ausfallen und im allgemeinen wesentlich geringer sein werden, weil im vorliegenden Fall die kritische Belastung ausnahmsweise nur von den Dehnungen der Mittelfläche, aber nicht von der Biegungsverformung der Schale abhängt, die sonst von großer Bedeutung ist und von der Art des Elastizitätsgesetzes unbeeinflußt bleibt. Wir dürfen also schließen, daß in der Regel die Willkür im Ansatz des Elastizitätsgesetzes belanglos ist und es durchaus berechtigt war, dasjenige Gesetz zu bevorzugen, das die einfachste und bequemste Rechnung verbürgt. Anders verhält es sich jedoch mit der Verletzung des Momentengleichgewichts. Bei $\mu = 0$ wird dabei der Wert der kritischen Last um den Faktor 2 falsch, so daß der Anschluß an die Stabknickung nicht gegeben ist. Einen derartigen Ansatz müssen wir also tatsächlich als unzulässig bezeichnen.

F. Zusammenfassung von Abschnitt V

In Abschnitt V haben wir das für die praktische Lösung von Verzweigungsproblemen hauptsächlich in Frage kommende Näherungsverfahren kennengelernt, das die komplizierte exakte Rechnung vermeidet. Die beiden Grundgedanken des Verfahrens waren: Erstens Beschränkung auf die Ermittlung der kritischen Belastung bzw. der indifferenten Gleichgewichtszustände und zweitens Vernachlässigung der Verformungen des Grundzustandes. Das erstere war mit Rücksicht darauf möglich, daß für eine Dimensionierung in der Regel nur die kritische Belastung interessiert, während die Zulässigkeit der zweiten Annahme durch ihre Anschaulichkeit und die Ergebnisse der genauen Rechnung am gewöhnlichen Knickstab begründet war, nach denen sich der verursachte Fehler als gering herausstellte. Der wesentliche Erfolg der Vereinfachungen bestand in mathematischer Hinsicht darin, daß statt der sonst nichtlinearen Probleme jetzt immer nur lineare Differentialgleichungen zu lösen waren.

Die Anwendung der Näherung am beiderseits gelenkig gelagerten Knickstab sollte zunächst das Grundsätzliche des Verfahrens zeigen. Bei der Gleichgewichtsmethode ergab sich, daß von vornherein beim Anschreiben der Gleichgewichtsbedingungen am verformten Element nur lineare Glieder der Verformungen berücksichtigt zu werden brauchten, während entsprechend die Energiemethode nur die Mitnahme quadratischer Glieder erforderte. Bei der letzteren Methode war von Bedeutung, daß die Arbeit der inneren Kräfte nicht ohne weiteres aus den früher aufgestellten Formeln entnommen werden konnte, sondern neu berechnet werden mußte, da durch die Vernachlässigung der Verformungen des Grundzustandes das Elastizitätsgesetz geändert worden war.

Die Berechnung des Knickstabes mit elastischer Mittelstütze und des Rechteckrahmens sollte vor allem zeigen, wie bei komplizierteren Systemen die Einzelheiten der Rechnung, also die Beachtung der Rand- und Übergangsbedingungen, die Aufstellung und Auflösung der Knickdeterminante usw. durchzuführen sind. Der Rahmen war im übrigen ein erstes Beispiel dafür, daß die Dehnungen der Stabachse beim Knicken keineswegs immer verschwinden, wie es bei den vorhergehenden Problemen der Fall gewesen war. Der zahlenmäßige Einfluß der Dehnungsglieder war allerdings für normale Abmessungen des Rahmens gering. An einem weiteren einfachen Beispiel der Rahmenknickung machten wir uns dann klar, daß die Streichung der Verformungen des Grundzustandes die Berechnung der Kräfte des Grundzustandes an sich unmöglich macht, wenn der Grundzustand statisch unbestimmt ist. Diesen Widerspruch wollten wir durch die naheliegende Annahme lösen, daß in solchen Fällen der Grundzustand zunächst nach der klassischen Statik in bekannter Weise berechnet wird und nachher für die Stabilitätsuntersuchung die Verformungen des Grundzustandes wieder gleich Null gesetzt werden.

Bei der dann folgenden Behandlung der Beulprobleme von Flächenträgern waren einige grundsätzliche Annahmen erforderlich, was in der Hauptsache wieder durch die Vernachlässigung der Verformungen des Grundzustandes bedingt wurde. Als erstes erwies es sich als notwendig, bei der Wahl des Elastizitätsgesetzes verschiedene Möglichkeiten auf ihre Brauchbarkeit hin zu untersuchen. Wir entschieden uns schließlich für ein Gesetz, das möglichst symmetrischen Aufbau hatte, zu dem ein Potential der inneren Kräfte gehörte und das im übrigen im Interesse einer übersichtlichen Rechnung möglichst einfach war. Daß dabei die Willkür der Annahmen auf das Ergebnis in der Regel keinen wesentlichen Einfluß haben kann, zeigte uns später das Beispiel der tordierten Zylinderschale. Bei der Aufstellung des Elastizitätsgesetzes war noch die strenge Beachtung des Momentengleichgewichts um die Normale der Mittelfläche des Flächenträgers von erheblicher Bedeutung. Die Verletzung dieser Gleichgewichtsbedingung um scheinbar kleine Beträge konnte zu völlig falschen Ergebnissen führen, wovon wir uns ebenfalls am Beispiel der tordierten Zylinderschale überzeugen konnten. Eine zweite grundsätzliche Annahme war für die Berechnung der Kräfte des Grundzustandes zweckmäßig bzw. notwendig und bestand darin, daß wir den Grundzustand stets als Membranspannungszustand voraussetzen wollten, wobei die zugehörigen Kräfte nur in einer dünnen Mittelschicht des Flächenträgers wirken sollten. Erst beim Ausbeulen sollten dann auch Biegemomente, Drillmomente und Querkräfte auftreten und den gesamten Querschnitt der Schale bzw. Platte beanspruchen. Die Zulässigkeit dieser für die Einfachheit der praktischen Rechnung wichtigen Annahme konnten wir an der Rechteckplatte durch eine genaue Untersuchung bestätigen.

Die Lösung des Beulproblems der in einer Richtung gedrückten Rechteckplatte ließ uns weiter den typischen Gang derartiger Rechnungen erkennen, der sich in der Aufstellung der Beuldeterminante, der Diskussion der Beulbedingung und ihrer Darstellung in Form einer Girlandenkurve zeigte. Beachtenswert war bei der Platte das Verschwinden der Mittelflächendehnungen beim Ausbeulen.

Die Betrachtung der durch Axial- und Mantellast beanspruchten Kreiszylinderschale lieferte für die Anwendung der Energiemethode ein Beispiel, bei dem die äußeren Kräfte hinsichtlich des Manteldrucks nicht allgemein, sondern nur für besondere Randbedingungen aus einem Potential ableitbar waren. Der Wert, in der Gleichgewichts- und Energiemethode zwei Wege zur Ableitung der Differentialgleichungen zu haben, trat bei dem komplizierten Schalenproblem klar zutage. Bei der Lösung der Differentialgleichungen der Zylinderschale erwies sich für die praktische Durchführung der Rechnung die Existenz einer einfachen Partikularlösung als besonders wichtig. Die Diskussion der Beulbedingung ergab, daß die Dehnungen der Mittelfläche bei Schalen keineswegs allgemein vernachlässigbar sind, während andererseits die Streichung auch noch vorhandener unwichtiger Glieder eine verhältnismäßig bequeme Entwicklung der Determinante ermöglichte, bei der nur lineare Glieder eines Last- und eines Steifigkeitsparameters berücksichtigt zu werden brauchten. Die tordierte Zylinderschale war schließlich ein Beispiel für einen Grundzustand mit Schubkräften. Eine einfache Partikularlösung war allerdings hier nur in dem Sonderfall vorhanden, bei dem die Schale als Ganzes wie ein Stab ausknickt.

Abschnitt VI

Näherungslösungen für Eigenwertprobleme

Übersicht über Abschnitt VI: *Es werden die für die praktische Rechnung wichtigen Verfahren behandelt, mit deren Hilfe die Differentialgleichungen für die indifferenten Gleichgewichtszustände angenähert gelöst werden können. Zunächst werden die an die Energiemethode anknüpfenden Verfahren von Ritz und Galerkin erläutert, an die sich Betrachtungen über die Extremumseigenschaften der Eigenwerte anschließen. Es folgt eine Besprechung der vor allem für eindimensionale Probleme geeigneten Methode der schrittweisen Näherung und deren Kopplung mit dem Ritzschen Verfahren. Einige Betrachtungen über die Eigenwerte von Systemen, die sich aus Teilsystemen mit bekannten Eigenwerten zusammensetzen, runden den Kreis der Verfahren ab, bei denen die Energiemethode eine Rolle spielt. Der Abschnitt schließt mit einer Erläuterung des Übertragungsverfahrens, das u. a. beim Einsatz elektronischer Rechenautomaten von Bedeutung ist.*

A. Ritzsches Verfahren

1. Problemstellung und exakte Lösung für einen Knickstab mit gleichmäßig verteilter Längsbelastung

Schon in den ersten Abschnitten dieses Buches hatten wir festgestellt, daß es nur wenige Stabilitätsprobleme gibt, bei denen die gesamte Kraft-Verformungskurve einer exakten Berechnung zugänglich ist. In Abschnitt V wurde deshalb dem üblichen Näherungsverfahren für Verzweigungsprobleme besondere Beachtung geschenkt. Dieses Verfahren vereinfachte das ursprünglich nichtlineare Problem in jedem Fall so weit, daß nur lineare homogene Differentialgleichungen bzw. die zugehörigen Variationsprobleme zu lösen waren. Leider ist aber auch diese noch übrigbleibende Aufgabe häufig so schwierig, daß ihre Bewältigung praktisch unmöglich oder zum mindesten unzweckmäßig ist und man sich auch hier wieder nach Möglichkeiten zur angenäherten Lösung umsehen muß. Mit diesen Näherungsverfahren zur Lösung von Eigenwertproblemen wollen wir uns jetzt näher befassen[1]. Dabei wollen wir auch solche Methoden als „Näherungs"verfahren bezeichnen, bei denen grundsätzlich eine beliebig genaue Lösung erreicht werden kann und die Näherung nur dadurch zustande kommt, daß man sich praktisch z. B. bei einer Reihenentwicklung auf wenige Glieder beschränkt oder bei einem Iterationsverfahren mit wenigen Schritten begnügt.

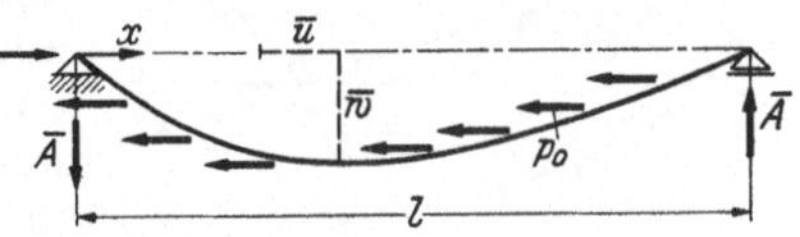

Abb. 84. Knickstab mit gleichmäßig verteilter Längsbelastung im Nachbarzustand.

Wir gehen am besten von einem Beispiel aus, das einerseits schon hinreichend kompliziert ist, um die Bedeutung der Näherungsmethode erkennen zu lassen, andererseits aber auch gerade noch die exakte Lösung ermöglicht, so daß die Güte der Näherung klar wird. Es sei der in Abb. 84 dargestellte, beiderseits gelenkig gelagerte Knickstab betrachtet, der durch längs der unverformten Stabachse gleichmäßig verteilte Kräfte belastet wird. Diese sollen bei der Verformung ihre Richtung beibehalten und können z. B. durch das Eigengewicht des Stabes bedingt sein, wie es schon einmal in Abschnitt II, B, 5 in Abb. 28 angedeutet wurde. Die Biegesteifigkeit sei für den ganzen Stab konstant.

Im Grundzustand ruft die mit p bzw. p_0 bezeichnete Strecken-Längsbelastung eine linear veränderliche Längskraft von der Größe

$$N_0 = -p_0(l - x) \tag{1}$$

hervor. Da der Kosinus des Neigungswinkels der Stabachse gleich eins zu setzen ist, wird für den Nachbarzustand ebenfalls

$$N_I = -p_0(l - x), \tag{2}$$

so daß $\overline{N} = 0$ wird und die zusätzliche Dehnung der Stabachse beim Ausknicken wieder verschwindet. Im Nachbarzustand gilt ferner nach Abb. 85 für das Kräfte-

---

[1] Es soll sich allerdings nur um eine Behandlung der für Stabilitätsprobleme wichtigsten Fragen handeln, wobei noch die rein mathematischen Probleme in den Hintergrund treten werden. Wegen ausführlicherer Darstellungen sei auf die mathematische Literatur verwiesen, vor allem auf L. COLLATZ: Eigenwertaufgaben mit technischen Anwendungen, 2. Aufl., Leipzig 1963.

gleichgewicht am Stabelement in der zur verformten Stabachse senkrechten Richtung

$$\overline{Q}' + N_I \overline{w}'' + p_0 \overline{w}' = 0, \tag{3a}$$

und für das Momentengleichgewicht

$$\overline{M}' - \overline{Q} = 0. \tag{3b}$$

Aus (2) und (3) folgt dann nach Elimination von $\overline{Q}$

$$\overline{M}'' - p_0 (l - x)\,\overline{w}'' + p_0 \overline{w}' = 0 \tag{4}$$

und mit $\overline{M} = -EI\overline{w}''$ die Differentialgleichung des Problems:

$$EI\overline{w}'''' + p_0 (l - x)\,\overline{w}'' - p_0 \overline{w}' = 0$$

oder

$$EI\overline{w}'''' + p_0 [(l - x)\,\overline{w}']' = 0. \tag{5}$$

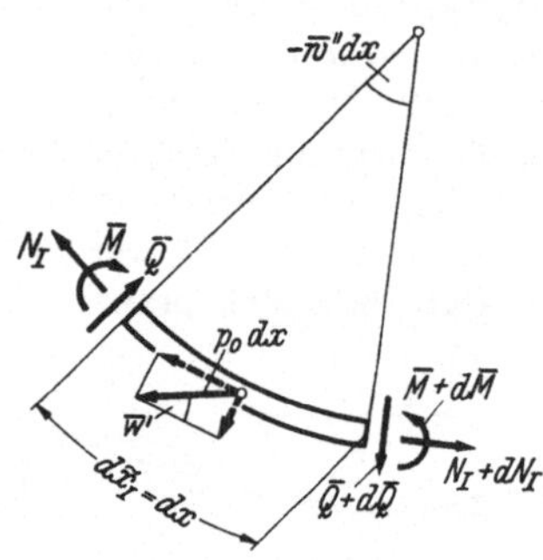

Abb. 85. Element des Knickstabes mit gleichmäßig verteilter Längsbelastung im Nachbarzustand.

Zur Aufstellung der Beziehung (4) brauchen wir übrigens nicht unbedingt das Gleichgewicht am Stabelement zu betrachten, sondern können auch direkt das Biegemoment so aufstellen, wie wir es in den früheren Abschnitten bei der Berechnung von Knickstäben stets getan haben. Auch dieser Weg sei hier zum Vergleich beschritten. Wir erhalten dabei aus Abb. 84 für das Biegemoment an der Stelle x als Summe aller Teilmomente rechts vom betrachteten Querschnitt, wenn wir mit $\overline{A}$ die senkrechten Auflagerkräfte des Stabes und mit ξ eine Zwischenvariable auf der x-Achse zwischen den Stellen x und l bezeichnen,

$$\overline{M}(x) = \overline{A}(l - x) + \int_{x}^{l} p_0 [\overline{w}(x) - \overline{w}(\xi)]\, d\xi.$$

Um aus dieser Beziehung eine Differentialgleichung zu bekommen, müssen wir $\overline{M}$ zweimal nach x differenzieren. Dabei ist zu berücksichtigen, daß x in dem Integral als Parameter auftritt, der auch in den Grenzen des Integrals vorkommt[1]. Wir erhalten unter Beachtung der Randbedingungen

$$\overline{M}'(x) = -\overline{A} + \int_{x}^{l} p_0 \overline{w}'(x)\, d\xi$$

oder

$$\overline{M}' = -\overline{A} + p_0 (l - x)\,\overline{w}', \tag{6}$$

---

[1] Nach Hütte, Mathematische Formeln und Tafeln, Sonderband, Berlin 1959, S. 127, gilt die Formel

$$\frac{\partial}{\partial x} \int_{a(x)}^{b(x)} f(\xi,\, x)\, d\xi = \int_{a(x)}^{b(x)} \frac{\partial f}{\partial x}\, d\xi + f(b,\, x)\, \frac{db}{dx} - f(a,\, x)\, \frac{da}{dx}.$$

womit wir eine nach Abb. 84 anschaulich leicht erklärliche Beziehung für die Querkraft $\overline{Q}$ gefunden haben. Durch nochmalige Differentiation können wir auch die Integrationskonstante $\overline{A}$ eliminieren und erhalten dann wieder Gl. (4).

Zur Aufstellung des Variationsproblems vom stationären Wert der potentiellen Energie können wir die Energie Π_{I_i} der inneren Kräfte des Nachbarzustandes sofort von Gl. V, (11) übernehmen:

$$\Pi_{I_i} = \int\limits_0^l \left[N_0 \left(\overline{u}' + \frac{1}{2}\,\overline{w}'^2 \right) + \frac{1}{2}\,EF\overline{u}'^2 + \frac{1}{2}\,EI\overline{w}''^2 \right] dx.$$

Das Potential der äußeren Kräfte ist (vgl. Abschnitt II, B, 5)

$$\Pi_{I_a} = \int\limits_0^l p_0\overline{u}\,dx.$$

Bilden wir $\Pi_I = \Pi_{I_i} + \Pi_{I_a}$ und setzen nach (1) $N_0 = -p_0(l - x)$, so erhalten wir

$$\Pi_I = \int\limits_0^l p_0\,[\overline{u} - (l - x)\,\overline{u}']\,dx + \int\limits_0^l \left[\frac{1}{2}\,EF\overline{u}'^2 + \frac{1}{2}\,EI\overline{w}''^2 - \frac{1}{2}\,p_0(l - x)\,\overline{w}'^2 \right] dx.$$

Das erste der beiden Integrale verschwindet als erste Variation $\delta\Pi_0$ des Grundzustandes, da mit Rücksicht auf die Randbedingungen des Knickstabes

$$\int\limits_0^l [\overline{u} - (l - x)\,\overline{u}']\,dx = \int\limits_0^l \overline{u}\,dx - [(l - x)\,\overline{u}]_0^l - \int\limits_0^l \overline{u}\,dx = 0$$

ist. Wir bekommen also

$$\overline{\delta}^2\Pi_0 = \int\limits_0^l [EF\overline{u}'^2 + EI\overline{w}''^2 - p_0(l - x)\,\overline{w}'^2]\,dx. \tag{7}$$

Als erste EULERsche Gleichung des Problems $\delta(\overline{\delta}^2\Pi_0) = 0$ folgt

$$(EF\overline{u}')' = 0,$$

woraus sich wieder $\overline{u}' = 0$ ergibt. Von (7) bleibt dann noch zur Bestimmung von $\overline{w}$ der Ausdruck

$$\overline{\delta}^2\Pi_0 = \int\limits_0^l [EI\overline{w}''^2 - p_0(l - x)\,\overline{w}'^2]\,dx \tag{8}$$

übrig, dessen erste Variation einerseits die bereits oben aufgestellte Differentialgleichung (5) als EULERsche Gleichung liefert, und der andererseits der Ausgangspunkt für die zu besprechenden Näherungsmethoden sein wird.

Bevor wir jedoch zu der eigentlichen Aufgabe dieses Abschnittes übergehen, sei noch die exakte Lösung der Differentialgleichung (5) betrachtet. Eine Lösung in geschlossener Form läßt sich allerdings nicht finden. Durch eine einfache Substitution können wir jedoch einen bekannten Differentialgleichungstyp gewinnen[1],

---

[1] Nach F. WILLERS: Z. angew. Math. Mech. 21 (1941) 43.

dessen Lösungen in Form von Reihenentwicklungen bzw. Tabellen vorliegen. Am besten gehen wir von Gl. (6) aus. Mit $\overline{M}' = -EI\overline{w}'''$ erhalten wir daraus zunächst

$$EI\overline{w}''' + p_0(l - x)\,\overline{w}' = \overline{A}$$

und mit

$$\xi = \frac{2}{3}\,\sqrt{\frac{p_0}{EI}\,(l-x)^3}, \qquad \overline{w}' = \psi\,\sqrt[3]{\xi}$$

nach einiger Rechnung die neue Differentialgleichung

$$\frac{d^2\psi}{d\xi^2} + \frac{1}{\xi}\,\frac{d\psi}{d\xi} + \psi\left(1 - \frac{1}{9\xi^2}\right) = \overline{A}\,\sqrt[3]{\frac{4}{9EIp_0^2}}\,\frac{1}{\xi}.$$

Für $\overline{A} = 0$ ist das eine BESSELsche Differentialgleichung; die zu $\overline{A} \neq 0$ gehörenden Integrale werden als LOMMELsche Funktionen bezeichnet. Die Anpassung der Lösungen an die Randbedingungen liefert die Knickdeterminante, aus der in üblicher Weise die Eigenwerte des Problems folgen. Die Einzelheiten dieser Rechnung seien hier unter Hinweis auf die angeführte Literatur übergangen, da sie grundsätzlich wenig Neues bieten. Die notwendige Zahlenrechnung ist mit erheblichem Arbeitsaufwand verknüpft, da die in Betracht kommenden Funktionen, ihre Integrale und Ableitungen nur zum Teil tabelliert sind und die entsprechenden nur langsam konvergierenden Reihen die Berücksichtigung vieler Glieder erforderlich machen. Das Ergebnis der Untersuchung liefert für die kritische Last den Wert

$$p_K = 18{,}57\,\frac{EI}{l^3}\,, \tag{9}$$

den wir im folgenden zur Beurteilung der Genauigkeit der abzuleitenden Näherungswerte benutzen wollen.

2. Rayleighscher Sonderfall des Ritzschen Verfahrens

Bei fast allen bisher behandelten Beispielen haben wir neben der Gleichgewichtsmethode auch die Energiemethode angewendet und uns von deren Bedeutung zur Aufstellung der Differentialgleichungen des Problems überzeugt. Damit ist aber nur eine der beiden Anwendungsmöglichkeiten des Energieverfahrens erschöpft; die andere, fast noch wichtigere Möglichkeit besteht in der Benutzung der Energiebeziehungen zur Aufstellung von Näherungslösungen. In dieser Hinsicht sei als erstes das Verfahren von W. RITZ[1] besprochen. Es baut auf dem Prinzip vom stationären Wert der potentiellen Energie auf, so daß wir im folgenden zunächst nur solche Aufgaben betrachten, bei denen die äußeren Kräfte aus einem Potential abgeleitet werden können.

Während wir uns bisher letzten Endes immer um die Integration der Differentialgleichungen der Aufgabe bemüht und auf diese Weise das zugehörige Variationsproblem vom stationären Wert der potentiellen Energie nur indirekt gelöst haben, wollen wir jetzt das Variationsproblem direkt und damit die EULERschen Differentialgleichungen gewissermaßen indirekt lösen. Aber noch in einer zweiten Hinsicht werden wir beim RITZschen Verfahren einen Weg beschreiten, der gerade umgekehrt verläuft wie ein Weg, den wir bereits bei der Lösung komplizierter

---

[1] Die klassische Abhandlung von W. RITZ findet sich im J. reine angew. Math. 135 (1909) 1.

Stabilitätsaufgaben von Platten und Schalen benutzt bzw. angedeutet haben. Wir hatten festgestellt, daß die Anpassung der allgemeinen Lösung der gegebenen Differentialgleichungen an beliebige Randbedingungen häufig sehr schwierig und praktisch nicht mehr durchführbar ist, daß sich aber vielfach eine einfache Partikularlösung mit mechanisch sinnvollen Randbedingungen finden läßt, die u. U. auch für die wirklichen, gegebenen Lagerbedingungen wenigstens eine Näherung darstellt. Wenn wir auf diese Weise die Differentialgleichungen stets exakt, die Randbedingungen aber gegebenenfalls nur angenähert befriedigt haben, so wollen wir jetzt umgekehrt die *Randbedingungen immer exakt, dafür aber die Differentialgleichungen nur angenähert* erfüllen.

Zur Erläuterung des RITZschen Verfahrens betrachten wir am besten zunächst nur einen einfachen Sonderfall dieser Methode, der als *Rayleighsches Verfahren* vor allem aus der Schwingungslehre her bekannt ist[1]. Da für die indifferenten Gleichgewichtszustände die zweite Variation $\overline{\delta^2 \Pi_0}$ verschwinden muß, erhalten wir aus (8)

$$\int_0^l [E I \overline{w}''^2 - p_0(l - x)\, \overline{w}'^2]\, dx = 0$$

oder aufgelöst nach p_0

$$p_0 = \frac{\int_0^l E I \overline{w}''^2 dx}{\int_0^l (l - x)\overline{w}'^2 dx}. \tag{10}$$

Die Eigenwerte lassen sich danach als Quotienten zweier bestimmter Integrale ohne Schwierigkeiten ausrechnen, wenn die zugehörigen Eigenfunktionen $\overline{w}$ bekannt sind. Das RAYLEIGHsche Verfahren besteht nun darin, daß man statt der wirklichen Eigenfunktionen $\overline{w}$ geschätzte Funktionen in (10) einsetzt und so Näherungswerte für die p_0 erhält. Bezeichnen wir diese Näherungseigenwerte mit $\overline{\overline{p}}_0$, die geschätzten Ansatzfunktionen mit η, so wird also

$$\overline{\overline{p}}_0 = \frac{\int_0^l E I \eta''^2 dx}{\int_0^l (l - x)\eta'^2 dx}. \tag{11}$$

Bei der Schätzung der Ansatzfunktion η kommt es selbstverständlich auf einen konstanten Faktor, der sich in (11) doch wieder heraushebt, nicht an, so daß wir auch $\overline{w} \approx a\eta$ setzen können, wenn a ein derartiger Faktor ist. Die Funktion η sei im übrigen so gewählt, daß sie — wie bereits oben verabredet — die geforderten Randbedingungen, außerdem aber auch noch alle notwendigen Stetigkeits- und Differenzierbarkeitseigenschaften besitzt, so daß sie eine zur Konkurrenz zugelassene Funktion im Sinne der Variationsrechnung ist. Wir können dann die RAYLEIGHsche Näherung auch als eine angenäherte Lösung des Variationsproblems $\delta(\overline{\delta^2 \Pi_0}) = \dot{0}$ auffassen. Wenn wir nämlich $\overline{w} \approx a\eta$ setzen, so erhalten wir nach (8) mit $\overline{\overline{p}}_0$ statt p_0

$$\delta \int_0^l a^2 [E I \eta''^2 - \overline{\overline{p}}_0(l - x)\, \eta'^2]\, dx = 0.$$

---

[1] Vgl. z. B. S. TIMOSHENKO: Schwingungsprobleme der Technik, Berlin 1932, S. 288.

Da η bereits fest gewählt ist, besteht die einzige Variationsmöglichkeit nur noch in einer Veränderung des Faktors a, und aus der Bedingung $\delta(\bar{\delta}^2 \Pi_0) = 0$ wird die Forderung $\dfrac{d\,(\bar{\delta}^2\Pi_0)}{da} = 0$. Wir bekommen also

$$2a \int\limits_0^l [EI\,\eta''^2 - \bar{\bar{p}}_0(l-x)\,\eta'^2]\,dx = 0,$$

und daraus wieder die Beziehung (11).

Die Brauchbarkeit der RAYLEIGHschen Näherung hängt zweifellos von der Güte der Schätzung der Ansatzfunktion ab. Wesentlich ist jedoch, daß sich selbst bei verhältnismäßig roher Annäherung der Eigenfunktionen für die kritischen Lasten doch schon recht gute Näherungen ergeben. Hiervon möge uns ein Beispiel überzeugen. Wir wollen zur Berechnung des niedrigsten Eigenwertes p_K

$$\bar{w} \approx \eta = a \sin \frac{\pi}{l}\,x \tag{12}$$

setzen, also annehmen, daß die Biegelinie mit der eines unter Einzellast ausknickenden Stabes ungefähr übereinstimmt. Sämtliche Randbedingungen des Problems werden dabei erfüllt, da die Durchbiegung bei $x = 0$ und $x = l$ verschwindet und auch ihre zweite Ableitung, und damit das Biegemoment, an den Stabenden zu Null wird. Über die Notwendigkeit der Erfüllung dieser Randbedingungen wird übrigens weiter unten noch einiges zu sagen sein. Wir erhalten mit (12) aus (11), wenn wir jetzt $\bar{\bar{p}}_0 = \bar{\bar{p}}_K$ setzen

$$\bar{\bar{p}}_K = \frac{\displaystyle\int_0^l EI\,\frac{\pi^4}{l^4}\sin^2\frac{\pi}{l}\,x\,dx}{\displaystyle\int_0^l (l-x)\frac{\pi^2}{l^2}\cos^2\frac{\pi}{l}\,x\,dx} = \frac{\dfrac{\pi^4}{l^4}\dfrac{l}{2}}{\dfrac{\pi^2}{l^2}\dfrac{l^2}{4}}\,EI,$$

$$\bar{\bar{p}}_K = 2\pi^2\,\frac{EI}{l^3} = 19{,}74\,\frac{EI}{l^3}. \tag{13}$$

Die so gewonnene Näherung hat gegenüber dem wahren Wert von (9) einen Fehler von nur rund 6%, besitzt also in der Tat schon eine unerwartet große Genauigkeit, die für die meisten Fälle der Praxis bereits ausreicht. Der Wert der RAYLEIGHschen Näherung ist damit hinreichend erwiesen, insbesondere wenn man bedenkt, wie gering der erforderliche Rechenaufwand ist, der einen verschwindend kleinen Prozentsatz der sog. „exakten Rechnung" ausmacht, selbst wenn man diese nur mit einer Genauigkeit von drei Stellen durchführt.

3. Allgemeinere Lösung nach Ritz

Zu dem eigentlichen *Ritzschen Verfahren* gelangen wir nun durch eine Verallgemeinerung des beschriebenen RAYLEIGHschen Ansatzes, wodurch wir die Möglichkeit erhalten, die Genauigkeit der Näherung beliebig zu steigern. Wir ersetzen dazu die genaue Lösung $\bar{w}$ der Probleme (5) und (8) durch eine Näherung η, die sich in folgender Weise aufbaut:

$$\bar{w} \approx \eta = a_1\eta_1 + a_2\eta_2 \cdots + a_n\eta_n. \tag{14}$$

Die Größen a_1, a_2, ..., a_n sind dabei von x unabhängige Beiwerte. η_1, η_2, ..., η_n sind Ansatzfunktionen, von denen wir wieder verlangen, daß sie für die Variation von $\bar{\delta}^2 \Pi_0$ zur Konkurrenz zugelassen sind, also insbesondere die dafür geforderten Randbedingungen erfüllen. Im übrigen ist aber ihre Wahl beliebig und allein durch den Gesichtspunkt bestimmt, daß sich durch sie die gesuchte Funktion $\bar{w}$ mit möglichst guter Näherung bei Beschränkung auf möglichst wenige Glieder in der Funktionsfolge ersetzen läßt. Daß diese Näherung im Rahmen der durch die Freiwerte a noch offenen Möglichkeiten ein Optimum wird, läßt sich unter Benutzung des Variationsproblems $\delta(\bar{\delta}^2 \Pi_0) = 0$ erreichen. Setzen wir (14) in (8) ein und führen die Integration über x aus, so wird aus der ursprünglichen „Funktionenfunktion" $\bar{\delta}^2 \Pi_0$ eine gewöhnliche quadratische Funktion der Beiwerte a. Die Forderung $\delta(\bar{\delta}^2 \Pi_0) = 0$ bedeutet dann, daß die Beziehungen

$$\frac{\partial(\bar{\delta}^2 \Pi_0)}{\partial a_1} = 0, \qquad \frac{\partial(\bar{\delta}^2 \Pi_0)}{\partial a_2} = 0, \quad ..., \quad \frac{\partial(\bar{\delta}^2 \Pi_0)}{\partial a_n} = 0 \qquad (15)$$

erfüllt sein sollen[1]. Diese Beziehungen stellen n lineare Gleichungen für die Bestimmung der Beiwerte a dar. Da sie homogen sind, muß die Koeffizientendeterminante des Gleichungssystems verschwinden, aus deren Auflösung dann eine Gleichung n-ten Grades für n Eigenwerte folgt, die Näherungswerte für die ersten n wirklichen Eigenwerte sind.

Da wir zur Aufstellung der Beziehungen (15) für die Freiwerte a_1, a_2, ..., a_n genauso vorgegangen sind wie beim RAYLEIGHschen Verfahren zur Bestimmung des einen Freiwertes a, ergibt sich, daß das oben beschriebene *Rayleighsche Verfahren gleich dem Ritzschen Verfahren mit nur einer Ansatzfunktion ist*. Im übrigen sei noch erwähnt, daß es an sich nicht notwendig ist, einen Näherungsansatz gerade in der Form (14) zu machen, in dem die Größen a linear enthalten sind. Man kann auch ein noch allgemeineres RITZsches Verfahren benutzen, bei dem der Ansatz irgendeine andere geeignete Funktion von Freiwerten ist[2]. Wir wollen uns jedoch im folgenden stets auf die geschilderte — im allgemeinen zweckmäßigste — Art des RITZschen Verfahrens beschränken.

Die Einzelheiten der durchzuführenden Rechnung können wir am besten wieder am Beispiel des Knickstabes mit Strecken-Längsbelastung näher kennenlernen. Um die Rechnung möglichst übersichtlich zu gestalten, wollen wir von einem Ansatz mit nur zwei Funktionen ausgehen. Es sei in Erweiterung von (12)

$$\left.\begin{aligned} \bar{w} \approx \eta &= a_1 \eta_1 + a_2 \eta_2 \\ &= a_1 \sin \frac{\pi}{l} x + a_2 \sin 2 \frac{\pi}{l} x, \end{aligned}\right\} \qquad (16\text{a, b})$$

so daß wir diese Näherung als die ersten Glieder einer Fourierentwicklung auffassen können. Die Funktion η_2, die gleich der zweiten Eigenfunktion des gewöhnlichen Knickstabes mit Einzellast ist, erfüllt genau wie η_1 sämtliche Randbedingungen des Problems. Wir setzen nun (16) in (8) ein, wobei wir im Interesse der

---

[1] Es gibt natürlich auch noch andere Möglichkeiten zur Bestimmung der Freiwerte eines Ansatzes von der Form (14), auf die hier nicht näher eingegangen werden soll. Zum Beispiel kann man nach der „Kollokationsmethode" in n willkürlich wählbaren Punkten des Systems die Erfüllung der Differentialgleichung verlangen. (Vgl. L. COLLATZ: Eigenwertaufgaben mit technischen Anwendungen, 2. Aufl., Leipzig 1963, S. 411.)

[2] Diese Methode wurde schon von J. W. RAYLEIGH: Theory of Sound, Kap. 4, London 1877/78, angegeben. Wenn oben nur die Verwendung eines eingliederigen Ansatzes als RAYLEIGHsches Verfahren bezeichnet wurde, so sollte damit weniger den historischen Tatsachen Rechnung getragen werden, als vielmehr eine zweckmäßige und vielfach übliche Bezeichnungsweise zur Unterscheidung der verschiedenen Verfahren eingeführt werden.

Allgemeingültigkeit unserer Betrachtungen solange wie möglich die Schreibweise (16a) verwenden und erst zum Schluß den Ansatz (16b) einführen wollen. Wir erhalten mit $\bar{\bar{p}}_0$ statt p_0

$$\bar{\delta}^2 \Pi_0 = \int\limits_0^l [EI\,(a_1\eta_1'' + a_2\eta_2'')^2 - \bar{\bar{p}}_0(l - x)\,(a_1\eta_1' + a_2\eta_2')^2]\,dx \qquad (17\,\mathrm{a})$$

oder

$$\left.\begin{aligned}
\bar{\delta}^2 \Pi_0 &= a_1^2 \int\limits_0^l [EI\,\eta_1''^2 - \bar{\bar{p}}_0(l - x)\,\eta_1'^2]\,dx + \\[2mm]
&\quad + 2a_1 a_2 \int\limits_0^l [EI\,\eta_1''\eta_2'' - \bar{\bar{p}}_0(l - x)\,\eta_1'\eta_2']\,dx + \\[2mm]
&\quad + a_2^2 \int\limits_0^l [EI\,\eta_2''^2 - \bar{\bar{p}}_0(l - x)\,\eta_2'^2]\,dx.
\end{aligned}\right\} \qquad (17\,\mathrm{b})$$

Bilden wir der Vorschrift (15) entsprechend die partiellen Ableitungen von $\bar{\delta}^2\Pi_0$ nach a_1 und a_2, so erhalten wir nach Division durch den Faktor 2 die beiden homogenen Gleichungen

$$\left.\begin{aligned}
&a_1 \int\limits_0^l [EI\,\eta_1''^2 - \bar{\bar{p}}_0(l - x)\,\eta_1'^2]\,dx + a_2 \int\limits_0^l [EI\,\eta_1''\eta_2'' - \bar{\bar{p}}_0(l - x)\,\eta_1'\eta_2']\,dx = 0, \\[2mm]
&a_1 \int\limits_0^l [EI\,\eta_1''\eta_2'' - \bar{\bar{p}}_0(l - x)\,\eta_1'\eta_2']\,dx + a_2 \int\limits_0^l [EI\,\eta_2''^2 - \bar{\bar{p}}_0(l - x)\,\eta_2'^2]\,dx = 0,
\end{aligned}\right\} \quad (18\,\mathrm{a, b})$$

deren Koeffizientendeterminante die Knickdeterminante ist. Also:

$$\begin{vmatrix}
\int\limits_0^l [EI\,\eta_1''^2 - \bar{\bar{p}}_0(l - x)\,\eta_1'^2]\,dx & \int\limits_0^l [EI\,\eta_1''\eta_2'' - \bar{\bar{p}}_0(l - x)\,\eta_1'\eta_2']\,dx \\[4mm]
\int\limits_0^l [EI\,\eta_1''\eta_2'' - \bar{\bar{p}}_0(l - x)\,\eta_1'\eta_2']\,dx & \int\limits_0^l [EI\,\eta_2''^2 - \bar{\bar{p}}_0(l - x)\,\eta_2'^2]\,dx
\end{vmatrix} = 0. \qquad (19)$$

Führen wir jetzt den speziellen Ansatz (16b) ein, so können wir die Integrale in (19) auswerten. Es ist

$$\int\limits_0^l [EI\,\eta_1''^2 - \bar{\bar{p}}_0(l - x)\,\eta_1'^2)]\,dx =$$

$$= \int\limits_0^l \left[EI\,\frac{\pi^4}{l^4}\sin^2\frac{\pi}{l}x - \bar{\bar{p}}_0(l - x)\frac{\pi^2}{l^2}\cos^2\frac{\pi}{l}x\right]dx = EI\,\frac{\pi^4}{l^4}\frac{l}{2} - \bar{\bar{p}}_0\frac{\pi^2}{4},$$

$$\int\limits_0^l [EI\,\eta_1''\eta_2'' - \bar{\bar{p}}_0(l - x)\,\eta_1'\eta_2']\,dx =$$

$$= \int\limits_0^l \left[EI\,4\frac{\pi^4}{l^4}\sin\frac{\pi}{l}x\sin2\frac{\pi}{l}x - \bar{\bar{p}}_0(l - x)\,2\frac{\pi^2}{l^2}\cos\frac{\pi}{l}x\cos2\frac{\pi}{l}x\right]dx = -\frac{20}{9}\bar{\bar{p}}_0,$$

$$\int\limits_0^l [EI\,\eta_2''^2 - \bar{\bar{p}}_0(l - x)\,\eta_2'^2]\,dx =$$

$$= \int\limits_0^l \left[EI\,16\frac{\pi^4}{l^4}\sin^2 2\frac{\pi}{l}x - \bar{\bar{p}}_0(l - x)\,4\frac{\pi^2}{l^2}\cos^2 2\frac{\pi}{l}x\right]dx = EI\,\frac{\pi^4}{l^4}\,8l - \bar{\bar{p}}_0\pi^2.$$

Setzen wir noch vorübergehend zur Abkürzung

$$\lambda = \frac{\overset{\approx}{p}_0 \, l^3}{EI}, \qquad\qquad (20)$$

so können wir die Knickdeterminante in der Form

$$\begin{vmatrix} \dfrac{\pi^4}{2} - \dfrac{\pi^2}{4}\lambda & -\dfrac{20}{9}\lambda \\[3mm] -\dfrac{20}{9}\lambda & 8\pi^4 - \pi^2\lambda \end{vmatrix} = 0$$

schreiben, woraus nach Auflösung für λ die quadratische Gleichung

$$\lambda^2 - 123{,}80\,\lambda + 1955{,}0 = 0$$

folgt, welche die Wurzeln

$$\lambda_1 = 18{,}58, \qquad \lambda_2 = 105{,}22 \qquad\qquad (21\,\mathrm{a, b})$$

hat. Die niedrigste Wurzel λ liefert unter Berücksichtigung von (20) den kritischen Wert

$$\overset{\approx}{p}_K = 18{,}58\,\frac{EI}{l^3}, \qquad\qquad (22)$$

während die zweite Wurzel eine Näherung für den zweiten Eigenwert ist. Hätten wir noch mehrere Ansatzfunktionen eingeführt, so hätten wir auch noch Näherungen für weitere Eigenwerte erhalten.

Vergleichen wir den gewonnenen Näherungswert nach (22) mit dem genauen Wert nach (9), so erkennen wir, daß der Fehler nur noch rund 0,05% beträgt, die Näherung also bereits sehr gut ist. Es erübrigt sich daher im vorliegenden Fall eine an sich mögliche Erhöhung der Genauigkeit, die wir durch Berücksichtigung weiterer Glieder in dem Ansatz für $\overline{w}$ erreichen könnten. Da andererseits auch die Rechnung mit dem zweigliederigen Ansatz (16) im Vergleich mit der Rayleigh-schen Näherung zeigt, daß die erforderliche Rechenarbeit bei jeder Erhöhung der Anzahl der Ansatzfunktionen gleich erheblich anwächst, ergibt sich die allgemeine Erkenntnis, *daß das Ritzsche Verfahren in der Hauptsache auf die Verwendung weniger Ansatzfunktionen zugeschnitten ist.* Der Erfolg des Verfahrens hängt damit wesentlich von der Geschicklichkeit im Schätzen der Biegelinien ab. Darin besteht aber kaum ein Nachteil, sondern eher ein Vorteil der Methode, da es auf diese Weise möglich ist, ingenieurmäßige Anschauung und Erfahrung weitgehend auszunutzen.

Die Gln. (18) ermöglichen es noch, nach Kenntnis der Eigenwerte die Eigenfunktionen zu bestimmen — natürlich nur bis auf einen konstanten Faktor. Bezeichnen wir diese angenähert richtigen Eigenfunktionen mit η_I und η_{II}, so erhalten wir zunächst mit (21 a) aus (18 a) oder (18 b) für das Verhältnis $\dfrac{a_2}{a_1}$ den Wert 0,0693, so daß die Biegelinie des Stabes für die kritische Last die Form

$$\eta_I = a_1\left(\sin\frac{\pi}{l}\,x + 0{,}0693\,\sin 2\,\frac{\pi}{l}\,x\right) \qquad\qquad (23\,\mathrm{a})$$

annimmt. Für die zweite Eigenfunktion bekommen wir entsprechend aus (21 b) und (18)

$$\eta_{II} = a_2\left(\sin 2\,\frac{\pi}{l}\,x - 1{,}109\,\sin\frac{\pi}{l}\,x\right). \qquad\qquad (23\,\mathrm{b})$$

Die durch (23a, b) gegebenen Biegelinien sind in Abb. 86a u. b dargestellt. Daraus geht besonders anschaulich hervor, wie die zur Stabmitte symmetrische bzw. antisymmetrische Biegelinie des gewöhnlichen Knickstabes der veränderlichen Längskraft entsprechend korrigiert wird. Für die erste Eigenfunktion ist diese Korrektur nicht groß, für die zweite jedoch recht beachtlich. Dementsprechend hat auch die Näherung für den zweiten Eigenwert, die sich nach (21b) zu $\overset{\approx}{p}_0 = 105{,}2\,\dfrac{EI}{l^3}$ ergibt, noch einen größeren Fehler. Der wahre Wert, der aus der oben geschilderten exakten Rechnung folgt, ist nämlich $p_0 = 86{,}30\,\dfrac{EI}{l^3}$, so daß der Fehler der Näherung in der Tat rund 22% beträgt. Es folgt daraus, *daß die höheren Eigenfunktionen und Eigenwerte empfindlicher sind und schwieriger zu berechnen sind als die kritischen Größen.* Jedenfalls könnten wir uns bei unserem Beispiel mit dem Ergebnis des zweigliederigen Rɪᴛᴢschen Ansatzes, das für den niedrigsten Eigenwert schon recht genau ist, im Hinblick auf den zweiten Eigenwert noch nicht zufrieden geben, wenn dieser Eigenwert von Interesse wäre. Da es jedoch sowohl im vorliegenden Fall wie auch allgemein bei Stabilitätsproblemen in der Regel nur auf den niedrigsten Eigenwert ankommt, sind die Schwierigkeiten bei der Berechnung höherer Eigenwerte praktisch nicht wesentlich. Allerdings werden wir weiter unten noch eine Ausnahme von dieser Regel kennenlernen.

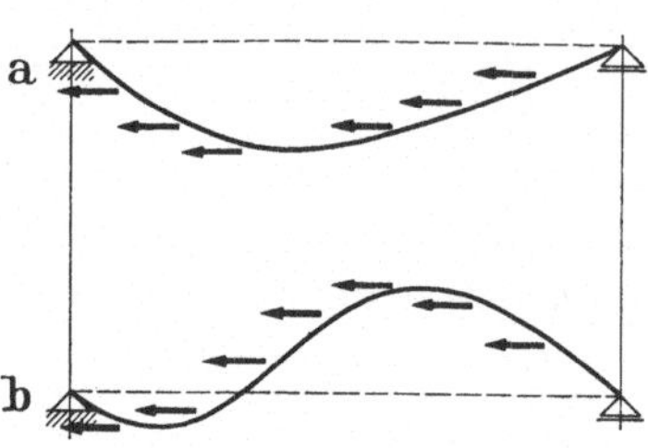

Abb. 86a u. b. Erste und zweite Eigenfunktion des Knickstabes mit gleichmäßig verteilter Längsbelastung nach einem zweigliederigen Rɪᴛᴢschen Ansatz.

4. Randbedingungen

Die Ansätze (12) und (16) haben wir so gewählt, daß sämtliche Randbedingungen des Knickstabes exakt erfüllt werden. Für die Anwendung des Rɪᴛᴢschen Verfahrens ist es nun von Bedeutung, näher zu untersuchen, inwiefern die Befriedigung dieser Randbedingungen notwendig ist. Da das Verfahren auf der angenäherten Lösung eines Variationsproblems fußt, ist es selbstverständlich, daß nur solche Funktionen η in Frage kommen, die bei der Variation zur Konkurrenz zugelassen sind; denn sonst würde die angewandte Methode zur Bestimmung der Freiwerte a ihren Sinn verlieren. Es kommt also darauf an, den mathematischen Begriff „zur Konkurrenz zugelassen" in der Anwendung auf unser Variationsproblem etwas näher zu betrachten.

Dazu machen wir uns für das Problem $\delta(\bar{\delta}^2\varPi_0) = 0$ nach (8) den Gang der Ableitung der Eᴜʟᴇʀschen Differentialgleichung klar. Zunächst erhalten wir aus (8), wenn wir die Variation unter dem Integralzeichen ausführen,

$$\delta(\bar{\delta}^2\varPi_0) = \delta\int_0^l [EI\overline{w}''^2 - p_0(l - x)\,\overline{w}'^2]\,dx$$

$$= \int_0^l \left[EI\,\frac{\partial}{\partial\overline{w}''}\,(\overline{w}''^2)\,\delta\overline{w}'' - p_0(l - x)\,\frac{\partial}{\partial\overline{w}'}\,(\overline{w}'^2)\,\delta\overline{w}' \right] dx = 0$$

oder

$$\delta(\bar{\delta}^2\varPi_0) = 2\int_0^l [EI\overline{w}''\,\delta\overline{w}'' - p_0\,(l - x)\,\overline{w}'\,\delta\overline{w}']\,dx = 0. \tag{24}$$

Durch partielle Integration können wir nun die einzelnen Ausdrücke des Integranden folgendermaßen umformen:

$$\int\limits_0^l EI\overline{w}''\,\delta\overline{w}''\,dx = [EI\overline{w}''\,\delta\overline{w}']_0^l - \int\limits_0^l EI\overline{w}'''\,\delta\overline{w}'\,dx$$

$$= [EI\overline{w}''\,\delta\overline{w}']_0^l - [EI\overline{w}'''\,\delta\overline{w}]_0^l + \int\limits_0^l EI\overline{w}''''\,\delta\overline{w}\,dx,$$

$$\int\limits_0^l p_0(l-x)\,\overline{w}'\,\delta\overline{w}'\,dx = [p_0(l-x)\,\overline{w}'\,\delta\overline{w}]_0^l - \int\limits_0^l p_0[(l-x)\,\overline{w}']'\,\delta\overline{w}\,dx.$$

Wir bekommen also aus (24)

$$\left.\begin{aligned}
\delta(\overline{\delta}^2\Pi_0) = 2\int\limits_0^l \left\{EI\overline{w}'''' + p_0[(l-x)\,\overline{w}']'\right\}\delta\overline{w}\,dx + \\
+ 2\left\{[EI\overline{w}''\,\delta\overline{w}']_0^l - [EI\overline{w}'''\,\delta\overline{w}]_0^l - [p_0(l-x)\,\overline{w}'\,\delta\overline{w}]_0^l\right\} = 0.
\end{aligned}\right\} \quad (25)$$

Damit diese Bedingung erfüllt ist, muß erstens in dem Integral wegen der Willkür in der Wahl von $\delta\overline{w}$ der Ausdruck in der geschweiften Klammer verschwinden, wodurch wir die EULERsche Differentialgleichung (5) unseres Problems erhalten. Zweitens müssen aber auch noch die Randausdrücke zu Null werden, und damit haben wir bereits die Forderungen gefunden, denen eine Funktion mit Rücksicht auf die Randbedingungen genügen muß, um als zur Konkurrenz zugelassen bezeichnet werden zu können.

Im Hinblick auf das RITZsche Verfahren bedeutet in den Randausdrücken $\overline{w}$ die exakte Lösung des Problems, während $\delta\overline{w}$ als Abweichung der Näherungslösung von der Lösung $\overline{w}$ aufzufassen ist. Wir können also

$$\delta\overline{w} = \eta - \overline{w}$$

setzen und erhalten damit aus (25) die Bedingung

$$[EI\overline{w}''(\eta' - \overline{w}')]_0^l - [EI\overline{w}'''(\eta - \overline{w})]_0^l - [p_0(l-x)\,\overline{w}'(\eta - \overline{w})]_0^l = 0.$$

Die mechanische Bedeutung der einzelnen Ausdrücke wird klar, wenn wir beachten, daß

$$EI\overline{w}'' = -\overline{M}, \qquad EI\overline{w}''' = -\overline{Q}, \qquad p_0(l-x) = -N_I$$

ist, so daß wir

$$-[\overline{M}(\eta' - \overline{w}')]_0^l + [\overline{Q}(\eta - \overline{w})]_0^l + [N_I\overline{w}'(\eta - \overline{w})]_0^l = 0 \qquad (26)$$

bekommen.

Betrachten wir zuerst den letzten der drei Randausdrücke, so erkennen wir, daß N_I nur an der oberen Grenze $x = l$, aber nicht am festen Auflager $x = 0$ verschwindet. Damit also der Randausdruck zu Null wird, muß bei $x = 0$ die Differenz $\eta - \overline{w}$ zu Null werden. Der zweite Randausdruck verlangt entsprechend, daß $\eta - \overline{w}$ an beiden Auflagern zu Null wird, da die Querkraft $\overline{Q}$ weder bei $x = 0$ noch bei $x = l$ verschwindet. Zur Konkurrenz sind also zunächst einmal nur solche Funktionen zugelassen, die an den Auflagern mit der exakten Lösung $\overline{w}$ übereinstimmen, also die für die Durchbiegung vorgeschriebenen Bedingungen erfüllen. Während diese Aussage selbstverständlich erscheint, liefert der erste Randausdruck in (26) folgende überraschende Erkenntnis.

Für die Ableitung der Biegelinie besteht an den Auflagern keine Bedingung, so daß dort η' und $\overline{w}'$ im allgemeinen verschieden sind. Wenn der Randausdruck trotzdem zu Null werden soll, so muß an den Stabenden das Biegemoment $\overline{M} = 0$ sein. Wesentlich ist nun, daß diese Bedingung immer, d. h. unabhängig von der Wahl der Ansatzfunktion, erfüllt ist, weil $\overline{M} = -EI\overline{w}''$ das Biegemoment der *exakten* Lösung ist. Das Biegemoment $\widetilde{M} = -EI\eta''$ der Näherung kommt dagegen in dem Randausdruck gar nicht vor, so daß die Näherung η der Randbedingung gelenkiger Lagerung *nicht* zu genügen braucht. Es brauchen also nicht alle Randbedingungen bei der Ansatzwahl befriedigt zu werden, sondern ein Teil darf dabei verletzt werden. Diese vernachlässigbaren Randbedingungen treten in Randausdrücken auf, in denen für die Variation $\delta\overline{w} = \eta - \overline{w}$ keine Vorschriften gemacht werden können, sondern die — wenn überhaupt ein Variationsproblem vorliegen soll — unabhängig von der variierten Kurve von selbst, gewissermaßen auf „natürlichem" Wege zu Null werden müssen. Man spricht daher in diesem Fall von *natürlichen* Randbedingungen[1]. Im Gegensatz dazu wollen wir die zu beachtenden Randbedingungen, die in Forderungen für die variierte Kurve bestehen, als *künstliche* Randbedingungen bezeichnen. Wir können dann zusammenfassend feststellen: *Beim Ritzschen Verfahren brauchen die Ansatzfunktionen nur die künstlichen, aber nicht die natürlichen Randbedingungen zu erfüllen.*

Die Art der Randbedingungen läßt sich durch Teilintegration in der oben gezeigten Weise immer leicht feststellen. Ist n die Ordnung der Ableitung des zu untersuchenden Gliedes des Variationsproblems, so sind dafür alle Vorschriften über die abhängige Veränderliche selbst und ihre Ableitungen bis zur $(n - 1)$-ten Ordnung künstliche, der Rest natürliche Randbedingungen. Bei unserem Beispiel und im allgemeinen auch in anderen Fällen, aber nicht immer, sind die künstlichen Randbedingungen Vorschriften für die geometrische Gestalt der Biegelinie, die natürlichen solche für den Kräftezustand, also hier für die Querkraft und das Biegemoment[2]. Schreiben wir z. B. den Arbeitsausdruck, der das Potential der inneren Kräfte darstellt, nicht in der Form „Moment mal Winkeländerung", sondern analog zu der Umformung von (24) in (25) als „Kraft mal Weg", setzen also (bei konstantem EI)

$$\int\limits_0^l EI\overline{w}''^2\,dx = \int\limits_0^l EI\overline{w}''''\,\overline{w}\,dx,$$

so erkennen wir schon, daß bei der neuen Schreibweise auch Forderungen für die zweite und dritte Ableitung von $\overline{w}$, d. h. für den Kräftezustand, als künstliche Randbedingungen auftreten. Welche Bedingungen künstlich oder natürlich zu nennen sind, hängt also nicht nur von der gestellten Aufgabe, sondern auch von der gerade gewählten Art der mathematischen Formulierung ab. Legt man Wert darauf, möglichst wenige Randbedingungen erfüllen zu müssen, so muß man eine

---

[1] Vgl. z. B. R. COURANT u. D. HILBERT: Methoden der mathematischen Physik, Bd. I, 3. Aufl., Berlin/Heidelberg/New York 1968, S. 179.

[2] Zur Kennzeichnung dieses Unterschiedes benutzen C. B. BIEZENO u. R. GRAMMEL: Technische Dynamik, Bd. I, 2. Aufl., Berlin/Göttingen/Heidelberg 1953, S. 144, die Bezeichnungen „geometrische" und „dynamische" Randbedingungen. In der mathematischen Literatur, siehe E. KAMKE: Math. Z. 48 (1942) 67, werden außerdem noch in etwas anderem Zusammenhang die Bezeichnungen „wesentliche" und „restliche" Randbedingungen benutzt, die sich in der Anwendung auf die hier zu behandelnden Stabilitätsprobleme mit den Begriffen „geometrische" und „dynamische" Randbedingungen und damit häufig auch mit den Begriffen „künstliche" und „natürliche" Randbedingungen decken.

Formulierung wählen, bei der die Ordnung der auftretenden Ableitungen möglichst niedrig bleibt.

Wenn es nach dem Gesagten auch nicht notwendig ist, bei den Ansatzfunktionen alle Randbedingungen zu berücksichtigen, so ist das doch häufig zweckmäßig, da hierdurch meist die Genauigkeit des Ergebnisses verbessert wird. Zur Begründung dieser Behauptung sei noch einmal das Problem (8) mit einem eingliederigen, RAYLEIGHschen Ansatz gelöst, der die natürlichen Randbedingungen verletzt. Es sei

$$\overline{w} \approx \eta = ax\left(1 - \frac{x}{l}\right). \tag{27}$$

Hierbei wird zwar die Durchbiegung an den Stabenden zu Null; die zweite Ableitung η'' ist dort aber von Null verschieden, so daß die natürliche Randbedingung verschwindender Biegemomente nicht erfüllt ist. Aus (11) wird mit (27)

$$\overset{\approx}{p}_0 = \overset{\approx}{p}_K = \frac{\displaystyle\int_0^l EI\,\frac{4}{l^3}\,dx}{\displaystyle\int_0^l (l-x)\left(1 - \frac{4x}{l} + \frac{4x^2}{l^2}\right)dx} = 24\,\frac{EI}{l^3}, \tag{28}$$

womit wir eine erheblich schlechtere Näherung für den wahren Wert von $18{,}57\,\dfrac{EI}{l^3}$ erhalten als nach dem Ansatz (12), der $\overset{\approx}{p}_0 = 19{,}74\,\dfrac{EI}{l^3}$ lieferte.

5. Besondere Eigenschaften der Eigenwertprobleme für indifferente Gleichgewichtszustände

a) Selbstadjungiertheit

Vergleicht man den exakten Wert von p_K nach (9) mit den Näherungswerten nach (13), (22) und (28), so wird man von selbst zu der Frage geführt, ob nicht allgemeine Aussagen über Art und Güte der RITZschen Näherungswerte möglich sind. Derartige Aussagen lassen sich nun auch in der Tat machen; es ist dazu nur erforderlich, etwas weiter auszuholen und zunächst einige Eigenschaften der zu lösenden Probleme zu besprechen, die mit der gestellten Frage direkt noch nichts zu tun haben.

Es sei zuerst eine Zusammenstellung der zu benutzenden Bezeichnungen gegeben, die im wesentlichen nur eine übersichtliche Wiederholung der bereits verwendeten Bezeichnungen darstellt. Es möge bedeuten:

$\overline{w}$ beliebige Eigenfunktion, die also Differentialgleichungen und Randbedingungen exakt befriedigt,

η Näherung für $\overline{w}$, die eine zur Konkurrenz zugelassene Funktion ist und mindestens die künstlichen Randbedingungen erfüllt,

$\overline{w}_I, \overline{w}_{II}, \ldots, \overline{w}_R, \ldots, \overline{w}_S$ Eigenfunktionen, die zum ersten, zweiten usw. Eigenwert gehören,

$\eta_I, \eta_{II}, \ldots, \eta_R, \ldots, \eta_S$ Näherungen für die entsprechenden Eigenfunktionen, die als Ergebnis aus dem RITZschen Verfahren folgen,

$\eta_1, \eta_2, \ldots, \eta_r, \ldots, \eta_s$ Ansatzfunktionen des RITZschen Verfahrens,

p_0 beliebiger Eigenwert,

$\overset{\approx}{p}_0$ Näherung für p_0,

$p_I, p_{II}, \ldots, p_R, \ldots, p_S$ erster, zweiter, usw. Eigenwert, wobei $p_I = p_K$ der kritische Eigenwert ist,

$\overset{\approx}{p}_I, \overset{\approx}{p}_{II}, \ldots, \overset{\approx}{p}_R, \ldots, \overset{\approx}{p}_S$ Näherungen für die entsprechenden Eigenwerte, wobei wieder $\overset{\approx}{p}_I = \overset{\approx}{p}_K$ ist.

Bei unserer Betrachtung gehen wir am besten von einer näheren Untersuchung der Integrale $\int\limits_0^l E I \eta_1'' \eta_2'' \, dx$ und $\int\limits_0^l \tilde{\tilde{p}}_0 (l - x) \, \eta_1' \eta_2' \, dx$ aus, die in der Knickdeterminante (19) vorkommen. Zu einer anschaulichen Deutung des ersten der beiden Integrale können wir $E I \eta_1'' = - \overline{M}_1$ setzen und sehen dann, daß

$$\int\limits_0^l E I \eta_1'' \eta_2'' \, dx = - \int\limits_0^l \overline{M}_1 \eta_2'' \, dx$$

die „Verschiebungsarbeit" eines Spannungszustandes mit den Momenten $\overline{M}_1$ auf den Wegen eines anderen Spannungszustandes mit der Biegelinie η_2 ist. Wir können aber auch genauso gut $E I \eta_2'' = - \overline{M}_2$ setzen und bekommen dann insgesamt die Beziehungen

$$- \int\limits_0^l E I \eta_1'' \, \eta_2'' \, dx = \int\limits_0^l \overline{M}_1 \, \eta_2'' \, dx = \int\limits_0^l \overline{M}_2 \, \eta_1'' \, dx, \tag{29}$$

die zum Ausdruck bringen, daß die Arbeit des einen Spannungszustandes auf den Wegen des zweiten genauso groß ist wie die Arbeit des zweiten auf den Wegen des ersten. Diese Aussage stellt für den vorliegenden Fall den bekannten BETTISchen Satz der klassischen Elastizitätslehre dar. In Abschnitt II, A war zwar ausdrücklich betont worden, daß dieser Satz für Stabilitätsprobleme im allgemeinen keine Gültigkeit hat, sondern an die Erfüllung des Superpositionsgesetzes gebunden ist. Wir hatten aber auch schon festgestellt, daß im Rahmen des hier verwendeten Näherungsverfahrens für Verzweigungsprobleme für die quergestrichenen Größen, von denen wir ja nur lineare Glieder berücksichtigen, die Zusammenhänge der klassischen Elastizitätslehre doch wieder richtig sind. Zum Beispiel konnten wir bei Berechnung des Potentials der inneren Kräfte den CLAPEYRONschen Satz anwenden, und es ist daher auch nicht verwunderlich, daß der BETTISche Satz wieder gilt, denn die Funktionen η sind selbstverständlich als Variationen des Grundzustandes wie quergestrichene Größen zu behandeln.

Für die spätere Anwendung ist noch folgende Umformung von (29) von Bedeutung, die wir im vorigen Kapitel bei der Untersuchung der Randbedingungen in ähnlicher Form schon einmal durchgeführt haben und die durch Anwendung der Produktintegration zustande kommt. Es ist

$$\int\limits_0^l \overline{M}_1 \eta_2'' \, dx = [\overline{M}_1 \eta_2']_0^l - \int\limits_0^l \overline{M}_1' \eta_2' \, dx$$

$$= [\overline{M}_1 \eta_2']_0^l - [\overline{M}_1' \eta_2]_0^l + \int\limits_0^l \overline{M}_1'' \eta_2 \, dx$$

und entsprechend

$$\int\limits_0^l \overline{M}_2 \eta_1'' \, dx = [\overline{M}_2 \eta_1']_0^l - [\overline{M}_2' \eta_1]_0^l + \int\limits_0^l \overline{M}_2'' \eta_1 \, dx.$$

Wenn sämtliche Randausdrücke verschwinden, bleibt danach von (29) nur

$$\int\limits_0^l \overline{M}_1'' \eta_2 \, dx = \int\limits_0^l \overline{M}_2'' \eta_1 \, dx \tag{30}$$

übrig. (30) drückt dann wieder die Gültigkeit des BETTIschen Satzes aus, nur daß jetzt die Arbeit am einzelnen Stabelement nicht mehr wie in (29) als „Moment mal Winkeländerung", sondern als „Kraft mal Weg" erscheint. Allerdings ist, wie gesagt, (30) nur richtig, wenn wirklich die obigen Randausdrücke verschwinden, d. h. wenn

$$[\overline{M}_1 \eta_2']_0^l = [\overline{M}_1' \eta_2]_0^l = [\overline{M}_2 \eta_1']_0^l = [\overline{M}_2' \eta_1]_0^l = 0$$

ist. Bei dem beiderseits gelenkig gelagerten Knickstab verschwinden η_1 und η_2 an den Stabenden, wenn sie die künstlichen Randbedingungen befriedigen, was wir unter allen Umständen voraussetzen wollten. Dadurch werden aber lediglich der zweite und der vierte der obigen Randausdrücke zu Null. Der erste und dritte verschwinden nur, wenn auch $\overline{M}_1 = -EI\eta_1''$ und $\overline{M}_2 = -EI\eta_2''$ zu Null werden. Damit der BETTIsche Satz in der Form (30) gilt, müssen also die Funktionen η alle Randbedingungen, auch die natürlichen, erfüllen.

Eine ganz entsprechende Überlegung können wir auch für den anderen in (19) vorkommenden Integralausdruck $\int\limits_0^l \widetilde{\widetilde{p}}_0(l-x)\,\eta_1'\eta_2'\,dx$ anstellen. $\widetilde{\widetilde{p}}_0(l-x)$ ist die negative Längskraft des Stabes und $\widetilde{\widetilde{p}}_0(l-x)\,\eta_1'$ deren bei der Verformung auftretende Komponente quer zur x-Achse, also eine Querkraft. $\eta_2'\,dx$ können wir am Stabelement als Verschiebungsweg für diese Querkraft und damit den ganzen Integralausdruck wieder als eine Arbeit auffassen. Da wir genauso gut $\widetilde{\widetilde{p}}_0(l-x)\,\eta_2'$ als Kraft und $\eta_1'\,dx$ als zugehörigen Weg betrachten können, gilt auch wieder der BETTIsche Satz. Durch Teilintegration erhalten wir ferner

$$\int\limits_0^l \widetilde{\widetilde{p}}_0(l-x)\eta_1'\eta_2'\,dx = [\widetilde{\widetilde{p}}_0(l-x)\,\eta_1'\eta_2]_0^l - \int\limits_0^l [\widetilde{\widetilde{p}}_0(l-x)\,\eta_1']'\,\eta_2\,dx$$

$$= [\widetilde{\widetilde{p}}_0(l-x)\,\eta_2'\eta_1]_0^l - \int\limits_0^l [\widetilde{\widetilde{p}}_0(l-x)\,\eta_2']'\,\eta_1\,dx.$$

Um die Randausdrücke zum Verschwinden zu bringen, genügt hier schon die Erfüllung der künstlichen Randbedingungen durch η_1 und η_2. Wir bekommen also

$$\int\limits_0^l [\widetilde{\widetilde{p}}_0(l-x)\,\eta_1']'\,\eta_2\,dx = \int\limits_0^l [\widetilde{\widetilde{p}}_0(l-x)\,\eta_2']'\,\eta_1\,dx. \tag{31}$$

Hierbei handelt es sich wieder um Arbeitsausdrücke von der Form „Kraft mal Weg", deren anschauliche Bedeutung sich aus der Gleichgewichtsbedingung (3a) ergibt, in der das entsprechende Glied $N_I\overline{w}'' + p_0\overline{w}' = -[p_0(l-x)\overline{w}']'$ ebenfalls vorkommt.

Fassen wir die beiden Beziehungen (30) und (31) noch einmal zusammen, wobei wir in (30) die Biegemomente durch die Verformungen η ersetzen und (31) durch $\widetilde{\widetilde{p}}_0$ dividieren wollen, so bekommen wir

$$\left.\begin{array}{l} \int\limits_0^l EI\eta_1''''\,\eta_2\,dx = \int\limits_0^l EI\eta_2''''\,\eta_1\,dx, \\[2em] \int\limits_0^l [(l-x)\,\eta_1']'\,\eta_2\,dx = \int\limits_0^l [(l-x)\,\eta_2']'\,\eta_1\,dx \end{array}\right\} \tag{32a, b}$$

und haben damit Aussagen über die beiden Differentialausdrücke gewonnen, aus denen sich die Differentialgleichung (5) unseres Problems aufbaut. In der Mathematik pflegt man Differentialausdrücke, für die Aussagen von der Form (32) gelten, als *selbstadjungiert* zu bezeichnen und dementsprechend auch die Differentialgleichung (5) und das ganze durch sie gegebene Problem selbstadjungiert zu nennen[1]. Wir können danach sagen: *Das Eigenwertproblem für die indifferenten Gleichgewichtszustände ist selbstadjungiert, wenn für die Arbeiten der Kräfte, die bei der Variation des Grundzustandes entstehen, der Bettische Satz gilt.*

Es ist noch die Feststellung von Bedeutung, daß nicht jedes Stabilitätsproblem auf eine selbstadjungierte Differentialgleichung führen kann. Hiervon können wir uns leicht überzeugen, wenn wir uns an die allgemeine Ableitung des BETTISchen Satzes in der klassischen Elastizitätslehre erinnern. Wir kennzeichnen die beiden Kräftesysteme, um deren gegenseitige Verschiebungsarbeiten es sich handelt, durch die Indizes 1 und 2 und nennen dementsprechend

A_1 Formänderungsarbeit des Kräftesystems 1 auf seinen eigenen Verformungswegen (Eigenarbeit),
A_2 Eigenarbeit des Systems 2,
A_{1+2} Eigenarbeit, die geleistet wird, wenn beide Kräftesysteme gleichzeitig wirken,
$A_{1,2}$ Verschiebungsarbeit des Kräftesystems 1 auf den Wegen des Systems 2,
$A_{2,1}$ Verschiebungsarbeit des Kräftesystems 2 auf den Wegen des Systems 1.

Belasten wir das Tragwerk zuerst mit dem Kräftesystem 1, so wird die Arbeit A_1 geleistet, bringen wir dann noch zusätzlich das System 2 auf, so kommt erstens die Arbeit A_2 hinzu, zweitens aber noch die Verschiebungsarbeit $A_{1,2}$, die das schon vorhandene System 1 bei den durch das System 2 entstehenden Verformungen leistet. Wir haben also

$$A_{1+2} = A_1 + A_2 + A_{1,2}.$$

Ändern wir die Reihenfolge der Belastung, indem wir zuerst das Kräftesystem 2 und dann das System 1 aufbringen, so ist

$$A_{1+2} = A_2 + A_1 + A_{2,1}.$$

Daraus folgt dann schon die Aussage $A_{1,2} = A_{2,1}$ des BETTISchen Satzes. Voraussetzung hierfür ist aber, daß A_{1+2} von der Reihenfolge der Belastung, das entsprechende Integral also vom Weg unabhängig ist!

Die Selbstadjungiertheit der Differentialausdrücke der Gl. (32) ist demnach offenbar dadurch bedingt, daß diese Ausdrücke aus dem Energieintegral $\overline{\delta^2 \Pi_0}$ stammen, das voraussetzungsgemäß vom Weg unabhängig ist. Umgekehrt können wir aber nicht erwarten, daß sich der BETTISche Satz auch für Arbeitsausdrücke als gültig erweist, die wir analog zu (32) rein formal bei Differentialgleichungen bilden könnten, die sich nicht aus dem Prinzip vom stationären Wert der potentiellen Energie ableiten lassen. Da, wie wir schon in früheren Abschnitten festgestellt hatten, für die inneren Kräfte stets ein Potential vorhanden sein muß und nur für die äußeren Kräfte die Existenz fraglich ist, können wir sagen: *Das Eigenwertproblem für die indifferenten Gleichgewichtszustände ist selbstadjungiert, wenn für die äußeren Kräfte des Stabilitätsproblems ein Potential existiert.* Ein Beispiel, bei dem die Selbstadjungiertheit infolge Fehlens eines Potentials verletzt ist, werden wir weiter unten betrachten.

---

[1] Vgl. etwa R. COURANT u. D. HILBERT: Methoden der mathematischen Physik, Bd. I, 3. Aufl., Berlin/Heidelberg/New York 1968, S. 236; L. COLLATZ: Eigenwertaufgaben mit technischen Anwendungen, 2. Aufl., Leipzig 1963, S. 51.

b) Orthogonalitätsbedingungen

Aus der Selbstadjungiertheit ergibt sich nun eine wichtige Folgerung für die Eigenfunktionen. Sämtliche Eigenfunktionen $\overline{w}$ erfüllen selbstverständlich sowohl die künstlichen als auch die natürlichen Randbedingungen, so daß für sie der BETTIsche Satz in der Form (32) anwendbar ist. Für zwei beliebige, voneinander verschiedene Eigenfunktionen $\overline{w}_R$ und $\overline{w}_S$ gilt also nach (32)

$$\left.\begin{array}{l} \int\limits_0^l EI\,\overline{w}_R''''\,\overline{w}_S\,dx = \int\limits_0^l EI\,\overline{w}_S''''\,\overline{w}_R\,dx, \\[4mm] \int\limits_0^l [(l-x)\,\overline{w}_R']'\,\overline{w}_S\,dx = \int\limits_0^l [(l-x)\,\overline{w}_S']'\,\overline{w}_R\,dx. \end{array}\right\} \qquad (33\,a,\ b)$$

Da die Eigenfunktionen die Differentialgleichung (5) erfüllen, können wir in (33 b)

$$\left.\begin{array}{l} [(l-x)\,\overline{w}_R']' = -\dfrac{EI}{p_R}\,\overline{w}_R'''', \\[4mm] [(l-x)\,\overline{w}_S']' = -\dfrac{EI}{p_S}\,\overline{w}_S'''' \end{array}\right\} \qquad (34\,a,\ b)$$

setzen und erhalten so

$$\frac{1}{p_R}\int\limits_0^l EI\,\overline{w}_R''''\,\overline{w}_S\,dx = \frac{1}{p_S}\int\limits_0^l EI\,\overline{w}_S''''\,\overline{w}_R\,dx.$$

Mit Benutzung von (33 a) wird daraus

$$\left(\frac{1}{p_R} - \frac{1}{p_S}\right)\int\limits_0^l EI\,\overline{w}_R''''\,\overline{w}_S\,dx = 0.$$

Da nun voraussetzungsgemäß $p_R \neq p_S$ ist, folgt

$$\int\limits_0^l EI\,\overline{w}_R''''\,\overline{w}_S\,dx = \int\limits_0^l EI\,\overline{w}_S''''\,\overline{w}_R\,dx = 0. \qquad (35\,a)$$

Statt dessen können wir natürlich auch wieder

$$\int\limits_0^l EI\,\overline{w}_R''\,\overline{w}_S''\,dx = 0 \qquad (35\,b)$$

oder

$$\int\limits_0^l \overline{M}_R\,\overline{w}_S''\,dx = \int\limits_0^l \overline{M}_S\,\overline{w}_R''\,dx = 0 \qquad (35\,c)$$

schreiben. Schließlich erhalten wir auch aus (35 a) mit (34)

$$\int\limits_0^l p_R[(l-x)\,\overline{w}_R']'\,\overline{w}_S\,dx = \int\limits_0^l p_S[(l-x)\,\overline{w}_S']'\,\overline{w}_R\,dx = 0, \qquad (35\,d)$$

$$\int\limits_0^l p_R(l-x)\,\overline{w}_R'\,\overline{w}_S'\,dx = \int\limits_0^l p_S(l-x)\,\overline{w}_S'\,\overline{w}_R'\,dx = 0. \qquad (35\,e)$$

Die Gln. (35) liefern sämtlich in verschiedener Form die gleiche Aussage, die wohl am anschaulichsten in (35c) zum Ausdruck kommt. Danach wird die Verschiebungsarbeit der Momente $\overline{M}_R$ der einen Eigenfunktion auf den Wegen der anderen Eigenfunktion $\overline{w}_S$ zu Null. Da ein Kraftvektor zu einem Verschiebungsvektor orthogonal sein muß, wenn er bei der Verschiebung keine Arbeit leisten soll, können wir zusammenfassend sagen: *Lassen sich die äußeren Kräfte aus einem Potential ableiten, so sind die zu zwei verschiedenen Eigenfunktionen gehörenden Spannungszustände zueinander orthogonal in dem Sinne, daß der eine Zustand auf den Wegen des anderen keine Arbeit leistet.*

Diese Orthogonalitätsbedingung können wir übrigens für unser Beispiel auch sehr einfach direkt aus der Determinante (19) ablesen, allerdings ohne dabei zu den allgemeinen Aussagen über die Gültigkeit des BETTIschen Satzes und die Bedeutung der Existenz eines Potentials zu gelangen. Hierzu brauchen wir nur einen RITZschen Ansatz mit den exakt richtigen Eigenfunktionen zu machen, also z. B.

$$\eta = a_1 \overline{w}_I + a_2 \overline{w}_{II}$$

zu setzen. Aus der Knickdeterminante (19) folgt dann

$$\left\{ \int_0^l [E I \overline{w}_I''^2 - p_0(l-x)\,\overline{w}_I'^2]\,dx \right\} \left\{ \int_0^l [E I \overline{w}_{II}''^2 - p_0(l-x)\,\overline{w}_{II}'^2\,dx \right\} -$$
$$- \left\{ \int_0^l [E I \overline{w}_I''\overline{w}_{II}'' - p_0(l-x)\,\overline{w}_I'\overline{w}_{II}']\,dx \right\}^2 = 0. \tag{36}$$

Da für $p_0 = p_I$ der in der ersten geschweiften Klammer stehende Integralausdruck verschwindet und für $p_0 = p_{II}$ dasselbe für die zweite Klammer gilt, muß in beiden Fällen

$$\int_0^l [E I \overline{w}_I''\overline{w}_{II}'' - p_0(l-x)\,\overline{w}_I'\overline{w}_{II}']\,dx = 0$$

sein, was wiederum nur möglich ist, wenn für die betrachteten ersten beiden Eigenfunktionen die gesuchten Orthogonalitätsbedingungen

$$\int_0^l E I \overline{w}_I''\overline{w}_{II}''\,dx = 0, \qquad \int_0^l (l-x)\,\overline{w}_I'\overline{w}_{II}'\,dx = 0$$

erfüllt sind.

Durch eine ganz ähnliche Schlußweise können wir nun noch eine weitere Orthogonalitätsbedingung gewinnen, die sich auf die Funktionen η_I, η_{II} ... bezieht, die sich aus dem RITZschen Verfahren als Näherungen für die wirklichen Eigenfunktionen ergeben. Schreiben wir den Ausdruck (17b) für $\overline{\delta}^2 \Pi_0$ in der Form

$$\overline{\delta}^2 \Pi_0 = a_1 \left\{ a_1 \int_0^l [E I \eta_1''^2 - \overline{\overline{p}}_0(l-x)\,\eta_1'^2]\,dx + a_2 \int_0^l [E I \eta_1''\eta_2'' - \overline{\overline{p}}_0(l-x)\,\eta_1'\eta_2'\,dx] \right\} +$$
$$+ a_2 \left\{ a_1 \int_0^l [E I \eta_1''\eta_2'' - \overline{\overline{p}}_0(l-x)\,\eta_1'\eta_2']\,dx + a_2 \int_0^l [E I \eta_2''^2 - \overline{\overline{p}}_0(l-x)\,\eta_2'^2]\,dx \right\},$$

so erkennen wir, daß für die Werte von $\overline{\overline{p}}_0$, a_1 und a_2, für welche die Determinante (19) und damit die Gln. (18) erfüllt sind, auch $\overline{\delta}^2 \Pi_0$ zu Null wird. Es müssen also nach Durchführung des Ritzschen Verfahrens für $\bar{\bar{p}}_I$, η_I und $\bar{\bar{p}}_{II}$, η_{II} die Beziehungen

$$
\left.
\begin{aligned}
\int_0^l [EI\,\eta_I''^2 - \bar{\bar{p}}_I(l-x)\,\eta_I'^2]\,dx &= 0, \\[2mm]
\int_0^l [EI\,\eta_{II}''^2 - \bar{\bar{p}}_{II}(l-x)\,\eta_{II}'^2]\,dx &= 0
\end{aligned}
\right\}
\qquad (37\,\text{a, b})
$$

gelten.

Denken wir uns nun die Rechnung wiederholt, indem wir das Ergebnis der ersten Rechnung als neuen Ansatz benutzen, also

$$
\eta = a_1\eta_I + a_2\eta_{II}
$$

setzen, so muß natürlich nach (19) die Knickbedingung

$$
\begin{vmatrix}
\displaystyle\int_0^l [EI\,\eta_I''^2 - \bar{\bar{p}}_0(l-x)\,\eta_I'^2]\,dx & \displaystyle\int_0^l [EI\,\eta_I''\eta_{II}'' - \bar{\bar{p}}_0(l-x)\,\eta_I'\eta_{II}']\,dx \\[4mm]
\displaystyle\int_0^l [EI\,\eta_I''\eta_{II}'' - \bar{\bar{p}}_0(l-x)\,\eta_I'\eta_{II}']\,dx & \displaystyle\int_0^l [EI\,\eta_{II}''^2 - \bar{\bar{p}}_0(l-x)\,\eta_{II}'^2]\,dx
\end{vmatrix} = 0
$$

sowohl für $\bar{\bar{p}}_0 = \bar{\bar{p}}_I$ als auch für $\bar{\bar{p}}_0 = \bar{\bar{p}}_{II}$ erfüllt sein. Daraus folgt aber zusammen mit (37) nach demselben Schluß, den wir auf Gl. (36) angewandt haben, daß die Orthogonalitätsbedingungen

$$
\int_0^l EI\,\eta_I''\eta_{II}''\,dx = 0, \qquad \int_0^l \bar{\bar{p}}_0(l-x)\,\eta_I'\eta_{II}'\,dx = 0
$$

gelten. Eine Verallgemeinerung dieser Beziehungen für einen mehr als zweigliederigen Ritzschen Ansatz macht keine Schwierigkeiten, wie man sich an Hand des Ausdrucks für $\bar{\delta}^2\Pi_0$ und der Vorschrift zur Aufstellung der Knickdeterminante leicht überlegen kann. Wir bekommen also das Ergebnis

$$
\int_0^l EI\,\eta_R''\eta_S''\,dx = 0, \qquad \int_0^l \bar{\bar{p}}_0(l-x)\,\eta_R'\eta_S'\,dx = 0 \qquad (38\,\text{a, b})
$$

oder in Worten: *Die Näherungen, die sich nach dem Ritzschen Verfahren für die Eigenfunktionen ergeben, sind zueinander orthogonal in dem Sinne, daß die zu zwei Eigenfunktionen gehörenden Spannungszustände auf ihren gegenseitigen Verschiebungswegen keine Arbeit leisten.*

6. Extremumseigenschaften der Eigenwerte und Konvergenz des Ritzschen Verfahrens

Wir kehren nun wieder zum Ausgangspunkt unserer Betrachtungen zurück und fragen nach der Möglichkeit allgemeiner Aussagen über Art und Güte der vom Ritzschen Verfahren gelieferten Näherungswerte. Dabei werden wir einige allgemeine und auch für spätere Überlegungen nützliche Erkenntnisse über das Verhalten der Eigenwerte und Eigenfunktionen gewinnen.

Um den Unterschied zwischen einer geschätzten Funktion $\eta = \overline{w} + \delta\overline{w}$ und den wirklichen Eigenfunktionen $\overline{w}$ in seinen Auswirkungen überblicken zu können, ist es am zweckmäßigsten, η *nach den Eigenfunktionen* in eine Reihe zu entwickeln, also

$$\eta = c_1\overline{w}_I + c_2\overline{w}_{II} + \cdots + c_R\overline{w}_R + \cdots + c_S\overline{w}_S \cdots \tag{39}$$

zu setzen. Für den gewöhnlichen, beiderseits gelenkig gelagerten Knickstab mit Einzellast und konstantem Trägheitsmoment würde diese Entwicklung in eine trigonometrische Reihe übergehen. (39) ist also nichts anderes als eine Art FOURIER-Entwicklung, die nur gegenüber dem Üblichen etwas abgeändert und der Eigenart des gerade vorliegenden Problems besonders angepaßt ist. Wir können daher unter Hinweis auf die bekannten Eigenschaften der Fourierreihe und auf die mathematische Literatur darauf verzichten, eine besondere, an sich natürlich notwendige Untersuchung darüber anzustellen, ob die beabsichtigte Entwicklung auch in der Tat bei den zu betrachtenden Stabilitätsproblemen immer möglich ist, d. h. ob die Funktion η durch die Reihe (39) auch wirklich darstellbar ist[1].

Die Koeffizienten in (39) werden wir selbstverständlich auch ähnlich wie bei der üblichen FOURIER-Entwicklung bestimmen. Bei der letzteren wird bekanntlich davon Gebrauch gemacht, daß für den betrachteten Bereich das Integral des Produktes zweier verschiedener Glieder der Reihe verschwindet. Wir werden dementsprechend hier die im vorigen Kapitel abgeleiteten Orthogonalitätseigenschaften (35) benutzen und die Verschiebungsarbeit anschreiben, welche die Spannungszustände der einzelnen Eigenfunktionen auf den Wegen der Ansatzfunktionen η leisten. Am zweckmäßigsten gehen wir so vor, daß wir die Beziehung (35e) ausnutzen und zur Ermittlung von c_R beide Seiten der Gl. (39) nach x differenzieren, mit $(l - x)\overline{w}'_R$ multiplizieren und von 0 bis l integrieren. Wir erhalten dann

$$\int_0^l (l - x)\,\eta'\overline{w}'_R\,dx = c_1\int_0^l (l - x)\,\overline{w}'_I\overline{w}'_R\,dx + c_2\int_0^l (l - x)\,\overline{w}'_{II}\overline{w}'_R\,dx + \cdots +$$

$$+ c_R\int_0^l (l - x)\,\overline{w}'^2_R\,dx + \cdots + c_S\int_0^l (l - x)\,\overline{w}'_S\overline{w}'_R\,dx + \cdots .$$

Von dieser Gleichung bleibt nach der Bedingung (35e) allein übrig

$$\int_0^l (l - x)\,\eta'\overline{w}'_R\,dx = c_R\int_0^l (l - x)\,\overline{w}'^2_R\,dx . \tag{40}$$

Da die Eigenfunktionen nur bis auf einen konstanten Faktor festliegen, können wir diese Faktoren willkürlich im Interesse einer möglichst einfachen Schreibweise so wählen, daß

$$\int_0^l (l - x)\,\overline{w}'^2\,dx = 1 \tag{41}$$

wird. Die dieser Bedingung genügenden Eigenfunktionen nennen wir *normiert*. Eine solche oder ähnliche Normierung wird sich übrigens auch häufig allein aus Gründen der praktischen Rechnung für die Ansatzfunktionen η des RITZschen Verfahrens als zweckmäßig erweisen, da wir es auf diese Weise mit Zahlen von der

---

[1] Der ausführliche Nachweis der Entwickelbarkeit findet sich bei L. COLLATZ: Eigenwertaufgaben mit technischen Anwendungen, 2. Aufl., Leipzig 1963, S. 137.

Größenordnung der Einheit zu tun haben und das Mitschleppen vieler Zehnerpotenzen vermieden wird. Mit (41) wird aus (40)

$$c_R = \int\limits_0^l (l - x)\, \eta'\, \overline{w}'_R \, dx\,.\tag{42}$$

Die Vorschrift für die Berechnung der Koeffizienten c wäre damit festgelegt.

Wir fragen nun, wie sich der Ausdruck (8) für die zweite Variation $\delta^2 \Pi_0$ ändert, wenn wir statt einer wirklichen Eigenfunktion $\overline{w}$ die Näherung η nach (39) einsetzen, *dabei aber den wirklichen Eigenwert p_0 in (8) ungeändert lassen.* Aus der speziellen vom Grund- zum Nachbarzustand führenden zweiten Variation $\delta^2 \Pi_0$ wird dann eine beliebige Variation $\delta^2 \Pi_0$, die für den wahren Wert nur noch eine Näherung ist, die sicherlich nicht mehr exakt zu Null wird. Es kommt aber gerade darauf an, festzustellen, wie die Abweichung vom Sollwert ausfallen wird. Wir erhalten

$$\overline{\delta^2 \Pi_0} \approx \delta^2 \Pi_0 = \int\limits_0^l [E I\, \eta''^2 - p_0(l - x)\, \eta'^2]\, dx$$

$$= \int\limits_0^l [E I\, (c_1^2 \overline{w}_I''^2 + c_2^2 \overline{w}_{II}''^2 + \cdots + c_R^2 \overline{w}_R''^2 + \cdots +$$

$$+\, 2 c_1 c_2 \overline{w}_I'' \overline{w}_{II}'' + 2 c_1 c_3 \overline{w}_I'' \overline{w}_{III}'' + \cdots + 2 c_R c_S \overline{w}_R'' \overline{w}_S'' + \cdots) -$$

$$-\, p_0(l - x)\, (c_1^2 \overline{w}_I'^2 + c_2^2 \overline{w}_{II}'^2 + \cdots + c_R^2 \overline{w}_R'^2 + \cdots +$$

$$+\, 2 c_1 c_2 \overline{w}_I' \overline{w}_{II}' + 2 c_1 c_3 \overline{w}_I' \overline{w}_{III}' + \cdots + 2 c_R c_S \overline{w}_R' \overline{w}_S' + \cdots)]\, dx\,.$$

Dieser Ausdruck läßt sich erheblich vereinfachen, wenn wir die Orthogonalitätsbedingungen (35) und die Normierungsbedingung (41) beachten. Alle Glieder, in denen zwei verschiedene Eigenfunktionen vorkommen, fallen dann nämlich fort, und von den restlichen Integralen werden die mit p_0 multiplizierten bis auf die Quadrate der Beiwerte c gleich eins, während die mit EI multiplizierten durch die Eigenwerte p_0 ausgedrückt werden können, wenn wir die mit (41) aus (10) folgenden Beziehungen

$$p_0 = \int\limits_0^l E I\, \overline{w}''^2 \, dx\tag{43}$$

berücksichtigen. Es wird z. B.

$$c_R^2 \int\limits_0^l E I\, \overline{w}_R''^2 \, dx = c_R^2 p_R\,, \qquad\qquad 2 c_R c_S \int\limits_0^l E I\, \overline{w}_R'' \overline{w}_S'' \, dx = 0\,,$$

$$c_R^2 \int\limits_0^l p_0(l - x)\, \overline{w}_R'^2 \, dx = c_R^2 p_0\,, \qquad\qquad 2 c_R c_S \int\limits_0^l p_0(l - x)\, \overline{w}_R' \overline{w}_S' = 0\,.$$

Wir erhalten so

$$\int\limits_0^l [E I\, \eta''^2 - p_0(l - x)\, \eta'^2]\, dx = c_1^2 p_I + c_2^2 p_{II} + \cdots + c_R^2 p_R + \cdots -$$

$$-\, p_0(c_1^2 + c_2^2 + \cdots + c_R^2 + \cdots)$$

oder

$$\delta^2 \Pi_0 = \int_0^l [EI\,\eta''^2 - p_0(l - x)\,\eta'^2]\,dx \qquad\qquad\left.\begin{array}{r}\\[2ex]\\[2ex]\end{array}\right\} \quad (44)$$

$$= c_1^2(p_I - p_0) + c_2^2(p_{II} - p_0) + \cdots + c_R^2(p_R - p_0) + \cdots.$$

Aus dieser Beziehung lassen sich folgende Schlüsse ziehen.

Wir nehmen zunächst an, daß es sich um die Untersuchung einer Näherung für den niedrigsten Eigenwert handelt. Wir haben dann in (44) $p_0 = p_I$ zu setzen und erhalten

$$\delta^2 \Pi_0 = \int_0^l [EI\,\eta''^2 - p_I(l - x)\,\eta'^2]\,dx$$

$$= c_2^2(p_{II} - p_I) + c_3^2(p_{III} - p_I) + \cdots + c_R^2(p_R - p_I) + \cdots.$$

Da

$$p_I < p_{II} < \cdots < p_R < \cdots \qquad\qquad (45)$$

gilt, ist die so erhaltene Näherung für $\delta^2 \Pi_0$ im allgemeinen größer, aber auf keinen Fall kleiner als Null. Bestenfalls, wenn $\eta = \overline{w}_I$ ist, werden nach (42) $c_2, c_3, \ldots,$ $c_R, \ldots = 0$ und $\delta^2 \Pi_0$ nimmt den richtigen Wert $\overline{\delta^2 \Pi_0} = 0$ an. Es ist also

$$\int_0^l [EI\,\eta''^2 - p_I(l - x)\,\eta'^2]\,dx \;\geqq\; 0, \qquad\qquad (46)$$

d. h. der Sollwert Null muß, da eben jeder andere Wert größer ist, ein Minimum sein. *Beim niedrigsten (kritischen) Eigenwert nimmt also die zweite Variation der potentiellen Energie des Grundzustandes für die spezielle zum Nachbarzustand führende Variation ein Minimum vom Wert Null an.* Damit haben wir auf Grund der Voraussetzung (45) noch einmal ein Ergebnis abgeleitet, das wir schon in Abschnitt III, B, 1 aus mechanischen Überlegungen heraus als Kennzeichen der kritischen Gleichgewichtszustände gewonnen hatten.

Ermitteln wir nun nach dem RAYLEIGHschen Verfahren einen Näherungswert $\widetilde{\widetilde{p}}_I = \widetilde{\widetilde{p}}_K$ aus Gl. (11) zu

$$\widetilde{\widetilde{p}}_I = \frac{\displaystyle\int_0^l EI\,\eta''^2\,dx}{\displaystyle\int_0^l (l - x)\eta'^2\,dx},$$

so folgt, da nach (46) für den wahren Wert

$$p_I \leqq \frac{\displaystyle\int_0^l EI\,\eta''^2\,dx}{\displaystyle\int_0^l (l - x)\eta'^2\,dx}$$

gilt, die Aussage

$$p_I \leqq \widetilde{\widetilde{p}}_I. \qquad\qquad (47)$$

Wir haben damit folgende Minimaleigenschaft für den niedrigsten Eigenwert gefunden: *Der wahre niedrigste Eigenwert ist das Minimum aller Werte, die aus dem Rayleighschen Verfahren für verschiedene Ansatzfunktionen folgen.* Oder anders ausgedrückt: *Der Rayleighsche Ansatz liefert für den niedrigsten Eigenwert ein Ergebnis, das größer oder bestenfalls gleich dem wahren Wert ist.* Die Richtigkeit dieser Aussage wird bei unserem Zahlenbeispiel durch die Ergebnisse (9), (13) und (28) bestätigt.

Betrachten wir jetzt die höheren Eigenwerte, so folgt z. B. mit $p_0 = p_R$ aus (44) sofort, daß wegen $p_I < p_R$, $p_{II} < p_R$ usw. jetzt auch negative Glieder auftreten können, daß also für die zweite Variation der potentiellen Energie ein Extremwert nicht mehr vorhanden ist. Auch diese Schlußfolgerung bestätigt wieder nur die in Abschnitt III, B, 1 schon gewonnenen Erkenntnisse, nach denen die höheren indifferenten Gleichgewichtszustände, die zugleich labil sind, durch die Möglichkeit negativer Werte der Energiezufuhr zweiter Ordnung gekennzeichnet sind (vgl. Abb. 39). Für das RAYLEIGHsche Verfahren folgt daraus, daß wir eine der Gl. (47) entsprechende Beziehung jetzt nicht mehr aufstellen können: *Der Rayleighsche Ansatz liefert also für die höheren Eigenwerte Näherungen, die sowohl zu groß als auch zu klein sein können.*

Unter bestimmten zusätzlichen Voraussetzungen lassen sich aber auch für die höheren Eigenwerte noch Minimaleigenschaften feststellen. Um das einzusehen, betrachten wir zunächst den zweiten Eigenwert p_{II} und erhalten dafür aus (44)

$$\delta^2 \Pi_0 = \int_0^l [EI\eta''^2 - p_{II}(l-x)\eta'^2]\, dx$$

$$= c_1^2(p_I - p_{II}) + 0 + c_3^2(p_{III} - p_{II}) + \cdots + c_R^2(p_R - p_{II}) + \cdots. \tag{48}$$

Von der auf der rechten Seite stehenden Reihe wird nun das erste Glied negativ, die anderen sind unter der Voraussetzung (45) stets positiv. Da für die richtige Lösung $\eta = \overline{w}_{II}$ unter Berücksichtigung von (42) der Reihenausdruck verschwindet, bekommen wir wieder genau wie vorher ein Minimum für $\delta^2 \Pi_0$ und damit auch für den zweiten Eigenwert p_{II}, wenn wir dafür sorgen, daß $c_1 = 0$ wird! Hierzu müssen wir aber nach (42) nur verlangen, daß lediglich solche Ansatzfunktionen η genommen werden, für die

$$\int_0^l (l-x)\,\eta'\,\overline{w}_I'\, dx = 0 \tag{49}$$

ist. Die ganz entsprechende Überlegung können wir nun auch für einen beliebigen anderen Eigenwert p_R anstellen und müssen dann eben fordern, daß für die Eigenfunktionen aller Eigenwerte, die niedriger als p_R sind, Nebenbedingungen von der Art (49) gelten, daß also

$$\left.\begin{array}{c} \displaystyle\int_0^l (l-x)\,\eta'\,\overline{w}_I'\, dx = 0, \qquad \int_0^l (l-x)\,\eta'\,\overline{w}_{II}'\, dx = 0, \qquad \cdots, \\[2em] \displaystyle\int_0^l (l-x)\,\eta'\,\overline{w}_{R-1}'\, dx = 0 \end{array}\right\} \tag{50}$$

wird. Wir können folglich über $\delta^2 \Pi_0$ aussagen: *Die zweite Variation der potentiellen Energie des Grundzustandes nimmt bei jedem Eigenwert für die spezielle zum Nachbarzustand führende Variation ein Minimum vom Wert Null an, wenn nur solche Funktionen zur Konkurrenz zugelassen werden, die zu den Eigenfunktionen aller niedrigeren Eigenwerte orthogonal sind.* Für die Minimaleigenschaften der höheren Eigenwerte gilt: *Jeder Eigenwert ist das Minimum aller aus dem Rayleighschen Ansatz folgenden Werte, wenn nur solche Ansatzfunktionen zugelassen werden, die zu den Eigenfunktionen aller niedrigeren Eigenwerte orthogonal sind.*

Die gewonnenen Aussagen sind zweifellos recht anschaulich und werden ohne weiteres verständlich, wenn wir an die in Abschnitt III, A, 2 abgeleiteten Energiekriterien denken. Es werden ja z. B. beim zweiten Eigenwert nur dadurch Energiebeträge zweiter Ordnung frei, daß das System in die stabile, zum niedrigsten Eigenwert gehörende Gleichgewichtslage übergeht. Versperrt man diesen Weg durch die Nebenbedingung (49), indem man nur solche Spannungszustände bei einer Variation zuläßt, die auf den Wegen der ersten Eigenfunktion keine Arbeit leisten können, so muß sich das System auch beim zweiten Eigenwert stabil verhalten und für diesen jetzt dasselbe gelten, was vorher für den kritischen Wert galt. Durch Hinzunahme weiterer Nebenbedingungen können wir so für jede Eigenfunktion Stabilität erreichen und damit die Minimaleigenschaft des entsprechenden Eigenwertes erhalten.

Gl. (44) liefert schließlich noch eine weitere Aussage, die als *Maximum-Minimum-Eigenschaft* der Eigenwerte bezeichnet wird[1]. Zu ihrer Erläuterung beschränken wir uns am besten zunächst wieder auf die Betrachtung des zweiten Eigenwertes und gehen dementsprechend von Gl. (48) aus. Wir haben festgestellt, daß $\delta^2 \Pi_0$ ein Minimum vom Wert Null annimmt, wenn wir durch die Bedingung (49) dafür sorgen, daß $c_1 = 0$ wird. Wir ändern nun (49) dadurch, daß wir statt $\overline{w}_I$ eine andere zur Konkurrenz zugelassene Funktion η^* einsetzen, die z. B. gleich einer Näherung η_I für $\overline{w}_I$ sein kann. Wir verlangen also, daß

$$\int\limits_0^l (l - x)\, \eta'\, \eta^{*\prime}\, dx = 0 \tag{51}$$

ist. Der Beiwert $c_1 = \int\limits_0^l (l - x)\, \eta'\, \overline{w}_I'\, dx$ kann jetzt natürlich im allgemeinen nicht mehr zu Null werden, und in (48) muß das erste Glied negativ werden. Bei Variation von η kann dann $\delta^2 \Pi_0$ kein Minimum vom Wert Null mehr annehmen, sondern muß ein anderes Minimum erreichen, das einen negativen Wert hat und *niedriger* liegt als der wirkliche Wert. Dieser letztere ist folglich für die „richtige" Orthogonalitätsbedingung (49) ein Maximum im Vergleich mit „falschen" Bedingungen von der Form (51). Auch das Minimum, das der mit (49) berechnete zweite Eigenwert annimmt, ist dann im Vergleich mit Bedingungen (51) ein Maximum. Entsprechende Schlüsse können wir für einen beliebigen Eigenwert p_R ziehen. Bezeichnen wir dabei allgemein die Orthogonalitätsbedingungen (50) als *richtig* und Bedingungen, die analog (51) abgeändert sind, als *falsch*, so können wir das COURANTsche Maximum-Minimum-Prinzip in folgender Form ausdrücken: *Das Minimum, das ein nach dem Rayleighschen Ansatz berechneter Eigenwert annehmen kann, ist für die richtigen Orthogonalitätsbedingungen im Vergleich mit falschen Bedingungen ein Maximum.*

Die aufgestellten Sätze geben uns nun die Möglichkeit, über die Art der Näherungen des RITZschen Verfahrens nach dem Ansatz (14) etwas auszusagen. Daß der niedrigste Eigenwert immer größer oder bestenfalls gleich dem wahren Wert ist, hatten wir oben für eine beliebige Näherung η festgestellt, und dasselbe muß natürlich erst recht für eine spezielle Näherung η_I gelten, die wir als Ergebnis des RITZschen Verfahrens erhalten. Es läßt sich aber nun zeigen, *daß auch die höheren Eigenwerte stets zu hoch ausfallen*, wenn sie nicht zufällig mit den richtigen Werten übereinstimmen.

---

[1] COURANT, R., u. D. HILBERT: Methoden der mathematischen Physik, Bd. I, 3. Aufl., Berlin/Heidelberg/New York 1968, S. 351.

Zum Nachweis betrachten wir wieder den zweiten Eigenwert p_{II}. Im vorigen Kapitel A, 5 dieses Abschnittes hatten wir festgestellt, daß nicht nur die Eigenfunktionen $\overline{w}$ zueinander orthogonal sind, sondern daß dieses auch für die Näherungen gilt, die sich nach dem RITZschen Verfahren für die Eigenfunktionen ergeben. Es bestehen also für die erste und zweite Eigenfunktion bzw. deren Näherungen nach (35e) und (38b) die Bedingungen

$$\int_0^l (l-x)\,\overline{w}_I'\overline{w}_{II}'\,dx = 0, \qquad \int_0^l (l-x)\,\eta_I'\eta_{II}'\,dx = 0. \qquad (52\,\mathrm{a, b})$$

Danach besteht der einzige Unterschied zwischen der exakten Lösung und der Lösung nach dem RITZschen Verfahren darin, daß im letzteren Fall der Bereich der zur Konkurrenz zugelassenen Funktionen auf die durch den Ansatz (14) noch offenen Möglichkeiten eingeschränkt ist. Wir können also die RITZsche Lösung als *exakte Lösung* eines Problems auffassen, das gegenüber dem ursprünglichen Problem noch einer Reihe zusätzlicher Zwangsbedingungen unterworfen ist. Es wird so aus dem „Ausgangsproblem" ein „Nachbarproblem". Für das erstere ist (52a), für das letztere (52b) die richtige Orthogonalitätsbedingung.

Wir wollen uns nun überlegen, wie sich der zweite Eigenwert ändert, wenn wir vom Ausgangs- zum Nachbarproblem übergehen. Dabei wollen wir uns vorstellen, daß der zweite Eigenwert als Minimum des RAYLEIGHschen Quotienten (11) unter Beachtung der Orthogonalitäts-Nebenbedingung berechnet wird. Den Übergang vollziehen wir in zwei Schritten. Beim ersten Schritt schränken wir den Bereich der an sich zugelassenen Funktionen auf die durch den Ansatz· (14) gegebenen Möglichkeiten ein. Die Orthogonalitätsbedingung lassen wir dabei jedoch vorerst unverändert, d. h. wir verlangen von der Funktion η_{II} zunächst

$$\int_0^l (l-x)\,\eta_{II}'\overline{w}_I'\,dx = 0. \qquad (53)$$

Das Minimum, das der Eigenwert p_{II} ursprünglich annahm, kann nach der Einschränkung des Konkurrenzbereiches im allgemeinen nicht mehr ganz erreicht werden, der Eigenwert muß also etwas zu groß ausfallen. Nach diesem ersten Schritt haben wir das Minimumproblem für p_{II} schon mit dem Konkurrenzbereich des Nachbarproblems, aber noch mit der für dieses Problem falschen Nebenbedingung (53) gelöst. Beim zweiten Schritt gehen wir nun auch zu der richtigen Bedingung (52b) des Nachbarproblems über. Nach dem Maximum-Minimum-Prinzip muß dabei der Eigenwert noch einmal steigen, so daß wir in der Tat p_{II} nach dem RITZschen Verfahren in der Regel zu groß erhalten. Eine Übertragung dieser Schlußweise auf die höheren Eigenwerte bedarf keiner weiteren Erläuterung, so daß wir feststellen können: *Das Ritzsche Verfahren liefert für sämtliche Eigenwerte Ergebnisse, die größer als die wahren Werte oder bestenfalls diesen gleich sind.*

Für die praktische Rechnung sind damit wichtige Erkenntnisse gewonnen. Es wäre zwar wertvoller, wenn das RITZsche Verfahren nicht obere, sondern untere Schranken liefern würde, weil man sich dann bei der Dimensionierung auf der sicheren Seite befinden würde. Aber allein die Kenntnis der Tatsache, daß man eben immer zu günstig rechnet, ist schon wesentlich und erhöht die Brauchbarkeit der Methode.

Auf Grund der obigen Ergebnisse können wir nun auch etwas über die *Konvergenz* des RITZschen Verfahrens aussagen. Wir wollen annehmen, daß wir zunächst die kritische Last mit einem RAYLEIGHschen Ansatz mit der Funktion η_1

bestimmen, dann diesen Ansatz durch Hinzunahme einer Funktion η_2 zu einem zweigliedrigen Rɪᴛᴢschen Ansatz ergänzen und so Näherungen für den ersten und zweiten Eigenwert und die zugehörigen Eigenfunktionen bekommen, und daß wir in dieser Weise fortfahrend das Rɪᴛᴢsche Verfahren mit immer mehr Ansatzfunktionen durchführen. Es taucht dann die Frage auf, ob bei einer Vergrößerung der Anzahl der Ansatzfunktionen wirklich eine Verbesserung des Resultates erwartet werden kann, oder ob man unter Umständen auch mit einer Verschlechterung rechnen muß. Zur Beantwortung dieser Frage brauchen wir uns nur an Hand des oben durchgeführten Nachweises dafür, daß die kritischen Eigenwerte obere Schranken sind, noch einmal klarzumachen, daß beim Rɪᴛᴢschen Verfahren die Näherung im Prinzip darin besteht, daß der an sich vorhandene Bereich der zur Konkurrenz zugelassenen Funktionen durch den Ansatz (14) bei endlicher Gliederzahl irgendwie eingeschränkt wird. Jede Erweiterung des Ansatzes erweitert also auch den Konkurrenzbereich und schafft so eine bessere Annäherungsmöglichkeit an die wirklichen Verhältnisse. Wir kommen damit zu der Erkenntnis, *daß beim Ritzschen Verfahren eine Vermehrung der Ansatzfunktionen das Ergebnis verbessert oder zum mindesten nicht verschlechtert*; die letztere Einschränkung ist notwendig, weil es ja z. B. schon denkbar ist, daß eine neu hinzugenommene Funktion zufällig nur eine Linearkombination der schon benutzten Ansatzfunktionen darstellt und so nichts Neues zu liefern vermag. Für die praktische Rechnung folgt aus der gewonnenen Erkenntnis, daß eine Vermehrung der Ansatzfunktionen nur durch das — allerdings einschneidende — Anwachsen der Rechenarbeit unzweckmäßig werden kann, sich im übrigen aber im allgemeinen lohnt. Da die Eigenwerte stets obere Schranken sind, folgt ferner, daß bei Erweiterung des Ansatzes die Eigenwerte stets sinken oder jedenfalls nicht größer werden können. Werden sie es doch, so liegt ein Rechenfehler vor, der natürlich auch durch Aufrundungsfehler bedingt sein kann und dann ein Kennzeichen dafür ist, daß die Grenze der benutzten Rechengenauigkeit erreicht ist.

Wir haben bisher nur festgestellt, daß das Rɪᴛᴢsche Verfahren nicht divergiert und auch nicht zu einem falschen Ergebnis konvergiert, das weiter von der wahren Lösung entfernt ist, als etwa das Resultat des eingliederigen Ansatzes. Um zu weiteren Aussagen zu gelangen, wollen wir annehmen, daß es sich um die Berechnung der Knickkraft eines beiderseits gelenkig gelagerten Stabes mit Einzellast handelt, dessen Biegesteifigkeit einen veränderlichen Verlauf hat, der zur Stabmitte $x = \dfrac{l}{2}$ ungefähr, jedoch nicht genau, symmetrisch ist. Würden wir bei diesem Problem unter Vernachlässigung der geringen Unsymmetrie einen Rɪᴛᴢschen Ansatz verwenden, der nur aus symmetrischen Funktionen besteht, so würden wir sicherlich nicht die genau richtige Lösung erhalten, sondern auch bei Berücksichtigung sehr vieler Glieder zu einem falschen Resultat kommen, das allerdings näher an der wahren Lösung liegt als der Rᴀʏʟᴇɪɢʜsche Wert. *Das Ritzsche Verfahren kann also zu einem falschen Ergebnis konvergieren*, wenn für den Ansatz ein Funktionensystem verwendet wird, das nicht hinreichend vollständig ist. Für die praktische Rechnung ist diese Erkenntnis aus folgenden Gründen von Bedeutung. Wenn wir z. B. feststellen, daß bei einem dreigliederigen Ansatz die kritische Last, die wir vorher nach einem zweigliederigen Ansatz ermittelt haben, nur noch in der vierten Stelle verbessert wird, so können wir wohl mit einiger Wahrscheinlichkeit, aber nicht unbedingt, auf eine entsprechende Genauigkeit des Ergebnisses schließen. Es kann auch vorkommen, daß eine vierte Ansatzfunktion doch noch eine weitere beachtliche Änderung bringt und nur die dritte Ansatzfunktion nicht dazu geeignet war, das Ergebnis des zweigliederigen Ansatzes merklich zu verbessern.

Schließlich ist noch folgendes von Bedeutung. Wenn wir oben festgestellt haben, daß das Ergebnis bei Vermehrung der Ansatzfunktionen verbessert oder mindestens nicht verschlechtert wird, so ist hinsichtlich der Eigenwerte klar, was mit einer Verbesserung gemeint ist. Hinsichtlich der Eigen*funktionen* besteht die Verbesserung darin, daß *im Mittel* eine bessere Annäherung an die richtige Lösung erreicht wird, wobei die im Prinzip vom stationären Wert der potentiellen Energie enthaltenen Formänderungsausdrücke der Maßstab für die Mittelbildung sind. *Es braucht aber nicht an jeder einzelnen Stelle die Abweichung der Ordinaten der Biegelinie von den wahren Werten nach einer Vermehrung der Ansatzfunktionen geringer oder nicht größer geworden zu sein.* Es ist sogar denkbar, daß es Ansätze mit einer Funktionenfolge gibt, bei der auch im Grenzfall bei Berücksichtigung sehr vieler Glieder wohl die Eigenwerte zu den wahren Werten konvergieren, aber dasselbe für die Eigenfunktionen nur im Mittel und nicht an jeder Stelle gilt.

Es wären damit alle Fragen beantwortet, die bei der praktischen Rechnung von Wichtigkeit sind, bei der man in der Regel nur wenige, nach anschaulichen Gesichtspunkten gewählte Ansatzfunktionen benutzt, über deren Eignung keine Voraussetzungen gemacht, sondern nur Vermutungen angestellt werden können. Darüber hinaus hat es natürlich auch grundsätzliches Interesse, nach Bedingungen zu suchen, unter denen bei Verwendung hinreichend vieler Ansatzfunktionen sowohl für die Eigenwerte als auch für die Eigenfunktionen die Konvergenz zur Lösung gesichert ist. Derartige Aussagen lassen sich auch in der Tat machen; sie bestehen nicht nur in Voraussetzungen über die Vollständigkeit der Ansatzfunktionen, sondern auch in Bedingungen für das zu lösende Variationsproblem. Unter Hinweis auf die Literatur[1] sei jedoch hier auf diese Dinge nicht näher eingegangen.

7. Beulen einer Rechteckplatte

Die Anwendung des Ritzschen Verfahrens haben wir bisher nur am Beispiel des Knickstabes von Abb. 84, also an einem eindimensionalen Problem, kennengelernt. Aber auch bei Flächenträgern ist das Verfahren äußerst zweckmäßig, weil es hier häufig den einzig gangbaren Weg zur zahlenmäßigen Lösung darstellt. Als Beispiel wollen wir die in Abb. 87 skizzierte Rechteckplatte betrachten, die in einer Richtung auf Druck beansprucht wird und sich von der in Abschnitt V, D bereits behandelten Aufgabe nur durch die Lagerung der Plattenränder unterscheidet. Die Querränder, an denen die Kräfte angreifen, sollen zwar nach wie vor gelenkig gelagert sein, von den Längsrändern sei jedoch der eine fest eingespannt, der andere vollkommen frei. Auch dieses Pro-

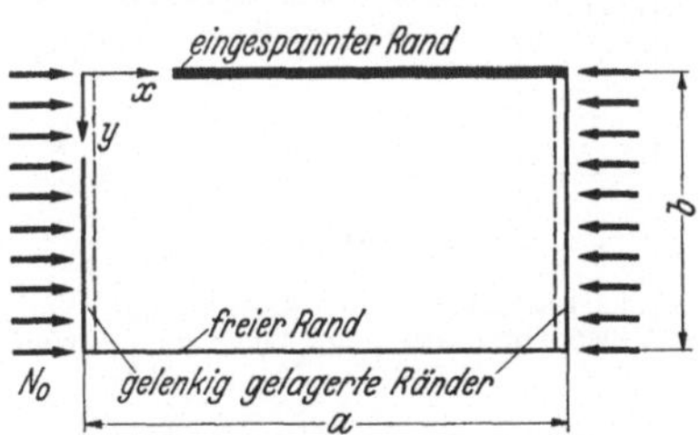

Abb. 87. Rechteckplatte mit Druckbelastung und verschiedener Lagerung der Längsränder.

blem läßt sich noch in exakter Weise lösen, so daß wir wieder die Möglichkeit eines Vergleiches zwischen einer Ritzschen Näherung und der genauen Lösung haben.

Zur Aufstellung dieser genauen Lösung haben wir von den Differentialgleichungen V, (60) auszugehen. Genau wie in Abschnitt V, D können wir auch

[1] Trefftz, E.: Math. Ann. 100 (1928) 503. — Kryloff, M. N.: Mem. Sciences Math. 49 (1931). — Bertram, G.: Z. angew. Math. Mech. 37 (1957) 191, und 39 (1959) 236. — Michlin, S. G.: Variationsmethoden der mathematischen Physik, Berlin 1962.

jetzt wieder schließen, daß $\overline{u} = 0$, $\overline{v} = 0$ sein muß, so daß von V, (60) nur die Gleichung

$$\overline{w}'''' + 2\overline{w}''^{\cdots} + \overline{w}^{\cdots\cdots} + \frac{12(1 - \mu^2)}{Et^3} N_0 \overline{w}'' = 0 \tag{54}$$

übrigbleibt. Die zur Berechnung der allseitig gelenkig gelagerten Platte benutzte Partikularlösung V, (68) ist jetzt nur noch zur Erfassung der Randbedingungen an den Querrändern, deren Lagerung sich nicht geändert hat, geeignet; in y-Richtung müssen wir den Ansatz verallgemeinern. Wir setzen dementsprechend

$$\overline{w} = f(y) \sin m \frac{\pi}{a} x,$$

wobei $f(y)$ eine nur von y abhängige, noch unbekannte Funktion ist. Aus (54) wird dann die gewöhnliche Differentialgleichung

$$f^{\cdots\cdots} - 2m^2 \frac{\pi^2}{a^2} f^{\cdots} + \left[\frac{m^4 \pi^4}{a^4} - \frac{12(1 - \mu^2)}{Et^3} N_0 \frac{\pi^2}{a^2} m^2 \right] f = 0.$$

Wir können sie durch den Ansatz $f = e^{\lambda y}$ befriedigen, der für λ eine Gleichung vierten Grades ergibt, deren vier Wurzeln die allgemeine Lösung in der Form

$$f = A e^{\lambda_1 y} + B e^{\lambda_2 y} + C e^{\lambda_3 y} + D e^{\lambda_4 y}$$

liefern. Zur Bestimmung der Konstanten A bis D stehen die vier Bedingungen zur Verfügung, daß am eingespannten Rand die Durchbiegung und deren Ableitung, am freien Rand das Biegemoment und die Querkraft verschwinden müssen. Wir erhalten so vier homogene Gleichungen für die Integrationskonstanten, deren Koeffizientendeterminante die Beuldeterminante ist. Ihre Entwicklung liefert die Beulbedingung in Gestalt einer transzendenten Gleichung, aus der dann — wenn auch mit einiger Rechenarbeit — die Beullasten folgen. Hier sei wieder nur das Endergebnis der ganzen Rechnung betrachtet[1]. Setzen wir wie in Abschnitt V, D nach V, (69b)

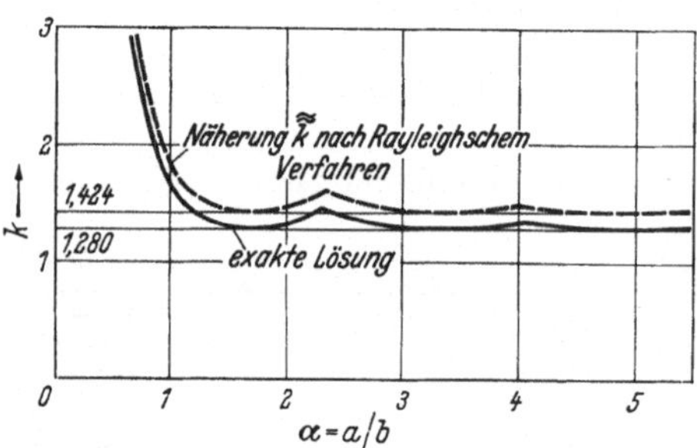

Abb. 88. Beuldiagramm der Rechteckplatte von Abb. 87. Kritischer Beulwert k in Abhängigkeit vom Seitenverhältnis α bei $\mu = 0,3$.

$$N_0 = \frac{Et^3}{12(1 - \mu^2)} \frac{\pi^2}{b^2} k, \tag{55}$$

so gilt bei $\mu = 0,3$ für die kritischen Werte von k die in Abb. 88 durch die ausgezogene Kurve dargestellte Abhängigkeit. Es handelt sich dabei wieder um eine Girlandenkurve, deren einzelne Bögen verschiedenen Anzahlen der in x-Richtung auftretenden Halbwellen entsprechen. Alle Bögen haben ein Minimum vom Wert 1,280. Ein grundsätzlicher Unterschied gegenüber den Kurven von Abb. 69 ist also nicht vorhanden.

Zur Lösung des Problems nach dem RITZschen Verfahren müssen wir von Gl. V, (66) ausgehen. Machen wir dort von der Erkenntnis $\overline{u} \equiv 0$, $\overline{v} \equiv 0$ Ge-

---

[1] Über die Einzelheiten der Rechnung vgl. H. HARTMANN: Knickung — Kippung — Beulung, Wien 1937, S. 170. Die Beulbedingung findet sich auch im Anhang dieses Buches, Beulfall II, A, a, 8.

brauch, so erhalten wir

$$\delta^2 \Pi_0 = \int\limits_0^a\int\limits_0^b \left\{ - N_0\overline{w}'^2 + \frac{Et^3}{12(1-\mu^2)} \left[\overline{w}''^2 + 2\mu\overline{w}''\,\overline{w}^{\cdot\cdot} + \overline{w}^{\cdot\cdot 2} + 2(1-\mu)\overline{w}'^{\cdot 2}\right] \right\} dy\,dx. \tag{56}$$

Wir wollen nun wieder einen einfachen RAYLEIGHschen Ansatz verwenden, der bereits alles Wesentliche zeigt. Es sei[1]

$$\overline{w} \approx \eta = A \sin m\,\frac{\pi}{a}\,x \left(1 - \cos\frac{\pi}{2b}\,y\right). \tag{57}$$

Die hierdurch gegebene Beulfläche ist in Abb. 89 für $m = 1$ angedeutet. Der Ansatz wird den Bedingungen gerecht, die für den eingespannten Rand bei $y = 0$ vorgeschrieben sind, denn es werden dort $\overline{w}$ und $\overline{w}^{\cdot}$ gleich Null. Die künstlichen Randbedingungen sind damit befriedigt. Die natürlichen Bedingungen des freien Randes bei $y = b$ werden allerdings nicht erfüllt. Betrachten wir z. B. das Biegemoment $\overline{M}_y$, für das nach V, (55e)

$$\overline{M}_y = \frac{Et^3}{12(1-\mu^2)} \left(\overline{w}^{\cdot\cdot} + \mu\overline{w}''\right)$$

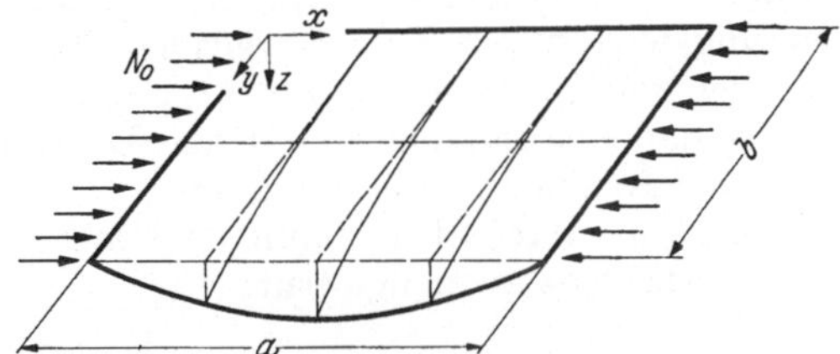

Abb. 89. Ansatz (57) für die Beulfläche der Rechteckplatte von Abb. 87 bei $m = 1$.

gilt, so erkennen wir, daß nach (57) wohl $\overline{w}^{\cdot\cdot}$ für $y = b$ zu Null wird, aber nicht $\mu\overline{w}''$ identisch verschwindet. Immerhin ist das mit μ behaftete Glied im allgemeinen nicht so wichtig, so daß $\overline{M}_y$ wenigstens ungefähr den Bedingungen des freien Randes gerecht wird. Für die Querkraft $\overline{Q}_y$ gilt jedoch auch das nicht, wie man nach V, (56d) und V, (55e, f) leicht feststellt.

Aus der Bedingung $\overline{\delta^2 \Pi_0} = 0$ folgt mit $\overline{w} \approx \eta$ aus (56) und (55) der Näherungswert $\widetilde{\widetilde{k}}$ zu

$$\widetilde{\widetilde{k}} = \frac{b^2}{\pi^2}\,\frac{\displaystyle\int\limits_0^a\int\limits_0^b \left[\eta''^2 + 2\mu\eta''\eta^{\cdot\cdot} + \eta^{\cdot\cdot 2} + 2(1-\mu)\eta'^{\cdot 2}\right] dy\,dx}{\displaystyle\int\limits_0^a\int\limits_0^b \eta'^2 dy\,dx}. \tag{58}$$

Mit dem Ansatz (57) bekommen wir z. B. für das erste Glied des Zählers

$$\int\limits_0^a\int\limits_0^b \eta''^2\,dy\,dx = \int\limits_0^a\int\limits_0^b \frac{m^4\pi^4}{a^4}\,\sin^2 m\,\frac{\pi}{a}\,x \left(1 - \cos\frac{\pi}{2b}\,y\right)^2 dy\,dx$$

$$= \int\limits_0^a\int\limits_0^b \frac{m^4\pi^4}{a^4}\,\sin^2 m\,\frac{\pi}{a}\,x \left(1 - 2\cos\frac{\pi}{2b}\,y + \cos^2\frac{\pi}{2b}\,y\right) dy\,dx$$

$$= \frac{m^4\pi^4}{a^4}\,\frac{a}{2}\left(b - \frac{4b}{\pi} + \frac{b}{2}\right)$$

$$= \frac{m^4 b\pi^4}{a^3}\left(\frac{3}{4} - \frac{2}{\pi}\right).$$

---

[1] Vgl. H. HARTMANN: Knickung — Kippung — Beulung, Wien 1937, S. 170.

Rechnen wir auch die anderen Integrale entsprechend aus, so erhalten wir insgesamt für $\mu = 0,3$ mit $\alpha = \dfrac{a}{b}$

$$\overset{\approx}{k} = \frac{m^2}{\alpha^2} + 0,1378\,\frac{\alpha^2}{m^2} + 0,6816. \tag{59}$$

Die durch (59) gegebene Kurve ist ebenfalls in Abb. 88 zum Vergleich mit der genauen Lösung dargestellt. Man erkennt, daß der grundsätzliche Charakter der Kurve sehr gut durch die Näherung erfaßt wird, deren Ordinaten nur überall etwas zu groß sind, wobei der Fehler im Durchschnitt rund 10% beträgt. Zu einer recht guten Übereinstimmung mit der exakten Lösung kommen wir daher, wenn wir $\overset{\approx}{k}$ nach (59) mit 0,9 multiplizieren. Die durchgeführte Rechnung hat damit nicht nur dem Zweck gedient, ein im Endergebnis kontrollierbares Beispiel für die Anwendung des Rıtzschen Verfahrens bei Flächenträgern zu liefern, sie hat vielmehr trotz der vorhandenen exakten Lösung auch einen praktischen Wert, der darin besteht, daß eine einfache analytische Darstellung der Wurzeln der genauen transzendenten Beulbedingung entstanden ist, die als sehr gute Näherung bezeichnet werden kann. Wir haben damit eine weitere Anwendungsmöglichkeit des Rıtzschen Verfahrens kennengelernt.

B. Galerkinsches Verfahren

1. Erläuterung der Methode am Knickstab

Als Nächstes wollen wir eine Abart des Rıtzschen Verfahrens, das sog. *Galerkinsche Verfahren*, besprechen. Bei der Rıtzschen Methode sind wir für den Knickstab mit gleichmäßig verteilter Längsbelastung von der angenäherten Lösung des Variationsproblems

$$\delta\big(\bar{\delta}^2 \Pi_0\big) = \delta \int\limits_0^l [E I \overline{w}''^2 - p_0(l - x)\,\overline{w}'^2]\,dx = 0$$

ausgegangen. Dieses Problem hatten wir zur Untersuchung der Bedeutung der Randbedingungen durch Ausführung der Variation unter dem Integralzeichen in die Beziehung (24) und weiter durch partielle Integration der einzelnen Glieder in Gl. (25) umgeformt, die hier noch einmal angeführt sei:

$$\left. \begin{aligned} \delta\big(\bar{\delta}^2 \Pi_0\big) = {}& 2 \int\limits_0^l \{E I \overline{w}'''' + p_0[(l - x)\overline{w}']'\}\,\delta \overline{w}\,dx + {} \\[2mm] & + 2\,\{[E I \overline{w}''\,\delta\overline{w}']_0^l - [E I \overline{w}'''\,\delta\overline{w}]_0^l - [p_0(l - x)\,\overline{w}'\,\delta\overline{w}]_0^l\} = 0. \end{aligned} \right\} \tag{25}$$

Im folgenden sei vorausgesetzt, daß die Randausdrücke, wie es sein muß, verschwinden, so daß von (25) nur die Bedingung

$$\int\limits_0^l \{E I \overline{w}'''' + p_0[(l - x)\,\overline{w}']'\}\,\delta \overline{w}\,dx = 0 \tag{60}$$

übrigbleibt.

Es liegt nun zweifellos nahe, diesen neuen Ausdruck (60) zur angenäherten Lösung der Aufgabe zu benutzen und hier den Ansatz (14) einzuführen. Wir müssen dann wieder

$$\overline{w} \approx \eta = a_1 \eta_1 + a_2 \eta_2 + \cdots + a_n \eta_n$$

und, da die einzige Variationsmöglichkeit in einer Veränderung der Freiwerte a besteht,

$$\delta\overline{w} \approx \delta\eta = \eta_1\,\delta a_1 + \eta_2\,\delta a_2 + \cdots + \eta_n\,\delta a_n$$

setzen. Aus (60) erhalten wir damit, wenn wir p_0 durch $\bar{\bar{p}}_0$ ersetzen und uns der einfacheren Schreibweise halber auf einen zweigliedrigen Ansatz beschränken,

$$\int_0^l \{EI(a_1\eta_1'''' + a_2\eta_2'''') + \bar{\bar{p}}_0[(l-x)(a_1\eta_1' + a_2\eta_2')]'\}\,\eta_1\,\delta a_1\,dx +$$

$$+ \int_0^l EI(a_1\eta_1'''' + a_2\eta_2'''') + \bar{\bar{p}}_0[(l-x)(a_1\eta_1' + a_2\eta_2')]'\}\,\eta_2\,\delta a_2\,dx = 0.$$

Da die Variationen der Freiwerte selbstverständlich voneinander unabhängig sind, muß jedes der beiden Integrale für sich verschwinden, und wir bekommen die Gleichungen

$$a_1\int_0^l \{EI\eta_1'''' + \bar{\bar{p}}_0[(l-x)\eta_1']'\}\,\eta_1\,dx +$$

$$+ a_2\int_0^l \{EI\eta_2'''' + \bar{\bar{p}}_0[(l-x)\eta_2']'\}\,\eta_1\,dx = 0,$$

$$a_1\int_0^l \{EI\eta_1'''' + \bar{\bar{p}}_0[(l-x)\eta_1']'\}\,\eta_2\,dx +$$

$$+ a_2\int_0^l \{EI\eta_2'''' + \bar{\bar{p}}_0[(l-x)\eta_2']'\}\,\eta_2\,dx = 0.$$

$$(61\,\mathrm{a, b})$$

Wir haben damit zwei, im allgemeinen Fall n, lineare homogene Gleichungen für die Beiwerte a gewonnen. Da sie lediglich durch eine Umformung aus dem ursprünglichen Variationsproblem entstanden sind, müssen sie mit den oben aufgestellten Gln. (18) im zahlenmäßigen Ergebnis übereinstimmen. Betrachten wir z. B. das erste Glied der Gl. (18a) bzw. (61a) bei dem speziellen Ansatz (16b) mit $\eta_1 = \sin\frac{\pi}{l}x$, so bekommen wir

$$\int_0^l \{EI\eta_1'''' + \bar{\bar{p}}_0[(l-x)\eta_1']'\}\,\eta_1\,dx =$$

$$= \int_0^l \left[EI\frac{\pi^4}{l^4}\sin\frac{\pi}{l}x - \bar{\bar{p}}_0\frac{\pi}{l}\cos\frac{\pi}{l}x - \bar{\bar{p}}_0(l-x)\frac{\pi^2}{l^2}\sin\frac{\pi}{l}x\right]\sin\frac{\pi}{l}x\,dx$$

$$= EI\frac{\pi^4}{l^4}\frac{l}{2} - \bar{\bar{p}}_0\frac{\pi^2}{4},$$

und das ist in der Tat derselbe Wert, den wir bereits oben zur Ermittlung des ersten Gliedes der Knickdeterminante (19) berechnet hatten.

13*

In den Gln. (61) haben wir nun schon die Beziehungen gefunden, in denen das GALERKINsche Verfahren zum Ausdruck kommt, das danach in dieser Form nur eine neue Schreibweise der Gleichungen des RITZschen Verfahrens ist. Alle Aussagen über die Extremumseigenschaften der Eigenwerte, über die Güte der gewonnenen Näherungen und über die Konvergenz der Methode bleiben damit erhalten. Die Zweckmäßigkeit der neuen Schreibweise ergibt sich aus der Tatsache, daß alle Integrale in (61) gleichen Aufbau haben und in jeder geschweiften Klammer der Differentialausdruck vorkommt, der die Gl. (5) unseres Problems bildet. Die einzelnen Integrale in (61) sind selbstverständlich auch Arbeitsausdrücke, die sich von den entsprechenden Ausdrücken in (18) nur dadurch unterscheiden, daß sie die Form „Kraft mal Weg" statt „Moment mal Winkeländerung" haben. Wir erhalten also folgende einfache Rechenvorschrift, die wir als *Galerkinsches Verfahren*[1] bezeichnen wollen: *Zur Aufstellung der Gleichungen für die Koeffizienten des Ritzschen Ansatzes hat man den Ansatz in die Differentialgleichungen des Problems einzusetzen, der Reihe nach mit je einer der Ansatzfunktionen zu multiplizieren und über den in Betracht kommenden Bereich zu integrieren. Die Differentialgleichung ist dabei so zu schreiben, daß bei der Multiplikation Ausdrücke von der Dimension einer Arbeit entstehen.* Damit die letztgenannte Forderung erfüllt ist, muß man die Differentialgleichung als Kräftegleichgewichtsbedingung schreiben, wenn die abhängigen Veränderlichen Verschiebungen sind, was im allgemeinen der Fall sein wird; man muß sie als Momentengleichgewichtsbedingung schreiben, wenn die Veränderlichen die zu den Momenten gehörenden Winkeländerungen sind.

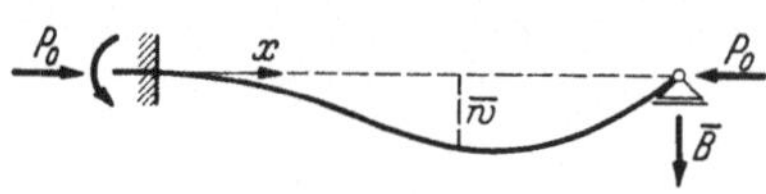

Abb. 90.
Auf der einen Seite eingespannter, auf der anderen verschieblich gelagerter Knickstab.

Die Anwendung dieser Rechenvorschrift sei noch einmal an folgendem einfachen Beispiel gezeigt. Wir wollen nach Abb. 90 einen Knickstab konstanter Biegesteifigkeit mit Einzellast betrachten, der auf der einen Seite fest eingespannt, auf der anderen verschieblich gelagert ist. Dieses Knickproblem hatten wir bereits in Abschnitt V, B, 2 als Grenzfall des Rechteckrahmens mit starrem Querriegel erhalten und als exakten Wert für die kritische Last

$$P_K = 2{,}046\,\frac{\pi^2 E I}{l^2} \tag{62}$$

bekommen. Jetzt sei diese Aufgabe nach dem GALERKINschen Verfahren angenähert gelöst, wozu wir den eingliederigen RAYLEIGHschen Ansatz

$$\overline{w} \approx \eta = a\left(\frac{x^2}{l^2} - \frac{5}{3}\,\frac{x^3}{l^3} + \frac{2}{3}\,\frac{x^4}{l^4}\right) \tag{63}$$

verwenden wollen. Die Koeffizienten der Glieder mit x^3 und x^4 sind dabei so gewählt, daß sämtliche Randbedingungen erfüllt sind. η verschwindet nämlich bei $x = 0$ und $x = l$, die Ableitung η' verschwindet bei $x = 0$, und es wird bei $x = l$ das Biegemoment zu Null, da dort

$$\eta'' = a\left(\frac{2}{l^2} - \frac{10x}{l^3} + \frac{8x^2}{l^4}\right) \tag{64}$$

zu Null wird.

---

[1] GALERKIN: Wjestnik Ingenerow Heft 19, Petrograd 1915. Ein Referat über diese in russischer Sprache erschienene Arbeit findet sich bei H. HENCKY: Z. angew. Math. Mech. 7 (1927) 80.

Das Biegemoment des Stabes ist nach Abb. 90

$$\overline{M} = -\overline{B}(l - x) + P_0\overline{w}.$$

Mit $\overline{M} = -EI\overline{w}''$ wird daraus

$$EI\overline{w}'' - \overline{B}(l - x) + P_0\overline{w} = 0.$$

Um auf diese Differentialgleichung das GALERKINsche Verfahren anwenden zu können, müssen wir sie, da $\overline{w}$ eine Verschiebung ist, als Kräftegleichung schreiben, also zweimal nach x differenzieren. Mit $EI = $ const erhalten wir dann

$$EI\overline{w}'''' + P_0\overline{w}'' = 0.$$

Nach der obigen Rechenvorschrift wird nun mit $P_0 = \widetilde{\widetilde{P}}_0$

$$\int\limits_0^l (EI\eta'''' + \widetilde{\widetilde{P}}_0\eta'')\,\eta\,dx = 0.$$

Aus (63) folgt $\eta'''' = a\,\dfrac{16}{l^4}$ und damit unter Berücksichtigung von (64), wenn wir jetzt $\widetilde{\widetilde{P}}_0 = \widetilde{\widetilde{P}}_K$ setzen,

$$\int\limits_0^l \left[EI\,\frac{16}{l^4} + \widetilde{\widetilde{P}}_K\left(\frac{2}{l^2} - \frac{10x}{l^3} + 8\,\frac{x^2}{l^4}\right)\right]\left(\frac{x^2}{l^2} - \frac{5}{3}\,\frac{x^3}{l^3} + \frac{2}{3}\,\frac{x^4}{l^4}\right)dx = 0,$$

$$\frac{4}{5}\,\frac{EI}{l^3} - \frac{\widetilde{\widetilde{P}}_K}{l}\,\frac{4}{105} = 0,$$

$$\widetilde{\widetilde{P}}_K = 21\,\frac{EI}{l^2} = 2{,}128\,\frac{\pi^2 EI}{l^2}.$$

Gegenüber dem wahren Wert von (62) beträgt der Fehler nur 4%.

Die Vorzüge des GALERKINschen Verfahrens dürften inzwischen schon hinreichend klargeworden sein: Erstens genügt für die Durchführung der ganzen Methode die Kenntnis der Differentialgleichung; die Aufstellung des Variationsproblems vom stationären Wert der potentiellen Energie ist gar nicht erforderlich. Zweitens ist die Rechenarbeit etwas geringer als beim RITZschen Verfahren, da man in übersichtlicher, leicht zu merkender Weise die Gleichungen für die Beiwerte des Ansatzes sofort anschreiben kann und auch die durchzuführenden Integrationen vielfach etwas einfacher werden. Zum Beispiel hat bei dem Ansatz (63) das Produkt $\eta''''\,\eta$ weniger Glieder als der entsprechende Ausdruck η''^2 der potentiellen Energie der inneren Kräfte. Den erstgenannten Vorteil darf man allerdings nicht überschätzen, da man das Prinzip vom stationären Wert der potentiellen Energie gerade bei schwierigen Aufgaben zur Kontrolle der Differentialgleichungen sowieso aufstellen wird, so daß die Durchführung dieser Rechnung eigentlich nicht als zusätzlicher Arbeitsaufwand zu betrachten ist.

Besonders wichtig ist aber nun, daß das GALERKINsche Verfahren auch einen schwerwiegenden Nachteil aufweist, der bisher noch nicht in Erscheinung trat und die Randbedingungen betrifft. Unsere bisherigen Betrachtungen hatten zur Voraussetzung, daß die Randausdrücke in (25) verschwinden. Nur wenn diese Bedingung erfüllt ist, stimmen RITZsches und GALERKINsches Verfahren überein, und nur dann behält die ganze Rechenmethode ihren Sinn. Beim RITZschen Verfahren hatten wir in Gl. (8) $\overline{w} \approx \eta = \overline{w} + \delta\overline{w}$ gesetzt und daraus die Randausdrücke (26) abgeleitet, die schon zu Null wurden, wenn nur die künstlichen Randbedingungen befriedigt waren. Die natürlichen Randbedingungen brauchten dagegen von der Näherung η nicht erfüllt zu werden, da z. B. der Ausdruck

$$[EI\overline{w}''\,\delta\overline{w}']_0^l = -[\overline{M}(\eta' - \overline{w}')]_0^l$$

für gelenkige Lager bei $\eta' \neq \overline{w}'$ zu Null wurde, weil $EI\overline{w}'' = -\overline{M}$ das Biegemoment der wahren Lösung war, das voraussetzungsgemäß verschwand. Beim GALERKINschen Verfahren liegen jedoch die Dinge anders. Wir müssen jetzt $\overline{w} \approx \eta$ in (25) einführen und erhalten dann für den obigen Randausdruck

$$[EI\eta''\,\delta\eta']_0^l = -[\overline{\overline{M}}\,\delta\eta']_0^l .$$

An die Stelle von $\overline{M}$ ist jetzt das Biegemoment $\overline{\overline{M}}$ der *Näherungslösung* getreten, das zu Null werden muß, wenn der Randausdruck bei gelenkigen Lagern verschwinden soll. Wir haben damit folgende bedeutungsvolle Aussage gewonnen: *Beim Galerkinschen Verfahren müssen die Ansatzfunktionen sämtliche Randbedingungen, d. h. sowohl die künstlichen als auch die natürlichen, erfüllen.*

Die beiden Ansätze (16b) und (63), an denen wir bisher das GALERKINsche Verfahren erläutert hatten, befriedigten dementsprechend auch alle Randbedingungen. Daß dieses in der Tat notwendig ist, vermag recht eindrucksvoll der Ansatz (27) $\eta = ax\left(1 - \dfrac{x}{l}\right)$ zu zeigen, mit dem wir oben in Gl. (28) die kritische Last des Knickstabes mit stetig verteilter Belastung berechnet hatten, und der nicht die natürlichen Randbedingungen erfüllt. Da nämlich $\eta'''' = 0$ ist, ergibt sich nach der aus (5) für einen eingliederigen Ansatz folgenden Formel

$$\overline{\overline{p}}_K = -\frac{\displaystyle\int_0^l EI\eta''''\eta\,dx}{\displaystyle\int_0^l [(l-x)\eta']'\,\eta\,dx} ,$$

daß $\overline{\overline{p}}_K = 0$ sein müßte, also offensichtlich ein völlig unbrauchbares Resultat. Wir könnten selbstverständlich wieder restlose Übereinstimmung mit dem RITZschen Verfahren bekommen, wenn wir die bisherige GALERKINsche Schreibweise durch die Randausdrücke, die nicht mehr zu Null werden, ergänzen würden. Das ganze Verfahren würde jedoch damit seinen Wert verlieren, und es würde gegenüber der ursprünglichen RITZschen Methode kein Vorteil mehr bestehen.

Die Brauchbarkeit des GALERKINschen Verfahrens wird durch die zusätzliche Forderung über die Erfüllung der natürlichen Randbedingungen nicht unerheblich eingeschränkt. Denn bei Platten und Schalen ist es zwar in der Regel leicht möglich, einen Ansatz zu finden, der den künstlichen Randbedingungen genügt, aber wesentlich schwieriger, einen alle Randbedingungen befriedigenden Ansatz aufzustellen. Das letztere würde z. B. bei dem oben im Kapitel A, 7 dieses Abschnittes behandelten Plattenbeulproblem schon zu einem recht verwickelten Ansatz führen. Zusammenfassend können wir feststellen, daß das GALERKINsche Verfahren in dem bisher behandelten Anwendungsgebiet in vielen Fällen recht zweckmäßig sein kann, aber keineswegs das RITZsche Verfahren völlig zu ersetzen vermag.

2. Einflußlinien als Ansatzfunktionen

Die Notwendigkeit, beim Ritzschen und Galerkinschen Verfahren auf die Randbedingungen zu achten, führt zu der Frage, ob sich nicht ein Rechenrezept entwickeln läßt, bei dem sich dieses Problem von selbst erledigt. Das ist nun durchaus möglich, da es grundsätzlich keine Schwierigkeiten bereitet, Ansätze zu finden, die alle Randbedingungen erfüllen. Man braucht nur das System in irgendeiner Weise zu belasten und nach der klassischen linearen Elastizitätstheorie die zugehörige Biegelinie auszurechnen; alle Randbedingungen werden dann automatisch erfüllt. Zum Beispiel kann man Ansatzfunktionen bekommen, indem man für n Systempunkte die Greensche Funktion, d. h. die Einflußlinie für die Durchbiegung ermittelt, die wiederum gleich der Biegelinie unter der Last „1" ist. Da sich in diesem Spezialfall die Galerkinsche Vorschrift in einer besonderen Form schreiben läßt, sei das sich hierbei ergebende Rezept noch etwas näher betrachtet.

Wir kleiden die Ausgangsgleichung zunächst in die Gestalt

$$\int_0^l (EI\overline{w}'' + \overline{M})\, \delta\overline{w}''\, dx = 0,$$

die für einen beliebig belasteten Stab gilt und die Arbeit als „Moment mal Winkeländerung" enthält. $\overline{M}$ ist dabei das Moment der *äußeren* Kräfte, die den Stab zum Ausknicken bringen. Beim gewöhnlichen Knickstab ist z. B. $\overline{M} = P_0\overline{w}$, beim Knickstab mit gleichmäßig verteilter Längsbelastung gilt für $\overline{M}$ die Beziehung (6), bei deren Benutzung nach passender Umformung wieder (60) folgt. Wählen wir als Beispiel einen zweigliederigen Ansatz, so entstehen die beiden Gleichungen

$$\int_0^l (EI\eta'' + \overline{\overline{M}})\, \eta_1''\, dx = 0, \qquad \int_0^l (EI\eta'' + \overline{\overline{M}})\, \eta_2''\, dx = 0.$$

Verabreden wir nun, daß η_1 und η_2 die Biegelinien sind, die entstehen, wenn in zwei Punkten a und b jeweils die Last „1" angreift, und bezeichnen die dabei entstehenden Biegemomente mit

$$\mathfrak{M}_a = -EI\eta_1'', \qquad \mathfrak{M}_b = -EI\eta_2'',$$

so wird

$$\int_0^l \left(\mathfrak{M}_a\eta'' + \frac{\overline{\overline{M}}\mathfrak{M}_a}{EI}\right) dx = 0, \qquad \int_0^l \left(\mathfrak{M}_b\eta'' + \frac{\overline{\overline{M}}\mathfrak{M}_b}{EI}\right) dx = 0.$$

Fassen wir η als virtuelle Verrückung für die durch die Lasten „1" erzeugten Gleichgewichtszustände auf, so erkennen wir, daß

$$-\int_0^l \mathfrak{M}_a\eta''\, dx = 1 \cdot \eta_a, \qquad -\int_0^l \mathfrak{M}_b\eta''\, dx = 1 \cdot \eta_b$$

ist, wenn η_a und η_b die η-Werte in a und b sind. Wir bekommen dann die endgültigen Formeln

$$1 \cdot \eta_a = \int_0^l \frac{\overline{\overline{M}}\mathfrak{M}_a}{EI}\, dx, \qquad 1 \cdot \eta_b = \int_0^l \frac{\overline{\overline{M}}\mathfrak{M}_b}{EI}\, dx. \qquad (65\,\text{a, b})$$

Diese übersichtlichen und einfachen *Durchbiegungsgleichungen* sind besonders einprägsam, da sie formale Ähnlichkeit mit dem Prinzip der virtuellen Verrückungen für die durch die Lasten „1" hervorgerufenen Gleichgewichtszustände,

d. h. mit dem sog. „Arbeitssatz" der elementaren klassischen Statik haben. Da jedoch $\overset{\approx}{M}$ das Biegemoment der äußeren, nicht der inneren Kräfte des Knickproblems ist, stellen die Gln. (65) in Wirklichkeit etwas anderes dar: nämlich der Ableitung entsprechend eine besondere Schreibweise des GALERKINschen bzw. RITZschen Verfahrens mit speziellen Ansatzfunktionen. Dieses sollte man gerade wegen des Rezeptcharakters der Gln. (65) nie vergessen, um vor gelegentlichen Fehlschlüssen bewahrt zu bleiben.

Will man nach (65) rechnen, so muß man zunächst η_1 und η_2 mit den zugehörigen Biegemomenten $\mathfrak{M}_a$ und $\mathfrak{M}_b$ ermitteln. Liegt ein im üblichen Sinne statisch unbestimmtes System vor, so kann dieses recht mühsam sein, wenn auch die Benutzung des bekannten „Reduktionssatzes" manche Vereinfachungen ermöglicht. Nach Kenntnis von η_1 und η_2 kann man $\overset{\approx}{M}$ durch $\eta = a_1 \eta_1 + a_2 \eta_2$ ausdrücken und

$$\eta_a = a_1 \eta_{a1} + a_2 \eta_{a2}, \qquad \eta_b = a_1 \eta_{b1} + a_2 \eta_{b2}$$

setzen, wobei η_{a1} und η_{a2} bzw. η_{b1} und η_{b2} die Werte der Ansatzfunktionen in den Punkten a und b sind. Nach Auswertung der Integrale erhält man dann wieder das Gleichungssystem für die Koeffizienten a_1, a_2. Da diese linear von η_a und η_b abhängen, kann man natürlich auch in (65) a_1 und a_2 eliminieren und ein Gleichungssystem mit den Unbekannten η_a und η_b aufstellen.

Diese umständliche Umrechnung bringt jedoch praktisch keinen Nutzen, wenn man sie nicht dadurch rigoros abkürzt, daß man beim Auswerten der Integrale in (65) den Verlauf von η zwischen den Funktionswerten η_a und η_b und den Auflagern des Stabes passend schätzt. Insbesondere ist es hierbei zweckmäßig, einen stückweise geradlinigen Verlauf anzunehmen[1]. Falls $\overset{\approx}{M}$ Ableitungen von η enthält, sind sie durch die entsprechenden Differenzenquotienten zu ersetzen. Das so entstehende Verfahren[2] liefert gelegentlich sehr gute Ergebnisse. Dieses ist z. B. bei mehrfeldrigen Stockwerkrahmen der Fall, wo sich der Verformungszustand durch die Horizontalverschiebungen der relativ wenigen Riegel kennzeichnen läßt und beim Anschreiben von $\overset{\approx}{M}$ die genaue Biegelinie der Stäbe durch eine geradlinige Verbindung der verschobenen Rahmenknoten ersetzt werden kann[3]. Andererseits kann das vereinfachte Verfahren aber auch recht ungenaue Resultate ergeben, wenn man sich auf zu wenige Systempunkte beschränkt. Wählt man eine größere Anzahl von Punkten, so wird die Rechenarbeit leicht so groß, daß man besser auf die sowieso nicht „narrensichere Automatik" von (65) verzichtet und statt der GREENschen Funktion dem jeweiligen Problem individuell angepaßte Ansätze verwendet[4].

3. Anwendung bei fehlendem Potential

Es gibt nun noch Stabilitätsprobleme, bei denen das GALERKINsche Verfahren nicht nur auf etwas bequemerem Wege zu demselben Ziel führt wie das RITZsche Verfahren, sondern eine grundsätzlich neue Methode darstellt. Zur Erläuterung

---

[1] Nach R. COURANT u. D. HILBERT: Methoden der mathematischen Physik, Bd. I, 3. Aufl., Berlin/Heidelberg/New York 1968, S. 151, stammt der Grundgedanke dieser Näherung bereits von EULER (1744).

[2] Von K. SATTLER: Bautechnik 30 (1953) 288 u. 326, wird es treffend als „Durchbiegungsverfahren" bezeichnet.

[3] Vgl. hierzu K. SATTLER: Fußnote 2, und R. KLEMENT: Der Stahlbau 26 (1957) 372.

[4] Verfahren, die auf die praktische Berechnung von Stockwerkrahmen und mehrfeldrigen Rahmen zugeschnitten sind, werden angegeben in V. GENSICHEN: Zur Einschrankung und genauen Berechnung der Knicklasten ebener Rahmentragwerke, Mitt. d. Inst. f. Statik d. Techn. Univ. Hannover, Nr. 21 (1974).

dieses Zusammenhanges wollen wir noch einmal beim Knickstab mit gleichmäßig verteilter Belastung den Unterschied zwischen RITZschem und GALERKINschem Verfahren betrachten. Bei Erfüllung aller Randbedingungen galt

$$\delta \int_0^l [EI\overline{w}''^2 - p_0(l-x)\overline{w}'^2]\,dx = \int_0^l \{EI\overline{w}'''' + p_0[(l-x)\overline{w}']'\}\,\delta\overline{w}\,dx = 0. \tag{66}$$

Führen wir den gewählten Ansatz in das auf der linken Seite stehende Integral ein, so erhalten wir das RITZsche Verfahren, verwenden wir das auf der rechten Seite stehende Integral, so entspricht das dem GALERKINschen Verfahren. Bei dem letzteren haben wir uns bisher immer nur um den Zusammenhang mit dem RITZschen Verfahren hinsichtlich der formalen Schreibweise gekümmert. Das GALERKINsche Verfahren hat jedoch auch noch eine mechanische Bedeutung, durch die eine bisher noch nicht hervorgehobene Parallele zum RITZschen Verfahren zutage tritt, die für das Folgende von Wichtigkeit ist.

Die linke Seite von (66) verkörpert das Prinzip vom stationären Wert der potentiellen Energie. Um eine entsprechende Bedeutung der rechten Seite zu gewinnen, brauchen wir uns nur noch einmal klarzumachen, daß der in der geschweiften Klammer stehende Ausdruck die Summe aller am Stabelement in $\overline{w}$-Richtung wirkenden Kräfte darstellt und daß $\delta\overline{w}$ eine virtuelle Verrückung für diese Kräfte ist. Das ganze Integral ist also die Summe der virtuellen Arbeiten für das System und folglich nichts anderes als der Ausdruck für das Prinzip der virtuellen Verrückungen, wie wir es in Abschnitt V, A, 3 in der Aussage $\overline{A}_i^* + \overline{A}_a^* = 0$ kennengelernt haben. Allerdings ist noch zu beachten, daß eine besondere Fassung dieses Prinzips insofern vorliegt, als für die quergestrichenen Schnittgrößen am Element schon das HOOKEsche Elastizitätsgesetz eingeführt ist. Wir können danach festhalten: *Während das Ritzsche Verfahren das Prinzip vom stationären Wert der potentiellen Energie angenähert befriedigt, erfüllt das Galerkinsche Verfahren näherungsweise das Prinzip der virtuellen Verrückungen unter Benutzung des Elastizitätsgesetzes für die Schnittgrößen.*

Da nun das letztgenannte Prinzip allgemein auch bei fehlendem Potential gilt, können wir sofort den praktisch wichtigen Schluß ziehen, *daß das Galerkinsche Verfahren im Gegensatz zum Ritzschen Verfahren auch dann anwendbar ist, wenn die äußeren Kräfte nicht aus einem Potential abgeleitet werden können.* Allerdings ist in diesem Fall das Problem nicht mehr selbstadjungiert, die Eigenfunktionen brauchen nicht mehr zueinander orthogonal zu sein, und es wird auch zunächst alles hinfällig, was wir über die Extremumseigenschaften der Eigenwerte und die Art und Güte der gewonnenen Näherungen aussagen konnten. *Insbesondere ist es jetzt sowohl möglich, daß die Näherungswerte zu groß, als auch, daß sie zu klein ausfallen.* Ferner ist es noch ungeklärt, ob nicht das Verfahren auch bei hinreichender Eignung und Vollständigkeit der Ansatzfunktionen divergiert oder zu einer völlig falschen Lösung konvergiert. Immerhin ist in dieser Hinsicht zu hoffen, daß unliebsame Überraschungen nicht auftreten werden, da die Methode anschaulich und mechanisch sinnvoll ist. In Sonderfällen läßt sich überdies die Konvergenz durchaus nachweisen[1].

Als Beispiel zu der Anwendungsmöglichkeit des GALERKINschen Verfahrens bei fehlendem Potential sei nach Abb. 91 wieder ein beiderseits gelenkig gelagerter Stab mit gleichmäßig verteilter Längsbelastung betrachtet. Die Belastung soll

---

[1] LEIPHOLZ, H.: Z. angew. Math. Phys. 14 (1963) 70, wo auch die Konvergenz für das folgende Beispiel allgemein bewiesen wird. Vgl. ferner M. W. KELDYSCH: Isw. d. Akad. d. W. d. UdSSR 1942 und LEIPHOLZ, H.: Z. angew. Math. Mech., Tagungssonderheft 1965, S. 127.

jedoch im Gegensatz zu dem bisher behandelten Problem von Abb. 84 bei der Verformung ihre Richtung so ändern, daß sie stets in Richtung der Tangente an die verformte Stabachse wirkt. Dieses Beispiel von durchaus praktischer Bedeutung

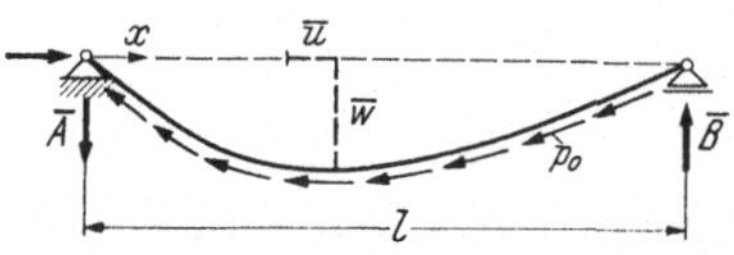

Abb. 91. Knickstab mit gleichmäßig verteilter Längsbelastung, die stets die Richtung der verformten Stabachse hat, im Nachbarzustand.

hatten wir bereits in Abschnitt II, B, 5 betrachtet und uns davon überzeugt, daß hierbei in der Tat für die äußeren Kräfte kein Potential existiert.

Wir beginnen mit der Ableitung der Differentialgleichung, die recht einfach ist, da sie nur in einer geringen Korrektur der oben aufgestellten Gl. (5) besteht. Betrachten wir zunächst noch einmal Abb. 85, so erkennen wir, daß die Belastung durch ihre Richtungsänderung jetzt senkrecht zur verformten Stabachse keine Komponente mehr hat. In die Gleichgewichtsbedingung für das Kräftegleichgewicht in dieser Richtung geht also die Belastung nicht mehr ein, und von (3a) bleibt nur

$$\overline{Q}' + N_I \overline{w}'' = 0$$

übrig. Alles andere bleibt aber bestehen, so daß wir statt (4)

$$\overline{M}'' - p_0(l - x)\overline{w}'' = 0$$

und statt (5) die Differentialgleichung

$$EI\overline{w}'''' + p_0(l - x)\overline{w}'' = 0 \tag{67}$$

erhalten. Sie ist nicht komplizierter, sondern einfacher als (5), und ihre exakte Lösung bereitet dementsprechend auch keine Schwierigkeiten[1]. Setzen wir

$$\xi = \frac{2}{3} \sqrt{\frac{p_0}{EI} (l - x)^3}, \qquad \overline{w}'' = \Psi \sqrt[3]{\xi},$$

so erhalten wir die BESSELsche Differentialgleichung

$$\frac{d^2\Psi}{d\xi^2} + \frac{1}{\xi} \frac{d\Psi}{d\xi} + \Psi \left(1 - \frac{1}{9\xi^2}\right) = 0,$$

deren Lösung für die in Betracht kommenden Randbedingungen den kritischen Wert

$$p_K = 18{,}95 \frac{EI}{l^3} \tag{68}$$

liefert. Die Einzelheiten der zugehörigen Rechnung seien auch hier wieder übergangen, da nur das Endergebnis als Maßstab für die Genauigkeit der aufzustellenden Näherungslösungen für das Folgende von Interesse ist. Bemerkenswert ist lediglich noch zu (68), daß p_K nur wenig größer ist als nach (9) bei dem Problem von Abb. 84, daß also die Richtungsänderung der Kräfte auf die kritische Last zahlenmäßig nicht viel ausmacht.

Da im vorliegenden Fall ein Potential nicht vorhanden ist, können wir das Prinzip vom stationären Wert der potentiellen Energie nicht mehr aufstellen und das RITZsche Verfahren nicht anwenden. Das GALERKINsche Verfahren muß je-

---

[1] Vgl. E. ABODY u. A. PETÜR: Math. Naturw. Anzeiger d. Ungar. Akad. d. Wiss. 62 (1948).

doch gültig bleiben, und damit sei jetzt (67) angenähert gelöst. Wir wollen wieder den zweigliederigen Ansatz (16) benutzen und erhalten damit nach GALERKIN aus (67) sofort die Gleichungen

$$a_1 \int_0^l [EI\,\eta_1'''' + \tilde{\tilde{p}}_0(l-x)\eta_1'']\eta_1\,dx + a_2 \int_0^l [EI\,\eta_2'''' + \tilde{\tilde{p}}_0(l-x)\eta_2'']\eta_1\,dx = 0,$$

$$a_1 \int_0^l [EI\,\eta_1'''' + \tilde{\tilde{p}}_0(l-x)\eta_1'']\eta_2\,dx + a_2 \int_0^l [EI\,\eta_2'''' + \tilde{\tilde{p}}_0(l-x)\eta_2'']\eta_2\,dx = 0.$$

Mit dem speziellen Ansatz (16b), der alle Randbedingungen erfüllt, können wir die Integrale auswerten und bekommen

$$a_1\left(EI\,\frac{\pi^4}{2l^3} - \tilde{\tilde{p}}_0\,\frac{\pi^2}{4}\right) - a_2\tilde{\tilde{p}}_0\,\frac{32}{9} = 0,$$

$$-a_1\tilde{\tilde{p}}_0\,\frac{8}{9} + a_2\left(EI\,\frac{8\pi^4}{l^3} - \tilde{\tilde{p}}_0\pi^2\right) = 0.$$

Mit $\lambda = \dfrac{\tilde{\tilde{p}}_0 l^3}{EI}$ nach (20) erhalten wir dann nach Multiplikation beider Gleichungen mit $\dfrac{l^3}{EI}$ die Knickdeterminante

$$\begin{vmatrix} \dfrac{\pi^4}{2} - \dfrac{\pi^2}{4}\lambda & -\dfrac{32}{9}\lambda \\[2ex] -\dfrac{8}{9}\lambda & 8\pi^4 - \pi^2\lambda \end{vmatrix} = 0.$$

Sie ist zur Hauptdiagonale nicht mehr symmetrisch, da die Selbstadjungiertheit verletzt ist und demzufolge

$$\int_0^l \tilde{\tilde{p}}_0(l-x)\eta_2''\eta_1\,dx + \int_0^l \tilde{\tilde{p}}_0(l-x)\eta_1''\eta_2\,dx$$

ist.

    Die Auflösung der Determinante ergibt die für λ quadratische Gleichung

$$\lambda^2 - 113{,}42\lambda + 1791{,}0 = 0,$$

deren niedrigste Wurzel die kritische Last

$$\tilde{\tilde{p}}_K = 18{,}96\,\frac{EI}{l^3}$$

liefert. Der Fehler beträgt wie beim Ergebnis (22) für das Beispiel von Abb. 84 nur rund 0,05% des wahren Wertes von (68). Der Näherungswert ist wieder größer als der wahre Wert. Wie wir oben festgestellt hatten, brauchte das jedoch nicht unbedingt wie beim RITZschen Verfahren der Fall zu sein. Die Brauchbarkeit des GALERKINschen Verfahrens bei fehlendem Potential dürfte aber durch das behandelte Beispiel hinreichend erwiesen sein. Abschließend sei unter Hinweis auf die Ausführungen von Kapitel III, B, 2 noch einmal betont, daß sich die obige Untersuchung nur auf die Berechnung indifferenter Gleichgewichtslagen bezieht und damit nichts über die kinetische Stabilität oder Labilität gesagt ist. (Vgl. auch Abschnitt VIII, B.)

C. Numerische Integration

1. Knickstab mit veränderlicher Biegesteifigkeit und Einzellast

Bei den oben besprochenen Beispielen zum RITZschen und GALERKINschen Verfahren haben wir die erforderlichen Integrationen ohne Schwierigkeiten in geschlossener Form durchführen können. Häufig ist das aber nicht mehr möglich, z. B. schon dann nicht, wenn es sich um die Bestimmung der Knicklasten von Stäben gleich welcher Belastungsart handelt, deren Biegesteifigkeit über die Stablänge veränderlich ist und einen Verlauf hat, der nur in Form einer Zeichnung oder Tabelle vorliegt. In solchen Fällen ist es das Gegebene, die erforderlichen Integrationen nach bekannten graphischen oder numerischen Methoden durchzuführen. Da eigentlich erst durch Ausschöpfung dieser Möglichkeit bei den eindimensionalen Problemen der Stabknickung die besprochenen Verfahren für die Praxis ihren vollen Wert bekommen, soll hierauf noch ausführlich eingegangen werden, obwohl es sich dabei im Grunde genommen um recht elementare Dinge handelt. Es soll allerdings nur die Anwendung der *numerischen* Integration gezeigt werden, da deren Bedeutung nicht zuletzt durch die Entwicklung elektronischer Rechenautomaten gegenüber graphischen Methoden immer größer wird, obwohl die letzteren unter Umständen auch zweckmäßig sein können[1]. Der Wert numerischer Methoden liegt vor allem darin, daß sie es gestatten, die Leistungsfähigkeit moderner Rechenmaschinen auszunutzen und die durchzuführenden Rechnungen weitgehend auf Hilfskräfte zu übertragen.

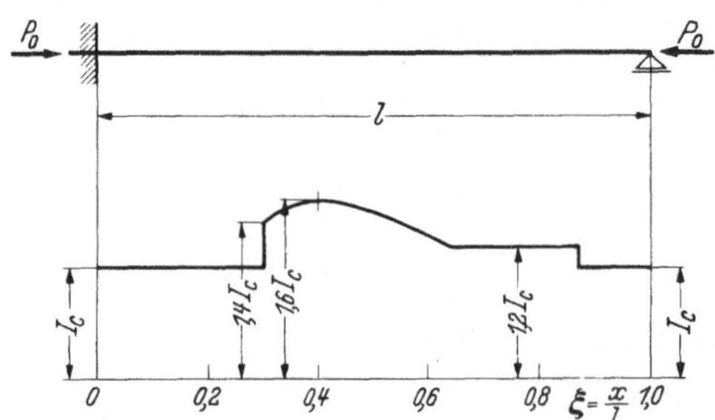

Abb. 92. Knickstab mit veränderlicher Biegesteifigkeit.

Als erstes Beispiel wollen wir noch einmal den Knickstab von Abb. 90 betrachten, der auf der linken Seite fest eingespannt, auf der rechten gelenkig gelagert ist. Die Biegesteifigkeit soll jedoch jetzt *veränderlich* sein und durch die in Abb. 92 dargestellte Kurve gegeben sein.

Für das zugehörige Potential gilt wie beim beiderseits gelenkig gelagerten Stab [vgl. V, (13) mit $\overline{u}' = 0$]

$$\overline{\delta^2 \Pi_0} = \int\limits_0^l (E I \overline{w}''^2 - P_0 \overline{w}'^2)\, dx = 0. \tag{69}$$

Für die numerische Rechnung ist es zweckmäßig, möglichst dimensionslose Größen zu verwenden. Wir benutzen dazu die Koordinate $\xi = \dfrac{x}{l}$ und wollen dementsprechend im folgenden durch einen Strich die Ableitung nach ξ kennzeichnen. Ferner möge I_c ein konstantes Trägheitsmoment sein (vgl. Abb. 92). Aus (69) wird dann

$$\frac{E I_c}{l} \int\limits_0^1 \frac{I}{I_c} \left(\frac{\overline{w}}{l}\right)''^2 d\xi - P_0 l \int\limits_0^1 \left(\frac{\overline{w}}{l}\right)'^2 d\xi = 0. \tag{70}$$

---

[1] Über die graphische Lösung von Eigenwertproblemen s. L. COLLATZ: Eigenwertaufgaben mit technischen Anwendungen, 2. Aufl., Leipzig 1963, S. 179.

Ermitteln wir die kritische Last P_K nach einem RAYLEIGHschen Ansatz $\dfrac{\overline{w}}{l} \approx \eta$, wobei also η jetzt ebenfalls dimensionslos ist, so bekommen wir aus (70)

$$\widetilde{\widetilde{P}}_K = \frac{EI_c}{l^2} \, \frac{\displaystyle\int_0^1 \frac{I}{I_c}\,\eta''^2 d\xi}{\displaystyle\int_0^1 \eta'^2 d\xi} \,. \tag{71}$$

Als Ansatz können wir wieder (63) verwenden, also

$$\eta = a \left(\xi^2 - \frac{5}{3}\,\xi^3 + \frac{2}{3}\,\xi^4 \right)$$

setzen. Das in (71) im Nenner stehende Integral wird dann

$$\int_0^1 \eta'^2\,d\xi = \int_0^1 a^2 \left(2\xi - 5\xi^2 + \frac{8}{3}\,\xi^3 \right)^2 d\xi = \frac{4}{105}\,a^2,$$

und wir erhalten aus (71) mit $\eta'' = a(2 - 10\xi + 8\xi^2)$

$$\widetilde{\widetilde{P}}_K = \frac{EI_c}{l^2}\,\frac{105}{4} \int_0^1 \frac{I}{I_c}\,(2 - 10\xi + 8\xi^2)^2\,d\xi. \tag{72}$$

Die Auswertung dieses übriggebliebenen Integrals ist für die in Abb. 92 angegebene Biegesteifigkeit in Tab. 2 gezeigt. Der Integrationsbereich ist dabei in 10 Teile eingeteilt, was im allgemeinen für Überschlagsrechnungen das Richtige ist. Bei genaueren Untersuchungen, bei denen man das Ergebnis bis auf drei Stellen garantiert haben möchte, ist eine Einteilung in 20 Teile zweckmäßig. In der Tabelle wird die sprunghafte Änderung des Trägheitsmomentes nicht besonders berücksichtigt, was etwa durch Aufteilung der Stablänge in mehrere Integrationsbereiche möglich wäre. Findet der Sprung von $\dfrac{I}{I_c}$, wie hier bei $\xi = 0,3$, gerade dort statt, wo in der Zeichnung abgelesen werden muß, so wird das Mittel der beiden in Betracht kommenden Ordinaten in die Tabelle eingetragen. Jede übertriebene Genauigkeit ist in dieser Hinsicht in Anbetracht der Tatsache zu vermeiden, daß der Sprung im Trägheitsmomentenverlauf praktisch z. B. durch aufgenietete oder -geschweißte Laschen zustande kommt, deren Mitwirkung bei der Kraftübertragung ja doch nicht der theoretisch vorausgesetzten Unstetigkeit entspricht.

Die Quadratur der in der letzten Spalte der Tab. 2 stehenden Funktion erfolgt nach der sog. *Trapezregel*, nach der

$$\int_0^1 f(\xi)\,d\xi = h \left(\frac{1}{2}\,f_0 + f_1 + f_2 + \cdots + f_{n-1} + \frac{1}{2}\,f_n \right)$$

ist, wenn $h = \dfrac{l}{n}$ die Intervallbreite bedeutet, die im vorliegenden Fall gleich 0,1 ist, und $f_0, f_1, \ldots$ die Ordinaten der zu integrierenden Funktion, hier an den Stellen $\xi = 0$, $\xi = 0,1$ usw. sind.

Tabelle 2.

Numerische Bestimmung der Knicklast des Stabes mit veränderlicher Biegesteifigkeit nach Abb. 92

ξ	$8\xi^2$	$8\xi^2 + 2 - 10\xi$	$(8\xi^2 + 2 - 10\xi)^2$	$\dfrac{I}{I_c}$	$\dfrac{I}{I_c}(8\xi^2 + 2 - 10\xi)^2$
①	② $= 8 \cdot$ ①^2	③ $=$ ② $+ 2 - 10\xi$	④ $=$ ③^2	⑤	⑥ $=$ ④ $\cdot$ ⑤
0	0	2,00	4,000	1,0	4,000
0,1	0,08	1,08	1,166	1,0	1,166
0,2	0,32	$+0,32$	0,102	1,0	0,102
0,3	0,72	$-0,28$	0,078	1,2	0,094
0,4	1,28	$-0,72$	0,518	1,6	0,829
0,5	2,00	$-1,00$	1,000	1,5	1,500
0,6	2,88	$-1,12$	1,254	1,3	1,630
0,7	3,92	$-1,08$	1,166	1,2	1,399
0,8	5,12	$-0,88$	0,774	1,2	0,929
0,9	6,48	$-0,52$	0,270	1,0	0,270
1,0	8,00	0	0	1,0	0

$$2S_6 = 19{,}838$$

$$\text{Berechnung von:}\quad \overset{\approx}{P}_K = \frac{EI_c}{l^2} \cdot \frac{105}{4} \int\limits_0^1 \frac{I}{I_c}\,(8\xi^2 + 2 - 10\xi)^2\,d\xi$$

$$= \frac{EI_c}{l^2} \cdot \frac{105}{4} \cdot \frac{10^{-1}}{2} \cdot 19{,}838 = 26{,}0\,\frac{EI_c}{l^2}\,.$$

Zur Abkürzung sei

$$S = \frac{1}{2}\,f_0 + f_1 + f_2 + \cdots + f_{n-1} + \frac{1}{2}\,f_n$$

gesetzt. Die einfache Trapezregel, bei der die Funktion $f(\xi)$ durch einen Geradenzug ersetzt wird, wollen wir im folgenden stets anwenden. An sich bereitet es natürlich keine Schwierigkeiten, auch Integrationsformeln, wie z. B. die bekannte SIMPSONsche Regel, zu benutzen, denen eine Annäherung höherer Ordnung an die genaue Kurve zugrunde liegt. Den Wert dieser Formeln darf man jedoch nicht überschätzen, da ihre größere Empfindlichkeit bei den praktisch häufig vorkommenden Unstetigkeiten, wie sie auch im Trägheitsmomentenverlauf von Abb. 92 auftreten, der Genauigkeit des Ergebnisses eher zu schaden als zu nützen vermag.

Wie unterhalb von Tabelle 2 ausgerechnet, bekommen wir für die Knickkraft aus (72)

$$\overset{\approx}{P}_K = 26{,}0\,\frac{EI_c}{l^2}\,.$$

Die vorgeführte Rechnung ist wegen ihrer Einfachheit praktisch besonders wichtig, da sie es erlaubt, die Knicklast eines Stabes mit beliebig veränderlicher Biegesteifigkeit in kurzer Zeit abzuschätzen. Die Rechnung ist zwar recht primitiv, ihre Genauigkeit aber in vielen Fällen schon ausreichend.

2. Knickstab mit veränderlicher Biegesteifigkeit und gleichmäßig verteilter Längsbelastung

Als zweites Beispiel zur numerischen Integration wollen wir wieder einen Stab mit gleichmäßig verteilter, der Richtung nach unveränderlicher Längsbelastung betrachten, dessen Biegesteifigkeit jetzt aber nicht mehr konstant ist, sondern den in Abb. 93 angegebenen Verlauf hat. Die Ermittlung von p_K möge wieder nach einem RAYLEIGHschen Ansatz erfolgen, so daß wir von Gl. (11) ausgehen müssen. In dimensionsloser Schreibweise erhalten wir aus dieser Gleichung mit $\bar{\bar{p}}_0 = \bar{\bar{p}}_K$

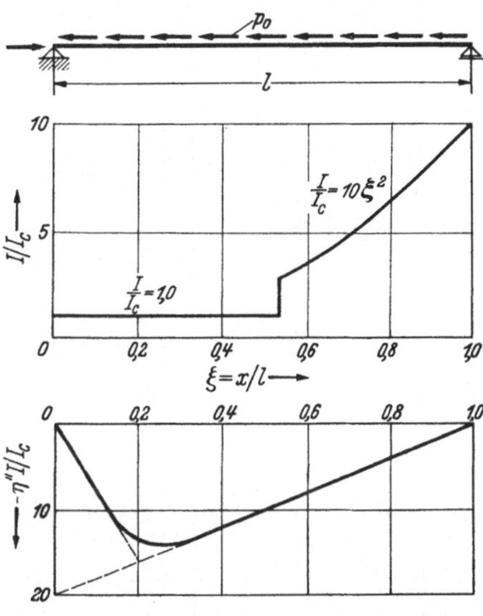

$$\bar{\bar{p}}_K = \frac{E I_c}{l^3} \frac{\displaystyle\int_0^1 \frac{I}{I_c} \eta''^2 d\xi}{\displaystyle\int_0^1 (1-\xi)\eta'^2 d\xi}, \qquad (73)$$

wobei also wie oben $\xi = \dfrac{x}{l}$ ist, Striche Ableitungen nach ξ bedeuten und η das Verhältnis der geschätzten Durchbiegung zur Stablänge ist. Die Bedeutung von I_c geht aus Abb. 93 hervor.

Die Biegesteifigkeit weicht in ihrem Verlauf derart erheblich von einer Konstanten ab, daß nicht anzunehmen ist, daß der einfache Sinusansatz (12) hier ein brauchbares Resultat liefert. Die Biegelinie wird vielmehr stark unsymmetrisch zur Stabmitte ausfallen, wobei in der linken Stabhälfte wegen der dort größeren Längskraft und kleineren Biegesteifigkeit die größeren Durchbiegungen auftreten

Abb. 93. Biegesteifigkeit und geschätztes Biegemoment bei einem Knickstab mit gleichmäßig verteilter Längsbelastung.

werden. Da nun die ganze Rechnung doch numerisch durchgeführt werden soll, liegt es bei der Wahl eines geeigneten Ansatzes nahe, diesen gleich nach anschaulichen Gesichtspunkten graphisch in Form einer Kurve zu wählen. Dabei ist es dann völlig überflüssig, auf eine einfache analytische Darstellung des Ansatzes Rücksicht zu nehmen, und die Erfassung der erwähnten Unsymmetrie erschwert die Untersuchung in keiner Weise. Wenn wir von dieser Möglichkeit Gebrauch machen wollen, ist allerdings noch folgendes zu beachten: Nach (73) werden η' und η'' gebraucht. Beide Funktionen dürfen selbstverständlich nicht unabhängig voneinander geschätzt werden, sondern müssen zueinander passen insofern, als η'' auch wirklich die Ableitung von η' sein muß. Außerdem muß das zugehörige η den künstlichen Randbedingungen verschwindender Durchbiegung an den Stabenden genügen. Um das zu erreichen, haben wir die beiden Möglichkeiten, entweder η zu schätzen und zweimal numerisch zu differenzieren oder umgekehrt η'' zu schätzen und numerisch zu integrieren. Wesentlich ist nun, daß nur die zweite Möglichkeit in Betracht kommt, *d. h. numerisches Differenzieren muß auf jeden Fall vermieden werden.* Der Grund hierfür ist in der größeren Fehlerempfindlichkeit des Differenzierens zu suchen, die anschaulich sofort klar wird, wenn wir uns vorstellen, wie schwierig es ist, mit einiger Genauigkeit die Tangente an eine Kurve zu legen oder gar den Krümmungskreis festzustellen. Umgekehrt ist es einleuchtend, daß eine Integration stets glättend und fehlerausgleichend wirkt.

Wir müssen also η'' oder das Biegemoment $-E I \eta''$ schätzen! Das letztere ist stets wesentlich zweckmäßiger als das erstere, da bei sprungweise veränderlichem Trägheitsmoment η'' einen unstetigen, das Biegemoment aber einen stetigen und anschaulich leichter zu schätzenden Verlauf hat. Gewählt sei die in Abb. 93 dargestellte Gestalt der Momentenlinie, die aus einem Dreieck besteht, dessen Spitze nach Augenmaß abgerundet ist. Die in der Tabelle benötigten Ordinaten

Tabelle 3. *Numerische Berechnung der Knickkraft des Stabes von Abb. 93 mit gleichmäßig verteilter Belastung und veränderlicher Biegesteifigkeit nach dem Rayleighschen Verfahren*

ξ	$-\dfrac{I}{I_c}\eta''$	$\dfrac{I}{I_c}$	η''	$\displaystyle\int_0^\xi \eta''\,d\xi$	η'	η'^2	$1-\xi$	$(1-\xi)\eta'^2$	$\dfrac{I}{I_c}\eta''^2$
①	②	③	④ $= -$②$/$③	⑤ $= \int$④	⑥ $=$ ⑤ $- 2S_5\dfrac{1}{4}\cdot10^{-1}$	⑦ $=$ ⑥^2	⑧ $= 1 -$ ①	⑨ $=$ ⑦ $\cdot$ ⑧	⑩ $= -$② $\cdot$ ④
—	—	—	—	$\dfrac{1}{4}\cdot10^{-1}$	$\dfrac{1}{4}\cdot10^{-1}$	$\dfrac{1}{16}\cdot10^{-2}$	—	$\dfrac{1}{16}\cdot10^{-2}$	—
0	0	1,000	0	0	164,38	27021	1,00	27021	0
0,05	4	1,000	− 4,000	− 4,00	160,38	25722	0,95	24436	16,00
10	8	1,000	− 8,000	− 16,00	148,38	22017	0,90	19815	64,00
15	11,5	1,000	−11,500	− 35,50	128,88	16610	0,85	14119	132,25
20	13,5	1,000	−13,500	− 60,50	103,88	10791	0,80	8633	182,25
25	14	1,000	−14,000	− 88,00	76,38	5834	0,75	4376	196,00
30	14	1,000	−14,000	−116,00	48,38	2341	0,70	1639	196,00
35	13	1,000	−13,000	−143,00	+ 21,38	457	0,65	297	169,00
40	12	1,000	−12,000	−168,00	− 3,62	13	0,60	8	144,00
45	11	1,000	−11,000	−191,00	− 26,62	709	0,55	390	121,00
0,50	10	1,000	−10,000	−212,00	− 47,62	2268	0,50	1134	100,00
55	9	3,025	− 2,975	−224,98	− 60,60	3672	0,45	1652	26,78
60	8	3,600	− 2,222	−230,17	− 65,79	4328	0,40	1731	17,78
65	7	4,225	− 1,657	−234,05	− 69,67	4854	0,35	1699	11,60
70	6	4,900	− 1,224	−236,93	− 72,55	5264	0,30	1579	7,34
75	5	5,625	− 0,889	−239,05	− 74,67	5576	0,25	1394	4,45
80	4	6,400	− 0,625	−240,56	− 76,18	5803	0,20	1161	2,50
85	3	7,225	− 0,415	−241,60	− 77,22	5963	0,15	894	1,25
90	2	8,100	− 0,247	−242,26	− 77,88	6065	0,10	607	0,49
95	1	9,025	− 0,110	−242,62	− 78,24	6121	0,05	306	0,11
1,00	0	10,000	0	−242,73	− 78,35	6139	0	0	0

$$2S_5 = -\,6575,17 \cdot \frac{1}{4}\cdot10^{-1} = -\,164,38 \qquad 2S_9 = 198761 \cdot \frac{1}{16}\cdot10^{-2} \qquad 2S_{10} = 2785,60$$

$$\text{Berechnung von:}\quad \widetilde{\widetilde{p}}_K = \frac{EI_c}{l^3}\,\frac{\displaystyle\int_0^1 \frac{I}{I_c}\eta''^2\,d\xi}{\displaystyle\int_0^1 (1-\xi)\eta'^2\,d\xi} = \frac{EI_c}{l^3}\frac{2S_{10}}{2S_9} = \frac{EI_c}{l^3}\cdot\frac{16\cdot 2785,60}{1987,61} = 22,42\,\frac{EI_c}{l^3}$$

dieses Biegemomentes lassen sich besonders leicht anschreiben. Zu besprechen ist nur noch, wie die numerische Integration zur Ermittlung von η' und η durchgeführt werden kann, bei der es sich nicht mehr um ein bestimmtes Integral, sondern um unbestimmte fortlaufende Integration handelt. Wir werden auch hierbei nach der Trapezregel vorgehen und kommen zu der folgenden, ohne weiteres verständlichen Vorschrift, wenn wir das zu berechnende Integral mit $J(\xi)$ bezeichnen:

$$J(\xi) = J_0 + \int\limits_0^\xi f(\xi)\, d\xi = \frac{h}{2}\, \overline{J}(\xi)$$

und $\overline{J}_0 = $ gegebene Integrationskonstante,

$$\overline{J}_1 = \overline{J}_0 + f_0 + f_1,$$

$$\overline{J}_2 = \overline{J}_1 + f_1 + f_2,$$

$$\cdots \cdots \cdots \cdots$$

$$\overline{J}_n = \overline{J}_{n-1} + f_{n-1} + f_n.$$

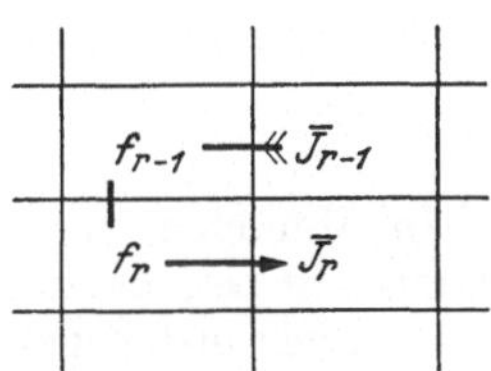

Abb. 94. Schema zur fortlaufenden numerischen Integration nach der Trapezregel.

Die Anwendung dieser Vorschrift gestaltet sich sehr einfach, da man zur Berechnung eines Wertes $\overline{J}$ zu dem vorhergehenden Wert jedesmal nur zwei Zahlen zu addieren hat, wie es das Schema von Abb. 94 zeigt.

Die Auswertung der Formel (73) ist in der Tab. 3 durchgeführt, zu der noch folgendes zu bemerken ist. Zur Erhöhung der Genauigkeit ist die Stablänge in 20 Teile eingeteilt, so daß $h = 0,05$ ist. Im Interesse einer übersichtlichen Schreibweise ist es häufig zweckmäßig, einen für eine Spalte konstanten Faktor, wie z. B. den bei der Integration auftretenden Faktor $\frac{h}{2}$ oder eine geeignete Zehnerpotenz, herauszuziehen. Diese Faktoren sind im Kopf der Tabelle angegeben. Mit ihnen sind also die darunter stehenden Spalten zu multiplizieren, um die richtigen Werte zu erhalten. In den Spalten 5 und 6 der Tabelle ist aus der Kurve η'' die Funktion η' berechnet.

Nennen wir die dabei auftretende Integrationskonstante C, so gilt

$$\eta' = \int\limits_0^\xi \eta''\, d\xi + C.$$

C berechnet sich aus der Bedingung, daß die Durchbiegung

$$\eta = \int\limits_0^\xi \int\limits_0^\xi \eta''\, d\xi\, d\xi + C\xi$$

bei $\xi = 1$ verschwinden muß. Wir bekommen danach

$$C = -\int\limits_0^1 \int\limits_0^\xi \eta''\, d\xi\, d\xi.$$

Es ist also nicht notwendig, die ganze Biegelinie η zu bestimmen. C kann vielmehr durch bestimmte Integration aus Spalte 5 gewonnen werden. Nach Tab. 3 ist

$$\int\limits_0^1 \int\limits_0^\xi \eta''\, d\xi\, d\xi = 2 S_5 \frac{h}{2} = 2 S_5 \frac{1}{4} \cdot 10^{-1},$$

so daß wir $C = -2S_5 \dfrac{1}{4} \cdot 10^{-1}$ und

$$\eta' = \int\limits_0^\xi \eta'' \, d\xi - 2S_5 \frac{1}{4} \cdot 10^{-1}$$

erhalten, wie in Spalte 6 berechnet. Im übrigen dürfte die Tabelle ohne weitere Erläuterungen von sich aus verständlich sein. Wie am Fuß der Tabelle angegeben, ergibt sich die kritische Last zu

$$\bar{\bar{p}}_K = 22{,}42 \, \frac{E I_c}{l^3} \, . \tag{74}$$

In ähnlicher Weise kann man nun auch bei anderen Stabilitätsproblemen häufig sehr bequem zum Ziel gelangen. Man kann dabei die numerische Integration sowohl, wie bisher gezeigt, zur Auswertung der Ritzschen Formeln benutzen, als selbstverständlich auch auf die Galerkinschen Formeln anwenden. Die gesamte Rechnung, die für Benutzung gewöhnlicher Rechenmaschinen erläutert wurde, ist ohne weiteres auch programmierbar.

D. Methode der schrittweisen Näherung

1. Erläuterung am gewöhnlichen Knickstab

Will man sich zur angenäherten Lösung eines Problems nicht mehr mit dem eingliederigen Rayleighschen Ansatz begnügen, so kann man, wie wir es oben kennengelernt haben, die Genauigkeit durch Verwendung eines mehrgliedrigen Ansatzes steigern. Es gibt aber hierzu auch noch ein anderes Mittel, das besonders bei eindimensionalen Problemen erfolgreich ist und dann mit Vorteil angewendet wird, wenn man sich sowieso zu einer numerischen Integration entschlossen hat. Es ist dies das *Verfahren der schrittweisen Näherung*.

Zu seiner Erläuterung wollen wir zunächst den gewöhnlichen beiderseits gelenkig gelagerten Knickstab konstanter Biegesteifigkeit mit der Differentialgleichung

$$E I \bar{w}'' + P_0 \bar{w} = 0$$

betrachten, deren exakte Lösung uns schon bekannt ist. Wir können diese Differentialgleichung auch als Integralgleichung in der Form

$$\bar{w} = -P_0 \left(\int\limits_0^x \int\limits_0^x \frac{\bar{w}}{E I} \, dx \, dx + C x \right) \tag{75}$$

schreiben, wobei die zweite Integrationskonstante wegen der Randbedingungen zu Null wird. Die in Frage stehende Methode besteht nun einfach darin, daß man auf der rechten Seite von (75) für $\bar{w}$ eine geschätzte Biegelinie einsetzt, durch Doppelintegration eine neue Funktion $\bar{w}$ berechnet, diese wiederum auf der rechten Seite einführt und das Verfahren so lange fortsetzt, bis die eingesetzte und die durch Integration gewonnene „iterierte" Biegelinie hinreichend genau übereinstimmen. Daß diese Übereinstimmung im allgemeinen auch wirklich eintritt, daß also das Verfahren konvergiert, wollen wir uns weiter unten noch genauer überlegen. Die Konvergenz ist aber immerhin schon rein anschaulich zu vermuten, da eine Integration glättend und ausgleichend wirkt, wie wir bereits festgestellt hatten.

Bezeichnen wir die erste Schätzung der Biegelinie mit $\eta_{(0)}$, die daraus durch Iteration gewonnenen Biegelinien der Reihe nach mit

$$\eta_{(1)},\ \eta_{(2)},\ \ldots,\ \eta_{(n-1)},\ \eta_{(n)},$$

so können wir nach (75) die Iterationsvorschrift zur Bestimmung von $\eta_{(n)}$ aus $\eta_{(n-1)}$ durch die Gleichung

$$\eta_{(n)} = -\,P_0 \left(\int\limits_0^x \int\limits_0^x \frac{\eta_{(n-1)}}{E I}\, dx\, dx + C x \right) \tag{76}$$

zum Ausdruck bringen. Ist die Näherung so weit getrieben, daß sich $\eta_{(n)}$ und $\eta_{(n-1)}$ hinreichend wenig voneinander unterscheiden, daß also in (76) auf der linken Seite $\eta_{(n)} \approx \eta_{(n-1)}$ gesetzt werden kann, so bekommen wir nach (76) für den Eigenwert die zweckmäßig mit $\tilde{\tilde{P}}_0$ zu bezeichnende Näherung

$$\tilde{\tilde{P}}_0 = -\, \frac{\eta_{(n-1)}}{\displaystyle\int\limits_0^x \int\limits_0^x \frac{\eta_{(n-1)}}{E I}\, dx dx + C x} = \frac{\eta_{(n-1)}}{\dfrac{1}{P_0}\,\eta_{(n)}}\ . \tag{77}$$

Von der Brauchbarkeit der Methode wollen wir uns nun dadurch überzeugen, daß wir die kritische Last $P_K = \dfrac{\pi^2 E I}{l^2}$ schrittweise annähern. Als Ausgangsfunktion wollen wir einen konstanten Wert nehmen und

$$\eta_{(0)} = \mathrm{const} = a_{(0)} \tag{78a}$$

setzen. Wir haben damit zweifellos einen sehr schlechten Ansatz gewählt, der infolgedessen als Prüfstein für die Methode besonders geeignet sein muß. Aus (76) erhalten wir damit

$$\eta_{(1)} = -\,P_K \left(\frac{a_{(0)}}{E I}\, \frac{x^2}{2} + C x \right).$$

Für $x = l$ muß $\eta_{(1)} = 0$ sein, so daß

$$C = -\,\frac{a_{(0)}}{E I}\, \frac{l}{2}$$

und

$$\eta_{(1)} = a_{(0)}\, \frac{P_K}{E I}\, \frac{x}{2}\, (l - x) \tag{78b}$$

wird. Setzen wir (78a, b) in (77) ein, so erhalten wir für die Knicklast als erste Näherung, die wir mit $\tilde{\tilde{P}}_{K_{(1)}}$ bezeichnen wollen,

$$\tilde{\tilde{P}}_{K_{(1)}} = \frac{2 E I}{x(l - x)}\ .$$

Das ist nun aber noch nicht, wie es sein müßte, ein fester Wert, sondern eine Funktion von x. Wir bekommen die verschiedensten Knicklasten, je nachdem, welchen Wert von x wir einsetzen. Die kleinste Last erhalten wir für $x = \dfrac{l}{2}$ mit $\tilde{\tilde{P}}_{K_{(1)}} = 8\,\dfrac{E I}{l^2}$, die größte für $x = 0$ und $x = l$ mit $\tilde{\tilde{P}}_{K_{(1)}} = \infty$. Mit diesem Ergebnis läßt sich also noch nicht viel anfangen, so daß ein weiterer Iterationsschritt notwendig wird.

14*

Mit (78 b) wird aus (76), wenn wir zur Abkürzung $a_{(1)} = \dfrac{a_{(0)}}{2}\dfrac{P_K}{EI}$ setzen und die Integrationskonstante den Randbedingungen anpassen,

$$\eta_{(2)} = a_{(1)}\,\frac{P_K}{12\,EI}\,(x\,l^3 - 2x^3 l + x^4). \tag{78c}$$

Aus (77) erhalten wir damit

$$\widetilde{\widetilde{P}}_{K_{(2)}} = \frac{12\,EI\,(l - x)}{l^3 - 2x^2 l + x^3}\,.$$

Den kleinsten Wert nimmt $\widetilde{\widetilde{P}}_{K_{(2)}}$ wieder bei $x = \dfrac{l}{2}$ mit $\widetilde{\widetilde{P}}_{K_{(2)}} = 9{,}6\,\dfrac{EI}{l^2}$ an; der größte Wert tritt ebenfalls wieder bei $x = 0$ auf und ist $\widetilde{\widetilde{P}}_{K_{(2)}} = 12\,\dfrac{EI}{l^2}$.

Zusammenfassend ergibt sich also folgendes Bild:

$$1.\ \text{Näherung:}\qquad 8\,\frac{EI}{l^2} \leqq \widetilde{\widetilde{P}}_K \leqq \infty,$$

$$2.\ \text{Näherung:}\qquad 9{,}6\,\frac{EI}{l^2} \leqq \widetilde{\widetilde{P}}_K \leqq 12\,\frac{EI}{l^2}.$$

In dem letztgenannten Ergebnis der zweiten Näherung haben wir bereits brauchbare Schranken für $\widetilde{\widetilde{P}}_K$ bekommen[1]. Gegenüber dem wahren Wert $P_K = \dfrac{\pi^2 EI}{l^2} = 9{,}870\,\dfrac{EI}{l^2}$ hat die untere Schranke einen Fehler von -3%, die obere einen Fehler von 22%. Durch Fortsetzung der Methode könnten wir beliebig enge Schranken erhalten.

Wesentlich ist jedoch, daß es nicht notwendig ist, die Näherung so weit zu treiben, bis sich die Schranken hinreichend wenig voneinander unterscheiden. Man kann durchaus schon früher mit der Iteration aufhören, wenn man von den nach (77) veränderlichen Werten $\widetilde{\widetilde{P}}_K$ durch geeignete Mittelbildung einen mittleren Wert auswählt. Diese Mittelbildung kann auf verschiedene Weise erfolgen. Man kann z. B. einfach das arithmetische Mittel aller $\widetilde{\widetilde{P}}_K$-Werte nehmen. Da jedoch z. B. bei der obigen ersten Näherung unter den $\widetilde{\widetilde{P}}_K$-Werten auch Unendlich vorkommt, ist diese Mittelbildung nicht besonders zweckmäßig. Erheblich besser ist es schon, wenn wir in (77) Zähler und Nenner quadrieren und beide für sich über die Stablänge integrieren. Bei weitem am zweckmäßigsten ist es jedoch, wenn wir auf die durch Iteration gewonnene Biegelinie das RAYLEIGHsche Verfahren anwenden und $\widetilde{\widetilde{P}}_K$ nach der Formel

$$\widetilde{\widetilde{P}}_K = \frac{\displaystyle\int_0^l EI\,\eta''^2\,dx}{\displaystyle\int_0^l \eta'^2\,dx} \tag{79}$$

berechnen [vgl. (69)]. Wir haben damit die Formänderungsarbeit als Maßstab für die Mittelbildung benutzt und der ganzen Methode einen mechanischen Sinn ge-

---

[1] Damit ist natürlich noch nicht gesagt, daß zwischen diesen Schranken auch der wahre Wert P_K liegen muß. Im vorliegenden Fall trifft das zwar zu, es ist aber keineswegs immer der Fall. Näheres darüber, wann ein entsprechender „Einschließungssatz" gilt, siehe L. COLLATZ: Eigenwertaufgaben mit technischen Anwendungen, 2. Aufl., Leipzig 1963, S. 131.

geben. Abgesehen davon, daß wir auf diese Weise an die oben schon besprochenen Energieverfahren, von deren Brauchbarkeit wir uns bereits überzeugt haben, anknüpfen können, zeigt sich aber auch, daß diese Art der Mittelbildung im allgemeinen das beste Ergebnis liefert. Wir kommen also zu einer *Kombination der Methode der schrittweisen Näherung mit dem Rayleighschen Verfahren.*

Berechnen wir z. B. für die erste Näherung $\eta_{(1)}$ nach (79) den RAYLEIGHschen Wert, so erhalten wir mit (78 b)

$$\bar{\bar{P}}_K = \frac{E I l}{\int\limits_0^l \left(\frac{l}{2} - x\right)^2 dx} = 12\,\frac{E I}{l^2}$$

mit einem Fehler von 22%. Im Vergleich mit den nach (77) mit $\eta_{(1)}$ und $\eta_{(0)}$ berechneten, noch unbrauchbaren Schranken ist dieses Ergebnis schon recht gut. Ermitteln wir auf dieselbe Weise den RAYLEIGHschen Quotienten für $\eta_{(2)}$, so bekommen wir $\bar{\bar{P}}_K = 9,882\,\frac{E I}{l^2}$ mit einem Fehler von nur 0,1%. Die Durchführung eines weiteren Iterationsschrittes ist damit überflüssig geworden. Wir sehen also, daß selbst bei Verwendung der sehr schlechten Ausgangsschätzung $\eta_{(0)} = \text{const}$ zwei Iterationsschritte zur Erzielung völlig ausreichender Genauigkeit genügen. Schätzt man die Ausgangsfunktion so, daß sie die Randbedingungen befriedigt, so genügt in sehr vielen Fällen schon ein Iterationsschritt.

2. Knickstab mit gleichmäßig verteilter Längsbelastung und veränderlicher Biegesteifigkeit

Die bei der Methode der schrittweisen Näherung erforderlichen Integrationen pflegt man nun im allgemeinen nicht, wie soeben zu einer möglichst übersichtlichen Darstellung der Methode gezeigt wurde, in analytischer Form, sondern numerisch (gelegentlich auch graphisch[1]) durchzuführen. Als Beispiel für die numerische Integration sei der bereits in Kapitel C dieses Abschnitts behandelte Knickstab nach Abb. 93 mit gleichmäßig verteilter Längsbelastung und veränderlicher Biegesteifigkeit betrachtet. Wir hatten dort lediglich mit einer geschätzten Biegelinie den RAYLEIGHschen Näherungswert berechnet. Zu einer Verbesserung bzw. Nachprüfung der Genauigkeit des Ergebnisses sei nun die Methode der schrittweisen Näherung benutzt. Wir waren von einer Schätzung des Biegemomentes ausgegangen, wobei wir für $-\frac{I}{I_c}\,\eta''$ den in Abb. 93 dargestellten Verlauf gewählt hatten. Bezeichnen wir diese Schätzung im folgenden wieder durch den Index (0), so kommt es also jetzt darauf an, aus $-\frac{I}{I_c}\,\eta''_{(0)}$ eine verbesserte Funktion $-\frac{I}{I_c}\,\eta''_{(1)}$ zu gewinnen. Wir gehen dazu von der Differentialgleichung (5) aus, die bei veränderlicher Biegesteifigkeit die Gestalt

$$(E I \overline{w}'')'' + p_0[(l - x)\overline{w}']' = 0$$

annimmt. Nach zweimaliger Integration wird daraus

$$-E I \overline{w}'' = p_0\left\{\int\limits_0^x\int\limits_0^x [(l - x)\overline{w}']'\,dx\,dx + C x\right\}, \tag{80}$$

---

[1] Bei graphischer Integration und Verzicht auf die Mittelbildung nach dem RITZschen Verfahren pflegt man die Methode der schrittweisen Näherung bei Knickaufgaben auch als *Vianello-Verfahren* zu bezeichnen. Nach L. VIANELLO: Z. VDI 42 (1898) 1436.

womit die Iterationsvorschrift gegeben ist, die darin besteht, daß auf der rechten Seite von (80) die geschätzte Funktion einzusetzen und durch Doppelintegration das verbesserte Biegemoment zu berechnen ist.

Setzen wir zur Abkürzung $\lambda = \dfrac{p_0 l^3}{E I_c}$, benutzen die schon oben verwendete dimensionslose Schreibweise und führen die Bezeichnungen $\eta_{(0)}$ und $\eta_{(1)}$ ein, so erhalten wir aus (80) die Beziehung

$$- \frac{I}{I_c}\eta''_{(1)} = \lambda \left\{ \int\limits_0^\xi \int\limits_0^\xi [(1 - \xi)\,\eta''_{(0)} - \eta'_{(0)}]\,d\xi\,d\xi + C\xi \right\}, \tag{81}$$

die der numerischen Rechnung zugrunde zu legen ist. Wir können danach die Funktion $- \dfrac{I}{I_c}\eta''_{(1)}$ bis auf den unbekannten Eigenwert λ berechnen. Auf einen derartigen konstanten Faktor kommt es bei der Biegelinie nicht an, so daß wir bei der Iteration $\lambda = 1$ setzen könnten. Hat man jedoch für die geschätzte

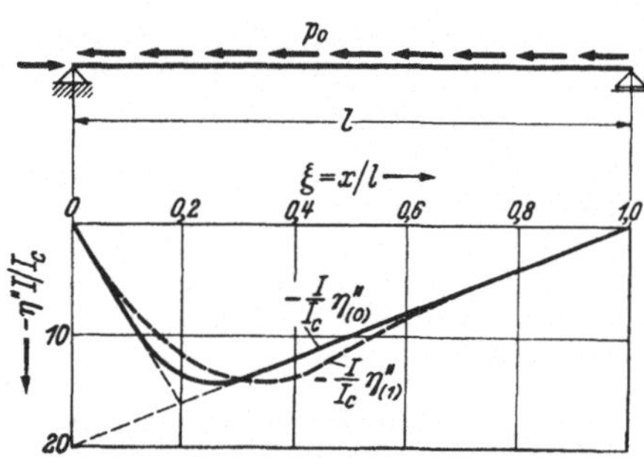

Abb. 95. Verlauf des Biegemomentes nach Schätzung und nach Durchführung eines Iterationsschrittes bei einem Knickstab mit gleichmäßig verteilter Längsbelastung und veränderlicher Biegesteifigkeit.

Funktion $\eta_{(0)}$ schon einmal den RAYLEIGHschen Quotienten berechnet, so ist es zweckmäßig, in (81) für λ den schon bekannten Näherungswert einzuführen, den wir $\widetilde{\lambda}_{(0)}$ nennen wollen. Man erreicht auf diese Weise eine Normierung der iterierten Funktion $\eta_{(1)}$, die es erlaubt, $\eta_{(0)}$ und $\eta_{(1)}$ bzw. $- \dfrac{I}{I_c}\eta''_{(0)}$ und $- \dfrac{I}{I_c}\eta''_{(1)}$ bequem miteinander zu vergleichen, und die bei einer Wiederholung des RAYLEIGHschen Verfahrens mit $\eta_{(1)}$ und bei Weiterführung der schrittweisen Näherung den Vorteil bietet, daß man Zahlen derselben Größenordnung wie bei der Rechnung mit $\eta_{(0)}$ bekommt, wodurch Rechenfehler vermieden werden. Wir wollen also bei der Iteration die Gleichung

$$- \frac{I}{I_c}\,\eta''_{(1)}\,\frac{\widetilde{\widetilde{\lambda}}_{(0)}}{\lambda} = \widetilde{\widetilde{\lambda}}_{(0)} \left\{ \int\limits_0^\xi \int\limits_0^\xi [(1 - \xi)\,\eta''_{(0)} - \eta'_{(0)}]\,d\xi\,d\xi + C\xi \right\} \tag{82}$$

benutzen, deren Ausrechnung in Tab. 4 gezeigt wird, zu der weitere Erläuterungen nicht erforderlich sind.

Das aus Spalte 11 der Tab. 4 hervorgehende Ergebnis ist in Abb. 95 zusammen mit der geschätzten Funktion dargestellt. Die Abweichungen sind nicht groß, die Schätzung war also schon recht gut. Den Eigenwert λ können wir aus (81) erhalten, wenn wir dort $- \dfrac{I}{I_c}\eta''_{(1)} \approx - \dfrac{I}{I_c}\eta''_{(0)}$ setzen, und bekommen dann

$$\widetilde{\widetilde{\lambda}}_{(1)} = \frac{\widetilde{\widetilde{p}}_{K(1)}\,l^3}{E I_c} = \frac{- \dfrac{I}{I_c}\eta''_{(0)}}{\displaystyle\int\limits_0^\xi \int\limits_0^\xi [(1 - \xi)\,\eta''_{(0)} - \eta'_{(0)}]\,d\xi\,d\xi + C\xi} = \frac{- \dfrac{I}{I_c}\eta''_{(0)}}{\dfrac{1}{\lambda}\left(- \dfrac{I}{I_c}\eta''_{(1)}\right)}$$

als Quotienten der Spalte 2 von Tab. 3 und der Spalte 10 der Tab. 4. Es wird

$$19{,}5 \leqq \widetilde{\widetilde{\lambda}}_{(1)} \leqq 28{,}3\,.$$

Tabelle 4. *Iterationsschritt zur Berechnung der Knickkraft des Stabes von Abb. 93 mit gleichmäßig verteilter Belastung und veränderlicher Biegesteifigkeit*

ξ	$1-\xi$	$\eta''_{(0)}$	$(1-\xi)\eta''_{(0)}$	$\eta'_{(0)}$	$f(\xi)$	$\int\limits_0^\xi f(\xi)\,d\xi$	$\int\limits_0^\xi\!\int\limits_0^\xi f(\xi)\,d\xi\,d\xi$	$C\xi$	$-\dfrac{I}{I_c}\eta''_{(1)}\dfrac{1}{\lambda}$	$-\dfrac{I}{I_c}\eta''_{(1)}\dfrac{\widetilde{\widetilde{\lambda}}_{(0)}}{\lambda}$
①	②$=1-$①	③	④$=$②$\cdot$③	⑤	⑥$=$④$-$⑤	⑦$=\int$⑥	⑧$=\int$⑦	⑨$=C\cdot$①	⑩$=$⑧$+$⑨	⑪
—	—	—	—	—	—	$\frac{1}{4}\cdot10^{-1}$	$\frac{1}{16}\cdot10^{-2}$	$\frac{1}{16}\cdot10^{-2}$	$\frac{1}{16}\cdot10^{-2}$	—
0	1,00	0	0	4,110	$-$ 4,110	0	0	0	0	0
0,05	0,95	$-$ 4,000	$-$ 3,000	4,010	$-$ 7,810	$-$ 11,92	$-$ 11,9	282,9	271,0	3,798
10	0,90	$-$ 8,000	$-$ 7,200	3,710	$-$10,910	$-$ 30,64	$-$ 54,5	565,8	511,3	7,165
15	0,85	$-$11,500	$-$ 9,775	3,222	$-$12,997	$-$ 54,55	$-$ 139,7	848,6	708,9	9,934
20	0,80	$-$13,500	$-$10,800	2,597	$-$13,397	$-$ 80,94	$-$ 275,2	1131,5	856,3	11,999
25	0,75	$-$14,000	$-$10,500	1,910	$-$12,410	$-$106,75	$-$ 462,9	1414,4	951,5	13,333
30	0,70	$-$14,000	$-$ 9,800	1,210	$-$11,010	$-$130,17	$-$ 699,8	1697,3	997,5	13,978
35	0,65	$-$13,000	$-$ 8,450	$+$0,535	$-$ 8,985	$-$150,16	$-$ 980,1	1980,1	1000,0	14,013
40	0,60	$-$12,000	$-$ 7,200	$-$0,091	$-$ 7,109	$-$166,26	$-$1296,5	2263,0	966,5	13,544
45	0,55	$-$11,000	$-$ 6,050	$-$0,666	$-$ 5,384	$-$178,75	$-$1641,5	2545,9	904,4	12,673
0,50	0,50	$-$10,000	$-$ 5,000	$-$1,191	$-$ 3,809	$-$187,94	$-$2008,2	2828,8	820,6	11,499
55	0,45	$-$ 2,975	$-$ 1,339	$-$1,515	$+$ 0,176	$-$191,58	$-$2387,7	3111,6	723,9	10,144
60	0,40	$-$ 2,222	$-$ 0,889	$-$1,645	0,756	$-$190,64	$-$2770,0	3394,5	624,5	8,751
65	0,35	$-$ 1,657	$-$ 0,580	$-$1,742	1,162	$-$188,73	$-$3149,3	3677,4	528,1	7,400
70	0,30	$-$ 1,224	$-$ 0,367	$-$1,814	1,447	$-$186,12	$-$3524,2	3960,3	436,1	6,111
75	0,25	$-$ 0,889	$-$ 0,222	$-$1,867	1,645	$-$183,03	$-$3893,3	4243,1	349,8	4,902
80	0,20	$-$ 0,625	$-$ 1,250	$-$1,905	0,655	$-$180,73	$-$4257,1	4526,0	268,9	3,768
85	0,15	$-$ 0,415	$-$ 0,623	$-$1,931	1,308	$-$178,76	$-$4616,6	4808,9	192,3	2,695
90	0,10	$-$ 0,247	$-$ 0,025	$-$1,947	1,922	$-$175,53	$-$4970,9	5091,8	120,9	1,694
95	0,05	$-$ 0,110	$-$ 0,006	$-$1,956	1,950	$-$171,66	$-$5318,1	5374,6	56,5	0,792
1,00	0	0	0	$-$1,959	1,959	$-$167,75	$-$5657,5	5657,5	0	0
							$=-C$			

Berechnung von: $\quad -\dfrac{I}{I_c}\eta''_{(1)}\dfrac{\widetilde{\widetilde{\lambda}}_{(0)}}{\lambda}=\widetilde{\widetilde{\lambda}}_{(0)}\left[\int\limits_0^\xi\!\int\limits_0^\xi f(\xi)\,d\xi\,d\xi+C\xi\right];\qquad f(\xi)=(1-\xi)\,\eta''_{(0)}-\eta'_{(0)},\qquad \dfrac{1}{16}\cdot10^{-2}\,\widetilde{\widetilde{\lambda}}_{(0)}=\dfrac{1}{16}\cdot10^{-2}\cdot22{,}42=1{,}4013\cdot10^{-2}$

[nach Gl. (74)]

Spalten ③ und ⑤ sind die Spalten ④ und ⑥ der Tabelle 3.

Die untere Schranke tritt bei $\xi = 0{,}45$, die obere bei $\xi = 0{,}95$ auf. Die sich bei $\xi = 0$ und $\xi = 1{,}0$ in der Form $\frac{0}{0}$ ergebenden Werte sind dabei außer Betracht gelassen. Man erkennt, daß trotz der verhältnismäßig guten Übereinstimmung zwischen geschätztem und iteriertem Biegemoment die Schranken für $\tilde{\tilde{\lambda}}$ noch nicht gut genug sind. Ganz anders verhält es sich jedoch mit dem RAYLEIGHschen Näherungswert, zu dessen Ermittlung wir die Rechnungen der Tab. 3 noch einmal wiederholen müssen. Das Ergebnis dieser Rechnungen, die hier nicht angeführt seien, da sie nichts Neues bieten, ist

$$\tilde{\tilde{p}}_K = 22{,}20 \, \frac{E I_c}{l^3} \, . \tag{83}$$

Der Unterschied gegenüber dem mit $\eta_{(0)}$ berechneten Wert von $22{,}42 \, \frac{E I_c}{l^3}$ nach (74) ist in der Tat so gering, daß sich ein weiterer Iterationsschritt nicht mehr lohnt.

3. Die halbe Iteration

In Tab. 3 haben wir den RAYLEIGHschen Quotienten

$$\tilde{\tilde{\lambda}}_{(0)} = \frac{\displaystyle\int_0^1 \frac{I}{I_c} \, \eta_{(0)}''^2 \, d\xi}{\displaystyle\int_0^1 (1 - \xi) \, \eta_{(0)}'^2 \, d\xi} \tag{84a}$$

berechnet, während die soeben beschriebene Wiederholung dieser Rechnung mit $\eta_{(1)}$ die Auswertung der Formel

$$\tilde{\tilde{\lambda}}_{(1)} = \frac{\displaystyle\int_0^1 \frac{I}{I_c} \, \eta_{(1)}''^2 \, d\xi}{\displaystyle\int_0^1 (1 - \xi) \, \eta_{(1)}'^2 \, d\xi} \tag{84b}$$

darstellt, wobei $\eta_{(1)}''$ und $\eta_{(1)}'$ durch Iteration gewonnen sind. Tab. 4 zeigt allerdings nur die Ermittlung von $\eta_{(1)}''$ bzw. von $-\frac{I}{I_c} \, \eta_{(1)}'' \, \frac{\tilde{\tilde{\lambda}}_{(0)}}{\lambda}$; der ganze Iterationsschritt ist also eigentlich erst mit der oben im einzelnen nicht angegebenen Berechnung von $\eta_{(1)}'$ abgeschlossen, die nach dem Muster der ersten 6 Spalten der Tab. 3 durchzuführen ist. Es liegt nun zweifellos nahe, diese letztere Rechnung zu sparen und ein Mittelding der Formeln (84a) und (84b) zu benutzen, indem man nur $\eta_{(0)}''$ durch Iteration verbessert, für $\eta_{(0)}'$ aber die geschätzte Funktion beibehält. Bezeichnen wir den sich dabei ergebenden Eigenwert mit $\tilde{\tilde{\lambda}}_{(0,1)}$, so bekommen wir

$$\tilde{\tilde{\lambda}}_{(0,1)} = \frac{\displaystyle\int_0^1 \frac{I}{I_c} \, \eta_{(1)}''^2 \, d\xi}{\displaystyle\int_0^1 (1 - \xi) \, \eta_{(0)}'^2 \, d\xi} \, . \tag{85}$$

Dabei ist jedoch noch folgendes zu beachten.

Aus Spalte 10 bzw. 11 von Tab. 4 erhalten wir das $\dfrac{1}{EI_c}$-fache Biegemoment $-\dfrac{I}{I_c}\,\eta''_{(1)}$, nicht selbst, sondern mit dem unbekannten Wert $\dfrac{1}{\lambda}$ multipliziert. Rechnen wir damit weiter, so multipliziert sich auch $\eta'_{(1)}$ mit demselben Faktor, der dann bei Benutzung von (84b) wieder herausfällt. Anders ist es jedoch bei Verwendung von (85). Die Größe λ tritt dann nicht mehr im Nenner, sondern nur im Zähler auf, der die Form

$$\int\limits_0^1 \frac{I}{I_c}\,\eta''^2_{(1)}\,d\xi = \lambda^2 \int\limits_0^1 \frac{I}{I_c}\left(\frac{\eta''_{(1)}}{\lambda}\right)^2 d\xi$$

annimmt, wobei also der Integrand des auf der rechten Seite stehenden Integrals bekannt, der vor dem Integral stehende Faktor λ^2 aber unbekannt ist. Ersetzen wir diesen Faktor durch das Quadrat des zu berechnenden Eigenwertes $\widetilde{\widetilde{\lambda}}_{(0,1)}$, so bekommen wir aus (85)

$$\widetilde{\widetilde{\lambda}}_{(0,1)} = \frac{\widetilde{\widetilde{\lambda}}^2_{(0,1)} \displaystyle\int\limits_0^1 \frac{I}{I_c}\left(\frac{\eta''_{(1)}}{\lambda}\right)^2 d\xi}{\displaystyle\int\limits_0^1 (1-\xi)\,\eta'^2_{(0)}\,d\xi}$$

oder

$$\widetilde{\widetilde{\lambda}}_{(0,1)} = \frac{\displaystyle\int\limits_0^1 (1-\xi)\,\eta'^2_{(0)}\,d\xi}{\displaystyle\int\limits_0^1 \frac{I}{I_c}\left(\frac{\eta''_{(1)}}{\lambda}\right)^2 d\xi}\;. \tag{85a}$$

Wir haben damit die Vorschrift für die Kombination des RAYLEIGHschen Verfahrens mit einem sog. *halben Iterationsschritt* gewonnen[1]. In derselben Weise kann man auch einen $1^1/_2$fachen, $2^1/_2$fachen usw. Iterationsschritt benutzen und allgemein

$$\widetilde{\widetilde{\lambda}}_{(n-1,\,n)} = \frac{\displaystyle\int\limits_0^1 (1-\xi)\,\eta'^2_{(n-1)}\,d\xi}{\displaystyle\int\limits_0^1 \frac{I}{I_c}\left(\frac{\eta''_{(n)}}{\lambda}\right)^2 d\xi}$$

setzen.

Bei unserem Beispiel ergibt sich $\widetilde{\widetilde{\lambda}}_{(0,1)} = 22{,}35$, also ein Wert, der verständlicherweise besser als $\widetilde{\widetilde{\lambda}}_{(0)} = 22{,}42$ nach (74), aber schlechter als $\widetilde{\widetilde{\lambda}}_{(1)} = 22{,}20$ nach (83) ist. Dementsprechend ist aber auch die Rechenarbeit etwas größer bzw. kleiner als nach (84a) bzw. (84b). Bei der numerischen Behandlung einer Aufgabe bereitet nun die Organisation der Rechnung, d. h. die Festlegung einer geeigneten Schreibweise der auszuwertenden Formeln, die Anlegung des Tabellenkopfes usw., erfahrungsgemäß die meiste Arbeit. Hat man aber erst einmal mit der Zahlenrechnung begonnen, so kommt es im allgemeinen nicht so sehr darauf an, ob man

---

[1] Man kann natürlich auch daran denken, das allgemeine RITZsche bzw. GALERKINsche Verfahren unter Benutzung eines mehrgliederigen Ansatzes mit der halben Iteration zu kombinieren. Der Ausbau dieses Gedankens führt zu dem besonders für Schwingungsuntersuchungen geeigneten Verfahren von R. GRAMMEL: Ing.-Arch. 10 (1939) 35, das also die obige Vorschrift (85) als Spezialfall enthalten würde.

einige Spalten mehr oder weniger rechnet. Dies gilt besonders bei Benutzung elektronischer Rechenautomaten. Wir kommen also zu dem Schluß, daß in diesen Fällen die Abstufungsmöglichkeit in der aufzuwendenden Rechenarbeit und damit die halbe Iteration nicht allzu wichtig ist und man praktisch auch ohne sie auskommt.

Es gibt jedoch auch Aufgaben, bei denen man tatsächlich ohne zusätzliche Rechenarbeit bei Benutzung der halben Iteration das Resultat merklich verbessern kann, so daß eine Nichtausnutzung dieser Möglichkeit ungeschickt wäre. Dieses ist z. B. bei dem besonders wichtigen Problem des gewöhnlichen beiderseits gelenkig gelagerten Knickstabes mit veränderlicher Biegesteifigkeit unter Umständen der Fall. Betrachten wir nach Abb. 96 einen Stab mit sprungweise veränderlichem Trägheitsmoment, so gilt die Differentialgleichung

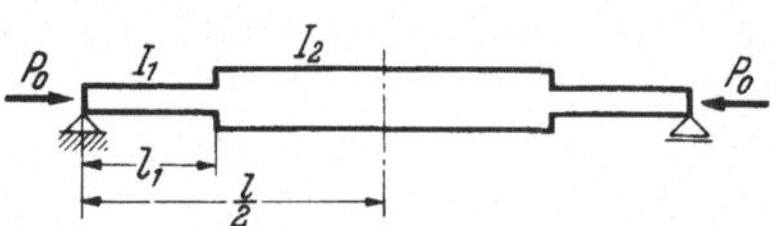

$$EI\,\overline{w}'' + P_0\overline{w} = 0$$

mit dem Variationsproblem

$$\delta \int_0^l (EI\,\overline{w}''^2 - P_0\overline{w}'^2)\, dx = 0.$$

Abb. 96. Knickstab mit sprungweise veränderlichem Trägheitsmoment.

Benutzen wir einen RAYLEIGHschen Ansatz $\overline{w} \approx a\,\eta_{(0)}$, so erhalten wir für die kritische Last die Näherung

$$\overline{\overline{P}}_{K(0)} = \frac{\int_0^l EI\,\eta_{(0)}''^2\, dx}{\int_0^l \eta_{(0)}'^2\, dx} . \tag{86}$$

Die halbe Iteration besteht nach der obigen Differentialgleichung in der Berechnung von

$$\eta_{(1)}'' = - P_K \frac{\eta_{(0)}}{EI} .$$

Führen wir den so gewonnenen Wert für $\eta_{(1)}''$ in (86) statt $\eta_{(0)}''$ ein und ersetzen P_K und $\overline{\overline{P}}_{K(0)}$ durch $\overline{\overline{P}}_{K(0,1)}$, so bekommen wir

$$\overline{\overline{P}}_{K(0,1)} = \frac{\int_0^l \eta_{(0)}'^2\, dx}{\int_0^l \frac{\eta_{(0)}^2}{EI}\, dx} . \tag{87}$$

Bei numerischer Behandlung der Aufgabe können wir bei Benutzung von (87) gegenüber einer vollen Iteration die Ermittlung von $\eta_{(1)}'$ aus $\eta_{(1)}''$, also eine Integration sparen, was nicht besonders wesentlich ist, wie oben bereits bemerkt wurde. Anders verhält es sich jedoch, wenn wir die Absicht haben, die Rechnung nicht von vornherein nur für ein bestimmtes l_1 und ein bestimmtes Verhältnis $\dfrac{I_1}{I_2}$ durchzuführen, sondern eine für beliebige l_1 und $\dfrac{I_1}{I_2}$ allgemeingültige zu Überschlagsrechnungen geeignete Näherungsformel aufzustellen. Die numerische Rechnung verbietet sich dann, und wir müssen etwa folgendermaßen vorgehen. Wir benutzen den einfachen Sinusansatz $\eta_{(0)} = a \sin \frac{\pi}{l} x$ und erhalten damit

$$\int\limits_0^l \eta'^2_{(0)}\, dx = \frac{a^2\pi^2}{l^2} \int\limits_0^l \cos^2 \frac{\pi}{l} x\, dx = \frac{a^2\pi^2}{2l}\,.$$

Von (86) bleibt dann noch übrig

$$\tilde{\tilde{P}}_{K(0)} = \frac{2\pi^2}{l^3} \int\limits_0^l E I \sin^2 \frac{\pi}{l} x\, dx, \tag{88}$$

während aus (87)

$$\tilde{\tilde{P}}_{K(0,1)} = \frac{\pi^2}{2l} \frac{1}{\displaystyle\int\limits_0^l \frac{1}{EI} \sin^2 \frac{\pi}{l} x\, dx} \tag{89}$$

wird. Die Auswertung der beiden Integrale erfordert in der Tat bei der gewählten abschnittsweise konstanten Biegesteifigkeit genau dieselbe Rechenarbeit. Wir bekommen

$$\int\limits_0^l E I \sin^2 \frac{\pi}{l} x\, dx = 2 E I_1 \int\limits_0^{l_1} \sin^2 \frac{\pi}{l} x\, dx + 2 E I_2 \int\limits_{l_1}^{\frac{l}{2}} \sin^2 \frac{\pi}{l} x\, dx$$

$$= 2\,\frac{l}{\pi}\, E I_2 \left[\frac{I_1}{I_2}\left(-\frac{1}{4}\sin 2\pi\,\frac{l_1}{l} + \frac{\pi}{2}\,\frac{l_1}{l} \right) + \right.$$

$$\left. + \frac{\pi}{4} + \frac{1}{4}\sin 2\pi\,\frac{l_1}{l} - \frac{1}{2}\pi\,\frac{l_1}{l} \right]$$

$$= \frac{l}{2}\, E I_2 \left[1 + \left(2\,\frac{l_1}{l} - \frac{1}{\pi}\sin 2\pi\,\frac{l_1}{l} \right)\left(\frac{I_1}{I_2} - 1 \right) \right],$$

$$\int\limits_0^l \frac{1}{EI} \sin^2 \frac{\pi}{l} x\, dx = \frac{l}{2}\,\frac{1}{EI_2} \left[1 + \left(2\,\frac{l_1}{l} - \frac{1}{\pi}\sin 2\pi\,\frac{l_1}{l} \right)\left(\frac{I_2}{I_1} - 1 \right) \right]$$

und damit aus (88) und (89)

$$\tilde{\tilde{P}}_{K(0)} = \frac{\pi^2 E I_2}{l^2} \left[1 + \left(2\,\frac{l_1}{l} - \frac{1}{\pi}\sin 2\pi\,\frac{l_1}{l} \right)\left(\frac{I_1}{I_2} - 1 \right) \right], \tag{88a}$$

$$\tilde{\tilde{P}}_{K(0,1)} = \frac{\pi^2 E I_2}{l^2} \frac{1}{1 + \left(2\,\frac{l_1}{l} - \frac{1}{\pi}\sin 2\pi\,\frac{l_1}{l} \right)\left(\frac{I_2}{I_1} - 1 \right)}\,. \tag{89a}$$

Gl. (89a) liefert nun ganz erheblich bessere Werte als (88a). Wir können dieses leicht durch Vergleich mit der exakten Lösung feststellen, die bei unserem Beispiel ohne Schwierigkeiten gewonnen werden kann. Die Funktion $\bar{w}$ besteht für jeden der beiden durch die Trägheitsmomente I_1 und I_2 gekennzeichneten Stababschnitte aus einem Sinus- und einem Kosinusglied. Die dabei auftretenden Integrationskonstanten bestimmen sich aus den Bedingungen, daß bei $x = 0$ die

Durchbiegung $\overline{w}$ und bei $x = \dfrac{l}{2}$ die Ableitung $\overline{w}'$ zu Null werden müssen, und daß bei $x = l_1$ die Lösungen für die beiden Stababschnitte in Durchbiegung und Ableitung übereinstimmen müssen. Die Knickbedingung ergibt sich dann schließlich in Gestalt der transzendenten Gleichung[1]

$$\frac{\nu_2}{\nu_1} \tan \nu_1 l_1 \cdot \tan \nu_2 \left(\frac{l}{2} - l_1\right) = 1$$

mit

$$\nu_1 = \sqrt{\frac{P_0}{E\,I_1}}, \qquad \nu_2 = \sqrt{\frac{P_0}{E\,I_2}}. \tag{90}$$

In Abb. 97 ist für $\dfrac{I_1}{I_2} = 0{,}25$ die genaue Lösung in Abhängigkeit von $\dfrac{l_1}{l}$ den Näherungswerten von (88) und (89) gegenübergestellt, wobei $P_E = \dfrac{\pi^2 E\,I_2}{l^2}$ gesetzt ist. Der Unterschied in der Güte der beiden Näherungen ist offensichtlich und läßt die Überlegenheit der Formel (89) klar erkennen. Wir kommen damit zu dem Schluß, *daß für alle überschläglichen Berechnungen der kritischen Last beiderseits gelenkig gelagerter Knickstäbe mit veränderlicher Biegesteifigkeit Formel* (89) *anzuwenden ist*, und nicht Formel (88). Genauso liegen übrigens die Verhältnisse bei einem einseitig eingespannten und am anderen Ende freien Stab, weil sich dann auch eine entsprechend einfache Differentialgleichung ergibt.

Allerdings ist darauf hinzuweisen, daß die Vorteile von (89) bei dem gewählten Beispiel besonders kraß in Erscheinung treten und häufig geringer sein werden. Denn wegen des sprungweise veränderlichen Trägheitsmomentes muß auch die in (88) vorkommende zweite Ableitung $\overline{w}''$ sich unstetig ändern, so daß dafür

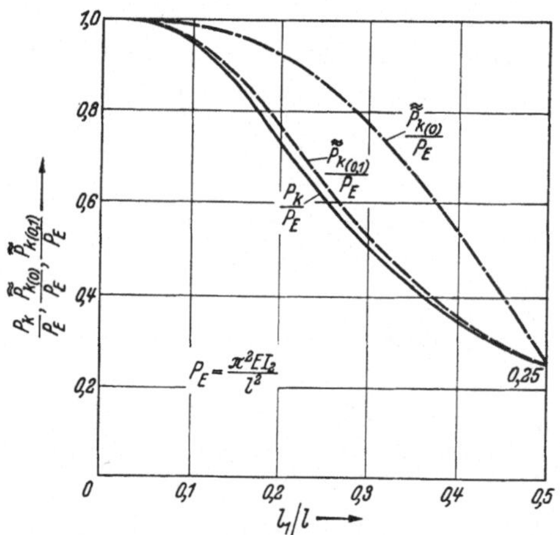

Abb. 97. Vergleich der exakten Lösung mit den Näherungen nach (88) und (89) für den Knickstab mit sprungweise veränderlicher Biegesteifigkeit nach Abb. 96 mit $\dfrac{I_1}{I_2} = 0{,}25$.

der benutzte Sinusansatz eine schlechte Näherung darstellen muß, während andererseits die Durchbiegung $\overline{w}$ in (89) zweifellos besser angenähert wird. Außerdem ist die Rechenarbeit bei Auswertung der beiden Formeln nur infolge des Sinusansatzes genau gleich. Meist wird die zweite Ableitung einer Ansatzfunktion eine einfachere Form als die Funktion selbst haben und dementsprechend auch die größere Genauigkeit von (89) mit größerer Rechenarbeit verknüpft sein.

4. Konvergenz der Methode und Berechnung höherer Eigenwerte

Obgleich die behandelten Beispiele die Brauchbarkeit der Methode der schrittweisen Näherung schon gezeigt haben, ist es doch auch von Wichtigkeit, allgemeinere Untersuchungen über die *Konvergenz* des Verfahrens anzustellen. Unter

---

[1] Vgl. Anhang, Knickfall I, A, b, 2.

anderem ist die Beantwortung folgender Frage von Interesse, die z. B. auch bei der oben durchgeführten Lösung des Knickproblems von Abb. 93 eigentlich noch offen geblieben ist. Wir hatten uns dort die Aufgabe gestellt, die kritische Last des Systems zu ermitteln. Daß sich wirklich dieser kleinste Eigenwert bei der Rechnung ergeben hat, ist zwar im Hinblick auf die Größenordnung des Ergebnisses sehr wahrscheinlich, aber nicht bewiesen. Es wäre an sich durchaus denkbar, daß bei der Iteration die Biegelinie zu einer höheren Eigenfunktion konvergiert wäre, da diese ja auch eine Lösung des Problems darstellt.

Zur Untersuchung der Konvergenz genügt es, wenn wir wieder das Beispiel des gewöhnlichen beiderseits gelenkig gelagerten Knickstabes betrachten, an dem wir in Kapitel D, 1 dieses Abschnitts die schrittweise Näherung zuerst erläutert hatten. Wir wollen also wieder von der Differentialgleichung

$$EI\overline{w}'' + P_0\overline{w} = 0$$

ausgehen, wobei im folgenden die Biegesteifigkeit auch veränderlich sein darf. Die Iterationsvorschrift ergab sich aus Gl. (76), die hier noch einmal wiederholt sei:

$$\eta_{(n)} = -P_0 \left(\int\limits_0^x \int\limits_0^x \frac{\eta_{(n-1)}}{EI} \, dx \, dx + Cx \right). \tag{76}$$

Dabei ist noch nicht darüber verfügt, ob η eine Näherung für die erste oder für irgendeine höhere Eigenfunktion sein soll. Die unter dem Integralzeichen stehende Funktion $\eta_{(n-1)}$ entwickeln wir nun nach den Eigenfunktionen, wie wir es bereits oben in Kapitel A, 6 zur Ableitung der Extremumseigenschaften der Eigenwerte ausführlich besprochen hatten. Wir setzen also

$$\eta_{(n-1)} = c_1\overline{w}_I + c_2\overline{w}_{II} + \cdots + c_R\overline{w}_R + \cdots \tag{91a}$$

und beschränken damit die ganze Betrachtung auf die Fälle, in denen eine derartige Entwicklung möglich ist. Da wir die Koeffizienten c, wie oben gezeigt, unter Benutzung der Orthogonalitätseigenschaften der Eigenfunktionen ermitteln, haben die folgenden Schlüsse insbesondere die Gültigkeit dieser Eigenschaften und folglich wieder die Existenz eines Potentials zur Voraussetzung. Damit ist natürlich noch nicht gesagt, daß die Methode der schrittweisen Näherung bei Problemen ohne Potential unbrauchbar wäre. Sie läßt sich vielmehr auch dort häufig mit Erfolg anwenden.

Mit (91a) wird aus (76), wenn wir die Integrationskonstante in

$$C = C_1 + C_2 + \cdots + C_R + \cdots$$

aufspalten,

$$\eta_{(n)} = -P_0 \left[c_1\left(\int\limits_0^x \int\limits_0^x \frac{\overline{w}_I}{EI} \, dx \, dx + C_1 x \right) + c_2\left(\int\limits_0^x \int\limits_0^x \frac{\overline{w}_{II}}{EI} \, dx \, dx + C_2 x \right) + \cdots + $$

$$+ c_R\left(\int\limits_0^x \int\limits_0^x \frac{\overline{w}_R}{EI} \, dx \, dx + C_R x \right) + \cdots \right].$$

Da nun nach (75) bei entsprechender Berechnung der Integrationskonstanten

$$\int_0^x \int_0^x \frac{\overline{w}_I}{EI}\, dx\, dx + C_1 x = -\frac{\overline{w}_I}{P_I},$$

$$\int_0^x \int_0^x \frac{\overline{w}_{II}}{EI}\, dx\, dx + C_2 x = -\frac{\overline{w}_{II}}{P_{II}},$$

$$\cdot \quad \cdot \quad \cdot \quad \cdot \quad \cdot \quad \cdot \quad \cdot \quad \cdot \quad \cdot \quad \cdot \quad \cdot$$

$$\int_0^x \int_0^x \frac{\overline{w}_R}{EI}\, dx\, dx + C_R x = -\frac{\overline{w}_R}{P_R}$$

$$\cdot \quad \cdot \quad \cdot \quad \cdot \quad \cdot \quad \cdot \quad \cdot \quad \cdot \quad \cdot \quad \cdot \quad \cdot$$

ist, erhalten wir

$$\eta_{(n)} = c_1 \frac{P_0}{P_I} \overline{w}_I + c_2 \frac{P_0}{P_{II}} \overline{w}_{II} + \cdots + c_R \frac{P_0}{P_R} \overline{w}_R + \cdots. \tag{91b}$$

Führen wir in derselben Weise einen weiteren Iterationsschritt mit (91 b) aus, so bekommen wir

$$\eta_{(n+1)} = c_1 \frac{P_0^2}{P_I^2} \overline{w}_I + c_2 \frac{P_0^2}{P_{II}^2} \overline{w}_{II} + \cdots + c_R \frac{P_0^2}{P_R^2} \overline{w}_R + \cdots. \tag{91c}$$

In den Gln. (91) haben wir aber bereits die Beziehungen gefunden, aus denen sich die gesuchten Zusammenhänge ablesen lassen.

Nehmen wir an, daß es sich um die Ermittlung der ersten Eigenfunktion und des ersten Eigenwertes $P_0 = P_I = P_K$ handelt, so stellen in der Entwicklung (91 a) das erste Glied die wahre Lösung, die restlichen Glieder den Fehler dar, den die Näherung η_{n-1} hat. Vergleichen wir damit $\eta_{(n)}$ nach (91 b), so stimmt wegen $P_0 = P_I$ das erste Glied mit dem ersten Glied von (91 a) überein, der Fehler ist aber wesentlich kleiner geworden, da jedes weitere Glied jetzt mit dem Verhältnis zweier Eigenwerte, das kleiner als Eins ist, multipliziert erscheint. Je höher die Ordnung der Eigenfunktion, desto kleiner ist ihr Anteil nach der Iteration. Aus (91 c) folgt schließlich, daß auch bei jedem weiteren Annäherungsschritt z. B. das R-te Glied um den Faktor $\frac{P_0}{P_R}$ kleiner wird, daß also der Fehler stets weiter abnimmt. *Die Methode der schrittweisen Näherung konvergiert also bei Berechnung der ersten Eigenfunktion zur gesuchten Lösung.*

Ganz anders liegen aber die Dinge, wenn wir eine höhere, z. B. die zweite Eigenfunktion ermitteln wollen. In (91 a) stellt dann das zweite Glied die wahre Lösung dar. Bei den folgenden Iterationsschritten wird nun zwar auch das dritte und jedes weitere Glied der Entwicklung immer kleiner, in dieser Hinsicht also der Fehler geringer; das erste Glied wird jedoch in (91 b) mit $\frac{P_{II}}{P_I}$, in (91 c) mit $\frac{P_{II}^2}{P_I^2}$, also mit Werten größer als Eins multipliziert, d. h. der Fehler wird immer größer. Selbst wenn die Ausgangsschätzung für die zweite Eigenfunktion sehr gut ist und c_1 nur ein sehr kleiner Wert ist, so wird doch der Anteil der ersten Eigenfunktion im Laufe der Iteration immer größer, und zum Schluß bekommt man nicht, wie gewünscht, die zweite Eigenfunktion, sondern wieder die Biegelinie der kritischen Last heraus. *Hinsichtlich der höheren Eigenfunktionen konvergiert also die Methode zu einer falschen Lösung.*

Es fragt sich nun natürlich, wie man vorzugehen hat, wenn man doch z. B. die zweite Eigenfunktion berechnen möchte. Die Gln. (91) zeigen, daß man dann dafür sorgen muß, daß stets c_1 exakt gleich Null ist. Das wird nach Kapitel A, 6 dieses Abschnitts erreicht, wenn die Ansatzfunktion zur ersten Eigenfunktion orthogonal ist [vgl. Gl. (42)]. Entsprechend muß bei Berechnung der R-ten Eigenfunktion die bei der Iteration benutzte Biegelinie stets zu allen niedrigeren Eigenfunktionen orthogonal sein, genauso, wie wir es bei Untersuchung der Extremumseigenschaften der höheren Eigenwerte kennengelernt haben. Auch die Frage, wie man praktisch die Orthogonalisierung am besten durchführt, läßt sich nach den oben schon angestellten Überlegungen sofort beantworten. Wir hatten gesehen, daß die sich nach dem Ritzschen Verfahren ergebenden Eigenfunktionen zueinander orthogonal sind. Unter Ausnutzung dieser Eigenschaft können wir danach z. B. bei Ermittlung der zweiten Eigenfunktion folgendermaßen vorgehen[1]. Wir schätzen die erste und zweite Eigenfunktion, bilden daraus einen zweigliederigen Ansatz und wenden das Ritzsche Verfahren an. Die Schätzung müssen wir allerdings dabei so vornehmen, daß wenigstens die künstlichen Randbedingungen erfüllt sind. Als Ergebnis erhalten wir dann außer einer ersten Näherung für die Eigenwerte zwei verbesserte Eigenfunktionen, die zueinander orthogonal sind. Mit jeder dieser Eigenfunktionen führen wir nun einen Iterationsschritt durch und bekommen zwei neue Biegelinien, die wir wieder in das Ritzsche Verfahren einsetzen usw. Nach jedem Iterationsschritt wird also die Orthogonalisierung von neuem durchgeführt, wodurch jedesmal eine neue Reinigung der zweiten Eigenfunktion von den Bestandteilen der ersten Eigenfunktion erreicht wird. Das ist notwendig, weil die letztere sonst doch immer wieder durch die Aufrundungsfehler und Ungenauigkeiten der Rechnung ins Spiel kommen würde. Handelt es sich allgemein um die Ermittlung irgendeiner höheren Eigenfunktion, so müssen wir alle Eigenfunktionen niedrigerer Ordnung mitnehmen. *Zur Berechnung der R-ten Eigenfunktionen und ihres Eigenwertes können wir also das Verfahren der schrittweisen Näherung in Kombination mit dem Ritzschen Verfahren unter Benutzung eines R-gliederigen Ansatzes verwenden.*

In der soeben beschriebenen Weise werden zugleich die gesuchte und alle niedrigeren Eigenfunktionen berechnet. Statt dessen können wir auch der Reihe nach vorgehen und zunächst die erste, dann die zweite Eigenfunktion usw. ermitteln, wobei dann der Ritzsche Ansatz erst bei jeder neuen Eigenfunktion um ein weiteres Glied vermehrt werden muß. Diese Rechnung hat meist den Vorteil etwas größerer Übersichtlichkeit. Die Ritzschen Gleichungen werden dabei besonders einfach. Dieses sei an der Berechnung der ersten beiden Eigenfunktionen des Knickstabes mit gleichmäßig verteilter Längsbelastung von Abb. 84 etwas näher erläutert.

Wir bekommen aus der für dieses Problem oben aufgestellten Determinante (19) mit $\eta_1 = \overline{w}_I$, wenn wir also annehmen, daß die erste Eigenfunktion schon bekannt ist,

$$\begin{vmatrix} \int\limits_0^l [EI\,\overline{w}_I''^2 - \overset{\approx}{p}_0(l-x)\overline{w}_I'^2]\,dx & \int\limits_0^l [EI\,\overline{w}_I''\eta_2'' - \overset{\approx}{p}_0(l-x)\overline{w}_I'\eta_2']\,dx \\[4mm] \int\limits_0^l [EI\,\overline{w}_I''\eta_2'' - \overset{\approx}{p}_0(l-x)\overline{w}_I'\eta_2']\,dx & \int\limits_0^l [EI\,\eta_2''^2 - \overset{\approx}{p}_0(l-x)\eta_2'^2]\,dx \end{vmatrix} = 0. \quad (92)$$

---

[1] TRAENKLE, A.: Ing.-Arch. 1 (1930) 510.

Für $\bar{\bar{p}}_0 = p_I$ gilt, weil $\overline{w}_I$ die exakt richtige Lösung ist,

$$\int\limits_0^l [EI\overline{w}_I''^2 - p_I(l-x)\overline{w}_I'^2]\, dx = 0. \tag{93}$$

Die Determinante (92) kann dann bei $\bar{\bar{p}}_0 = p_I$ nur zu Null werden, wenn

$$\int\limits_0^l [EI\overline{w}_I'' \eta_2'' - p_I(l-x)\overline{w}_I' \eta_2']\, dx = 0 \tag{94}$$

ist. Daß diese Gleichung in der Tat erfüllt sein muß, ist auch anschaulich ohne weiteres verständlich, weil sie das Prinzip der virtuellen Verrückungen verkörpert und das Verschwinden der virtuellen Arbeit der inneren und äußeren Kräfte des kritischen Zustandes bei den virtuellen Verrückungen η_2 zum Ausdruck bringt. Unter Benutzung von (93) und (94) können wir dann in (92)

$$\int\limits_0^l [EI\overline{w}_I''^2 - \bar{\bar{p}}_0(l-x)\overline{w}_I'^2]\, dx = \left(1 - \frac{\bar{\bar{p}}_0}{p_I}\right)\int\limits_0^l EI\overline{w}_I''^2\, dx,$$

$$\int\limits_0^l [EI\overline{w}_I'' \eta_2'' - \bar{\bar{p}}_0(l-x)\overline{w}_I' \eta_2']\, dx = \left(1 - \frac{\bar{\bar{p}}_0}{p_I}\right)\int\limits_0^l EI\overline{w}_I'' \eta_2''\, dx$$

setzen und erhalten nach Division der ersten Zeile der Determinante durch $1 - \dfrac{\bar{\bar{p}}_0}{p_I}$ die vereinfachte Form

$$\begin{vmatrix} \displaystyle\int\limits_0^l EI\overline{w}_I''^2\, dx & \displaystyle\int\limits_0^l EI\overline{w}_I'' \eta_2''\, dx \\[3em] \left(1 - \dfrac{\bar{\bar{p}}_0}{p_I}\right)\displaystyle\int\limits_0^l EI\overline{w}_I'' \eta_2''\, dx & \displaystyle\int\limits_0^l [EI\eta_2''^2 - \bar{\bar{p}}_0(l-x)\eta_2'^2]\, dx \end{vmatrix} = 0.$$

Die Wurzeln dieser Knickbedingung sind p_I und $\bar{\bar{p}}_{II}$. Für die zweite Eigenfunktion ergibt sich die Näherung

$$\eta_{II} = a_1\overline{w}_I + a_2\eta_2$$

mit

$$\frac{a_1}{a_2} = -\frac{\displaystyle\int\limits_0^l EI\overline{w}_I'' \eta_2''\, dx}{\displaystyle\int\limits_0^l EI\overline{w}_I''^2\, dx},$$

so daß

$$\eta_{II} = a_2\left(\eta_2 - \frac{\displaystyle\int\limits_0^l EI\overline{w}_I'' \eta_2''\, dx}{\displaystyle\int\limits_0^l EI\overline{w}_I''^2\, dx}\,\overline{w}_I\right) \tag{95}$$

wird.

An dieser durch Gl. (95) gegebenen Darstellung erkennt man besonders gut die Wirkung der Orthogonalisierung als eine Art Reinigungsprozeß: Von der Biegelinie η_2 wird der in ihr enthaltene Anteil von $\overline{w}_I$ abgezogen, der sich dadurch ergibt, daß $\overline{w}_I$ mit einem solchen Faktor multipliziert wird, daß

$$\int\limits_0^l E I\,\eta_{II}''\,\overline{w}_I''\,dx = 0$$

wird, die Orthogonalitätsbedingung also erfüllt ist.

Bei Schwingungsuntersuchungen ist unter Umständen die Berechnung höherer Frequenzen wichtiger als die Ermittlung der Grundfrequenz. Bei Stabilitätsproblemen sind aber meist die höheren Eigenwerte ohne Interesse; man möchte im Gegenteil nur die kritische Last erhalten, und es ist in dieser Hinsicht als glücklicher Zufall zu bezeichnen, daß die Methode der schrittweisen Näherung ohne besondere Vorsichtsmaßregeln automatisch zu der gesuchten Lösung konvergiert. Man wird nun natürlich fragen, ob die oben geschilderten Methoden zur Ermittlung der höheren Eigenwerte überhaupt praktisch von Belang sind. Das sind sie aber in Ausnahmefällen in der Tat, wie die folgende Betrachtung zeigen möge.

Für den Knickstab von Abb. 84 sei die Aufgabe gestellt, die Knicklast durch Anordnung einer Zwischenstütze zu erhöhen, wie es Abb. 98 zeigt. Die Lage dieser Zwischenstütze sei jedoch nicht von vornherein gegeben, sondern sei so zu wählen, daß die Knicklast p_K möglichst groß wird. Zur Lösung dieser Aufgabe erinnern wir uns an die Maximum-Minimum-Eigenschaft der Eigenwerte, die wir in Kapitel A, 6 dieses Abschnittes besprochen haben. Der zweite Eigenwert war danach das Maximum der Minima, die der RAYLEIGHsche Quotient annimmt, wenn neben der richtigen Orthogonalitätsbedingung falsche Bedingungen in Betracht gezogen werden.

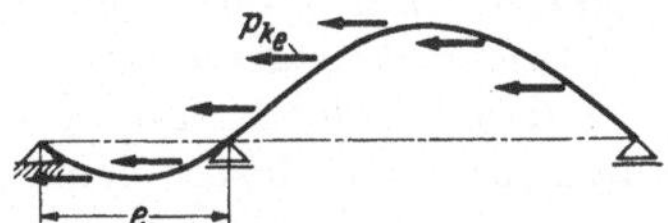

Abb. 98.
Knickstab mit gleichmäßig verteilter Längsbelastung und Zwischenstütze.

Wir untersuchen nun zunächst eine beliebige Lage der Zwischenstütze im Abstand e vom linken Auflager und denken uns dafür die kritische Last p_{Ke} mit der zugehörigen Biegelinie berechnet, die wir mit $\overline{w}_e$ bezeichnen wollen. Wir betrachten jetzt alle Biegelinien η^{**} des Stabes *ohne* Zwischenstütze, die zu $\overline{w}_e$ orthogonal sind, die also die Bedingung

$$\int\limits_0^l E I\,\eta^{**}{}''\,\overline{w}_e''\,dx = 0$$

erfüllen. Unter diesen Biegelinien können wir sicher auch eine Funktion η^* finden, für die p_{K_e} das Minimum des RAYLEIGHschen Quotienten

$$\widetilde{\widetilde{p}}_K = \frac{\displaystyle\int\limits_0^l E I\,\eta''^2\,dx}{\displaystyle\int\limits_0^l (l-x)\,\eta'^2\,dx}$$

[vgl. Gl. (11)] ist, das für $\eta = \overline{w}_e$ eintritt, wenn wir für η alle Biegelinien des Stabes ohne Zwischenstütze zulassen, die der Orthogonalitätsbedingung

$$\int\limits_0^l E I\,\eta''\,\eta^*{}''\,dx = 0$$

genügen. Diese Bedingung ersetzt damit gewissermaßen die Zwangsbedingung, die ursprünglich durch die Zwischenstütze gegeben war. Lassen wir also jetzt die η^* den Bereich der dafür zugelassenen Funktionen durchlaufen, so entspricht das einer Veränderung des Abstandes e. Es muß dann auch die Last p_{Ke} in Abhängigkeit von e dann ein Maximum werden, wenn sie in Abhängigkeit von der Orthogonalitätsbedingung ein Maximum wird. Dies tritt aber nach dem Maximum-Minimum-Prinzip ein, wenn $\eta^* = \overline{w}_I$ und $\overline{w}_e = \overline{w}_{II}$ ist. *Die Knicklast des Stabes wird also ein Maximum, wenn die Zwischenstütze gerade im Knoten der zweiten Eigenfunktion des Stabes ohne Stütze liegt*[1]. Bei dem Beispiel von Abb. 95 wird nach Gl. (23 b) der günstigste Abstand $e = 0{,}312\,l$, wobei allerdings, wie wir oben gesehen hatten, die zugrunde liegende Rechnung keine allzu große Genauigkeit beanspruchen kann.

E. Eigenwerte benachbarter und zusammengesetzter Systeme
1. Vergleichungssätze

Im folgenden seien noch einige einfache Sätze bzw. Formeln besprochen, die u. U. zur schnellen Abschätzung kritischer Lasten sehr gute Dienste leisten können. Als erstes sei in dieser Hinsicht ein bei Existenz eines Potentials gültiger Satz angeführt, der, anschaulich betrachtet, eine Selbstverständlichkeit ist: *Wird bei einem Stabilitätsproblem mit statisch bestimmtem Grundzustand an irgendwelchen Stellen des Systems die Steifigkeit erhöht und nirgends erniedrigt, so können sämtliche Eigenwerte nur größer, oder wenigstens nicht kleiner werden. Das Umgekehrte gilt bei Erniedrigung der Steifigkeit.* Man nennt diesen Satz einen *Vergleichungssatz*, da er den Vergleich von Systemen verschiedener Steifigkeiten hinsichtlich ihrer Knick- bzw. Beullasten ermöglicht.

Von der Richtigkeit des Satzes können wir uns leicht am Beispiel des Knickstabes von Abb. 84 überzeugen, wenn wir die Extremumseigenschaften der Eigenwerte beachten. Nach (10) gilt für einen beliebigen Eigenwert auch bei veränderlicher Biegesteifigkeit

$$p_0 = \frac{\int\limits_0^l E I \overline{w}''^2\,dx}{\int\limits_0^l (l - x)\,\overline{w}'^2\,dx},$$

wobei dieser Wert unter Beachtung der entsprechenden Orthogonalitätsbedingungen die bereits vielfach besprochene Minimaleigenschaft hat. Erhöhen wir nun die Steifigkeit des Systems an einigen oder auch allen Stellen, so bekommen wir ein „benachbartes" System, dessen Größen durch einen Stern gekennzeichnet seien, für das also

$$p_0^* = \frac{\int\limits_0^l (E I)^* \overline{w}^{*}{}''^2\,dx}{\int\limits_0^l (l - x)\overline{w}^{*}{}'^2\,dx}$$

gelten soll. Nach dem oben ausgesprochenen Satz ist dann $p_0^* \geqq p_0$. Zum Nachweis kehren wir vom Nachbarproblem wieder zum ursprünglichen Problem zurück und überlegen uns, daß dabei der Eigenwert, wenn er überhaupt geändert wird, sinken muß. Zunächst wechseln wir den Bereich der zur Konkurrenz zugelassenen Funktionen, indem wir statt der Orthogonalitätsbedingung des Nachbarproblems die des Ausgangsproblems nehmen. Da für das Nachbarproblem diese Bedingung

---

[1] Vgl. K. Hohenemser: Ing.-Arch. 1 (1930) 280, wo die entsprechende Schlußfolgerung für Schwingungen ausgesprochen ist.

„falsch" ist, muß nach dem Maximum-Minimum-Prinzip der als Minimum des RAYLEIGHschen Quotienten berechnete Eigenwert kleiner als p_0^* werden, wobei dann statt $\overline{w}^*$ irgendeine andere Biegelinie, sagen wir $\overline{w}^{**}$, in Betracht kommt. Als nächstes ändern wir die Biegesteifigkeit $(EI)^*$ in EI ab. Das im Zähler des RAYLEIGHschen Quotienten stehende Integral wird dann voraussetzungsgemäß kleiner und damit auch der Eigenwert. Um vollends das Ausgangsproblem zu erhalten, brauchen wir nur noch die Biegelinie $\overline{w}^{**}$ in die für dieses Problem exakt gültige Biegelinie $\overline{w}$ umzuändern, wobei nach der Minimaleigenschaft des RAYLEIGHschen Quotienten der Eigenwert noch einmal sinken muß, so daß in der Tat $p_0^* \geqq p_0$ sein muß.

Bei diesem Beweis ist vorausgesetzt, daß die Verteilung der Längskraft des Grundzustandes über die Stablänge, d.h. der Wert $N_0/p_0 = -(l-x)$ nach (1), ungeändert bleibt.

Allgemein ist also ein statisch bestimmter Grundzustand zu fordern. Daß bei unbestimmtem Grundzustand der aufgestellte Vergleichungssatz nicht gilt, zeigt schon das Beispiel von Abb. 60: Eine Vergrößerung der Stützenfläche F — ohne gleichzeitige Vergrößerung von I — erhöht hier die Stützenlast und erniedrigt nach V, (39) die kritische Last q_k des Gesamtsystems.

Wie der obige Vergleichungssatz zur Abschätzung einer Knicklast verwendet werden kann, bedarf eigentlich keiner Erläuterung. Bei einem beiderseits gelenkig gelagerten Stab mit Einzellast und veränderlicher Biegesteifigkeit erhalten wir stets eine obere und eine untere Schranke für die Knickkraft, wenn wir die EULER-Last $\dfrac{\pi^2 EI}{l^2}$ einmal mit dem größten, das andere Mal mit dem niedrigsten der vorkommenden Steifigkeitswerte berechnen. In ähnlicher Weise können wir sofort sagen, daß für die Knicklast des Stabes von Abb. 92 unter Beachtung von (62) die Schranken

$$2{,}046\,\frac{\pi^2 EI}{l^2} < P_K < 2{,}046\,\frac{\pi^2\,1{,}6\,EI}{l^2}$$

bestehen müssen. Sie sind zwar reichlich grob, erfordern dafür aber auch keinerlei Rechenarbeit.

Dem angeführten Vergleichungssatz über Steifigkeiten können wir sofort folgende entsprechende Aussage über die Belastung an die Seite stellen, wenn wir auch wieder Existenz eines Potentials voraussetzen. *Werden an irgendwelchen Stellen des Systems die äußeren Kräfte in einem das Knicken bzw. Beulen fördernden*

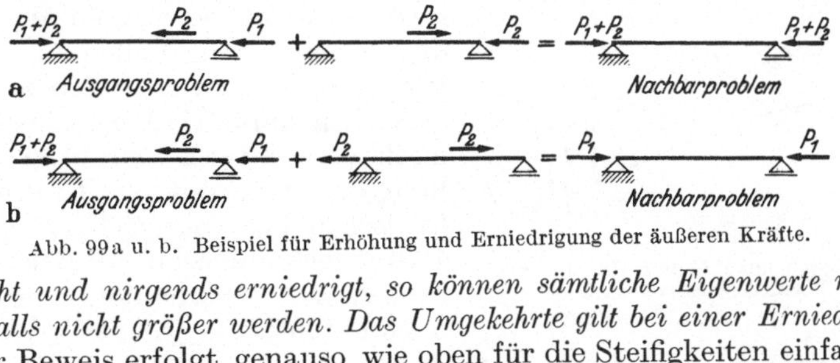

Abb. 99a u. b. Beispiel für Erhöhung und Erniedrigung der äußeren Kräfte.

Sinne erhöht und nirgends erniedrigt, so können sämtliche Eigenwerte nur kleiner oder jedenfalls nicht größer werden. Das Umgekehrte gilt bei einer Erniedrigung der Kräfte. Der Beweis erfolgt genauso wie oben für die Steifigkeiten einfach aus der Tatsache, daß bei einem Absinken der RAYLEIGHschen Quotienten für alle zur Konkurrenz zugelassenen Funktionen ebenfalls alle Minima und damit auch deren Maxima kleiner werden müssen. Zu beachten ist, daß es bei einer Erhöhung oder Erniedrigung der Belastung nicht nur auf deren absoluten Betrag, sondern auf das Vorzeichen ankommt. Zum Beispiel sind bei gewöhnlichen Knickstäben Druck erzeugende Kräfte als positiv anzusehen, da sie das Knicken fördern. Zug erzeugende Kräfte müssen dagegen als negativ gelten, und die Vergrößerung ihres absoluten Betrages ist als eine Erniedrigung der äußeren Kräfte im Sinne des obigen Satzes aufzufassen.

Betrachten wir als Beispiel nach Abb. 99 einen Knickstab mit zwei Kräften P_1 und P_2, so wird durch Abb. 99a eine Erhöhung, durch Abb. 99b eine Erniedrigung der äußeren Kräfte angedeutet. Setzen wir voraus, daß die Biegesteifigkeit konstant ist und die kritische Last P_{1K} bei gegebenem Verhältnis $\dfrac{P_{2K}}{P_{1K}} = \dfrac{P_2}{P_1}$ gesucht ist, so erhalten wir bei einer Erhöhung der äußeren Kräfte nach Abb. 99a für die kritischen Lasten des Nachbarproblems, die mit P_{1K}^* und P_{2K}^* bezeichnet seien,

$$P_{1K}^* + P_{2K}^* = \frac{\pi^2 E I}{l^2}$$

oder mit

$$\frac{P_{2K}^*}{P_{1K}^*} = \frac{P_{2K}}{P_{1K}} = \frac{P_2}{P_1},$$

$$P_{1K}^* = \frac{1}{1 + \dfrac{P_2}{P_1}} \frac{\pi^2 E I}{l^2}.$$

Bei einer Erniedrigung der äußeren Kräfte nach Abb. 99b ist für das Nachbarproblem $P_{1K}^* = \dfrac{\pi^2 E I}{l^2}$, so daß wir für die wahre Knicklast P_{1K} die Schranken

$$\frac{1}{1 + \dfrac{P_2}{P_1}} \frac{\pi^2 E I}{l^2} \leqq P_{1K} \leqq \frac{\pi^2 E I}{l^2}$$

erhalten, wobei das Gleichheitszeichen für $P_2 = 0$ gilt.

In fast allen Fällen dürfte es anschaulich leicht zu entscheiden sein, ob eine Belastung als positiv oder negativ und dementsprechend eine Belastungsänderung als Erhöhung oder Erniedrigung anzusprechen ist. Wo diese Entscheidung Schwierigkeiten machen sollte, ist auf die Ableitung des Vergleichungssatzes zurückzugehen, nach der eine Belastungserhöhung dann vorhanden ist, wenn für alle in Betracht kommenden Funktionen der Nenner des RAYLEIGHschen Quotienten größer wird.

Wenn auch die obigen Vergleichungssätze zunächst nur bei Existenz eines Potentials gelten, da sich ihr Beweis auf die Extremumseigenschaften der Eigenwerte gründet, so werden sie doch auch in allgemeineren Fällen in der Regel richtig bleiben, da man sich z. B. schlecht vorstellen kann, daß bei einem „mechanisch vernünftigen" Problem eine Erhöhung der Steifigkeit eine Erniedrigung der kritischen Last mit sich bringen könnte. Daß jedoch immerhin bei Belastungsänderungen die Anschauung bei Aufgaben ohne Potential — jedenfalls bei oberflächlicher Betrachtung — zu versagen vermag, möge das folgende Beispiel zeigen.

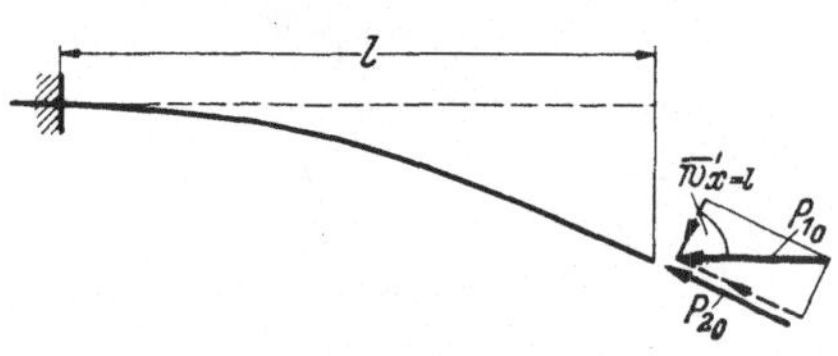

Abb. 100. Knickstab mit Belastung, für die kein Potential existiert.

Wir betrachten nach Abb. 100 einen auf der einen Seite fest eingespannten, auf der anderen Seite freien Stab konstanter Biegesteifigkeit, der zunächst unter der Last P_{1_0} zum Ausknicken kommt. Die kritische Last berechnet sich dann in bekannter Weise zu $P_{1K} = \dfrac{1}{4} \dfrac{\pi^2 E I}{l^2}$. Fügen wir nun eine Last P_2 hinzu, von der wir voraussetzen, daß sie stets in Richtung der Tangente an die verformte Stabachse wirkt, so erhalten wir ein Problem, für das — ähnlich wie bei dem Knickproblem von Abb. 91 — ein Potential der äußeren Kräfte nicht existiert. Der Anschauung nach sollte man nun vermuten, daß das Hinzufügen der in dem Stab Druck erzeugenden Kraft P_2 die Knickgrenze erniedrigt. Das Gegenteil ist jedoch der Fall, wie die folgende Rechnung zeigt.

Für das Gleichgewicht am Stabelement gilt Abb. 85, wenn wir dort die Belastung p_0 gleich Null setzen. Dementsprechend bleibt mit $p_0 = 0$ auch die Gleichgewichtsbedingung (3a) erhalten, wobei wir $N_I = P_{1_0} + P_{2_0}$ setzen müssen. (Die Richtungsänderung der Last P_{2_0} spielt hierbei keine Rolle, da sie nur ein Glied höherer Ordnung liefert.) Wir erhalten dann mit (3b) und mit $\overline{M} = -EI\overline{w}''$ bei $EI = \text{const}$ die Differentialgleichung

$$EI\overline{w}'''' + (P_{1_0} + P_{2_0})\,\overline{w}'' = 0, \tag{96}$$

die auch in genau derselben Form gelten würde, wenn P_2 stets dieselbe Richtung wie P_1 hätte. Das besondere Verhalten von P_2 tritt erst bei Berücksichtigung der Randbedingungen in Erscheinung.

Die allgemeine Lösung von (96) lautet

$$\overline{w} = A \sin \nu x + B \cos \nu x + C x + D, \tag{97}$$

$$\nu = \sqrt{\frac{P_{1_0} + P_{2_0}}{EI}}.$$

Die Randbedingung $x = 0$, $\overline{w} = 0$ liefert zunächst $D = -B$. Aus $x = 0$, $\overline{w}' = 0$ folgt weiter $C = -A\nu$, so daß wir statt (97)

$$\overline{w} = A(\sin \nu x - \nu x) + B(\cos \nu x - 1)$$

erhalten. Da für $x = l$ das Biegemoment und damit $\overline{w}''$ verschwinden muß, bekommen wir

$$A \sin \nu l + B \cos \nu l = 0. \tag{98a}$$

Am freien Stabende muß ferner die Querkraft $\overline{Q} = -EI\overline{w}'''$ gleich der quer zur verformten Stabachse wirkenden Komponente von P_{1_0} sein, welche die Größe $P_{1_0}\overline{w}'_{x\,=\,l}$ hat. Es wird also

$$\overline{Q}_{x=l} = -EI\overline{w}'''_{x=l} = -EI(-\nu^3 A \cos \nu l + \nu^3 B \sin \nu l)$$

$$= P_{1_0}\overline{w}'_{x=l} = P_{1_0}(A\nu \cos \nu l - A\nu - B\nu \sin \nu l)$$

oder mit $\nu_1 = \sqrt{\dfrac{P_{1_0}}{EI}}$

$$A\nu^2 \cos \nu l - B\nu^2 \sin \nu l - A\nu_1^2 \cos \nu l + A\nu_1^2 + B\nu_1^2 \sin \nu l = 0,$$

$$A[\nu_1^2 + (\nu^2 - \nu_1^2)\cos \nu l] - B(\nu^2 - \nu_1^2)\sin \nu l = 0. \tag{98b}$$

Aus (98a) und (98b) folgt die Knickdeterminante, deren Auflösung die Knickbedingung

$$(\nu^2 - \nu_1^2)\sin^2 \nu l + \nu_1^2 \cos \nu l + (\nu^2 - \nu_1^2)\cos^2 \nu l = 0$$

oder

$$\cos \nu l + \frac{\nu^2 - \nu_1^2}{\nu_1^2} = 0$$

liefert. Setzen wir das Verhältnis $\dfrac{P_2}{P_1} = \dfrac{P_{2_0}}{P_{1_0}}$ als gegeben voraus, so bekommen wir

mit $v^2 = \dfrac{P_{1_0}}{EI}\left(1 + \dfrac{P_2}{P_1}\right)$ und $\dfrac{v^2 - v_1^2}{v_1^2} = \dfrac{P_2}{P_1}$

$$P_{1_0} = P_{1K} = \frac{\left[\operatorname{arc\,cos}\left(-\dfrac{P_2}{P_1}\right)\right]^2}{1 + \dfrac{P_2}{P_1}}\,\frac{EI}{l^2}. \tag{99}$$

Einen Überblick über die Bedeutung von (99) erhalten wir an Hand von Abb. 101, in der das Verhältnis der kritischen Last P_{1K} zu der Bezugsgröße $P_E = \dfrac{\pi^2 EI}{l^2}$ in Abhängigkeit vom Verhältnis $\dfrac{P_2}{P_1}$ aufgetragen ist. Ist $P_2 = 0$, so wird $\cos vl = 0$, $(vl)_K = \dfrac{\pi}{2}$ und P_{1K} nimmt den bekannten Wert $\dfrac{1}{4}\dfrac{\pi^2 EI}{l^2}$ an. Ist jedoch $\dfrac{P_2}{P_1} > 0$, so wird die kritische Last P_{1K} in der Tat *erhöht*, während umgekehrt bei $\dfrac{P_2}{P_1} < 0$, d. h. wenn P_2 negativ ist und am Stabende als Zugkraft angreift, P_{1K} erniedrigt wird[1]. Für Werte von $\dfrac{P_2}{P_1} > 1$ ist überhaupt kein Knicken mehr möglich, da die Bedingung (99) dann keine Eigenwerte mehr liefert. Insbesondere besteht danach für einen Stab mit $P_1 = 0$ keine Knickgefahr[2]. Das

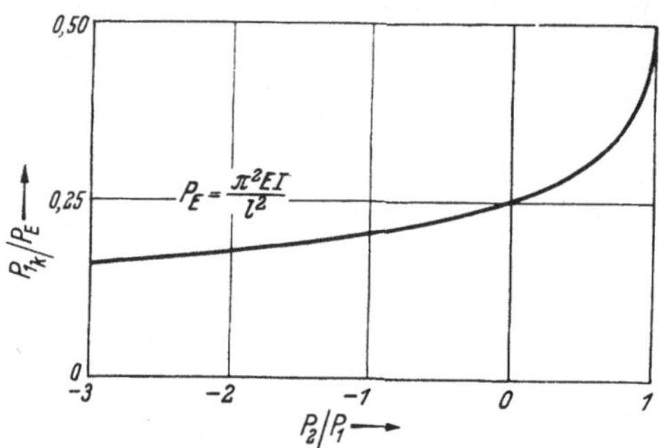

Abb. 101. Knickkraft des Stabes von Abb. 100 in Abhängigkeit von $\dfrac{P_2}{P_1}$.

zweifellos etwas merkwürdige Ergebnis der Rechnung können wir uns anschaulich verständlicher machen, wenn wir in Abb. 100 die Kraft P_{2_0} in eine Komponente parallel zur unverformten Stabachse und in eine Komponente senkrecht dazu zerlegen. Die erstere wirkt wie die Kraft P_{1_0} und fördert das Knicken, die letztere ist jedoch bestrebt, die Ausbiegung wieder rückgängig zu machen und verhindert so das Knicken. Umgekehrt kann die Kraft P_2 die Knickgefahr erhöhen, wenn sie eine Zugkraft ist. Es ist allerdings zu betonen, daß die vorstehenden Ergebnisse nur richtig sind, wenn auch die Voraussetzungen der ganzen Untersuchung erfüllt sind. In Abschnitt VIII, B wird sich zeigen, daß im vorliegenden Fall die Annahme rein statischen Verhaltens entscheidend ist. Läßt man sie fallen, so bedarf die obige Rechnung wesentlicher Ergänzungen.

2. Southwellsche Formel

In Kapitel C, 2 dieses Abschnitts haben wir einen Knickstab mit gleichmäßig verteilter Längsbelastung und veränderlicher Biegesteifigkeit nach Abb. 93 untersucht. Es sei nun angenommen, daß das Trägheitsmoment für den ganzen Stab um einen konstanten Betrag erhöht wird. Bezeichnen wir das Trägheitsmoment

---

[1] Bei $\dfrac{P_2}{P_1} < -1$ ist in (99) zu beachten, daß arc cos $= i$ ar cosh ist.

[2] Vgl. L. Collatz: Eigenwertaufgaben mit technischen Anwendungen, 2. Aufl., Leipzig 1963, S. 44.

des ursprünglichen Problems von Abb. 93 mit I_1, die vorgesehene Erhöhung mit I_2 und das neue Trägheitsmoment mit I, so stellt sich die Biegesteifigkeit des neuen Problems in der Form

$$EI = EI_1 + EI_2 \tag{100}$$

dar. Für jedes der beiden Teilprobleme können wir die kritischen Lasten, die mit p_{K_1} und p_{K_2} bezeichnet seien, sofort angeben. Nach (83) und (9) ist mit $I_c = I_{c_1}$

$$p_{K_1} = 22{,}20\,\frac{E I_{c_1}}{l^3}, \qquad p_{K_2} = 18{,}57\,\frac{E I_2}{l^3}. \tag{101a, b}$$

Den Wert für p_{K_1} hatten wir zwar als Näherung aus dem RAYLEIGHschen Verfahren und der Methode der schrittweisen Näherung erhalten. Wir hatten uns aber auch davon überzeugt, daß diese Näherung schon sehr gut ist und vermutlich bis auf die angegebenen Stellen mit dem exakten Wert übereinstimmt, was wir hier der Einfachheit halber voraussetzen wollen. Da sich die Steifigkeit des neuen Problems aus zwei Teilsteifigkeiten zusammensetzt, liegt die Frage nahe, ob sich nicht auch die kritische Last p_K aus den Lasten p_{K_1} und p_{K_2} ableiten läßt. Dieses ist in der Tat leicht möglich, wie die folgende Rechnung zeigt. Die Existenz eines Potentials ist dabei auch wieder eine notwendige Voraussetzung.

Bezeichnen wir die Biegelinie des neuen Gesamtproblems mit $\overline{w}$, so gilt nach (10) für die kritische Last

$$p_K = \frac{\displaystyle\int_0^l E I \overline{w}''^2\, dx}{\displaystyle\int_0^l (l - x)\overline{w}'^2\, dx}. \tag{102}$$

Ferner gilt nach (11) für p_{K_1} und p_{K_2} unter Berücksichtigung der Minimaleigenschaft des kleinsten Eigenwertes

$$p_{K_1} \leqq \frac{\displaystyle\int_0^l E I_1 \eta''^2\, dx}{\displaystyle\int_0^l (l - x)\,\eta'^2\, dx}, \qquad p_{K_2} \leqq \frac{\displaystyle\int_0^l E I_2 \eta''^2\, dx}{\displaystyle\int_0^l (l - x)\,\eta'^2\, dx}$$

für alle zur Konkurrenz zugelassenen Funktionen η. Da die Biegelinie $\overline{w}$ des Gesamtproblems sicherlich eine solche Funktion ist, gilt auch

$$p_{K_1} \leqq \frac{\displaystyle\int_0^l E I_1 \overline{w}''^2\, dx}{\displaystyle\int_0^l (l - x)\,\overline{w}'^2\, dx}, \qquad p_{K_2} \leqq \frac{\displaystyle\int_0^l E I_2 \overline{w}''^2\, dx}{\displaystyle\int_0^l (l - x)\,\overline{w}'^2\, dx}$$

und nach Addition beider Ungleichungen unter Benutzung von (100)

$$p_{K_1} + p_{K_2} \leqq \frac{\displaystyle\int_0^l (E I_1 + E I_2)\,\overline{w}''^2\, dx}{\displaystyle\int_0^l (l - x)\,\overline{w}'^2\, dx} = \frac{\displaystyle\int_0^l E I \overline{w}''^2\, dx}{\displaystyle\int_0^l (l - x)\,\overline{w}'^2\, dx}.$$

Mit (102) erhalten wir dann die Beziehung

$$p_K \geqq p_{K_1} + p_{K_2},$$

die wir auch in der Form

$$\tilde{\tilde{p}}_K = p_{K_1} + p_{K_2}, \qquad \tilde{\tilde{p}}_K \leqq p_K \tag{103}$$

schreiben können, wenn wir wieder mit $\tilde{\tilde{p}}_K$ die Näherung für p_K bezeichnen, die gleich dem exakten Werte wird, wenn die Biegelinien der Teilprobleme zufällig mit der des Gesamtproblems übereinstimmen. Die kritischen Lasten der Teilsysteme sind also genau wie die Steifigkeiten einfach zu addieren. Für unser Beispiel bekommen wir nach (103)

$$\tilde{\tilde{p}}_K = \left(22{,}20 + 18{,}57 \,\frac{I_2}{I_{c_1}}\right) \frac{E I_{c_1}}{l^3}.$$

Selbstverständlich können wir auch die Steifigkeit eines Systems aus mehr als zwei Teilsteifigkeiten zusammensetzen und erhalten dann bei n Teilsystemen die allgemeine, als *Southwellsche Formel* bezeichnete Aussage

$$\tilde{\tilde{p}}_K = \sum_{i=1}^{i=n} p_{K_i}, \qquad \tilde{\tilde{p}}_K \leqq p_K. \tag{104}$$

Die kritische Last eines Systems, dessen Steifigkeit sich aus der Summe von Teilsteifigkeiten zusammensetzt, ist angenähert oder bestenfalls genau gleich der Summe der kritischen Lasten der Teilsysteme. Der Näherungswert ist stets kleiner als der wahre Wert. Bei dieser an sich sehr anschaulichen Aussage ist zweierlei zu beachten: Erstens die Tatsache, daß wir eine *untere* Schranke für den Eigenwert bekommen im Gegensatz zum RITZschen Verfahren, das stets obere Schranken liefert. Bei Benutzung der SOUTHWELLschen Näherung befindet man sich also stets auf der sicheren Seite, was praktisch besonders wertvoll ist. Zweitens gilt die Aussage nur für die kritische Last, also den niedrigsten Eigenwert. Man kann natürlich auch höhere Eigenwerte nach der SOUTHWELLschen Formel zusammensetzen; das Ergebnis kann aber dann sowohl zu klein als auch zu groß sein, da wegen der zu beachtenden Nebenbedingungen bei höheren Eigenwerten eine entsprechende Schlußweise wie oben nicht möglich ist.

3. Dunkerleysche Formel

Ein Gegenstück zur SOUTHWELLschen Formel ist die Formel von DUNKERLEY, die für die Zusammensetzung von Teilsystemen gilt, die alle dieselbe Steifigkeit, aber verschiedene Belastungen haben. Bringen wir z. B. auf den Knickstab mit

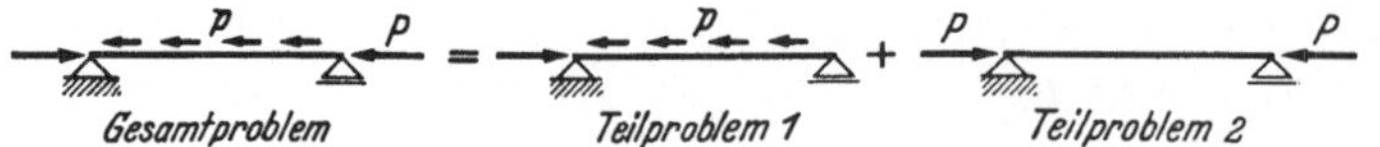

Abb. 102. Zusammensetzung der äußeren Kräfte bei einem Knickstab mit gleichmäßig verteilter Belastung und Einzelkraft.

gleichmäßig verteilter Belastung und konstanter Biegesteifigkeit nach Abb. 84 noch zusätzlich eine Einzelkraft am Stabende auf, so können wir die gesamten äußeren Kräfte des neuen Problems aus den Kräften zweier Teilprobleme zusammensetzen, wie es Abb. 102 erläutert. Die kritischen Lasten der Teilprobleme sind

$$p_{K_1} = 18{,}57 \,\frac{E I}{l^3}, \qquad P_{K_2} = \frac{\pi^2 E I}{l^2}. \tag{105a, b}$$

Wir können aus ihnen in folgender Weise die kritischen Lasten p_K, P_K des Gesamtproblems erhalten, wenn wir wieder Existenz eines Potentials voraussetzen.

Es gilt für die Teilprobleme nach (11) und (71), wenn wir die für das Gesamtproblem richtige Biegelinie $\overline{w}$ als Näherung verwenden,

$$p_{K_1} \leqq \frac{\int_0^l E I \overline{w}''^2 \, dx}{\int_0^l (l-x) \, \overline{w}'^2 \, dx}, \qquad P_{K_2} \leqq \frac{\int_0^l E I \overline{w}''^2 \, dx}{\int_0^l \overline{w}'^2 \, dx},$$

$$\frac{1}{p_{K_1}} \geqq \frac{\int_0^l (l-x) \, \overline{w}'^2 \, dx}{\int_0^l E I \overline{w}''^2 \, dx}, \qquad \frac{1}{P_{K_2}} \geqq \frac{\int_0^l \overline{w}'^2 \, dx}{\int_0^l E I \overline{w}''^2 \, dx}. \qquad (106\,\text{a, b})$$

Setzen wir das Verhältnis $\dfrac{P_K}{p_K l} = \dfrac{P}{pl}$ als gegeben voraus und definieren dementsprechend eine Bezugsgröße

$$p_{K_2} = \frac{P_{K_2}}{l} \frac{pl}{P}, \qquad (107)$$

so können wir aus den beiden Ungleichungen (106) die Beziehung

$$\frac{1}{p_{K_1}} + \frac{1}{p_{K_2}} \geqq \frac{\int_0^l \left(l - x + l \frac{P}{pl}\right) \overline{w}'^2 \, dx}{\int_0^l E I \overline{w}''^2 \, dx} \qquad (108)$$

erhalten.

Für das Potential des Gesamtproblems gilt nach (8) und (69), wobei wir bei den äußeren Kräften nur die Potentiale der Teilprobleme zu addieren brauchen,

$$\overline{\delta}^2 \Pi_0 = \int_0^l [E I \overline{w}''^2 - p_K (l-x) \, \overline{w}'^2 - P_K \overline{w}'^2] \, dx$$

$$= \int_0^l \left[E I \overline{w}''^2 - p_K \left(l - x + l \frac{P}{pl}\right) \overline{w}'^2 \right] dx = 0$$

und

$$\frac{1}{p_K} = \frac{\int_0^l \left(l - x + l \frac{P}{pl}\right) \overline{w}'^2 \, dx}{\int_0^l E I \overline{w}''^2 \, dx}. \qquad (109)$$

Aus (108) und (109) erhalten wir dann

$$\frac{1}{p_K} \leqq \frac{1}{p_{K_1}} + \frac{1}{p_{K_2}}, \qquad p_K \geqq \frac{1}{\dfrac{1}{p_{K_1}} + \dfrac{1}{p_{K_2}}}$$

und

$$\frac{1}{\tilde{\tilde{p}}_K} = \frac{1}{p_{K_1}} + \frac{1}{p_{K_2}}, \qquad \tilde{\tilde{p}}_K \leqq p_K, \tag{110}$$

womit wir schon die DUNKERLEYsche Formel bei zwei Teilproblemen gefunden haben. Es müssen jetzt also im Gegensatz zur SOUTHWELLschen Formel die reziproken Eigenwerte addiert werden. Im übrigen ergibt sich aber auch wieder eine untere Schranke für die kritische Last.

Für das behandelte Beispiel wird nach (105) und (110)

$$\frac{1}{\tilde{\tilde{p}}_K} = \left(\frac{1}{18{,}57} + \frac{1}{\pi^2 \dfrac{p\,l}{P}} \right) \frac{1}{\dfrac{E I}{l^3}},$$

$$\tilde{\tilde{p}}_K = \frac{18{,}57}{1 + 1{,}882\,\dfrac{P}{p\,l}}\, \frac{E I}{l^3}. \tag{111}$$

Je größer das Verhältnis $\dfrac{P}{p\,l}$ wird, desto kleiner wird verständlicherweise die kritische Last $\tilde{\tilde{p}}_K$. Umgekehrt steigt $\tilde{\tilde{p}}_K$, wenn $\dfrac{P}{p\,l}$ kleiner wird; für $P = 0$ ergibt sich wieder der exakt richtige Wert $\tilde{\tilde{p}}_K = 18{,}57\,\dfrac{E I}{l^3}$. Lassen wir darüber hinaus $\dfrac{P}{p\,l}$ negativ werden, lassen also P als Zugkraft angreifen, so steigt $\tilde{\tilde{p}}_K$ weiter an, was zweifellos dem wirklichen mechanischen Verhalten durchaus entspricht. Diese letztgenannte Tatsache ist besonders bemerkenswert, weil an sich die obige Ableitung der DUNKERLEYschen Formel zunächst nur für positive Eigenwerte der Teilprobleme sinnvoll ist. Denn z. B. das Teilproblem 2 in Abb. 102 muß ja schon in einer Druckbeanspruchung des Stabes bestehen, damit ein Ausknicken auftreten kann und wir überhaupt von einer kritischen Last sprechen können. Wollen wir auch negative Werte von P zulassen, so müssen wir verabreden, daß wir auch dem auf Zug beanspruchten Stab eine kritische Last zuschreiben, welche die Größe $-\dfrac{\pi^2 E I}{l^2}$ hat. Bei der Ableitung der DUNKERLEYschen Formel ist aber dann folgendes zu beachten.

Das Ungleichheitszeichen in (106 b) folgt aus der Minimaleigenschaft des niedrigsten Eigenwertes. Diese gilt aber nur für die bisher stets vorausgesetzten positiven Eigenwerte. Kehren wir nämlich das Vorzeichen der Belastung um, so wird der jetzt negative RAYLEIGHsche Quotient für die wahren Biegelinien kein Minimum mehr, sondern ein Maximum. Der Vorzeichenwechsel bedingt also in (106 b) auch einen Wechsel des Ungleichheitszeichens. Da aber in (106 a) bei positivem p das alte Ungleichheitszeichen bestehen bleibt, läßt sich in (108) das Ungleichheitszeichen nicht mehr aufrechterhalten, und es folgt, daß wir im Endergebnis eine Näherung bekommen, die sowohl zu groß als auch zu klein sein kann. Die Aussage $\tilde{\tilde{p}}_K < p_K$ verliert somit ihre Gültigkeit, wenn wir im erweiterten Sinne auch negative Eigenwerte der Teilprobleme in Betracht ziehen.

Allgemein müssen wir daher bei Aufspaltung des Gesamtproblems in n Teilprobleme die DUNKERLEYsche Formel in der Form

$$\frac{1}{\tilde{\tilde{p}}_K} = \sum_{i=1}^{i=n} \frac{1}{p_{K_i}}, \qquad \tilde{\tilde{p}}_K \leqq p_K \qquad \text{für} \qquad p_{K_i} > 0 \tag{112}$$

schreiben. Oder in Worten: *Der reziproke kritische Eigenwert eines Systems, dessen äußere Kräfte sich aus den Kräften von Teilproblemen zusammensetzen, ist angenähert oder bestenfalls gleich der Summe der reziproken kritischen Eigenwerte der Teilsysteme. Der Näherungswert ist stets kleiner als der wahre Wert, wenn nur positive Eigenwerte betrachtet werden.* Als Eigenwerte kommen dabei Bezugsgrößen von der Art der Größe p_{K_2} nach (107) in Frage, deren Bildung schon aus Dimensionsgründen notwendig ist, um die Zusammensetzung der einzelnen Eigenwerte überhaupt zu ermöglichen.

Gelegentlich läßt sich durch anschauliche Überlegungen die DUNKERLEYsche Formel erweitern und im Ergebnis merklich verbessern, wenn auch dabei ihr eigentlicher Sinn etwas verwischt wird und sich die Aussage von der unteren Schranke des erhaltenen Eigenwertes nicht mehr aufrechterhalten läßt. Hierzu sei folgendes Beispiel von praktischer Wichtigkeit angeführt. Wir betrachten eine Rechteckplatte konstanter Dicke, die wie in Abb. 66 durch gleichmäßig verteilte Längskräfte N beansprucht wird, außerdem aber noch eine Belastung T erfährt (vgl. Abb. 103). Die Gesamtbelastung setzen wir aus den Teilbelastungen reiner Druck- und reiner Schubbeanspruchung zusammen.

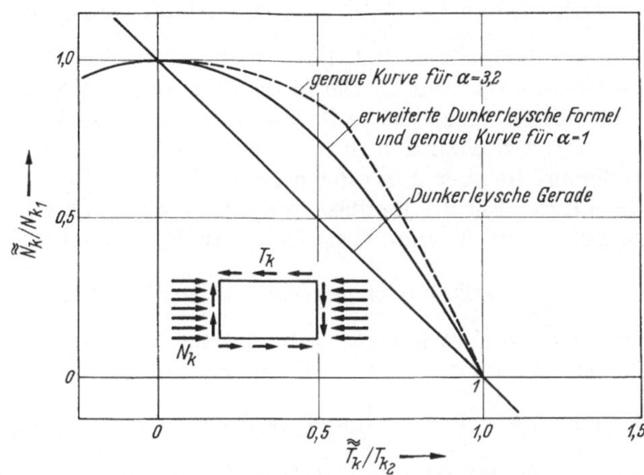

Abb. 103. Ursprüngliche und erweiterte DUNKERLEYsche Formel im Vergleich mit den genauen Kurven bei einer Platte mit Druck- und Schubbelastung.

Es sei

N_K, T_K kritische Belastung des Gesamtproblems,

N_{K_1} kritische Belastung des Teilproblems reiner Druckbelastung,

T_{K_2} kritische Belastung des Teilproblems reiner Schubbelastung.

Betrachten wir das Verhältnis $\dfrac{N}{T}$ als gegeben und führen dementsprechend die Größe

$$N_{K_2} = T_{K_2}\,\frac{N}{T} = T_{K_2}\,\frac{N_K}{T_K}$$

ein, so gilt nach DUNKERLEY für die Näherung $\widetilde{\widetilde{N}}_K$

$$\frac{1}{\widetilde{\widetilde{N}}_K} = \frac{1}{N_{K_1}} + \frac{1}{N_{K_2}} = \frac{1}{N_{K_1}} + \frac{1}{T_{K_2}\,\dfrac{N_K}{T_K}},$$

oder nach Multiplikation mit $\widetilde{\widetilde{N}}_K$

$$\frac{\widetilde{\widetilde{N}}_K}{N_{K_1}} + \frac{T_K}{T_{K_2}}\,\frac{\widetilde{\widetilde{N}}_K}{N_K} = 1.$$

Da $T_K = N_K\,\dfrac{T}{N}$ ist, können wir als Näherung für T_K die Größe

$$\widetilde{\widetilde{T}}_K = T_K\,\frac{\widetilde{\widetilde{N}}_K}{N_K}$$

einführen und erhalten dann

$$\frac{\widetilde{\widetilde{N}}_K}{N_{K_1}} + \frac{\widetilde{\widetilde{T}}_K}{T_{K_2}} = 1\,. \tag{113}$$

Diese durch Gl. (113) gegebene Abhängigkeit zwischen $\dfrac{\widetilde{\widetilde{N}}_K}{N_{K_1}}$ und $\dfrac{\widetilde{\widetilde{T}}_K}{T_{K_2}}$ ist eine Gerade, die in Abb. 103 dargestellt ist. In den Schnittpunkten mit den Koordinatenachsen stimmt die Gerade mit den exakten Werten überein. Die DUNKERLEY-sche Formel erscheint so in besonders anschaulicher Weise als geradlinige Interpolation zwischen den durch die Teilprobleme festgelegten Werten. Die Gerade widerspricht aber nun offensichtlich in einer Hinsicht dem wirklichen Verhalten der Platte: Für die Beullast muß das Vorzeichen der Schubbeanspruchung bedeutungslos sein. Es muß sich stets dieselbe kritische Last N_K ergeben, gleichgültig, ob wir $\dfrac{\widetilde{\widetilde{T}}_K}{T_{K_2}}$ positiv oder negativ wählen. Die Kurve $\dfrac{\widetilde{\widetilde{N}}_K}{N_{K_1}}$ in Abhängigkeit von $\dfrac{\widetilde{\widetilde{T}}_K}{T_{K_2}}$ muß also symmetrisch zur Ordinatenachse verlaufen, und diese Forderung wird von der DUNKERLEYschen Geraden nicht erfüllt. Selbst wenn wir die DUNKERLEYsche Formel nur im Bereich positiver Werte von $\dfrac{\widetilde{\widetilde{T}}_K}{T_{K_2}}$ anwenden, so genügt sie doch nicht der aus Symmetrie- und Stetigkeitsgründen zu erwartenden Bedingung, daß die Kurve im Schnittpunkt mit der $\dfrac{\widetilde{\widetilde{N}}_K}{N_{K_1}}$-Achse eine auf dieser Achse senkrecht stehende Tangente hat.

Es liegt nun nahe, Gl. (113) einfach dadurch zu korrigieren, daß man das zweite Glied $\dfrac{\widetilde{\widetilde{T}}_K}{T_{K_2}}$ ins Quadrat setzt und so das Vorzeichen ausschaltet. Wir bekommen dann als *erweiterte Dunkerleysche Formel* die Beziehung

$$\frac{\widetilde{\widetilde{N}}_K}{N_{K_1}} + \left(\frac{\widetilde{\widetilde{T}}_K}{T_{K_2}}\right)^2 = 1\,, \tag{114}$$

die ebenfalls in Abb. 103 dargestellt ist und die Form einer Parabel hat. Ihre Übereinstimmung mit den exakten Werten ist recht gut. Für ein Seitenverhältnis der Platte von $\dfrac{a}{b} = 1$ ist der Fehler in dem Maßstab von Abb. 103 überhaupt nicht darstellbar. Für größere Seitenverhältnisse sind zwar Abweichungen vorhanden; sie sind jedoch erheblich geringer als die Unterschiede gegenüber der DUNKERLEYschen Geraden. Als Beispiel ist in Abb. 103 die genaue Kurve für $\dfrac{a}{b} = 3{,}2$ eingezeichnet[1]. Nebenbei sei noch darauf hingewiesen, daß nach Abb. 103 die ursprüngliche DUNKERLEYsche Formel in der Tat nur im Bereich positiver Werte von $\dfrac{\widetilde{\widetilde{T}}_K}{T_{K_2}}$ zu kleine Beullasten liefert, bei negativen Schubkräften aber in diesem Fall überall zu große Werte ergibt.

---

[1] Die genaue Kurve muß übrigens immer „von unten gesehen" konkav verlaufen, wie zuerst H. SCHAEFER gezeigt hat. Vgl. hierzu und allgemein zu den Ausführungen der Abschnitte VI, E, 2, 3: SCHAEFER, H.: Beitrag zur Berechnung des kleinsten Eigenwertes eindimensionaler Eigenwertprobleme, Diss. Hannover 1934 und Z. angew. Math. Mech. 14 (1934) 367. — STRIGL, G.: Der Stahlbau 24 (1955) 33 u. 51. — BÖRSCH, W., u. SUPAN: Der Stahlbau 24 (1955) 62.

F. Übertragungsverfahren

1. Balken auf elastisch drehbaren Stützen

Das Übertragungsverfahren spielt erstens bei ganz bestimmten Konstruktionen eine Rolle, zweitens in manchen anderen Fällen dann, wenn eine elektronische programmierbare Rechenanlage benutzt wird. Wir wollen zunächst ein Beispiel der ersten Art kennen lernen, wo das Verfahren auch schon ohne Elektronenrechner zweckmäßig ist.

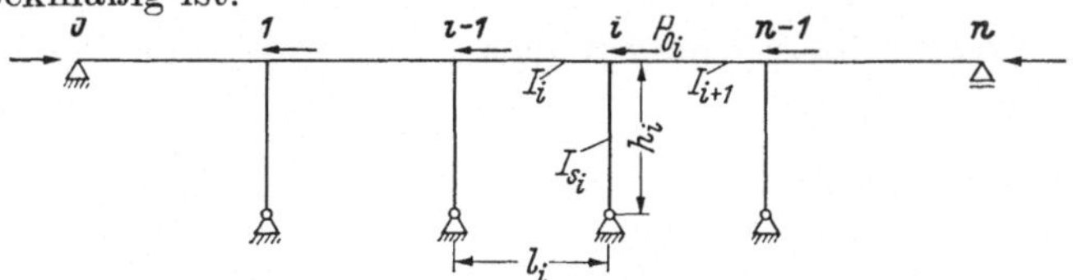

Abb. 104. Durchlaufender Balken auf elastisch drehbaren Stützen.

Nach Abb. 104 sei ein durchlaufender Balken betrachtet, der auf Stützen ruht, die biegesteif mit dem Balken verbunden sind und an ihren Fußpunkten ein festes Gelenklager besitzen. Im Laufe der folgenden Untersuchung wird sich zeigen, daß die zu entwickelnde Methode auch für allgemeinere Lagerungsarten des Systems gilt. Die Belastung besteht aus einer Reihe von Einzelkräften, die in den Knotenpunkten angreifen und in Richtung der Balkenachse wirken. Die Dehnungssteifigkeiten aller Stäbe des Systems seien hinreichend groß, so daß die Dehnungen der Stabachsen vernachlässigt werden können. Im Grundzustand wird dann der Balken nur auf Druck beansprucht, während die Stützen spannungsfrei bleiben. Diese wirken erst beim Ausknicken, indem sie wie „Drehfedern“ die Knotenpunktsverdrehungen des Systems beeinflussen. Das Trägheitsmoment des Balkens sei feldweise, das der Stützen über die jeweilige Stützenlänge konstant. Wir nehmen die Lasten in ihrem gegenseitigen Verhältnis als gegeben an und definieren als Eigenwert einen konstanten Faktor, mit dem eine beliebig wählbare Laststufe — etwa die Gebrauchsbelastung — multipliziert werden muß, um die Knickgrenze zu erreichen.

Die Lager- bzw. Knotenpunkte des Balkens seien $1, 2, \ldots i \ldots n$. Die benutzten Bezeichnungen gehen im übrigen aus den Abb. 104 und 105 hervor, wobei die letztere den Balkenteil $i - 1$ bis i (ohne die anschließenden Knoten) im verformten Zustand darstellt. Die Bezeichnungsweise entspricht dabei im wesentlichen derjenigen, die in dem bekannten Drehwinkelverfahren[1] der Rahmenstatik üblich ist. Bei den Indizes gibt immer der erste die Stelle an, wo die betreffende Größe zu finden ist, während der zweite das andere Ende des Stabteiles angibt, in dem die Größe auftritt.

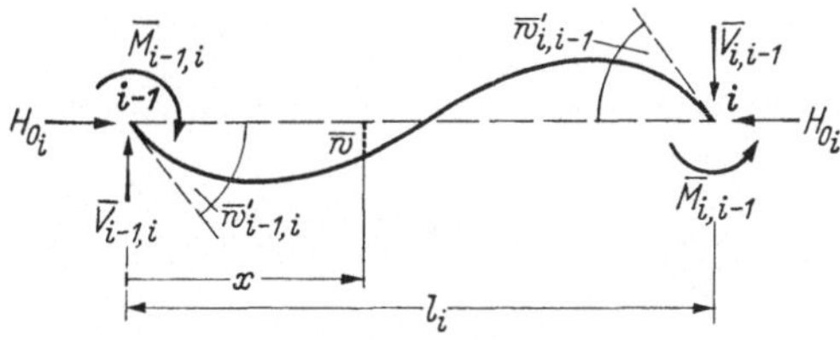

Abb. 105. Balkenfeld $i - 1$ bis i im Nachbarzustand.

Ein Unterschied zum Drehwinkelverfahren besteht darin, daß hier mit Biegemomenten statt Stabendmomenten gerechnet wird. Betont sei ferner, daß $\overline{V}$ nicht die Querkraft des verformten Stabes ist, sondern eine Kraft quer zur Achse des unverformten Balkens.

---

[1] Die Rechnung könnte auch mit dem Drehwinkelverfahren weitergeführt und insbesondere die Auflösung der entstehenden Gleichungen mit dem Verfahren von Cross durchgeführt werden. S. E. Chwalla, Der Bauingenieur 34 (1959) 128, 240, 299.

Die durchzuführende Rechnung verläuft zunächst ohne irgendwelche Besonderheiten. Aus Gleichgewichtsgründen ist

$$H_{0_i} = P_{0_i} + P_{0_{i+1}} \cdots + P_{0_n} \tag{115}$$

und

$$\overline{M}_{i,i-1} = \overline{M}_{i-1,i} + \overline{V}_{i-1,i} l_i . \tag{116}$$

Für das Biegemoment an einer beliebigen Stelle x des „Feldes i" gilt

$$\overline{M} = \overline{M}_{i-1,i} + \overline{V}_{i-1,i}\, x + H_{0_i}\overline{w} = -EI_i\overline{w}'' . \tag{117}$$

Die allgemeine Lösung dieser Differentialgleichung lautet mit den Integrationskonstanten C_1 und C_2

$$\left.\begin{aligned}
\overline{w} &= C_1 \sin \nu_i x + C_2 \cos \nu_i x - \frac{\overline{V}_{i-1,i}}{H_{0_i}}\, x - \frac{\overline{M}_{i-1,i}}{H_{0_i}} \\[2mm]
\text{mit} \qquad \nu_i &= \sqrt{\frac{H_{0_i}}{EI_i}} .
\end{aligned}\right\} \tag{118}$$

Eliminieren wir $\overline{V}_{i-1,i}$ mit Hilfe von (116), drücken H_{0_i} durch ν_i aus und setzen

$$\overline{M}_{i-1,i} = -EI_i\overline{w}''_{i-1,i}, \qquad \overline{M}_{i,i-1} = -EI_i\overline{w}''_{i,i-1},$$

so wird aus (118)

$$\overline{w} = C_1 \sin \nu_i x + C_2 \cos \nu_i x + \frac{1}{\nu_i^2}\left(\overline{w}''_{i,i-1} - \overline{w}''_{i-1,i}\right)\frac{x}{l_i} + \frac{\overline{w}''_{i-1,i}}{\nu_i^2} . \tag{119}$$

Die Konstanten C_1 und C_2 bestimmen wir aus den Bedingungen, daß für $x = 0$ und für $x = l_i$ die Durchbiegung $\overline{w}$ verschwinden muß. Mit

$$\lambda_i = \nu_i l_i \tag{120}$$

ergibt sich

$$C_2 = -\frac{\overline{w}''_{i-1,i}}{\nu_i^2}, \qquad C_1 \sin \lambda_i = \frac{\overline{w}''_{i-1,i}}{\nu_i^2}\cos \lambda_i - \frac{\overline{w}''_{i,i-1}}{\nu_i^2}$$

und damit

$$\overline{w} = \frac{\overline{w}''_{i-1,i}}{\nu_i^2}\left(\cot \lambda_i \sin \nu_i x - \cos \nu_i x - \frac{\nu_i}{\lambda_i}\, x + 1\right) - \frac{\overline{w}''_{i,i-1}}{\nu_i^2}\left(\frac{\sin \nu_i x}{\sin \lambda_i} - \frac{\nu_i}{\lambda_i}\, x\right) . \tag{121}$$

Wir haben nun noch die Randbedingungen zur Verfügung, daß für $x = 0$ und für $x = l_i$ die Neigung $\overline{w}'$ der Biegelinie die Werte $\overline{w}'_{i-1,i}$ bzw. $\overline{w}'_{i,i-1}$ annehmen muß. Wir erhalten daraus die beiden Gleichungen

$$\left.\begin{aligned}
\overline{w}'_{i-1,i} &= \frac{\overline{w}''_{i-1,i}}{\nu_i}\left(\cot \lambda_i - \frac{1}{\lambda_i}\right) - \frac{\overline{w}''_{i,i-1}}{\nu_i}\left(\frac{1}{\sin \lambda_i} - \frac{1}{\lambda_i}\right), \\[2mm]
\overline{w}'_{i,i-1} &= \frac{\overline{w}''_{i-1,i}}{\nu_i}\left(\cot \lambda_i \cos \lambda_i + \sin \lambda_i - \frac{1}{\lambda_i}\right) - \frac{\overline{w}''_{i,i-1}}{\nu_i}\left(\cot \lambda_i - \frac{1}{\lambda_i}\right) .
\end{aligned}\right\} \tag{122a, b}$$

Für spätere Rechnungen ist es zweckmäßig, diese Gleichungen noch in etwas anderer Form zu schreiben:

$$\left.\begin{aligned}
\overline{w}'_{i,i-1} &= \frac{1}{\sin \lambda_i - \lambda_i}\left[(\sin \lambda_i - \lambda_i \cos \lambda_i)\,\overline{w}'_{i-1,i} + (2 - \lambda_i \sin \lambda_i - 2\cos \lambda_i)\frac{\overline{w}''_{i-1,i}}{\nu_i}\right], \\[2mm]
\frac{\overline{w}''_{i,i-1}}{\nu_i} &= \frac{1}{\sin \lambda_i - \lambda_i}\left[\lambda_i \sin \lambda_i\, \overline{w}'_{i-1,i} + (\sin \lambda_i - \lambda_i \cos \lambda_i)\frac{\overline{w}''_{i-1,i}}{\nu_i}\right] .
\end{aligned}\right\} \tag{123 a, b}$$

(123 b) folgt aus (122 a), wenn man diese Gleichung nach $\dfrac{\overline{w}''_{i,i-1}}{v_i}$ auflöst. Setzt man die so erhaltene Beziehung in (122 b) ein, so ergibt sich (123 a).

Die beiden Gln. (123) enthalten abgesehen vom Eigenwert noch vier Unbekannte. Die zu deren Bestimmung fehlenden zwei Gleichungen gewinnen wir aus den Bedingungen für den Übergang von einem Balkenfeld zum nächsten. Nach Abb. 106 gilt zunächst die geometrische Bedingung, daß die Neigungen der Biegelinie links und rechts vom Knoten übereinstimmen müssen, d. h.

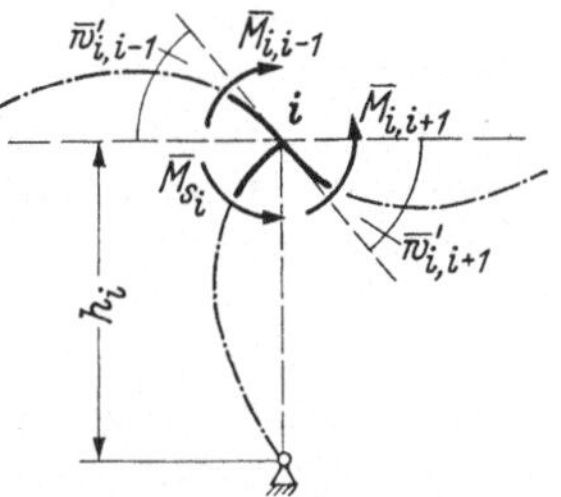

$$\overline{w}'_{i,i-1} = \overline{w}'_{i,i+1}. \qquad (124\,\text{a})$$

Ein Sprung in der Neigung wäre dann zu berücksichtigen, wenn ein Federgelenk vorhanden wäre.

Eine zweite Gleichung ergibt sich aus dem Momentengleichgewicht für den Knoten i:

$$\overline{M}_{i,i-1} - \overline{M}_{i,i+1} - \overline{M}_{s_i} = 0.$$

Abb. 106.
Knoten i im Nachbarzustand mit angreifenden Momenten.

Für das Stützenmoment $\overline{M}_{s_i}$ gilt nach bekannten Regeln der Statik

$$\overline{M}_{s_i} = \frac{3\,E\,I_{s_i}}{h_i}\,\overline{w}'_{i,i-1}.$$

Falls die Stütze nicht gelenkig gelagert, sondern z. B. eingespannt wäre, würde statt der Zahl 3 die Zahl 4 zu setzen sein. Aus der obigen Momentengleichgewichtsbedingung wird dann, wenn wir noch die Krümmungen statt der Momente einführen,

$$\overline{w}''_{i,i+1} = \frac{3}{h_i}\,\frac{I_{s_i}}{I_{i+1}}\,\overline{w}'_{i,i-1} + \frac{I_i}{I_{i+1}}\,\overline{w}''_{i,i-1}. \qquad (124\,\text{b})$$

Mit Aufstellung der Gln. (123) und (124) ist das Problem grundsätzlich gelöst. Bei n Lagern sind n Neigungen $\overline{w}'_{i,i-1} = \overline{w}'_{i,i+1}$ unbekannt; ferner an den Knotenpunkten — jedoch mit Ausnahme der Endauflager, an denen die Momente verschwinden — $2(n-2)$ Krümmungen $\overline{w}''_{i,i-1}$ und $\overline{w}''_{i,i+1}$. Diesen insgesamt $3n-4$ Unbekannten stehen bei $n-1$ Feldern $2(n-1)$ Gleichungen von der Form (123) und $n-2$ Gleichungen von der Form (124 b) gegenüber. Das gleiche würde für feste Einspannung der Endauflager gelten, da dann zwei Neigungen $\overline{w}'$ den von vornherein bekannten Wert Null haben müßten, dafür aber die Einspannmomente unbekannt wären. Das System der $3n-4$ Gleichungen ist homogen und seine Koeffizientendeterminante ist wieder die Knickdeterminante, die den kritischen Eigenwert liefert, wie wir es bereits bei anderen Aufgaben kennengelernt haben.

Bei dieser „üblichen" Methode wird die Auflösung der Knickdeterminante und die Ermittlung des niedrigsten Eigenwertes sehr mühsam, wenn nicht die Felderzahl auf zwei oder drei beschränkt bleibt. Das *Übertragungsverfahren*[1] vermeidet

---

[1] Dieses Verfahren ist wohl zuerst in der Schwingungslehre bei H. HOLZER: Schiffbau 8 (1907) 823, 866, 904 zu finden, wo es allerdings noch nicht als besondere Methode gekennzeichnet ist. In die Baustatik wurde es unter dem Namen „Traversenmethode" von STEWART eingeführt. Siehe R. STEWART u. A. KLEINLOGEL: Die Traversenmethode, Berlin 1952. Von S. FALK wird es in Abh. Braunschweig. Wiss. Ges. 7 (1955) 74 und in weiteren Veröffentlichungen als „Reduktionsverfahren" bezeichnet, in sehr weitreichender Form entwickelt und für zahlreiche Probleme anwendungsfähig gemacht. Siehe auch R. KERSTEN: Das Reduktionsverfahren der Baustatik, Berlin/Göttingen/Heidelberg 1962. Von der übrigen recht umfangreichen Literatur sei nur der Aufsatz W. SCHNELL: Z. angew. Math. Mech. 35 (1955) 269, angeführt, der sich auch mit den hier behandelten Problemen beschäftigt.

diese Schwierigkeit und kann mathematisch als besondere Methode zur Auflösung der Gln. (123) und (124) aufgefaßt werden. Sein mechanischer Grundgedanke ist folgender.

Wie die Gln. (123) zeigen, lassen sich Neigung und Krümmung der Biegelinie für das rechte Ende eines Balkenfeldes leicht berechnen, wenn sie für das linke Ende gegeben sind. Aus den Übergangsbedingungen (124) folgen dann dieselben Größen für das linke Ende des nächsten Feldes. Am ersten Auflager sind nun Krümmung und Neigung bekannt: Die Krümmung ist Null und die Neigung frei wählbar, da es beim Eigenwertproblem auf einen konstanten Faktor nicht ankommt. Es ist also möglich, Krümmung und Neigung vom linken Auflager ausgehend durch die ganze Konstruktion hindurch bis zum Endauflager zu übertragen. Die einzige unbekannte Größe bei dieser Rechnung ist der Eigenwert, der in den v_i und λ_i enthalten ist. Schätzt man ihn zunächst, so läßt sich die beschriebene Übertragung durchführen, wobei sich am Endauflager der begangene Fehler zeigen muß. Hier muß an sich dem Gelenk entsprechend die Krümmung verschwinden; bei fester Einspannung muß die Neigung zu Null werden. Die Abweichung vom Sollwert ist ein Maß für den Fehler des geschätzten Eigenwertes. Wiederholt man die Rechnung mit anderen Eigenwerten, so kann man den Fehler als Funktion des Eigenwertes auftragen und aus dem Nulldurchgang der Kurve den richtigen Eigenwert ermitteln. Um bei diesem Verfahren den niedrigsten Eigenwert zu bekommen, muß man mit einer Schätzung beginnen, die mit Sicherheit unter diesem Wert liegt, und dann den nächsten Nulldurchgang suchen. Einzelheiten dieser Rechnung können wir am besten an einem Zahlenbeispiel kennenlernen.

Bevor wir uns damit näher befassen, wollen wir uns jedoch noch einmal den Gln. (123) und (124) zuwenden und sie in die Matrizenschreibweise[1] kleiden, da hierdurch die Zahlenrechnung sehr viel übersichtlicher und einfacher gestaltet werden kann. Wir fassen hierzu die dimensionslosen Größen $\overline{w}'$ und $\dfrac{\overline{w}''}{v_i}$ als Elemente einer Spaltenmatrix $\mathfrak{w}$ auf, indem wir

$$\mathfrak{w} = \begin{pmatrix} \overline{w}' \\ \dfrac{\overline{w}''}{v_i} \end{pmatrix}$$

setzen. Im folgenden interessiert dieser *Zustandsvektor* nur für das linke und rechte Ende eines Feldes, d. h. es kommen in Betracht

$$\mathfrak{w}_{i-1,i} = \begin{pmatrix} \overline{w}'_{i-1,i} \\ \dfrac{\overline{w}''_{i-1,i}}{v_i} \end{pmatrix}, \qquad \mathfrak{w}_{i,i-1} = \begin{pmatrix} \overline{w}'_{i,i-1} \\ \dfrac{\overline{w}''_{i,i-1}}{v_i} \end{pmatrix}. \tag{125a, b}$$

Die durch (123) beschriebene Übertragung des Zustandsvektors von einem Feldende zum anderen erfassen wir durch die *Feld-Übertragungsmatrix*

$$\mathfrak{F}_i = \frac{1}{\sin \lambda_i - \lambda_i} \begin{pmatrix} \sin \lambda_i - \lambda_i \cos \lambda_i & 2 - \lambda_i \sin \lambda_i - 2 \cos \lambda_i \\ \lambda_i \sin \lambda_i & \sin \lambda_i - \lambda_i \cos \lambda_i \end{pmatrix} = \frac{1}{\sin \lambda_i - \lambda_i} \overline{\mathfrak{F}}_i. \tag{126}$$

(123) schreibt sich dann in der Form

$$\mathfrak{w}_{i,i-1} = \mathfrak{F}_i \mathfrak{w}_{i-1,i} = \frac{1}{\sin \lambda_i - \lambda_i} \overline{\mathfrak{F}}_i \mathfrak{w}_{i-1,i}. \tag{127}$$

---

[1] Die Grundlagen dieses Kalküls werden hier als bekannt vorausgesetzt. Vgl. z. B. R. Zurmühl: Matrizen, 4. Aufl., Berlin/Göttingen/Heidelberg 1964.

Zur Erfüllung der Vorschrift (124) bilden wir eine *Knoten-Übertragungsmatrix*

$$\mathfrak{K}_i = \begin{pmatrix} 1 & 0 \\ \dfrac{3}{\lambda_i}\,\dfrac{l_i}{h_i}\,\dfrac{I_{s_i}}{I_{i+1}} & \dfrac{I_i}{I_{i+1}} \end{pmatrix}, \tag{128}$$

so daß die Beziehung

$$\mathfrak{w}_{i,i+1} = \mathfrak{K}_i\,\mathfrak{w}_{i,i-1} \tag{129}$$

gilt. Die Übertragung des Anfangsvektors $\mathfrak{w}_{0,1}$ bis zum Endvektor $\mathfrak{w}_{n,n-1}$ erscheint dann in der Form

$$\mathfrak{w}_{n,n-1} = \mathfrak{F}_n\mathfrak{K}_{n-1}\mathfrak{F}_{n-1}\cdots\mathfrak{K}_i\mathfrak{F}_i\cdots\mathfrak{K}_2\mathfrak{F}_2\mathfrak{K}_1\mathfrak{F}_1\mathfrak{w}_{0,1}. \tag{130a}$$

Für gelenkige Ausbildung des Endauflagers muß bei richtiger Wahl des Eigenwertes

$$\frac{\overline{w}''_{n,n-1}}{\nu_n} = 0 \tag{130b}$$

sein.

Für die numerische Rechnung ist nun noch zweierlei von Bedeutung. Erstens die Tatsache, daß es bei den Matrizenmultiplikationen nach (130a) wegen der Endbedingung (130b) auf einen konstanten Faktor nicht ankommt. Wir können also den in (126) stehenden Vorfaktor $\dfrac{1}{\sin \lambda_i - \lambda_i}$ einfach weglassen, da $\lambda_i = \nu_i l_i$ stets endlich ist und somit der Faktor nicht zu Null werden kann. Statt der Feldmatrizen $\mathfrak{F}$ können wir dann die Matrizen $\widehat{\mathfrak{F}}$ setzen. Zweitens ist zu beachten, daß bei der letzten Multiplikation mit der Matrix $\mathfrak{F}_n$ vom Resultat nur die Krümmung $\dfrac{\overline{w}''_{n,n-1}}{\nu_n}$ interessiert. Von $\mathfrak{F}_n$ bzw. $\widehat{\mathfrak{F}}_n$ brauchen folglich nur die Elemente der zweiten Zeile berechnet zu werden, d. h. nur $\hat{f}_{n_{21}}$ und $\hat{f}_{n_{22}}$, wenn wir

$$\widehat{\mathfrak{F}}_n = \begin{pmatrix} \hat{f}_{n_{11}} & \hat{f}_{n_{12}} \\ \hat{f}_{n_{21}} & \hat{f}_{n_{22}} \end{pmatrix}$$

setzen. Definieren wir nun eine Zeilenmatrix

$$\widehat{\mathfrak{F}}_n^* = (\hat{f}_{n_{21}}\ \hat{f}_{n_{22}}), \tag{131}$$

so können wir die besprochenen Vereinfachungen dadurch zum Ausdruck bringen, daß wir die beiden Gln. (130) zu der endgültigen Knickbedingung

$$\widehat{\mathfrak{F}}_n^*\mathfrak{K}_{n-1}\widehat{\mathfrak{F}}_{n-1}\cdots\mathfrak{K}_i\widehat{\mathfrak{F}}_i\cdots\mathfrak{K}_2\widehat{\mathfrak{F}}_2\mathfrak{K}_1\widehat{\mathfrak{F}}_1\mathfrak{w}_{0,1} = 0 \tag{132}$$

zusammenfassen.

Der Eigenwert ist in (132) in den Größen ν_i und λ_i enthalten, die in den Übertragungsmatrizen vorkommen. Für eine numerische Rechnung setzen wir am besten

$$\nu_i = \sqrt{k}\,\overline{\nu}_i, \qquad \lambda_i = \sqrt{k}\,\overline{\lambda}_i = \sqrt{k}\,\overline{\nu}_i l_i,$$

wobei $\overline{\nu}_i$ und $\overline{\lambda}_i$ für eine willkürlich gewählte Laststufe ausgerechnet werden und k der dimensionslose Eigenwert ist, mit dem die Laststufe multipliziert werden muß, um die Knickgrenze zu erreichen.

Zur weiteren Erläuterung der Zusammenhänge wollen wir das nachstehende Zahlenbeispiel betrachten. Das zu untersuchende System ist in Abb. 107 zusammen mit den in Tab. 5 angegebenen Systemwerten dargestellt. Gegenüber Abb. 104 ist jetzt beim linken Auflager eine feste Einspannung angenommen, um zu zeigen, daß diese Änderung der Randbedingungen keinerlei Schwierigkeiten bereitet. Als Bezugsgrößen sind in der Tabelle die Größen des Feldes 2 gewählt. Diese Wahl ist an sich willkürlich, rechtfertigt sich aber dadurch, daß bei Annahme beiderseits gelenkig gelagerter Feldenden das Feld 2 die niedrigste Knickkraft hat, die eine untere Grenze für die kritische Beanspruchung des Gesamtsystems liefert. Die in der Tabelle angegebenen Werte $\bar{\nu}_i$ und $\bar{\lambda}_i$ sind dementsprechend auch für den Fall berechnet, daß $H_{0_2} = \dfrac{\pi^2 E I_2}{l_2^2}$ ist. In diesem Fall wird

$$\bar{\nu}_i = \sqrt{\frac{\pi^2 E I_2}{l_2^2 E I_i} \frac{H_{0_i}}{H_{0_2}}} = \frac{\pi}{l_2} \sqrt{\frac{I_2}{I_i} \frac{H_{0_i}}{H_{0_2}}} \; .$$

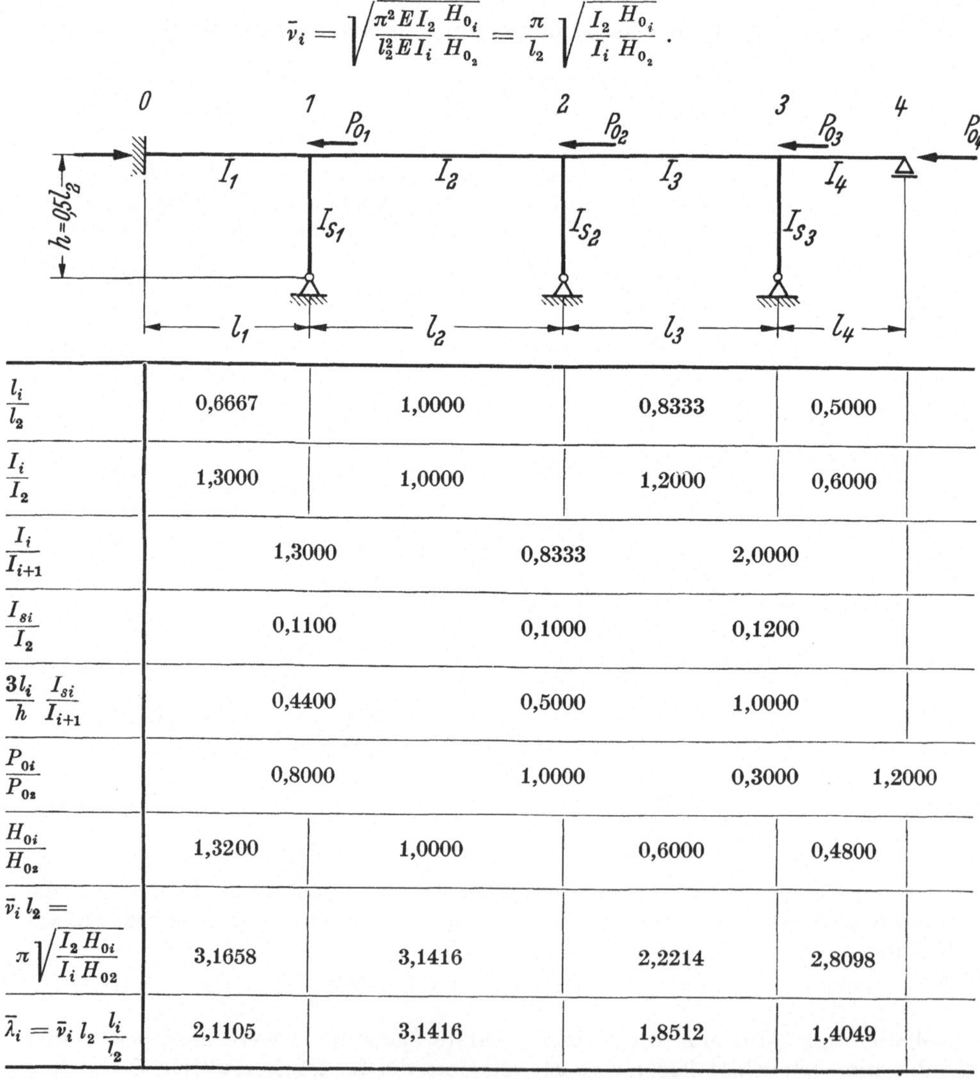

	1	2	3	4
$\dfrac{l_i}{l_2}$	0,6667	1,0000	0,8333	0,5000
$\dfrac{I_i}{I_2}$	1,3000	1,0000	1,2000	0,6000
$\dfrac{I_i}{I_{i+1}}$	1,3000	0,8333	2,0000	
$\dfrac{I_{si}}{I_2}$	0,1100	0,1000	0,1200	
$\dfrac{3 l_i}{h} \dfrac{I_{si}}{I_{i+1}}$	0,4400	0,5000	1,0000	
$\dfrac{P_{0i}}{P_{0_2}}$	0,8000	1,0000	0,3000	1,2000
$\dfrac{H_{0i}}{H_{0_2}}$	1,3200	1,0000	0,6000	0,4800
$\bar{\nu}_i l_2 = \pi \sqrt{\dfrac{I_2}{I_i} \dfrac{H_{0i}}{H_{02}}}$	3,1658	3,1416	2,2214	2,8098
$\bar{\lambda}_i = \bar{\nu}_i l_2 \dfrac{l_i}{l_2}$	2,1105	3,1416	1,8512	1,4049

Abb. 107 und Tabelle 5. Skizze und Systemwerte eines durchlaufenden Balkens.

Tabelle 6. *Beispiel für die Matrizenmultiplikation nach Gl. (132)*

$\sqrt{k}_{\text{geschätzt}} = 1{,}400$

i	$\lambda_i = \sqrt{k}\,\bar\lambda_i$	$\sin\lambda_i$	$\cos\lambda_i$	$\lambda_i\sin\lambda_i$	$\lambda_i\cos\lambda_i$	$\sin\lambda_i - \lambda_i\cos\lambda_i$	$2 - \lambda_i\sin\lambda_i - 2\cos\lambda_i$	$\dfrac{1}{\lambda_i}\dfrac{3l_i}{h_i}\dfrac{I_{si}}{I_{i+1}}$	Matrizenmultiplikation			$\begin{matrix}0\\1\end{matrix}$
1	2,9547	+0,1852	−0,9826	+0,5472	−2,9033	+3,0885	+3,4180	+0,1489	$\tilde{\mathfrak{S}}_1$	+3,0885	+3,4180	+ 3,4180
										+0,5472	+3,0885	+ 3,0885
									$\mathfrak{R}_1$	1	0	+ 3,4180
										+0,1489	1,3000	+ 4,5240
2	4,3982	−0,9510	−0,3090	−4,1827	−1,3590	+0,4080	+6,8007	+0,1137	$\tilde{\mathfrak{S}}_2$	+0,4080	+6,8007	+32,1609
										−4,1827	+0,4080	−12,4507
									$\mathfrak{R}_2$	1	0	+32,1609
										+0,1137	0,8333	− 6,7185
3	2,5917	+0,5226	−0,8526	+1,3544	−2,2097	+2,7323	+2,3508	+0,3858	$\tilde{\mathfrak{S}}_3$	+2,7323	+2,3508	+72,0794
										+1,3544	+2,7323	+25,2017
									$\mathfrak{R}_3$	1	0	+72,0794
										+0,3858	2,0000	+78,2116
4	1,9669	+0,9226	−0,3858	+1,8147	−0,7588	+1,6814	+0,9569	—	$\tilde{\mathfrak{S}}_4^{*}$	+1,8147	+1,6814	$\Delta = $ +262,3075

Führt man die oben beschriebene Rechnung nach Gl. (132) durch, so ergibt sich für die Abweichung vom Sollwert Null ein Fehler Δ, der in Abb. 108 in Abhängigkeit vom gewählten Eigenwert k dargestellt ist. Der Fehler wird zu Null für

$$\sqrt{k} = 1{,}497, \qquad k = 2{,}241,$$

womit die kritische Laststufe gefunden ist. Es gilt dann z. B. für die kritische Druckkraft im Feld 2

$$\sqrt{\frac{H_{K_2}}{E I_2}} = \sqrt{k}\ \sqrt{\frac{\pi^2 E I_2}{l_2^2}\frac{1}{E I_2}}, \qquad H_{K_2} = k\,\frac{\pi^2 E I_2}{l_2^2} = 2{,}241\,\frac{\pi^2 E I_2}{l_2^2}$$

und für die kritische äußere Belastung unter Berücksichtigung von Gl. (115)

$$P_{K_i} = P_{K_2}\frac{P_{0_i}}{P_{0_2}} = \frac{H_{K_2}}{1 + \dfrac{P_{0_3}}{P_{0_2}} + \dfrac{P_{0_4}}{P_{0_2}}}\frac{P_{0_i}}{P_{0_2}}$$

$$= \frac{2{,}241}{1 + 0{,}3 + 1{,}2}\,\frac{\pi^2 E I_2}{l_2^2}\frac{P_{0_i}}{P_{0_2}}$$

$$= 0{,}896\,\frac{\pi^2 E I_2}{l_2^2}\frac{P_{0_i}}{P_{0_2}}.$$

Zur weiteren Erläuterung der bei Auflösung von Gl. (132) erforderlichen Zahlenrechnung ist in Tab. 6 dargestellt, wie z. B. der in Abb. 108 gekennzeichnete Punkt $\sqrt{k} = 1{,}400$, $\Delta = +262{,}3$ zu berechnen ist. Der linke Teil der Tabelle enthält die Berechnung der Elemente der Feld- und Knotenmatrizen mit Ausnahme des schon in Tab. 5 angegebenen Wertes $\dfrac{I_i}{I_{i+1}}$. Im rechten Tabellenteil ist die Matrizenmultiplikation nach Gl. (132) durchgeführt. Der Anfangsvektor ist dabei der festen Einspannung entsprechend $\mathfrak{w}_{0,1} = \begin{bmatrix} 0 \\ 1 \end{bmatrix}$; bei gelenkiger Lagerung wäre statt dessen $\begin{bmatrix} 1 \\ 0 \end{bmatrix}$ zu setzen.

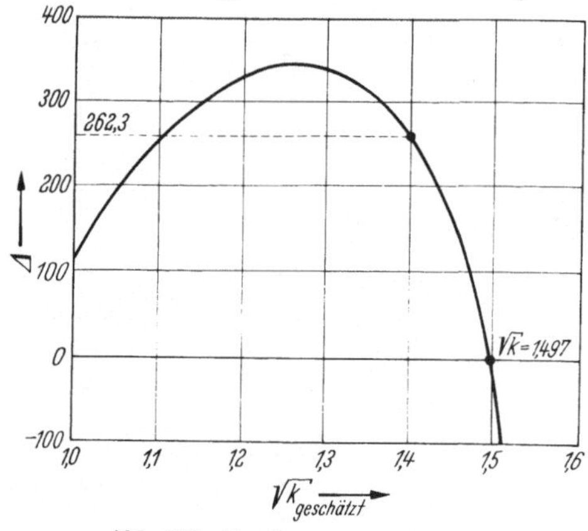

Abb. 108. Zur Lösung von Gl. (132).

2. Benutzung programmierbarer Elektronenrechner

Falls eine elektronische Datenverarbeitungsanlage zur Verfügung steht, kann das Übertragungsverfahren auch in Fällen sehr zweckmäßig werden, für die es sonst keine Bedeutung haben würde. Als Erläuterungsbeispiel hierzu betrachten wir noch einmal den Knickstab von Abb. 93 mit konstanter Längsbelastung und veränderlicher Biegesteifigkeit.

Während bei dem im vorigen Kapitel behandelten durchlaufenden Balken die Einteilung in verschiedene Felder von selbst durch die Stützen zustande kam, wird es hier notwendig, den Stab durch künstlich gewählte Grenzen in eine Anzahl Abschnitte, sogenannte „endliche Elemente", aufzulösen. Wir teilen hierzu die Stablänge in n gleich große Intervalle ein, deren Endpunkte die „Knoten" $0, 1, 2 \ldots i \ldots n$ sind. Die stetig verteilte Längsbelastung p_0 ersetzen wir näherungsweise durch in den Knotenpunkten angreifende Einzelkräfte P_0, die wir zu

$$P_{0i} = p_0 \frac{l}{n} \quad \text{für} \quad i = 1, 2, \cdots n - 1,$$

$$P_{0_o} = P_{0_n} = p_0 \frac{l}{2n}$$

festlegen. Ferner erfassen wir den veränderlichen Verlauf der Biegesteifigkeit angenähert durch eine Treppenkurve mit feldweise konstanter Biegesteifigkeit.

Gegenüber dem Beispiel des durchlaufenden Balkens tritt jetzt z. T. eine Erschwerung der Rechnung, z. T. eine Vereinfachung ein. Die erstere besteht darin, daß an den Grenzen irgendeines Intervalls die beiden Durchbiegungen nicht mehr gleich Null sind, so daß zwei Randbedingungen weniger als vorher zur Verfügung stehen. Während es oben möglich war, den Kräfte- und Verformungszustand durch zwei Größen, $\overline{w}'$ und $\dfrac{\overline{w}''}{v}$, zu beschreiben, werden jetzt also vier notwendig sein. Wir wollen hierzu

$$\mathfrak{w} = \begin{pmatrix} \dfrac{\overline{w}}{l} \\[2ex] \overline{w}' \\[2ex] \dfrac{\overline{M}}{E\,l^3} \\[2ex] \dfrac{\overline{V}}{E\,l^2} \end{pmatrix} \tag{133}$$

wählen, wobei der Elastizitätsmodul und die Stablänge nur eingeführt sind, um dimensionslose Größen zu erhalten.

Die getroffene Wahl der Elemente von $\mathfrak{w}$ ist zweckmäßig, weil sich hierbei die erwähnte Vereinfachung gegenüber dem durchlaufenden Balken ausnutzen läßt: Sämtliche vier Größen ändern sich nämlich beim Überschreiten einer Intervallgrenze nicht. Für die Durchbiegung, ihre Ableitung und das Biegemoment ist das selbstverständlich; für die Vertikalkraft $\overline{V}$ ergibt es sich daraus, daß außer $\overline{V}$ nur die horizontalen Kräfte P_0 und H_0 an einer Feldgrenze wirken. Eine „Knotenmatrix" benötigen wir also gar nicht (sie ist einfach gleich der Einheitsmatrix), es genügt vielmehr die Feldmatrix aufzustellen. Für die Bezeichnungen ergibt sich dann die Vereinfachungsmöglichkeit, den zweiten Index fortzulassen, so daß wir als Zustandsvektoren in den Punkten $i - 1$ und i

$$\mathfrak{w}_{i-1} = \begin{pmatrix} \dfrac{\overline{w}_{i-1}}{l} \\[2ex] \overline{w}'_{i-1} \\[2ex] \dfrac{\overline{M}_{i-1}}{E\,l^3} \\[2ex] \dfrac{\overline{V}_{i-1}}{E\,l^2} \end{pmatrix}, \qquad \mathfrak{w}_i = \begin{pmatrix} \dfrac{\overline{w}_i}{l} \\[2ex] \overline{w}'_i \\[2ex] \dfrac{\overline{M}_i}{E\,l^3} \\[2ex] \dfrac{\overline{V}_i}{E\,l^2} \end{pmatrix} \tag{134a, b}$$

bekommen.

Der Kräfte- und Verformungszustand des Feldes $i-1$ bis i ist in Abb. 109 dargestellt. Für H_{0_i} gilt nach wie vor Gl. (115). Das Momentengleichgewicht um den Punkt i liefert

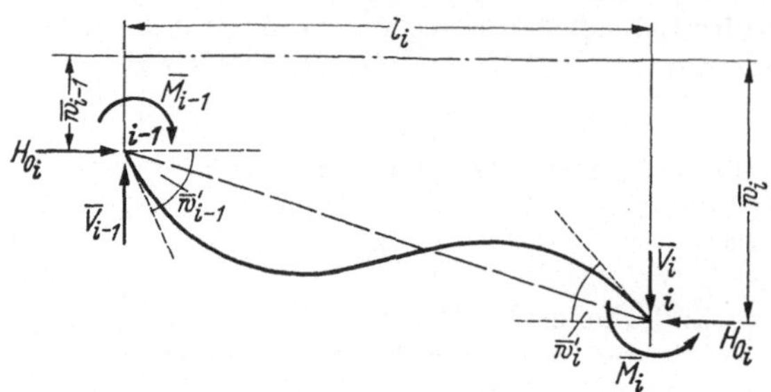

Abb. 109. Stabintervall $i-1$ bis i im Nachbarzustand.

$$\overline{M}_i = \overline{M}_{i-1} + \overline{V}_{i-1} l_i + H_{0_i}(\overline{w}_i - \overline{w}_{i-1}). \tag{135}$$

Für das Biegemoment an einer beliebigen Stelle x folgt

$$\overline{M} = \overline{M}_{i-1} + \overline{V}_{i-1} x + H_{0_i}(\overline{w} - \overline{w}_{i-1}) = = -EI_i \overline{w}''$$

mit der Lösung

$$\overline{w} = C_1 \sin \nu_i x + C_2 \cos \nu_i x - \frac{\overline{V}_{i-1}}{H_{0_i}} x - \frac{\overline{M}_{i-1}}{H_{0_i}} + \overline{w}_{i-1}.$$

Zur Bestimmung von C_1 und C_2 können wir die Bedingungen benutzen, daß $\overline{w}$ an den Feldgrenzen die Werte $\overline{w}_{i-1}$ bzw. $\overline{w}_i$ annehmen muß, und erhalten so

$$\overline{w} = \overline{w}_{i-1} - \frac{\overline{M}_{i-1}}{H_{0_i}} (\cot \lambda_i \sin \nu_i x - \cos \nu_i x + 1) + \frac{\overline{M}_i}{H_{0_i}} \frac{\sin \nu_i x}{\sin \lambda_i} - \frac{\overline{V}_{i-1}}{H_{0_i}} x.$$

Für die Ableitung $\overline{w}'$ folgt daraus an den Stellen $i-1$ und i

$$\overline{w}'_{i-1} = -\frac{\overline{M}_{i-1}}{H_{0_i}} \nu_i \cot \lambda_i + \frac{\overline{M}_i}{H_{0_i}} \frac{\nu_i}{\sin \lambda_i} - \frac{\overline{V}_{i-1}}{H_{0_i}},$$

$$\overline{w}'_i = -\frac{\overline{M}_{i-1}}{H_{0_i}} \nu_i (\cot \lambda_i \cos \lambda_i + \sin \lambda_i) + \frac{\overline{M}_i}{H_{0_i}} \nu_i \cot \lambda_i - \frac{\overline{V}_{i-1}}{H_{0_i}}.$$

Die erste dieser Gleichungen liefert aufgelöst nach $\overline{M}_i$

$$\overline{M}_i = \frac{H_{0_i}}{\nu_i} \sin \lambda_i \overline{w}'_{i-1} + \cos \lambda_i \overline{M}_{i-1} + \frac{\sin \lambda_i}{\nu_i} \overline{V}_{i-1}. \tag{136}$$

Setzen wir diese Beziehung für $\overline{M}_i$ in die zweite Gleichung ein, so erhalten wir

$$\overline{w}'_i = \cos \lambda_i \overline{w}'_{i-1} - \frac{\nu_i}{H_{0_i}} \sin \lambda_i \overline{M}_{i-1} - \frac{1 - \cos \lambda_i}{H_{0_i}} \overline{V}_{i-1} \tag{137}$$

und, wenn wir sie in (135) einsetzen

$$\overline{w}_i = \overline{w}_{i-1} + \frac{\sin \lambda_i}{\nu_i} \overline{w}'_{i-1} - \frac{1 - \cos \lambda_i}{H_{0_i}} \overline{M}_{i-1} + \frac{\sin \lambda_i - \lambda_i}{\nu_i H_{0_i}} \overline{V}_{i-1}. \tag{138}$$

Mit Benutzung von E und der Stablänge l sowie Beachtung der Beziehungen $H_{0_i} = EI_i \nu_i^2$ und $\lambda_i = \nu_i l_i$ lassen sich die Gln. (138), (137) und (136) wie folgt schreiben:

$$\frac{\overline{w}_i}{l} = \frac{\overline{w}_{i-1}}{l} + \frac{l_i}{l} \frac{\sin \lambda_i}{\lambda_i} \overline{w}'_{i-1} - \frac{l^4}{I_i} \frac{l_i^2}{l^2} \frac{1 - \cos \lambda_i}{\lambda_i^2} \frac{\overline{M}_{i-1}}{El^3} + \frac{l^4}{I_i} \frac{l_i^3}{l^3} \frac{\sin \lambda_i - \lambda_i}{\lambda_i^3} \frac{\overline{V}_{i-1}}{El^2},$$

$$\overline{w}'_i = \cos \lambda_i \overline{w}'_{i-1} - \frac{l^4}{I_i} \frac{l_i}{l} \frac{\sin \lambda_i}{\lambda_i} \frac{\overline{M}_{i-1}}{El^3} - \frac{l^4}{I_i} \frac{l_i^2}{l^2} \frac{1 - \cos \lambda_i}{\lambda_i^2} \frac{\overline{V}_{i-1}}{El^2},$$

$$\frac{\overline{M}_i}{El^3} = \frac{I_i}{l^4} \lambda_i \sin \lambda_i \overline{w}'_{i-1} + \cos \lambda_i \frac{\overline{M}_{i-1}}{El^3} + \frac{l_i}{l} \frac{\sin \lambda_i}{\lambda_i} \frac{\overline{V}_{i-1}}{El^2}.$$

$$\tag{139 a, b, c}$$

Fügen wir hierzu noch die einfache Beziehung

$$\overline{V}_i = \overline{V}_{i-1}, \tag{139d}$$

die nach Abb. 109 aus dem Gleichgewicht in vertikaler Richtung folgt, so haben wir in den Gln. (139) die Formeln für den Übergang des Zustandsvektors (134a) in den Vektor (134b) gefunden. In Matrizenschreibweise wird

$$\mathfrak{w}_i = \mathfrak{F}_i \mathfrak{w}_{i-1} \tag{140}$$

mit der zur Nebendiagonale symmetrischen Feldmatrix

$$\mathfrak{F}_i = \begin{pmatrix} 1 & \dfrac{l_i}{l}\dfrac{\sin\lambda_i}{\lambda_i} & -\dfrac{l^4}{I_i}\dfrac{l_i^2}{l^2}\dfrac{1-\cos\lambda_i}{\lambda_i^2} & \dfrac{l^4}{I_i}\dfrac{l_i^3}{l^3}\dfrac{\sin\lambda_i-\lambda_i}{\lambda_i^3} \\[2ex] 0 & \cos\lambda_i & -\dfrac{l^4}{I_i}\dfrac{l_i}{l}\dfrac{\sin\lambda_i}{\lambda_i} & -\dfrac{l^4}{I_i}\dfrac{l_i^2}{l^2}\dfrac{1-\cos\lambda_i}{\lambda_i^2} \\[2ex] 0 & \dfrac{I_i}{l^4}\lambda_i\sin\lambda_i & \cos\lambda_i & \dfrac{l_i}{l}\dfrac{\sin\lambda_i}{\lambda_i} \\[2ex] 0 & 0 & 0 & 1 \end{pmatrix}. \tag{141}$$

Bei der Wahl des Anfangsvektors $\mathfrak{w}_0$ kennen wir $\overline{w}_0$ und $\overline{M}_0$, die beide zu Null werden müssen. Ein weiteres Element — etwa $\overline{w}_0'$ — ist frei wählbar, das vierte aber nicht mehr. Schätzen wir das letztere und dazu noch den Eigenwert, so können nur bei richtiger Schätzung dieser *beiden* Größen nach Durchführung der Übertragung am rechten Stabende die beiden Bedingungen $\overline{w}_n = 0$ und $\overline{M}_n = 0$ erfüllt sein. Die Berechnung einer Fehlergröße Δ, deren Nulldurchgang Abb. 108 entsprechend den richtigen Eigenwert liefert, ist jetzt also nicht mehr möglich. Wir müssen vielmehr folgenden Weg einschlagen.

Der Endvektor folgt aus dem Anfangsvektor $\mathfrak{w}_0$ nach der Beziehung

$$\mathfrak{w}_n = \mathfrak{F}_n \mathfrak{F}_{n-1} \cdots \mathfrak{F}_i \mathfrak{F}_{i-1} \cdots \mathfrak{F}_2 \mathfrak{F}_1 \mathfrak{w}_0$$

oder

$$\mathfrak{w}_n = \mathfrak{R} \mathfrak{w}_0,$$

wenn wir zur Abkürzung eine *Resultatmatrix*

$$\mathfrak{R} = \begin{pmatrix} r_{11} & r_{12} & r_{13} & r_{14} \\ r_{21} & r_{22} & r_{23} & r_{24} \\ r_{31} & r_{32} & r_{33} & r_{34} \\ r_{41} & r_{42} & r_{43} & r_{44} \end{pmatrix} = \mathfrak{F}_n \mathfrak{F}_{n-1} \cdots \mathfrak{F}_i \mathfrak{F}_{i-1} \cdots \mathfrak{F}_2 \mathfrak{F}_1$$

einführen. Die Erfüllung der End-Randbedingungen erfordert nun, daß

$$\mathfrak{w}_n = \mathfrak{R} \begin{Bmatrix} 0 \\ \overline{w}_0' \\ 0 \\ \overline{V}_0 \end{Bmatrix} = \begin{Bmatrix} 0 \\ \overline{w}_n' \\ 0 \\ \overline{V}_n \end{Bmatrix}$$

wird, d. h. daß

$$r_{12}\overline{w}_0' + r_{14}\overline{V}_0 = 0,$$

$$r_{32}\overline{w}_0' + r_{34}\overline{V}_0 = 0$$

sein muß. Dieses homogene Gleichungssystem verlangt jedoch in bekannter Weise
das Verschwinden der Koeffizientendeterminante. Es muß also

$$r_{12}r_{34} - r_{32}r_{14} = 0 \tag{142}$$

sein, womit wir die Knickbedingung gefunden haben.

Nach Schätzung des Eigenwertes können wir nun wieder die Abweichung der
linken Seite von Gl. (142) vom Sollwert Null ermitteln und durch Änderung der
Schätzung den richtigen Eigenwert finden. Von der Resultatmatrix werden dabei
nur die in (142) vorkommenden Elemente benötigt. Eine Schätzung des Anfangsvektors ist bei dieser Rechnung nicht mehr notwendig. Einen entsprechenden
Weg hätten wir natürlich auch bei dem Beispiel des durchlaufenden Balkens
einschlagen können. Er ist dort aber unzweckmäßig, da er zu einer umständ-
licheren Zahlenrechnung führt.

Wenn man die beschriebene Rechnung mit einer Tischrechenmaschine oder
gar mit Hilfe eines Rechenschiebers durchführen wollte, so würde die Rechenarbeit sehr groß sein. Darüber hinaus würde sich als Nachteil der Matrizen-
methode herausstellen, daß die umfangreichen Matrizenmultiplikationen die viel-
fache Wiederholung einer rein formalen Rechenoperation ohne Möglichkeit anschaulicher, ingenieurmäßiger Kontrollen sind. Insgesamt gesehen würde das
Übertragungsverfahren wesentlich unzweckmäßiger sein als die in Kapitel D, 2
beschriebene Kombination der schrittweisen Näherung mit dem RAYLEIGHschen
Verfahren.

Wesentlich anders liegen jedoch die Dinge bei Verwendung einer program-
mierbaren Rechenanlage. Der genannte Nachteil der häufigen Wiederholung derselben formalen Rechnung ist jetzt ein großer Vorteil. Programme für Matrizenmultiplikationen gehören zu den Standard-Unterprogrammen jedes Elektronen-
rechners. Hinzu kommt, daß die Elemente der Feldmatrix sehr einfach gebaut
sind, so daß auch deren Programmierung und Berechnung keinerlei Schwierigkeiten bereitet.

Zur näheren Erläuterung der elektronischen Rechnung ist in Abb. 110 ein
Flußdiagramm dargestellt, aus dem das Programm für die Rechnung hervorgeht.
Die Maschine ermittelt danach automatisch durch lineare Interpolation zwischen
zwei Δ-Werten verschiedenen Vorzeichens mit einer vorschreibbaren Genauigkeit den k-Wert, der — wie beim Beispiel des durchlaufenden Balkens — die
kritische Laststufe definiert. Es ist danach nicht notwendig, eine Kurve ähnlich
Abb. 108 aufzutragen. Trotzdem ist dieses zweckmäßig, um durch die Kurvengestalt
kontrollieren zu können, daß wirklich der niedrigste Eigenwert gefunden ist. Das
Programm sieht daher eine Ausgabe aller k-Werte mit den zugehörigen Fehlern
in der Erfüllung der Knickbedingung vor. Im übrigen dürfte das Flußdiagramm
von sich aus verständlich sein, so daß weitere Erläuterungen überflüssig sind.

Das Ergebnis war im vorliegenden Fall bei Einteilung in 20 Elemente

$$p_K = 22{,}44\,\frac{E I_c}{l^3}\,,$$

wobei I_c wie in Kapitel D, 2 das konstante Trägheitsmoment der linken Stabhälfte ist. Die so ermittelte kritische Last unterscheidet sich nur geringfügig von
dem früher berechneten Wert nach Gl. (83).

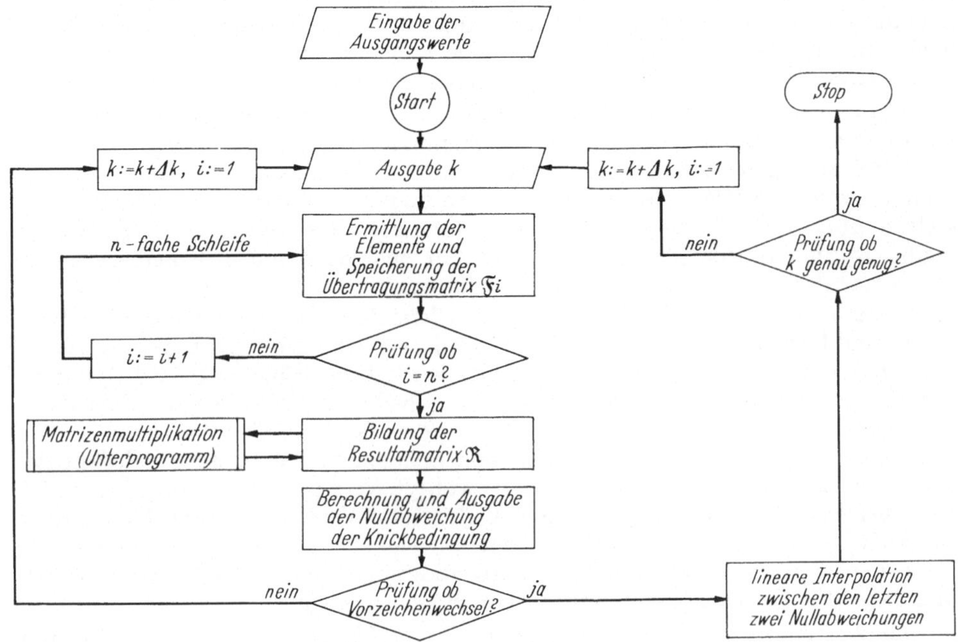

Abb. 110. Flußdiagramm für die elektronische Rechnung.

Die beiden behandelten Beispiele mögen zur Erläuterung des Übertragungsverfahrens genügen. Die Erweiterung der Gedankengänge auf die Berechnung von Rahmenkonstruktionen allgemeinerer Art bereitet keine grundsätzlichen Schwierigkeiten. Ebenso sei darauf verzichtet, noch auf weitere Methoden zur angenäherten Lösung von Knickproblemen einzugehen, deren Bedeutung nicht so groß ist wie die der hier besprochenen Verfahren.

G. Zusammenfassung von Abschnitt VI

Die in diesem Abschnitt besprochenen Methoden zur angenäherten Lösung der Eigenwertprobleme, welche die indifferenten Gleichgewichtszustände eines Tragwerks beschreiben, seien noch einmal zusammenfassend im Hinblick auf ihren Verwendungszweck und ihren Anwendungsbereich betrachtet. Es sei zunächst angenommen, daß es sich um ein *Schalenbeulproblem* handelt. Die exakte Lösung unter Berücksichtigung beliebiger Randbedingungen ist hierbei in der Regel praktisch nicht möglich. Werden die Randbedingungen, die eine einfache Partikularlösung mit sich bringt, den wirklichen Verhältnissen nicht hinreichend gerecht, so ist man auf eine Näherungslösung angewiesen, für deren Aufstellung fast immer nur der eingliederige RITZsche Ansatz, also das RAYLEIGHsche Verfahren, in Frage kommt. Hierbei ist unter weitgehender Ausnutzung der Anschauung die Beulfläche durch Wahl der Verschiebungen $\bar{u}$, $\bar{v}$, $\bar{w}$ bis auf drei Konstanten A, B, C zu schätzen. Führt man den so gewonnenen Ansatz in das Variationsprinzip $\delta(\overline{\delta^2 \varPi_0}) = 0$ ein und erfüllt die hierdurch gegebene Bedingung im Rahmen der noch vorhandenen Möglichkeiten durch Differenzieren nach den A, B, C, so erhält man drei homogene Gleichungen für die Integrationskonstanten, aus denen die Beuldeterminante folgt. Der erhaltene Näherungswert für die kritische Last ist stets zu groß, wie sich aus den Minimaleigenschaften des niedrigsten Eigenwertes ergibt. Ein mehrgliederiger Ansatz kommt für Schalen kaum in Frage, da er im allgemeinen schon zu viel Rechenarbeit erfordert.

Etwas anders liegen die Dinge bei der *Plattenbeulung*. Die zu lösenden Probleme sind hier einfacher als bei Schalen, so daß es eine große Anzahl von Fällen gibt, in denen eine exakte Lösung möglich wird. Eine Näherung wird damit in der Hauptsache nur bei komplizierten Lagerbedingungen oder veränderlicher Plattendicke notwendig. Es kommt dabei wieder das RITZsche Verfahren in Betracht, wobei jedoch im Gegensatz zu den Schalen vielfach zwei-, gelegentlich auch drei- oder mehrgliederige Ansätze bewältigt werden können. Im übrigen ist auch bei exakt lösbaren Problemen das RITZsche Verfahren unter Umständen zur Aufstellung einfacher Näherungsformeln geeignet, die wesentlich schneller als die genauen, meist transzendenten Beulbedingungen die kritische Last liefern und daher für Überschlagsrechnungen von Bedeutung sind.

Bei den eindimensionalen Problemen der *Stabknickung* stehen die meisten Methoden zur angenäherten Lösung zur Verfügung. Ist es für Überschlagsrechnungen notwendig, sehr schnell einen, wenn auch rohen Näherungswert zu erhalten, so wird man zunächst versuchen, unter den zahlreichen schon durchgerechneten Fällen ein Problem zu finden, das dem vorgelegten möglichst benachbart ist. Aus der Tatsache, daß die Steifigkeit oder die Belastung des Nachbarproblems größer oder kleiner als die des wirklichen Problems ist, ergibt sich dann nach dem Vergleichungssatz eine entsprechende Schranke für die gesuchte kritische Last. Bessere Näherungswerte kann man unter Umständen auch fast ohne jede Rechenarbeit bekommen, wenn sich die Steifigkeit oder die Belastung des gegebenen Systems aus den Steifigkeiten oder Belastungen bekannter Probleme zusammensetzen läßt. Nach der SOUTHWELLschen bzw. DUNKERLEYschen Formel erhält man dann eine untere Grenze für die kritische Last. Im übrigen können diese Formeln auch bei Platten- und Schalenbeulproblemen gelegentlich gute Dienste leisten.

Stellt man an die Genauigkeit der Näherung etwas größere Ansprüche, so wird man mit Vorteil wieder das RAYLEIGHsche Verfahren verwenden. Die kritische Last erhält man dabei in Gestalt des RAYLEIGHschen Quotienten schon aus der einfachen Beziehung $\overline{\delta^2 \varPi_0} = 0$. Die erforderlichen Integrationen werden vielfach am zweckmäßigsten in numerischer Form durchgeführt. Da das Resultat eine obere Schranke ist, ergibt sich zusammen mit dem Resultat der SOUTHWELLschen oder DUNKERLEYschen Formel eine Eingrenzung des wahren Wertes.

Verlangt man schließlich von dem zu berechnenden Eigenwert eine Genauigkeit auf drei bis vier Stellen, so stehen zwei Möglichkeiten offen. Erstens kann man den RAYLEIGHschen Ansatz zu einem mehrgliederigen RITZschen Ansatz erweitern; zweitens kann man die Methode der schrittweisen Näherung anwenden. Das erstere kommt dann in Frage, wenn man im Endergebnis eine Formel haben möchte, in der wesentliche Parameter des Problems, wie z. B. bei sprungweise veränderlicher Steifigkeit die Längen von Stababschnitten mit jeweils konstantem Trägheitsmoment, noch in allgemeiner Form enthalten sein sollen, so daß durch die Formel eine ganze Schar von Problemen erfaßt wird. Man bekommt dabei nicht nur eine Näherung für den niedrigsten, sondern auch für die höheren Eigenwerte, insgesamt für so viele, wie man Ansatzfunktionen verwendet hat. Alle Näherungswerte sind zu groß.

Handelt es sich jedoch um ein Einzelproblem, bei dem gleich von Anfang an Zahlenwerte eingesetzt werden können, so wird am besten die Methode der schrittweisen Näherung angewendet, wobei nach jedem Iterationsschritt die kritische Last als RAYLEIGHscher Quotient berechnet wird. Die Iteration wird so lange fortgesetzt, bis sich die Ergebnisse zweier Schritte hinreichend wenig unterscheiden. Die ganze Rechnung ist unter Benutzung numerischer (gelegentlich auch graphischer) Integrationsverfahren durchzuführen. Die Konvergenz der Methode ist für die kritische Last gesichert. Will man ausnahmsweise auch höhere Eigenwerte ermitteln, so hat man die Methode der schrittweisen Näherung mit einem RITZschen Ansatz von so viel Gliedern zu kombinieren, wie Eigenwerte berechnet werden sollen; andernfalls konvergiert die Biegelinie doch wieder zur niedrigsten Eigenfunktion. Statt jeweils nach einem ganzen Iterationsschritt kann der RAYLEIGHsche Quotient auch immer zwischen zwei Schritten berechnet werden. Im einfachsten Fall kommt man so zur halben Iteration, die immer angewendet werden sollte, wenn es sich um die überschlägliche Berechnung der Stabilitätsgrenze eines beiderseits gelenkig gelagerten oder eines einseitig eingespannten und im übrigen freien Stabes handelt.

Alle Betrachtungen über die Extremumseigenschaften der Eigenwerte und die Anwendungsmöglichkeiten des RITZschen und RAYLEIGHschen Verfahrens gelten nur für Probleme, für die ein Potential existiert. Ist dieses nicht vorhanden, so kann man noch das GALERKINsche Verfahren benutzen, zu dessen Anwendung man nur die Differentialgleichungen des Problems, aber nicht ein Variationsproblem zu kennen braucht. Auch bei Aufgaben mit Potential erleichtert die Methode von GALERKIN unter Umständen die Rechenarbeit. Im Ergebnis stimmt sie dabei mit dem RITZschen Verfahren überein. Zu beachten ist, daß beim GALERKINschen Verfahren die Ansatzfunktionen alle Randbedingungen, beim RITZschen Verfahren jedoch nur die künstlichen erfüllen müssen.

Bei Stabzügen, die in mehreren Punkten auf verschiedene Art gestützt oder mit anderen Konstruktionsteilen verbunden sein können, ist das Übertragungsverfahren unter Benutzung des Matrizenkalküls am Platze. Seine Bedeutung steigt, wenn ein elektronischer Rechenautomat zur Verfügung steht. Es ist dann auch in vielen Fällen die geeignete Methode, in denen sonst andere Verfahren zweckmäßiger wären.

Abschließend sei betont, daß die in diesem Abschnitt behandelten Methoden nur einen Teil, aber den für Stabilitätsprobleme wichtigsten und praktisch stets ausreichenden Teil aller an sich möglichen Methoden zur angenäherten Lösung darstellen.

Abschnitt VII

Gültigkeitsgrenzen der klassischen Näherung

Übersicht über Abschnitt VII: Die grundlegenden Annahmen des in Abschnitt V behandelten klassischen Näherungsverfahrens zur Lösung von Stabilitätsproblemen werden hinsichtlich ihrer Zulässigkeit untersucht. Die verschiedenen Fälle, in denen die Näherung unbrauchbar wird, werden an typischen Beispielen erläutert.

A. Unzulässigkeit der Beschränkung auf die Ermittlung des niedrigsten Eigenwertes

1. Zugfeldtheorie

Das so außerordentlich wichtige Näherungsverfahren, mit dessen Entwicklung und Anwendung wir uns in den beiden vorigen Abschnitten beschäftigt haben, führt leider in nicht wenigen Fällen zu falschen Ergebnissen, da jede der beiden Voraussetzungen des Verfahrens unzutreffend werden kann. Wir wollen uns in dieser Hinsicht zunächst mit der ersten grundlegenden Annahme befassen, daß die Tragfähigkeit eines Systems mit Erreichung der niedrigsten indifferenten Gleichgewichtslage erschöpft ist, also die genaue Kraft-Verformungskurve durch ihre Tangente im Indifferenzpunkt ersetzt werden kann. Die Zulässigkeit dieser Annahme hatten wir vor allem aus dem Ergebnis der exakten Rechnung am beiderseits gelenkig gelagerten Knickstab gefolgert. Es lassen sich nun aber leicht praktisch sehr wichtige Beispiele angeben, bei denen die Dinge grundsätzlich anders liegen. Die klassische Näherung kann dabei sowohl zu günstig als auch zu ungünstig sein. Wir wollen zunächst ein Beispiel der letzteren Art kennenlernen, das den Vorteil hat, einer theoretischen Behandlung keine allzu großen Schwierigkeiten entgegenzusetzen.

Wir wollen nach Abb. 111 eine Rechteckplatte konstanter Dicke betrachten, die durch gleichmäßig verteilte Schubkräfte $T = \tau_{xy}t$ zum Ausbeulen gebracht

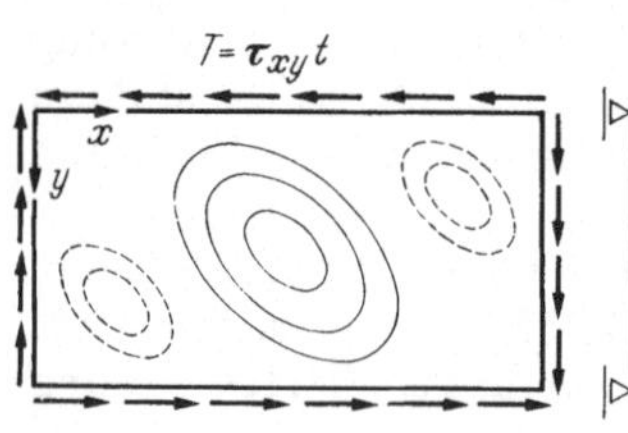

Abb. 111. Ausbeulen einer Rechteckplatte bei Schubbelastung.

wird. Sie sei längs ihrer Ränder gelenkig und senkrecht zur Plattenebene unverschieblich, in der Plattenebene aber frei verschieblich gelagert. Die zur Ermittlung der Beullast dienende Differentialgleichung läßt sich ganz ähnlich aufstellen, wie wir es bei der gedrückten Platte in Abschnitt V, D getan haben, und im übrigen auch durch einen Grenzübergang $r \to \infty$ aus den Gln. V, (102) für die tordierte Kreiszylinderschale gewinnen. Die Lösung der Differentialgleichungen, die allerdings nicht so einfach wie bei der gedrückten Platte ist[1], liefert außer der Beullast die in Abb. 111 in ihrer ungefähren Gestalt im Schichtlinienplan angedeutete Beulform, nach der sich schräg verlaufende Falten bilden, was anschaulich zweifellos einleuchtend ist. Auch bei diesem Beulproblem sieht zunächst die Kraft-Verformungskurve im Prinzip ähnlich aus, wie wir es bisher kennengelernt

---

[1] Vgl. z. B. E. SEYDEL: Ing.-Arch. 9 (1938) 1, und 10 (1939) 77. Siehe auch Anhang dieses Buches, Beulfall II, A, g, 1.

haben, und wie es durch Abb. 52 gekennzeichnet ist. Nach Überschreitung der Beulgrenze faltet sich das Blech bis zum Bruch der Konstruktion immer weiter zusammen, ohne daß dazu eine nennenswerte Steigerung der angreifenden Kräfte notwendig wäre.

Wesentlich andere Verhältnisse ergeben sich aber, wenn wir die Randbedingungen etwas abändern und jetzt nach Abb. 112 in der Plattenebene *unverschiebliche* Lagerung voraussetzen. Diese Lagerung liegt z. B. ziemlich genau dann vor, wenn die Platte ein Blech ist, das an den Randgliedern durch einreihige Nietung befestigt ist, während umgekehrt die Lagerungsbedingungen von Abb. 111 praktisch kaum vorkommen dürften und sich auch im Laboratoriumsversuch nur sehr schwer mit einiger Genauigkeit verwirklichen lassen. Für die Höhe der Beullast ist allerdings die Änderung der Randbedingungen belanglos, denn genau wie bei der gedrückten Platte zeigt sich auch bei Schubbeanspruchung wieder die Merkwürdigkeit, daß im Augenblick des Ausbeulens keine zusätzlichen Dehnungen der Mittelfläche auftreten und infolgedessen deren

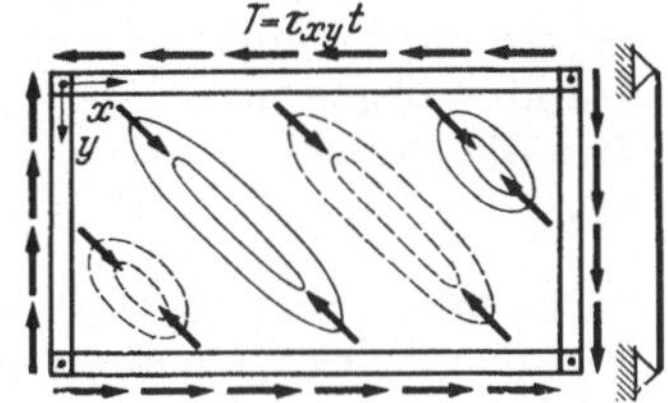

Abb. 112. Zugfeld bei einer auf Schub beanspruchten Rechteckplatte.

Verhinderung auch ohne Einfluß ist. Nach Überschreitung der Beulgrenze wirken sich jedoch die Randbedingungen so aus, daß jetzt nur noch *quer* zur Faltenrichtung die Platte einer weiteren Zusammendrückung keinen nennenswerten Widerstand entgegensetzt und sich immer mehr Falten bilden können, *in* Faltenrichtung aber eine Zugbeanspruchung aufgenommen werden kann. Die Falten spielen also im Zusammenwirken mit den Randgliedern eine ähnliche Rolle wie die Zugdiagonalen in einem Fachwerk und *ermöglichen so eine weitere Steigerung der Belastung.* Es entsteht ein sog. *Zugfeld.* Allerdings werden jetzt auch die Randglieder beansprucht, und wir müssen natürlich voraussetzen, daß diese hinreichend kräftig sind. Wie in Abb. 112 angedeutet, belasten die Zugkräfte in den Falten die Randglieder zunächst quer zu deren Achse auf Biegung, weiter aber auch auf Druck, da die gegenseitige Annäherung zweier gegenüberliegender Randglieder durch die beiden anderen verhindert werden muß. Bei ausreichender Bemessung ist aber in der Tat eine wesentliche Erhöhung der Belastung über den kritischen Wert hinaus möglich, und das bedeutet, daß die Kraft-Verformungskurve grundsätzlich anders als in Abb. 52 verlaufen muß. Die Ermittlung dieses Kurvenverlaufes sei unser nächstes Ziel.

Die genaue Lösung des Problems bereitet allerdings erhebliche mathematische Schwierigkeiten und ist bisher noch nicht gelungen. Dagegen läßt sich unter bestimmten Voraussetzungen auf verhältnismäßig einfache Weise ein Grenzwert berechnen, dem sich die Kurve mit steigender Belastung nähern muß und dessen Kenntnis bei Konstruktionen des Stahl- und Leichtmetallbaues bereits in vielen Fällen für die Bedürfnisse der Praxis ausreichend ist. Wir wollen erstens annehmen, daß die Randglieder vollkommen starr sind und in den vier Ecken der Platte mit ideal reibungsfreien Gelenken miteinander verbunden sind. Zweitens sei vorausgesetzt, daß die Biegungssteifigkeit der Platte vernachlässigbar gering ist und eine Faltenbildung ohne Widerstand erfolgt. Das letztere läßt sich stets mit beliebiger Genauigkeit erfüllen, wenn wir die Plattenstärke hinreichend klein wählen und die Belastung so weit über den kritischen Punkt steigern, daß der Biegungswiderstand gegenüber der Wirkung der Zugfalten hinreichend zurücktritt. Unter derartigen Voraussetzungen können wir unendlich viele, unendlich dicht liegende Falten annehmen, die sämtlich in derselben Weise auf Zug beansprucht sind. Wir gelangen hiermit zu dem sog. *idealen Zugfeld,* das wir uns auch aus lauter dicht nebeneinander liegenden gespannten Drähten bestehend denken können. Es entsteht dabei in dem Feld ein homogener Spannungszustand, bei dem an jeder Stelle der Platte in Faltenrichtung bzw. in Richtung der Drähte eine Zugspannung wirkt, quer zu den Falten jedoch die Beanspruchung gleich Null ist.

Zur Berechnung des Spannungs- und Verformungszustandes ist es am zweckmäßigsten, zunächst noch einmal den Grundzustand der nicht ausgebeulten Platte zu betrachten, auf den wir die Gesetze der klassischen Elastizitätslehre anwenden dürfen. Dieser Grundzustand besteht aus einer reinen Schubbeanspruchung und einer reinen Winkeländerung. Die Hauptachsen des Spannungs- und Verzerrungszustandes liegen unter 45° gegen die x-Achse geneigt. Die Hauptspannungen haben die Größe

$$\sigma_{1_0} = -\sigma_{2_0} = \tau_{xy_0}. \tag{1}$$

Dieser Zusammenhang ist in Abb. 113 für zwei Plattenelemente dargestellt, deren Seiten den Achsen x und y parallel sind bzw. mit diesen Achsen einen Winkel von 45° bilden. Für die Hauptdehnungen gilt

$$\varepsilon_{1_0} = -\varepsilon_{2_0} = \frac{\gamma_{xy_0}}{2}. \tag{2}$$

Die Richtigkeit der Beziehungen (1) und (2) folgt sofort aus den in Abschnitt IV, B aufgestellten Transformationsformeln IV, (25) und IV, (26), die wir uns im übrigen in der Anwendung auf den vorliegenden Fall auch sehr gut in bekannter Weise durch den MOHRschen Spannungskreis und den entsprechenden Verzerrungskreis veranschaulichen können, was in Abb. 113 ebenfalls geschehen ist. φ ist dabei in Übereinstimmung mit unserer früheren Bezeichnungsweise der Winkel, um den irgendeine gerade betrachtete Richtung gegenüber der Hauptachse mit der Spannung σ_{1_0} gedreht ist. Nennen wir den zur x-Achse gehörigen Winkel φ_x, so ist hier $\varphi_x = -45°$.

Gehen wir nun zur Betrachtung des idealen Zugfeldes über, so dürfen wir dabei, ohne zu unbrauchbaren Ergebnissen geführt zu werden, wieder die Gesetze der klassischen Statik kleiner Verschiebungen anwenden, worin hauptsächlich die besondere Einfachheit der Zugfeldtheorie besteht. Nach unseren oben angestellten Überlegungen muß die eine Hauptachse des Spannungszustandes mit der Faltenrichtung zusammenfallen und für die andere Hauptachse die Spannung verschwinden, so daß wir $\sigma_2 = 0$ setzen müssen. Die Formeln IV, (25) liefern damit

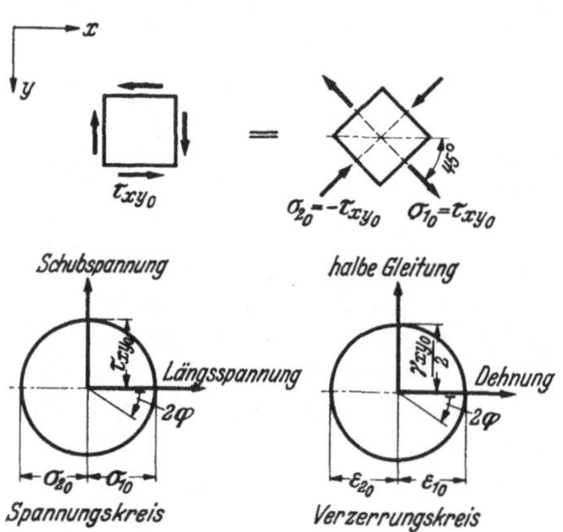

Abb. 113. Grundzustand der auf Schub beanspruchten Rechteckplatte.

$$\begin{aligned}
\sigma_x &= \sigma_1 \cos^2 \varphi_x, \\
\sigma_y &= \sigma_1 \sin^2 \varphi_x, \\
\tau_{xy} &= -\sigma_1 \sin \varphi_x \cos \varphi_x.
\end{aligned} \qquad\qquad \tag{3a, b, c}$$

Der Winkel φ_x ist zunächst noch unbekannt, ergibt sich jedoch sofort aus der Betrachtung des Verformungszustandes. Da wir vollkommen starre Randglieder vorausgesetzt haben, muß auch für das Zugfeld die Verformung aus einer reinen Gleitung bestehen, also $\varepsilon_x = \varepsilon_y = 0$ sein. Der Verzerrungskreis sieht damit genauso wie im Grundzustand aus, d. h. es gilt auch jetzt wieder

$$\varepsilon_1 = -\varepsilon_2 = \frac{\gamma_{xy}}{2}, \tag{4}$$

und das Achsenkreuz der Hauptdehnungen ist wieder um 45° gegenüber dem Achsenkreuz x, y gedreht. Da sich aber im Zugfeld die Falten in Richtung der größten positiven Dehnung bilden, muß auch für den Spannungszustand wieder $\varphi_x = -45°$ sein, so daß wir

$$\left.\begin{aligned} \sigma_x = \sigma_y = \frac{\sigma_1}{2}, \\[2mm] \tau_{xy} = \frac{\sigma_1}{2} \end{aligned}\right\} \tag{5a, b}$$

bekommen. Die Zusammenhänge für den Spannungs- und Verzerrungszustand sind in Abb. 114 veranschaulicht.

Das wesentliche Ergebnis für die Beurteilung des Zugfeldes ist Gl. (5b). Bei durch die äußeren Kräfte gegebener Schubspannung τ_{xy} wird die *Hauptspannung σ_1 doppelt so groß wie im Grundzustand.* Entsprechendes ergibt sich für den Verzerrungszustand. Im Grundzustand gilt

$$\tau_{xy_0} = G\gamma_{xy_0}. \tag{6}$$

Beim Zugfeld werden wir das HOOKE-sche Gesetz für die „Drähte" des Zugfeldes in der Form

$$\sigma_1 = E\varepsilon_1$$

anschreiben müssen und bekommen damit aus (4) und (5b)

$$\tau_{xy} = \frac{1}{2}E\varepsilon_1 = \frac{1}{4}E\gamma_{xy}$$

und mit $E = 2(1 + \mu)G$

$$\tau_{xy} = \frac{1 + \mu}{2}G\gamma_{xy}. \tag{7}$$

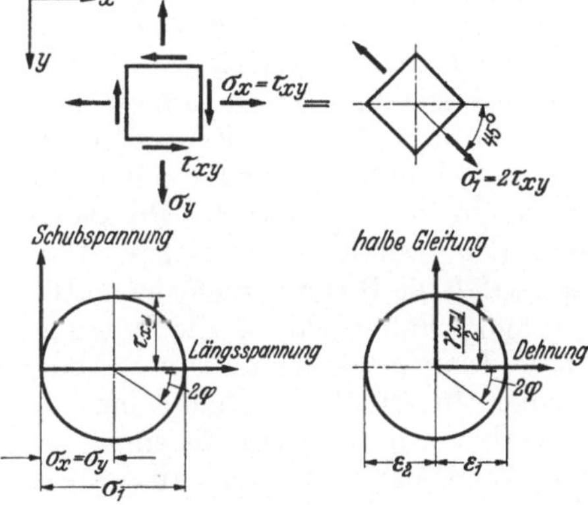

Abb. 114. Zustand des idealen Zugfeldes der auf Schub beanspruchten Rechteckplatte.

Für nicht zu große Werte von μ ist also die sich *im idealen Zugfeld einstellende Winkeländerung etwas weniger als doppelt so groß wie im Grundzustand.* Damit haben wir aber schon den gesuchten Grenzwert gefunden, dem sich die Kraft-Verformungskurve bei großer Überschreitung der Beulgrenze nähern muß, und sind in der Lage, den ungefähren Verlauf der Kurve anzugeben. Er ist in Abb. 115 dargestellt. Der grundsätzliche Unterschied gegenüber den früher betrachteten Verzweigungsproblemen tritt klar zutage. Auch oberhalb des Verzweigungspunktes verläuft die Kurve steil nach oben[1], so daß eine weitere wesentliche Laststeigerung möglich ist.

---

[1] Über den genauen Verlauf der Kurve bei geringer Überschreitung der kritischen Last unter der Voraussetzung rein elastischer Verformungen siehe A. KROMM u. K. MARGUERRE: Luftf.-Forschg. 14 (1937) 627.

Diese Möglichkeit der Lasterhöhung zeigt sich im übrigen noch besonders in folgender Überlegung: Im Grundzustand reiner Schubbeanspruchung kann die Dimensionierung z. B. nach der „Hypothese von der konstanten Gestaltänderungsarbeit" erfolgen. Danach ist die ideelle Vergleichsspannung σ_i eines einachsigen Spannungszustandes, der dem wirklichen Schubzustand gleichwertig ist,

$$\sigma_i = \sqrt{3}\,\tau_{xy}\ ^1.$$

Im Zugfeld liegt eine einachsige Beanspruchung vor, so daß wir dort für die Bemessung

$$\sigma_i = \sigma_1 = 2\,\tau_{xy}$$

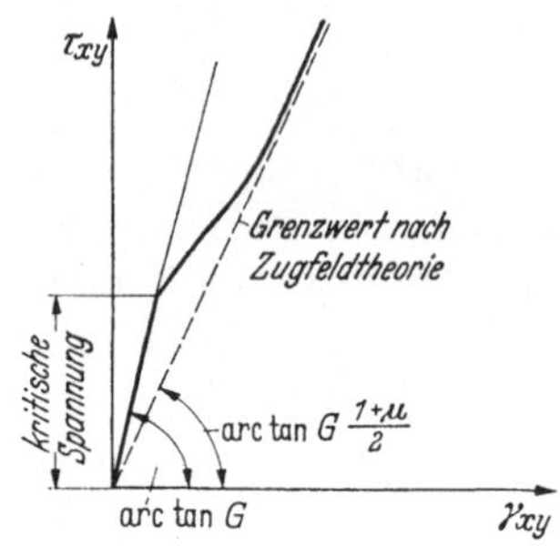

Abb. 115. Abhängigkeit zwischen der angreifenden Schubspannung τ_{xy} und dem Schubwinkel γ_{xy} bei der Rechteckplatte mit Zugfeldbildung.

setzen müssen. In Anbetracht der Unsicherheit in der Festigkeitshypothese ist aber der Unterschied zwischen $\sqrt{3}$ und 2 nicht erheblich, so daß eine Platte im Zugfeldzustand ungefähr gleich günstig wie im Grundzustand beansprucht wird. Wir haben also für die Beanspruchung zwei Grenzwerte fast gleicher Höhe. Daraus können wir den wichtigen Schluß ziehen, daß diese Beanspruchung auch nicht viel anders ausfallen kann, wenn wir uns zwischen den beiden Grenzwerten befinden, d. h. wenn sich das Zugfeld noch nicht vollständig ausgebildet hat. *Die Platte bleibt damit nach dem Ausbeulen ungefähr genauso tragfähig, als wenn sie überhaupt nicht ausgebeult* wäre, und die Dimensionierung kann sich einfach auf die Untersuchung des Grundzustandes beschränken.

Allerdings gilt diese Erkenntnis nur unter der Voraussetzung, daß wir die bei der Faltenbildung auftretenden Biegungsspannungen vollständig außer acht lassen. In vielen Fällen der Praxis ist das jedoch durchaus berechtigt; und zwar entweder deshalb, weil bis zum Bruch die Beulgrenze nur wenig überschritten ist, so daß die Biegung nicht wesentlich ist, oder deswegen, weil auch bei sehr ausgeprägter Faltenbildung die Biegungsspannungen als örtliche Spannungsspitzen unter Inanspruchnahme eines Spannungsausgleiches durch plastische Verformungen für die Tragfähigkeit eine untergeordnete Rolle spielen. Weiter ist noch zu betonen, daß unsere Erkenntnisse über die unveränderte Tragfähigkeit nach dem Ausbeulen in der oben ausgesprochenen Form nur für die Platte selbst gelten. Die Beanspruchung der Randglieder, die im Grundzustand gleich Null ist, muß sich selbstverständlich sehr stark mit der fortschreitenden Ausbeulung ändern. Dabei ist, wie Versuche und genauere Rechnungen zeigen², die sich nach der Theorie des idealen Zugfeldes ergebende Beanspruchung der Randglieder nur bei sehr dünnen Platten und weitgehender Überschreitung des kritischen Wertes eine brauchbare Näherung, im allgemeinen jedoch viel zu ungünstig.

Unsere Überlegungen haben wir unter der Voraussetzung sehr steifer, theoretisch starrer Randglieder angestellt. Ist diese Bedingung nicht erfüllt, so werden die durch das ideale Zugfeld gelieferten Grenzwerte mehr oder weniger verändert. Es zeigt sich aber, daß unsere Schlußfolgerungen über die Tragfähigkeit der Platte und damit das Diagramm von Abb. 115 keiner praktisch wesentlichen Korrektur bedürfen, einfach deswegen, weil aus konstruktiven Gründen die Randglieder nie so schwach ausgebildet zu werden pflegen, daß ihr Verformungseinfluß sich stark

---

¹ Physikhütte, Bd. I, 29. Aufl., Berlin 1971, S. 147.

² Eine zusammenfassende Darstellung mit weiteren Literaturangaben findet sich bei E. Schapitz: Z. VDI 86 (1942) 501.

bemerkbar macht. Anders liegen jedoch wieder die Dinge für die Beanspruchung der Randglieder selbst, die recht erheblich von der Randgliedverformung abhängig ist.

Die Betrachtung der durch Schubkräfte zum Ausbeulen gebrachten Rechteckplatte hat uns also gezeigt, daß die Voraussetzung einer Erschöpfung der Tragfähigkeit der Konstruktion mit Erreichung der niedrigsten indifferenten Gleichgewichtslage falsch werden kann. Die in Abschnitt V aufgestellte Theorie ist damit nicht ausreichend; überflüssig ist sie aber deswegen noch nicht. Ein sofort einzusehender Grund hierfür ist bei der schubbeanspruchten Rechteckplatte folgender: Unsere ganze Untersuchung hat sich nur auf die *Tragfähigkeit* der Platte erstreckt. Eine andere Frage ist es, wie man zu dimensionieren hat, wenn man etwa aus schönheitlichen Gründen jede bei normaler Belastung irgendwie auffallende Beulenbildung vermeiden möchte. Zur Beantwortung dieser Frage ist zweifellos die Kenntnis der Beulgrenze von größter Wichtigkeit. Im übrigen werden wir auf die allgemeine praktische Bedeutung der Ermittlung indifferenter Gleichgewichtszustände in einem späteren Abschnitt noch einmal zurückkommen.

2. Kreiszylinderschale unter Axialdruck

a) Differentialgleichungen

Wenn wir den beiderseits gelenkig gelagerten Knickstab mit seinem für die Konstruktion gefährlichen Verhalten als charakteristisch für ein Stabilitätsproblem ansehen, so können wir demgegenüber die im vorigen Kapitel besprochene Plattenbeulung mit Zugfeldbildung als „gutartige" Instabilitätserscheinung bezeichnen. Wir wollen nun ein Beispiel kennenlernen, bei dem die klassische Näherung der Lösung des Stabilitätsproblems die Dinge zu günstig erscheinen läßt und eine genauere Untersuchung ein Verhalten des Systems deutlich macht, das im Vergleich zum Knickstab „bösartig" genannt werden muß.

Wir betrachten hierzu noch einmal die in Kapitel V, E, 1 nach der klassischen Methode behandelte Kreiszylinderschale unter Axialdruck und stellen uns wie beim Zugfeld die Aufgabe, den Verlauf der Kraft-Verformungskurve oberhalb des Verzweigungspunktes zu berechnen. Diese Untersuchung des überkritischen Gebietes wird nun allerdings so schwierig, daß es nicht möglich ist, das Problem mit demselben Genauigkeitsgrad zu lösen, den wir bei Ermittlung der kritischen Last angewendet haben. Wir müssen vielmehr erhebliche Rechnungsvereinfachungen einführen, die von verschiedener Art sind und im Laufe der Rechnung auch an verschiedenen Stellen vorzunehmen sind. Das Resultat wird also nur teilweise weiterreichen als die bisherige Rechnung, wird aber andererseits z. B. eine ungenauere kritische Last liefern.

Bei den Vereinfachungen werden zwei Grundgedanken verwertet. Der erste ergibt sich aus der schon beim Knickstab gewonnenen Erkenntnis, daß beim Ausknicken die Verschiebungen u wesentlich kleiner sind als die Durchbiegungen w. Da es für eine Schale charakteristisch ist, daß ihr Verformungswiderstand in der Mittelfläche größer als quer dazu ist, kann man rein anschaulich folgern, daß auch hier bei einem Beulvorgang u und v meist kleiner als w sein werden. Es ergibt sich so die Möglichkeit, u und v im Laufe der Rechnung dort zu vernachlässigen, wo sie weniger wichtig erscheinen. Die zweite grundlegende Vereinfachung besteht darin, daß bei der Ableitung einiger Beziehungen die Schale durch eine Scheibe bzw. Platte ersetzt wird, deren Mittelfläche mit der Tangentialebene im gerade betrachteten Punkt zusammenfällt. Von dieser letzteren Möglichkeit wollen wir sofort bei der Aufstellung des Elastizitätsgesetzes Gebrauch machen.

In Abschnitt V, D haben wir das Beulen einer Platte betrachtet und in den Gln. V, (55) das Elastizitätsgesetz für die Zusatzgrößen formuliert. Lassen wir in diesen Gleichungen den Querstrich über den Schnittgrößen und den Verschiebungen fort, so erhalten wir das Elastizitätsgesetz für einen beliebigen Zustand im Rahmen der linearen Elastizitätstheorie kleiner Verschiebungen. Aus den Gln. V, (54) können wir entnehmen, daß für $z = 0$, d. h. für die Mittelfläche,

$$\varepsilon_x^0 = u', \qquad \varepsilon_y^0 = v^{\boldsymbol{\cdot}}, \qquad \gamma_{xy}^0 = u^{\boldsymbol{\cdot}} + v' \tag{8}$$

wird. Unter Benutzung dieser Bezeichnungen bekommen wir dann aus V, (55) für das Elastizitätsgesetz der *Platte* kleiner Verschiebungen

$$\left.\begin{aligned}
N_x &= \frac{E t}{1 - \mu^2}\left(\varepsilon_x^0 + \mu\,\varepsilon_y^0\right), \\[1.5ex]
N_y &= \frac{E t}{1 - \mu^2}\left(\varepsilon_y^0 + \mu\,\varepsilon_x^0\right), \\[1.5ex]
T_x &= T_y = \frac{E t}{1 - \mu^2}\,\frac{1 - \mu}{2}\,\gamma_{xy}^0, \\[1.5ex]
M_x &= -\frac{E t^3}{12(1 - \mu^2)}\left(w'' + \mu w^{\boldsymbol{\cdot\cdot}}\right), \\[1.5ex]
M_y &= \frac{E t^3}{12(1 - \mu^2)}\left(w^{\boldsymbol{\cdot\cdot}} + \mu w''\right), \\[1.5ex]
D_x &= -D_y = \frac{E t^3}{12(1 - \mu^2)}\,(1 - \mu)w^{\boldsymbol{\cdot}\,'}.
\end{aligned}\right\} \tag{9a—f}$$

Zur Übertragung dieses Gesetzes auf die Kreiszylinderschale brauchen wir nur zu beachten, daß in (9) Striche und Punkte Differentiationen nach x und y bedeuten, während bei der Schale den Gln. V, (73) entsprechend dieselben Zeichen auf Differentiationen nach den dimensionslosen Koordinaten $\dfrac{s}{r}$ und φ hinweisen. Durch Änderung der Bezeichnungsweise erhalten wir aus (9) für die *Kreiszylinderschale*, wobei die Gln. (9a, b, c) ungeändert bleiben,

$$\left.\begin{aligned}
N_x &= \frac{E t}{1 - \mu^2}\left(\varepsilon_x^0 + \mu\,\varepsilon_y^0\right), \\[1.5ex]
N_y &= \frac{E t}{1 - \mu^2}\left(\varepsilon_y^0 + \mu\,\varepsilon_x^0\right), \\[1.5ex]
T_x &= T_y = \frac{E t}{1 - \mu^2}\,\frac{1 - \mu}{2}\,\gamma_{xy}^0, \\[1.5ex]
M_x &= -\frac{E}{1 - \mu^2}\,\frac{t^3}{12 r^2}\left(w'' + \mu w^{\boldsymbol{\cdot\cdot}}\right), \\[1.5ex]
M_y &= \frac{E}{1 - \mu^2}\,\frac{t^3}{12 r^2}\left(w^{\boldsymbol{\cdot\cdot}} + \mu w''\right), \\[1.5ex]
D_x &= -D_y = \frac{E}{1 - \mu^2}\,\frac{t^3}{12 r^2}\,(1 - \mu)w^{\boldsymbol{\cdot}\,'}.
\end{aligned}\right\} \tag{10a—f}$$

Diese Gleichungen stellen zusammen mit (8) ein vereinfachtes Elastizitätsgesetz dar, das man gelegentlich auch als Gesetz der „technischen Schalenbiegungslehre" bezeichnet. Für Stabilitätsuntersuchungen im überkritischen Gebiet ist es wegen seiner Linearität noch nicht geeignet. Wir erweitern es nun dadurch, daß wir für ε_x^0, ε_y^0 und γ_{xy}^0 genauere Ausdrücke als nach (8) einführen. Bei Anwendung der Energiemethode haben wir solche Beziehungen in Abschnitt V, E bereits abgeleitet. Nach V, (86) ist bei Fortlassung des Querstriches

$$\varepsilon_x^0 = \frac{u'}{r} + \frac{1}{2}\frac{v'^2}{r^2} + \frac{1}{2}\frac{w'^2}{r^2},$$

$$\varepsilon_y^0 = \frac{1}{r}(v^{\cdot} - w) + \frac{1}{2r^2}(u^{\cdot 2} - 2v^{\cdot}w + w^{\cdot 2})$$

und nach V, (104)

$$(1 + \varepsilon_x^0)(1 + \varepsilon_y^0)\sin\gamma_{xy}^0 = \frac{1}{r}(u^{\cdot} + v') + \frac{1}{r^2}(u'u^{\cdot} + v'v^{\cdot} - 2v'w + w'w^{\cdot}).$$

Wir machen nun von der weiteren, oben besprochenen Vereinfachungsmöglichkeit Gebrauch, u und v für weniger wichtig als w anzusehen, und verabreden, in den Ausdrücken für die Dehnungsgrößen von den quadratischen Gliedern nur solche in w zu berücksichtigen. Wir bekommen dann als Näherung

$$\left.\begin{aligned}
\varepsilon_x^0 &= \frac{u'}{r} + \frac{1}{2}\frac{w'^2}{r^2},\\[2mm]
\varepsilon_y^0 &= \frac{1}{r}(v^{\cdot} - w) + \frac{1}{2}\frac{w^{\cdot 2}}{r^2},\\[2mm]
\gamma_{xy}^0 &= \frac{1}{r}(u^{\cdot} + v') + \frac{w'w^{\cdot}}{r^2}.
\end{aligned}\right\} \qquad (11\,\text{a, b, c})$$

Die Gln. (11) und (10) bilden nun das im folgenden zu verwendende Elastizitätsgesetz. Bemerkt sei noch, daß die Erweiterung auf quadratische Glieder in w insofern nicht konsequent durchgeführt ist, als in (10 d, e, f) nur lineare Glieder der Durchbiegung berücksichtigt sind.

Als nächstes betrachten wir die Gleichgewichtsbedingungen am verformten Element. Auch hier werden wir nicht konsequent sein. Die geringste Genauigkeit wenden wir bei den Bedingungen für das Kräftegleichgewicht in der Tangentialebene an. Hier ersetzen wir nicht nur die Schale durch ihre „Tangentialscheibe", sondern verzichten auch auf eine Berücksichtigung des Verformungseinflusses, betrachten also nur das unverformte Element. Wir bekommen so aus den Gln. V, (78a, b) nach Streichung des Gliedes $\overline{Q}_y$ und unter Fortlassung des Index I

$$\left.\begin{aligned}
N_x' + T_y^{\cdot} &= 0,\\
N_y^{\cdot} + T_x' &= 0.
\end{aligned}\right\} \qquad (12\,\text{a, b})$$

Am genauesten gehen wir bei der Aufstellung der dritten Gleichgewichtsbedingung für das Kräftegleichgewicht in Richtung der Schalennormale vor. Wir verwenden hierzu die für das verformte Element abgeleiteten Gln. V, (81 c) und V, (99 c), von denen die erstere den bei der Verformung auftretenden Anteil der Längskräfte, die zweite den der Schubkräfte zeigt. Von diesem Verformungseinfluß berücksichtigen wir allerdings wieder nur den von w herrührenden Anteil. Mit $q_0 = 0$ erhalten wir so aus den genannten Gleichungen

$$Q_x' + Q_y^{\cdot} + N_x\frac{w''}{r} + N_y\left(1 + \frac{w^{\cdot\cdot}}{r}\right) + (T_x + T_y)\frac{w'^{\cdot}}{r} = 0. \qquad (12\,\text{c})$$

Für das Momentengleichgewicht verwenden wir schließlich die Gln. V, (78 d, e), wobei wir also den Verformungseinfluß vernachlässigen:

$$D'_x + M^{\cdot}_y + r\,Q_y = 0, \atop D^{\cdot}_y + M'_x - r\,Q_x = 0. \Biggr\}$$

$$(12\,\mathrm{d, e})$$

Die Momentengleichgewichtsbedingung für die Schalennormale wird für die weitere Rechnung nicht gebraucht, sie ist allerdings mit dem Elastizitätsgesetz (10) auch nicht erfüllbar.

Mit den Gln. (10), (11) und (12) haben wir nun alles zusammen, was zur Formulierung der Differentialgleichungen des Problems notwendig ist. Wir gehen so vor, daß wir zunächst die beiden Scheibengleichungen (12 a, b) in bekannter Weise durch Einführung einer Spannungsfunktion F befriedigen, indem wir

$$F'' = N_y, \qquad F^{\cdot\cdot} = N_x, \qquad F'^{\cdot} = -T_x = -T_y \qquad (13\,\mathrm{a, b, c})$$

setzen. Wir bilden nun

$$\begin{aligned}
\varDelta\varDelta F &= F'''' + 2F''^{\cdot\cdot} + F^{\cdot\cdot\cdot\cdot} \\
&= F'''' + 2F''^{\cdot\cdot} + F^{\cdot\cdot\cdot\cdot} - \mu(F''^{\cdot\cdot} + F''^{\cdot\cdot} - 2F''^{\cdot\cdot}) \\
&= N''_y - 2T'^{\cdot}_x + N^{\cdot\cdot}_x - \mu(N''_x + N^{\cdot\cdot}_y - 2T'^{\cdot}_x) \\
&= (N_y - \mu N_x)'' + (N_x - \mu N_y)^{\cdot\cdot} - 2(1+\mu)T'^{\cdot}_x .
\end{aligned}$$

Mit Benutzung von (10 a, b, c) erhalten wir daraus

$$\begin{aligned}
\varDelta\varDelta F &= \frac{Et}{1-\mu^2}\,[(\varepsilon^0_y + \mu\varepsilon^0_x - \mu\varepsilon^0_x - \mu^2\varepsilon^0_y)'' \\
&\quad + (\varepsilon^0_x + \mu\varepsilon^0_y - \mu\varepsilon^0_y - \mu^2\varepsilon^0_x)^{\cdot\cdot} - 2(1+\mu)\frac{1-\mu}{2}\,\gamma^{0\,\cdot\cdot}_{xy}]
\end{aligned}$$

und, wenn wir noch (11) verwenden,

$$\begin{aligned}
\varDelta\varDelta F &= Et\left[\frac{v''^{\cdot}}{r} - \frac{w''}{r} + \frac{1}{2r^2}(w^{\cdot 2})'' + \frac{u'^{\cdot}}{r} + \frac{1}{2r^2}(w'^2)^{\cdot\cdot} - \frac{u'^{\cdot\cdot}}{r} - \frac{v''^{\cdot}}{r} - \frac{1}{r^2}(w'w^{\cdot})'^{\cdot}\right] \\
&= Et\left\{-\frac{w''}{r} + \frac{1}{r^2}\left[(w^{\cdot}w'')' + (w'w'')^{\cdot} - (w''w^{\cdot} + w'w'')'^{\cdot}\right]\right\} \\
&= Et\left[-\frac{w''}{r} + \frac{1}{r^2}(w''^2 - w''w^{\cdot\cdot})\right].
\end{aligned}$$

Damit bekommen wir eine erste Differentialgleichung für F und w:

$$\varDelta\varDelta F = -\frac{Et}{r^2}(rw'' + w''w^{\cdot\cdot} - w'^2). \qquad (14\,\mathrm{a})$$

Zur Aufstellung einer zweiten Gleichung eliminieren wir zunächst aus (12 c) die Querkräfte Q_x und Q_y mit Hilfe von (12 d, e) und erhalten so

$$\frac{1}{r}(D'^{\cdot}_y + M''_x - D'^{\cdot}_x - M^{\cdot\cdot}_y) + N_x\frac{w''}{r} + N_y\left(1 + \frac{w^{\cdot\cdot}}{r}\right) + (T_x + T_y)\frac{w'^{\cdot}}{r} = 0.$$

Mit dem Elastizitätsgesetz (10d, e, f) wird daraus

$$- \frac{E}{1 - \mu^2} \frac{t^3}{12 r^3} \left[(1 - \mu) w''^{\cdots} + w'''' + \mu w''^{\cdots} + (1 - \mu) w''^{\cdots} + w^{\cdots} + \mu w'''^{\cdots}) \right]$$

$$+ N_x \frac{w''}{r} + N_y \left(1 + \frac{w^{\cdot\cdot}}{r} \right) + (T_x + T_y) \frac{w'^{\cdot}}{r} = 0$$

und nach Einführung von F entsprechend (13) und Zusammenfassung der einzelnen Ausdrücke

$$\varDelta \varDelta w = 12 \frac{1 - \mu^2}{E} \frac{r^2}{t^3} \left(r F'' + F'' w^{\cdot\cdot} + F^{\cdot\cdot} w'' - 2 F'^{\cdot} w'^{\cdot} \right). \tag{14b}$$

Die beiden nichtlinearen Differentialgleichungen (14) bilden den Ausgangspunkt für die weitere Lösung des Problems. Sie gelten für beliebige Randbelastung der Schale, aber ohne Flächenlast q [1]. Man kann an ihnen leicht den Grenzübergang $r \to \infty$ vollziehen, wobei dann die linearen Glieder auf den rechten Seiten der Gleichungen verschwinden. Wir werden auf diesen Sonderfall der *Platte großer Durchbiegung* [2] in einem späteren Abschnitt noch näher eingehen. Lassen wir in (14) die nichtlinearen Glieder fort, so entstehen die Differentialgleichungen der sog. technischen Schalenbiegungslehre. Diese vereinfachen sich schließlich beim Grenzübergang $r \to \infty$ zu der bekannten Scheiben- bzw. Plattengleichung (nach Ergänzung durch ein Glied mit der Flächenbelastung q). Die Gln. (14) wollen wir im folgenden als DONNELLsche Gleichungen bezeichnen [3].

b) Verzweigungspunkt

Als erstes wollen wir mit den Gln. (14) den Beginn des Ausbeulens berechnen, schon deswegen, weil dabei ein aufschlußreicher Vergleich mit der genaueren Rechnung von Abschnitt V, E, 1 möglich wird. Wir setzen in bekannter Weise unter Vernachlässigung der Verformungen des Grundzustandes

$$F = F_I = F_0 + \overline{F}, \qquad w = w_I = \overline{w}$$

und erhalten damit aus (14), wenn wir uns auf lineare Glieder der Zusatzgrößen beschränken, die für den Nachbarzustand gültigen Gleichungen. Daraus folgt dann zunächst durch Nullsetzung aller Zusatzgrößen für den Grundzustand

$$\varDelta \varDelta F_0 = 0, \qquad F_0'' = 0 \tag{15a, b}$$

und für die Zusatzgrößen

$$\left.\begin{aligned} \varDelta \varDelta \overline{F} &= - E \frac{t}{r} \overline{w}'', \\ \varDelta \varDelta \overline{w} &= 12 \frac{1 - \mu^2}{E} \frac{r^2}{t^3} \left(r \overline{F}'' + F_0'' \overline{w}^{\cdot\cdot} + F_0^{\cdot\cdot} \overline{w}'' - 2 F_0'^{\cdot} \overline{w}'^{\cdot} \right). \end{aligned}\right\} \tag{16a, b}$$

---

[1] Ist $q \neq 0$, so kommt in der Klammer in (14b) noch ein Glied $q r^2$ hinzu.

[2] Die entsprechenden Gleichungen wurden zuerst durch TH. v. KÁRMÁN: Enzycl. math. Wissensch. Bd. IV, 4 (1907—1914) S. 350, angegeben.

[3] Die Erweiterung der nichtlinearen Plattengleichungen zu den Gln. (14) stammt nämlich im Prinzip von L. H. DONNELL: A. S. M. E. Transactions 56 (1934) 795.

Wenden wir die $\varDelta$-Operation noch zweimal auf (16 b) an und setzen in die so entstehende Gleichung $\varDelta\varDelta\bar{F}$ nach (16 a) ein, so erhalten wir

$$\varDelta\varDelta\varDelta\varDelta\bar{w} + 12(1-\mu^2)\frac{r^2}{t^2}\,\overline{w}'''' = 12\,\frac{1-\mu^2}{E}\,\frac{r^2}{t^3}\,\varDelta\varDelta(F_0''\overline{w}^{\cdot\cdot} + F_0^{\cdot\cdot}\overline{w}'' - 2F_0^{\cdot\prime}\overline{w}^{\cdot\prime}). \quad (17)$$

Diese DONNELLsche Beulgleichung gilt noch für einen beliebigen Membran-Grundzustand. Für die nur axial beanspruchte Schale folgt

$$F_0'' = N_{y_0} = 0, \quad F_0^{\cdot\cdot} = N_{x_0} = -p_0, \quad F_0^{\cdot\prime} = -T_{x_0} = -T_{y_0} = 0, \quad (18\,\text{a, b, c})$$

womit (15) erfüllt wird. Aus (17) wird dann

$$\varDelta\varDelta\varDelta\varDelta\overline{w} + 12(1-\mu^2)\frac{r^2}{t^2}\,\overline{w}'''' = -p_0\,12\,\frac{1-\mu^2}{E}\,\frac{r^2}{t^3}\,\varDelta\varDelta\overline{w}''. \quad (19)$$

Lösen wir Gl. (19) genauso wie die entsprechenden Gleichungen in V, E, 1, indem wir nach V, (92 c) und V, (93 a)

$$\overline{w} = C\sin\lambda\,\frac{s}{r}\,\cos n\varphi \qquad \text{mit} \qquad \lambda = m\pi\,\frac{r}{l} \quad (20)$$

setzen, so erhalten wir

$$\overline{w}'''' = \lambda^4\overline{w}, \qquad \varDelta\varDelta\overline{w}'' = -\lambda^2(\lambda^2+n^2)^2\overline{w}, \qquad \varDelta\varDelta\varDelta\varDelta\overline{w} = (\lambda^2+n^2)^4\,\overline{w}$$

und damit unter Benutzung der bereits in V, (93 b, d) definierten Abkürzungen

$$p_0^* = \frac{p_0}{r}\,\frac{1-\mu^2}{E}\,\frac{r}{t}, \qquad \beta = \frac{t^2}{12\,r^2} \quad (21\,\text{a, b})$$

für die Beulbedingung

$$p_0^*\,\lambda^2(\lambda^2+n^2)^2 = (1-\mu^2)\lambda^4 + \beta(\lambda^2+n^2)^4. \quad (22)$$

Das so gewonnene Resultat liefert eine bemerkenswerte Aussage über die Genauigkeit der DONNELLschen Näherung. Vergleichen wir nämlich (22) mit der genaueren Beziehung V, (95), die — wie bei ihrer Ableitung erwähnt wurde — von FLÜGGE stammt, so stellen wir fest, daß sich (22) jeweils auf das erste Glied der Ausdrücke von V, (95) beschränkt. Die beibehaltenen Glieder sind nun gerade die mit den höchsten Potenzen in λ und n. Da diese Potenzen von den Ableitungen der Durchbiegung $\overline{w}$ herrühren, können wir *die Donnellsche Vereinfachung so kennzeichnen, daß die Durchbiegung $\overline{w}$ als klein gegenüber ihrer Ableitung angesehen wird.* Die zunächst nur anschaulich begründeten und daher reichlich willkürlich erscheinenden Vernachlässigungen bekommen so nachträglich ihre mathematische Rechtfertigung. Zugleich können wir nun die Gültigkeitsgrenzen der Gl. (22) und damit auch der nichtlinearen Beziehungen (14) angeben: Die Vereinfachung wird brauchbar sein, *wenn in der Schale sehr viele Beulen mit starker Änderung der Durchbiegung auftreten;* sie muß falsch werden, wenn wir damit etwa den Fall $m=1$, $n=1$, d. h. die Stabknickung eines Rohres mit Kreisquerschnitt berechnen wollen. In der Tat wird dann aus (22) mit $\beta=0$, $\lambda=\pi\frac{r}{l}\ll 1$

$$p_0^* = (1-\mu^2)\lambda^2 = (1-\mu^2)\,\frac{\pi^2}{\left(\frac{l}{r}\right)^2}, \qquad p_K = p_0 = \frac{\pi^2 E t}{\left(\frac{l}{r}\right)^2},$$

während der richtige Wert

$$p_K = \frac{\pi^2 E t r^3 \pi}{2 r \pi l^2} = \frac{1}{2}\,\frac{\pi^2 E t}{\left(\dfrac{l}{r}\right)^2}$$

nur halb so groß ist.

Ein weiterer Überblick über die Brauchbarkeit von (22) wird durch Abb. 116 vermittelt, wo für $\beta = 10^{-5}$ die Girlandenkurven der genauen Lösung nach Abb. 76 und der Näherung einander gegenübergestellt sind. Man erkennt, daß

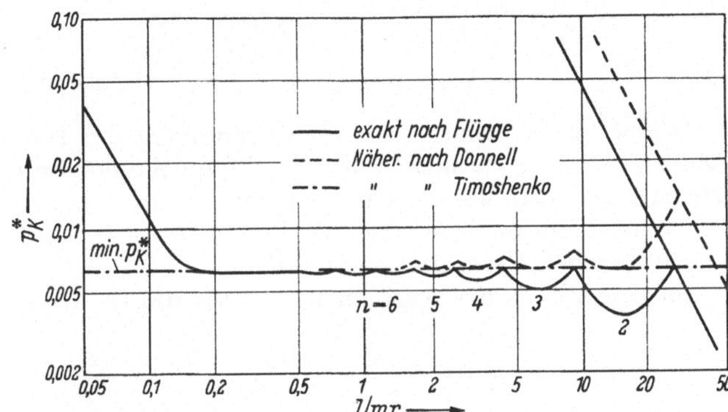

Abb. 116. Vergleich der Näherungen von Gl. (22) und (24) mit der exakten Lösung von V, (95) für $\beta = 10^{-5}$ und $\mu = \dfrac{1}{6}$ bei der axial gedrückten Kreiszylinderschale.

für $n \geqq 6$ gute und bis zu $n = 4$ brauchbare Übereinstimmung herrscht. Ferner zeigt sich, daß die Näherung gerade in dem Bereich sehr gut ist, wo sich die Girlandenkurve kaum von der Verbindungslinie der Minima der einzelnen Kurvenäste unterscheidet. Dadurch wird es nahegelegt, n einfach aus $\dfrac{d p_0^*}{d n} = 0$ zu bestimmen, also stets mit der Verbindungslinie der Minima zu rechnen.

Aus (22) ergibt sich dann

$$p_0^* = (1 - \mu^2)\,\frac{\lambda^2}{(\lambda^2 + n^2)^2} + \beta\,\frac{(\lambda^2 + n^2)^2}{\lambda^2},$$

$$\frac{d p_0^*}{d n} = -(1 - \mu^2)\,\frac{\lambda^2}{(\lambda^2 + n^2)^3}\,4n + \beta\,\frac{\lambda^2 + n^2}{\lambda^2}\,4n.$$

$\dfrac{d p_0^*}{d n}$ verschwindet erstens für $n = 0$, wodurch der ansteigende Kurvenast auf der linken Seite von Abb. 116 gekennzeichnet ist. Er gehört zu einem sehr kurzen Zylinder, der praktisch ein Plattenstreifen ist. Zweitens wird $\dfrac{d p_0^*}{d n} = 0$, wenn

$$-(1 - \mu^2)\,\frac{\lambda^2}{(\lambda^2 + n^2)^3} + \beta\,\frac{\lambda^2 + n^2}{\lambda^2} = 0,$$

$$\frac{\lambda^2}{(\lambda^2 + n^2)^2} = \sqrt{\frac{\beta}{1 - \mu^2}} \tag{23}$$

ist. Damit wird dann

$$p_K^* = \min p_K^* = 2\,\sqrt{(1 - \mu^2)\beta} \tag{24a}$$

woraus mit (21) auch

$$p_K = \min p_K = \frac{E}{\sqrt{3(1 - \mu^2)}}\,\frac{t^2}{r} \tag{24b}$$

folgt. Dieses bemerkenswert einfache Resultat[1] ist von der Zylinderlänge unabhängig. Die Verbindungslinie der Minima der Girlandenkurve der Näherung (22) ist eine horizontale Gerade, die ebenfalls in Abb. 116 eingetragen ist. Rechnet man mit dieser Geraden, so besteht zwar zwischen λ und n die Beziehung (23), die Größe dieser Parameter bleibt aber unbestimmt.

Wenn es auf die Ganzzahligkeit von n nicht ankommt, so ist es naheliegend, die Zylinderlänge stets so groß vorauszusetzen, daß auch die Ganzzahligkeit von m unwesentlich ist. Für die folgenden Untersuchungen wird das sogar notwendig. Wir wollen also nur Zylinder betrachten, deren Länge nicht merklich kleiner als der halbe Zylinderumfang ist, also etwa $l \geqq \pi r$. (m ist die Anzahl der *Halb*wellen über l, n die Anzahl der *Voll*wellen über $2r\pi$).

c) Verhalten nach Überschreiten der Beulgrenze

Leider ist es bisher noch nicht gelungen, die für den Bereich oberhalb der Beulgrenze gültigen nichtlinearen Differentialgleichungen (14) exakt zu lösen[2]. Wir müssen also wieder ein geeignetes Näherungsverfahren verwenden, wozu sich eine Kombination der Methode der schrittweisen Näherung mit dem GALERKINschen Verfahren empfiehlt.

Im Augenblick des Ausbeulens gilt für die Beulform nach (20)

$$w = w_I = \overline{w} = C \sin \lambda \frac{s}{r} \cos n\varphi.$$

Der zugehörige Spannungszustand ergibt sich aus (16a) und (18) zu

$$F = F_I = \overline{F} + F_0 = K \sin \lambda \frac{s}{r} \cos n\varphi + K_1 \varphi^2,$$

wobei K eine von λ und n abhängige Konstante darstellt, die aus (16a) berechnet werden kann, und K_1 nach (18b) zu $-\frac{1}{2}p_0$ folgt. Nach Überschreitung der Beulgrenze werden sich die Beulform und der Spannungszustand irgendwie ändern; der im Verzweigungspunkt gültige Zustand wird aber sicherlich noch als erste Näherung brauchbar sein, wenn man sich auf nicht allzu große Überschreitungen beschränkt. Eine verbesserte Näherung für w werden wir dann erhalten können, wenn wir die Größen der ersten Näherung auf der rechten Seite von (14b) einsetzen und durch Integration des Ausdruckes für $\Delta\Delta w$ ein neues w berechnen. Wir erhalten so

$$\Delta\Delta w = 12 \frac{1-\mu^2}{E} \frac{r^2}{t^3} \left[-rK\lambda^2 \sin \lambda \frac{s}{r} \cos n\varphi + \right.$$

$$+ 2KC\lambda^2 n^2 \left(\sin^2 \lambda \frac{s}{r} \cos^2 n\varphi - \cos^2 \lambda \frac{s}{r} \sin^2 n\varphi \right) - 2K_1 C\lambda^2 \sin \lambda \frac{s}{r} \cos n\varphi \left. \right]$$

$$= -12 \frac{1-\mu^2}{E} \frac{r^2}{t^3} \lambda^2 \left[(rK + 2K_1 C) \sin \lambda \frac{s}{r} \cos n\varphi + \right.$$

$$+ KCn^2 \left(\cos 2\lambda \frac{s}{r} - \cos 2n\varphi \right) \left. \right].$$

---

[1] Es findet sich bereits bei S. TIMOSHENKO: Elastizitätstheorie, St. Petersburg 1914, S. 392.

[2] Von der umfangreichen Literatur über dieses Problem seien nur zwei grundlegende Arbeiten, TH. v. KÁRMÁN u. H. S. TSIEN: J. Aeron. Sci. 8 (1941) 303; J. KEMPNER: J. Aeron. Sci. 21 (1954) 329, und der zusammenfassende Abschnitt in dem Buch A. S. WOLMIR: Biegsame Platten und Schalen, Berlin 1962, S. 335, angeführt. Die im folgenden durchgeführte Lösung geht in mehrfacher Hinsicht andere Wege; vgl. A. PFLÜGER: Abh. Braunschweig. Wissenschaftl. Ges. 14 (1962) 91.

Diese inhomogene Differentialgleichung hat eine durch die Störungsglieder bedingte Partikularlösung von der Form

$$w = a_0 + a_1 \sin \lambda \frac{s}{r} \cos n\varphi + a_2 \cos 2\lambda \frac{s}{r} + a_3 \cos 2n\varphi, \tag{25}$$

wobei a_0 eine konstante radiale Verformung darstellt und die Konstanten a_1, a_2, a_3 gegebenenfalls leicht bestimmt werden können. Auf eine solche Festlegung der Konstanten nach der Methode der schrittweisen Näherung soll jedoch verzichtet werden. Vielmehr wollen wir die Lösung dadurch weiter verbessern, daß wir nunmehr (25) als Ansatz für das GALERKINsche Verfahren benutzen und die Konstanten a als noch zu ermittelnde Freiwerte definieren. Es sei also — in Anlehnung an die Bezeichnungsweise von Abschnitt VI —

$$\left. \begin{aligned} &w \approx \eta = a_0 + a_1\eta_1 + a_2\eta_2 + a_3\eta_3 \\ \text{mit} \quad &\eta_1 = \sin \lambda \frac{s}{r} \cos n\varphi, \quad \eta_2 = \cos 2\lambda \frac{s}{r}, \quad \eta_3 = \cos 2n\varphi. \end{aligned} \right\} \tag{26}$$

Bei diesem Ansatz erfüllen allerdings η_2 und η_3 die an den Zylinderrändern geforderten Randbedingungen nicht. Wir können jedoch hoffen, daß dies unwesentlich ist, da wir verabredungsgemäß einen Bereich betrachten, in dem die Randbedingungen wenigstens auf die Höhe der Beullast keinen Einfluß haben. Eine grundsätzlich durchaus mögliche Verbesserung des Ansatzes — etwa durch Hinzunahme von Lösungen der homogenen Gleichung $\Delta\Delta w = 0$ — würde die Rechenarbeit sehr vergrößern.

Man kann nun natürlich fragen, ob nicht statt des GALERKINschen Verfahrens hier das RITZsche Verfahren am Platze ist, weil der Ansatz die Randbedingungen nicht erfüllt. Da jedoch von (26) nicht nur die natürlichen, sondern auch die künstlichen Randbedingungen verletzt werden, stellen in dieser Hinsicht beide Verfahren nicht mehr die angenäherte Lösung eines Variationsproblems dar, sondern haben nur noch den Wert einer sinnvollen Mittelbildung. Der größere Rechenaufwand des RITZschen Verfahrens, dessen Energieausdrücke hier auch noch erst abgeleitet werden müßten, würde sich also nicht lohnen.

Nach Wahl des Ansatzes für w ist noch die Spannungsfunktion F zu bestimmen, deren Näherung mit Φ bezeichnet sei. Wir erhalten sie aus (14a), wenn wir dort w nach (26) einsetzen. Es entsteht dann die inhomogene Bipotentialgleichung

$$\begin{aligned} \Delta\Delta F \approx \Delta\Delta\Phi = -\frac{Et}{r^2}\Big[&a_1\lambda^2(2a_3 n^2 - 2a_2 n^2 - r)\sin\lambda\frac{s}{r}\cos n\varphi - \\ &- \lambda^2\Big(4a_2 r + \frac{1}{2}a_1^2 n^2\Big)\cos 2\lambda\frac{s}{r} + \frac{1}{2}a_1^2\lambda^2 n^2\cos 2n\varphi + \\ &+ 16 a_2 a_3 \lambda^2 n^2 \cos 2\lambda\frac{s}{r}\cos 2n\varphi + \\ &+ 2 a_1 a_3 \lambda^2 n^2 \sin\lambda\frac{s}{r}\cos 3n\varphi + \\ &+ 2 a_1 a_2 \lambda^2 n^2 \sin 3\lambda\frac{s}{r}\cos n\varphi \Big]. \end{aligned}$$

Sie hat, wie man durch Einsetzen leicht bestätigt, die Partikularlösung

$$
\begin{aligned}
F \approx \Phi = -\frac{E\,t}{r^2}\Bigg[&\frac{a_1\lambda^2}{(\lambda^2+n^2)^2}(2a_3 n^2 - 2a_2 n^2 - r)\sin\lambda\,\frac{s}{r}\,\cos n\varphi - \\
&- \frac{1}{4\lambda^2}\Big(a_2 r + \frac{1}{8}\,a_1^2 n^2\Big)\cos 2\lambda\,\frac{s}{r} + \frac{a_1^2\lambda^2}{32\,n^2}\cos 2n\varphi + \\
&+ \frac{2a_1 a_3\lambda^2 n^2}{(\lambda^2+9n^2)^2}\sin\lambda\,\frac{s}{r}\,\cos 3n\varphi + \\
&+ \frac{2a_1 a_3\lambda^2 n^2}{(9\lambda^2+n^2)^2}\sin 3\lambda\,\frac{s}{r}\,\cos n\varphi + \\
&+ \frac{a_2 a_3\lambda^2 n^2}{(\lambda^2+n^2)^2}\cos 2\lambda\,\frac{s}{r}\,\cos 2n\varphi + \frac{p^* r^2}{2(1-\mu^2)}\,\varphi^2 \Bigg].
\end{aligned}
\tag{27}
$$

Wie es sein muß, ergibt sich aus (27) für die axiale Belastung der Schale

$$
\frac{1}{2\pi}\int_0^{2\pi} -F^{\cdot\cdot}\,d\varphi = p,
$$

wenn man die Abkürzung $p^* = \dfrac{p}{r}\,\dfrac{1-\mu^2}{E}\,\dfrac{r}{t}$ beachtet.

Durch die beschriebene Ermittlung von Φ aus (14a) haben wir eine der beiden Differentialgleichungen des Problems exakt erfüllt. Um die andere durch die noch offene Wahl der Freiwerte möglichst gut zu befriedigen, verwenden wir nun das GALERKINsche Verfahren, wie es in Abschnitt VI, B näher besprochen wurde. Wir bilden dementsprechend aus (14b) die drei Gleichungen

$$
\int_0^{\frac{l}{r}}\int_0^{2\pi}\Big[\Delta\Delta\eta - 12\,\frac{1-\mu^2}{E}\,\frac{r^2}{t^3}\big(r\Phi'' + \Phi''\eta^{\cdot\cdot} + \Phi^{\cdot\cdot}\eta'' - 2\Phi^{\cdot\prime}\eta'\big)\Big]\eta_i\,d\varphi\,d\frac{s}{r} = 0
\tag{28}
$$

$$
\text{mit}\quad i = 1, 2, 3,
$$

wobei η nach (26) und Φ nach (27) einzusetzen ist.

Nach Ausführung der grundsätzlich einfachen und nur etwas umständlichen Integrationen, deren Einzelheiten hier übergangen werden können, ergeben sich folgende Gleichungen:

$$
\begin{aligned}
&\frac{a_1^2}{r^2}\,\frac{\lambda^4+n^4}{16\lambda^2} + \frac{a_2}{r}\,\frac{n^2}{2\lambda^2} + \Big(\frac{a_2}{r} - \frac{a_3}{r}\Big)4\Lambda n^2 + \\
&+ \left\{\frac{a_3^2}{r^2} + \frac{a_3^2}{r^2}\,\frac{[\Lambda(\lambda^2+9n^2)^2 + \lambda^2](9\lambda^2+n^2)^2}{[\Lambda(9\lambda^2+n^2)^2 + \lambda^2](\lambda^2+9n^2)^2}\right\}4n^4\Big[\Lambda + \frac{\lambda^2}{(9\lambda^2+n^2)^2}\Big] - \\
&- \frac{a_2}{r}\,\frac{a_3}{r}\,8\Lambda n^4 + \Lambda + \frac{1}{\Lambda}\,\frac{\beta}{1-\mu^2} - \frac{p^*}{1-\mu^2} = 0,
\end{aligned}
$$

$$
\begin{aligned}
&\frac{a_1^2}{r^2}\,n^2\Big(\frac{1}{8} + \Lambda\lambda^2\Big) + \frac{a_2}{r}\,4\lambda^2\Big(\frac{1}{4\lambda^2} + 4\lambda^2\,\frac{\beta}{1-\mu^2} - \frac{p^*}{1-\mu^2}\Big) + \\
&+ \frac{a_1^2}{r^2}\,\frac{a_2}{r}\,2\lambda^2 n^4\Big[\frac{\lambda^2}{(9\lambda^2+n^2)^2} + \Lambda\Big] + \Big(4\,\frac{a_2}{r}\,\frac{a_3^2}{r^2} - \frac{a_1^2}{r^2}\,\frac{a_3}{r}\Big)2\Lambda\lambda^2 n^4 = 0,
\end{aligned}
\tag{29a, b}
$$

$$\frac{a_3}{r}\, 16\, n^2\, \frac{\beta}{1-\mu^2} - \frac{a_1^2}{r^2}\, \varLambda \lambda^2 \left(1 + \frac{a_2}{r}\, 2\, n^2\right) +$$

$$+ \frac{a_3}{r}\, 2\, \lambda^2 n^2 \left\{\frac{a_1^2}{r^2}\left[\frac{\lambda^2}{(\lambda^2 + 9\, n^2)^2} + \varLambda\right] + \frac{a_2^2}{r^2}\, 4\, \varLambda\right\} = 0 \qquad \left.\right\} \quad (29\,\mathrm{c})$$

mit der Abkürzung $\varLambda = \dfrac{\lambda^2}{(\lambda^2 + n^2)^2}$.

Wir haben damit drei nichtlineare Gleichungen zur Bestimmung der Konstanten a_1, a_2, a_3 erhalten. Die Konstante a_0 von (26a) kommt in diesen Gleichungen nicht vor, da sie durch die Differentiationsprozesse herausfällt. Eine weitere Gleichung, die wir aus (28) mit $\eta_i = \eta_0 = 1$ gewinnen können, liefert die triviale Aussage $0 = 0$ und ist damit für beliebige Werte von a_1, a_2, a_3 befriedigt, so daß sich keine neue Aussage für die Konstanten, aber auch kein Widerspruch zu den ersten drei Gleichungen ergibt.

a_0 ist aber keineswegs willkürlich wählbar. Diese Konstante wird vielmehr benötigt, um eine Periodizität der Verschiebung v bei einem vollen Umlauf um die Schale zu erreichen. Es muß nämlich

$$v_{\varphi=2\pi} - v_{\varphi=0} = \int_0^{2\pi} v^{\cdot}\, d\varphi = 0$$

sein. Nach (11b) ist

$$\frac{v^{\cdot}}{r} = \varepsilon_y^0 + \frac{w}{r} - \frac{1}{2}\, \frac{w^{\cdot 2}}{r^2}$$

und nach (10a, b) und (13a, b)

$$\varepsilon_y^0 = \frac{1}{E\,t}\, (N_y - \mu\, N_x) = \frac{1}{E\,t}\, (F'' - \mu\, F^{\cdot\cdot}).$$

Es ergibt sich also die Forderung

$$\int_0^{2\pi} \left[\frac{1}{E\,t}\, (F'' - \mu\, F^{\cdot\cdot}) + \frac{w}{r} - \frac{1}{2}\, \frac{w^{\cdot 2}}{r^2}\right] d\varphi = 0. \qquad (30)$$

Mit $w \approx \eta$ nach (26) und $F \approx \varPhi$ nach (27) folgt aus (30) nach Ausführung der Integration

$$\frac{a_0}{r} = -\mu\, \frac{p^*}{1-\mu^2} + n^2 \left(\frac{1}{8}\, \frac{a_1^2}{r^2} + \frac{a_3^2}{r^2}\right). \qquad (31)$$

Der erste Term in (31) stellt die Aufweitung des Zylinders dar, die schon im Grundzustand von der Längsbelastung über die Querdehnung erzeugt wird. Er hat also mit dem eigentlichen Beulvorgang nichts zu tun.

Im übrigen liefert nicht nur Gl. (11b), sondern auch (11a) eine wertvolle Aussage, und zwar über die Größe der mittleren Längszusammendrückung des Zylinders. Analog zur Berechnung von $v^{\cdot}$ erhalten wir

$$\frac{u'}{r} = \frac{1}{E\,t}\, (F^{\cdot\cdot} - \mu\, F'') - \frac{1}{2}\, \frac{w'^2}{r^2}.$$

Bezeichnen wir die mittlere Längszusammendrückung mit f und definieren

$$ f = - (u_{s=l} - u_{s=0}) = - \frac{1}{2\pi} \int_0^{\frac{l}{r}} \int_0^{2\pi} \frac{u'}{r} \, d\varphi \, d\,\frac{s}{r} \,, $$

so bekommen wir

$$ f = - \frac{1}{2\pi} \int_0^{\frac{l}{r}} \int_0^{2\pi} \left[\frac{1}{Et} (F^{\cdot\cdot} - \mu F'') - \frac{1}{2} \frac{w'^2}{r^2} \right] d\varphi \, d\,\frac{s}{r} \,, $$

und mit (26) und (27) nach Integration

$$ \frac{f}{l} = \frac{p^*}{1 - \mu^2} + \lambda^2 \left(\frac{1}{8} \frac{a_1^2}{r^2} + \frac{a_2^2}{r^2} \right). \tag{32} $$

Außer dieser mittleren Stauchung läßt sich zur Charakterisierung des Verhaltens der Schale noch die Beulamplitude verwenden. Bezeichnen wir den an den Stellen $\lambda \frac{s}{r} = \frac{\pi}{2}$, $n\varphi = 0$ auftretenden (GALERKINschen Näherungs-)Wert der Ausbeulung mit w_m, so wird nach (26) und (31)

$$ w_m = a_0 + \mu \frac{p^* r}{1 - \mu^2} + a_1 - a_2 + a_3 \,, \tag{33} $$

wenn wir die Aufweitung $\mu \frac{p^* r}{1 - \mu^2}$ des Grundzustandes als nicht mit zum Beulvorgang gehörig ansehen.

f und w_m lassen sich leicht angeben, wenn die Konstanten a_1, a_2, a_3 bekannt sind. Bevor wir die hierzu notwendige Auflösung des Gleichungssystems (29) durchführen, wollen wir dieses und die Gln. (31) und (32) noch etwas übersichtlicher schreiben. Hierzu führen wir als neue Größen ein:

$\nu = \dfrac{n^2}{\lambda^2}$ Quadrat des „Wellenlängenverhältnisses",

λ_K im kritischen Punkt sich einstellendes λ, das sich aus (23) bei gegebenem ν ausrechnen läßt,

$\zeta = \dfrac{\lambda^2}{\lambda_K^2}$,

$f_K = \dfrac{p_K}{Et}$ mittlere Längszusammendrückung im kritischen Punkt.

Bei Beachtung der Gln. (23) und (24) und der Beziehung $\beta = \dfrac{t^2}{12\,r^2}$ läßt sich dann (29) in folgender Form schreiben, wobei die Einzelheiten der einfachen Rechnungen wieder übergangen seien.

$$ \left. \begin{aligned} &\frac{a_1^2}{t^2} \frac{3}{8} \zeta (1 + \nu^2)\,(1 + \nu)^2 + 2\nu (1 + \zeta\nu)^2 \sqrt{\frac{3}{1 - \mu^2}} \left\{ \frac{a_2}{t} \left[2 + \frac{(1 + \nu)^2}{4} \right] - 2\frac{a_3}{t} \right\} + \\ &+ \left\{ \frac{a_2^2}{t^2} + \frac{a_3^2}{t^2} \frac{[(1 + 9\nu)^2 + (1 + \nu)^2]\,(9 + \nu)^2}{[(9 + \nu)^2 + (1 + \nu)^2]\,(1 + 9\nu)^2} \right\} 24\,\zeta \nu^2 (1 + \nu)^2 \left[\frac{1}{(1 + \nu)^2} + \frac{1}{(9 + \nu)^2} \right] - \\ &- \frac{a_2}{t} \frac{a_3}{t} 48 \zeta \nu^2 + \frac{(1 + \nu)^2}{1 - \mu^2} (1 + \zeta\nu)^2 \frac{p_0 - p}{p_K} = 0, \end{aligned} \right\} \tag{34a} $$

$$\left.\begin{aligned}
&\frac{a_1^2}{t^2}\,\nu\left[\frac{3}{4}+\frac{6}{(1+\nu)^2}\right]+\frac{a_2}{t}\,8\,\sqrt{\frac{3}{1-\mu^2}}\left[\frac{(1+\zeta\nu)^2}{8\zeta}+\frac{2\zeta}{(1+\zeta\nu)^2}-\frac{p}{p_K}\right]+\\
&+\frac{24\,\zeta\nu^2}{(1+\nu)^2\,(1+\zeta\nu)^2}\,\sqrt{3(1-\mu^2)}\left\{\frac{a_1^2}{t^2}\,\frac{a_2}{t}\left[1+\frac{(1+\nu)^2}{(9+\nu)^2}\right]+4\,\frac{a_2}{t}\,\frac{a_3^2}{t^2}-\frac{a_1^2}{t^2}\,\frac{a_3}{t}\right\}=0,\\[4pt]
&\frac{a_1^2}{t^2}\,3\,\frac{(1+\zeta\nu)^2}{\zeta(1+\nu)^2}\left[1+\frac{a_2}{t}\,\frac{4\zeta\nu}{(1+\zeta\nu)^2}\,\sqrt{3(1-\mu^2)}\right]-\frac{a_3}{t}\,8\nu\,\sqrt{\frac{3}{1-\mu^2}}-\\
&-\frac{a_3}{t}\,12\nu\,\sqrt{3(1-\mu^2)}\left\{\frac{a_1^2}{t^2}\left[\frac{1}{(1+9\nu)^2}+\frac{1}{(1+\nu)^2}\right]+\frac{a_2^2}{t^2}\,\frac{4}{(1+\nu)^2}\right\}=0
\end{aligned}\right\}\quad (34\,\mathrm{b,\,c})$$

mit dem Eigenwertverhältnis

$$\frac{p_0}{p_K}=\frac{(1+\zeta\nu)^2}{2\zeta(1+\nu)^2}+\frac{\zeta(1+\nu)^2}{2(1+\zeta\nu)^2}. \tag{34 d}$$

Aus den Gln. (31), (32) und (33) wird

$$\frac{a_0}{t}=-\frac{\mu}{\sqrt{3(1-\mu^2)}}\,\frac{p}{p_K}+\frac{2\zeta\nu}{(1+\zeta\nu)^2}\,\sqrt{3(1-\mu^2)}\left(\frac{1}{8}\,\frac{a_1^2}{t^2}+\frac{a_3^2}{t^2}\right), \tag{35}$$

$$\frac{f}{f_K}=\frac{p}{p_K}+\frac{6\zeta(1-\mu^2)}{(1+\zeta\nu)^2}\left(\frac{1}{8}\,\frac{a_1^2}{t^2}+\frac{a_2^2}{t^2}\right), \tag{36}$$

$$\frac{w_m}{t}=\frac{a_0}{t}+\frac{\mu}{\sqrt{3(1-\mu^2)}}\,\frac{p}{p_K}+\frac{a_1}{t}-\frac{a_2}{t}+\frac{a_3}{t}. \tag{37}$$

Der wesentliche Vorteil dieser neuen Schreibweise besteht darin, daß die Steifigkeitszahl β in den Gleichungen nicht mehr vorkommt. Es läßt sich also z. B. der Zusammenhang zwischen $\dfrac{p}{p_K}$ und $\dfrac{f}{f_K}$ nach (36) durch *eine* Kurve erfassen; der Parameter λ_K ist ebenfalls herausgefallen.

In den Gln. (34) kommen die Konstanten a bis zum dritten Grade vor, wobei von a_2 und a_3 auch lineare Glieder vorhanden sind, jedoch nicht von der wichtigsten Konstanten a_1. In der Größenordnung sind also a_2 und a_3 dem Quadrat von a_1 gleichwertig, so daß z. B. ein Term $a_2 a_3^2$ schon der sechsten Potenz von a_1 entspricht. Bei Ableitung der Ausgangsgleichungen (14) sind aber nur quadratische Glieder der Verschiebungen berücksichtigt worden. Es liegt daher nahe, in (34) auch nur die Glieder mit a_1^2, a_2 und a_3 beizubehalten, die anderen aber zu vernachlässigen. Wir wollen diesen Weg zunächst einschlagen und den Einfluß der Glieder höherer Ordnung erst später berücksichtigen.

Aus (34 b, c) erhalten wir dann sofort für a_2 und a_3 die Ausdrücke

$$\frac{a_2}{t}=-\frac{\nu}{8\,\sqrt{\dfrac{3}{1-\mu^2}}}\,\frac{\dfrac{3}{4}+\dfrac{6}{(1+\nu)^2}}{\dfrac{(1+\zeta\nu)^2}{8\zeta}+\dfrac{2\zeta}{(1+\zeta\nu)^2}-\dfrac{p}{p_K}}\,\frac{a_1^2}{t^2},$$

$$\frac{a_3}{t}=\frac{3}{8\,\sqrt{\dfrac{3}{1-\mu^2}}}\,\frac{(1+\zeta\nu)^2}{\zeta\nu(1+\nu)^2}\,\frac{a_1^2}{t^2},$$

die wir in den von (34a) übrig bleibenden Teil

$$\frac{a_1^2}{t^2}\,\frac{3}{8}\,\zeta(1+\nu^2)(1+\nu)^2 + 2\nu(1+\zeta\nu)^2\,\sqrt{\frac{3}{1-\mu^2}}\left\{\frac{a_2}{t}\left[2+\frac{(1+\nu)^2}{4}\right]-2\,\frac{a_3}{t}\right\}+$$

$$+\,\frac{(1+\nu)^2}{1-\mu^2}\,(1+\zeta\nu)^2\,\frac{p_0-p}{p_K}=0$$

einsetzen können. Mit der Abkürzung $\dfrac{p_1}{p_K}=\dfrac{(1+\zeta\nu)^2}{8\zeta}+\dfrac{2\zeta}{(1+\zeta\nu)^2}$ bekommen wir zunächst

$$\frac{a_1^2}{t^2}=\frac{\dfrac{(1+\nu)^2}{1-\mu^2}\,\dfrac{p_0-p}{p_K}\,\dfrac{p_1-p}{p_K}}{\dfrac{\nu^2}{4}\left[2+\dfrac{(1+\nu)^2}{4}\right]\left[\dfrac{3}{4}+\dfrac{6}{(1+\nu)^2}\right]+\left[\dfrac{3}{2}\dfrac{(1+\zeta\nu)^2}{\zeta(1+\nu)^2}-\dfrac{3}{8}\dfrac{\zeta(1+\nu^2)(1+\nu)^2}{(1+\zeta\nu)^2}\right]\dfrac{p_1-p}{p_K}}.$$

Setzen wir nun zur weiteren Abkürzung

$$H=\frac{p_1-p_0}{p_K}=\frac{(1+\zeta\nu)^2}{8\zeta}+\frac{2\zeta}{(1+\zeta\nu)^2}-\frac{(1+\zeta\nu)^2}{2\zeta(1+\nu)^2}-\frac{\zeta}{2}\frac{(1+\nu)^2}{(1+\zeta\nu)^2}$$

oder

$$H=\frac{1}{2}\left(\frac{2}{1+\nu}-\frac{1+\nu}{2}\right)\left[\frac{2\zeta}{1+\nu}\frac{(1+\nu)^2}{(1+\zeta\nu)^2}-\frac{1+\nu}{2\zeta}\frac{(1+\zeta\nu)^2}{(1+\nu)^2}\right] \tag{38}$$

und

$$\Delta p=\frac{p_0-p}{p_K}=\frac{p_0}{p_K}-\frac{p}{p_K} \tag{39}$$

so wird

$$\frac{a_1^2}{t^2}=\frac{4(1+\nu)^2}{3(1-\mu^2)}\frac{(H+\Delta p)\,\Delta p}{\nu^2\left(\dfrac{1+\nu}{4}+\dfrac{2}{1+\nu}\right)^2+\left[\dfrac{2}{\zeta}\dfrac{(1+\zeta\nu)^2}{(1+\nu)^2}-\dfrac{\zeta}{2}(1+\nu)^2\dfrac{(1+\nu)^2}{(1+\zeta\nu)^2}\right](H+\Delta p)}. \tag{40}$$

Für die maximale Beulamplitude nach (33) bzw. (37) ergibt sich die Näherung

$$\frac{w_m}{t}=\sqrt{\frac{a_1^2}{t^2}}+\frac{3\nu}{8\sqrt{\dfrac{3}{1-\mu^2}}}\left[\frac{2\zeta}{(1+\zeta\nu)^2}+\frac{(1+\zeta\nu)^2}{\zeta\nu^2(1+\nu)^2}+\frac{\dfrac{1}{4}+\dfrac{2}{(1+\nu)^2}}{H+\Delta p}\right]\frac{a_1^2}{t^2}. \tag{41}$$

Bei der Wurzel ist das positive Vorzeichen gewählt, da hierfür w_m den größeren Wert annimmt. Für die Längszusammendrückung folgt schließlich nach (36)

$$\frac{f}{f_K}=\frac{p}{p_K}+\frac{3}{4}\frac{\zeta(1-\mu^2)}{(1+\zeta\nu)^2}\frac{a_1^2}{t^2}. \tag{42}$$

Es sei nun das durch die Gln. (38) bis (42) dargestellte Ergebnis betrachtet. Im niedrigsten Verzweigungspunkt ist $p=p_0=p_K$, $\lambda=\lambda_K$, $\zeta=1$. Zu $p_0>p_K$, $\zeta \neq 1$ gehören die Verzweigungspunkte, bei denen der Grundzustand schon labil ist. Wir wollen daher zunächst nur den Fall $\zeta=1$ und damit die bei $p=p_K$ abzweigenden Kurven untersuchen. Aus (40) wird dann

$$\frac{a_1^2}{t^2}=\frac{4(1+\nu)^2}{3(1-\mu^2)}\frac{(H+\Delta p)\,\Delta p}{\nu^2\left(\dfrac{1+\nu}{4}+\dfrac{2}{1+\nu}\right)^2+\dfrac{3-\nu^2}{2}(H+\Delta p)} \tag{43a}$$

mit

$$H=\frac{1}{2}\left(\frac{2}{1+\nu}-\frac{1+\nu}{2}\right)^2 \tag{43b}$$

oder auch

$$\frac{a_1^2}{t^2} = \frac{4(1+\nu)^2}{3(1-\mu^2)}\;\frac{(H+\Delta p)\,\Delta p}{\nu^2\left[\left(\dfrac{1+\nu}{4}+\dfrac{2}{1+\nu}\right)^2-\dfrac{H}{2}\right]+\dfrac{3}{2}H+\dfrac{3-\nu^2}{2}\,\Delta p}$$

und, wenn wir in der eckigen Klammer im Nenner den für H gültigen Wert einführen,

$$\frac{a_1^2}{t^2} = \frac{4(1+\nu)^2}{3(1-\mu^2)}\;\frac{(H+\Delta p)\,\Delta p}{\nu^2\left[\dfrac{3}{(1+\nu)^2}+\dfrac{3}{2}\right]+\dfrac{3}{2}H+\dfrac{3-\nu^2}{2}\,\Delta p}\,.$$

Aus dieser letzteren Formel können wir folgendes entnehmen. Für a_1 kommen nur reelle, für a_1^2 also nur positive Werte in Frage. Da H nach (43 b) nicht negativ sein kann und das Glied $-\dfrac{\nu^2}{2}\Delta p$ im Nenner durch hinreichend kleine Δp beliebig klein gemacht werden kann, sind zum mindesten in der Nähe des Verzweigungspunktes positive Werte von a_1^2 bei *positiven* Werten von Δp möglich. Positive Δp bedeuten aber, daß nach (39)

$$\Delta p = \frac{p_K - p}{p_K} \geqq 0, \qquad p \leqq p_K$$

ist. *Nach Überschreitung des Verzweigungspunktes sinkt also die Belastbarkeit der Schale.* Diese wichtige Tatsache wird durch Abb. 117 weiter verdeutlicht, wo $\dfrac{p}{p_K}$ in Abhängigkeit von $\dfrac{f}{f_K}$ nach (42) und (43) für einige willkürlich gewählte Werte von $\nu = \dfrac{n^2}{\lambda^2}$ dargestellt ist. Die Kraft-Verformungskurve hat im kritischen Punkt

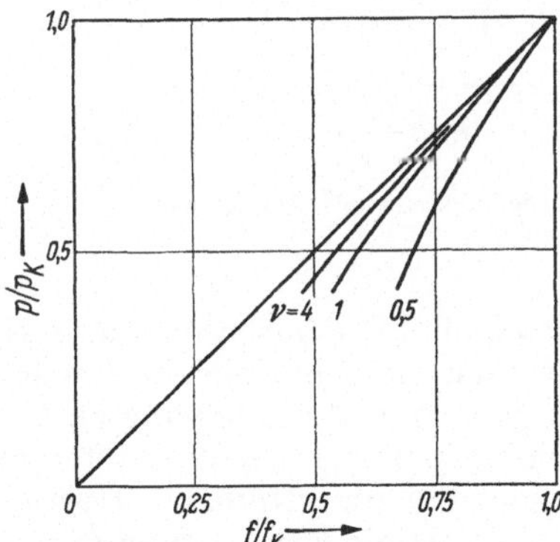

Abb. 117. Abhängigkeit zwischen Belastung und Längszusammendrückung bei der axial gedrückten Kreiszylinderschale für $\zeta = 1$, $\mu = 0{,}3$.

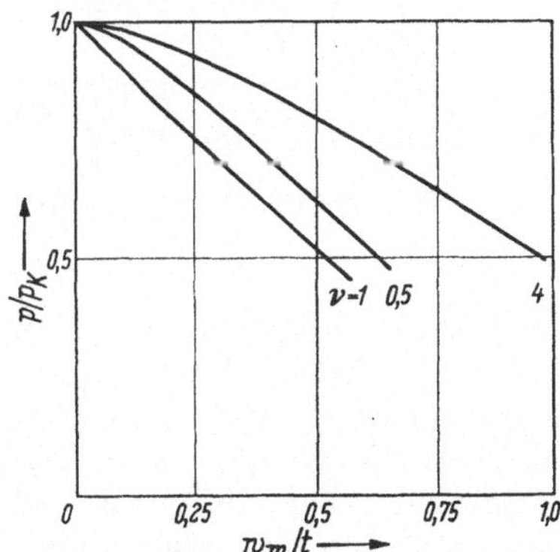

Abb. 118. Abhängigkeit zwischen Belastung und Beulamplitude bei der axial belasteten Kreiszylinderschale für $\zeta = 1$, $\mu = 0{,}3$.

eine scharfe Spitze und kehrt dann wieder um, so daß sich das zugehörige Gleichgewicht nur bei sinkender Last einstellen kann. Diese Gleichgewichtszustände müssen selbstverständlich als labil bezeichnet werden. *Die Zusammenhänge sind damit praktisch die gleichen wie bei einem Durchschlagproblem.*

Weitere Erkenntnisse erhalten wir aus der Betrachtung der Beulamplitude w_m, die in Abb. 118 aufgetragen ist. Die Tatsache, daß das positive Vorzeichen der Wurzel in (41) maßgeblich ist, bedeutet, daß die Schale verständlicherweise lieber nach innen als nach außen beult. Abgesehen von dem schon aus Abb. 117 hervorgehenden Tragfähigkeitsverlust bei $p = p_K$ zeigen aber nun die einzelnen Kurven ein bemerkenswertes Verhalten hinsichtlich ihrer Anfangstangente. Aus (41) und (43) folgt, daß für $H \neq 0$ beim Übergang von p nach p_K die Amplitude w_m proportional $\sqrt{\varDelta p}$ nach Null geht, so daß die Kraft-Verformungskurve hier eine horizontale Tangente hat. Diese bekannte Erscheinung kennzeichnet wieder das indifferente Gleichgewicht und stellt noch keine Besonderheit dar. Eine Ausnahme ist aber der Fall $H = 0$. Nach (41) und (43) wird dabei w_m mit der Annäherung von p an p_K proportional $\varDelta p$. Die entsprechende Kurve hat also jetzt eine von Null verschiedene Tangente! Der Fall $H = 0$ tritt nach (43b) ein, wenn $\nu = 1$ oder $n = \lambda$ ist. Hierbei ist also die Wellenlänge der Beulen in beiden Richtungen gleich groß.

Die Tatsache einer von Null verschiedenen Tangente hat eine mechanisch interessante Bedeutung. Für die Verschiebung f haben wir diesen auch aus Abb. 118 hervorgehenden Effekt schon beim Knickstab gefunden und so gedeutet, daß im Verzweigungspunkt ein indifferenter Gleichgewichtszustand herrscht, bei dem der Übergang vom Grund- zum Nachbarzustand nur durch zusätzliche Ver-

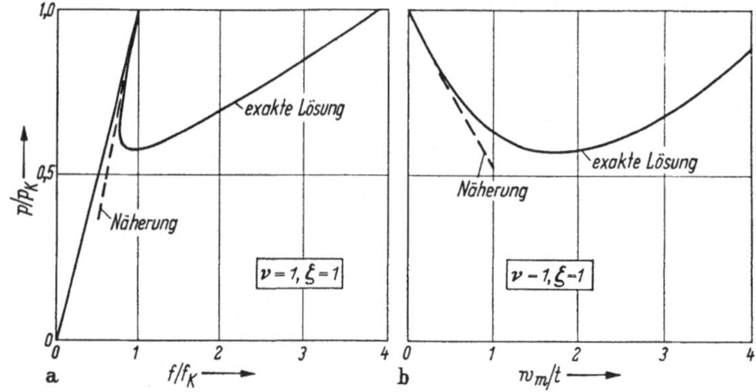

Abb. 119a u. b. Kraft-Verformungskurven der axial gedrückten Kreiszylinderschale
für $\nu = 1$, $\zeta = 1$, $\mu = 0{,}3$.

schiebungen w erfolgt, während die Zusatzverschiebung f ausnahmsweise Null wird. Beim Zylinder gilt aber nun dieses Nullwerden nicht nur für die Verschiebung f, sondern auch für w und damit für den gesamten Verschiebungszustand. Für die betrachtete Lösung ist also im Verzweigungspunkt gar kein indifferentes Gleichgewicht mehr vorhanden, es findet vielmehr ein unmittelbarer Übergang zwischen stabilem und labilem Gleichgewicht statt. Damit liegen genau die Verhältnisse vor, auf die schon durch Abb. 41 bei einem sehr einfachen Beispiel hingewiesen wurde. Da der labile Zustand gefährlicher ist als die durch $H \neq 0$ gekennzeichneten indifferenten Gleichgewichtslagen, wird die Schale mit $\lambda = n$ ausbeulen. Das maßgebliche Wellenlängenverhältnis ist also nunmehr — allerdings zunächst nur unter der Voraussetzung $\zeta = 1$ — bekannt.

Zur Ergänzung der bisherigen Ergebnisse wenden wir uns jetzt der Auflösung des nicht-vereinfachten Gleichungssystems (34) zu. Da die Konstante a_3 in (34c) nur linear vorkommt, läßt sie sich mit Hilfe dieser Gleichung leicht als Funktion von a_1^2 und a_2 berechnen. Eingesetzt in (34a) und (34b) folgen dann zwei Gleichungen, von denen jede sofort nach der ebenfalls nur linear vorkommenden Größe $\dfrac{p}{p_K}$ aufgelöst werden kann. Faßt man dabei a_2 als unabhängige Veränderliche, a_1^2 als Parameter auf, so erhält man für jeden Wert von a_1^2 zwei Kurven, deren Schnittpunkt das zugehörige a_2 liefert.

Das auf diese Weise für $\zeta = 1$, $\nu = 1$ ermittelte Ergebnis zeigen die Abb. 119a u. b. Man erkennt jetzt deutlich den gefährlichen Durchschlageffekt, der darin besteht, daß nach Erreichen des kritischen Punktes bei konstant bleibender Last das System in einen stabilen Gleichgewichtszustand mit wesentlich größeren Verformungen übergeht, was praktisch kaum ohne völlige Zerstörung der Konstruktion geschehen kann. In den Abb. 119 ist im übrigen auch die Näherungslösung nach den Abb. 117 und 118 mit eingetragen. Es zeigt sich, daß etwa bis $\dfrac{p}{p_K} = 0,7$ eine brauchbare Übereinstimmung besteht. Wenn wir im folgenden die „exakte" Lösung verwenden, so ist allerdings dabei immer zu bedenken, daß deren Genauigkeit wegen der beschränkten Gültigkeit der Ausgangsgleichungen (14) und des Ansatzes (26) nicht überschätzt werden darf.

d) Instabilität bei endlichen Störungen

Der bei den bisherigen Untersuchungen zutage getretene Durchschlageffekt ist nur *ein* Grund für die „Bösartigkeit" des Beulproblems der axial gedrückten Kreiszylinderschale. Ein zweiter Grund ergibt sich aus Abb. 119b bei Betrachtung der Größenordnung der Beulamplitude. Diese ist sehr gering; sie beträgt z. B. nur das 1,5fache der Wandstärke, wenn die Belastung erst etwa die Hälfte der Verzweigungslast erreicht hat. Wenn sich also der Grundzustand für $p < p_K$ bei „kleinen" Verschiebungen als stabil erweist, so ist das nur im Sinne der im Abschnitt III aufgestellten Theorie richtig. Mechanisch sind auch die möglichen „großen" Verschiebungen so klein, daß sie praktisch leicht durch entsprechende

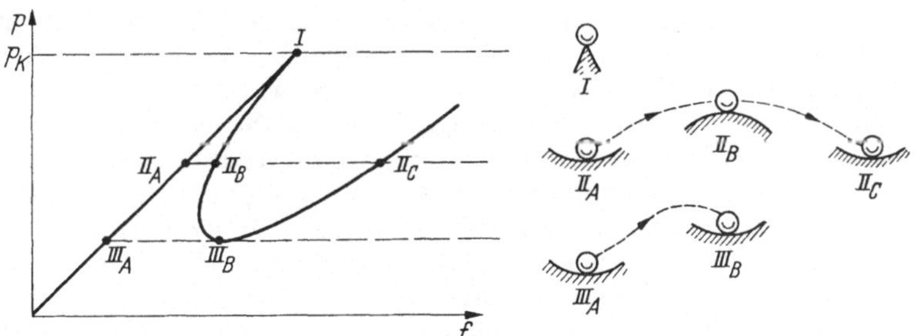

Abb. 120. Zur Veranschaulichung des Stabilitätsverhaltens der axial gedrückten Kreiszylinderschale.

Störungen zustande kommen können. Man denke nur daran, daß bei großen Stahlbehältern eine Montageungenauigkeit vom doppelten Wert der Wandstärke bei der Einhaltung des Durchmessers durchaus im Bereich des praktisch Möglichen und Zulässigen liegt. Es ist also damit zu rechnen, *daß die Verzweigungslast gar nicht erreicht wird, sondern schon bei kleineren Lasten ein Durchschlagen eintritt.*

Eine Veranschaulichung dieser Zusammenhänge durch das schon oft benutzte Kugelgleichnis zeigt Abb. 120. Im Verzweigungspunkt ist das Gleichgewicht im allgemeinen indifferent, für $\nu = 1$ jedoch labil. Die Kugel kann man sich im letzteren Fall auf einer Spitze balancierend vorstellen, um der vorliegenden Ausartung gerecht zu werden. Die Gleichgewichtslagen *II* charakterisieren das normale Verhalten der Schale bei einer endlichen Störung: In *II$_A$*, d. h. im Grundzustand, ist das Gleichgewicht für unendlich kleine Störungen stabil. Der Übergang nach

II_B erfordert eine Energiezufuhr, wozu eine endliche, jedoch praktisch immer noch geringe Störverschiebung notwendig ist. In II_B besteht schon für unendlich kleine Störungen Labilität, so daß die Schale in den stabilen Endzustand II_C durchschlägt, wobei wieder Energie[1] frei wird. Bei der Laststufe III sind der Energieunterschied zwischen III_A und III_B und die erforderliche Störverschiebung größer als bei der Laststufe II. In III_B ist aber nun das Gleichgewicht stabil, so daß ein weiteres Durchschlagen nicht mehr zu befürchten ist.

Der Durchschlagvorgang kann im übrigen auch noch etwas anders, als bisher beschrieben, vor sich gehen. Zur Erklärung möge Abb. 121 dienen. Hier ist zunächst durch die Punkte A, B, C noch einmal ein der Laststufe II von Abb. 120 entsprechendes Verhalten angedeutet. In allen drei Punkten hat die Last denselben Wert, wie es etwa bei einer Belastung durch Gewichte zustande kommt. Diese

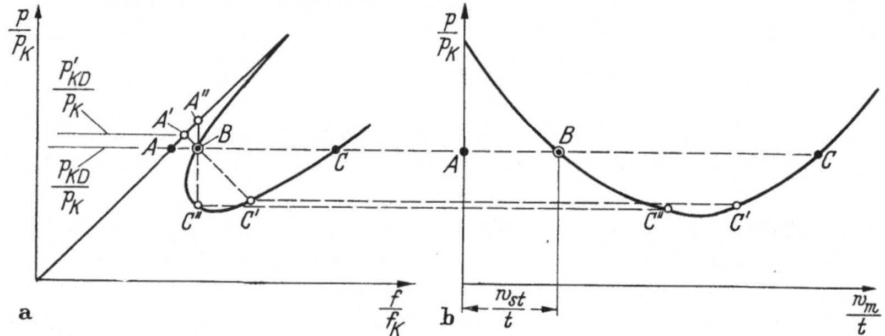

Abb. 121a u. b. Zur Erläuterung des Belastungsvorgangs bei der axial gedrückten Kreiszylinderschale.

Belastung mit Kraftvorschrift haben wir allen bisherigen Betrachtungen — mit Ausnahme der Untersuchung von Abschnitt II, C, 3 über das Knicken eines Stabes infolge Temperaturänderung — zugrunde gelegt und wollen sie auch weiterhin als die Regelbelastung ansehen. Der Belastungsvorgang sieht jedoch anders aus, wenn eine der üblichen Prüfmaschinen, insbesondere eine hydraulisch gesteuerte Maschine benutzt wird. Dem Durchschlagen mit konstant bleibender Kraft können wir zunächst den anderen Grenzfall mit konstant bleibender Verformung f gegenüberstellen. Hierbei würden nach Abb. 121 a die Punkte A'', B, C'' durchlaufen werden. Der Belastungsmechanismus einer Prüfmaschine ist jedoch elastisch nachgiebig und liefert daher keineswegs einen von der Last unabhängigen Abstand der Preßplatten. Eine plausible Annahme dürfte die sein, daß bei einer normalen Prüfmaschine die Punkte A', B, C' durchlaufen werden, die auf einer zur $\dfrac{f}{f_K}$-Achse unter 45° geneigten Geraden liegen. Die Gerade bedeutet dabei ein rein elastisches Verhalten der Belastungseinrichtung. Führen wir den Begriff einer *kritischen Last bei endlichen Störungen* ein, die wir auch *Durchschlaglast* nennen wollen, und definieren

p_{KD} Durchschlaglast bei konstant gehaltener Kraft (Gewichtsbelastung),

p'_{KD} Durchschlaglast bei Benutzung einer „normalen" Prüfmaschine,

so folgt nach Abb. 121 a, daß p_{KD} niedriger als p'_{KD} liegt. Die Gewichtsbelastung ist also die gefährlichere und wird daher schon aus diesem Grunde zweckmäßig als

---

[1] Diese Energie kann größer als, gleich groß wie, oder kleiner als die zum Übergang von II_A nach II_B notwendige, d. h. für den Beginn des Durchschlagens maßgebliche Störenergie sein. Vgl. H.-S. Tsien: J. Aeron. Sci. 9 (1942) 373.

Regelfall angenommen. Zu allen Belastungsarten gehört im übrigen dieselbe Stör-verschiebung w_m, um den Punkt B zu erreichen. Wir wollen sie nach Abb. 121b mit w_{St} bezeichnen.

Fragt man nun nach der Höhe der praktisch zu erwartenden Durchschlaglast, so legen die gewonnenen Erkenntnisse den Schluß nahe, daß das Minimum der Kraft-Verformungskurve von Abb. 119a, also die Lage III_B in Abb. 120, schlimm-stenfalls für die Bemessung einer Konstruktion als maßgeblich angesehen werden muß. Leider liegen die Dinge nicht so einfach, da mit den neuen Möglichkeiten zu einer Instabilität bei endlichen Störungen noch folgendes Problem entsteht. Wir haben bisher nur die im niedrigsten Verzweigungspunkt beginnenden Kurven mit $\zeta = 1$ untersucht, die maßgeblich wären, wenn zum Ausbeulen immer erst die Last $p = p_K$ erreicht werden müßte. Jetzt wird es aber notwendig, ebenfalls Werte $\zeta \neq 1$ in Betracht zu ziehen, für die dann auch nicht mehr $\nu = 1$ sein muß.

Zur Klärung der Zusammenhänge sind zunächst in Abb. 122 einige Kraft-Ver-formungskurven dargestellt, bei denen die Parameter ν und ζ Werte haben, die von eins verschieden sind, und die wir uns vorläufig als willkürlich gewählt, vor-stellen wollen. Im Vergleich mit den ebenfalls eingezeichneten Kurven für $\nu = 1$, $\zeta = 1$ erkennt man, daß die neuen Kurven in der Tat kleinere Störverschiebungen

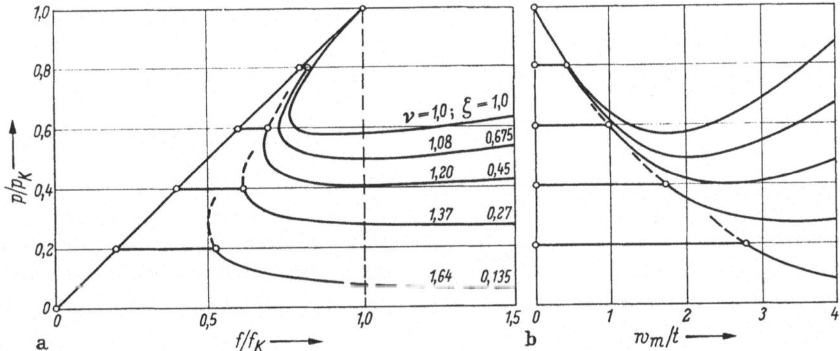

Abb. 122a u. b. Kraft-Verformungskurven bei der axial gedrückten Kreiszylinderschale. $\mu = 0{,}3$.

erfordern und außerdem niedrigere Durchschlaglasten liefern können. Für sehr kleine ζ werden sogar Gleichgewichtszustände mit negativem p theoretisch mög-lich. Sie sind so zu erklären, daß zu den Ansatzfunktionen η_2 und η_3 in (26) eine periodisch veränderliche Randbelastung gehört, die zu einem Ausbeulen auch dann führen kann, wenn die Resultierende aller Randkräfte eine Zugkraft ist. Da jedoch dieser Effekt bei Randbelastungen auftritt, die praktisch nicht vor-kommen, haben die Kurven für $p < 0$ keine Bedeutung. Die Gültigkeit des Diagramms dürfte etwa bei $\dfrac{p}{p_K} = 0{,}1$ aufhören; der niedriger liegende Kurven-teil der untersten Kurve ist daher gestrichelt gezeichnet. Insgesamt zeigt Abb. 122, daß es notwendig ist, als nächstes die maßgeblichen Werte von ν und ζ zu er-mitteln.

Hierzu ist in Abb. 123 die Abhängigkeit zwischen $\dfrac{p}{p_K}$ und $\dfrac{w_m}{t}$ für verschiedene ζ, aber zunächst noch wieder für $\nu = 1$ aufgetragen. Man erkennt, daß die ent-standene Kurvenschar eine Einhüllende hat, daß es also für ein bestimmtes $\dfrac{p}{p_K}$

ein kleinstes $\dfrac{w_m}{t}$ gibt, das die Schale zum Ausbeulen mindestens benötigt. Es ist nun sicherlich naheliegend und sinnvoll, das folgende *Instabilitätskriterium bei endlichen Störungen* aufzustellen: *Für den Übergang vom Grundzustand zum endlich benachbarten Zustand der ausgebeulten Schale ist die kleinste Verschiebung w_m maßgeblich.* Sie wird in Abb. 123 durch die Einhüllende dargestellt und sei der Störverschiebung w_{St} von Abb. 121 b gleichgesetzt.

Zur Klärung der Frage, wie w_{St} von ν abhängt, sind in Abb. 124 die Einhüllenden auch für andere Werte als $\nu = 1$ gezeichnet. Es ergibt sich, daß auch unter Beachtung dieser Möglichkeit w_{St} für ein festes $\dfrac{p}{p_K}$ nicht unter einen bestimmten Wert sinken kann. Die Einhüllende der am weitesten links liegenden, durch $\nu = 1{,}0$; $1{,}2$; $1{,}4$; $1{,}6$ gebildeten Kurvenabschnitte in Abbildung 124 stellt das maßgebliche w_{St} dar, das mindestens zum Durchschlagen erforderlich ist.

Die zum maßgeblichen w_{St} gehörenden Werte von ν und ζ sind in Abb. 125 aufgetragen. Beide Kurven beginnen bei $\dfrac{p_{KD}}{p_K} = 1$ mit dem Wert eins. Für kleinere Lasten steigt ν an, zahlenmäßig aber doch nur verhältnismäßig wenig. Da zur Berechnung des Wellenlängenverhältnisses $\dfrac{n}{\lambda} = \sqrt{\nu}$ noch die Wurzel gezogen werden muß, bleibt dieses im ganzen Bereich von der Größenordnung der Einheit. Für die Beulfigur läßt sich schon hieraus schließen, daß ihre Ausdehnung in Längs- und Umfangsrichtung im wesentlichen gleich groß sein muß. ζ ändert sich mit sinkender Last etwas stärker als ν. Für $\dfrac{p}{p_K} = 0{,}4$ ist z. B. $\zeta = 0{,}27$, $\sqrt{\zeta} = 0{,}52$, d. h. es treten beim Durchschlagen nur rund halb soviel Beulen auf, wie sich nach der klassischen Stabilitätstheorie (bei demselben ν) einstellen würden. Die Beulenzahlen selbst können bei Kenntnis von ζ und ν leicht ausgerechnet werden. Für den kritischen Punkt gilt nach (23) (der Index K ist dort noch nicht eingeführt)

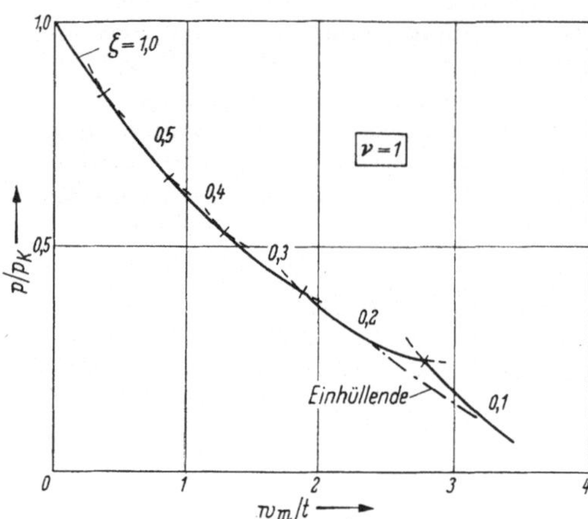

Abb. 123. Abhängigkeit zwischen $\dfrac{p}{p_K}$ und $\dfrac{w_m}{t}$ für $\nu = 1$ und verschiedene ζ bei der axial gedrückten Kreiszylinderschale, $\mu = 0{,}3$.

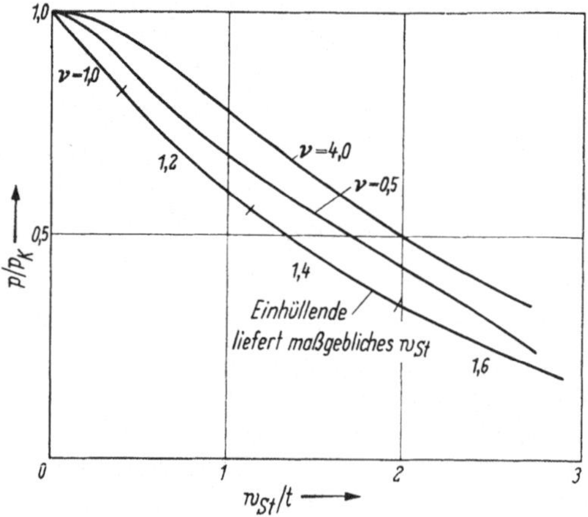

Abb. 124. Abhängigkeit zwischen $\dfrac{p}{p_K}$ und $\dfrac{w_{St}}{t}$ für verschiedene ν bei der axial gedrückten Kreiszylinderschale, $\mu = 0{,}3$.

$$\frac{1}{\lambda_K^2} = (1 + \nu)^2 \sqrt{\frac{\beta}{1 - \mu^2}}\,,$$

so daß sich für das Quadrat der Beulenzahl in Umfangsrichtung

$$n^2 = \lambda^2 v = \frac{v\,\zeta}{(1+v)^2}\sqrt{\frac{1-\mu^2}{\beta}}\qquad(44)$$

ergibt. In Abb. 125 sind im übrigen auch die für eine Prüfmaschine gültigen Kurven zum Vergleich gestrichelt eingetragen. Sie weichen nicht sehr viel von den Kurven für die Gewichtsbe-lastung ab.

In Abb. 122 sind die Para-meter v und ζ der gezeich-neten Kurven gerade so groß gewählt, daß sie für die Durch-schlaglasten $\dfrac{p_{KD}}{p_K} = 0,2;\ 0,4;$ 0,6 usw. nach Abb. 125 maß-geblich sind. Stellen wir die naheliegende und mit Ver-suchsergebnissen im Einklang stehende Hypothese auf, daß sich nach Beginn des Durch-schlagens (d. h. nach Errei-chung des Punktes B in Ab-bildung 121) die Beulenzahl in Umfangs- und Längsrichtung des Zylinders nicht mehr än-dert, daß also v und ζ kon-stant bleiben, so kommt Ab-bildung 122 allgemeinere Be-deutung zu: Sie liefert die Kraft-Verformungskurven der jeweiligen Laststufe.

Es wird dann u. a. mög-lich, für irgendeine Durch-schlaglast die Beulfigur zu ermitteln, die sich im End-zustand einstellt. Als Beispiel sei bei Belastung mit einer Prüfmaschine für die Laststufe $\dfrac{p_{KD}}{p_K} = 0,4,\ \dfrac{p'_{KD}}{p_K} = 0,505$ die zum Punkt C' (vgl. Abb. 121) gehörende Beulfigur angege-ben. Für sie gilt

$$v = 1,37,\qquad \zeta = 0,27;$$

$$\frac{a_0}{t} = 0,2012,\qquad \frac{a_1}{t} = 1,5375,$$

$$\frac{a_2}{t} = -0,4165,\qquad \frac{a_3}{t} = 0,1142.$$

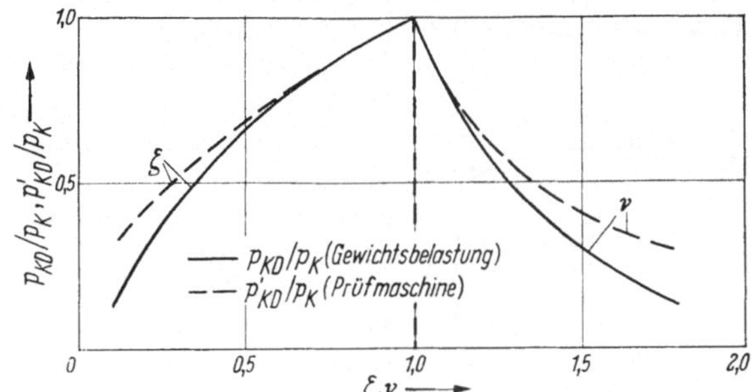

Abb. 125. Maßgebliche Werte von v und ζ bei der axial gedrück-ten Kreiszylinderschale, $\mu = 0{,}3$.

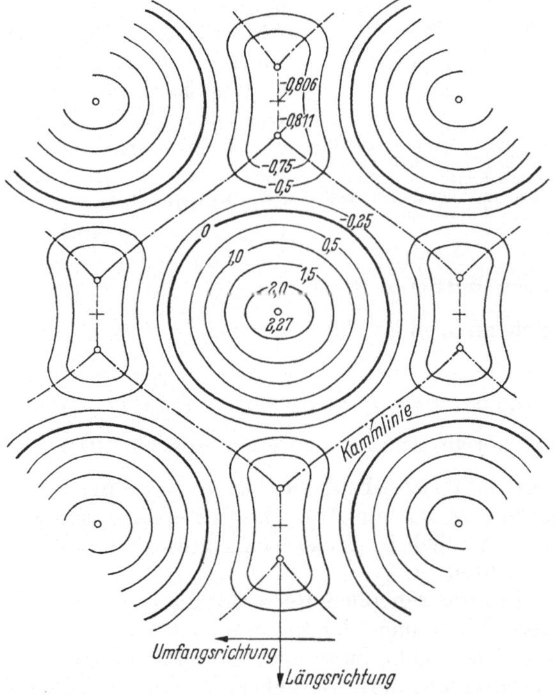

Abb. 126. Beulform im Endzustand nach dem Durchschlagen bei der axial gedrückten Kreiszylinderschale. $\dfrac{p'_{KD}}{p_K} = 0,505$; $v = 1,37$; $\zeta = 0,27$; $\mu = 0,3$.

Unter Beachtung des Ansatzes (26) läßt sich damit die Beulordinate für jeden Punkt der Schale ausrechnen und etwa im Schichtlinienplan darstellen. Das Resultat zeigt Abb. 126. Man erkennt, *daß die „schachbrettartige" Beulform der klassischen Stabilitätstheorie in eine „rautenförmige" übergegangen ist.* Die Beulen bilden sich dabei nach innen aus, während die nach außen gehenden Verschiebungen die Rippen eines fast quadratischen Rautennetzes markieren. Genau genommen sind es keine Rauten, sondern Sechsecke mit vier langen und zwei kurzen Seiten, wie es besonders durch die Kammlinien (Wasserscheiden) in Abb. 126 verdeutlicht wird. Durch die kurzen Zwischenrippen wirkt das Netz in Zylinderlängsrichtung leicht auseinandergezogen. Die Beulen erscheinen dagegen etwas zusammengedrückt. Bei Versuchen und in der Praxis überschreiten vielfach die Biegespannungen in den Rippen und häufig auch in Beulenmitte die Fließgrenze. Es bilden sich dann scharfe Knicke und es entsteht eine Beulfigur, wie sie in Abbildung 127 skizziert ist, wobei das Rippennetz noch krasser als bei rein elastischen Verformungen zum Ausdruck kommt[1].

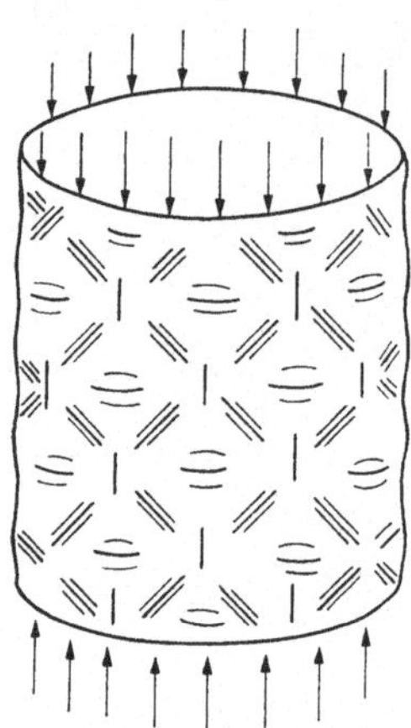

Abb. 127. Axial gedrückte Kreiszylinderschale nach Überschreitung der Beulgrenze mit plastischen Verformungen.

Im Hinblick auf die Beulfigur sei noch auf folgenden Effekt hingewiesen, der sich bei Benutzung einer Prüfmaschine zeigt und besonders deutlich wird, wenn diese nicht hydraulisch angetrieben wird, sondern ihr Preßplattenabstand durch Schraubenspindeln reguliert und so in beliebiger Höhe fixiert werden kann. Es ist dann leicht möglich — vor allem, wenn die Gerade $A'-B-C'$ in Abb. 121 noch steiler als unter 45° verläuft — daß der Punkt C' auf der Kraft-Verformungskurve (vgl. Abb. 122a) an eine Stelle mit negativer Tangente zu liegen kommt. Das Gleichgewicht ist hier labil, wenn sich f unbehindert einstellen kann. C' muß in diesem Fall weiter nach rechts bis in einen stabilen Bereich wandern. Dies geschieht nun interessanterweise auch bei festgehaltenem Preßplattenabstand so, daß die Schale sich selbst hilft: Sie beult unter Entlastung der Randzonen nur in einem mittleren Bereich weiter aus, für den dann die Zusammendrückung hinreichend groß ist. Die entwickelten Formeln bleiben gültig, wenn jetzt $\dfrac{f}{f_K}$ lediglich auf den ausgebeulten Bereich bezogen wird. Die Beulfigur von Abb. 126 gehört übrigens zu einem Zwischenzustand, der in dem beschriebenen Sinne labil ist. Der zugehörige Endzustand einer ausgebeulten Mittelzone, der etwa bei $\dfrac{f}{f_K} = 1{,}0$ liegt, läßt sich ebenfalls leicht ausrechnen, und ergibt dann eine Beulfigur, die gegenüber der von Abb. 126 nur etwas stärker zusammengedrückte Beulen zeigt. Grundsätzlich ist sie so wenig geändert, daß auf eine besondere Darstellung hier verzichtet sei.

Die vorstehenden Betrachtungen geben noch keine Auskunft über die wichtigste Frage nach der für eine Bemessung maßgeblichen Höhe der Durchschlaglast. Diese geht zwar aus Abb. 122b bzw. 124 in Abhängigkeit von dem zum Durchschlagen erforderlichen w_{St} hervor, es fehlt aber noch eine Angabe darüber, in welcher Höhe w_{St} praktisch auftritt. Wir können uns diese Verschiebung durch Kräfte senkrecht zur Schalenfläche erzeugt denken. Wir können uns aber auch vorstellen, daß die Schale wegen ungenauer Fertigung bzw. Montage schon Beulen hat, die sich bei der Belastung elastisch soweit vergrößern, bis die zum Durch-

---

[1] Dieser Endzustand wurde mit einer Näherungsbetrachtung berechnet von L. KIRSTE: Öster. Ing. Arch. 8 (1954) 149.

schlagen erforderlichen Störverformungen erreicht sind. Da die Herstellung einer Schale mit völlig exakter Form praktisch unmöglich ist und stets irgendwelche Vorbeulen vorhanden sein müssen, wollen wir diese Art der Erzeugung einer Störverschiebung näher betrachten.

Es sei zuerst die Frage beantwortet, wie sich gegebene Vorverformungen, die mit w_v bezeichnet seien, infolge der Belastung vergrößern. Hierzu können wir die Grundgleichungen (14) als Ausgangspunkt benutzen und im Sinne der Methode der schrittweisen Näherung folgendermaßen vorgehen. In erster Näherung können wir alle Verformungen, die elastischen sowohl wie die nichtelastischen, als klein ansehen und ihren Einfluß auf den Kräftezustand vernachlässigen. Wir kommen dann zur linearen, klassischen Elastizitätslehre mit der Lösung

$$F'' = 0, \qquad F^{\cdot\cdot} = -p, \qquad F^{\cdot\prime} = 0.$$

Setzen wir dieses Resultat in die nichtlinearen Glieder auf der rechten Seite von (14b) ein, so erhalten wir in dem Glied $-p w''$ den Einfluß der elastischen Verformung auf das Kräftegleichgewicht. Schreiben wir statt dessen $-p(w_v + w)''$, so haben wir auch den Einfluß einer Vorverformung erfaßt. Die elastische Verformung würde dann in zweiter Näherung aus der Gleichung

$$\Delta\Delta w = 12\,\frac{1 - \mu^2}{E}\,\frac{r^2}{t^3}\,[r F'' - p\,(w_v + w)''] \tag{45b}$$

folgen. Dabei dürfen wir nicht etwa $\Delta\Delta(w_v + w)$ schreiben, weil der Ausdruck $\Delta\Delta w$ (bis auf einen konstanten Faktor) durch elastische Verformungen geweckte Elementkräfte darstellt, w_v aber ohne solche Kräfte zustande kommen soll. Entsprechend erhalten wir aus (14a), wenn wir die quadratischen Glieder durch Einführung der ersten Näherung $w'' = w^{\cdot} = w^{\prime} = 0$ zum Verschwinden bringen,

$$\Delta\Delta F = -E\,\frac{t}{r}\,w'', \tag{45a}$$

wobei wieder ein w_v fehlen muß, weil für $w = 0$ auch $F = 0$ sein muß. Aus den beiden Gln. (45) läßt sich F eliminieren, so daß die eine Gleichung

$$\Delta\Delta\Delta\Delta w + 12\,(1 - \mu^2)\,\frac{r^2}{t^2}\,w'''' = -p\,12\,\frac{1 - \mu^2}{E}\,\frac{r^2}{t^3}\,\Delta\Delta\,(w_v + w)'' \tag{46}$$

entsteht. Sie ist linear in w, obwohl sie durch das Glied mit $\Delta\Delta w''$ über die klassische Elastizitätslehre hinausgeht. Diese Genauigkeitsstufe entspricht derjenigen der Beulgleichung (19), wie man durch Vergleich leicht feststellt, und wird als „Theorie zweiter Ordnung" bezeichnet. Auf eine weitere Verfeinerung durch Berücksichtigung nichtlinearer Glieder in w kann hier verzichtet werden.

Als nächstes ist eine Annahme über w_v zu machen. Dabei ist sowohl die Gestalt, als auch die Größe der Vorbeulen zu verabreden. Wie sich zeigen wird, ergibt sich ein sehr einfaches Resultat, wenn wir für die Beulengestalt wieder den Ansatz (20) verwenden und

$$w_v = C_v \sin \lambda\,\frac{s}{r}\,\cos n\varphi \tag{47}$$

ansetzen. Dieser Ansatz enthält natürlich eine gewisse Willkür. Als Haupteinwand wird man vorbringen können, daß nach (47) über die ganze Schale gleichmäßig verteilte Beulen angenommen werden, während es sich in Wirklichkeit um wenige, völlig unregelmäßig verteilte Beulen handeln wird. Dabei ist jedoch zu bedenken, daß auch für den Durchschlagvorgang (Übergang von A nach B in Abb. 120 und 121) eine regelmäßig und in ganz bestimmter Weise verteilte Störverschiebung w_{St} vorausgesetzt ist, obwohl der wirkliche Vorgang sicherlich anders aussieht. Bei diesem wird das Durchschlagen an irgendeiner Stelle der Schale beginnen und sich dann erst über die ganze Schale ausbreiten. Dieser Vorgang ist aber kinetischer Natur, da er sehr schnell vor sich geht, und kann mit statischen Methoden nicht berechnet werden. Die bisherige Untersuchung muß also als *statische Äquivalenz zum wirklichen kinetischen Prozeß* aufgefaßt werden. In diesem Sinne ist w_{St} zu verstehen und damit ist auch w_v nach (47) ein durchaus angemessener Ansatz. Es folgt dann ferner, daß für λ und n in (47) die beim Durchschlagen sich einstellenden Werte einzusetzen sind. Natürlich kann man nun auch noch einen Schritt weiter gehen und w_v in genau derselben Form wie das beim Durchschlagen auftretende w ansetzen. Abgesehen davon, daß hierdurch keine bessere Annäherung an die tatsächlichen Vorbeulen erreicht werden könnte, würde jedoch ein Rechenaufwand entstehen, der nicht mehr dem Charakter der gesamten abschätzenden Betrachtung entsprechen würde.

Mit (47) wird aus (46) eine inhomogene Differentialgleichung mit der Lösung

$$w = C \sin \lambda \, \frac{s}{r} \, \cos n\varphi \, .$$

Unter Beachtung von (21) ergibt sich damit

$$C[\beta (\lambda^2 + n^2)^4 + (1 - \mu^2)\,\lambda^4] = p^* \lambda^2 (\lambda^2 + n^2)^2 \,(C_v + C),$$

und mit Rücksicht auf (22)

$$Cp_0^* = p^*(C_v + C), \qquad \frac{p}{p_K} = \frac{p_0}{p_K} \, \frac{C}{C_v + C} \, .$$

Fordern wir nun, daß $p = p_{KD}$ wird, wenn $C = w_{St}$ ist, so erhalten wir

$$\frac{p_{KD}}{p_K} = \frac{p_0}{p_K} \, \frac{w_{St}}{C_v + w_{St}} \, .$$

Für $\dfrac{p_0}{p_K}$ gilt dabei (34d). Setzen wir jedoch dort als Beispiel die bei $\dfrac{p_{KD}}{p_K} = 0{,}4$ gültigen Werte für ζ und ν nach Abb. 125 ein, so wird $\dfrac{p_0}{p_K} = 1{,}023$. Im Rahmen der vorliegenden Betrachtung kann also ohne weiteres $\dfrac{p_0}{p_K} \approx 1$ gesetzt werden, so daß die einfache Formel

$$\frac{p_{KD}}{p_K} = \frac{w_{St}}{C_v + w_{St}} \tag{48}$$

folgt.

Als Letztes ist C_v und damit die Höhe der Vorbeulen zu wählen. In der Stabstatik ist $\dfrac{1}{400}$ der Stützweite ein Durchschnittswert für die zulässige Durchbiegung, der dem bloßen Auge noch nicht auffällt. Auf eine Zylinderschale übertragen, würde man dann mit Formfehlern zu rechnen haben, die $\dfrac{1}{400}$ des Durchmessers betragen, so daß

$$C_v = 5 \cdot 10^{-3} r$$

und nach (48)

$$\frac{p_{KD}}{p_K} = \frac{\dfrac{w_{St}}{t}}{5\cdot 10^{-3}\,\dfrac{r}{t} + \dfrac{w_{St}}{t}} \tag{49}$$

zu setzen ist. Der zu erwartende Streubereich dürfte etwa zwischen den Grenzen liegen, die sich für $C_v = 10^{-2}r$ und $C_v = 10^{-3}r$ ergeben.

Aus (49) ergibt sich mit $\dfrac{r}{t}$ als Parameter für $\dfrac{p_{KD}}{p_K}$ als Funktion des vorhandenen $\dfrac{w_{St}}{t}$ eine Kurvenschar, die mit der aus Abb. 122 bzw. 124 folgenden Kurve des erforderlichen $\dfrac{w_{St}}{t}$ zum Schnitt gebracht werden kann. Die Schnittpunkte liefern für die gesuchte Durchschlaglast einen Verlauf, der in Abb. 128 einschließlich des zu erwartenden Streubereichs dargestellt ist. $\dfrac{p_{KD}}{p_K}$ läßt sich dabei in guter Näherung durch die Formel

$$\frac{p_{KD}}{p_K} = \frac{1}{\sqrt{1 + \dfrac{r}{100t}}} \tag{50}$$

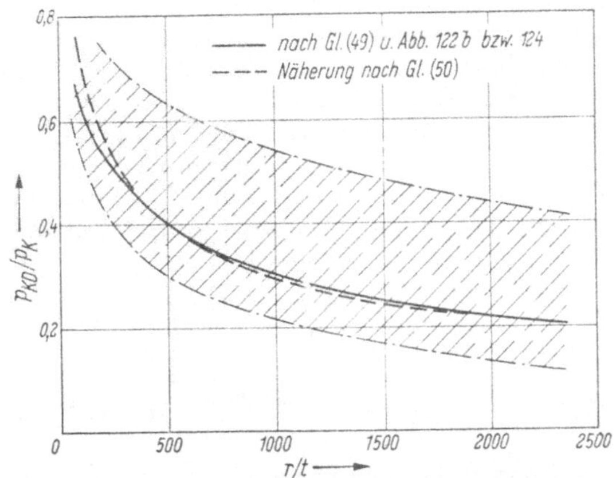

Abb. 128. Durchschlaglast der axial gedrückten Kreiszylinderschale bei Gewichtsbelastung in Abhängigkeit von $\dfrac{r}{t}$.

wiedergeben, die gleichzeitig eine sinnvolle Extrapolation für sehr kleine $\dfrac{p_{KD}}{p_K}$ liefert, über welche die aufgestellte Theorie nichts mehr aussagt. Für einen bei größeren Schalen durchaus möglichen Wert von $\dfrac{r}{t} = 1000$ wird z. B. $\dfrac{p_{KD}}{p_K} = 0{,}302$ und kennzeichnet damit noch einmal sehr deutlich die Gefährlichkeit des behandelten Beulproblems. Die naheliegende Frage, ob bei einer Bemessung nicht vorsichtshalber mit der unteren Grenze des Streubereiches statt nach (50) gerechnet werden sollte, läßt sich ohne Diskussion des erforderlichen Sicherheitsfaktors nicht beantworten. Dieses möge jedoch erst in einem späteren Abschnitt geschehen.

Die Betrachtungen über die axial gedrückte Kreiszylinderschale seien mit der Bemerkung abgeschlossen, daß die von der entwickelten Theorie gelieferten Resultate recht gut mit Versuchsergebnissen übereinstimmen[1]. Es zeigt sich nämlich erstens, daß die gemessene Durchschlaglast in einem Bereich streut, der sich mit dem theoretischen Streubereich deckt. Zweitens bestätigt sich die rautenförmige Beulform mit nach innen gehenden Beulen und quadratischem Netz, und drittens stellt sich eine Beulenzahl ein, die ungefähr halb so groß ist wie die von der klassischen Theorie gelieferte Anzahl.

Auch bei anderen Schalenbeulproblemen liegen häufig ähnliche Effekte wie die hier besprochenen vor. So hat auch die Kugelschale unter Außendruck eine relativ niedrige Durchschlaglast. Etwas, aber nicht viel günstiger sind die Verhältnisse bei der Kreiszylinderschale unter radialem Manteldruck.[2] Auf jeden Fall zeigen aber die bisher durchgeführten Untersuchungen, daß man bei Schalenbeulproblemen stets auf ein besonders „bösartiges" Instabilitätsverhalten gefaßt sein muß und die Berechnung der Verzweigungslast nicht ausreicht.

---

[1] Ein ausführlicher Vergleich findet sich bei A. PFLÜGER: Der Stahlbau 32 (1963) 161.

[2] S. A. PFLÜGER: Der Stahlbau 35 (1966) 249.

B. Unzulässigkeit der Streichung der Verformungen des Grundzustandes

1. Durchschlagproblem

Als Nächstes wollen wir uns davon überzeugen, daß auch die Vernachlässigung der Verformungen des Grundzustandes zu erheblichen Fehlern führen kann. Wir haben das in Abschnitt V behandelte Verfahren ausdrücklich als eine Näherung für Verzweigungsprobleme bezeichnet. Es läßt sich jedoch rein formal auch ohne weiteres auf Durchschlagprobleme anwenden. Die dabei erhaltenen Ergebnisse sind jedoch unbrauchbar, und der Grund dafür besteht in dem großen Einfluß der Verformungen des Grundzustandes. Diese Behauptung sei an dem bereits ausführlich behandelten Beispiel zweier gelenkig miteinander verbundener Druckstäbe nach Abb. 5 nachgewiesen.

Der exakte Zusammenhang zwischen der Belastung P und der Verschiebung f ihres Angriffspunktes war nach Gl. I, (7)

$$P = 2EF\frac{h-f}{l}\left(\frac{l}{\sqrt{l^2-2hf+f^2}}-1\right).$$

Statt dessen können wir auch

$$\frac{P}{2EF} = \left(1-\frac{f}{h}\right)\left(\frac{1}{\sqrt{\left(\frac{l}{h}\right)^2-2\frac{f}{h}+\left(\frac{f}{h}\right)^2}}-\frac{h}{l}\right) \tag{51}$$

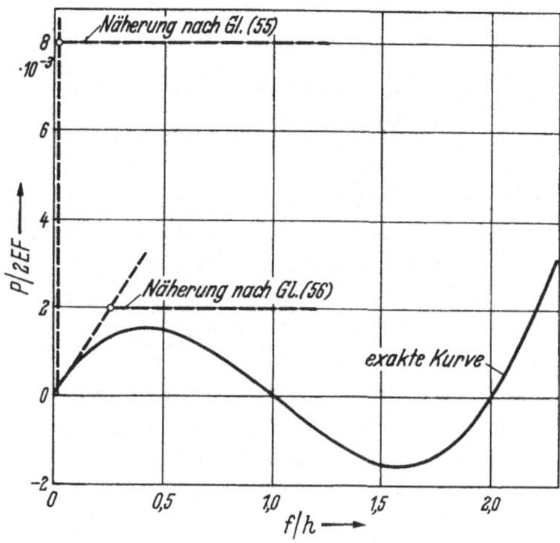

Abb. 129. Vergleich zwischen exakter Rechnung und Näherungsrechnungen beim Durchschlagproblem. $\frac{P}{2EF}$ in Abhängigkeit von $\frac{f}{h}$ für $\frac{l}{a}=1{,}02$.

schreiben. Diese Abhängigkeit ist in Abb. 129 durch die stark ausgezogene Kurve für das willkürlich gewählte Verhältnis $\frac{l}{a}=1{,}02$ — wobei $\frac{h}{l}=\sqrt{1-\left(\frac{a}{l}\right)^2}=0{,}197$ ist — maßstäblich dargestellt. Für die kritische Last gilt dabei nach I, (8) als

exakter Wert: $\dfrac{P_K}{2EF}=\left[1-\left(\frac{a}{l}\right)^{\frac{2}{3}}\right]^{\frac{3}{2}}.$ (52)

Diesen Wert haben wir in Abschnitt III, A, 1 auch unter Anwendung des Kriteriums für das indifferente Gleichgewicht abgeleitet und ihn dort nach Gl. III, (6) zunächst in der Form

$$\frac{P_K}{2EF}=\frac{a}{l}\tan^3\tilde{\alpha}_0 \tag{53}$$

erhalten, die wir dann leicht in die Beziehung (52) umformen konnten. In (53) ist $\tilde{\alpha}_0$ der Winkel, den im Grundzustand unter Berücksichtigung der Verformung die Stäbe mit der Horizontalen bilden, so daß wir $\tan\alpha_0=\dfrac{h-f_0}{a}$ setzen können und aus (53)

$$\frac{P_K}{2\,EF} = \frac{(h - f_0)^3}{l\,a^2} \tag{54}$$

erhalten. Da die Rechnung, die zu (53) bzw. (54) geführt hat, sich von dem Näherungsverfahren des Abschnitts V nur dadurch unterscheidet, daß die Verformungen des Grundzustandes — in (54) also die Durchbiegung f_0 — exakt berücksichtigt sind, können wir den Näherungswert sofort aus (54) bekommen, wenn wir dort $f_0 = 0$ setzen. Es wird damit der

Näherungswert bei Vernachlässigung der Verformungen des Grundzustandes:

$$\frac{P_K}{2\,EF} = \frac{h^3}{l\,a^2} = \left(\frac{l}{a}\right)^2 \left[1 - \left(\frac{a}{l}\right)^2\right]^{\frac{3}{2}}. \tag{55}$$

Dieser Wert bzw. die hierdurch gegebene Kraft-Verformungskurve, die im Sinne des Näherungsverfahrens aus einer senkrechten und einer waagerechten Geraden besteht, ist in Abb. 129 mit eingezeichnet. Man erkennt daraus, daß der kritische Wert viel zu groß wird, die Näherung für Durchschlagprobleme also in der Tat völlig unbrauchbar ist.

In diesem Zusammenhang sei noch folgende zweifellos naheliegende Möglichkeit einer Verbesserung des schlechten Ergebnisses (55) untersucht: Die Verformungen des Grundzustandes lassen sich auch bei komplizierten Problemen verhältnismäßig leicht nach der klassischen Elastizitätslehre, also bei Beschränkung auf lineare Glieder, berechnen. Benutzen wir nun diese Näherungswerte zur Ermittlung der kritischen Last, nehmen aber auch dabei einheitlich immer nur lineare Glieder mit, so werden wir noch eine wesentliche Vereinfachung gegenüber der exakten Rechnung bekommen. Es ist zu vermuten, daß auf diese Weise die Genauigkeit vielleicht schon ausreichend wird. Bei unserem Durchschlagproblem läßt sich das leicht nachprüfen. Nach der gewöhnlichen Statik ergibt sich die Durchsenkung f_0 nach I, (3) zu

$$f_0 = \frac{P_K}{2\,EF}\,\frac{l^3}{h^2}\,.$$

Führen wir diesen Wert in (54) ein, beschränken uns aber dabei auf lineare Glieder von f_0, indem wir $(h - f_0)^3 \approx h^3 - 3h^2 f_0$ setzen, so erhalten wir

$$\frac{P_K}{2\,EF} = \frac{h^3}{l\,a^2} - 3\,\frac{P_K}{2\,EF}\,\frac{l^2}{a^2}\,,$$

$$\frac{P_K}{2\,EF} = \frac{1}{1 + 3\left(\dfrac{l}{a}\right)^2}\,\frac{h^3}{l\,a^2}\,.$$

Drücken wir wie in (55) h durch l und a aus, so bekommen wir als

Näherungswert bei Berücksichtigung linearer Glieder der Verformungen des Grundzustandes:

$$\frac{P_K}{2\,EF} = \frac{\left(\dfrac{l}{a}\right)^2}{1 + 3\left(\dfrac{l}{a}\right)^2}\left[1 - \left(\frac{a}{l}\right)^2\right]^{\frac{3}{2}}. \tag{56}$$

Die hierdurch gegebene Kraft-Verformungskurve ist ebenfalls in Abb. 129 dargestellt. Sie ist schon ganz erheblich genauer als die Näherung (55), hat aber hinsichtlich der kritischen Last immer noch einen Fehler von rund 25%, den wir als im allgemeinen unzulässig bezeichnen müssen. Wir kommen also zu dem Schluß, daß auch in der verbesserten und erweiterten Form das Näherungsverfahren für Durchschlagprobleme nicht anwendbar ist.

2. Kippen eines Biegeträgers

a) Aufgabenstellung und Elastizitätsgesetz

Die Vernachlässigung der Verformungen des Grundzustandes kann aber leider auch bei Verzweigungsproblemen zu erheblichen Fehlern führen. Daß dieses bei besonderen Werkstoffen, z. B. bei Gummi, bei denen die praktisch vorkommenden Dehnungen nicht mehr klein gegen eins sind, stets der Fall ist, wurde schon früher erwähnt. Die genaue Formel I, (26) für die kritische Last des beiderseits gelenkig gelagerten Stabes

$$P_K = \frac{\pi^2 E I}{l^2} \frac{1}{1 - \dfrac{P_K}{E F}}$$

läßt das sofort erkennen, so daß unser Näherungsverfahren auf jeden Fall nur für „normale" Werkstoffe gilt. Wir wollen uns jetzt jedoch noch davon überzeugen, daß z. B. auch bei Stahl unterhalb der Proportionalitätsgrenze die Verformungen des Grundzustandes ausnahmsweise wesentlich werden können. Wir wollen dazu ein Problem betrachten, das uns zugleich ein Beispiel für das bisher noch nicht behandelte Auftreten räumlicher Verformungen eines geraden Stabes liefert.

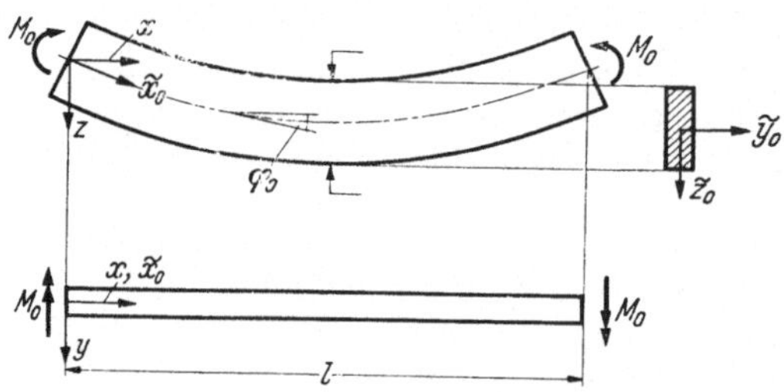

Abb. 130. Grundzustand eines durch Biegemomente beanspruchten Stabes.

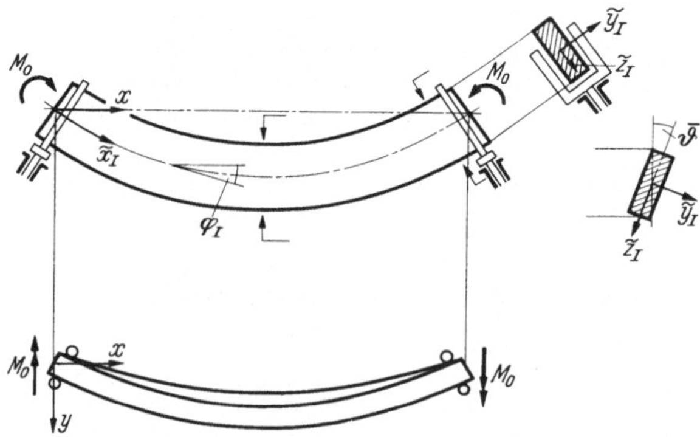

Abb. 131. Nachbarzustand des ausgekippten Biegeträgers ohne zusätzliche Lagerreaktionen.

In Abb. 130 ist im Grund- und Aufriß ein durch Biegemomente beanspruchter Stab dargestellt, dessen konstanter Querschnitt der Anschaulichkeit halber rechteckig gezeichnet ist. Ein derartiger Biegeträger kann bei geeigneten Abmessungen in leicht vorstellbarer Weise seitlich „auskippen", wie es in Abb. 131 angedeutet ist. Der Träger erfährt dabei zusätzlich eine seitliche Biegung und eine Torsion. Die Lagerung möge in einer Gabel bestehen, die vom Grundzustand aus eine freie Drehung der beiden Endquerschnitte um ihre Hauptachsen zuläßt, eine Drehung um die Tangente an die verformte Stabachse jedoch verhindert. Wir wollen die indifferenten Gleichgewichtslagen dieses Kippproblems ermitteln[1], aber dabei die

---

[1] Vgl. insbesondere E. Chwalla: Die Kippstabilität gerader Träger mit doppeltsymmetrischem I-Querschnitt, Forsch. Stahlb. Heft 2, Berlin 1939, und O. Pettersson: Combined Bending and Torsion of I Beams of Monosymmetrical Cross Section, Diss. Stockholm 1952, S. 55.

Verformungen des Grundzustandes exakt berücksichtigen, also von den Näherungsverfahren des Abschnittes V keinen Gebrauch machen.

Es sei zunächst der Grundzustand betrachtet. Zur Kennzeichnung des unverformten Stabes benutzen wir nach Abb. 130 die Koordinaten x, y, z. Längs der verformten Stabachse sei die Koordinate $\tilde{x}_0$ gemessen. Die Achsen $\tilde{y}_0$ und $\tilde{z}_0$ mögen nach der Verformung mit den Hauptachsen eines Querschnitts zusammenfallen. Die angreifenden Momente seien M_0. Sie erzeugen ein für den ganzen Stab konstantes Biegemoment ohne eine Längskraft. Bezeichnen wir dieses Biegemoment, dessen Vektoren am Stabelement in y-Richtung weisen, mit M_{y_0}, das zugehörige Trägheitsmoment des Querschnitts mit I_y und den Neigungswinkel der Biegelinie mit φ_0, so ist nach I, (15b)

$$M_{y_0} = M_0 = -E I_y \varphi_0'. \tag{57}$$

Da die Stabachse wegen der fehlenden Längskräfte keine Dehnung erfährt, ist $dx = d\tilde{x}_0$ und

$$\varphi_0' = \frac{d\varphi_0}{dx} = \frac{d\varphi_0}{d\tilde{x}_0}.$$

φ_0' ist also hier die Krümmung der Stabachse. Da sie konstant ist, wird die Achse bei der Verformung ein Kreisbogen.

Gehen wir nun zur Untersuchung des Nachbarzustandes über, so können wir dabei von der Tatsache Gebrauch machen, daß lediglich die schon im Grundzustand vorhandene Verformung als endlich angesehen werden muß, während alle beim Auskippen zusätzlich auftretenden Verformungen und Kräfte als Variationen des Grundzustandes nur bis auf lineare Glieder berücksichtigt zu werden brauchen. Nach Abb. 131 und 132 sei längs der verformten Stabachse die Koordinate $\tilde{x}_I$ gemessen, während die Achsen $\tilde{y}_I$ und $\tilde{z}_I$ wieder die Hauptachsen eines Querschnitts nach der Verformung festlegen mögen. Die Verschiebungen eines Punktes der Stabachse in x-, y-, z-Richtung seien u_I, v_I, w_I, wobei wegen $v_0 = 0$ auch sofort $v_I = \bar{v}$ gesetzt werden kann. Ferner wollen wir noch zur Kennzeichnung der Verformung die entstehenden Krümmungen der „neutralen Ebenen" benutzen. Die Krümmung der x—y-Ebene, die im Grundzustand gleich $\dfrac{d\varphi_0}{d\tilde{x}_0}$ ist, ist im Nachbarzustand $\dfrac{d\varphi_I}{d\tilde{x}_I}$; die Krümmung der x—z-Ebene möge im Nachbarzustand mit $\dfrac{d\bar{\psi}}{d\tilde{x}_I}$ be-

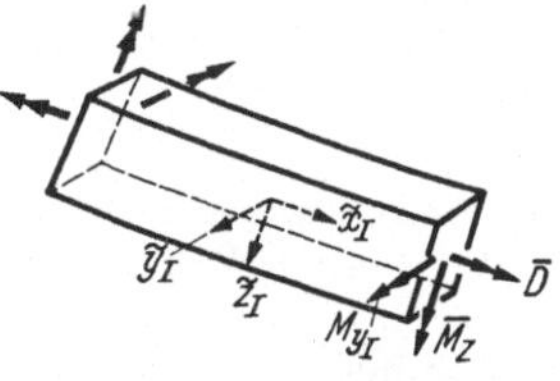

Abb. 132. Schnittgrößen am Stabelement des ausgekippten Biegeträgers im Nachbarzustand.

zeichnet werden (vgl. Abb. 133). Die Drehung eines Querschnitts um die Tangente an die Achse $\tilde{x}_0$ sei $\bar{\vartheta}$ (vgl. Abb. 131).

Die beim Auskippen vorhandenen Schnittgrößen am Stabelement gehen aus Abb. 132 hervor. Die Biegemomente wollen wir mit M_{y_I} und $\bar{M}_z$, das Drillmoment mit $\bar{D}$ bezeichnen. Querkräfte und Längskräfte sind wie im Grundzustand gleich Null, da an den Stabenden keine Kräfte eingeleitet werden. Der Lagerung des Stabes entsprechend könnten zwar an sich Lagerkräfte in y-Richtung auftreten; aus Symmetriegründen müssen diese jedoch zu Null werden.

Für das Elastizitätsgesetz der Schnittgrößen gilt folgendes. Da wegen der fehlenden Längskräfte auch im Nachbarzustand die Stabachse ungedehnt bleibt und infolgedessen $dx = d\tilde{x}_0 = d\tilde{x}_I$ und

$$\frac{d\varphi_I}{d\tilde{x}_I} = \varphi_I', \qquad \frac{d\overline{\psi}}{d\tilde{x}_I} = \overline{\psi}'$$

ist, sind die Biegemomente den entsprechenden Krümmungen der neutralen Ebenen proportional. Es gilt analog zu (57)

$$M_{yI} = -EI_y\varphi_I', \tag{58}$$

$$\overline{M}_z = EI_z\overline{\psi}', \tag{59}$$

wenn wir mit I_z das axiale Trägheitsmoment des Querschnitts in bezug auf die Achse $\tilde{z}_I$ bezeichnen. Zu beachten ist das Vorzeichen in (59), das aus der Definition der Momente $\overline{M}_z$ nach Abb. 132 folgt.

Während (58) schon die geeignete Gestalt für die weitere Rechnung ist, wird in (59) der Winkel $\overline{\psi}$ zweckmäßig noch durch andere Verformungsgrößen ausgedrückt. Erfährt der Stab nur eine seitliche Durchbiegung $\overline{v}$ ohne Drehung der Querschnitte $(\overline{\vartheta} \equiv 0)$, so ist $\overline{\psi}' = \dfrac{d^2\overline{v}}{dx^2} = \overline{v}''$. Nicht ganz so einfach ist einzusehen, daß auch eine Krümmung $\overline{\psi}'$ entsteht, wenn der Stab ohne seitliche Verschiebungen $(\overline{v} \equiv 0)$ zusätzlich zur Durchbiegung des Grundzustandes nur Drehungen $\overline{\vartheta}$ der Querschnitte erleidet. Zur Erläuterung möge Abb. 133 dienen, in der ein Stabelement dargestellt ist, dessen einzige zusätzliche Verformung in Drehungen $\overline{\vartheta}$ besteht. Die durch die Verformung entstandenen Krümmungen der neutralen Ebenen sind dabei — im Gegensatz zu Abb. 130 und 131 — positiv gezeichnet. Der Winkel $d\overline{\psi}$ kennzeichnet voraussetzungsgemäß die Hauptnormalkrümmung der hier interessierenden Fläche, die im unverformten Zustand die x—z-Ebene ist. Der Winkel $d\varphi_0$ beschreibt die Krümmung der Stabachse und damit die Krümmung eines Schnittes durch die verformte x—z-Ebene, der mit dem Hauptnormalschnitt der Krümmung $\overline{\psi}'$ den Winkel $\dfrac{\pi}{2} - \overline{\vartheta}$ bildet. Nach dem Satz von MEUSNIER aus der Flächentheorie ist dann

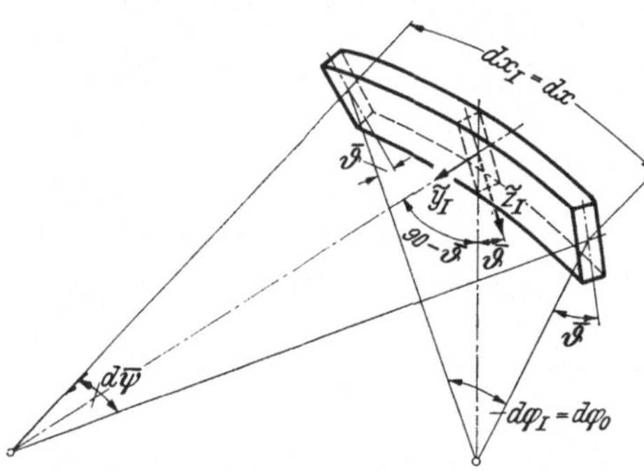

Abb. 133. Abhängigkeit der Krümmung $\overline{\psi}'$ vom Drehwinkel $\overline{\vartheta}$ am Element des ausgekippten Biegeträgers.

$$\varphi_0' = \frac{\overline{\psi}'}{\cos\left(\dfrac{\pi}{2} - \overline{\vartheta}\right)} \quad \text{bzw.} \quad \overline{\psi}' = \varphi_0'\overline{\vartheta},$$

da es nur auf lineare Glieder der quergestrichenen Größen ankommt. Für die gesamte Krümmung erhalten wir also

$$\overline{\psi}' = \overline{v}'' + \varphi_0'\overline{\vartheta} \tag{60}$$

und damit für das Biegemoment M_z nach (59)

$$\overline{M}_z = EI_z(\overline{v}'' + \varphi_0'\overline{\vartheta}). \tag{61}$$

Zur Aufstellung des Elastizitätsgesetzes für das Drillmoment $\overline{D}$ wollen wir annehmen, daß der Stabquerschnitt, dessen Form bisher beliebig sein konnte und nur der Anschaulichkeit halber rechteckig dargestellt wurde, so gestaltet ist, daß der Schubmittelpunkt mit dem Schwerpunkt zusammenfällt und damit stets auf der Stabachse liegt. Diese Annahme ist z. B. immer erfüllt, wenn der Querschnitt zu seinen beiden Hauptachsen symmetrisch ist. Ferner wollen wir voraussetzen, daß die Behinderung der bei der Torsion eventuell auftretenden Querschnittsverwölbung vernachlässigt werden darf. Für das Drillmoment können wir dann

$$\overline{D} = GI_D\overline{\omega} \tag{62}$$

setzen, wobei GI_D die Drillsteifigkeit der SAINT-VENANTschen Theorie ist und $\overline{\omega}$ den zugehörigen Drillwinkel je Längeneinheit der Stabachse bedeutet, dessen Berechnung unsere nächste Aufgabe sei.

Würde es sich um die Verdrehung eines im Grundzustand geraden Stabes handeln, so wäre in bekannter Weise $\overline{\omega} = \overline{\vartheta}'$ zu setzen. Wegen der Vorkrümmung φ_0' ergibt sich jedoch ein weiterer Beitrag zu $\overline{\omega}$, der durch Abb. 134 erläutert wird. Dort ist ein Stabelement mit positiver Krümmung φ_0' dargestellt, dessen Achse $\tilde{x}_I$ gegenüber der Achse $\tilde{x}_0$ des Grundzustandes eine Neigung $\overline{v}'$ erfahren hat, im übrigen aber in sich keine zum Grundzustand zusätzlichen Verformungen, also weder Krümmungen noch eine Verdrehung erlitten hat. Für den linken Querschnitt des Elementes möge $\overline{\vartheta} = 0$ sein, so daß sich dieser Querschnitt um die Achse $\tilde{z}_0 = \tilde{z}_I$ gedreht hat. Abb. 134 zeigt, daß dann der rechte Querschnitt auch eine Drehung um die Stabachse ausgeführt haben muß, welche die Größe $\dfrac{d\overline{v}}{\varrho_0}$ hat, wenn wir mit $\varrho_0 = \dfrac{1}{\varphi_0'}$ den Krümmungsradius der Stabachse im Grundzustand bezeichnen. Bei einer spannungsfreien Neigung $\overline{v}'$ des Elementes ändert sich also schon der Winkel $\overline{\vartheta}$ je Längeneinheit der x-Achse um den Betrag $\dfrac{d\overline{v}}{\varrho_0\,dx} = \varphi_0'\overline{v}'$.

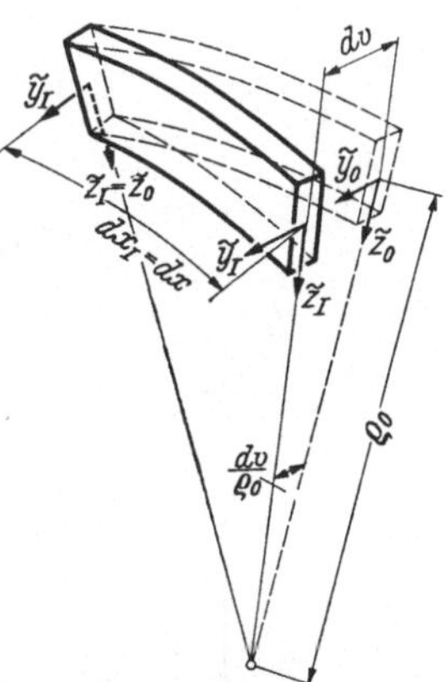

Abb. 134. Zur Ermittlung des Einflusses einer Neigung $\overline{v}'$ auf die Torsionsbeanspruchung des ausgekippten Biegeträgers.

Dieser Betrag ist folglich von der Winkeländerung $\overline{\vartheta}'$ abzuziehen, wenn wir nur den oben mit $\overline{\omega}$ bezeichneten Rest haben wollen, der durch das Drillmoment $\overline{D}$ verursacht wird. Wir müssen also

$$\overline{\omega} = \overline{\vartheta}' - \varphi_0'\overline{v}' \tag{63}$$

und nach (62)

$$\overline{D} = GI_D(\overline{\vartheta}' - \varphi_0'\overline{v}') \tag{64}$$

setzen.

b) Differentialgleichungen

Als Nächstes wollen wir die Gleichgewichtsbedingungen am verformten Stabelement aufstellen, wozu Abb. 135 dienen möge. Die auftretenden Krümmungen sind dort auch wieder in jedem Fall ohne Rücksicht auf die Richtung der angreifenden Momente positiv gezeichnet. Das Kräftegleichgewicht ist von vornherein gesichert, da am Element überhaupt nur Momente angreifen. Das Momentengleichgewicht um die Tangente an die Stabachse liefert nach Abb. 135a und b nach Division durch dx die Beziehung

$$\overline{D}' - \overline{M}_z \varphi_0' - M_{y_0}\overline{\psi}' = 0.$$

(65a)

Das erste Glied rührt vom Zuwachs der Drillmomente, das zweite und dritte von den Kontingenzwinkeln $d\varphi_I$ und $d\overline{\psi}$ der Vektoren der Momente $\overline{M}_z$ bzw. M_{yI} her. Da es nur auf lineare Glieder der quergestrichenen Größen ankommt, gilt dabei $\dfrac{d\varphi_I}{dx} \approx \varphi_0'$ und $M_{yI} \approx M_{y_0}$. Für das Momentengleichgewicht um die Achse $\widetilde{y}_I$ erhalten wir die einfache Beziehung

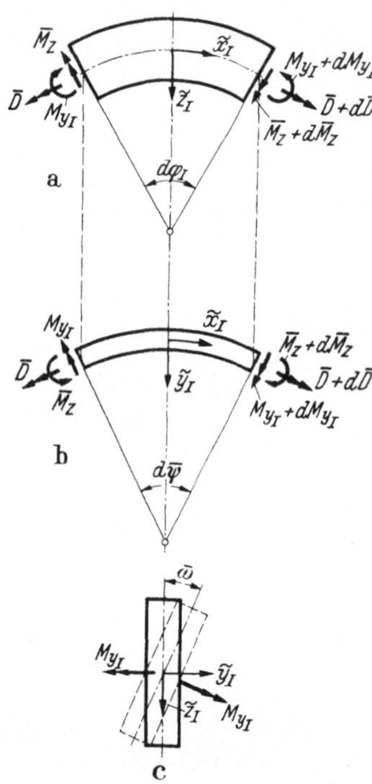

Abb. 135a—c. Zur Aufstellung der Gleichgewichtsbedingungen für die Schnittgrößen am Element des ausgekippten Biegeträgers.

$$M_{yI}' = 0,$$

(65b)

und für das Gleichgewicht um die Achse $\widetilde{z}_I$

$$\overline{M}_z' + \overline{D}\varphi_0' + M_{y_0}\overline{\omega} = 0,$$

(65c)

wobei das erste und zweite Glied aus Abb. 135a, das dritte aus Abb. 135c folgen.

Gl. (65b) liefert mit $M_{yI} = M_0 + \overline{M}_y$ die Aussage

$$\overline{M}_y = 0.$$

(66)

Der Träger erfährt also im Augenblick des Auskippens keine zusätzliche Krümmung in der x—z-Ebene, was an das Verhalten des gewöhnlichen Knickstabes erinnert, bei dem die Variation der Stabachsendehnung verschwindet. Aus den Gln. (65a, c) folgt mit $M_{y_0} = M_0$ und unter Benutzung von (60), (61) und (63)

$$\left.\begin{aligned}
&GI_D\overline{\vartheta}'' - (M_0 + EI_z\varphi_0')\varphi_0'\overline{\vartheta} \\
&\quad - (M_0 + EI_z\varphi_0' + GI_D\varphi_0')\overline{v}'' = 0, \\
&(M_0 + EI_z\varphi_0' + GI_D\varphi_0')\overline{\vartheta}' \\
&\quad + EI_z\overline{v}''' - (M_0 + GI_D\varphi_0')\varphi_0'\overline{v}' = 0.
\end{aligned}\right\}$$

(67a, b)

Damit sind die Differentialgleichungen des Kippproblems bereits gefunden. Auf eine erneute Ableitung mit Hilfe der Energiemethode sei verzichtet.

c) Integration und Besprechung des Ergebnisses

Die Gln. (67) haben die Partikularlösung

$$\left.\begin{aligned}
\overline{\vartheta} &= A \sin n\,\frac{\pi}{l}\,x, \\
\overline{v} &= B \sin n\,\frac{\pi}{l}\,x,
\end{aligned}\right\}$$

(68a, b)

$$n = 1, 2, \ldots,$$

die schon den geforderten Randbedingungen genügt. Der Winkel $\bar{\vartheta}$ und die Durchbiegung $\bar{v}$ verschwinden nämlich bei $x = 0$ und $x = l$; ebenfalls wird an diesen Stellen nach (61) auch $\overline{M}_z = 0$, wie es der vorgesehenen gabelförmigen Lagerung entspricht. Mit (68) wird aus (67)

$$A\left[GI_D n^2 \frac{\pi^2}{l^2} + (M_0 + EI_z \varphi'_0)\varphi'_0\right] - B(M_0 + EI_z\varphi'_0 + GI_D\varphi'_0)\frac{n^2\pi^2}{l^2} = 0,$$

$$A(M_0 + EI_z\varphi'_0 + GI_D\varphi'_0) - B\left[EI_z\frac{n^2\pi^2}{l^2} + (M_0 + GI_D\varphi'_0)\varphi'_0\right] = 0.$$

Die Koeffizientendeterminante dieser homogenen Gleichungen für die Größen A und B liefert nach Auflösung die Kippbedingung

$$\left(n^2\frac{\pi^2}{l^2} - \varphi'^2_0\right)\left[\left(n^2\frac{\pi^2}{l^2} - \varphi'^2_0\right)EI_z GI_D - M_0^2 - M_0\varphi'_0(EI_z + GI_D)\right] = 0. \quad (69)$$

Diese Beziehung wird erstens befriedigt, wenn

$$n^2\frac{\pi^2}{l^2} = \varphi'^2_0, \qquad \varphi'_0 = \pm n\frac{\pi}{l}$$

ist. Nach Integration folgt daraus

$$\varphi_0 = \pm n\frac{\pi}{l}\left(\frac{l}{2} - x\right),$$

wenn wir die Integrationskonstante der Symmetrie des Systems entsprechend so wählen, daß in Stabmitte $\varphi_0 = 0$ wird. Für $x = 0$ und $n = 1$ erhalten wir $\varphi_0 = \pm\frac{\pi}{2}$; der Träger ist also dabei zu einem Halbkreis gekrümmt. Die Drehachsen der Lagergabeln, die sich nach Abb. 130 voraussetzungsgemäß bei der Verformung des Grundzustandes mitdrehen, liegen dann horizontal und erlauben so eine Rotation des Halbkreisträgers als starren Körper um die x-Achse. Diesen trivialen Instabilitätsfall, der mit dem eigentlichen Kippproblem nichts zu tun hat, können wir jedoch im folgenden ausschließen und brauchen nur noch die zweite Möglichkeit zur Erfüllung von (69), d. h. das Verschwinden der eckigen Klammer zu betrachten.

Wir erhalten dann für $n = 1$ den niedrigsten Eigenwert $M_0 = M_K$ mit $\varphi'_0 = -\dfrac{M_0}{EI_y}$ zu

$$M_K = \frac{\pi}{l}\sqrt{\frac{EI_z GI_D}{\left(1 - \dfrac{EI_z}{EI_y}\right)\left(1 - \dfrac{GI_D}{EI_y}\right)}}. \quad (70)$$

Setzen wir in dieser Formel $EI_y = \infty$, vernachlässigen also die Verformungen des Grundzustandes, wie es dem klassischen Näherungsverfahren von Abschnitt V entspricht, so erhalten wir für das Kippmoment folgende Näherung, die wir mit $\widetilde{\widetilde{M}}_K$ bezeichnen wollen:

$$\widetilde{\widetilde{M}}_K = \frac{\pi}{l}\sqrt{EI_z GI_D}. \quad (71)$$

Einen Überblick über den Unterschied zwischen (70) und (71) können wir uns am besten durch Untersuchung eines Zahlenbeispiels verschaffen. Wir wollen dazu einen Rechteckquerschnitt von der Breite b und der Höhe h betrachten. Dafür gilt

$$I_y = \frac{b h^3}{12}, \qquad I_z = \frac{h b^3}{12}, \qquad I_D = \eta h b^3,$$

wobei η zwischen 0,140 beim Quadrat und 0,333 beim sehr schmalen Rechteck liegt[1]. Ferner sei gesetzt

$$\alpha = \frac{b}{h}, \qquad E = 2(1 + \mu)G = 2{,}6\,G.$$

Mit diesen Werten folgt aus (70) und (71)

$$\frac{M_K}{\widetilde{\widetilde{M}}_K} = \frac{1}{\sqrt{(1 - \alpha^2)(1 - 4{,}62\,\eta\alpha^2)}}. \tag{72}$$

Diese Beziehung ist in Abb. 136 dargestellt. Man entnimmt daraus die überraschende Tatsache, daß M_K ganz erheblich größer als $\widetilde{\widetilde{M}}_K$ werden kann, z. B. bei $\dfrac{b}{h} = 0{,}5$ schon um 34%. Der Unterschied nimmt mit wachsendem Verhältnis α zu und wird für $I_z = I_y$, $\alpha = 1$ sogar unendlich groß; d. h. ein Kippen tritt dann nur nach der Näherungsformel auf, ist aber nach der genauen Kippbedingung unmöglich. Eine Überschreitung der Proportionalitätsgrenze kann dabei in allen Fällen vermieden werden. Denn (70) lehrt, daß M_K der Stablänge reziprok proportional ist, so daß wir nur l hinreichend groß zu wählen brauchen, um stets erreichen zu können, daß das Auskippen im rein elastischen Bereich stattfindet. Das behandelte Kippproblem ist also in der Tat ein Beispiel dafür, *daß die Vernachlässigung der Verformungen des Grundzustandes auch bei Verzweigungsproblemen u.U. unzulässig sein kann.*

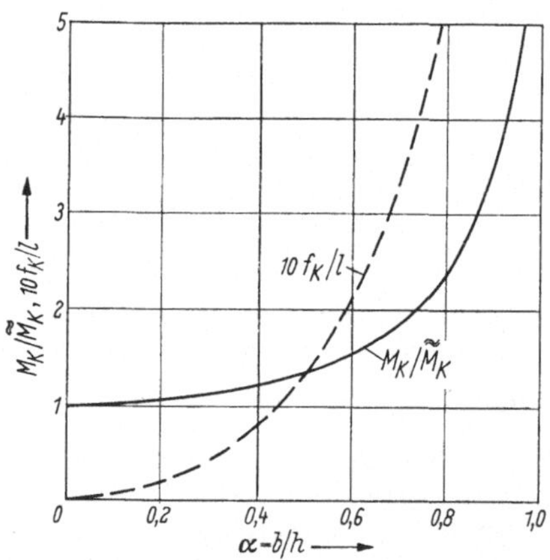

Abb. 136. $\dfrac{M}{\widetilde{\widetilde{M}}_K}$ und $\dfrac{f_K}{l}$ in Abhängigkeit vom Seitenverhältnis $\alpha = \dfrac{b}{h}$ des Rechteckquerschnitts beim Auskippen des Biegeträgers.

Das Ergebnis der vorstehenden Betrachtungen erscheint allerdings in einem anderen Licht, wenn wir uns auf Träger beschränken, deren Verformungen infolge M_0 im Gebrauchszustand praktisch nicht sichtbar sind, also z. B. den Vorschriften genügen, wie sie im Bauwesen für viele Konstruktionsglieder üblich sind. Unser Beispiel zeigt in dieser Hinsicht folgendes. Die kritische Durchbiegung des Grundzustandes in Trägermitte, die wir mit f_K bezeichnen wollen, ist

$$f_K = \frac{1}{8}\,M_K\,\frac{l^2}{EI_y},$$

wenn wir uns mit der Näherung der klassischen Elastizitätslehre begnügen. Mit Benutzung von (71) wird

$$\frac{f_K}{l} = \frac{\pi}{8}\,\frac{M_K}{\widetilde{\widetilde{M}}_K}\,\sqrt{\frac{I_z}{I_y}\,\frac{GI_D}{EI_y}}$$

und für den Rechteckquerschnitt

$$\frac{f_K}{l} = 0{,}8441\,\frac{M_K}{\widetilde{\widetilde{M}}_K}\,\sqrt{\eta}\,\alpha^2. \tag{73}$$

---

[1] Tabelle der η-Werte s. Physikhütte, Bd. I, 29. Aufl., Berlin 1971, S. 223.

Diese Abhängigkeit ist ebenfalls in Abb. 136 aufgetragen und zeigt, daß die kritische Durchbiegung stark mit α anwächst. Bei $\alpha = 0{,}2$ beträgt sie schon 2%, bei $\alpha = 0{,}5$ bereits 14% der Stablänge. Lassen wir $f = \dfrac{l}{300}$ zu, so dürfte bei 2,5-facher Sicherheit gegen Kippen höchstens $\dfrac{f_K}{l} = \dfrac{2{,}5}{300} = 0{,}0083$ sein. Dieser Wert wird bei $\alpha = 0{,}13$ erreicht, wobei M_K nur rund 2% größer als $\overset{\approx}{M}_K$ ist. Eine derartige Differenz könnte aber ohne weiteres vernachlässigt werden, um so mehr, als der Näherungswert zu klein ist, also auf der sicheren Seite liegt. Praktisch kommt somit beim Kippen im allgemeinen nur ein Bereich $\alpha \ll 1$, $I_z \ll I_y$ in Frage, für den die Näherungswerte brauchbar bleiben. Die genaue Rechnung wird lediglich dann notwendig, wenn es sich um Konstruktionsglieder handelt, denen man absichtlich eine große elastische Vorkrümmung gegeben hat.

3. Torsionsbeulung einer Rechteckplatte

a) Problemstellung und Differentialgleichungen

Als letztes Beispiel für die Bedeutung der Verformungen des Grundzustandes wollen wir nach Abb. 137 eine Rechteckplatte konstanter Dicke betrachten, die durch gleichmäßig verteilte Drillmomente belastet wird[1]. Längs der beiden kurzen Seiten sei die Platte mit starren Randgliedern gelenkig verbunden, an den beiden übrigen Rändern völlig frei. Nach einem meist als TAIT-KELVINsches Theorem bezeichneten Gesetz der Theorie dünner Platten können die gleichmäßig verteilten Drillmomente entsprechend Abb. 138a auch durch Einzelkräfte in den Plattenecken ersetzt werden und diese wiederum nach Abbildung 138b durch Einzelmomente, die an den starren Randgliedern angreifen. Die Drillmomente (Vorzeichenfestsetzung vgl. Abb. 68a) seien

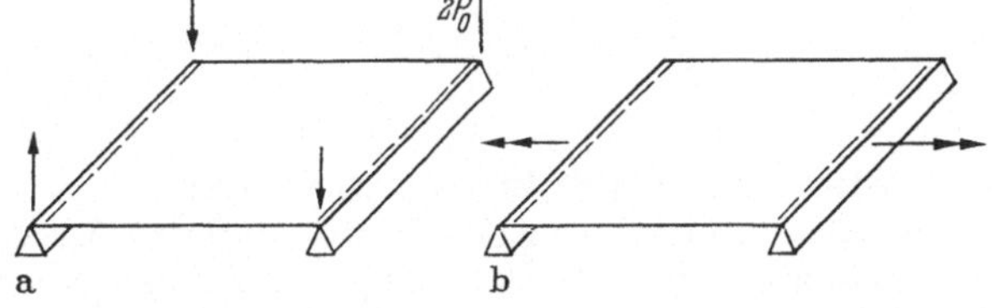

Abb. 137. Tordierte Rechteckplatte.

$$D_{x_0} = -D_{y_0} = P_0, \qquad (74)$$

wobei dann aus Gleichgewichtsgründen P_0 die halbe Eckkraft in Abb. 138b darstellt. Das Koordinatensystem x, y, z wird bei der folgenden Untersuchung zweckmäßig in Plattenmitte gelegt. Die Seitenlängen der Platte seien wieder a und b.

Abb. 138a u. b. Zu Abb. 137 gleichwertige Belastung der tordierten Rechteckplatte.

---

[1] Vgl. A. Pflüger: Z. angew. Math. Mech. 35 (1955) 353; E. Reissner: J. Appl. Mech. 24 (1957) 391, und das in beiden Aufsätzen angegebene Schrifttum.

Der durch die Torsion entstehende Spannungs- und Verformungszustand der Platte läßt sich nach der klassischen Elastizitätslehre leicht berechnen. Die homogene Plattengleichung $\Delta\Delta w_0 = 0$ können wir nämlich mit $w_0' = $ const befriedigen, womit aus dem Elastizitätsgesetz V, (55) (unter Fortlassung des Querstrichs und Hinzufügung des Index 0)

$$D_{x_0} = -D_{y_0} = \frac{Et^3}{12(1-\mu^2)}\,(1-\mu)w_0'' \tag{75}$$

folgt, während alle anderen Schnittgrößen zu Null werden. Nach Integration folgt aus (75) zusammen mit (74)

$$w_0 = 12\,\frac{1-\mu^2}{Et^3}\,\frac{P_0}{1-\mu}\,xy, \tag{76}$$

wenn wir die Integrationskonstanten so wählen, daß die Plattenmitte keine Verschiebungen erfährt. Die Platte wird danach zu einem sog. hyperbolischen Paraboloid verbogen.

Durch die Verwendung des Index 0 ist schon angedeutet, daß der Spannungszustand der tordierten Platte ein Grundzustand sein soll, dessen Stabilität wir untersuchen wollen. In dieser Hinsicht können wir jedoch sofort ohne weitere Rechnung sagen, daß der bisher berechnete Zustand für beliebig hohe Lasten stabil ist, weil die Platte nur verbogen wird und in der Mittelfläche gar keine Kräfte auftreten, die ein Ausbeulen hervorrufen könnten. Man kann sich jedoch schon durch einfache Versuche mit einer Postkarte davon überzeugen, daß eine tordierte Platte durchaus Buleffekte zeigt. Die obige Rechnung ist nun auch in der Tat zwar nicht falsch, aber doch in unzulässiger Weise unvollständig. Wir werden auf den richtigen Weg geführt, wenn wir *den Grundzustand nicht mehr nach der klassischen Elastizitätslehre berechnen, sondern eine genauere nichtlineare Theorie anwenden.*

Die dafür gültigen Gleichungen können wir aus den für die Kreiszylinderschale abgeleiteten Gln. (14) durch den Grenzübergang $r \to \infty$ gewinnen. Wir müssen nur beachten, daß in (14) Striche und Punkte Differentiation nach den dimensionslosen Koordinaten $\frac{s}{r}$ und φ bedeuten, während sie für die Platte natürlich wieder Differentiation nach x oder y angeben sollen. Wir erhalten dann[1]

$$\left.\begin{aligned} \Delta\Delta F &= Et(w''^2 - w''\ddot{w}), \\ \Delta\Delta w &= 12\,\frac{1-\mu^2}{Et^3}\,(F''\ddot{w} + \ddot{F}w'' - 2F''w''), \end{aligned}\right\} \tag{77a, b}$$

wobei formal wie in Gl. (13), jedoch mit der neuen Bedeutung der Differentiationszeichen

$$F'' = N_y, \qquad \ddot{F} = N_x, \qquad F'' = -T_x = -T_y \tag{78a, b, c}$$

definiert ist. Für den Grundzustand sind die entsprechenden Größen in (77) und (78) noch mit dem Index 0 zu versehen.

Interessanterweise zeigt sich nun, daß der Ausdruck für w_0 nach (76) auch für die genaueren Gln. (77) als Lösung bestehen bleibt und nur durch ein passendes F_0

---

[1] Es wurde bereits erwähnt, daß diese Gleichungen von Th. v. Kármán stammen.

ergänzt werden muß. Mit zwei Konstanten C_1 und C_2 können wir als Lösung von (77) ansetzen:

$$w = w_0 = 12 \, \frac{1 - \mu^2}{E t^3} \, \frac{P_0}{1 - \mu} \, xy, \left.\vphantom{\begin{matrix}1\\1\end{matrix}}\right\}$$

$$F = F_0 = C_1 y^2 + C_2 y^4. \qquad\qquad (79\,\mathrm{a, b})$$

(77b) wird dann für beliebige Werte von C_1 und C_2 befriedigt, während aus (77a)

$$\Delta \Delta F_0 = 24 C_2 = E t w_0''^{\,2}$$

folgt, woraus sich mit dem für w_0'' gültigen Ausdruck

$$C_2 = \frac{E t}{24} \, w_0''^{\,2} = 6 (1 + \mu)^2 \, \frac{P_0^2}{E t^5} \qquad\qquad (80)$$

ergibt. C_1 legen wir auf Grund der mechanischen Bedingung fest, daß die Platte nach Abb. 138b nur durch zwei Torsionsmomente, aber nicht noch durch eine auf die Randglieder wirkende Längskraft belastet sein soll. Es muß also für einen beliebigen Schnitt $x = \text{const}$ das Integral über alle Streckenlängskräfte N_{x_0} verschwinden. Wir erhalten dann

$$\int\limits_{-\frac{b}{2}}^{+\frac{b}{2}} N_{x_0} \, dy = \int\limits_{-\frac{b}{2}}^{+\frac{b}{2}} F_0'' \, dy = \int\limits_{-\frac{b}{2}}^{+\frac{b}{2}} (2 C_1 + 12 C_2 y^2) \, dy = 2 C_1 b + C_2 b^3 = 0,$$

$$C_1 = - \frac{b^2}{2} \, C_2 \qquad\qquad (81)$$

und mit Benutzung von (80) und (81)

$$N_{x_0} = 2 C_1 + 12 C_2 y^2 = - C_2 b^2 + 12 C_2 y^2 = - \frac{E t}{24} \, w_0''^{\,2} (b^2 - 12 y^2).$$

Führen wir zur Abkürzung die Größe

$$N_0^* = \frac{E t}{24} \, w_0''^{\,2} \, b^2 = 6 (1 + \mu)^2 \, \frac{P^2 b^2}{E t^5} \qquad (82)$$

ein, die den Absolutwert von N_{x_0} bei $y = 0$ darstellt, so bekommen wir

$$N_{x_0} = - N_0^* \left(1 - 12 \, \frac{y^2}{b^2} \right). \qquad (83)$$

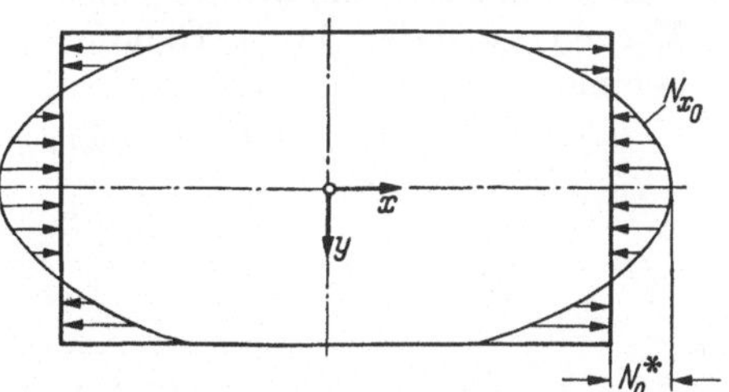

Abb. 139. Beanspruchung der tordierten Rechteckplatte durch Längskräfte.

Das Ergebnis der genauen Untersuchung des Grundzustandes besteht also darin, daß für w_0 nach wie vor (76) bzw. (79a) gilt, aber neue Längskräfte N_{x_0} nach (83) hinzukommen, die von der linearen Theorie nicht geliefert werden. Die Längskräfte sind für alle Schnitte $x = \text{const}$ gleich groß und stellen eine über y quadratisch verlaufende Beanspruchung der Platte dar, wie sie in Abb. 139 skizziert ist. An den Rändern $x = \pm \frac{a}{2}$ müssen die Längskräfte von den Randgliedern aufgenommen werden. Setzen wir diese, wie oben verabredet, als starr voraus, so wäre an sich noch eine Störung des Spannungszustandes in der Platte zu erwarten, da deren Verschiebungen u_0 in x-Richtung an den Rändern behindert werden. Dies ist jedoch nicht der Fall. Nach Gl. (11a), die u. a. der Ableitung der Gln. (14) und damit den Gln. (77) zugrunde lag, ist nämlich

$$\varepsilon_{x_0}^0 = u_0' + \frac{1}{2}\, w_0'^2,$$

worin $\varepsilon_{x_0}^0 = \dfrac{N_{x_0}}{E\,t}$ gesetzt werden kann, da hier $N_{y_0} = 0$ ist. Es wird also

$$u_0' = \frac{N_{x_0}}{E\,t} - \frac{1}{2}\, w_0'^2$$

und mit (79a) und (83)

$$u_0' = -N_0^* \left(1 - 12\,\frac{y^2}{b^2}\right) - \frac{1}{2} \left(12\,\frac{1-\mu^2}{E\,t^3}\,\frac{P_0}{1-\mu}\right)^2 y^2.$$

Unter Beachtung von (82) folgt dann

$$u_0' = -N_0^* \left(1 - 12\,\frac{y^2}{b^2}\right) - 12\,\frac{N_0^*}{E\,t}\,\frac{y^2}{b^2} = -\frac{N_0^*}{E\,t}.$$

u_0' und damit auch u_0 sind also über y konstant, d. h. die Randglieder müssen bei der Verformung gerade bleiben, was der Annahme einer unendlich großen Randgliedsteifigkeit entspricht.

Da u_0' negativ ist, wird die Platte bei der Verformung zusammengestaucht. Es müssen also Ausbeuleffekte auftreten, die wir uns durch die Druckkräfte in Abb. 139 erzeugt denken können. Die Berechnung der kritischen Last ist unsere nächste Aufgabe.

Die zugehörigen Beulgleichungen erhalten wir in bekannter Weise aus (77), wenn wir dort

$$w = w_0 + \overline{w}, \qquad F = F_0 + \overline{F}$$

setzen und uns auf lineare Glieder der quergestrichenen Größen beschränken. Machen wir dabei davon Gebrauch, daß $F_0'' = F_0' = 0$, $F_0^{\cdot\cdot} = N_{x_0}$ ist, so bekommen wir

$$\left.\begin{aligned}
\varDelta\varDelta\overline{F} &= 2\,E\,t\,w_0^{\cdot\cdot}\,\overline{w}'', \\[2mm]
\varDelta\varDelta\overline{w} &= 12\,\frac{1-\mu^2}{E\,t^3}\left(F_0^{\cdot\cdot}\,\overline{w}'' - 2\,w_0^{\cdot\cdot}\,\overline{F}''\right).
\end{aligned}\right\} \qquad (84\,\mathrm{a,\ b})$$

b) Lösung und Ergebnisse

Eine einfache, die Randbedingungen befriedigende Partikularlösung von (84) läßt sich leider nicht angeben. Wir sind daher auf irgendeine Näherung angewiesen, wozu wieder einmal das Rɪᴛzsche Verfahren gewählt sei. Wenn wir dabei in derselben Form vorgehen wollten, wie wir es bei den bisher gelösten Aufgaben getan haben, so müßten wir zunächst die entsprechenden Energieausdrücke erneut ableiten. Denn die den Gln. (84) zugrunde liegenden Kármánschen Gln. (77) enthalten sowohl Erweiterungen als auch Vereinfachungen gegenüber den Ansätzen, die wir in Abschnitt V bei Behandlung der Plattenbeulung bereits benutzt haben. Eine erneute Ableitung können wir jedoch vermeiden, wenn wir einen Weg einschlagen, der zugleich eine bisher noch nicht betrachtete Möglichkeit zur Gewinnung passender Variationsprobleme aufzeigt.

Wir betrachten zunächst eine Rechteckplatte, die im Grundzustand durch Längskräfte N_{x_0} und zusätzlich durch eine in z-Richtung wirkende Flächenlast p beansprucht wird. Dabei ist es für das Folgende unwesentlich, daß durch p ein inhomogenes Problem entsteht, das im allgemeinen keine Eigenwerte besitzt. Unter Vernachlässigung der Verformungen des Grundzustandes gilt dann die Beulgleichung

$$\varDelta\varDelta\overline{w} = 12\,\frac{1-\mu^2}{E\,t^3}\,(N_{x_0}\overline{w}'' + p) \tag{85}$$

mit dem Variationsproblem

$$\delta\int_{-\frac{a}{2}}^{+\frac{a}{2}}\int_{-\frac{b}{2}}^{+\frac{b}{2}}\Big[\overline{w}''^2 + 2\mu\overline{w}''\overline{w}^{\cdot\cdot} + \overline{w}^{\cdot\cdot2} + 2(1-\mu)\overline{w}'^{\cdot2}$$
$$+ 12\,\frac{1-\mu^2}{E\,t^3}\,(N_{x_0}\overline{w}'^2 - 2p\overline{w})\Big]\,dy\,dx = 0. \tag{86}$$

(85) folgt aus V, (60c), (86) aus V, (68) mit $\overline{u} = \overline{v} = 0$ und $-N_0 = N_{x_0}$, wenn wir noch die Glieder mit p hinzufügen. Vergleichen wir jetzt (85) mit (84a), so erkennen wir, daß formale Übereinstimmung entsteht, wenn wir $\overline{F} = \overline{w}$, $N_{x_0} = 0$ und $p = 2Et\,\dfrac{Et^3}{12(1-\mu^2)}\,w_0'\,\overline{w}''$ setzen. Ebenso stimmen (85) und (84b) mit $p = -2w_0'\,\overline{F}^{\cdot\cdot}$ überein. Zu (84) bekommen wir dann folgende Variationsprobleme

$$\left.\begin{aligned}
\delta\int_{-\frac{a}{2}}^{\div\frac{a}{2}}\int_{-\frac{b}{2}}^{\div\frac{b}{2}}\Big[\overline{F}''^2 &+ 2\mu\overline{F}''\overline{F}^{\cdot\cdot} + \overline{F}^{\cdot\cdot2} + 2(1-\mu)\overline{F}'^{\cdot2}\\
&- 4Etw_0'\,\overline{w}''\,\overline{F}\Big]\,dy\,dx = 0,\\[2ex]
\delta\int_{-\frac{a}{2}}^{+\frac{a}{2}}\int_{-\frac{b}{2}}^{\div\frac{b}{2}}\Big[\overline{w}''^2 &+ 2\mu\overline{w}''\overline{w}^{\cdot\cdot} + \overline{w}^{\cdot\cdot2} + 2(1-\mu)\overline{w}'^{\cdot2}\\
&+ 12\,\frac{1-\mu^2}{E\,t^3}\,(N_{x_0}\overline{w}'^2 + 4w_0'\,\overline{F}''\overline{w})\Big]\,dy\,dx = 0,
\end{aligned}\right\} \tag{87a, b}$$

wobei für N_{x_0} Gl. (83) gilt. In (87a) ist natürlich nur $\overline{F}$, in (87b) nur $\overline{w}$ zu variieren.

Zur Lösung von (87) verwenden wir die Ansätze

$$\left.\begin{aligned}
\overline{F} &= A\,y\left(1 - 4\,\frac{y^2}{b^2}\right)^2\sin m\,\frac{\pi}{a}\,x,\\[2ex]
\overline{w} &= (B + C\,y^2)\cos m\,\frac{\pi}{a}\,x
\end{aligned}\right\} \tag{88a, b}$$

mit $m = 1, 2, 3, \ldots$ und den Freiwerten A, B, C. Die Ansätze befriedigen hinsichtlich des Verlaufes über x die Differentialgleichungen (84) exakt und erfüllen folgende Randbedingungen. An den Querrändern $x = \pm\frac{a}{2}$ wird $\overline{w}$ und $\overline{w}''$ zu Null, so daß der Bedingung gelenkigen Anschlusses der Platte an starre Randglieder entsprochen wird. $\overline{N}_x = \overline{F}^{\cdot\cdot}$ verschwindet an den Querrändern nicht. Es entstehen also auf die Randglieder wirkende Zusatzkräfte. Sie können jedoch aufgenommen werden, da sie insgesamt weder eine resultierende Kraft noch ein resultierendes Moment darstellen. Es ist nämlich

$$\text{für} \quad x = \pm \frac{a}{2} \ : \ \int_{-\frac{b}{2}}^{+\frac{b}{2}} \overline{N}_x \, dy = \pm A \int_{-\frac{b}{2}}^{+\frac{b}{2}} \left(-48 \frac{y}{b^2} + 320 \frac{y^3}{b^4} \right) dy = 0$$

$$\text{und} \quad \int_{-\frac{b}{2}}^{+\frac{b}{2}} \overline{N}_x y \, dy = \pm A \int_{-\frac{b}{2}}^{+\frac{b}{2}} \left(-48 \frac{y^2}{b^2} + 320 \frac{y^4}{b^4} \right) dy = 0.$$

An den Längsrändern $y = \pm \dfrac{b}{2}$ verschwinden die Zusatzkräfte $\overline{F}''$, wie es den Bedingungen eines kräftefreien Randes entspricht.

Mit (88) erhält man aus (87) in bekannter Weise nach Ausrechnung der Integrale ein homogenes Gleichungssystem für die Konstanten A, B, C, aus dessen Koeffizientendeterminante die Beulbedingung folgt. Die Einzelheiten der Rechnung, die nichts Neues bringt, können übergangen werden. An der entstehenden Beulbedingung erkennt man sofort, daß der kleinste Eigenwert mit $m = 1$ zustande kommt. Für den kritischen Wert N_K^* ergibt sich

$$N_K^* = \frac{E t^3}{12(1 - \mu^2)} \frac{1}{b^2} k_N \tag{89}$$

mit dem Beulfaktor

$$k_N = 30 \mu + \frac{5}{14} \frac{\pi^2}{\alpha^2} + \underline{\frac{270}{7\varLambda} \frac{\pi^2}{\alpha^2}}$$

$$+ \sqrt{900 + 150 \left(1 - \frac{6}{7} \mu \right) \frac{\pi^2}{\alpha^2} + \frac{135}{98} \frac{\pi^4}{\alpha^4} - \underline{\frac{270}{\varLambda} \frac{\pi^2}{\alpha^2} \left[\frac{5}{7} \left(\frac{54}{\varLambda} - 1 \right) \frac{\pi^2}{\alpha^2} - 60 \mu \right]}}.$$

$$\tag{90a}$$

wobei zur Abkürzung

$$\alpha = \frac{a}{b}, \quad \varLambda = \frac{1}{88} \frac{\pi^4}{\alpha^4} + \frac{\pi^2}{\alpha^2} + 45 \tag{90b, c}$$

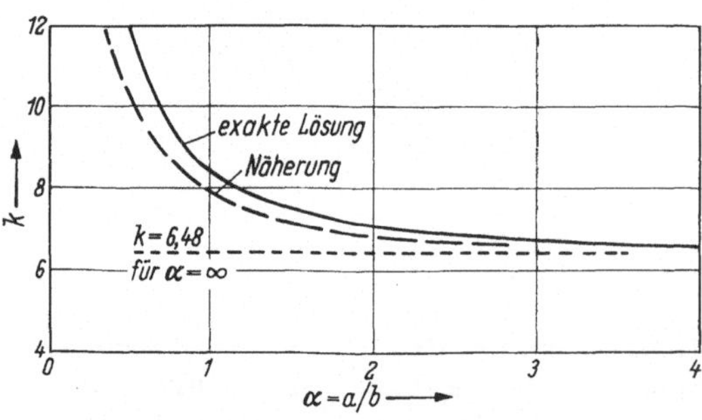

Abb. 140. Beulfaktor k in Abhängigkeit vom Seitenverhältnis α bei der tordierten Rechteckplatte; $\mu = 0{,}3$.

gesetzt ist. Auf die besondere Bedeutung der in (90a) unterstrichenen Glieder wird sofort zurückzukommen sein. Die (halbe) kritische Ecklast folgt aus (89) und (82) zu

$$P_K = \frac{E t^3}{12(1 - \mu^2)} \frac{t}{b^2} k$$

mit

$$k = \sqrt{2 \frac{1 - \mu}{1 + \mu} k_N}. \tag{91a, b}$$

In Abb. 140 ist der Verlauf von k in Abhängigkeit von α für $\mu = 0{,}3$ aufgetragen. Für $\alpha = 0$ wird $k = \infty$, während sich für einen verwundenen Streifen $k = 6{,}48$ ergibt. Für eine quadratische Platte wird $k = 8{,}48$, $k_N = 66{,}8$. Würde die Platte durch konstante, über das ganze Randglied verteilte Längskräfte beansprucht werden, so müßte bei gelenkig-unverschieblicher Lagerung aller vier Ränder ein k_N entsprechender Beulfaktor die Größe $4\pi^2$ haben. Die Versteifung durch die in der Platte wirkenden Zugkräfte ist also noch wirksamer als eine Lagerung an den Längsrändern.

Zur Beurteilung der praktischen Bedeutung des Beuleffektes können wir die maximale kritische Durchbiegung des Grundzustandes in der Plattenecke verwenden. Nach (79a) ist diese für $x = \dfrac{a}{2}$, $y = \dfrac{b}{2}$

$$\max w_K = 12 \frac{1-\mu^2}{Et^3} \frac{ab}{4} \frac{P_K}{1-\mu},$$

woraus mit (91a) und $\alpha = \dfrac{a}{b}$

$$\max w_K = \frac{\alpha t}{4} \frac{k_P}{1-\mu}$$

folgt. Für eine quadratische Platte mit $\alpha = 1$ und $k_P = 8{,}48$ erhalten wir dann bei $\mu = 0{,}3$ das Ergebnis, daß $\max w_K = 3{,}1\,t$ sein muß, um ein Ausbeulen zu erreichen. Derartige Ausbiegungen sind z. B. bei dünnen Beplankungsfeldern des Flugzeugbaus durchaus möglich, so daß der Torsionsbeulung der Rechteckplatte größere praktische Bedeutung als dem im vorigen Abschnitt behandelten Kippproblem des Stabes mit gedrungenem Rechteckquerschnitt zukommt.

Auf jeden Fall dürfte das behandelte Beispiel gezeigt haben, wie wichtig eine genaue Berücksichtigung der Verformungen des Grundzustandes sein kann, der in diesem Fall nichtlinear berechnet werden muß. Eine Linearisierung ist völlig unbrauchbar, da sich dann gar kein Verzweigungspunkt mehr ergibt. Wir hatten in Abschnitt V, b, 3 definiert, daß ein „statisch unbestimmtes" Stabilitätsproblem dann vorliegt, wenn der Grundzustand nicht mehr am starren Körper berechnet werden kann, sondern unter Beachtung der Verformungen ermittelt werden muß. In diesem Sinne wäre es hier berechtigt, von einem *nichtlinearen Beulproblem* zu sprechen. Dabei ist noch auf folgendes hinzuweisen. Die Notwendigkeit der Beachtung nichtlinearer Glieder gilt zunächst nur für den Grundzustand. Eine zweite Frage ist es, wie genau diese Verformungen beim Ausbeulen berücksichtigt werden müssen. Diese Frage, die beim Kippproblem entscheidend war, haben wir hier noch gar nicht untersucht. Wir haben bisher in den Beulgleichungen (84) bzw. in den Variationsproblemen (87) Glieder mit w'_0 mitgenommen. Wenn wir sie streichen, fällt Gl. (84a) bzw. (87a) ganz fort, und es bleibt nur das Beulproblem einer ebenen Platte mit parabolisch verteilten Randkräften übrig. Führt man die entsprechende Rechnung durch, so zeigt sich, daß die in Gl. (90a) unterstrichenen Glieder fortfallen. Das zugehörige Zahlenergebnis ist in Abb. 140 gestrichelt eingezeichnet. Man sieht, daß sich zwar eine leidliche Näherung ergibt, die Abweichungen aber doch so groß sind — z. B. rd. 6% bei $\alpha = 1$ und fast 20% bei $\alpha = 0{,}5$ —, daß wir sie nicht als bedeutungslos bezeichnen können, wie das bei einem normalen Verzweigungsproblem der Fall ist.

C. Zusammenfassung von Abschnitt VII

Die Ausführungen des vorstehenden Abschnittes sollten kennzeichnen, in welchen Fällen das klassische Verfahren zur Lösung von Stabilitätsproblemen unrichtig werden kann. Dieses Verfahren, das wir in Abschnitt V ausführlich besprochen hatten, setzte erstens voraus, daß die Belastbarkeit eines Systems genau bis zum kritischen Punkt reicht, in dem dann beliebig große Verformungen möglich werden, und vernachlässigte zweitens die Verformungen des Grundzustandes. Daß die erstgenannte Voraussetzung zu ungünstig sein kann, zeigte uns die auf Schub beanspruchte Rechteckplatte. Die hier beim Ausbeulen auftretenden schrägen Falten können sich bei hinreichend kräftigen Randgliedern an diesen aufhängen und so ein „Zugfeld" bilden, bei dem die Falten wie Zugdiagonalen in einem Fachwerk wirken und häufig eine erhebliche Steigerung der Belastung über die Beulgrenze hinaus erlauben. Die nähere Untersuchung des Spannungszustandes führte zu dem Schluß, daß die Beanspruchung beim Zugfeld im Hinblick auf die Erreichung der Fließgrenze ungefähr genauso günstig ist wie beim Grundzustand der nicht ausgebeulten Platte. Die Winkeländerung des von den Randgliedern gebildeten Rechtecks ist dagegen im Zugfeld etwa doppelt so groß wie im Grundzustand, was einem Absinken der Schubsteifigkeit um die Hälfte entspricht.

Das Beispiel der axial gedrückten Kreiszylinderschale zeigte uns, daß die Annahme einer Tragfähigkeit bis zum niedrigsten Eigenwert auch viel zu günstig sein kann. Eine Untersuchung des Verhaltens nach dem Ausbeulen ergab hier ein starkes Absinken der Kraft-Verformungskurven und damit der Belastbarkeit des Systems. Dabei stellten sich die zugehörigen, nach einer nichtlinearen Theorie ermittelten Beulverformungen als mechanisch sehr klein heraus. Wir mußten danach folgern, daß schon weit unterhalb der klassischen kritischen Last praktisch Instabilität besteht, indem bei geeigneten Störungen ein Durchschlagen in den ausgebeulten Zustand stattfindet. Zur Festlegung der hierbei in Betracht kommenden Beulfigur nahmen wir an, daß stets die kleinste erforderliche Störverschiebung maßgeblich ist. Durch eine weitere Annahme über die Größe der in der Praxis zu erwartenden Störverschiebungen gelang es, die Durchschlaglast zahlenmäßig anzugeben.

Der zweite Teil des Abschnitts beschäftigte sich mit der Frage, welche Bedeutung die Vernachlässigung der Verformungen des Grundzustandes hat. Wir stellten zunächst an Hand des schon in Abschnitt I behandelten Beispiels zweier gelenkig miteinander verbundener Druckstäbe fest, daß die Vernachlässigung bei Durchschlagproblemen zu völlig falschen Ergebnissen führt. Aber auch bei dem Verzweigungsproblem des durch Biegemomente zum Auskippen gebrachten Stabes mit gedrungenem Rechteckquerschnitt ergab sich ein erheblicher Einfluß der Verformungen des Grundzustandes. Das Beispiel bot zugleich Gelegenheit, die etwas verwickelten Zusammenhänge eines zwar in seiner Ebene belasteten, aber räumlich ausknickenden Stabes kennenzulernen. Die auf Torsion beanspruchte Rechteckplatte zeigte schließlich, daß es auch darauf ankommen kann, mit welcher Genauigkeit die Verformungen des Grundzustandes berechnet werden. Ermittelt man sie nach der linearen Theorie, so gibt es überhaupt keinen Verzweigungspunkt. Erst bei Anwendung nichtlinearer Ansätze erhält man die in der Plattenmittelfläche wirkenden Druckkräfte, die ein Ausbeulen verursachen.

Zusammenfassend müssen wir feststellen, daß die Näherungsannahmen der klassischen Stabilitätstheorie, die erheblich zur Verringerung der mathematischen Schwierigkeiten beitragen, leider vielfach unbrauchbar werden. Hierbei handelt es sich nicht nur um lediglich theoretisch interessierende Ausnahmefälle. sondern wie bei der axial gedrückten Kreiszylinderschale um Probleme von erheblicher praktischer Bedeutung, die wegen ihrer „Bösartigkeit" besondere Aufmerksamkeit verdienen.

Abschnitt VIII

Brauchbarkeit der Stabilitätstheorie der Elastostatik

Übersicht über Abschnitt VIII: *Nach einem Hinweis auf die Unterschiede zwischen Theorie und Wirklichkeit werden die Ursachen hierfür näher erläutert. Es werden die Bedeutung kinetischer Effekte, der Einfluß nichtelastischen Werkstoffverhaltens und die Auswirkungen von Vorverformungen und exzentrischen Kraftangriffen behandelt. Abschließend wird auf die Anwendungsmöglichkeit und den praktischen Wert der Theorie eingegangen.*

A. Einwände gegen die Theorie

Nachdem wir uns bisher in der Hauptsache mit der theoretischen Ermittlung indifferenter Gleichgewichtszustände befaßt haben, wollen wir als Letztes, aber keineswegs als Unwichtigstes, die Anwendungsmöglichkeiten und den praktischen Wert der Theorie besprechen. Bedenkt man den verhältnismäßig großen Aufwand an mathematischer Theorie und Rechenarbeit, der zur Lösung vieler Stabilitätsprobleme erforderlich ist, obwohl in der Theorie bereits einschneidende Idealisierungen vorhanden sind, so wird man ganz von selbst zur Frage nach der Berechtigung dieses Aufwandes und zu Zweifeln an der Brauchbarkeit der Theorie geführt. Diese Zweifel tauchen um so mehr auf, als die Ergebnisse von Theorie und Versuch[1] z. T. erhebliche Unterschiede zeigen.

Jede Theorie muß selbstverständlich unbrauchbar werden, wenn ihre Voraussetzungen der Wirklichkeit widersprechen. Die beiden grundlegenden Annahmen einer Stabilitätstheorie der Elastostatik sind statischer Ablauf des Belastungs- und Verformungsvorgangs und rein elastisches Werkstoffverhalten. Die Auswirkungen dieser Annahmen sollen in den beiden folgenden Kapiteln näher untersucht bzw. — soweit sie schon besprochen sind — kurz wiederholt und ergänzt werden.

Aber auch bei rein elastostatischen Vorgängen können die Versuche erhebliche Abweichungen von der Theorie zeigen. Sie bestehen vielfach darin, *daß die Tragfähigkeit eines Systems im Versuch unter dem berechneten Wert liegt.* Darüber hinaus ist häufig noch nicht einmal der grundsätzliche Charakter des theoretischen Kraft-Verformungsdiagramms im Versuch wiederzufinden. Man stellt vielmehr bei Verzweigungsproblemen wie etwa dem Knickstab fest, daß schon bei sehr kleinen Lasten das untersuchte System Ausbiegungen erleidet, die sich mit wachsender Belastung immer mehr bis zum Bruch steigern, ohne daß überhaupt eine Verzweigungsstelle des Gleichgewichts, die sich in einem scharfen Knick der Last-Verformungskurve äußern müßte, erkennbar ist. Eine Aufklärung auch dieser Unterschiede zwischen Theorie und Versuch ist notwendig und soll in Kapitel D dieses Abschnitts erfolgen.

---

[1] Von den zahlreichen Veröffentlichungen über Knickversuche seien hier nur genannt: v. Tetmajer, L.: Die Gesetze der Knickungs- und zusammengesetzten Druckfestigkeit der technisch wichtigsten Baustoffe, Wien 1903. — v. Kármán, Th.: Forsch.-Arb. Ing.-Wes. 1910, Heft 81. — Rein, W.: Versuche zur Ermittlung der Knickspannungen für verschiedene Baustähle. Ber. d. Aussch. f. Vers. im Stahlbau 1930, Heft 4. — Eine zusammenfassende Darstellung der durchgeführten Versuche findet sich u. a. bei J. Ratzersdorfer: Die Knickfestigkeit von Stäben und Stabwerken, Wien 1936.

B. Kinetische Einflüsse

Es bedarf keiner Begründung, daß für ein System, das ausgesprochen kinetisch beansprucht wird, eine statische Untersuchung nicht ausreicht. Wird z. B. ein Stab durch eine Stoßkraft zum Knicken gebracht oder gar durch eine periodisch veränderliche Druckkraft erregt, so ist sicherlich eine kinetische Stabilitätsrechnung notwendig. Besonders in dem letzteren Fall eröffnet sich ein weites Gebiet der Schwingungslehre, das der sog. parametererregten Schwingungen[1], dessen Behandlung jedoch über den Rahmen dieses Buches hinausgehen würde. Wir wollen uns daher nach wie vor auf solche Probleme beschränken, bei denen die Belastung hinreichend langsam aufgebracht wird, so daß zum mindesten beim Beginn der Verformung bis zu irgendeinem kritischen Zustand der Vorgang noch statisch ist. Auch unter dieser Voraussetzung kann eine kinetische Untersuchung notwendig werden.

Bei vielen der behandelten Probleme hatte sich allerdings glücklicherweise das Gegenteil gezeigt. So hatten wir bei dem Durchschlagproblem der Stabverbindung von Abb. 5 gesehen, daß sich zwar bei konstant bleibender Belastung ein Vorgang mit Massenwirkungen einstellt, daß aber für die Praxis die auf statischem Wege mögliche Ermittlung der Durchschlaglast völlig ausreicht, weil eben das Durchschlagen mit Sicherheit vermieden werden muß. Auch bei der in Abschnitt VII, A, 2 behandelten axial gedrückten Kreiszylinderschale konnten trotz des an sich kinetischen Durchschlagvorgangs alle wichtigen Größen hinreichend genau durch einen statischen Ersatzvorgang beschrieben werden. Die Notwendigkeit einer kinetischen Betrachtung ist also schon eine Ausnahme.

Wann sie gegeben ist, wurde bereits in Abschnitt III, B bei Aufstellung der Stabilitätskriterien ausführlich erörtert. Wir machten uns dort klar, daß im allgemeinen das Systemverhalten nach einer Störung statisch bzw. statisch-energetisch geklärt werden kann, daß dieses aber nicht mehr bei fehlendem Potential möglich ist. Man kann dann zwar immer noch die indifferenten Gleichgewichtszustände mit der Gleichgewichtsmethode oder dem Prinzip der virtuellen Verrückungen finden, das statisch-energetische Kriterium zum Nachweis der *Stabilität* bzw. *Labilität* wird aber unbrauchbar und muß durch eine Schwingungsuntersuchung ersetzt werden. Bei den durchgerechneten Beispielen haben wir uns in der Regel damit begnügt, die niedrigsten indifferenten Gleichgewichtslagen zu berechnen, und haben auf eine besondere Bestätigung der Stabilität für kleinere Lasten unter der Annahme verzichtet, daß beim Übergang vom stabilen zum labilen Bereich ein indifferenter Zustand durchlaufen wird. Daß dieses jedoch auch bei Ausschluß kinetischer Vorgänge nicht unbedingt sein muß, zeigt bereits das einfache Beispiel von Abb. 41 und die axial gedrückte Kreiszylinderschale von Abschnitt VII, A, 2, die letztere sowohl für unendlich kleine als auch für nur mechanisch kleine, sonst endliche Störungen. Nach Abschnitt III, B, 2 ist aber erst recht bei Nichtexistenz eines Potentials eine alleinige Berechnung der indifferenten Gleichgewichtszustände unzureichend.

Als Beispiel hierzu betrachten wir den in Abb. 141 dargestellten Stab konstanter Biegesteifigkeit, der an einem Ende fest eingespannt ist und am anderen durch eine Kraft P belastet wird, die stets die Richtung der Stabtangente hat. Dieses System wurde bereits in Abschnitt VI, E, 1 (vgl. Abb. 100) unter etwas

---

[1] Eine zusammenfassende Darstellung dieses Problemkreises findet sich in dem Buch W. W. BOLOTIN: Kinetische Stabilität elastischer Systeme, Berlin 1961. — Vgl. auch H. ZIEGLER: Z. angew. Math. Phys. 4 (1953) 1, und Advances in Appl. Mech. 4 (1956) 352.

allgemeinerer Belastung[1] und aus anderen Gründen statisch untersucht, jedoch unter Hinweis auf die Notwendigkeit einer ergänzenden kinetischen Untersuchung. Abb. 141 ist der damals mit $P_1 = 0$ bezeichnete Sonderfall, für den gar kein statischer Eigenwert, also kein indifferenter Gleichgewichtszustand existiert. Bei statischer Betrachtungsweise besteht also für dieses System überhaupt keine Knickgefahr.

Wir wollen annehmen, daß der Stab am freien Ende eine Einzelmasse M trägt, die auch ein Trägheitsmoment Θ besitzt, deren Gewicht aber ohne Einfluß sei. Die Massenbelegung des übrigen Stabes soll ebenso wie Längszusammendrückungen der Stabachse vernachlässigt werden. Die Durchbie

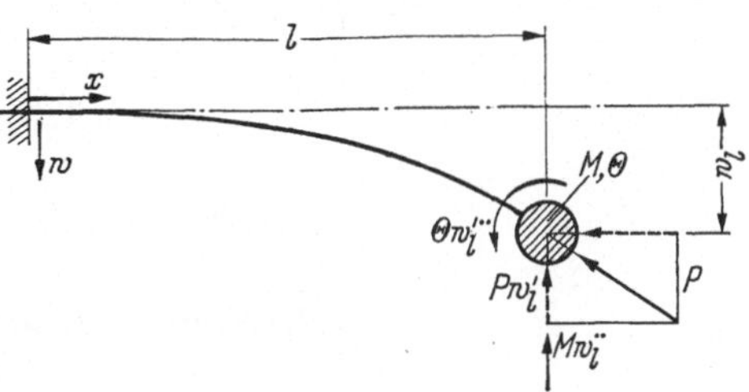

Abb. 141. Tangential gedrückter Knickstab mit Einzelmasse am freien Ende.

gung am Stabende sei w_l mit der Ableitung w_l', so daß die Komponente von P quer zur x-Achse $P w_l'$ ist. Ableitungen nach der Zeit seien durch Punkte gekennzeichnet, womit die in Abb. 141 eingezeichneten Trägheitswiderstände $M \ddot{w}_l$ und $\Theta \ddot{w}_l'$ sind.

Für das Biegemoment an einer beliebigen Stelle x gilt dann

$$M_x = -P(w_l - w) + (P w_l' + M \ddot{w}_l)(l - x) + \Theta \ddot{w}_l'.$$

Wir erhalten damit die Differentialgleichung

$$EI w'' + P w - P w_l + (P w_l' + M \ddot{w}_l)(l - x) + \Theta \ddot{w}_l' = 0. \tag{1}$$

Die Abhängigkeit von x und t können wir in bekannter Weise durch den Ansatz

$$w = W(x)\, e^{i\lambda t} \tag{2}$$

trennen. Wir erhalten dann für $W(x)$ die gewöhnliche Differentialgleichung

$$EI W'' + P W - P W_l + (P W_l' - \lambda^2 M W_l)(l - x) - \lambda^2 \Theta W_l' = 0. \tag{3}$$

Ihre allgemeine Lösung ist mit den Konstanten A und B

$$W = A \sin \nu x + B \cos \nu x + W_l - \left(W_l' - \lambda^2 \frac{M}{P} W_l\right)(l - x) + \lambda^2 \frac{\Theta}{P} W_l' \tag{4}$$

mit

$$\nu = \sqrt{\frac{P}{EI}}.$$

Es gelten nun die Randbedingungen

$$x = 0: W = 0, \quad W' = 0; \quad x = l: W = W_l, \quad W' = W_l',$$

---

[1] Die kinetische Untersuchung für diese allgemeinere Belastung findet sich bei Z. Kordas u. M. Zyczkowski: Arch. angew. Mech. 15 (Warschau 1963) 7.

mit denen sich aus (4) die folgenden vier homogenen Gleichungen für die Größen A, B, W_l, W_l' ergeben:

$$\left. \begin{array}{l} B + \left(1 + \lambda^2 \dfrac{M}{P} l\right) W_l - \left(l - \lambda^2 \dfrac{\Theta}{P}\right) W_l' = 0, \\[2mm] \nu A - \lambda^2 \dfrac{M}{P} W_l + W_l' = 0, \\[2mm] A \sin \nu l + B \cos \nu l + \lambda^2 \dfrac{\Theta}{P} W_l' = 0, \\[2mm] \nu A \cos \nu l - \nu B \sin \nu l - \lambda^2 \dfrac{M}{P} W_l = 0. \end{array} \right\} \qquad (5\,\mathrm{a-d})$$

Ihre Koeffizientendeterminante ist die „Frequenzdeterminante", die bei nichttrivialen Lösungen verschwinden muß. Nach ihrer Entwicklung erhalten wir die Frequenzgleichung

$$\lambda^4 \frac{M}{P} \frac{\Theta}{P} \nu(\nu l \sin \nu l + 2 \cos \nu l - 2) + \lambda^2 \left[\frac{M}{P} (\sin \nu l - \nu l \cos \nu l)\right.$$
$$\left. + \frac{\Theta}{P} \nu^2 \sin \nu l\right] - \nu = 0. \qquad (6)$$

Für eine numerische Rechnung ist es zweckmäßig, (6) noch etwas umzuformen. Wir benutzen hierzu als Bezugsgrößen erstens den Trägheitsradius

$$r = \sqrt{\frac{\Theta}{M}}$$

und zweitens die Frequenz des nur mit der Masse M schwingenden Stabes, wenn $P = 0$, $\Theta = 0$ ist. In diesem Fall ist die Federkonstante gleich der reziproken Durchbiegung des Stabendes unter der Einheitslast, die nach bekannten Gesetzen der Statik gleich $\dfrac{l^3}{3\,EI}$ wird. Die Frequenz sei ω und ist dann

$$\omega = \sqrt{\frac{3\,EI}{M\,l^3}}.$$

Aus (6) erhalten wir nun mit r und ω nach einfacher Rechnung

$$\left. \begin{array}{l} \dfrac{\lambda^4}{\omega^4} \dfrac{9\,r^2}{l^2} (\nu l \sin \nu l + 2 \cos \nu l - 2) + \dfrac{\lambda^2}{\omega^2} 3\nu l \left(\sin \nu l\right. \\[3mm] \left. - \nu l \cos \nu l + \dfrac{r^2}{l^2} \nu^2 l^2 \sin \nu l\right) - \nu^4 l^4 = 0. \end{array} \right\} \qquad (7)$$

Gl. (7) läßt sich für irgendein gegebenes Verhältnis $\dfrac{r}{l}$ leicht auswerten. Das Resultat geht für drei verschiedene Werte von $\dfrac{r}{l}$ aus Abb. 142 hervor, wo der Lastparameter als Funktion von $\left(\dfrac{\lambda}{\omega}\right)^2$ aufgetragen ist. Diese Eigenwertkurven verlaufen parabelähnlich: Sie haben zwei Schnittpunkte mit der $\dfrac{\lambda}{\omega}$-Achse und ein Maximum. Die mechanische Bedeutung ist folgende.

Bei festem $\dfrac{r}{l}$ ergeben sich unterhalb des Maximums für einen bestimmten Wert des Lastparameters νl zwei Kurvenpunkte, d. h. zwei verschiedene positive

Frequenzquadrate, die λ_1^2 und λ_2^2 seien. Damit lassen sich aus den Gln. (5) und (4) zwei zugehörige Biegelinien W_1 und W_2 berechnen. Aus dem Ansatz (2) folgt dann mit den beliebigen Konstanten C

$$w_1 = W_1(C_{11}e^{i\lambda_1 t} + C_{12}e^{-i\lambda_1 t}),$$

$$w_2 = W_2(C_{21}e^{i\lambda_2 t} + C_{22}e^{-i\lambda_2 t})$$

oder in reeller Schreibweise mit den neuen Konstanten K

$$\left.\begin{array}{l} w_1 = W_1(K_{11}\sin\lambda_1 x + K_{12}\cos\lambda_1 x), \\ w_2 = W_2(K_{21}\sin\lambda_2 x + K_{22}\cos\lambda_2 x). \end{array}\right\} \qquad (8\,\text{a, b})$$

Wir bekommen also zwei gewöhnliche harmonische Eigenschwingungen, von denen die eine vorwiegend die Transversalschwingung der Masse M, die andere vorwiegend die zum Trägheitsmoment Θ gehörige Drehschwingung ist. Diese Schwingungen kennzeichnen den Grundzustand des untersuchten Stabes als stabil. Im Maximum der Eigenwertkurven fallen die beiden Wurzeln der quadratischen Gl. (7) zusammen, so daß statt der beiden Schwingungen nur noch eine möglich ist, die aber auch als stabil bezeichnet werden muß.

Bei noch weiter steigender Belastung werden die beiden Wurzeln λ_1^2 und λ_2^2 konjugiert komplex. Damit ergeben sich auch aus (5) und (4) zwei konjugiert komplexe Biegelinien, die mit

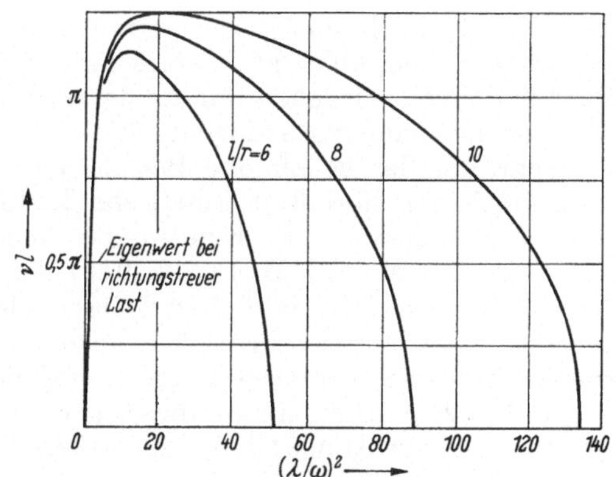

Abb. 142. Eigenwertkurven des Knickstabes von Abb. 141.

$$W_1 = W_a + iW_b, \qquad W_2 = W_a - iW_b$$

bezeichnet seien. Da die Wurzeln aus den Frequenzquadraten auch wieder konjugiert komplex sind, erhalten wir λ_1 und λ_2 in der Form

$$\lambda_1 = \pm(\alpha + i\beta), \qquad \lambda_2 = \pm(\alpha - i\beta)$$

und damit aus (2) mit den Konstanten C

$$w_1 = (W_a + iW_b)\,[C_{11}e^{(i\alpha-\beta)t} + C_{12}e^{(-i\alpha+\beta)t}],$$

$$w_2 = (W_a - iW_b)\,[C_{21}e^{(i\alpha+\beta)t} + C_{22}e^{(-i\alpha-\beta)t}].$$

Daraus können wir zwei andere Lösungen w_I und w_{II} bilden:

$$w_I = e^{-\beta t}[C_{11}(W_a + iW_b)\,e^{i\alpha t} + C_{22}(W_a - iW_b)\,e^{-i\alpha t}],$$

$$w_{II} = e^{+\beta t}[C_{12}(W_a + iW_b)\,e^{-i\alpha t} + C_{21}(W_a - iW_b)\,e^{i\alpha t}],$$

die wir mit neuen Konstanten K auch in der reellen Form

$$w_I = e^{-\beta t}\,[K_{11}(W_a \cos \alpha t - W_b \sin \alpha t) + K_{12}(W_a \sin \alpha t + W_b \cos \alpha t)], \quad\Big\}$$
$$w_{II} = e^{+\beta t}[K_{21}(W_a \cos \alpha t + W_b \sin \alpha t) + K_{22}(W_a \sin \alpha t - W_b \cos \alpha t)] \quad (9\,\text{a, b})$$

schreiben können.

w_I ist nun eine gedämpfte, w_{II} aber eine angefachte Schwingung. *Oberhalb des Maximums der Eigenwertkurve ergibt sich also kinetische Instabilität,* obwohl der Stab, wie wir gesehen haben, statisch für beliebig hohe Lasten stabil ist. Die zum Maximum gehörende Belastung liefert die Grenze zwischen stabilem und labilem Bereich und sei als kinetisch-kritische Last P_{KS} (Index S von Schwingungen) bezeichnet. Für die Kurve mit $\frac{r}{l} = \frac{1}{10}$ von Abb. 142 ergibt sich z. B. $P_{KS} = 6{,}25\,\frac{EI\pi^2}{4l^2}$, also eine gut sechsfache Erhöhung gegenüber der Knicklast des Stabes mit richtungstreuer Belastung. Für andere Werte von $\frac{r}{l}$ folgen auch andere P_{KS}. Es bestätigt sich damit, daß die kinetisch-kritische Last von der Massenverteilung abhängt[1]. Interessant ist noch, daß im Gegensatz zum stabilen Bereich die verschiedenen Punkte der Stabachse stets mit einer von x abhängigen Phasenverschiebung schwingen.

Wenn uns das behandelte Beispiel gezeigt hat, daß bei fehlendem Potential trotz statischer Stabilität kinetische Instabilität vorliegen kann, so muß das keineswegs immer so sein. Eine entsprechende Untersuchung des in Abschnitt II, B, 5 (Abb. 29) und VI, B, 3 (Abb. 91) behandelten Knickstabes ergibt z. B., daß dort bei gleichmäßig verteilter Massenbelegung keine kinetisch-kritische Last unterhalb der statisch-kritischen niedrigsten indifferenten Gleichgewichtslage existiert[2]. Die rein statische Betrachtung bleibt daher in manchen Fällen brauchbar und es scheint so, als ob dieses gerade die praktisch wichtigeren Fälle sind. Das System von Abb. 91 läßt sich jedenfalls als Versteifung in einem auf Schub beanspruchten Blechfeld realisieren, während der Knickstab von Abb. 141 in der Praxis des normalen Bauwesens und Maschinenbaus kaum vorkommen dürfte. Ein weiterer Trost für die Praxis besteht darin, daß bei kinetischer Instabilität auch zu ihrer Beseitigung gegenüber dem statischen Fall zusätzliche Möglichkeiten zur Verfügung stehen, nämlich die Wahl geeigneter Massenverteilung und hinreichende Dämpfung. Das ändert natürlich nichts daran, daß grundsätzlich bei fehlendem Potential auf die Schwingungsuntersuchung nicht verzichtet werden kann[3]. Bei der Dämpfung ist außerdem, wie schon in Abschnitt III, B, 2 bemerkt, zu beachten, daß auch eine labilisierende Wirkung denkbar ist[4].

---

[1] Für gleichmäßig verteilte Massenbelegung findet sich die Rechnung bei M. BECK: Z. angew. Math. Phys. 3 (1952) 225 u. 476, für denselben Fall, jedoch mit zusätzlicher Einzelmasse bei A. PFLÜGER: Z. angew. Math. Mech. 35 (1955) 191.

[2] LEIPHOLZ, H.: Z. angew. Math. Phys. 8 (1962) 359. — Kriterien darüber, wann auf eine kinetische Untersuchung trotz fehlenden Potentials verzichtet werden kann, finden sich für einen bestimmten Problemkreis der Stabknickung bei H. LEIPHOLZ: Z. angew. Math. Mech. 42 (1962) 110; Ing. Arch. 32 (1963) 213 u. 286.

[3] Hinsichtlich weiterer Beispiele sei hingewiesen auf W. W. BOLOTIN: Nichtkonservative Probleme elastischer Systeme, Moskau 1961.

[4] ZIEGLER, H.: Ing.-Arch. 20 (1952) 56.

C. Ungültigkeit des Hookeschen Gesetzes

1. Einige einfache Werkstoffgesetze

Bisher haben wir bei allen Rechnungen die Gültigkeit des HOOKEschen Gesetzes vorausgesetzt. Das bedeutet nicht nur rein elastisches Werkstoffverhalten, sondern darüber hinaus *linear-elastisches*, da das Spannungs-Dehnungsdiagramm eine Gerade ist. Dieses Verhalten wird häufig auch als *ideal-elastisch* bezeichnet. Wenn wir nun die möglichen Abweichungen von diesem Gesetz und deren Folgen betrachten, so wollen wir uns vorerst auf den beiderseits gelenkig gelagerten Knickstab mit Einzellast und konstantem Querschnitt beschränken. Für diesen läßt sich das wesentliche Ergebnis der bisherigen Rechnungen, wie folgt, darstellen.

Die EULERsche Knicklast hatte sich zu $P_K = \dfrac{\pi^2 EI}{l^2}$ ergeben. Um zu betonen, daß dieser Wert unter der Annahme ideal elastischen Verhaltens gewonnen wurde, sei er von jetzt ab durch den zusätzlichen Index i gekennzeichnet, also

$$P_{K_i} = \frac{\pi^2 EI}{l^2}. \tag{10}$$

Zu dieser Last gehört die *ideale Knickspannung*

$$\sigma_{K_i} = \frac{P_{K_i}}{F} = \frac{\pi^2 EI}{Fl^2},$$

die wir ausnahmsweise als Druckspannung positiv rechnen. Führen wir nun in üblicher Weise den *Schlankheitsgrad* als Verhältnis von Stablänge zu Trägheitsradius ein, setzen also

$$\lambda = \frac{l}{\sqrt{\dfrac{I}{F}}},$$

so erhalten wir für die ideale Knickspannung

$$\sigma_{K_i} = \frac{\pi^2 E}{\lambda^2}. \tag{11}$$

Die Abhängigkeit zwischen σ_{K_i} und λ wird durch eine Hyperbel, die sog. EULER-Hyperbel, dargestellt. Der geschilderte Zusammenhang wird noch einmal durch die Abb. 143a, b veranschaulicht, wo die HOOKEsche Gerade und die zugehörige EULER-Hyperbel gestrichelt eingezeichnet sind.

Würde das HOOKEsche Gesetz uneingeschränkt gelten, so müßte für $\lambda \to 0$ die kritische Last des Stabes über alle Grenzen wachsen. Dem wirklichen Werkstoffverhalten können wir im Rahmen der bisherigen Ansätze bis zu einem gewissen Grade auf folgende Weise gerecht werden. Wir können annehmen, daß bei *ideal spröden* Werkstoffen die HOOKEsche Gerade im Punkte $\sigma = \sigma_B$, d. h. bei Erreichen der Bruchgrenze, plötzlich aufhört, und daß sie bei *ideal elastisch-plastischen* Stoffen an der Fließgrenze σ_F in die horizontale Gerade $\sigma = \sigma_F$ übergeht, wie es Abb. 143a zeigt. In beiden Fällen ist dann nach Abb. 143b die Knickspannung $\sigma_K = \sigma_{K_i}$ nach oben durch die horizontale Gerade $\sigma_K = \sigma_F = \sigma_B$ begrenzt, bei deren Erreichen der Stab ohne Widerstand wegknicken kann, aber natürlich auch schon im Grundzustand theoretisch keine Tragfähigkeit mehr besitzt. Mit σ_K ist jetzt die „wirkliche" Knickspannung bezeichnet. Leider ist das so gewonnene Knickspannungsdiagramm nur in Ausnahmefällen brauchbar, so etwa bei Stäben aus Glas, die als ideal spröde angesehen werden können. Im allgemeinen, insbesondere bei Stahl und Leichtmetall, ergibt sich eine zu grobe Näherung.

Vor allem wird es notwendig, die Krümmung des Spannungs-Dehnungsdiagramms zu berücksichtigen. Wir wollen daher jetzt nach Abb. 144 ein Elastizitätsgesetz betrachten, bei dem die HOOKEsche Gerade an der Proportionalitätsgrenze $\sigma = \sigma_P$ bzw. bei dem zugehörigen *Grenzschlankheitsgrad*

$$\lambda_P = \pi \sqrt{\frac{E}{\sigma_P}}$$

in eine gekrümmte Kurve übergeht. Nur unterhalb dieser Grenze gilt dann noch für die kritische Spannung $\sigma_K = \sigma_{K_i}$. Für den darüberliegenden Bereich wollen

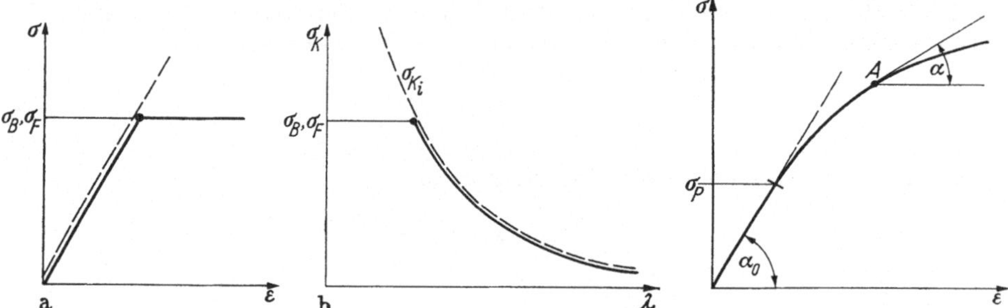

Abb. 143a u. b. Spannungs-Dehnungsdiagramm und Knickdiagramm für ideal elastische, ideal elastisch-plastische und ideal spröde Werkstoffe.

Abb. 144. Nichtlineares Spannungs-Dehnungsdiagramm

wir zunächst rein elastisches Verhalten voraussetzen, also annehmen, daß bei Be- und Entlastung dieselbe Kurve durchlaufen wird. Die Berechnung der Knicklast wird dann noch immer verhältnismäßig einfach.

Wir definieren zunächst den *Tangentenmodul E'* als Steigung der Spannungs-Dehnungskurve in einem beliebigen Punkte A. Mit den Bezeichnungen von Abb. 144 sei also

$$E' = \frac{d\sigma}{d\varepsilon} = \tan\alpha.$$

Unter dem Elastizitätsmodul sei nach wie vor die Steigung im Nullpunkt verstanden, d. h.

$$E = \tan\alpha_0 = E'_{\varepsilon=0}.$$

Benutzen wir nun zur Berechnung der kritischen Last die Näherungstheorie des Abschnitts V, nach der alle Verformungen des Grundzustandes vernachlässigt werden, so macht sich bis zum Erreichen der kritischen Last die Krümmung des Spannungs-Dehnungsdiagramms überhaupt nicht bemerkbar. Nehmen wir A als kritischen Punkt an, so fällt das Kurvenstück vom Nullpunkt bis A mit der σ-Achse zusammen. Von den beim Knicken zusätzlich auftretenden Verformungen sind ferner nach der Näherungstheorie nur die linearen Glieder maßgebend. Wir müssen infolgedessen mit der Tangente im Punkte A rechnen und bekommen damit wieder ein idealisiertes Spannungs-Dehnungsdiagramm, das genauso wie die gestrichelt gezeichnete Gerade in Abb. 53 aussieht. Der einzige Unterschied gegenüber den früheren Rechnungen besteht darin, daß α_0 durch α, also E durch E' zu ersetzen ist. Die kritische Spannung ist dann

$$\sigma_K = \frac{\pi^2 E'(\sigma_K)}{\lambda^2}, \tag{12}$$

und wir müssen nur beachten, daß E', wie in (12) angedeutet, eine Funktion von σ_K ist. Bei gegebenem Spannungs-Dehnungsdiagramm läßt sich aber wieder eine Kurve für σ_K als Funktion von λ aufstellen, die dann an die Stelle der EULER-Hyperbel von Abb. 143b tritt. Ist im Punkt A, wie in Abb. 144, $E' < E$, so muß die Rechnung kleinere Knickspannungen als bei Benutzung von E ergeben. Größere Tragfähigkeiten werden wir bekommen, wenn die Spannungs-Dehnungskurve so gekrümmt ist, daß $E' > E$ ist, wie es bei Gummi in der Regel in einem gewissen Bereich der Fall ist.

Die wichtigsten Werkstoffe, wie z. B. Stahl und Leichtmetall, können nun aber auch mit dem Elastizitätsgesetz von Abb. 144 noch nicht hinreichend genau erfaßt werden. Der rein elastische Bereich oberhalb der Proportionalitätsgrenze ist vielmehr bei Stahl so klein, daß wir ihn sogar völlig vernachlässigen und Proportionalitäts- und Elastizitätsgrenze einander gleichsetzen können. Dasselbe gilt für Leichtmetall, wobei hinzukommt, daß es dort genau genommen überhaupt keinen rein elastischen Bereich, d. h. auch keinen linear-elastischen, gibt. (Man kann höchstens angenähert die Proportionalitätsgrenze durch die ,,0,01-Grenze" ersetzen, bei der die bleibende Dehnung 0,01 v. H. der gesamten Dehnung beträgt.) *Es wird also notwendig,* auch plastische Verformungen zu berücksichtigen und *das Knicken im elasto-plastischen Bereich zu untersuchen.*

2. Knicken im elasto-plastischen Bereich

a) Rechnungsannahmen

Bei den meisten Werkstoffen stellt man fest, daß die Krümmung der Spannungs-Dehnungskurve ausschließlich durch plastische Dehnungsanteile erzeugt wird. Der elastische Anteil folgt nach wie vor dem HOOKEschen Gesetz. Das hat zur Folge, daß sich die Krümmung nur bei einer Erhöhung der Spannung bemerkbar macht, bei einer Entlastung aber wieder die um ein entsprechendes Stück parallel verschobene HOOKEsche Gerade gilt, wie es in Abb. 145 angedeutet ist. Legen wir diesen Sachverhalt der weiteren Rechnung zugrunde, vernachlässigen im Sinne des klassischen Näherungsverfahrens die Verformungen des Grundzustandes und berücksichtigen nur lineare Anteile der beim Knicken zusätzlich auftretenden Größen, so erhalten wir das Spannungs-Dehnungsgesetz von Abb. 146. Die Zusatzdehnung ist dort wieder durch einen Querstrich gekennzeichnet. Um ferner die Bedeutung des Vorzeichens herauszustellen, ist $-\sigma$ als Funktion von $-\bar\varepsilon$ aufgetragen. Bei zusätzlichem Druck kommt also die *Belastungsgerade,* bei zusätzlichem Zug die *Entlastungsgerade* in Betracht. Wiederholte Be- und Entlastung vermag der Ansatz nur für Belastung nach voraufgegangener Entlastung richtig wiederzugeben. Im umgekehrten Fall wird die Belastungsgerade rückwärts durchlaufen, während eine Parallele zur Entlastungsgerade der richtige Weg wäre.

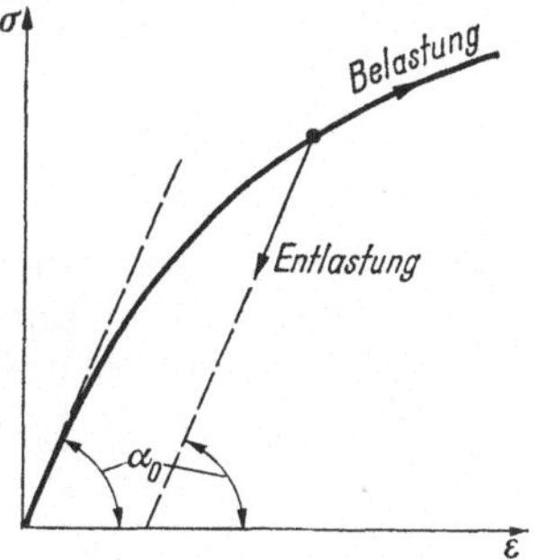

Abb. 145. Spannungs-Dehnungsdiagramm für elasto-plastischen Werkstoff.

Das gewählte Elastizitätsgesetz gilt zunächst nur für eine einzelne Faser. Wir nehmen nun an, daß die Dehnungen der verschiedenen Fasern lediglich durch die zur Stabstatik gehörige Bedingung vom Ebenbleiben der Querschnitte miteinander verknüpft sind, sich im übrigen aber gegenseitig nicht beeinflussen. Abb. 146 bleibt dann auch für die Gesamtheit der zum Stab vereinigten Fasern richtig, so daß wir

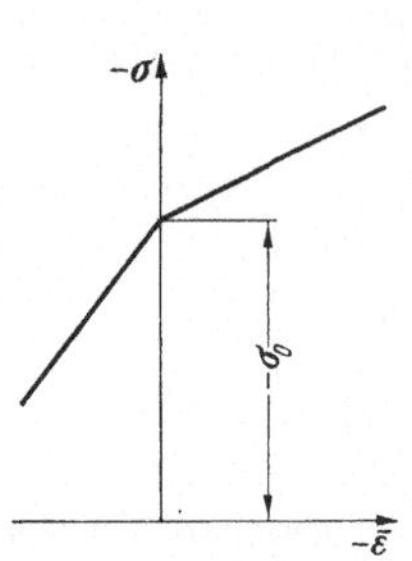

Abb. 146. Spannungs-Dehnungsdiagramm für das klassische Näherungsverfahren.

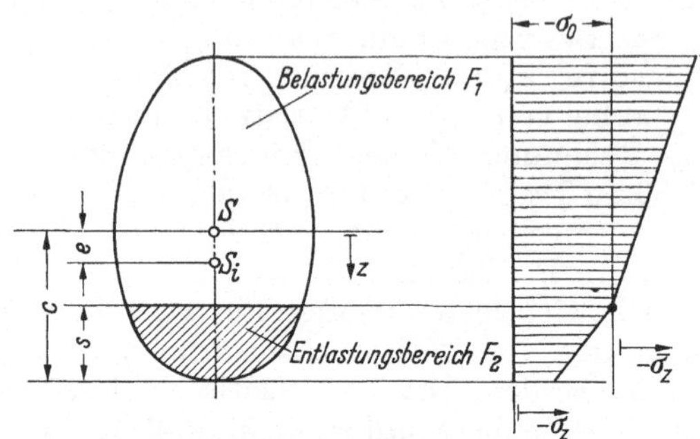

Abb. 147. Querschnitt mit Spannungsverteilung.

für die Spannungsverteilung im Querschnitt auf folgendes schließen können: Im Grundzustand haben alle Fasern Druck. Beim Ausknicken entsteht zusätzliche Biegung, also auf der konkaven Seite des gebogenen Stabes Belastung, auf der konvexen Entlastung. Innerhalb eines Querschnitts werden wir daher im allgemeinen einen Belastungs- und einen Entlastungsbereich haben, wie es Abb. 147 für einen beliebigen — aber selbstverständlich symmetrischen — Querschnitt zeigt. Die Lage der Grenzlinie zwischen beiden Bereichen ist dabei zunächst unbekannt.

b) Differentialgleichungen

Zur Lösung des Problems[1] verwenden wir die Gleichgewichtsmethode. Zuerst sei das Elastizitätsgesetz zwischen Schnittgrößen und Verschiebungen formuliert. Hierzu benutzen wir zweckmäßig eine Darstellung, wie sie in der Statik des Stahlbetonbaus üblich ist. Wir definieren das Verhältnis

$$n = \frac{E}{E'},$$

rechnen im ganzen Querschnitt einheitlich mit dem Belastungsmodul E' und berücksichtigen den Entlastungsbereich dadurch, daß wir ihn als „n-fach wirkende" Fläche ansehen. Es sei (vgl. Abb. 147)

F_1, F_2 Flächen des Be- bzw. Entlastungsbereiches,
F, F_i wirkliche bzw. „ideelle" Querschnittsfläche,
S, S_i Schwerpunkte der wirklichen und der ideellen Fläche,
I_i Trägheitsmoment der ideellen Fläche,
z Abstand einer Faser von der neutralen Ebene des wirklichen Querschnittes, definiert durch S,
e Abstand zwischen S und S_i, d. h. Koordinate z der neutralen Ebene des ideellen Querschnittes,
c Abstand der untersten Faser von der neutralen Ebene des wirklichen Querschnittes,
s Abstand der untersten Faser von der Grenzlinie zwischen Be- und Entlastungsbereich.

---

[1] Nach A. PFLÜGER: Ing.-Arch. 20 (1952) 291.

F_i, e und I_i sind dann durch folgende Beziehungen definiert

$$\left.\begin{array}{l} F_i = F_1 + nF_2, \\[2mm] \displaystyle\int\limits_{(F_1)} (z - e)\, dF + n \int\limits_{(F_2)} (z - e)\, dF = 0, \\[4mm] I_i = \displaystyle\int\limits_{(F_1)} (z - e)^2\, dF + n \int\limits_{(F_2)} (z - e)^2\, dF. \end{array}\right\} \qquad (13\,\text{a, b, c})$$

Ist $\bar{\varepsilon}_z$ die Dehnung einer beliebigen Faser, $\bar{\varepsilon}_e$ die Dehnung der Faser $z = e$, so können wir die Annahme vom Ebenbleiben der Querschnitte in der Form

$$\bar{\varepsilon}_z = \bar{\varepsilon}_e - (z - e)\,\bar{w}'' \qquad (14)$$

schreiben. Das Spannungs-Dehnungsgesetz von Abb. 146 lautet

$$\left.\begin{array}{ll} \sigma_z = \sigma_0 + \bar{\sigma}_z = \sigma_0 + E'\bar{\varepsilon}_z & \text{für } \bar{\varepsilon}_z \leqq 0 \\[2mm] \sigma_z = \sigma_0 + \bar{\sigma}_z = \sigma_0 + nE'\bar{\varepsilon}_z & \text{für } \bar{\varepsilon}_z \geqq 0, \end{array}\right\} \qquad (15\,\text{a, b})$$

wobei $\sigma_0 = -\dfrac{P_0}{F}$ die (als Zugspannung positiv gerechnete) Spannung des Grundzustandes ist. Mit (13), (14) und (15) und unter Beachtung der Tatsache, daß das statische Moment der ideellen Querschnittsfläche F_i für die Achse $z = e$ und das der wirklichen Fläche F für die Achse $z = 0$ verschwindet, ergibt sich dann für die Längskraft

$$N = \int\limits_{(F)} \sigma_z\, dF$$

$$= \int\limits_{(F_1)} [\sigma_0 + E'\bar{\varepsilon}_e - E'(z - e)\,\bar{w}'']\, dF + \int\limits_{(F_2)} [\sigma_0 + nE'\bar{\varepsilon}_e - nE'(z - e)\,\bar{w}'']\, dF$$

$$= \sigma_0 F + E' F_i \bar{\varepsilon}_e$$

und entsprechend für das auf die neutrale Faser $z = e$ des ideellen Querschnitts bezogene Biegemoment

$$M_e = -\sigma_0 F e - E' I_i \bar{w}''.$$

Mit $\sigma_0 F = N_0$ erhalten wir für die Schnittgrößen das Elastizitätsgesetz

$$\left.\begin{array}{l} N = N_0 + E' F_i \bar{\varepsilon}_e, \\[2mm] M_e = -N_0 e - E' I_i \bar{w}'', \end{array}\right\} \qquad (16\,\text{a, b})$$

das in seiner Anschaulichkeit keiner weiteren Erläuterung bedarf. Befinden sich alle Punkte eines Querschnitts ausschließlich im Belastungsbereich, so ist $e = 0$, $F_i = F$, $I_i = I$.

Die Differentialgleichungen des Problems bekommen wir nun aus den Gleichgewichtsbedingungen, die wir bei Beschränkung auf lineare Zusatzglieder in der Form

$$\left.\begin{array}{l} N = -P, \\[2mm] M_e = P(e + \bar{w}) \end{array}\right\} \qquad (17\,\text{a, b})$$

schreiben können. Mit (16) wird dann

$$\left.\begin{aligned}
E'F_i\bar{\varepsilon}_e + P + N_0 &= 0, \\
E'I_i\overline{w}'' + P\overline{w} + (P + N_0)\,e &= 0.
\end{aligned}\right\} \qquad (18\,\mathrm{a,\ b})$$

Zum Verständnis der Schreibweise dieser und der vorhergehenden Gleichungen ist folgendes nachzutragen. Durch den Querstrich über der Dehnung und der Durchbiegung ist angedeutet, daß es sich um Größen handeln soll, die zusätzlich zum Grundzustand auftreten und als hinreichend klein vorausgesetzt werden müssen. Der mit diesen Verschiebungen erreichte Zustand war bisher immer der bei indifferentem Gleichgewicht mögliche Nachbarzustand, den wir durch den Index I gekennzeichnet haben. Dieser Index ist hier aus folgendem Grunde fortgelassen worden. Wir haben schon verschiedentlich feststellen müssen, daß nicht immer das Gleichgewicht unterhalb der niedrigsten indifferenten Gleichgewichtslage stabil ist. Insbesondere hatten wir uns schon an Hand von Abb. 41 überlegt, daß bei Unstetigkeiten im Elastizitätsgesetz ein solcher Fall auftreten kann. Gerade das liegt aber hier wegen der verschiedenen Neigung von Be- und Entlastungsgeraden vor. Wir wollen daher nicht von vornherein den durch (18) beschriebenen Zustand als dem Grundzustand unendlich dicht benachbart voraussetzen, sondern allgemeiner einen endlichen Unterschied annehmen. Dementsprechend ist auch in (17) und (18) nicht $P = P_0$ gesetzt, was bei indifferentem Gleichgewicht für den Nachbarzustand gelten müßte. Wir wollen im Gegenteil

$$P = P_0 + \varDelta P \qquad (19)$$

schreiben, wobei dann $\varDelta P$ die endliche Laststeigerung ist. Wegen der Beschränkung auf lineare Glieder der Verformungen in (18) wird natürlich der zur Last P gehörende Zustand nur angenähert richtig berechnet werden können.

Für die Längskraft N_0 können wir jedoch ohne Beschränkung der Allgemeinheit $N_0 = -P_0$ setzen. Hiermit und mit (19) erhalten wir dann aus (18) die Differentialgleichungen des Problems endgültig zu

$$\left.\begin{aligned}
E'F_i\bar{\varepsilon}_e + \varDelta P &= 0, \\
E'I_i\overline{w}'' + P\overline{w} + \varDelta P e &= 0.
\end{aligned}\right\} \qquad (20\,\mathrm{a,\ b})$$

(20) gilt noch für beliebig veränderliche Querschnitte. Wir wollen jedoch im folgenden stets konstanten Querschnittsverlauf voraussetzen.

Für ein Stabelement, dessen sämtliche Fasern sich ausschließlich im Belastungsbereich befinden, wird aus (20)

$$\left.\begin{aligned}
E'F\bar{\varepsilon}^* + \varDelta P &= 0, \\
E'I\overline{w}^{*\prime\prime} + P\overline{w}^* &= 0,
\end{aligned}\right\} \qquad (21\,\mathrm{a,\ b})$$

wenn zum Unterschied gegenüber dem durch (20) beschriebenen allgemeinen Fall Stabachsendehnung und Durchbiegung durch einen Stern gekennzeichnet werden. Für indifferente Gleichgewichtslagen spezialisiert sich (20) mit $\varDelta P = 0$ zu

$$\bar{\varepsilon}_e = 0, \qquad E'I_i\overline{w}'' + P_0\overline{w} = 0, \qquad (22\,\mathrm{a,\ b})$$

während (21) in die Gleichungen des EULERschen Knickproblems übergeht.

c) Indifferentes Gleichgewicht

Wenn auch, wie begründet, eine von den Gln. (20) ausgehende Untersuchung notwendig ist, so lohnt es sich doch, mit der Ermittlung der Indifferenzlasten P_0 zu beginnen. Da in diesem Fall nach (22a) $\bar{\varepsilon}_e = 0$ ist, liegt nach (14) die Nulllinie der zusätzlichen Dehnungen, d. h. die Grenzlinie zwischen Be- und Entlastungsbereich für alle x bei $z = e$. Es ist also $s = c - e$ (vgl. Abb. 147). Mit dieser Kenntnis können nach (13 b) die Schwerpunktskoordinate e und nach (13 c) das Trägheitsmoment I_i berechnet werden, das in diesem Sonderfall $\bar{I}_i$ sei. Aus (22) folgt dann für die niedrigste Last P_0, zu der indifferentes Gleichgewicht gehört, und die mit $\bar{P}_K$ bezeichnet sei

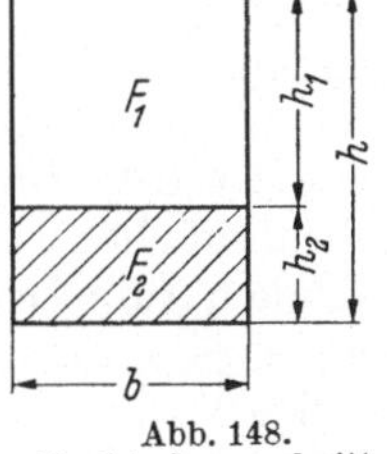

Abb. 148.
Rechteckquerschnitt.

$$\bar{P}_K = \frac{\pi^2 E' \bar{I}_i}{l^2}. \tag{23}$$

Zur Berechnung von $\bar{I}_i$ seien zwei Beispiele betrachtet. Als erstes wählen wir einen Rechteckquerschnitt mit den Abmessungen von Abb. 148. Hierfür folgt nach (13 b)

$$b h_1 \frac{h_1}{2} - n b h_2 \frac{h_2}{2} = 0,$$

$$h_1 = h_2 \sqrt{n} = (h - h_1) \sqrt{n},$$

$$h_1 = h \frac{\sqrt{n}}{\sqrt{n} + 1}, \qquad h_2 = h \frac{1}{\sqrt{n} + 1}.$$

und nach (13 c)

$$\bar{I}_i = \frac{b h_1^3}{3} + n \frac{b h_2^3}{3} = \frac{b h^3}{12} 4 \left[\left(\frac{\sqrt{n}}{\sqrt{n} + 1} \right)^3 + n \left(\frac{1}{\sqrt{n} + 1} \right)^3 \right],$$

$$\frac{\bar{I}_i}{I} = \frac{4 n}{(\sqrt{n} + 1)^2} \quad \text{(Rechteckquerschnitt).} \tag{24a}$$

Als zweites sei das Ergebnis für den besonders leicht zu berechnenden „Zweipunktquerschnitt" angeführt, der sich durch einen I-Querschnitt realisieren läßt, dessen Flanschdicke groß gegenüber der Stegdicke ist, so daß die letztere vernachlässigt werden kann. Hierfür bekommen wir in derselben Weise wie für den Rechteckquerschnitt

$$\frac{\bar{I}_i}{I} = \frac{2 n}{n + 1} \quad \text{(Zweipunktquerschnitt).} \tag{24b}$$

Die Ermittlung des in (23) benötigten Trägheitsmomentes bereitet also im allgemeinen keine Schwierigkeiten. Der so gewonnene Eigenwert P_0 wird Engesser-Kármánsche Knicklast[1] genannt und ist lange Zeit die Grundlage der Berechnung von Knickstäben mit elasto-plastischen Verformungen gewesen.

---

[1] Engesser, F.: Z. Arch.-Ing. Ver. Hannover 35 (1889) 455; Schweiz. Bauztg. 26 (1895) 24, u. Z. VDI 42 (1898) 927. — v. Kármán, Th.: Forsch.-Arb. Ing.-Wes. 1910, Heft 81.

d) Allgemeine Lösung der Differentialgleichungen

Gl. (23) liefert nur den Sonderfall, der für $\Delta P = 0$ aus (20) folgt. Zur Aufstellung der allgemeinen Lösung wollen wir uns zunächst überlegen, wie diese mechanisch aussehen muß. Wir gehen dabei von der Tatsache aus, daß keine Lösung existiert, bei der sich alle Querschnitte vollständig im Belastungsbereich befinden. Aus Gl. (21 b), die in einem solchen Fall gelten müßte, entnimmt man nämlich, daß es sich um ein Eigenwertproblem mit bestimmten Werten $P = P_0$ handeln würde. Da eine Laststeigerung über diese Werte hinaus bei ausgebogenem Stab unmöglich ist, muß in (21 a) $\Delta P = 0$ gesetzt werden. Für einen Stab, der zusätzlich zum Grundzustand nur Biegemomente bekommt, ist aber die Bedingung $\varepsilon_z \leqq 0$ für sämtliche Punkte aller Querschnitte nicht erfüllbar. Wir müssen also das Vorhandensein von Entlastungsbereichen voraussetzen. Zu ihrer näheren Kennzeichnung seien die Randbedingungen des Stabes betrachtet.

Die Voraussetzung eines festen Gelenklagers verlangt

$$\text{für } x = 0 \quad \text{und} \quad x = l: \quad \overline{w} = 0, \quad M_{z=0} = 0. \tag{25a, b}$$

Die Randbedingung (25 b) bedeutet, daß die Differentialgleichung (20 b), in der das Momentengleichgewicht zum Ausdruck kommt, an den Stabenden mit $\overline{w} = 0$ erfüllt sein muß. Es muß also

$$\text{für } x = 0 \quad \text{und} \quad x = l: \quad E'I_i\overline{w}'' + \Delta Pe = 0 \tag{26}$$

gelten. Da an den Stabenden die Belastung nur aus einer Druckkraft im Querschnittsschwerpunkt S besteht, kann sich dort lediglich eine konstante Spannungsverteilung $\frac{P}{F}$ einstellen, während die beim Ausknicken zusätzlich auftretenden Biegemomente $-E'I_i\overline{w}''$ verschwinden müssen. (26) zerfällt also in die beiden Forderungen

$$\text{für } x = 0 \quad \text{und} \quad x = l: \quad E'I_i\overline{w}'' = 0, \quad \Delta Pe = 0. \tag{27a, b}$$

Für das folgende ist vor allem (27 b) von Bedeutung.

Da wir eine Lösung suchen, bei der die Stabquerschnitte Entlastungsbereiche haben, liegt es nahe, an den Auflagern $e \neq 0$ zu verlangen. Dann folgt aber $\Delta P = 0$ und wir werden zum ENGESSER-KÁRMÁNschen Eigenwertproblem mit den Eigenwerten P_0 nach (23) zurückgeführt. Neue Lösungen bekommen wir erst, wenn wir $\Delta P \neq 0$, $e = 0$ voraussetzen. Das bedeutet also, daß an den Auflagern keine Entlastungsbereiche vorhanden sein können, sie sind aber durchaus in den inneren Stabbereichen möglich, wie folgende anschauliche Betrachtung zeigt.

Bei hinreichend kleinen Lasten kommt nur die Gleichgewichtslage des gestreckten Stabes in Betracht, wobei sich alle Querschnitte vollständig im Belastungsbereich befinden. Mit beginnender Auslenkung stellt sich ein Biegemoment ein, das in der Stabmitte seinen Größtwert hat und nach den Stabenden hin auf Null abnimmt. Es muß sich danach der durch das Biegemoment erzwungene Entlastungsbereich auch zunächst in der Stabmitte ausbilden und dann erst mit steigender Belastung nach den Seiten hin ausbreiten. Die ganze Stablänge wird sich also im allgemeinen nach Abb. 149 in einen „Entlastungsabschnitt", der die Länge a haben möge, und zwei „Belastungsabschnitte" unterteilen. Die Dicke s des Entlastungsbereiches wird in Stabmitte ihren Größtwert haben und nach irgendeinem zunächst unbekannten Gesetz bis zum Wert Null an der Grenze zwischen dem Entlastungs- und dem Belastungsabschnitt abnehmen. An den Auflagern muß zwar $e = 0$ sein. Da jedoch im Entlastungsabschnitt $e \neq 0$ ist, wird dort ein Biegemoment $\varDelta P e$ auftreten. Nach (20 b) liegt dann aber kein Eigenwertproblem mehr vor, sondern ein inhomogenes Problem, das auch als *Knickbiegungsproblem* bezeichnet wird. Das geschilderte Verhalten des Stabes wird durch die Rechnung im einzelnen, wie folgt, bestätigt.

Sehr einfach ist die Lösung für die Belastungsabschnitte, wobei aus Symmetriegründen die Betrachtung eines Abschnittes genügt. Hierfür gelten die Differentialgleichungen (21). Bei kon-

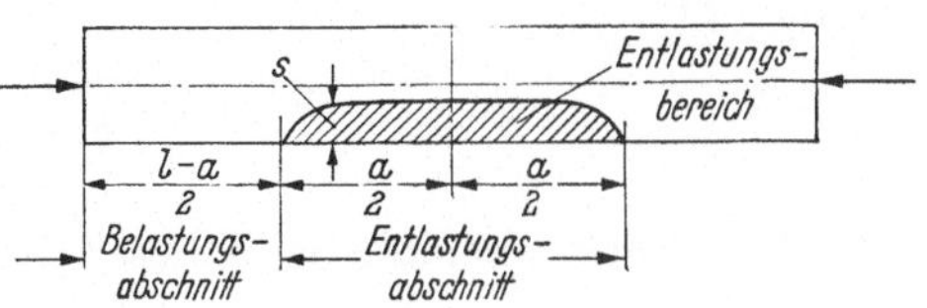

Abb. 149. Knickstab mit Entlastungsbereich.

stantem Querschnitt ist die allgemeine Lösung von (21) mit den Integrationskonstanten A und B

$$\overline{w}^* = A \sin \sqrt{\frac{P}{E'I}}\, x + B \cos \sqrt{\frac{P}{E'I}}\, x .$$

Das Verschwinden der Durchbiegung bei $x = 0$ verlangt $B = 0$, so daß

$$\overline{w}^* = A \sin \sqrt{\frac{P}{E'I}}\, x \tag{28}$$

übrig bleibt.

Zur Ermittlung der Durchbiegung im Entlastungsabschnitt gehen wir von einer geometrischen Beziehung aus, die sich aus Gl. (14) herleiten läßt. Nach Definition wird für $z = c - s$ die Dehnung $\overline{\varepsilon}_z = 0$. Es ist also

$$0 = \overline{\varepsilon}_e - (c - e - s)\, \overline{w}'' .$$

Setzen wir für $\overline{\varepsilon}_e$ den Wert von (20a) ein, so folgt

$$\overline{w}'' = - \frac{\varDelta P}{E' F_i} \frac{1}{c - e - s} . \tag{29}$$

Das zu lösende Problem wird nun durch (29) und (20b) beschrieben. Differenziert man (20b) zweimal nach x und eliminiert mit Hilfe von (29) $\overline{w}''$, so erhält man eine Differentialgleichung vierter Ordnung für s. Sie ist nichtlinear, da s in (29) im Nenner vorkommt und e, F_i und I_i irgendwelche durch die Querschnittsform gegebene Funktionen von s sind. Trotzdem ist es glücklicherweise möglich, auch für beliebige Querschnittsformen die Lösung auf folgende Weise zu gewinnen.

Aus (20b) folgt unter Benutzung von (29)

$$\frac{P}{\varDelta P}\, \overline{w} = \frac{I_i}{F_i} \frac{1}{c - e - s} - e .$$

Führen wir die dimensionslosen Größen

$$\psi = \frac{s}{c}, \quad \eta = \frac{e}{c}, \quad i_i = \sqrt{\frac{I_i}{F_i c^2}}, \quad i = \sqrt{\frac{I}{F c^2}}, \quad \varphi = \frac{P}{\varDelta P} \frac{\overline{w}}{c} \tag{30a—e}$$

ein, so wird

$$\varphi = \frac{i_i^2}{1 - \eta - \psi} - \eta \tag{31}$$

und aus (29)

$$\overline{w}'' = - \frac{\Delta P}{E' F c} \frac{F}{F_i} \frac{1}{1 - \eta - \psi} .$$

Multipliziert man die linke Seite dieser Gleichung mit $\overline{w}'$, die rechte nach (30e) mit

$$\overline{w}' = \frac{\Delta P}{P} c \varphi'$$

und integriert, so folgt

$$\frac{1}{2} \overline{w}'^2 = - \frac{\Delta P^2}{P E' F} \int \frac{F}{F_i} \frac{1}{1 - \eta - \psi} \, d\varphi + C.$$

Zur Festlegung der Integrationskonstante C dient die Bedingung, daß in Stabmitte $\overline{w}' = 0$ sein muß. Der an dieser Stelle vorhandene Wert von φ sei φ_m; bei $\psi = 0$ sei $\varphi = \varphi_0$. Wir erhalten dann

$$\frac{1}{2} \overline{w}'^2 = \frac{\Delta P^2}{P E F} \left(\int_{\varphi_0}^{\varphi_m} \frac{F}{F_i} \frac{1}{1 - \eta - \psi} \, d\varphi - \int_{\varphi_0}^{\varphi} \frac{F}{F_i} \frac{1}{1 - \eta - \psi} \, d\varphi \right).$$

Setzen wir zur Abkürzung

$$\Phi = \sqrt{2 \int_{\varphi_0}^{\varphi} \frac{F}{F_i} \frac{1}{1 - \eta - \psi} \, d\varphi}, \quad \Phi_m = \sqrt{2 \int_{\varphi_0}^{\varphi_m} \frac{F}{F_i} \frac{1}{1 - \eta - \psi} \, d\varphi}, \tag{32a, b}$$

so folgt

$$\overline{w}' = \sqrt{\frac{\Delta P^2}{P E' F}} \sqrt{\Phi_m^2 - \Phi^2} . \tag{33}$$

Nach Differentiation von (30e) nach x ergibt sich ferner

$$dx = \frac{\Delta P}{P} \frac{c}{\overline{w}'} \, d\varphi$$

und mit (33) nach Integration

$$x = \frac{l - a}{2} + c \sqrt{\frac{E' F}{P}} \int_{\varphi_0}^{\varphi} \frac{1}{\sqrt{\Phi_m^2 - \Phi^2}} \, d\varphi . \tag{34}$$

Die Integrationskonstante ist dabei gleich $\frac{1}{2} (l - a)$ gesetzt, da x diesen Wert bei $\varphi = \varphi_0$, d. h. an der Übergangsstelle zwischen Belastungs- und Entlastungsbereich annehmen muß. Das in (34) vorkommende Integral sei zur Abkürzung mit $\Phi_m \Theta$ bezeichnet und die neue Veränderliche

$$\vartheta = \arcsin \frac{\Phi}{\Phi_m} \tag{35}$$

eingeführt, wobei ϑ als Hauptwert des arc sin definiert sei. Da nach (32a) und (35) ϑ bei $\varphi = \varphi_0$ verschwindet, bekommen wir

$$\Phi_m \Theta = \int_{\varphi_0}^{\varphi} \frac{1}{\sqrt{\Phi_m^2 - \Phi^2}} \, d\varphi = \int_0^{\vartheta} \frac{1}{\Phi_m} \frac{1}{\cos \vartheta} \frac{d\varphi}{d\vartheta} \, d\vartheta,$$

$$\frac{d\vartheta}{d\varphi} = \frac{1}{\Phi_m \cos \vartheta} \frac{d\Phi}{d\varphi} = \frac{\dfrac{F}{F_i}}{\Phi_m^2} \frac{\dfrac{1}{1 - \eta - \psi}}{\sin \vartheta \cos \vartheta},$$

$$\Theta = \int_0^{\vartheta} \frac{F_i}{F} (1 - \eta - \psi) \sin \vartheta \, d\vartheta, \tag{36}$$

womit nach (34) x in der Form

$$x = \frac{l - a}{2} + c \sqrt{\frac{E' F}{P}} \, \Phi_m \Theta \tag{37}$$

berechnet werden kann.

Aus den Bedingungen, daß bei $x = \dfrac{l}{2}$, d. h. in Stabmitte, $\varphi = \varphi_m$, $\Phi = \Phi_m$ und nach (35) $\vartheta = \dfrac{\pi}{2}$ ist, folgt mit

$$\Theta_m = \int_0^{\frac{\pi}{2}} \frac{F_i}{F} (1 - \eta - \psi) \sin \vartheta \, d\vartheta \tag{38}$$

aus (37)

$$\frac{a}{2} = c \sqrt{\frac{E' F}{P}} \, \Phi_m \Theta_m. \tag{39}$$

Durch die Einführung von ϑ ergibt sich zwanglos, daß das Integral $\Phi_m \Theta_m$, das in der Darstellungsform der Gl. (34) wegen der Integration bis $\Phi = \Phi_m$ uneigentlich ist, einen endlichen Wert hat. Die Benutzung von ϑ erweist sich außerdem für numerische Rechnungen als zweckmäßig.

Als nächstes müssen wir die Übergangsbedingungen zwischen Entlastungs- und Belastungsabschnitt betrachten. An dieser Stelle müssen die Durchbiegungen und ihre Ableitungen übereinstimmen, d. h. es muß gelten

$$\text{für } x = \frac{l - a}{2} : \overline{w}^* = \overline{w}, \quad \overline{w}^{*\prime} = \overline{w}'. \tag{40a, b}$$

$\overline{w}^*$ und $\overline{w}^{*\prime}$ folgen aus (28), $\overline{w}$ und $\overline{w}'$ ergeben sich aus (30e), (31) und (33). Dabei ist zu setzen

$$\psi = 0, \qquad \eta = 0, \qquad F_i = F, \qquad I_i = I,$$

$$i_i^2 = \frac{I}{F c^2} = i^2, \qquad \varphi = \varphi_0 = i^2, \qquad \Phi = 0.$$

Wir erhalten dann

$$A \sin \sqrt{\frac{P}{E' I}} \frac{l - a}{2} = \frac{\Delta P}{P} c \, i^2, \qquad A \sqrt{\frac{P}{E' I}} \cos \sqrt{\frac{P}{E' I}} \frac{l - a}{2} = \sqrt{\frac{\Delta P^2}{P E' F}} \, \Phi_m.$$

Nach Elimination von A folgt

$$\frac{1}{i}\,\Phi_m \tan \sqrt{\frac{P}{E'I}}\,\frac{l-a}{2} = 1\,. \tag{41}$$

Mit der Bezeichnung

$$P_K = \pi^2\,\frac{E'I}{l^2}\,, \tag{42}$$

die für uns zunächst nur die Bedeutung einer Abkürzung hat, erhalten wir unter Benutzung von (39)

$$\frac{1}{i}\,\Phi_m \tan \left(\frac{\pi}{2}\,\sqrt{\frac{P}{P_K}} - \frac{1}{i}\,\Phi_m \Theta_m\right) = 1\,. \tag{43}$$

Die Integration der Differentialgleichung (20) ist mit den abgeleiteten Formeln im Prinzip erledigt, da für eine numerische Lösung nur noch einfache Quadraturen durchzuführen sind. Der Rechnungsgang ist dabei für einen bestimmten Querschnitt im einzelnen folgender: Man gibt sich ψ als unabhängige Veränderliche und ψ_m, P und $\varDelta P = P - P_0$ als Parameter vor. Aus (31) folgt dann φ, aus (30e) die Durchbiegung $\overline{w}$, aus (32) Φ und Φ_m, aus (35), (36) und (38) Θ und Θ_m, aus (39) die Länge a und schließlich aus (34) die zu $\overline{w}$ gehörige Koordinate x. Zwischen den gewählten Parametern besteht die Beziehung (43), so daß damit noch eine Größe, etwa ψ_m festgelegt ist. Zwei Parameter, z. B. P und P_0 sind aber völlig frei wählbar. Stellt man die Belastung P in Abhängigkeit von der Verformung $\overline{w}_m$ in Stabmitte dar, so erhält man also eine ganze Kurvenschar mit P_0 als Parameter. Die Rechnung läßt sich zwar im allgemeinen nicht in geschlossener Form durchführen. Da es sich jedoch um einfache Quadraturen handelt, können diese ohne Schwierigkeiten erledigt werden.

e) Rechteckquerschnitt

Die Diskussion der Lösung erfolgt am besten an Hand von Beispielen. Als erstes sei der Stab mit Rechteckquerschnitt betrachtet. Hierfür ergeben sich nach elementarer Rechnung die dimensionslosen Ausgangsgrößen zu

$$\eta = \frac{n-1}{2}\,\frac{(2-\psi)\psi}{2+(n-1)\psi}\,,$$

$$\frac{F_i}{F} = 1 + \frac{n-1}{2}\,\psi\,,$$

$$i_i^2 = \frac{1}{6}\,\frac{F}{F_i}\left\{(n-1)\,\psi(\psi^2 - 3\psi + 3) - 3\eta^2[2 + (n-1)\,\psi] + 2\right\},$$

$$i^2 = \frac{1}{3}\,.$$

c ist die halbe Höhe des Rechtecks. Es ist bemerkenswert, daß diese Ausgangsgrößen und damit auch, wie sich zeigt, die nachstehenden Ergebnisse unabhängig vom Seitenverhältnis des Rechtecks sind. Die weitere Rechnung ist in geschlossener Form nicht möglich, sondern muß, wie oben beschrieben, numerisch durchgeführt werden.

Abb. 150 zeigt zunächst für den willkürlich gewählten Wert $n = 4$ die Kurvenschar $\dfrac{P}{P_K}$ in Abhängigkeit von $\dfrac{\overline{w}_m}{c}$ mit $\dfrac{P_0}{P_K}$ als Parameter. Die Kurven beginnen bei $\overline{w}_m = 0$ mit den verschiedenen Werten $P = P_0$ und erfüllen den Bereich zwischen der ausgezogenen untersten Kurve und der obersten horizontalen Geraden. Da für die letztere $\varDelta P = 0$ gilt, ist sie die ENGESSER-KÁRMÁNsche

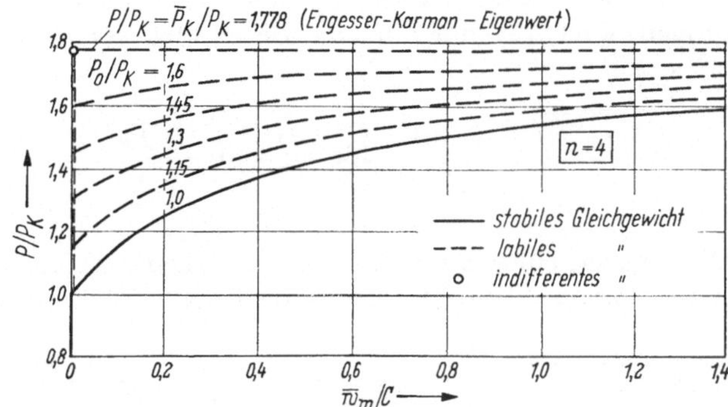

Abb. 150. $\dfrac{P}{P_K}$ in Abhängigkeit von $\dfrac{\overline{w}_m}{c}$ mit $\dfrac{P_0}{P_K}$ als Parameter für $n = 4$. Rechteckquerschnitt.

Lösung nach (23) und (24a). Die horizontale Gerade ist zugleich für alle Kurven Asymptote, die bei unendlich großen Durchbiegungen erreicht wird. In diesem Grenzfall ist die Länge a des Entlastungsabschnitts gleich der Stablänge l. Mit $\overline{w} = \infty$ muß nämlich nach (30e) auch $\varphi = \infty$ sein, was für $1 - \eta - \psi = 0$ eintritt, so daß nach (32) $\varPhi_m = \infty$ und nach (41) $a = l$ folgt. Während sich bei dem Sonderfall der ENGESSER-KÁRMÁNschen Lösung der Entlastungsbereich sofort beim Beginn des Knickens über die ganze Länge erstreckt, fangen die übrigen Kurven bei $\overline{w}_m = 0$ mit einem Wert a an, der kleiner als l ist und um so kürzer, je kleiner P_0 ist.

Das wichtigste Ergebnis der ganzen Rechnung ist die Erkenntnis, daß überhaupt Lösungen mit Abzweigpunkten $P_0 < \overline{P}_K$ existieren. Es ist also, wie oben vermutet, wieder einmal so, *daß Instabilität schon unterhalb des niedrigsten indifferenten Zustandes eintritt*. Die in Abb. 150 ausgezogene untere Begrenzungskurve liefert die stabilen Gleichgewichtslagen, da sie die niedrigsten Lasten P kennzeichnet, die eine bestimmte Durchbiegung zu erzeugen vermögen. Alle übrigen Kurven gehören zu labilen Gleichgewichtszuständen (auf der ENGESSER-KÁRMÁNschen Geraden ist das Gleichgewicht indifferent *und* labil) und sind daher praktisch von geringem Interesse.

Als kritische Last muß der zum Abzweigpunkt der untersten Kurve gehörende Wert von P bezeichnet werden. Diese Last folgt aus der Bedingung $a = 0$. Hierfür wird $\varphi_m = \varphi_0$ und nach (32) $\varPhi_m = 0$, womit sich aus (41)

$$0 \cdot \tan \frac{\pi}{2} \sqrt{\frac{P}{P_K}} = 1, \qquad P = P_K$$

ergibt. Die Bezeichnung P_K bekommt damit ihren Sinn. Aus (42) folgt nun: *Die kritische Last bei elasto-plastischen Verformungen ergibt sich aus der Eulerschen Knickformel, wenn der Elastizitätsmodul durch den Tangentenmodul ersetzt wird.* Diese kritische Last sei als SHANLEYsche Knicklast bezeichnet[1]. Für die Knick-

---

[1] Sie wurde von SHANLEY durch vorwiegend anschauliche Betrachtungen an Hand von Versuchsergebnissen und einfachen Gedankenmodellen gefunden. SHANLEY, F. R.: J. aeronaut. Sci. 13 (1946) 678 u. 14 (1947) 261; Proc. Amer. Soc. Civil Engr. 75 (1949) 759.

spannung erhalten wir die Formel

$$\sigma_K = \frac{\pi^2 E'}{\lambda^2},\tag{44}$$

die mit Gl. (12) identisch ist, die für rein elastischen Werkstoff abgeleitet wurde. Das praktisch wichtigste Ergebnis der ganzen Untersuchung ist damit sehr einfach.

Für die Tangentenneigung der niedrigsten Kraft-Verformungskurve gilt übrigens ebenfalls eine einfache Beziehung. Nach (30e) und (31) wird nämlich bei $a = 0$

$$\text{für } \overline{w}_m = 0: \quad \frac{d\,\dfrac{P}{P_K}}{d\,\dfrac{\overline{w}_m}{c}} = \frac{1}{i^2}.$$

Alle Kurven einer Querschnittsform haben also unabhängig von n im Abzweigpunkt dieselbe Tangente. Es sei ausdrücklich betont, daß diese Beziehung ebenso

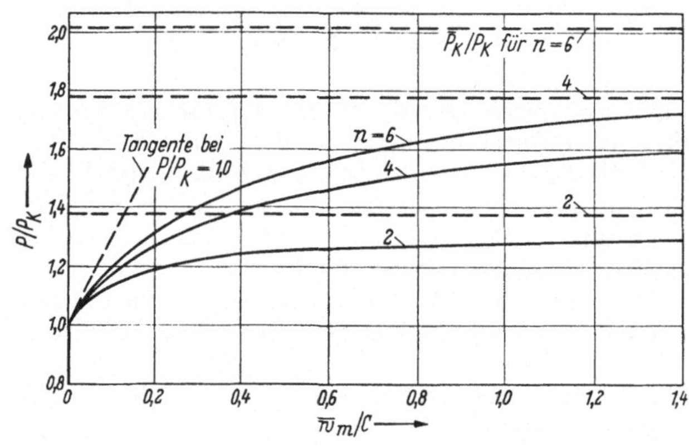

Abb. 151. $\dfrac{P}{P_k}$ in Abhängigkeit von $\dfrac{\overline{w}_m}{c}$ mit n als Parameter für stabile Gleichgewichtszustände. Rechteckquerschnitt.

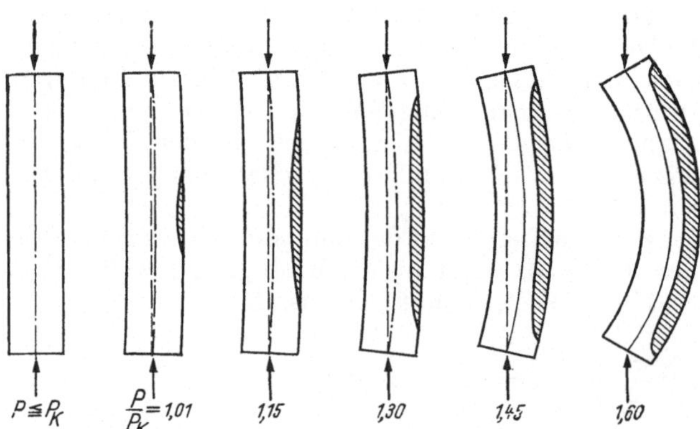

Abb. 152. Verformung und Entlastungsbereich in Abhängigkeit von der Belastung für stabile Gleichgewichtszustände. Rechteckquerschnitt; $n = 4$.

wie (44) und alle anderen Erkenntnisse über das grundsätzliche Verhalten der Kurven von Abb. 150 für beliebige Querschnittsform gelten.

Zur weiteren Kennzeichnung der Zusammenhänge sind noch in Abb. 151 für verschiedene Werte des Verhältnisses n die niedrigsten, also stabilen, Kraft-Verformungskurven und in Abb. 152 für $n = 4$ die fortschreitende Ausbreitung des Entlastungsbereiches dargestellt. Besonders im Hinblick auf Abb. 152 sei jedoch noch einmal darauf hingewiesen, daß die Rechnung wegen der grundlegenden Annahmen über das Spannungs-Dehnungsdiagramm nur für hinreichend kleine Verformungen das Verhalten des Stabes richtig wiedergibt. In Wirklichkeit ändert sich mit zunehmender Belastung auch das Verhältnis n.

f) Zweipunktquerschnitt

Wir wollen noch kurz den Zweipunktquerschnitt betrachten, da sich für ihn alle Integrationen geschlossen durchführen lassen. Wegen der z. T. zu einfachen Zusammenhänge ist allerdings der Zweipunktquerschnitt nicht so gut als Musterbeispiel geeignet wie der Rechteckquerschnitt.

Für die Ausgangsgrößen gilt

$$\eta = \frac{n-1}{n+1}, \quad \frac{F}{F_i} = \frac{2}{n+1}, \quad i_i^2 = \frac{4n}{(n+1)^2}, \quad i^2 = 1.$$

c ist auch hier die halbe Querschnittshöhe. Mit $\dfrac{d\varphi}{d\psi}$ nach (31) folgt aus (32)

$$\Phi = \sqrt{2 \frac{F}{F_i} i_i^2 \int_0^\psi \frac{d\psi}{(1-\eta-\psi)^3}} = \sqrt{\frac{F}{F_i} i_i^2 \left[\frac{1}{(1-\eta-\psi)^2}\right]_0^\psi}. \tag{45}$$

Ferner wird

$$\Theta = \int_0^\psi \frac{1}{\sqrt{\Phi_m^2 - \Phi^2}} \frac{d\varphi}{d\psi} d\psi = \int_0^\psi \frac{1}{\sqrt{\frac{F}{F_i} i_i^2}} \frac{1}{\sqrt{\left(\frac{1}{1-\eta-\psi_m}\right)^2 - \left(\frac{1}{1-\eta-\psi}\right)^2}} \frac{i_i^2}{(1-\eta-\psi)^2} d\psi$$

$$= \sqrt{\frac{2n}{n+1}} \int_0^\psi \frac{\left(\frac{1-\eta-\psi_m}{1-\eta-\psi}\right)^2}{\sqrt{1 - \left(\frac{1-\eta-\psi_m}{1-\eta-\psi}\right)^2}} \frac{d\psi}{1-\eta-\psi_m} = \sqrt{\frac{2n}{n+1}} \left[\text{arc sin} \frac{1-\eta-\psi_m}{1-\eta-\psi}\right]_0^\psi,$$

$$\Phi_m \Theta = \sqrt{\frac{2n}{n+1}} \left(\frac{\pi}{2} - \text{arc sin} \frac{1-\eta-\psi_m}{1-\eta}\right). \tag{46}$$

Mit den Ausgangsgrößen folgt aus (45)

$$\Phi_m = \sqrt{\frac{8}{(n+1)^3}} \sqrt{\left(\frac{1}{1-\eta-\psi_m}\right)^2 - \left(\frac{1}{1-\eta}\right)^2} = \sqrt{\frac{2n}{n+1}} \sqrt{\left(\frac{1-\eta}{1-\eta-\psi_m}\right)^2 - 1},$$

und mit (46)

$$\Phi_m = \sqrt{\frac{2n}{n+1}} \tan\left(\sqrt{\frac{n+1}{2n}} \Phi_m \Theta_m\right).$$

Aus der Übergangsbedingung (43) wird dann

$$\tan\left(\sqrt{\frac{n+1}{2n}} \Phi_m \Theta_m\right) \cdot \tan\left(\frac{\pi}{2} \sqrt{\frac{P}{P_K}} - \Phi_m \Theta_m\right) = \sqrt{\frac{n+1}{2n}}. \tag{47}$$

Für die Durchbiegung in Stabmitte bekommen wir nach (30e), (31) und (46)

$$\frac{\overline{w}_m}{c} = \frac{\Delta P}{P}\left[\frac{2n}{n+1}\ \frac{1}{\cos\left(\sqrt{\dfrac{n+1}{2n}}\ \Phi_m \Theta_m\right)} - \frac{n-1}{n+1}\right]. \tag{48}$$

Die Formeln (47) und (48) stellen die Lösung des Problems dar. Bei gegebenem P_0 und ΔP folgt aus (47) zunächst $\Phi_m \Theta_m$ und dann aus (48) $\overline{w}_m$. Nach (39) und (42) ist ferner mit $i^2 = 1$

$$\Phi_m \Theta_m = \frac{a}{l}\ \frac{\pi}{2}\ \sqrt{\frac{P}{P_K}},$$

womit (47) die Form

$$\tan\left(\sqrt{\frac{n+1}{2n}}\ \frac{\pi}{2}\ \sqrt{\frac{P}{P_K}}\ \frac{a}{l}\right)\cdot \tan\left[\frac{\pi}{2}\ \sqrt{\frac{P}{P_K}}\left(1 - \frac{a}{l}\right)\right] = \sqrt{\frac{n+1}{2n}}$$

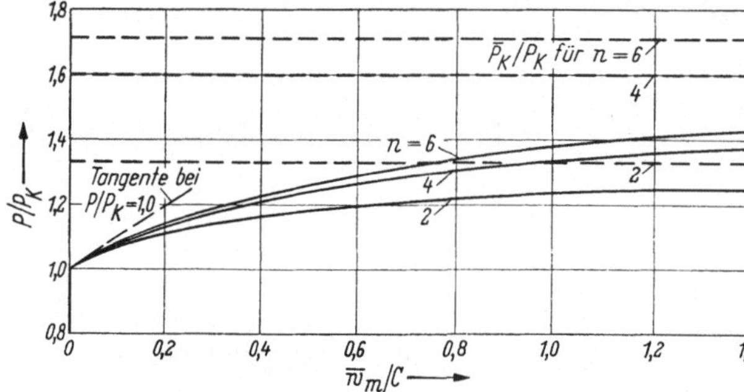

Abb. 153. $\dfrac{P}{P_K}$ in Abhängigkeit von $\dfrac{\overline{w}_m}{c}$ mit n als Parameter. Zweipunktquerschnitt.

annimmt, aus der sich besonders bequem die Grenzfälle von P ablesen lassen, die sich für $a = 0$ und $a = l$ ergeben. Im ersten Fall wird nämlich

$$\tan\frac{\pi}{2}\ \sqrt{\frac{P}{P_K}} = \infty, \qquad P = P_K$$

und im zweiten mit Beachtung von (24b)

$$\tan\left(\sqrt{\frac{n+1}{2n}}\ \frac{\pi}{2}\ \sqrt{\frac{P}{P_K}}\right) = \infty, \qquad P = P_K\ \frac{2n}{n+1} = \overline{P}_K.$$

Abb. 153 zeigt das Ergebnis von Zahlenrechnungen. Grundsätzlich Neues gegenüber den Verhältnissen beim Rechteckquerschnitt ergibt sich dabei nicht.

g) Knickspannungsdiagramm

Mit den gewonnenen Erkenntnissen sind wir in der Lage, die Knickspannung in Abhängigkeit vom Schlankheitsgrad anzugeben, sobald das Spannungs-Dehnungsdiagramm und seine Ableitung bekannt sind. Als Beispiel betrachten wir das in Abb. 154a dargestellte Parabelgesetz, das im Bereich $\sigma_P \leqq \sigma \leqq \sigma_F$ die Form

$$\frac{E'}{E} = \frac{1}{n} = 1 - \left(\frac{\sigma - \sigma_P}{\sigma_F - \sigma_P}\right)^2 \tag{49a}$$

hat und wohl die einfachste Annahme für den Tangentenmodul ist, die den Bedingungen genügt, daß E' als Funktion von σ bei $\sigma = \sigma_P$ tangential in den Wert $E' = E$ übergeht und bei $\sigma = \sigma_F$ zu Null wird. Nach Integration von $\dfrac{d\sigma}{d\varepsilon} = E'$ findet man aus (49a) das in Abb. 154b dargestellte Spannungs-Dehnungsgesetz

$$\frac{\sigma - \sigma_P}{\sigma_F - \sigma_P} = \operatorname{th} \frac{E\varepsilon - \sigma_P}{\sigma_F - \sigma_P}, \tag{49b}$$

das für viele Werkstoffarten und insbesondere für Stahl brauchbar ist[1]. Es ist auch bei Stoffen ohne ausgeprägte Fließgrenze, z. B. bei Leichtmetall, verwendbar, wo-

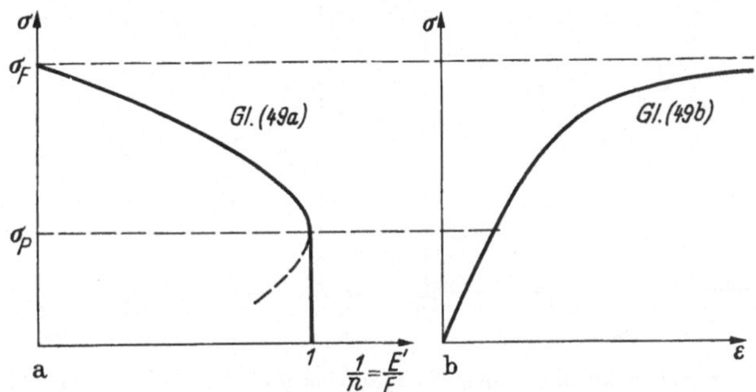

Abb. 154a u. b. Tangentenmodul und Spannungs-Dehnungsdiagramm nach Gl. (49a, b).

bei dann allerdings σ_P und σ_F keine mechanische Bedeutung mehr haben, sondern nur noch passend zu wählende Rechengrößen sind.

Mit $\sigma = \sigma_K$ folgt aus (49a) und (44)

$$\lambda^2 = \frac{\pi^2 E}{\sigma_K}\left[1 - \left(\frac{\sigma_K - \sigma_P}{\sigma_F - \sigma_P}\right)^2\right],$$

woraus sich λ als Funktion von σ_K berechnen läßt. Das sich so für die Werte[2]

$$E = 2\,100\,000\,\frac{\mathrm{kp}}{\mathrm{cm}^2} = 20\,594\,\frac{\mathrm{kN}}{\mathrm{cm}^2}, \qquad \sigma_P = 2\,880\,\frac{\mathrm{kp}}{\mathrm{cm}^2} = 28{,}24\,\frac{\mathrm{kN}}{\mathrm{cm}^2},$$

$$\sigma_F = 3\,600\,\frac{\mathrm{kp}}{\mathrm{cm}^2} = 35{,}30\,\frac{\mathrm{kN}}{\mathrm{cm}^2}$$

ergebende Knickspannungsdiagramm ist in den Abb. 155a, b durch die ausgezogenen Kurven dargestellt. Abb. 155a zeigt das gesamte Knickspannungsdiagramm, Abb. 155b noch einmal den Bereich zwischen Proportionalitäts- und Fließgrenze in vergrößertem Maßstab. Ein Vergleich mit Abb. 143 läßt erkennen, daß die genaue Beachtung der Eigenschaften der Spannungs-Dehnungskurve doch notwendig sein kann. Die auf Grund von Messungen oder wie hier auf Grund einer passenden Annahme gefundene Knickspannungslinie des Bereiches zwischen σ_P und σ_F wird im übrigen als *Übergangskurve* bezeichnet.

Zur richtigen Einschätzung der praktischen Bedeutung der gewonnenen Übergangskurve ist noch folgendes wichtig. Wir hatten bereits in Abschnitt I, B, 3f festgestellt, daß die Tragfähigkeit eines Knickstabes mit Erreichen der kritischen Last erschöpft ist, da die darüber hinaus noch möglichen Laststeigerungen bis zum Bruch oder bis zum Auftreten unzulässig großer Verformungen vernach-

---

[1] Es wird in den deutschen Stahlbauvorschriften DIN 4114, Ausgabe 1952/53, verwendet.
[2] Diese Werte gelten für Baustahl St 52 nach DIN 4114, Ri, Ausgabe 1952/53.

lässigbar gering sind. Diese Erkenntnis lieferte die Berechtigung für die Entwicklung der Näherungsmethode des Abschnitts V, die sich mit der Berechnung indifferenter Gleichgewichtszustände begnügt. Das gilt aber zunächst nur für den linear-elastischen Bereich. Bei elasto-plastischen Verformungen ist nach den Abb. 151 und 153 durchaus nach Überschreitung des SHANLEYschen Abzweig-

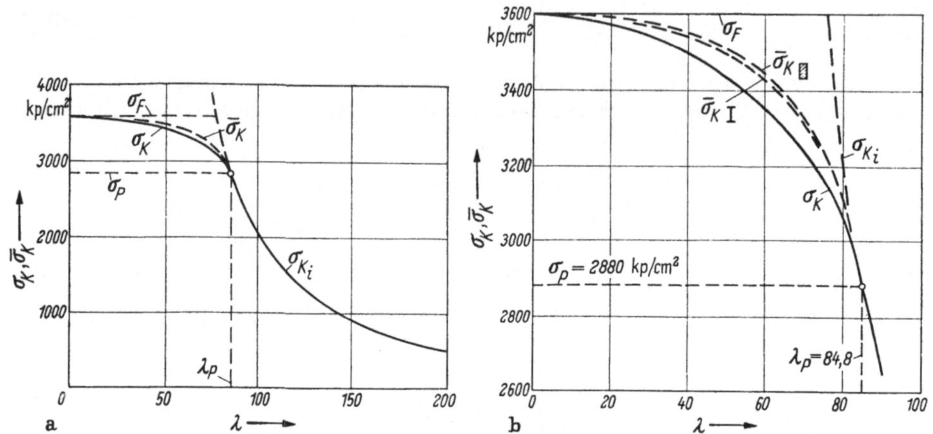

Abb. 155a u. b. SHANLEYsche Knickspannung und ENGESSER-KÁRMÁNsche Eigenwerte für Rechteck- und Zweipunktquerschnitt bei $\sigma_P = 2\,880\ \dfrac{\text{kp}}{\text{cm}^2} = 28{,}24\ \dfrac{\text{kN}}{\text{cm}^2}$, $\sigma_F = 3\,600\ \dfrac{\text{kp}}{\text{cm}^2} = 35{,}30\ \dfrac{\text{kN}}{\text{cm}^2}$ (St 52).

punktes noch eine Laststeigerung möglich. Wie viel sie ausmachen kann, läßt sich glücklicherweise dadurch abschätzen, daß mit dem ENGESSER-KÁRMÁNschen Eigenwert eine obere Grenze der Tragfähigkeit bekannt ist.

Für diese gilt nach (23) und (24)

$$\overline{\sigma}_K = \frac{\pi^2 E}{\lambda^2}\,\frac{4}{(\sqrt{n}+1)^2}\quad \text{(Rechteckquerschnitt)},$$

$$\overline{\sigma}_K = \frac{\pi^2 E}{\lambda^2}\,\frac{2}{n+1}\quad \text{(Zweipunktquerschnitt)}.$$

n folgt dabei aus (49a) mit $\sigma = \overline{\sigma}_K$. Die entsprechenden Kurven sind in den Abb. 155 gestrichelt eingezeichnet und lassen erkennen, daß $\overline{\sigma}_K$ nur wenig höher als σ_K liegt. Dieses scheint zunächst mit den Kurven der Abb. 151 und 153 im Widerspruch zu stehen, weil dort $\overline{P}_K$ erheblich größer als P_K ist, z. B. für $n = 6$ beim Rechteckquerschnitt gut doppelt so groß. Das gilt jedoch nur, wenn n konstant bleibt. Nach (49a) und Abb. 154a nehmen wir aber an, daß n mit wachsendem σ größer wird, so daß damit $\overline{\sigma}_K$ wieder kleiner wird. Eine andere Tatsache kann jedoch aus den Abb. 151 und 153 ohne Einschränkung entnommen werden, nämlich die, daß die Durchbiegung des Stabes verhältnismäßig stark anwächst, sobald P_K überschritten wird. Die Tragfähigkeit wird also schon merklich unterhalb von $\overline{P}_K$ erschöpft sein. Der Unterschied zwischen σ_K und der Spannung an der Tragfähigkeitsgrenze ist dann wesentlich geringer als der zwischen σ_K und $\overline{\sigma}_K$, also z. B. nur halb so groß. Wir kommen so zu dem Ergebnis, *daß im elasto-plastischen Bereich die Shanleysche Knickspannung σ_K die Tragfähigkeitsgrenze kennzeichnet*, da die über σ_K hinaus noch möglichen Laststeigerungen praktisch keine Rolle spielen.

Der Vollständigkeit halber sei darauf hingewiesen, daß die ermittelte Übergangskurve selbstverständlich für sehr kleine λ ihre Gültigkeit verliert, wenn die Stablänge nicht mehr groß gegenüber den Querschnittsabmessungen ist. Es liegt dann gar kein Stab mehr vor, sondern etwa ein Würfel, schließlich sogar eine Art Unterlagsplatte, für die eine „eindimensionale" Theorie nicht mehr gelten kann. Praktisch muß ungefähr $\lambda \geqq 20$ sein.

Aus den Abb. 155 folgt im übrigen noch die für spätere Überlegungen wichtige Erkenntnis, daß sich die Querschnittsgestalt im Endergebnis überhaupt nicht bemerkbar macht. Bei $\overline{\sigma}_K$ ist der Unterschied zwischen Rechteck- und Zweipunktquerschnitt so gering, daß er sich nur in dem vergrößerten Maßstab von Abb. 155 b darstellen läßt, und die maßgebliche Spannung σ_K ist völlig von der Querschnittsform unabhängig.

Nicht nur Stäbe, sondern selbstverständlich auch Flächenträger können im Bereich plastischer Verformungen instabil werden. Die Untersuchungen gestalten sich dann wesentlich schwieriger, vor allem wegen des jetzt zweidimensionalen Spannungs-Dehnungsgesetzes. Das Ergebnis zeigt jedoch z.B. bei einer gedrückten Rechteckplatte[1], daß die Schlußfolgerungen für die Praxis ähnlich wie bei einem Knickstab sind. Die Betrachtungen über das Knicken bei Ungültigkeit des HOOKE-schen Gesetzes seien damit vorerst abgeschlossen. Im Hinblick auf die praktische Anwendbarkeit der Theorie folgen in Kapitel E dieses Abschnittes noch einige Ergänzungen.

D. Vorverformungen, exzentrische Kraftangriffe und ungenaue Erfüllung der Randbedingungen

In Kapitel A dieses Abschnitts wurde darauf hingewiesen, daß zwischen Theorie und Versuch auch dann erhebliche Unterschiede auftreten können, wenn kinetische Effekte oder plastische Verformungen einwandfrei ausgeschlossen sind. Zur Begründung dieser Behauptung bleiben wir beim gewöhnlichen Knickstab und betrachten zuerst den Einfluß von *Vorverformungen* und *Exzentrizitäten* des Kraftangriffes, die dadurch gegeben sind, daß in der Praxis ein Stab im spannungslosen Zustand in der Regel nicht exakt gerade ist und die Belastung nicht genau zentrisch eingeleitet wird. Die Untersuchung dieser Einflüsse liegt nahe, weil schon die axial gedrückte Kreiszylinderschale die große Bedeutung geringer, dem bloßen Auge nicht auffallender Vorverformungen gezeigt hatte.

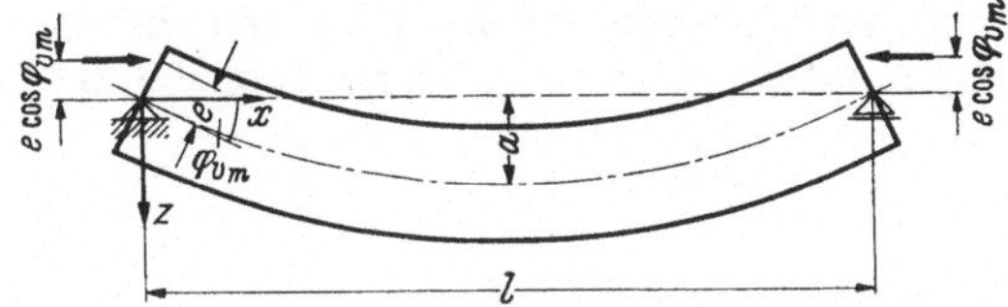

Abb. 156. Knickstab mit Vorverformungen und exzentrischem Kraftangriff im elastisch unverformten Zustand.

Wir setzen voraus, daß nach Abb. 156 die Stabachse im spannungslosen, elastisch unverformten Zustand die Form einer Sinushalbwelle hat. Kennzeichnen wir die Vorverformungen durch den Index v, so wollen wir also

$$w_v = a \sin \frac{\pi}{l} x \tag{50}$$

---

[1] Vgl. PFLÜGER, A.: Ing. Arch. 41 (1972) 258.

setzen, wobei a die größte Durchbiegung in Stabmitte ist. Ferner möge die Kraft P an beiden Stabenden in einem Punkt angreifen, der vom Querschnittsschwerpunkt den Abstand e hat, so daß P im elastisch unverformten Zustand von der Stabachse den Abstand $e \cos \varphi_{vm}$ hat, wenn wir mit φ_{vm} den bei $x = 0$ auftretenden maximalen Neigungswinkel der Tangente der vorgekrümmten Achse bezeichnen. Diese Annahme über die Vorverformungen und die Exzentrizität sind natürlich durchaus willkürlich. Sie reichen aber aus, alles zu erklären und sind im übrigen dadurch berechtigt, daß sie sich rechnerisch sehr einfach verfolgen lassen.

Treten außer den Vorverformungen bei der Belastung noch zusätzlich die elastischen Verformungen u, w, ε, φ auf, so daß also z. B. die gesamte Durchbiegung gegenüber der x-Achse $w_v + w$ ist, so ist das Biegemoment für das verformte System mit w_v nach (50)

$$M = P \left[a \sin \frac{\pi}{l} x + e \cos (\varphi_{vm} + \varphi_m) + w \right]. \tag{51}$$

Der grundsätzliche Unterschied gegenüber dem ursprünglichen Problem des gewöhnlichen Knickstabes besteht darin, daß auch für das elastisch unverformte System schon ein Biegemoment vorhanden ist. Wir erhalten also bei noch so kleinen Lasten schon Durchbiegungen w, die sich sogar nach den Regeln der klassischen Elastizitätslehre von Null verschieden ergeben. Ein Gleichgewichtszustand ohne Durchbiegungen, von dem bei einer bestimmten Last ein Zustand mit Verformungen w abzweigen könnte, existiert also nicht, so daß sich von vornherein vermuten läßt, daß überhaupt kein Stabilitätsproblem vorliegt. Dieses wird durch die folgende Rechnung bestätigt.

Eine exakte Lösung, wie wir sie für den geraden und zentrisch belasteten Stab in Abschnitt I, B, 3 durchgeführt haben, bereitet allerdings erhebliche Schwierigkeiten, da sich gegenüber den früheren Gleichungen nicht nur der obige Ausdruck für M, sondern auch das Elastizitätsgesetz I, (15) ändert, das jetzt für einen gekrümmten Stab aufzustellen ist. Die Rechnung wird jedoch verhältnismäßig einfach, wenn wir folgende Näherung verwenden, die aus zwei verschiedenen Annahmen besteht: Erstens sei vorausgesetzt, daß die Vorverformungen klein gegenüber den Stababmessungen sind, der Stab also nur „schwach gekrümmt“ ist. Wir brauchen dann nur lineare Glieder der Vorverformungen zu berücksichtigen, können also z. B. $\cos \varphi_{vm} \approx 1$ setzen und dürfen für die bei der Belastung auftretenden Schnittgrößen und elastischen Verformungen das Elastizitätsgesetz I, (15) benutzen. Zweitens wollen wir annehmen, daß auch die elastischen Verformungen gegenüber den Stababmessungen hinreichend klein sind, so daß z. B. $\cos \varphi_m \approx 1$ gesetzt werden darf und das Gesetz I, (15b) wie in der klassischen Elastizitätslehre zu der Differentialgleichung

$$M = -EI w'' \tag{52}$$

linearisiert werden kann.

Aus (51) und (52) erhalten wir dann die Differentialgleichung des Problems zu

$$EI w'' + P \left(a \sin \frac{\pi}{l} x + e + w \right) = 0. \tag{53}$$

Diese Gleichung ist genauer als die entsprechende Beziehung der klassischen Elastizitätslehre, die wir erst erhalten, wenn wir in der Klammer das Glied w streichen. Die gewählten Vernachlässigungen passen sich der Näherungstheorie des Abschnitts V insofern an, als sich für $a = 0$ und $e = 0$ aus (53) die Differentialgleichung V, (5b) ergibt. Ferner entsprechen sie in der Genauigkeitsstufe den Annahmen, die zu den Gln. (20) führten. Da (53) nicht mehr homogen ist, haben wir es auch jetzt wieder mit einem Problem der Knickbiegung zu tun.

Die allgemeine Lösung der Differentialgleichung (53) lautet, wie man durch Einsetzen leicht bestätigt,

$$w = A \cos \nu x + B \sin \nu x + \frac{a}{\left(\dfrac{\pi}{\nu l}\right)^2 - 1} \sin \frac{\pi}{l} x - e$$

mit

$$\nu = \sqrt{\frac{P}{EI}}.$$

Die Integrationskonstanten A und B folgen aus den Bedingungen, daß an den Stabenden $w = 0$ sein muß, zu

$$A = e, \qquad B = e \frac{1 - \cos \nu l}{\sin \nu l},$$

so daß

$$w = \frac{a}{\left(\dfrac{\pi}{\nu l}\right)^2 - 1} \sin \frac{\pi}{l} x + e \cos \nu x + e \frac{1 - \cos \nu l}{\sin \nu l} \cdot \sin \nu x - e$$

$$= \frac{a}{\left(\dfrac{\pi}{\nu l}\right)^2 - 1} \sin \frac{\pi}{l} x + e \left[\frac{\cos \nu \left(\dfrac{l}{2} - x\right)}{\cos \nu \dfrac{l}{2}} - 1 \right]$$

wird. Die größte Ausbiegung w_m erhalten wir für $x = \dfrac{l}{2}$, wenn wir noch $\nu l = \pi \sqrt{\dfrac{P}{P_K}}$ setzen, zu

$$w_m = \frac{a}{\dfrac{P_K}{P} - 1} + e \left(\frac{1}{\cos \dfrac{\pi}{2} \sqrt{\dfrac{P}{P_K}}} - 1 \right). \tag{54}$$

Der durch diese Formel dargestellte Zusammenhang geht aus Abb. 157 hervor, in der $\dfrac{P}{P_K}$ in Abhängigkeit von $\dfrac{w_m}{l}$ für einige Werte von $\dfrac{a}{l}$ und $\dfrac{e}{l}$ aufgetragen ist. Die Stablänge l spielt hier lediglich die Rolle einer geeigneten Bezugsgröße, deren Benutzung zur Erzielung einer dimensionslosen Darstellung zweckmäßig ist. Sämtliche Kraft-Verformungskurven von Abb. 157 haben im Nullpunkt die Tangente, die auch mit der klassischen Elastizitätslehre berechnet werden kann. Bei weiterer Laststeigerung entfernen sich jedoch die Kurven immer mehr von dieser Geraden und erreichen schließlich für $\dfrac{w_m}{l} = \infty$ die Asymptote $\dfrac{P}{P_K} = 1$. Je kleiner wir die Exzentrizität und die Vorverformungen wählen, desto mehr schmiegen sich die Kurven der geknickten Kraft-Verformungskurve des geraden zentrisch belasteten Stabes an. Die beiden ausgezogenen Kurven mit $\dfrac{a}{l} = \dfrac{e}{l} = 0{,}01$ und $\dfrac{a}{l} = \dfrac{e}{l} = 0{,}001$ zeigen nun genau das Verhalten eines gedrückten Stabes, wie man es bei Versuchen meist feststellt und wie wir es oben in Kapitel A schon beschrieben haben: Erstens tritt eine Verzweigungsstelle nicht auf; die Ausbiegungen wachsen vielmehr allmählich zu immer größeren Werten an. Zweitens werden für $P = P_K$ die Verformungen theoretisch unendlich groß; der Bruch oder das Fließen muß also schon vorher, d. h. für $P < P_K$ eintreten. Schließlich ist die Formel (54) auch noch in der Lage, eine bei Knickversuchen gelegentlich zu beobachtende Merkwürdigkeit zu erklären, die darin besteht, daß die bei kleinen Lasten auftretende Ausbiegung bei weiterer Laststeigerung wieder zurückgeht und ihr Vorzeichen ändert, so daß der Stab an der Grenze seiner Tragfähigkeit nach einer anderen Seite ausgebogen ist als bei Beginn der Belastung. Diese Erscheinung kann eintreten, wenn a und e verschiedene Vorzeichen haben. Es überwiegt dann zuerst der Einfluß der Vorkrümmung, später der der Exzentrizität. Die in Abb. 157 gestrichelt gezeichnete, für $\frac{a}{l} = -0{,}1$, $\frac{e}{l} = 0{,}079$ gültige, Kurve zeigt dieses Verhalten.

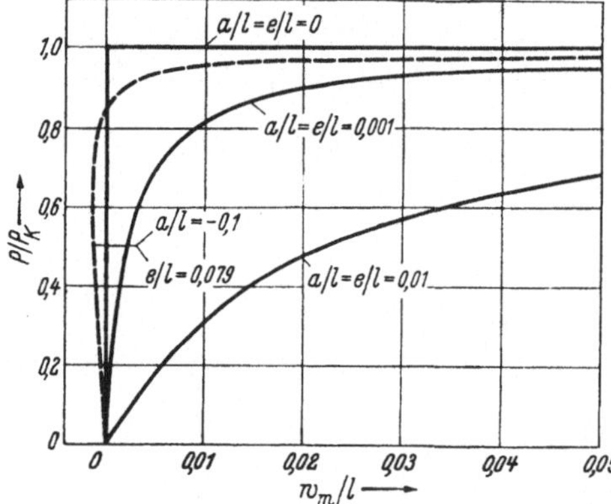

Abb. 157. Kraft-Verformungsdiagramm für verschiedene Vorverformungen und Exzentrizitäten.

Qualitativ läßt sich also der Unterschied zwischen gewöhnlicher Knicktheorie und Versuch durch Vorverformungen und exzentrischen Kraftangriff gut erklären. Es bleibt aber noch zu zeigen, daß auch schon so kleine Werte von a und e, wie sie praktisch unvermeidlich sind, ausreichen, um bereits dem Versuch entsprechend ein merkliches Absinken der Tragfähigkeit zu verschulden. Hierzu berechnen wir die größte in Stabmitte auftretende Spannung. Das größte Biegemoment folgt aus (51) mit $\cos(\varphi_{vm} + \varphi_m) \approx 1$ zu

$$M_{\max} = P(a + e + w_m).$$

a und e mögen dabei beide positiv sein, so daß sich ihre Wirkungen addieren. Mit w_m nach (54) wird

$$M_{\max} = P\left(\frac{a}{1 - \dfrac{P}{P_K}} + \frac{e}{\cos\dfrac{\pi}{2}\sqrt{\dfrac{P}{P_K}}}\right). \tag{55}$$

Die größte Spannung, die wir auch wieder als Druckspannung positiv rechnen wollen, ist dann

$$\sigma_{\max} = \frac{P}{F} + \frac{M_{\max}}{W}, \tag{56}$$

wenn wir mit W das zugehörige Widerstandsmoment bezeichnen. Ist der Querschnitt nur zu der Ebene, in der die Biegung stattfindet, symmetrisch, im übrigen aber unsymmetrisch, so möge der ungünstigste Fall angenommen sein, daß W gerade das kleinere der beiden Widerstandsmomente ist, so daß (56) auf jeden Fall die größte Spannung liefert. Führen wir zur Abkürzung die Größe $k = \frac{W}{F}$ ein, so können wir statt (56)

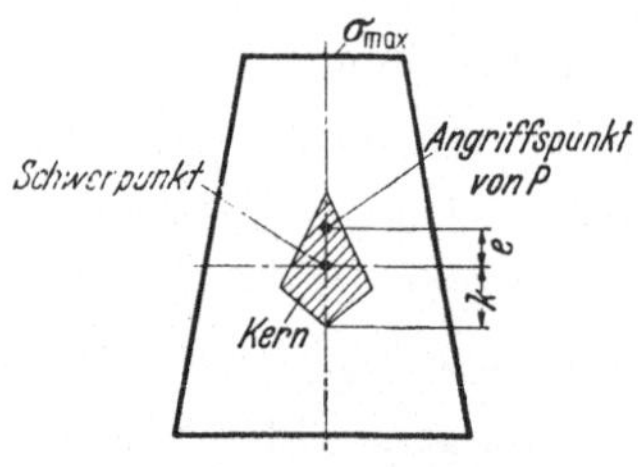

Abb. 158. Erläuterungsskizze zur Messung der Kernweite k.

$$\sigma_{\max} = \frac{P}{F}\left(1 + \frac{M_{\max}}{Pk}\right) \tag{57}$$

schreiben. Dabei ist k, wie es Abb. 158 zeigt, die

nach der anderen Seite wie e zu messende Kernweite des Querschnitts, wobei unter Kern bekanntlich der Querschnittsteil verstanden wird, in dem eine Längskraft angreifen muß, um nur Spannungen eines Vorzeichens zu erzeugen.

Mit (55) folgt aus (57)

$$\sigma_{\max} = \frac{P}{F}\left(1 + \frac{\frac{a}{k}}{1 - \frac{P}{P_K}} + \frac{\frac{e}{k}}{\cos\frac{\pi}{2}\sqrt{\frac{P}{P_K}}}\right). \tag{58}$$

Nehmen wir zur Vereinfachung jetzt wieder einen ideal plastischen oder ideal spröden Werkstoff an, so wird die Tragfähigkeit erschöpft, wenn $\sigma_{\max} = \sigma_F = \sigma_B$ ist. Die dabei vorhandene Bezugsspannung $\frac{P}{F}$ sei die Tragfähigkeitsspannung oder kurz *Tragspannung* σ_T. Setzen wir außerdem $P_K = F\frac{E\pi^2}{\lambda^2}$, so erhalten wir aus (58)

$$\sigma_F = \sigma_B = \sigma_T\left(1 + \frac{\frac{a}{k}}{1 - \frac{\sigma_T\lambda^2}{E\pi^2}} + \frac{\frac{e}{k}}{\cos\frac{\lambda}{2}\sqrt{\frac{\sigma_T}{E}}}\right). \tag{59}$$

(59) ist eine Gleichung, aus der bei gegebenen σ_B und E die Spannung σ_T als Funktion von λ ermittelt werden kann, wenn die Verhältnisse $\frac{a}{k}$ und $\frac{e}{k}$ bekannt sind. Eine an sich nicht beabsichtigte Exzentrizität e ist in erster Linie von der konstruktiven Ausbildung der Lagerung des Stabes abhängig, die sich schwer durch eine allgemeingültige Zahlenangabe erfassen läßt. e wird jedoch in der Regel den Querschnittsabmessungen proportional sein, so daß es berechtigt erscheint, für $\frac{e}{k}$ einen festen Wert einzusetzen. Gewählt sei

$$\frac{e}{k} = 0{,}1. \tag{60a}$$

Bei einem Rechteckquerschnitt von der Höhe h, für den $k = \frac{h}{6}$ ist, würde dann z. B. $e = 0{,}0167\,h$ werden, ein Wert, der sicherlich schon klein genug ist, um als unbeabsichtigter Fehler gelten zu können.

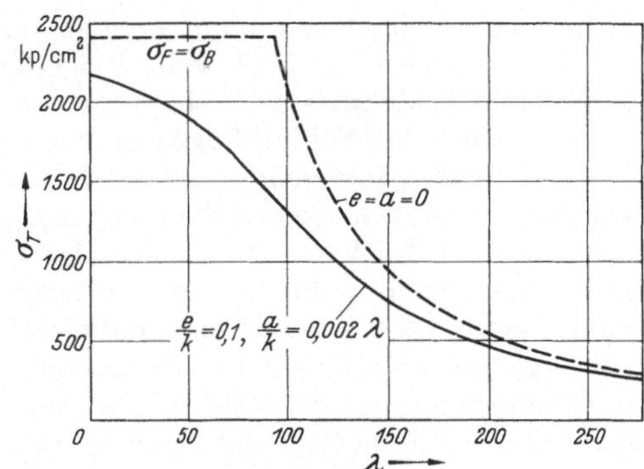

Abb. 159. Spannung σ_T an der Tragfähigkeitsgrenze in Abhängigkeit von λ bei Vorverformungen und exzentrischem Kraftangriff.

Bei der Vorkrümmung a wird es richtiger sein, sie nicht einfach proportional den Querschnittsabmessungen, sondern auch in Abhängigkeit von der Stablänge vorauszusetzen; denn schlanke Stäbe werden sich leichter beim Transport und Einbau verbiegen als kürzere. Wir wählen, mehr oder weniger willkürlich,

$$\frac{a}{k} = 0{,}002\,\lambda. \tag{60b}$$

Beim Rechteck von der Höhe h ist $\lambda k = \dfrac{l}{\sqrt{3}}$. Es wird dann $a = 0,00116\, l$, und auch das ist ein hinreichend kleiner Wert, der bei Druckstäben sicherlich häufig vorkommen wird.

Mit den Annahmen (60) und mit $E = 2\,100\,000$ kp/cm² $= 20\,594$ kN/cm², $\sigma_F = \sigma_B = 2400$ kp/cm² $= 23{,}54$ kN/cm² ergibt sich aus (59) für σ_T als Funktion von λ der in Abb. 159 dargestellte Verlauf. Zum Vergleich ist ebenfalls in der gestrichelten Kurve der Abb. 143b entsprechende Verlauf für genau mittigen Kraftangriff und genau gerade Stäbe angegeben, wobei $\sigma_T = \sigma_K$ gilt. Aus dieser Darstellung geht deutlich hervor, daß die Abminderung von σ_T tatsächlich recht erheblich ist. Bei $\lambda = 100$ beträgt sie z.B. fast 35%. Beachtenswert ist im übrigen, daß jetzt im ganzen λ-Bereich σ_T von der Werkstoffestigkeit abhängt im Gegensatz zu $e = a = 0$, wo im EULER-Bereich nur eine Abhängigkeit vom Elastizitätsmodul vorhanden ist.

Für die Unstimmigkeiten zwischen Theorie und Versuch auch bei genau dem HOOKEschen Gesetz folgendem Material gibt es schließlich noch einen weiteren Grund, der sich jedoch mit wenigen Worten erklären läßt. Er besteht darin, daß die in der Theorie vorausgesetzten Randbedingungen in Wirklichkeit nur angenähert erfüllt sein können. Man denke nur an die übliche Konstruktion eines Fachwerkes, dessen Stäbe durch Knotenbleche oder Schweißung miteinander verbunden sind, aber trotzdem als gelenkig gelagert berechnet werden. In diesem Fall würde die praktisch vorhandene mehr oder weniger große Einspannung zu einer Erhöhung der theoretischen Tragfähigkeit des beiderseits gelenkig gelagerten Stabes führen. Umgekehrt wird natürlich bei Stäben, die wir als starr eingespannt voraussetzen, wieder eine Abminderung der Knickspannung auftreten, da es auch eine ideal starre Einspannung praktisch kaum gibt. In jedem Fall werden sich aber die Ungenauigkeiten in den Randbedingungen so äußern, daß sich die Spannung σ_T zwar auch wieder durch eine Kurve als Funktion von λ darstellen läßt, jedoch von den theoretischen Werten nach oben oder unten abweicht. Daß diese Abweichungen erheblich sein können, geht aus der bekannten Tatsache hervor, daß die kritische Last eines beiderseits fest eingespannten Stabes viermal so groß ist wie die eines beiderseits gelenkig gelagerten Stabes gleicher Länge.

Als wesentlicher Schluß folgt aus den obigen Überlegungen, *daß das Verhalten eines Knickstabes, insbesondere seine Tragfähigkeit, sehr empfindlich gegenüber Vorverformungen, Exzentrizitäten des Kraftangriffes und ungenauer Erfüllung der Randbedingungen ist.* Im Versuch läßt sich eine gute Übereinstimmung mit der Theorie nur dann erzielen, wenn mit großer Sorgfalt vorgegangen wird. Die versuchstechnischen Schwierigkeiten sind dabei erheblich. In der Praxis muß man aber unbedingt auf unvermeidliche Ungenauigkeiten gefaßt sein und ihren Einfluß bei der Dimensionierung berücksichtigen. Wie dieses im einzelnen geschehen kann, wird weiter unten noch näher besprochen werden.

E. Wert und Anwendung der Theorie

1. Wert der Theorie

Die bisherigen Ergebnisse dieses Abschnitts können zweifellos nicht dazu beitragen, eine Stabilitätstheorie, die im Rahmen der Statik bleibt und das HOOKEsche Gesetz benutzt, als besonders geeignet erscheinen zu lassen. Selbst wenn wir kinetische Effekte als eindeutig abgrenzbare Sondererscheinungen aus der weiteren

Betrachtung ausschließen, so genügen doch schon die Untersuchungen der Kapitel C und D, um folgendes feststellen zu können.

Kapitel C zeigte, daß die Erschwernis, die eine Stabilitätsuntersuchung im elasto-plastischen Bereich mit sich bringt, nicht umgangen werden kann, wenn man ein praktisch brauchbares Ergebnis erhalten will. Die Einfachheit des für den gewöhnlichen Knickstab gewonnenen Resultates könnte nun zu der Vermutung verleiten, daß auch in anderen Fällen keine großen Schwierigkeiten entstehen. Bei Platten und Schalen erweist sich jedoch die „Faserhypothese", nach der sich jede Faser wie ein isolierter Zugstab verhält, als zu primitiv. Die genauere Rechnung wird jedoch, wie bereits erwähnt, wesentlich aufwendiger. Ferner ist zu bedenken, daß für jede Theorie das Spannungs-Dehnungsdiagramm durch Versuche so genau bestimmt werden muß, daß auch die Ermittlung des Tangentenmoduls — etwa durch graphische oder numerische Differentiation — möglich wird. Endlich ist darauf hinzuweisen, daß es auch Werkstoffe gibt, zu denen das bautechnisch wichtige Holz gehört, für welche die Theorie der elasto-plastischen Instabilität völlig unbrauchbar wird. Bei Stäben aus Holz sind die Abweichungen der Knickspannung von der EULER-Hyperbel genauso wesentlich wie bei Stahl. Sie kommen aber nicht durch plastische Verformungen in der in Kapitel C beschriebenen Weise zustande, sondern im wesentlichen dadurch, daß einzelne Fasern oder Faserbündel für sich ausknicken, so daß die Inhomogenität des Werkstoffes hier am Versagen der EULER-Theorie schuld ist. Die Knicklasten konnten in diesen Fällen bisher nur durch den Versuch bestimmt werden.

Wir müssen also feststellen, daß ohne Versuche im Bereich der Ungültigkeit des HOOKEschen Gesetzes nicht auszukommen ist. Darüber hinaus hat uns Kapitel D gezeigt, daß auch im elastischen Bereich Form- und Montageungenauigkeiten wesentliche Abweichungen von der Theorie hervorrufen können, die letzten Endes auch nur durch *Versuche*, und zwar *an wirklichen Konstruktionsteilen mit statistischer Auswertung*, erfaßt werden können.

Nach alledem liegt der Schluß nahe, daß jede Stabilitätstheorie praktisch wenig brauchbar ist und sich der erhebliche mathematische Aufwand, der z. B. bei Schalenbeulproblemen erforderlich ist, nicht lohnt. Dem ist aber nicht so! Die Theorie plastischer Knickung und Beulung hat zwar aus den angeführten Gründen nur beschränkten Wert. *Aber gerade die einfachste, auf dem Hookeschen Gesetz aufbauende Stabilitätstheorie ist von erheblicher Bedeutung.* Diese ist allerdings nicht darin zu suchen, daß die Theorie in einem kleinen Bereich bis zu einem gewissen Grade den Versuch zu ersetzen vermag, sondern — was wesentlich mehr ist — darin, *daß sie für den ganzen Bereich das die Knick- und Beulvorgänge beherrschende Modellgesetz liefert.*

Dieses Modellgesetz besteht z. B. beim beiderseits gelenkig gelagerten Knickstab in der Erkenntnis, daß *auch im plastischen* Bereich zwei Stäbe ganz verschiedener Abmessungen die Grenze ihrer Tragfähigkeit bei der gleichen Spannung σ_K erreichen, wenn sie nur denselben Schlankheitsgrad λ haben, daß also σ_K eine Funktion allein von λ ist. Diese Tatsache ist erstens immer wieder durch den Versuch bestätigt worden; zweitens ergibt sie sich auch aus der oben vorgeführten Theorie der elasto-plastischen Knickung, nach der die Tragfähigkeit des Stabes von der Querschnittsform nur insoweit abhängt, wie diese im Schlankheitsgrad enthalten ist.

Der Schlankheitsgrad ist bei einem bestimmten Werkstoff der Wurzel aus der reziproken kritischen Spannung σ_K proportional, so daß wir auch σ_K statt λ als Bezugsgröße ansehen können. *Es zeigt sich nun, daß sich allgemein bei Stabilitätsproblemen aus den auf Grund des Hookeschen Gesetzes berechneten kritischen Spannungen geeignete Bezugsgrößen bilden lassen.* Bewiesen wird diese Behauptung im wesentlichen wieder durch Versuche, durch die sie jedoch in weit größerem Umfange bestätigt wird, als man zunächst vermuten sollte, wofür unten noch zwei Beispiele angeführt werden.

Der Wert der Stabilitätstheorie mit HOOKEschem Elastizitätsgesetz wäre damit begründet. Es bleibt nun noch im einzelnen zu besprechen, wie auf Grund der Theorie in den verschiedenen Fällen geeignete Bezugsgrößen für die Auswertung von Versuchen gefunden werden können und wie der Nachweis der erforderlichen Sicherheit zu erbringen ist.

2. Anwendung der Theorie

Zunächst sei wieder nur der beiderseits gelenkig gelagerte Knickstab konstanten Querschnittes betrachtet und als erstes der Fall erörtert, daß das Verhalten des Stabes durch Versuche ausreichend geklärt ist. Wir wollen also annehmen, daß die kritische Spannung σ_K für gerade Stabachse und zentrische Belastung im elasto-plastischen Gebiet bekannt ist, und daß auch durch Versuche mit der in der Praxis beabsichtigten Ausführungsart klargestellt ist, mit welchen Abminderungen der Tragfähigkeit durch unbeabsichtigte Vorverformungen und Außermittigkeiten des Lastangriffes gerechnet werden muß, d. h. wie groß σ_T ist. Nach den obigen Ausführungen ist dann zur Ordnung und Darstellung der Versuchsergebnisse der Schlankheitsgrad die geeignete Bezugsgröße, so daß wir als Endergebnis der Versuchsauswertung *eine* Kurve $\sigma_K = \sigma_K(\lambda)$ und *eine* Kurve $\sigma_T = \sigma_T(\lambda)$ erhalten.

Um den Nachweis einer ausreichenden Querschnittsbemessung führen zu können, ist nur noch die Wahl eines Sicherheitsfaktors v notwendig. Er kann entweder in bezug auf die Überschreitung von σ_K oder in bezug auf σ_T festgesetzt werden. Entscheiden wir uns für das erstere, so muß v den Einfluß möglicher Ungenauigkeiten mit erfassen. Da dieser nach Abb. 159 für verschiedene λ verschieden groß sein kann, wird v im allgemeinen eine Funktion von λ sein müssen. Ferner wird v vom Werkstoff abhängen, da z. B. Holz wegen seiner Inhomogenität eine größere Streuung der Versuchsergebnisse aufzuweisen hat als etwa Stahl. Weiterhin kann der Verwendungszweck des Stabes eine Rolle spielen, indem für lebenswichtige Konstruktionsteile v größer als für untergeordnete gewählt wird. Schließlich wird v auch noch vom Lastfall abhängen können, da häufig die Gefährlichkeit verschiedener Lastfälle verschieden eingeschätzt wird. So kennen wir z. B. in Deutschland im Stahlbau den Unterschied zwischen der Beanspruchung durch „Hauptkräfte" und durch „Hauptkräfte plus Zusatzkräfte" oder im Flugzeugbau den Begriff der „ausnehmend ungünstigen" Lasten. Insgesamt gesehen weist v in der praktischen Anwendung sehr unterschiedliche Werte auf, die etwa zwischen 1,2 und 5,0 liegen. Die für Baustahl üblichen Sicherheitsfaktoren werden unten noch genauer angegeben.

Nach Festsetzung des erforderlichen v kann entweder nachgewiesen werden, daß das vorhandene v hinreichend groß ist, oder auch eine zulässige Druckspannung

$$\sigma_{d_{\text{zul}}} = \frac{\sigma_K}{v} \tag{61}$$

definiert werden, die dann von der dem Stab zugemuteten Spannung $\frac{P}{F}$ nicht überschritten werden darf. Für die formale praktische Rechnung hat es Vorteile und ist vielfach üblich, nicht mit $\sigma_{d_{\text{zul}}}$ direkt zu rechnen, sondern das sog. ω-Verfahren zu benutzen. Hierzu wird die von λ unabhängige und nur vom Werkstoff und Lastfall abhängige zulässige Spannung σ_{zul} eingeführt und das Verhältnis

$$\omega = \frac{\sigma_{zul}}{\sigma_{d_{zul}}}$$

definiert. Der Sicherheitsnachweis kann dann fast genauso wie beim Zugstab einfach so erfolgen, daß man eine Spannung

$$\sigma = \omega \frac{P}{F} \tag{62}$$

ausrechnet, die $\leq \sigma_{zul}$ sein muß. ω ist dabei als Funktion von λ in Form einer Kurve oder Tabelle gegeben. Die damit gewonnene Darstellung hat sich besonders in Knickvorschriften eingebürgert, wenn sie auch den Nachteil besitzt, daß für jeden Werkstoff und gegebenenfalls auch für die verschiedenen Lastfälle andere ω-Tabellen aufgestellt werden müssen.

Nicht immer hat man die Möglichkeit, auf die Ergebnisse umfangreicher Versuche zurückgreifen zu können. Bei neuartigen Werkstoffen ist man häufig gezwungen, auf Grund weniger Versuche eine Kurve $\sigma_K = \sigma_K(\lambda)$ und danach die ω-Tabelle festzulegen. Es sei als nächstes erörtert, wie man in solchen Fällen vorzugehen hat. Dabei muß mindestens das Spannungs-Dehnungsdiagramm des Werkstoffes durch einen Zugversuch bestimmt worden sein.

Für große Schlankheitsgrade rechnet man mit der EULERhyperbel. Ihre Gültigkeitsgrenze — in Abb. 160 der Punkt B — ist bei zäh-plastischen Werkstoffen, wie Stahl, die Proportionalitätsgrenze. Ist eine solche Grenze, wie z. B. bei Leichtmetall, nicht vorhanden, so kann angenähert σ_P durch

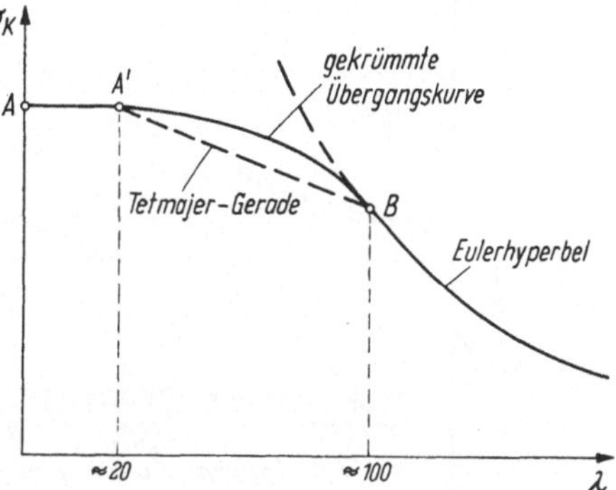

Abb. 160. Zur Festlegung eines Knickspannungs-Diagramms bei unvollständigen Versuchsergebnissen.

$0{,}5\,\sigma_{0,2}$ ersetzt werden, wobei $\sigma_{0,2}$ die Spannung an der sog. 0,2-Dehngrenze ist. Bei Holz und allgemein auch bei anderen Werkstoffen in den Fällen, in denen ein hinreichend genaues Spannungs-Dehnungsdiagramm zur Ermittlung der Proportionalitätsgrenze nicht verfügbar ist, kann man die Gültigkeitsgrenze bei $\lambda = 100$ annehmen. Von besonderer Wichtigkeit ist die Festlegung des Punktes A in Abb. 160 bei $\lambda = 0$. Die zugehörige Spannung setzt man bei Metallen am besten gleich der Fließgrenze oder als Ersatz dafür gleich der 0,2-Dehngrenze. Wo diese Grenzen fehlen, wie etwa bei Holz, läßt sich zur Ermittlung von A ein Versuch nicht umgehen. Dabei ist zu beachten, wie es bereits in Kapitel C bei den Annahmen über den Tangentenmodul besprochen wurde, daß es sich nur theoretisch um den Grenzübergang nach $\lambda = 0$ handelt. Es wäre sinnlos, wenn man A durch die Würfelfestigkeit des Werkstoffs festlegen wollte, da die Festigkeit derartiger Körper nichts mehr mit dem Knickproblem eines Stabes zu tun hat. Es sind vielmehr Versuche mit Stabteilen durchzuführen, die möglichst lang und nur so kurz zu wählen sind, daß ihre Achse bei der Verformung gerade bleibt. Praktisch kommen hierfür Schlankheitsgrade von etwa $\lambda = 20$ in Frage. Man erhält so einen in Abb. 160 mit A' bezeichneten Punkt des Knickspannungsdiagramms. A ist dann der Extrapolationspunkt, auf den die Übergangskurve bei $\lambda = 0$ zuläuft.

Diese Übergangskurve kann man, wenn A und B festgelegt sind, schätzen. Bei Holz und Leichtmetall und auch bei allen anderen Werkstoffen dann, wenn man sich auf jeden Fall auf der sicheren Seite befinden möchte, ist es am richtigsten, den in Abb. 160 gestrichelt eingezeichneten Verlauf der *Tetmajergeraden* zu wählen, die man sowohl als Verbindungslinie von A' und B als auch einfach von A und B definieren kann. Bei Stahl ist diese Annahme meist reichlich ungünstig. Besser verwendet man dann irgendeine geeignete, oberhalb der Geraden verlaufende gekrümmte Kurve, wie es ebenfalls Abb. 160 zeigt. Die in Kapitel C benutzte und durch die Gln. (44) und (49a) gegebene Funktion ist theoretisch insofern besonders befriedigend, als sie in B ohne Knick in die EULER-Hyperbel übergeht. Analytisch einfacher und für den vorliegenden Zweck völlig ausreichend ist die *Johnsonparabel*, eine quadratische Parabel zwischen A und B mit horizontaler Tangente in A. Falls man keinen Wert darauf legt, die Übergangs-

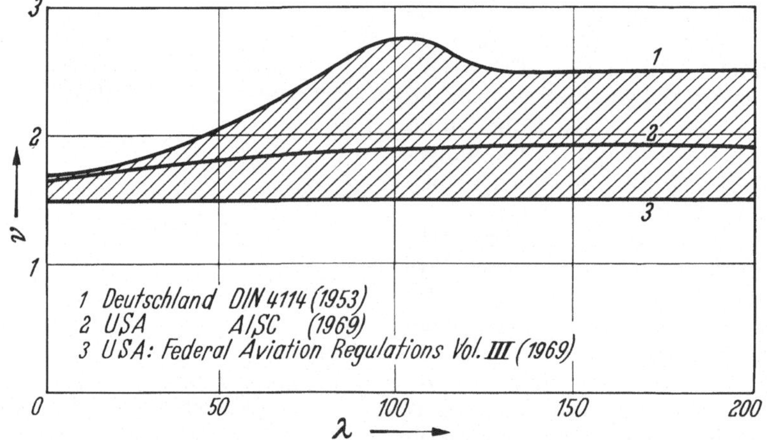

Abb. 161. Sicherheitsfaktor in Abhängigkeit vom Schlankheitsgrad nach verschiedenen Vorschriften.

kurve in analytischer Form zu haben, kann man sie auch einfach nach Augenmaß zeichnen. Auf jeden Fall sollte man bei der Wahl der Kurve in Anbetracht des bei Versuchen immer wieder feststellbaren breiten Streubereiches nicht kleinlich sein. Wegen dieses Streubereiches ist es auch falsch, die Übergangskurve durch einige wenige Versuche festlegen zu wollen. Es ist richtiger, zehn Versuche zur Bestimmung des Punktes A bzw. A' durchzuführen, als sich hier mit einem Versuch zu begnügen und die übrigen neun für den Übergang zwischen A und B zu verwenden.

Hat man die Kurve $\sigma_K = \sigma_K(\lambda)$ festgelegt, so muß man nur noch den Sicherheitsfaktor wählen, um die ω-Tabelle oder -Kurve aufstellen zu können. Bei der Wahl von ν zu beachtende Gesichtspunkte sind bereits oben erörtert worden. Auch hierbei ist eine gewisse Großzügigkeit am Platze.

Die vorstehenden Ausführungen sollten Anhaltspunkte für den Fall liefern, daß man selbst eine ω-Tabelle aufstellen muß. In den weitaus meisten Fällen ist man jedoch dieser Mühe dadurch enthoben, daß die zu verwendenden ω-Werte von vornherein durch *Vorschriften* festgelegt sind, mit denen man zu rechnen verpflichtet ist. Auf eine Erörterung der in den verschiedenen Ländern bestehenden Knickvorschriften sei hier jedoch verzichtet[1], da erstens in den kommenden Jahren vielfach mit einer Änderung der Vorschriften zu rechnen ist und zweitens die einzelnen dabei auftauchenden Fragen, soweit sie oben noch nicht behandelt sind, mehr die zweckmäßige Abfassung der Vorschriften in formaler Hinsicht[2] betreffen. Zwischen den Vorschriften verschiedener Länder bestehen nicht unerhebliche Unterschiede, wenn diese auch im vergangenen Jahrzehnt deutlich gemildert worden sind. Zur Kennzeichnung diene Abb. 161, deren schraffiert gezeichneter Streubereich etwa den Spielraum für den Sicherheitsfaktor $v = \dfrac{\sigma_K}{\sigma_{d_{zul}}}$ in Abhängigkeit vom Schlankheitsgrad wiedergibt. Die oberste Kurve gilt für die B.R.D. für gewöhnlichen Baustahl[3] und den Lastfall Hauptkräfte[4], die mittlere für die Stahlbauvorschriften der U.S.A. und die untere Gerade für die in Deutschland und den U.S.A. für jeden Werkstoff maßgeblichen Flugzeugbauvorschriften.

Die Berechnung beiderseits gelenkig gelagerter Knickstäbe konstanten Querschnitts wäre damit erledigt. Es bleibt noch zu besprechen, wie man bei anderen Stabilitätsproblemen vorzugehen hat. Handelt es sich z. B. um den in Abb. 58 dargestellten Rechteckrahmen, so liefert uns dafür die Stabilitätstheorie eine kritische Spannung $\sigma_K = \dfrac{P_K}{F}$, wobei F der hier konstant angenommene Querschnitt der Rahmenstiele ist. Eine geeignete Bezugsgröße ergibt sich nun in der sog. *Vergleichsschlankheit*[5], die wir mit λ_v bezeichnen wollen und *die gleich der Schlankheit eines beiderseits gelenkig gelagerten Stabes konstanten Querschnitts ist, der dieselbe ideale Knickspannung wie das wirkliche Problem hat.* Wir bekommen nach (11)

$$\lambda_v = \sqrt{\frac{\pi^2 E}{\sigma_{K_i}}}. \tag{63}$$

Die zur Berechnung von $\sigma_K = \dfrac{P_K}{F}$ erforderliche kritische Last P_K ist bei unserem Beispiel aus der Knickbedingung V, (36) zu entnehmen. Die so gewonnene Vergleichsschlankheit ist eine geeignetere Bezugsgröße als σ_K selbst, weil sie dimensionslos ist und es ermöglicht, das elastische Verhalten eines Systems beim Knickvorgang anschaulich mit dem Maßstab der Schlankheit des gewöhnlichen Knickstabes zu messen. Versuche zur Ermittlung der Tragfähigkeit des Rahmens würde man dann so auswerten, daß man die festgestellten Spannungen σ_T in Abhängigkeit von λ_v auftragen würde. Die Zweckmäßigkeit der Benutzung von λ_v würde sich dabei so äußern, daß zwei Rahmen ganz verschiedener Abmessungen, aber mit dem gleichen λ_v, dieselbe Spannung σ_T haben oder zum mindesten — z. B. bedingt durch den Einfluß der Querschnittsform — in der Höhe von σ_T nur Unter-

---

[1] Sie findet sich in ausführlicher Form bei C. F. KOLLBRUNNER u. M. MEISTER: Knicken, Biegedrillknicken, Kippen, 2. Aufl., Berlin/Göttingen/Heidelberg 1961, S. 276.

[2] In dieser Hinsicht ist die angegebene Berechnung mit Hilfe der ω-Zahlen nur eine von mehreren Möglichkeiten.

[3] St 37 nach DIN 17100, Ausgabe 1966.

[4] Nach DIN 1050, Ausgabe 1968, und DIN 1072, Ausgabe 1967.

[5] Vgl. E. CHWALLA: Erläuterungen zur Begründung des Normblattentwurfes DIN E 4114, 2. Teil, Berlin 1939, S. 15.

schiede aufweisen, die gering sind und im Hinblick auf den Streubereich der Versuche im allgemeinen vernachlässigt werden können.

In derselben Weise kann man nun auch bei allen anderen Stabilitätsproblemen in der Vergleichsschlankheit eine geeignete Bezugsgröße erhalten. Dabei tauchen noch zwei Fragen auf. Erstens hat man sich bei Systemen mit veränderlichen Querschnittsabmessungen, z. B. bei einem Knickstab mit veränderlichem Querschnitt, zu entscheiden, welchen Querschnitt man zur Definition von λ_v verwenden will. Hierbei ist irgendein mittlerer Querschnitt im allgemeinen am geeignetsten. Zweitens ist zu sagen, wie man vorzugehen hat, wenn es sich bei Platten und Schalen um zweidimensionale Spannungszustände handelt.

Neue Gesichtspunkte treten hier nicht in Erscheinung, wenn der Flächenträger im Grundzustand nur in einer Richtung beansprucht wird, wie etwa die axial gedrückte Kreiszylinderschale von Abschnitt V, E, 1 und VII, A, 2. Hierfür wird wie beim Knickstab nach VII, (24 b) mit $\sigma_K = \sigma_{K_i}$ aus (63)

$$\lambda_v^2 = \pi^2 \sqrt{3(1 - \mu^2)} \, \frac{r}{t}. \tag{64}$$

Nach unseren bisherigen Überlegungen können wir dann wieder erwarten, daß λ_v die geeignete Bezugsgröße zur Erfassung der klassischen Verzweigungslast im elasto-plastischen Bereich ist. Darüber hinaus zeigt sich aber, daß λ_v auch den Durchschlageffekt, also die Verhältnisse im überkritischen Bereich, zu beschreiben vermag. Die in Abschnitt VII, A, 2 entwickelte Theorie ergab nämlich, daß der Quotient aus Durchschlag- und Verzweigungslast nach Abb. 128 oder nach Gl. VII, (50) als Funktion von $\frac{r}{t}$ dargestellt werden kann. Bis auf einen konstanten Faktor — der Einfluß von μ ist vernachlässigbar gering — ist aber in der Tat $\frac{r}{t}$ nach (64) gleich dem Quadrat des Vergleichsschlankheitsgrades. Wir können dann weiter hoffen, daß λ_v bzw. $\frac{r}{t}$ auch zur Beschreibung der Durchschlaglast im elasto-plastischen Bereich verwendbar sind, was sich ebenfalls bestätigt[1]. Damit hätten wir ein erstes Beispiel dafür gefunden, daß die klassische Stabilitätstheorie, die das λ_v liefert, sehr viel mehr zu leisten vermag, als man zunächst vermuten sollte.

Eine zusätzliche Überlegung wird zur Berechnung von λ_v notwendig, wenn bei Flächenträgern schon der Grundspannungszustand zweiachsig ist. Es sei z. B. das in Abb. 162 angedeutete Plattenbeulproblem betrachtet, bei dem im nicht ausgebeulten Zustand die für die ganze Platte konstanten Spannungen σ_x, σ_y, τ auftreten. Sehen wir zunächst von jeder Beuluntersuchung ab, so benötigen wir für den

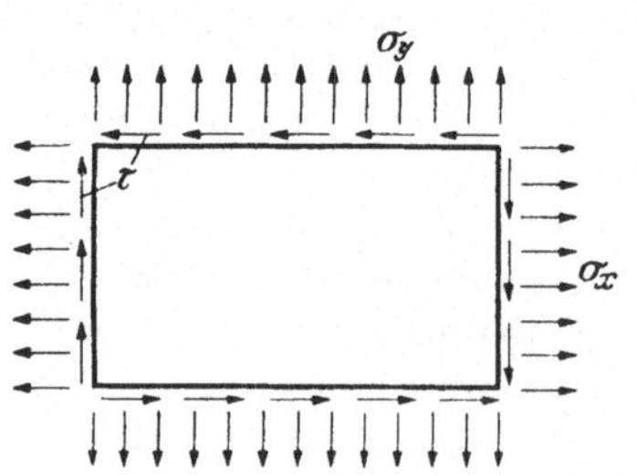

Abb. 162. Rechteckplatte mit Längs- und Schubbelastung.

Sicherheitsnachweis nur eine der üblichen Fließ- und Bruchhypothesen. Am meisten hat sich wohl die Hypothese von der konstanten Gestaltänderungsarbeit eingebürgert, die in der von F. SCHLEICHER[2] angegebenen Form so anpassungsfähig ist, daß sie stets in gute Übereinstimmung mit den Versuchsergebnissen gebracht werden kann. Danach hat man aus den gegebenen Span-

---

[1] PFLÜGER, A.: Der Stahlbau 32 (1963) 161.
[2] SCHLEICHER, F.: Bauingenieur 9 (1928) 253.

nungen eine *Vergleichsspannung* σ_v zu bilden, die sich bei dem hier vorliegenden ebenen Spannungszustand zu

$$\sigma_v = \sqrt{\sigma_x^2 - \sigma_x \sigma_y + \sigma_y^2 + 3\,\tau^2} \tag{65}$$

ergibt. Der zu dieser Spannung führende Vergleich ist selbstverständlich ein anderer als der bei der Bildung von λ_v benutzte. Fließen tritt in meist guter Näherung ein, wenn σ_v die durch das Spannungs-Dehnungsdiagramm gegebene Fließgrenze des einachsigen Spannungszustandes erreicht.

Handelt es sich nun um das Ausbeulen der Platte, so ist aus den mit Hilfe der Stabilitätstheorie ermittelten idealen kritischen Spannungen $\sigma_{x_{Ki}}$, $\sigma_{y_{Ki}}$, τ_{Ki} nach (65) eine ideale kritische Vergleichsspannung

$$\sigma_{v_{Ki}} = \sqrt{\sigma_{x_{Ki}}^2 - \sigma_{x_{Ki}}\sigma_{y_{Ki}} + \sigma_{y_{Ki}}^2 + 3\,\tau_{Ki}^2}$$

zu bilden, die das zweidimensionale Problem auf ein eindimensionales reduziert. Die Vergleichsschlankheit kann man dann nach (63) in der Form

$$\lambda_v = \sqrt{\frac{\pi^2 E}{\sigma_{v_{Ki}}}} \tag{66}$$

berechnen. Dieses λ_v ist bei dem Problem von Abb. 162, ähnlich wie bei der Kreiszylinderschale, auch zur Erfassung von Zuständen geeignet, die oberhalb der Beulgrenze in den in Abschnitt VII, A, 1 behandelten Zugfeldern auftreten[1]. Damit ist ein zweites Beispiel für die überraschende Tragweite der klassischen Stabilitätstheorie gegeben.

Nach dem bisher Gesagten läßt sich die Bemessung eines ausknickenden oder beulenden Systems nur durchführen, wenn man für jedes neue Problem wieder neue Versuche durchführt. Die Stabilitätstheorie dient dann zur übersichtlichen Ordnung der Versuchsergebnisse, was allerdings praktisch häufig schon sehr wichtig ist. In der Regel wird man aber nicht die Möglichkeit haben, für jede Aufgabe neue Versuche durchzuführen, sondern man wird mit den am gewöhnlichen Knickstab gewonnenen Erkenntnissen auskommen müssen. Hier gibt uns die Vergleichsschlankheit die Möglichkeit einer bequemen Übertragung der Versuchsergebnisse des einen Problems auf das andere. Man kann näherungsweise einfach so rechnen, daß man für die ermittelte Vergleichsschlankheit die ω-Tabelle des gewöhnlichen Knickstabes als gültig ansieht und die Bemessung nach der ω-fachen Spannung σ_v vornimmt. Der Rechnungsgang besteht dann also darin, daß man zunächst das Stabilitätsproblem löst, dann $\sigma_{v_{Ki}}$ nach (65) und λ_v nach (66) berechnet und schließlich nachweist, daß für die wirklich auftretenden Spannungen $\omega\,\sigma_v \leq \sigma_{zul}$ ist. Dieses Verfahren ist natürlich nur angenähert richtig, trifft aber doch das Wesentliche. Im Bereich der Gültigkeit des HOOKEschen Gesetzes besteht die Willkür nur darin, daß man den Sicherheitsfaktor zur Erfassung von Vorverformungen, Exzentrizitäten und ungenau erfüllten Randbedingungen vom Knickstab übernommen hat. Darüber hinaus beziehen sich im plastischen Bereich die Annahmen im wesentlichen auf die Übergangskurve zwischen den Punkten A und B (Abb. 160), deren sowieso unsicherer Verlauf bereits betont war. Lediglich bei Problemen, deren Spannungen im Grundzustand von Ort zu Ort veränderlich sind, wie z. B. bei einem Knickstab mit veränderlichem Querschnitt, wird das ganze Verfahren u. U. reichlich willkürlich, da dann das Resultat erheblich

---

[1] PFLÜGER, A.: Bauplanung und Bautechnik 2 (1948) 203.

von der Stelle abhängen kann, die man der Berechnung von λ_v zugrunde legt. Entscheidet man sich hier für das ungünstigste aller möglichen Resultate, so ist man häufig zu weit auf der sicheren Seite. Am besten ist es im allgemeinen, wenn man, wie oben schon empfohlen wurde, λ_v mit einem mittleren Querschnitt berechnet.

F. Zusammenfassung von Abschnitt VIII

Die Ausführungen dieses Abschnitts sollten zunächst die Gültigkeitsgrenzen der auf dem HOOKEschen Gesetz aufbauenden Stabilitätstheorie der Statik aufzeigen. Wir konnten als erstes feststellen, daß selbst bei einwandfrei statisch aufgebrachter Belastung unterhalb des niedrigsten indifferenten Gleichgewichtszustandes eine kinetische Instabilität vorhanden sein kann, so daß diese auch auftreten kann, wenn statisch überhaupt kein Eigenwert existiert. Als zweites zeigte uns die Untersuchung des Einflusses plastischer Verformungen, daß diese gerade im praktisch wichtigen Bereich sehr viel ausmachen. Drittens konnten wir uns davon überzeugen, daß unvermeidbare Ungenauigkeiten in der Form der Stabachse, in der Krafteinleitung und in der Erfüllung der Randbedingungen die Tragfähigkeit der Konstruktion erheblich beeinflussen können.

Der Brauchbarkeit der Theorie schienen damit sehr enge Grenzen gesetzt, so daß die Frage nach ihrem praktischen Wert beantwortet werden mußte. Das erschien um so notwendiger, als sich der mathematische Aufwand der Theorie in den früheren Abschnitten zum Teil als sehr erheblich herausgestellt hatte. Hinsichtlich der kinetischen Effekte ergab sich eine echte Einschränkung der Verwendbarkeit der Theorie; sie erschien aber nicht sehr schwerwiegend, da sich derartige Probleme durch das Fehlen eines Potentials leicht erkennen lassen und außerdem — vorläufig — praktisch kaum vorkommen. Für die übrigen Differenzen zwischen Theorie und Wirklichkeit erwies sich jedoch bei näherer Betrachtung die Theorie des linear-elastischen Bereiches als sehr bedeutungsvoll, da sie für die Ordnung und Auswertung von Versuchen und deren Anwendung bei der Bemessung die geeignete Bezugsgröße in Gestalt des Schlankheitsgrades bzw. des Vergleichsschlankheitsgrades zu liefern vermag.

Hinsichtlich der Anwendungen der Theorie wurden das bekannte ω-Verfahren erwähnt und einige Anhaltspunkte dafür gegeben, wie man bei unvollständigen Versuchsergebnissen vorzugehen hat. Die Wichtigkeit und Problematik von Knick- und Beulvorschriften wurde nur angedeutet.

Anhang

Formelzusammenstellung für kritische Werte
von Verzweigungsproblemen
Inhaltsverzeichnis

Allgemeine Vorbemerkungen

Wenn nicht ausdrücklich anderes gesagt ist, soll folgendes gelten.

Es handelt sich stets um Näherungen der kritischen Werte im Sinne des Abschnittes V, bei denen die Verformungen des Grundzustandes vernachlässigt sind. Bei der Stabknickung sind Querkraftverformungen vernachlässigt.

Die angreifenden Kräfte behalten beim Knicken bzw. Beulen ihre Richtung im Raum und ihren Angriffspunkt am Körper bei.

Es wird ausschließlich Gültigkeit des HOOKEschen Elastizitätsgesetzes angenommen. Der Elastizitätsmodul ist stets für ein System konstant.

Beim Knicken von Stäben, an denen mehrere Kräfte angreifen, ist zu beachten, daß u. U. auch Kräfte negativ sein können und trotzdem Knicken möglich ist. Kennwerte von der Form $\nu = \sqrt{P/(EI)}$ werden dann imaginär, so daß Kreisfunktionen dieser Kennwerte in Hyperbelfunktionen umzuformen sind.

Knickfälle, die durch einfache Symmetriebetrachtungen aus anderen Fällen abgeleitet werden können, sind im allgemeinen nicht gesondert angegeben.

Ist eine Knick- oder Beulbedingung zu umfangreich, um vollständig angeführt werden zu können, so ist unter Hinweis auf die Quelle nur das Ergebnis der Auswertung der Bedingung angegeben.

Das Schrifttumsverzeichnis befindet sich am Schluß des Anhangs. Wo Quellenangaben in der Formelzusammenstellung fehlen, liegen eigene Ableitungen zugrunde.

Allgemeine Bezeichnungen

Dimensionen werden nachstehend wie folgt abgekürzt: Länge $[L]$, Kraft $[K]$.

I. Stabknickung

l $[L]$ Stablänge,

F $[L^2]$ Fläche des Stabquerschnitts,

I $[L^4]$ axiales Trägheitsmoment des Stabquerschnitts,

E $[K/L^2]$ Elastizitätsmodul,

G $[K/L^2]$ Gleitmodul,

c $[K/L]$ Federkonstante einer Stütze,

β $[K/L^2]$ Federkonstante einer elastischen Bettung,

d $[KL]$ Drehfederkonstante einer elastischen Einspannung,

P $[K]$ Einzellast,

p $[K/L]$ axiale Streckenlast,

q $[K/L]$ Streckenlast quer zur Stabachse,

N $[K]$ Stablängskraft,

K als Index bezeichnet die kritische Last (niedrigster Eigenwert),

ν $[1/L]$ $= \sqrt{\dfrac{P}{EI}}$.

II. Plattenbeulung

a $[L]$ Länge der Rechteckplatte,

b $[L]$ Breite der Rechteckplatte,

α $[-]$ $= \dfrac{a}{b}$,

r $[L]$ Radius der Kreisplatte,

t $[L]$ Plattendicke,

E $[K/L^2]$ Elastizitätsmodul,

G $[K/L^2]$ Gleitmodul,

μ $[-]$ Querdehnungszahl,

m $[-]$ Halbwellenzahl der Beulen in Plattenlängsrichtung,

n $[-]$ Halbwellenzahl der Beulen in Plattenquerrichtung,

N $[K/L]$ Streckenlängskraft,

T $[K/L]$ Streckenschubkraft,

P $[K]$ Einzellast,

K als Index bezeichnet die kritische Last (niedrigster Eigenwert),

N_e $[K/L]$ $= \dfrac{\pi^2 E t^3}{12(1 - \mu^2) b^2}$,

k $[-]$ Beulfaktor.

Symbole für Lagerung der Plattenränder:

——————— frei,

═ ─ ═ ─ ═ gelenkig und unverschieblich gelagert,

═ · ─ · ═ gelenkig und elastisch gelagert,

▬▬▬▬▬ starr eingespannt und unverschieblich gelagert,

▬ ▬ ▬ ▬ elastisch eingespannt und unverschieblich gelagert,

═════════ starr eingespannt und elastisch gelagert.

III. Schalenbeulung

l $[L]$ Länge der Kreiszylinderschale,

r $[L]$ Radius der Kreiszylinder-, Kegel- bzw. Kugelschalenmittelfläche,

t $[L]$ Schalendicke,

β $[-]$ $= \dfrac{t^2}{12 r^2}$,

E $[K/L^2]$ Elastizitätsmodul,

G $[K/L^2]$ Gleitmodul,

μ $[-]$ Querdehnungszahl,

m $[-]$ Halbwellenzahl der Beulen in Achsrichtung der Schale,

n $[-]$ Wellenzahl der Beulen über den Umfang der Schale,

q $[K/L^2]$ Flächendruck,

D $[KL]$ Drehmoment,

N $[K/L]$ Streckenlängskraft,

T $[K/L]$ Streckenschubkraft am Zylinderumfang,

K als Index bezeichnet die kritische Last (niedrigster Eigenwert).

22*

I. Stabknickung

A. Ebenes Knicken gerader Stäbe

a) Stäbe mit elastischer Einspannung. Längskraft und Trägheitsmoment konstant

Nr.	Systemskizzen	Knickformeln	Abkürzungen	Quellen	Bemerkungen
I, A, a, 1	d=Drehfederkonstante $=\dfrac{Moment}{Drehwinkel}$	$-\dfrac{1}{\varepsilon^2}\dfrac{1}{\delta}(vl)^3\sin vl +$ $+\dfrac{1}{\varepsilon}\dfrac{1+\delta}{\delta}[(vl)^2\cos vl - vl\sin vl] +$ $+ vl\sin vl + 2\cos vl - 2 = 0$ $P_K = \varphi_1\pi^2\dfrac{EI}{l^2}$ φ_1 s. Abb. 1	$v = \sqrt{\dfrac{P}{EI}}$ $\varepsilon = \dfrac{d_2 l}{EI}$ $\delta = \dfrac{d_1}{d_2}$ **Für $d_2 = 0$** lassen sich φ_1 und φ_2 aus den Abb. 1 u. 2 durch Vertauschen von d_1 u. d_2 entnehmen.	$[I,5]$, S. 5 $[I,84]$	Sonderfälle: $d_1 = d_2 = 0$ φ_1=1,0 $d_1=\infty$ $d_2=0$ φ_1=2,046 $d_1 = d_2 = \infty$ φ_1=4,0
2		$\dfrac{1}{\varepsilon^2}\dfrac{1}{\delta}(vl)^2\sin vl -$ $-\dfrac{1}{\varepsilon}\dfrac{1+\delta}{\delta}vl\cos vl - \sin vl = 0$ $P_K = \varphi_2\,\pi^2\dfrac{EI}{l^2}$ φ_2 s. Abb. 2			$d_1 = d_2 = \infty$ φ_2=1,0 $d_1=\infty$ $d_2=0$ φ_2=0,25 Für tangententreue Last vgl. dieses Buch, VIII, B.

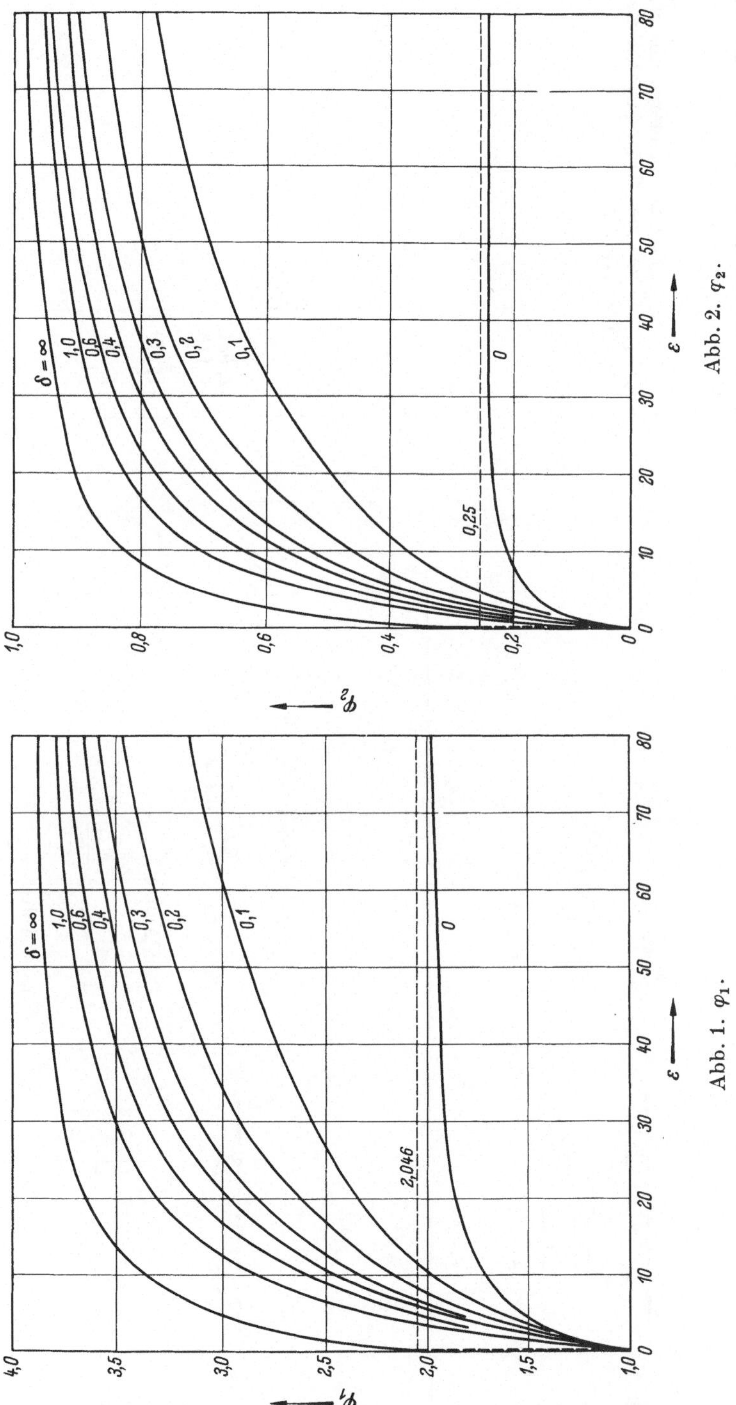

δ = ∞
1,0
0,6
0,4
0,3
0,2
0,1
0
0,25
φ₂
ε
Abb. 2. φ₂.
δ = ∞
1,0
0,6
0,4
0,3
0,2
0,1
0
2,046
φ₁
ε
Abb. 1. φ₁.

b) Stäbe mit konstanter Längskraft und veränderlichem Trägheitsmoment

Nr.	Systemskizzen	Knickformeln	Abkürzungen	Quellen	Bemerkungen
I, A, b, 1		$\dfrac{v_2}{v_1}\tan v_1 l_1 + \tan v_2 l_2 = 0$ $P_K = \varphi_3\,\pi^2\,\dfrac{E I_2}{l^2}$ φ_3 s. Abb. 3		[*I, 12*] [*I, 41*], S. 102	Stäbe mit mehreren Abstufungen der Trägheitsmomente s. [*I, 92*].
2		$\dfrac{v_2}{v_1}\tan v_1 l_1 \tan v_2 l_2 - 1 = 0$ $P_K = \varphi_4\,\pi^2\,\dfrac{E I_2}{l^2}$ für $I_1 < I_2$ φ_4 s. Abb. 4 $P_K = \varphi_5\,\pi^2\,\dfrac{E I_1}{l^2}$ für $I_1 > I_2$ φ_5 s. Abb. 5	$v_1 = \sqrt{\dfrac{P}{E I_1}}$ $v_2 = \sqrt{\dfrac{P}{E I_2}}$	[*I, 93*], S. 113 [*I, 41*] [*I, 12*]	

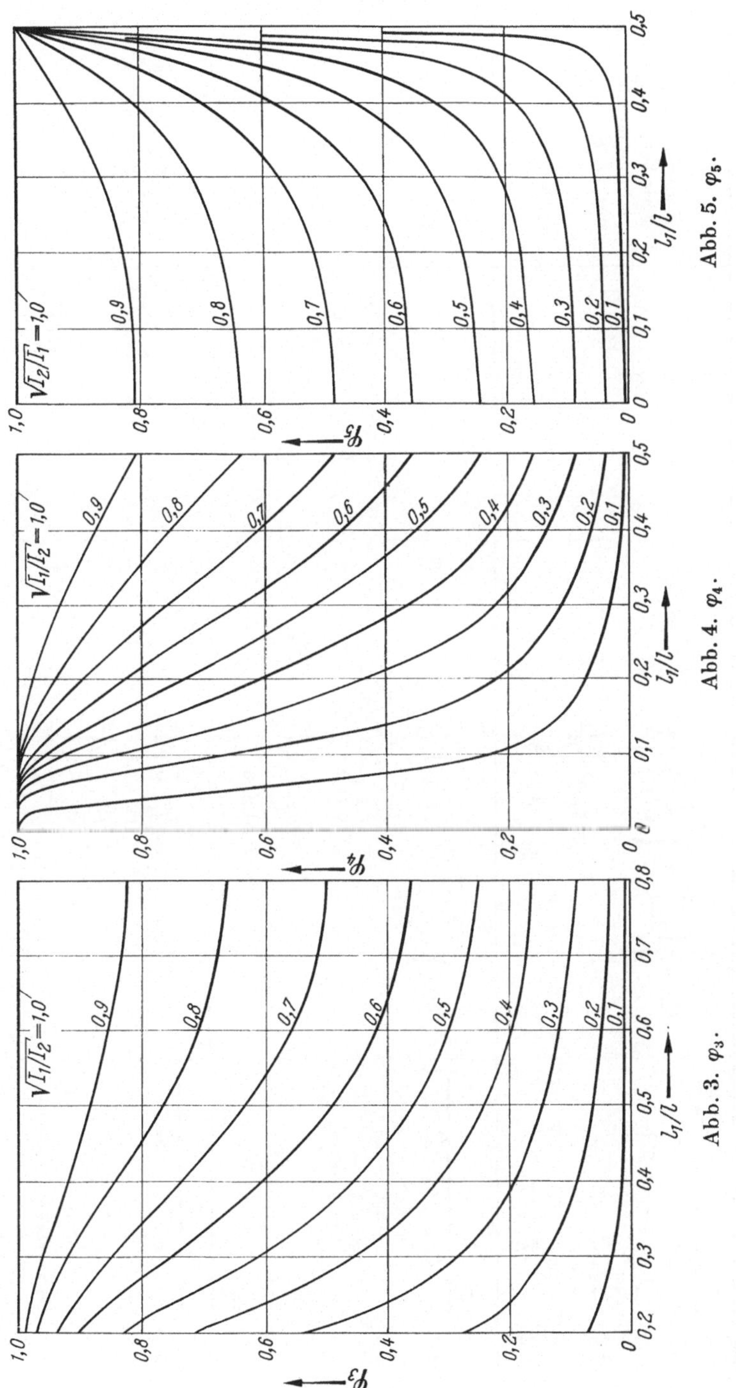

Abb. 5. φ_5.

Abb. 4. φ_4.

Abb. 3. φ_3.

b) Stäbe mit konstanter Längskraft und veränderlichem Trägheitsmoment (Fortsetzung)

Nr.	Systemskizzen	Knickformeln	Abkürzungen	Quellen	Bemerkungen
I, A, b, 3	$\dfrac{I_x}{I_2}=\left(\dfrac{x}{l+a}\right)^2$	$P_K=\left[\left(\dfrac{1}{2\pi}\right)^2+\left(\dfrac{1}{\ln\frac{v_2}{v_1}}\right)^2\right]\left(1-\dfrac{v_2}{v_1}\right)^2\pi^2\,\dfrac{E\,I_2}{l^2}$ $P_K=\varphi_6\,\pi^2\,\dfrac{E\,I_2}{l^2}$ φ_6 s. Abb. 6		[I, 13]	Konische Stäbe mit verschiedenen Lagerbedingungen s. [I, 55] und [I, 101].
4	$\dfrac{I_x}{I_2}=\left(\dfrac{x}{l/2+a}\right)^2$	$\tan\left[\sqrt{\left(\dfrac{l\,v_1 v_2}{v_1-v_2}\right)^2-1}\,\ln\sqrt{\dfrac{v_2}{v_1}}\right]-$ $-\sqrt{\left(\dfrac{l\,v_1 v_2}{v_1-v_2}\right)^2-1}=0$ $P_K=\varphi_7\,\pi^2\,\dfrac{E\,I_2}{l^2}$ φ_7 s. Abb. 6	$v_1=\sqrt{\dfrac{P}{E\,I_1}}$ $v_2=\sqrt{\dfrac{P}{E\,I_2}}$	[I, 93], S. 129	Für $I_1=0$ s. auch [I, 24], S. 91.
5	für $a\le x\le(a+l_1)$: $\dfrac{I_x}{I_2}=\left(\dfrac{x}{a+l_1}\right)^2$	$\dfrac{2\,l_1 v_1 v_2}{v_1-v_2}\tan\left[\left(\dfrac{l}{2}-l_1\right)v_2\right]-$ $-\dfrac{\sqrt{1-\left(\dfrac{2\,l_1 v_1 v_2}{v_1-v_2}\right)^2}}{\mathrm{th}\left[\dfrac{1}{2}\ln\dfrac{v_1}{v_2}\sqrt{1-\left(\dfrac{2\,l_1 v_1 v_2}{v_1-v_2}\right)^2}\right]}-1=0$ $P_K=\varphi_8\,\pi^2\,\dfrac{E\,I_2}{l^2}$ φ_8 s. Abb. 7		[I, 13]	Für $\dfrac{I_x}{I_2}=\left(\dfrac{x}{l_1+a}\right)^n$ mit $n=1,2,3,\dots$ s. [I, 24], S. 95.

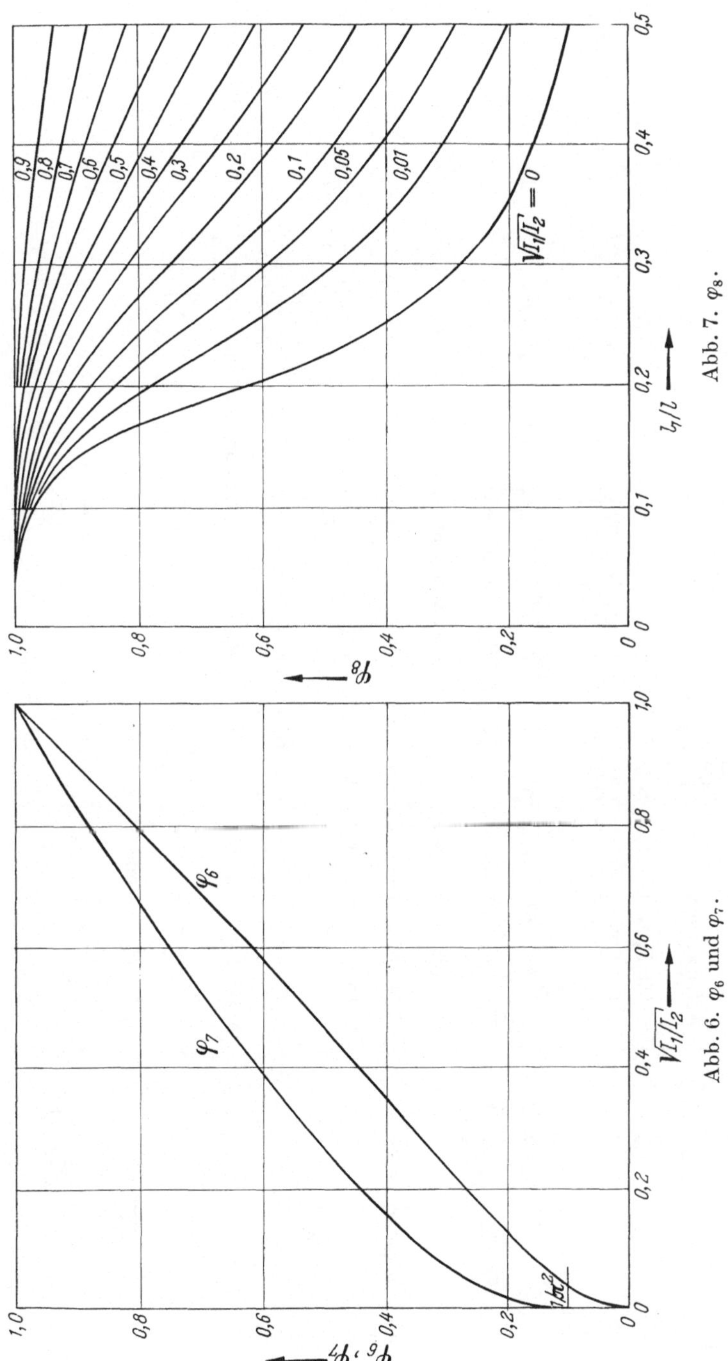

Abb. 7. φ_8.

Abb. 6. φ_6 und φ_7.

c) Stäbe mit konstantem Trägheitsmoment und veränderlicher Längskraft

Nr.	Systemskizzen	Knickformeln

I, A, c, 1

Abkürzungen: $\quad v_1 = \sqrt{\dfrac{|P_1|}{EI}}\,, \qquad v_2 = \sqrt{\dfrac{|P_1 + P_2|}{EI}}$

α) für $P_1 > 0$ und $P_2 > 0$:

$$\left(2 - \frac{v_1^2}{v_2^2} - \frac{v_2^2}{v_1^2}\right) \sin v_1 l_1 \sin v_2 l_2 + v_1 l_1 \left(\frac{l_2}{l_1} + \frac{v_2^2}{v_1^2}\right) \sin v_2 l_2 \cos v_1 l_1 + v_2 l_2 \left(\frac{l_1}{l_2} + \frac{v_1^2}{v_2^2}\right) \sin v_1 l_1 \cos v_2 l_2 = 0$$

$$P_{1K} = \varphi_9 \pi^2 \frac{EI}{(l_1 + l_2)^2}\,, \quad \varphi_9 \text{ s. Abb. 8 mit } \xi = \frac{l_1}{l_1 + l_2}\,, \eta = \sqrt{\frac{P_1}{P_1 + P_2}}$$

β) für $P_1 > 0$ und $P_2 < 0$, $|P_1| > |P_2|$:   Knickbedingung wie bei α)

$$(P_1 + P_2)_K = \varphi_9 \pi^2 \frac{EI}{(l_1 + l_2)^2}\,, \quad \varphi_9 \text{ s. Abb. 8 mit } \xi = \frac{l_2}{l_1 + l_2}\,, \eta = \sqrt{\frac{P_1 + P_2}{P_1}}$$

γ) für $P_1 < 0$ und $P_2 > 0$, $|P_1| < |P_2|$:

$$\left(2 + \frac{v_1^2}{v_2^2} + \frac{v_2^2}{v_1^2}\right) \operatorname{sh} v_1 l_1 \sin v_2 l_2 + v_1 l_1 \left(\frac{l_2}{l_1} - \frac{v_2^2}{v_1^2}\right) \sin v_2 l_2 \operatorname{ch} v_1 l_1 + v_2 l_2 \left(\frac{l_1}{l_2} - \frac{v_1^2}{v_2^2}\right) \operatorname{sh} v_1 l_1 \cos v_2 l_2 = 0$$

$$P_{1K} = \varphi_{10} \pi^2 \frac{EI}{(l_1 + l_2)^2}\,, \varphi_{10} \text{ s. Abb. 9 mit } \xi = \frac{l_2}{l_1 + l_2}\,, \quad \eta = \sqrt{\frac{-P_1}{P_1 + P_2}}$$

δ) für $P_1 > 0$ und $P_2 < 0$, $|P_1| < |P_2|$:   Knickbedingung aus Fall γ) durch Vertauschen der Indizes

$$(P_1 + P_2)_K = \varphi_{10} \pi^2 \frac{EI}{(l_1 + l_2)^2}\,, \quad \varphi_{10} \text{ s. Abb. 9 mit } \xi = \frac{l_1}{l_1 + l_2}\,, \eta = \sqrt{\frac{-(P_1 + P_2)}{P_1}}$$

ε) für $P_1 > 0$ und $P_1 + P_2 = 0$:

$$\left(\frac{l_1^2}{l_2^2} + 2\frac{l_1}{l_2} - \frac{1}{3}\frac{l_2}{l_1}v_1^2 l_1^2\right) \sin v_1 l_1 + v_1 l_1 \cos v_1 l_1 = 0$$

$$P_{1K} = \varphi_9' \pi^2 \frac{EI}{l_1^2}\,, \quad \varphi_9' \text{ s. Abb. 8 mit } \xi = \frac{l_1}{l_1 + l_2}$$

ζ) für $P_1 = 0$ und $P_2 > 0$:   Knickbedingung aus Fall ε) durch Vertauschen der Indizes

$$P_{2K} = \varphi_9' \pi^2 \frac{EI}{l_2^2}\,, \quad \varphi_9' \text{ s. Abb. 8 mit } \xi = \frac{l_2}{l_1 + l_2}$$

Längskräfte:

α) Druck   Druck

β) Druck   Druck

γ) Zug   Druck

δ) Zug   Druck

ε) Druck

ζ) Druck

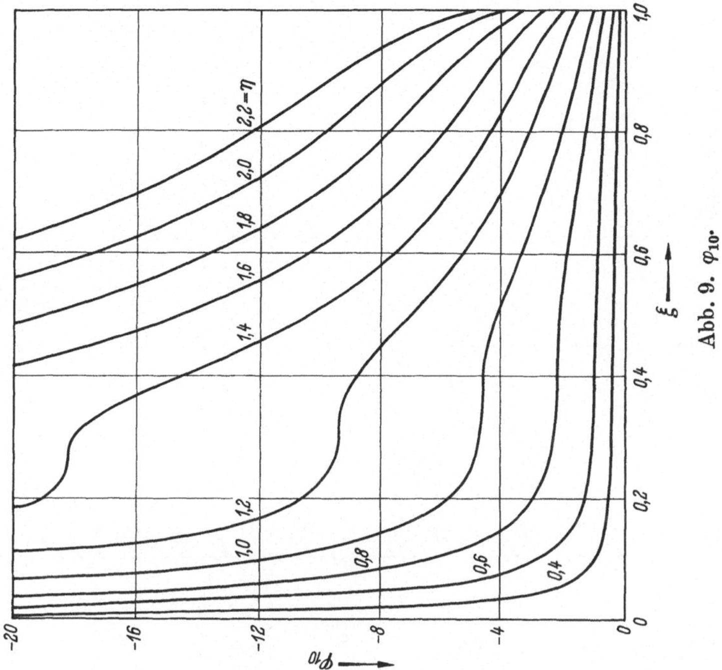

Abb. 9. φ_{10}.

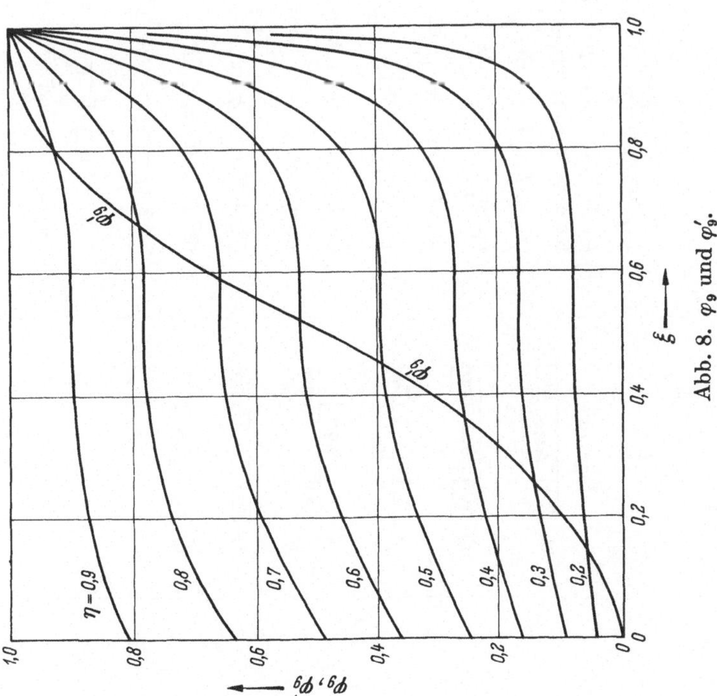

Abb. 8. φ_9 und φ_9'.

c) Stäbe mit konstantem Trägheitsmoment und veränderlicher Längskraft (Fortsetzung)

Nr.	Systemskizzen	Knickformeln	Abkürzungen	Quellen	Bemerkungen
I, A, c, 2		**Symmetrisches Knicken** α) für $P_1 > 0$ und $P_2 > 0$: $\sin v_1 l_1 \sin v_2 l_2 - \dfrac{v_2}{v_1} \cos v_1 l_1 \cos v_2 l_2 = 0$ $P_{1K} = \varphi_{11}\,\pi^2\,\dfrac{EI}{l^2}$, φ_{11} s. Abb. 10 β) für $P_1 > 0$ und $P_2 < 0$, $|P_1| > |P_2|$: Knickbedingung wie bei α) $(P_1 + P_2)_K = \varphi_{12}\,\pi^2\,\dfrac{EI}{l^2}$, φ_{12} s. Abb. 11 γ) für $P_1 < 0$ und $P_2 > 0$, $|P_1| < |P_2|$: $\mathrm{sh}\, v_1 l_1 \sin v_2 l_2 + \dfrac{v_2}{v_1}\,\mathrm{ch}\, v_1 l_1 \cos v_2 l_2 = 0$ $P_{1K} = \varphi_{13}\,\pi^2\,\dfrac{EI}{l^2}$, φ_{13} s. Abb. 12 δ) für $P_1 > 0$ und $P_2 < 0$, $|P_1| < |P_2|$: $\sin v_1 l_1\,\mathrm{sh}\, v_2 l_2 - \dfrac{v_2}{v_1} \cos v_1 l_1\,\mathrm{ch}\, v_2 l_2 = 0$ $(P_1 + P_2)_K = \varphi_{14}\,\pi^2\,\dfrac{EI}{l^2}$, φ_{14} s. Abb. 13 ε) für $P_1 > 0$ und $P_1 + P_2 = 0$: $\cos v_1 l_1 - v_1 l_1\,\dfrac{l_2}{l_1}\,\sin v_1 l_1 = 0$ $P_{1K} = \varphi'_{12}\,\dfrac{1}{4}\,\pi^2\,\dfrac{EI}{l_1^2}$, φ'_{12} s. Abb. 11 ζ) für $P_1 = 0$ und $P_2 > 0$: $P_{2K} = \pi^2\,\dfrac{EI}{(2\,l_2)^2}$ Antimetrisches Knicken s. I, A, c, 1.	$v_1 = \sqrt{\dfrac{|P_1|}{EI}}$ $v_2 = \sqrt{\dfrac{|P_1 + P_2|}{EI}}$		Bei mehr als zwei auf einer Stabseite wirkenden Kräften s. [I, 2], S. 11

Systemskizzen (I, A, c, 2):

Längskräfte:

α) Druck | Druck | Druck

β) Druck | Druck | Druck

γ) Zug | Druck | Zug

δ) Druck | Zug | Druck

ε) Druck — Druck

ζ) — Druck —

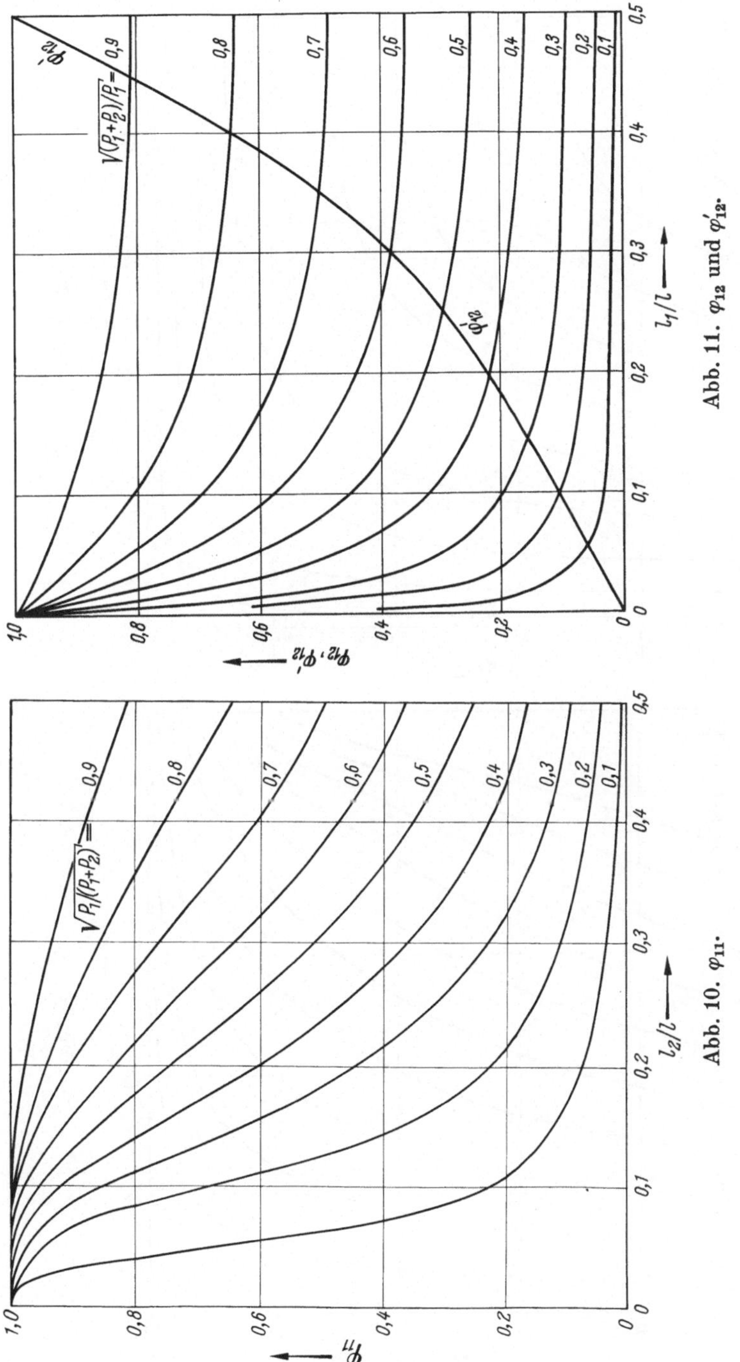

Abb. 11. φ_{12} und φ'_{12}.

Abb. 10. φ_{11}.

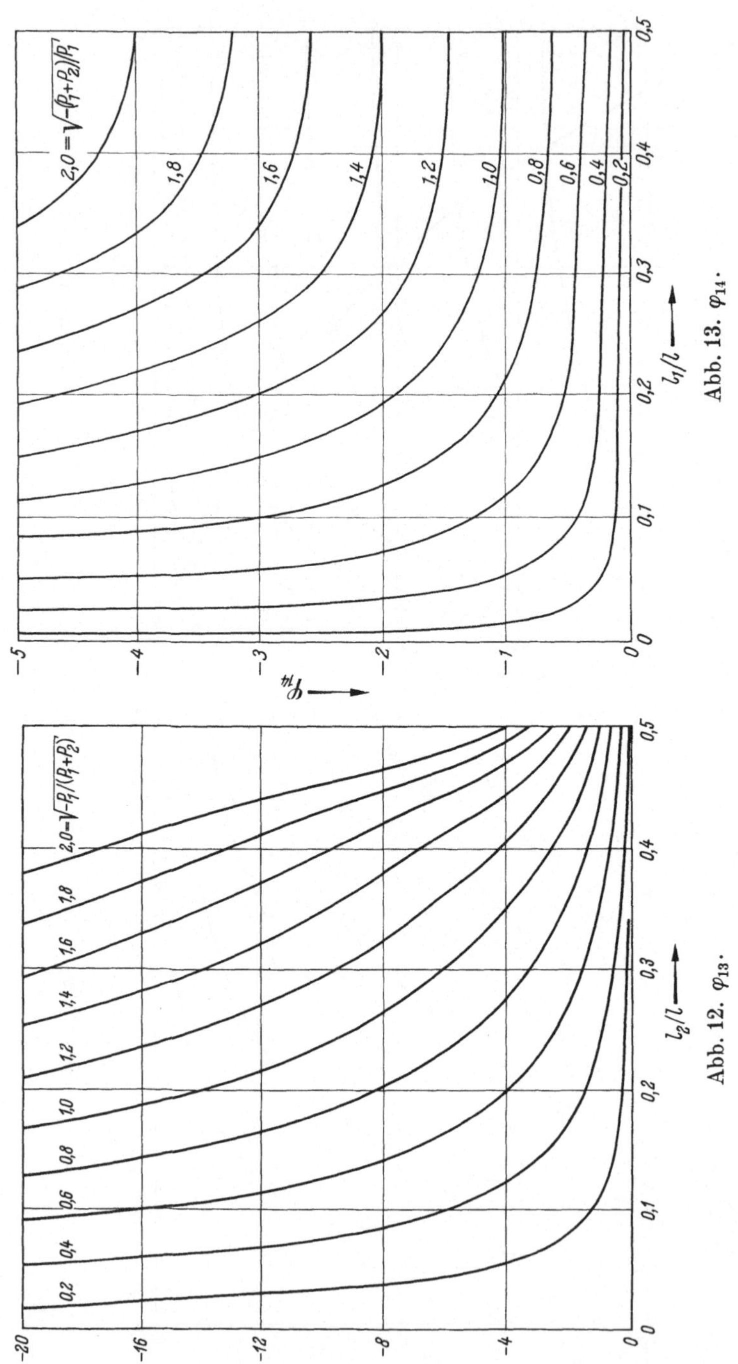

Abb. 13. φ_{14}.

Abb. 12. φ_{13}.

c) Stäbe mit konstantem Trägheitsmoment und veränderlicher Längskraft (Fortsetzung)

Nr.	Systemskizzen	Knickformeln	Abkürzungen	Quellen	Bemerkungen
I, A, c, 3		$\dfrac{v_2}{v_1}\tan v_1 l_1 + \tan v_2 l_2 = 0$	$v_1 = \sqrt{\dfrac{P_1}{EI}}$ $v_2 = \sqrt{\dfrac{P_1 + P_2}{EI}}$	$[I, 2]$, S. 23	
4		$\alpha)\ N_{1K} = 0.794\,\pi^2\,\dfrac{EI}{l^2}$		$[I, 104]$	Voraussetzungen und Bemerkungen wie zu I, A, c, 6, α). Bei elastischer Einspannung s. $[I, 65]$.
		$\beta)\ N_{1K} = 4.12\,\pi^2\,\dfrac{EI}{l^2}$		$[I, 99]$	Voraussetzungen wie zu I, A, c, 6, β). Eine kritische Belastung ergibt sich nur bei Rechnung nach dem kinetischen Kriterium.
5		$\alpha)\ N_{1K} = 1.63\,\pi^2\,\dfrac{EI}{l^2}$		$[I, 24]$	Voraussetzungen wie zu I, A, c, 6, α).
		$\beta)\ N_{1K} = 8.01\,\pi^2\,\dfrac{EI}{l^2}$		$[I, 98]$	Voraussetzungen und Bemerkungen wie zu I, A, c, 4, β).

c) Stäbe mit konstantem Trägheitsmoment und veränderlicher Längskraft (Fortsetzung)

Nr.	Systemskizzen	Knickformeln	Abkürzungen	Quellen	Bemerkungen
I, A, c, 6		$\alpha)\ N_{1K} = 1{,}88\ \pi^2\ \dfrac{EI}{l^2}$		[I, 104]	Die Last behält ihre Richtung bei. Bei Knicken im unelastischen Bereich s. [I, 104].
		$\beta)\ N_{1K} = 1{,}92\ \pi^2\ \dfrac{EI}{l^2}$		Dieses Buch, Abschn. VI, B, 3.	Die Last behält nicht ihre Richtung bei, sondern bleibt tangential zur Stabachse. Vgl. auch [I, 131].
7		$\alpha)\ N_{1K} = 2{,}35\ \pi^2\ \dfrac{EI}{l^2}$			Voraussetzungen wie zu I, A, c, 6, $\alpha)$.
		$\beta)\ N_{1K} = 3{,}16\ \pi^2\ \dfrac{EI}{l^2}$		[I, 98]	Voraussetzungen wie zu I, A, c, 6, $\beta)$.

c) *Stäbe mit konstantem Trägheitsmoment und veränderlicher Längskraft (Fortsetzung)*

Nr.	Systemskizzen	Knickformeln	Abkürzungen	Quellen	Bemerkungen
I, A, c, 8		$\alpha)\ N_{1K} = 5{,}32\ \pi^2\ \dfrac{EI}{l^2}$		[*I, 104*]	Voraussetzungen und Bemerkungen wie zu I, A, c, 6, α).
		$\beta)\ N_{1K} = 5{,}87\ \pi^2\ \dfrac{EI}{l^2}$		[*I, 98*]	Voraussetzungen wie zu I, A, c, 6, β).
9		$\alpha)\ N_{1K} = 8{,}00\ \pi^2\ \dfrac{EI}{l^2}$			Voraussetzungen wie zu I, A, c, 6, α).
		$\beta)\ N_{1K} = 20{,}38\ \pi^2\ \dfrac{EI}{l^2}$		[*I, 98*]	Voraussetzungen und Bemerkungen wie zu I, A, c, 4, β).

c) Stäbe mit konstantem Trägheitsmoment und veränderlicher Längskraft (Fortsetzung)

Nr.	Systemskizzen	Knickformeln	Abkürzungen	Quellen	Bemerkungen
I, A, c, 10	*Längskraft N* N_1 p l	$\alpha)\ N_{1K} = 7{,}41\,\pi^2\,\dfrac{E\,I}{l^2}$		[*I, 126*]	Voraussetzungen und Bemerkungen wie zu I, A, c, 6, α).
		$\beta)\ N_{1K} = 8{,}24\,\pi^2\,\dfrac{E\,I}{l^2}$		[*I, 98*]	Voraussetzungen wie zu I, A, c, 6, β).
11	*Längskraft N* N_1 p l	$\alpha)\ N_{1K} = 10{,}92\,\pi^2\,\dfrac{E\,I}{l^2}$			Voraussetzungen wie zu I, A, c, 6, α).
		$\beta)\ N_{1K} = 16{,}62\,\pi^2\,\dfrac{E\,I}{l^2}$		[*I, 98*]	Voraussetzungen wie zu I, A, c, 6, β).

c) *Stäbe mit konstantem Trägheitsmoment und veränderlicher Längskraft* (Fortsetzung)

Nr.	Systemskizzen	Knickformeln	Abkürzungen	Quellen	Bemerkungen
I, A, c, 12		$N_{1K} = 1{,}92\,\pi^2\,\dfrac{EI}{l^2}$		[I, 105]	
13		$N_{1K} = 2{,}07\,\pi^2\,\dfrac{EI}{l^2}$		[I, 2], S. 18	
14		$N_{1K} = 5{,}48\,\pi^2\,\dfrac{EI}{l^2}$		[I, 2], S. 30	

c) Stäbe mit konstantem Trägheitsmoment und veränderlicher Längskraft (Fortsetzung)

Nr.	Systemskizzen	Knickformeln	Abkürzungen	Quellen	Bemerkungen
I, A, c, 15		$N_{1K} = \varphi_{15}\, \pi^2\, \dfrac{EI}{l^2}$, φ_{15} s. Abb. 14			N_1 ist die betragsmäßig größere Druckkraft. Die Formeln gelten auch, wenn N_0 eine Zugkraft ist, deren Wert den Betrag von $0{,}2\,N_1$ nicht überschreitet. N_0 ist in diesem Fall mit negativem Vorzeichen einzusetzen.
16		$N_{1K} = \varphi_{16}\, \pi^2\, \dfrac{EI}{l^2}$, φ_{16} s. Abb. 14 Näherung nach $[I, 127]$ $N_{1K} = \tilde{\varphi}_{16}\, \pi^2\, \dfrac{EI}{l^2}$, $\tilde{\varphi}_{16}$ s. Abb. 14 $\tilde{\varphi}_{16} = \dfrac{3{,}18}{4\left(1 + 2{,}18\,\dfrac{N_0}{N_1}\right)}$		$[I, 126]$	
17		$N_{1K} = \varphi_{17}\, \pi^2\, \dfrac{EI}{l^2}$, φ_{17} s. Abb. 14 Näherung nach $[I, 127]$ $N_{1K} = \tilde{\varphi}_{17}\, \pi^2\, \dfrac{EI}{l^2}$, $\tilde{\varphi}_{17}$ s. Abb. 14 $\tilde{\varphi}_{17} = \dfrac{1{,}88}{1 + 0{,}88\,\dfrac{N_0}{N_1}}$			

c) Stäbe mit konstantem Trägheitsmoment und veränderlicher Längskraft (Fortsetzung)

Nr.	Systemskizzen	Knickformeln	Abkürzungen	Quellen	Bemerkungen
I, A, c, 18		$N_{1K} = \varphi_{18}\,\pi^2\,\dfrac{EI}{l^2}$, $\quad\varphi_{18}$ s. Abb. 14 Näherung nach [I, 127] $N_{1K} = \tilde{\varphi}_{18}\,\pi^2\,\dfrac{EI}{l^2}$, $\quad\tilde{\varphi}_{18}$ s. Abb. 14 $\tilde{\varphi}_{18} = \dfrac{3{,}09}{1 + 0{,}51\,\dfrac{N_0}{N_1}}$			
19		$N_{1K} = \varphi_{19}\,\pi^2\,\dfrac{EI}{l^2}$, $\quad\varphi_{19}$ s. Abb. 14 Näherung nach [I, 127] $N_{1K} = \tilde{\varphi}_{19}\,\pi^2\,\dfrac{EI}{l^2}$, $\quad\tilde{\varphi}_{19}$ s. Abb. 14 $\tilde{\varphi}_{19} = \dfrac{5{,}42}{1 + 1{,}65\,\dfrac{N_0}{N_1}}$		[I, 126]	Bemerkungen wie zu I, A, c, 15.
20		$N_{1K} = \varphi_{20}\,\pi^2\,\dfrac{EI}{l^2}$, $\quad\varphi_{20}$ s. Abb. 14 Näherung nach [I, 127] $N_{1K} = \tilde{\varphi}_{21}\,\pi^2\,\dfrac{EI}{l^2}$, $\quad\tilde{\varphi}_{21}$ s. Abb. 14 $\tilde{\varphi}_{21} = \dfrac{7{,}72}{1 + 0{,}93\,\dfrac{N_0}{N_1}}$			

c) Stäbe mit konstantem Trägheitsmoment und veränderlicher Längskraft (Fortsetzung)

Nr.	Systemskizzen	Knickformeln	Abkürzungen	Quellen	Bemerkungen
I, A, c, 21		$N_{1K} = 4\,\varphi_{16}\,\pi^2\,\dfrac{EI}{l^2}$, φ_{16} s. Abb. 14 Näherung nach [I, 127] $N_{1K} = 4\,\tilde{\varphi}_{16}\,\pi^2\,\dfrac{EI}{l^2}$, $\tilde{\varphi}_{16}$ s. Abb. 14 $4\,\tilde{\varphi}_{16} = \dfrac{3{,}18}{1 + 2{,}18\,\dfrac{N_0}{N_1}}$		[I, 126]	Bemerkungen wie zu I, A, c, 15.
22		$N_{1K} = \varphi_{21}\,\pi^2\,\dfrac{EI}{l^2}$, φ_{21} s. Abb. 14 Näherung nach [I, 127] $N_{1K} = \tilde{\varphi}_{21}\,\pi^2\,\dfrac{EI}{l^2}$, $\tilde{\varphi}_{21}$ s. Abb. 14 $\tilde{\varphi}_{21} = \dfrac{7{,}72}{1 + 0{,}93\,\dfrac{N_0}{N_1}}$			

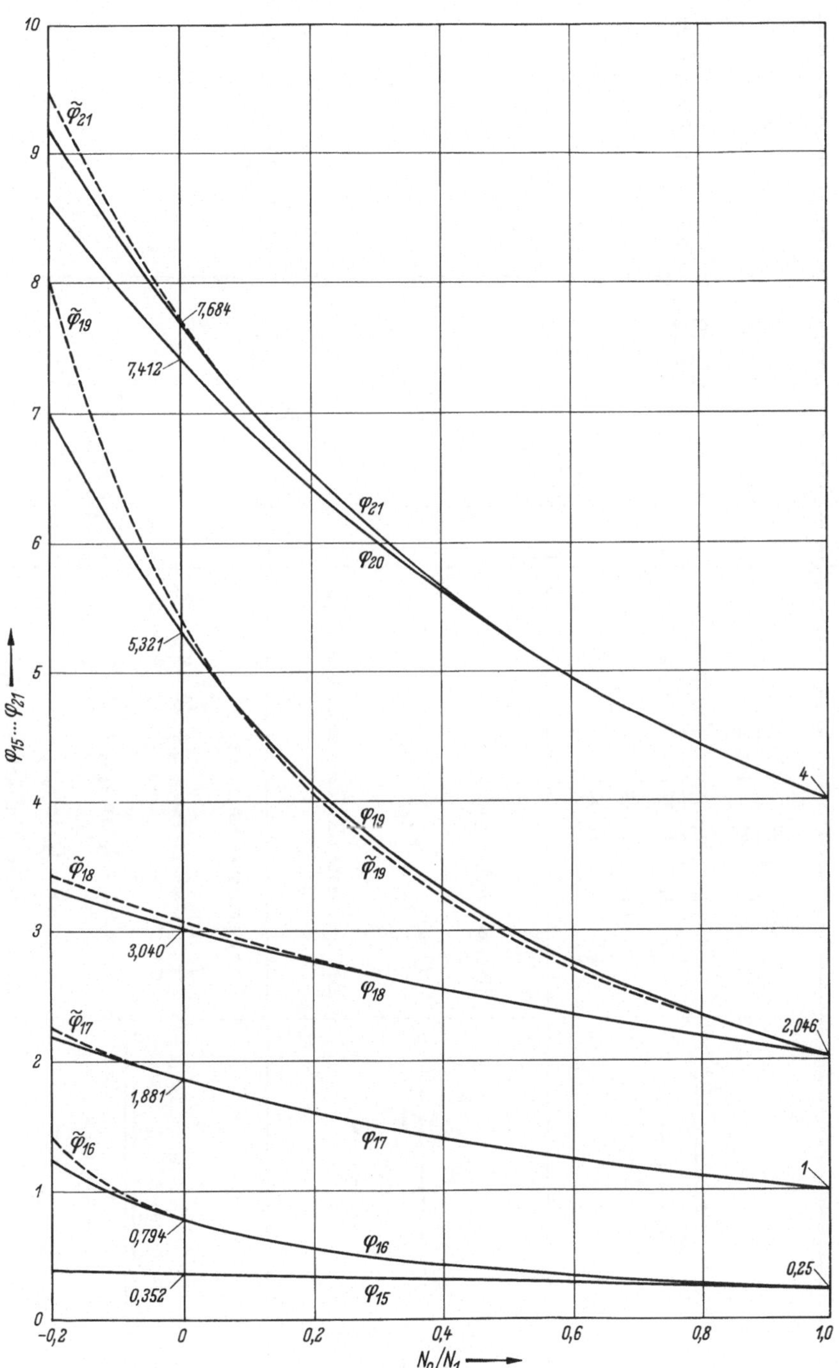

Abb. 14. $\varphi_{15} \div \varphi_{21}$.

d) Stäbe mit veränderlicher Längskraft und veränderlichem Trägheitsmoment

Nr.	Systemskizzen	Knickformeln	Abkürzungen	Quellen	Bemerkungen
I, A, d, 1		$\dfrac{I_2}{I_1}\dfrac{v_2^2}{v_1^2}+\dfrac{I_1}{I_2}\dfrac{v_1^2}{v_2^2}-\dfrac{v_1 l_1}{\tan v_1 l_1}\times$ $\times\left(\dfrac{l_2}{l_1}+\dfrac{I_2}{I_1}\dfrac{v_2^2}{v_1^2}\right)-\dfrac{v_2 l_2}{\tan v_2 l_2}\times$ $\times\left(\dfrac{l_1}{l_2}+\dfrac{I_1}{I_2}\dfrac{v_1^2}{v_2^2}\right)-2=0$	$v_1=\sqrt{\dfrac{P_1}{E I_1}}$	$[I, 93]$, S. 98	Siehe auch $[I, 27]$, S. 34.
2		Symmetrisches Knicken: $\dfrac{I_1}{I_2}\dfrac{v_1}{v_2}\tan v_1 l_1 \tan v_2 l_2-1=0$ Antimetrisches Knicken siehe I, A, d, 1.	$v_2=\sqrt{\dfrac{P_1+P_2}{E I_2}}$	$[I, 2]$, S. 8	Bei beiderseitiger Einspannung s. $[I, 2]$, S. 23 u. 25.
3		Symmetrisches Knicken: $\dfrac{I_1}{I_2}\dfrac{v_1}{v_2}\tan v_1 l_1 \tan v_2 l_2+\dfrac{I_1}{I_3}\dfrac{v_1}{v_3}\times$ $\times\tan v_1 l_1 \tan v_3 l_3+\dfrac{I_2}{I_3}\dfrac{v_2}{v_3}\times$ $\times\tan v_2 l_2 \tan v_3 l_3-1=0$ Antimetrisches Knicken siehe I, A, d, 4.	$v_3=$ $\sqrt{\dfrac{P_1+P_2+P_3}{E I_3}}$		

d) Stäbe mit veränderlicher Längskraft und veränderlichem Trägheitsmoment (Fortsetzung)

Nr.	Systemskizzen	Knickformeln	Abkürzungen	Quellen	Bemerkungen
I, A, d, 4		Die Knicklasten ergeben sich aus den Nullstellen der Determinante D. $$D = \begin{vmatrix} \dfrac{2\alpha_2}{\tan\alpha_2} + \dfrac{l_2}{l_1}\dfrac{N_2}{N_1}\dfrac{\alpha_1}{\tan\alpha_1} & -2\alpha_2\tan\alpha_2 + \dfrac{l_2}{l_1}\dfrac{N_2}{N_1}\dfrac{\alpha_1}{\tan\alpha_1} & 1 - \dfrac{N_2}{N_1} \\[2mm] \dfrac{2\alpha_2}{\tan\alpha_2} + \dfrac{l_2}{l_3}\dfrac{N_2}{N_3}\dfrac{\alpha_3}{\tan\alpha_3} & 2\alpha_2\tan\alpha_2 - \dfrac{l_2}{l_3}\dfrac{N_2}{N_3}\dfrac{\alpha_3}{\tan\alpha_3} & 1 - \dfrac{N_2}{N_3} \\[2mm] \dfrac{N_2}{N_1} + \dfrac{N_2}{N_3} - 2 & \dfrac{N_2}{N_1} - \dfrac{N_2}{N_3} & -\left(1 + \dfrac{l_1}{l_2}\dfrac{N_2}{N_1} + \dfrac{l_3}{l_2}\dfrac{N_2}{N_3}\right) \end{vmatrix}$$	$\alpha_1 = v_1\, l_1$ $\alpha_2 = v_2\, \dfrac{l_2}{2}$ $\alpha_3 = v_3\, l_3$ $N_1 = P_1$ $N_2 = P_1 + P_2$ $N_3 = P_1 + P_2 + P_3$ $v_1 = \sqrt{\dfrac{N_1}{E\,I_1}}$ $v_2 = \sqrt{\dfrac{N_2}{E\,I_2}}$ $v_3 = \sqrt{\dfrac{N_3}{E\,I_3}}$		
5		$N_{0K} = 2{,}34\,\pi^2\,\dfrac{E\,I_0}{l^2}$		[I, 2], S. 12	Stäbe mit exponentiell veränderlichem Querschnitt s. [I, 60] u. [I, 62].
6		$N_{0K} = 1{,}87\,\pi^2\,\dfrac{E\,I_0}{l^2}$			

d) Stäbe mit veränderlicher Längskraft und veränderlichem Trägheitsmoment (Fortsetzung)

Nr.	Systemskizzen	Knickformeln	Abkürzungen	Quellen	Bemerkungen
I, A, d, 7		Knicken infolge Eigengewicht in der x-y-Ebene: $$N_{0K} = \varphi_{22}\,\pi^2\,\frac{E\,I_0}{l^2}\,, \quad \varphi_{22}\ \text{s. Abb. 15}$$	$$N_0 = \gamma\,l\,F_0\,\frac{1+\alpha}{2}\,,$$ (Längskraft infolge Eigengewicht an der Einspannung). γ spez. Gewicht F_0 Querschnitt an der Einspannung I_0 Trägheitsmoment an der Einspannung $$\alpha = \frac{d_1}{d_0}$$	[I, 103]	Die Dicke des Keilstabes in z-Richtung ist konstant. Die Knickformel gilt sowohl für den vollen Keil oder Keilstumpf als auch für den hohlen Keil oder Keilstumpf, wenn sich die Verlängerungen der inneren und äußeren Profillinie in einem Punkt schneiden (s. Systemskizze).

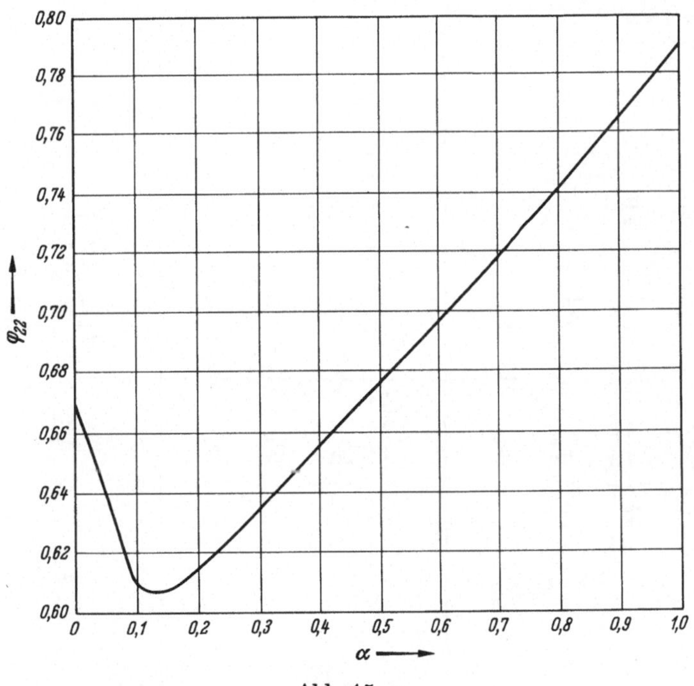

Abb. 15. φ_{22}.

e) Stäbe mit Kragenden

Nr.	Systemskizzen	Knickformeln	Abkürzungen	Quellen	Bemerkungen
I, A, e, 1		$v\,l_1\left(\dfrac{1}{\tan v\,l_1}+\dfrac{1}{\tan v\,l_2}\right)-1=0$ $P_K=\varphi_{23}\,\pi^2\,\dfrac{E\,I}{l^2}$ φ_{23} s. Abb. 16			
			$v=\sqrt{\dfrac{P}{E\,I}}$	[I, 18]	
2		$\dfrac{v\,l_1-\tan v\,l_1}{\tan v\,l_1\left(v\,l_1-2\tan v\,\dfrac{l_1}{2}\right)}-\tan v\,l_2=0$ $P_K=\varphi_{24}\,\pi^2\,\dfrac{E\,I}{l^2}$ φ_{24} s. Abb. 16			
3		$v\,l_2\left(\dfrac{1}{\tan v\,l_2}+\dfrac{1}{\tan v\,l_1}\right)-\dfrac{\left(1-\dfrac{v\,l_2}{\sin v\,l_2}\right)^2}{v\,l_2\left(\dfrac{1}{\tan v\,l_2}+\dfrac{1}{\tan v\,l_3}\right)-1}-1=0$ $P_K=\varphi_{25}\,\pi^2\,\dfrac{E\,I}{l_2^2}$ φ_{25} s. Abb. 17		[I, 43]	Siehe auch [I, 16], S. 179. Für $l_1=l_3$ ist $P_K=\pi^2\,\dfrac{E\,I}{l^2}.$

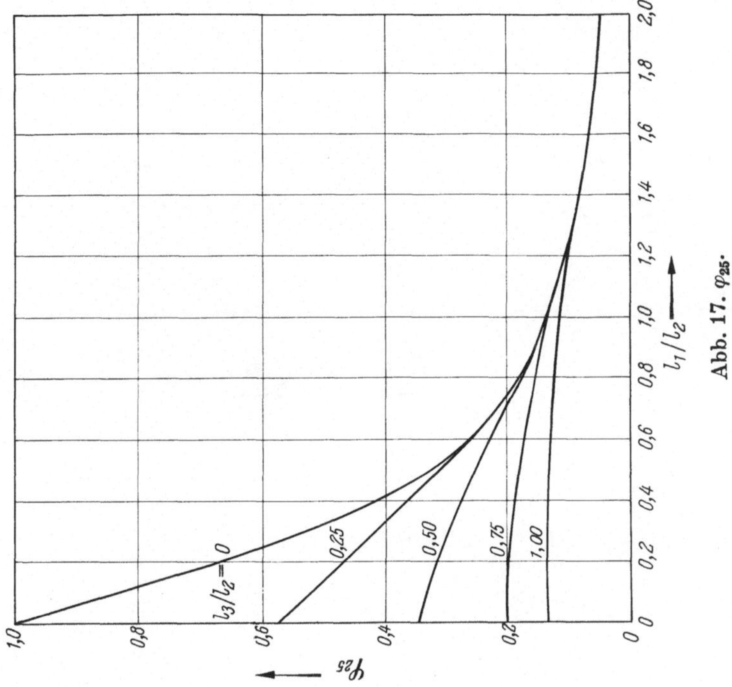

Abb. 17. φ_{25}.

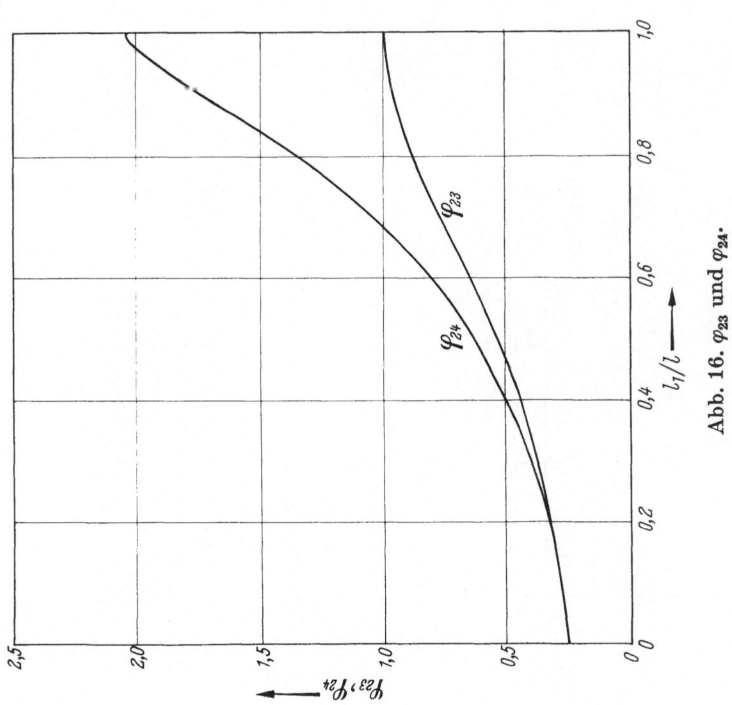

Abb. 16. φ_{23} und φ_{24}.

f) Stäbe mit Gelenken

Nr.	Systemskizzen	Knickformeln	Abkürzungen	Quellen	Bemerkungen
I, A, f, 1	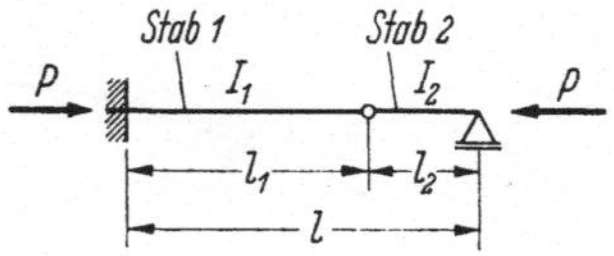	Stab 2: $\quad v_2 l_2 = \pi$ Stab 1: $\quad \dfrac{\tan v_1 l_1}{v_1 l_1} - \dfrac{l_2}{l_1} - 1 = 0$ $P_K = \varphi_{26}\,\dfrac{\pi^2}{4}\,\dfrac{E I_1}{l_1^2}$ φ_{26} s. Abb. 18	$v_1 = \sqrt{\dfrac{P}{E I_1}}$	[I, 43]	
2	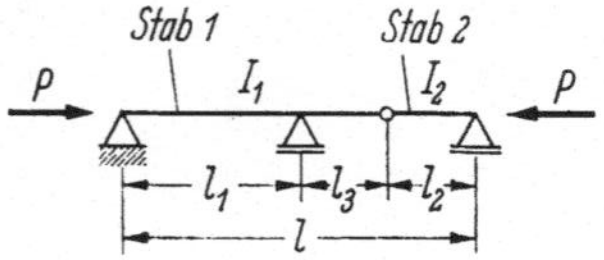	Stab 2: $\quad v_2 l_2 = \pi$ Stab 1: $\quad \dfrac{1}{\tan v_1 l_3} + \dfrac{1}{\tan v_1 l_1} - \dfrac{l}{v_1 l_1 (l_2 + l_3)} = 0$ $P_K = \varphi_{27}\,\pi^2\,\dfrac{E I_1}{l_1^2}$ φ_{27} s. Abb. 19	$v_2 = \sqrt{\dfrac{P}{E I_2}}$		

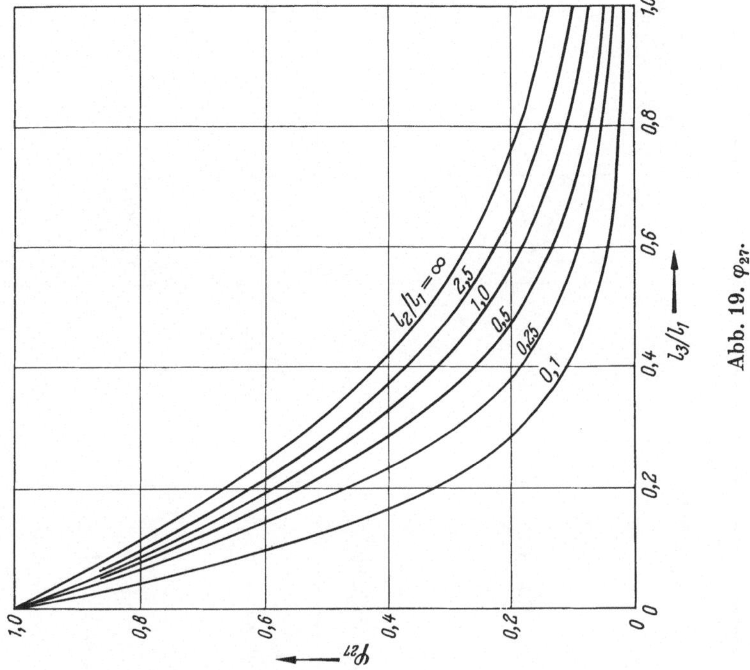

Abb. 19. φ_{27}.

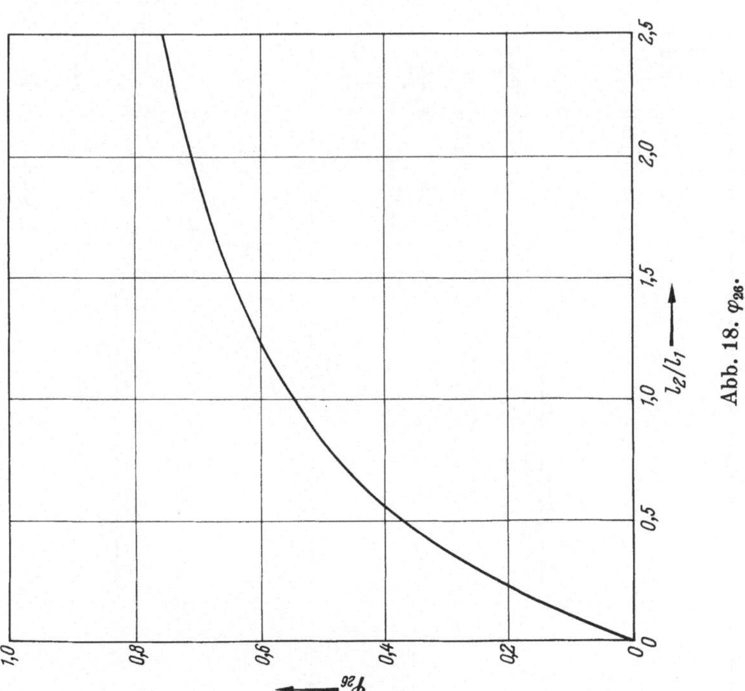

Abb. 18. φ_{26}.

g) Durchlaufende Stäbe auf starren Stützen

Nr.	Systemskizzen	Knickformeln	Abkürzungen	Quellen	Bemerkungen
I, A, g, 1		$$\frac{1}{v_1 I_1 \tan v_1 l_1} - \frac{1}{v_1^2 I_1 l_1} + \frac{1}{v_3 I_2 \tan v_3 l_2} - \frac{1}{v_3^2 I_2 l_2} = 0$$ 1. Sonderfall $P_2 = 0$, $I_1 = I_2$: $$\frac{1}{v_1 l_1} - \frac{1}{\tan v_1 l_1} + \frac{1}{v_1 l_2} - \frac{1}{\tan v_1 l_2} = 0$$ $$P_K = \varphi_{28}\, \pi^2\, \frac{E I}{l_2^2}, \qquad \varphi_{28} \text{ s. Abb. 20}$$ 2. Sonderfall $P_1 = 0$, $I_1 = I_2$: $$\frac{v_3 l_2}{\tan v_3 l_2} - \frac{v_3^2 l_1 l_2}{3} - 1 = 0$$ $$P_K = \varphi_{29}\pi^2\, \frac{E I}{l_2^2}, \qquad \varphi_{29} \text{ s. Abb. 20}$$	$$v_1 = \sqrt{\frac{P_1}{E I_1}}$$	$[I, 38]$, S. 99	Siehe auch $[I, 27]$, S. 91, und $[I, 16]$, S. 177 u. S. 179.
2		$$\frac{1}{v_1 I_1 \tan v_1 l_1} + \frac{1}{v_3 I_2 \tan v_3 l_2} - \frac{1}{v_3 I_2 \sin v_3 l_2} - \frac{1}{v_1^2 I_1 l_1} = 0$$ 1. Sonderfall $P_2 = 0$, $I_1 = I_2$: $$\frac{1}{v_1 l_1} - \frac{1}{\tan v_1 l_1} + \tan \frac{v_1 l_2}{2} = 0$$ $$P_K = \varphi_{30}\, \pi^2\, \frac{E I}{l_2^2}, \qquad \varphi_{30} \text{ s. Abb. 21}$$ 2. Sonderfall: $P_1 = 0$, $I_1 = I_2$: $$\frac{v_3 l_1}{3} + \tan \frac{v_3 l_2}{2} = 0$$ $$P_K = \varphi_{31}\, \pi^2\, \frac{E I}{l_2^2}, \qquad \varphi_{31} \text{ s. Abb. 21}$$	$$v_3 = \sqrt{\frac{P_1 + P_2}{E I_2}}$$	$[I, 38]$, S. 100	

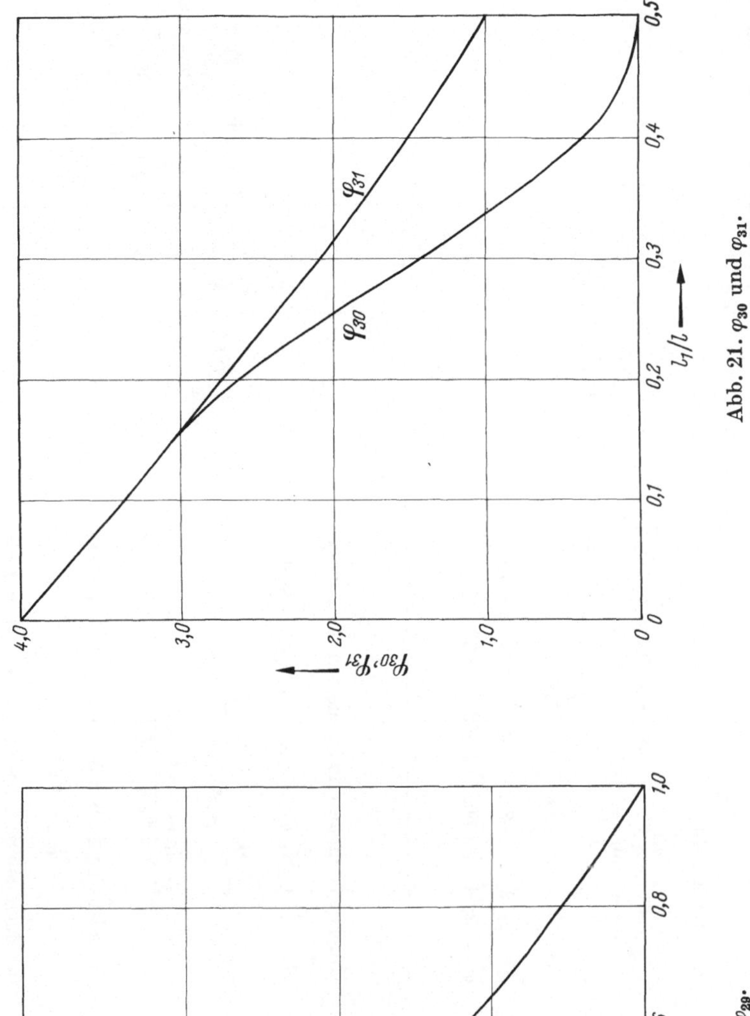

Abb. 21. φ_{30} und φ_{31}.

Abb. 20. φ_{28} und φ_{29}.

g) Durchlaufende Stäbe auf starren Stützen (Fortsetzung)

Nr.	Systemskizzen	Knickformeln	Abkürzungen	Quellen	Bemerkungen
I, A, g, 3		$n = $ Felderzahl $\qquad a = l/n$ $$\frac{\dfrac{\tan va - va}{va} - \cos \dfrac{\pi}{n}}{\cos va - \tan va} = 0$$ $$P_K = \varphi\, \pi^2\, \frac{EI}{a^2}$$ $n = \quad 2 \qquad 3 \qquad 4 \qquad 5 \qquad 6$ $\varphi = \;\; 2{,}046 \quad 1{,}502 \quad 1{,}302 \quad 1{,}133 \quad 1{,}074$	$v = \sqrt{\dfrac{P}{EI}}$	$[I, 4]$	
4	*beliebig große Felderzahl*	Knickdeterminante folgt aus den Gleichungen: $$M_{r-1}\psi_r'' + M_r(\psi_r' + \psi_{r+1}') + M_{r+1}\psi_{r+1}'' = 0$$ mit $\quad \psi' = \dfrac{vl \cos vl - \sin vl}{(vl)^2 \sin vl}\, \dfrac{l}{EI}$ $\psi'' = \dfrac{\sin vl - vl}{(vl)^2 \sin vl}\, \dfrac{l}{EI}$ für gelenkige Stabenden in $r = 0$ und $r = n$: $$M_0 = M_n = 0$$ für eingespannte Stabenden in $r = 0$ und $r = n$: $$M_0\, \psi_1' \;+ M_1\, \psi_1'' = 0$$ $$M_{n-1}\, \psi_n'' + M_n\, \psi_n' = 0$$	$v = \sqrt{\dfrac{N}{EI}}$	$[I, 24]$, S. 284	Bei gleichen Feldweiten und für gelenkige Stabenden in $r = 0$ und $r = n$ ergibt sich die Knickbedingung $\sin vl = 0$ (2. Eulerfall).

Nr.	Systemskizzen	Knickformeln	Abkürzungen	Quellen	Bemerkungen
I, A, h, 1		Für $\dfrac{c_1 c_2}{c_1 + c_2}\, l \leqq \pi^2\, \dfrac{EI}{l^2}$ (Stab bleibt gerade) $$P_K = \frac{c_1 c_2}{c_1 + c_2}\, l$$ Sonderfall $c_1 = \infty,\quad c_2 = c\!:\quad P_K = cl$		[I, 93], S. 83	
2		$$\tan vl + vl\left(\frac{P}{cl} - 1\right) = 0$$ $$P_K = \varphi_{32}\,\pi^2\,\frac{EI}{l^2},\qquad \varphi_{32} \text{ s. Abb. 22}$$		[I, 24], S. 26	
3		$$\frac{\tan vl_1\,\tan vl_2}{\tan vl_1 + \tan vl_2} + vl\left(\frac{P}{cl} - \frac{l_1 l_2}{l^2}\right) = 0$$ Sonderfall $l_1 = l_2$: für $c \leqq 16\,\pi^2\,\dfrac{EI}{l^3}$: $\tan v\,\dfrac{l}{2} + v\,\dfrac{l}{2}\left(\dfrac{4P}{cl} - 1\right) = 0$ für $c \geqq 16\,\pi^2\,\dfrac{EI}{l^3}$: $\sin v\,\dfrac{l}{2} = 0$ $$P_K = \varphi_{33}\,4\,\pi^2\,\frac{EI}{l^2},\qquad \varphi_{33} \text{ s. Abb. 22}$$	$v = \sqrt{\dfrac{P}{EI}}$ $c = \text{Feder-}$ konstante	[I, 93], S. 70 [I, 6], S. 181	Näherung für $l_1 = l_2$ und $P_K \leqq 4\,\pi^2\,\dfrac{EI}{l^2}$: $P_K \approx \pi^2\,\dfrac{EI}{l^2} +$ $+\,0{,}187\,cl$
4		für $c \leqq 21\,\pi^2\,\dfrac{EI}{l^3}$: $\tan v\,\dfrac{l}{4} + v\,\dfrac{l}{4}\left(\dfrac{4P}{cl} - 1\right) = 0$ für $c \geqq 21\,\pi^2\,\dfrac{EI}{l^3}$: $\tan v\,\dfrac{l}{2} - v\,\dfrac{l}{2} = 0$ $$P_K = \varphi_{34}\,4\,\pi^2\,\frac{EI}{l^2},\qquad \varphi_{34} \text{ s. Abb. 22}$$			Näherung für $P_K \leqq 8{,}18\,\pi^2\,\dfrac{EI}{l^2}$: $P_K \approx 4\,\pi^2\,\dfrac{EI}{l^2} +$ $+\,0{,}20\,cl$

h) Stäbe mit elastischer Stützung (Fortsetzung)

Nr.	Systemskizzen	Knickformeln	Abkürzungen	Quellen	Bemerkungen
I, A, h, 5	$c = $ Federkonstante	für $c \leqq 13,5\,\pi^2\,\dfrac{EI}{l^3}$: $\tan v\,\dfrac{a}{2} - \dfrac{1}{\tan va} - \dfrac{1}{va\left(\dfrac{P}{ca}-1\right)} = 0$ für $13,5\,\pi^2\,\dfrac{EI}{l^3} < c < 81\,\pi^2\,\dfrac{EI}{l^3}$: $\dfrac{1}{\tan v\,\dfrac{a}{2}} + \dfrac{1}{\tan va} + \dfrac{3}{va\left(\dfrac{3P}{ca}-1\right)} = 0$ für $c \geqq 81\,\pi^2\,\dfrac{EI}{l^3}$: $\qquad \sin va = 0$ $P_K = \varphi_{35}\,\pi^2\,\dfrac{EI}{a^2}, \qquad \varphi_{35}$ s. Abb. 22	$v = \sqrt{\dfrac{P}{EI}}$	$[I, 93],$ S. 70	
6		$n = $ Felderzahl, $\qquad a = l/n$ Größtmöglicher Wert von P_K: $\max P_K = \pi^2\,\dfrac{EI}{a^2}$, wenn $c \geqq 4\,\pi^2\,\dfrac{EI}{a^3}\cos^2\dfrac{\pi}{2n} \geqq \eta\,\pi^2\,\dfrac{EI}{a^3}$ $n = 2 \quad 3 \quad 4 \quad 5 \quad 6 \quad 7$ $\eta = 2{,}0 \quad 3{,}0 \quad 3{,}414 \quad 3{,}618 \quad 3{,}732 \quad 3{,}802$		$[I, 64],$ S. 12	Ausführliche Knickbedingungen s. $[I, 64], [I, 32],$ $[I, 56], [I, 44].$

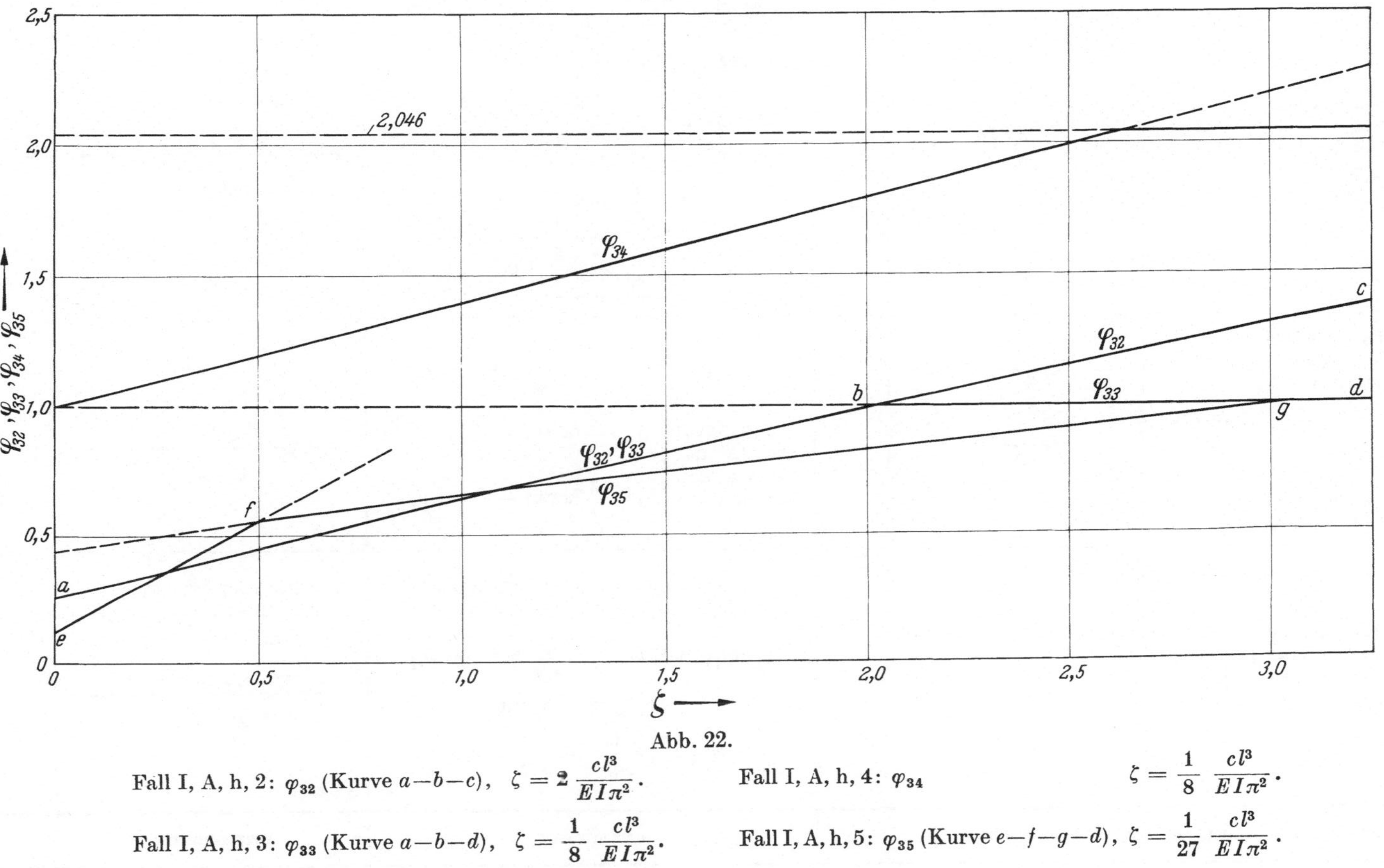

Abb. 22.

Fall I, A, h, 2: φ_{32} (Kurve $a\!-\!b\!-\!c$), $\quad \zeta = 2\,\dfrac{cl^3}{EI\pi^2}$.

Fall I, A, h, 3: φ_{33} (Kurve $a\!-\!b\!-\!d$), $\quad \zeta = \dfrac{1}{8}\,\dfrac{cl^3}{EI\pi^2}$.

Fall I, A, h, 4: φ_{34} $\qquad\qquad\qquad \zeta = \dfrac{1}{8}\,\dfrac{cl^3}{EI\pi^2}$.

Fall I, A, h, 5: φ_{35} (Kurve $e\!-\!f\!-\!g\!-\!d$), $\zeta = \dfrac{1}{27}\,\dfrac{cl^3}{EI\pi^2}$.

i) Stäbe mit kontinuierlicher elastischer Stützung

Nr.	Systemskizzen	Knickformeln	Abkürzungen	Quellen	Bemerkungen
I, A, i, 1	*gelenkige Lagerung* $p \to \quad \leftarrow p$ β Federkonstante der elastischen Bettung	$P_K = \left(n^2 + \dfrac{\beta l^4}{n^2\,\pi^4 EI}\right)\pi^2\dfrac{EI}{l^2}$ mit $n = 1, 2, 3, \ldots$ $P_K = \varphi_{36}\,\pi^2\dfrac{EI}{l^2}, \qquad \varphi_{36}$ s. Abb. 23 Die das kleinste P_K liefernde Halbwellenzahl n ist maßgeblich.		[I, 24], S. 147	Näherung (s. Abb. 23): $P_K \approx 2\sqrt{\beta EI}$. Bei elast. Stützung der Stabenden s. [I, 11] u. [I, 67].
2	*Einspannung* $p \to \quad \leftarrow p$	$\dfrac{v_1}{v_2}\tan v_1\dfrac{l}{2} - \tan v_2\dfrac{l}{2} = 0$ $\dfrac{v_2}{v_1}\tan v_1\dfrac{l}{2} - \tan v_2\dfrac{l}{2} = 0$ $\left.\right\}$ Formel mit dem kleineren P_K ist maßgeblich. $P_K = \varphi_{37}\,\pi^2\dfrac{EI}{l^2}, \qquad \varphi_{37}$ s. Abb. 23	$v_1 = \sqrt{\dfrac{P}{2EI} - \sqrt{\left(\dfrac{P}{2EI}\right)^2 - \dfrac{\beta}{EI}}}$ $v_2 = \sqrt{\dfrac{P}{2EI} + \sqrt{\left(\dfrac{P}{2EI}\right)^2 - \dfrac{\beta}{EI}}}$	[I, 24], S. 150	Näherung (s. Abb. 23): $P_K \approx 4\pi^2\dfrac{EI}{l^2} + 2\sqrt{\beta EI}$. Bei weiteren Randbedingungen s. [I, 94].
3	*freies Ende* $p \to \quad \leftarrow p$	$\dfrac{\sin\sqrt{\frac{1}{2}\omega + \frac{\pi^2}{4}\varphi_{38}}}{\mathrm{sh}\sqrt{\frac{1}{2}\omega - \frac{\pi^2}{4}\varphi_{38}}}$ $= \mp\,\dfrac{\omega - \pi^2\varphi_{38}}{\omega + \pi^2\varphi_{38}}\sqrt{\dfrac{\omega + \frac{\pi^2}{2}\varphi_{38}}{\omega - \frac{\pi^2}{2}\varphi_{38}}}$ $P_K = \varphi_{38}\,\pi^2\dfrac{EI}{l^2}, \qquad \varphi_{38}$ s. Abb. 23	$\omega = \sqrt{\dfrac{\beta\,l^4}{EI}}$	[I, 24], S. 145	Näherung (s. Abb. 23): $P_K \approx \sqrt{\beta EI}$. Weiteres s. [I, 24], S. 155.

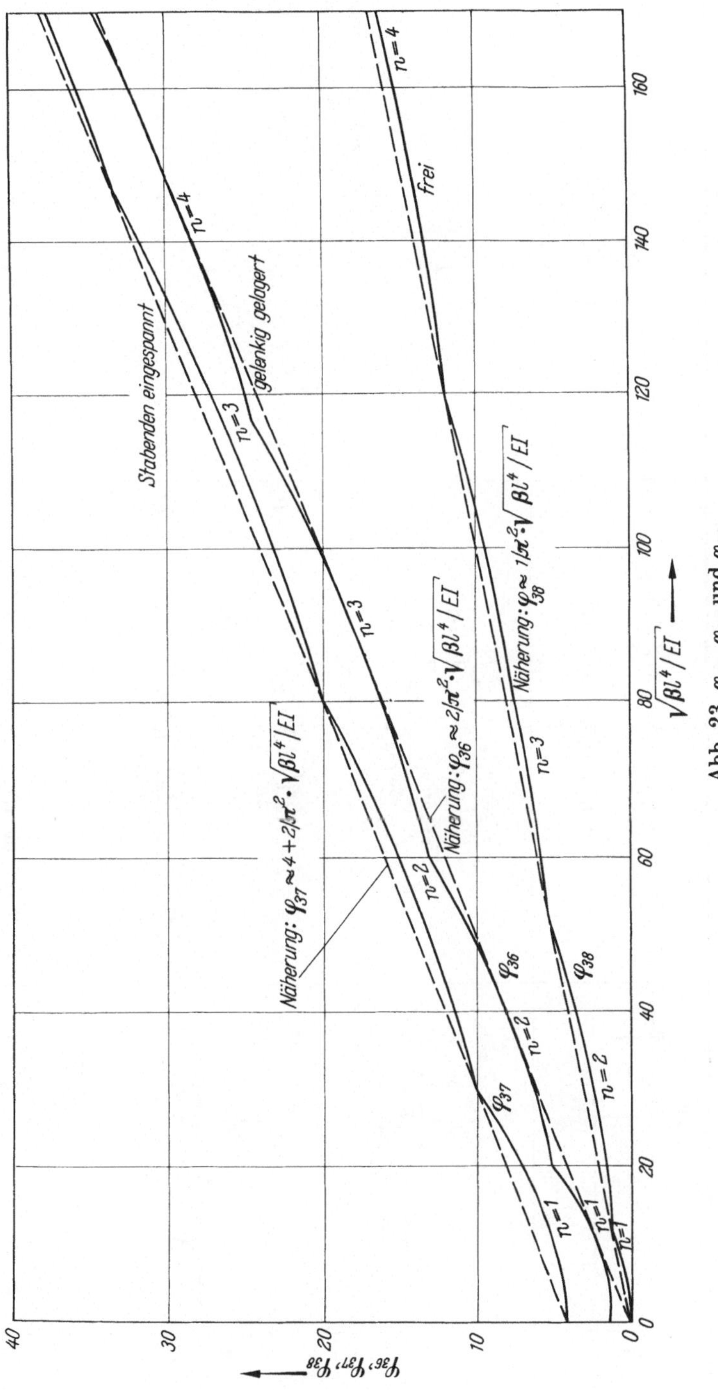

Abb. 23. φ_{36}, φ_{37} und φ_{38}.

B. Ebene Stabverbände

a) Knicken eines durch andere Stäbe eingespannten Stabes in der Verbandsebene

Nr.	Systemskizzen	Knickformeln	Abkürzungen	Quellen	Bemerkungen
I, B, a, 1		$\alpha)\ v_1 l_2 \tan v_1 l_1 - 3\dfrac{I_2}{I_1} = 0$ $\beta)\ v_1 l_2 \tan v_1 l_1 - 4\dfrac{I_2}{I_1} = 0$			
2		$\alpha)\ \dfrac{v_1^2 \tan v_1 l_1}{v_1 l_1 - \tan v_1 l_1} - 3\dfrac{I_2}{I_1}\dfrac{1}{l_1 l_2} = 0$ $\beta)\ \dfrac{v_1^2 \tan v_1 l_1}{v_1 l_1 - \tan v_1 l_1} - 4\dfrac{I_2}{I_1}\dfrac{1}{l_1 l_2} = 0$		$[I, 21]$	
3		$\alpha)\ \dfrac{I_1}{I_2}\dfrac{l_2}{l_1}\left(1 - \dfrac{v_1 l_1}{\tan v_1 l_1}\right) + 3\dfrac{\tan v_1 \frac{l_1}{2}}{v_1 \frac{l_1}{2}} - 3 = 0$ $\beta)\ \dfrac{I_1}{I_2}\dfrac{l_2}{l_1}\left(1 - \dfrac{v_1 l_1}{\tan v_1 l_1}\right) + 4\dfrac{\tan v_1 \frac{l_1}{2}}{v_1 \frac{l_1}{2}} - 4 = 0$	$v_1 = \sqrt{\dfrac{P}{EI_1}}$		Der Winkel zwischen den Stäben l_1 und l_2 ist beliebig. Vgl. auch die Fälle Nr. I, A, a, 1 u. 2.
4		$\dfrac{(v_1 l_1)^2 \tan v_1 l_1}{v_1 l_1 - \tan v_1 l_1} - 3\dfrac{l_1(l_2 + l_3)}{l_2 l_3}\dfrac{I_2}{I_1} = 0$		$[I, 6]$, S. 170	

a) Knicken eines durch andere Stäbe eingespannten Stabes in der Verbandsebene (Fortsetzung)

Nr.	Systemskizzen	Knickformeln	Abkürzungen	Quellen	Bemerkungen
I, B, a, 5		$\dfrac{I_1}{I_2}\dfrac{l_2}{l_1}\dfrac{(v_1 l_1)^2}{2}\dfrac{(\tan v_1 l_1)^2 - v_1 l_1 \tan v_1 l_1}{\left(\dfrac{v_1 l_1}{\cos v_1 l_1} - \tan v_1 l_1\right)^2} +$ $+\, 3\left(\dfrac{\tan v_1 l_1 - v_1 l_1}{\dfrac{v_1 l_1}{\cos v_1 l_1} - \tan v_1 l_1}\right)^2 - 1{,}5 = 0$	$v_1 = \sqrt{\dfrac{P}{EI_1}}$	[I, 6], S. 175	
6		$P_K = \left[1 + 3\,\dfrac{I_2}{F_1}\dfrac{l_1(l_2 + l_3)}{l_2^2 l_3^2}\right]\pi^2\,\dfrac{E\,I_1}{l_1^2}$			
7		$P_K = \left[1 + 3\,\dfrac{I_2}{F_1}\dfrac{l_1(l_2 + l_3)^3}{l_2^3 l_3^3}\right]\pi^2\,\dfrac{E\,I_1}{l_1^2}$			

a) Knicken eines durch andere Stäbe eingespannten Stabes in der Verbandsebene (Fortsetzung)

Nr.	Systemksizzen	Knickformeln	Abkürzungen	Quellen	Bemerkungen
I, B, a, 8		$\dfrac{(v_1 l_1)^2 \tan v_1 l_1}{v_1 l_1 - \tan v_1 l_1} - 6\, \dfrac{I_2}{I_1} \dfrac{l_1}{l_2} = 0$ $P_K = P^* \left[1 + 6\, \dfrac{I_2}{F_1} \dfrac{l_1}{l_2^3} \right]$	$v_1 = \sqrt{\dfrac{P^*}{E I_1}}$		
9		$\dfrac{(v_1 l_1)^2 \tan v_1 l_1}{v_1 l_1 - \tan v_1 l_1} - 8\, \dfrac{I_2}{I_1} \dfrac{l_1}{l_2} = 0$ $P_K = P^* \left[1 + 24\, \dfrac{I_2}{F_1} \dfrac{l_1}{l_2^3} \right]$			
10		$\dfrac{(v_1 l_1)^2 \tan v_1 l_1}{\tan v_1 l_1 - v_1 l_1} + \dfrac{(v_2 l_2)^2 \tan v_2 l_2}{\tan v_2 l_2 - v_2 l_2} \dfrac{I_2}{I_1} \dfrac{l_1}{l_2} +$ $+ \dfrac{(v_3 l_3)^2 \tan v_3 l_3}{\tan v_3 l_3 - v_3 l_3} \dfrac{I_3}{I_1} \dfrac{l_1}{l_3} = 0$	$v_1 = \sqrt{\dfrac{P_1}{E I_1}}$ $v_2 = \sqrt{\dfrac{P_2}{E I_2}}$ $v_3 = \sqrt{\dfrac{P_3}{E I_3}}$	[*I, 28*]	Der Winkel zwischen den Stäben l_1, l_2 und l_3 ist beliebig. Den an beiden Enden durch mehrere belastete Stäbe eingespannten Stab s. [*I, 27*], S. 103, u. [*I, 29*].

b) *Knicken von Rahmen in ihrer Ebene*

Nr.	Systemskizzen	Knickformeln	Abkürzungen	Quellen	Bemerkungen
I, B, b, 1		für $P_1 = P_2 = P$, $x = l_1$: $$\frac{2(v\,l_1)^2 \tan v\,l_1}{2v\,l_1 - \tan v\,l_1} - 3\,\frac{I_2}{I_1}\frac{l_1}{l_2} = 0$$ für $P_2 = 0$: $v_1 l_1 \tan \frac{x}{l_1} v_1 l_1 \left(1 - \frac{x}{l_1} + \frac{l_2}{3 l_1}\frac{I_1}{I_2}\right) - 1 = 0$ für $P_2 = 0$, $x = l_1$: $v_1 l_1 \tan v_1 l_1 - 3\,\frac{I_2}{I_1}\frac{l_1}{l_2} = 0$	$v = \sqrt{\dfrac{P}{E\,I_1}}$ $v_1 = \sqrt{\dfrac{P_1}{E\,I_1}}$	[I, 47]	Dehnungen der Stabachse sind vernachlässigt. Knicken eines Dreieckrahmens s. [I, 57]. Knicken des symmetrischen Dreigelenkrahmens unter Riegelbelastung s. [I, 88]. Knicken bei Rahmen mit linear veränderlichen Querschnitten s. [I, 102].
2		$$\frac{v_1 l_1}{\tan v_1 l_1} - 2\,\frac{v_1^2}{v_2^2}\frac{I_1}{I_2}\frac{l_1}{l_2}\left(1 - \frac{v_2 \frac{l_2}{2}}{\tan v_2 \frac{l_2}{2}}\right) = 0$$ für $P_2 = 0$: $v_1 l_1 \tan v_1 l_1 - 6\,\frac{I_2}{I_1}\frac{l_1}{l_2} = 0$ für $P_2 = 0$ und Behinderung der seitl. Ausweichung: $$\frac{(v_1 l_1)^2 \tan v_1 l_1}{v_1 l_1 - \tan v_1 l_1} - 2\,\frac{I_2}{I_1}\frac{l_1}{l_2} = 0$$	$v_2 = \sqrt{\dfrac{P_2}{E\,I_2}}$	[I, 33] [I, 41], S. 112	Dehnungen der Stabachse sind vernachlässigt. Bei ungleich langen Stielen s. [I, 66] u. [I, 132].

b) *Knicken von Rahmen in ihrer Ebene* (Fortsetzung)

Nr.	Systemskizzen	Knickformeln	Abkürzungen	Quellen	Bemerkungen
I, B, b, 3	I – const c – *Federkonstante*	Symmetrisches Knicken: $$v l_1 \cot v l_1 - \frac{1}{2} v l_1 v l_2 - 1 = 0$$ Antimetrisches Knicken: $$\left[\frac{l_1}{l_2} - \frac{2}{\delta}\,(v\,l_2)^2\right]\left[\frac{(v\,l_2)^2}{6} - v l_2 \cot v l_1\right] + 1 = 0$$ $$P_K = \varphi_{39}\,\pi^2\,\frac{E I}{l_2^2}$$ φ_{39} s. Abb. 24	$$v = \sqrt{\frac{P}{E I}}$$ $$\delta = \frac{c\,l_2^3}{E I}$$	$[I, 97]$	Bei mehrstöckigen Rahmen ohne Feder s. $[I, 90]$. Bei schrägen Stielen s. $[I, 97]$.
4	I=const	$$P_K = \varphi_{40}\,\pi^2\,\frac{E I}{l_2^2}$$ φ_{40} s. Abb. 25			Knickbedingung s. $[I, 97]$. Bei zusätzlicher seitlicher Federlagerung s. $[I, 97]$. Bei mehrstieligen Rahmen s. $[I, 86]$.

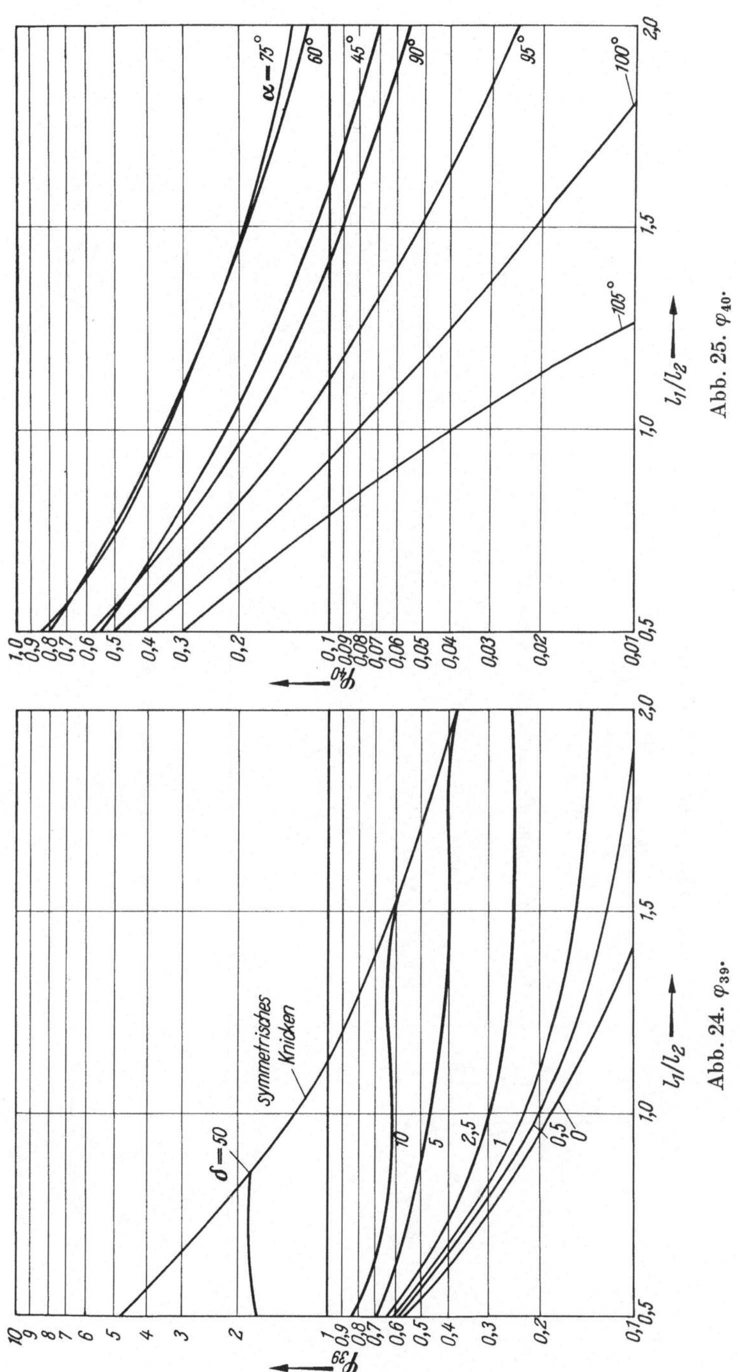

Abb. 25. φ_{40}.

Abb. 24. φ_{39}.

b) Knicken von Rahmen in ihrer Ebene (Fortsetzung)

Nr.	Systemskizzen	Knickformeln	Abkürzungen	Quellen	Bemerkungen
I, B, b, 5	P_1, P_2, I_1, I_2, l_1, l_2	Bei Behinderung der seitlichen Ausweichung: $$\frac{v_1 \frac{l_1}{2} \tan v_2 \frac{l_2}{2}}{v_2 \frac{l_2}{2} \tan v_1 \frac{l_1}{2}} + \frac{I_2}{I_1} \frac{l_1}{l_2} = 0$$ für $P_2 = 0$ ohne Behind. d. seitl. Ausweichung: $$\frac{v_1 l_1}{\tan v_1 l_1} - \frac{l_1 (v_1^2 l_2^2 I_1^2 - 36 I_2^2)}{12\, l_2 I_1 I_2} = 0$$ für $P_2 = 0$ mit Behind. d. seitl. Ausweichung: $$\frac{v_1 \frac{l_1}{2}}{\tan v_1 \frac{l_1}{2}} + \frac{I_2}{I_1} \frac{l_1}{l_2} = 0$$	$$v_1 = \sqrt{\frac{P_1}{E I_1}}$$ $$v_2 = \sqrt{\frac{P_2}{E I_2}}$$	[I, 93], S. 62	Dehnungen der Stabachse sind vernachlässigt.
6	regelmäßiges Polygon; P; $I = $const; Längskraft N	$n = $ Anzahl der Stäbe $$n = 3:\ N_K = 1{,}51\,\pi^2\,\frac{E I}{l^2}$$ $$n > 3:\ N_K = \frac{16}{n^2}\,\pi^2\,\frac{E I}{l^2}$$		[I, 93], S. 151	Dehnungen der Stabachse sind vernachlässigt. Starrkörperrotation ist ausgeschlossen.

Ebene Stabverbände — 383

c) Knicken gegliederter Stäbe in ihrer Ebene

Nr.	Systemskizzen	Knickformeln	Abkürzungen	Quellen	Bemerkungen
I, B, c, 1		$P_K = \dfrac{E F_1 \tan^2 \alpha}{3 + \dfrac{2 l_2 F_1}{l_1 F_2 \cos^2 \alpha}}$		[I, 93], S. 148	Der Träger ist als ideales Fachwerk vorausgesetzt.
2		$P_K \approx \dfrac{1}{1 + \dfrac{\pi^2 I}{c\,h^2\,l^2}\left[\dfrac{d^3}{F_d} + \dfrac{h^3}{F_v}\right]}\,\dfrac{\pi^2 E I}{l^2}$	$I = \text{Trägheitsmoment des Gesamt-}$ $\text{querschnittes} \approx F_g\,\dfrac{h^2}{2}$	[I, 6], S. 147	Annahme der Näherung: $c \ll l$. Stäbe mit kleiner Felderzahl s. [I, 3], S. 383, u. [I, 53].
3		für große Felderzahl: $P_K \approx \dfrac{1}{1 + \dfrac{\pi^2 E I}{l^2}\left[\dfrac{c^2}{24\,E I_g} + \dfrac{c h}{12\,E I_v}\right]}\,\dfrac{\pi^2 E I}{l^2}$		[I, 6], S. 154	Annahme der Näherung: In der Mitte jedes Feldes sind in den Gurten Momenten-Nullpunkte vorhanden.
		für kleine Felderzahl und $I_v = \infty$: $\dfrac{\cos \pi \dfrac{c}{l}\,\cos v c}{1 - \cos \pi \dfrac{c}{l}} - \dfrac{F_g\,h^2}{4\,I_g}\,\dfrac{\sin v c}{v c} = 0$	$v = \sqrt{\dfrac{P}{2\,E I_g}}$	[I, 19]	

d) Knicken eines Verbundstabes in der Ebene der Teilstabachsen

Nr.	Systemskizzen	Knickformeln	Abkürzungen	Quellen	Bemerkungen
I, B, d		$$P_K = \left[\frac{I_1 + I_2}{I} + \frac{I - I_1 - I_2}{I + \dfrac{F_1 F_2}{g(F_1 + F_2)}\dfrac{\pi^2 EI}{l^2}}\right]\frac{\pi^2 EI}{l^2}$$ $I = $ Trägheitsmoment des Gesamtquerschnittes $g = $ Gleitfederkonstante $=$ Schubkraft je Längeneinheit dividiert durch die gegenseitige Verschiebung der Stäbe		$[I, 54]$	Eingespannte Stabenden und dreistäbige Verbindung mit verschiedenen Lagerbedingungen s. $[I, 54]$. Einzelknicken der Teilstäbe s. $[I, 68]$.

e) Knicken von Stabverbänden senkrecht zu ihrer Ebene

Nr.	Systemskizzen	Knickformeln	Abkürzungen	Quellen	Bemerkungen
I, B, e, 1		$$P_K = \frac{3 l_1 (l_2 + l_3) E I_2}{l_2^2 l_3^2},$$ wenn nicht $P_K = \pi^2 \dfrac{E I_1}{l_1^2}$ maßgeblich wird.		$[I, 16]$, S. 181	Verformungen in der Verbandsebene sind vernachlässigt. Bei mehreren Stützen s. $[I, 46]$.

e) *Knicken von Stabverbänden senkrecht zu ihrer Ebene* (Fortsetzung)

Nr.	Systemskizzen	Knickformeln	Abkürzungen	Quellen	Bemerkungen
I, B, e, 2		$$\frac{v_1 l_1 (v_2 l_2 - \tan v_2 l_2)}{v_2 l_2 (v_1 l_1 - \tan v_1 l_1)} + \frac{v_2^2 I_2 l_1}{v_1^2 I_1 l_2} = 0$$ für $P_2 < 0$: (Zug) $$\frac{v_1 l_1 (v_2 l_2 - \operatorname{th} v_2 l_2)}{v_2 l_2 (v_1 l_1 - \tan v_1 l_1)} - \frac{v_2^2 I_2 l_1}{v_1^2 I_1 l_2} = 0,$$ wenn nicht $P_K = \pi^2 \dfrac{E I_1}{l_1^2}$ maßgeblich ist.	$$v_1 = \sqrt{\frac{P_1}{E I_1}}$$ $$v_2 = \sqrt{\frac{P_2}{E I_2}}$$ $$v_3 = \sqrt{\frac{P_3}{E I_3}}$$	$[I, 6]$, S. 182	Knicken eines Stützen-rostes s. $[I, 59]$.
3		$$\frac{F_1 v_1 l_1}{\tan v_1 l_1} + \frac{F_2 v_2 l_2}{\tan v_2 l_2} + \frac{F_3 v_3 l_3}{\tan v_3 l_3} = 0$$ $F_1 = $ Fläche des Dreiecks 023 $F_2 = $ „ „ „ 013 $F_3 = $ „ „ „ 012		$[[I, 1]$ $[I, 37]$	Knicken eines Stab-zuges s. $[I, 10]$. Knicken eines Dreieck-rahmens s. $[I, 24]$, S. 246, u. $[I, 27]$, S. 127.

C. Räumliches Knicken gerader Stäbe

a) Kippen von Biegeträgern bei unbehinderter Querschnittsverwölbung

Nr.	Systemskizzen	Knickformeln	Abkürzungen	Quellen	Bemerkungen
I, C, a, 1		$\alpha)\quad M_K = \dfrac{\pi}{l}\sqrt{EIGI_D}$ $\beta)\quad M_K = \dfrac{2\pi}{l}\sqrt{EIGI_D}$	$I =$ Trägheitsmoment für seitliche Biegung senkrecht zur Lastebene $GI_D =$ Drillsteifigkeit der Saint Venantschen Theorie	[*I, 93*], S. 253	Verformungen des Grundzustandes können wesentlich werden. Berücksichtigung s. dieses Buch, Abschnitt VII, B, 2 u. [*I, 39*]. Veränderliches I s. [*I, 15*]. Kippen eines Trägerrostes s. [*I, 36*].
2		$\alpha)\quad P_K = \dfrac{16{,}94}{l^2}\sqrt{EIGI_D}$ $\beta)\quad P_K = \dfrac{26{,}6}{l^2}\sqrt{EIGI_D}$		[*I, 93*], S. 268	Beliebiger Lastangriffspunkt im Fall $\alpha)$ s. [*I, 39*], S. 62. Falls die Last P im Abstand $\pm z$ angreift, ist im Fall $\alpha)$: $P_K = \dfrac{16{,}94}{l^2}\sqrt{EIGI_D}\left(1 \pm \dfrac{1{,}74}{l}z\sqrt{\dfrac{EI}{GI_D}}\right).$ Bei elastischer Einspannung im Fall $\beta)$ s. [*I, 75*].
3		$P_K = \dfrac{44{,}5}{l^2}\sqrt{EIGI_D}$		[*I, 75*]	Bei elastischer Einspannung s. [*I, 75*].
4		$\alpha)\ (q\,l)_K = \dfrac{28{,}3}{l^2}\sqrt{EIGI_D}$ $\beta)\ (q\,l)_K = \dfrac{48{,}8}{l^2}\sqrt{EIGI_D}$		[*I, 93*], S. 267	Bei Durchlaufträgern mit feldweise verschiedener Belastung und Normalkraft s. [*I, 95*]. Bei prismatischen, an den Endquerschnitten aufgehängten Balken s. [*I, 81*] und [*I, 106*].

a) *Kippen von Biegeträgern bei unbehinderter Querschnittsverwölbung* (Fortsetzung)

Nr.	Systemskizzen	Knickformeln	Abkürzungen	Quellen	Bemerkungen
I, C, a, 5		$M_K = \dfrac{\pi}{2l}\sqrt{EIGI_D}$	$I =$ Trägheitsmoment für seitliche Biegung senkrecht zur Lastebene, $GI_D =$ Drillsteifigkeit der SAINT VENANTschen Theorie	[I, 111], S. 348	Der Momentenvektor M behält nicht seine Richtung bei, sondern bleibt in der Ebene des Endquerschnitts. Bei richtungstreuem M s. [I, 39], S. 59.
6		$\alpha)\quad P_K = \dfrac{4{,}013}{l^2}\sqrt{EIGI_D}$ $\beta)\quad P_K = \dfrac{5{,}50}{l^2}\sqrt{EIGI_D}$		[I, 93], S. 257	Für P und Normalkraft s. [I, 82]. Falls die Last P im Abstand $\pm z$ angreift, ist im Fall $\alpha)$: $P_K = \dfrac{4{,}013}{l^2}\sqrt{EIGI_D}\left(1 \pm \dfrac{z}{l}\sqrt{\dfrac{EI}{GI_D}}\right)$. Bei nicht richtungstreuem P s. [I, 91].
7		$(q\,l)_K = \dfrac{12{,}85}{l^2}\sqrt{EIGI_D}$		[I, 93], S. 261	

b) *Kippen von Trägern mit I-Querschnitt mit Berücksichtigung der Wölbbehinderung*

Nr.	Systemskizzen	Knickformeln	Abkürzungen	Quellen	Bemerkungen
I C, b, 1		$\alpha)\quad M_K = \dfrac{\varphi_{41}}{l}\sqrt{EIGI_D}$ $\beta)\quad M_K = \dfrac{\varphi_{42}}{l}\sqrt{EIGI_D}$ $\varphi_{41},\,\varphi_{42}$ s. Abb. 26	siehe nächste Seite	[I, 39]	Bei verschieden großen Flanschquerschnitten s. [I, 74]. Kippen eines Trägerrostes s. [I, 58]. Bei einfach-symmetrischen Querschnitten s. [I, 78]. Für gleichgroße Endmomente und Normalbelastung s. [I, 61] und [I, 81], S. 309. Für ungleiche Endmomente und Normalbelastung s. [I, 110].

b) Kippen von Trägern mit I-Querschnitt mit Berücksichtigung der Wölbbehinderung (Fortsetzung)

Nr.	Systemskizzen	Knickformeln	Abkürzungen	Quellen	Bemerkungen
I, C, b, 2	α) β)	$\alpha)\ \ P_K = \dfrac{\varphi_{43}}{l^2} \sqrt{EIGI_D}$ $\beta)\ \ P_K = \dfrac{\varphi_{46}}{l^2} \sqrt{EIGI_D}$ $\varphi_{43} \div \varphi_{46}$ s. Abb. 27			Falls die Last P am Ober- bzw. Unterflansch angreift, ist im Fall α) φ_{44} bzw. φ_{45} für φ_{43} zu setzen. Bei versch. Drill- und Wölbwiderständen einfach symmetrischer Querschnitte und versch. Lastangriffspunkten s. [I, 86].
3	α) β)	$\alpha)\ \ (q\,l)_K = \dfrac{\varphi_{47}}{l^2} \sqrt{EIGI_D}$ $\beta)\ \ (q\,l)_K = \dfrac{\varphi_{50}}{l^2} \sqrt{EIGI_D}$ $\varphi_{47} \div \varphi_{50}$ s. Abb. 28		[I, 39]	Falls die Belastung q am Ober- bzw. Unterflansch angreift, ist im Fall α) φ_{48} bzw. φ_{49} für φ_{47} zu setzen. Für zusätzliche Normalbelastung s. [I, 95]. Bei einf. sym. Querschnitten s. [I, 80]. Für zusätzliche Normalbelastung und Endmomente s. [I, 107].
4		$P_K = \dfrac{\varphi_{51}}{l^2} \sqrt{EIGI_D}$ φ_{51} s. Abb. 26			Kippen eines Rechteckrahmens s. [I, 35]. Kragträger mit Endmoment s. [I, 108] und [I, 109].
5		$(q\,l)_K = \dfrac{\varphi_{52}}{l^2} \sqrt{EIGI_D}$ φ_{52} s. Abb. 27		[I, 63]	

Abkürzungen:

$I =$ Trägheitsmoment für seitliche Biegung senkrecht zur Lastebene
$GI_D =$ Drillsteifigkeit der Saint Venantschen Theorie
$h =$ Abstand der Gurtschwerpunkte

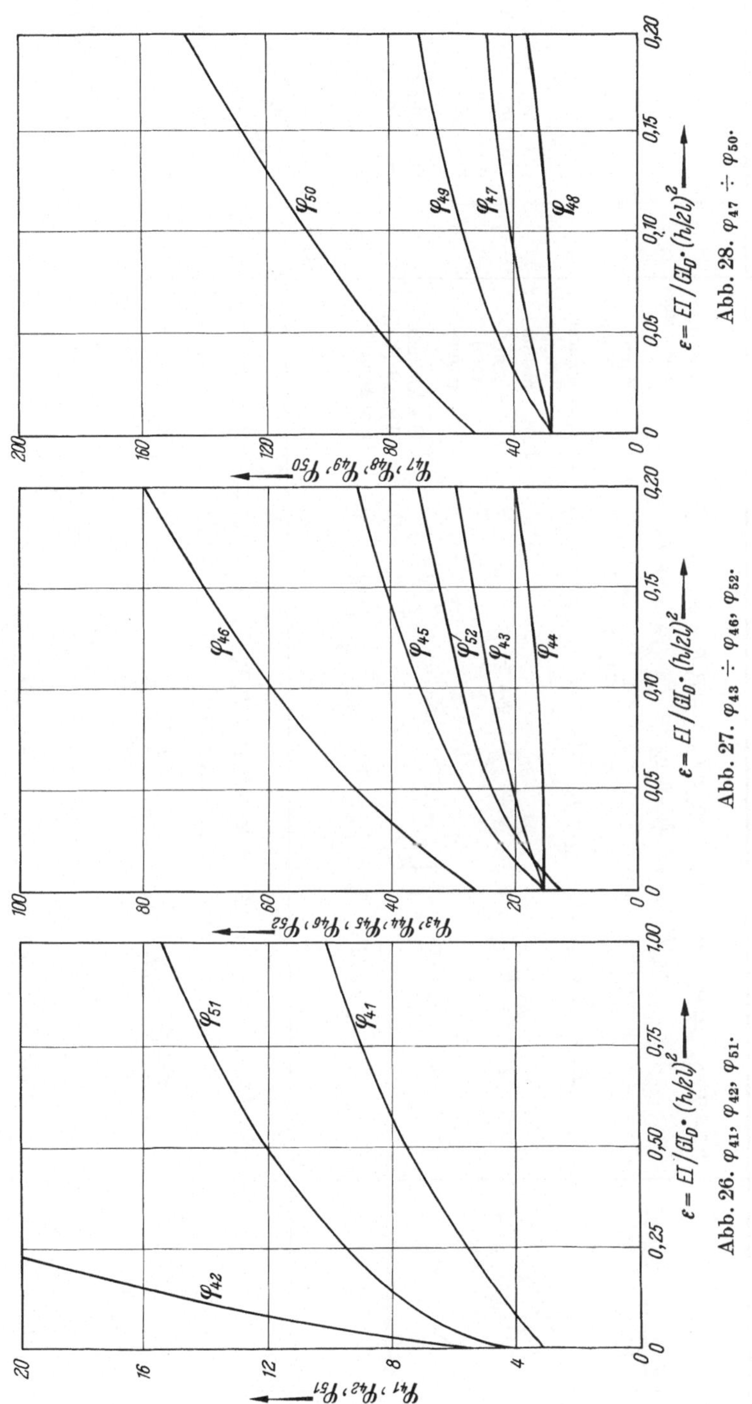

φ_{50}
φ_{49}
φ_{47}
φ_{48}
$\varphi_{47}, \varphi_{48}, \varphi_{49}, \varphi_{50}$
$\varepsilon = EI / GI_D \cdot (h/2l)^2$
Abb. 28. $\varphi_{47} \div \varphi_{50}$.
φ_{46}
φ_{45}
φ_{52}
φ_{43}
φ_{44}
$\varphi_{43}, \varphi_{44}, \varphi_{45}, \varphi_{46}, \varphi_{52}$
$\varepsilon = EI / GI_D \cdot (h/2l)^2$
Abb. 27. $\varphi_{43} \div \varphi_{46}, \varphi_{52}$.
φ_{51}
φ_{41}
φ_{42}
$\varphi_{41}, \varphi_{42}, \varphi_{51}$
$\varepsilon = EI / GI_D \cdot (h/2l)^2$
Abb. 26. $\varphi_{41}, \varphi_{42}, \varphi_{51}$.

c) Biegedrillknicken zentrisch gedrückter Stäbe mit offenem dünnwandigem Querschnitt

Nr.	Systemskizzen	Knickformeln	Abkürzungen	Quellen	Bemerkungen
I,C,c,1	*beliebiger Querschnitt*	$$P_K^3 - P_K^2(P_S + P_x + P_y) + P_K(P_S P_x + P_S P_y + P_x P_y - \varrho_{xy}^2 - \varrho_x^2 - \varrho_y^2) - \\ - (P_S P_x P_y + 2\varrho_{xy}\varrho_x\varrho_y - \varrho_{xy}^2 P_S - \varrho_y^2 P_x - \varrho_x^2 P_y) = 0$$ $$P_x = \frac{\pi^2}{l^2}EI_x, \quad P_y = \frac{\pi^2}{l^2}EI_y, \quad P_s = \frac{GI_D + \frac{\pi^2}{l^2}EC}{i_p^2}$$ $$\varrho_x = \frac{\pi^2}{l^2}E\frac{R_x}{i_p}, \quad \varrho_y = \frac{\pi^2}{l^2}E\frac{R_y}{i_p}, \quad \varrho_{xy} = \frac{\pi^2}{l^2}EI_{xy}$$ $$C = \int_{(F)} w^2 dF - \frac{1}{F}\left(\int_{(F)} w\,dF\right)^2, \quad w = w_0 + \int_0^u r\,du$$ $$R_x = \int_{(F)} ywdF, \quad R_y = \int_{(F)} xwdF, \quad I_D = \frac{1}{3}\int_{(F)} t^3 du$$	$u = $ Koordinate längs der Wandungsmittellinie $i_p = $ polarer Trägheitsradius $I_{xy} = $ Zentrifugalmoment Die kleinste Wurzel P_K ist maßgeblich.	[I, 30] [I, 85]	Die Größe von w_0 ist beliebig. Randbedingungen: Gelenkige Lagerung, Drehung der Endquerschnitte um die Stabachse gleich Null, unbehinderte Querschnittsverwölbung. Bei Querschnittssymmetrie zur x-Achse ist $\varrho_y = \varrho_{xy} = 0$ u. eine Knicklast gleich P_y. Bei außermittigem Kraftangriff s. [I, 61]. Die Längen b, b_1 und b_2 beziehen sich auf die Wandungsmittellinie.
2		$$P_K^3 - P_K^2(P_S + P_x + P_y) + P_K(P_S P_x + P_S P_y + P_x P_y - \varrho_{xy}^2 - \varrho_x^2 - \varrho_y^2) - \\ - (P_S P_x P_y + 2\varrho_{xy}\varrho_x\varrho_y - \varrho_{xy}^2 P_S - \varrho_y^2 P_x - \varrho_x^2 P_y) = 0$$ $$P_x = \frac{\pi^2 E\beta b^2}{12\alpha^2}(4\eta_1^3 - 3\eta_1^4), \quad P_y = \frac{\pi^2 E\beta b^2}{12\alpha^2}(4\eta_2^3 - 3\eta_2^4)$$ $$P_s = \frac{E\beta b^2}{\alpha^2}\frac{\pi^2 \eta_1^3 \eta_2^3(1+\mu) + 2\alpha^2\beta^2}{(1+\mu)(1 - 6\eta_1^2\eta_2^2)}, \quad \varrho_x = -\frac{\pi^2 E\beta b^2}{3\alpha^2}\frac{\eta_1^3\eta_2^2}{\sqrt{\frac{1}{3} - 2\eta_1^2\eta_2^2}}$$ $$\varrho_y = \frac{\pi^2 E\beta b^2}{3\alpha^2}\cdot\frac{\eta_1^2\eta_2^3}{\sqrt{\frac{1}{3} - 2\eta_1^2\eta_2^2}}, \quad \varrho_{xy} = -\frac{\pi^2 E\beta b^2}{4\alpha^2}\eta_1^2\eta_2^2$$ $$P_K = \varphi_{53}\frac{\pi^2 E\beta b^2}{\alpha^2}, \quad \varphi_{53} \text{ s. Abb. 29}$$	Die kleinste Wurzel P_K ist maßgeblich. $b = $ Abwicklung $= b_1 + b_2$ $\alpha = \dfrac{l}{b}$ $\beta = \dfrac{t}{b}$ $\eta_1 = \dfrac{b_1}{b}, \quad \eta_2 = \dfrac{b_2}{b}$		

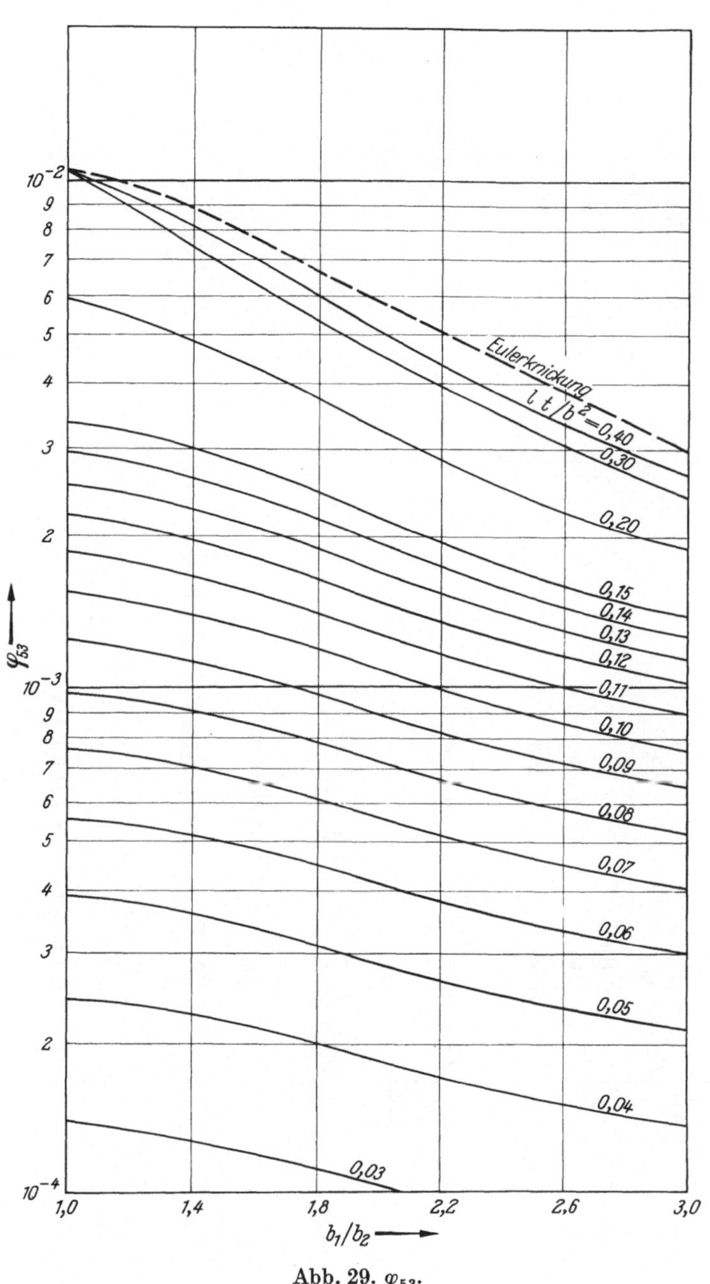

Abb. 29. φ_{53}.

c) Biegedrillknicken zentrisch gedrückter Stäbe mit offenem dünnwandigem Querschnitt (Fortsetzung)

Nr.	Systemskizzen	Knickformeln	Abkürzungen	Quellen	Bemerkungen
I, C, c, 3		$P_{K1} = \dfrac{P_s + P_x}{2} - \sqrt{\left(\dfrac{P_s - P_x}{2}\right)^2 + \varrho_x^2}$ $P_{K2} = \dfrac{\pi^2 E \beta b^2}{96 \alpha^2}$ (Euler-Knicklast) $P_x = \dfrac{\pi^2 E \beta b^2}{24 \alpha^2}$ $P_s = \dfrac{E \beta b^2}{40 \alpha^2} \dfrac{\pi^2(1+\mu) + 128\alpha^2\beta^2}{1+\mu}$ $\varrho_x = - \dfrac{\pi^2 E \beta b^2}{8\sqrt{15}\,\alpha^2}$ $P_K = \varphi_{54} \dfrac{\pi^2 E \beta b^2}{\alpha^2}, \qquad \varphi_{54}$ s. Abb. 30	Der kleinere Wert von P_{K1} und P_{K2} ist maßgeblich. b = Abwicklung, z. B. $b = 2b_1 + 2b_2$ für Fall 4		Randbedingungen: s. I, C, c, 1 u. 2.
4		$P_{K1} = \dfrac{P_s + P_x}{2} - \sqrt{\left(\dfrac{P_s - P_x}{2}\right)^2 + \varrho_x^2}$ $P_{K2} = \dfrac{\pi^2 E \beta b^2}{96 \alpha^2}$ (Euler-Knicklast) $P_x = \dfrac{\pi^2 E \beta b^2}{24 \alpha^2} (1 - 24\eta_2^2 + 48\eta_2^3)$ $P_s = \dfrac{E \beta b^2}{8 \alpha^2} \dfrac{\pi^2(1+\mu)(1 + 24\eta_2^2 - 80\eta_2^3 - 192\eta_2^4 + 512\eta_2^5) + 128\alpha^2\beta^2}{(1+\mu)(5 - 96\eta_2^2 + 192\eta_2^3)}$ $\varrho_x = - \dfrac{\pi^2 E \beta b^2}{8\alpha^2} \dfrac{1 - 80\eta_2^3 + 160\eta_2^4}{\sqrt{3(5 - 96\eta_2^2 + 192\eta_2^3)}}$ $P_K = \varphi_{54} \dfrac{\pi^2 E \beta b^2}{\alpha^2}, \qquad \varphi_{54}$ s. Abb. 30	$\alpha = \dfrac{l}{b}$ $\beta = \dfrac{t}{b}$ $\eta_2 = \dfrac{b_2}{b}$	[I, 30] [I, 85]	Die Längen b, b_1 u. b_2 beziehen sich auf die Wandungsmittellinie.

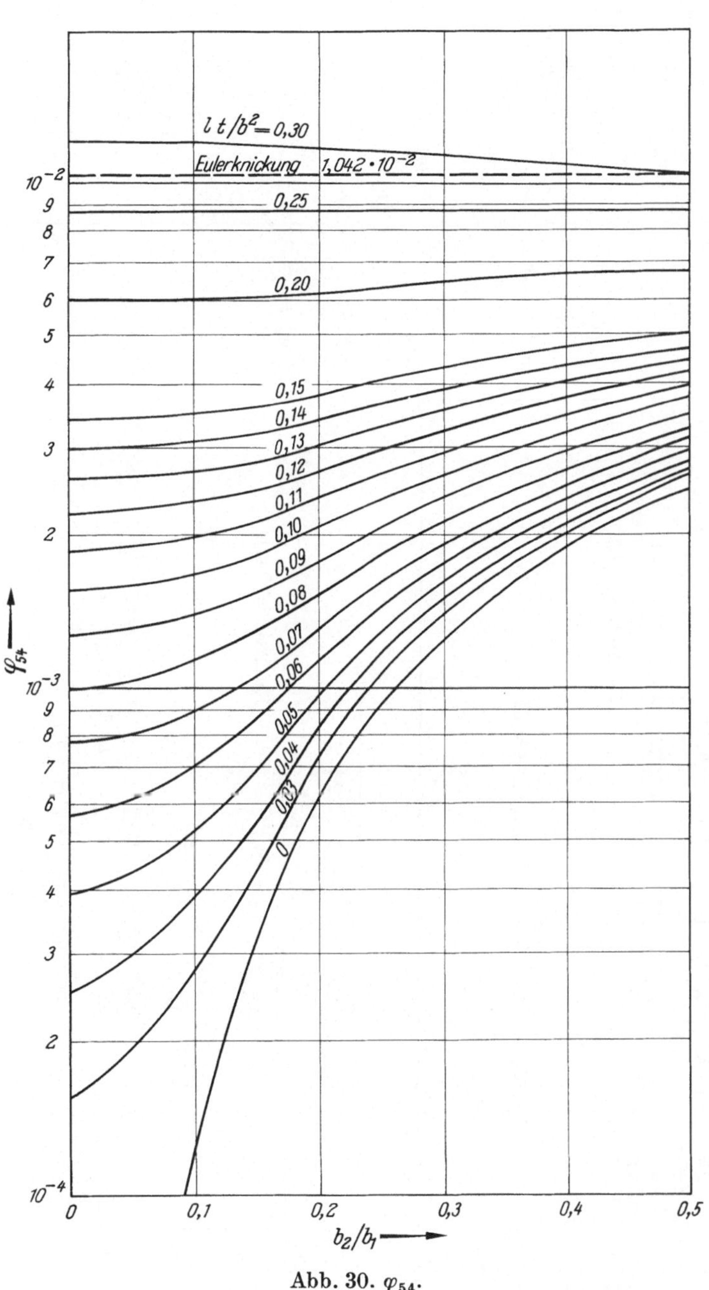

Abb. 30. φ_{54}.

c) Biegedrillknicken zentrisch gedrückter Stäbe mit offenem dünnwandigem Querschnitt (Fortsetzung)

Nr.	Systemskizzen	Knickformeln	Abkürzungen	Quellen	Bemerkungen
I, C, c, 5		$P_K = \dfrac{\pi^2 E \beta b^2}{24 \alpha^2}\,[1 - 12\eta_2^2 + 24\eta_2^3 -$ $- \sqrt{1 - 24\eta_2^2 + 16\eta_2^3 + 288\eta_2^4 - 768\eta_2^5 + 640\eta_2^6}\,]$ (Eulerknicklast) $P_K = \varphi_{55}\,\dfrac{\pi^2 E \beta b^2}{\alpha^2},\qquad \varphi_{55}$ s. Abb. 31	$b = $ Abwicklung $\alpha = \dfrac{l}{b}$ $\beta = \dfrac{t}{b}$ $\eta_1 = \dfrac{b_1}{b}$ $\eta_2 = \dfrac{b_2}{b}$	$[I, 30]$ $[I, 85]$ $[I, 83]$	Randbedingungen: s. I, C, c, 1 u. 2. Die Längen b, b_1 und b_2 beziehen sich auf die Wandungsmittellinie. Die Eulerknicklast ist stets maßgeblich.
6		$P_{K1} = \dfrac{P_s + P_x}{2} - \sqrt{\left(\dfrac{P_s - P_x}{2}\right)^2 + \varrho_x^2}$ $P_{K2} = \dfrac{\pi^2 E \beta b^2}{3\alpha^2}\,(2\eta_2^3 - 3\eta_2^4)$ (Eulerknicklast) $P_x = \dfrac{\pi^2 E \beta b^2}{12\alpha^2}\,(3\eta_1^2 - 2\eta_1^3)$ $P_s = \dfrac{E \beta b^2}{\alpha^2}\,\dfrac{4\pi^2(1+\mu)(2\eta_2^3 - \eta_2^4 - 16\eta_2^5 + 12\eta_2^6 + 16\eta_2^7) + 8\alpha^2\beta^2}{(1+\mu)(1 + 6\eta_1^2 - 3\eta_1^4)}$ $\varrho_x = -\dfrac{\pi^2 E \beta b^2}{\alpha^2}\,\dfrac{4(\eta_2^2 - 3\eta_2^3 + 4\eta_2^5)}{\sqrt{3}(1 + 6\eta_1^2 - 3\eta_1^4)}$ $P_K = \varphi_{56}\,\dfrac{\pi^2 E \beta b^2}{\alpha^2},\qquad \varphi_{56}$ s. Abb. 32			Randbedingungen: s. I, C, c, 1 und 2. Die Längen b, b_1 u. b_2 beziehen sich auf die Wandungsmittellinie.

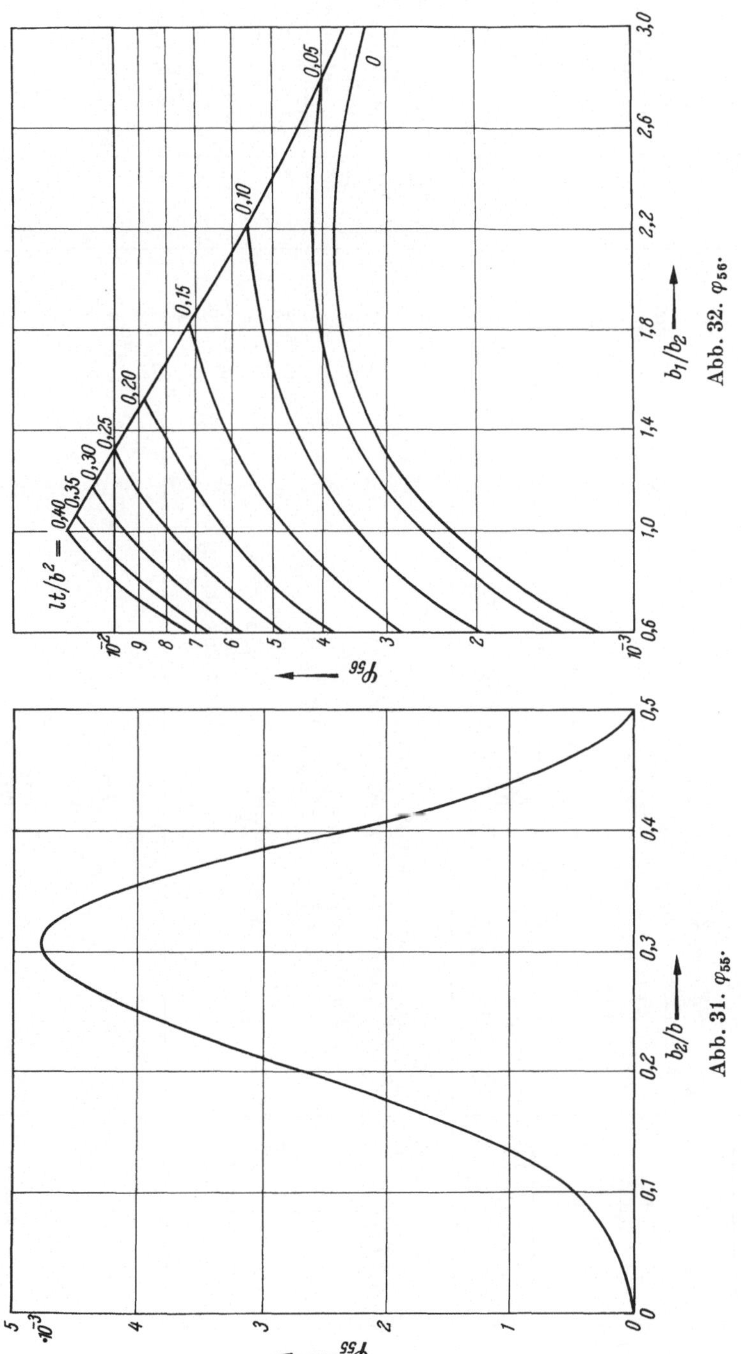

Abb. 32. φ_{56}.

Abb. 31. φ_{55}.

c) Biegedrillknicken zentrisch gedrückter Stäbe mit offenem dünnwandigem Querschnitt (Fortsetzung)

Nr.	Systemskizzen	Knickformeln	Abkürzungen	Quellen	Bemerkungen
I, C, c, 7		$P_{K1} = \dfrac{P_s + P_x}{2} - \sqrt{\left(\dfrac{P_s - P_x}{2}\right)^2 + \varrho_x^2}$ $P_{K2} = \dfrac{\pi^2 E b^2}{12\alpha^2}\,\dfrac{\eta_2^3(4\eta_1\beta_1\beta_2 + \eta_2\beta_2^2)}{\eta_1\beta_1 + \eta_2\beta_2}$ (EULERknicklast) $P_x = \dfrac{\pi^2 E b^2}{12\alpha^2}\,\beta_1\eta_1^3$ $P_s = \dfrac{E b^2}{4\alpha^2}\,\dfrac{\pi^2(1+\mu)\,\beta_1\beta_2^2\eta_1^3\eta_2^4 + 8\alpha^2(\eta_1\beta_1^3 + \eta_2\beta_2^3)(\eta_1\beta_1 + \eta_2\beta_2)^2}{(1+\mu)\,[\beta_1^2\eta_1^4 + \beta_1\beta_2(\eta_1^3\eta_2 + 4\eta_1\eta_2^3) + \beta_2^2\eta_2^4]}$ $\varrho_x = \dfrac{\pi^2 E b^2}{4\alpha^2}\,\dfrac{\beta_1\beta_2\eta_1^3\eta_2^2}{\sqrt{3\,[\beta_1^2\eta_1^4 + \beta_1\beta_2(\eta_1^3\eta_2 + 4\eta_1\eta_2^3) + \beta_2^2\eta_2^4]}}$	Der kleinste Wert von P_{K1}, P_{K2} u. P_{K3} ist maßgeblich. b = Abwicklung, z. B. $b = b_1 + 2b_2$ für Fall 8		Randbedingungen: s. I, C, c, 1 u. 2. Die Längen b, b_1 u. b_2 beziehen sich auf die Wandungsmittellinie. Doppelt symmetrische Querschnitte mit verschiedenen Lagerungsbedingungen der Stabenden s. [I, 45].
8		$P_{K1} = E b^2 \left(\dfrac{\pi^2\eta_1^2\eta_2^3\beta_2(\eta_1\beta_1 + 2\eta_2\beta_2)}{2\alpha^2(\eta_1^3\beta_1 + 6\eta_1^2\eta_2\beta_2 + 2\eta_2^3\beta_2)} + \right.$ $\left. + \dfrac{2\,[\eta_1^2\beta_1^4 + 2\eta_1\eta_2\beta_1\beta_2(\beta_1^2 + \beta_2^2) + 4\eta_2^2\beta_2^4]}{(1+\mu)\,(\eta_1^3\beta_1 + 6\eta_1^2\eta_2\beta_2 + 2\eta_2^3\beta_2)} \right)$ $P_{K2} = \dfrac{\pi^2 E b^2}{12\alpha^2}\,\eta_1^2\,(\eta_1\beta_1 + 6\eta_2\beta_2)$ $P_{K3} = \dfrac{\pi^2 E b^2}{6\alpha^2}\,\beta_2\eta_2^3$ (EULERknicklasten)	$\alpha = \dfrac{l}{b}$ $\beta = \dfrac{t}{b}$ $\beta_1 = \dfrac{t_1}{b}$ $\beta_2 = \dfrac{t_2}{b}$ $\eta_1 = \dfrac{b_1}{b}$ $\eta_2 = \dfrac{b_2}{b}$	[I, 30] [I, 85] [I, 83]	Durchlaufträger mit einfach symmetrischem Querschnitt s. [I, 125]. Bei außermittig gedrückten Stäben mit einfach symmetrischem Querschnitt siehe a) bei elastisch eingespannten Stabenden [I, 61], b) bei unterschiedlicher Lagerung der Stabenden [I, 124] und [I, 80].
9		für $\dfrac{768\,\alpha^2\beta^2}{\pi^2(1+\mu)} \leqq 1:$ $P_K = \dfrac{8 E \beta^3 b^2}{(1+\mu)}$ für $\dfrac{768\,\alpha^2\beta^2}{\pi^2(1+\mu)} \geqq 1:$ $P_K = \dfrac{\pi^2 E \beta b^2}{96\,\alpha^2}$			

d) Stab mit Kreis- und Kreisringquerschnitt unter Längs- und Torsionsbelastung

Nr.	Systemskizzen	Knickformeln	Abkürzungen	Quellen	Bemerkungen
I, C, d, 1	$D\ P \longrightarrow\longleftarrow P\ D$; l; D–Drehmoment	$v_2^4 + 4v_1^2 = 4\,\dfrac{\pi^2}{l^2}$	$v_1 = \sqrt{\dfrac{P}{EI}}$ $v_2 = \sqrt{\dfrac{D}{EI}}$ I = axiales Trägheitsmoment	$[I, 93]$, S. 156	Vgl. auch $[I, 9]$. Stab m. beliebig. Querschnitt s. $[I, 40]$, S. 546. Im spannungslosen Zustand verwundener Stab u. $D = 0$ s. $[I, 70]$.
2	$D\ P \longrightarrow\longleftarrow P\ D$; l; D–Drehmoment	$\dfrac{\sin\left(\sqrt{v_2^4 + 4v_1^2}\right)\dfrac{l}{2}}{\left(\sqrt{v_2^4 + 4v_1^2}\right)\dfrac{l}{2}} =$ $= \dfrac{\sin\left(v_2^2 + \sqrt{v_2^4 + 4v_1^2}\right)\dfrac{l}{4}}{\left(v_2^2 + \sqrt{v_2^4 + 4v_1^2}\right)\dfrac{l}{4}}\;\dfrac{\sin\left(v_2^2 - \sqrt{v_2^4 + 4v_1^2}\right)\dfrac{l}{4}}{\left(v_2^2 - \sqrt{v_2^4 + 4v_1^2}\right)\dfrac{l}{4}}$		$[I, 77]$	Über weitere Randbedingungen s. $[I, 76]$ u. $[I, 77]$.

e) Stäbe mit Schneidenlagerung

Nr.	Systemskizzen	Knickformeln	Abkürzungen	Quellen	Bemerkungen
I, C, e, 1	p A　　B p l y, x, α, B *Schneidenrichtung im Grundriß*	Schneidenlager bei A, Spitzenlager bei B: $$\sin v_x l \sin v_y l - v_x l \cos v_x l \sin v_y l \sin^2\alpha - v_y l \sin v_x l \cos v_y l \cos^2\alpha = 0$$ für $I_x = I_y$: $$\sin v_x l(\sin v_y l - v_x l \cos v_x l) = 0$$	x, y Querschnittshauptachsen. $I_x = I_{min}$, $I_y = I_{max}$. $c_x = \dfrac{v_x}{P}\left(\dfrac{1}{v_x l} - \cot v_x l\right)$ $c_y = \dfrac{v_y}{P}\left(\dfrac{1}{v_y l} - \cot v_y l\right)$ $s_x = \dfrac{v_x}{P}\left(\dfrac{1}{\sin v_x l} - \dfrac{1}{v_x l}\right)$, $s_y = \dfrac{v_y}{P}\left(\dfrac{1}{\sin v_y l} - \dfrac{1}{v_y l}\right)$, $v_x = \sqrt{\dfrac{P}{EI_x}}$, $v_y = \sqrt{\dfrac{P}{EI_y}}$,	$[I, 8]$ $[I, 10]$ $[I, 69]$	Siehe auch $[I,17]$ u. $[I,16]$, S. 184. Knicken eines Stabes mit ⌐-Querschnitt bei Stützung in verschiedenen Ebenen s. $[I, 16]$.
2	p A　　B p l y, x, α, B, β *Schneidenrichtung im Grundriß*	Schneidenlager bei A und B: $$\sin^2\alpha \sin^2\beta\,(s_x^2 - c_x^2) + \cos^2\alpha \cos^2\beta\,(s_y^2 - c_y^2) - c_x c_y(\cos^2\alpha \sin^2\beta + \sin^2\alpha \cos^2\beta) + 2 s_x s_y \sin\alpha \cos\alpha \sin\beta \cos\beta = 0$$ für $I_x = I_y$: $$(\sin v_x l - v_x l \cos v_x l)^2 - (v_x l - \sin v_x l)^2 \cos^2(\beta - \alpha) = 0$$ für $\alpha = \beta$, $I_x \neq I_y$: $$\frac{v_x}{v_y}\tan\frac{v_x l}{2}\cot\frac{v_y l}{2} = -\cot^2\alpha$$ $$P_K = \varphi_{57}\pi^2\frac{EI_x}{l^2}, \qquad \varphi_{57}\ \text{s. Abb. 33}$$			
3	p A　　B p l y, x, α *Schneidenrichtung im Grundriß*	Schneidenlager bei A, Einspannung bei B: $$v_x l(2 - 2\cos v_x l - v_x l \sin v_x l)(\sin v_y l - v_y l \cos v_y l)\sin^2\alpha + v_y l(2 - 2\cos v_y l - v_y l \sin v_y l)(\sin v_x l - v_x l \cos v_x l)\cos^2\alpha = 0$$ für $I_x = I_y$: $$v_x l(\sin v_x l - v_x l \cos v_x l)(2 - 2\cos v_x l - v_x l \sin v_x l) = 0$$			

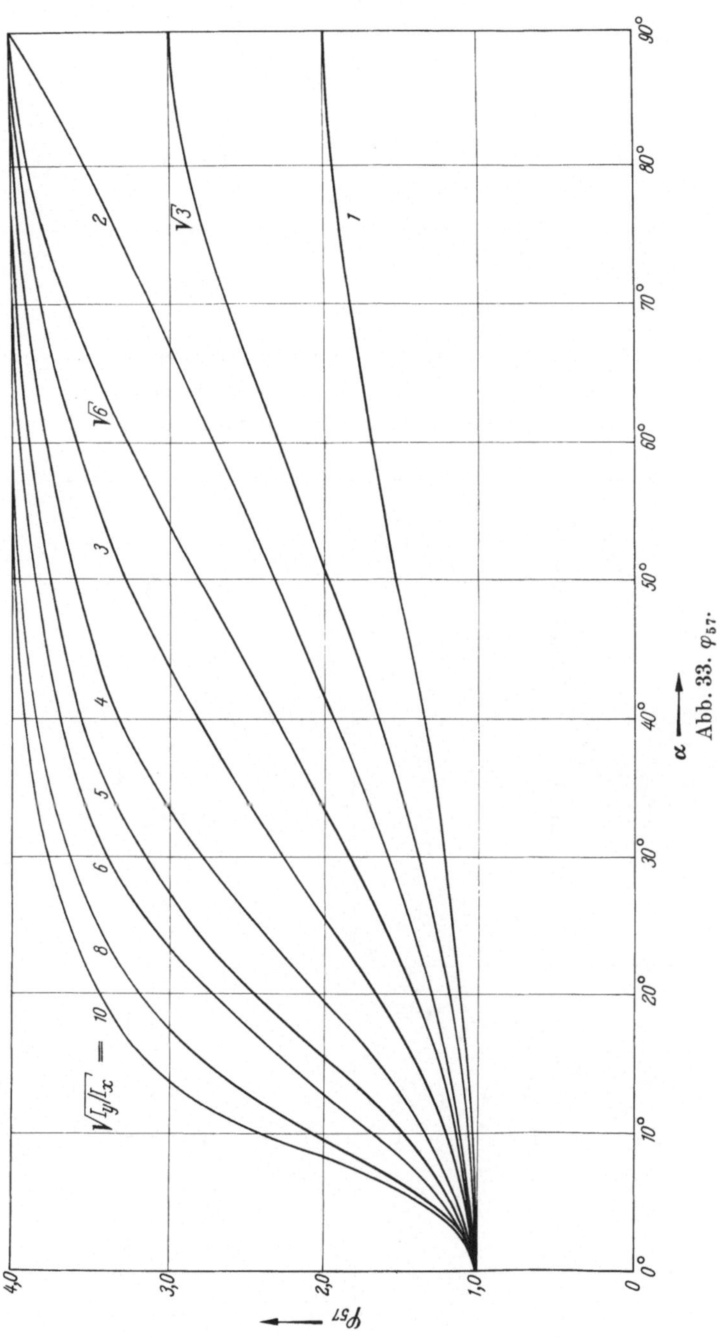

Abb. 33. φ_{57}.

D. Einfach gekrümmte Stäbe

a) Knicken senkrecht zur Stabebene

Nr.	Systemskizzen	Knickformeln	Abkürzungen	Quellen	Bemerkungen
I, D, a, 1		$P_K = \varphi_{58}\left(\dfrac{\pi}{\alpha}\right)^2 \dfrac{EI}{r^2},$ φ_{58} s. Abb. 34	$I =$ Trägheitsmoment bezogen auf die in der Bogenebene liegende Querschnittsachse $GI_D =$ Drillsteifigkeit der Saint-Venantschen Theorie	$[I, 89]$	Bei Berücksichtigung der Wölbkrafttorsion s. $[I, 89]$, S. 7.
2		$P_K = \varphi_{59}\left(\dfrac{\pi}{\alpha}\right)^2 \dfrac{EI}{r^2},$ φ_{59} s. Abb. 35			

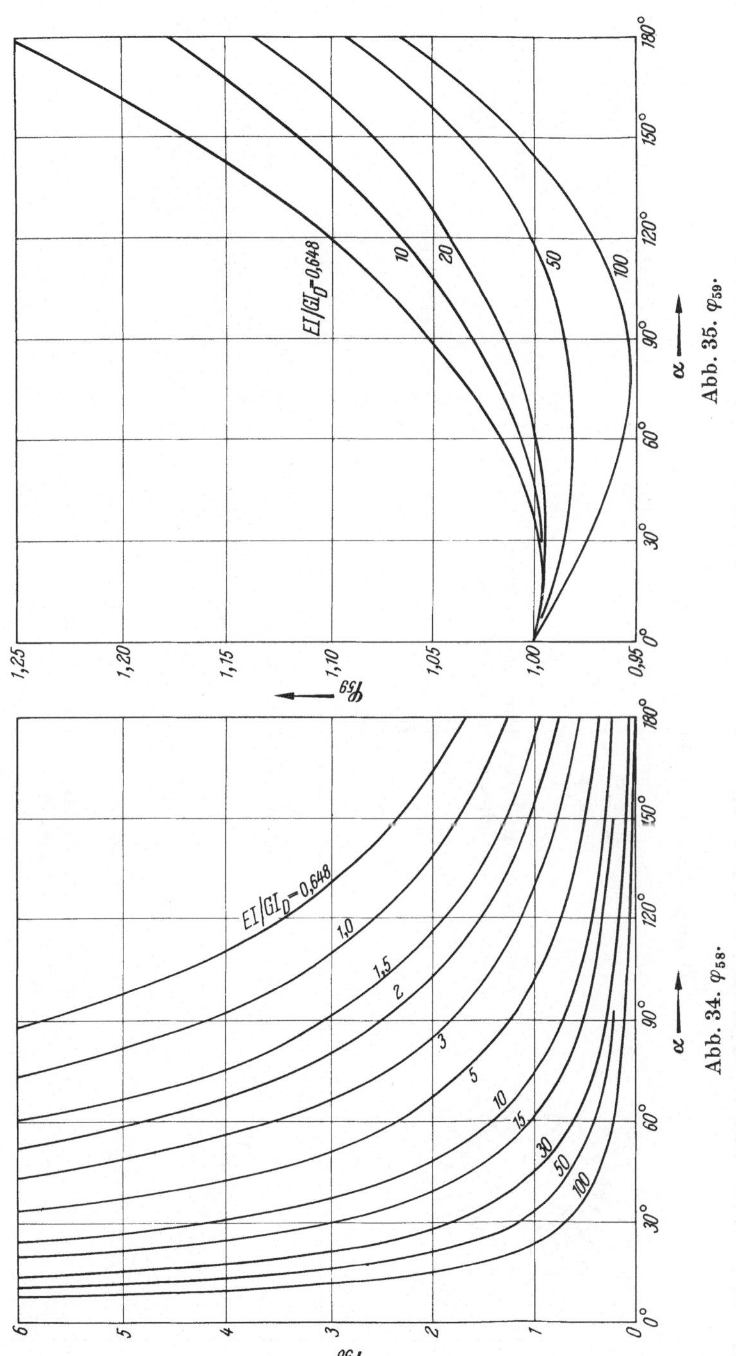

EI/GI_D=0,648
10
20
50
100
Abb. 35. φ_{59}.
EI/GI_D=0,648
1,0
1,5
2
3
5
10
15
30
50
100
Abb. 34. φ_{58}.

a) Knicken senkrecht zur Stabebene (Fortsetzung)

Nr.	Systemskizzen	Knickformeln	Abkürzungen	Quellen	Bemerkungen
I, D, a, 3		Behält die Last ihre Richtung bei, so ist $$q_K = \dfrac{9}{4 + \dfrac{EI}{GI_D}}\,\dfrac{EI}{r^3},$$ behält sie ihre Richtung durch den ursprünglichen Kreismittelpunkt bei, so ist $$q_K = \dfrac{12}{4 + \dfrac{EI}{GI_D}}\,\dfrac{EI}{r^3}.$$	$I = $ Trägheitsmoment für Biegung senkrecht zur Ringebene $GI_D = $ Drillsteifigkeit der Saint-Venantschen Theorie	[I, 93], S. 313 [I, 113]	Behinderung der Querschnittsverwölbung ist vernachlässigt, desgleichen Verformung in der Ringebene. Bei Behinderung der Verwölbung s. [I, 118]. Umstülpen von Ringen s. [I, 40], S. 562. Bei Vorspannung s. [I, 122].
4	$\alpha)$ $\beta)$	Behält die Last ihre Richtung bei, so ist $$\alpha)\quad q_K = \dfrac{(\pi^2 - \alpha^2)^2}{\alpha^2\left(\pi^2 + \alpha^2\,\dfrac{EI}{GI_D}\right)}\,\dfrac{EI}{r^3},$$ $\beta)$ s. [I, 93], S. 318, behält sie ihre Richtung durch den ursprünglichen Kreismittelpunkt, so ist $$\alpha)\quad q_K = \dfrac{\pi^2(\pi^2 - \alpha^2)}{\alpha^2\left(\pi^2 + \alpha^2\,\dfrac{EI}{GI_D}\right)}\,\dfrac{EI}{r^3}.$$		[I, 93], S. 313 [I, 93], S. 318	Annahmen wie zu I, D, a, 3. Bei Behinderung der Verwölbung und verschiedenen Lagerungsbedingungen s. [I, 114] und [I, 115].

a) Knicken senkrecht zur Stabebene (Fortsetzung)

Nr.	Systemskizzen	Knickformeln	Abkürzungen	Quellen	Bemerkungen
I, D, a, 5		$M_K = \dfrac{EI + GI_D}{2r} + \sqrt{\left(\dfrac{EI - GI_D}{2r}\right)^2 + \dfrac{EIGI_D\,\pi^2}{r^2\alpha^2}}$	I und GI_D s. I, D, a, 4	[I, 93], S. 316	Annahmen wie zu I, D, a, 3. Bei umgekehrtem Drehsinn von M erhält die Wurzel negatives Vorzeichen. Bei Behinderung der Querschnittsverwölbung s. [I, 114].

b) Knicken in der Stabebene

Nr.	Systemskizzen	Knickformeln	Abkürzungen	Quellen	Bemerkungen
I, D, b, 1		Behält die Last ihre Richtung, so ist $$q_K = 4\,\frac{EI}{r^3},$$ bleibt sie senkrecht zur Stabachse, so ist $$q_K = 3\,\frac{EI}{r^3},$$ behält sie ihre Richtung durch den Kreismittelpunkt, so ist $$q_K = 4{,}50\,\frac{EI}{r^3}.$$		[I, 5], S. 130 [I, 34] [I, 130]	Dehnungen der Stabachse sind vernachlässigt. Falls Verformungen nach außen behindert, s. [I, 79]. Elliptischer Ring s. [I, 73]. Bei Berücksichtigung der Radial- und Schubspannungen sowie der Querschnittsverformungen s. [I, 119], [I, 120] und [I, 129]. Ring mit dünnwandigem offenen Querschnitt bei richtungstreuer Last s. [I, 118]. Ring mit äquidistanten Einzellasten s. [I, 128].

b) Knicken in der Stabebene (Fortsetzung)

Nr.	Systemskizzen	Knickformeln	Abkürzungen	Quellen	Bemerkungen
I, D, b, 2	α) β)	Antimetrisches Knicken: Behält die Last ihre Richtung, so ist $\alpha)\ q_K = \varphi_{60}\left(\dfrac{\pi}{\alpha}\right)^2 \dfrac{EI}{r^3}$, φ_{60} s. Abb. 36, $\beta)\ q_K = \varphi_{61}\left(\dfrac{\pi}{\alpha}\right)^2 \dfrac{EI}{r^3}$, φ_{61} s. Abb. 36, bleibt sie senkrecht zur Stabachse, so ist $\alpha)\ q_K = \left[4\left(\dfrac{\pi}{\alpha}\right)^2 - 1\right]\dfrac{EI}{r^3}$, $\beta)\ q_K = \left[9\left(\dfrac{\pi}{\alpha}\right)^2 - 1\right]\dfrac{EI}{r^3}$. Symmetrisches Knicken (nicht maßgeblich): Behält die Last ihre Richtung, so ist $\alpha)\ q_K = \varphi_{62}\left(\dfrac{\pi}{\alpha}\right)^2 \dfrac{EI}{r^3}$, φ_{62} s. Abb. 36, $\alpha)\ q_K = \varphi_{63}\left(\dfrac{\pi}{\alpha}\right)^2 \dfrac{EI}{r^3}$, φ_{63} s. Abb. 36.		[I, 34] [I, 116] [I, 5], S. 136 [I, 96] [I, 116]	Voraussetzung: Dehnungen der Stabachse sind vernachlässigt. Veränderliches I s. [I, 34], mit elastischer Bettung s. [I, 96]. Bei Berücksichtigung der Dehnungen der Stabachse kann bei sehr flachen Bögen das Durchschlagen maßgeblich sein. Bei veränderlichen, aber symmetrischen Belastungen (Einzellasten, Streckenlasten, Einzelmomente) s. [I, 117]. Bei Wasserdruck s. [I, 93], S. 285 und [I, 121].
3		$v^3\left(\tan\dfrac{\alpha+\beta}{2} - \dfrac{\alpha+\beta}{2}\right) + v\,\dfrac{\alpha+\beta}{2} -$ $-\tan v\,\dfrac{\alpha}{2} - \tan v\,\dfrac{\beta}{2} = 0$ Sonderfall: $\alpha = \beta \geqq \dfrac{\pi}{2}$: $q_K = \left[\left(\dfrac{\pi}{\alpha}\right)^2 - 1\right]\dfrac{EI}{r^3}$	$v = \sqrt{1 + \dfrac{q r^3}{EI}}$	[I, 26]	Voraussetzungen wie zu I, D, b, 2. Auch Knicken eines Teilstabes als Zweigelenkbogen beachten!
4		$q_K = \dfrac{1}{4}\left(\dfrac{\pi}{\alpha}\right)^2 \dfrac{EI}{r^3}$		[I, 116]	Voraussetzungen wie zu I, D, b, 2. Die Last behält ihre Richtung.

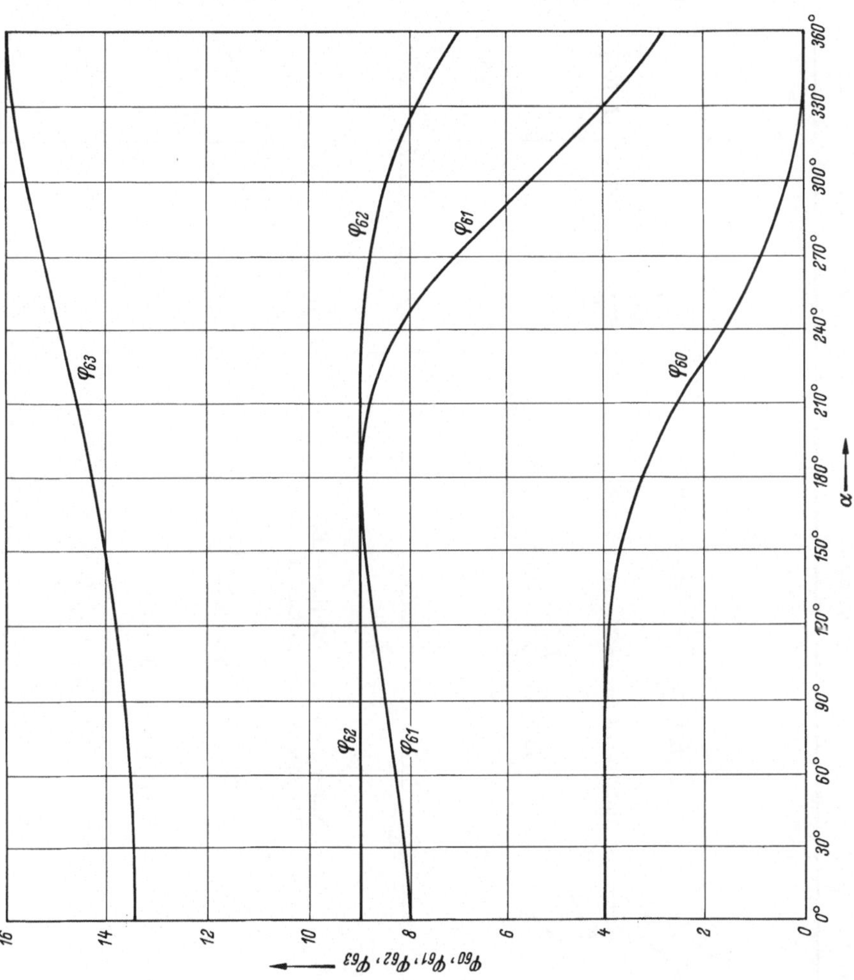

Abb. 36. φ_{60}, φ_{61}, φ_{62} und φ_{63}.

b) Knicken in der Stabebene (Fortsetzung)

Nr.	Systemskizzen	Knickformeln	Abkürzungen	Quellen	Bemerkungen
I, D, b, 5		$q_K = \varphi_{64}\,\dfrac{EI}{r^3}$, φ_{64} s. Abb. 37. Bei $\beta = \infty$ (starre Ummantelung): $q_K = \varphi_{65}\,\dfrac{EI}{r^3}$, φ_{65} s. Abb. 38.	β Federkonstante der elastischen Bettung $\left[\dfrac{\text{Kraft}}{(\text{Länge})^2}\right]$	[*I, 100*]	Dehnungen der Stabachse sind berücksichtigt. Außendruck normalentreu. Maßgebende Beulfigur weist nur einen abhebenden Bereich auf.
6		Näherungslösung für flache Bögen Antimetrisches Knicken ($\alpha \lesssim 120°$): $P_K = 8\,\dfrac{\pi}{\alpha}\,\dfrac{EI}{r^2}$ Symmetrisches Knicken: $P_K = 18\,\dfrac{\pi}{\alpha}\,\dfrac{EI}{r^2}$		[*I, 117*]	Durchschlagproblem, kein Verzweigungsproblem. Last bleibt senkrecht zur Bogenachse. Genaue Lösung s. [*I, 112*]

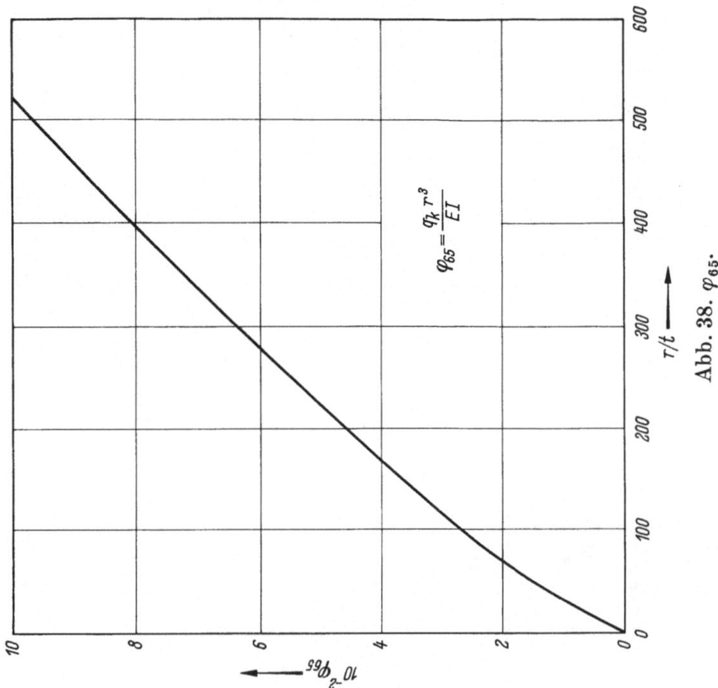

Abb. 38. φ_{65}.

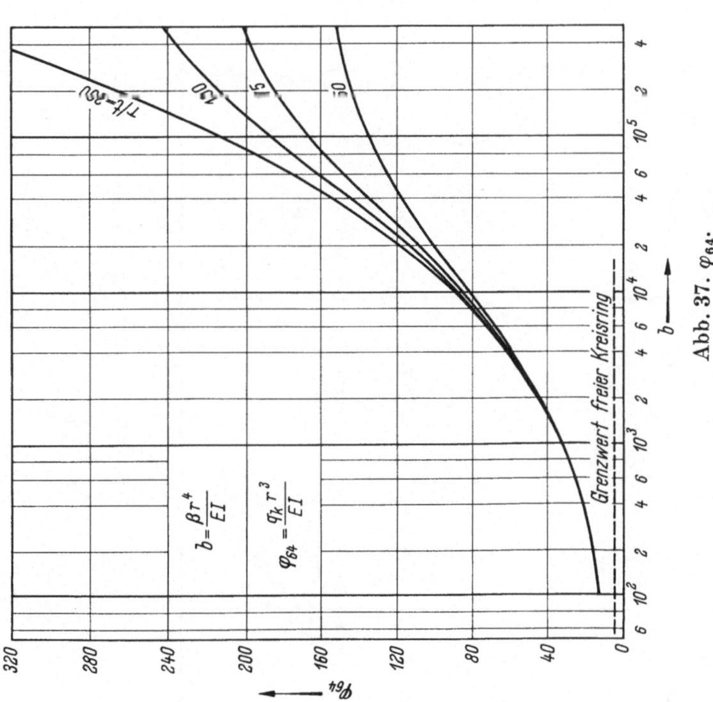

Abb. 37. φ_{64}.

b) Knicken in der Stabebene (Fortsetzung)

Nr.	Systemskizzen	Knickformeln	Abkürzungen	Quellen	Bemerkungen
I, D, b, 7	Parabel–Bogen $\alpha)$ $\beta)$	$\alpha)\begin{cases} I = \text{const}: & q_K = \varphi_{66}\dfrac{EI}{l^3} \\ I = \dfrac{I_0}{\cos\vartheta}: \quad \sin v\,\dfrac{l}{2} = 0 & q_K = \varphi_{67}\dfrac{EI_0}{l^3} \\ I = \dfrac{I_0}{\cos^3\vartheta}: & q_K = \varphi_{68}\dfrac{EI_0}{l^3} \end{cases}$ $\beta)\quad I = \dfrac{I_0}{\cos\vartheta}: \quad \tan v\,\dfrac{l}{2} - v\,\dfrac{l}{2} = 0 \quad q_K = \varphi_{69}\dfrac{EI_0}{l^3}$ $\varphi_{66} \div \varphi_{69}$ s. Abb. 39 u. 40.	$v = \sqrt{\dfrac{H}{EI_0}}$ $H = \dfrac{ql^2}{8f}$	$[I, 25]$ $[I, 31]$ $[I, 93]$, S. 302	q ist je Längeneinheit der Bogensehne konstant. Dehnungen der Stabachse sind vernachlässigt. Bei Berücksichtigung der Dehnungen der Stabachse kann bei sehr flachen Bögen das Durchschlagen maßgeblich sein (s. $[I, 93]$, S. 305). Zweigelenkbogen mit aufgeständertem Balken s. $[I, 71]$. Für $I =$ const beim Bogen ohne Gelenk, mit einem Gelenk und mit drei Gelenken s. $[I, 93]$, S. 303. Dreigelenkbogen mit veränderlichem Trägheitsmoment und ungleichen Streckenlasten auf den Bogenhälften s. $[I, 123]$.
8	Parabel–Bogen $\alpha)$ $\beta)$ $I = \dfrac{I_0}{\cos\vartheta}$	$\alpha)\begin{cases} v\,\dfrac{l}{2}\sin v\,\dfrac{l}{2}\left(3 + v\,\dfrac{l^2}{4}\right) + 6\left(\cos v\,\dfrac{l}{2} - 1\right) = 0 \\ q_K = \varphi_{70}\dfrac{EI_0}{l^3}, \quad \varphi_{70}\text{ s. Abb. 40} \end{cases}$ $\beta)\begin{cases} 3\sin v\,\dfrac{l}{2}\left(1 + v^2\,\dfrac{l^2}{4}\right) + 3v\,\dfrac{l}{2}\left(\cos v\,\dfrac{l}{2} - 2\right) - \\ \quad - v^3\,\dfrac{l^3}{8}\cos v\,\dfrac{l}{2} = 0 \\ q_K = \varphi_{71}\dfrac{EI_0}{l^3}, \quad \varphi_{71}\text{ s. Abb. 40} \end{cases}$			
9	Kettenlinien–Bogen	$I = \text{const}: \quad q_K = \varphi_{72}\dfrac{EI}{l^3}$ $I = \dfrac{I_0}{\cos^3\vartheta}: \quad q_K = \varphi_{73}\dfrac{EI_0}{l^3}$ φ_{72} u. φ_{73} s. Abb. 39		$[I, 25]$	q ist je Längeneinheit der Stabachse konstant. Dehnungen der Stabachse sind vernachlässigt.

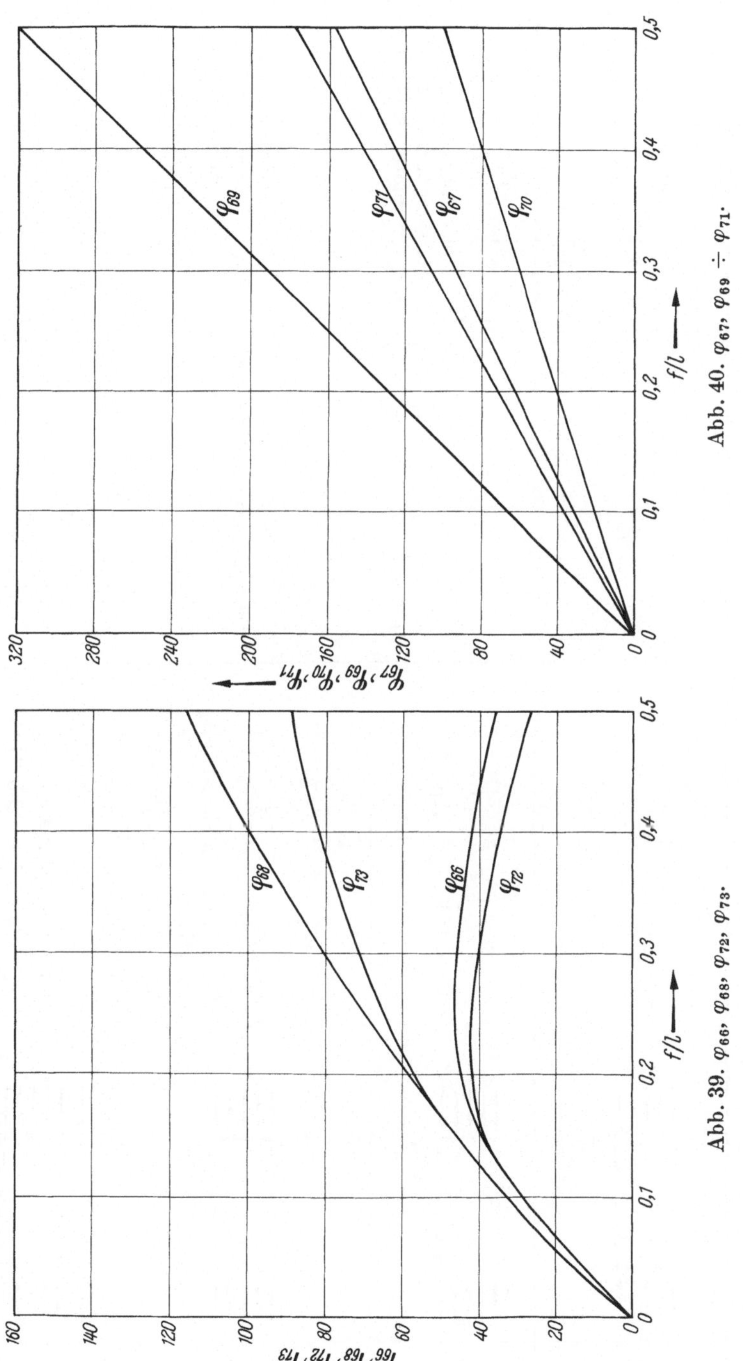

Abb. 40. φ_{67}, $\varphi_{69} \div \varphi_{71}$.

Abb. 39. φ_{66}, φ_{68}, φ_{72}, φ_{73}.

II. Plattenbeulung

A. Rechteckplatten konstanter Dicke

a) Gleichmäßige einachsige Druckbelastung

Nr.	Systemskizzen	Beulformeln	Abkürzungen	Quellen	Bemerkungen
II, A, a, 1		$N_K = k_1 N_e,\quad k_1$ s. Abb. 41 für $\alpha \approx 0$: $k_1 = \dfrac{1}{\alpha^2}$ für $\alpha \approx \infty$: $k_1 = \dfrac{1-\mu^2}{\alpha^2}$	$\alpha = \dfrac{a}{b}$ $\lambda_{1,2} = \dfrac{\pi}{2}\left(\sqrt{\dfrac{N_K}{N_e}} \pm \sqrt{\dfrac{N_K}{N_e} - 4}\right)$ $N_e = \dfrac{\pi^2 E t^3}{12(1-\mu^2)\,b^2}$ $m = 1, 2, 3, \ldots$ Die das kleinste N_K liefernde Halbwellenzahl m ist maßgeblich.	$[II, 63]$	Näherung: $k_1 \approx \left(1 - \mu^2\,\dfrac{\alpha}{1+\alpha}\right)\dfrac{1}{\alpha^2}$
2		$k_2 = \left(\dfrac{m}{\alpha} + \dfrac{\alpha}{m}\right)^2$ $N_K = k_2 N_e,\; k_2$ s. Abb. 41 für $\alpha = \infty$: $k_2 = 4{,}0$		$[II, 70]$ $[II, 83]$, S. 351	Näherung: $\alpha > 1$: $k_2 \approx 4{,}0$ **Bei nichtlinearer Rechnung mit Vorverformungen s. $[II, 124]$.**
3		$\lambda_1 \tan \lambda_1 \dfrac{\alpha}{2} - \lambda_2 \tan \lambda_2 \dfrac{\alpha}{2} = 0$ $\lambda_2 \tan \lambda_1 \dfrac{\alpha}{2} - \lambda_1 \tan \lambda_2 \dfrac{\alpha}{2} = 0$ Formel mit dem kleineren N_K ist maßgeblich $N_K = k_3 N_e,\quad k_3$ s. Abb. 41 für $\alpha = \infty$: $k_3 = 4{,}0$		$[II, 8]$	**Bei gemischter Lagerung der belasteten Ränder b (streckenweise eingespannt, sonst gelenkig gelagert) s. $[II, 122]$.**
4		$\lambda_2 \tan \lambda_1 \alpha - \lambda_1 \tan \lambda_2 \alpha = 0$ $N_K = k_4 N_e,\; k_4$ s. Abb. 41 für $\alpha = \infty$: $k_4 = 4{,}0$		$[II, 23]$	

a) *Gleichmäßige einachsige Druckbelastung* (Fortsetzung)

Nr.	Systemskizzen	Beulformeln	Abkürzungen	Quellen	Bemerkungen
II, A, a, 5		$\beta_1\,\mathrm{th}\,\dfrac{\beta_1 b}{2} + \beta_2\tan\dfrac{\beta_2 b}{2} = 0$ $N_K = k_5 N_e,\ k_5$ s. Abb. 41 für $\alpha = \infty$: $k_5 = 6{,}97$	$\beta_{1,2} = \sqrt{\,m\dfrac{\pi}{a}\left(\dfrac{\pi}{b}\right)\sqrt{\dfrac{N_K}{N_e}} \pm \dfrac{m\pi}{a}\,}$ $\alpha = \dfrac{a}{b}$, $\quad N_e = \dfrac{\pi^2 E t^3}{12(1-\mu^2)b^2}$ $r = \beta_2^2 + \mu\dfrac{m^2\pi^2}{a^2}$; $s = \beta_1^2 - \mu\dfrac{m^2\pi^2}{a^2}$; $m = 1, 2, 3, \ldots$ Die das kleinste N_K liefernde Halbwellenzahl m ist maßgeblich.	[II, 70] [II, 27], S. 161 [II, 35]	Näherung: $\alpha \leqq \dfrac{2}{3}: k_5 \approx \dfrac{1}{\alpha^2} + 5{,}3\alpha^2 + 2{,}37$ $\alpha \geqq \dfrac{2}{3}: k_5 \approx 6{,}97$
6		$\beta_1\tan\beta_2 b - \beta_2\,\mathrm{th}\,\beta_1 b = 0$ $N_K = k_6 N_e,\ k_6$ s. Abb. 41 für $\alpha = \infty$: $k_6 = 5{,}41$		[II, 27], S. 165 [II, 70]	
7		$\beta_2\left(\beta_1^2 - \mu\dfrac{m^2\pi^2}{a^2}\right)^2\mathrm{th}\,\beta_1 b -$ $-\beta_1\left(\beta_2^2 + \mu\dfrac{m^2\pi^2}{a^2}\right)^2\tan\beta_2 b = 0$ $N_K = k_7 N_e,\ k_7$ s. Abb. 41 für $\alpha = \infty;\ \mu = 0{,}3:\ k_7 = 0{,}425$		[II, 70] [II, 27], S. 166 [II, 35] [II, 85]	Näherung: $k_7 \approx \dfrac{1}{\alpha^2} + 0{,}425$
8		$2rs + (r^2 + s^2)\cos\beta_2 b\,\mathrm{ch}\,\beta_1 b -$ $-\dfrac{1}{\beta_1\beta_2}(\beta_1^2 r^2 - \beta_2^2 s^2)\sin\beta_2 b\,\mathrm{sh}\,\beta_1 b = 0$ $N_K = k_8 N_e,\ k_8$ s. Abb. 41 für $\alpha = \infty;\ \mu = 0{,}3:\ k_8 = 1{,}25$		[II, 27], S. 170 [II, 35] [II, 70]	Näherung: $\alpha \leqq 1{,}64: k_8 \approx \dfrac{1}{\alpha^2} + 0{,}13\alpha^2 -$ $- 0{,}25 + 1{,}15(1-\mu)$ $\alpha \geqq 1{,}64: k_8 \approx 0{,}47 +$ $+ 1{,}15(1-\mu)$

a) Gleichmäßige einachsige Druckbelastung (Fortsetzung)

Nr.	Systemskizzen	Beulformeln	Abkürzungen	Quellen	Bemerkungen
II, A, a, 9		$N_K = k_9 N_e,$ k_9 s. Abb. 41 für $\alpha = \infty$: $k_9 = 6{,}97$	$\alpha = \dfrac{a}{b},$ $N_e = \dfrac{\pi^2 E t^3}{12(1-\mu^2)\,b^2}$	[II, 16]	Beulbedingung s. [II, 15]. Näherung nach eingliedrigem Ritz-Ansatz für $\alpha < 1$ $k_9 = \dfrac{4}{\alpha^2} + 4\alpha^2 + 2{,}67,$ vgl. [II, 11].
10		$N_K = k_{10} N_e,$ k_{10} s. Abb. 41 für $\alpha = \infty$: $k_{10} = (3+\mu)(1-\mu)$			
11		$N_K = k_{11} N_e,$ k_{11} s. Abb. 41 für $\alpha = \infty$: $k_{11} = (3+\mu)(1-\mu)$		[II, 65]	
12		$N_K = k_{12} N_e,$ k_{12} s. Abb. 41 für $\alpha = \infty$: $k_{12} = (3+\mu)(1-\mu)$			Bei elastischer Einspannung des linken Randes s. [II, 90].

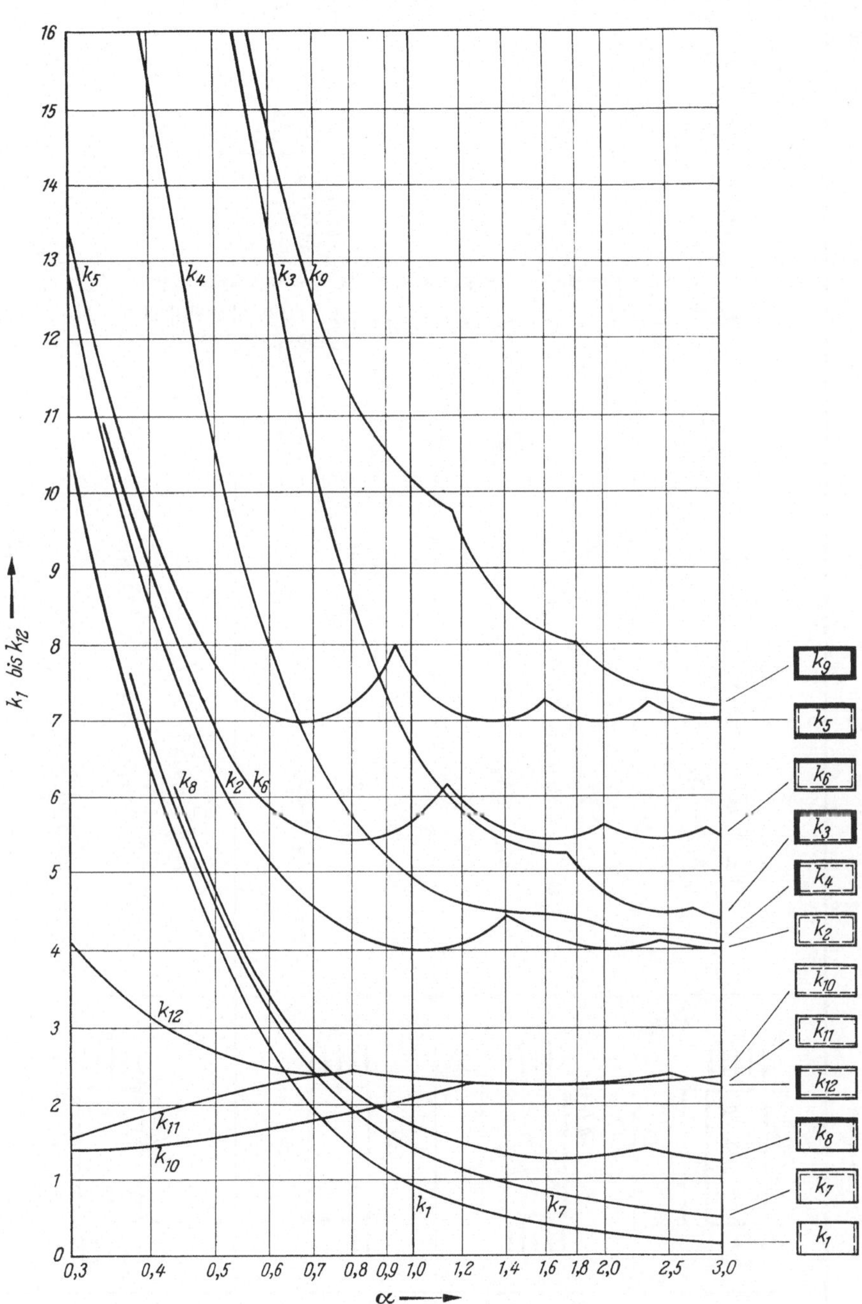

Abb. 41. k_1 bis k_{12}; $\mu = 0{,}3$.

a) Gleichmäßige einachsige Druckbelastung (Fortsetzung)

Nr.	Systemskizzen	Beulformeln	Abkürzungen	Quellen	Bemerkungen
II, A, a, 13		$k = \left(\dfrac{m}{\alpha} + \dfrac{\alpha}{m}\right)^2 + \dfrac{2\pi^2 G I_{D_1}}{a b^2 N_e} + \dfrac{2\pi^2 G I_{D_2}}{b^3 N_e}$ $N_K = k N_e$		[II, 7]	Beulformel nach eingliedr. RITZ-Ansatz (nur für kleine Drillsteifigkeiten gültig).
14		$\beta_1 \operatorname{th}\dfrac{\beta_1 b}{2} + \beta_2 \tan\dfrac{\beta_2 b}{2} + \dfrac{2}{\varrho}\dfrac{\alpha}{m}\sqrt{k} = 0$ $N_K = k N_e$			
15		$\beta_1 \operatorname{cth}\beta_1 b - \beta_2 \cot\beta_2 b + \dfrac{2}{\varrho}\dfrac{\alpha}{m}\sqrt{k} = 0$ $N_K = k N_e$		[II, 15] [II, 83], S. 367	Bei drill- und biegefesten Randgliedern s. [II, 15] u. [II, 48].
16		$\dfrac{2rs}{\operatorname{ch}\beta_1 b \cos\beta_2 b} + r^2 + s^2 -$ $- \dfrac{r^2\beta_1^2 - s^2\beta_2^2}{\beta_1\beta_2}\operatorname{th}\beta_1 b\tan\beta_2 b + \left(s^2\operatorname{th}\beta_1 b -\right.$ $\left. - r^2\dfrac{\beta_1}{\beta_2}\tan\beta_2 b\right)\dfrac{\beta_1^2 + \beta_2^2}{\beta_1}\dfrac{a^2}{\varrho\pi^2} = 0$ $N_K = k_{13} N_e,\qquad k_{13}$ s. Abb. 42			

Abkürzungen (spanning rows 13–16):

$$\varrho = \frac{G I_D \pi^2}{N_e b^2}$$

$$\beta_{1,2} = \sqrt{m\frac{\pi}{a}\left(\frac{\pi}{b}\sqrt{\frac{N_K}{N_e}} \pm \frac{m\pi}{a}\right)}, \qquad N_e = \frac{\pi^2 E t^3}{12(1-\mu^2)\,b^2}$$

$$\varkappa = \frac{a}{b}, \qquad r = \beta_2^2 + \mu\frac{m^2\pi^2}{a^2}, \qquad s = \beta_1^2 - \mu\frac{m^2\pi^2}{a^2}$$

F = Querschnittsfläche $\Big\}$ des Randgliedes.

$G I_D$ = Drillsteifigkeit

$m = 1, 2, 3, \ldots$ Die das kleinste N_K liefernde Halbwellenzahl m ist maßgeblich.

Platten mit elastisch nachgiebigen Randgliedern

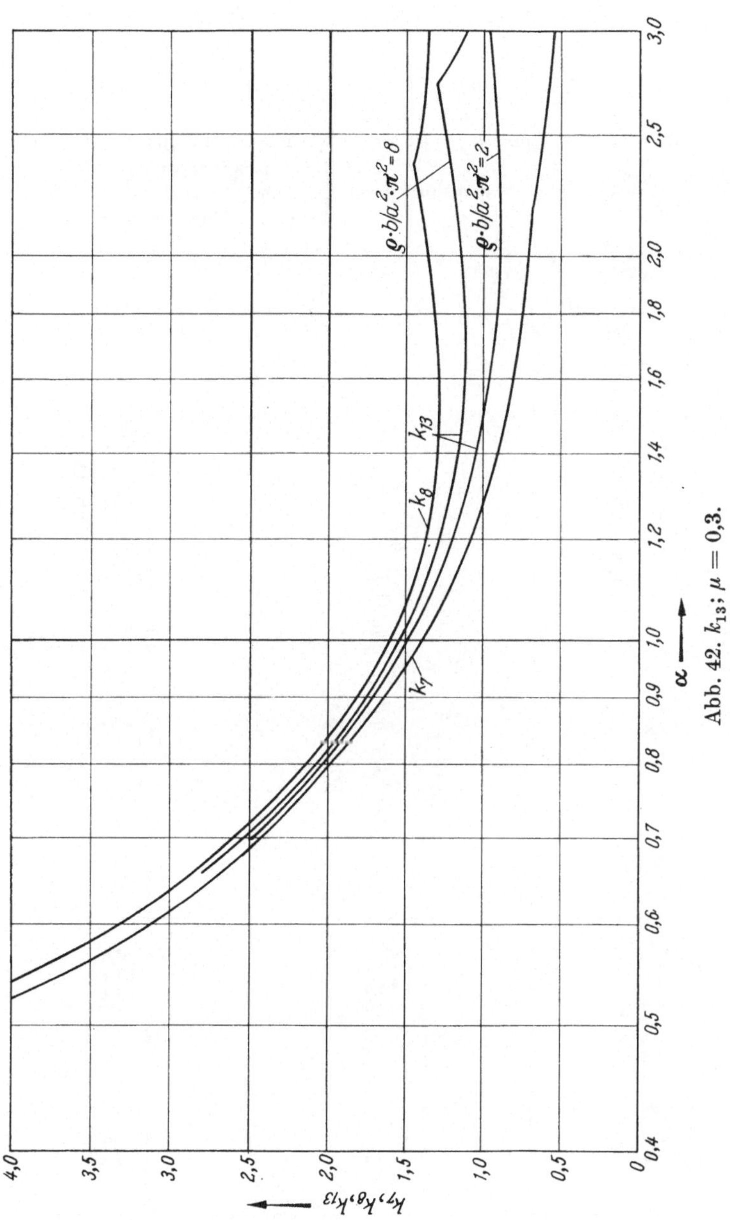

Abb. 42. k_{13}; $\mu = 0{,}3$.

a) Gleichmäßige einachsige Druckbelastung (Fortsetzung)

Nr.	Systemskizzen	Beulformeln	Abkürzungen	Quellen	Bemerkungen
II, A, a, 17		$\beta_2\left(1-\mu+\dfrac{\alpha}{m}\sqrt{k_{14}}\right)^2\tan\beta_2\dfrac{b}{2}+$ $+\beta_1\left(1-\mu-\dfrac{\alpha}{m}\sqrt{k_{14}}\right)^2\operatorname{th}\beta_1\dfrac{b}{2}-\dfrac{2m\pi^2}{ab}\sqrt{k_{14}}\,\varepsilon=0$ $N_K=k_{14}N_e,\qquad k_{14}$ s. Abb. 43	$\chi=\dfrac{m\pi}{a}$ $\gamma=\dfrac{I\,12(1-\mu^2)}{b\,t^3},\quad \chi=\dfrac{\alpha^2FN_K}{N_e\,m^2t}$ $\delta=\dfrac{F}{bt},\quad \varepsilon=\dfrac{EI\pi^2}{N_eb^2}-\dfrac{\pi^2Et^3}{N_eb^2}$	[II, 15] [II, 83], S. 367	Gesamtlast: $N\left(b+\dfrac{2F}{t}\right)$. Ist nur ein biegefestes Randglied vorhanden, der andere Längsrand starr eingespannt, s. [II, 83], S. 370.
18		$2\dfrac{\alpha^2}{m^2}\sqrt{k}\ \sqrt{k-\dfrac{m^2}{\alpha^2}}\tan\beta_2\dfrac{b}{2}\operatorname{th}\beta_1\dfrac{b}{2}-$ $-\left(\beta_2\tan\beta_2\dfrac{b}{2}+\beta_1\operatorname{th}\beta_1\dfrac{b}{2}\right)\varepsilon=0$ $N_K=kN_e$	$\beta_{1,2}=\sqrt{m\dfrac{\pi}{a}\left(\dfrac{\pi}{b}\right)\sqrt{\dfrac{N_K}{N_e}\pm\dfrac{m\pi}{a}}}$ $s=\beta_1^2-\mu\dfrac{m^2\pi^2}{\alpha^2}$ $F=$ Querschnittsfläche $EI=$ Biegesteifigkeit $GI_D=$ Drillsteifigkeit $\Big\}$ des Randgliedes. $N_e=\dfrac{\pi^2Et^3}{12(1-\mu^2)\,b^2}$		
19		$s\operatorname{sh}\beta_1 b\,\{[\beta_2^3+\chi^2\beta_2(2-\mu)]\cos\beta_2 b+\varepsilon\chi^4\sin\beta_2 b\}-$ $-r\sin\beta_2 b\{[\beta_1^3-\chi^2\beta_1(2-\mu)]\operatorname{ch}\beta_1 b-\varepsilon\chi^4\operatorname{sh}\beta_1 b\}=0$ $N_K=k_{15}N_e,\qquad k_{15}$ s. Abb. 44	$\varkappa=\dfrac{a}{b},\quad \beta_{1,2}=$ $r=\beta_2^2+\mu\dfrac{m^2\pi^2}{\alpha^2},\quad s=\beta_1^2-\mu\dfrac{m^2\pi^2}{\alpha^2},$ $m=1,2,3,\dots$ Die das kleinste N_K liefernde Halbwellenzahl m ist maßgeblich.	[II, 17] [II, 85]	Für $F\neq0$ und $I\neq0$ s. [II, 85] u. [II, 86]. Für $a=\infty$ und eingespannten unteren Längsrand s. [II, 92]. Bei nichtlinearer Rechnung s. [II, 124].

Platten mit elastisch nachgiebigen Randgliedern

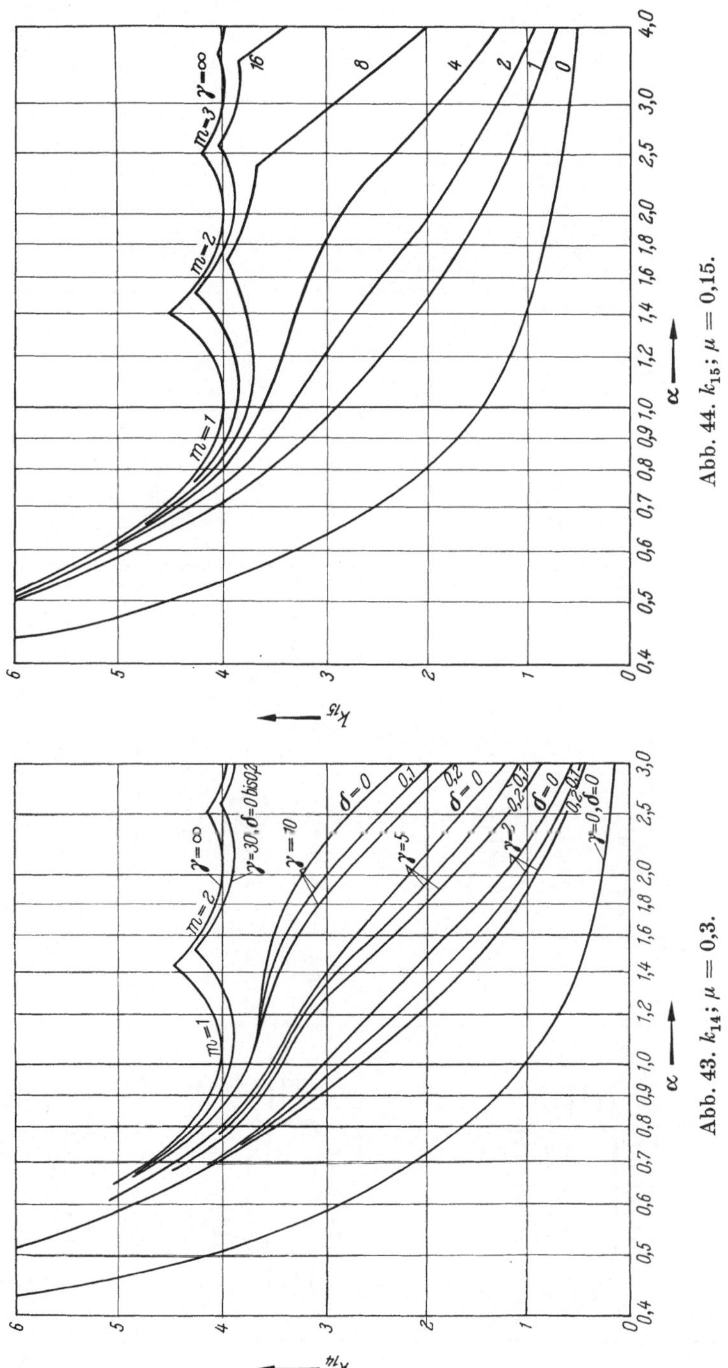

Abb. 44. k_{15}; $\mu = 0{,}15$.

Abb. 43. k_{14}; $\mu = 0{,}3$.

418

Plattenbeulung

b) Gleichmäßige zweiachsige Druckbelastung

Nr.	Systemskizzen	Beulformeln	Abkürzungen		Quellen	Bemerkungen
II, A, b, 1	N_2, N_1, a, b	$k_{16}=\dfrac{\left(\dfrac{m}{\alpha}+\dfrac{\alpha}{m}\,n^2\right)^2}{1+\xi\dfrac{\alpha^2}{m^2}\,n^2}$, k_{16} s. Abb. 45, $\quad N_{1_K}=k_{16}N_e$ für $\xi=1$: $k_{16}=1+\dfrac{1}{\alpha^2}$ $\dfrac{N_{2_K}}{N_{2_0}}=f\left(\dfrac{N_{1_K}}{N_{1_0}}\right)$ s. Abb. 46	$\alpha=\dfrac{a}{b}$, $\quad \xi=\dfrac{N_2}{N_1}$ N_{1_0}, N_{2_0} Beullast für $N_2=0$ bzw. $N_1=0$	$N_e=\dfrac{\pi^2 E t^3}{12(1-\mu^2)b^2}$	$[II, 14]$ $[II, 83]$, S. 333 $[II, 121]$	Für allseitig eingespannte Ränder ist nach eingliedr. Rɪᴛᴢ-Ansatz angenähert: $k\approx\dfrac{4/\alpha^2+4\alpha^2+2{,}67}{1+\xi\alpha^2}$ s. $[II, 83]$, S. 386, und $[II, 1]$, s. auch $[II, 11]$. Bei Punktstützung in Feldmitte s. $[II, 66]$.
2	N_2, N_1, a, b	$\lambda_1\,\mathrm{th}\,\lambda_1\dfrac{\alpha}{2}-\lambda_2\,\mathrm{th}\,\lambda_2\dfrac{\alpha}{2}=0$ $\Bigg\}$ Formel mit dem kleineren N_K ist maßgeblich. $\lambda_2\,\mathrm{th}\,\lambda_1\dfrac{\alpha}{2}-\lambda_1\,\mathrm{th}\,\lambda_2\dfrac{\alpha}{2}=0$	$\alpha=\dfrac{a}{b}$, $\quad \xi=\dfrac{N_2}{N_1}$ $\lambda_{1,2}^2=\pi^2\left[1-\dfrac{k}{2}\pm\right.$ $\left.\pm\sqrt{\dfrac{k^2}{4}-k\left(1-\xi\right)}\right]$ $k=\dfrac{N_{1_K}}{N_e}$	$m=1,2,3,\ldots,\ n=1,2,3,\ldots$ Die das kleinste N_{1_K} liefernden Halbwellenzahlen m, n sind maßgeblich.	$[II, 23]$	Sind benachbarte Plattenränder eingespannt, s. $[II, 23]$. Bei dreiseitiger Lagerung und elastischer Einspannung des dem freien Rand gegenüberliegenden Randes s. $[II, 90]$. Bei zwei freien und zwei gelenkig gelagerten Rändern s. $[II, 91]$.
3	N_2, N_1, a, b	$\lambda_2\,\mathrm{th}\,\lambda_1\alpha-\lambda_1\,\mathrm{th}\,\lambda_2\alpha=0$				

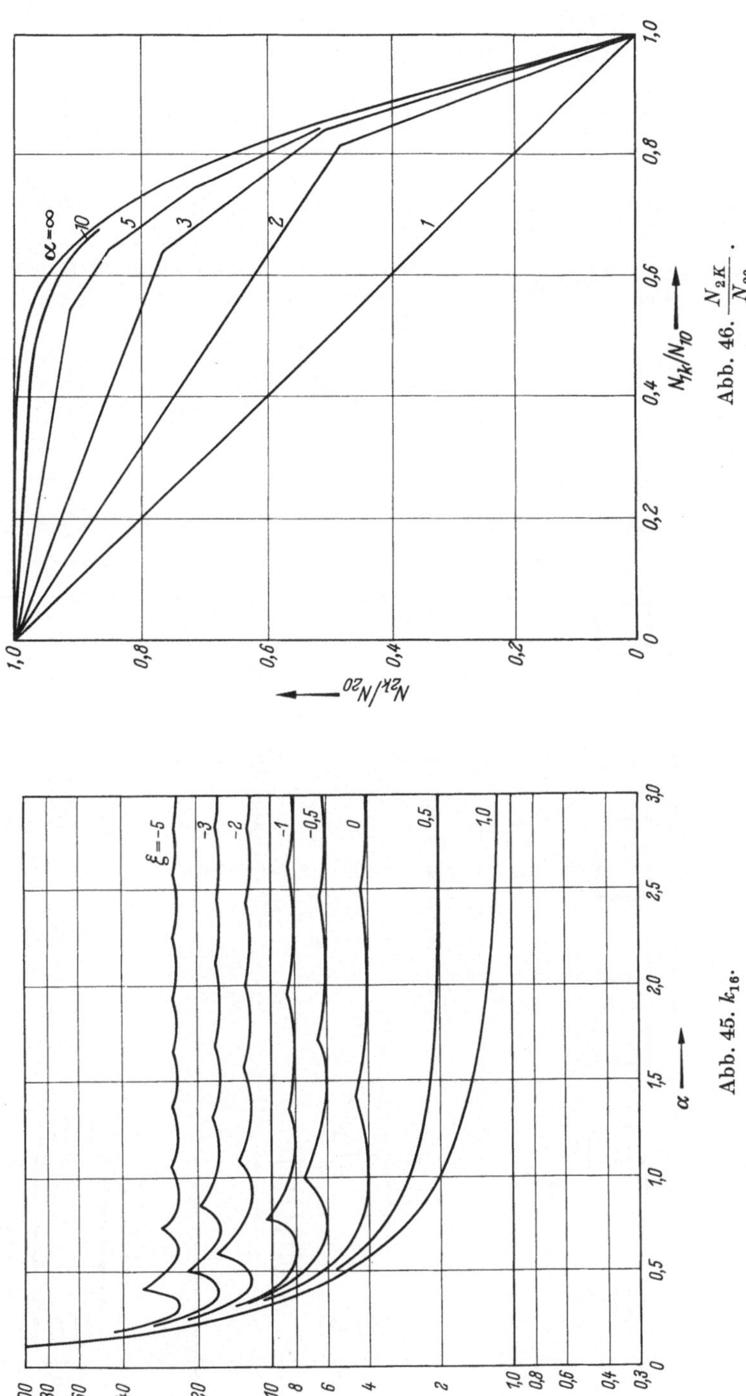

Abb. 46. $\dfrac{N_{2K}}{N_{20}}$.

Abb. 45. k_{16}.

b) Gleichmäßige zweiachsige Druckbelastung (Fortsetzung)

Nr.	Systemskizzen	Beulformeln	Abkürzungen	Quellen	Bemerkungen
II, A, b, 4	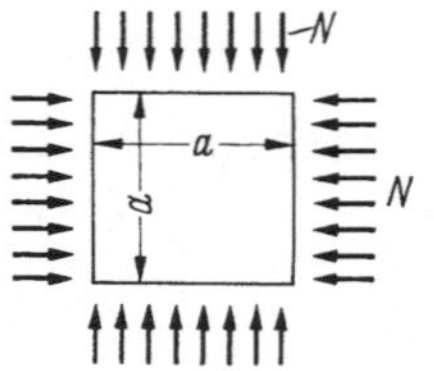	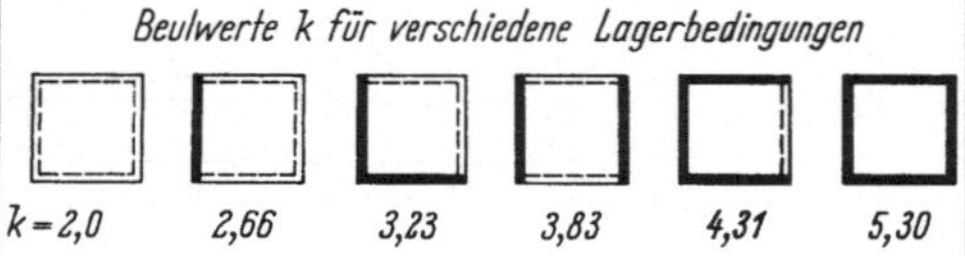 *Beulwerte k für verschiedene Lagerbedingungen* $k=2{,}0$ $2{,}66$ $3{,}23$ $3{,}83$ $4{,}31$ $5{,}30$ $$N_K = k\,N_e$$		[II, 23]	
5	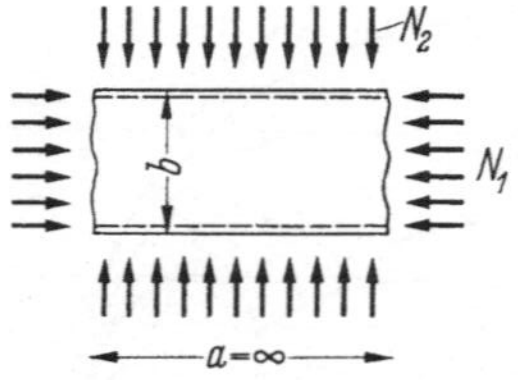	Grenzfall zu Nr. II, A, b, 1, 2 u. 3 $0 \leqq \xi \leqq 0{,}5:\quad k = 4(1-\xi)$ $\xi \geqq 0{,}5:\quad k = \dfrac{1}{\xi}$ $$N_{1_K} = k\,N_e$$ $\dfrac{N_{2_K}}{N_{2_0}} = f\left(\dfrac{N_{1_K}}{N_{1_0}}\right)$ s. Abb. 47, Kurve a	$\xi = \dfrac{N_2}{N_1}$	[II, 1]	
6	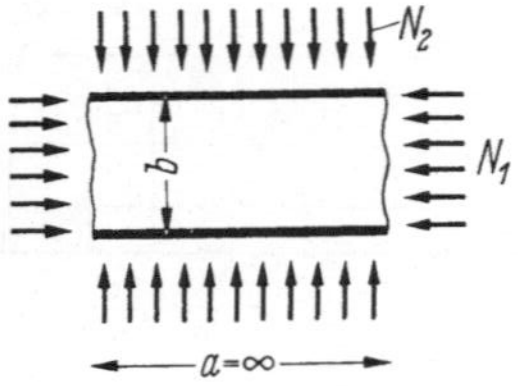	$\dfrac{N_{2_K}}{N_{2_0}} = f\left(\dfrac{N_{1_K}}{N_{1_0}}\right)$ s. Abb. 47, Kurve b	$N_{1_0},\ N_{2_0}$ Beullast für $N_2 = 0\ \ \text{bzw.}\ \ N_1 = 0$	[II, 19]	Beulbedingung s. [II, 19].

Gültig für den Spaltenbereich Abkürzungen/Beulformeln (Nr. 4–6):

$$N_e = \frac{\pi^2 E\,t^3}{12(1-\mu^2)\,b^2}$$

$m = 1, 2, 3, \ldots,\ n = 1, 2, 3, \ldots$ Die das kleinste N_{1_K} liefernden Halbwellenzahlen $m,\ n$ sind maßgeblich.

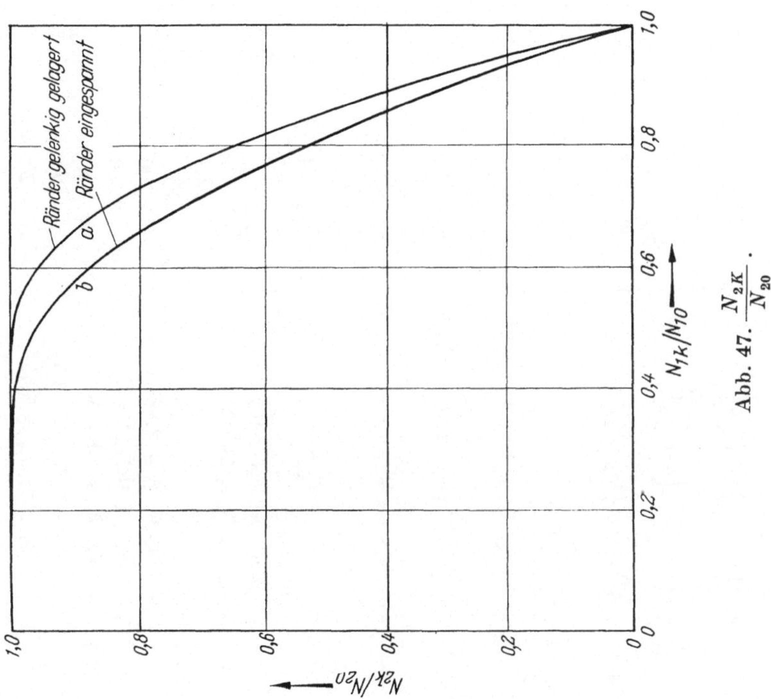

Abb. 47. $\dfrac{N_{2K}}{N_{20}}$.

c) Linear veränderliche Druckbelastung

Nr.	Systemskizzen	Beulformeln	Abkürzungen	Quellen	Bemerkungen
II, A, c, 1		$$\frac{\alpha^4}{m^4}\,k_{17}^2\left[\left(1-\frac{\eta}{2}\right)^2-\left(\frac{16}{9}\frac{\eta}{\pi^2}\right)^2\right]-$$ $$-\frac{\alpha^2}{m^2}\,k_{17}\left(1-\frac{\eta}{2}\right)\left[\left(1+\frac{\alpha^2}{m^2}\right)^2+\right.$$ $$+\left(1+4\frac{\alpha^2}{m^2}\right)^2\right]+\left(1+\frac{\alpha^2}{m^2}\right)^2\times$$ $$\times\left(1+4\frac{\alpha^2}{m^2}\right)^2=0$$ $N_K^*=k_{17}N_e,\ k_{17}$ s. Abb. 48 u. 49 für $\alpha=\infty,\ \mu=0,3\begin{cases}\eta=1:\ k_{17}=\ \ 7,81\\\eta=2:\ k_{17}=23,88\end{cases}$	$\alpha=\dfrac{a}{b},\ N_e=\dfrac{\pi^2 E l^3}{12(1-\mu^2)b^2}$ $m=1,2,3,\ldots$ Die das kleinste N_K liefernde Halbwellenzahl m ist maßgeblich.	[*II, 83*], S. 373 [*II, 28*] [*II, 35*] [*II, 39*] [*II, 70*]	Beulformel nach zweigliedrigem Ritz-Ansatz. Näherung für $\eta=2;\ \alpha\leqq 2/3$: $$k_{17}\approx\frac{1,87}{\alpha^2}+8,6\,\alpha^2+$$ $$+\ 15,87$$ $\alpha\geqq 2/3:k_{17}\approx 23,9$. Näherung für $0\leqq\eta\leqq 1$ s. [*II, 45*]. Bei nichtlinearer Rechnung und unterschiedlichen Randlagerungen s. [*II, 124*].
2		für $\eta=1$: $$(0,5\,k_{18}-X_1)\times$$ $$\times\ (0,5\,k_{18}-X_2)=0,0218\,k_{18}^2$$ $N_K^*=k_{18}N_e,\ k_{18}$ s. Abb. 49 für $\eta=2$: $$0,1243\,X_1 k_{19}^2+3,888\,X_2+$$ $$+\ 0,0874\,X_3 k_{19}^2+0,1028\,k_{19}^2=X_1 X_2 X_3$$ $N_K^*=k_{19}N_e,\ k_{19}$ s. Abb. 49 für $\alpha=\infty\ \begin{cases}\eta=1:\ k_{18}=13,54\\\eta=2:\ k_{19}=39,52\end{cases}$	$$X_i=\frac{m^2}{\alpha^2}+\left(\frac{p_i}{\pi}\right)^4\times$$ $$\times\frac{\alpha^2}{m^2}-\psi_i$$ $i=1,2,3$ $p_1=1,506\pi$ $p_2=2,500\pi$ $p_3=3,500\pi$ $\psi_1=-2,493$ $\psi_2=-9,332$ $\psi_3=-20,042$		Beulformel nach dreigliedrigem Ritz-Ansatz. Bei gelenkig gelagertem Längsrand der Druckzone gilt für $\eta=2$ angenähert der Beulwert k_{17} von II, A, c, 1, s. [*II, 28*]. Bei elastisch eingespannten Längsrändern s. [*II, 71*].

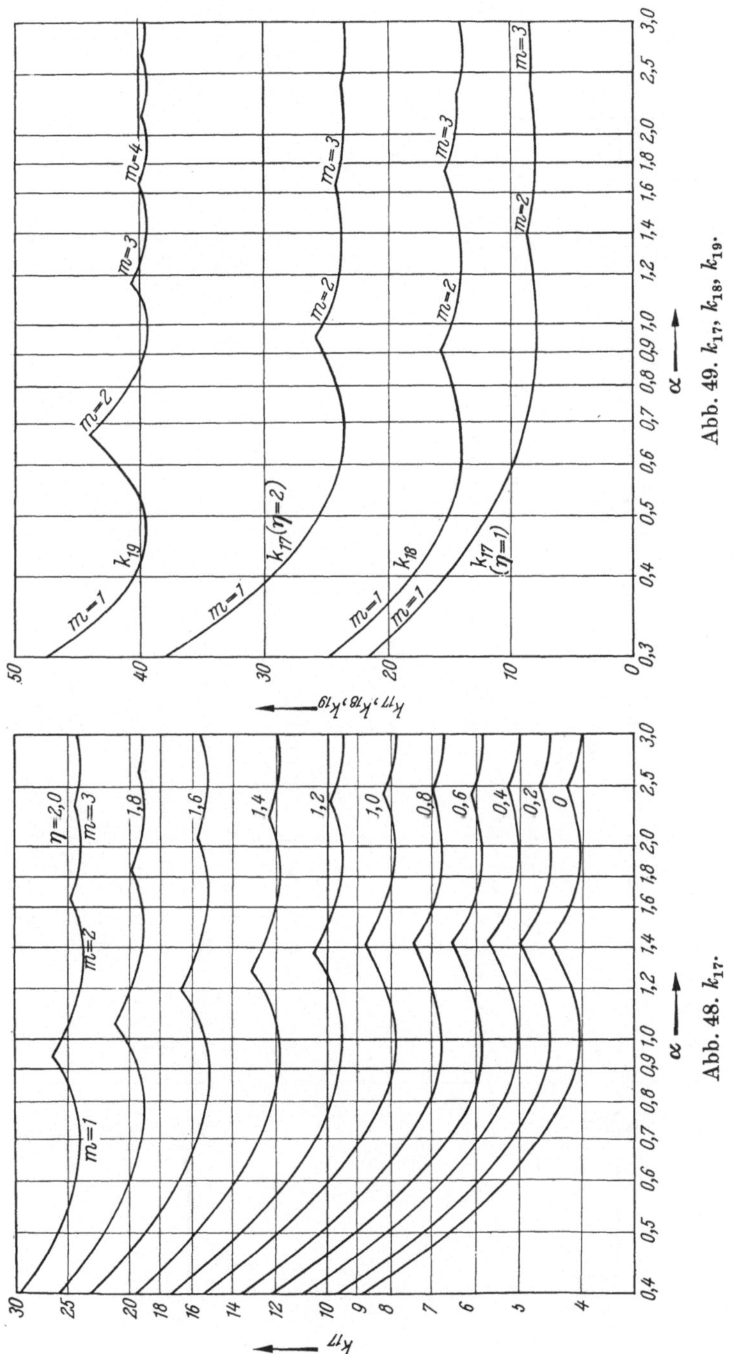

Abb. 49. k_{17}, k_{18}, k_{19}.

Abb. 48. k_{17}.

c) *Linear veränderliche Druckbelastung* (Fortsetzung)

Nr.	Systemskizzen	Beulformeln	Abkürzungen	Quellen	Bemerkungen
II, A, c, 3		für $N_b = 0$: $0,2071\,k_{20}^2 - (0,4315\,X_2 + 0,4800\,X_1 + 0,2792)\,k_{20} - 0,7530 + X_1 X_2 = 0$ $N_K^* = k_{20}N_e$, k_{20} s. Abb. 50 für $N^* = 0$: $0,2697\,k_{21}^2 - (0,5200\,X_1 + 0,5685\,X_2 - 0,2792)\,k_{21} - 0,7530 + X_1 X_2 = 0$ $N_{bK} = k_{21}N_e$, k_{21} s. Abb. 50 für $\alpha = \infty \left\{ \begin{array}{l} N_b = 0:\ k_{20} = 11,73 \\ N^* = 0:\ k_{21} = 9,54 \end{array} \right.$	$X_i = \dfrac{m^2}{\alpha^2} + r_i^4\,\dfrac{\alpha^2}{m^2} - \psi_i$ $i = 1, 2,$ $r_1 = 1,250$ $r_2 = 2,250$ $\psi_1 = -2,535$ $\psi_2 = -8,693$	$[II,59]$	
4		für $N_b = 0$: $0,0550\,k_{22}^2 - (0,1935\,X_2 + 0,4059\,X_1 + 0,1021)\,k_{22} - 0,1107 + X_1 X_2 = 0$ $N_K^* = k_{22}N_e$, k_{22} s. Abb. 51 für $N^* = 0$: $0,4556\,k_{23}^2 - (0,8065\,X_2 + 0,5941\,X_1 - 0,1021)\,k_{23} - 0,1107 + X_1 X_2 = 0$ $N_{bK} = k_{23}N_e$, k_{23} s. Abb. 51 für $\alpha = \infty \left\{ \begin{array}{l} N_b = 0:\ k_{22} = 5,80 \\ N^* = 0:\ k_{23} = 1,56 \end{array} \right.$	$X_i = \dfrac{m^2}{\alpha^2} + r_i^4\,\dfrac{\alpha^2}{m^2} + \psi_i\mu + \varrho_i(1-\mu)$ $i = 1, 2,$ $r_1 = 0,5969$ $r_2 = 1,494$ $\psi_1 = 0,1739$ $\psi_2 = -2,695$ $\varrho_1 = 0,9418$ $\varrho_2 = 6,570$	$[II,70]$	Bei gelenkig gelagertem anstatt eingespanntem Rand gilt II, A, c, 5 mit $\gamma = 0$.

Spanning notes (Abkürzungen column):
$\alpha = \dfrac{a}{b}$, $\quad N_e = \dfrac{\pi^2 E t^3}{12(1-\mu^2)\,b^2}$

$m = 1, 2, 3, \ldots$ Die das kleinste N_K liefernde Halbwellenzahl m ist maßgeblich.

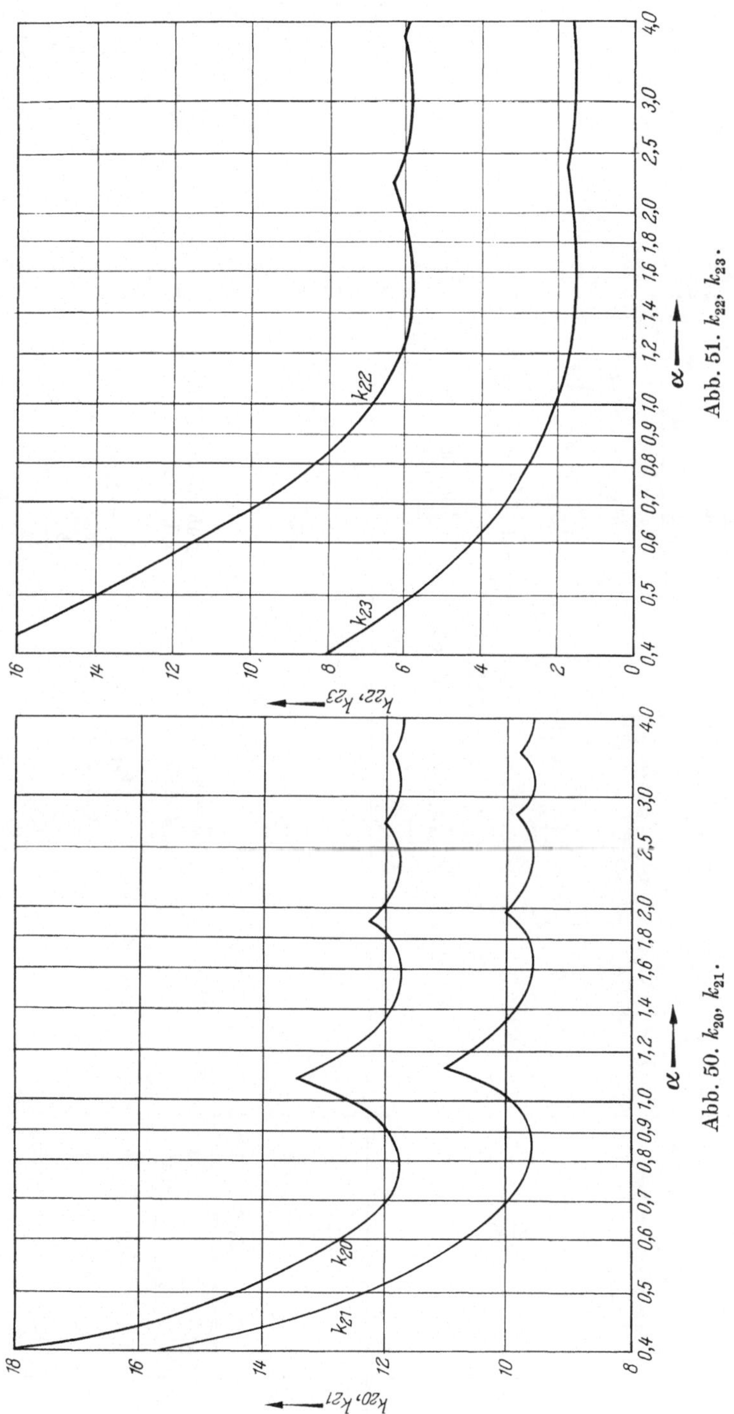

Abb. 50. k_{20}, k_{21}.

Abb. 51. k_{22}, k_{23}.

c) Linear veränderliche Druckbelastung (Fortsetzung)

Nr.	Systemskizzen	Beulformeln	Abkürzungen	Quellen	Bemerkungen
II, A, c, 5	$F=0,\ I_D=0$ N^* N_b a b $\xi = \dfrac{N^*-N_b}{N^*+N_b}$	$k = \left\{ 4(1-\mu) + \dfrac{4}{\pi}(b^2\chi^2 + \mu\pi^2)\vartheta + \right.$ $\left. + b^2\chi^2\left[\left(\dfrac{\pi^2}{b^2\chi^2}+1\right)^2\vartheta^2 c + 2\gamma + \dfrac{2}{3}\right]\right\} \times$ $\times \dfrac{1/\pi^2}{\dfrac{1}{3}+\dfrac{2}{\pi}\vartheta + \dfrac{1}{2}\vartheta^2 + \zeta\left[\dfrac{1}{6}+2\left(1-\dfrac{8}{\pi^2}\right)\dfrac{\vartheta}{\pi}\right]}$ für $N_b = 0$: $N_K^* = k_{24} N_e$, k_{24} s. Abb. 52 für $N^* = 0$: $N_{bK} = k_{25} N_e$, k_{25} s. Abb. 53	$\chi = \dfrac{m\pi}{a}$ $\gamma = \dfrac{I\,12(1-\mu^2)}{b\,t^3}$ $\vartheta = \dfrac{b^2\chi^2\,\gamma + 2 - \mu}{\left(\dfrac{\pi^2}{b^2\chi^2}+2-\mu\right)\pi}$ $c = 1 - \left(0{,}01 + \dfrac{0{,}015}{\alpha^2}\right)\zeta^2$ $E\,I = $ Biegesteifigkeit des Randgliedes	[II, 17]	Beulformel nach eingliedrigem Rıtz-Ansatz mit Korrekturfaktor im Ergebnis. Sonderfall $N^* = N_b$ s. Nr. II, A, a, 19.

6	$F{\neq}0,\ I_D{\neq}0$ N^* N_b a b	Für $N_b = 0$: $N_K^* = k_{26} N_e$
		      k_{26} s. Abb. 54
		
		 Für $N^* = 0$: $N_{bK} = k_{27} N_e$
		      k_{27} s. Abb. 55
			t_p t_s b_s b
			 Abb. 54 und 55 sind gültig für
			 $\dfrac{t_s}{t_p} = 1{,}00$
			 $\dfrac{b}{t_p} = 100$
			 $\beta = \dfrac{b_s}{b}$
				[II, 86]	Rechtecksteife symmetrisch zur Platte angeordnet. Beulbedingung für allgem. Fall beliebig verteilter Längsbelastung und Ergebnisse für einseitige Rechtecksteife bei linear veränderlicher Längsbelastung s. [II, 86].

$\alpha = \dfrac{a}{b}$, $N_e = \dfrac{\pi^2 E t^3}{12(1-\mu^2)\,b^2}$

$m = 1, 2, 3, \dots$ Die das kleinste N_K liefernde Halbwellenzahl m ist maßgeblich.

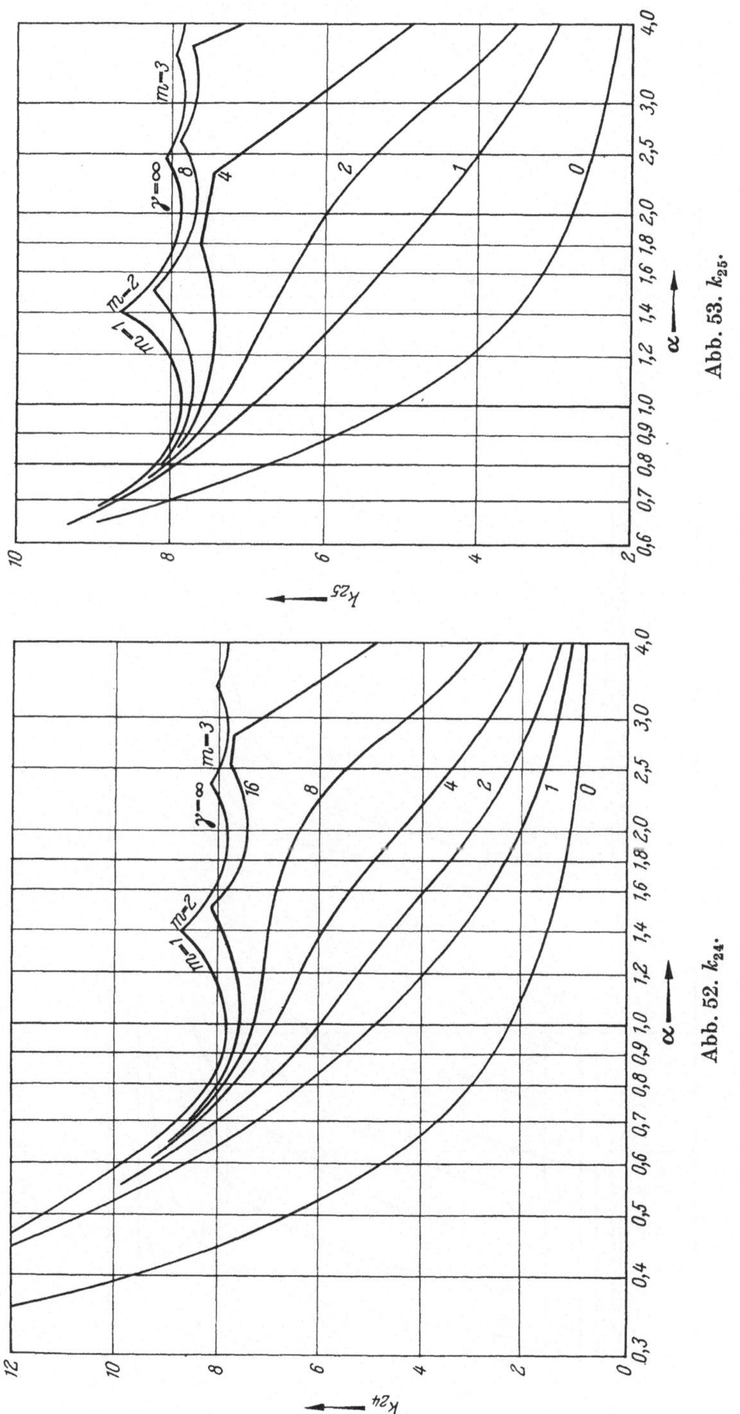

Abb. 52. k_{24}.

Abb. 53. k_{25}.

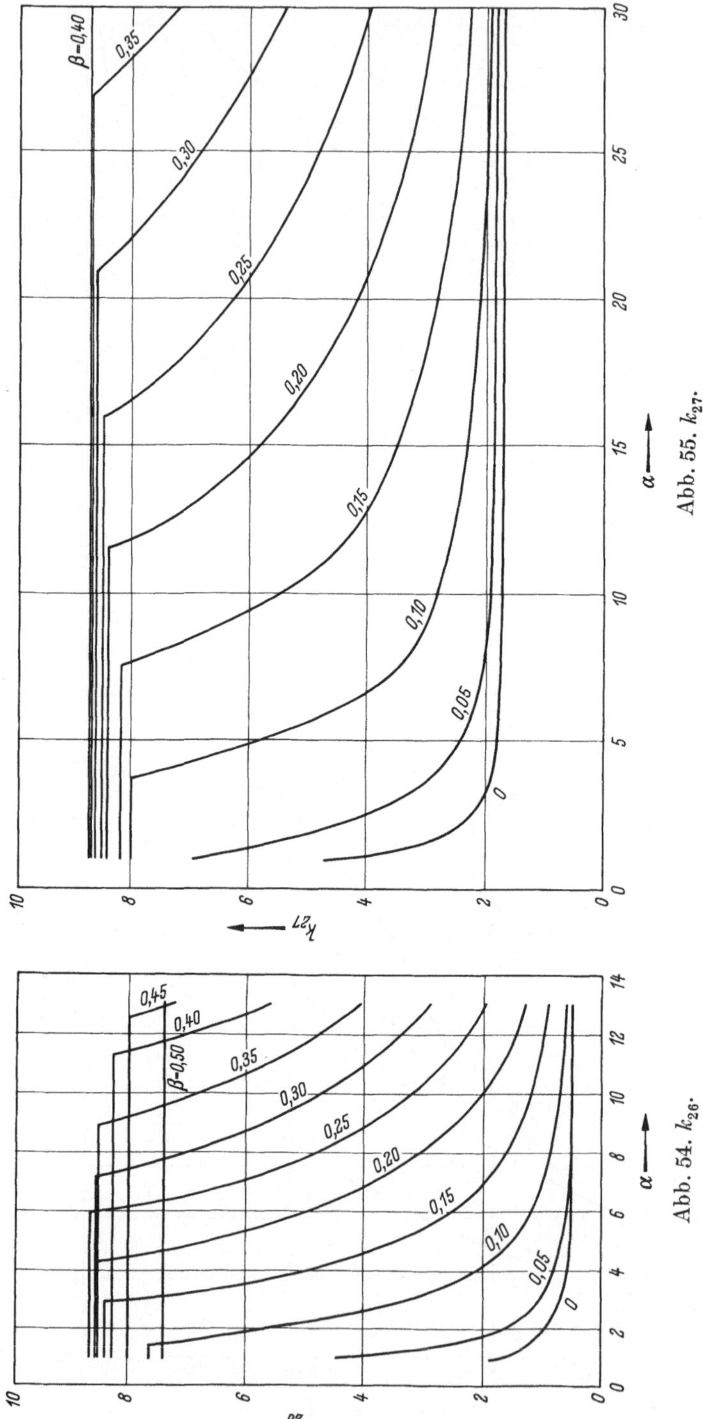

β=0,40
0,35
0,30
0,25
0,20
0,15
0,10
0,05
0
α
k_{27}
Abb. 55. k_{27}.
0,45
0,40
β=0,50
0,35
0,30
0,25
0,20
0,15
0,10
0,05
0
α
k_{26}
Abb. 54. k_{26}.

c) Linear veränderliche Druckbelastung (Fortsetzung)

Nr.	Systemskizzen	Beulformeln	Abkürzungen	Quellen	Bemerkungen
II, A, c, 7	Druck — Zug — N_{2l}, N_{2r}, N_1, a — $\varphi = \dfrac{N_{2l}}{N_1}$, $\psi = \dfrac{N_{2r}}{N_{2l}}$	$k^2(b_1 b_2 - c_1^2) - k(a_1 b_2 + b_1 a_2) + a_1 a_2 = 0$ $N_{1K} = k N_e$	$\alpha = \dfrac{a}{b}$ $a_1 = \left(\dfrac{1}{\alpha} + \alpha\right)^2$ $a_2 = \left(\dfrac{4}{\alpha} + \alpha\right)^2$ $b_1 = 1 + \alpha^2 \varphi \, \dfrac{1 + \psi}{2}$ $b_2 = 4 + \alpha^2 \varphi \, \dfrac{1 + \psi}{2}$ $c_1 = \dfrac{16}{9} \dfrac{\alpha^2 \varphi}{\pi^2} (1 - \psi)$ $N_e = \dfrac{\pi^2 E t^3}{12 (1 - \mu^2) b^2}$	[*II, 47*]	Beulformel nach zweigliedrigem Ritz-Ansatz. Auswertung der Beulformeln nach ein-, zwei- und dreigliedr. Ritz-Ansatz s. [*II, 47*]. Gültig für $\varphi \leqq 1{,}5$. Für $\varphi > 1{,}5$ s. [*II, 84*].

d) Einzellasten

Nr.	Systemskizzen	Beulformeln	Abkürzungen	Quellen	Bemerkungen
II, A, d, 1		$P_K = k_{28}\,\overline{N}_e$ k_{28} s. Abb. 56 für $\alpha = \infty$: $k_{28} = 1{,}46$			
2		$P_K = k_{29}\,\overline{N}_e$ k_{29} s. Abb. 56 für $\alpha = \infty$: $k_{29} = 1{,}46$	$\alpha = \dfrac{a}{b}$ $\overline{N}_e = \dfrac{\pi^2 E\,t^3}{12\,(1 - \mu^2)\,b}$	$[II,\,72]$	Sind statt einer Last zwei Lasten vorhanden, s. $[II,\,10]$ Bei freien Querrändern s. $[II,\,10]$.
3		$P_K = k_{30}\,\overline{N}_e$ k_{30} s. Abb. 56 für $\alpha = \infty$: $k_{30} = 4{,}14$			
4		$P_K = k_{31}\,\overline{N}_e$ k_{31} s. Abb. 56 für $\alpha = \infty$: $k_{31} = 4{,}14$			

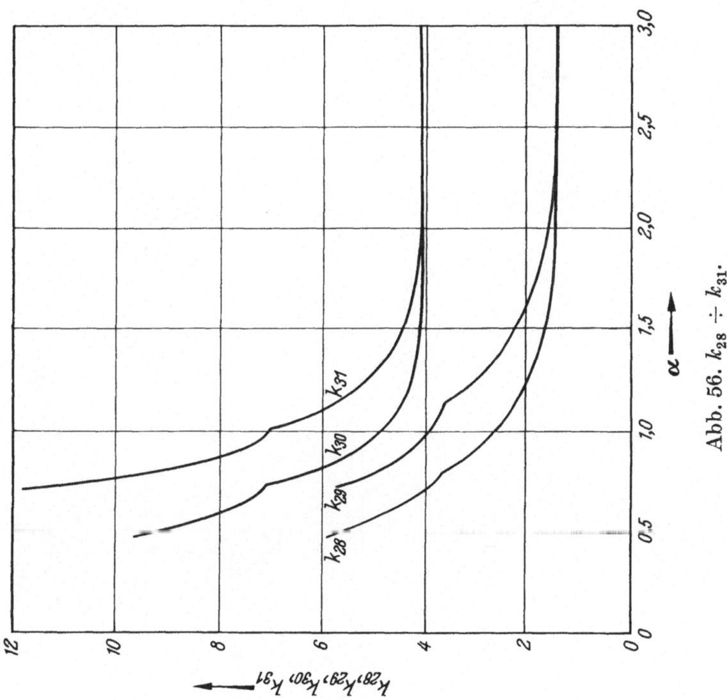

Abb. 56. $k_{28} \div k_{31}$.

e) Quadratische Platten mit konstanter Teilbelastung

Nr.	Systemskizzen	Beulformeln	Abkürzungen	Quellen	Bemerkungen
II, A, e, 1		$P_K = k_{32}\,\overline{N}_e$ k_{32} s. Abb. 57			
2		$P_K = k_{33}\,\overline{N}_e$ k_{33} s. Abb. 57	$\text{Gesamtlast } P = pc$ $\overline{N}_e = \dfrac{\pi^2 E t^3}{12\,(1 - \mu^2)\,b}$	$[II, 72]$	Grenzfälle: $c = 0$ s. II, A, d, 1—4, $c = a$ s. II, A, a, 2, 3, 5, 9. Näherung: $k \approx k_{c=0} + (k_{c=a} - k_{c=0})\,\dfrac{c^2}{a^2}.$ Diese Näherung ist auch für Rechteckplatten $a \neq b$ verwendbar.
3		$P_K = k_{34}\,\overline{N}_e$ k_{34} s. Abb. 57			
4		$P_K = k_{35}\,\overline{N}_e$ k_{35} s. Abb. 57			

f) Eigengewicht und gleichmäßige einachsige Druckbelastung

Nr.	Systemskizze	Beulformel	Abkürzungen	Quellen	Bemerkungen
II, A, f	γ =spez. Gewicht	$N_K = k_{36} N_e$ k_{36} s. Abb. 58	$\alpha = \dfrac{a}{b}$ $\xi = \dfrac{\gamma t a}{N_e}$ $N_e = \dfrac{\pi^2 E t^3}{12\,(1 - \mu^2)\,b^2}$	$[II, 61]$ $[II, 88]$	Grenzfall: $\gamma = 0$ s. II, A, a, 2

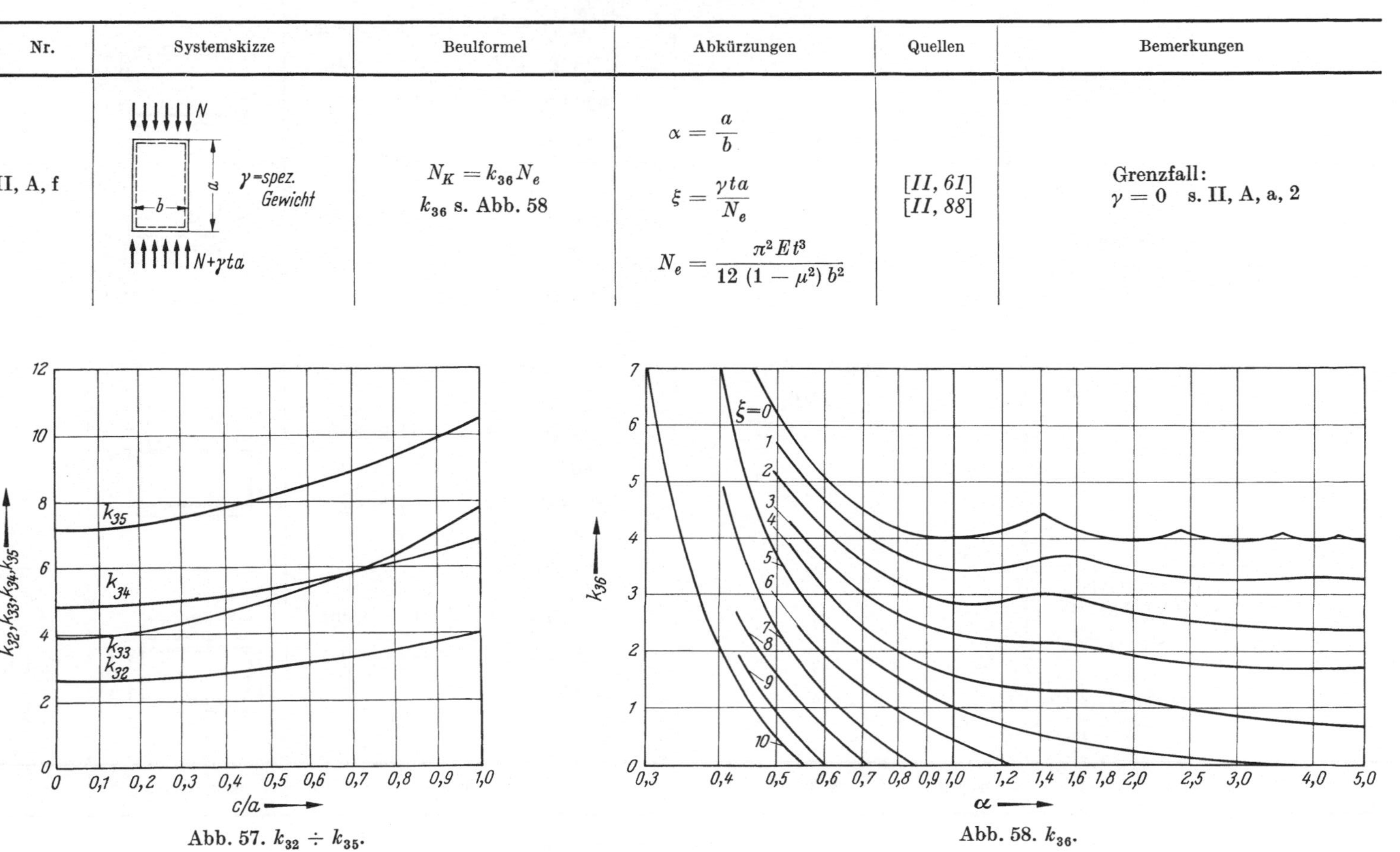

Abb. 57. $k_{32} \div k_{35}$.

Abb. 58. k_{36}.

433

g) Gleichmäßige Schubbelastung

Nr.	Systemskizzen	Beulformeln	Abkürzungen	Quellen	Bemerkungen
II, A, g, 1		$T_K = k_{37}\,N_e,\quad k_{37}$ s. Abb. 59 für $\alpha = \infty$:　　$k_{37} = 5{,}35$ für $\alpha = 1$:　　$k_{37} = 9{,}7$		$[II, 55]$	Näherung: $\alpha \geqq 1:\ k_{37} = \dfrac{4{,}4}{\alpha^2} + 5{,}35,$ $\alpha \leqq 1:\ k_{37} = \dfrac{5{,}35}{\alpha^2} + 4{,}4.$ Bei Platten mit veränderlicher Dicke s. $[II, 74]$.
2		$T_K = k_{38}\,N_e,\quad k_{38}$ s. Abb. 59 für $\alpha = \infty$:　　$k_{38} = 8{,}98$ für $\alpha = 1$:　　$k_{38} = 15{,}0$	$\alpha = \dfrac{a}{b}$ $N_e = \dfrac{\pi^2 E t^3}{12\,(1 - \mu^2)\,b^2}$	$[II, 55]$	
3		$T_K = k_{39}\,N_e,\quad k_{39}$ s. Abb. 59 für $\alpha = \infty$:　　$k_{39} = 5{,}35$ für $\alpha = 1$:　　$k_{39} = 12{,}3$		$[II, 34]$	Beulbedingung s. $[II, 34]$. Bei elastisch eingespannten Querrändern s. $[II, 55]$.
4		$T_K = k_{40}\,N_e,\quad k_{40}$ s. Abb. 59 für $\alpha = \infty$:　　$k_{40} \approx 7{,}3$ für $\alpha = 1$:　　$k_{40} = 10{,}71$		$[II, 87]$	

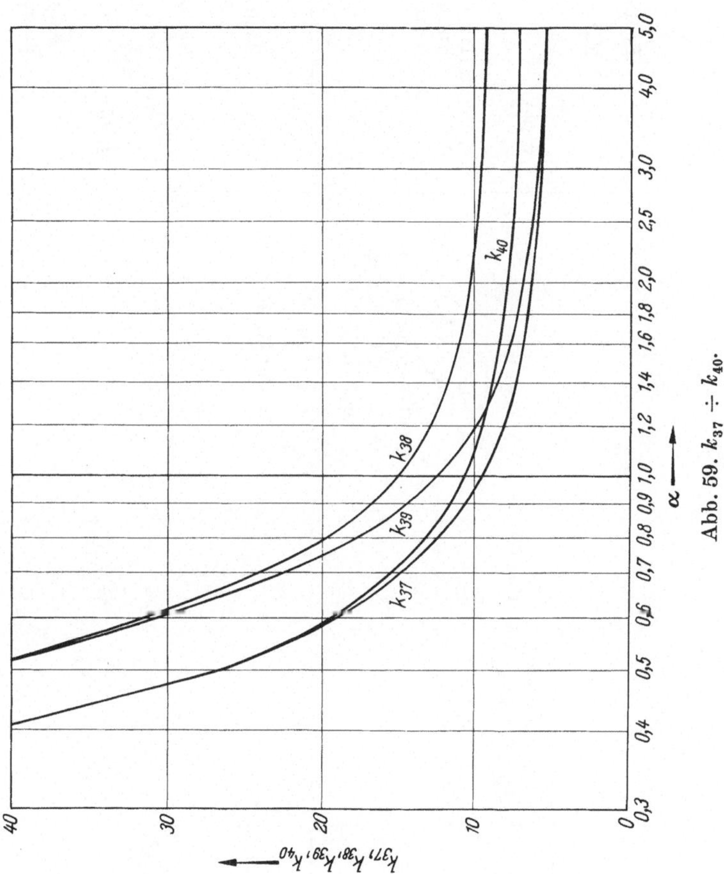

Abb. 59. $k_{37} \div k_{40}$.

h) Längs- und Schubbelastung

Nr.	Systemskizzen	Beulformeln	Abkürzungen	Quellen	Bemerkungen
II, A, h, 1		$\dfrac{N_K}{N_{K_0}} = f\left(\dfrac{T_K}{T_{K_0}}\right)$ s. Abb. 60	N_{K_0}, $N_{K_0}^*$, Beullasten für $T = 0$ nach Fall II, A, a, **2** und II, A, c, 1	[II, 22]	Beulbedingung s. [II, 22]. Näherung: $$\frac{N_K}{N_{K_0}} \approx 1 - \left(\frac{T_K}{T_{K_0}}\right)^2.$$ Ist N eine konstante oder linear veränderliche Zugbelastung, s. [II, 89].
2		$\dfrac{N_K^*}{N_{K_0}^*} = f\left(\dfrac{T_K}{T_{K_0}}\right)$ s. Abb. 61	T_{K_0} Beullast für $N = 0$ nach Fall II, A, g, 1 $$x = \frac{a}{b}$$	[II, 13]	Beulbedingung s. [II, 13] u. [II, 26]. Näherung: $$\frac{N_K^*}{N_{K_0}^*} \approx \sqrt{1 - \left(\frac{T_K}{T_{K_0}}\right)^2}.$$ Längs- und Schubbeulung von Bindeblechen s. [II, 20]. Bei über a und b linear veränderlicher Längsbelastung und Schubbelastung s. [II,119].

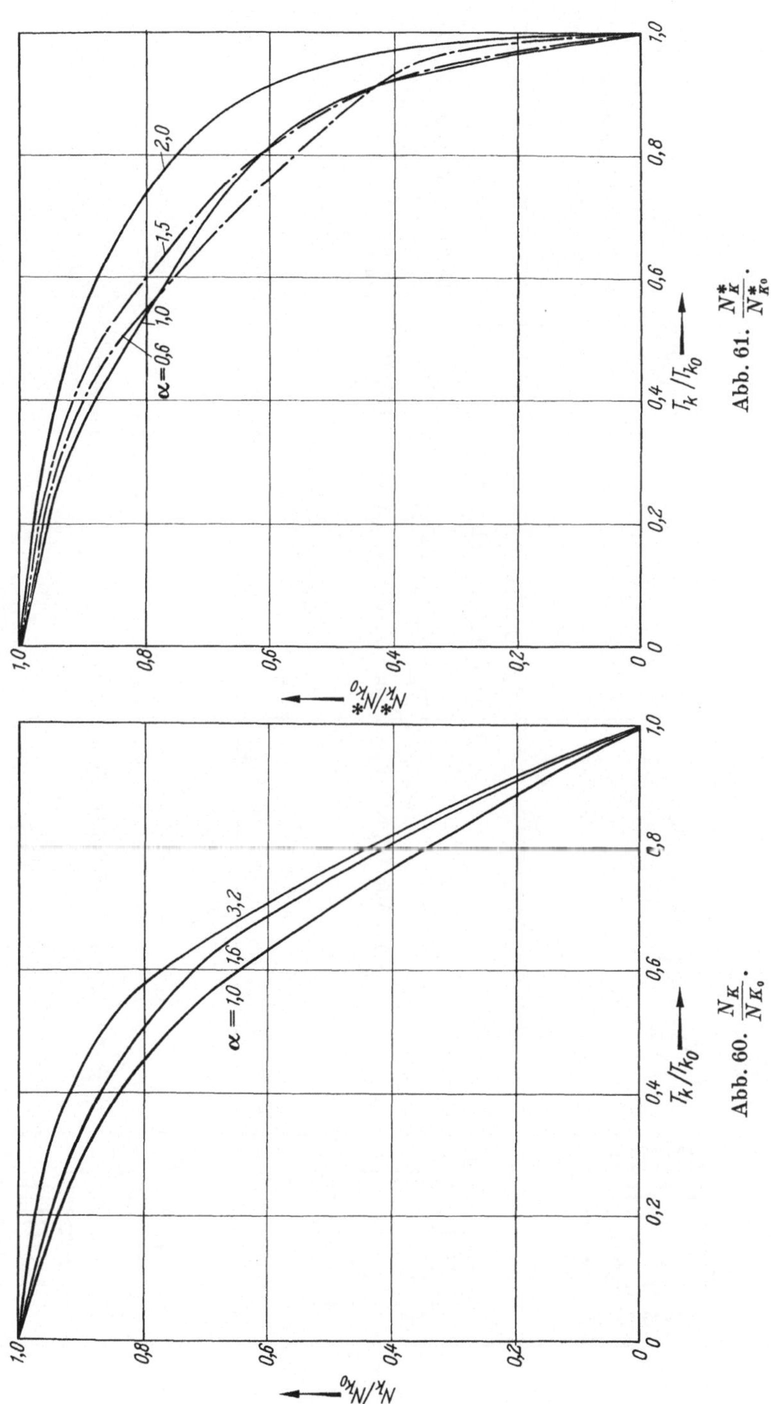

Abb. 60. $\dfrac{N_K}{N_{K_0}}$.

Abb. 61. $\dfrac{N_K^*}{N_{K_0}^*}$.

h) Längs- und Schubbelastung (Fortsetzung)

Nr.	Systemskizzen	Beulformeln	Abkürzungen	Quellen	Bemerkungen
II, A, h, 3		$\dfrac{N_K}{N_{K_0}} = f\left(\dfrac{T_K}{T_{K_0}}\right)$ s. Abb. 62		$[II, 34]$	Beulbedingung s. $[II, 34]$. Näherung: $\dfrac{N_K}{N_{K_0}} \approx 1 - \left(\dfrac{T_K}{T_{K_0}}\right)^{1,5}$. Für gelenkige Lagerung (auch rhombischer Platten) s. $[II, 93]$.
4		$\dfrac{N_K}{N_{K_0}} = f\left(\dfrac{T_K}{T_{K_0}}\right)$ s. Abb. 63, Kurve a	N_{K_0} Beullast für $T = 0$ nach Fall II, A, b, 4, 5, 6 T_{K_0} Beullast für $N = 0$ nach Fall II, A, g, 1 u. 2 $\alpha = \dfrac{a}{b}$	$[II, 19]$	Beulbedingungen s. $[II, 19]$. Tritt noch eine Längsbelastung entsprechend Fall II, A, h, 1 hinzu, s. $[II, 19]$; vgl. auch $[II, 62]$.
5		$\dfrac{N_K}{N_{K_0}} = f\left(\dfrac{T_K}{T_{K_0}}\right)$ s. Abb. 63, Kurve b		$[II, 19]$	

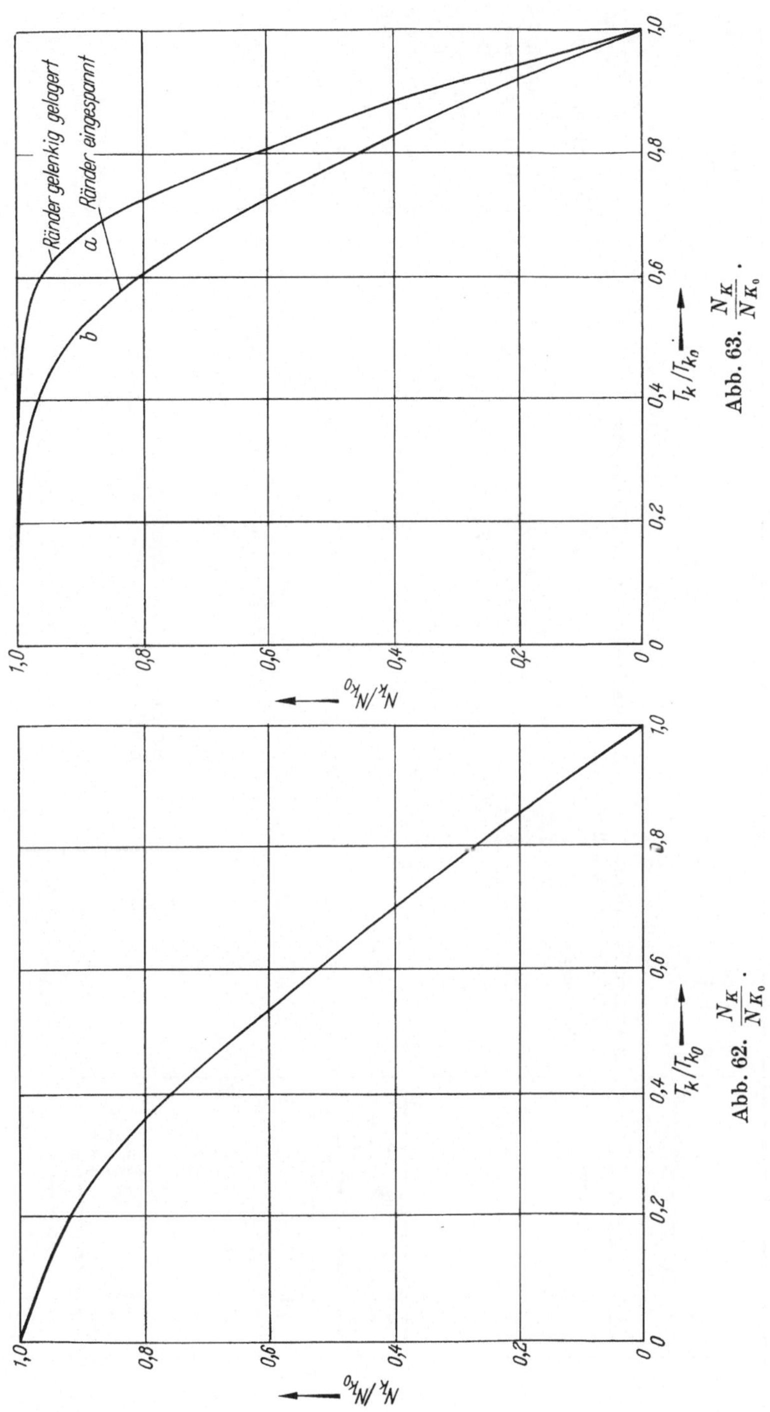

Abb. 63. $\dfrac{N_K}{N_{K_0}}$.

Abb. 62. $\dfrac{N_K}{N_{K_0}}$.

B. Orthotrope Platten

Gleichmäßige und linear veränderliche Druckbelastung, gleichmäßige Schubbelastung

Nr.	Systemskizzen	Beulformeln	Abkürzungen	Quellen	Bemerkungen
II, B, 1		$k_{41} = \left(\dfrac{m^2}{\bar{\alpha}^2} + q\,\dfrac{\bar{\alpha}^2}{m^2} \right) + p\,\zeta$ k_{41} s. Abb. 64, p u. q s. Abb. 65 gelenkige Lagerung: $c = \infty,\ q = 1{,}0,\ p = 2{,}0$ feste Einspannung: $c = 0,\ q = 5{,}0,\ p = 2{,}5$ $N_K = k_{41}\,N_f$	$\alpha = \dfrac{a}{b},\quad \bar{\alpha} = \alpha\,\sqrt[4]{\dfrac{B_2}{B_1}},\quad \zeta = \dfrac{B_3}{\sqrt{B_1 B_2}},$ $c = $ Randeinspannungskoeffizient $m = 1, 2, 3, \ldots$ $N_f = \dfrac{\pi^2}{b^2}\,\sqrt{B_1 B_2}$	[II, 6] [II, 95]	Näherung für Schubmodul: $G = \left(1 - \sqrt{\mu_x \mu_y} \right) \times$ $\times \dfrac{\sqrt{E_x E_y}}{2\,(1 - \mu_x \mu_y)}.$ Ermittlung von c s. [II, 95]. Berücksichtigung zusätzlicher Einzelsteifen s. [II, 94].
2		$N_K = k_{42}\,N_f$ k_{42} s. Abb. 66	1. Homogene Platte mit $E_x, E_y, G, \mu_x, \mu_y$ $\Big[$Elastizitätsgesetz z. B. $\varepsilon_x = \dfrac{1}{E_x}\,(\sigma_x - \mu_x \sigma_y)\Big]$ $B_1 = \dfrac{E_x t^3}{12\,(1 - \mu_x \mu_y)},\quad B_2 = \dfrac{E_y t^3}{12\,(1 - \mu_x \mu_y)},$ $B_3 = \dfrac{\mu_x E_y t^3}{12\,(1 - \mu_x \mu_y)} + \dfrac{G t^3}{6}$ mit $\mu_x E_y = \mu_y E_x$		Angaben für die versteifte Platte gelten nur unter der Voraussetzung, daß die Steifenquerschnitte symmetrisch zur Plattenmittelfläche liegen. Bei unsymmetrischen Querschnitten s. [II, 59]. Bei drillfesten Steifen s. [II, 75] u. [II, 78]. Über allgemeine Anisotropie s. [II, 51] u. [II, 62].
3		$N_K = k_{43}\,N_f$ k_{43} s. Abb. 67	2. Isotrope Platte mit dichtliegenden drillweichen Steifen, welche die Trägheitsmomente I_x, I_y je Längeneinheit der x- bzw. y-Achse haben: $B_1 = B_3 + E I_x,\quad B_2 = B_3 + E I_y,$ $B_3 = \dfrac{E t^3}{12\,(1 - \mu^2)}$	[II, 96]	Bei allseitig gelenkiger Lagerung und zweiachsiger Druck- und Zugbeanspruchung s. [II, 121].

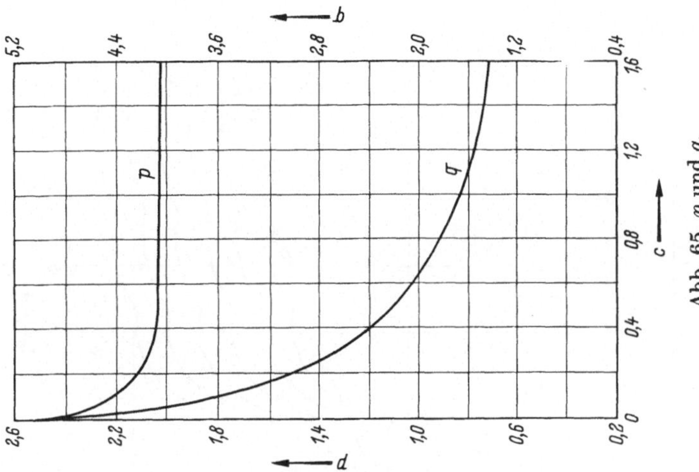

Abb. 65. p und q.

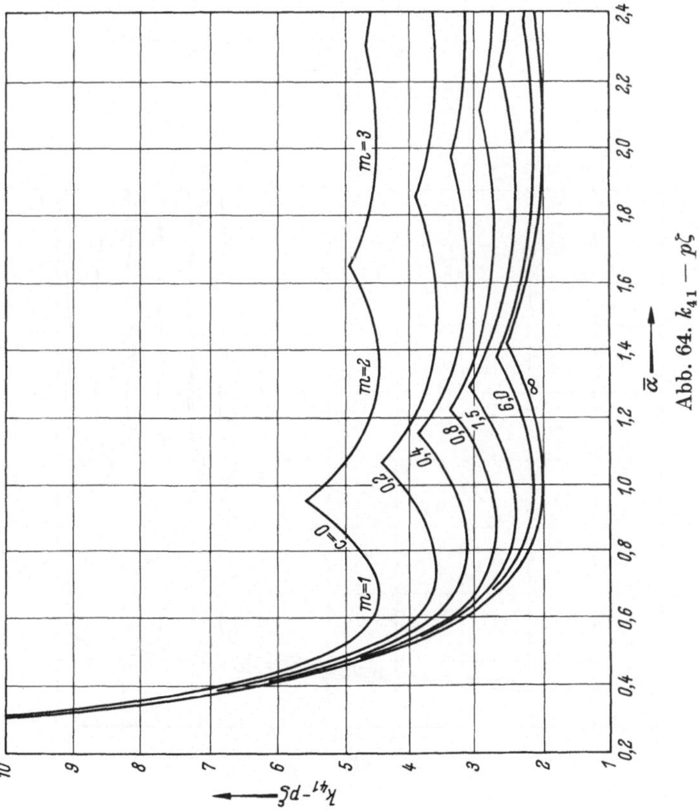

Abb. 64. $k_{41} - p\zeta$.

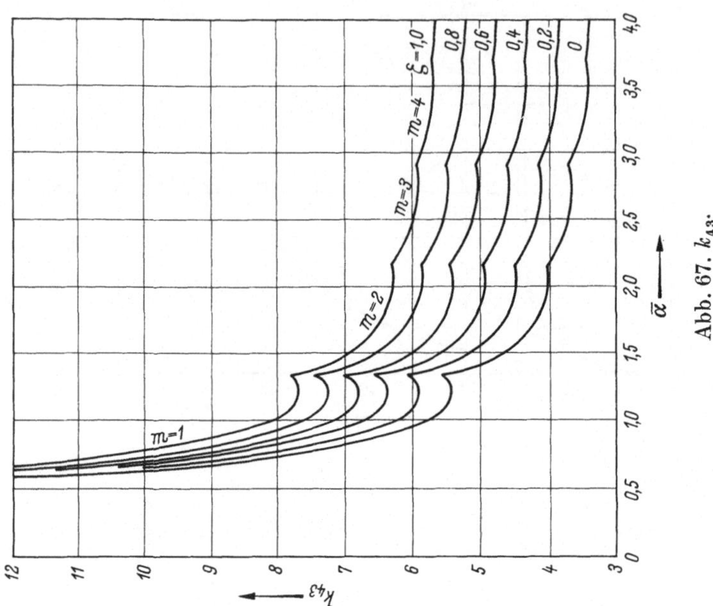

Abb. 67. k_{43}.

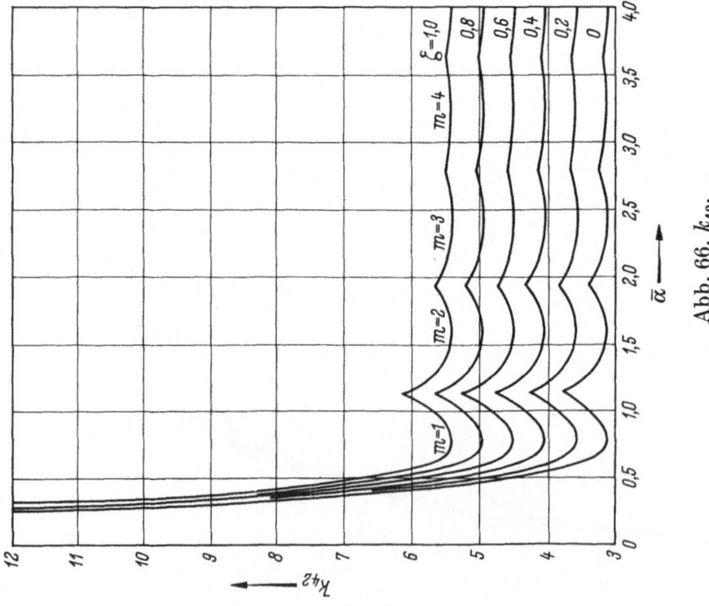

Abb. 66. k_{42}.

Gleichmäßige und linear veränderliche Druckbelastung, gleichmäßige Schubbelastung (Fortsetzung)

Nr.	Systemskizzen	Beulformeln	Abkürzungen	Quellen	Bemerkungen
II, B, 4		$N_K = k_{44}\,N_f$ k_{44} s. Abb. 68	$\alpha = \dfrac{a}{b}, \quad \overline{\alpha} = \alpha \sqrt[4]{\dfrac{B_2}{B_1}}, \quad \zeta = \dfrac{B_3}{\sqrt{B_1 B_2}},$ $m = 1, 2, 3, \dots$ $N_f = \dfrac{\pi^2}{b^2}\sqrt{B_1 B_2}, \quad N_g = \dfrac{\pi^2}{b^2}\sqrt[4]{B_1 B_2^3}$ 1. Homogene Platte mit $E_x, E_y, G, \mu_x, \mu_y$ $\left[\text{Elastizitätsgesetz}\right.$ $\left.\text{z. B. } \varepsilon_x = \dfrac{1}{E_x}(\sigma_x - \mu_x \sigma_y)\right]$ $B_1 = \dfrac{E_x t^3}{12\,(1 - \mu_x \mu_y)}, \quad B_2 = \dfrac{E_y t^3}{12\,(1 - \mu_x \mu_y)},$ $B_3 = \dfrac{\mu_x E_y t^3}{12\,(1 - \mu_x \mu_y)} + \dfrac{G t^3}{6}$ mit $\mu_x E_y = \mu_y E_x$	[II, 96]	
5		$T_K = k_{45}\,N_g$ k_{45} s. Abb. 69	2. Isotrope Platte mit dichtliegenden drillweichen Steifen, welche die Trägheitsmomente I_x, I_y je Längeneinheit der x- bzw. y-Achse haben: $B_1 = B_3 + E I_x, \quad B_2 = B_3 + E I_y,$ $B_3 = \dfrac{E t^3}{12\,(1 - \mu^2)}$	[II, 9]	Beulformel s. [II, 9]. Bei eingespannten Rändern $x = 0$ und $x = a$ s. [II, 97].

Plattenbeulung

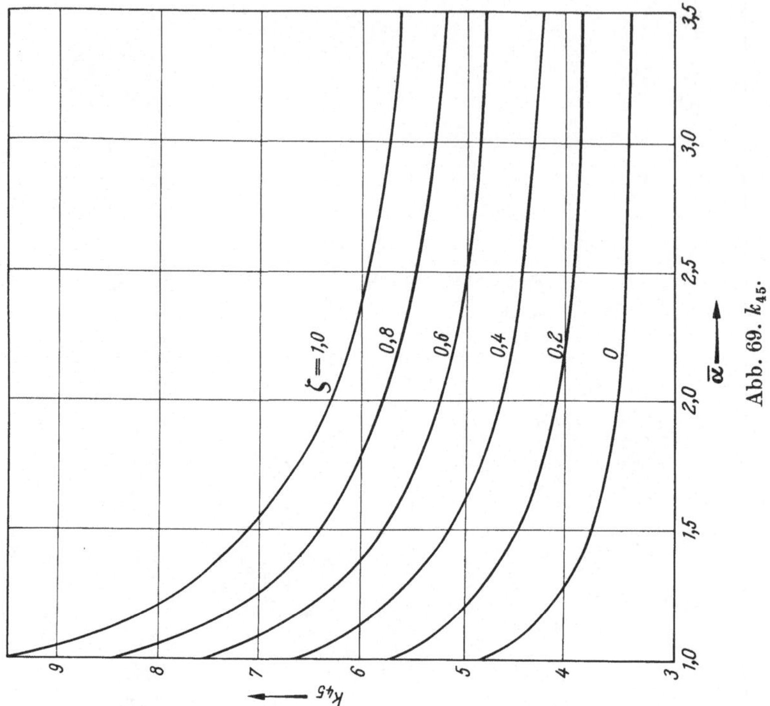

Abb. 69. k_{45}.

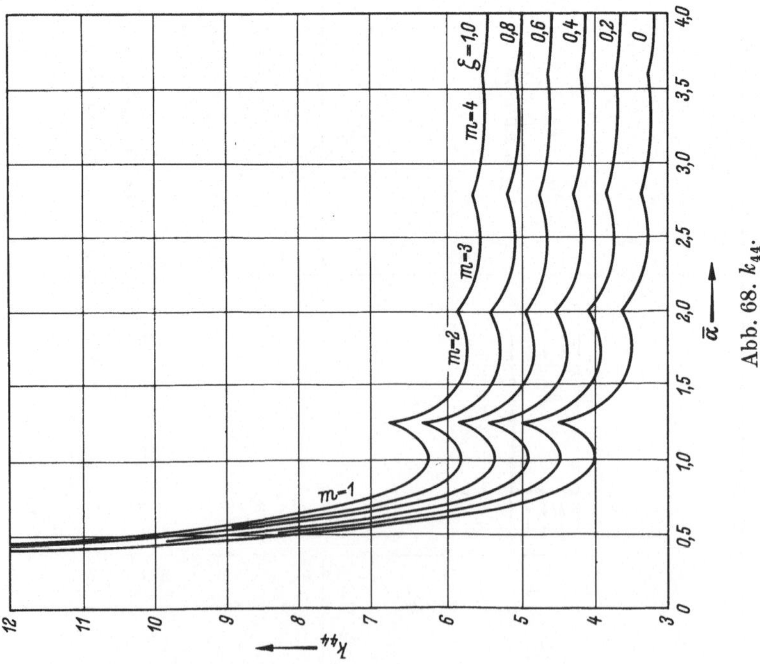

Abb. 68. k_{44}.

Gleichmäßige und linear veränderliche Druckbelastung, gleichmäßige Schubbelastung (Fortsetzung)

Nr.	Systemskizzen	Beulformeln	Abkürzungen	Quellen	Bemerkungen
II, B, 6		$N_K^* = k_{46}\, N_f$ k_{46} s. Abb. 70	wie bei II, B, 1 bis 5	[II, 39]	

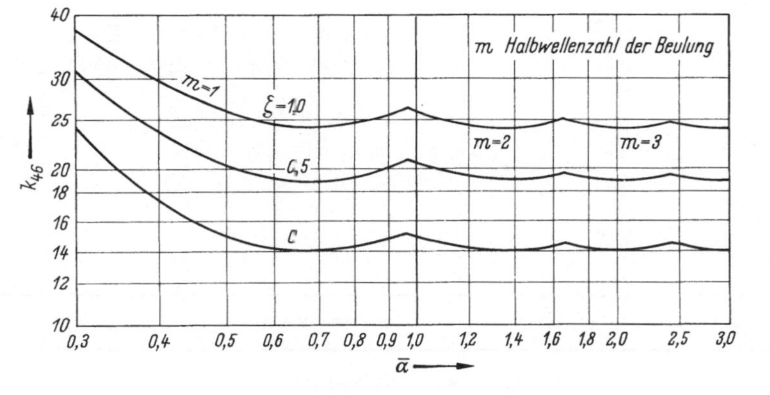

Abb. 70. k_{46}.

C. Rechteckplatten konstanter Dicke mit drillweichen Steifen, deren Achse in die Plattenmittelfläche fällt

a) Gleichmäßige Druckbelastung

Nr.	Systemskizze	Beulformeln	Abkürzungen	Quellen	Bemerkungen
II, C, a, 1		$- \beta_1 \beta_2 b_1^2 (\beta_1^2 b_1^2 + \beta_2^2 b_1^2)\,\text{sh}\,\beta_1 b \sin \beta_2 b +$ $+ \Phi\,[-\beta_1 b_1\,\text{sh}\,\beta_1 b \sin \beta_2 b_1 \sin \beta_2 (b - b_1) +$ $+ \beta_2 b_1 \sin \beta_2 b\,\text{sh}\,\beta_1 b_1\,\text{sh}\,\beta_1 (b - b_1)] = 0$ 1. Sonderfall: $a = b$, b_1 veränderlich $N_K = k_{47}\,N_e$, k_{47} s. Abb. 71 2. Sonderfall: $b/b_1 = 2$, α veränderlich: $k = 4\left(\dfrac{2\alpha}{m} + \dfrac{m}{2\alpha}\right)^2$ oder $-2[\beta_1^2 b_1^2 + \beta_2^2 b_1^2] + \Phi\left[\dfrac{\text{th}\,\beta_1 b_1}{\beta_1 b_1} - \dfrac{\tan \beta_2 b_1}{\beta_2 b_1}\right] = 0$ $N_K = k_{48}\,N_e$, k_{48} s. Abb. 73 3. Sonderfall: $b/b_1 = 3, 4, 5, \ldots, \alpha$ veränderlich: $\beta_1^2 b_1^2 + \beta_2^2 b_1^2 - \Phi\left[\dfrac{\text{sh}\,\beta_1 b_1\,\text{sh}\,\beta_1 (b - b_1)}{\beta_1 b_1\,\text{sh}\,\beta_1 b} - \right.$ $\left. - \dfrac{\sin \beta_2 b_1 \sin \beta_2 (b - b_1)}{\beta_2 b_1 \sin \beta_2 b}\right] = 0$	$\alpha = \dfrac{a}{b}$, $\beta_{1,2} = \sqrt{m\dfrac{\pi}{a}\left(\dfrac{\pi}{b}\sqrt{k} \pm \dfrac{m\pi}{a}\right)}$, $\gamma = \dfrac{I_s\,12(1-\mu^2)}{bt^3}$, $\delta = \dfrac{F_s}{bt}$, $N_e = \dfrac{\pi^2 E t^3}{12(1-\mu^2)\,b^2}$, $\Phi = \left(\dfrac{b_1}{b}\right)^3 \left(\dfrac{m\pi}{\alpha}\right)^2 \left[\left(\dfrac{m\pi}{\alpha}\right)^2 \gamma - \pi^2 \delta k\right]$ $F_s =$ Querschnittsfläche der Steife, $I_s =$ Trägheitsmoment der Steife. $m = 1, 2, 3, \ldots$ Die das kleinste N_K liefernde Beulformel und Halbwellenzahl m sind maßgeblich.	[II, 83], S. 394 [II, 25] [II, 29]	Die erste Beulformel des 2. Sonderfalles gilt für $\gamma \geqq \gamma_{\text{min}}$ (γ_{min} nach Abb. 72). Gesamtlast: $N\left(b + \dfrac{F_s}{t}\right)$. Bei drillfester Steife und außerhalb der Plattenmittelfläche liegender Steifenachse s. [II, 52]. Ausführliche Angaben der Beulwerte s. [II, 81]. Bei nichtlinearer Rechnung und außermittiger Steifenanordnung (auch mehrerer Steifen) s. [II, 124].

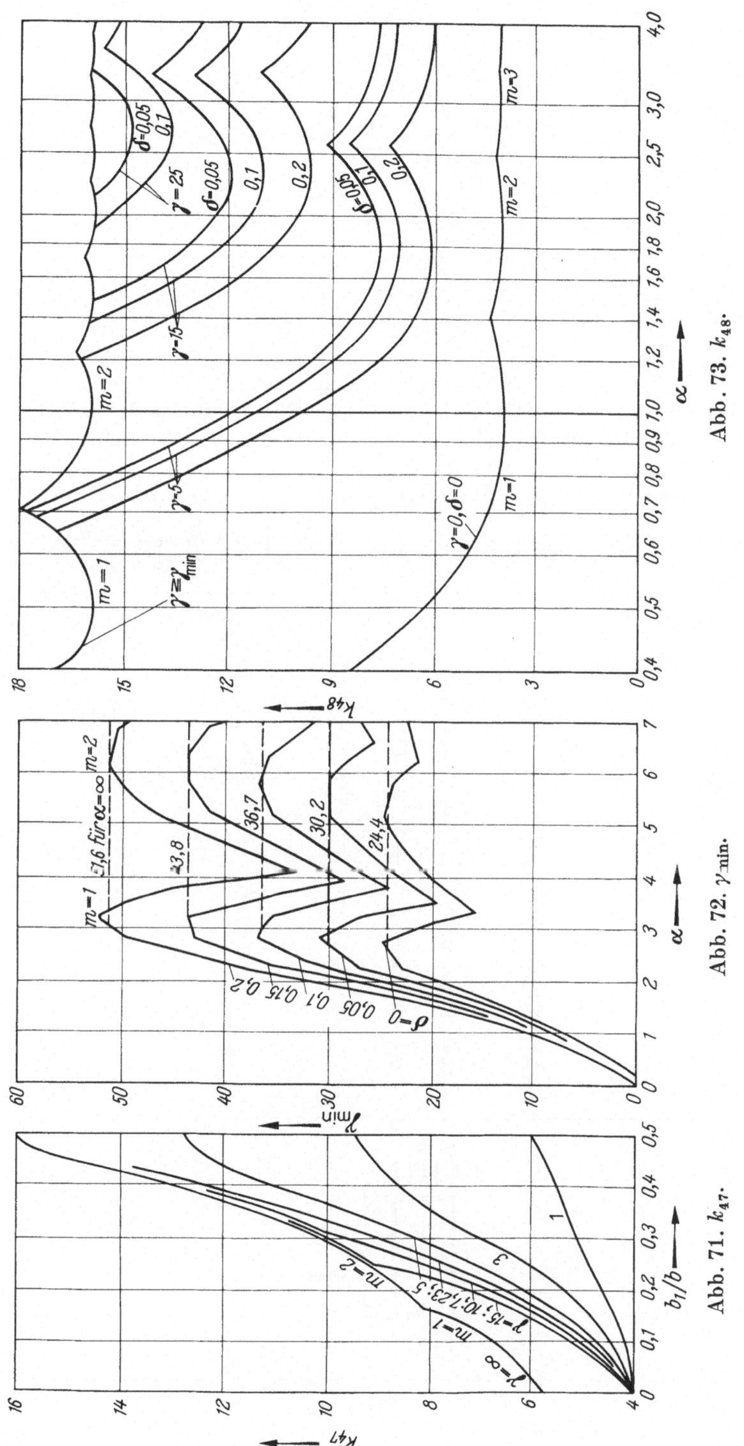
δ=0,05
0,1
γ=25
δ=0,05
0,1
0,2
δ=0,05
0,1
0,2
m=2
γ=15
γ=5
m=1
γ=γ_min
γ=0,δ=0
m=1
m=2
m=3
k_48
0,4 0,5 0,6 0,7 0,8 0,9 1,0 1,2 1,4 1,6 1,8 2,0 2,5 3,0 4,0
α
18 15 12 9 6 3
Abb. 73. k_48.

=4,6 für α=∞ m=2
m=1
23,8
36,7
30,2
24,4
δ=0 0,05 0,1 0,15 0,2
γ_min
60 50 40 30 20 10 0
0 1 2 3 4 5 6 7
α
Abb. 72. γ_min.

1
3
m=2
γ=15;10;7;23,5
m=1
γ=∞
k_47
16 14 12 10 8 6 4
0 0,1 0,2 0,3 0,4 0,5
b_1/b
Abb. 71. k_47.

a) Gleichmäßige Druckbelastung (Fortsetzung)

Nr.	Systemskizze	Beulformeln	Abkürzungen	Quellen	Bemerkungen
II, C, a, 2	$b_1 = \dfrac{b}{2}$	$\beta_2 b_1 \operatorname{sh} \beta_1 b_1 \cos \beta_2 b_1 - \beta_1 b_1 \operatorname{ch} \beta_1 b_1 \sin \beta_2 b_1 = 0$ $\beta_1 \beta_2 b_1^2 (\beta_1^2 b_1^2 + \beta_2^2 b_1^2)(\beta_1 b_1 \operatorname{sh} \beta_1 b_1 \cos \beta_2 b_1 +$ $+ \beta_2 b_1 \operatorname{ch} \beta_1 b_1 \sin \beta_2 b_1) + \varPhi \left[\beta_1 \beta_2 b_1^2 (1 - \right.$ $\left. - \operatorname{ch} \beta_1 b_1 \cos \beta_2 b_1) + \left(\dfrac{m\pi}{2\alpha}\right)^2 \operatorname{sh} \beta_1 b_1 \sin \beta_2 b_1 \right] = 0$ $N_K = k_{49}\, N_e, \quad k_{49}$ s. Abb. 74	$\alpha = \dfrac{a}{b}, \quad \beta_{1,2} = \sqrt{m \dfrac{\pi}{a} \left(\dfrac{\pi}{b} \sqrt{\dfrac{N_K}{N_e}} \pm \dfrac{m\pi}{a}\right)}, \quad \gamma = \dfrac{I_s 12 (1 - \mu^2)}{b t^3}, \quad \delta = \dfrac{F_s}{b t},$ $N_e = \dfrac{\pi^2 E t^3}{12 (1 - \mu^2)\, b^2}, \quad \varPhi = \left(\dfrac{b_1}{b}\right)^3 \left(\dfrac{m\pi}{\alpha}\right)^2 \left[\left(\dfrac{m\pi}{\alpha}\right)^2 \gamma - \pi^2 \delta \dfrac{N_K}{N_e}\right]$ $F_s =$ Querschnittsfläche der Steife, $\quad I_s =$ Trägheitsmoment der Steife. $m = 1, 2, 3, \ldots$ Die das kleinste N_K liefernde Beulformel und Halbwellen- zahl m sind maßgeblich.	[II, 83], S. 394 [II, 25] [II, 29]	Die erste Beulformel gilt für $\gamma \geqq \gamma_{\min}$ ($\gamma_{\min}$ nach Abb. 75). Gesamtlast: $N \left(b + \dfrac{F_s}{t}\right).$

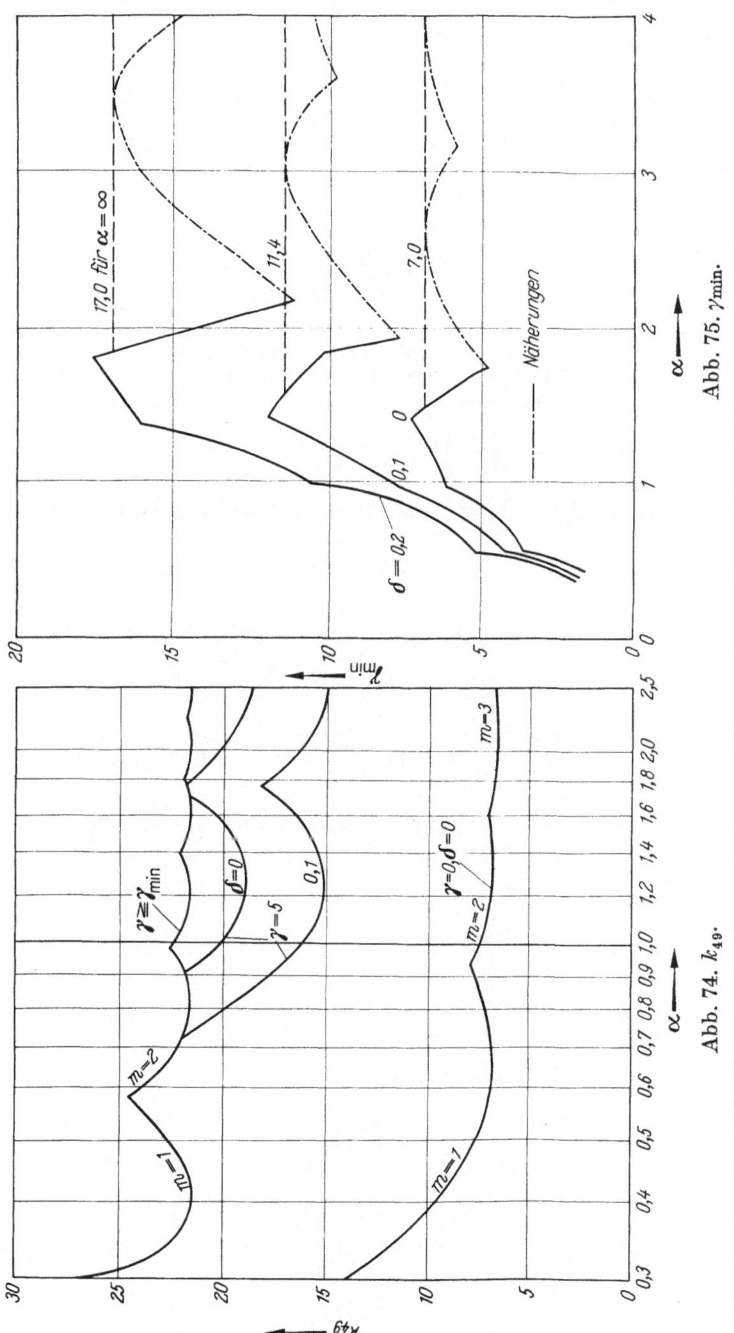
17,0 für α = ∞
11,4
7,0
δ = 0,2
0,1
0
Näherungen
α
γmin
Abb. 75. γmin.

γ ≧ γmin
δ = 0
0,1
γ = 5
γ = 0, δ = 0
m = 3
m = 2
m = 2
m = 1
m = 1
α
k49
Abb. 74. k₄₉.

a) Gleichmäßige Druckbelastung (Fortsetzung)

Nr.	Systemskizze	Beulformeln	Abkürzungen	Quellen	Bemerkungen
II, C, a, 3	$b_1 = \dfrac{b}{3}$	$k = 9\left(\dfrac{3\alpha}{m} + \dfrac{m}{3\alpha}\right)^2$ $-\beta_1^2 b_1^2 - \beta_2^2 b_1^2 + \Phi\left[\dfrac{\operatorname{sh}\beta_1 b_1}{\beta_1 b_1\left(4\operatorname{ch}^2\dfrac{\beta_1 b_1}{2} - 3\right)} - \dfrac{\sin\beta_2 b_1}{\beta_2 b_1\left(4\cos^2\dfrac{\beta_2 b_1}{2} - 3\right)}\right] = 0$ $-\beta_1^2 b_1^2 - \beta_2^2 b_1^2 + \Phi\left[\dfrac{\operatorname{sh}\beta_1 b_1}{\beta_1 b_1\left(3 + 4\operatorname{sh}^2\dfrac{\beta_1 b_1}{2}\right)} - \dfrac{\sin\beta_2 b_1}{\beta_2 b_1\left(3 - 4\sin^2\dfrac{\beta_2 b_1}{2}\right)}\right] = 0$ $N_K = k_{50}\, N_e, \quad k_{50}$ s. Abb. 76	$\alpha = \dfrac{a}{b}, \quad \beta_{1,2} = \sqrt{m\dfrac{\pi}{a}\left(\dfrac{\pi}{b}\sqrt{k} \pm \dfrac{m\pi}{a}\right)}, \quad \gamma = \dfrac{I_s 12(1-\mu^2)}{bt^3}, \quad \delta = \dfrac{F_s}{bt},$ $N_e = \dfrac{\pi^2 E t^3}{12\,(1-\mu^2)\,b^2}, \quad \Phi = \left(\dfrac{b_1}{b}\right)^3\left(\dfrac{m\pi}{\alpha}\right)^2\left[\left(\dfrac{m\pi}{\alpha}\right)^2\gamma - \pi^2\delta k\right]$ $F_s = $ Querschnittsfläche der Steife, $\quad I_s = $ Trägheitsmoment der Steife. $m = 1, 2, 3, \ldots$ Die das kleinste N_K liefernde Beulformel und Halbwellenzahl m sind maßgeblich.	$[II, 83]$, S. 394 $[II, 25]$ $[II, 29]$	Die erste Beulformel gilt für $\gamma \geqq \gamma_{\min}$ ($\gamma_{\min}$ nach Abb. 77). Gesamtlast: $N\left(b + \dfrac{2F_s}{t}\right).$ Ausführliche Angaben über Beulwerte s. $[II, 81]$. Bei Vielzahl von außermittig angeordneten drillsteifen Längssteifen s. $[II, 98]$.

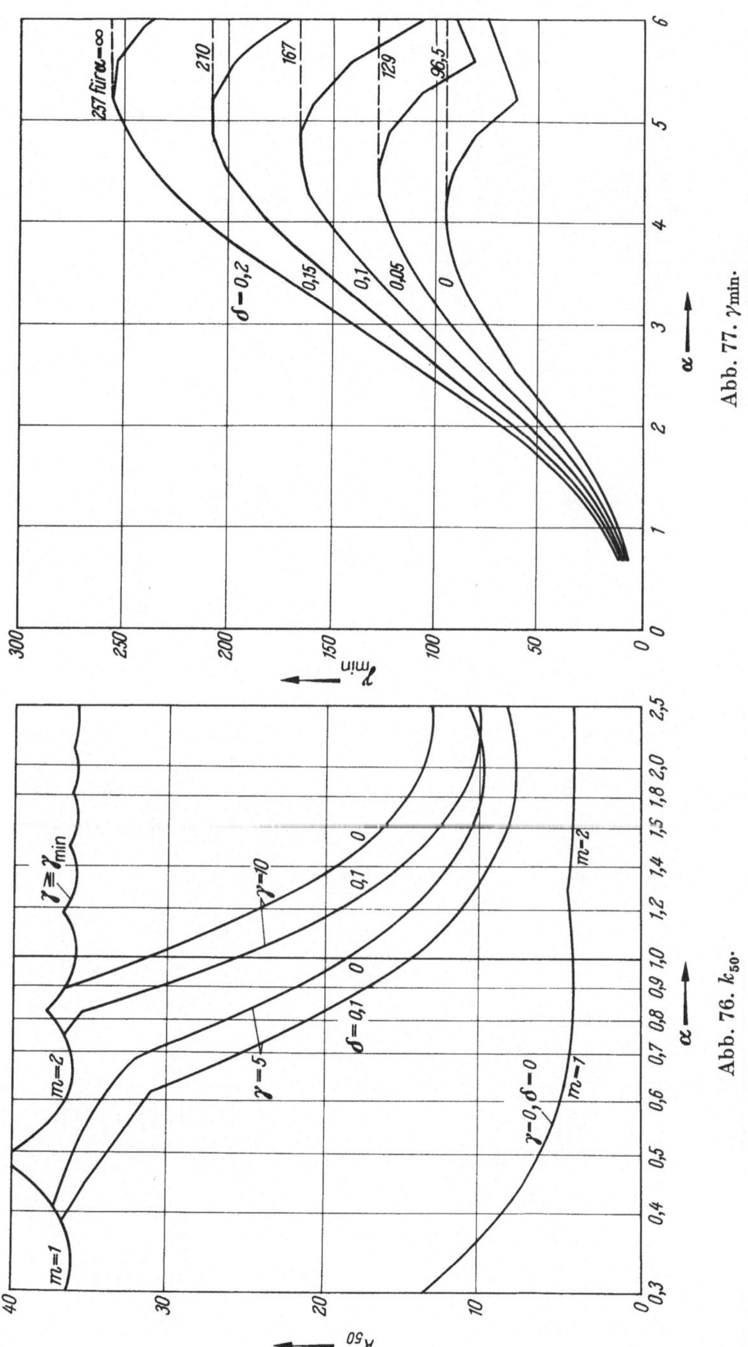
257 für α=∞
210
167
129
96,5
δ=0,2
0,15
0,1
0,05
0
300
250
200
150
100
50
0
γmin
α
0 1 2 3 4 5 6
Abb. 77. γmin.
γ≧γmin
m=2
m=2
γ=10
γ=5
0,1
0
δ=0,1
0
m=2
m=1
γ=0, δ=0
40
30
20
10
0
k50
α
0,3 0,4 0,5 0,6 0,7 0,8 0,9 1,0 1,2 1,4 1,5 1,8 2,0 2,5
Abb. 76. k50.

a) Gleichmäßige Druckbelastung (Fortsetzung)

Nr.	Systemskizzen	Beulformeln	Abkürzungen	Quellen	Bemerkungen
II, C, a, 4		$N_K = \left[\dfrac{6(1-\mu)}{\pi^2(\eta_1^3 + \eta_2^3)} + \dfrac{1}{\alpha^2} \right] N_e$ für $\alpha = \infty$: $N_K = k_{51}\, N_e, \quad k_{51}$ s. Abb. 78	$\alpha = \dfrac{a}{b}$ $\eta_1 = \dfrac{b_1}{b}, \quad \eta_2 = \dfrac{b_2}{b}$ $\vartheta' = 8(1-\mu)\eta_1 + 2\eta_2$ $\vartheta_1 = \dfrac{1}{4\pi^2\eta_1^3 + 3\eta_2^3}$ $N_e = \dfrac{\pi^2 E t^3}{12(1-\mu^2)\, b^2}$	[II, 58]	Beulformel nach eingliedrigem Rɪᴛᴢ-Ansatz. Gesamtlast: $N\left(b + \dfrac{F_s}{t}\right).$ Mit $F_s = 0$ wird angenähert das Ausbeulen der Wandung eines Stabes mit ∟-Querschnitt erfaßt. Mit $b_1 = b_2$ und elastisch gelagerten Längsrändern [II, 60].
5		$N_K = \left[3\vartheta_1\left(\vartheta' + \dfrac{\alpha^2}{m^2\eta_2}\right) + \dfrac{m^2}{\alpha^2} \right] N_e$ für $\alpha = \infty$: $k = 3\vartheta_1\vartheta' + \sqrt{\dfrac{12\vartheta_1}{\eta_2}}$ $N_K = k_{52}\, N_e, \quad k_{52}$ s. Abb. 78	$F_s = $ Querschnittsfläche der Steife $I_s = $ Trägheitsmoment der Steife $m = 1, 2, 3, \dots$ Die das kleinste N_K liefernde Halbwellenzahl m ist maßgeblich.	[II, 44]	Beulformel nach eingliedrigem Rɪᴛᴢ-Ansatz. k_{52} in Abb. 78 nach dreigliedrigem Rɪᴛᴢ-Ansatz. Gesamtlast: $N\left(b + \dfrac{2F_s}{t}\right).$ Mit $F_s = 0$ wird angenähert das Ausbeulen der Wandung eines Stabes mit ⊏- oder ⊐-Querschnitt erfaßt.

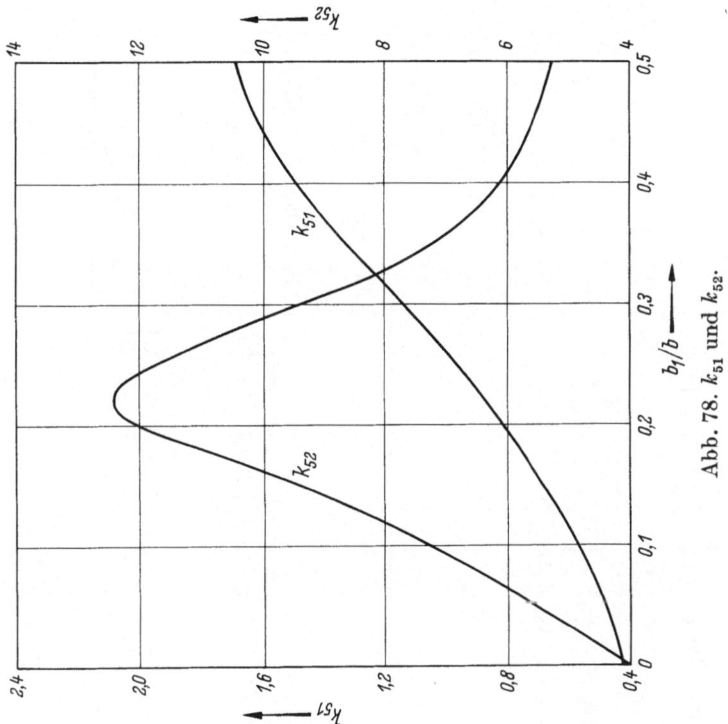

Abb. 78. k_{51} und k_{52}.

a) Gleichmäßige Druckbelastung (Fortsetzung)

Nr.	Systemskizzen	Beulformeln	Abkürzungen	Quellen	Bemerkungen
II, C, a, 6		$N_K = \left\{ 3\vartheta_2 \left[\vartheta' + 2\eta_3 + \dfrac{\alpha^2}{m^2}\left(\dfrac{1}{\eta_2} + \dfrac{1}{\eta_3}\right)\right] + \dfrac{m^2}{\alpha^2}\right\} N_e$ für $\alpha = \infty$: $k = 3\vartheta_2[\vartheta' + 2\eta_3] + \sqrt{12\vartheta_2\left(\dfrac{1}{\eta_2} + \dfrac{1}{\eta_3}\right)}$ $N_K = k_{53}\, N_e, \quad k_{53}$ s. Abb. 79	$\alpha = \dfrac{a}{b}$ $\eta_i = \dfrac{b_i}{b}, \quad i = 1, 2, 3$ $\vartheta' = 8\,(1 - \mu)\,\eta_1 + 2\eta_2$ $\vartheta_2 = \dfrac{1}{4\pi^2\eta_1^3 + 3\,(\eta_2^3 + \eta_3^3)}$ $\vartheta_3 = \dfrac{1}{4\pi^2\eta_1^3 + 3\,(2\eta_2^3 + \eta_3^3)}$ $N_e = \dfrac{\pi^2 E t^3}{12\,(1 - \mu^2)\,b^2}$		Beulformel nach eingliedrigem Rɪᴛᴢ-Ansatz. k_{53} in Abb. 79 exakt nach Übertragungsverfahren, s. [*II, 80*]. Gesamtlast: $N\left(b + 3\,\dfrac{F_s}{t}\right)$. Mit $F_s = 0$ wird angenähert das Ausbeulen der Wandung eines Stabes mit ⌷- oder ⌐-Querschnitt erfaßt.
7		$N_K = \left\{ 3\vartheta_3 \left[\vartheta' + 2\eta_2 + 2\eta_3 + \dfrac{\alpha^2}{m^2}\left(\dfrac{2}{\eta_2} + \dfrac{1}{\eta_3}\right)\right] + \dfrac{m^2}{\alpha^2}\right\} N_e$ für $\alpha = \infty$: $k = 3\vartheta_3(\vartheta' + 2\eta_2 + 2\eta_3) + \sqrt{12\,\vartheta_3\left(\dfrac{2}{\eta_2} + \dfrac{1}{\eta_3}\right)}$ $N_K = k_{54}\, N_e, \quad k_{54}$ s. Abb. 80	$F_s = $ Querschnittsfläche der Steife $I_s = $ Trägheitsmoment der Steife $m = 1, 2, 3, \ldots$ Die das kleinste N_K liefernde Halbwellenzahl m ist maßgeblich.		Beulformel nach eingliedrigem Rɪᴛᴢ-Ansatz. k_{54} in Abb. 80 exakt nach Übertragungsverfahren, s. [*II, 80*]. Gesamtlast: $N\left(b + 4\,\dfrac{F_s}{t}\right)$. Mit $F_s = 0$ wird angenähert das Ausbeulen der Wandung eines Stabes mit ⌷- oder ⌐-Querschnitt erfaßt. Weiteres über derartige Plattenwerke s. [*II, 57*].

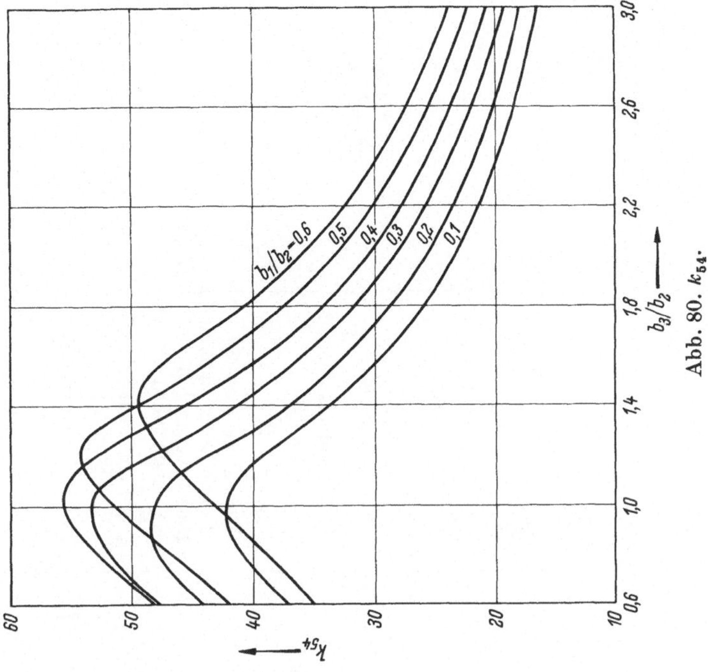

Abb. 80. k_{54}.

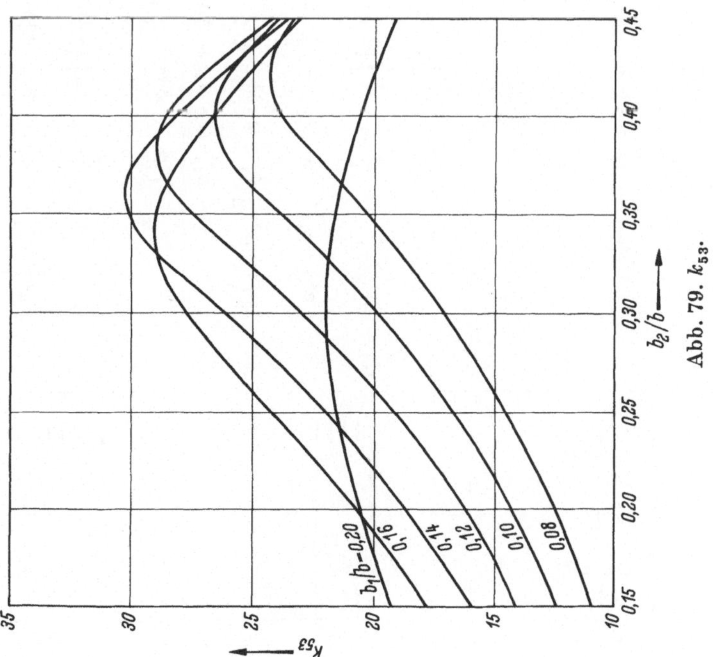

Abb. 79. k_{53}.

a) Gleichmäßige Druckbelastung (Fortsetzung)

Nr.	Systemskizzen	Beulformeln	Abkürzungen	Quellen	Bemerkungen
II, C, a, 8		$$k = \left(\frac{\alpha}{2\,m} + \frac{2\,m}{\alpha}\right)^2 \quad \text{oder}$$ $$2(\lambda_1^2 - \lambda_2^2)\lambda_1\lambda_2 \cos\frac{\alpha}{2}\lambda_1 \cos\frac{\alpha}{2}\lambda_2 + \gamma\pi^4\left[-\lambda_1 \times \right.$$ $$\left. \times \sin\frac{\alpha}{2}\lambda_2 \cos\frac{\alpha}{2}\lambda_1 + \lambda_2 \sin\frac{\alpha}{2}\lambda_1 \cos\frac{\alpha}{2}\lambda_2\right] = 0$$ $$N_K = k N_e$$	$$\alpha = \frac{a}{b}$$ $$\lambda_{1,2} = \frac{\pi}{2}\left(\sqrt{k} \pm \sqrt{k-4}\right)$$	[II, 21], S. 378	Näherung nach eingliedrigem Ritz-Ansatz für die zweite Beulformel $$k \approx \frac{(1+\alpha^2)^2 + 2\gamma\alpha^3}{\alpha^2}$$
9		$$k = \left(\frac{\alpha}{3\,m} + \frac{3\,m}{\alpha}\right)^2 \quad \text{oder}$$ $$(\lambda_1^2 - \lambda_2^2)\lambda_1\lambda_2\left(4\cos^2\frac{\alpha}{3}\lambda_1 - 1\right)\left(4\cos^2\frac{\alpha}{3}\lambda_2 - 1\right) +$$ $$+ \gamma\pi^4\left[-\lambda_1\left(4\cos^2\frac{\alpha}{3}\lambda_1 - 1\right)\sin\frac{2\alpha}{3}\lambda_2 + \right.$$ $$\left. + \lambda_2\left(4\cos^2\frac{\alpha}{3}\lambda_2 - 1\right)\sin\frac{2\alpha}{3}\lambda_1\right] = 0$$ $$N_K = k_{55}\,N_e, \quad k_{55} \text{ s. Abb. 81}$$	$$\gamma = \frac{I_s\,12\,(1-\mu^2)}{b\,t^3}$$ $$N_e = \frac{\pi^2 E t^3}{12\,(1-\mu^2)\,b^2}$$ $I_s =$ Trägheitsmoment der Steife $m = 1, 2, 3, \ldots$ Die das kleinste N_K liefernde Beulformel und Halbwellenzahl m sind maßgeblich. $\zeta = 1$ antimetrische Beulung $\zeta = 3$ symmetrische Beulung		Bei Platten mit zusätzlichen Längssteifen s. [II, 81].
10		$$k = \left(\frac{\alpha}{3\,m} + \frac{3\,m}{\alpha}\right)^2 \quad \text{oder}$$ $$(\lambda_1^2 - \lambda_2^2)\lambda_1\lambda_2\left(4\cos^2\frac{\alpha}{6}\lambda_1 - \zeta\right)\left(4\cos^2\frac{\alpha}{6}\lambda_2 - \zeta\right) +$$ $$+ \gamma\pi^4\left[-\lambda_1\left(4\cos^2\frac{\alpha}{6}\lambda_1 - \zeta\right)\sin\frac{\alpha}{3}\lambda_2 + \right.$$ $$\left. + \lambda_2\left(4\cos^2\frac{\alpha}{6}\lambda_2 - \zeta\right)\sin\frac{\alpha}{3}\lambda_1\right] = 0$$ $$N_K = k_{56}\,N_e, \quad k_{56} \text{ s. Abb. 82}$$		[II, 29]	

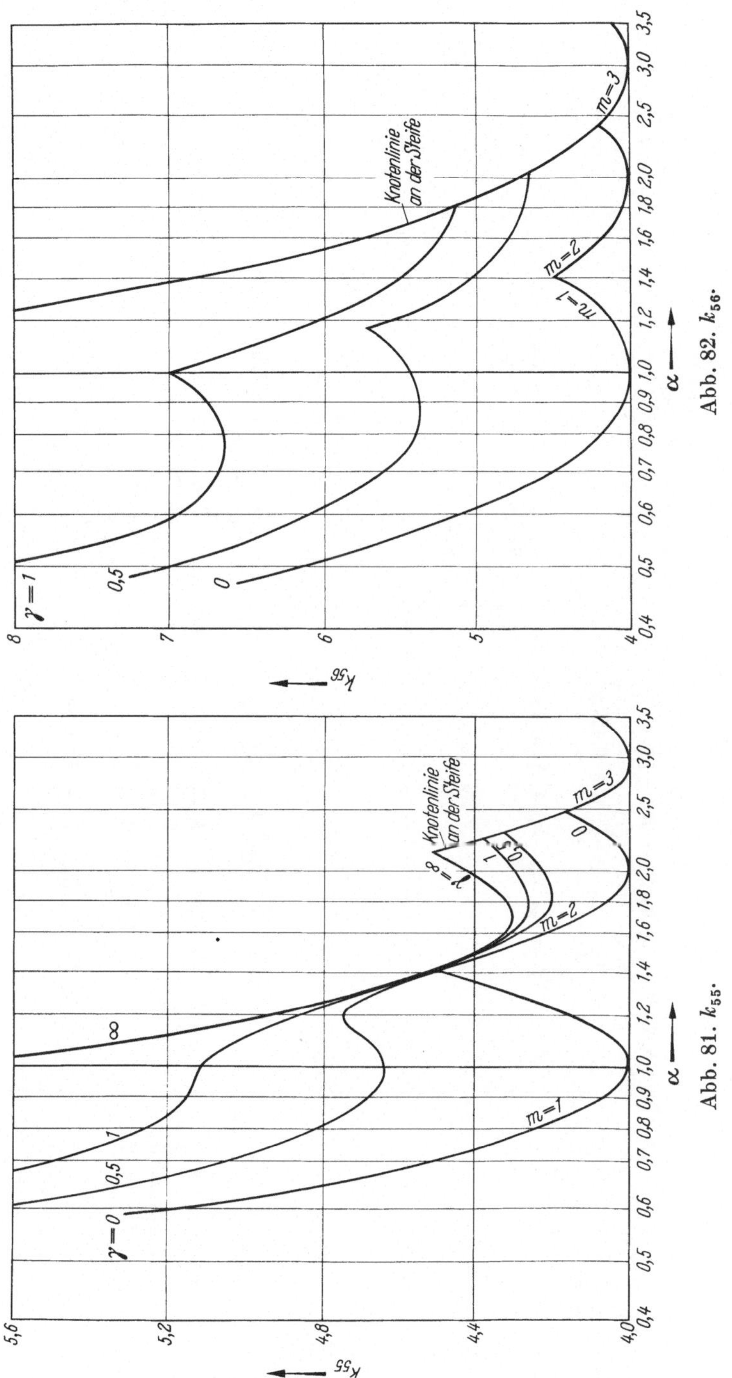

Knotenlinie an der Steife
m=3
m=2
m=1
γ=1
0,5
0
α
Abb. 82. k_{56}.
Knotenlinie an der Steife
m=3
m=2
m=1
γ=∞
1
0,5
0
8
1
0,5
γ=0
α
Abb. 81. k_{55}.

b) Linear veränderliche Druckbelastung, gleichmäßige Schubbelastung

Nr.	Systemskizzen	Beulformeln	Abkürzungen	Quellen	Bemerkungen
II, C, b, 1		$R_1 R_2 R_3 + 2\gamma R_2 (R_1 + R_3) -$ $- U^2 \left(\dfrac{36}{625} R_1 + \dfrac{4}{81} R_3 + 0{,}427\,\gamma \right) = 0$ $N_K^* = k_{57}\, N_e, \quad k_{57}$ s. Abb. 83	$R_n = \left(1 + n^2 \dfrac{\alpha^2}{m^2} \right)^2$ $n = 1, 2, 3$ $U = 1{,}621 \dfrac{\alpha^2}{m^2} \dfrac{N_K^*}{N_e}$ $S = \gamma - \dfrac{\delta}{2} \left(\dfrac{\alpha}{m} \right)^2 \dfrac{N_K^*}{N_e}$ $\gamma = \dfrac{I_s 12\,(1 - \mu^2)}{b t^3}$ $\delta = \dfrac{F_s}{b t}, \quad \alpha = \dfrac{a}{b}$ $N_e = \dfrac{\pi^2 E t^3}{12\,(1 - \mu^2)\,b^2}$ $F_s = $ Querschnittsfläche der Steife $I_s = $ Trägheitsmoment der Steife $m = 1, 2, 3, \ldots$ Die das kleinste N_K liefernde Halbwellenzahl m ist maßgeblich.	[II, 30] [II, 41]	Beulformel nach dreigliedrigem Rɪᴛᴢ-Ansatz. Ausführliche Angaben über Beulwerte, auch bei mehreren und anders angeordneten Längssteifen, sowie bei Biegung mit Längskraft s. [II, 81] und [II, 98]. Angaben über günstige Verteilung mehrerer Längssteifen s. [II, 99]. Bei eingespannten Längsrändern s. [II,100]. Zu II, C, b, 2: Drucklast der Steife $\dfrac{N^* F_s}{2t}$. Bezüglich der Genauigkeit von Abb. 84 s. [II, 50]. Ausgesteifte Beulfelder mit in zwei Richtungen linear veränderlichen Längsspannungen und in einer Richtung parabolisch veränderlichen Schubspannungen s. [II, 123].
2		$R_1 R_2 R_3 - U^2 \left(\dfrac{36}{625} R_1 + \dfrac{4}{81} R_3 \right) +$ $+ S \left[R_1 R_2 + R_2 R_3 + 2 R_1 R_3 - U^2 \left(\dfrac{4}{225} \right)^2 + \right.$ $\left. + U\,2\,\sqrt{2} \left(\dfrac{6}{25} R_1 + \dfrac{2}{9} R_3 \right) \right] = 0$ $N_K^* = k_{58}\, N_e, \quad k_{58}$ s. Abb. 84			

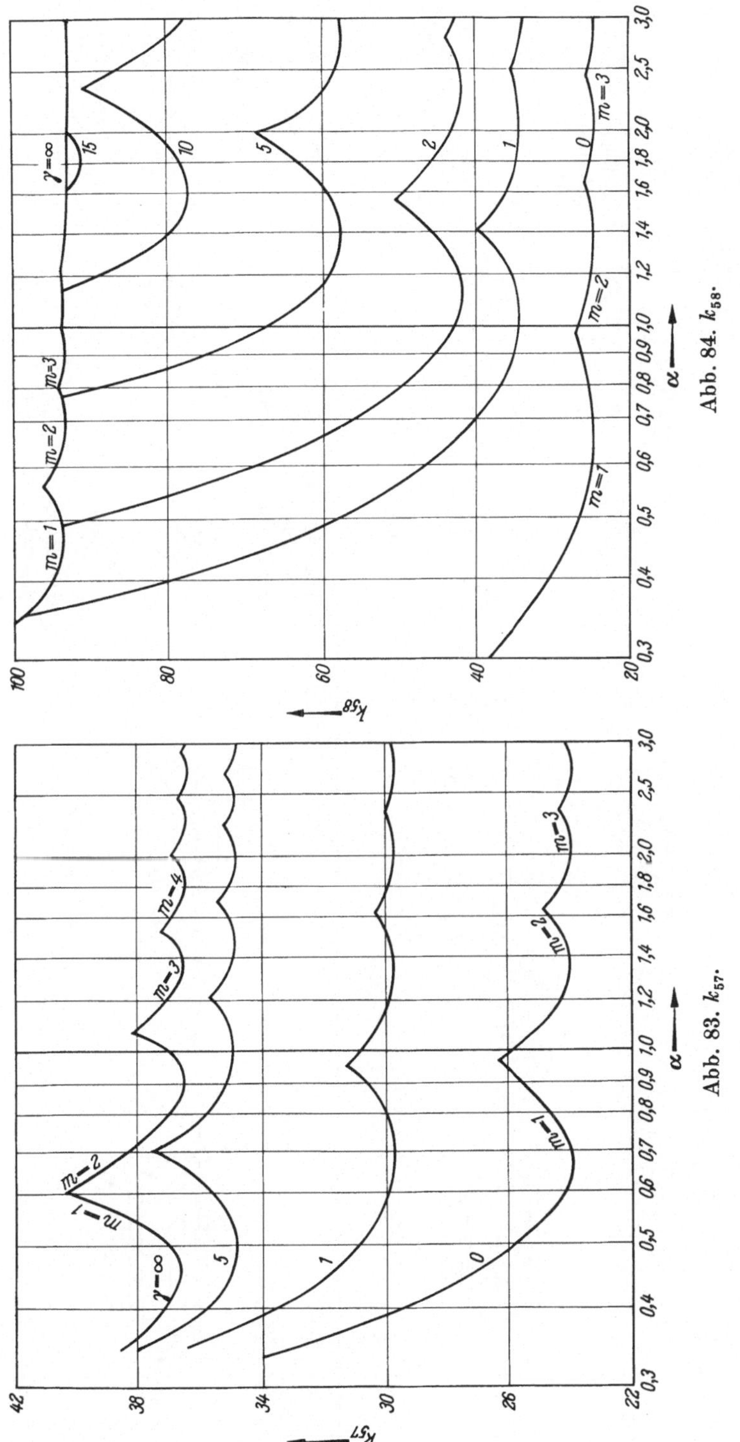
γ=∞
15
10
5
2
1
0
m=3
m=2
m=3
m=2
m=1
m=1
α
Abb. 84. k_58.
k_58
100
80
60
40
20
0,3 0,4 0,5 0,6 0,7 0,8 0,9 1,0 1,2 1,4 1,6 1,8 2,0 2,5 3,0

m=4
m=3
m=2
m=3
m=2
m=1
γ=∞
5
1
0
α
Abb. 83. k_57.
k_57
42
38
34
30
26
22
0,3 0,4 0,5 0,6 0,7 0,8 0,9 1,0 1,2 1,4 1,6 1,8 2,0 2,5 3,0

b) Linear veränderliche Druckbelastung, gleichmäßige Schubbelastung (Fortsetzung)

Nr.	Systemskizzen	Beulformeln	Abkürzungen	Quellen	Bemerkungen
II, C, b, 3		$k = \dfrac{2{,}775}{\alpha^2}\sqrt{R_1 R_2 + 2\gamma\alpha^3(R_2 + 16 R_1) + 64\gamma^2\alpha^6}$ $N_K^* = k N_e$	$R_n = \left(1 + n^2\,\dfrac{\alpha^2}{m^2}\right)^2$ $n = 1, 2$ $\gamma = \dfrac{I_s\,12\,(1 - \mu^2)}{b\,t^3}$	[II, 30] [II, 41]	Beulformel nach zweigliedrigem Ritz-Ansatz. Bei zusätzlichen Längssteifen s. [II, 81].
4		$k_{59} = \dfrac{9\pi^2(1 + \alpha^2)^2}{32\alpha^3}\sqrt{1 + \dfrac{2\gamma\alpha^3}{(1 + \alpha^2)^2}}$ $T_K = k_{59}\,N_e, \quad k_{59}$ s. Abb. 85	$\delta = \dfrac{F_s}{b\,t}, \quad \alpha = \dfrac{a}{b}$ $N_e = \dfrac{\pi^2 E\,t^3}{12\,(1 - \mu^2)\,b^2}$ $F_s = $ Querschnittsfläche der Steife $I_s = $ Trägheitsmoment der Steife $m = 1, 2, 3, \ldots$	[II, 4] [II, 83], S. 405	Beulformel nach zweigliedrigem Ritz-Ansatz. Falls die Steifenachse außerhalb der Plattenmittelfläche liegt, s. [II, 32]. Bei Längssteifen s. [II, 81] u. [II, 101]. Angaben über Abbruchfehler s. [II, 102].
5		$k_{60} = \dfrac{1}{2\vartheta}\left\{2 + 6\vartheta^2 + \dfrac{s^2}{b^2} + \dfrac{b^2}{s^2}\left[2\overline{\gamma} + (1 + \vartheta^2)^2\right]\right\}$ $T_K = k_{60}\,N_e, \quad k_{60}$ s. Abb. 86	Die das kleinste N_K liefernde Halbwellenzahl m ist maßgeblich. $\overline{\gamma} = \dfrac{\sum\limits_i (E I_s)_i\ \sin^2\dfrac{\pi c_i}{b}}{D\,b}$ $D = \dfrac{E\,t^3}{12(1 - \mu^2)}$ Die das kleinste T_K liefernde Halbwellenlänge s und Neigung ϑ der Knotenlinie zur y-Achse sind maßgeblich.	[II, 83], S. 405	Beulformel nach eingliedrigem Ritz-Ansatz. Bei Quersteifen (auch drillsteifen) mit gelenkig gelagerten und eingespannten Plattenlängsrändern s. [II, 103]. Bei Längs- und Quersteifen (auch drillsteifen) mit gelenkig gelagerten und eingespannten Plattenlängsrändern s. [II, 104].

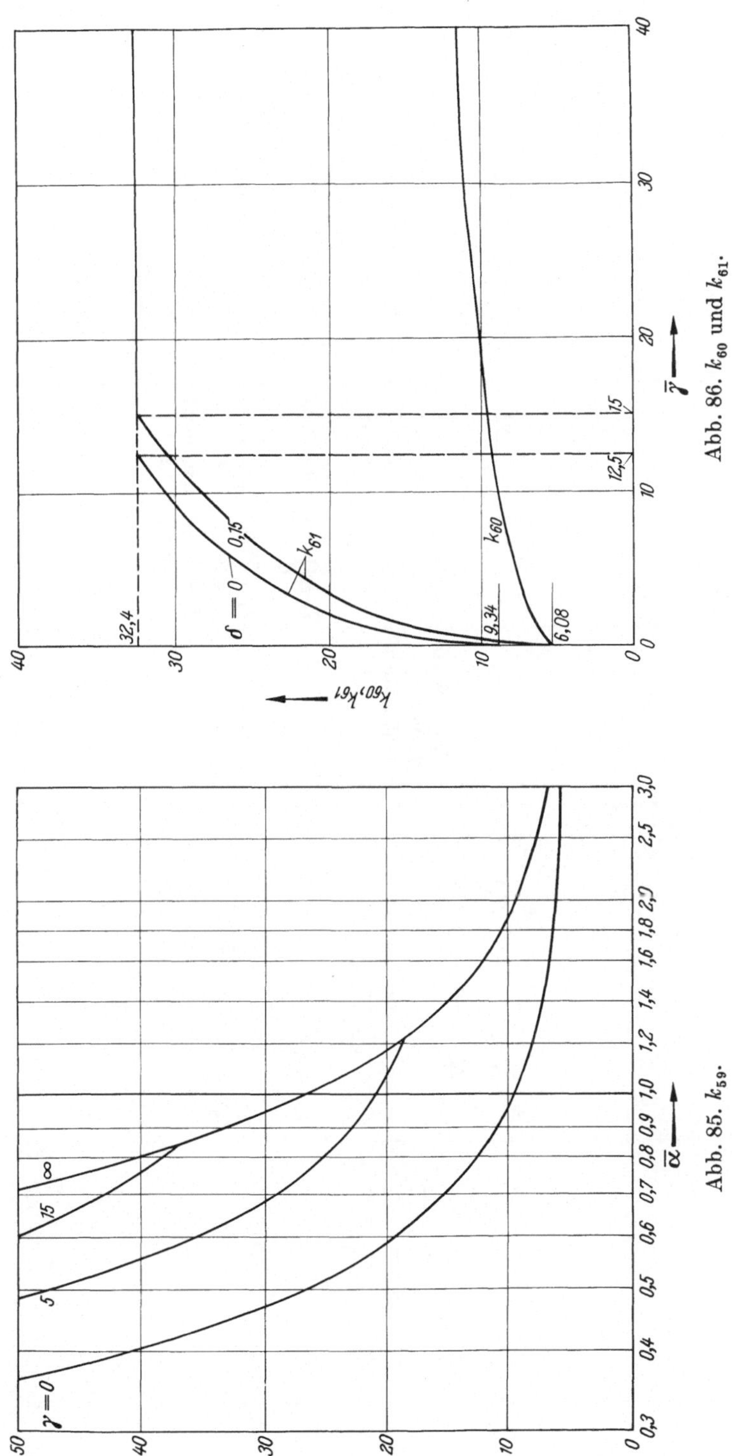

Abb. 86. k_{60} und k_{61}.

Abb. 85. k_{59}.

c) Rechteckplatten mit Steifenkreuz

Nr.	Systemskizze	Beulformeln	Abkürzungen	Quellen	Bemerkungen
II, C, c		$$k = \frac{(1 + \alpha^2)^2}{\alpha^2 (1 + 2\delta_1)} + \frac{2(\gamma_1 + \gamma_2 \alpha^3)}{\alpha^2(1 + 2\delta_1)}$$ $$k = \frac{(1 + 4\alpha^2)^2 + 32\gamma_2\alpha^3}{\alpha^2}$$ $$k = \frac{(4 + \alpha^2)^2 + 32\gamma_1}{4\alpha^2(1 + 2\delta_1)}$$ $$k = 4\left(\alpha + \frac{1}{\alpha}\right)^2$$ Der kleinste k-Wert ist maßgeblich. $$N_K = k N_e$$	$$\alpha = \frac{a}{b}, \quad \delta_1 = \frac{F_1}{bt}$$ $$\gamma_1 = \frac{I_1\,12\,(1 - \mu^2)}{bt^3}$$ $$\gamma_2 = \frac{I_2\,12\,(1 - \mu^2)}{bt^3}$$ $$N_e = \frac{\pi^2 E t^3}{12\,(1 - \mu^2)\,b^2}$$ $F_1 =$ Querschnittsfläche der Steife 1 $I_1 =$ Trägheitsmoment der Steife 1 $I_2 =$ Trägheitsmoment der Steife 2	$[II, 33]$	Beulformel nach viergliedrigem Ritz-Ansatz. Rechteckplatten mit Steifenrost s. $[II, 43]$, $[II, 54]$ u. $[II, 56]$. Gesamtlast: $$N\left(b + \frac{F_1}{t}\right).$$ Für schiefwinklige Druckbelastung und $a = \infty$ s. $[II, 2]$. Bei Schubbeanspruchung s. $[II, 68]$. Ausführliche Angaben über Beulwerte s. $[II, 81]$.

d) Quadratische Platten mit Schrägsteifen

Nr.	Systemskizzen	Beulformeln	Abkürzungen	Quellen	Bemerkungen
II, C, d, 1		$N_K = 9,6\,N_e$		[*II, 31*]	Beulwert nach Differenzenmethode. Bei rechteckigen Platten und bei veränderlicher Belastung s. [*II, 120*].
2		$T_K = k_{61}\,N_e$ k_{61} s. Abb. 86 für $I_s = \infty$: $k_{61} = 32{,}4$	$\delta = \dfrac{F_s}{a\,t}$ $\overline{\gamma} = \dfrac{I_s\,12\,(1 - \mu^2)}{a\,t^3}$ $N_e = \dfrac{\pi^2 E t^3}{12\,(1 - \mu^2)a^2}$ $F_s =$ Querschnittsfläche der Steife $I_s =$ Trägheitsmoment der Steife	[*II, 67*]	Beulwerte nach RITZ-Ansatz. Bei rechteckigen Platten s. [*II, 67*] und [*II, 120*].
3		$T_K = 11{,}4\,N_e$		[*II, 31*]	Beulwert nach Differenzenmethode. Bei rechteckigen Platten s. [*II, 120*].

D. Rechteckplatten mit streifenweise konstanter Dicke

Nr.	Systemskizzen	Beulformeln	Abkürzungen	Quellen	Bemerkungen
II, D, 1		$N_{2K} = k_{62} N_e$; k_{62} s. Abb. 87 Sonderfall $a = b$: $N_{2K} = k_{63} N_e$; $k_{63} = f\left(\dfrac{t_1}{t_2}\right)$ s. Abb. 89	$\alpha = \dfrac{a}{b}$ $N_e = \dfrac{\pi^2 E t_2^3}{12\,(1 - \mu^2)\,b^2}$ $N_1 = N_2\,\dfrac{t_1}{t_2}$	[II, 46]	Im Grundzustand konstante Druckspannung. Beulbedingung s. [II, 46]. Sind statt der Plattendicke die Spannungen stufenweise veränderlich, s. [II, 5]. Bei Belastung der Längsränder mit $\alpha = \infty$ s. [II, 38]. Ergebnisse unterscheiden sich dabei vom entsprechenden Knickstab nur durch Faktor $\dfrac{1}{1 - \mu^2}$.
2		$N_{2K} = k_{64} N_e$; k_{64} s. Abb. 88 Sonderfall $a = b$: $N_{2K} = k_{65} N_e$; $k_{65} = f\left(\dfrac{t_1}{t_2}\right)$ s. Abb. 89			Bei linear bzw. exponentiell veränderlicher Plattendicke in Längsrichtung mit gelenkiger Lagerung bzw. Einspannung der kurzen Plattenränder s. [II, 105]. Zu II, D, 1: Bei anderen Lagerungsfällen und bei anderer Belastungsrichtung s. [II, 106].

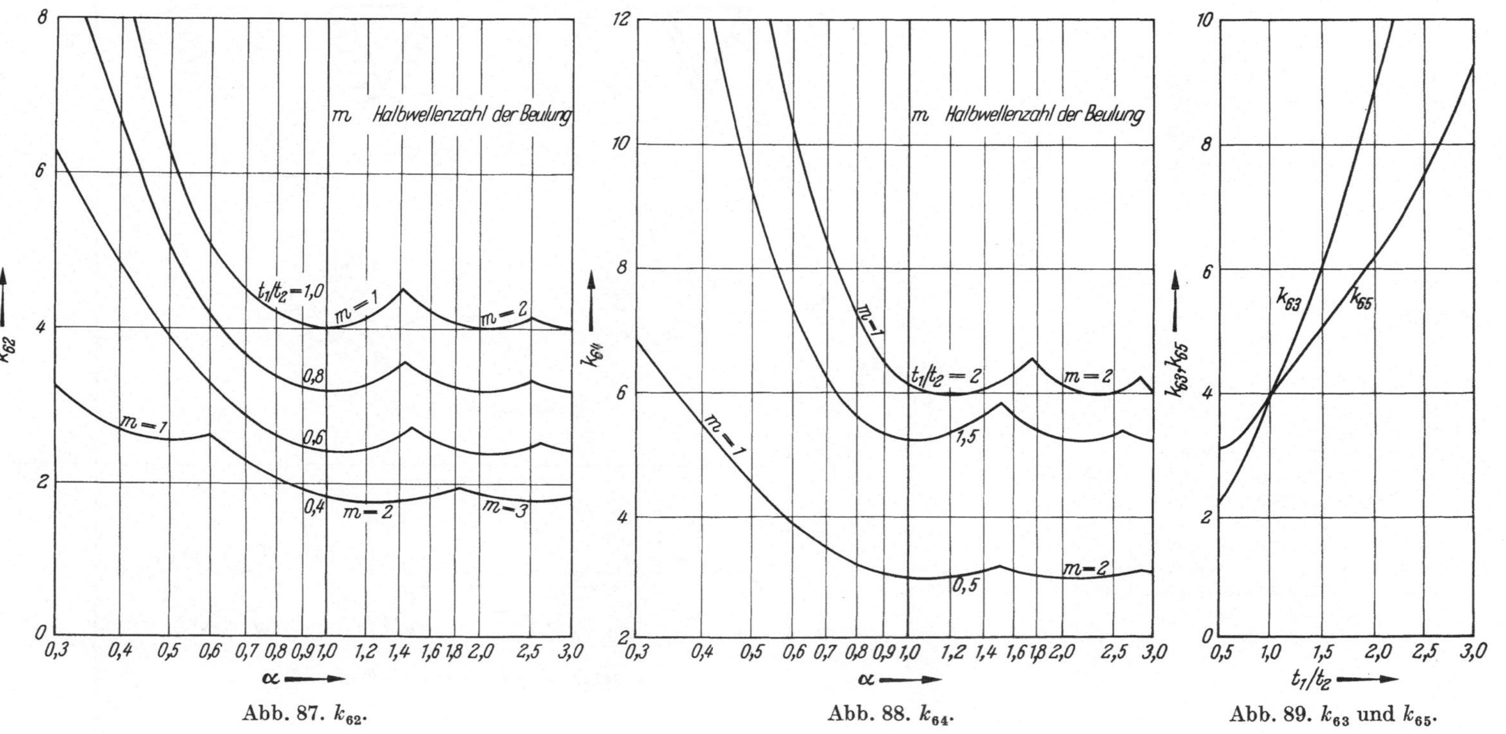

Abb. 87. k_{62}.

Abb. 88. k_{64}.

Abb. 89. k_{63} und k_{65}.

E. Dreiecksplatten konstanter Dicke

Nr.	Systemskizzen und Beulwerte	Abkürzungen	Quellen	Bemerkungen
II, E, 1	*Rechtwinklig – gleichschenklige Dreiecksplatte* 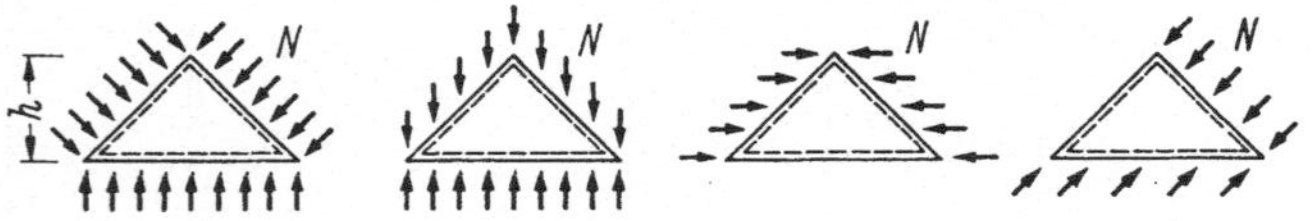 $k = 2,5$ $3,9$ $6,1$ $4,5$		[II, 24]	Beulwerte nach der Differenzenmethode. Die Beulwerte $k = 2,5$ und $k = 4,0$ sind genau. Parallelogrammförmige Platten unter Druck-, Druck- und Schubbelastung bzw. Druck- und Biegebelastung s. [II, 18], [II, 76], [II, 93], [II, 107], [II, 108] u. [II, 109]. Trapezplatten unter Druck- und Schubbelastung s. [II, 73].
2	*Gleichseitige Dreiecksplatte* 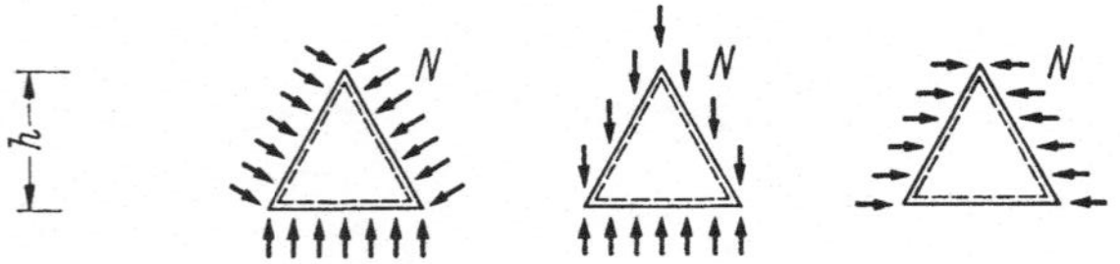 $k = 4,0$ $7,2$ $7,4$	$$N_K = k\,N_e$$ $$N_e = \frac{\pi^2 E t^3}{12\,(1 - \mu^2)\,h^2}$$		
3	*Gleichschenklige Dreiecksplatte* 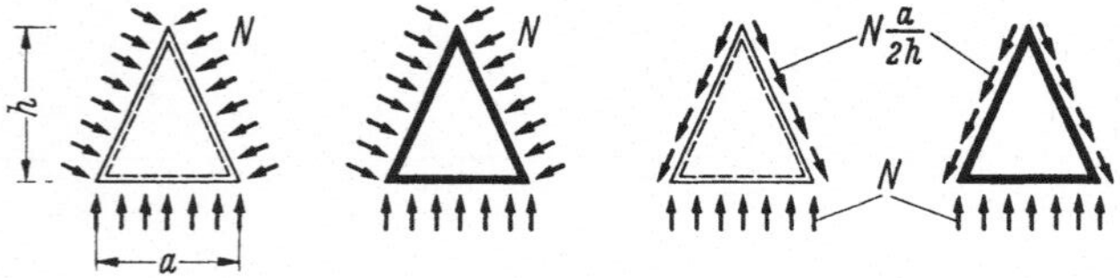 $N\frac{a}{2h}$ k_{66} s. Abb. 90 k_{67} s. Abb. 90 k_{68} s. Abb. 91 k_{69} s. Abb. 91		[II, 111]	Näherungswerte nach dreigliedrigem RITZ-Ansatz. Abweichungen von k_{66} gegenüber den genauen Werten: 	$\dfrac{h}{a}$	Δk_{66}	 	---	---	 	0,5	$<\ 1\%$	 	0,865	$\approx\ 10\%$	 s. auch [II, 110].

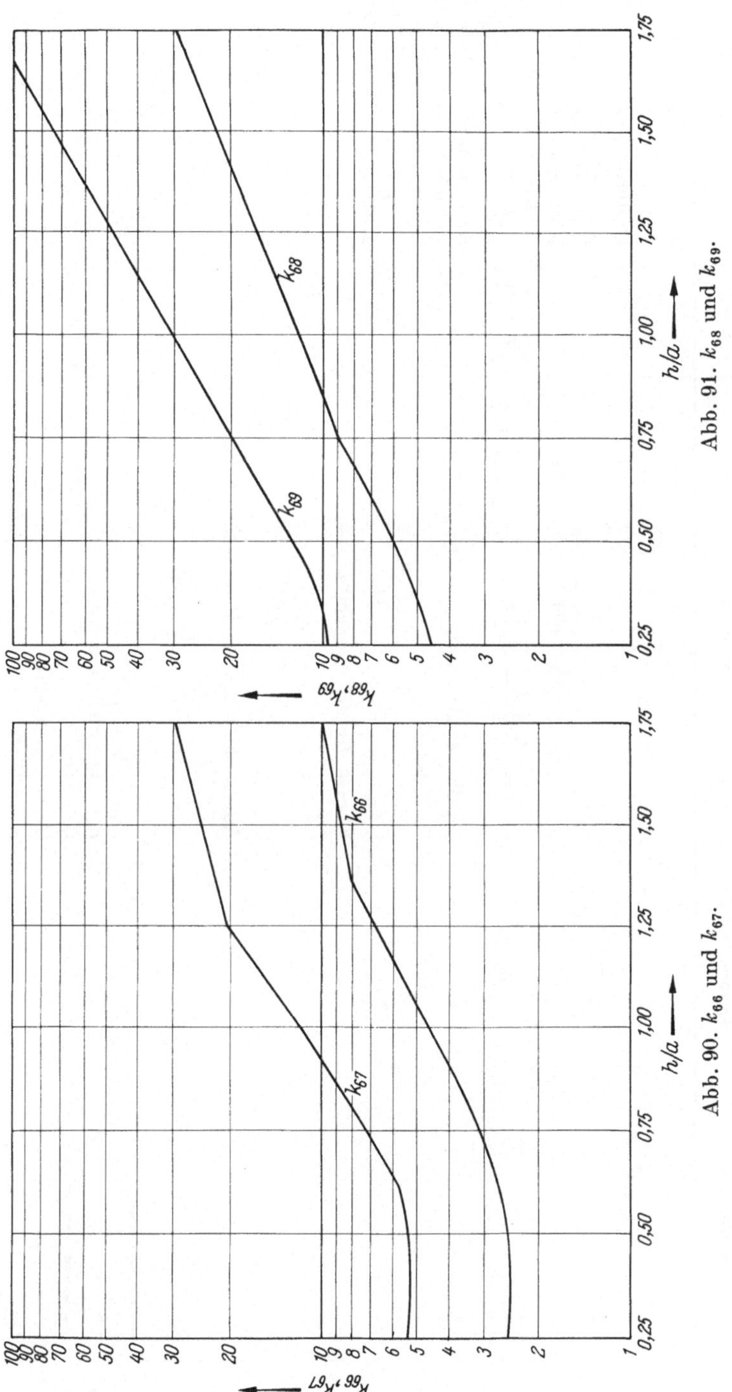

Abb. 91. k_{68} und k_{69}.

Abb. 90. k_{66} und k_{67}.

30*

F. Sandwichplatten

a) Gleichmäßige einachsige Druckbelastung

Nr.	Systemskizzen	Beulformeln	Abkürzungen	Quellen	Bemerkungen
II, F, a, 1		$k_{70} = \dfrac{s(1 + \lambda)^2}{1 + (s + 1)\,\lambda}$ k_{70} s. Abb. 92 $N_K = k_{70}\,N_e$ für $a \gg b$ u. $s \geq 1$: $k_{70} = \left(\dfrac{2s}{s + 1}\right)^2$	$\alpha = \dfrac{a}{b}\,, \quad \lambda = \left(\dfrac{\alpha}{m}\right)^2$ $N_e = \dfrac{\pi^2 B}{(1 - \mu_a^2)\,b^2}\,, \quad s = \dfrac{S}{N_e}$ $S = \dfrac{(t_k + t_a)^2}{t_k}\,G_k \left[1 + \dfrac{1}{3\,[1 + (t_k/t_a)]^2}\right]^2$ bei dünnen Außenschichten $t_k/t_a > 10$: $S = \dfrac{(t_k + t_a)^2}{t_k}\,G_k$ Kernsteifigkeit vernachlässigbar: $B = \dfrac{E_a}{12}\,[t^3 - t_k^3]$	$[II, 112],$ S. 79	Beulbedingung s. $[II, 112]$, S. 80. Beide Außenschichten besitzen gleiche Dicke. Bei ungleichen Dicken s. $[II, 113]$. Bei Verbundplatten (auch Kreisplatten) mit beliebig vielen Schichten s. $[II, 114]$. Bei orthotropen Sandwichplatten s. $[II, 112]$, S. 120 u. 129 und $[II, 115]$.
2		$N_K = k_{71}\,N_e$ k_{71} s. Abb. 93	Außenschichtsteifigkeit vernachlässigbar: $B = \dfrac{E_a}{2}\,t_a\,[t_k + t_a]^2$ E_a = Elastizitätsmodul μ_a = Querdehnungszahl } jeweils einer t_a = Dicke Außenschicht G_k = Gleitmodul } der t_k = Dicke Kernschicht t = Gesamtplattendicke $= t_k + 2\,t_a$ $m = 1, 2, 3, \ldots$ Die das kleinste N_k liefernde Halbwellenzahl m ist maßgeblich.	$[II, 112],$ S. 107	Beulbedingung s. $[II, 112]$, S. 107. Beide Außenschichten besitzen gleiche Dicke. Bei ungleichen Dicken s. $[II, 113]$. Bei orthotropen Sandwichplatten s. $[II, 112]$, S. 137.

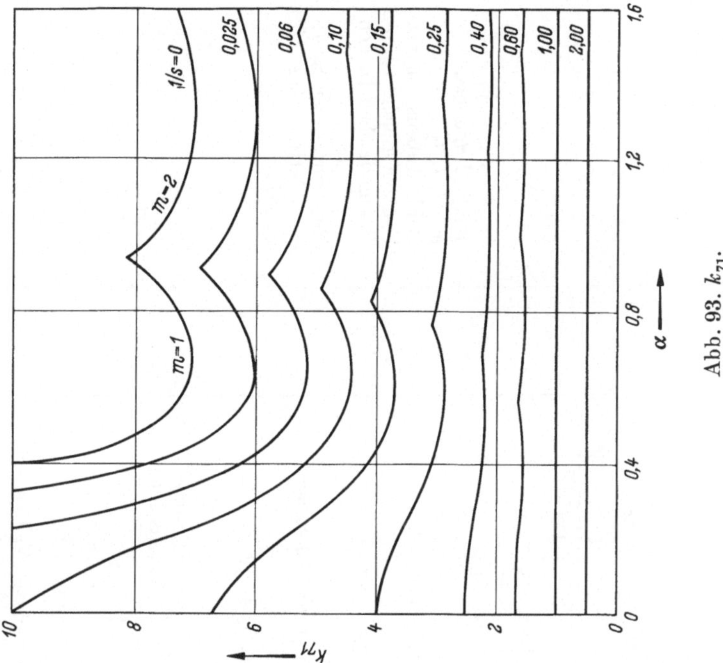

Abb. 93. k_{71}.

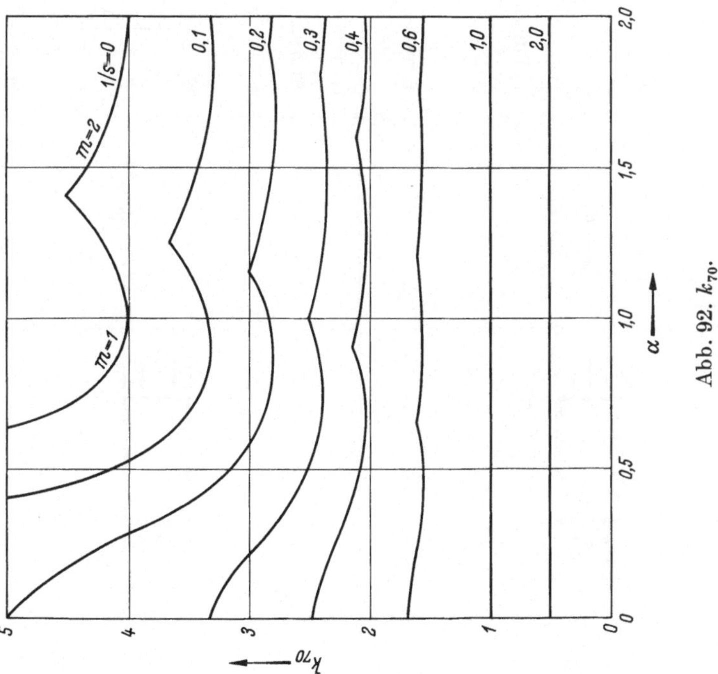

Abb. 92. k_{70}.

a) Gleichmäßige einachsige Druckbelastung (Fortsetzung)

Nr.	Systemskizzen	Beulformeln	Abkürzungen	Quellen	Bemerkungen
II, F, a, 3		$N_K = k_{72} N_e$ k_{72} s. Abb. 94	$\alpha = \dfrac{a}{b}, \quad \beta = \dfrac{b}{a}$ $N_e = \dfrac{\pi^2 B}{(1 - \mu_a^2)\, b^2}, \quad s = \dfrac{S}{N_e}$ $S = \dfrac{(t_k + t_a)^2}{t_k}\, G_k \left[1 + \dfrac{1}{3\,[1 + (t_k/t_a)]^2} \right]^2$ bei dünnen Außenschichten $t_k/t_a > 10$: $S = \dfrac{(t_k + t_a)^2}{t_k}\, G_k$ Kernsteifigkeit vernachlässigbar: $B = \dfrac{E_a}{12}\,[t^3 - t_k^3]$ Außenschichtsteifigkeit vernachlässigbar: $B = \dfrac{E_a}{2}\, t_a\, [t_k + t_a]^2$ E_a = Elastizitätsmodul μ_a = Querdehnungszahl $\Big\}$ jeweils einer t_a = Dicke $\quad$ Außenschicht G_k = Gleitmodul $\Big\}$ der t_k = Dicke $\quad$ Kernschicht t = Gesamtplattendicke = $t_k + 2\,t_a$ $m = 1, 2, 3, \ldots$ Die das kleinste N_K liefernde Halbwellenzahl m ist maßgeblich.	[*II, 112*], S. 109	Beulbedingungen s. [*II, 113*]. Beide Außenschichten besitzen gleiche Dicke. Bei ungleichen Dicken s. [*II, 113*]. Bei orthotropen Sandwichplatten s. [*II, 112*], S. 137.
4		$N_K = k_{73} N_e$ k_{73} s. Abb. 95			

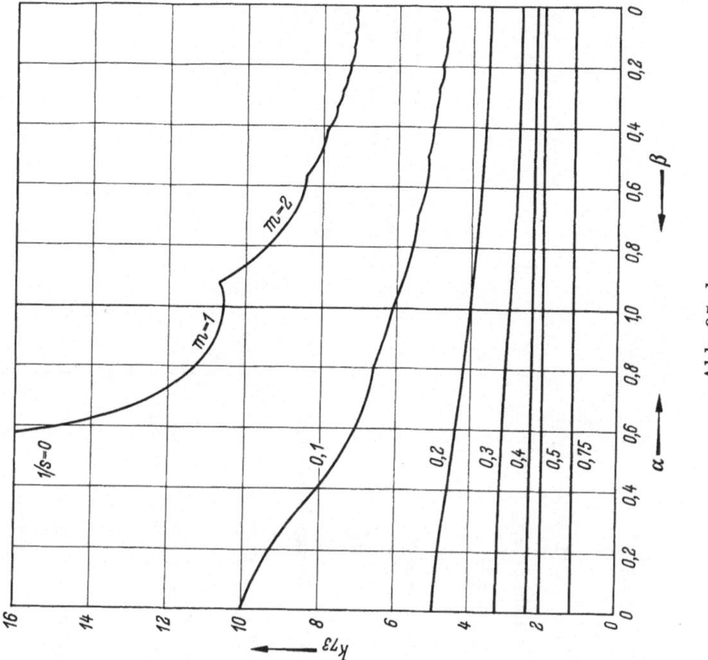

Abb. 95. k_{73}.

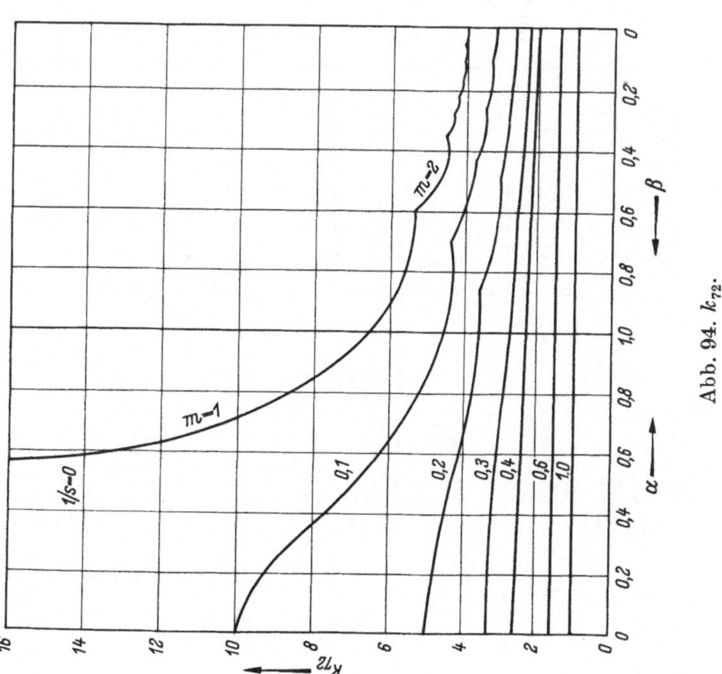

Abb. 94. k_{72}.

b) Gleichmäßige zweiachsige Druckbelastung

Nr.	Systemskizzen	Beulformeln	Abkürzungen	Quellen	Bemerkungen
II, F, b, 1		$\dfrac{N_{2_K}}{N_{2_0}} = f\left(\dfrac{N_{1_K}}{N_{1_0}}\right)$ s. Abb. 96 Kurven r_g	$r = \dfrac{N_e}{S}$ $N_e = \dfrac{\pi^2 B}{(1 - \mu_a^2)\, a^2}$ $S = \dfrac{(t_k + t_a)^2}{t_k}\, G_k \left[1 + \dfrac{1}{3\,[1 + (t_k/t_a)]^2}\right]^2$ bei dünnen Außenschichten $t_k/t_a > 10$: $S = \dfrac{(t_k + t_a)^2}{t_k}\, G_k$	$[II, 112]$, S. 82	
2		$\dfrac{N_{2_K}}{N_{2_0}} = f\left(\dfrac{N_{1_K}}{N_{1_0}}\right)$ s. Abb. 96 Kurven r_e	Kernsteifigkeit vernachlässigbar: $B = \dfrac{E_a}{12}\,[t^3 - t_k^3]$ Außenschichtsteifigkeit vernachlässigbar: $B = \dfrac{E_a}{2}\, t_a\,[t_k + t_a]^2$		Beide Außenschichten besitzen gleiche Dicke. Bei orthotropen Sandwichplatten s. $[II, 112]$, S. 147.
3		$\dfrac{N_{2_K}}{N_{2_0}} = f\left(\dfrac{N_{1_K}}{N_{1_0}}\right)$ s. Abb. 97	E_a = Elastizitätsmodul $\left.\begin{array}{l}\\\\\end{array}\right\}$ jeweils einer μ_a = Querdehnungszahl Außenschicht t_a = Dicke G_k = Gleitmodul $\left.\begin{array}{l}\\\end{array}\right\}$ der t_k = Dicke Kernschicht t = Gesamtplattendicke = $t_k + 2\,t_a$ N_{1_0}, N_{2_0} Beullast für $N_2 = 0$ bzw. $N_1 = 0$.	$[II, 112]$, S. 110	

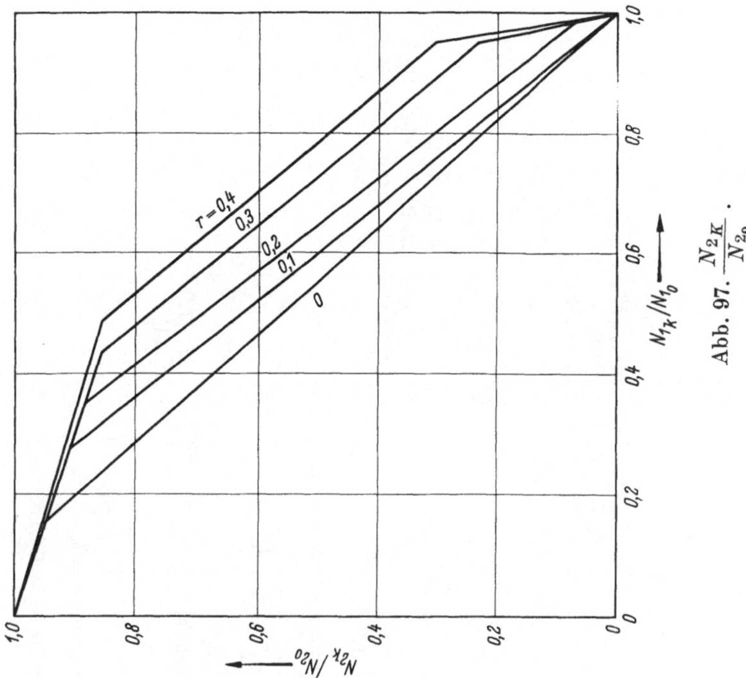

Abb. 97. $\dfrac{N_{2K}}{N_{2_0}}$.

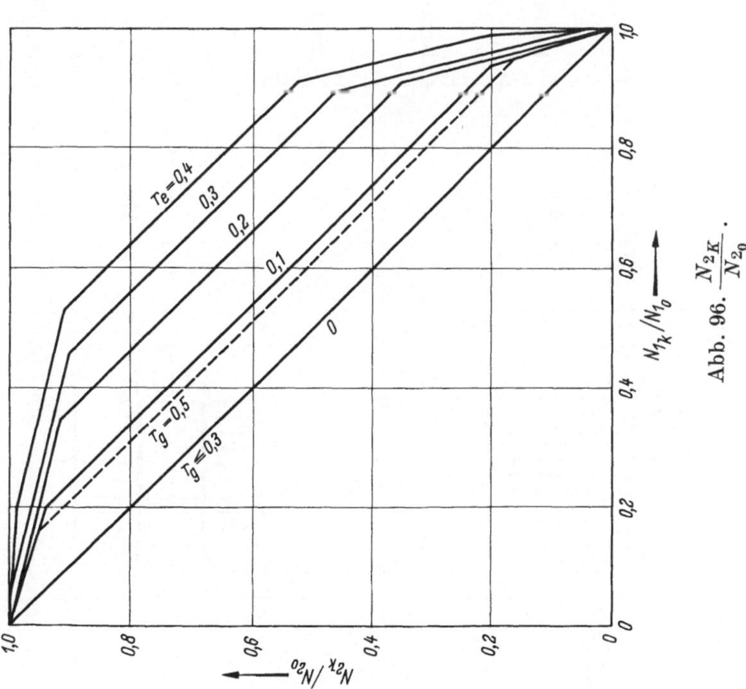

Abb. 96. $\dfrac{N_{2K}}{N_{2_0}}$.

b) Gleichmäßige zweiachsige Druckbelastung (Fortsetzung)

Nr.	Systemskizzen	Beulformeln	Abkürzungen	Quellen	Bemerkungen
II, F, b, 4		$\dfrac{N_{2K}}{N_{2_0}} = f\left(\dfrac{N_{1K}}{N_{1_0}}\right)$ s. Abb. 98	$$r = \frac{N_e}{S}$$ $$N_e = \frac{\pi^2 B}{(1 - \mu_a^2)\, b^2}$$ $$S = \frac{(t_k + t_a)^2}{t_k} G_k \left[1 + \frac{1}{3\,[1 + (t_k/t_a)]^2}\right]^2$$ bei dünnen Außenschichten $t_k/t_a > 10$: $$S = \frac{(t_k + t_a)^2}{t_k} G_k$$ Kernsteifigkeit vernachlässigbar: $$B = \frac{E_a}{12}\,[t^3 - t_k^3]$$ Außenschichtsteifigkeit vernachlässigbar: $$B = \frac{E_a}{2}\, t_a\,[t_k + t_a]^2$$	$[II, 112]$, S. 85 u. S. 112	Beide Außenschichten besitzen gleiche Dicke. Bei orthotropen Sandwichplatten s. $[II, 112]$, S. 147.
5		$\dfrac{N_{2K}}{N_{2_0}} = f\left(\dfrac{N_{1K}}{N_{1_0}}\right)$ s. Abb. 99	$E_a =$ Elastizitätsmodul $\mu_a =$ Querdehnungszahl $\}$ jeweils einer $t_a =$ Dicke $\quad$ Außenschicht $G_k =$ Gleitmodul $\}$ der $t_k =$ Dicke $\quad$ Kernschicht $t \;\; =$ Gesamtplattendicke $= t_k + 2\,t_a$ $N_{1_0},\, N_{2_0}$ Beullast für $N_2 = 0$ bzw. $N_1 = 0$.	$[II, 112]$, S. 113	

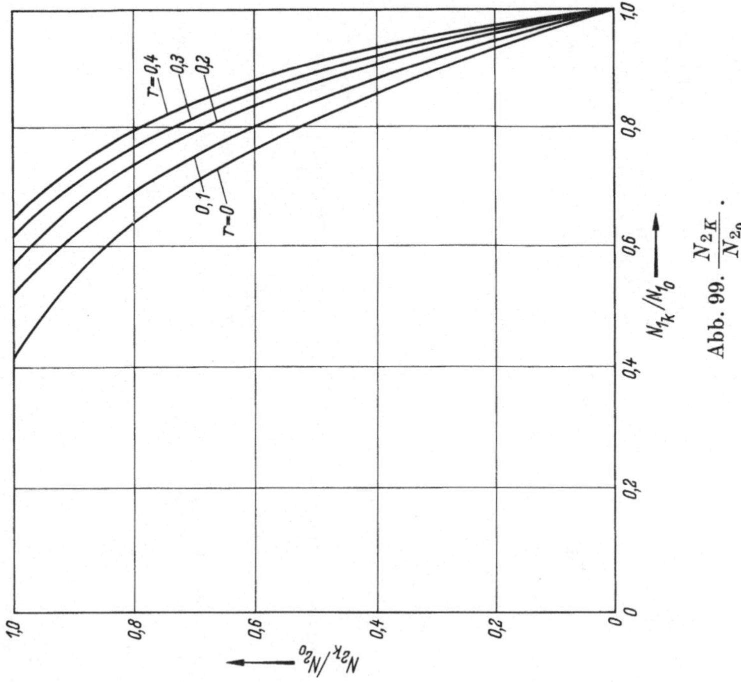

Abb. 99. $\dfrac{N_{2K}}{N_{2_0}}$.

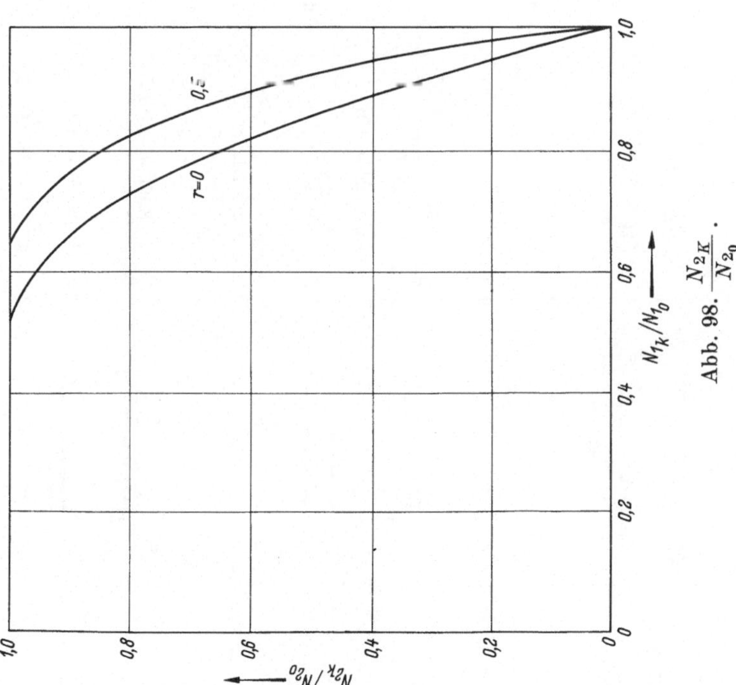

Abb. 98. $\dfrac{N_{2K}}{N_{2_0}}$.

c) Linear veränderliche Druckbelastung und gleichmäßige Schubbelastung

Nr.	Systemskizzen	Beulformeln	Abkürzungen	Quellen	Bemerkungen
II, F, c, 1		$N_K^* = k_{74}\, N_e$ k_{74} s. Abb. 100	$\alpha = \dfrac{a}{b}$ $N_e = \dfrac{\pi^2 B}{(1 - \mu_a^2)\, b^2}\,,\qquad s = \dfrac{S}{N_e}$ $S = \dfrac{(t_k + t_a)^2}{t_k}\, G_k \left[1 + \dfrac{1}{3\,[1 + (t_k/t_a)]^2} \right]^2$ bei dünnen Außenschichten $t_k/t_a > 10$: $S = \dfrac{(t_k + t_a)^2}{t_k}\, G_k$	[II, 112], S. 94	Für $s < 5$ $k_{74} = 1{,}886\, s$. Beide Außenschichten besitzen gleiche Dicke. Bei Biegung mit Längskraft s. [II, 112], S. 95. Bei Biegung mit Schub s. [II, 112], S. 98. Bei orthotr. Sandwichpl. s. [II, 112], S. 146 u. 148.
2		$k_{75} = \dfrac{5{,}35\,(s - 0{,}18)}{s + 3{,}4}$ k_{75} s. Abb. 101 $T_K = k_{75}\, N_e$	Kernsteifigkeit vernachlässigbar: $B = \dfrac{E_a}{12}\,[t^3 - t_k^3]$ Außenschichtsteifigkeit vernachlässigbar: $B = \dfrac{E_a}{2}\, t_a\,[t_k + t_a]^2$	[II, 112], S. 89	Beide Außenschichten besitzen gleiche Dicke. Bei endlichem a s. [II, 112], S. 93. Bei Biegung mit Schub und Längskraft mit Schub s. [II, 112], S. 98. Bei orthotroper Sandwichplatte s. [II, 112], S. 141 u. 148.
3		$k_{76} = \dfrac{8{,}99\,(s - 0{,}12)}{s + 7}$ k_{76} s. Abb. 101 $T_K = k_{76}\, N_e$	$E_a =$ Elastizitätsmodul $\mu_a =$ Querdehnungszahl $\big\}$ jeweils einer $t_a =$ Dicke $\qquad\qquad$ Außenschicht $G_k =$ Gleitmodul $\big\}$ der $t_k =$ Dicke $\qquad\qquad$ Kernschicht $t\ =$ Gesamtplattendicke $= t_k + 2\, t_a$ $m = 1, 2, 3, \ldots$ Die das kleinste N_k liefernde Halbwellenzahl m ist maßgeblich.		

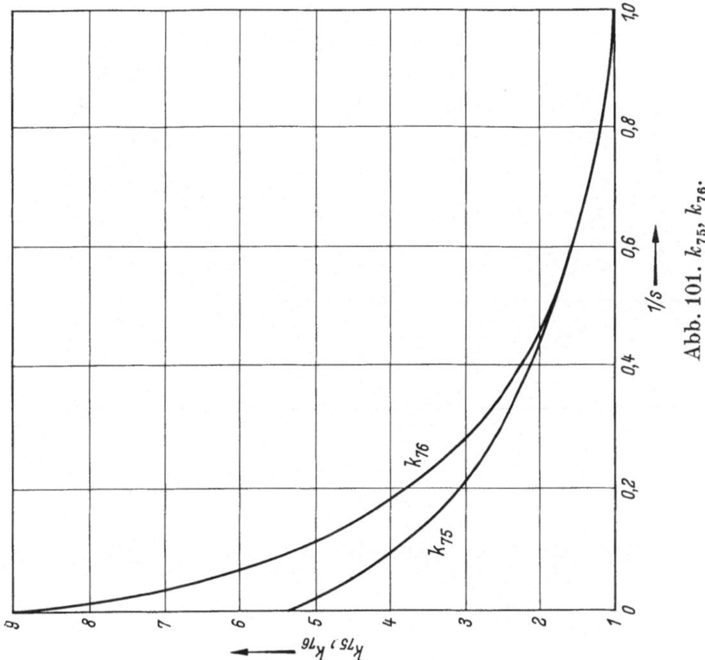

Abb. 101. k_{75}, k_{76}.

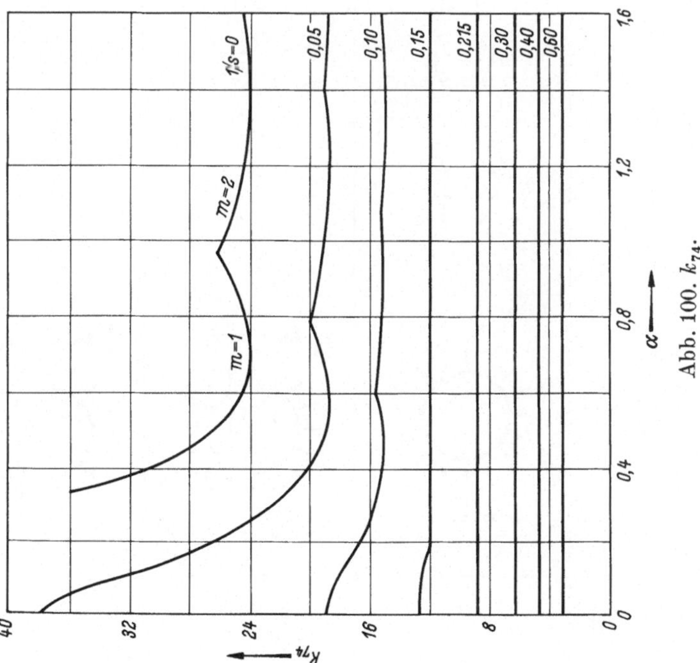

Abb. 100. k_{74}.

G. Kreis- und Kreisringplatten

Nr.	Systemskizzen	Beulformeln	Abkürzungen	Quellen	Bemerkungen
II, G, 1	t_a r_i N	$N_K = k_{77} N_t$, k_{77} s. Abb. 102 Sonderfall $r_i = 0$: $k_{77} = 0{,}425$	$N_t = \dfrac{\pi^2 E t^3}{12\,(1 - \mu^2)\,r_a^2}$	$[II, 36]$, S. 588	Beulbedingungen s. $[II, 36]$. Die Beulfläche ist rotationssymmetrisch angenommen, was für $r_i \approx r_a$ falsch wird. Bei elastischer Randeinspannung s. $[II, 116]$.
2	t_a r_i N	$N_K = k_{78} N_t$, k_{78} s. Abb. 103 Sonderfall $r_i = 0$: $k_{78} = 1{,}487$			
3	t_a t_a r_i N $t - t_a \left(\frac{r}{r_a}\right)^\lambda$	$N_K = k_{79} N_{t_a}$, k_{79} s. Abb. 104	$N_{t_a} = \dfrac{\pi^2 E t_a^3}{12\,(1 - \mu^2)\,r_a^2}$	$[II, 42]$	Beulbedingungen s. $[II, 42]$. Die Beulfläche ist rotationssymmetrisch angenommen, was für $r_i \approx r_a$ falsch wird.
4	t_a t_a r_i N $t - t_a \left(\frac{r}{r_a}\right)^\lambda$	$N_K = k_{80} N_{t_a}$, k_{80} s. Abb. 105			

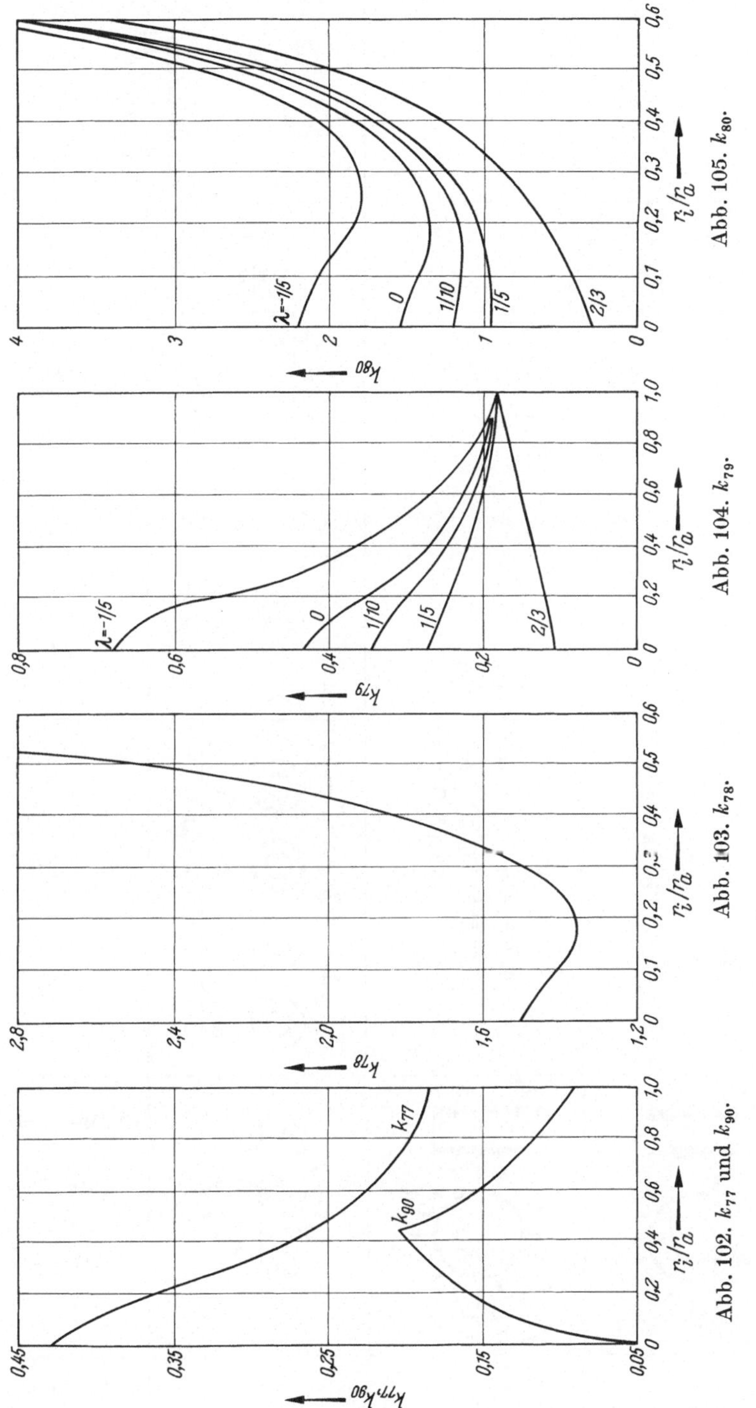

Abb. 105. k_{80}.

Abb. 104. k_{79}.

Abb. 103. k_{78}.

Abb. 102. k_{77} und k_{90}.

G. *Kreis- und Kreisringplatten* (Fortsetzung)

Nr.	Systemskizzen	Beulformeln	Abkürzungen	Quellen	Bemerkungen
II, G, 5	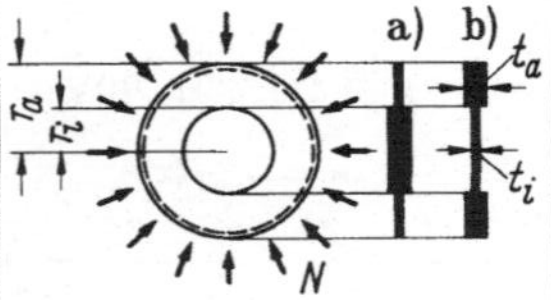	a) $t_i = 2t_a$, b) $t_a = 2t_i$ $N_K = k_{81} N_{t_a}$ $N_K = k_{82} N_{t_i}$ k_{81}, k_{82} s. Abb. 106	$N_{t_a} = \dfrac{\pi^2 E t_a^3}{12\,(1 - \mu^2)\,r_a^2}$ $N_{t_i} = \dfrac{\pi^2 E t_i^3}{12\,(1 - \mu^2)\,r_a^2}$	$[II,\,37]$	Beulbedingungen s. [II, 37]. Für andere Verhältnisse t_i/t_a der Fälle a) s. [II, 117].
6	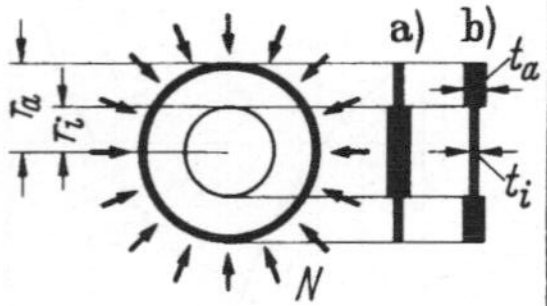	a) $t_i = 2t_a$, b) $t_a = 2t_i$ $N_K = k_{83} N_{t_a}$ $N_K = k_{84} N_{t_i}$ k_{83}, k_{84} s. Abb. 106			
7	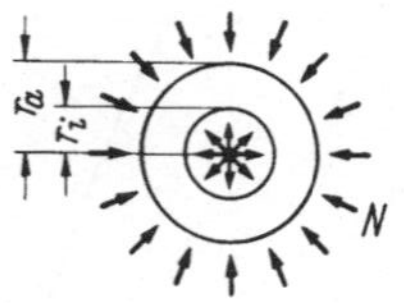	*Beulwerte für verschiedene Lagerungen:* 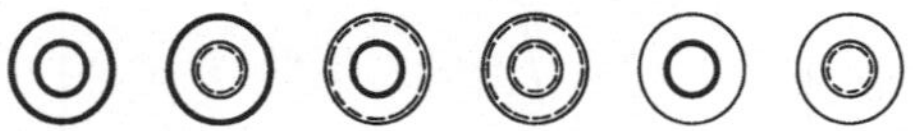 k_{85} k_{86} k_{87} k_{88} k_{89} k_{90} s. Abb. 107 s. Abb. 102	$N_t = \dfrac{\pi^2 E t^3}{12\,(1 - \mu^2)\,r_a^2}$ $N_K = k_i N_t$ $i = 85$ bis 90	$[II,\,53]$ $[II,\,79]$	Beulbedingungen s. [II, 49], [II, 53] und [II, 79].
8	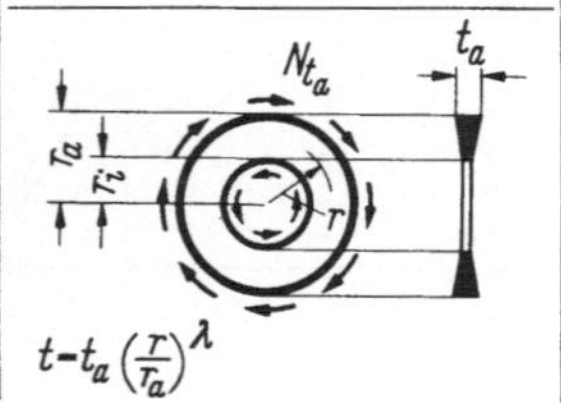	$T_K = k_{91} N_{t_a}$ k_{91} s. Abb. 108	$N_{t_a} = \dfrac{\pi^2 E t_a^3}{12\,(1 - \mu^2)\,r_a^2}$	$[II,\,49]$	

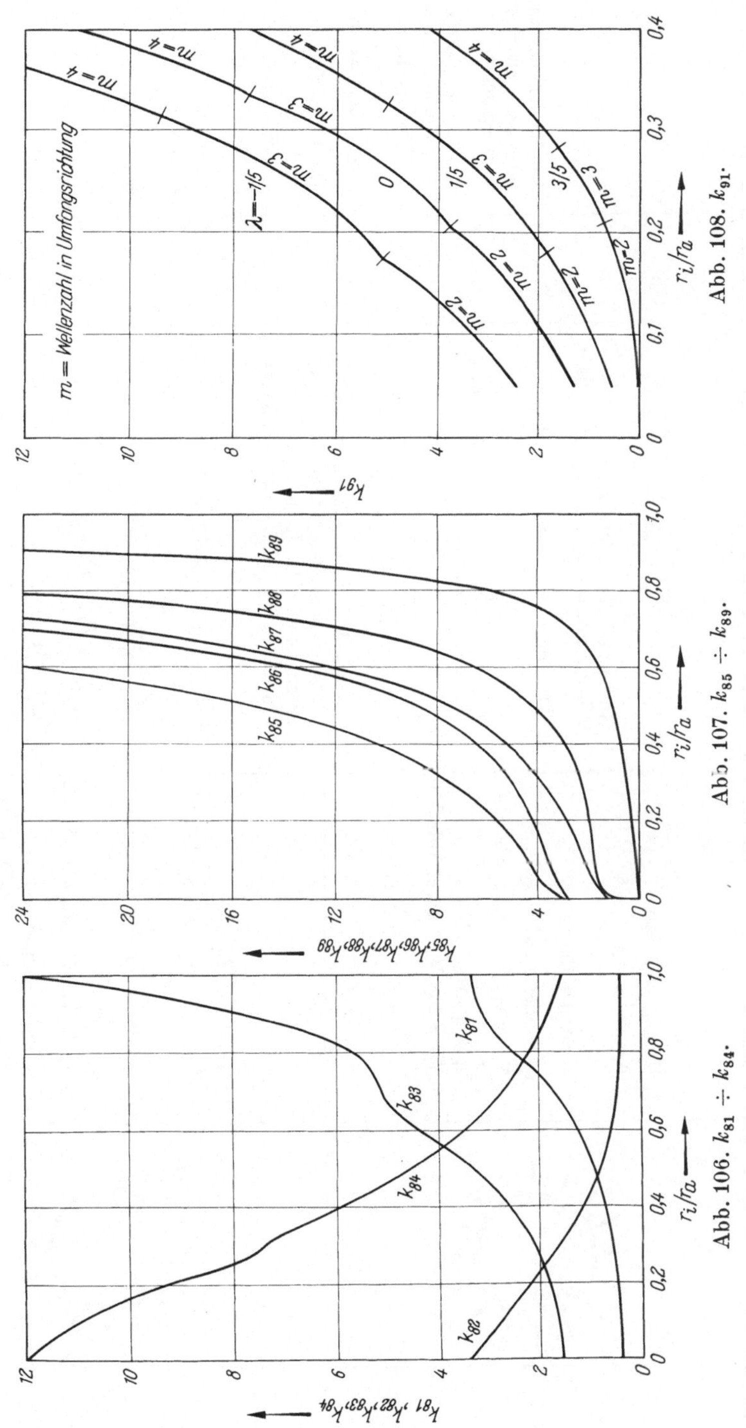
m = Wellenzahl in Umfangsrichtung
λ = 1/5
m = 4
m = 3
m = 2
0
1/5
3/5
m = 4
m = 3
m = 2
m = 4
m = 3
m = 2
r_i/r_a
k_{91}
Abb. 108. k_{91}.
k_{85}
k_{86}
k_{87}
k_{88}
k_{89}
r_i/r_a
$k_{85}, k_{86}, k_{87}, k_{88}, k_{89}$
Abb. 107. $k_{85} \div k_{89}$.
k_{81}
k_{82}
k_{83}
k_{84}
r_i/r_a
$k_{81}, k_{82}, k_{83}, k_{84}$
Abb. 106. $k_{81} \div k_{84}$.

H. Rotationssymmetrisch orthotrope (äolotrope) Kreisplatten

Nr.	Systemskizzen	Beulformeln	Abkürzungen	Quellen	Bemerkungen
II, H, 1		1. Homogene Platte $N_K = k_{92}\,N_f$, $\quad k_{92}$ s. Abb. 109 2. Versteifte Platte a) Sonderfall $\varkappa' = \varkappa$ $N_K = k_{92}\,N_f$, $\quad k_{92}$ s. Abb. 109 b) Sonderfall $\varkappa' = 1$ $N_K = k_{93}\,N_f$, $\quad k_{93}$ s. Abb. 110	$$N_f = \frac{\pi^2}{r^2}\,B_1$$ 1. Homogene Platte mit $E_r,\,E_t,\,\mu_r,\,\mu_t$ [Elastizitätsgesetz z. B. für die radiale Richtung $\varepsilon_r = \dfrac{1}{E_r}\,(\sigma_r - \mu_r\,\sigma_t)$] $$B_1 = \frac{E_r\,t^3}{12\,(1 - \mu_r\mu_t)} \quad \text{mit } \mu_r E_t = \mu_t E_r$$ $$\varkappa = \varkappa' = \sqrt{\frac{E_t}{E_r}}$$	[*II, 77*]	Die Beulfläche ist rotationssymmetrisch vorausgesetzt. Bei der versteiften Platte kann zwischen den Sonderfällen $\varkappa' = \varkappa$ und $\varkappa' = 1$ interpoliert werden. Die Versteifungen sind symmetrisch zur Plattenmittelfläche angeordnet. Bei zusätzlicher Stützung im Mittelpunkt der Platte s. [*II, 82*].
2		1. Homogene Platte $N_K = k_{94}\,N_f$, $\quad k_{94}$ s. Abb. 109 2. Versteifte Platte a) Sonderfall $\varkappa' = \varkappa$ $N_K = k_{94}\,N_f$, $\quad k_{94}$ s. Abb. 109 b) Sonderfall $\varkappa' = 1$ $N_K = k_{95}\,N_f$, $\quad k_{95}$ s. Abb. 110	2. Isotrope Platte mit dichtliegenden drillweichen Steifen, welche die Trägheitsmomente $I_r,\,I_t$ und die Querschnitte $F_r,\,F_t$ je Längeneinheit haben. $$I_1 = \frac{t^3}{12\,(1 - \mu^2)} + I_t,$$ $$I_2 = \frac{t^3}{12\,(1 - \mu^2)} + I_r$$ $$F_1 = t + F_t, \quad F_2 = t + F_r$$ $$B_1 = E\,I_1$$ $$\varkappa = \sqrt{\frac{I_1}{I_2}}, \quad \varkappa' = \sqrt{\frac{F_1}{F_2}}$$		

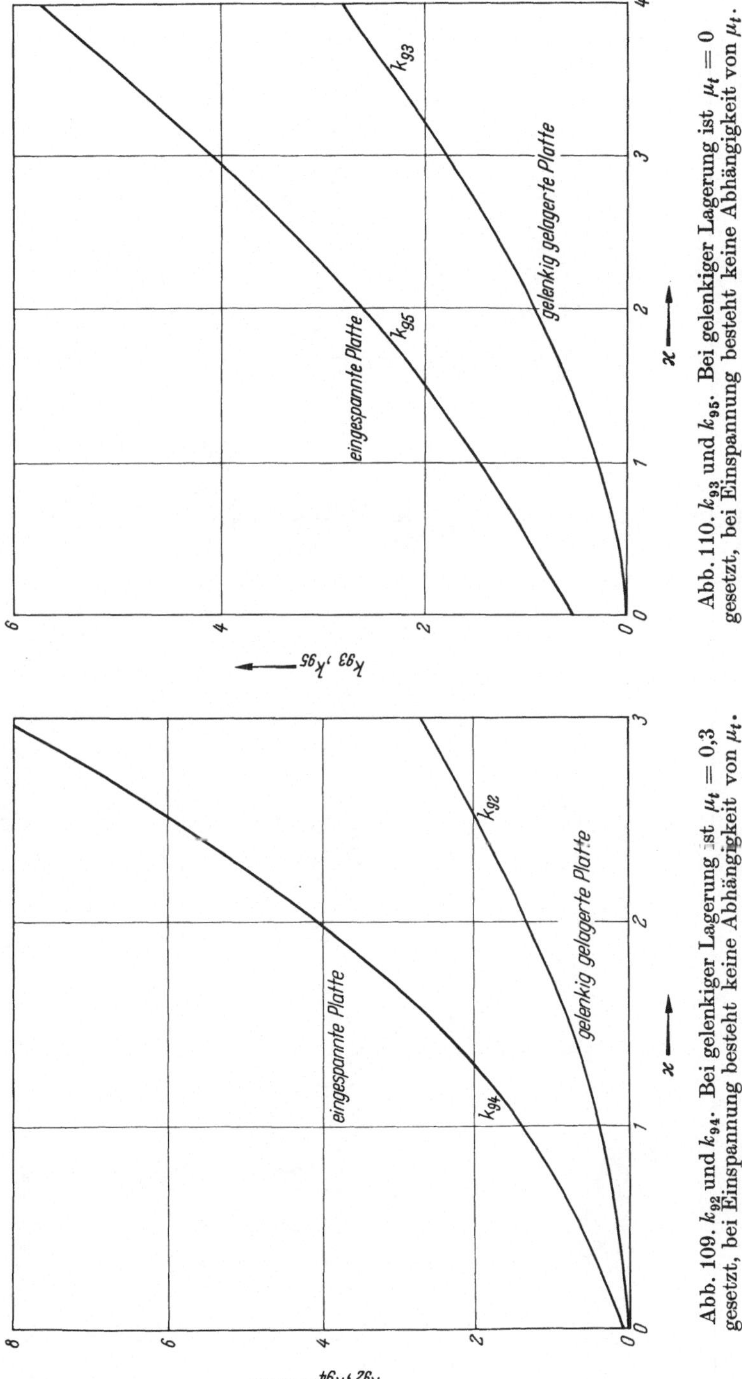

Abb. 110. k_{93} und k_{95}. Bei gelenkiger Lagerung ist $\mu_t = 0$ gesetzt, bei Einspannung besteht keine Abhängigkeit von μ_t.

Abb. 109. k_{92} und k_{94}. Bei gelenkiger Lagerung ist $\mu_t = 0{,}3$ gesetzt, bei Einspannung besteht keine Abhängigkeit von μ_t.

31*

I. Dünnwandige geschlossene Querschnitte
Mittige und außermittige Druckbeanspruchung

Nr.	Systemskizzen	Beulformeln	Abkürzungen	Quellen	Bemerkungen
II, I, 1		für $\psi = 1{,}0$: $N_K^* = k_{96}\, N_e$ k_{96} s. Abb. 111			
2		für $\psi = 0{,}5$: $N_K^* = k_{97}\, N_e$ k_{97} s. Abb. 112	$r = \dfrac{b_S}{b_F}$ $t = \dfrac{t_F}{t_S}$ $N_e = \dfrac{\pi^2\, E\, t_F^3}{12\,(1-\mu^2)\, b_F^2}$	[II, 118]	Die Beulbedingung wurde mit dem Übertragungsverfahren ermittelt.
3		für $\psi = 0$: $N_K^* = k_{98}\, N_e$ k_{98} s. Abb. 113			

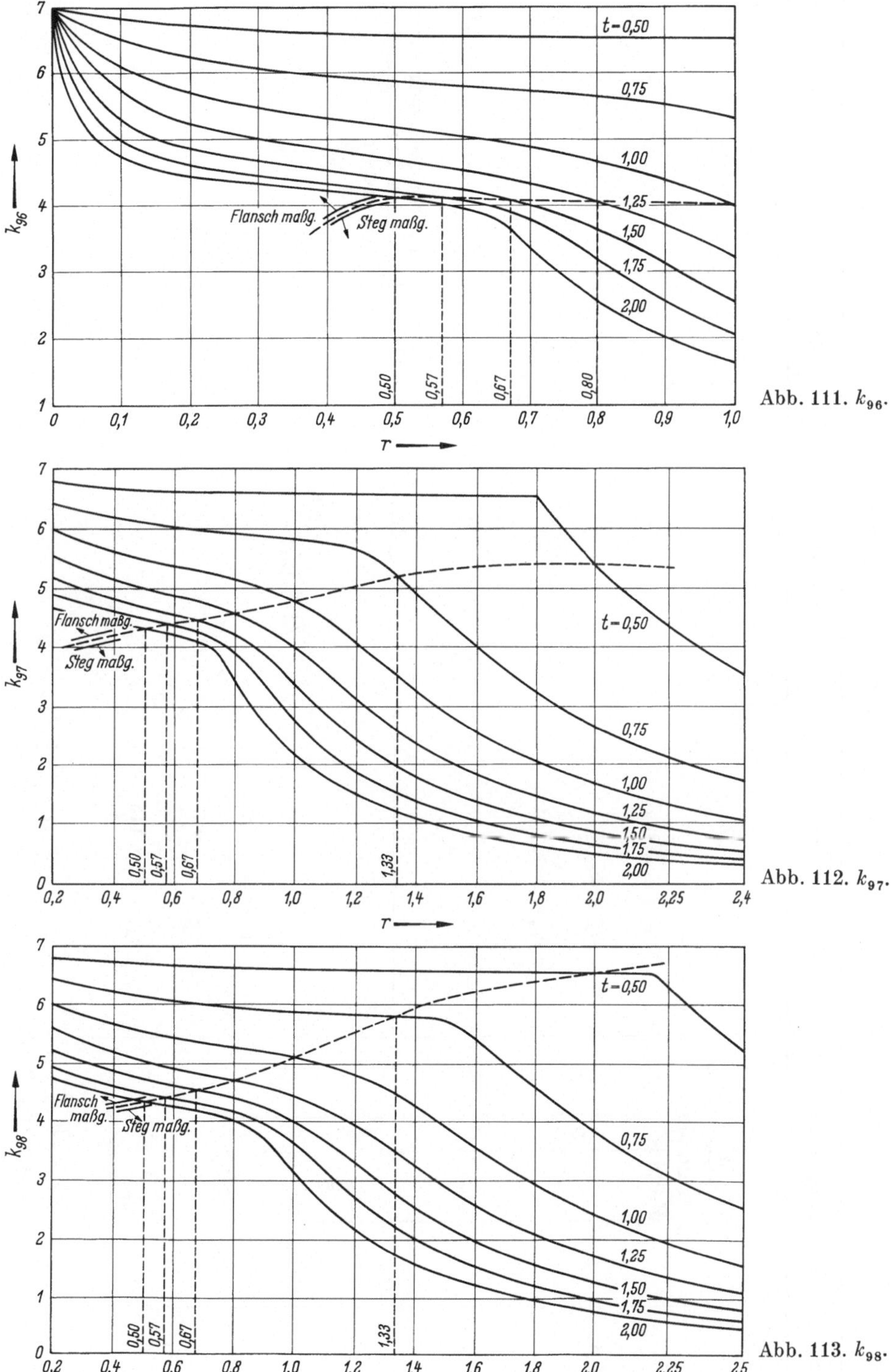

Abb. 111. k_{96}.

Abb. 112. k_{97}.

Abb. 113. k_{98}.

Mittige und außermittige Druckbeanspruchung (Fortsetzung)

Nr.	Systemskizzen	Beulformeln	Abkürzungen	Quellen	Bemerkungen
II, I, 4		für $\psi = -\,0{,}5$: $N_K^* = k_{99}\, N_e$ k_{99} s. Abb. 114	$r = \dfrac{b_S}{b_F}$ $t = \dfrac{t_F}{t_S}$ $N_e = \dfrac{\pi^2 E t_F^3}{12\,(1 - \mu^2)\, b_F^2}$	$[II, 118]$	Die Beulbedingung wurde mit dem Übertragungsverfahren ermittelt.
5		für $\psi = -\,1{,}0$: $N_K^* = k_{100}\, N_e$ k_{100} s. Abb. 115			

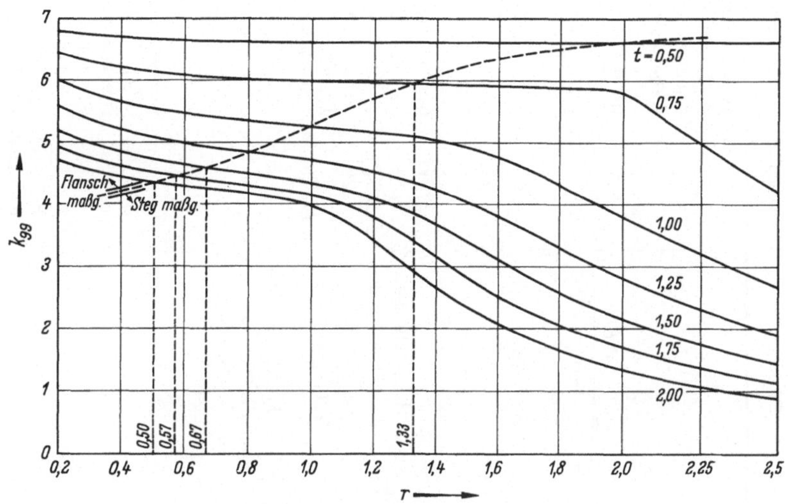

Abb. 114. k_{99}.

Abb. 115. k_{100}.

III. Schalenbeulung

A. Kreiszylinderschalen konstanter Dicke

Nr.	Systemskizze	Beulformel	Abkürzungen	Quellen	Bemerkungen
III, A, 1	*Ränder gelenkig gelagert*	$k_{101} = \dfrac{1}{\lambda^2\,(\lambda^2 + n^2)^2 + \lambda^2 n^2}\Big\{(1 - \mu^2)\,\lambda^4 +$ $+\,\beta\,[(\lambda^2 + n^2)^4 - 2\,(\mu\lambda^6 + 3\lambda^4 n^2 +$ $+\,(4 - \mu)\,\lambda^2 n^4 + n^6) + 2\,(2 - \mu)\,\lambda^2 n^2 + n^4]\Big\}$ $N_K = k_{101}\,\dfrac{Et}{1 - \mu^2}\,,\quad k_{101}$ s. Abb. 116 bzw. $N_K = k_{102}\,N_e,\quad k_{102}$ s. Abb. 117	$N_e = \dfrac{\pi^2 E t^3}{12\,(1 - \mu^2)\,l^2}$ $\beta = \dfrac{t^2}{12\,r^2}$ $\lambda = m\pi\,\dfrac{r}{l}$ $m =$ Halbwellenzahl in Achsrichtung $n =$ Wellenzahl in Umfangsrichtung Die das kleinste N_K liefernden Werte m und n sind maßgeblich.	[III, 1] [III, 19], S. 226 [III, 26]	In Abschnitt V, E, 1 u. VII, A, 2 wurde N mit p bezeichnet. Näherungen: für $\dfrac{l}{r} \leqq 0{,}1 : k_{101} \approx \pi^2 \beta \left(\dfrac{r}{l}\right)^2$ für $0{,}2 \leqq \dfrac{l}{r} \leqq 5:$ $\qquad k_{101} \approx 2\,\sqrt{(1 - \mu^2)\,\beta}$ nach Gl. VII, (24a). Für große Werte $\dfrac{l}{r}$ muß die Stabknickung mit $k_{101} = \dfrac{\pi^2}{2}\,(1 - \mu^2)\left(\dfrac{r}{l}\right)^2$ beachtet werden. Durchschlaglast mit Vorverformung $r/200$ $\approx \dfrac{N_K}{\sqrt{1 + \dfrac{r}{100t}}}$ nach Gl. VII, (50). Veränderl. Druckbel. s. [III, 1]. Bei Axial- und Innendruck u. Orthotropie der Schale s. [III, 15] u. [III, 16]. Bei ungleichmäßig verteilten Axiallasten s. [III, 75]. Bei eingespannten Rändern s. [III, 23]. Einfluß der verschiedensten Randbedingungen s. [III, 24].

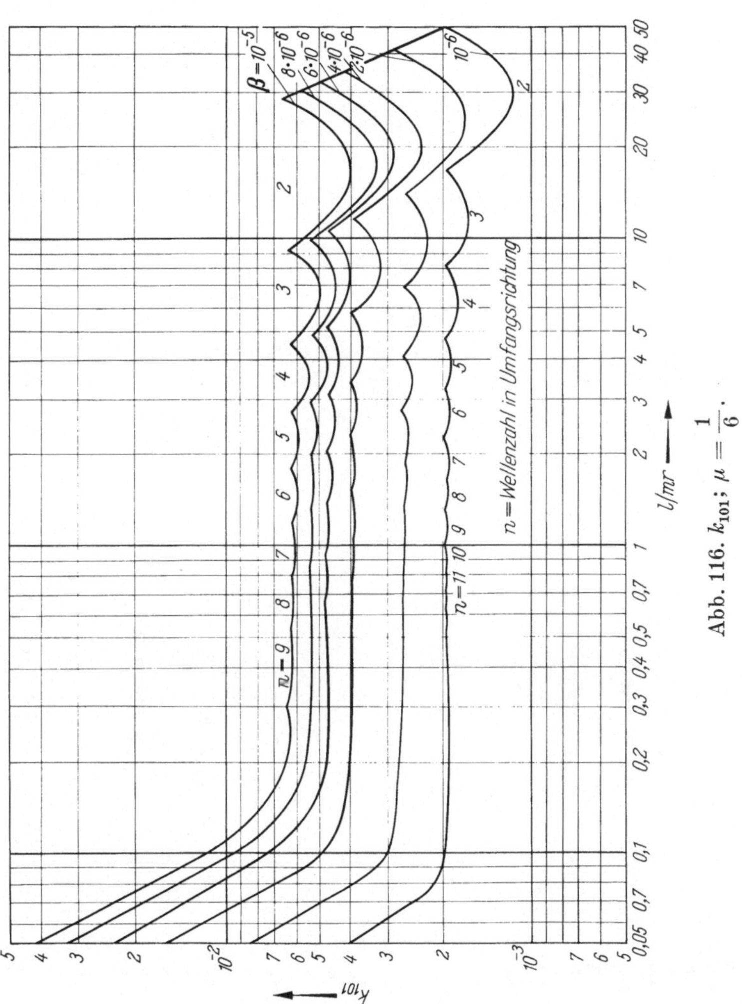

Abb. 116. k_{101}; $\mu = \dfrac{1}{6}$.

A. *Kreiszylinderschalen konstanter Dicke* (Fortsetzung)

Nr.	Systemskizzen	Beulformeln	Abkürzungen	Quellen	Bemerkungen
III, A, 2		$N_K = k_{103}\, N_e$ k_{103} s. Abb. 117	$N_e = \dfrac{\pi^2\, E\, t^3}{12\,(1 - \mu^2)\, l^2}$	$[III,\ 25]$	
3		$q_K = k_{104}\, \dfrac{N_e}{r}$ k_{104} s. Abb. 118			Für $\eta = 0$ s. auch Fall III, A, 4.

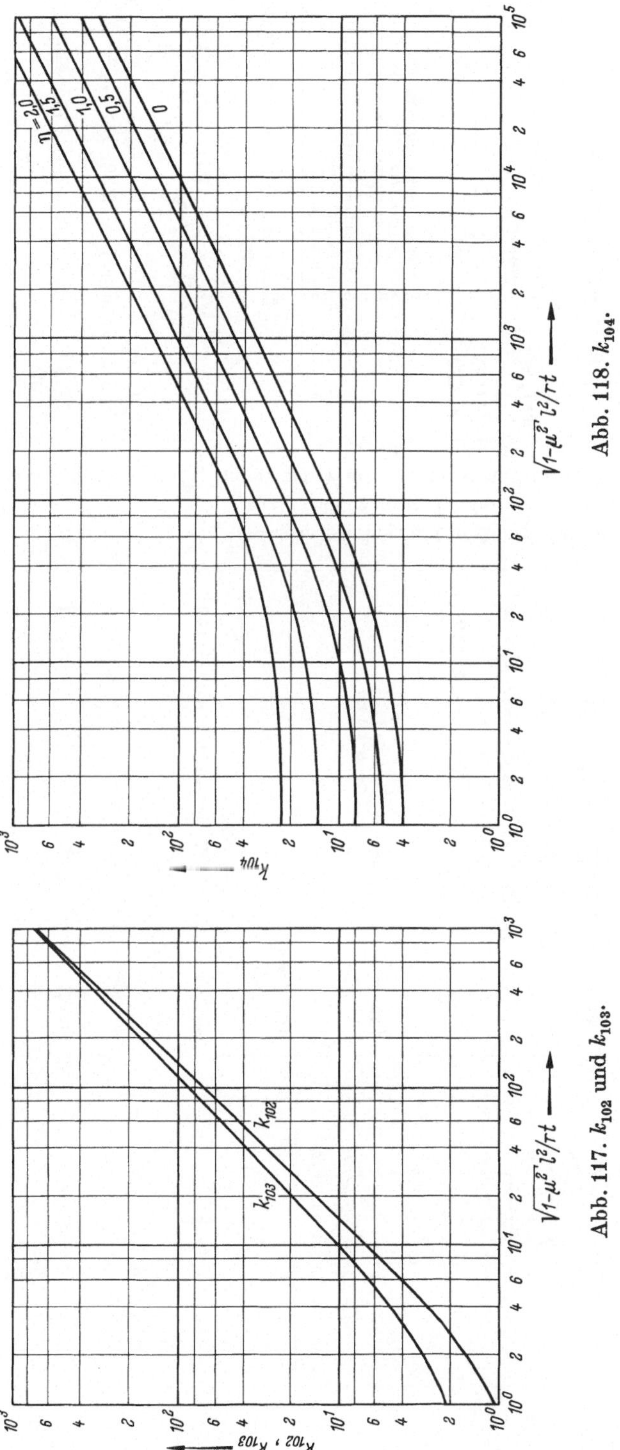

Abb. 118. k_{104}.

Abb. 117. k_{102} und k_{103}.

A. Kreiszylinderschalen konstanter Dicke (Fortsetzung)

Nr.	Systemskizzen	Beulformeln	Abkürzungen	Quellen	Bemerkungen
III, A, 4	q q über l konst. Flüssigkeitsdruck Ränder gelenkig gelagert	$k_{105} = \dfrac{1}{n^2(\lambda^2 + n^2)^2 - (3\lambda^2 n^2 + n^4)} \times$ $\times \{(1 - \mu^2)\lambda^4 + \beta[(\lambda^2 + n^2)^4 - 2(\mu\lambda^6 + 3\lambda^4 n^2 +$ $+ (4 - \mu)\lambda^2 n^4 + n^6) + 2(2 - \mu)\lambda^2 n^2 + n^4]\}$ $q_K = k_{105}\dfrac{Et}{r(1 - \mu^2)}$, k_{105} s. Abb. 119 für $l = \infty$: $q_K = \dfrac{E}{4(1 - \mu^2)}\left(\dfrac{t}{r}\right)^3$	m = Halbwellenzahl in Achsrichtung n = Wellenzahl in Umfangsrichtung Die das kleinste q_K bzw. D_K liefernden Werte m und n sind maßgeblich. $\lambda = m\pi\dfrac{r}{l}$ $\beta = \dfrac{t^2}{12\,r^2}$	[III, 1] [III, 19], S. 239	Näherung für $0,5 \leqq \dfrac{l}{r} \leqq 10$: $k_{105} = \dfrac{\dfrac{4}{3}\sqrt[4]{1 - \mu^2}\,\dfrac{t}{r}}{\dfrac{2}{\pi}\dfrac{l}{r}\sqrt{6\dfrac{r}{t}} - \sqrt[4]{\dfrac{1}{1 - \mu^2}}}$ Durchschlaglast mit Vorverformung $\dfrac{r}{200}$: $q_{KD} = \left(\dfrac{1}{3} + \dfrac{2}{3 + \sqrt{\dfrac{r}{l}\dfrac{r}{100\,t}}}\right)q_K$ (s. [III, 27]). Einfluß der verschiedensten Rand- bedingungen s. [III, 28]. Bei Überlagerung mit Axialdruck s. [III, 19], S. 232. Bei abgestuftem Wandstärken- verlauf s. [III, 8] u. [III, 77]. Bandlast s. [III, 18].
5	D T $2r$ $D=2\pi r^2 T$	Ränder frei: $k = \dfrac{1}{4(\lambda^5 + 7\lambda^3 + 12\lambda)}\{(1 - \mu^2)\lambda^4 + \beta[\lambda^8 +$ $+ 2(8 - \mu)\lambda^6 + 72\lambda^4 + 24(6 + \mu)\lambda^2 + 144]\}$, $D_K = k2\pi r^2\dfrac{Et}{1 - \mu^2}$ Ränder gelenkig gelagert: $k = k_{106}$ $k_{106}\dfrac{l^2}{t^2} = 2,8 + \sqrt{2,6 + 1,40\left(\sqrt{1 - \mu^2}\,\dfrac{l^2}{2\,rt}\right)^{\frac{3}{2}}}$; $k_{106}\dfrac{l^2}{t^2}$ s. Abb. 120 Ränder eingespannt: $k = k_{107}$ $k_{107}\dfrac{l^2}{t^2} = 4,6 + \sqrt{7,8 + 1,67\left(\sqrt{1 - \mu^2}\,\dfrac{l^2}{2\,rt}\right)^{\frac{3}{2}}}$; $k_{107}\dfrac{l^2}{t^2}$ s. Abb. 120		[III, 19], S. 242 [III, 20]. S. 500	Näherung für freie Ränder und $\lambda < 0,1$: $k \approx \dfrac{\sqrt[4]{1 - \mu^2}}{3\sqrt{2}}\sqrt{\dfrac{t^3}{r^3}}$. Für $l \geqq 13,33\,r\sqrt[4]{(1 - \mu^2)^3}\sqrt{\dfrac{r^3}{t^3}}$ Torsionsknickung maßgeblich: $k = \pi\dfrac{r}{l}(1 - \mu^2)$. Durchschlaglast $\approx 0,7\,D_K$ s. [III, 2] u. [III, 10]. Schub und Längsdruck s. [III, 19], S. 246.

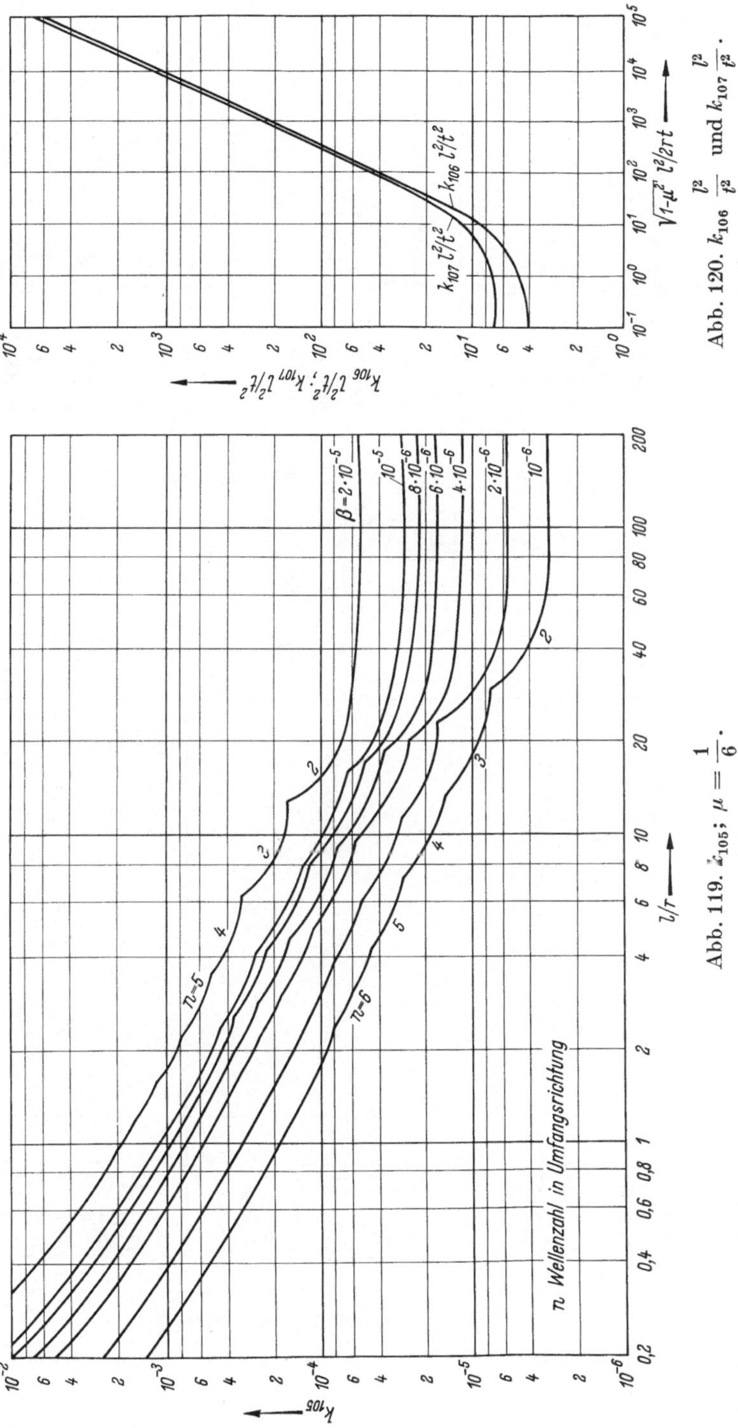

Abb. 120. $k_{106}\,\dfrac{l^2}{t^2}$ und $k_{107}\,\dfrac{l^2}{t^2}$.

Abb. 119. k_{105}; $\mu = \dfrac{1}{6}$.

A. Kreiszylinderschalen konstanter Dicke (Fortsetzung)

Nr.	Systemskizzen	Beulformeln	Abkürzungen	Quellen	Bemerkungen
III, A, 6		für $\omega \leqq 2$: $k_{108} = 4 + \dfrac{\omega^4}{4}$ für $\omega \geqq 2$: $k_{108} = 2\omega^2$ $N_K = k_{108} N_e$, k_{108} s. Abb. 121		[III, 4] [III, 20], S. 485	Näherung für $l \approx b$, $\dfrac{b}{r} < 0{,}5$: $N_K = 0{,}6\,E\,\dfrac{t^2}{r}$ Bei eingespannten Rändern s. [III, 30].
7		$T_K = k_{109} N_e$, k_{109} s. Abb. 121	$\omega = \dfrac{b}{\pi}\,\dfrac{\sqrt[4]{12(1-\mu^2)}}{\sqrt{rt}}$ $N_e = \dfrac{\pi^2 E t^3}{12(1-\mu^2)\,b^2}$ $T_{K_0} =$ Schubbeullast für $N = 0$ $N_{K_0} =$ Druckbeullast für $T = 0$	[III, 3] [III, 20], S. 488	Beulformel s. [III, 3]. Näherung: $k_{109} \approx 4\,\sqrt[4]{3{,}17 + 0{,}41\,\omega^4}$ Bei gelenkig gelagerten und eingespannten Rändern s. auch [III, 23] und [III, 29].
8		$\dfrac{T_K}{T_{K_0}} = f\left(\dfrac{N_K}{N_{K_0}}\right)$ s. Abb. 122		[III, 3] [III, 20], S. 488	Näherung für $\dfrac{N_K}{N_{K_0}} \leqq 0$: $\left(\dfrac{T_K}{T_{K_0}}\right)^2 \approx 1 + \dfrac{N_K}{N_{K_0}}$. Rechteckig begrenzte, doppelt gekrümmte Teilschalen s. [III, 6].

Ränder gelenkig gelagert, $l \gg b$

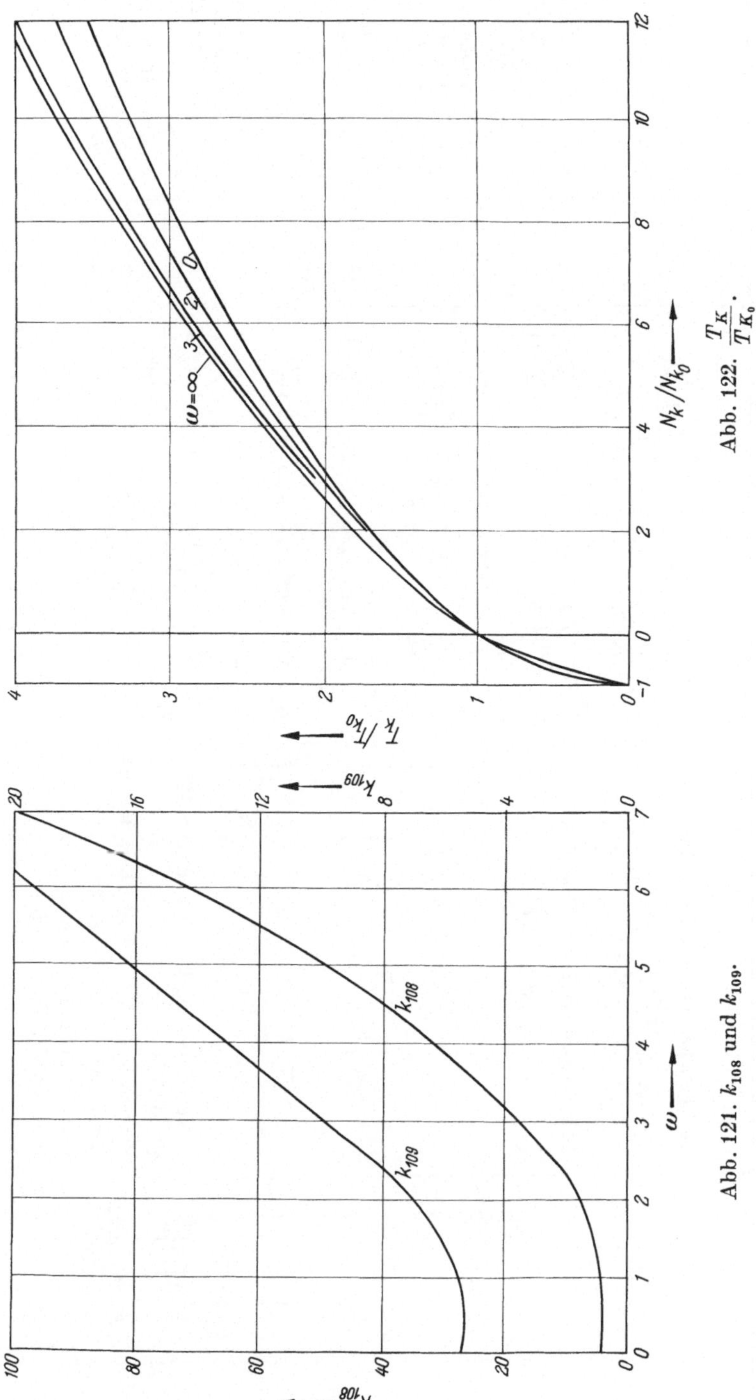

Abb. 122. $\dfrac{T_K}{T_{K_0}}$.

Abb. 121. k_{108} und k_{109}.

B. Versteifte Kreiszylinderschalen

Nr.	Systemskizzen	Beulformeln	Abkürzungen	Quellen	Bemerkungen
III, B, 1	*Ränder gelenkig gelagert*	**Fall 1: achsensymmetrisches Beulen** $k = m^2 + \dfrac{12\,Z^2(1-\mu^2)}{m^2\,\pi^4}$ **Fall 2: asymmetrisches Beulen** a) $k = 1 + 2\gamma\,\dfrac{\overline{\beta^2}}{\delta} + \alpha\,\dfrac{\overline{\beta^4}}{\delta} +$ $+\left[1 + 2\dfrac{\overline{\beta^2}}{\delta} + \dfrac{\overline{\beta^4}}{\delta}\right]\dfrac{\gamma + \alpha\,\overline{\beta^2}}{1+\overline{\beta^2}}$ b) $k = m^2\left[1 + \dfrac{\overline{D}}{D_1}\beta^2 + \dfrac{D_2}{D_1}\beta^4\right] +$ $+\dfrac{12\,Z^2(1-\mu^2)}{m^2\,\pi^4\left[1 + \dfrac{\overline{B}}{B_3}\beta^2 + \dfrac{B_2}{B_1}\beta^4\right]}$ In den Bereichen I bis VI (s. Abb. 123) sind gültig: Bereich I: Fall 1 bzw. Fall 2a Bereich II: Fall 2a Bereiche III u. IV: Fall 2b Bereiche V u. VI: Fall 1 $$N_K = k\,N_e$$	$N_e = \dfrac{\pi^2\,E\,I_1}{(1-\mu^2)\,l^2}, \quad Z = \dfrac{l^2}{r}\sqrt{\dfrac{B_2}{12\,D_1}}$ $\alpha = \dfrac{B_1\,D_2}{B_2\,D_1}, \qquad \beta = \dfrac{nl}{m\,\pi\,r}$ $\overline{\beta^2} = \dfrac{B_2\,\beta^2}{B_1\left[\dfrac{B_2}{B_3}(1+\mu) - \dfrac{\mu}{2}\left(1 + \dfrac{B_2}{B_1}\right)\right]}$ $\gamma = \dfrac{\dfrac{D_3}{D_1}(1-\mu) + \dfrac{\mu}{2}\left(1 + \dfrac{D_2}{D_1}\right)}{\dfrac{B_2}{B_3}(1+\mu) - \dfrac{\mu}{2}\left(1 + \dfrac{B_2}{B_1}\right)}$ $\delta = \dfrac{B_2}{B_1\left[\dfrac{B_2}{B_3}(1+\mu) - \dfrac{\mu}{2}\left(1 + \dfrac{B_2}{B_1}\right)\right]^2}$ $\overline{B} = 4(1-\mu^2)\,B_2 - \mu(B_1 + B_2)\dfrac{B_3}{B_1}$ $\overline{D} = \mu(D_1 + D_2) + D_3$ $B_1 = \dfrac{E\left(t + \dfrac{F_1}{a}\right)}{1-\mu^2}, \quad B_2 = \dfrac{E\left(t + \dfrac{F_2}{b}\right)}{1-\mu^2}$ $B_3 = \dfrac{E\left(2t + \dfrac{F_1}{a} + \dfrac{F_2}{b}\right)}{1+\mu}$ $D_1 = \dfrac{E\,I_1}{1-\mu^2}, \quad D_2 = \dfrac{E\,I_2}{1-\mu^2},$ $D_3 = \dfrac{E\,I_t}{2(1+\mu)}$	[III, 31] [III, 32]	Vereinfachte Beulfaktoren für kurze und mittellange Schalen s. [III, 32]. Nur längs oder ringförmig ausgesteifte Schalen s. [III, 31] u. [III, 33]. Einfluß der Steifenexzentrizität und der Randlagerungen s. [III, 33] u. [III, 34]. Versteifte Kreiszylinderschalen s. auch [III, 1] u. [III, 20], S. 490. Angaben für I_t bei Rechtecksteifen s. [III, 35].

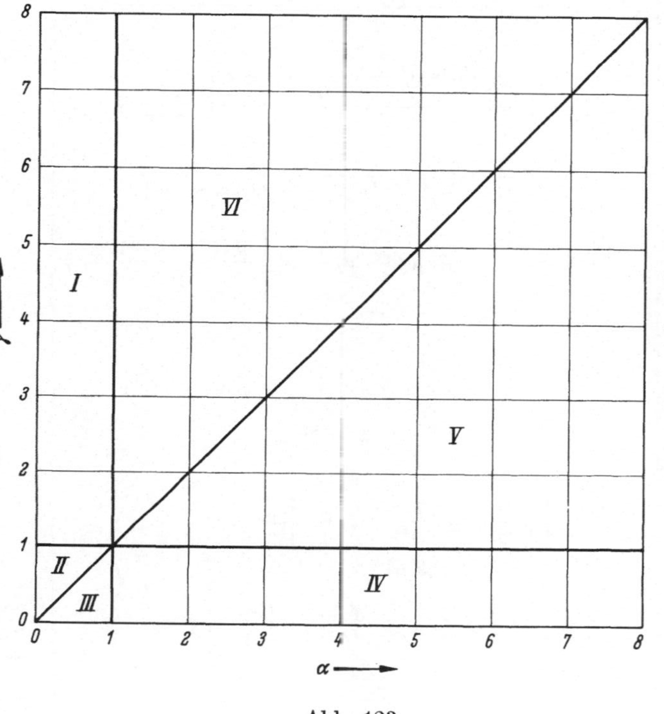

Abb. 123.

B. Versteifte Kreiszylinderschalen (Fortsetzung)

Nr.	Systemskizzen	Beulformeln	Abkürzungen	Quellen	Bemerkungen
III, B, 2		$k = \dfrac{1}{\beta^2}\left[1 + \dfrac{I_t}{2\,I_1}\beta^2 + \dfrac{I_2}{I_1}\beta^4\right] +$ $+ \dfrac{12\,Z^2}{\pi^4\left[1 + 4\dfrac{t_2}{t_1 + t_2}\beta^2 + \dfrac{t_2}{t_1}\beta^4\right]}$ $q_K = k\,\dfrac{N_e}{r}$	$N_e = \dfrac{\pi^2\,E\,I_1}{l^2}$ $Z = \dfrac{l^2}{r}\sqrt{\dfrac{t_2}{12\,I_1}}$ $\beta = \dfrac{n\,l}{m\,\pi\,r}$ $t_1 = t + \dfrac{F_1}{a}$ $t_2 = t + \dfrac{F_2}{b}$	[III, 36]	Die Beulfaktoren sind für $\mu = 0$ aufgestellt. Vereinfachte Beulfaktoren für kurze und mittellange Schalen s. [III, 36]. Nur längs oder ringförmig ausgesteifte Schalen s. [III, 33]. Einfluß der Steifenexzentrizität und der Randlagerungen s. [III, 33] und [III, 34]. Zu Nr. III, B, 2 s. auch [III, 17]. Zur Nr. III, B, 3 s. auch [III, 13] und [III, 37]. Angaben für I_t bei Rechtecksteifen s. [III, 35].
3		$k = \dfrac{1}{4\,m(m+1)\,\beta}\Big\{m^4 + (m+2)^4 +$ $+ \dfrac{[m^4 + m^2(m+2)^2]\,G\,I_t}{E\,I_1}\beta^2 + 2m^4\dfrac{I_2}{I_1}\beta^4 +$ $+ \dfrac{12\,Z^2}{\pi^4}\bigg[\dfrac{1}{1 + 2\dfrac{t_2}{t_1+t_2}\dfrac{E}{G}\beta^2 + \dfrac{t_2}{t_1}\beta^4} +$ $+ \dfrac{1}{1 + 2\dfrac{t_2}{t_1+t_2}\dfrac{E}{G}\left(\dfrac{m}{m+2}\right)^2\beta^2 + \dfrac{t_2}{t_1}\left(\dfrac{m}{m+2}\right)^4\beta^4}\bigg]\Big\}$ $D_K = k\,2\pi\,r^2\,N_e$	t = Stärke des Zylindermantels F_1, F_2 = Querschnittsfläche einer Längs-, Ringsteife a, b = Abstand der Längs-, Ringsteifen I_1, I_2 = Trägheitsmoment der Längs-, Ringsteifen einschl. des Zylindermantels bezogen auf Steifenabstand I_t = Torsionsträgheitsmoment bezogen auf Steifenabstand m = Halbwellenzahl in Achsrichtung n = Wellenzahl in Umfangsrichtung Die das kleinste q_K bzw. D_K liefernden Werte m und n sind maßgeblich.		

Nr.	Systemskizzen	Beulformeln	Abkürzungen	Quellen	Bemerkungen
III, B, 4	(Systemskizze: Zylinderschale, Ränder gelenkig gelagert)	Für $l \leqq b$: Fall a: Versteifung knickt aus $$\frac{EI_s}{Dl} = \frac{-1}{2 \sum\limits_{m=1,3}^{\infty} \dfrac{1}{(m^2 \bar\alpha^2 + 1)^2 + \dfrac{12 Z^2 m^4 \bar\alpha^6}{\pi^4 (m^2 \bar\alpha^2 + 1)^2} - k\,m^2 \bar\alpha^4}}$$ $$m = 1, 3, 5, \ldots$$ Fall b: Versteifung knickt nicht aus $$(m^2 \bar\alpha^2 + n^2)^2 + \frac{12 Z^2 m^4 \bar\alpha^6}{\pi^4 (m^2 \bar\alpha^2 + n^2)^2} - k\,m^2 \bar\alpha^4 = 0$$ $$m = 2, 4, 6, \ldots, \quad n = 1, 2, 3, \ldots$$ $$N_K = k\,\overline{N}_e$$ Für $l > b$: Fall a: Versteifung knickt aus $$\frac{EI_s}{Db} = \frac{-1}{2\alpha^3 \sum\limits_{m=1,3}^{\infty} \dfrac{1}{(m^2 + \alpha^2)^2 + \dfrac{12 Z^2 m^4 \alpha^4}{\pi^4 (m^2 + \alpha^2)^2} - k\,m^2 \alpha^2}}$$ $$m = 1, 3, 5, \ldots$$ Fall b: Versteifung knickt nicht aus $$(m^2 + n^2 \alpha^2)^2 + \frac{12 Z^2 m^4 \alpha^4}{\pi^4 (m^2 + n^2 \alpha^2)^2} - k\,m^2 \alpha^2 = 0$$ $$m = 2, 4, 6, \ldots, \quad n = 1, 2, 3, \ldots$$ $$N_K = k\,N_e$$	$N_e = \dfrac{\pi^2 E t^3}{12(1 - \mu^2)\,b^2}$ $\overline{N}_e = \dfrac{\pi^2 E t^3}{12(1 - \mu^2)\,l^2}$ $Z = \dfrac{b^2}{r\,t}\sqrt{1 - \mu^2}$ $\alpha = \dfrac{l}{b}, \quad \bar\alpha = \dfrac{b}{l}$ $D = \dfrac{E t^3}{12(1 - \mu^2)}$ $I_s =$ Trägheitsmoment der Steife $m =$ Halbwellenzahl in Längsrichtung $n =$ Halbwellenzahl in Umfangsrichtung	[*III, 38*]	Bei Teilschalen mit dem Seitenverhältnis $b/l \leqq 0{,}7$ tritt keine oder nur eine geringe Beullasterhöhung auf, desgleichen bei Z-Werten, die größer sind als die nachfolgend angegebenen (s. [*III, 38*]):

b/l	Z
0,83	20,0
1,0	14,0
1,2	11,2
1,5	9,3
2,0	7,6
3,0	6,3

B. Versteifte Kreiszylinderschalen (Fortsetzung)

Nr.	Systemskizzen	Beulformeln	Abkürzungen	Quellen	Bemerkungen
III, B, 5	*Ränder gelenkig gelagert*	Fall a: Versteifung knickt aus $$\frac{EI_s}{Db} = \frac{-1}{2\,m^4 \sum\limits_{n=1,3}^{\infty} \dfrac{1}{(m^2+n^2\alpha^2)^2 + \dfrac{12\,Z^2\,\alpha^4\,m^4}{\pi^4(m^2+n^2\alpha^2)^2} - k\,m^2\alpha^2}} +$$ $$+ k\,\delta\left(\frac{\alpha}{m}\right)^2, \quad \begin{matrix} m = 1, 2, 3,\ldots \\ n = 1, 3, 5,\ldots \end{matrix}$$ Fall b: Versteifung knickt nicht aus $$(m^2+n^2\alpha^2)^2 + \frac{12\,Z^2\,\alpha^4\,m^4}{\pi^4(m^2+n^2\alpha^2)^2} - k\,m^2\,\alpha^2 = 0$$ $$m = 1, 2, 3,\ldots, \quad n = 2, 4, 6,\ldots$$ $$N_K = k\,N_e$$	$$N_e = \frac{\pi^2\,E\,t^3}{12(1-\mu^2)\,b^2}$$ $$Z = \frac{b^2}{rt}\sqrt{1-\mu^2}$$ $$\alpha = \frac{l}{b}, \quad \delta = \frac{F_s}{bt}$$ $$D = \frac{E\,t^3}{12(1-\mu^2)}$$ $I_s, F_s =$ Trägheitsmoment, Querschnittsfläche der Steife $m, n =$ Halbwellenzahl in Längs-, Umfangs- richtung	[III, 39]	
6	*Ränder gelenkig gelagert*	Fall a: Nur eine Längssteife $$T_K = k_{110}\,N_e$$ k_{110} s. Abb. 124 Fall b: Nur eine Ringsteife $$T_K = k_{111}\,N_e$$ k_{111} s. Abb. 125	$$N_e = \frac{\pi^2\,E\,t^3}{12(1-\mu^2)\,b^2}$$ $$\alpha = \frac{l}{b}$$	[III, 40]	Beulformeln s. [III, 40]. k_{110} und k_{111} in Abb. 124 und 125 gelten nur, wenn die Steifen nicht ausknicken. Beulfaktoren bei Steifen mit geringerer Knicksteifigkeit s. [III, 40]. Orthotrope Teilschale unter Schub und Axiallast s. [III, 41].

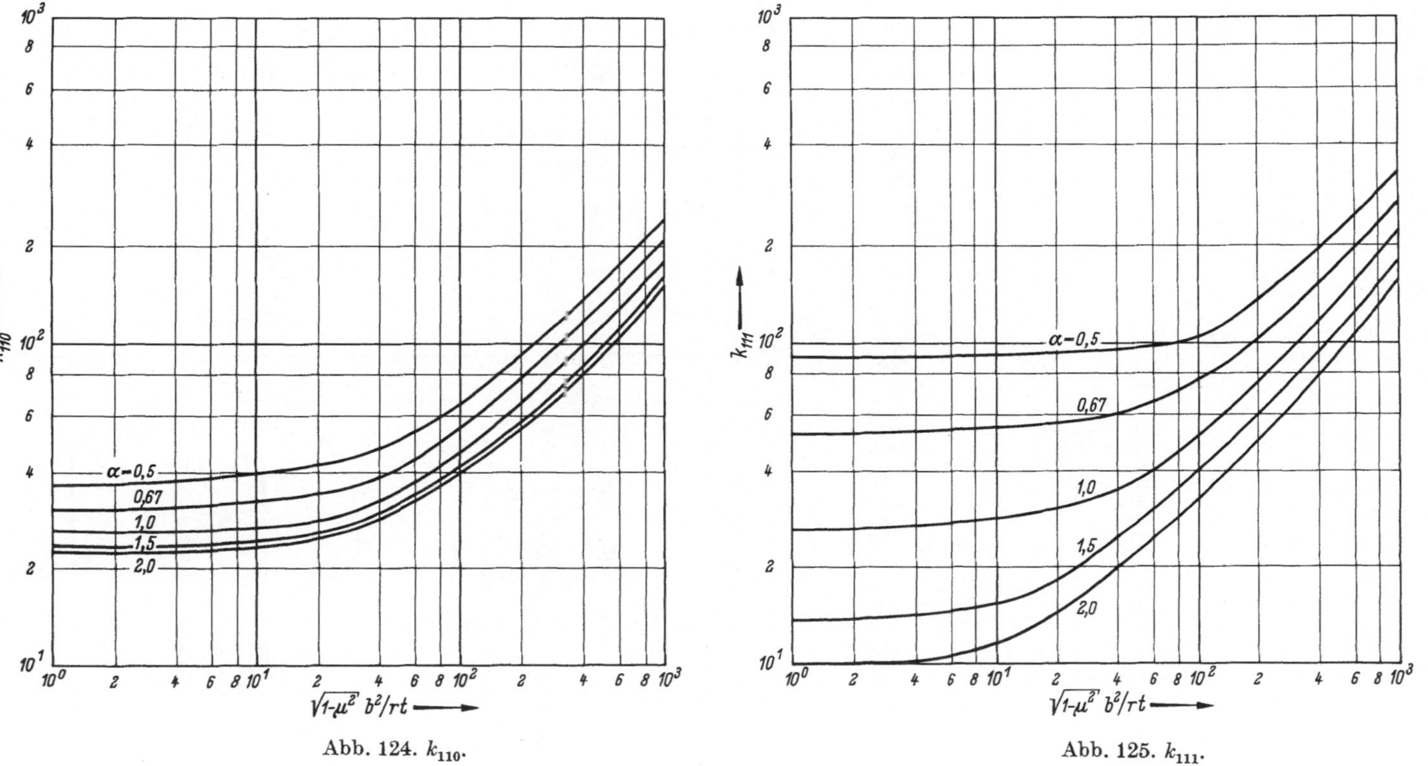

Abb. 124. k_{110}.

Abb. 125. k_{111}.

C. Kreiszylinder-Sandwichschalen

Nr.	Systemskizzen	Beulformeln	Abkürzungen	Quellen	Bemerkungen
III, C, 1	*Ränder gelenkig gelagert*	$k = S\,m^2(1+\lambda^2)^2 + \dfrac{Z^2}{\pi^4\,m^2(1+\lambda^2)^2} +$ $+ \dfrac{m^2(1+\lambda^2)^2}{1+\psi\,m^2(1+\lambda^2)}$ $N_K = k\,N_e$	$N_e = \dfrac{\pi^2\,h^2\,B_1\,B_2}{l^2(B_1+B_2)}$ $Z = \dfrac{l^2}{r\,h}\,(B_1+B_2)\sqrt{\dfrac{1-\mu^2}{B_1\,B_2}}$ $S = \dfrac{(B_1+B_2)(D_1+D_2)}{h^2\,B_1\,B_2}$ $\psi = \dfrac{\pi^2\,t_K\,B_1\,B_2}{l^2\,G_K(B_1+B_2)}$ $\lambda = \dfrac{l\,n}{2\,\pi\,r\,m}$ $B_1 = \dfrac{E\,t_1}{1-\mu^2}, \quad B_2 = \dfrac{E\,t_2}{1-\mu^2}$ $D_1 = \dfrac{E\,t_1^3}{12(1-\mu^2)}$ $D_2 = \dfrac{E\,t_2^3}{12(1-\mu^2)}$ $h = t_K + \dfrac{1}{2}\,(t_1+t_2)$ $t_K =$ Kerndicke $t_1, t_2 =$ Dicke der Außen-, Innen-schicht $G_K =$ Gleitmodul des Kerns $E =$ Elastizitätsmodul der Deckschichten $m =$ Halbwellenzahl in Achs-richtung $n =$ Wellenzahl in Umfangs-richtung	[*III, 42*] [*III, 43*]	Kern und Deck-schichten sind iso-trop. Bei Ortho-tropie s. [*III, 44*], S. 185, [*III, 45*] und [*III, 46*]. Für Kern und Deckschichten ist μ gleich angesetzt. Näherungsformeln für die Beulfak-toren k bei ver-schiedenen Größen von Z s. [*III, 42*] u. [*III, 43*].
2	*q über l konst.* *Flüssigkeitsdruck* *Ränder gelenkig gelagert*	$k = S\,\dfrac{(1+\lambda^2)^2}{\lambda^2} + \dfrac{Z^2}{\pi^4\,\lambda^2(1+\lambda^2)^2} +$ $+ \dfrac{(1+\lambda^2)^2}{\lambda^2\,[1+\psi(1+\lambda^2)]}$ mit $m = 1$ $q_K = k\,\dfrac{N_e}{r}$			

C. *Kreiszylinder-Sandwichschalen* (Fortsetzung)

Nr.	Systemskizzen	Beulformeln	Abkürzungen	Quellen	Bemerkungen
III, C, 3	D T $2r$ l $D=2\pi r^2 T$	$$k = \dfrac{\alpha^3}{\dfrac{h}{r_i}\,n^2(1+\alpha^2)^2} +$$ $$+ \dfrac{\dfrac{h}{r_i}\,n^2(1+\alpha^2)^2}{4(1-\mu_D^2)\,\alpha\left[1+\dfrac{E\,t_D\,h}{2(1-\mu_D^2)\,r_i^2\,G_K}\,n^2(1+\alpha^2)\right]}$$ $$D_K = k\,2\pi\,r^2\,\dfrac{E\,t_D\,h}{r_i}$$	$r_i = r - \dfrac{t_K}{2} - t_D$ $h = t_K + t_D$ $t_K =$ Kerndicke $t_D =$ Dicke einer Deckschicht $G_K =$ Gleitmodul des Kerns $E =$ Elastizitätsmodul der Deckschichten $\alpha =$ Tangens des Winkels zwischen Knotenlinie und Längsachse $n =$ Wellenzahl in Umfangsrichtung	[III, 44], S. 188	Kern und Deckschichten sind isotrop. Bei Orthotropie s. [III, 44], S. 193. Die Deckschichten besitzen gleiche Dicke.
4	N b l T Ränder gelenkig gelagert	$$k = \dfrac{S(1+\lambda^2)^2\,n^2}{\lambda^2} + \dfrac{Z^2\,\lambda^2}{\pi^4(1+\lambda^2)^2\,n^2} +$$ $$+ \dfrac{(1+\lambda^2)^3\,n^2}{\lambda^2\,[1+\psi(1+\lambda^2)]}$$ $$N_K = k\,N_e$$	$N_e = \dfrac{\pi^2\,h^2\,B_1\,B_2}{b^2(B_1+B_2)}$ $Z = \dfrac{b^2}{r\,h}\,(B_1+B_2)\times$ $\times\sqrt{\dfrac{1-\mu^2}{B_1\,B_2}}$ $S = \dfrac{(B_1+B_2)(D_1+D_2)}{h^2\,B_1\,B_2}$ $\psi = \dfrac{\pi^2\,t_K\,B_1\,B_2}{b^2\,G_K(B_1+B_2)}$ $\lambda = \dfrac{l\,n}{b\,m}$ Weitere Abkürzungen und Bezeichnungen wie bei Fall III, C, 1.	[III, 42]	Kern und Deckschichten sind isotrop. Näherungsformeln für die Beulfaktoren k bei verschiedenen Größen von Z s. [III, 42].

D. Elastisch gebettete Kreiszylinderschale

Nr.	Systemskizzen	Beulformeln	Abkürzungen	Quellen	Bemerkungen
III, D	q über l konst. Flüssigkeitsdruck Ränder gelenkig gelagert	$q_K = k_{112} \dfrac{E\,t}{r(1-\mu^2)}$ k_{112} s. Abb. 126	$\beta = \dfrac{t^2}{12\,r^2}$ $\bar{c} = c\,\dfrac{r}{E}\,(1-\mu^2)$ $c =$ Bettungsmodul $\left[\dfrac{\text{Kraft}}{(\text{Länge})^3}\right]$ $n =$ Wellenzahl in Umfangsrichtung	[III, 47]	Maßgebliche Beulenzahl in Längsrichtung $m = 1$. Die Schale ist für Verformungen nach innen und außen elastisch gebettet (Zug- und Druckbettung). Bei nur Druckbettung und $l/r = \infty$ vgl. Fall I, D, b, 5.

n=11
n=19
n=43
β=3,3·10⁻⁵
β=8,3·10⁻⁶
β=9,2·10⁻⁷
l/r=1
l/r=10
l/r=1
l/r≧10
l/r=1
l/r≧10
n=9
n=15
n=34
n=7
n=9
10³c̄
10³k₁₁₂

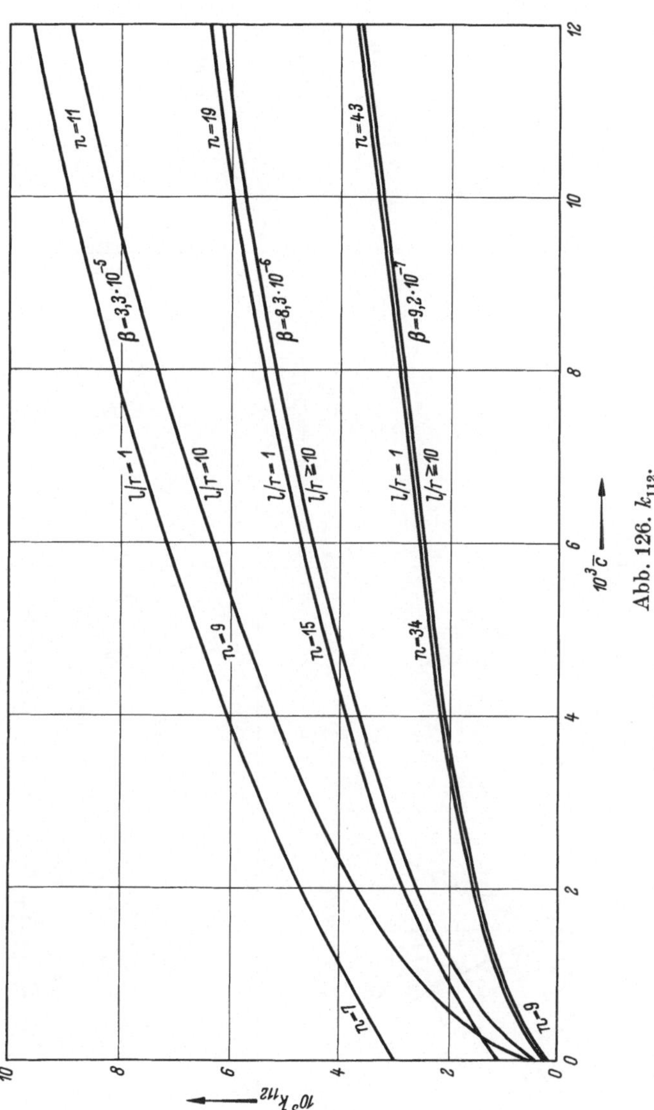

Abb. 126. k_{112}.

E. Kegelschalen

a) Vollkegelschalen

Nr.	Systemskizzen	Beulformeln	Abkürzungen	Quellen	Bemerkungen
III, E, a, 1	Linear veränderliche Wandstärke $t = \dfrac{t_1}{s_1}\,s$, Ränder frei q Eigengewicht	$q_K = k_{113}\,\dfrac{E\,t_1}{r\,(1-\mu^2)}$ k_{113} s. Abb. 127	$\beta = \dfrac{t_1^2}{12\,r^2}$	[III, 5]	q ist konstant. Bei konstanter Wand-stärke t_{const} kann an-genähert $t_1 = 0{,}8\,t_{const}$ gesetzt werden.
2	q über s konst. Flüssigkeitsdruck	$q_K = k_{114}\,\dfrac{E\,t_1}{r\,(1-\mu^2)}$ k_{114} s. Abb. 128			

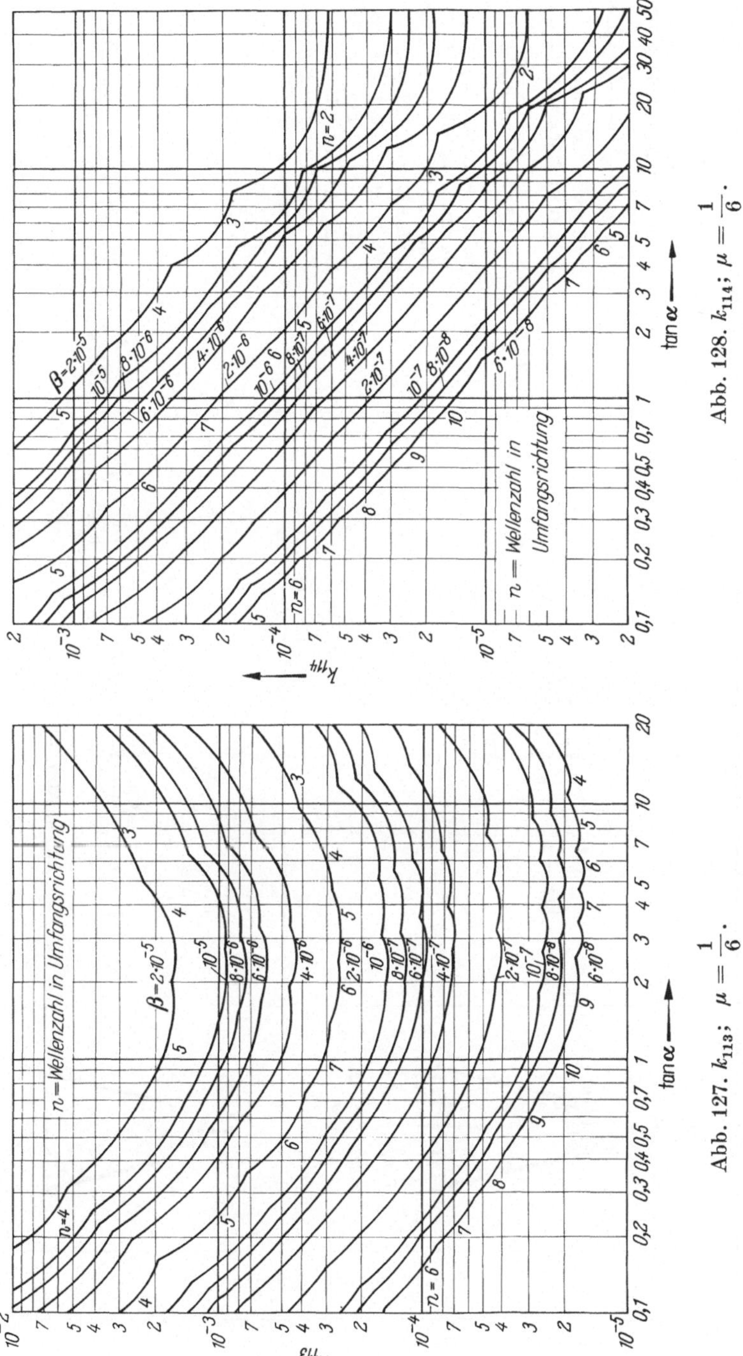

β=2·10⁻⁵
n = Wellenzahl in Umfangsrichtung
tan α
k₁₁₄
Abb. 128. k₁₁₄; μ = 1/6.
n = Wellenzahl in Umfangsrichtung
tan α
k₁₁₃
Abb. 127. k₁₁₃; μ = 1/6.

b) Kegelstumpfschalen

Nr.	Systemskizzen	Beulformeln	Abkürzungen	Quellen	Bemerkungen
III, E, b, 1	konstante Wandstärke $P = N 2 r_0 \pi \sin^2 \alpha$ *Ränder gelenkig gelagert*	$k = 2 \sqrt{(1 - \mu^2)\,\beta_0}\,\sqrt{\dfrac{1}{2}\dfrac{r_1 + r_0}{r_1 - r_0}\ln\dfrac{r_1}{r_0}}$ $N_K = k\,\dfrac{E\,t}{1 - \mu^2}$	$\beta_0 = \dfrac{t^2}{12 r_0^2}$	[III, 22]	Gültigkeit der Beulformel etwa für $\alpha \geqq 80°$. Die Formel entspricht der für die Kreiszylinderschale im Fall III, A, 1 für $0{,}2 \leqq \dfrac{l}{r} \leqq 5$ angegebenen Näherung. In grober Näherung kann $k \approx 2 \sqrt{(1 - \mu^2)\,\beta_0}\,\sin\alpha$ gesetzt werden. Durchschlaglast s. [III, 22]. Bei zusätzlichem Innendruck s. [III, 22] und [III, 48]. Bei eingespannten Rändern s. [III, 48]. Bei orthotropen Schalen s. [III, 48]. Bei eingespannten Rändern, Außendruck und Berücksichtigung von Vorverformungen s. [III, 76].
2	*Ränder frei*	$D_K = k_{115}\,\dfrac{E\,t}{1 - \mu^2}\,2\pi r^2 \sin^2 \alpha$ k_{115} s. Abb. 129	$\beta = \dfrac{t^2}{12 r^2}$	[III, 5]	Gültigkeit der Beulformel etwa für $\alpha \geqq 80°$. Bei anderen Randlagerungen und beliebigem α s. [III, 49].

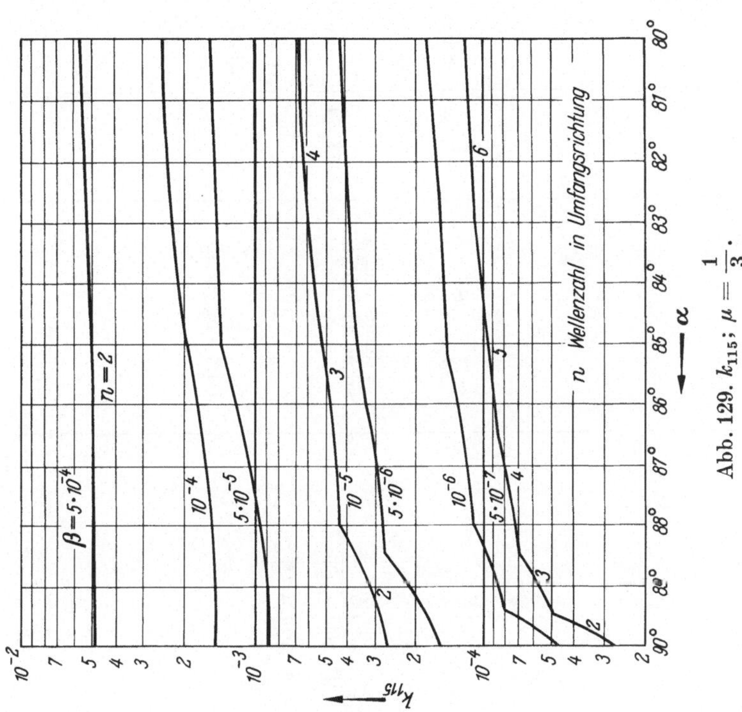

Abb. 129. k_{115}; $\mu = \dfrac{1}{3}$.

F. Paraboloidschale

Nr.	Systemskizze	Beulformel	Abkürzungen	Quellen	Bemerkungen
III, F		$q_K = k_{116} \dfrac{3\,Et}{r(1-\mu^2)}\,\omega$ k_{116} s. Abb. 130	$\beta = \dfrac{t^2}{12\,r^2}$ $r =$ Krümmungsradius im Scheitel $\omega = \dfrac{10\,\alpha}{\pi}$ α im Bogenmaß	$[III, 7]$	Näherung: $k_{116} = \dfrac{1}{\omega}\left(7,7 - 0,9\sqrt{4,8 + 1,5\,\omega^2}\right) \times$ $\times 10^{-4}\sqrt{10^7\,\beta}\left[1 + x\left(1 - \sqrt[4]{10^7\,\beta}\right)\right]$ für $\alpha \leqq 45°$: $\quad x = 0,045(5 - 2\omega)$ für $\alpha > 45°$: $\quad x = 0$

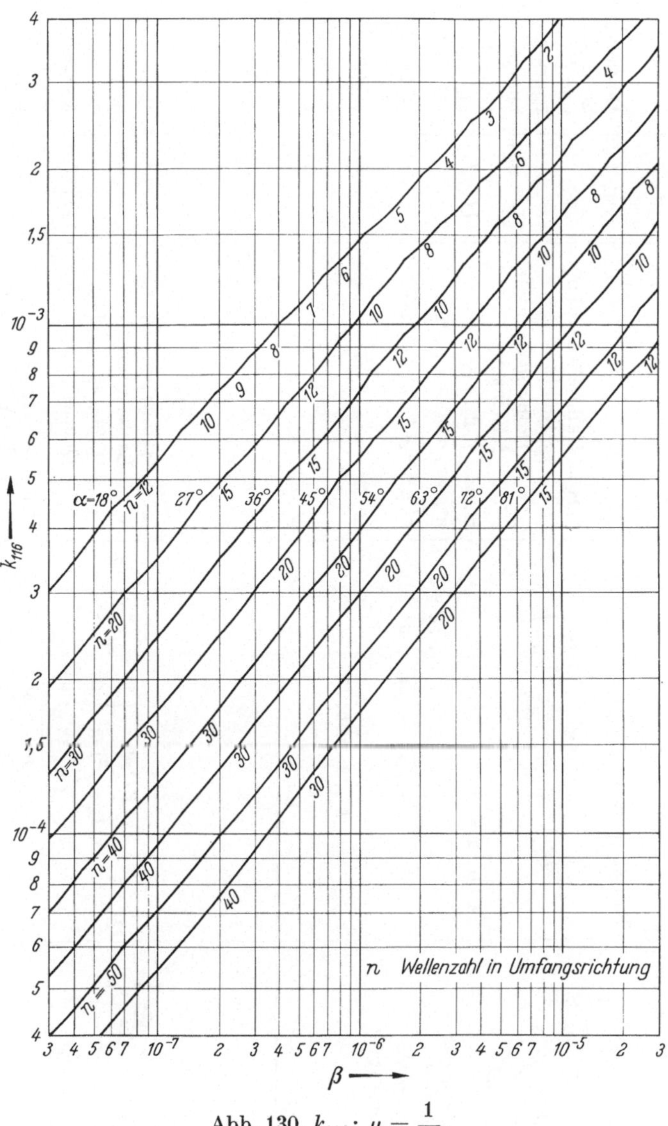

Abb. 130. k_{116}; $\mu = \dfrac{1}{6}$.

G. Hyperbolische Paraboloidschalen

Nr.	Systemskizzen	Beulformeln	Abkürzungen	Quellen	Bemerkungen
III, G, 1	Ränder gelenkig gelagert q konstante Flächenbelastung	Fall a: $\dfrac{t}{h} \ll 1$ $q_K = \dfrac{2E}{\sqrt{3(1-\mu^2)}}\left(\dfrac{th}{ab}\right)^2$ Fall b: $a = b$ $q_K = k_{117}\,\dfrac{2E}{\sqrt{3(1-\mu^2)}}\left(\dfrac{th}{a^2}\right)^2$ k_{117} s. Abb. 131	$m =$ Halbwellenzahl in a-Richtung $n =$ Halbwellenzahl in b-Richtung $m, n = 1, 2, \ldots$ n^{I}, wenn $m+n$ gerade n^{II}, wenn $m+n$ ungerade	[III, 69] [III, 11]	Einfluß anderer Randbedingungen s. [III, 69] und [III, 70]. Einfluß von Vorverformungen s. [III, 70]. Bei Schalen aus Profilblechen s. [III, 71], [III, 72] und [III, 74]. Hyperbolische Paraboloidschale unter Randschubkräften s. [III, 73].
2	Ränder gelenkig gelagert	$N_K = \dfrac{\pi^2 E t^3 a^2}{12(1-\mu^2)\,m^2}\left(\dfrac{m^2}{a^2}+\dfrac{n^2}{b^2}\right)^2 +$ $+ \dfrac{4\,E\,t\,h^2\,n^2}{a^2 b^4\left(\dfrac{m^2}{a^2}+\dfrac{n^2}{b^2}\right)^2}$	$m =$ Halbwellenzahl in Lastrichtung $n =$ Halbwellenzahl in Querrichtung Die das kleinste N_K liefernden Werte m und n sind maßgeblich.	[III, 73]	Beulformel unter angenäherter Berücksichtigung der Randbedingungen. Näherungslösung für das axial belastete einschalige Rotationshyperboloid s. [III, 73].

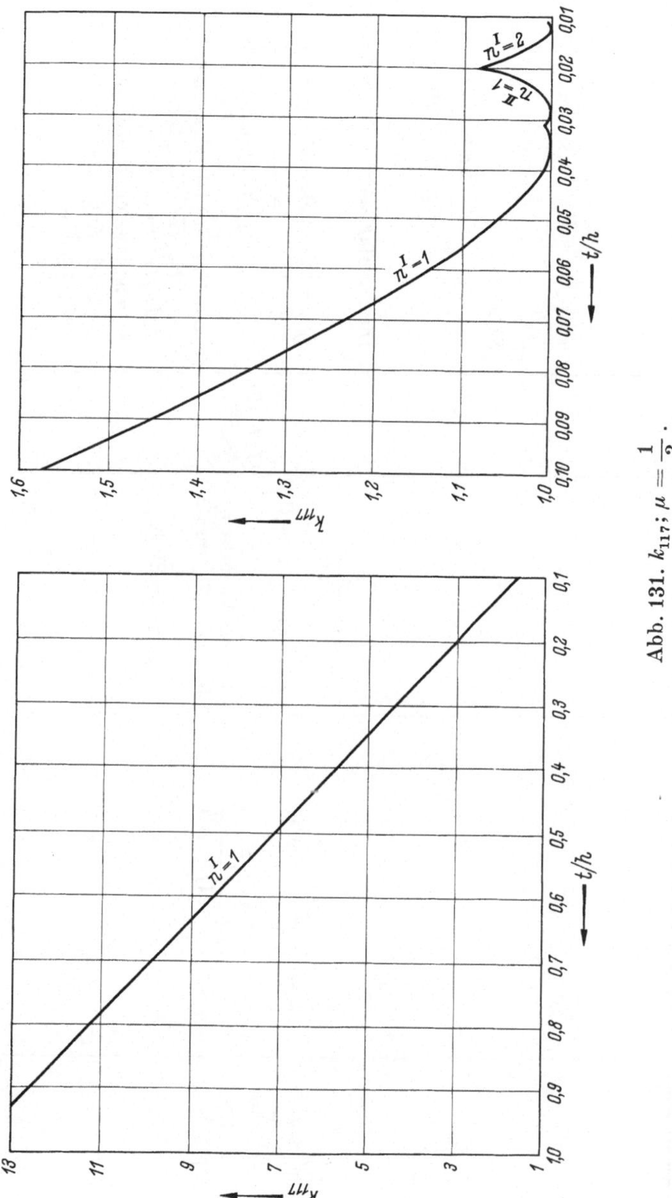

Abb. 131. k_{117}; $\mu = \dfrac{1}{3}$.

H. Kugelschalen

Nr.	Systemskizze	Beulformel	Abkürzungen	Quellen	Bemerkungen
III, H, 1		$k = \dfrac{1 - \mu^2}{\lambda_n} + \beta(\lambda_n + 2)$ $q_K = k\,\dfrac{2Et}{r(1 - \mu^2)}$	$\beta = \dfrac{t^2}{12\,r^2}$ $\lambda_n = n(n+1) - 2$ Die das kleinste q_K liefernde Wellenzahl $n = 2, 3, 4, \ldots$ ist maßgeblich.	[III, 19], S. 262	Näherung: $$q_K \approx \frac{2Et^2}{r^2\sqrt{3(1 - \mu^2)}},$$ Durchschlaglast mit Vorverformung $\dfrac{r}{200}$: $$q_{KD} = \left[1 + 0{,}63 \cdot 10^{-2}\,\frac{r}{t} - {} - \sqrt{1{,}25 \cdot 10^{-2}\,\frac{r}{t} + 0{,}38 \cdot 10^{-4}\,\frac{r^2}{t^2}}\,\right] q_K$$ nach [III, 50] Gl. 26, s. auch [III, 14], [III, 21], [III, 51], [III, 52], [III, 53], [III, 54] und [III, 55]. Kugelschale mit Einzellasten s. [III, 56]. Sandwich-Kugelschale s. [III, 44], S. 209 und [III, 57].

Nr.	Systemskizzen	Beulformeln	Abkürzungen	Quellen	Bemerkungen
III, H, 2		$q_K = k_{118}\, q_0$ k_{118} s. Abb. 132	$q_0 = \dfrac{2E\,t^2}{r^2\sqrt{3(1-\mu^2)}}$ $\omega = 2\sqrt[4]{3(1-\mu^2)}\sqrt{\dfrac{h}{t}}$ $q = $ über ganze Teilschale verteilte konst. Belastung. $n = $ Wellenzahl in Umfangsrichtung.	[III, 58]	$\omega \leqq 4$: rotationssymmetrisches Beulen $\omega > 4$: asymmetrisches Beulen Bei Ringlagerung (elastische Einspannung) s. [III, 59]. Bei asymmetrischer Belastung s. [III, 51] u. [III, 60]. Bei rechteckiger Begrenzung s. [III, 6]. Versteifte Kugelteilschalen s. [III, 60]. Einfluß verschiedener Randbedingungen s. [III, 61].
3		$q_K = k_{119}\, q_0$ k_{119} s. Abb. 133			$\omega \leqq 5,5$: rotationssymmetrisches Beulen $\omega > 5,5$: asymmetrisches Beulen Am Rand eingespannte verschiebliche und unverschiebliche Kugelteilschalen s. [III, 9], [III, 12], [III, 51], [III, 60], [III, 62] u. [III, 63]. Bei Vorverformungen s. auch [III, 64], [III, 65] u. [III, 66]. Bei Einzellasten s. [III, 51], [III, 56] u. [III, 67]. Versteifte Kugelteilschalen s. [III, 9], [III, 60] u. [III, 68].

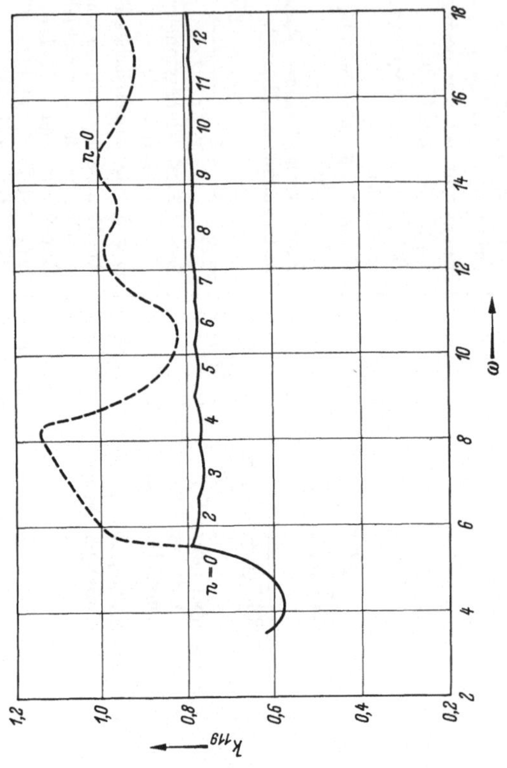

Abb. 133. k_{119}.

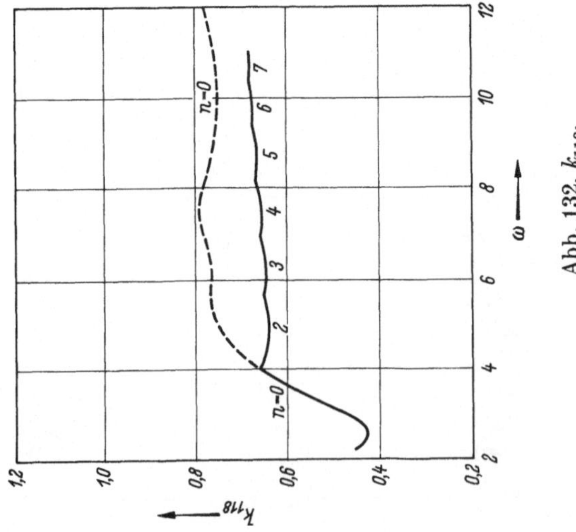

Abb. 132. k_{118}.

Literaturverzeichnis

I. Stabknickung

[*I, 1*] VIANELLO, L.: Z. VDI 50 (1906) 1753.
[*I, 2*] DONDORFF, J.: Die Knickfestigkeit des geraden Stabes, Düsseldorf 1908.
[*I, 3*] ELWITZ, E.: Die Lehre von der Knickfestigkeit, Hannover 1918.
[*I, 4*] BLEICH, F.: Eisenbau 10 (1919) 75.
[*I, 5*] MAYER, R.: Die Knickfestigkeit, Berlin 1921.
[*I, 6*] BLEICH, F.: Theorie und Berechnung der eisernen Brücken, Berlin 1924.
[*I, 7*] ZIMMERMANN, H.: Knickfestigkeit der Stabverbindungen, Berlin 1925.
[*I, 8*] FILLUNGER, P.: Z. angew. Math. Mech. 6 (1926) 294.
[*I, 9*] NICOLAI, E. L.: Z. angew. Math. Mech. 6 (1926) 30.
[*I, 10*] BLEICH, F., u. H. BLEICH: Z. Öst. Ing.- u. Archit. Ver. 80 (1928) 345.
[*I, 11*] CHWALLA, E.: Bauingenieur 10 (1929) 443.
[*I, 12*] TÖLKE, F.: Bauingenieur 10 (1929) 600.
[*I, 13*] —: Bauingenieur 11 (1930) 500.
[*I, 14*] GRAMMEL, R.: Ing.-Arch. 1 (1930) 243.
[*I, 15*] FEDERHOFER, K.: Sitzungsber. Akad. Wiss. Wien, Math.-naturwiss. Kl. Abt. IIa 140 (1931) 237.
[*I, 16*] BLEICH, F.: Stahlhochbauten, Berlin 1932.
[*I, 17*] EGGENSCHWYLER, A.: Stahlbau 5 (1932) 81.
[*I, 18*] POHL, K.: Stahlbau 6 (1933) 137.
[*I, 19*] CHWALLA, E.: Mitt. Hauptv. dtsch. Ing. i. d. tschechoslowak. Republ. 22 (1933) 207.
[*I, 20*] BOROS, P.: Stahlbau 7 (1934) 10.
[*I, 21*] KAUL, H.: Luftf.-Forschg. 11 (1934) 53.
[*I, 22*] FEDERHOFER, K.: Sitzungsber. Akad. Wiss. Wien, Math.-naturwiss. Kl. Abt. IIa 143 (1934) 131.
[*I, 23*] TIMOSHENKO, S.: Theory of Elastic Stability, New York and London 1936.
[*I, 24*] RATZERSDORFER, J.: Die Knickfestigkeit von Stäben und Stabwerken, Wien 1936.
[*I, 25*] LOCKSCHIN, A.: Z. angew. Math. Mech. 16 (1936) 49.
[*I, 26*] WOINOWSKY-KRIEGER, S.: Stahlbau 10 (1937) 185.
[*I, 27*] HARTMANN, F.: Knickung, Kippung, Beulung, Leipzig und Wien 1937.
[*I, 28*] BORCKMANN, K.: Luftf.-Forschg. 14 (1937) 86.
[*I, 29*] CASSENS, J.: Luftf.-Forschg. 14 (1937) 501.
[*I, 30*] KAPPUS, R.: Luftf.-Forschg. 14 (1937) 444.
[*I, 31*] DISCHINGER, F.: Bauingenieur 18 (1937) 487.
[*I, 32*] SCHLEUSNER, A.: Die Stabilität des mehrfeldrigen elastisch gestützten Stabes. Forsch. Geb. Stahlb. 1 (1938).
[*I, 33*] CHWALLA, E.: Bauingenieur 19 (1938) 69.
[*I, 34*] —, u. C. F. KOLLBRUNNER: Stahlbau 11 (1938) 73.
[*I, 35*] —: Stahlbau 11 (1938) 161.
[*I, 36*] WEINHOLD, J.: Ing.-Arch. 9 (1938) 411.
[*I, 37*] LUDWIG, K.: Z. angew. Math. Mech. 18 (1938) 373.
[*I, 38*] Stahlbau-Kalender, Bd. 5, Berlin 1939.
[*I, 39*] CHWALLA, E.: Die Kippstabilität gerader Träger mit doppelt symmetr. I-Querschnitt. Forsch. Geb. Stahlb. 2 (1939).
[*I, 40*] BIEZENO, C. B., u. R. GRAMMEL: Technische Dynamik, Berlin 1939.
[*I, 41*] Stahlbau-Kalender, Bd. 6, Berlin 1940.
[*I, 42*] REINITZHUBER, F.: Jb. dtsch. Luftf.-Forschg., 1940, S. 820.
[*I, 43*] HEINTZELMANN, F.: Jb. dtsch. Luftf.-Forschg., 1940, S. 825.
[*I, 44*] KRISO, K.: Abhandl. internat. Ver. Brückenbau u. Hochbau 6 (1940/41) 139.
[*I, 45*] MASSONNET, CH.: Abhandl. internat. Ver. Brückenbau u. Hochbau 6 (1940/41) 211.
[*I, 46*] PORELL, O.: Abhandl. internat. Ver. Brückenbau u. Hochbau 6 (1940/41) 247.
[*I, 47*] BÜLTMANN, W.: Stahlbau 14 (1941) 3.
[*I, 48*] CHWALLA, E., u. F. JOKISCH: Stahlbau 14 (1941) 33.
[*I, 49*] — —: Stahlbau 14 (1941) 73.
[*I, 50*] WILLERS, F. A.: Z. angew. Math. Mech. 21 (1941) 43.

[*I, 51*] MUDRAK, W.: Bauingenieur 22 (1941) 153.
[*I, 52*] FEDERHOFER, K.: Bauingenieur 22 (1941) 340.
[*I, 53*] AMSTUTZ, E.: Schweiz. Bauztg. 118 (1941) 97.
[*I, 54*] NEUBER, H.: Jb. dtsch. Luftf.-Forschg., 1941, S. 491.
[*I, 55*] MÜLLER, R., u. W. MÜLLER: Jb. dtsch. Luftf.-Forschg., 1941, S. 502.
[*I, 56*] WEGNER, U.: Luftf.-Forschg. 19 (1942) 374.
[*I, 57*] SCHMIDT, G.: Stahlbau 15 (1942) 45.
[*I, 58*] WEINHOLD, J.: Stahlbau 15 (1942) 68.
[*I, 59*] GAEDE, K.: Bauingenieur 23 (1942) 166.
[*I, 60*] OLSSON, R. G.: Ing.-Arch. 13 (1942) 162.
[*I, 61*] CHWALLA, E.: Einige Ergebnisse der Theorie des außermittig gedrückten Stabes mit dünnwandigem, offenem Querschnitt. Forsch. Geb. Stahlb. 6 (1943).
[*I, 62*] OLSSON, R. G.: Elast. Knickung gerader Stäbe, die als Säulen von konstanter Druckspannung ausgebildet sind. Forsch. Geb. Stahlb. 6 (1943).
[*I, 63*] CHWALLA, E.: Entwurf 4a der Beratungsunterlage der Knick-, Kipp- und Beulvorschriften für Baustahl DIN E 4114, Berlin 1943.
[*I, 64*] WILLERT, R.: Über die Stabilität des elastisch gestützten Druckstabes, Diss. Hannover 1944.
[*I, 65*] BÜLTMANN, W.: Stahlbau 17 (1944) 49, u. 20 (1951) 50.
[*I, 66*] SCHMIDT, G.: Stahlbau 17 (1944) 69.
[*I, 67*] CORNELIUS, W.: Stahlbau 17 (1944) 91.
[*I, 68*] REUTTER, F.: Z. angew. Math. Mech. 28 (1948) 1.
[*I, 69*] ZIEGLER, H.: Schweiz. Bauztg. 66 (1948) 87.
[*I, 70*] —: Schweiz. Bauztg. 66 (1948) 463.
[*I, 71*] SCHIBLER, W.: Schweiz. Bauztg. 66 (1948) 482.
[*I, 72*] GRAMMEL, R.: Ing.-Arch. 17 (1949) 107.
[*I, 73*] WEIDENHAMMER, F.: Z. angew. Math. Mech. 31 (1951) 329.
[*I, 74*] PETTERSSON, O.: Combined Bending and Torsion of I-Beams of Monosymmetrical Cross Section. Bulletin Nr. 10, Div. Build. Statics Struct. Eng., Royal Inst. Technology, Stockholm 1952.
[*I, 75*] BARBRÉ, R.: Bauingenieur 27 (1952) 268.
[*I, 76*] ZIEGLER, H.: Z. angew. Math. Phys. 3 (1952) 96.
[*I, 77*] TRÖSCH, A.: Ing.-Arch. 20 (1952) 258.
[*I, 78*] MEISSNER, F.: Stahlbau 24 (1955) 110.
[*I, 79*] LINK, H.: Ing.-Arch. 23 (1955) 36.
[*I, 80*] WITTE, H.: Stahlbau 26 (1957) 380.
[*I, 81*] BÜRGERMEISTER, G., u. H. STEUP: Stabilitätstheorie Teil I, Berlin 1957.
[*I, 82*] STEINBACH, W.: Bauingenieur 33 (1958) 414.
[*I, 83*] KLÖPPEL, K., u. R. SCHARDT: Stahlbau 27 (1958) 35 u. 262.
[*I, 84*] ALTENBACH, J., u. K. F. GARZ: Wissensch. Zeitschrift der Hochschule für Schwermasch. Magdeburg. III (1959) S. 19.
[*I, 85*] PFLÜGER, A.: Mitt. d. Inst. f. Statik d. Techn. Hochsch. Hannover, Nr. 2 (1959).
[*I, 86*] LEVIN, G.: Einfluß der Lage des Lastangriffspunktes auf die Kippstabilität eines gabelgelagerten einfachen Balkens ..., Diss. Braunschweig 1959.
[*I, 87*] HABEL, A.: Beton- und Stahlbetonbau 55 (1960) 225.
[*I, 88*] SCHINEIS, M.: Bautechnik 37 (1960) 453.
[*I, 89*] KLÖPPEL, K., u. W. PROTTE: Stahlbau 30 (1961) 1.
[*I, 90*] AUGUSTIN, D.: Stahlbau 30 (1961) 150.
[*I, 91*] KASCHKE, B.: Stahlbau 30 (1961) 182.
[*I, 92*] KOLLBRUNNER, C. F., u. M. MEISTER: Knicken, Biegedrillknicken, Kippen, Berlin 1961.
[*I, 93*] TIMOSHENKO, S. P., u. J. M. GERE: Theory of Elastic Stability, New York 1961.
[*I, 94*] STOLLE, H. W.: Bautechnik 39 (1962) 352.
[*I, 95*] KLÖPPEL, K., R. MÖLL u. G. WAGNER: Stahlbau 31 (1962) 353.
[*I, 96*] LINK, H.: Stahlbau 32 (1963) 199.
[*I, 97*] HAIN, H., u. J. STERN: Bauingenieur 39 (1964) 277.
[*I, 98*] HAUGER, W.: Ing.-Arch. 35 (1966) 221.
[*I, 99*] LEIPHOLZ, H.: ZAMP 13 (1962) 581.
[*I, 100*] HAIN, H.: Mitt. Inst. Statik TU Hannover 12 (1968).
[*I, 101*] LIKAR, O.: Bautechnik 46 (1966) 243.
[*I, 102*] KRYNICKI, E.: Bautechnik 46 (1966) 231.
[*I, 103*] LIKAR, O.: Beton- und Stahlbetonbau 66 (1971) 128.
[*I, 104*] REINITZHUBER, F.: Bautechnik-Archiv 11 (1955) 1.
[*I, 105*] HUANG, T., u. D. W. DAREING: Proc. ASCE 95 (1969) EM 1, 167.
[*I, 106*] CSONKA, P.: Acta Technica Hung. 8 (1954).
[*I, 107*] CHWALLA, E.: Federhofer-Girkmann-Festschrift, Wien 1950.

[*I, 108*] DIN 4114, Ausg. 1952/53, Ri. 15.13, Bild 23a und Kurve K_1.
[*I, 109*] STEINBACH, W.: Beitrag zur Kippstabilität von Kragträgern, Diss., Berlin 1961, 61.
[*I, 110*] SALVADORI, M. G.: Proc. ASCE 81 (1955), Sep. 607.
[*I, 111*] FÖPPL, A. u. L.: Drang und Zwang II, München u. Berlin 1920.
[*I, 112*] SCHMIDT, R., u. D. DA DEPPO: AIAA-Journal 7 (1969), 1182.
[*I, 113*] HENCKY, H.: Z. angew. Math. Mech. 1 (1921) 451.
[*I, 114*] KOLLÁR, L., u. G. IVANYI: Bautechnik-Archiv 1966, 1.
[*I, 115*] FUKASAWA, Y.: Trans. Japan Soc. Civil Eng. 96 (1963) 29.
[*I, 116*] ORAN, C.: Proc. ASCE 94 (1968) EM 2, 639.
[*I, 117*] ROOS, E.: Stahlbau 30 (1961) 65.
[*I, 118*] CHENEY, J. A.: Proc. ASCE 89 (1963) EM 5, 17.
[*I, 119*] SMITH, C. V., u. G. J. SIMITSES: Proc. ASCE 95 (1969) EM 3, 559.
[*I, 120*] BORESI, A. P.: J. Appl. Mech. 22 (1955) 95.
[*I, 121*] WEMPNER, G., u. T. EWBANK: Proc. ASCE 89 (1963) EM 4, 17.
[*I, 122*] GOLDBERG, J. E., u. J. L. BOGDANOFF: Proc. ASCE 90 (1964) ST 4, 235.
[*I, 123*] DEUTSCH, E.: Bauingenieur 21 (1940) 353.
[*I, 124*] STEINBACH, W.: Bauingenieur 38 (1963) 353.
[*I, 125*] SCHARDT, R.: Stahlbau 31 (1962) 257.
[*I, 126*] PELZ, R.: Diplomarbeit am Lehrst. f. Mech. u. Festigk., TU Braunschweig, 1973.
[*I, 127*] DIN 4114, Ausg. 1952/53, Ri. 7.71, Tafel 5.
[*I, 128*] ALBANO, E. D., u. P. SEIDE: J. Appl. Mech. 40 (1973) 553.
[*I, 129*] KÄMMEL, G.: Acta Mechanica 4 (1967) 34.
[*I, 130*] RATZERSDORFER, J.: Z. d. Österr. Ing.- und Arch.-Vereines 90 (1938) 146.
[*I, 131*] PROTTE, W., u. E. RIEGEL: Techn. Mitt. Krupp, Forschungsberichte 32 (1974), H. 1,
S. 19.
[*I, 132*] ZÖPHEL, J.: Bauingenieur 47 (1972) 52 u. 49 (1974) 327.

II. Plattenbeulung

[*II, 1*] BRYAN, G. H.: Proc. Lond. math. Soc. 22 (1891) 54.
[*II, 2*] —: Proc. Lond. math. Soc. 25 (1894) 141.
[*II, 3*] SOMMERFELD, A.: Z. Math. Phys. 54 (1906) 113.
[*II, 4*] TIMOSHENKO, S.: Eisenbau 12 (1921) 147.
[*II, 5*] SCHWERIN, E.: Z. angew. Math. Mech. 3 (1923) 422.
[*II, 6*] HUBER, M. T.: Probleme der Statik technisch wichtiger orthotroper Platten,
Warschau 1929.
[*II, 7*] SCHNADEL, G.: Werft Reed. Hafen 11 (1930) 461.
[*II, 8*] SCHLEICHER, F.: Mitt. Forsch.-Anst. Gutehoffh., Nürnberg 1 (1930/32) 186.
[*II, 9*] SEYDEL, E.: Ing.-Arch. 4 (1933) 169.
[*II, 10*] FILIPPOV, A.: Bulletin de l'academie des sciences de l'Urss. Leningrad 1933.
[*II, 11*] TAYLOR, G. J.: Z. angew. Math. Mech. 13 (1933) 147.
[*II, 12*] COX, H. L.: Aeronaut, Res. Comm. Rep. a. Memor. 1554 (1933).
[*II, 13*] STEIN, O.: Stahlbau 7 (1934) 57.
[*II, 14*] SCHLEICHER, F.: Bauingenieur 15 (1934) 505.
[*II, 15*] CHWALLA, E.: Ing.-Arch. 5 (1934) 54.
[*II, 16*] FAXÉN, O. H.: Z. angew. Math. Mech. 15 (1935) 268.
[*II, 17*] BAN, S.: Abhandl. internat. Ver. Brückenbau u. Hochbau 3 (1935) 1.
[*II, 18*] CHWALLA, E.: Anzeiger Akad. Wiss. Wien, 1935.
[*II, 19*] SCHMIEDEN, C.: Z. angew. Math. Mech. 15 (1935) 278.
[*II, 20*] GIRKMANN, K.: Stahlbau 8 (1935) 189.
[*II, 21*] TIMOSHENKO, S.: Theory of Elastic Stability, New York and London 1936.
[*II, 22*] CHWALLA, E.: Stahlbau 9 (1936) 161.
[*II, 23*] IGUCHI, S.: Ing.-Arch. 7 (1936) 207.
[*II, 24*] HEESCH, O.: Die Berechnung der Beulspannungen ebener Platten mit Hilfe von
Differenzengleichungen unter besonderer Berücksichtigung von Dreiecksplatten,
Diss. Hannover 1936.
[*II, 25*] BARBRÉ, R.: Bauingenieur 17 (1936) 268.
[*II, 26*] STEIN, O.: Bauingenieur 17 (1936) 308.
[*II, 27*] HARTMANN, F.: Knickung, Kippung, Beulung, Leipzig und Wien 1937.
[*II, 28*] NÖLKE, K.: Ing.-Arch. 8 (1937) 403.
[*II, 29*] BARBRÉ, R.: Ing.-Arch. 8 (1937) 117.
[*II, 30*] HAMPL, M.: Stahlbau 10 (1937) 16.
[*II, 31*] BURCHARD, W.: Ing.-Arch. 8 (1937) 332.
[*II, 32*] CHWALLA, E., u. A. NOVAK: Stahlbau 10 (1937) 73.

520   Literaturverzeichnis

[*II, 33*] FRÖHLICH, H.: Bauingenieur 18 (1937) 673.

[*II, 34*] IGUCHI, S.: Ing.-Arch. 9 (1938) 1.

[*II, 35*] CHWALLA, E.: Erläuterungen zur Begründung des Normblattentwurfs DIN E 4114 2 (1939) S. 8.

[*II, 36*] BIEZENO, C. B., u. R. GRAMMEL: Technische Dynamik, Berlin 1939.

[*II, 37*] WILLERS, FR. A.: Z. angew. Math. Mech. 19 (1939) 206.

[*II, 38*] —: Das Ausbeulen von Plattenstreifen, deren Dicke sich sprungweise ändert. Forsch. Ing.-Wes. 10 (1939) 227.

[*II, 39*] KROMM, A.: Ringbuch der Luftf. II, A, 10.

[*II, 40*] MOHEIT, W.: Stahlbau 13 (1940) 39.

[*II, 41*] STIFFEL, R.: Bauingenieur 22 (1941) 367.

[*II, 42*] EGGER, H.: Ing.-Arch. 12 (1941) 190.

[*II, 43*] KNIPP, G.: Bauingenieur 22 (1941) 257.

[*II, 44*] KIMM, G.: Luftf.-Forschg. 18 (1941) 155.

[*II, 45*] Knick- und Beulvorschriften für Baustahl DIN 4114 Entwurf 2 (1942).

[*II, 46*] NAGEL, H.: Stabilität gleichmäßig gedrückter Rechteckplatten mit in Längsrichtung streifenweise konstanter Dicke, Diss. Hannover 1942.

[*II, 47*] KLÖPPEL, K., u. K. H. LIE: Z. VDI 86 (1942) 71.

[*II, 48*] LUNDQUIST, E. E., u. E. Z. STOWELL: NACA Rep. 733, 1942.

[*II, 49*] FEDERHOFER, K., u. H. EGGER: Ing.-Arch. 14 (1943) 155.

[*II, 50*] CHWALLA, E.: Stahlbau 17 (1944) 84.

[*II, 51*] GREEN, A. E., u. R. F. S. HEARMON: Philosophical Magazine, Ser. 7, Vol. XXXVI (1945) 659.

[*II, 52*] BORNSCHEUER, F. W.: Beitrag zur Berechnung ebener, gleichmäßig gedrückter Rechteckplatten, versteift durch eine Längssteife, Diss. Darmstadt 1946.

[*II, 53*] SCHUBERT, A.: Z. angew. Math. Mech. 25/27 (1947) 123.

[*II, 54*] PFLÜGER, A.: Ing.-Arch. 16 (1947) 111.

[*II, 55*] STEIN, M., u. J. NEFF: NACA TN 1222, 1947.

[*II, 56*] TORRE, C.: Österr. Ing.-Arch. 1 (1947) 137.

[*II, 57*] WEIDENHAMMER, F.: Unveröffentlichte Arbeit. Hannover 1948.

[*II, 58*] SCHLÜTER, U.: Unveröffentlichte Arbeit. Hannover 1948.

[*II, 59*] KOLLBRUNNER, C. F., u. G. HERRMANN: Elastische Beulung von auf einseitigen ungleichmäßigen Druck beanspruchten Platten. Mitt. d. Techn. Komm. d. Verb. Schweiz. Brückenb., Nr. 1, Zürich 1948.

[*II, 60*] MÜLLER-MAGYARI, F.: Österr. Ing.-Arch. 2 (1948) 331, u. 3 (1949) 180.

[*II, 61*] FAVRE, H.: Schweiz. Bauztg. 67 (1949) 34.

[*II, 62*] MÜLLER-MAGYARI, F.: Österr. Ing.-Arch. 4 (1950) 22.

[*II, 63*] HOUBOLT, J. C., u. E. Z. STOWELL: NACA TN 2163, 1950.

[*II, 64*] BIJLAARD, P. P.: J. Aeron. Sci. 18 (1951) 339 u. 370.

[*II, 65*] WOINOWSKY-KRIEGER, S.: Ing.-Arch. 19 (1951) 200.

[*II, 66*] —: Ing.-Arch. 20 (1952) 106.

[*II, 67*] KROMM, A.: Stahlbau 21 (1952) 177.

[*II, 68*] KRAPFENBAUER, R. J.: Abh. d. Dokumentationszentr. f. Techn. u. Wirtsch., Wien 1953, H. 17.

[*II, 69*] NEUBER, H.: Z. angew. Math. Mech. 32 (1952) 325, u. 33 (1953) 10.

[*II, 70*] STÜSSI, F., C. F. KOLLBRUNNER u. H. WANZENRIED: Mitt. a. d. Inst. f. Baustatik a. d. E. T. H. Zürich, Nr. 26, 1953.

[*II, 71*] JOHNSON jr., J. H., u. R. G. NOEL: J. Aero. Sci., Vol. 20 (1953) Nr. 8, 535.

[*II, 72*] YAMAKI, N.: Rep. Inst. High Speed Mech. Tohoku Univ., Sendai, Jap. 3 (1953), 4 (1954) 59, 5 (1955) 162.

[*II, 73*] KLEIN, B.: J. App. Mech. 23 (1956) 207.

[*II, 74*] —: J. Franklin Inst. 263 (1957) 537.

[*II, 75*] PFLÜGER, A.: Z. Flugwiss. 5 (1957) 178.

[*II, 76*] GERARD, G., u. H. BECKER: NACA TN 3781, 1957.

[*II, 77*] WOINOWSKY-KRIEGER, S.: Ing.-Arch. 26 (1958) 129.

[*II, 78*] STERN, J.: Mitt. d. Inst. f. Statik d. Techn. Hochsch. Hannover, Nr. 1, 1959.

[*II, 79*] YAMAKI, N.: Rep. Inst. High Speed Mech. Tohoku Uni. Sendai, Jap. 10 (1959).

[*II, 80*] PFLÜGER, A.: Mitt. d. Inst. f. Statik d. Techn. Hochsch. Hannover, Nr. 2 (1959).

[*II, 81*] KLÖPPEL, K., u. J. SCHEER: Beulwerte ausgesteifter Rechteckplatten, Berlin 1960.

[*II, 82*] MOSSAKOWSKI, J.: Arch. Mech. Stosowanej 12 (1960) 583.

[*II, 83*] TIMOSHENKO, S. P., u. J. M. GERE: Theory of Elastic Stability, New York 1961.

[*II, 84*] KLÖPPEL, K., u. D. REUSCHLING: Stahlbau 34 (1965) 346.

[*II, 85*] SCHEER, J.: Stahlbau 37 (1968) 366.

[*II, 86*] KLÖPPEL, K., u. E. SCHIEDEL: Stahlbau 37 (1968) 372.

[*II, 87*] NÖLKE, H.: Unveröffentlichte Arbeit. Hannover 1973.

[*II, 88*] FAUCONNEAU, G., u. R. D. MARANGONI: Space Research Coordination Center Report No. 116, University of Pittsburgh, Pennsylvania 1970.
[*II, 89*] SCHEER, J.: Stahlbau 31 (1962) 233.
[*II, 90*] SHULESHKO, P.: J. App. Mech. 23 (1956) 359.
[*II, 91*] —: J. App. Mech. 24 (1957) 537.
[*II, 92*] BULSON, P. S.: The Structural Engineer 43 (1965) 213.
[*II, 93*] MAHABALIRAJA u. S. DURVASULA: J. App. Mech. 39 (1972) 310.
[*II, 94*] WIEDEMANN, J.: Fortschr.-Ber. VDI-Z. Reihe 1 Nr. 6 Jan. 1966.
[*II, 95*] SCHULTZ, H.-G.: Schiff u. Hafen 14 (1962) 479 u. 569 und Stahlbau 32 (1963) 22.
[*II, 96*] SHULESHKO, P.: Proc. Am. Soc. Civ. Eng., EM 3, 90 (1964) 147.
[*II, 97*] GERARD, G., u. H. BECKER: NASA TN D-162, 1959.
[*II, 98*] WAGNER, H., u. J. PATTABIRAMAN: Z. Flugwiss. 21 (1973) 131.
[*II, 99*] KLÖPPEL, K., u. K. H. MÖLLER: Stahlbau 34 (1965) 303.
[*II, 100*] ROCKEY, K. C., u. D. M. A. LEGGETT: Proc. Inst. Civ. Eng. 21 (1962) 161.
[*II, 101*] SCHEER, J.: Stahlbau 31 (1962) 208.
[*II, 102*] KLÖPPEL, K., u. K. H. MÖLLER: Stahlbau 33 (1964) 307.
[*II, 103*] COOK, I. T., u. K. C. ROCKEY: Aeron. Quart. 13 (1962) 41 u. 212, und 16 (1965) 92.
[*II, 104*] ROCKEY, K. C., u. I. T. COOK: Aeron. Quart. 13 (1962) 95 u. 20 (1969) 75.
[*II, 105*] WITTRICK, W. H., u. C. H. ELLEN: Aeron. Quart. 13 (1962) 308.
[*II, 106*] KURATA, M.: Mem. Fac. Eng., Hokkaido Univers. 8 (1950) 151.
[*II, 107*] GUEST, J.: Australian Journ. App. Sci. 8 (1957) 27.
[*II, 108*] YOSHIMURA, Y., u. K. IWATA: J. App. Mech. 30 (1963) 363.
[*II, 109*] ASHTON, J. E.: J. App. Mech. 36 (1969) 139.
[*II, 110*] HAN, L. S.: J. App. Mech. 27 (1960) 207.
[*II, 111*] COX, H. L., u. B. KLEIN: J. Aeron. Sci. 22 (1955) 321.
[*II, 112*] PLANTEMA, F. J.: Sandwich Construction, New York 1966.
[*II, 113*] ERICKSEN, W. S., u. H. W. MARCH: Forest Products Lab. Rep. No. 1583-B (1950), revised Nov. 1958.
[*II, 114*] BUFLER, H.: Ing.-Arch. 34 (1965) 109. Bei kreisförmigen Verbundplatten s. Ing.-Arch. 34 (1965) 385.
[*II, 115*] WIEDEMANN, J.: Bericht aus dem Institut für Luftfahrzeugbau der TU Berlin 62/2.
[*II, 116*] KERR, A. D.: J. Aerospace Sci. 29 (1962) 486.
[*II, 117*] COOK, I. T., u. H. W. PARSONS: Aeron. Quart. 12 (1961) 337.
[*II, 118*] NASSAR, G.: Stahlbau 34 (1965) 311.
[*II, 119*] RADULOVIĆ, B.: Stahlbau 42 (1973) 199 u. 384.
[*II, 120*] EBEL, H.: Stahlbau 42 (1973) 225.
[*II, 121*] HOELAND, G.: Stahlbau 42 (1973) 283.
[*II, 122*] MOVSISIAN, G. A.: Akademiia Nauk Armianskoi SSR, Izvestiia, Mekhanika, vol. 25, no. 4 (1972) 38.

[*II, 123*] PROTTE, W.: Techn. Mitt. Krupp, Forschungsberichte 32 (1974), H. 1, S. 41.
[*II, 124*] BILSTEIN, W.: Veröffentl. Inst. f. Statik u. Stahlbau TH Darmstadt 1974, H. 25.

III. Schalenbeulung

[*III, 1*] FLÜGGE, W.: Ing.-Arch. 3 (1932) 463.
[*III, 2*] DONNELL, L. H.: NACA Rep. 479 (1933).
[*III, 3*] LEGGET, D.: Proc. Roy. Soc. Lond. 162 (1937) 62.
[*III, 4*] KROMM, A.: Jb. dtsch. Luft.-Forschg., 1940, 832.
[*III, 5*] PFLÜGER, A.: Ing.-Arch. 13 (1942) 59.
[*III, 6*] WANSLEBEN, F.: Ing.-Arch. 14 (1943) 96.
[*III, 7*] MEHNER, M.: Stabilität der Rotationsschale parabolischer Meridianform, Diss. Hannover 1949.
[*III, 8*] EBNER, H.: Stahlbau 21 (1952) 153.
[*III, 9*] KLÖPPEL, K. u. O. JUNGBLUTH: Stahlbau 22 (1953) 121 u. 288.
[*III, 10*] LOO TSU-TAO: Proc. 2. U. S. Nat. Congr. Appl. Mech., New York 1954, S. 345.
[*III, 11*] RALSTON, A.: J. Math. Phys. 35 (1956) 53.
[*III, 12*] REISS, E. L.: J. Appl. Mech. 25 (1958) 556.
[*III, 13*] BECKER, H.: NACA TN 3786 (1958).
[*III, 14*] KÁRMÁN, TH. v., u. H. S. TSIEN: J. Aeron. Sci. 7 (1939) 43.
[*III, 15*] SCHNELL, W., u. C. BRÜHL: Z. Flugwiss. 7 (1959) 201.
[*III, 16*] THIELEMANN, W., W. SCHNELL u. G. FISCHER: Z. Flugwiss. 8 (1960) 284.
[*III, 17*] CZERWENKA, G.: Z. Flugwiss. 9 (1961) 163.

[*III, 18*] ALMROTH, B. O., u. D. O. BRUSH: J. Aerosp. Sci. 28 (1961) 573.
[*III, 19*] FLÜGGE, W.: Statik und Dynamik der Schalen, Berlin 1962.
[*III, 20*] TIMOSHENKO, S. P., u. J. M. GERE: Theory of Elastic Stability, New York 1961.
[*III, 21*] WOLMIR, A. S.: Biegsame Platten und Schalen, Berlin 1962, S. 377.
[*III, 22*] SCHNELL, W.: Z. Flugwiss. 10 (1962) 154 u. 314.
[*III, 23*] GERARD, G., u. H. BECKER: NACA TN 3783 (1957).
[*III, 24*] ALMROTH, B. O.: NASA CR-161 (1965).
[*III, 25*] WEINGARTEN, V. I.: J. Appl. Mech. 29 (1962) 81.
[*III, 26*] BATDORF, S. B.: NACA Rep. 874 (1947).
[*III, 27*] PFLÜGER, A.: Stahlbau 35 (1966) 249.
[*III, 28*] SOBEL, L. H.: AIAA Journal 2 (1964) 1437.
[*III, 29*] BATDORF, S. B., M. STEIN u. M. SCHILDCROUT: NACA TN 1348 (1947).
[*III, 30*] HAYASHI, T., u. K. KONDO: Proc. 8. Int. Symp. Space Technology and Science, Tokyo (1969) 259.
[*III, 31*] MILLIGAN, R., G. GERARD u. C. LAKSHMIKANTHAM: AIAA Journal 4 (1966) 1906.
[*III, 32*] GERARD, G.: J. Aerospace Sci. 29 (1962) 1171.
[*III, 33*] GEIER, B.: Z. Flugwiss. 14 (1966) 306, SEGGELKE, P., u. B. GEIER: Z. Flugwiss. 15 (1967) 477.
[*III, 34*] CARD, M. F., u. R. M. JONES: NASA TN D-3639 (1966).
[*III, 35*] MILLIGAN, R., G. GERARD, C. LAKSHMIKANTHAM u. H. BECKER: Air Force Flight Dynam. Lab., AFFDL-TR-65-161, Pt. I (1965).
[*III, 36*] BECKER, H., u. G. GERARD: J. Aerospace Sci. 29 (1962) 505.
[*III, 37*] STEIN, M., J. L. SANDERS u. H. CRATE: NACA Rep. 989 (1949).
[*III, 38*] BATDORF, B., u. M. SCHILDCROUT: NACA TN 1661 (1948).
[*III, 39*] SCHILDCROUT, M., u. M. STEIN: NACA TN 1879 (1949).
[*III, 40*] STEIN, M., u. D. J. YAEGER: NACA TN 1972 (1949).
[*III, 41*] DRÜCKLER, F.: Ing.-Arch. 23 (1955) 288.
[*III, 42*] FULTON, R. E.: NASA TN D-2783 (1965).
[*III, 43*] FULTON, R. E., u. N. P. SYKES: NASA TN D-3454 (1966).
[*III, 44*] PLANTEMA, F. J.: Sandwich Construction, New York 1966.
[*III, 45*] BERT, C. W., W. C. CRISMAN u. G. M. NORDBY: AIAA Journal 7 (1969) 250 u. 1824.
[*III, 46*] REESE, C. D., u. C. W. BERT: J. Aircraft 6 (1969) 515.
[*III, 47*] HAIN, H.: Mitt. d. Inst. f. Statik d. TU Hannover, Nr. 12, 1968.
[*III, 48*] SCHIFFNER, K.: Deutsche Luft- u. Raumfahrt, Forsch.-Ber. 66-24 (1966).
[*III, 49*] YAMAKI, N., u. J. TANI: Z. angew. Math. Mech. 49 (1969) 471.
[*III, 50*] HUTCHINSON, J. W.: J. Appl. Mech. 34 (1967) 49.
[*III, 51*] Collected Papers on Instability of Shell Structures, NASA TN D-1510 (1962) 480.
[*III, 52*] KRENZKE, M. A., u. T. J. KIERNAN: David Taylor Model Basin Rep. 1757 (1965).
[*III, 53*] CARLSON, R. L., R. L. SENDELBECK u. N. J. HOFF: NASA CR-550 (1966).
[*III, 54*] KOGA, T., u. N. J. HOFF: Int. J. Solids Struct. 5 (1969) 679.
[*III, 55*] KALNINS, A., u. V. BIRICIKOGLU: J. Appl. Mech. 37 (1970) 629.
[*III, 56*] BUSHNELL, D.: AIAA Journal 5 (1967) 2034.
[*III, 57*] YAO, J. C.: J. Aerospace Sci. 29 (1962) 264.
[*III, 58*] WEINITSCHKE, H. J.: J. Mathematics and Physics 44 (1965) 141.
[*III, 59*] BUSHNELL, D.: AIAA Journal 5 (1967) 2041.
[*III, 60*] KLÖPPEL, K., u. E. ROOS: Stahlbau 25 (1956) 49.
[*III, 61*] GRIŠANIN, A. A.: Izvestija VUZ. Mašinostroenie 1 (1967) 52.
[*III, 62*] HUANG, N.-C.: J. Appl. Mech. 31 (1964) 447.
[*III, 63*] BUDIANSKY, B.: Proc. IUTAM Symp. Theory Thin Elastic Shells, Delft (1959) 64.
[*III, 64*] KRENZKE, M. A., u. T. J. KIERNAN: AIAA Journal 1 (1963) 2855.
[*III, 65*] THURSTON, G. A., u. F. A. PENNING: AIAA Journal 4 (1966) 319.
[*III, 66*] TILLMAN, S. C.: Int. J. Solids Struct. 6 (1970) 37.
[*III, 67*] FITCH, J. R.: Int. J. Solids Struct. 4 (1968) 421.
[*III, 68*] BUCHERT, K. P.: Stahlbau 34 (1965) 55.
[*III, 69*] REISSNER, E.: J. Boston Soc. Civ. Eng. 42 (1955) 100.
[*III, 70*] LEET, K. M.: Proc. Am. Soc. Civ. Eng., EM 1, 92 (1966) 121.
[*III, 71*] GERGELY, P., u. J. E. PARKER: 8. Kongr. Int. Ver. Brückenbau u. Hochbau, Schluß-bericht, New York 1968, S. 395.
[*III, 72*] FISCHER, M.: Stahlbau 41 (1972) 110 u. 145.
ALDA, W., u. M. FISCHER: Mitteilungen Sonderforschungsbereich 64, Heft 8 (1973).
[*III, 73*] ROSEMEIER, G.: Bauingenieur 48 (1973) 437.
[*III, 74*] FISCHER, M.: Stahlbau 43 (1974) 52.
[*III, 75*] PETER, J.: Mitt. d. Inst. f. Statik d. TU Hannover, Nr. 19, 1974.
[*III, 76*] TANI, J.: Rep. Inst. High Speed Mech., Tohoku Univ., Sendai Japan, 28 (1973) 150.
[*III, 77*] RESINGER, F., u. R. GREINER: Stahlbau 43 (1974) 182.